Springer-Verlag Berlin Heidelberg GmbH

Handbibliothek für Bauingenieure

Ein Hand- und Nachschlagebuch für Studium und Praxis

Herausgegeben von

Robert Otzen

Geheimer Regierungsrat,
Professor an der Technischen Hochschule zu Hannover

I.   Teil: Hilfswissenschaften .... 5 Bände
II. Teil: Eisenbahnwesen und Städtebau .. 9 Bände
III. Teil: Wasserbau.................... 8 Bände
IV. Teil: Brücken- und Ingenieur-Hochbau . 4 Bände

Inhaltsverzeichnis.

* Hierzu Teuerungszuschläge.

Springer-Verlag Berlin Heidelberg GmbH

5. Band: Bahnhöfe. Von Regierungsbaumeister Dr.-Ing. Gaede, Wilmersdorf, Prof.
Dr.-Ing. Ammann, Karlsruhe, und Regierungs- und Baurat a. D. v. Glinski, Chemnitz.
Erscheint voraussichtlich im Sommer 1923.

6. Band: Eisenbahn-Hochbauten. Von Regierungs- und Baurat Cornelius, Berlin. Mit
157 Textabbildungen. VIII und 128 Seiten. 1921. Gebunden Preis M. 22,—.*

7. Band: Sicherungsanlagen im Eisenbahnbetriebe. Auf Grund gemeinsamer Vorarbeit
mit Prof. Dr.-Ing. M. Oder † verfaßt von Geh. Baurat Prof. Dr.-Ing. W. Cauer,
Berlin; mit einem Anhang „Fernmeldeanlagen und Schranken" von Regierungsbaurat Dr.-Ing. Fritz Gerstenberg, Berlin. Mit 484 Abbildungen im Text und
auf 4 Tafeln. XVI und 456 Seiten. 1922.

8. Band: Eisenbahnbetrieb und Tarifwesen. Von Oberregierungs-Baurat Dr.-Ing. Jacobi,
Erfurt. Erscheinungstermin unbestimmt.

9. Band: Eisenbahnen besonderer Art. Von Prof. Dr.-Ing. Ammann, Karlsruhe, und
Regierungsbaumeister H. Nordmann, Steglitz.
Erscheint voraussichtlich im Jahre 1923.

III. Teil: Wasserbau.

1. Band: Grundbau. Von Regierungsbaumeister a. D. O. Richter, Frankfurt a. M. Mit
etwa 300 Textabbildungen. Umfang etwa 220 Seiten.
Erscheint voraussichtlich im Herbst 1922.

2. Band: See- und Seehafenbau. Von Regierungs- und Baurat H. Proetel, Magdeburg.
Mit 292 Textabbildungen. X und 221 Seiten. 1921. Gebunden Preis M. 40,—.*

3. Band: Flußbau. Von Regierungs- und Baurat Dr.-Ing. H. Krey, Charlottenburg.

4. Band: Kanal- und Schleusenbau. Von Regierungs- und Baurat Engelhard, Oppeln.
Mit 303 Textabbildungen und einer farbigen Übersichtskarte. VIII und
261 Seiten. 1921. Gebunden Preis M. 42,—.*

5. Band: Wasserversorgung der Städte und Siedlungen. Von Prof. O. Geißler, Hannover,
und Geh. Reg.-Rat Prof. Dr.-Ing. J. Brix, Charlottenburg.
Erscheint voraussichtlich Ende 1923.

6. Band: Entwässerung der Städte und Siedlungen. Von Geh. Reg.-Rat Prof. Dr.-Ing.
J. Brix, und Prof. O. Geißler, Hannover.
Erscheint voraussichtlich Ende 1924.

7. Band: Kulturtechnischer Wasserbau. Von Geh. Reg.-Rat Prof. E. Krüger, Berlin. Mit
197 Textabbildungen. X und 290 Seiten. 1921. Gebunden Preis M. 42,—.*

8. Band: Wasserkraftanlagen. Von Priv.-Doz. Dr.-Ing. Adolf Ludin, Karlsruhe.
Erscheint voraussichtlich im Sommer 1923.

IV. Teil: Brücken- und Ingenieurhochbau.

1. Band: Statik. Von Priv.-Doz. Dr.-Ing. Walther Kaufmann, Hannover.
Erscheint voraussichtlich Ende 1922.

2. Band: Holzbau. Von N. N.

3. Band: Massivbau. Von Geh. Reg.-Rat Prof. Robert Otzen, Hannover.
Erscheint im Frühjahr 1923.

4. Band: Eisenbau. Von Prof. Martin Grüning, Hannover.
Erscheint voraussichtlich im Frühjahr 1923.

* Hierzu Teuerungszuschläge.

Handbibliothek für Bauingenieure

Ein Hand- und Nachschlagebuch
für Studium und Praxis

Herausgegeben

von

Robert Otzen

Geh. Regierungsrat, Professor an der Technischen Hochschule
zu Hannover

II. Teil. Eisenbahnwesen und Städtebau. 7. Band:

Sicherungsanlagen im Eisenbahnbetriebe

von

W. Cauer

Anhang: Fernmeldeanlagen und Schranken

von

F. Gerstenberg

Springer-Verlag Berlin Heidelberg GmbH
1922

Sicherungsanlagen im Eisenbahnbetriebe

auf Grund gemeinsamer Vorarbeit mit

𝔇r.-𝔍ng. **M. Oder** †

weiland Professor an der Technischen Hochschule
zu Danzig

verfaßt von

𝔇r.-𝔍ng. **W. Cauer**

Geh. Baurat, Professor an der Technischen Hochschule
zu Berlin

Mit einem Anhang

Fernmeldeanlagen und Schranken

von

𝔇r.-𝔍ng. **F. Gerstenberg**

Regierungsbaurat, Privatdozent an der Technischen
Hochschule zu Berlin

Mit 484 Abbildungen im Text
und auf 4 Tafeln

Springer-Verlag Berlin Heidelberg GmbH
1922

ISBN 978-3-662-34219-0   ISBN 978-3-662-34490-3 (eBook)
DOI 10.1007/978-3-662-34490-3

Vorwort.

Im Jahre 1912 wurde von dem damaligen Professor an der Technischen Hochschule in Danzig, Dr.-Ing. M. Oder und mir gemeinsam die Aufgabe übernommen, ein Buch über Eisenbahnsicherungsanlagen im Rahmen der Handbibliothek für Bauingenieure zu verfassen. Die gemeinsamen Vorarbeiten waren abgeschlossen und jeder von uns hatte zwei Kapitel im ersten Rohentwurf abgefaßt und dem anderen zugesandt, als der Tod im Herbst 1914 dem Wirken meines Freundes ein gar zu frühes Ende setzte. Im Einverständnis mit dem Herrn Herausgeber und dem Herrn Verleger übernahm ich es nun in der Hauptsache allein, die gemeinsam begonnene Arbeit fertigzustellen. Nur das ohnehin mit dem übrigen loser zusammenhängende letzte Kapitel, Fernmeldeanlagen und Schranken, übernahm, in Form eines Anhanges Herr Regierungsbaurat Dr.-Ing. Gerstenberg, der durch seine Tätigkeit bei der Militäreisenbahnverwaltung im Osten reiche Gelegenheit gehabt hat, auf diesem Gebiete Erfahrungen zu sammeln.

In dem Buche, wie es jetzt nach langjähriger weiterer Arbeit fertig vorliegt, ist nicht nur der Gesamtplan gemeinsam mit Oder beraten und vieles einzelne an Gruppierung, Skizzen und Sonderbeschreibungen auf seine erste Bearbeitung der zwei von ihm in Angriff genommenen Kapitel zurückzuführen, sondern sein geistiger Anteil erstreckt sich insofern auf das ganze Buch, als meine Kenntnisse und Anschauungen auf dem Gebiete des Eisenbahnsicherungswesens durch unsere häufigen mündlichen und schriftlichen Erörterungen wichtiger Fragen wesentlich beeinflußt sind. So habe ich geglaubt seine geistige Miturheberschaft in der Weise, wie geschehen, im Titel des Buches hervorheben zu sollen.

Auf dem Fachgebiet des Eisenbahnsicherungswesens besitzt die deutsche technische Wissenschaft außer Einzeldarstellungen in Zeitschriften und in Buchform umfangreiche Handbücher, die eine Fülle wertvollen Materials in eingehender und vielfach vortrefflicher Darstellung bieten. Dagegen fehlt bisher ein Lehrbuch, das dazu geeignet wäre, den angehenden Fachmann in das schwierige Sachgebiet einzuführen und dem älteren Fachmann, der sich längere Zeit hindurch nicht mit Eisenbahnsicherungsanlagen beschäftigt hat, das Wiedereinarbeiten zu erleichtern. Solches Lehrbuch zu schaffen, hatten sich Oder und ich vorgenommen, und in diesem Sinne ist der Stoff für den Hauptteil des Buches von mir, für den Anhang von Herrn Dr.-Ing. Gerstenberg bearbeitet. Bei dem Leser werden keinerlei Kenntnisse im Eisenbahnsicherungswesen vorausgesetzt. Dementsprechend geht die Darstellung nicht von den Bauweisen der verschiedenen Sicherungsanlagen aus, sondern leitet deren Notwendigkeit oder Zweckmäßigkeit aus den Anforderungen ab, die die Bedürfnisse des Eisenbahnbetriebes stellen. Überall wurde von dem Zusammenwirken zum ganzen ausgegangen, indem nach Bedarf vereinfachende Skizzen, unter vorläufiger Hintansetzung von Einzelheiten, dieses Zusammenwirken verdeutlichen sollten. Die oft verwickelten Einzelheiten werden dann an späterer Stelle leichter verstanden, weil ihre Notwendigkeit und ihr Wirken aus dem vorher klargestellten Zusammenhang hervorgehen. Diesem Plane des Buches und übrigens auch der gebotenen räumlichen Beschränkung entsprechend sind nicht entfernt alle mannigfaltigen Bauweisen der verschiedenen Stellwerksfirmen und Eisenbahnverwaltungen im einzelnen behandelt, vielmehr vorwiegend solche Bauweisen der Betrachtung unterzogen, die besonders geeignet schienen, die Grundgedanken des Zusammenwirkens der Sicherungsanlagen zum Ganzen dem Leser deutlich zu machen. Im Anhange wurde sinngemäß der Grundsatz befolgt, im allgemeinen eine Einführung in das immer größeren Umfang annehmende Gebiet des Telegraphen- und Fernsprechwesens und der sonstigen im Eisenbahnbetriebe gebrauchten Fernmeldeanlagen zu geben, und nur einzelne charakteristische Bauarten eingehender zu beschreiben. Das gleiche gilt von der Behandlung der Wegeschranken. Eine gewisse Vollständigkeit und Abrundung wurde in anderem Sinne angestrebt, indem versucht wurde. die für die verschiedenen Bauweisen maßgebenden Grundgedanken herauszuschälen und einander gegenüberzustellen, und indem bei denjenigen Dingen. deren ausführliche Behandlung sich verbot, auf geeignete Literaturstellen hingewiesen wurde.

Durch die hier geschilderte Behandlungsweise wurde auch der Schwierigkeit die Spitze abgebrochen, die der Benutzung solchen Buches im ganzen deutschen Sprachgebiet, für das es in erster Linie bestimmt ist, deshalb entgegensteht, weil die Einrichtungen nicht nur in den verschiedenen Ländern und bei den einzelnen Bahnverwaltungen, sondern oft auch im Bereich der einzelnen Bahnverwaltung erhebliche Unterschiede aufweisen. Denn die Betriebszwecke und die zu ihrer Erfüllung geltenden Grundsätze, von denen bei der Stoffbehandlung überall ausgegangen ist, stimmen auf allen Bahnen des deutschen Sprachgebietes in der Hauptsache überein, so daß die an einzelnen Beispielen erläuterten grundsätzlich möglichen Verfahren auch dort das Verständnis der Sache erschließen können, wo im besonderen andere Vorrichtungen gebraucht werden. Bedeutendere Verschiedenheiten der Einrichtungen, wie sie z. B. auf den Gebieten der Stations- und Streckenblockung sich finden, sind indessen besonders behandelt. Ferner ist durch Aufführung der Unterschiede, wie sie in den Vorschriften der einzelnen früheren deutschen Eisenbahnverwaltungen, jetzt Zweigverwaltungen der Reichsbahn, bestehen, der Leser davor bewahrt, sich einseitige Vorstellungen zu bilden. Diesem Zwecke dient auch das siebente Kapitel, das als Ergänzung der sechs vorhergehenden die betrieblichen Anschauungen und Gepflogenheiten, das Signalwesen und die Stellwerkseinrichtungen ausländischer Eisenbahnen in kurzer Übersicht behandelt.

Bezüglich der Einteilung und Anordnung des Buches kann im übrigen auf Inhaltsverzeichnis und Einleitung Bezug genommen werden. Erwähnt sei nur noch, daß dem Zwecke entsprechend auch das Entwerfen der Stellwerke im fünften Kapitel erörtert wurde, das in der bisherigen Literatur nur stiefmütterlich, und jedenfalls wohl nirgends abrundend behandelt ist. Daß hierbei die Darstellungsweise der früheren Preußisch-Hessischen Staatseisenbahnen zugrunde gelegt ist, rechtfertigt sich wohl außer durch den besonders großen Umfang des Anwendungsgebietes durch die besonders weitgehende Einzeldurchbildung der in den Plänen und Verschlußtafeln angewendeten Zeichen, die es erleichtern, das Gewollte deutlich zu machen, und die dem Verständnis ähnlicher aber einfacherer Darstellungsweisen bei anderen Zweigverwaltungen der Reichsbahn oder anderen Bahnverwaltungen im deutschen Sprachgebiet vorarbeiten. In äußerlicher Beziehung sei hier noch bemerkt, daß es nicht ratsam erschien, den während der Bearbeitung des Buches stattgehabten Übergang der deutschen Eisenbahnen auf das Reich durch Einführung der neuen Benennungen besonders zum Ausdruck zu bringen.

Nicht nur wären die Bezeichnungen so umständlicher geworden und hätten mehr Raum erfordert; die Beibehaltung der alten Bezeichnung der Bahnverwaltungen war auch deshalb gerechtfertigt, weil sie gerade in ihrer Eigenschaft als selbständige Bahnverwaltungen jede für sich das Sicherungswesen in eigenartiger Weise gefördert haben. Es ist zu hoffen, daß unbeschadet gewisser Vereinheitlichungen, die durch die nunmehrige Zusammengehörigkeit zur Reichsbahn gegeben sind, die Mannigfaltigkeit der Einzelausbildung nicht ganz verschwinden, vielmehr nach wie vor einen Ansporn zum gegenseitigen Wetteifer und so zu Fortschritten bilden wird.

So reich die vorhandene Literatur in Büchern und Zeitschriften ist, so ergab sich doch bei dem Bestreben, das Wesen und die Grundsätze der Sicherungseinrichtungen darzulegen, wiederholt die Notwendigkeit, neue Untersuchungen anzustellen, so bezüglich der Spannwerke, der Weichenriegel, der Signalantriebe. Zum Teil konnte ich hierbei auf Untersuchungen weiterbauen, die in der Zeitschrift für das Eisenbahnsicherungswesen (Das Stellwerk) enthalten sind, die überhaupt als Fundgrube trefflich durchgearbeiteten Materials von mir, wie die Anführungen zeigen, in großem Maße benutzt worden ist. Daß im übrigen namentlich die Bücher von Scheibner und Scholkmann als Quellen viel benutzt sind, war wohl selbstverständlich.

Aber in sehr erheblichem Umfange war es erforderlich, unmittelbare Erkundigungen anzustellen, um einwandfreie Unterlagen zu erhalten. Es ist mir eine besondere angenehme Pflicht, allen, die durch Rat und Tat mitgewirkt haben, besonders warmen Dank auszusprechen. Dies gilt insbesondere von dem früheren Ministerium der öffentlichen Arbeiten, dem Reichsverkehrsministerium und dem Eisenbahnzentralamt in Berlin, dem Verkehrsministerium in Bayern, den Generaldirektionen der Badischen, Sächsischen und Württembergischen Staatseisenbahnen, die umfangreiche von mir aufgestellte Fragebogen in zum Teil wiederholtem Schriftwechsel oder mündlichen Erörterungen bereitwillig beantwortet und mir Material zur Verfügung gestellt haben. Ebenso schulde ich besonderen Dank den deutschen Stellwerksfirmen, die nahezu sämtlich das Zustandekommen des Buches durch Hergabe von Unterlagen für die Abbildungen, auch durch Herleihung von Bildstöcken gefördert haben, ebenso der Stellwerkfabrik Wallisellen (Schweiz) für Hergabe von Zeichnungen und Gewährung von Aufschlüssen über die Gepflogenheiten der schweizerischen Eisenbahnen. Einzelne Firmen haben in erheblichem Umfange zur Wiedergabe geeignete Zeichnungen in der von mir gewünschten Anordnung und Darstellungsweise hergestellt, auch den fertigen Text auf Wunsch einer Durchsicht unterzogen. In diesen Beziehungen seien namentlich genannt Max Jüdel & Co., Siemens & Halske, die Eisenbahnsignalabteilung der A. E. G., und die Deutschen Eisenbahnsignalwerke, insbesondere deren Abteilungen C. Stahmer und Bruchsal, sowie von der Abteilung Zimmermann und Buchloh Herr Magdalinski in Berlin. Daß der Herr Verleger die wiedergabefähigen zeichnerischen Unterlagen zu den Abbildungen, teils nach gedruckten Vorbildern, zum großen Teile aber nach Skizzen der beiden Verfasser mit besonderer Sorgfalt hat anfertigen lassen, so daß durchweg klare Abbildungen erzielt sind, entspricht zwar seinen Gepflogenheiten, verdient aber in anbetracht der schwierigen Zeitverhältnisse der Erwähnung.

Besonderen Dank schulde ich schließlich meinem Mitarbeiter Herrn Dr.-Ing. Gerstenberg, der den fertigen Text der sieben von mir verfaßten Kapitel einer sorgfältigen Durchsicht unterzogen und zu zahlreichen Verbesserungen und Berichtigungen Veranlassung gegeben, ferner auch neben mir noch eine Korrektur gelesen hat. Ich habe mich bemüht, durch entsprechende Mitarbeit am Anhang diesen Dank abzustatten. Für die Leser wird hoffentlich aus dieser Zusammenarbeit der Vorteil herausspringen, daß das Buch aus einem Gusse erscheint. Ein von uns beiden bearbeitetes möglichst eingehendes Sachregister dürfte in Verbindung mit dem Inhaltsverzeichnis auch dem in der Praxis stehenden älteren Techniker ermöglichen, das Buch bei einzelnen auftretenden Fragen und Zweifeln zu Rate zu ziehen.

Die während der Bearbeitung und des Druckes eingetretenen Neuerungen sind nach Möglichkeit durch Textänderungen berücksichtigt; Änderungen aus allerletzter Zeit und einzelne Berichtigungen sind am Schlusse des Buches zusammengestellt.

Daß auch die sorgfältigste Arbeit auf diesem schwierigen Gebiete nicht zur Beseitigung aller Fehler geführt haben wird, daß auch hier und da veraltetes stehen geblieben sein mag, darüber sind die Verfasser nicht im Zweifel. Berichtigungen und Verbesserungsvorschläge werden von ihnen stets gern entgegengenommen werden.

Berlin, im Mai 1922.

W. Cauer.

Inhaltsverzeichnis.

Sicherungsanlagen im Eisenbahnbetriebe.

Von Professor Dr.-Ing. W. Cauer, Geh. Baurat.

Anhang:

Die Fernmeldeanlagen und Schranken.

Von Dr.-Ing. F. Gerstenberg, Reg.-Baurat.

Verzeichnis der Abkürzungen.

1. A.E.G. = Allgemeine Elektrizitäts-Gesellschaft.
2. A.f.Est. = Anweisung für das Entwerfen von Eisenbahnstationen usw.
3. Arndt = Dissertation von Arndt über die Zugfolge auf Schnellbahnen (Lit.).
4. Bad.Stb. = Badische Staatseisenbahnen.
5. Bayer.Stb. = Bayerische Staatseisenbahnen.
6. Bl.V. = Vorschriften für den Blockdienst der Pr.H.St.B.
7. B.O. = Eisenbahn-Bau- und Betriebs-Ordnung.
8. Boda = Boda, Die Sicherung des Zugsverkehrs auf den Eisenbahnen (Lit.).
9. Boschetti = B., Centralizzazione della manovra degli scambi e segnali (Lit.).
10. Els.Lothr.E. = Elsaß-Lothringische Eisenbahnen.
11. E.N.Bl. = Eisenbahn-Nachrichten-Blatt.
12. Glas.Ann. = (Glasers) Annalen für Gewerbe und Bauwesen.
13. Gollmer = G., Die Grundlagen der Elektrizitätslehre usw. (Lit.).
14. Kemmann = Kemmann, Vorstudien zur Einführung des selbsttätigen Signalsystems auf der Berliner Hoch- und Untergrundbahn (Lit.).
15. Pr.H. = Preußisch-Hessisch.
16. Pr.H.St.B. = Preußisch-Hessische Staatseisenbahnen.
17. Sächs.Stb. = Sächsische Staatseisenbahnen.
18. S.B. = Signalbuch.
19. S.B.B. = Schweizerische Bundesbahnen.
20. Scheibner = Sch., Handbuch d. Ing.-Wissenschaften V, 6 (Lit.).
21. Scheibner, Pr.H.Stw. = Sch., Die mechanischen Sicherheitsstellwerke im Betriebe der vereinigten preußisch-hessischen Staatseisenbahnen (Lit.).
22. Scheibner, Samml. Göschen = Sch., Die mechanischen Stellwerke der Eisenbahnen (Lit.).
23. Schn. & H. = Maschinenfabrik Bruchsal, vormals Schnabel & Henning.
24. Sch.O. = Schienenoberkante.
25. Scholkmann = Sch., Signal- und Sicherungsanlagen. Eisenbahntechnik der Gegenwart II, 4 (Lit.).
26. Schweiz.E. = Schweizerische Eisenbahnen.
27. Schwerin = Schw., Elektrische Eisenbahnsignale und Weichen, in Handbuch der Elektrotechnik XI, 2 (Lit.).
28. Signal Dictionary (Lit.).
29. S.O. = Signalordnung für die Eisenbahnen Deutschlands.
30. S.O.A.B. = Ausführungsbestimmungen zur S.O., im Signalbuch, s. unter 18.
31. Stellwerk = Zeitschrift für das gesamte Eisenbahnsicherungswesen (Lit.).
32. S. & H. = Siemens & Halske.
33. Strecker = Str., Dr. Karl, Hilfsbuch für die Elektrotechnik (Lit.).
34. T.V. = Technische Vereinbarungen über den Bau und die Betriebseinrichtungen der Haupt- und Nebenbahnen (Vorschrift des V.D.E.V.).
35. Weißenbruch = W., La manœuvre électrique des aiguillages usw. à la gare centrale d'Anvers (Lit.).
36. V.D.E.V. = Verein Deutscher Eisenbahn-Verwaltungen.
37. Wilson, M.R.S. = Wilson, Mechanical Railway Signalling (Lit.).
38. Wilson P.R.S. = Wilson, Power Railway Signalling (Lit.).
39. Württb.Stb. = Württembergische Staatseisenbahnen.
40. Ztg. V.D.E.V. = Zeitung des Vereins Deutscher Eisenbahnverwaltungen (Lit.).
41. Z. & B. = Zimmermann & Buchloh.

Einleitung.

Die Sicherheit des Eisenbahnbetriebs beruht einmal auf der zweckmäßigen und technisch guten Ausführung und dauernden Instandhaltung der festen Anlagen (Unterbau, Oberbau und alles zur Ausrüstung gehörige) sowie des Fuhrparks (Lokomotiven, Wagen, Triebwagen), sodann auf einer solchen Benutzung der festen und beweglichen Anlagen, daß die Zug- und Verschiebefahrten nach bestimmter Ordnung ohne Zusammenstöße und Entgleisungen oder sonstige Unfälle stattfinden können, und endlich in der Verhütung von Gefährdungen des Betriebes durch nicht vorhergesehene Schäden an den festen oder beweglichen Anlagen (Schienenbrüche, Achsbrüche usw.) und durch Einwirkung von Menschen, Vieh oder elementaren Ereignissen. Während der Begriff der Bahnpolizei sich tatsächlich auf die Fürsorge für die Betriebssicherheit in dem ganzen eben umschriebenen Umfange erstreckt, umfaßt der Begriff der „Sicherungsanlagen" ein wesentlich engeres Gebiet. In der Regel versteht man darunter nur diejenigen besonderen Einrichtungen, die gewährleisten sollen, daß die Zugfahrten und Verschiebefahrten auf richtiger und sicher eingestellter Fahrstraße und ohne Zusammenstöße von der Seite her sowie in und entgegen der Fahrrichtung stattfinden. Annähernd in demselben Umfange bezeichnet man die Sicherungsanlagen auch mit dem Namen Stellwerksanlagen oder Stellereien einschließlich der einen wesentlichen Bestandteil der Stellwerksanlagen bildenden Strecken- und Stationsblockeinrichtungen. Da diese Blockanlagen aber ihre sichernde Wirkung zum erheblichen Teil dadurch ausüben, daß sie die Zugfolge regeln, und da zur Regelung der Zugfolge auch andere Einrichtungen, wie Morsewerke, Fernsprecher usw. benutzt werden, so läßt sich der Begriff der Sicherungsanlagen nicht ganz scharf abgrenzen. Dies ist auch deshalb nicht möglich, weil manche Vorkehrungen, die der Sicherheit der Zugfahrten dienen, ohne zu den Stellwerken zu gehören, doch ihrer Bauweise nach mit ihnen oder mit den Telegraphenanlagen in gewissem Zusammenhang stehen, wie die Stellvorrichtungen der Wegeschranken, die Kontrollwerke der Zuggeschwindigkeit, die Läutewerke usw. Diesen Umständen soll in diesem Buche dadurch Rechnung getragen werden, daß die nur in weiterem Sinne zu den Sicherungsanlagen gehörenden Einrichtungen in einem Anhange behandelt werden.

Die Behandlung der demnach den Hauptinhalt dieses Buches ausmachenden Sicherungsanlagen im engeren Sinne stößt auf eine andere Schwierigkeit. Die Sicherungsanlagen haben in den verschiedenen Ländern eine sehr verschiedene Ausbildung erfahren, wofür teils die besonderen Verhältnisse der Länder und die Eigenschaften ihrer Bewohner, auch die Einflüsse der Signalbauanstalten, teils die Nachahmung verschiedener ausländischer Vorbilder ursächlich gewesen sind. Mit dieser Verschiedenheit steht in engem Zusammenhang die sehr verschiedene Ausbildung der Vorschriften über Betriebshandhabung und Signalwesen in den einzelnen Ländern. Wenn, wie das Eisenbahnwesen überhaupt, so auch die Sicherungsanlagen in England ihren Ursprung genommen haben, so haben sie in Deutschland gemäß den hier herrschenden strengen Anschauungen über Betriebshandhabung und Betriebssicherheit sowie dem hier maßgebenden Bestreben nach Folgerichtigkeit eine selbständige Entwickelung genommen und sich zu einem in sich geschlossenen System von hoher Vollkommenheit ausgebildet. Die österreichisch-ungarischen Bahnen haben an dieser Entwickelung teilgenommen und sind in einzelnen Fortschritten vorangegangen. Im ganzen unterscheidet sich das deutsche System von dem österreichisch-ungarischen nicht erheblich. Wesentlich nach denselben Grundsätzen, aber mit gewissen Besonderheiten, haben auch die Schweiz, die nordischen Länder, die Balkanstaaten und Rußland ihre Sicherungsanlagen ausgebildet. Anders und mit im allgemeinen stärkeren Anklängen an das englische Sicherungswesen haben sich die Sicherungsanlagen in Frankreich, Italien, Belgien, Holland entwickelt, wobei in den beiden letzteren Ländern auch ein gewisser Einfluß der deutschen Anschauungen unverkennbar ist. Eine ganz eigenartige Entwickelung haben, auch nach ursprünglichen englischen Vorbildern, die Sicherungsanlagen in den Vereinigten Staaten von Amerika genommen, wobei besonders bemerkenswert sind die weitgehend unterschiedliche Behandlung der Signalbegriffe und die Ausbildung der selbsttätigen Streckenblockeinrichtungen, die dann von dort aus in Europa hier und da Eingang gefunden haben.

Eine rein stoffliche Einteilung dieses Buches unter vergleichender Behandlung derselben Dinge in den verschiedenen Ländern würde wegen der Verschiedenheit der grundlegenden Anschauungen auf erhebliche Schwierigkeiten stoßen und wegen der vielfachen Durchbrechung des Zusammenhangs des bei uns bestehenden Systems das Buch für den praktischen Gebrauch wenig geeignet machen. Eine Einteilung der Behandlung nach Ländern oder Bahngebieten mit übereinstimmenden Grundanschauungen würde zu zahlreichen Wiederholungen führen und übergroßen Raum beanspruchen. So ist ein vermittelndes Verfahren eingeschlagen.

Grundsätzlich sind in den ersten sechs Kapiteln die Sicherungsanlagen in systematischer Einteilung so behandelt, wie sie in Deutschland bestehen, im siebenten Kapitel abweichende Einrichtungen im Ausland, soweit sie besonders bemerkenswert erschienen. Da aber die Einrichtungen in dem Gebiete der früheren Österreich-Ungarischen Monarchie und in der Schweiz mit denen in Deutschland im großen und ganzen übereinstimmen, so sind gewisse in diesen Ländern sich findende Abweichungen, wo der sachliche Zusammenhang es ratsam erscheinen ließ, gleich in den ersten sechs Kapiteln mit behandelt. Auch Fragen allgemeiner Natur, wie die des Rechts- oder Linksfahrens, mußten hier gleich berührt werden. Ferner erschien es bei den Kraftstellwerken zweckmäßig, ihre Behandlung nicht zu zerreißen, sondern das Ausland in den ersten beiden Abschnitten des sechsten Kapitels kurz mit zu berücksichtigen. Anderseits sind manche zuerst im Auslande ausgebildeten und den deutschen Anschauungen fremden Einrichtungen, die neuerdings auch in Deutschland Eingang gefunden haben, wie die selbsttätigen Streckenblockeinrichtungen, nur in dem durch die Sache gegebenen Zusammenhang, d. h. im siebenten Kapitel behandelt.

Auf das Vorschriftenwesen ist in der Literaturübersicht hingewiesen. Die im Text benutzten Abkürzungen sind vorn erläutert.

Erstes Kapitel

Die Wege der Züge und Verschiebefahrten und ihre Kennzeichnung durch Signale.

Die in diesem Buch hauptsächlich behandelten Sicherungsanlagen im engeren Sinne, d. h. die Stellwerksanlagen, umfassen, wie in der Einleitung gesagt, diejenigen Einrichtungen, die gewährleisten sollen, daß die Zugfahrten, und in gewissem Umfange auch die Verschiebefahrten, auf richtiger und sicher eingestellter Fahrstraße und ohne gegenseitige Gefährdung stattfinden. Daher ist hier zuerst über die Wege der Züge und Verschiebefahrten Klarheit zu schaffen, und ferner zu erörtern, in welcher Weise den Lokomotivbeamten und den sonstigen Beteiligten diese Wege gekennzeichnet werden. Hiernach ergibt sich folgende Behandlung:

I. Die Gleise der Bahnstrecke und ihre Benutzung für den Betrieb.

A. Benutzung von zwei oder mehreren Streckengleisen der Lage nach.

Die von den planmäßigen Zügen befahrenen Gleise heißen Hauptgleise. Auf zweigleisigen Bahnen benutzen in Deutschland, Dänemark, Norwegen, Rußland, Griechenland die Züge das rechte Hauptgleis, in England, Frankreich, Belgien, Schweiz, Italien, Österreich, Ungarn, Schweden das linke Hauptgleis. In Nordamerika herrscht hierin ein gemischtes System. Die Fahrt auf dem rechten Hauptgleis ist zweckmäßiger, weil der Lokomotivführer von seinem rechts auf der Lokomotive befindlichen Stand rechts stehende Signale besser erkennen kann. In Österreich hat man deshalb den Übergang zur Rechtsfahrt vorzubereiten begonnen, in Frankreich damit angefangen, den Führerstand der Lokomotiven nach links zu verlegen, in Italien Lokomotiven mit vorn befindlichem Führerstand erbaut. In der Schweiz wird durch weitgehenden Übergang zu elektrischem Betrieb bei den elektrischen Lokomotiven der Nachteil des Linksfahrens an Bedeutung verlieren.

Viergleisige Bahnen bestehen für den Betrieb in der Regel aus zwei nebeneinander liegenden zweigleisigen Bahnen. Statt dessen benutzt man solche Bahnen auch in geeigneten Fällen im Richtungsbetrieb, d. h. so, daß je zwei nebeneinander liegende Gleise in gleicher Richtung befahren werden, wobei dann je ein Gleispaar einer viergleisigen Bahn in der Richtung befahren wird, die sonst in dem betreffenden Lande für das eine Gleis des Gleispaares einer zweigleisigen Bahn maßgebend ist. Ähnliches gilt für sechs- und mehrgleisige Bahnen.

Es kommt ferner auch vor, daß eine der Gleisanlage nach zweigleisige Bahn ihrer Benutzung nach aus zwei eingleisigen Bahnen besteht, daß neben einer zweigleisigen Bahn eine oder zwei eingleisige Bahnen liegen usw.

B. Benutzung der Streckengleise der Länge nach (Zugfolge).

Wenn auf zweigleisiger Bahn ein Gegeneinanderfahren von zwei Zügen bei regelmäßigem Betriebe durch die Weichenanordnung in den Bahnhöfen so gut wie ausgeschlossen zu werden pflegt, so kann doch ein Einholen des einen Zuges durch einen anderen in derselben Richtung fahrenden stattfinden. Die Regelung der Zugfolge bezweckt, dies zu verhüten.

Am sichersten wird ein Auffahren eines Zuges auf einen vorhergehenden vermieden durch die Raumfolge. Das in einer bestimmten Richtung befahrene Gleis einer zweigleisigen Bahn wird der Länge nach für die Benutzung in Abschnitte geteilt, deren Grenzen in der Regel aus Ersparnisrücksichten für beide Gleise an denselben Stellen liegen. Innerhalb jedes Abschnitts darf sich jederzeit nur ein Zug befinden. Die Einhaltung dieser Regel gewährleisten mehr oder weniger vollkommene, am besten zwangsweise wirkende, Vorrichtungen (vgl. IV. Kap.). Bei nicht sehr dichtem Zugverkehr kommt man unter Umständen hinsichtlich der Raumfolge damit aus, daß man die Züge im Stationsabstand fahren läßt. Bei dichtem Zugverkehr dagegen unterteilt man die Stationsabstände je nach ihrer Länge in mehr oder weniger Abschnitte, innerhalb deren nur je ein Zug gleicher Fahrrichtung sich befinden darf. Die zwischen den Stationen liegenden Trennpunkte für die Zugfolge heißen „Blockstellen", weil das ganze hier in Rede stehende Verfahren, eine Strecke für die Raumfolge der Züge in Abschnitte zu teilen, nach englischem Vorbild „Blocksystem" genannt wird, indem in England die einzelnen Streckenabschnitte als „Blocks" bezeichnet werden. Neuerdings versteht man allerdings in Deutschland unter Blocksystem oder Streckenblockung die Ausrüstung einer für die Raumfolge eingeteilten Strecke mit Vorrichtungen bestimmter Bauart (Blockwerken, s. IV. Kap.). Man nennt die hier geschilderte Betriebsregelung auch wohl das „absolute Blocksystem" im Gegensatz zu zwei abgeschwächten Formen des Blocksystems, dem „bedingten Blocksystem" und dem „permissiven Blocksystem". Beim bedingten oder „abgeschwächten" Blocksystem muß ein vor einem geblockten Streckenabschnitt eintreffender Zug anhalten und darf erst nach Ablauf einer gewissen Zeit und nach Erfüllung gewisser Förmlichkeiten in den Streckenabschnitt einfahren. Dieses Blocksystem ist nach Galine (S. 421) auf den französischen Bahnen sehr verbreitet. Beim permissiven Blocksystem (Galine, a. a. O.) kann ein auf Halt stehendes Blocksignal ohne weiteres überfahren werden, und dient nur dazu, den Lokomotivführer davon zu benachrichtigen, daß der Streckenabschnitt besetzt ist. Auf verwickeltere Streckeneinteilungen, wie sie insbesondere im Nahverkehr und bei den selbsttätigen Blockeinrichtungen vorkommen, wird im VII. Kap. kurz eingegangen.

Auf eingleisigen Bahnen wird in der Regel im Stationsabstand gefahren, weil man bei sehr dichtem Verkehr meist vorziehen wird, die Bahn zweigleisig auszubauen. Wird eine eingleisige Bahn mit Streckenblockung ausgerüstet, so dienen die betreffenden Vorrichtungen nicht nur zur Einhaltung der Raumfolge für die in gleicher Richtung fahrenden Züge, sondern auch zur Verhinderung von Gegenfahrten.

Statt durch die Raumfolge, kann man auch durch die „Zeitfolge" erreichen, daß sich die Züge in kürzerem Abstande folgen, als dem Stationsabstande entspricht. Es ist dann für zwei einander in derselben Richtung folgende Züge ein geringster Zeitabstand vorgeschrieben, der kleiner bemessen ist, wenn ein langsamer Zug einem schnellen folgt, als wenn ein schneller Zug einem langsamen folgt. Die Zeitfolge ist ein sehr unvollkommenes Mittel zur Verhinderung des Auffahrens der Züge. In Deutschland und anderen Ländern mit vollkommenen Betriebseinrichtungen ist die Anwendung der Zeitfolge ausgeschlossen. Wo sie im Auslande noch besteht, dürfte sie bei weiterer Vervollkommnung der Einrichtungen mit der Zeit verschwinden.

Bei sehr geringer Geschwindigkeit der Züge kann man von jeglicher Sicherung der Zugfolge absehen. Man fährt dann auf Sicht, wie dies z. B. auf den Straßenbahnen allgemein geschieht. So ist in Deutschland auf den Nebenbahnen bis zu 15 km Geschwindigkeit keine Raumfolge vorgeschrieben.

II. Die Gleise und Weichen der Bahnhöfe und ihre Benutzung für den Betrieb.

Während man in England, dem Ursprungsland des Blocksystems, die Streckeneinteilung für die Zugfolge durch die Bahnhöfe hindurch fortsetzt, endigt in Deutschland die Blockteilung in der Regel am Eingang jedes Bahnhofs und beginnt wieder an seinem Ausgang. Die Benutzung der Bahnhofsgleise wird in anderer Weise im ganzen geregelt und nur in besonderen Fällen auch hier auf die Blockeinteilung zurückgegriffen.

Zu den in die Bahnhöfe hinein und in Durchgangsstationen durch sie hindurch geführten Streckenhauptgleisen treten in den Bahnhöfen fernere Gleise. Soweit diese auch für Ein- und Ausfahrten von Zügen benutzt werden, sind sie, mit Ausnahme der nur von einzeln fahrenden Lokomotiven benutzten Gleise (B.O. § 6,4), auch als Hauptgleise zu betrachten, während die übrigen Bahnhofsgleise, die zur Aufstellung von Zügen oder von Wagen und Lokomotiven, zu Verschiebebewegungen oder zu Ladezwecken benutzt werden, als Nebengleise bezeichnet werden. In Deutschland nennt man die Hauptgleise der Strecke und ihre Fortsetzung durch die Bahnhöfe hindurch „durchgehende Hauptgleise", zum Unterschied von ferneren Hauptgleisen, die zum Ausweichen der Güterzüge (Hauptgütergleise) oder zur Überholung von Personenzügen (Personenzugüberholungsgleise) oder zur Aufnahme mehrerer Personenzüge auf Endbahnhöfen dienen. In Deutschland bestrebt man sich im allgemeinen, jede in einen Bahnhof eintretende Bahn mit ihren sämtlichen Streckenhauptgleisen (unbeschadet von deren Vermehrung durch Hauptgütergleise und Überholungsgleise) je für sich und möglichst unter Vermeidung von Schienenkreuzungen an besondere Bahnsteigkanten zu führen, so daß in möglichst großem Umfange Ein- und Ausfahrten von Zügen gleichzeitig stattfinden können und auch Zusammenstößen von Zugfahrten schon durch die unabhängige Gleisführung tunlichst vorgebeugt ist. Im Auslande dagegen findet vielfach eine bunte Gleisbenutzung statt, so daß man mit erheblich weniger Gleisen auskommt, dafür aber mit gegenseitigen Behinderungen und Gefährdungen der Zugläufe und folglich auch mit Zugverspätungen zu rechnen hat.

Auf den durchgehenden Hauptgleisen zweigleisiger Bahnen wird in Deutschland, und wo die deutschen Anschauungen maßgebend sind der für die Streckenhauptgleise geltende Grundsatz des Rechtsfahrens auch innerhalb der Bahnhöfe festgehalten. Wo zu den durchgehenden Hauptgleisen Hauptgütergleise oder fernere Hauptpersonengleise hinzutreten, und sodann in den Fällen, wo in einen Bahnhof zwei oder mehrere Bahnen eingeführt sind, läßt sich innerhalb der Gesamtzahl der nebeneinander verlaufenden Hauptgleise der Grundsatz des Rechtsfahrens nicht überall durchführen. Auf einem Zwischenbahnhof in Kopfform ist dies ohnehin ausgeschlossen. Auch auf einem zweigleisigen Bahn-

hof einer eingleisigen Bahn wird zweckmäßig nicht der Grundsatz des Rechtsfahrens, sondern der Grundsatz durchgeführt, die schneller fahrenden und namentlich die ohne Halt durchfahrenden Züge das gerade Gleis befahren zu
lassen. Aus dem Gleisplan geht also in vielen Fällen die Fahrordnung der Züge
nicht ohne weiteres hervor. Da aber für einen geordneten Betrieb erforderlich
ist, daß zweifelsfrei feststehen muß, welches Gleis jeder fahrplanmäßige Zug
regelmäßig zu benutzen hat, so schreibt die B. O. in § 53,3 vor: „Über die
Benutzung der Gleise zur Ein-, Aus- oder Durchfahrt der Züge sind für Bahnhöfe, wo in einer Richtung mehrere Fahrstraßen vorkommen, bestimmte Vorschriften (Bahnhoffahrordnung) zu erlassen, von denen nur in Ausnahmefällen
unter Verantwortlichkeit des Fahrdienstleiters abgewichen werden darf." Für

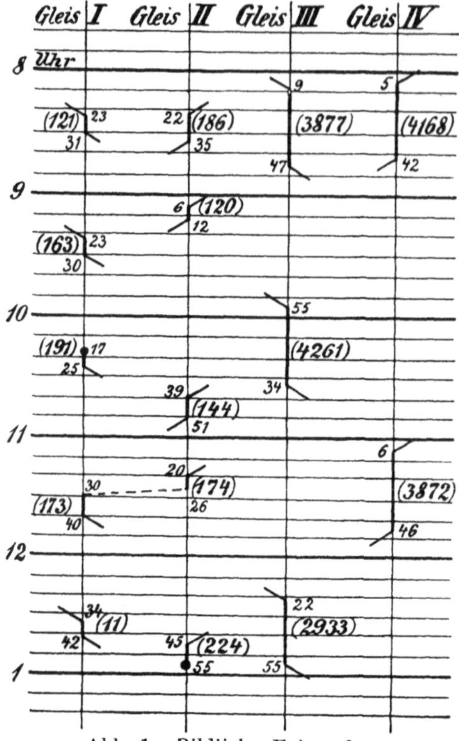

Abb. 1. Bildliche Fahrordnung.

die Bahnhoffahrordnung ist am über-
sichtlichsten die bildliche Form, wofür
Abb. 1 (entnommen dem betreffenden vom Verf. bearbeiteten Abschnitt in dem „Deutschen Eisenbahnwesen der Gegenwart") ein Beispiel gibt.

In diesem Beispiel bedeutet jede
lotrechte Linie ein Hauptgleis, aber
nicht in dessen räumlicher Erstrek-
kung, sondern in seiner zeitlichen
Benutzung. Diese wird für jeden Zug
ihrer Dauer nach durch eine Verdickung der Gleislinie dargestellt.
Man kann aus einem in dieser oder
ähnlicher Weise aufgestellten Bilde
ohne weiteres Zugkreuzungen und
Zugüberholungen ersehen, ferner das
Enden oder Entspringen von Zügen
auf dem betreffenden Bahnhofe erkennen, und beurteilen, wo Zugpausen
bestehen, die zum Einlegen von Son-
derzügen oder zu Gleisarbeiten benutzt werden können. Dabei ist
allerdings zu beachten, daß Züge,
die nach einem Bilde, wie Abb. 1,
gleichzeitig möglich sind, sich wegen
Kreuzung bei Ein- oder Ausfahrt,
oder wegen Benutzung derselben Ein- oder Ausfahrstraße ausschließen können.
Unter deutschen Verhältnissen macht es in der Regel keine Schwierigkeit,
durch gleichzeitige Beachtung des Gleisplans diese Umstände bei Aufstellung
der Fahrordnung zu berücksichtigen. Wo man dagegen die Bahnhöfe für bunte
Gleisbenutzung und mit zahlreichen Überschneidungen der Fahrstraßen anlegt, kann in Frage kommen, zur Berücksichtigung der Fahrtausschlüsse
ein verwickelteres Verfahren anzuwenden[1]).

Die durch die Bahnhoffahrordnung für jeden Zug festgelegte, oder die in
Ausnahmefällen abweichend von der Fahrordnung gewählte „Fahrstraße",
die, wie später gezeigt, durch Signale gekennzeichnet wird, muß in jedem Falle

---

[1]) Solches ist, wie es für die Belgischen Staatsbahnen im Gebrauch ist, von Weißenbruch und Verdeyen im Bulletin des Internationalen Eisenbahn-Kongreß-Verbandes
(deutsche Ausgabe) 1908, S. 1305ff., beschrieben. Ein anderes Verfahren hat Plate, Bulletin 1912, S. 1360ff., angegeben, wozu Gegenäußerung von Weißenbruch und Verdeyen
ebenda, S. 1370ff.

durch richtige Einstellung der in der Fahrstraße liegenden Weichen gebrauchfertig hergestellt werden, und außerdem müssen zur Vermeidung gefährdender Flankenfahrten die Weichen in Nachbargleisen nach Möglichkeit abweisend gestellt werden (Schutzweichen). Um in den im II. Kap. begrifflich erläuterten und im V. Kap. behandelten Verschlußtafeln, wie dies in Deutschland, Österreich, Ungarn, der Schweiz geschieht, die für die einzelnen Fahrstraßen erforderliche Weichenstellung und den Zusammenhang zwischen Weichen- und Signalstellung darstellen zu können[1]), legt man der Aufstellung jedes Stellwerksentwurfs einen Gleisplan oder eine Gleisplanskizze zugrunde, in der Gleise und Weichen mit fortlaufenden Nummern, die in der Fahrrichtung, im Auslande bisweilen quer zur Fahrrichtung, umgelegt gezeichneten Signale, deren Erörterung unter III. folgt, mit Buchstaben oder Nummern bezeichnet werden, denen zweckmäßig entsprechende Bezeichnungen an den Hauptgleisen mit An-

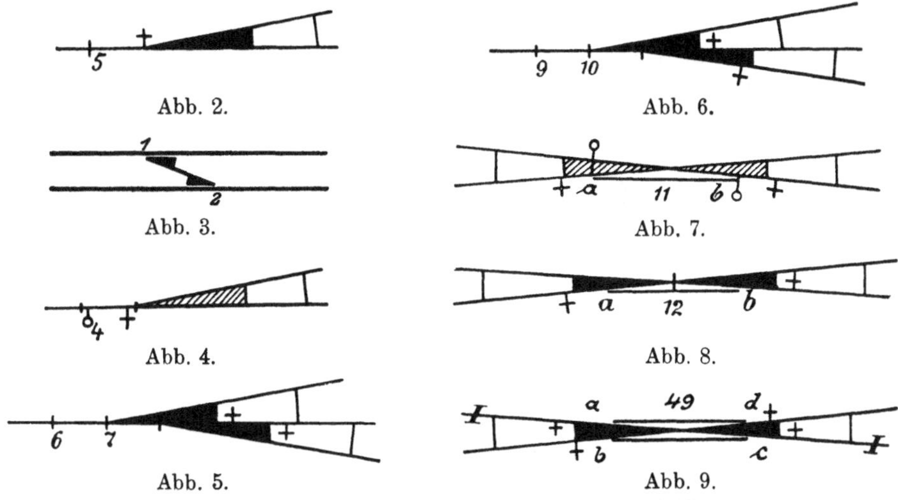

Abb. 2.   Abb. 6.

Abb. 3.   Abb. 7.

Abb. 4.   Abb. 8.

Abb. 5.   Abb. 9.

Abb. 2—9. Angabe der Grundstellung von Weichen.

gabe der Fahrrichtung durch Pfeile beigefügt werden (vgl. Abb. 29, 30, 31). Man nennt ferner von den beiden Stellungen jeder einfachen Weiche die eine „Grundstellung" und macht sie in der der Verschlußtafel zugrunde liegenden Gleisplanskizze erkennbar. Auf den Pr.H.St.B. geschieht dies, wie in Abb. 2 angedeutet, durch Beisetzung eines +-Zeichens an der Seite desjenigen Weichengleises, das bei Grundstellung für die Durchfahrt geöffnet ist. Auf den meisten anderen Bahnen, so auf den Sächs.Stb., den süddeutschen, österreichischen und schweizerischen Bahnen, wird statt dessen in der Regel[2]) die Grundstellung so angedeutet, daß, wie in Abb. 3 dargestellt, das bei Grundstellung befahrbare Gleis im Zusammenhang, das nicht befahrbare Gleis dagegen unterbrochen gezeichnet ist. In diesem Buch soll weiterhin überall die auf den Pr.H.St.B. übliche Bezeichnungsweise angewendet werden. Bei dieser werden ferner noch die Stellwerksweichen von den handbedienten Weichen dadurch unterschieden, daß bei ersteren das Weichendreieck schwarz oder farbig ausgefüllt, bei letzteren (auch bei den Kreuzungen) schraffiert wird.

Abb. 4—9 zeigen die entsprechende Darstellungsweise für eine handbediente einfache Weiche, für Doppelweichen[3]) und einfache und doppelte Kreuzungs-

<hr>

[1]) Auf abweichende Darstellungsweisen in anderen Ländern wird im VII. Kap. hingewiesen werden.
[2]) Stellenweise findet man das Pr. H. Verfahren auch außerhalb der Pr. H. St.-B.
[3]) Von den Abb. 5 und 6 zeigt 5 eine fernbediente Doppelweiche, bei der für beide

weichen. Für letztere ist besonders zu beachten, daß an Stellwerke angeschlossene doppelte Kreuzungsweichen regelmäßig von den beiden an einem Ende nebeneinander liegenden Zungenpaaren in der Grundstellung das eine auf den geraden Strang, das andere auf den krummen Strang gestellt zeigen (Parallelschaltung). Dies ist deshalb geboten, weil eine doppelte Kreuzungsweiche bei Verwendung als Schutzweiche, auf die man immer rechnen muß, die aus zwei einlaufenden Strängen kommenden Fahrten abweisen muß. So muß z. B. nach

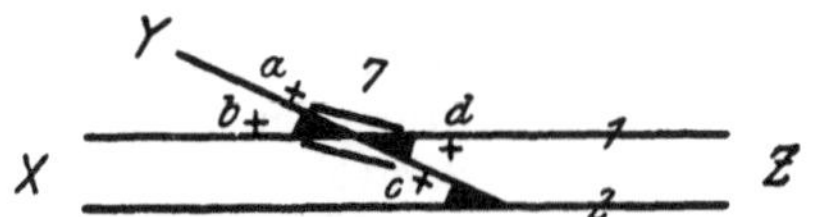

Abb. 10. Notwendigkeit der Parallelschaltung bei an Stellwerke angeschlossenen doppelten Kreuzungsweichen.

Abb. 10 eine Zugfahrt im Gleis 2 durch die doppelte Kreuzungsweiche 7 gegen Fahrten aus den Richtungen X (Gleis 1) und Y geschützt werden, wie dies bei den eingetragenen Grundstellungen der betreffenden Zungenpaare (7, a, b) auch geschieht. Während bei der für reine Handweichen [1]) zweckmäßigen Kreuzschaltung der doppelten Kreuzungsweichen entweder die beiden geraden Stränge, oder die beiden krummen Stränge gleichzeitig fahrbereit sind, ist bei einer an ein Stellwerk angeschlossenen und deshalb mit Parallelschaltung versehenen doppelten Kreuzungsweiche von den vier Wegen stets nur einer fahrbereit eingestellt, in Abb. 10 der Weg X Z (Gleis 1).

Früher hat man wohl vielfach bei einfachen Rechtsweichen oder Linksweichen ohne weiteres die Stellung auf den geraden Strang als Grundstellung behandelt. Abgesehen davon, daß dieses Verfahren bei den Zweibogenweichen und doppelten Kreuzungsweichen versagt, ist es zweckmäßig, sich die Wahl der Grundstellung in allen Fällen vorzubehalten. Bei manchen Weichen ist es geboten, als Grundstellung diejenige zu wählen, die beim versehentlichen Überfahren eines auf Halt stehenden Signals die geringere Gefahr herbeiführt. Im übrigen empfiehlt es sich, als Grundstellung diejenige zu wählen, aus der die Weiche möglichst wenig oft umgestellt zu werden braucht.

III. Die Signale zur Kennzeichnung der Wege für Züge und Verschiebefahrten in Deutschland.

A. Allgemeines.

Damit entsprechend der vorgeschriebenen Streckengleisbenutzung und den Zugfolgebestimmungen und entsprechend den Bahnhoffahrordnungen tatsächlich die Zugfahrten sicher verlaufen, und damit auch die Verschiebefahrten bei richtiger Weichenstellung und ohne sich gegenseitig und mit Zugfahrten zu gefährden, stattfinden können, werden in der Regel die Lokomotiv- (oder Motorwagen-) führer durch sichtbare Signale über die richtige Einstellung und das Freisein der von ihnen zu befahrenden Fahrstraße unterrichtet, bzw. es wird ihnen durch solche Signale Fahrterlaubnis gegeben. Die sichtbaren Signale stehen, soweit in der Fahrstraße Weichen liegen, oder, soweit in Nachbargleisen Schutzweichen vorhanden sind, mit den Weichen in gegenseitiger Abhängigkeit. Die Sicherheit der Zug- und Verschiebefahrten beruht hierbei allerdings darauf, daß der Lokomotivführer die Signale genau beobachtet und berücksichtigt. Auf Ergänzung oder Ersatz der Signale durch zwangsweise

Zungenpaare die Grundstellung auf das gerade Gleis stattfindet, Abb. 6 eine solche, bei der die Grundstellung für Weiche 9 das gerade, für Weiche 10 das gekrümmte Gleis fahrbar zeigt.

[1]) Durch Riegelung oder Weichenschlösser gesicherte Handweichen sind wie ferngestellte Weichen zu behandeln.

die Lokomotive zum Stillstand bringende Vorrichtungen, sowie auf zugefügte hörbare Signale oder sichtbare oder hörbare Signale auf der Lokomotive wird im VII. Kap. eingegangen werden.

Die hier in Rede stehenden sichtbaren Signale sind entweder Form- oder Farbsignale. Wo die Sichtbarkeit auf möglichst große Entfernung erforderlich ist, d. h. bei den Signalen für die Zugfahrten, werden wegen ihrer Erkennbarkeit auf große Entfernungen in allen Ländern bei Tage Formsignale[1]), bei Dunkelheit Farbsignale, d. h. erleuchtete Laternen mit farbiger Abblendung verwendet. Bei denjenigen Signalen, die nicht auf sehr große Entfernungen gesehen zu werden brauchen, d. h. bei den Signalen für die Verschiebefahrten, wendet man in Deutschland mit geringen Ausnahmen und zum Teil auch in anderen Ländern bei Tage und Dunkelheit dieselben Formsignale an, die durch mit Milchglas gefüllte Ausschnitte in schwarzen Laternenkasten oder durch schwarze Blenden vor weißen Milchglasflächen von Laternen oder unmittelbar durch die Form von mit Milchglas verglasten Laternen gebildet werden. Durch solche Maßnahme erhält man einen schärferen Unterschied zwischen den besonders wichtigen Signalen für Zugfahrten und den minder wichtigen Signalen für Verschiebefahrten, und schwächt nicht, was sonst der Fall ist, die Bedeutung der Farbsignale ab.

B. Signale für Zugfahrten in Deutschland (außer Bayern).

1. Hauptsignale. Ein an einem Fahrgleis auf der Strecke, am Bahnhofseingang, am Bahnhofsausgang, oder innerhalb eines Bahnhofs aufgestelltes Hauptsignal bildet die Grenze zwischen zwei Gleisabschnitten. Es zeigt an, ob der dahinterliegende Gleisabschnitt von dem Zuge, der sich dem Signal (der Grenze der Gleisabschnitte) nähert, befahren werden darf oder nicht. Nach der deutschen Signalordnung (S.O.) besteht das Hauptsignal in seiner nur diesem Zwecke dienenden Grundform (Abb. 11 – 14) aus einem Maste, an dem oben als Tagessignal ein vom Zug gesehen nach rechts weisender Flügel, als Dunkelheitssignal eine Laterne angebracht ist. Wagerechter Flügel (Abb. 11, bei Tage), bzw. rotes Licht (Abb. 13, bei Dunkelheit) bedeuten „Halt“. Schräg aufwärts (etwa unter 45⁰) weisender Flügel (Abb. 12, bei Tage), bzw. grünes Licht (Abb. 14, bei Dunkelheit) bedeuten „Fahrt frei“ für den hinter dem Signal beginnenden Gleisabschnitt.

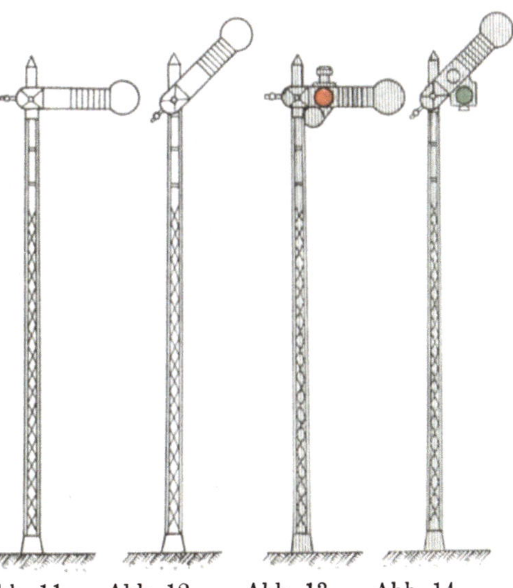

Abb. 11.   Abb. 12.   Abb. 13.   Abb. 14.

Abb. 11—14.   Deutsches einflügliges Hauptsignal.

Will man in solchen Fällen, wo in dem hinter dem Signal beginnenden Gleisabschnitt die Fahrstraße sich verzweigt, dem Lokomotivführer nicht nur zu erkennen geben, ob er weiterfahren darf, oder nicht, sondern ihm auch Gewißheit darüber verschaffen, welcher der verschiedenen Wege für ihn eingestellt ist, so wird das eben besprochene Signal durch Hinzufügung

---

[1]) Neuerdings werden in besonderen Fällen auf manchen Nahbahnsystemen auch bei Tage Lichtsignale verwendet.

eines zweiten Flügels bzw. einer zweiten Laterne oder auch eines zweiten und dritten Flügels, bzw. einer zweiten und dritten Laterne ergänzt. Bei Haltstellung unterscheidet sich das Signal weder bei Tage noch bei Dunkelheit von

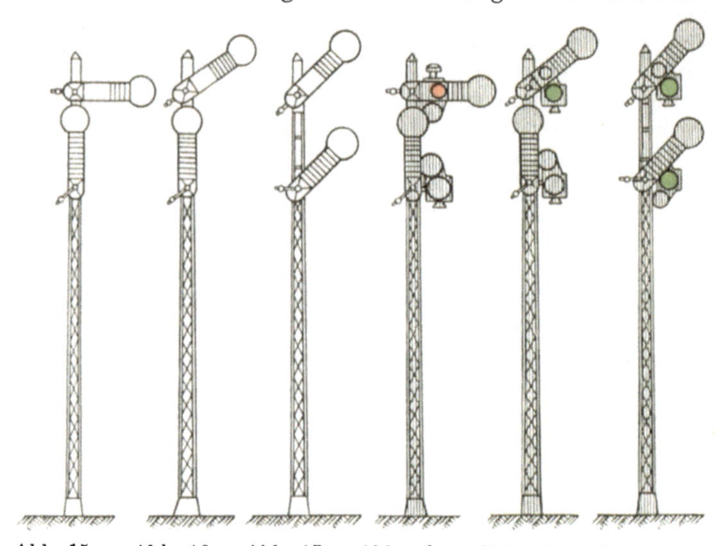

Abb. 15.   Abb. 16.   Abb. 17.   Abb. 18.   Abb. 19.   Abb. 20.

Abb. 15—20.   Deutsches zweiflügliges Hauptsignal.

demjenigen mit einem Flügel, bzw. einer Laterne, indem (Abb. 15, 21) die ferneren Flügel sich bei Haltstellung senkrecht am Mast befinden, und für

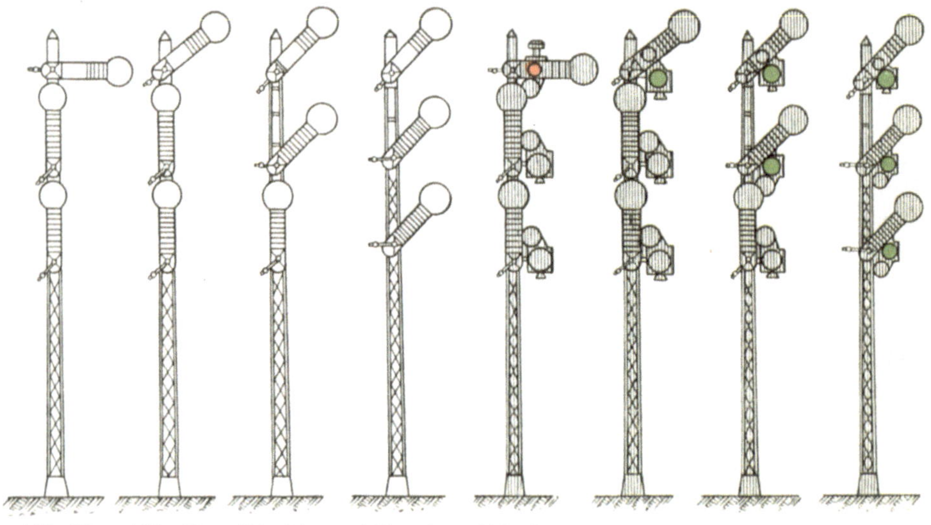

Abb. 21.   Abb. 22.   Abb. 23.   Abb. 24.   Abb. 25.   Abb. 26.   Abb. 27.   Abb. 28.

Abb. 21—28.   Deutsches dreiflügliges Hauptsignal.

das Auge des Lokomotivführers vom Mast gedeckt werden, und indem (Abb. 18, 25) bei Dunkelheit die zweite (und dritte) Laterne abgeblendet ist. Ebenso unterscheidet sich das Signal „Fahrt frei" für das durchgehende Gleis (Abb. 16, 22, 19, 26) nicht von dem nach Abb. 12, 14. Fahrt frei für ein abzweigendes Gleis, bzw. für ein anderes abzweigendes Gleis wird dagegen bei Tage durch zwei, bzw. drei Flügel (Abb. 17, 23, 24) und bei Dunkelheit durch zwei- bzw. drei grüne Lichter übereinander (Abb. 20, 27, 28) gegeben. Wo bei Dunkelheit nach rückwärts kenntlich gemacht werden soll, daß die Signallaternen brennen, zeigen sie nach rückwärts weißes oder mattweißes Sternlicht[1]) (S.O.A.B. 50). Wo dagegen über diesen Zweck hinaus die Stellung eines Hauptsignals bei Dunkelheit auch nach rückwärts erkennbar gemacht werden soll, und zwar ist dies die Regel, zeigen die dem Zuge entgegen rot leuchtenden oder abgeblendeten Laternen nach rückwärts volles weißes oder volles mattweißes Licht, die dem Zuge entgegen grün leuchtenden Laternen nach rückwärts weißes oder mattweißes Sternlicht[1]) (S.O.A.B. 50, Abs. 2). In der S.O. führt das Haltsignal (Abb. 11, 13, 15, 18, 21, 25) die Nummerbezeichnung 7, das Fahrsignal (die übrigen Abbildungen) die Nummerbezeichnungen 8a, 8b, 8c, je nachdem das Signalbild einen, zwei oder drei Flügel, bzw. ein grünes Licht oder zwei oder drei grüne Lichter zeigt.

Grundsatz ist hiernach, daß für jedes Gleis aus dem ein Zug kommt, auch wenn dieses Gleis sich weiterhin verzweigt, nur ein (nach Bedarf zwei- oder dreiflügliges) Hauptsignal aufzustellen ist, und zwar im Falle der Ver-

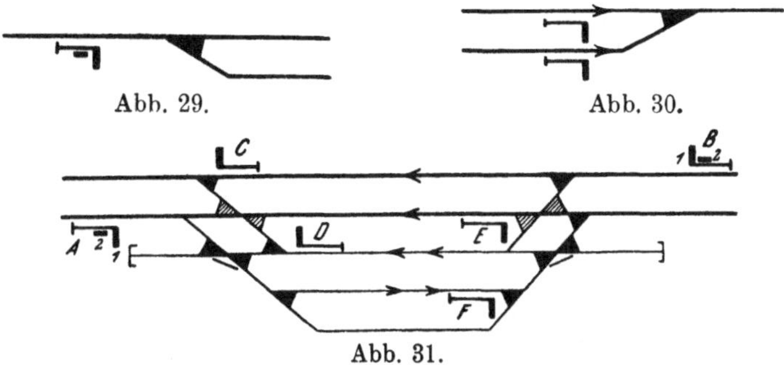

Abb. 29.   Abb. 30.

Abb. 31.

Abb. 29—31. Aufstellung der Hauptsignale.

zweigung vor dem Verzweigungspunkte (Abb. 29, 31). Dagegen erhält folgerichtig bei zusammenlaufenden Hauptgleisen jedes einzelne dieser Hauptgleise ein Hauptsignal vor der Vereinigungsstelle (Abb. 30, 31). Manche deutschen Eisenbahnen lassen von dieser Regel Abweichungen zu, was aber als folgewidrig nicht zu empfehlen ist.

Bis zum 31. Dezember 1892 konnte man auf den deutschen Eisenbahnen mit den Hauptsignalen den Zügen nicht nur Fahrterlaubnis an sich geben, sondern auch zum Ausdruck bringen, ob diese Fahrterlaubnis unbedingt war, oder ob sie unter der Bedingung der Vorsicht erteilt wurde, d. h. nur mit ermäßigter Fahrgeschwindigkeit benutzt werden durfte. Weißes Licht bedeutete unbedingte Fahrterlaubnis, grünes Licht Vorsicht, langsam fahren. Um das weiße Licht, das der Gefahr der Verwechslung mit anderen Lichtquellen ausgesetzt ist, beseitigen zu können, hat man vom 1. Januar 1893 ab diese Unterscheidung aufgegeben, so daß seitdem das grüne Licht Fahrterlaubnis schlechthin bedeutet. Nur mittelbar wird dem Lokomotivführer durch das Erscheinen zweier oder dreier Flügel bzw. Laternen die Einhaltung einer mäßigen Geschwindigkeit vorgeschrieben, weil er aus diesen Signalbildern ersieht, daß er bei einer Gleisverzweigung abgelenkt wird. Für andere Fälle der erforderlichen Geschwindig-

---

[1]) Weißes Sternlicht, d. h. Fensterglas mit Lochblende, kann unter Umständen mit vollem weißen Licht verwechselt werden. Auch setzt das Blendenloch sich bei Schneewetter leicht zu. Die Pr.H.St.B. bilden daher mattweißes Sternlicht mittels Milchglasblende von 70 bis 100 mm Durchmesser.

keitsermäßigung versagt dieses Mittel. Wegen der deshalb als Ersatzmittel verwendeten festen Geschwindigkeitstafeln s. S. 21.

Die Hauptsignale werden[1]) (B.O. § 21, S.O.A.B. 45, T.V. § 144,₂), je nach der betrieblichen Bedeutung der Gleisabschnitte, an deren Trennpunkten sie stehen, verwendet (über ihre Darstellung in den Gleisplanskizzen s. V. Kap., I, A.):

1. Als Einfahrsignale von Bahnhöfen ($A^{1/2}$, $B^{1/2}$, in Abb. 31).
2. Als Ausfahrsignale von Bahnhöfen (C, D, E, F, in Abb. 31).
3. Als Blocksignale an Blockstellen (Abb. 32, s. auch S. 4).
4. Als sonstige Deckungssignale vor Gefahrpunkten, wie Bahnkreuzungen in Schienenhöhe, beweglichen Brücken, Gleisabzweigungen.

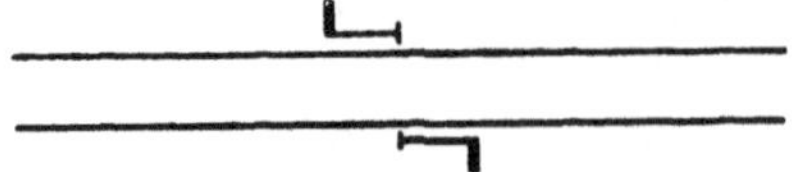

Abb. 32.   Blocksignale an Blockstellen.

Außerdem verwenden einzelne deutsche Eisenbahnverwaltungen die Hauptsignale:

5. Als Wegesignale (S.O.A.B. 45). Namentlich die Pr.H.St.B. haben seit lange Wert darauf gelegt, bei sich verzweigenden Fahrstraßen, wie sie namentlich für Einfahrten besonders häufig vorkommen, dem Lokomotivführer mit Erteilung der Fahrterlaubnis zugleich die für ihn eingestellte Fahrstraße genau bekannt zu geben. Sobald das Gleis, aus dem der Zug sich dem betreffenden Hauptsignal nähert, sich jenseits des Hauptsignals in mehr als drei Wege verzweigt, reicht aber die durch Hinzufügung von weiteren Flügeln bzw. Laternen in der Signalordnung vorgesehene Kenn-

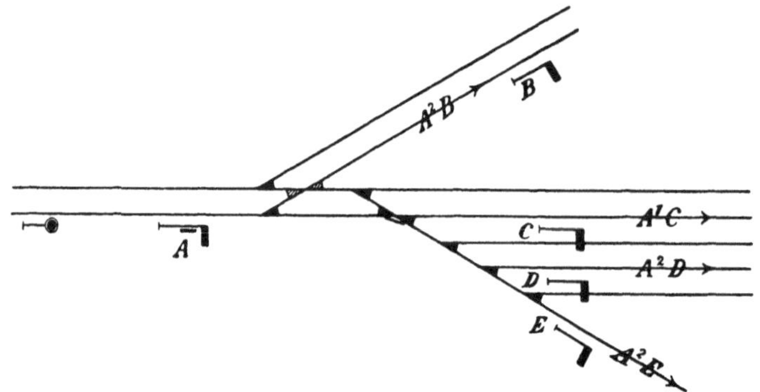

Abb. 33.   Einflüglige Wegesignale in Querreihe.   (Entn. der A. f. Est. § 25.)

zeichnung der Fahrwege nicht mehr aus; man stellt dann hinter dem vor der Verzweigungsstelle stehenden Hauptsignal fernere Signale (Wegesignale) auf, die entweder als einflüglige Signale nach Abb. 33 hinter der Verzweigungsstelle angeordnet sind oder nach Abb. 34 als einzelne zwei- oder dreiflüglige Signale jenseits der ersten Verzweigungsstelle vor weiteren Verzweigungsstellen ihren Platz finden. Zwischen dem eigentlichen Hauptsignal und den Wegesignalen besteht die Abhängigkeit, daß das Hauptsignal erst auf Fahrt gestellt werden kann, nachdem das der jeweilig eingestellten Fahrstraße entsprechende Wegesignal auf Fahrt gestellt ist. Dagegen soll die Rückstellung in beliebiger Reihenfolge möglich sein. Daß hierbei für aus einem Gleis kommende Fahrten mehrere Signalmaste aufgestellt werden und daß diese zum Teil jenseits der

---

[1]) Nach B.O. § 21 (wörtlich fast ebenso nach T.V. § 144) sind auf Hauptbahnen die Bahnhöfe, auf Nebenbahnen die Kreuzungsstationen von Bahnstrecken, die mit mehr als 40 km Geschwindigkeit befahren werden (Kreuzungsstationen anderer Strecken eventuell aus Rücksichten der Landesverteidigung) mit Einfahrsignalen, nur auf Hauptbahnen Bahnhöfe mit Ausweichgleisen mit Ausfahrsignalen zu versehen. Deckungssignale sind vor beweglichen Brücken, schienengleichen Bahnkreuzungen, außerhalb der Bahnhöfe liegenden unverschlossenen Weichen aufzustellen.

Verzweigungsstellen stehen, ist nicht folgerichtig. Man kommt daher auch auf den Pr.H.St.B. von dieser Art der Signalisierung bei neueren Anlagen zurück und begnügt sich damit, bei Erteilung der Fahrterlaubnis dem Lokomotivführer lediglich mittels eines zweiflügligen Signals anzuzeigen, ob diese für das durchgehende Gleis oder für irgendein abzweigendes Gleis gilt. Auf anderen deutschen Bahnen hat man von vornherein von Wegesignalen gar keinen, von dreiflügligen Signalen gleichfalls gar keinen oder nur einen

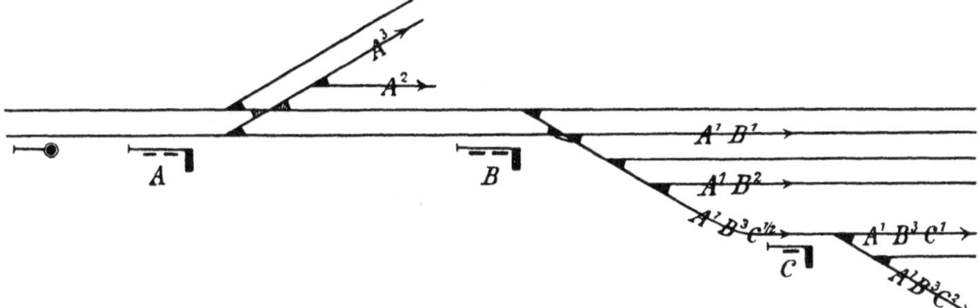

Abb. 34. Einzelnes zwei- oder dreiflügliges Signal als Wegesignal. (Entn. der A. f. Est. § 25.)

geringen Gebrauch gemacht. Dabei muß man allerdings den Nachteil in Kauf nehmen, daß der Lokomotivführer nicht kontrollieren kann, ob für ihn die richtige Fahrstraße eingestellt ist, woraus sich Betriebsunregelmäßigkeiten ergeben können.

Laufen zwei oder mehrere Bahnstrecken in einen Bahnhof, so erhält nach obigem jede ihr besonderes Einfahrsignal (Abb. 35), wobei diese Hauptsignale, um Verwechselungen auszuschließen, möglichst nebeneinander in rechtwinklig oder schräg zur Bahnrichtung stehender Reihe aufgestellt werden. Ebenso erhält jedes in einem Bahnhof liegende Hauptgleis, aus dem nach einer Strecke

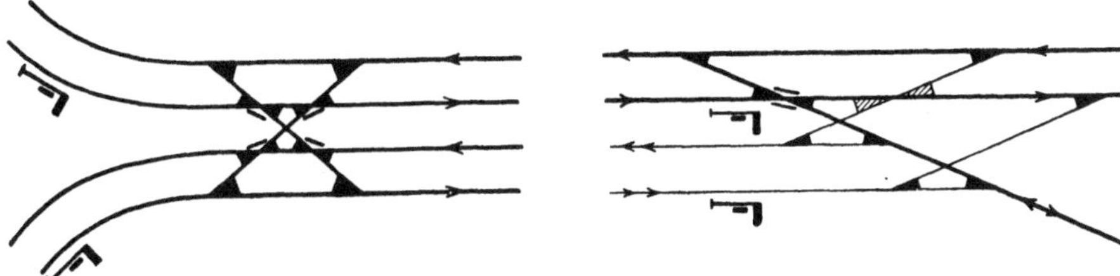

Abb. 35. Einfahrsignale für zwei ein-
laufende Bahnstrecken.

Abb. 36. Zweiflüglige Ausfahrsignale.

ausgefahren werden kann, nach obigem ein besonderes Ausfahrsignal (Abb. 31). Letzteres ist, wenn nach zwei oder mehr Strecken ausgefahren werden kann (Abb. 36), zwei- oder dreiflüglig. Für die Aufstellung mehrerer Ausfahrsignale gilt dieselbe Regel, wie vor, bei deren Befolgung man aber bisweilen auf Schwierigkeiten stößt, weil man auch anstreben muß, die nutzbare Länge der Bahnhofsgleise ausreichend groß zu machen[1]).

Man stellt ein Hauptsignal grundsätzlich möglichst rechts von dem Haupt-

---

[1]) Auf den Pr. H. St. B. stellt man u. U., um bei mehreren nebeneinanderliegenden, in gleicher Richtung befahrenen Gleisen erkennbar zu machen, für welches Gleis eines der dort stehenden Hauptsignale gilt, an einem nicht mit Hauptsignal ausgerüsteten Gleise einen sog. Erkennungsmast auf, der keine Signalflügel, aber bei Dunkelheit eine weißleuchtende Laterne erhält (S.O.A.B. 45).

gleis auf, für das es gilt, oder, mittels Brücke oder Kragarm (Abb. 37, 38) über der Mitte des Hauptgleises.

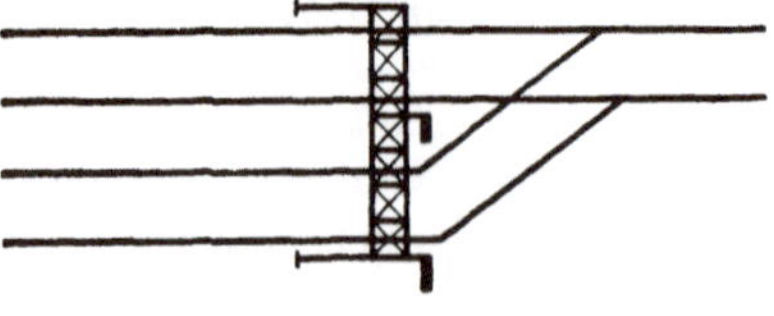

Abb. 37.   Signalbrücke.

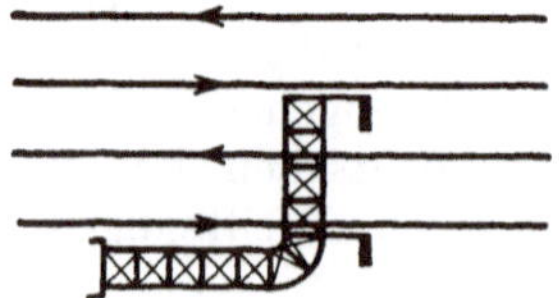

Abb. 38.   Kragarm als Signalträger.

2. Vorsignale (S.O. 9, 10). Um ein Überfahren eines Hauptsignals bei unübersichtlicher Bahnstrecke, bei Nebel oder sonst unsichtigem Wetter zu verhüten, kündigt man nach Bedarf seine Stellung durch ein Vorsignal an, das in einer gewissen Entfernung vor dem Hauptsignal aufgestellt ist. Das Vorsignal hat zwei verschiedene Stellungen:

Signal 9. „Am Hauptsignal ist die Stellung ‚Halt‘ zu erwarten": Bei Tage dem Zuge entgegen eine runde gelbe Scheibe mit schwarzem Ringe und weißem Rande (Abb. 39,), bei Dunkelheit dem Zug entgegen zwei gelbe Lichter in schräger Stellung (nach rechts steigend, Abb. 40).

Signal 10. „Am Hauptsignal ist die Stellung ‚Fahrt frei‘ zu erwarten":

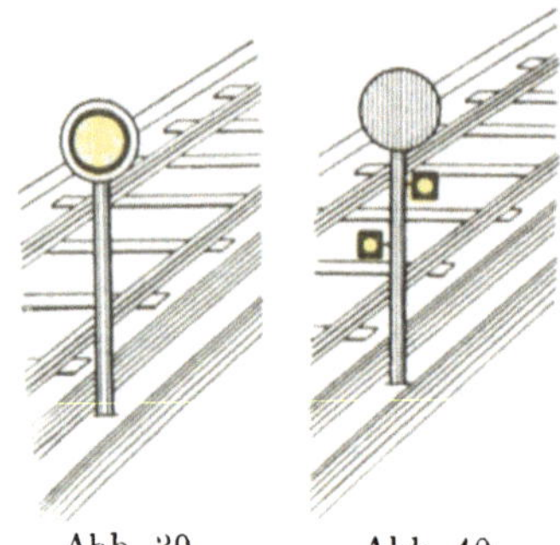

Bei Tage dem Zuge entgegen die schmale Ansicht der gedrehten Scheibe (Abb. 41), bei Dunkelheit dem Zuge entgegen zwei grüne Lichter in schräger Stellung (nach rechts steigend, Abb. 42). Um nach rückwärts kenntlich zu machen, daß die Signallaternen brennen, zeigen sie auch nach rückwärts Licht; um aber auch die Stellung des Vorsignals nach rückwärts erkennbar zu machen, zeigt die Laterne rechts oben nach rückwärts bei Signal 9 volles weißes oder volles mattweißes Licht, bei Signal 10 Sternlicht[1]); die Laterne links unten (rückwärts ohne bewegliche Blende) zeigt nach rückwärts stets Sternlicht.

Abb. 39.   Abb. 40.

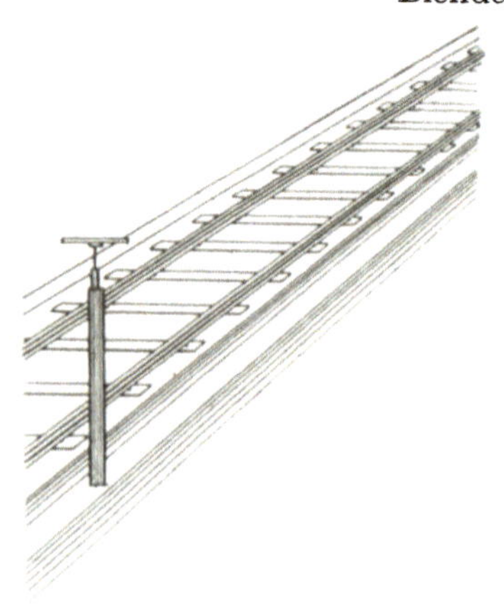

Abb. 41.

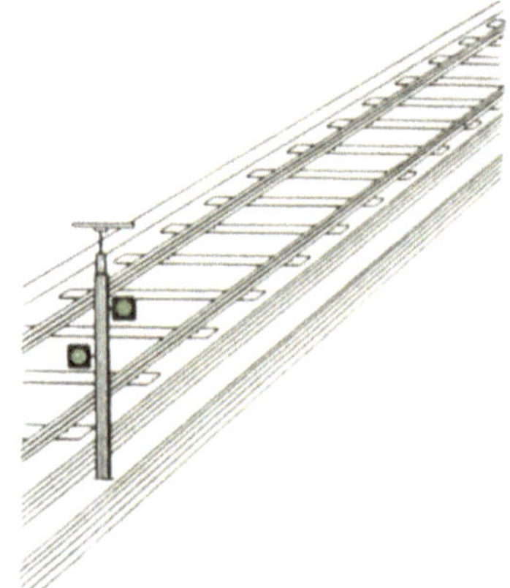

Abb. 42.

Abb. 39—42.   Deutsches Vorsignal.

Die Signale sind durch eine Abänderung von 1910 der vom 1. August 1907 gültigen Signalordnung vorgeschrieben, die bis zum Schlusse des Jahres 1919

---

[1]) S. Fußnote 1, S. 11.

auf allen deutschen Bahnen eingeführt werden sollte. Nach der Signalordnung von 1907 zeigt Signal 9 dem Zuge entgegen bei Tage eine grün mit weißem Rande gestrichene runde Scheibe, bei Dunkelheit grünes Licht, Signal 10 bei Tage die schmale Ansicht der gedrehten Scheibe, bei Dunkelheit weißes Licht. Nach S.O.A.B. 56 stimmen die Rücklichter bei Signal 9 und 10, bzw. mit denen bei Signal 7 und 8 überein. Nach S.O.A.B. 54 ist das Vorsignal mit dem zugehörigen Hauptsignal so verbunden, daß entweder beide Signale die Stellung gleichzeitig ändern, oder daß Signal 10 erst gegeben werden kann, wenn das Hauptsignal zuvor auf Fahrt (Signal 8) gestellt worden ist, und daß Signal 9 gegeben werden muß, bevor das Hauptsignal auf Halt (Signal 7) zurückgestellt werden kann. Nach B.O. § 21,10 (auch S.O.A.B. 53) stehen die Vorsignale stets auf der rechten Seite der zugehörigen Gleise. Die Scheibe soll sich möglichst in Augenhöhe des Lokomotivführers befinden (vgl. III. Kap., II, C, 1). Bisweilen zwingt der zu geringe Abstand zweier Gleise, zwischen denen ein Vorsignal aufzustellen ist, dazu, das Vorsignal in etwas größerer Höhe an einer Signalbrücke oder einem Kragarm hängend anzubringen (Abb. 43,

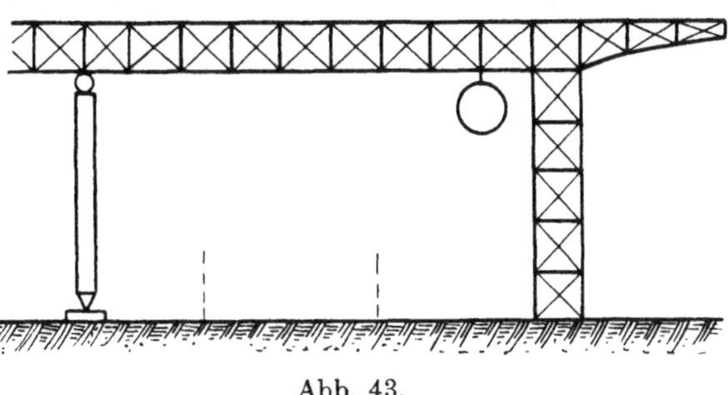

Abb. 43.

Abb. 43, 44. Vorsignale hängend an Signalbrücke oder Kragarm.

44.) Um einem Übersehen der Vorsignale vorzubeugen, stellen die Pr.H.St.B. und nach ihrem Vorgange andere Bahnen davor feste, eigenartig schwarz und weiß gestrichene Tafeln auf (Abb. 45). Statt dessen wird auf den Bad.Stb. der aus 2⌜-Eisen gebildete Mast des Zweilichtvorsignals an der dem Zuge zugewendeten Seite mit Blech verkleidet, das in den Farben der Signalscheibe (gelb und weiß) stufenweise abwechselnd gestrichen wird. Zu solchen künstlichen Ergänzungen hat man sich entschlossen, weil das Vorsignal bei Tage kein Fahrbild zeigt. Besser ist daher das Vorsignal der Bayer.Stb. (S. 23), das auch den ferneren Mangel des deutschen Vorsignals vermeidet, daß es in Warnstellung bei Tage von vorn und hinten (abgesehen von dem Anstrich, der aber bei manchen Beleuchtungszuständen schlecht erkennbar sein kann) dasselbe Bild zeigt.

Vorgeschrieben ist (durch B.O. § 21,9; ähnlich T.V. § 144,6, nicht bindend), die Hinzufügung von Vorsignalen nur für Einfahrsignale, Blocksignale, Deckungssignale der beweglichen Brücken, der außerhalb der Bahnhöfe gelegenen Bahnkreuzungen und

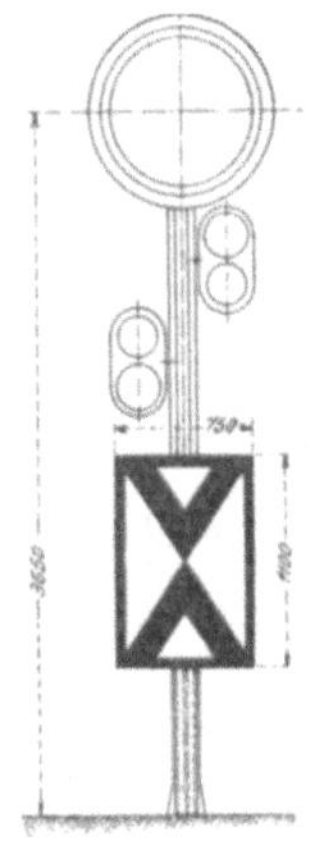

Abb. 45.

unverschlossenen Weichen. Inwieweit auch die Ausfahrsignale mit Vorsignalen zu verbinden sind, soll (B.O. § 21, 9) die Landesaufsichtsbehörde bestimmen. In immer steigendem Maße werden aber nach dem Vorgange der süddeutschen Bahnen auch die Ausfahrsignale solcher Bahnhöfe in Durchgangsform, auf denen Schnellzüge ohne Halt durchfahren, mit Vorsignalen ausgerüstet, die entweder an den Einfahrsignalmasten, oder in ihrer Nachbarschaft angeordnet werden[1]), so daß der Lokomotivführer bei der Einfahrt erkennt, ob er durchfahren darf, oder ob er im Bahnhofe zu halten hat. Im übrigen richtet sich der Abstand des Vorsignals von dem Hauptsignal, zu dem es gehört, nach den Neigungs- und sonstigen örtlichen Verhältnissen und nach der größten Zuggeschwindigkeit (vgl. V. Kap., II, A). Der Lokomotivführer soll imstande sein, vom Vorsignal bis zum Hauptsignal den Zug zum Stehen zu bringen. Die Freistellung des Vorsignals gibt dem Lokomotivführer keinen Aufschluß darüber, ob er am Hauptsignal Fahrterlaubnis für das durchgehende Gleis oder für ein abzweigendes Gleis erhalten wird. Versuche, diesen Mangel zu beheben, sind im Gange. Es ist zu betonen, daß das Vorsignal nur eine Ankündigung des Hauptsignals ist und keine selbständige Bedeutung hat.

C. Signale für Verschiebefahrten in Deutschland (außer Bayern[2]).

Für Verschiebefahrten kann man ebenso, wie für Zugfahrten, Signale (Verschiebesignale) verwenden, deren Fahrtstellung durch die vorhandenen Abhängigkeiten gewährleistet, daß alle in der zu befahrenden Fahrstraße liegenden Weichen richtig eingestellt sind. Auf dieses in England und einer Reihe anderer Länder übliche Verfahren wird im VII. Kap. eingegangen werden. In Deutschland, Österreich, Ungarn, der Schweiz (ebenso in Rußland, den Balkanstaaten, den nordischen Ländern) signalisiert man statt dessen die Stellung jeder einzelnen Weiche durch ein mit der Stellvorrichtung der Weiche unmittelbar verbundenes Signal. Da man bei dieser Signalisierungsart nicht in der Lage ist, eine Verschiebefahrt, die eine Zugfahrt gefährden könnte, durch Signalausschluß[3]) zu verbieten, so bilden eine notwendige Ergänzung dieser Signalisierungsart Verschiebeverbotsignale (Gleissperrsignale), die an den Stellen, wo Zugfahrten durch Verschiebebewegungen gefährdet werden könnten, diesen Halt gebieten.

1. Die Weichensignale sind rechteckige Kastenlaternen, die das Signalbild als mit Milchglas verglasten Ausschnitt in der schwarz gefärbten Blechwand der Laterne, also bei Tage und Dunkelheit dasselbe Bild zeigen. Die dem Umstellen der Weichen entsprechenden Signaländerungen geschehen durch Drehen des Laternenkastens um eine lotrechte Achse um 90°, so daß dann beiden Gleisrichtungen eine andere Laternenseite als vorher zugekehrt ist.

Signal 12. Die Weiche steht auf den geraden Strang (bei Bogenweichen auf den weniger gekrümmten): Nach beiden Richtungen eine rechteckige weiße Scheibe (Abb. 46).

---

[1]) Auf den Pr.H.St.B. wird es als unerwünscht betrachtet, das Ausfahrvorsignal am Einfahrmast anzubringen oder neben diesem aufzustellen, wenn abzweigende Züge an diesem Vorsignal in Warnstellung vorbeifahren müßten. Diesem Bedenken zufolge wird daher eine Stellung des Ausfahrvorsignals jenseits der Spaltungsweiche bevorzugt, selbst wenn deshalb der Abstand zwischen Ausfahrsignal und Ausfahrvorsignal bis auf 300 m verringert werden muß.

[2]) Auf den übrigen süddeutschen Staatsbahnen verschwinden die früher dort eingeführten bayerischen Weichensignale allmählich (so auf den Bad.Stb. noch etwa zur Hälfte vorhanden), ebenso auf den Sächs.Stb. die besonderen Weichensignale dieser Verwaltung (nur noch in Nebengleisen vorhanden).

[3]) S. II. Kap. und folgende.

Signal 13. Die Weiche steht auf den krummen Strang (bei Bogenweichen auf den stärker gekrümmten):

a) gegen die Weichenspitze gesehen: Ein die Richtung der Ablenkung anzeigender Pfeil (Abb. 47, a);

b) vom Herzstück aus gesehen: eine kreisrunde weiße Scheibe (Abb. 47, b).

Abb. 46.   Abb. 47 a.   Abb. 47 b.   Abb. 47 c.   Abb. 47 d.   Abb. 48.

Abb. 46—48. Deutsche Weichensignale.

Die Pr.H.St.B. verwenden indessen bei zweiseitigen Weichen (S.O.A.B. 62) gegen die Weichenspitze gesehen bei beiden Stellungen das Signal 13 a mit nach rechts, bzw. links weisendem Pfeil und statt des Signals 13 b, wenn die Ausfahrt geöffnet ist:

1. aus dem linksseitigen Gleis die Form Abb. 47 c.

2. aus dem rechtsseitigen Gleis die Form Abb. 47 d.

Ferner verwenden die Pr.H.St.B. (S.O.A.B. 61) für doppelte Kreuzungsweichen mit Kreuzschaltung an jedem Ende nur einen Laternenkasten, der für die geraden Fahrten in beiden Richtungen das Signal 12, wenn dagegen die Einfahrt in die beiden gekrümmten Gleise geöffnet ist, gegen die Weichenspitze gesehen einen weißen Doppelpfeil auf schwarzem Grunde zeigt (Signal 13 c, Abb. 48), von hinten gesehen das Signal 13 b. Werden alle vier Zungenpaare solcher Weichen durch einen Hebel gestellt, so ist nur eine Kastenlaterne vorhanden, die in beiden Richtungen im ersteren Falle das Signal 12, im zweiten Falle das Signal 13 c zeigt.

Abb. 49. Laternenkasten des Cauerschen (A.E.G.) Weichensignals für doppelte Kreuzungsweichen.

Doppelte Kreuzungsweichen mit Parallelschaltung, wie sie bei Stellwerksanschluß erforderlich sind (S. 8), erhalten vier Weichensignale, für jedes Zungenpaar eines. Doch findet sich bei mehreren deutschen Verwaltungen[1]), teils eingeführt, teils im Versuchszustande, das in Abb. 49/54 dargestellte und

Abb. 50. Gerade Fahrt von rechts vorn nach links hinten durchkreuzend.

Abb. 51. Krumme Fahrt links um die Ecke.

Abb. 52. Gerade Fahrt von links vorn nach rechts hinten durchkreuzend.

Abb. 53. Krumme Fahrt rechts um die Ecke.

Abb. 50—53. Stellungen des Cauerschen (A.E.G.) Weichensignals für doppelte Kreuzungsweichen.

---

[1]) Ferner eingeführt in Dänemark und Schweden, und stellenweise schon vor dem Kriege verwendet in Rußland.

erläuterte vom Verfasser (angeregt durch das bayerische Signal, S. 25) angegebene und von der A.E.G. hergestellte Signal (Stellwerk 1911, S. 21—23),

Abb. 54.   Einbau-Beispiel des Cauerschen (A.E.G.) Weichensignals.

bei dem an einem feststehenden Laternenkasten durch je zwei Stellungen zweier Blenden alle vier möglichen Fahrten signalisiert werden. Abb. 49 zeigt den Laternenkasten ohne Blenden. Vier kreuzweis angeordnete, mit Milchglas gefüllte Ausschnitte der Laternenwand (Lichtbalken) geben bei Tage und bei Dunkelheit ein Bild der Kreuzungsweiche. Aus Abb. 50—53 ist ersichtlich, wie durch zwei drehbare Blenden, die je einen Lichtbalken zudecken, je nach ihrer Stellung, der jeweils fahrbare der 4 Wege erkennbar gemacht wird. Abb. 54 gibt ein Einbau-Beispiel. In diesem zeigt das mittelste Signal, wie bei ungenauer Zungenstellung als deutliches Störungsbild drei Lichtbalken erscheinen. Auf den Pr.H.St.B. wird ferner versuchsweise noch ein anderes, von Hoogen angegebenes und von Siemens & Halske hergestelltes Signal (Stellwerk 1913, S. 41, 49 — 1916, S. 153, Abb. 55 und 56 a—d) verwendet, bei dem gleichfalls durch je zwei Stellungen zweier Blenden vier, zu je zwei symmetrische, Signalbilder erzeugt werden. Während bei dem Signal des Verfassers davon ausgegangen ist, daß die hier jedesmal anzuzeigende Fahrt durch zwei Weichen

Abb. 55.   Hoogensches (S. u. H.) Weichensignal für doppelte Kreuzungsweichen.

durch ein von den sonstigen Weichensignalen deutlich unterschiedenes Bild gekennzeichnet werden müsse, ist das Hoogensche Signal im Gegensatz hierzu aus dem Bestreben entstanden, keine neuen Signalbilder einzuführen, was dann freilich durch Hinzufügung von je einem Lichtpunkt zu den Signalen 12 und 13 doch geschehen ist, nur in weniger deutlicher Weise[1]). Als Vorteil des Hoogenschen Signals wird angeführt, daß es ohne Umänderung der Signalbilder auch für einfache Kreuzungsweichen und für doppelte Kreuzungsweichen mit Kreuzschaltung verwendet werden kann (Stellwerk 1916, S. 158).

Abb. 56a. Gerade Fahrt von rechts vorn nach links hinten durchkreuzend.

Abb. 56b. Krumme Fahrt links um die Ecke.

Abb. 56c. Gerade Fahrt von links vorn nach rechts hinten durchkreuzend.

Abb. 56d. Krumme Fahrt rechts um die Ecke.

Abb. 56a—d. Stellungen des Hoogenschen (S. u. H.) Weichensignals für doppelte Kreuzungsweichen.

2. Verschiebeverbotsignale (Gleissperrsignale). Soweit Gefährdungen von Zugfahrten durch Verschiebefahrten nicht durch abweisende Weichen oder Gleissperren verhindert werden, begnügt man sich als Schutzmittel häufig mit dem Erscheinen der betreffenden Fahrsignale, aus denen dann das ortskundige Verschiebepersonal ersehen kann, daß in das betreffende Gleis nicht hinein verschoben werden darf. Wo indessen die Fahrsignalmaste weit entfernt stehen, oder wo ein Fahrsignal über das vom Zuge befahrene Gleis keinen zweifelsfreien Aufschluß gibt, sind als Ergänzung der Weichensignale Verschiebeverbotsignale erforderlich.

Ein Verschiebeverbotsignal ist gleichwohl auf den deutschen Eisenbahnen erst durch die Signalordnung von 1907 in Gestalt des Gleissperrsignals 14 nach bayerischem Vorbild eingeführt. Dieses Signal (Abb. 57), eine Kastenlaterne, zeigt bei Tage und bei Dunkelheit in kreisrunder weißer Milchglasfläche einen wagerechten schwarzen Strich. Nach S.O.A.B. 64 dient dieses Signal in erster Linie als Fahrverbot bei Stumpfgleisabschlüssen, Gleissperren, Entgleisungsweichen, Brückenwagen, Drehscheiben u. dgl. In erheblichem Umfange wird es aber (gemäß S.O.A.B. 64, Abs. 2) auch als Verschiebeverbotsignal verwendet. Wo es für notwendig erachtet wird, durch ein Signal zu kennzeichnen, daß die Sperrung des Gleises aufgehoben ist, zeigt nach S.O.A.B. 66 die Kastenlaterne das Bild des Signals 12 (Abb. 46). Statt dessen wird indessen seit 1913 auf den Pr.H.St.B.[2]) für Neubeschaffungen die Aufhebung der Gleissperrung (des Verschiebeverbots) durch das neu geschaffene Signal 14a gekennzeichnet. Dieses zeigt (Abb. 58) in der Fahrrichtung gesehen einen schwarzen Strich unter einem Winkel von etwa 45° schräg aufwärts nach rechts auf kreisförmigem weißen Grunde. Soll nach rückwärts kenntlich gemacht werden, daß die Laterne brennt, so zeigt (auf den Pr.H.St.B.) die Rückseite nach S.O.A.B. 65 mattweißes Sternlicht. Wo indessen das Signal 14 in 14a verstellbar ist, zeigt (nach S.O.A.B. 66) die Rückseite zwei runde weiße Punkte (bei Dunkelheit mattweiße Sternlichter), die, wenn von vorn Signal 14 zu sehen ist, wagerecht nebeneinander stehen, wenn dagegen Signal 14a zu sehen ist, schräg aufwärts nachs recht unter einem Winkel von etwa 45° stehen.

Abb. 57. Abb. 58.

Deutsches Gleissperrsignal 14 u. 14a.

---

[1]) In der „Lokomotivtechnik" (neue Folge der Zeitschr. f. Lok.-Führer 1919, S. 6) wird dem Signal des Verf. der Vorzug gegeben, weil bei ihm das Erkennen des Zeichens (das den Fahrweg bildlich darstellt) sich mit der Auslösung des entsprechenden Willensaktes beim Lokomotivführer nahezu deckt, während das Hoogensche Signal mit unterschiedlichen Bildern arbeitet, die dem Gedächtnis einverleibt werden müssen und daher vergessen oder verwechselt werden können.

[2]) Auch auf den Sächs.Stb. in Aussicht genommen, ebenso auf den Bad.Stb. in besonderen Fällen.

Da bis 1907 die S.O. kein Verschiebeverbotsignal enthielt, so hat man diesem Mangel auf manchen deutschen Bahnen, so namentlich auf den Pr.H.St.B., durch die Verwendung des Signales 6 b für diesen Zweck abgeholfen. Dieses zeigt bei Tage (Abb. 59 a) in der Fahrrichtung gesehen eine rechteckige rote, weißgeränderte Scheibe, bei Dunkelheit (Abb. 59, b) eine rot leuchtende Laterne. Dieses Signal dient eigentlich dazu, um, indem es auf zugespitzter Stange angebracht in die Bettung gesteckt wird, an beliebiger Stelle der Strecke ein Haltzeichen zu geben. Bei der hier besprochenen Verwendung aber wird es standfest und um seine Tragstange drehbar gemacht. Bei Aufhebung des Verschiebeverbots sieht man dann bei Tage die schmale Ansicht der um 90° gedrehten Scheibe (wenig deutlich), bei Dunkelheit ein kleines weißes Licht.

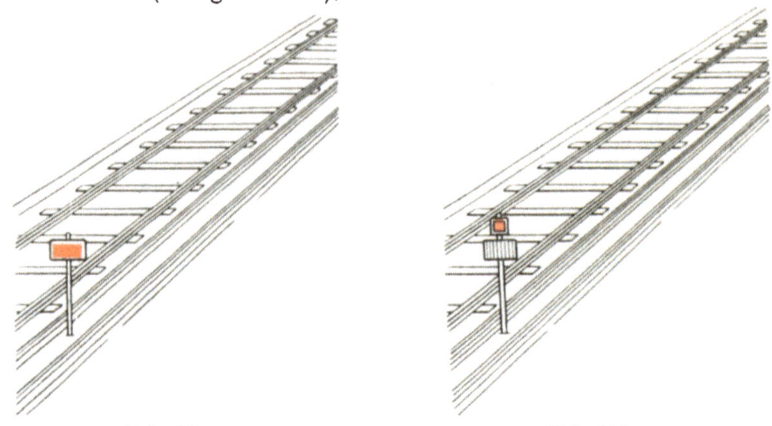

Abb. 59 a.   Abb. 59 b.

Abb. 59 a, b.   Deutsches Haltsignal 6 b.

Gegenwärtig werden also für denselben Zweck zwei verschiedene Signale verwendet. Es wird empfohlen, das Signal 6 b namentlich in solchen Fällen zu verwenden, wo das Haltsignal auf größere Entfernungen gesehen werden muß und wo es

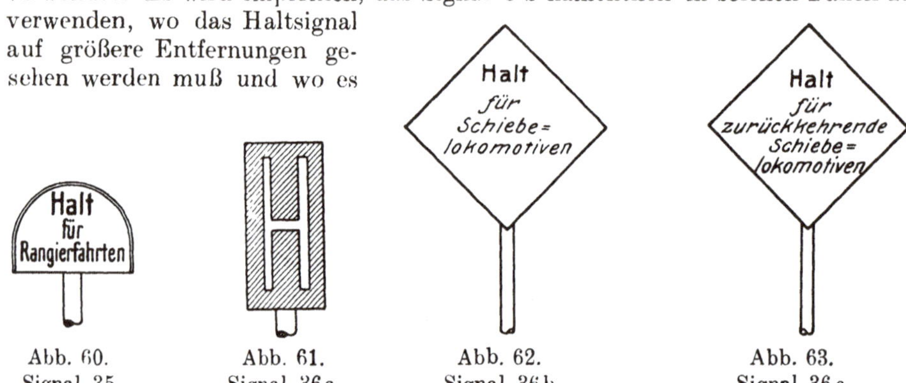

Abb. 60.   Abb. 61.   Abb. 62.   Abb. 63.

Signal 35. Signal 36 a. Signal 36 b. Signal 36 c.

auch so angeordnet werden kann, daß sein rotes Licht nicht zu Irrungen Anlaß geben kann. Doch ist wohl zu hoffen und anzunehmen, daß die an sich mißbräuchliche Benutzung des Signals 6 b für den gedachten Zweck allmählich ganz aufhört.

Die Pr.H.St.B. verwenden ferner für ähnliche Zwecke in besonderen Fällen nach Abb. 60—63[1]) Signale 35, 36 a—c, d. h. Halttafeln, die im allgemeinen

---

[1]) Für die Signale 36, b, c ist im Signalbuch eine viereckige weiße Scheibe mit schwarzer Aufschrift vorgesehen. Statt des in Abb. 62, 63 dargestellten übereck stehenden Rechteckes kann mithin auch ein aufrecht stehendes Rechteck verwendet werden. Abänderung der Signale Abb. 62, 63 ist in Vorbereitung.

fest, 36 b und c aber auch drehbar, mit rechteckigen weißen Scheiben an den Seitenflächen, dann also an das Stellwerk angeschlossen, verwendet werden. Die Sächsischen Staatsbahnen verwenden als Haltzeichen für Verschiebefahrten, um Zugfahrten zu decken, die sogenannte Räumungsscheibe. Diese besteht (Abb. 64, a, b) bei Tage in einer runden weiß und rot gestrichenen Scheibe auf hohem Maste, bei Dunkelheit in einer der zu benachrichtigenden Stelle zugekehrten Laterne mit größerer rechteckiger, mattweißer Scheibe. Querstellung der Scheibe, bzw. Erscheinen des rechteckigen weißen Lichtes bedeutet, daß bestimmte Gleisstrecken, wenn in deren Bereich fahrplanmäßige Zugfahrten alsbald zu erwarten sind, geräumt und freigehalten werden sollen. Für Gestattung des Rangierbetriebs zeigt sich bei Tage die schmale Seite der Scheibe, bei Dunkelheit nur ein kleines mattweißes Licht der Signallaterne. Nach Bedarf werden mehrere Scheiben, bis zu vier, (neben- oder übereinander) an einem Mast angebracht.

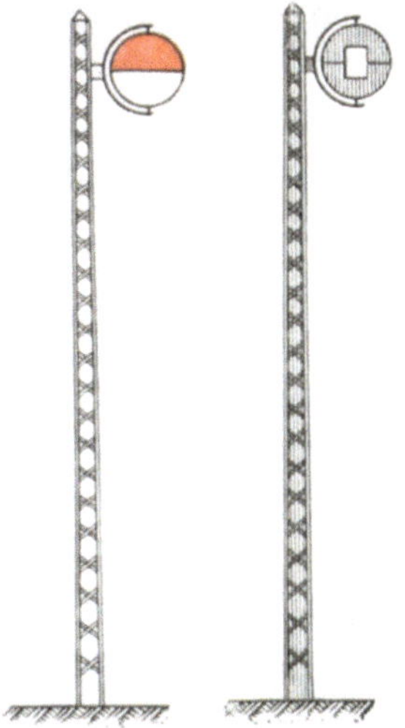

Abb. 64a.   Abb. 64b.
Sächsische Räumungsscheibe.

In diesem Zusammenhange sei das Langsamfahrsignal 5 der Signalordnung erwähnt. Dieses besteht aus einer runden Scheibe, die auf der einen Seite bei Tage eine gelbe, weißgeränderte Fläche mit dem Buchstaben A, auf der anderen eine grüne, weißgeränderte Fläche mit dem Buchstaben E zeigt. Bei Dunkelheit werden zwei Laternen in schräger Stellung hinzugefügt, die nach der einen Seite zwei gelbe Lichter nach rechts steigend, nach der anderen Seite zwei grüne Lichter nach links steigend zeigen. Dieses Signal ist, wie das Signal 6 b, eigentlich dazu bestimmt, an jedem beliebigen Punkte der Strecke aufgestellt zu werden, um, wie durch jenes Halt, durch dieses langsame Fahrt vorzuschreiben, wobei dann je ein solches Signal am Anfang (dem Zuge entgegen A) und am Ende (dem Zuge entgegen E) der Langsamfahrstrecke aufgestellt wird. Das Signal 5 kann aber nach S.O.A.B. 33 auch in einfacher Verwendung als Vorsignal zu einem Signal 6 b benutzt werden. In solcher Eigenschaft wird es im Bereich der Pr.H.St.B. auf Nebenbahnen mit weniger als 50 km Geschwindigkeit in Verbindung mit einem Signal 6 b ebenso wie dieses von der Bedienungsstelle (Stellwerk) bedienbar gemacht. Endlich verwendet man auf den deutschen Eisenbahnen auch feste Langsamfahrsignale nach Sonderbestimmungen der Bahnverwaltungen, im allgemeinen jedoch nur auf Nebenbahnen. Auf den Pr.H.St.B. werden indessen solche Signale, Tafeln derselben Dreiecksform, wie das Signal für Nebenbahnen[1]) (Abb. 65), aber mit irgendeiner Zahl (z. B. 30, 40) seit einigen Jahren in steigendem Umfange auch für Hauptbahnen vor dem Anfang ständiger Langsamfahrstrecken verwendet. Eine entsprechende Ergänzung des Signalbuches ist beabsichtigt.

Abb. 65. Langsamfahrtafel.

3. **Ablaufsignale für Ablaufberge** dienen dazu, dem Führer einer Abdrücklokomotive bekannt zu geben, ob er den Verschiebezug, hinter dem er sich mit seiner Lokomotive befindet, abdrücken soll, und mit welcher Geschwindigkeit. Auf den Pr.H.St.B.[2]) dient zu diesem Zwecke Signal 40, ein in der Mitte seiner Länge oben auf einem Maste befestigter weißer, schwarzgeränderter Balken, mit dahinter in der Mitte befestigter weißgeränderter schwarzer runder Scheibe (von 1 m Durchmesser),

---

[1]) Die Spitze des Dreiecks weist in der Regel nach unten, nur, wo die Tafel zwischen zwei Gleisen unterhalb der Umgrenzung des l. R. anzubringen ist, nach oben.

[2]) Auf den Sächs.Stb. ist die Einführung beabsichtigt.

der bei Tage und Dunkelheit dieselben Signalzeichen gibt. Es bedeuten: Wagerechter Balken: Halt. — Etwa unter 45° geneigter Balken: Langsam abdrücken. — Senkrechter Balken: Mäßig schnell abdrücken. Betreffs der Ausführungsform werden noch Versuche mit verschiedenen Anordnungen angestellt, insbesondere mit der Hentzenschen Anordnung (Signalbalken als Laterne ausgebildet) und der Roudolfschen Anordnung (Signalbalken parabolisch gekrümmt und bei Dunkelheit reflektierend beleuchtet).

Auf anderen deutschen Bahnen sind ähnliche Signale schon seit längerer Zeit im Gebrauch, so auf den Bayer.Stb. seit mehr als 20 Jahren ein durchleuchtender Flügel in Hammerform, auf den Bad.Stb. drei verschiedene Formen, von denen die eine, ein Milchglasflügel, auf ähnlichem Grundgedanken wie das Pr.H. Signal beruht. Ein einheitliches Signal für alle deutschen Bahnen ist noch nicht eingeführt.

D. Abweichende Signaleinrichtungen bei den Bayerischen Staatsbahnen.

1. Signale für Zugfahrten. Die Bayerische Signalordnung weicht von der auf den übrigen deutschen Eisenbahnen in einigen wichtigen Punkten ab. Allerdings sollen diese Abweichungen demnächst zum größten Teile beseitigt werden. Sie sind aber signaltechnisch so bemerkenswert und für das Verständnis des künftigen Zustandes wesentlich, daß der gegenwärtige Zustand, auch wenn er nicht mehr von langer Dauer ist, zunächst hier vorgeführt werden soll.

Das Hauptsignal gibt außer den beiden Zeichen „Halt“ und „Freie Fahrt“ (letztere für das durchgehende oder „ein abzweigendes“ Gleis) das Zeichen: „Fahrt auf durchgehendem Gleis mit ermäßigter Geschwindigkeit.“ Um diesen besonderen Signalbegriff, der in der deutschen Signalordnung seit dem 1. Januar 1893 fehlt (vgl. S. 11), darstellen zu können, verwendet man in Bayern für die freie Fahrt bei Dunkelheit weißes Licht, während das grüne Licht die Fahrt mit ermäßigter Geschwindigkeit gestattet. Bei Tage wird die Fahrt mit ermäßigter Geschwindigkeit durch Hinzufügung einer festen runden grünen und weißen Scheibe am Maste gekennzeichnet. Diese Vorschriften stehen im Einklang mit der Kennzeichnung der Fahrterlaubnis bei Abzweigungen, für die bei Tage ein zweiter Flügel hinzugefügt wird und bei Dunkelheit, da sie langsam befahren werden, auch grünes Licht gilt. Das Lichtsignal wird mit einer weißen und einer grünen Laterne gegeben, indem hierbei die grüne Farbe, als die Vorsicht gebietende, maßgebend ist. Auch die Einrichtung des Vorsignals stimmt hierzu. Es zeigt bei Dunkelheit in Warnstellung grünes Licht, in Freistellung weißes Licht, bei Tage in Warnstellung eine grüne runde Scheibe mit weißem Rande, die sich bei Freistellung in ein Flügelsignal verwandelt. Dieses wird dadurch gebildet, daß die runde Scheibe aus zwei Halbscheiben besteht, die für die Freistellung um eine schräg steigende Trennfuge zusammenklappen, wodurch die vorher in Richtung des Beschauers hochkantig stehenden Halbflügel sich zu einem sichtbaren Flügel zusammenschließen (Abb. 66, 67, schon abgeändert für das künftig auch in Bayern anzuwendende Doppellicht-Nachtsignal). Das Vorsignal eines Ausfahrsignals wird am Einfahrsignalmast seitlich angebracht. Zeigt das Einfahrsignal Fahrterlaubnis, das Ausfahrsignal aber nicht, so gibt das in Warnstellung befindliche Ausfahrvorsignal am Maste des Einfahrsignals bei Tage dasselbe Bild, wie eine feste Langsamfahrscheibe (s. oben), während bei Dunkelheit das oben als Einfahrsignalzeichen erscheinende weiße Licht durch das unten am Vorsignal erscheinende grüne Licht in ein Langsamfahrsignal verwandelt wird. Einen ferneren Unterschied der Bayerischen Signalordnung bildet eine besondere Stellung des Ausfahrsignals, die „Ruhestellung", die bei Tage durch herabhängenden Flügel, bei Dunkelheit durch blaues Licht gekennzeichnet wird. Bei Ruhestellung des Ausfahrsignals dürfen in das betreffende Gleis von hinten hinein Verschiebebewegungen vorgenommen werden, während die Haltstellung des Ausfahrsignals, die vor jeder Einfahrterlaubnis in das betreffende Gleis hergestellt werden muß, als Verschiebeverbotsignal gilt.

Im übrigen geht die Eigenart der bayerischen Signalisierung aus der dem bayerischen Signalbuch entnommenen Übersicht (Abb. 68 bis 74) hervor.

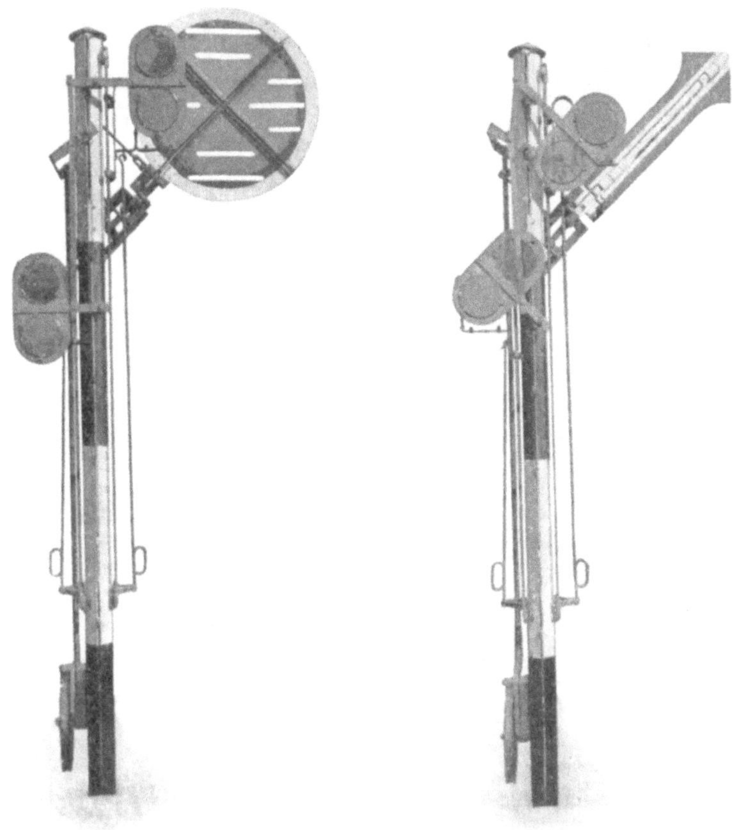

<table>
<tr><td>Abb. 66.</td><td>Abb. 67.</td></tr>
</table>

Abb. 66, 67. Bayerisches Vorsignal.

Dieser Signalgebung gegenüber sind nun folgende Änderungen geplant, um die Bayerische Signalordnung mit der allgemeinen deutschen in größere Übereinstimmung zu bringen: Als Dunkelheitsignalzeichen des Vorsignals werden, wie auf den anderen deutschen Bahnen, Doppelgelb und Doppelgrün eingeführt[1]). Das Tagesvorsignal behält für Freistellung das Flügelzeichen. Die Bedeutung des Vorsignals als Langsamfahrsignal wird aber aufgegeben und ebenso werden die bisher vielfach an Hauptsignalmasten angebrachten festen Langsamfahrscheiben beseitigt. Im Einklang hiermit steht der Ersatz des weißen Lichtes bei den Hauptsignalen durchweg durch grünes Licht, das mithin seine Bedeutung als Vorsichtszeichen verliert. Vielmehr wird Vorsicht nun, ebenso wie auf den anderen deutschen Bahnen, nur noch mittelbar geboten (vgl. S. 11),

---

[1]) Abb. 66, 67 zeigen schon derartige Blenden.

wenn ein Hauptsignal zweiflüglig gezogen wird, bzw. bei Dunkelheit zwei grüne Lichter übereinander aufweist. Dreiflügelige Signale sollen aber nicht verwendet werden. Vielmehr wird, auch bei mehrfacher Verzweigung des Fahrweges, nur die Tatsache der Ablenkung und die dadurch bedingte Geschwindigkeits-

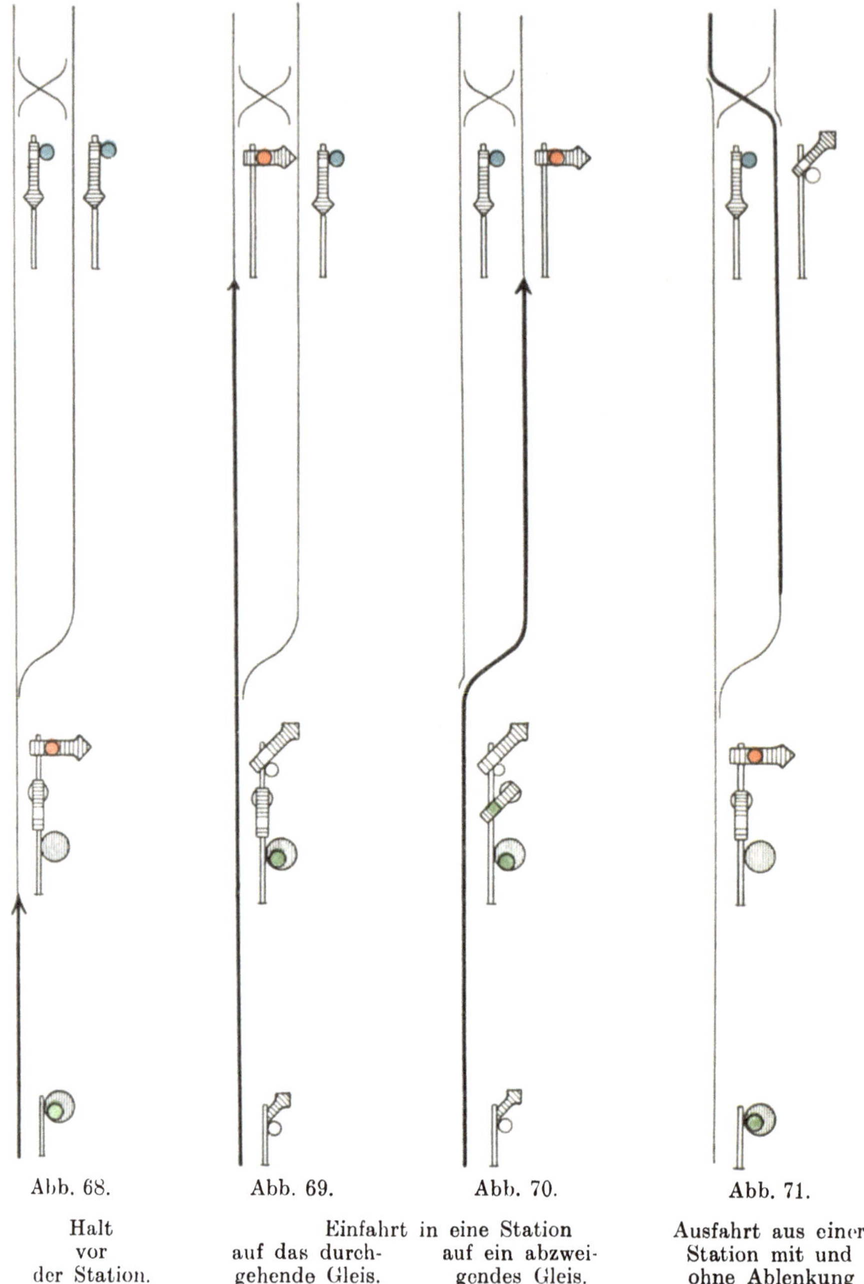

<table>
<tr><td>Abb. 68.</td><td>Abb. 69.</td><td>Abb. 70.</td><td>Abb. 71.</td></tr>
<tr><td>Halt
vor
der Station.</td><td>auf das durch-
gehende Gleis.</td><td>auf ein abzwei-
gendes Gleis.</td><td>Ausfahrt aus einer
Station mit und
ohne Ablenkung</td></tr>
</table>

Einfahrt in eine Station

Bemerkung: Die Ablenkung vom durchgehenden Gleis wird am Einfahrsignal stets durch einen zweiten Flügel ersichtlich gemacht, am Ausfahrsignal nur dann, wenn schnellfahrende Züge, die in der Station fahrplanmäßig nicht anhalten, nicht bei der Einfahrt, sondern nur bei der Ausfahrt abgelenkt werden. Durchfahrten mit Ablenkung bei Einfahrt und Ausfahrt werden wie in Abb. 74 signalisiert.

verminderung durch zwei Flügel bzw. zwei grüne Lichter gekennzeichnet. Die Ruhestellung des Ausfahrsignals, bei Tage herabhängender Flügel, bei Dunkelheit blaues Licht, soll auch in Zukunft beibehalten werden.

2. Signale für Verschiebefahrten. Von den bayerischen Weichensignalen stimmt das Signal 12 der einfachen Weiche mit dem der übrigen deutschen Bahnen überein. Das Signal 13 a, ein die Richtung der Ablenkung anzeigender Pfeil, wird durch einen schwarzen Haken auf weißem Grunde (Abb. 75) gegeben und auch statt des Signals 13 b für die Rückseite der Laterne verwendet. Eine Besonderheit bildet die Signalisierung der an ein Stellwerk angeschlossenen doppelten Kreuzungsweiche. Diese geschieht mittels einer feststehenden Laterne, auf der durch bewegliche Blenden 4 verschiedene Bilder gegeben werden. Für die beiden krummen Stränge wird das Signal nach Abb. 75 verwendet, für den einen geraden Strang das Signal 12, für den anderen geraden Strang, der als durchkreuzender Strang aufgefaßt wird, das besondere Signal 12a (Ab. 76). Die auf den Bayerischen Staatsbahnen hier und da noch vorhandenen farbigen Weichensignale

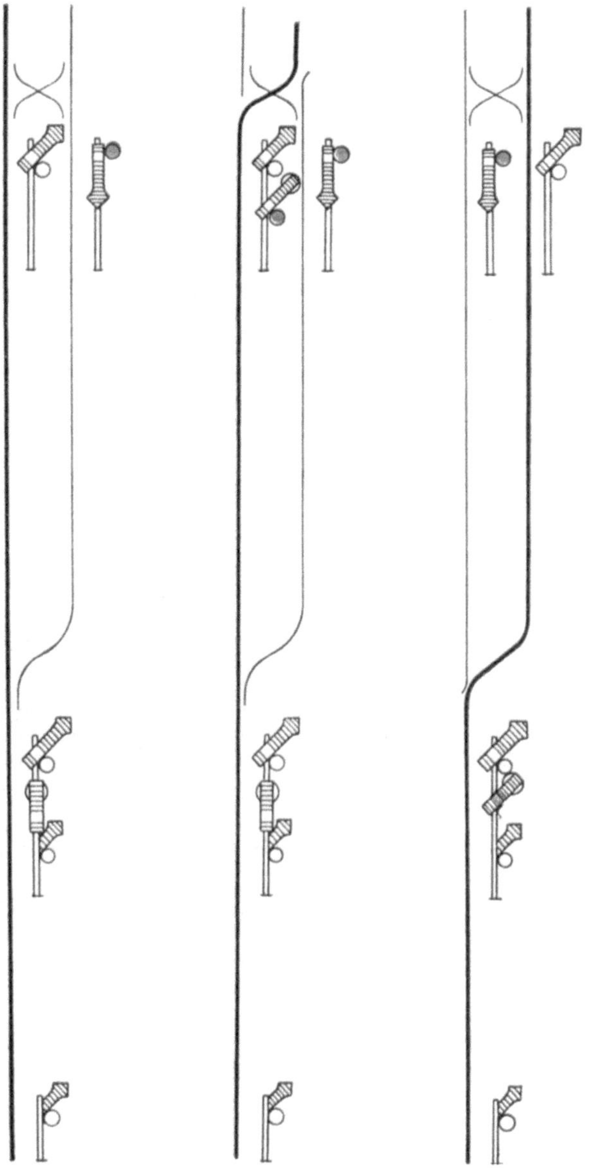

Abb. 72. Abb. 73. Abb. 74.
Durchfahrt durch eine Station
auf dem durchgehenden Gleis. mit Ablenkung bei der Ausfahrt. mit Ablenkung bei der Einfahrt.

Abb. 75. Abb. 76.
Bayerische Weichensignale.

werden allmählich beseitigt. Das Signal 14 stimmt mit dem der übrigen deutschen Bahnen überein und ist, wie bereits erwähnt, aus der bayerischen Signalordnung in die deutsche übernommen. Es wurde aber oben schon hervorgehoben, daß das Ruhesignal am Ausfahrsignalmast es ermöglicht, für gewisse Fälle ein Verschiebeverbotsignal zu geben.

Zweites Kapitel.

Die Stellwerksanlagen (Stellereien) im allgemeinen.

I. Zweck und Begriffsbestimmung.

Wenn die Sicherungseinrichtungen, wie S. 1 gesagt, gewährleisten sollen, daß Zugfahrten und Verschiebefahrten auf richtiger und sicher eingestellter Fahrstraße und ohne Zusammenstöße von der Seite her sowie in und entgegen der Fahrrichtung stattfinden, so haben insbesondere die Stellwerksanlagen (Stellereien) dazu zu dienen, den Weg der Züge gemäß der Fahrordnung durch Einstellung der Fahrtweichen herzustellen, durch Einstellung der Schutzweichen (S. 7) usw. zu sichern, und durch Einstellung der Haupt- und Vorsignale zu signalisieren. Hierbei muß zwischen Weichen- und Signalstellung die Abhängigkeit bestehen[1]), daß die Fahrtstellung des Hauptsignals nur erscheinen kann, wenn alle dafür in Betracht kommenden Weichen die richtige Stellung haben, und es muß ausgeschlossen sein, daß für zwei sich gegenseitig gefährdende Fahrten gleichzeitig das Signal auf Fahrterlaubnis gestellt wird. Über das Erfordernis weitergehender Sicherungen s. IV. Kap., II.

Für Verschiebefahrten gewähren nach deutschen Grundsätzen (ebenso in Österreich, Ungarn und Schweiz) die Stellwerke keine solche Sicherung der Fahrstraße und ihrer Signalisierung, sondern schließen nur tunlich die gegenseitige Gefährdung von Zug- und Verschiebefahrten aus, und geben die Möglichkeit, die Weichen für Verschiebefahrten vom Stellwerk aus zu bewegen. Über weitergehende Aufgaben der Stellwerke im Auslande s. VII. Kap.

Die Aufgabe der Stellwerksanlagen nach deutschen Grundsätzen sei noch an Hand der Skizzen (Abb. 77—81) erläutert. Aus den beiden Richtungen von M. und N. (Abb. 77) kann in das Gleis 1 des Bahnhofs St. eingefahren werden. Das Verbot und die Erlaubnis dieser Einfahrten geben die Signale A und B. Für die Fahrt A muß die Weiche 1 in Grundstellung (+) stehen, für die Fahrt B in umgelegter Stellung (−) (vgl. S. 7). Die Abbildungen 78, 79 stellen schematisch dar, wie das Signal A nebst Vorsignal und wie die Weiche 1 durch Leitungen mit den betreffenden im Stellwerksgebäude St. befindlichen Stellhebeln

---

[1]) Nach B.O. § 21,8: „müssen außerhalb der Bahnhöfe liegende unverschlossene Weichen mit ihren Deckungssignalen, die Weichen innerhalb der Bahnhöfe, die im regelmäßigen Betriebe von ein- oder durchfahrenden Personenzügen gegen die Spitze befahren werden, mit den für die Fahrt gültigen Signalen derart in Abhängigkeit gebracht sein, daß die Signale erst auf Fahrt gestellt werden können, wenn die Weichen richtig stehen, und daß diese verschlossen sind, solange die Signale auf Fahrt stehen.“ Ähnlich lautend (nicht bindend) geben T.V. § 147 dieselben Vorschriften außerdem für Schutzweichen und Gleissperren. In der Praxis dehnt man in der Regel die Abhängigkeit auf alle Fahrtweichen und auch auf Güterzugfahrten aus.

(statt deren man auch Kurbeln verwendet) verbunden sind. In beiden Fällen sind die Stellhebel in der Grundstellung (schräg nach oben) gezeichnet, während die um 180° verschiedene gezogene Stellung strichpunktiert angedeutet ist. Der Grundstellung des Signalhebels entspricht die Haltstellung des Signals, der Grundstellung des Weichenhebels die Grundstellung der Weiche, die in diesem Falle für den geraden Strang gewählt ist. Auch bei Signal und Weiche sind die gezogenen Stellungen in Abb. 78, 79 strichpunktiert angedeutet, so daß, unter

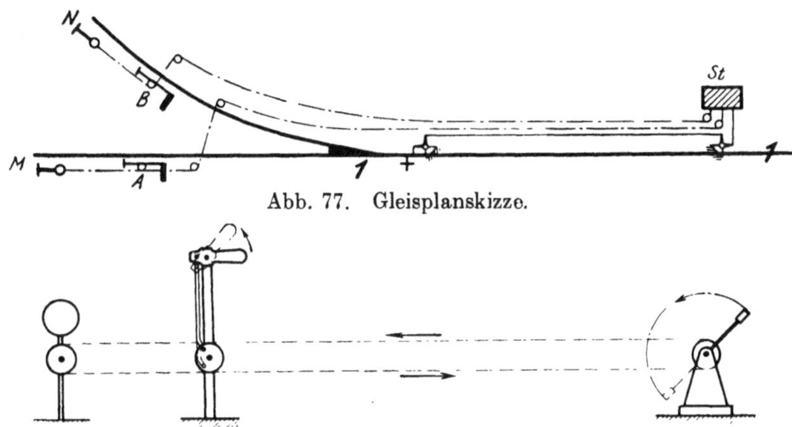

Abb. 77. Gleisplanskizze.

Abb. 78. Zusammenhang zwischen Signalhebel und Signal.

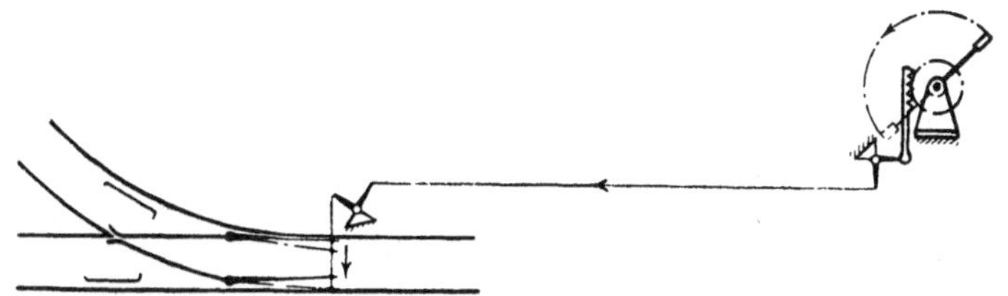

Abb. 79. Zusammenhang zwischen Weichenhebel und Weiche.

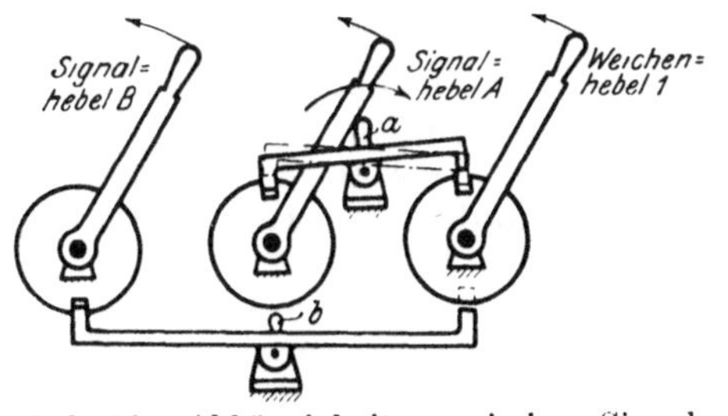

Signale	Weg der Zuge	Fahrstraßenhebel a	b	Signalhebel A	B	Weichenhebel 1
A	Von M in Gleis 1	−	+			+
B	Von N in Gleis 1	+	−			−

Abb. 80. Abhängigkeiten zwischen Signal-
und Weichenhebel.

Abb. 81.
Verschlußtafel.

Abb. 77—81. Schematische Darstellung einer einfachen Stellwerksanlage.

Berücksichtigung der die Umstellbewegungen andeutenden Pfeile, die Zusammenhänge ohne weitere Erläuterung verständlich sind. Zur Erzielung der für die Sicherheit der Fahrten erforderlichen Abhängigkeiten sind die beiden Hebel der Signale A und B und der Hebel der Weiche 1 auf gemeinsamem Unterbau (Hebelbank) zu einem Stellwerk verbunden, wie dies in Abb. 80 schematisch angedeutet ist, in der alle drei Hebel in Grundstellung gezeichnet sind. Bei der Grundstellung des Weichenhebels ist es möglich, den Fahrstraßenhebel a, wie strichpunktiert angedeutet, umzulegen, wodurch, wie die Skizze angibt, der vorher festgelegte Signalhebel A zum Umlegen in der Pfeilrichtung frei, gleichzeitig aber der Weichenhebel 1 festgelegt wird. Das Umlegen des Signalhebels in gezogene (Fahrt-)Stellung verhindert die Zurücklegung des Fahrstraßenhebels. Durch dessen Vermittelung legt also die Fahrtstellung des Signalhebels den Weichenhebel in der Grundstellung fest. Aus der Skizze (Abb. 80) ist unter Berücksichtigung der Einkerbungen in den Hebelscheiben und der Haken an den Enden der Querbalken der Fahrstraßenhebel ohne weiteres ersichtlich, daß vor Einstellung des Signals B auf Fahrt der Weichenhebel 1 in die $+$-Stellung bewegt werden und der Fahrstraßenhebel b umgelegt werden muß, und daß die Fahrtstellung des Signals B durch Vermittelung des Fahrstraßenhebels b den Weichenhebel 1 in der $-$-Stellung festlegt. Ebenso ist ersichtlich, daß die beiden Signalhebel A und B nicht gleichzeitig auf Fahrt gestellt werden können, weil sie entgegengesetzte Weichenstellung bedingen. Durch die Hebel schließen sich folglich auch die Signale aus, und für die Fahrten ist bei Signalstellung die Weiche in der betreffenden Lage festgelegt.

Abb. 81 zeigt schließlich in üblicher Darstellung die Verschlußtafel für die besprochene Anlage, wobei die für jede Fahrt erforderlichen und im Stellwerk mechanisch verwirklichten Abhängigkeiten jedesmal in einer wagerechten Reihe der Tafel enthalten sind. Von den zur Darstellung dieser Abhängigkeiten angewandten Zeichen bedeutet bei der Weiche $+$ bzw. $-$, daß der Weichenhebel bei Fahrtstellung des betreffenden Signalhebels durch Vermittlung des Fahrstraßenhebels in Grundstellung, bzw. gezogener Stellung festgelegt wird. Halt- und Fahrtstellung der Signalhebel werden symbolisch durch Signalbilder gekennzeichnet. Beim Fahrstraßenhebel bedeutet $-$, daß er gezogen werden muß, $+$, daß er bei Fahrtstellung des der Verschlußtafelreihe entsprechenden Signals in seiner Grundstellung festgelegt ist. Die $+$-Stellung eines Fahrstraßenhebels entspricht daher stets der Haltstellung des Signalhebels, zu dem dieser Fahrstraßenhebel gehört. Im übrigen werden die Verschlußtafeln im V. Kap. behandelt.

Der Begriff einer Stellwerksanlage (Stellerei) nach Art der in Abb. 77 bis 81 skizzierten läßt sich hiernach so umschreiben: Eine Stellwerksanlage ist eine Vorrichtung, durch die Weichen und Signale von einem Punkte aus mittels Leitungen gestellt und zugleich in jede für die Sicherheit der Zugfahrten erforderliche gegenseitige Abhängigkeit gebracht werden. Diese Begriffsbestimmung bedarf einer Ergänzung, wenn, wie dies in größeren Bahnhöfen in der Regel der Fall ist, wegen der räumlichen Ausdehnung der Bahnhof in zwei oder mehrere Stellwerksbezirke geteilt wird. Der Begriff der Stellwerksanlage erstreckt sich dann auch auf die nach deutscher Anschauung erforderliche zwangsweise wirkende Verbindung (Stationsblockung) zwischen den Stellwerken gegenseitig, sowie zwischen den Stellwerken und dem Fahrdienstbureau (der Befehlsstelle), wodurch die gesamten Stellwerksanlagen eines Bahnhofes zu einer höheren Einheit verbunden werden. Auch die Verbindung der Stellwerke von Bahnhof zu Bahnhof über die Strecke hin und über die etwa zwischengeschalteten Blockstellen hinweg hat auf die Ausbildung der einzelnen Stellwerke Einfluß und bildet, richtig verstanden, einen Bestandteil der Stellwerksanlagen einer Eisenbahn.

Anderseits rechnet man unter die Stellwerksanlagen auch Einrichtungen, die weniger leisten, als die in Abb. 77 bis 81 skizzierte, die z. B. die Abhängigkeit von Weichen und Signalen so bewirken, daß sie nur die Signale mittels Leitungen stellen, die Weichen aber, die mit Hand bedient sind, mittels Leitungen in der erforderlichen Stellung nur verriegeln, oder auch reine Signalstellereien und reine Weichenstellereien, ferner die sogenannten Schlüsselwerke. Dazu ist indessen zu bemerken, daß die reinen Weichenstellwerke zwar in baulicher Hinsicht als Stellwerke anzusprechen sind, aber nicht zu „den Sicherungsanlagen“ gehören. Welche Arten von Stellwerksanlagen man hiernach zu unterscheiden hat, wird unter III. erörtert.

II. Bestandteile der Stellwerksanlagen (Stellereien).

A. Übersicht.

Die übliche Bezeichnungsweise ist insofern nicht ganz folgerichtig, als man mit „Stellwerk" sowohl die ganze Anlage, die zum Stellen von Weichen und Signalen dient, als auch lediglich den Mechanismus bezeichnet, mittels dessen die zu den Weichen und Signalen führenden Leitungen bewegt werden. Um Mißverständnissen vorzubeugen, soll in diesem Buch unter „Stellwerk" nur letzterer Mechanismus verstanden werden (man hat ihn auch wohl „Stellzeug" genannt), während die ganze Sicherungsanlage mit dem Namen „Stellwerksanlage" oder „Stellerei" bezeichnet wird. Bei jeder Stellwerksanlage (Stellerei) hat man nach Vorstehendem folgende Bestandteile zu unterscheiden:

1. Das Stellwerk (Stellzeug), d. h. die Vereinigung und Verbindung von Stellhebeln oder Stellkurbeln, mittels deren von seinem Standort aus die Stellbewegung ausgeübt wird.

2. Die Stell-, Verriegelungsvorrichtungen und zugehörigen Antriebe an den Weichen und Signalen, mittels deren die Weichen und Signale umgestellt oder verriegelt werden.

3. Die Leitungen, die das Stellwerk mit den Antrieben der Stell- oder Verriegelungsvorrichtungen an Weichen und Signalen verbinden, und die dazu dienen, die mittels des Stellwerks ausgeübte Bewegung auf die Stell- und Antriebvorrichtungen der Weichen und Signale zu übertragen.

Befindet sich in einem Bahnhof nur ein Stellwerk, das zugleich Fahrdienstbureau (s. unten) ist, so ist mit den hier aufgezählten drei Bestandteilen die Stellwerksanlage (Stellerei) erschöpft. Gehören dagegen zur ganzen Stellwerksanlage eines Bahnhofs zwei oder mehrere Stellwerke, so ist, wie bereits oben erwähnt, eine gegenseitige zwangsweise wirkende Verbindung dieser Stellwerke durch eine sogenannte Stationsblockung erforderlich, damit innerhalb des Bahnhofs keine miteinander im Widerspruch stehenden Handhabungen vorgenommen werden können, damit also die sämtlichen Stellwerke zusammen so wirken, als sei nur ein Stellwerk vorhanden. Das Fahrdienstbureau, d. h. die Stelle, an der der Fahrdienstleiter die Zugfolge für den ihm anvertrauten Gleisbezirk unter eigener Verantwortung regelt, mithin die Befehle zur Einstellung der Fahrstraßen und zur Fahrtstellung der Signale erteilt, ist entweder mit einem der Stellwerke (oder auch mit dem einzigen Stellwerk) räumlich vereinigt, das damit zum „Befehlsstellwerk" wird, oder es ist gesondert untergebracht. Auch im letzteren Falle ist es mit den (übrigen) Stellwerken durch die Stationsblockung verbunden, und insofern es das zur Betätigung dieser Verbindung erforderliche Befehlsblockwerk enthält, auch in diesem Falle als eines der Stellwerke des Bahnhofs anzusprechen, sogar als das wichtigste, da alle von ihm abhängigen Signalbewegungen durch Betätigung dieses Befehlsblockwerkes eingeleitet werden. Als vierten Bestandteil jeder größeren Stellwerksanlage (Stellerei) haben wir also zu unterscheiden:

4. Die Stationsblockung. Da diese nach deutschen Grundsätzen mit der Streckenblockung in Verbindung gebracht wird, so werden die betreffenden Einrichtungen im Zusammenhange behandelt werden.

Zur Vorbereitung des besseren Verständnisses der in den folgenden Kapiteln gegebenen Einzelbehandlung seien hier die eben benannten vier Bestandteile jeder größeren Stellwerksanlage kurz gekennzeichnet.

B. Die Bestandteile der Stellwerksanlagen im einzelnen.

1. Die Leitungen. Von der Ausführungsart der Leitungen hängt sowohl die Ausbildung des Stellwerks, wie die der Antriebe der Stellvorrichtungen ab. Sie rücken daher, obwohl sie bei flüchtiger Betrachtung als der unbedeutendste Teil einer Stellwerksanlage erscheinen, für die Erörterung an erste Stelle.

Die Signalstellleitungen hat man bisher vorwiegend aus Drahtzügen, und zwar in Deutschland, Österreich, Ungarn und der Schweiz aus Doppeldrahtzügen, die Weichenstellleitungen aus (starren) Gestängen oder gleichfalls aus Doppeldrahtzügen hergestellt. Gleichartige Leitungen dieser beiden Bauweisen werden zur Verriegelung von Weichen oder zur Bewegung sonstiger der Sicherheit dienenden Vorrichtungen (Gleissperren) benutzt (Gestängeleitungen auch zur Kupplung von Handweichen). Bei allen mit Drahtzug oder Gestänge arbeitenden Stellwerksanlagen wird die von der Menschenhand an den Hebeln oder Kurbeln des Stellwerks ausgeübte Bewegung unmittelbar auf die Leitungen und von diesen auf die Antriebe der Stellvorrichtungen übertragen. Man nennt solche Stellwerke (wenig treffend) „mechanische Stellwerke".

In neuerer Zeit werden in immer wachsendem Umfange sogenannte „Kraftstellwerke" verwendet. Bei diesen dienen zur Übertragung der Stellbewegung Druckflüssigkeit, Druckluft oder Elektrizität, je allein oder in Verbindung miteinander in entsprechend hergestellten Leitungen. Die von der Menschenhand am Stellwerk ausgeübte Bewegung dient dann nur zur Schaltung der betreffenden Kraftwirkung, die ihrerseits im Antrieb von Weiche, Signal usw. abermals in mechanische Bewegung umgesetzt wird. Den Erörterungen in den folgenden drei Kapiteln sollen mechanische Stellwerke zugrunde gelegt werden, während die Besonderheiten der Kraftstellwerke in einem weiteren (sechsten) Kapitel behandelt werden.

Die Leitungen der mechanischen Stellwerke bedürfen gewisser Vorrichtungen, die sie unterstützen und führen, bei den unterwegs erforderlichen Richtungsänderungen sie umlenken (bei Gestängeleitungen Rollenstühle, Walzenstühle, Winkelhebel, Sichelhebel usw., bei Doppeldrahtleitungen Führungsrollen, Umlenkrollen usw.), ferner Vorrichtungen zum Längenausgleich bei Temperaturänderungen (Ausgleichhebel usw., Spannwerke usw.).

Keiner Leitungen bedürfen die Schlüsselabhängigkeiten, bei denen die an Weichen durch deren richtige Einstellung freigewordenen Schlüssel entweder unmittelbar oder durch Vermittelung eines sogenannten Schlüsselwerkes (s. III. Kap., IV.), das nach Betätigung andere Schlüssel freigibt, dazu benutzt werden, um durch Aufschließen die Signale für Umlegen in Fahrtstellung freizumachen..

2. Die Stellvorrichtungen, Verriegelungsvorrichtungen usw. nebst Antrieben. Über die je nach dem Zweck (Weichenstellung, Signalstellung usw.) verschieden auszubildenden Vorrichtungen ist im Rahmen dieser Vorbesprechung nur folgendes zu sagen:

Außer Weichenstellvorrichtungen und Signalstellvorrichtungen kommen hier namentlich in Betracht Vorrichtungen, durch die Weichen lediglich verriegelt werden, in Deutschland in der Regel in Form sogenannter Riegelrollen. Ihre Ausbildung ist verschieden, je nachdem die Riegelrolle auf beide Zungen einer Weiche zugleich mittels einer Riegelvorrichtung wirkt, oder aber jede der beiden Weichenzungen besonders verriegelt wird (letztere Art nicht sehr glücklich Kontrollriegelung genannt). Ferner gehören Gleissperren, Entgleisungsschuhe, Fühlschienen usw. zu den Sicherungseinrichtungen, die von den Stellzeugen aus mittels Leitungen bewegt werden, und deren Stellhebel mit den anderen Hebeln der Stellzeuge in gegenseitige Abhängigkeit gebracht werden.

In manchen Fällen kann die Leitung (Gestänge oder Doppeldrahtzug) unmittelbar auf die Stellvorrichtung bewegend wirken. In vielen Fällen aber, so bei Doppeldrahtstellung von Weichen, ist die Vorschaltung eines besonderen Antriebes erforderlich, der die vom Stellzeug der Leitung übertragene Stellbewegung aufnimmt und so umwandelt, daß sie zur Betätigung der Stellvorrichtung geeignet ist. Bisweilen allerdings verschmilzt der Antrieb mit der Stellvorrichtung zu einem Ganzen. Bei Kraftstellwerken ergibt sich aus der Natur der Dinge, daß zwischen Leitung und Stellvorrichtung eine besondere Vorrichtung (Motor) eingeschaltet wird, welche die in Form von Flüssigkeitsdruck, Luftdruck oder elektrischer Energie übertragene Kraftwirkung in mechanische Stellbewegung umwandelt.

3. Die Stellwerke im engeren Sinne (Stellzeuge). Auf die Stellwerke muß im Rahmen dieser allgemeinen Besprechung etwas ausführlicher eingegangen werden, als auf die Leitungen und Stellvorrichtungen, weil die von den Stellwerken zu erfüllenden Sicherungsbedingungen bauliche Einrichtungen erfordern, die auch auf die Ausbildung der Leitungen und Stellvorrichtungen, wie sie im folgenden Kapitel im einzelnen erörtert werden, von Einfluß sind. Die gegenwärtige Besprechung erfolgt an der Hand der Abb. 82—86, die ein Stellwerk, wie es jetzt in Deutschland und ähnlich in Österreich, Ungarn und der Schweiz

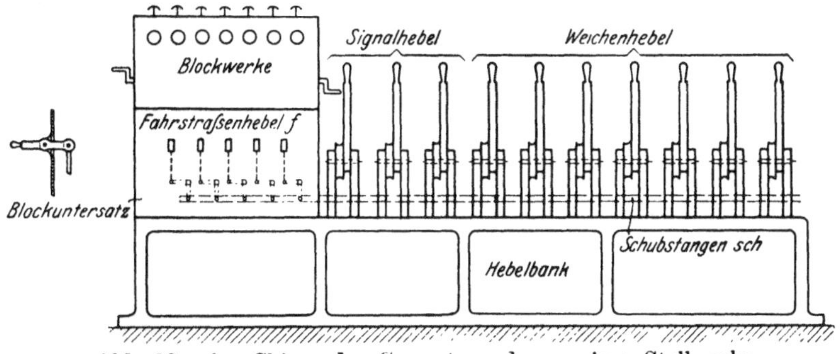

Abb. 82a, b. Skizze der Gesamtanordnung eines Stellwerks.

üblich ist, zum Teil in vereinfachter Darstellung zeigen. Fü den in Abb. 83, 84, 86 besonders dargestellten Weichenhebel ist die Anordnung der Firma Fiebrandt & Co. vorausgesetzt, bei der die übersichtliche Nebeneinanderlagerung wichtiger Bauteile es erleichtert, die Erfüllung der ziemlich verwickelten Bedingungen zu erläutern, denen jeder Weichenhebel nach deutschen Grundsätzen zu genügen hat.

Die Signalhebel, Weichenstellhebel, Weichenverriegelungshebel, Gleissperrhebel usw. pflegen (Abb. 82 a) mit den sie tragenden Hebelböcken nebeneinander, nach den genannten Gattungen gesondert, auf einem Gestell, der Hebelbank, gelagert zu sein. Die Hebelbank ist bei den Stellwerken mit Blockverbindungen am einen Ende (bei sehr langen Stellwerken auch an beiden Enden) verlängert, um dort den kastenförmigen Blockuntersatz (bzw. die beiden Blockuntersätze) zu tragen (s. Abb. 82 a). Auf dem Blockuntersatz (bzw. den beiden Blockuntersätzen) ruhen die der Stations- und Streckenblockung, d. h. der Verbindung mit anderen Stellwerken, bzw. dem Fahrdienstbureau dienenden Blockwerke. In den Blockuntersatz treten von oben die Fortsetzungen der Riegelstangen der Blockwerke ein, und in der Längsrichtung treten an ihn heran und stehen mit ihm in Verbindung die auf die ganze Länge des Stellwerks hinter den Hebeln entlang geführten sogenannten Schubstangen (*sch*) oder Schieber. Diese werden entweder (als Fahrstraßenschubstangen) von den Fahrstraßenhebeln bewegt und bewirken die Fahrstraßeneinstellung, d. h. sie vermitteln, wie oben (S. 26ff.) grundsätzlich erläutert wurde, die Abhängigkeit zwischen Weichenhebeln und Signalhebeln, oder sie werden (als Signalschubstangen) von den Signalhebeln mitbewegt. Sowohl die Fahrstraßenschubstangen, wie die Signalschubstangen stehen in später (im IV. Kap.) zu erörternder Weise mit den im Blockuntersatz untergebrachten Sperren und mit den auf den Blockuntersatz gesetzten Blockwerken in Verbindung. Im Blockuntersatz befindet sich also gewissermaßen der Angelpunkt aller Abhängigkeiten der Stellwerksanlage. Im gegenwärtigen Zusammenhange genügt es, noch hervorzuheben, daß die Fahrstraßenhebel,

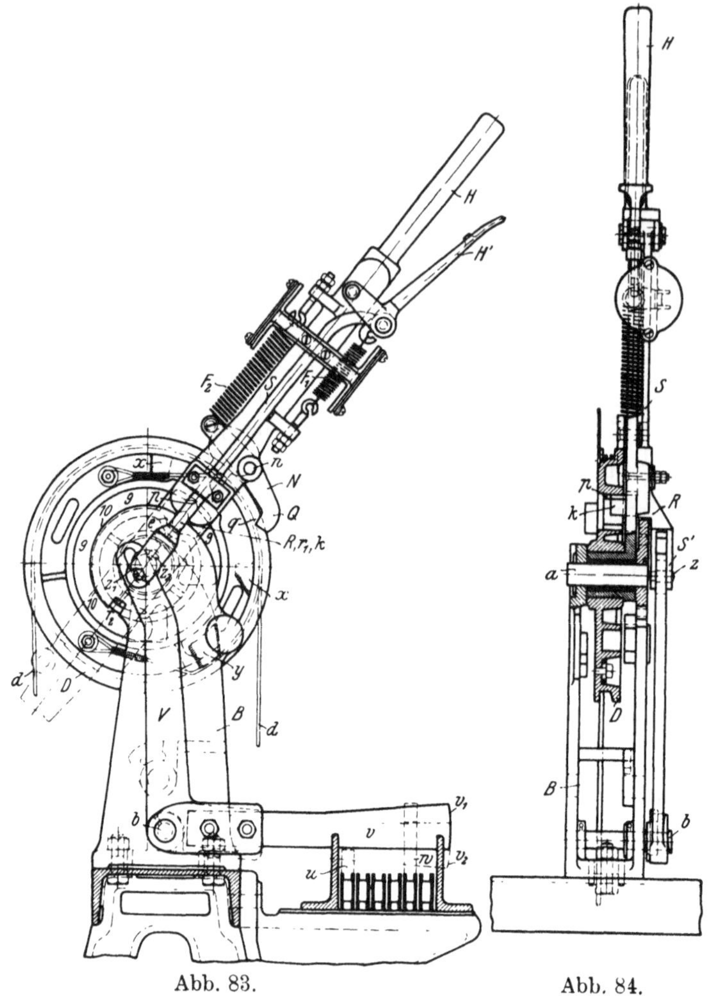

Abb. 83.Abb. 84.

Abb. 83, 84.   Weichenhebel von Fiebrandt & Co.

welche die, die Abhängigkeit zwischen Signalhebeln und Weichenhebeln vermittelnden Fahrstraßenschubstangen bewegen, am Blockuntersatz gelagert sind, und in der Regel, wie in Abb. 82 a, b angedeutet, von dem Blockuntersatz nach vorn (in Grundstellung rechtwinklig) hervorragen. (Bei Stellwerken ohne Blockverbindungen, wo also kein Blockuntersatz vorhanden ist, werden die Fahrstraßenhebel in der Regel auf besonderen auf die Stellwerksbank gesetzten Unterstützungen gelagert.) Bewegt man einen Fahrstraßenhebel (f) aus seiner wagerechten Grundstellung nach oben oder unten, so wird mittels geeigneter Übersetzung (s. Abb. 82, a, b) die zugehörige Fahrstraßenschubstange sch in ihrer Längsrichtung geschoben oder gezogen, d. h. in der Längsansicht des

Stellwerks (Abb. 82 a) nach rechts, bzw. nach links bewegt. Die in dieser doppelten Bewegungsmöglichkeit liegende doppelte Ausnutzbarkeit eines Fahrstraßenhebels für zwei Fahrstraßen mag bei der Einzelerörterung im folgenden Kapitel behandelt werden. Für die jetzige grundsätzliche Erörterung der Abhängigkeiten wird angenommen, daß der Fahrstraßenhebel f nur eine Bewegung aus der Mittellage nach oben hat, und daß dieser Bewegung eine Verschiebung der Schubstange nach rechts entspricht (Abb. 82 a, b). Die Abhängigkeiten zwischen Fahrstraßenschubstange und Weichenhebel werden nun (Abb. 83, 84, 85 a, b) folgendermaßen hergestellt:

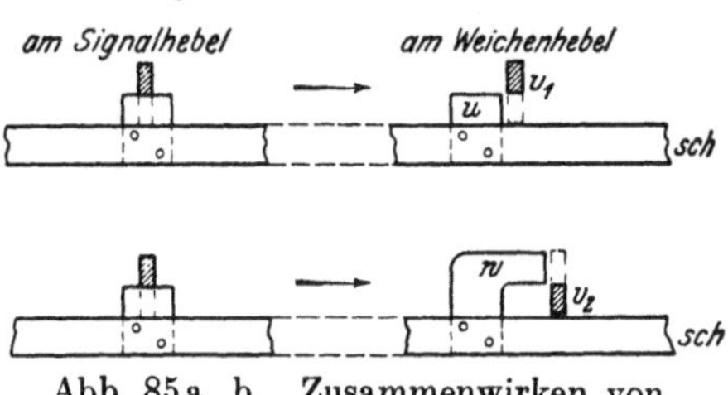

Abb. 85 a, b. Zusammenwirken von Verschlußbalken und Verschlußkörpern.

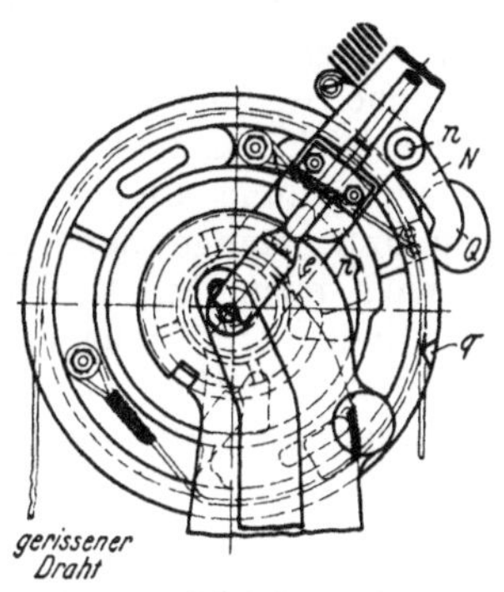

Abb. 86. Weichenhebel von Fiebrandt & Co.

Der mit der Drahtseilrolle (Seilscheibe) D verbundene Weichenhebel H ist mit der Achse a drehbar in dem Hebelbock B gelagert. Das um die Drahtseilrolle D geschlungene Drahtseil dd setzt sich als Doppeldrahtleitung bis zur Antriebvorrichtung der Weiche (s. oben) fort und bewirkt beim Umlegen des Hebels die Betätigung der Antriebvorrichtung und damit das Umstellen der Weiche[1]).

Der Weichenhebel hat entsprechend den beiden Endstellungen der Weiche zwei Stellungen (Abb. 83), die Grundstellung, unter rd. 45^0 gegen das Lot schräg nach oben und die gezogene Stellung (in Abb. 83 strichpunktiert) unter rd. 45^0 schräg nach unten, beide also um 180^0 voneinander verschieden. In beiden Endstellungen ist der Hebel gegen zufällige Bewegungen, wie sie sonst durch Unterschiede der Drahtspannung eintreten könnten, in folgender Weise gesichert: An dem Hebel H ist, in seiner Längsrichtung verschieblich, die Handfallenstange S angebracht, die durch den Zug der Handfallenfeder F_1 dauernd nach dem Hebelbock zu gedrückt wird. Die Handfallenstange S greift mit dem an ihrem Ende sitzenden Riegel R in jeder der beiden Endstellungen in je eine rechteckige Einkerbung des Hebelbockes B ein, d. h. in eine der beiden Rasten r_1, r_2. Hierdurch werden zufällige Bewegungen des Hebels aus jeder der beiden Endstellungen verhindert. Durch Andrücken des Händels H' gegen den Handgriff des Hebels H überwindet man die Zugkraft der Handfallenfeder F_1 und zieht die Handfallenstange S an, hebt (klinkt) somit den Handfallenriegel R aus der Rast r_1 oder r_2 heraus. So erst kommt man in die Lage, den Weichenhebel H umstellen zu können. Während des Umstellens schleift der vorher aus der Rast (Einkerbung r_1 oder r_2) herausgehobene Handfallenriegel R auf der zylindrisch geformten Oberfläche (dem Schleifkranz) 10 des Hebelbocks B.

Die Handfallenstange vermittelt nun nach deutschen Grundsätzen zugleich die Festlegung des Weichenhebels in einer seiner beiden Endstellungen, sobald durch Umlegen eines Fahrstraßenhebels der diesem entsprechende Signalhebel umlegbar gemacht wird. Zu diesem Behufe ist die Handfallenstange

---

[1]) Werden die Weichen nicht mittels Doppeldrahtleitungen, sondern mittels Gestängeleitungen gestellt, so ist statt der Seilscheibe z. B. ein Zahnkranz vorhanden, der auf eine Zahnstange als erstes Stück des Gestänges einwirkt. Hierauf wird erst im folgenden Kapitel unter III, B eingegangen.

über den Handfallenriegel R hinaus ungefähr bis neben die Achse a der Seilrolle D verlängert. Steht der Weichenhebel in der Grundstellung, so wird (Abb.
83, 84) beim Andrücken des Händels und hierdurch bewirktem Anziehen der
Handfallenstange S schräg nach oben (Ausklinken des Handfallenriegels R
aus der Rast r_1) der am Ende der verlängerten Handfallenstange S' sitzende
Zapfen z aus seiner zur Hebelachse a exzentrischen Grundstellung z_1 (Abb. 83)
in eine zur Hebelachse a zentrische Lage (Abb. 84) übergeführt. Während
des nun folgenden Umlegens des Weichenhebels H aus der Grundstellung in
die gezogene Stellung bleibt daher der Zapfen z an derselben Stelle. Sobald
dann der Weichenhebel H in der in Abb. 83 strichpunktiert angedeuteten
gezogenen Stellung angelangt ist, bewegt sich beim Loslassen der Handfalle
die Handfallenstange dem Zuge der Handfallenfeder F_1 folgend wiederum
schräg nach oben, indem der Handfallenriegel R in die Rast r_2 einklinkt, und
der am Ende der verlängerten Handfallenstange S' sitzende Zapfen z gelangt
in eine zweite zur Hebelachse im entgegengesetzten Sinne, wie vorher, exzen-
trische Lage z_2. An den Zapfen z ist nun mit Schlitzöse der Verschlußhebel V angeschlossen, der sich unter der Einwirkung der Verschiebungen
des Zapfens z um seinen unten am Hebelbock B gelagerten Drehzapfen b dreht.
An dieser Drehung nimmt der mit dem Verschlußhebel V zu einem Winkelhebel verbundene[1]) Verschlußbalken v teil, und tritt hierdurch mit sogenannten
Verschlußkörpern u, w in Wechselwirkung, die an der vom Fahrstraßenhebel
bewegten Schubstange sch sitzen (vgl. auch Abb. 85 a, b). Der Verschiebung
des Zapfens z von z_1 nach z_2 in zwei Teilbewegungen entspricht, gleichfalls in zwei Teilbewegungen, die Verschwenkung des Verschlußbalkens v
aus seiner hohen Endlage v_1 in seine tiefe (in Abb. 83 gestrichelt gezeichnete)
Endlage v_2 (auch Abb. 85 a, b rechts). Je nachdem für eine Zugfahrt die
Weiche in der Grundstellung oder in der gezogenen Stellung liegen muß,
wird nun der Verschlußbalken der betreffenden Weiche in der Stellung v_1 oder
v_2 durch Umlegen des Fahrstraßenhebels festgelegt, und zwar in folgender Weise.

Wie oben bereits ausgeführt, wird durch Umlegen des Fahrstraßenhebels f
aus seiner wagerechten Grundstellung nach oben die zugehörige Fahrstraßenschubstange sch aus ihrer Grundstellung in der Längsansicht des Stellwerks
nach rechts verschoben. Hierdurch tritt (Abb. 85 a, b) ein an der Schubstange
nach oben ragender Verschlußkörper u oder w unter, bzw. über den Verschlußbalken v, der sich hierzu in der Lage v_1, bzw. v_2 befinden muß. Der unter den
in Hochlage befindlichen Verschlußbalken tretende Verschlußkörper u (+ Verschlußkörper) ist rechteckig geformt, der über den in Tieflage befindlichen
Verschlußbalken tretende Verschlußkörper w (— Verschlußkörper) ist haken-
förmig. Dieselbe Verschiebung der Schubstange aus der Grundstellung nach
rechts, die die Verschlußbalken beliebig vieler Weichenhebel, je nach dem betrieblichen Erfordernis, in Grundstellung oder gezogener Stellung, wie eben
beschrieben, festlegt, gibt gleichzeitig in umgekehrter Weise den Verschlußbalken des dem Fahrstraßenhebel entsprechenden Signalhebels frei. (Abb. 85 a, b
links.) Der Signalhebel ist grundsätzlich ebenso ausgebildet, wie der Weichenhebel, nur in manchen Beziehungen einfacher. Das nun folgende Umlegen des
Signalhebels in Fahrtstellung bewegt den Verschlußbalken des Signalhebels beim
Anziehen und Nachlassen der Handfalle in zwei Teilbewegungen in die der vorherigen entgegengesetzte Lage, so daß nun der diesen Verschlußbalken vorher
sperrende Verschlußkörper nicht wieder unter den Verschlußbalken zurück-
treten kann. Somit wird durch das Umlegen des Signalhebels in Fahrtstellung
die Schubstange in gezogener Stellung festgelegt, und damit werden auch alle
Weichenhebel in den Stellungen festgelegt, die die Vorbedingung für das Um-

---

[1]) Wegen einer anderen Verbindungsform s. III. Kap. unter III, B, 2, 3.

legen des Fahrstraßenhebels waren. Also legt durch Vermittlung des Fahrstraßenhebels der Signalhebel die sämtlichen Weichenhebel, für die Verschlußkörper der einen oder anderen Form an der Schubstange angebracht
sind, in der für die Zugfahrt erforderlichen Lage fest.

Während des ganzen Umstellens des Weichenhebels, und zwar schon vom
Beginn des Ausklinkens des Handfallenriegels R aus einer der beiden Rasten
r_1 oder r_2 bis zur Vollendung seines Wiedereinklinkens in die andere Rast befindet sich der Verschlußbalken v in einer Zwischenstellung, d. h. etwa in halber
Höhe zwischen den beiden Endstellungen v_1 und v_2. In dieser Stellung verhindert er die Verschiebung aller derjenigen Fahrstraßenschubstangen, bei
denen für die betreffende Weiche rechteckige (+) oder hakenförmige (—) Verschlußkörper angebracht sind. D. h., irgendeine Fahrstraße kann nur eingestellt
und damit die Fahrtstellung des zugehörigen Signalhebels nur ermöglicht werden, wenn sich die Weichenhebel aller bei dieser Fahrstraße als Fahrtweichen
oder Schutzweichen beteiligten Weichen in der erforderlichen Endstellung
befinden, und wenn ihre Handfallenriegel eingeklinkt sind.

Der durch den Fahrstraßenhebel vermittelte gegenseitige Verschluß zwischen
Signal- und Weichenhebeln wirkt nach den vorstehenden Ausführungen nicht
auf die Hebel selbst, sondern auf die Handfallen der Hebel, so daß schon das
Ausklinken des Handfallenriegels eines so verschlossenen Hebels unmöglich ist.
So wird der Anwendung großer Kraftwirkung auf die Verschlußteile, wie sie
bei (im Ausland vielfach üblichen) unmittelbar auf die Hebel wirkenden Verschlüssen möglich ist, also deren Zerstörung, vorgebeugt. Außerdem aber gestattet diese Anordnung weitgehende Sicherheitsbedingungen zu erfüllen, wie
im besonderen im folgenden III. Kapitel zu erörtern ist. Dort wird auch die
Beschreibung des Fiebrandtschen Hebels in dieser Beziehung ergänzt.

Die Verwendung von Kurbeln statt der Hebel wird im III. Kapitel unter
III, A und im IV. Kapitel unter IV, A besprochen werden.

Im Rahmen dieser Erörterungen bleibt noch zu besprechen das Kuppeln
von Weichen oder Signalen, d. h. das Stellen von zwei Signalen oder von zwei
oder mehreren Weichen oder auch das Verriegeln von mehreren Weichen mittels
einer gemeinsamen Leitung.

Zwei Signale können nur dann mittels einer gemeinsamen Doppeldrahtleitung gestellt werden, wenn beide Signale einander feindlich sind, wenn also
stets das eine auf Halt stehen muß, sobald das andere auf Fahrt gezogen wird.
Abb. 87 zeigt hierfür zwei Beispiele solcher die Kupplung zulassenden Signalpaare, A^1, A^2 und B, C. In den durch das
erstere Beispiel vertretenen Fällen zweiflügliger
Signale wird die Kupplung stets angewendet.
Die zum Stellen zweier gekuppelter Signale
dienende Doppeldrahtleitung kann aus der
Ruhestellung nach beiden Richtungen bewegt
werden, und stellt dann jedesmal das eine
Signal auf Fahrt, während das andere in Haltstellung verbleibt. (Näheres im III. Kap.
unter II, C, 2.)

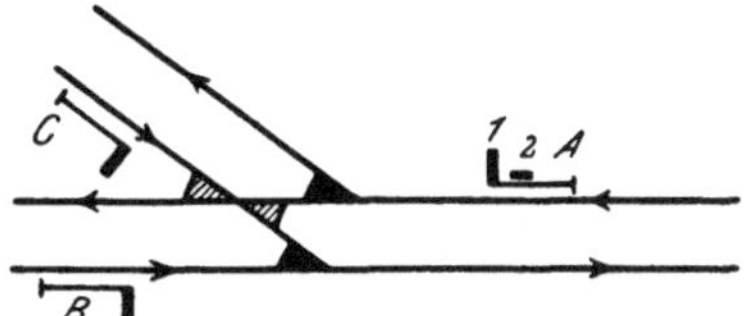

Abb. 87.   Die Kupplung zulassende
Signalpaare.

Die für solche gekuppelten Signale früher vielfach üblichen Umschlaghebel
(Abb. 88) sind nicht mehr gebräuchlich. Man verwendet, wie im III. Kapitel
unter III erörtert wird, entweder zwei Hebel (Zweisteller), von denen entweder
der eine oder der andere mit der Leitung gekuppelt wird, die, je nach Umlegen des
einen oder anderen Hebels im einen oder im entgegengesetzten Sinne bewegt
wird. Oder man kuppelt einen Hebel mittels eigenartiger Wechselkuppelung
so mit der Doppeldrahtleitung, daß diese entweder im einen oder im entgegengesetzten Sinne bewegt wird.

Bei Weichenstellleitungen (Gestänge oder Doppeldrahtzüge) ist die Kupplung im Gegensatz zu Signalen nur dann möglich, wenn die Weichen stets gleichzeitig umgestellt werden müssen oder wenigstens dürfen. Ein besonders charakteristisches Beispiel hierfür ist der in Abb. 89 dargestellte Fall der beiden Weichen einer Z-förmigen Gleisverbindung. Wenn auf dem einen Gleis 1 eine Zugfahrt stattfindet, also die Weiche 1 hierfür auf den geraden Strang gestellt wird, muß auch die Weiche 2 als Schutzweiche auf den geraden Strang gestellt werden. Soll dagegen die Gleisverbindung befahren werden, so müssen beide Weichen auf den krummen Strang gestellt werden. Stets kuppelt man die beiden Zungenvorrichtungen an jedem Ende einer doppelten Kreuzungsweiche, entsprechend der gebotenen Parallelschaltung (s. I. Kapitel, S. 8). Theoretisch ist es möglich, beliebig viele Weichen zu kuppeln, bei denen obige Bedingung zutrifft. Praktisch liegt eine Beschränkung der Zahl, abgesehen davon, daß die Bedingung selten für mehr als zwei Weichen zutreffen wird, in der sonst eintretenden Überlastung der Leitung. Bei Kraftstellwerken kann man hierin deshalb weitergehen, als bei mechanischen Stellwerken[1]). Im ganzen kuppelt man im Auslande nach englischem Vorbilde (s. VII. Kapitel unter III, A, 1.)

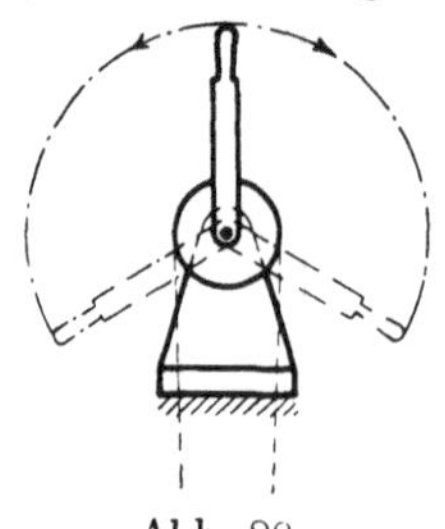

Abb. 88.
Signalumschlaghebel.

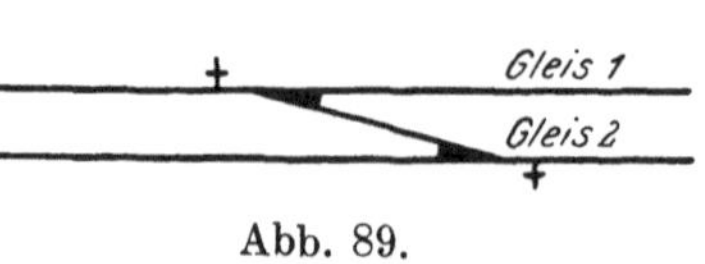

Abb. 89.
Z-förmige Weichenverbindung.

die Weichen in erheblich größerem Maße als in Deutschland[2]).

Besondere Weichenverriegelungsleitungen (vielfach verriegelt man die Weichen mittels der Signalleitungen) werden in Deutschland stets als Doppeldrahtzüge ausgeführt, die meist auf (sogenannte) Riegelrollen wirken, und können dann, wie die Signalleitungen, mit zwei entgegengesetzten Bewegungen aus der Ruhestellung ausgenutzt werden. Mit jeder dieser Bewegungen können die für eine Fahrt erforderlichen Weichenstellungen mittels Verriegelung festgelegt werden, wobei die beiden so gesicherten Fahrten feindlich sein, sich also ausschließen müssen. Die Zahl der in eine Verriegelungsleitung (oder der in eine Signalleitung) einzuschaltenden Weichenverriegelungen ist theoretisch unbegrenzt, praktisch aber beschränkt durch die Rücksicht, daß die Leitung nicht überlastet werden darf. Dies kommt zum Ausdruck in den Vorschriften der Eisenbahnverwaltungen (vgl. III. Kap., II, B, 3, Fußnoten). Die Riegelhebel werden ähnlich wie die Weichenhebel ausgeführt. (s. III. Kap., III, D). Für Riegelleitungen, die in beiden Richtungen zu bewegen sind, sind ebenso, wie für Signalleitungen (s. oben) Umschlaghebel nicht mehr üblich.

Die erste Veranlassung zum Kuppeln von Weichen und Signalen dürfte in dem Bestreben gelegen haben, an Kosten zu sparen und die Stellwerke kleiner und handlicher zu machen.

---

[1]) So ist dies auf den Pr.H.St.B. ausdrücklich zugelassen. Auf den Bayer.Stb. wird das Kuppeln von Weichen nur bei elektrischen Stellwerken, nicht aber bei mechanischen, gestattet. Die Bad.Stb. lassen bei mechanischen Stellwerken den Anschluß von höchstens 3 Zungenpaaren, bei Kraftstellwerken den von 4 Zungenpaaren an einem Hebel zu.

[2]) Auf den Pr.H.St.B. ist (A. f. Est. § 37,4) die Kupplung zweier Weichen bei mechanischen Stellwerken unstatthaft,

    a) wenn eine von ihnen von Personenzügen gegen die Spitze befahren wird,

    b) wenn dadurch die gleichzeitige Benutzung zweier voneinander unabhängiger Fahrstraßen ausgeschlossen wird,

    c) wenn eine der Weichen von Güterzügen spitz befahren, die andere aber beim Rangieren dergestalt benutzt wird, daß bei ihr die Möglichkeit des Aufschneidens in unrichtiger Stellung naheliegt,

    d) wenn die Bedienung der Weichen durch ihre Lage oder die Leitungsführung ohnehin erschwert ist.

4. Ein Stellwerksbezirk oder mehrere Stellwerksbezirke. Blockverbindungen.
Wenn möglich, sucht man mit einem Stellwerk auszukommen. Ist dieses von
dem Fahrdienstbureau (der Befehlsstelle) räumlich getrennt, so wird es von
ihm durch Stationsblockung abhängig gemacht. Es empfiehlt sich aber (vgl.
V. Kap., II. A), in den Aufstellungsraum eines einzigen Stellwerks zugleich das
Fahrdienstbureau (die Befehlsstelle) zu legen[1]) und es so zum „Befehlsstellwerk“
zu machen. Dann entfällt die Stationsblockung, und mit dem Stellwerk ist nur
die etwaige Streckenblockung zu verbinden, abgesehen von etwaigen Zustim-
mungsleitungen, Kontaktleitungen usw. (vgl. IV. Kap., I, D und IV, D). Die
räumliche Ausdehnung eines Stellwerksbezirks ist aber bei mechanischen Stellwerksanlagen durch die Rücksicht auf die Gangbarkeit der Leitungen begrenzt,
so daß auf den nicht ganz kurzen Bahnhöfen in Durchgangsform in der Regel
mindestens zwei Stellwerksbezirke, je die an einem Ende befindlichen Weichen
und Signale umfassend, erforderlich werden. Bei Kraftstellwerken ist zwar
die Länge der Leitungen nicht durch Rücksicht auf ihre Gangbarkeit begrenzt,
wohl aber die Ausdehnung der Bezirke durch die Rücksicht auf deren Übersichtlichkeit.

Sind zwei oder mehrere Stellwerksbezirke vorhanden, so werden diese
ebenfalls von dem Fahrdienstbureau (der Befehlsstelle) durch Stationsblockung
abhängig gemacht. Auf den Pr.H.St.B. ist man bestrebt, die Befehlsstelle
mit einem der Stellwerke räumlich zu verbinden, das dann auch wie ein einziges
mit der Befehlsstelle verbundenes Stellwerk (s. oben) Befehlsstellwerk heißt,
während die übrigen Stellwerke abhängige Stellwerke (auf den Pr.H.St.B.
Wärterstellwerke genannt) sind. (Vgl. V. Kap., II, A.) Die Stationsblockverbindungen zwischen den Stellwerken gegenseitig und zwischen ihnen
und dem Fahrdienstbureau wirken zwangsweise. Solche Blockverbindung kann
von einem Stellwerk aus, mag es Befehlsstellwerk sein oder als an sich abhängiges
Stellwerk doch zu einer von einem anderen Stellwerk einzustellenden Zugfahrt
zuzustimmen haben, erst dann betätigt werden, nachdem die in dem gebenden
Stellwerk erforderlichen Sicherheitsbedingungen erfüllt sind (Festlegung von
Weichen in bestimmter Stellung mittels eines Fahrstraßenhebels, Ausschluß
feindlicher Fahrstraßenhebel, Eingang einer Blockung oder einer Kontaktwirkung von anderer Stelle usw.). In dem empfangen-
den Stellwerk muß die Wirkung der Blockung erst
eingegangen sein, bevor dieses die entscheidenden Handhabungen vornehmen kann, die entweder unmittelbar
zur Signalstellung führen oder dahin führen, daß nach
einem anderen Stellwerk eine neue Blockung weitergegeben wird. So werden durch die Blockverbindungen
die sämtlichen Stellwerke eines Bahnhofs zu einer höheren Einheit verbunden. Die Grundsätze, nach denen
man zweckmäßig die Stellwerksbezirke einteilt, mit Be-
fugnissen ausstattet und verbindet, lassen sich erst nach
der technischen Sonderbehandlung aller Bestandteile, im

Abb. 90.
Turm-
stellwerk.

Abb. 91.
Stellwerks-
bude.

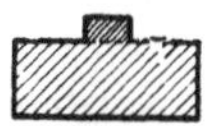

Abb. 92. Stellwerk im
Anbau oder Erker des
Empfangsgebäudes.

V. Kapitel erörtern. Hier sei nur noch erwähnt, daß man größere Stellwerke
zur besseren Übersicht über die Gleise hochzustellen pflegt. Die Stellwerksgebäude zur Aufstellung der Stellwerke erhalten deshalb hochgelegene Ober-
geschosse, deren Wände nach Bedarf als Fensterflächen ausgebildet werden
(Turmstellwerke, Abb. 90). Für kleine Stellwerksbezirke begnügt man sich
stattdessen mit annähernd ebenerdiger Aufstellung in sogenannten Stellwerksbuden (Abb. 91) oder auch im Freien (s. oben). Wird ein Stellwerk mit

---

[1]) In Süddeutschland und in der Schweiz ordnet man statt dessen vielfach das einzige
Stellwerk in unmittelbarer Nachbarschaft des Fahrdienstbureaus auf dem Bahnsteige an.

dem Empfangsgebäude verbunden, so empfiehlt es sich oft, es in einem Anbau oder bei hoher Lage in einem Erker des Empfangsgebäudes unterzubringen, um von ihm aus nach Möglichkeit eine Übersicht über die Gleise zu gewähren (Abb. 92).

III. Arten der Stellwerksanlagen.

1. Signal- und Weichenstellereien sind solche Stellwerksanlagen (Stellereien), wie sie den obigen Betrachtungen (unter I) zugrunde gelegt sind. Ihre Stellwerke enthalten Hebel zum Stellen von Weichen und Signalen sowie diese in Abhängigkeit bringende Fahrstraßenhebel, außerdem nach Bedarf Hebel zum Verriegeln von Weichen, zur Bedienung von Gleissperren, Entgleisungsweichen usw. Die Stellwerke sind entweder Befehlsstellwerke oder abhängige Stellwerke. Die Verbindung der Stellwerke eines Bahnhofes miteinander und mit der etwaigen besonderen Befehlsstelle geschieht durch die Stationsblockung. Aber auch die Streckenblockung wird mit bestimmten Stellwerken in Verbindung gebracht.

2. Signalstellereien. Ihre Stellwerke enthalten keine Weichenhebel und Fahrstraßenhebel, sondern lediglich Signalhebel. Sie werden vorzugsweise an solchen Stellen verwendet, wo nur Signale und keine Weichen zu stellen sind, insbesondere auf Blockstellen, bei Bahnkreuzungen usw. Doch kann man auch in Signalstellereien die Signalstellung von der richtigen Stellung einzelner Weichen abhängig machen, indem man entweder in Signalstellleitungen Weichenverriegelungen einschaltet, oder die Signalstellhebel, bzw. Signalkurbeln an den Weichen aufstellt und unmittelbar die Weichen verriegeln läßt. Zu den Signalstellwerken sind auch solche Stellwerke zu rechnen, die nur Signalhebel enthalten, deren Stellen aber vom vorherigen Eintreffen von Blockzustimmungen oder vom vorherigen Betätigen von Schlüsseln abhängig ist, die also unter Umständen Bestandteile einer größeren Signal- und Weichenstellwerksanlage bilden.

3. Weichenstellereien. Hier sind zwei Gruppen von Anlagen zu unterscheiden:

a) Die Stellwerke der einen Gruppe enthalten lediglich Weichenhebel. Ihr vornehmlicher Zweck ist, die Bedienung der Weichen zu vereinfachen und zu beschleunigen, Mißverständnisse zu vermeiden, die Bedienungsmannschaften einschränken zu können und ihre Gefährdungen zu verhüten. Abhängigkeiten zwischen den einzelnen Weichenstellungen bestehen nach deutschen Grundsätzen im allgemeinen nicht, soweit sie nicht durch Kupplung von Weichen bedingt werden. Anders ist dies zum Teil im Auslande. — Nach deutschen Grundsätzen sind daher solche Weichenstellereien nicht eigentlich als Sicherungseinrichtungen zu betrachten und hier nur deshalb mit zu behandeln, weil sie in baulicher Hinsicht als Stellwerke anzusprechen sind. Man verwendet sie namentlich vielfach auf Verschiebe- und Abstellbahnhöfen.

b) Die Stellwerke der anderen Gruppe enthalten außer den Weichenhebeln auch Fahrstraßenhebel und stehen in Verbindung mit Stationsblockwerken oder mit Schlüsselabhängigkeiten. Sie werden in allen den Fällen verwendet, wo im Gleisbezirke eines Befehlsstellwerks, das durch Stationsblockung die abhängigen Stellwerke beherrscht, nur Weichen, aber keine Signale mittels Hebeln zu stellen sind, und ferner in den Fällen, wo ein keine Signalhebel enthaltendes Stellwerk zu Signalbedienungen nach anderen Stellwerken mittels Blockverbindung oder Schlüsselabhängigkeit zuzustimmen hat. Die Pr.H.St.B. zählen diese Gruppe der Weichenstellereien zu den Signal- und Weichenstellereien (A.f.Est. § 35).

Zu den eben aufgeführten drei Hauptarten von Stellereien gibt es nun noch Abarten:

4. Zu Signalstell- und Weichenriegelwerken werden die Stellwerke der Signal- und Weichenstellereien dann, wenn sie außer den Signal- und Fahrstraßenhebeln keine Weichenstellhebel, sondern, abgesehen von sonstigen Stellvorrichtungen (Gleissperren usw.) nur Weichenriegelhebel enthalten. Man kann mit diesen Werken dieselben Sicherungsbedingungen erfüllen, wie mit den Stellwerken zu 1, nur mit weniger bequemer Bedienung.

5. Zu Riegelwerken werden die Weichenstellwerke mit Fahrstraßenhebeln und Block- oder Schlüsselverbindung (oben zu 3, b) dann, wenn sie keine Weichenstellhebel, sondern lediglich Weichenriegelhebel enthalten. Auch solche Werke finden sich, wie die zu 3, b, häufig an den Befehlsstellen, wenn es sich darum handelt, die Erteilung der Blockaufträge an die abhängigen Stellwerke von der vorherigen Festlegung einzelner Weichen im Bezirk des Befehlsstellwerks abhängig zu machen.

Technisch minder vollkommen und umständlich zu bedienen, aber doch geeignet, alle dieselben Sicherungsbedingungen zu erfüllen, die mit den eigentlichen Stellwerken erfüllt werden, sind die Schlüsselabhängigkeiten. Sie können entweder unmittelbar zwischen Weiche und Signal oder mit Zwischenschaltung eines sogenannten Schlüsselwerkes angewendet werden, wobei dann in dem Schlüsselwerk Weichenschieber und Fahrstraßenschieber vorhanden sind, die ebenso in Abhängigkeit stehen, wie die entsprechenden Hebel eines Signal- und Weichenstellwerkes. Schlüsselwerke können auch mittels Blockwerken mit anderen Schlüsselwerken oder mit Stellwerken in Verbindung gebracht werden. Man kann aber auch, wie bereits erwähnt, in Stellwerke einzelne Schlüsselabhängigkeiten statt der Weichenstell- oder Riegelhebel oder statt der Blockabhängigkeiten einführen. Näheres über die Schlüsselabhängigkeiten vgl. im folgenden Kapitel unter IV.

Schlußbemerkungen zum II. Kapitel.
Plan für die folgende Behandlung.

Zu dem in der Einleitung des Buches (S. 2) über die Stoffeinteilung Gesagten sei hier folgendes ergänzend bemerkt:

Nachdem im I. Kapitel die Wege der Züge und der Verschiebefahrten und ihre Kennzeichnung durch Signale besprochen und im II. Kapitel Grundbegriffe und Einrichtungen der Stellwerksanlagen im allgemeinen erläutert sind, folgt nun im III. Kapitel die Behandlung der mechanischen Stellwerke, im IV. Kapitel diejenige der Blockverbindungen. Solche Einrichtungen der mechanischen Stellwerke, die durch das Hinzutreten der Blockverbindungen bedingt sind und mit ihnen in Wechselwirkung treten, wie die Sperren, werden jedoch nicht im III., sondern im IV. Kapitel behandelt. Im V. Kapitel wird dann als Ergänzung zu allen vorherigen das Entwerfen der Stellwerke hinsichtlich der Form (Gleisplan, Verschlußtafeln, usw.) und in sachlicher Beziehung besprochen. Im VI. Kapitel werden die Kraftstellwerke, im VII. Kapitel abweichende Sicherungseinrichtungen im Auslande, teilweise auch in Deutschland, der Erörterung unterzogen.

Drittes Kapitel

Mechanische Stellwerke.

I. Leitungen.

Die am mechanischen Stellwerk von der Hand des Wärters ausgeübte Bewegung wird (S. 30) durch Gestänge- oder Drahtzugleitungen auf die Stellvorrichtungen der Weichen und Signale oder der sonstigen Sicherheitsvorrichtungen übertragen. Der Stellweg (Hub des Stellhebels) beträgt auf den Pr.H.St.B. und den Sächs.Stb. bei Gestängeleitung im allgemeinen mindestens 240 mm, bei Doppeldrahtleitungen 500 mm[1]).

A. Gestängeleitungen.

1. Anordnung und Bestandteile. Gestängeleitungen, d. h. Leitungen, die aus starren, in ihrer Längsrichtung hin und her verschieblichen Gestängen (meist Rohrgestängen, vgl. 2 a) bestehen, werden im allgemeinen nicht zum Stellen von Signalen, sondern nur zum Stellen von Weichen (auch von Handweichen) oder von sonstigen mit den Gleisen verbundenen Sicherheitsvorrichtungen (Gleissperren, Entgleisungsvorrichtungen, Sperrschienen usw.) benutzt. Die einfachste Anordnung ergibt sich, wenn nach Abb. 93a, b bei einer Hand-

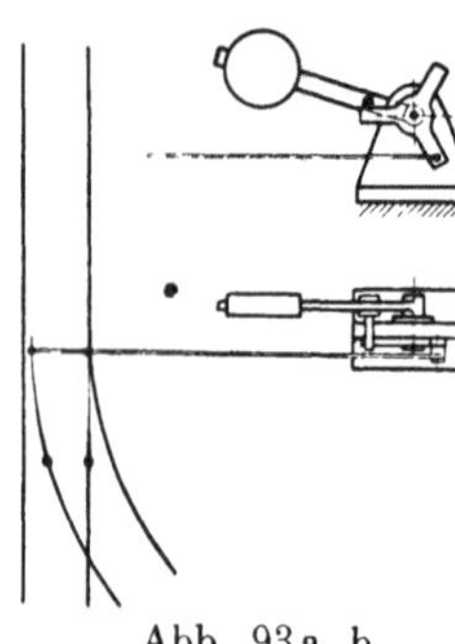

Abb. 93a, b.
Handweiche.

weiche das zum Stellbock führende Gestänge die geradlinige Fortsetzung der Verbindungsstange der beiden Weichenzungen bildet. Sobald durch Vereinigung zweier oder mehrerer Weichenstellhebel an einem Punkte ein Stellwerk entsteht, werden Richtungsänderungen bei den Leitungen erforderlich. Solche Richtungsänderungen sucht man durch geeignete Führung der Leitungen möglichst einzuschränken. Immerhin besteht aber eine derartige Leitung in der Regel aus mehreren Stücken, die gewöhnlich zum Teil parallel, zum Teil rechtwinklig zu den Gleisen liegen. Einen noch einfachen Fall der Verbindung eines Stellwerksweichenhebels mit einer Weiche zeigt Abb. 94 a, b. Die Leitung besteht aus 4 geradlinig geführten Stücken x_1 bis x_4. Diese sind durch Umlenkungen w_1 bis w_3 miteinander verbunden, die aus unverrückbar gelagerten gleicharmigen Winkelhebeln bestehen (vgl. 2, c), so daß die vom Stellhebel aus-

---

[1]) Ähnlich bei anderen Bahnverwaltungen, so Baden (236 mm bei Gestängen), Elsaß-Lothringen, Württemberg. Auf den Bayer.Stb. haben Doppeldrahtleitungen für Weichen 600 mm, für Riegel- und Signalleitungen 500 mm, für Leitungen von Ausfahrsignalen mit 3 Flügelstellungen und von Einfahr- und Ausfahrsignalen hintereinander zweimal 500 mm Stellweg.

geübte, und in der Regel durch Zahnantrieb auf das Gestänge übertragene, Bewegung sich in annähernd unveränderter Größe bis zur Weiche fortsetzt. Die letzte Umlenkung w_3 kann zugleich als Antriebvorrichtung der Weiche aufgefaßt werden. Der Grundstellung $+$ der Weiche entspricht die des Hebels, der entgegengesetzten $-$-Stellung der Weiche, wie gestrichelt in Abb. 94 b angedeutet, die umgelegte Stellung des Hebels (vgl. S. 27). Wenn beim Umlegen von $+$ auf $-$ das ganze Gestänge gezogen wird, so wird beim Umlegen von $-$ auf $+$ das ganze Gestänge gedrückt. Die wagerecht geführten Stücke der Leitung (x_2 bis x_4) tragen sich bei geringer Länge frei. Andernfalls erhalten sie Zwischenunterstützungen durch Lager (vgl. 2, b). Durch Temperaturänderungen verlängert oder verkürzt sich das Gestänge im ganzen. Wenn dadurch in der einen Endstellung ein Klaffen der anliegenden Weichenzunge eintritt, so kann in der entgegengesetzten Stellung der Stellhebel nur mit größerer Kraftanstrengung oder gar nicht in die Endstellung, d. h. zum Einklinken der Handfalle gebracht werden. Nur bei geringer Gesamtlänge des Gestänges sind diese Störungen unschädlich. Bei größeren Längen gleicht man die Temperaturveränderungen aus, indem man das Gestänge so anordnet, daß bei derselben Umstellbewegung Strecken von annähernd gleicher Gesamtlänge gezogen und gedrückt werden. Am besten geschieht dies unter Benutzung der ohnehin er-

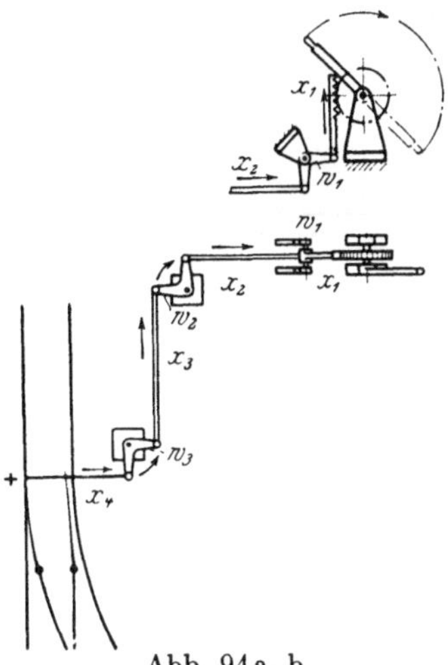

Abb. 94a, b.
Gestängeverbindung zwischen Stellwerkshebel und Weiche.

forderlichen Winkelumlenkungen. Wenn an eine solche die eine Leitung außen, die andere innen angeschlossen wird, so kehrt sich an dieser die Bewegungsrichtung um, d. h. es geht Zug in Druck über oder umgekehrt. Abb. 95 gibt ein

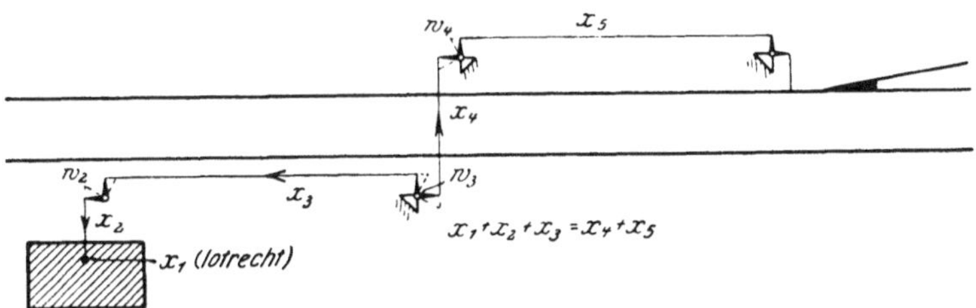

Abb. 95. Längenausgleich durch geeignete Anordnung der Winkelumlenkungen.

Beispiel. Wenn hier bei der einen Umstellbewegung x_1 (lotrechte Strecke im Stellwerksgebäude), x_2, x_3, wie durch Pfeile angedeutet, gezogen werden, werden gleichzeitig x_4, x_5 gedrückt, und umgekehrt. Die gestrichelten Stellungen der Winkelhebel deuten an, wie sich bei Temperaturerhöhung die Verlängerungen an dem Winkelhebel w_3 ausgleichen, wobei hier vorausgesetzt ist, daß das im unteren Raum des Stellwerksgebäudes herabgehende Stück x_1 der Leitung denselben Wärmeänderungen ausgesetzt ist, wie die Stücke x_2—x_5. Die Wirkung bleibt dieselbe, wenn gezogene und gedrückte Strecken von im ganzen gleicher Länge beliebig abwechseln. Nur, wenn derartige Anordnungen nicht möglich sind, sollte man von besonderen Ausgleichvorrichtungen (vgl. 2, d) Gebrauch machen, deren grundsätzliche Wirkungsweise Abb. 96 verdeutlicht. In dieser Beziehung ist noch zu beachten, daß die in Deutschland üblichen Weichenstellvorrichtungen (aufschneidbare Spitzenverschlüsse, vgl. II, A) in gewissem

Grade Längenänderungen der Gestängeleitungen unschädlich machen. Hier ist deshalb ein voller Temperaturausgleich nicht erforderlich.

Die Gestänge werden zur Kostenersparnis und leichteren Überwachung außerhalb der Gleise meist oberirdisch, zwischen den Gleisen und bei Durchführung unter den Gleisen unterirdisch geführt. Bei unterirdischer Führung werden sie in Kanäle (vgl. 2, e) eingeschlossen. Werden mehrere Gestänge gemeinsam quer unter Gleisen durchgeführt, so werden vielfach Gleisbrücken (vgl. 2, f) verwendet. Übergänge zwischen oberirdischer und unterirdischer Führung des Gestänges, ebenso geringere Wechsel in der Höhenlage werden durch eigenartig geformte Winkelhebel bewirkt.

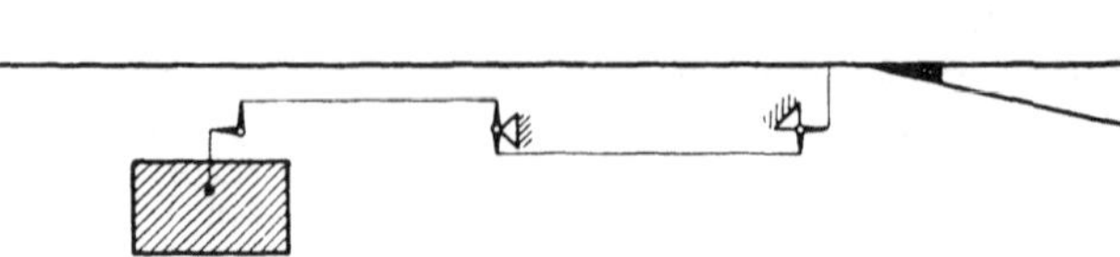

Abb. 96. Grundsätzliche Wirkungsweise besonderer Ausgleichhebel.

Wegen dieser und sonstiger statt der gewöhnlichen Winkelhebel verwendeten Hebelformen s. unter 2, c.

2. Bauliche Durchbildung.

a) Das Gestänge besteht in Deutschland in der Regel aus rund 42 mm starken schweißeisernen Rohren von rund 4 mm Wandstärke. Die früher stellenweise verwendeten 25 bis 35 mm starken Rundeisen sind ungebräuchlich ge-

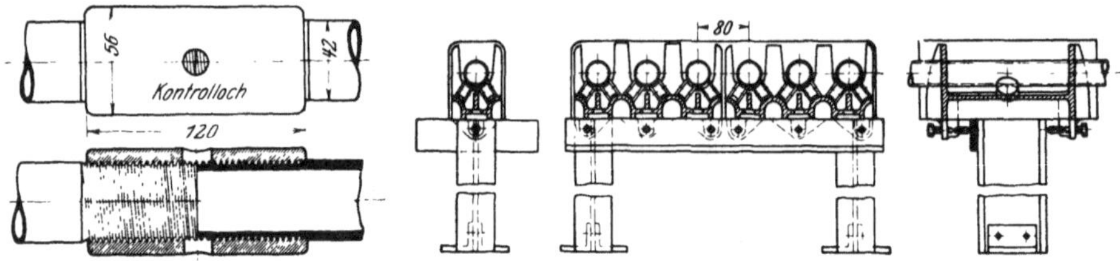

Abb. 97a, b. Verbindungsmuffen für Gestängeleitungen. Bauart Masch.-Fabr. Bruchsal.

Abb. 98a—c. Walzenlager für oberirdische Leitungen. Bauart Masch.-Fabr. Bruchsal.

worden. Die etwa 5 m langen Rohre werden durch schweißeiserne Schraubmuffen von 120 mm Länge und rund 56 mm äußerem Durchmesser verbunden. Sie sollen in deren Mitte satt zusammenstoßen, was durch zwei dort gegen-

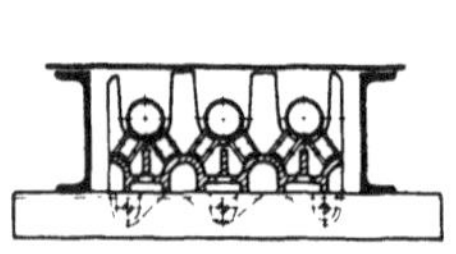

Abb. 99. Walzenlager für unterirdische Leitungen. Bauart Masch.-Fabr. Bruchsal.

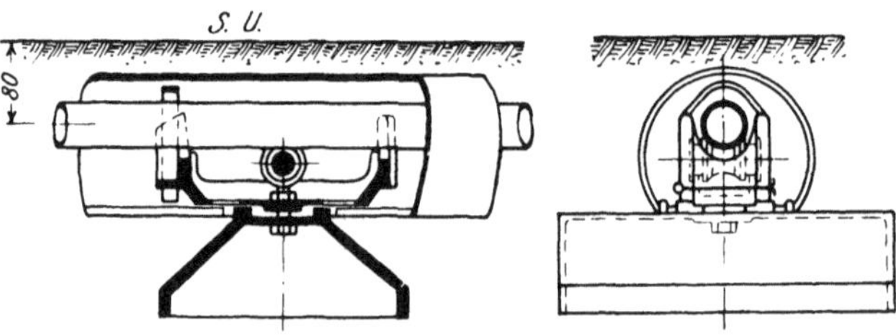

Abb. 100a, b. Walzenlager für unterirdische Leitungen Bauart Max Jüdel & Co.

über angebrachte Schaulöcher überwacht wird (Abb. 97a, b). Das Gewinde ist durchweg Rechtsgewinde, zweckmäßig etwa 2 mm tief[1] geschnitten (also nicht

---

[1] Maschinenfabrik Bruchsal 1,7 mm.

Gasrohrgewinde). Oberirdisches Gestänge liegt in der Regel[1]) mit Rohrmitte 60 bis 70 mm über, unterirdisches[2]) 60 bis 140 mm unter Schienenunterkante.

b) Die Lager werden in Abständen von je etwa 3,25 m bis 3,5 m angeordnet. Fest mit Drehachsen auf Stühlen gelagerte Rollen haben sich wegen

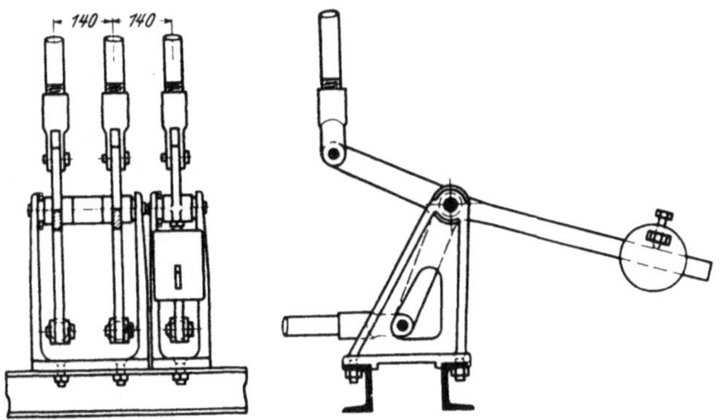

Abb. 101a, b.   Lotrechte Gestängeumlenkung.   Bauart Max Jüdel & Co.

zu großer Reibung nicht bewährt. Jetzt verwendet man stets Lager mit nur rollender Reibung. Abb. 98a—c zeigt ein Beispiel eines Walzenlagers für sechs nebeneinander liegende Gestänge. Ein Schutz gegen Abheben bei gedrückter

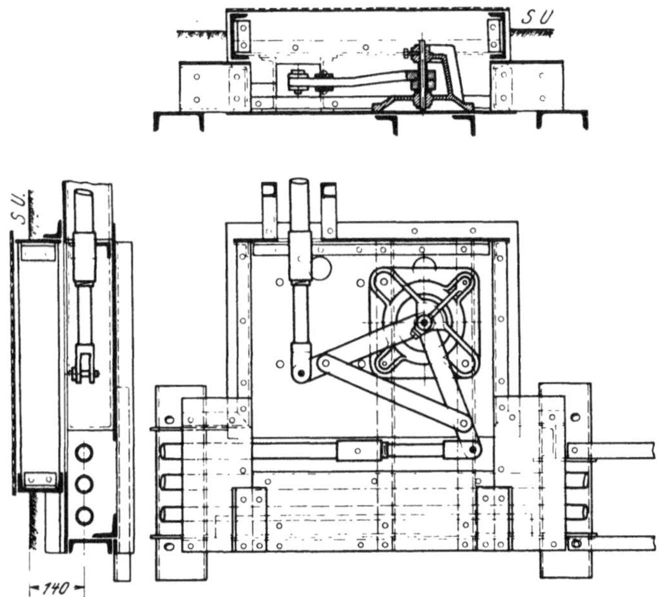

Abb. 102 a—c.   Umlenkhebel für eine unterirdische Leitung.
Bauart Masch.-Fabr. Bruchsal.

Leitung ist nicht erforderlich. Die Walzenstühle werden wie in Abb. 98 auf tiefgehenden eisernen Fundamenten oder auf eisernen Schwellstücken gelagert,

---

[1]) Norddeutschland im allg. 60 mm, Sächs.Stb. 130 mm, Bad.Stb. 70 mm (mit Ausnahme der 60 mm unter S. U. angeordneten Leitungen auf dem Bankett), Württb.Stb. 120—140 mm.

[2]) Norddeutschland im allgemeinen 80 mm, Sachsen 70 mm, Bad.Stb. parallel zum Gleis 60 mm, quer zum Gleis 80 mm (vor dem Stellwerk 140 mm). Württb.Stb. 70—80 mm.

die bei unterirdischen Leitungen nach Abb. 99 zugleich als Querschwellen der Kanäle (vgl. auch e) dienen können. Bei oberirdischen Leitungen werden die Lager durch Blechhauben abgedeckt (Abb. 98). Eine andere Form von Lagern mit nur rollender Reibung zeigt Abb. 100, a, b. Auch Kugellager hat man verwendet. Diese haben sich aber wegen Einarbeitens der Stahlkugeln in die weichen Gestänge nicht bewährt.

c) Die Umlenkungen werden in der Regel durch Winkelhebel bewirkt. Einen solchen zur Umlenkung aus der lotrechten Gestängerichtung im Stellwerksgebäude in die wagerechte Richtung, sofern diese rechtwinklig zur Längsrichtung des Stellwerks verläuft[1]), zeigt Abb. 101a, b, einen Winkelhebel zur rechtwinkligen Umlenkung in einer unterirdischen Außenleitung mit Fundament und Schutzkasten Abb. 102a—c. Die Angriffspunkte der Gestänge und der

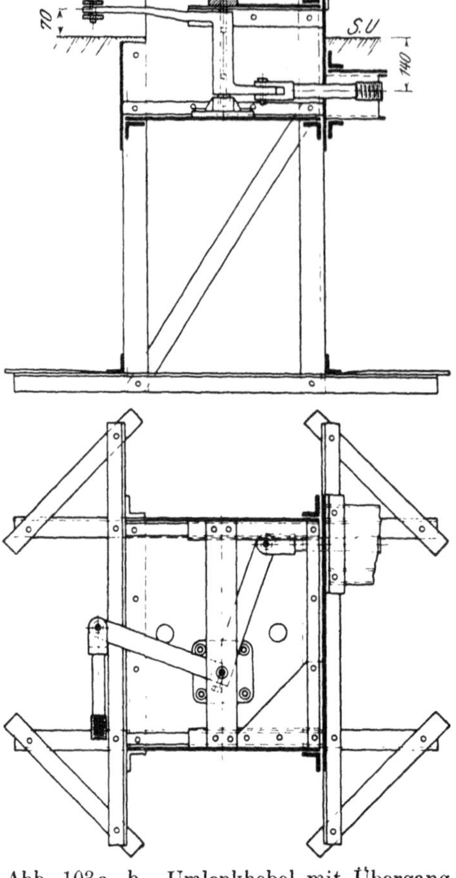

Abb. 103a, b. Umlenkhebel mit Übergang von oberirdischer zu unterirdischer Leitung. Bauart Masch.-Fabr. Bruchsal.

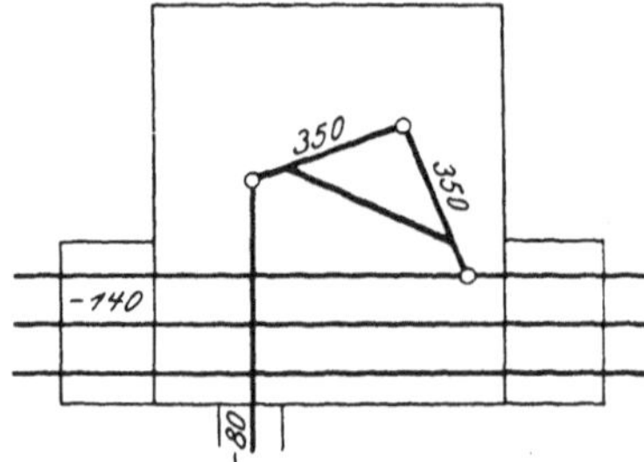

Abb. 104. Kreuzung einer umgelenkten Leitung mit weitergehenden Leitungen. (Bruchsal.)

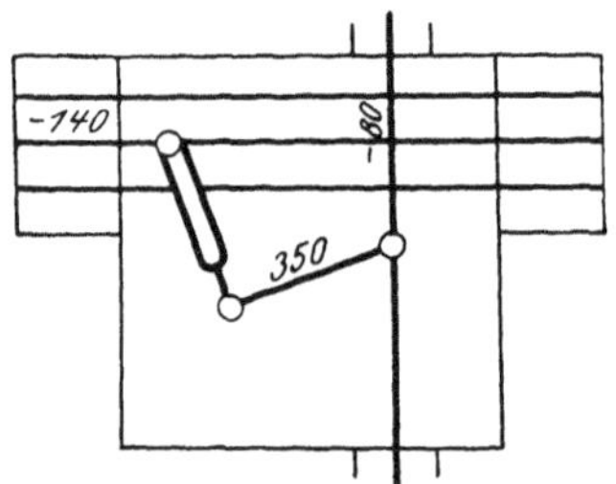

Abb. 105. Schematische Darstellung eines Gabelhebels. (Bruchsal.)

Drehpunkt sind mit Stahlbuchsen versehen; die Angriffsbolzen und die Drehachse bestehen aus Stahl. Umlenkungen für oberirdische Leitungen erhalten tiefer herabreichende eiserne Fundamente (Abb. 103a, b). Vermittelt die Umlenkung zugleich den Übergang zwischen zwei verschieden hohen Lagen des Ge-

---

[1]) Läuft sie parallel zur Längsrichtung des Stellwerks, so werden Winkelhebel eigenartiger Form erforderlich. Die Bauweise der Maschinenfabrik Bruchsal (vgl. Scheibner, S. 625, Abb. 705) zeigt den abwärtsgehenden Schenkel auf der vierkantigen Drehachse verschiebbar, um ihn an der der Gestängelage entsprechenden Stelle festklemmen zu können, und den anderen Schenkel gekröpft, damit er nicht an die Achse des nächsten Winkelhebels anstößt.

stänges, so werden die beiden Winkelschenkel gegeneinander in der Höhe versetzt oder abgebogen. Bei größeren Höhenunterschieden (bis 210 mm) werden von der Maschinenfabrik Bruchsal eigenartig geformte Winkelhebel mit drehbarer, besonders sicher gelagerter Achse verwendet (Abb. 103, a). Muß von mehreren nebeneinander liegenden Gestängen eines umgelenkt werden, während die anderen geradlinig weiter gehen, so legt man das umzulenkende Gestänge möglichst an die Seite der Ablenkung. Liegt es an der entgegengesetzten Seite, so kann nach Abb. 104 unter Anwendung eines Hebels mit in der Höhe versetzten Schenkeln die umgelenkte Leitung über (oder unter) den weiterlaufenden durchgeführt werden. Zur Umlenkung zwischenliegender Leitungen wird entweder ein sogenannter Gabelhebel angewendet, wie in Abb. 105 schematisch angedeutet, oder es wird in dem zu überschneidenden Gestänge eine Schlaufe gebildet. Die Abb. 102, 103 zeigen zugleich die Ausbildung der aus Rundeisen geschmiedeten Gelenkstücke, die am einen, gabelförmigen[1]) Ende mit Bolzen an die Winkelenden angeschlossen werden, am anderen Ende auf einer Verdickung ein Gewinde tragen, um mittels einer Muffe mit dem anschließenden Gestänge verbunden zu werden. Statt dessen kann auch das Gelenkstück unmittelbar eine Muffe zum Einschrauben des Gestänges erhalten (s. Abb. 101).

Bei Gruppenumlenkungen sind gewöhnliche Winkelhebel nicht verwendbar, weil bei Bewegung eines Winkelhebels dessen Schenkel mit denen der benachbarten Winkelhebel aneinanderschlagen würden. Dies wird vermieden durch besondere Hebelformen der Sensen- oder Sichelhebel, von denen die letzteren nebst Fundament durch Abb. 106a, b dargestellt sind. Die hochliegenden Angriffsarme jedes Hebels schlagen über das tief stehende Lager des benachbarten Hebels hinweg. Bei

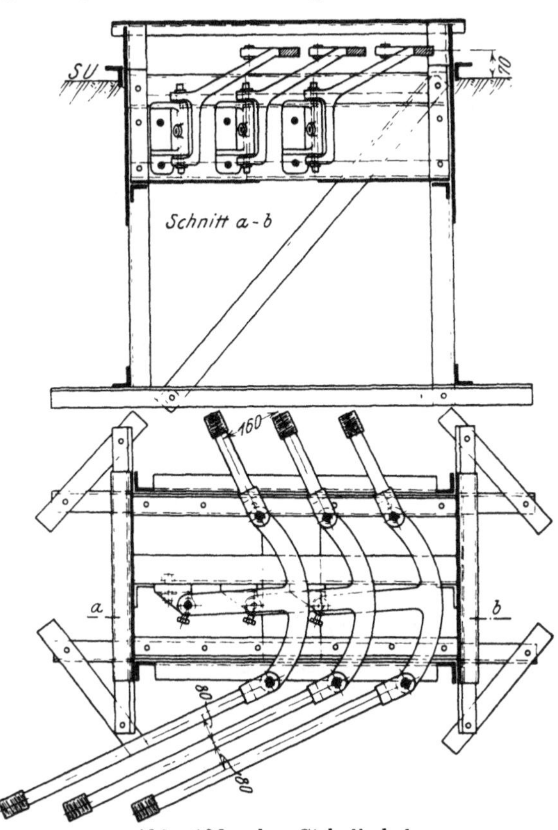

Abb. 106a, b. Sichelhebel.
Bauart Masch.-Fabr. Bruchsal.

Verwendung vor einem Stellwerksgebäude dient die Anordnung nach Abb. 106 zugleich dazu, die im Abstand der Stellhebel, d. h. etwa 140—160 mm, aus dem Gebäude heraustretenden Leitungen auf den bei Außenleitungen zur Raumersparnis zweckmäßigen Mindestabstand von 80 bis 85 mm zu bringen. Die einseitige Belastung der Drehachsen bei den Sichelhebeln und Sensenhebeln bewirkt schnellen Verschleiß. Deshalb verwendet man jetzt seit etwa 20 Jahren

---

[1]) Ein an einen Gabelhebel anzuschließendes Gelenkstück besitzt statt dessen ein volles Ende.

für Gruppenumlenkungen in der Regel Winkelhebel, die nach Abb. 107a—c abwechselnd höher und tiefer liegen, und bei denen, damit die Winkelhebel nicht an die Achsen der benachbarten anschlagen, die Schenkel (oder auch nur ein Schenkel) gekrümmt sind (Bogenhebel). Die Gelenkstücke der angeschlossenen Leitungen müssen hier abwechselnd nach oben und unten gekröpft werden.

Bei geringen Ablenkungswinkeln werden Knickhebel ver-

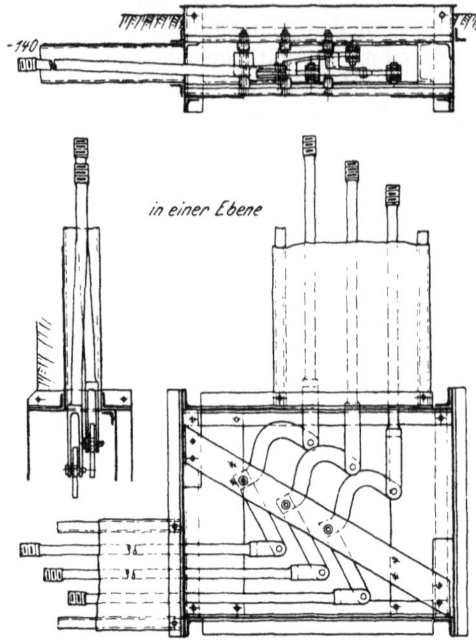

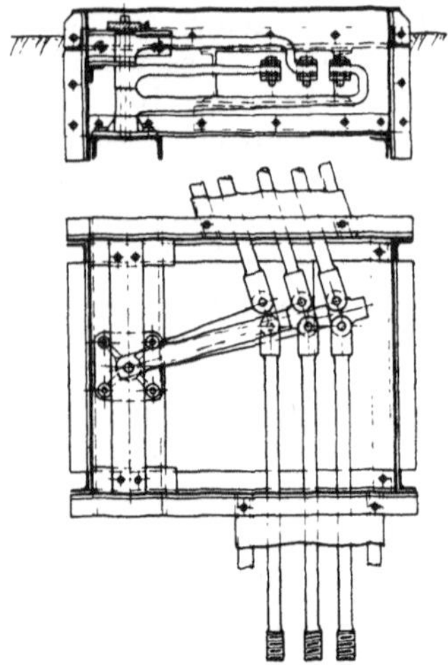

Abb. 107a—c. Bogenhebel.
Bauart Masch.-Fabr. Bruchsal.

Abb. 108a, b. Knickhebel.
Bauart Masch.-Fabr. Bruchsal.

wendet, die nach der Bauweise der Maschinenfabrik Bruchsal bei Winkeln bis etwa 14^0 je einen Angriffspunkt, bei Winkeln von 14 bis 40^0 je zwei Angriffspunkte für die beiden anschließenden Gestänge besitzen. (Abb. 108a, b).

Die Ausbildung der letzten Umlenkung vor der Weiche als Nachstellwinkel bezweckt, Längenänderungen des Gestänges auszugleichen. Dies ist indessen für die wechselnden Temperaturänderungen ohnehin nicht möglich; ferner kann der durch allmähliche Abnutzung der Bolzen eintretende tote Gang hierdurch nicht ausgeschaltet werden, ebensowenig die elastische Längenänderung, und Längenänderungen durch Nachgeben der Lagerungen dürfen bei gutem Einbau nicht vorkommen. Da zudem die jetzt üblichen Spitzenverschlüsse kleinere Längenänderungen der gedachten Arten ausreichend unschädlich machen, so sind Nachstellwinkel nicht mehr üblich.

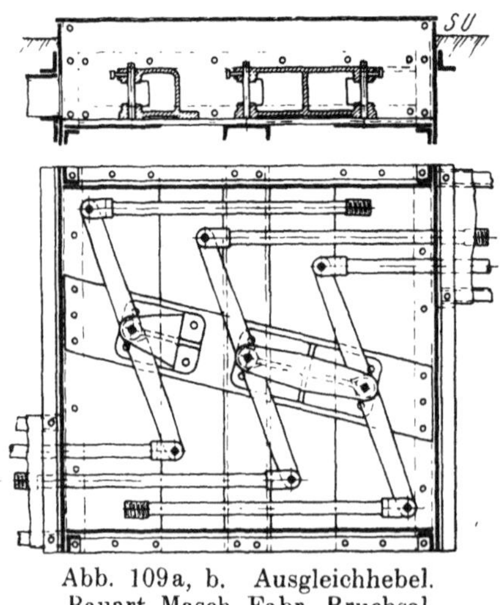

Abb. 109a, b. Ausgleichhebel.
Bauart Masch.-Fabr. Bruchsal.

d) Die Ausgleichhebel werden, wie oben betont, nur da angewendet, wo man den Ausgleich nicht durch geeignete Anordnung der Umlenkungen bewirken kann. Eine Ausführung nach der in Abb. 96 angedeuteten Grundform nebst Fundament zeigt Abb. 109 a, b. Reicht für die hierbei bedingte seitliche Verschiebung der Leitungen der Platz nicht aus, so kann man die Ausgleichvorrichtung in der Höhenrichtung entwickeln, z. B. wie in Abb. 110 angedeutet. Auch eine Verbindung eines Ausgleichhebels mit einem Knickhebel (Abb. 111) kann wenigstens in eine von mehreren Leitungen eingebaut werden, ohne daß sie seitlich verschoben wird.

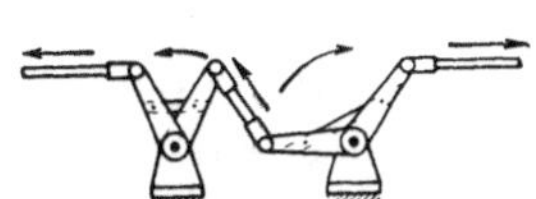

Abb. 110. In der Höhenrichtung entwickelte Ausgleichvorrichtung.

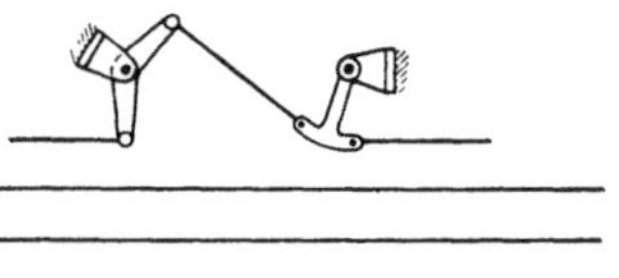

Abb. 111. Ausgleichung unter Mitbenutzung eines Knickhebels.

e) **Kanäle und Schutzkästen.** Die Kanäle für Gestängeleitungen werden zweckmäßig aus je zwei durch Schwellstücke verbundenen [-Eisen mit Riffelblechabdeckung (Abb. 99) hergestellt, unten offen behufs guter Entwässerung. Früher häufig verwendete Holzkanäle sind nicht haltbar. Dagegen hat man auch Betonkanäle und Blechkanäle wie bei Drahtleitungen (s. S. 64) verwendet. Für ein einzelnes Gestänge verwenden die Württb.Stb. 2 Zoreseisen. Umlenkungen und Ausgleichhebel werden in eiserne Schutzkästen eingeschlossen (Abb. 102, 103, 106, 107, 108, 109), an die bei unterirdischen Leitungen die Kanäle anschließen.

f) **Durchführung unter Gleisen** bedingt, daß die Gestängemitten hinreichend tief[1]) unter Schienenunterkante liegen. Falls sie nicht schon parallel den Gleisen so tief geführt sind, werden sie durch die Umlenkung zugleich, wie vorbeschrieben, gesenkt. Zwischen zwei Schwellen kann man nicht mehr als 4 Gestänge durchführen (vgl. Abb. 112). Bei Durchführung einer größeren Anzahl muß

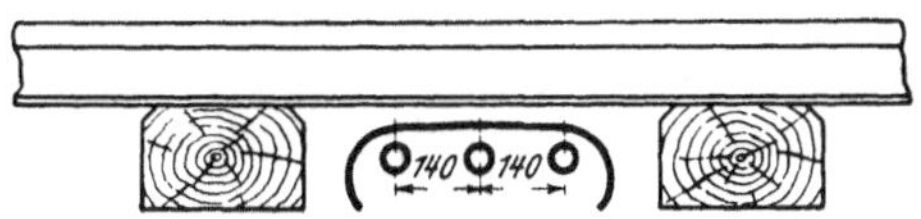

Abb. 112. Durchführung von Gestängen zwischen zwei Schwellen.

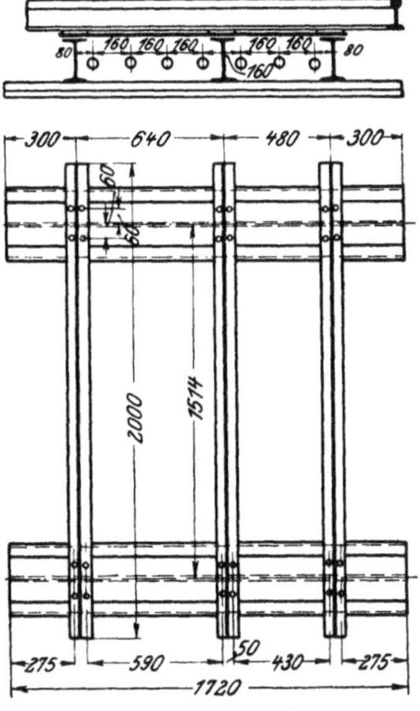

Abb. 113 a, b. Gleisbrücke der Badischen Staatsbahnen.

man entweder, um die Schwellen wenigstens einseitig unterstopfen zu können, eine um die andere Schwellenteilung auslassen, oder, z. B. wenn eine größere Zahl Leitungen unmittelbar vor dem Stellwerksgebäude Gleise unterkreuzt, eine Gleisbrücke anordnen, bei der die Schienen nicht auf Querschwellen, sondern nach Abb. 113a, b auf quergelegten I-Eisen befestigt sind, die ihrerseits auf hölzernen oder eisernen Langschwellen ruhen. Auf den Pr.H.St.B. werden jetzt Gleisbrücken verwendet, bei denen an Stelle der Querschwellen nicht I-Eisen

---

[1]) Vgl. S. 43.

sondern Querträger aus je 2 ⌷-Eisen angeordnet sind. Diese ruhen auf zwei hölzernen Langschwellen, die nicht unterstopft werden, sondern auf je einem durchgehenden Betonklotz gelagert sind (Zeichnung N 1037). Gleisbrücken sind schwierig zu unterhalten, sollten wenigstens unter Weichen tunlich vermieden werden, wenn möglich durch geeignete Stellung des Stellwerksgebäudes, erforderlichenfalls auch durch sonst entbehrliche zweimalige Umlenkung der Gestänge.

B. Drahtzugleitungen.

1. Anordnung und Bestandteile. Die für Signalstellung im Auslande noch vielfach verwendeten und in der ersten Entwicklung des Stellwerkswesens auch in Deutschland üblichen einfachen Drahtleitungen gestatten es nur, die eine der beiden Signalbewegungen, in der Regel die Bewegung von Halt- in Fahrtstellung, durch Übertragung der am Stellhebel ausgeübten Menschenkraft zu bewirken, während die entgegengesetzte Signalbewegung, in der Regel die von Fahrtstellung in Haltstellung, durch ein am Signalkörper wirkendes Gewicht herbeigeführt wird. Da das Gewicht nicht nur den Signalkörper bewegen, sondern auch den durch Zurücklegen des Stellhebels nachgelassenen Draht zurückschleppen muß, so sind einfache Drahtleitungen betriebsgefährlich. Dies sind sie aber auch, weil man durch Ziehen am Draht das Signal ohne weiteres in die Fahrtstellung bringen kann. In Deutschland werden deshalb ausschließlich Doppeldrahtleitungen verwendet, diese aber nicht nur zum Stellen von Signalen, sondern auch zum Verriegeln von Weichen und ferner namentlich auf den norddeutschen Bahnen und den Bayer. Stb. in erheblich größerem Umfange als Gestängeleitungen auch zum Stellen von Weichen und sonstigen Sicherheitseinrichtungen.

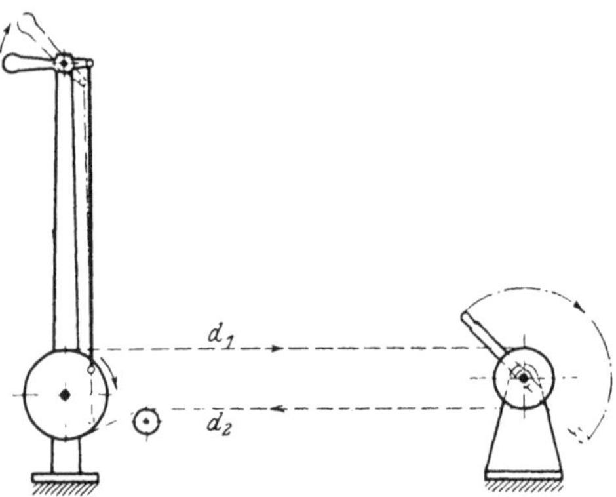

Abb. 114. Doppeldrahtleitung zwischen Stellhebel und Signal. (Einfacher Fall.)

In dem in Abb. 114 dargestellten besonders einfachen Fall ist die vom Stellhebel zum Signal führende Doppeldrahtleitung als endlose Schleife am Stellhebel um die mit diesem verbundene Seilrolle (Seilscheibe), die Stellrolle, am Signal um eine zweite den Antrieb des Signalflügels bildende Seilrolle (die Antriebrolle) geschlungen. Beim Umlegen des Stellhebels aus der Grundstellung in die entgegengesetzte (in Abb. 114 strichpunktiert wiedergegebene) Stellung tritt unter der durch die bauliche Durchbildung erfüllten Voraussetzung, daß der Draht auf den beiden Seilrollen nicht gleiten kann, folgende Wirkung ein: Der Draht d_1 wird gezogen, der Draht d_2 nachgelassen und durch den gezogenen Draht d_1 über die Antriebrolle herumgeholt, die hierdurch gedreht wird, wodurch der Signalflügel aus der Haltstellung in die Fahrtstellung gelangt. Beim Rücklegen des Stellhebels in die Grundstellung wird der Draht d_2 gezogen, der Draht d_1 nachgelassen. Der gezogene Draht d_2 führt zwangsweise die Antriebrolle in ihre Grundstellung zurück, und so wird auch der Signalflügel zwangsweise wieder auf Halt gestellt. Während Gestängeleitungen abwechselnd auf Zug und Druck beansprucht werden (S. 41), wird also bei Doppeldrahtleitungen stets abwechselnd einer der beiden Drähte gezogen, der andere nachgelassen. Gegenüber den einfachen Drahtleitungen besteht der Unterschied, daß beide Umstellbewegungen zwangsweise herbeigeführt werden.

Die einfache Anordnung nach Abb. 114 genügt nur bei ganz kurzen, geradlinig geführten Signalleitungen. In der Regel sind, wie bei den Gestängeleitungen, Richtungsänderungen in der Leitungsführung, also Umlenkungen (Ablenkungen), erforderlich; ferner bedürfen auch hier längere Leitungen in gewissen Abständen der Zwischenunterstützung; endlich müssen auch bei den Doppeldrahtleitungen Längenänderungen, wie sie durch Temperatur- und sonstige Einflüsse entstehen, unschädlich gemacht werden. Während die bauliche Durchbildung der Leitungen selbst unter 2, a besprochen werden soll, werden die zur Zwischenunterstützung dienenden Führungsröllchen unter 2, b behandelt. Diese gestatten auch. geringe Richtungsänderungen zu bewirken. Große Richtungsänderungen werden durch Umlenkrollen (Ablenkrollen), mäßig große durch Druckrollen bewirkt (2, c). Längenänderungen durch Temperatureinflüssse und Recken der Drähte werden, soweit sie nicht bei geringer Größe durch die in die Leitungen eingebauten Spannschrauben (s. unter 2, a) beseitigt werden, unschädlich gemacht durch Spannwerke (2, d). Soweit angängig, führt man die Drahtleitungen zur Kostenersparnis und, um sie leichter überwachen zu können, oberirdisch. Wo indessen oberirdische Leitungen dem Bahnhofspersonal hinderlich sein würden, und bei Gleisunterquerungen, werden die Drahtleitungen unterirdisch geführt. Die hierfür erforderlichen Kanäle und Gleisbrücken werden unter 2, e behandelt.

2. Bauliche Durchbildung.

a) Die Doppeldrahtleitungen werden aus verzinktem Tiegelgußstahldraht von auf den Pr.H.St.B. und Sächs.Stb.[1]) mindestens 100 kg/qmm Zugfestigkeit hergestellt. Signalleitungen und Blockleitungen erhalten 4 mm, Weichenstell- und Verriegelungsleitungen, Sperrenleitungen 5 mm Stärke[2]). Wo eine Drahtleitung an Umlenkrollen oder Druckrollen ihre Richtung verändert, ebenso, wo sie um die mit dem Stellhebel verbundene Stellrolle und wo sie um Antriebrollen an Weichen, Signalen usw. geschlungen ist, muß zur Vermeidung des Bruches der Stahldraht durch ein Stahldrahtseil ersetzt werden, das mindestens die gleiche Kraft soll aufnehmen können, wie der Stahldraht, und in der Regel 4—6 mm stark ist[3]). Der Übergang zwischen Draht und Drahtseil, ebenso die Verbindung von Drahtenden und die Bildung von Endösen geschieht durch Lötstellen (Lötpuppen), bei denen die zu verbindenden Enden (vgl. Abb. 115 a bis d) nebeneinander gelegt, mit 1 mm starkem verzinkten, weichen Bindedraht umwickelt und dann mit Zinn verlötet werden. Bei ausreichender

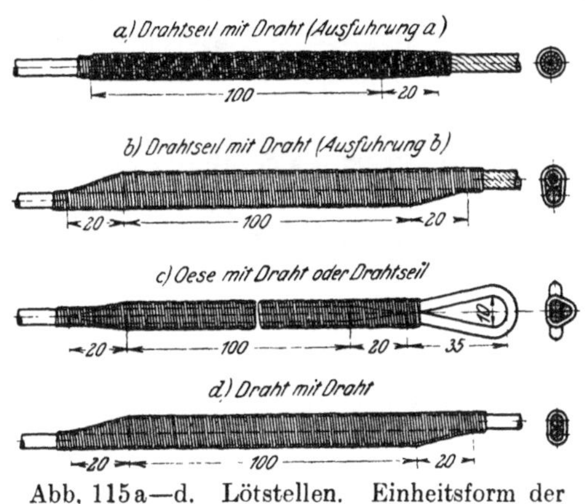

Abb. 115a—d. Lötstellen. Einheitsform der Pr.H.St.B.

Länge der Lötstelle (Abb. 115) reißt Seil oder Draht leichter als die Lötstelle. Der Anschluß der Drahtseile an Stell- und Antriebrollen der Pr.H. Einheitsform geschieht mittels umwickelter und verlöteter Ösen (Abb. 115 c). Abb. 150

---

[1]) Bayer.Stb., Els.Lothr.E., Württb.Stb. mindestens 120 kg/qmm, Bad.Stb. 110 bis 120.

[2]) So Pr.H.St.B., ähnlich die anderen deutschen Bahnen.

[3]) Hierfür verlangen die Sächs.Stb. 150 kg/qmm, die Bad.Stb. 130 bis 140 kg/qmm für die Einzeldrähte. Die Pr.H.St.B. verwenden jetzt in der Regel allgemein Drahtseile von 6 mm Durchmesser. Statt der Drahtseile hat man auch Ketten verwendet.

zeigt, wie die Öse des durch die Sohle der Rollenrille in das Innere der Rolle eingetretenen Drahtseils durch einen Querstift befestigt wird. Eine andere, auf süddeutschen Bahnen gebräuchliche Befestigungsart verwendet Drahtseilschleifen. In jeden Leitungsdraht werden zum richtigen Einstellen und zum Ausgleichen der namentlich in der ersten Zeit eintretenden bleibenden Dehnungen Spannschrauben[1]) eingeschaltet, wofür Abb. 116 a, b ein Beispiel mit einer

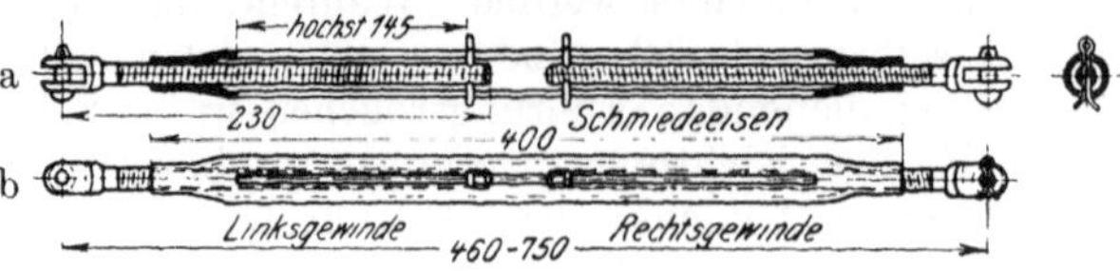

Abb. 116 a, b. Spannschrauben. Einheitsform der Pr. H. St. B.

Spannhülse gibt, in die zwei mit den Drahtenden verbundene Schrauben mit Rechts- und Linksgewinde treten. Die umgekehrte Anordnung, zwei Spannhülsen und eine Spannschraube (z. B. bei den Badischen Staatsbahnen und Els. Lothr. E.) zeigt die Abb. 117 a, b. Die verstifteten Nietbolzen an den Enden der Spannschraube nach Abb. 116, a, b können zugleich als Reißstellen (für Versuchszwecke) benutzt werden, die man zweckmäßig in jedem Drahtstrange vorsieht. Einen besonderen sogenannten Reißkloben zeigt Abb. 118 a, b.

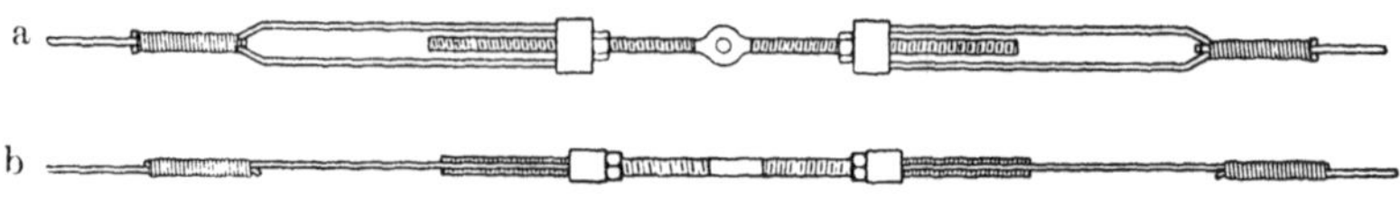

Abb. 117 a, b. Spannschrauben. Bauart Masch.-Fabr. Bruchsal.

b) Die Führungsröllchen werden zur Unterstützung der Doppeldrahtleitungen paarweise etwa alle 10 bis 15 m angeordnet, bei 5 mm starken

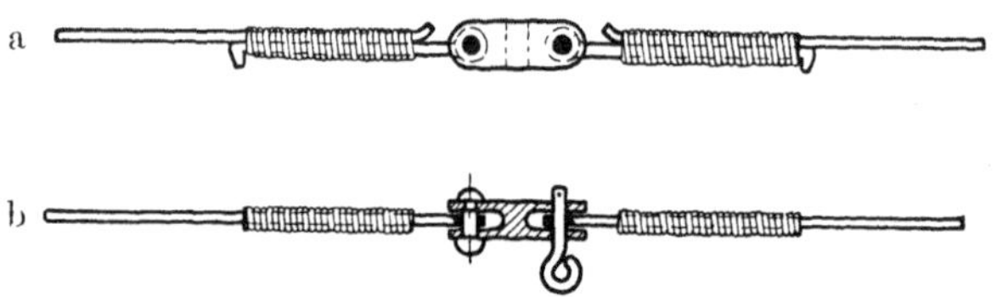

Abb. 118 a, b. Reißkloben. Bauart Masch.-Fabr. Bruchsal.

Leitungen dichter als bei 4 mm starken Leitungen, in Krümmungen (s. das Folgende) dichter als in der Geraden[2]). Die gußeisernen Röllchen haben in der Führungsrille mindestens etwa 60 mm Durchmesser[3]) und laufen auf abgedrehten Achsen aus Messing (wenig mehr üblich) oder Stahl. Sie werden bei oberirdischen Leitungen (etwa 300 bis 600 mm[4]) über S.U.) in gußeisernen Bügeln an

---

[1]) Württb.Stb. am Ende der Leitungen und alle 400 m.

[2]) Auf den Pr.H.St.B. sind verdeckte Leitungen mindestens alle 10 m, freiliegende Leitungen von 5 mm gleichfalls mindestens alle 10 m, freiliegende Leitungen von 4 mm in Krümmungen mindestens alle 12 m, in der Geraden mindestens alle 15 m zu unterstützen. Auf den Bayer.Stb. sollen die Drahtständer in Geraden höchstens 12 m, in Krümmungen höchstens 10 m voneinander entfernt sein. Auf den Sächs.Stb. in der Geraden für 4 mm-Leitungen alle 12, für 5 mm-Leitungen alle 10 m, in Krümmungen für 4 mm-Leitungen alle 10, für 5 mm-Leitungen alle 8 m Unterstützungen, für unterirdische Leitungen alle 10 m. Die Bad.St.B. haben in 4 mm oberirdischer Leitung von 300 bis 700 m Halbm. und mehr Krümmung alle 10 bis 15 m Unterstützungen, in 5 mm oberirdischer Leitung alle 10 m, bei Krümmungen unter 1000 m Halbm. alle 8,0 m; in unterirdischen Leitungen Entfernung der Stützpunkte höchstens 10,5 m.

[3]) Pr.H.St.B. 68 mm, Sächs.Stb. 70 mm, Bayer.Stb. 65 mm, Bad.Stb. 70 mm, Els.Lothr.E. 80 mm.

[4]) Leitungen in Norddeutschland im allgemeinen 300 bis 520. Bad.Stb. 400 bis 600 über S.U. in Bahnhöfen und über Banketthöhe auf der freien Strecke, Sachsen 600, Bayern 300 bis 400 mm über dem Boden.

Holzpfählen (Abb. 119 bis 122) oder besser Eisenpfählen, z. B. aus alten Schienen[1]) am besten an Gasrohrständern (Abb. 123 bis 125) mittels Rohrschellen, bei mehreren Röllchenpaaren unter Zuhilfenahme von Querträgern und Hinzufügung eines zweiten oder auch dritten Pfahles aufgehängt (Abb. 126, 127). Bei unterirdischen Leitungen (etwa 100 mm unter S.U.)[2]) werden die Führungsröllchen in gußeisernen Rollenböckchen auf eisernen Fundamenten gelagert, und mit einem Schutzgehäuse umgeben, das einen abnehmbaren Deckel besitzt, und an das die (unter e zu besprechenden) Kanäle anschließen (Abb. 128 a bis c). Oder statt des besonderen Schutzgehäuses ist auf den in diesem Falle durchlaufenden Kanal ein mit abnehmbarem Deckel versehener Kasten

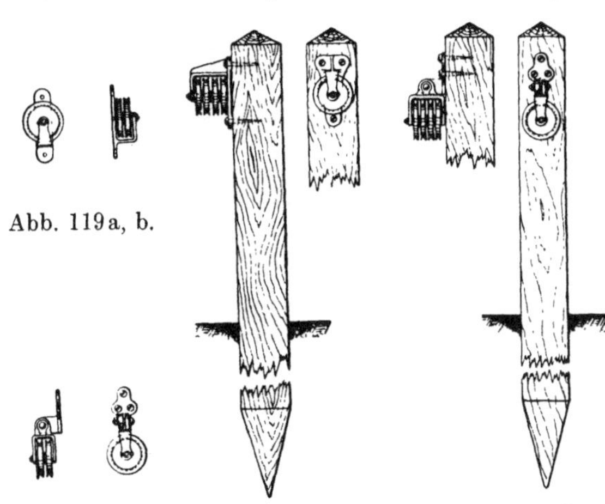

Abb. 119 a, b.

Abb. 120 a, b. Abb. 121 a, b. Abb. 122 a, b.

Abb. 119—122. Führungsröllchen für oberirdische Drahtleitungen an Holzpfählen. Bauart Max Jüdel & Co.

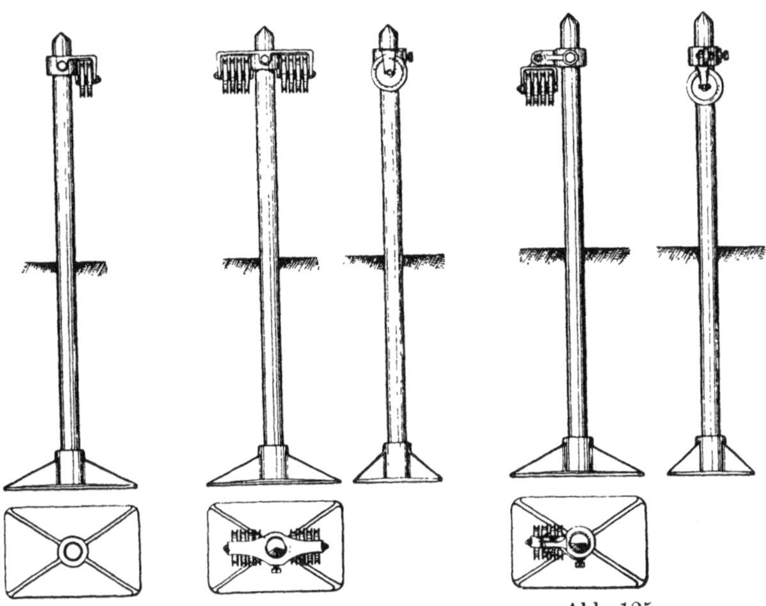

Abb. 123 a, b. Abb. 124 a—c. Abb. 125 a—c.

Abb. 123—125. Führungsröllchen für oberirdische Drahtleitungen an Gasrohrständern. Bauart Max Jüdel & Co.

(sogenannter Schacht) aufgesetzt. Die oben erwähnte sogenannte Führung in Krümmungen ist in Wirklichkeit eine Führung in Knicken. Solche dürfen nach

---

[1]) Auf den Pr.H.St.B. neuerdings der Billigkeit wegen auch Winkeleisenpfähle. Roudolf empfiehlt Betonpfosten (Ztg. d. V.D.E.V. 1918, S. 540).

[2]) Norddeutschland im allgemeinen 100 mm, Sachsen 70 mm, Süddeutschland im allgemeinen 110 mm, Bayern 80 mm.

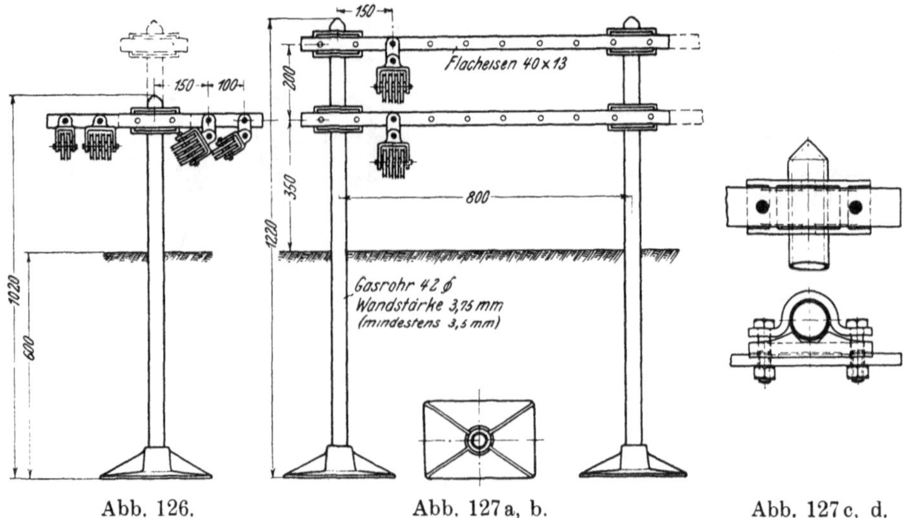

Abb. 126.   Abb. 127a, b.   Abb. 127c, d.

Abb. 126, 127. Führungsröllchen für zahlreiche oberirdische Drahtleitungen
an Gasrohrständern mit Querträgern. Einheitsform der Pr.H.St.B.

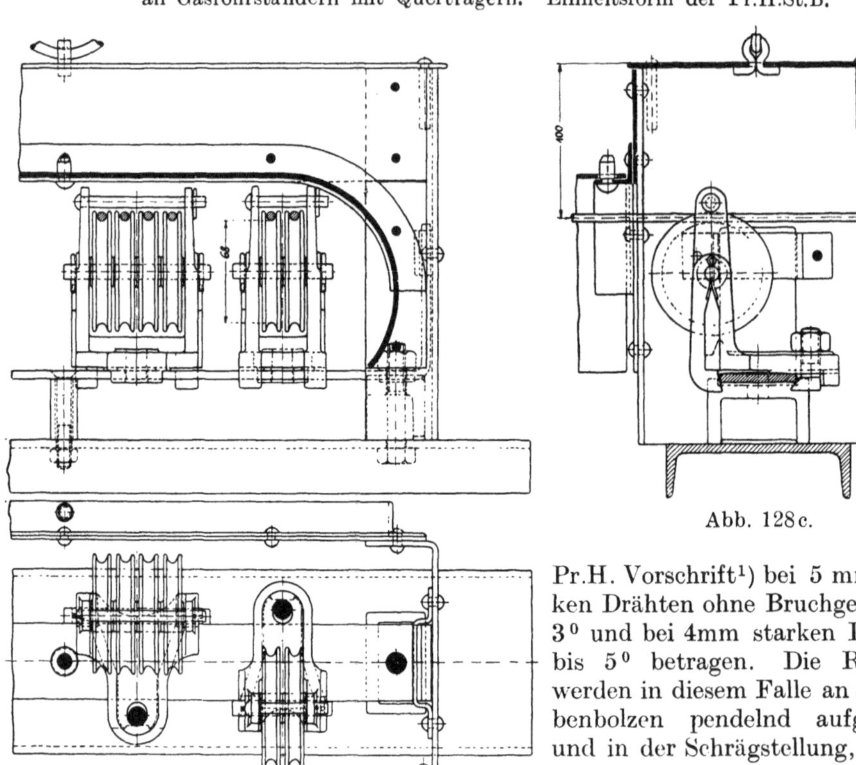

Abb. 128c.

Abb. 128. a, b.

Abb. 128 a—c. Führungsröllchen f. unterirdische
Drahtleitungen. Einheitsform der Pr.H.St.B.

Pr.H. Vorschrift[1]) bei 5 mm starken Drähten ohne Bruchgefahr bis
3⁰ und bei 4 mm starken Drähten
bis 5⁰ betragen. Die Röllchen
werden in diesem Falle an Schraubenbolzen pendelnd aufgehängt
und in der Schrägstellung, die sie
infolge des Drahtzuges einnehmen
würden, durch Anziehen des
Schraubenbolzens festgestellt (Abb.
120, 122, 125, 126, 127). Ganz
geringfügige Krümmungen unterirdischer Leitungen, z. B. um beim

Anschluß an die Stellvorrichtungen die beiden Drähte auseinander zu führen,

---

werden mit gerade stehenden Führungsröllchen hergestellt. Im übrigen werden Richtungsänderungen unterirdischer Leitungen in stärkeren Knicken mittels Druckrollen und Umlenkrollen (s. unten) bewirkt.

c) **Die Umlenkrollen (Ablenkrollen) und Druckrollen.** Größere Umlenkungswinkel werden unter Einschaltung von Drahtseilen in die Leitungen durch mit Seilnuten versehene Umlenkrollen vermittelt, deren für jede doppelte Drahtleitung ein Paar erforderlich ist. Abb. 129 a, b zeigt ein Rollenpaar für eine um 90° abgelenkte unterirdische Doppeldrahtleitung. Zu beachten sind die Lagerung des Stahlzapfens der Rollen auf einem eisernen Fundament, dessen Erdfuß eine Verstrebung in Richtung der Mittelkraft des Drahtzuges aufweist, die beiden Drahtseilhalter, die ein Abspringen der Drahtseile bei Schlaffwerden verhüten, der Schutzkasten mit Riffelblechdeckel, an den die Kanäle (s. unter e) anschließen. Oberirdische Umlenkungen von Doppeldrahtleitungen kommen in der Regel nur bei geringem Umlenkwinkel (Druckrollen) vor. Oft liegen sie frei. In der Pr.H. Einheitsform wird oberhalb der Rollen ein Schutzdeckel angebracht. In der Achse wird zweckmäßig eine Schmiernut angeordnet[1]). Zur Verringerung des Widerstandes ist möglichst großer Rollendurchmesser und möglichst kleine Achsstärke erwünscht; anderseits ist ersterer durch die Rücksicht auf Anordnung mehrerer Rollen nebeneinander in Gruppenumlenkungen begrenzt, letztere darf für standsichere Lagerung der Rollen nicht zu klein sein. Bewährt haben sich Rollendurchmesser von 230 bis 300 mm[2]) in der Sohle der Seilnut gemessen, und Achsstärken von 23 bis 25 mm. Zur Verringerung des Widerstandes trägt es bei, wenn, wie dies Z. und B. ausgeführt haben, die Achse für die untere Rolle stärker gemacht wird als für die obere, so daß diese nicht auf der entgegengesetzt drehenden Nabe der unteren, sondern auf einem Absatz der Achse sich dreht[3]).

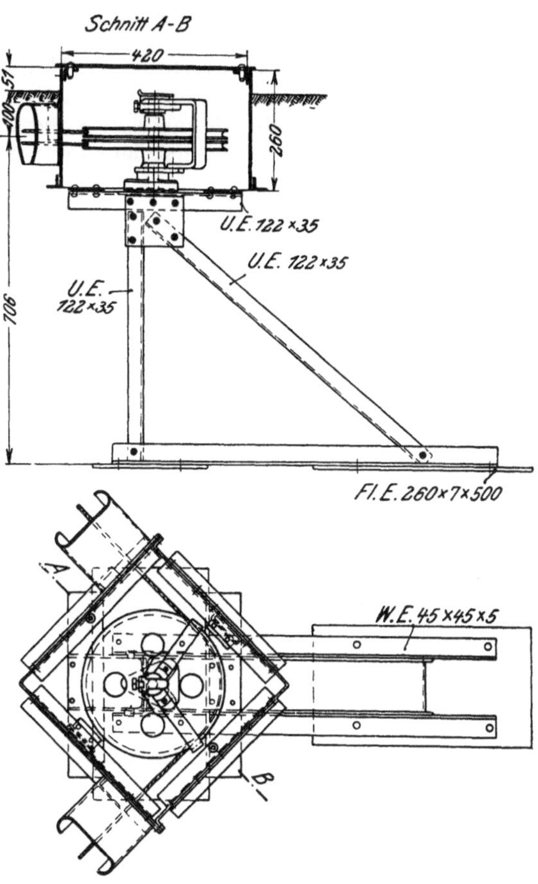

Abb. 129 a, b. Umlenkrollenpaar für eine Doppeldrahtleitung. Einheitsform der Pr.H.St.B.

---

[1]) Pr.St.H.B. nur bei 4 Rollen übereinander.

[2]) Pr.H.St.B. bei Einzelumlenkungen über 30° 300 mm Rollendurchmesser, bei Gruppenumlenkungen 230 mm. Umlenkungen unter 30° erhalten „Druckrollen" von 136 und 210 mm. Ähnlich die anderen deutschen Bahnverwaltungen. Württb.Stb. mindestens 210 mm.

[3]) Pr.H.St.B. solcher Absatz (mit eingeschalteter Lagerscheibe) bei 4 Rollen unter dem oberen Rollenpaar.

Bei Leitungen mit besonders großem Widerstand wendet man Kugellager für die Umlenkrollen an, ferner auch bei Umlenkrollen der Spannwerke[1]).

Bei Gruppenumlenkungen schaltet man entweder die Rollen der benachbarten Paare durcheinander (Abb. 130) oder legt abwechselnd ein Rollenpaar hoch, eins tief. Die Gruppenumlenkung vor dem Stellwerk (Abb. 131a, b) zeigt, wie man mit solchem Verfahren bei 230 mm Rollendurchmesser gerade auskommt, um die mit 140 bis 160 mm Hebelabstand aus dem Stellwerksgebäude tretenden Leitungen in den für die Weiterführung zweckmäßigen Abstand (etwa 40—50 mm) überzuführen. Bei dieser Anordnung liegen die Rollen

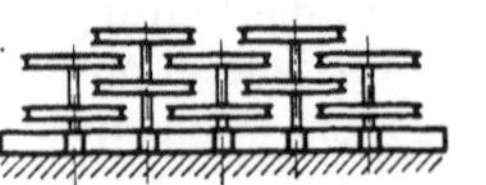

Abb. 130. Durcheinanderschaltung der Rollen einer Gruppenumlenkung.

so dicht aneinander, 'daß jedesmal eine Nabe als Seilhalter für die benachbarte Rolle dienen kann. Die Gruppenumlenkung vor dem Stellwerksgebäude ist nach Abb. 131 auf den aus dem Gebäude heraus vorgekragten Trägern der Spannwerke (vgl. d) mittels eines [-Eisenträgers gelagert. Statt dessen kann auch hier die bei sonstigen (nicht am Stellwerk liegenden) Gruppenumlenkungen erforderliche Lagerung auf einem gemeinsamen eisernen Fundament verwendet werden.

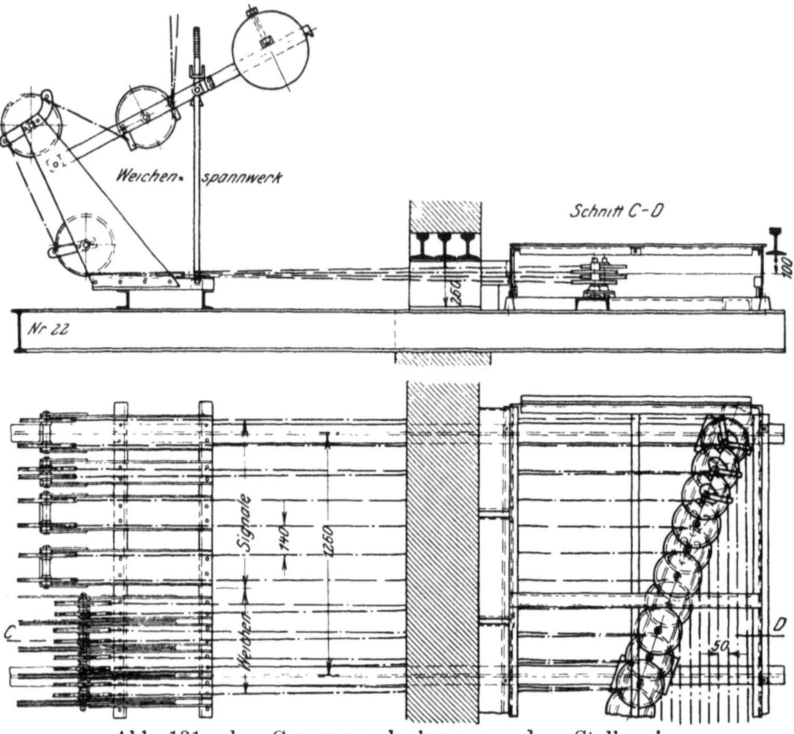

Abb. 131a, b. Gruppenumlenkung vor dem Stellwerk.
Einheitsform der Pr.H.St.B.

Abb. 131 zeigt zugleich, daß im Stellwerksgebäude auch Umlenkungen in senkrechter Ebene vorkommen, wobei die Rollen auf mit dem Gebäude in Verbindung gebrachten Unterstützungen gelagert werden.

Unter Druckrollen versteht man Umlenkrollen mit geringem Ablenkungswinkel, etwa von 3 bzw. 5° bis 30°. Bei Gruppenumlenkungen mit Druck-

---

[1]) Vgl. Stellwerk 1919, S. 27. Neuerdings hat man sogar für die Führungsröllchen zwischen Haupt- und Vorsignal Versuche mit Kugellagern gemacht.

rollen für Leitungen in normalem Außenabstand (Pr.H.St.B. 50 mm) ist nur ein geringerer Rollendurchmesser anwendbar (Pr.H.St.B. bis auf 136 mm herab), der in Anbetracht des geringen von der Leitung ausgeübten Drucks unbedenklich ist[1]). Deshalb bedürfen die Fundamente solcher Rollen auch keiner Verstrebung gegen den Seilzug.

d) Die Spannwerke. Eine mittels der Spannschrauben richtig angespannte Leitung wird bei Wärmezunahme und durch Reckung im Betriebe länger, so daß sie zwischen den Unterstützungspunkten durchhängt. In dem in Abb. 132 angedeuteten Beispiel wird durch Umlegen des Signalhebels A in der zum Signal A führenden schlaff gewordenen Doppeldrahtleitung der Zugdraht d_1 zunächst straff gezogen, bevor seine von der Stellrolle ausgehende Bewegung auf die Antriebrolle des Signals übertragen wird. Die Bewegung der Antriebrolle hinkt also derjenigen der Stellrolle nach. Solches Nachhinken wird in gewissem Umfange für die Bewegung des Signalflügels unschädlich gemacht durch die in Deutschland allgemein verwendete Bauart der Antriebvorrichtungen, die (abweichend von der schematischen Skizze in Abb. 132) in der Übertragung der Stellbewegung zwischen Antriebrolle und Signalflügel am Beginn und am Schluß einen toten Gang aufweisen. Ebenso wird es durch die bei den Weichenantrieben deutscher Bauweisen verwendeten Spitzenverschlüsse in gewissem Umfange unschädlich gemacht, wenn die Stellbewegung des Hebels durch die Leitung nicht exakt auf die Antriebvorrichtung der Weiche übertragen wird.

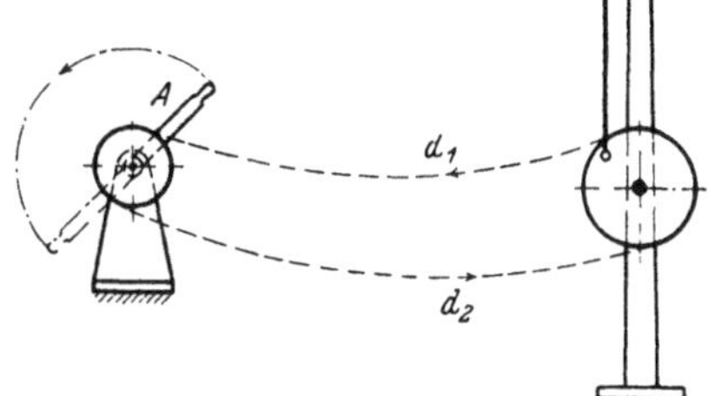

Abb. 132. Signaldrahtleitung ohne Spannwerk.

Größere Längungen, wie sie stets bei langen Doppeldrahtleitungen durch die Temperatur, und bisweilen, auch bei kurzen, durch andere Ursachen eintreten, können durch die Antriebvorrichtungen nicht ausgeglichen werden, sondern bedürfen besonderer Maßnahmen. Stetiges Nachregeln mittels der Spannschrauben ist hierfür ein sehr umständliches und unzuverlässiges Mittel. Das bei den deutschen Eisenbahnverwaltungen allgemein oder nur bei langen Leitungen hier verwendete Mittel sind die Spannwerke, die zugleich in der Ausbildung, die sie erfahren haben, besondere Sicherheitsbedingungen zu erfüllen gestatten.

Eine vom Hebel zum Signal (oder zur Weiche) führende Doppeldrahtleitung läßt sich durch ein mittels Rollenpaares unterwegs eingehängtes Gewicht nach Abb. 133 oder besser, um größere Längenänderungen ausgleichen zu können, unter Hinzufügung zweier fester Umlenkrollenpaare nach Abb. 134 stets gespannt erhalten. Für diese Wirkung[2]) ist es theoretisch einerlei, an welcher Stelle zwischen Stellrolle und Antriebrolle das Spannwerk angebracht wird, da jede Temperaturänderung beide Drähte um gleichviel verlängert oder verkürzt, bei Senkung und Hebung des Gewichts also eine Verschiebung der beiden Leitungen weder an Stellrolle noch an Antriebrolle eintritt. Wird bei einer nach Abb. 134 angespannten Leitung der Stellhebel umgelegt, so wird die Stellbewegung der Stellrolle, abgesehen von elastischer Dehnung des Zugdrahts, exakt auf die Antriebrolle übertragen, sofern nur das Spanngewicht G schwer genug ist, um nicht durch den Zug des Zugdrahts angehoben zu werden. So erwünscht es wäre, sich mit der einfachen Anordnung nach Abb. 134 begnügen zu können, so hat

---

[1]) Die Bad.Stb. haben gleichwohl auch bei „Knickrollen" 300 mm Durchm.
[2]) Im übrigen vgl. S. 59—61.

anderseits die sehr starke Drahtspannung, die das erforderliche sehr schwere Gewicht mit sich bringt, vermehrten Widerstand in den Umlenkungen, stärkere Abnutzung und stärkere Bruchgefahr zur Folge. Auch fällt beim Reißen eines Drahtes das schwere Gewicht mit großer Heftigkeit herab, so daß leicht auch der zweite Draht reißen kann. Man verwendet deshalb stets Spanngewichte, die zwar ausreichen, um die beiden Drähte einer Leitung bei wechselnden Temperaturen und beim Eintreten bleibender Dehnungen stets ausreichend gespannt zu erhalten, die aber nicht groß genug sind, um zu verhüten, daß bei Betätigung der Leitung statt der vollkommenen Übertragung der Stellbewegung auf den Antrieb von Signal oder Weiche in mehr oder weniger großem Umfange ein Anheben des Gewichtes eintreten könnte[1]). Solches Anheben wird vielmehr dadurch verhindert oder wenigstens auf ein ganz geringes und unschädliches Maß beschränkt, daß

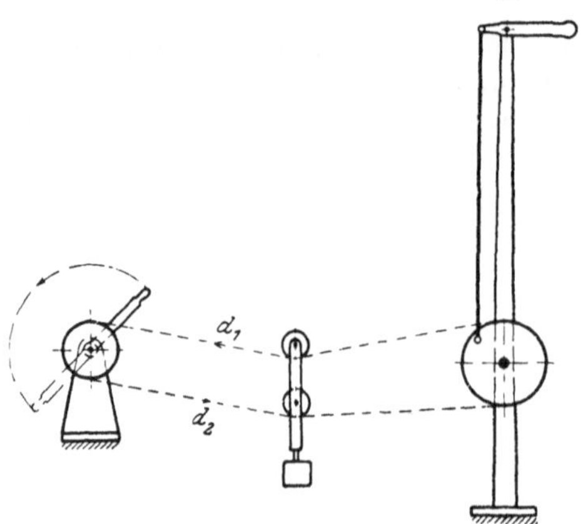

Abb. 133. Signaldrahtleitung mit eingehängtem Spanngewicht.

mittels geeigneter Vorkehrungen durch das Einleiten der Stellbewegung selbst das Spanngewicht unverrückbar festgeklemmt wird, so daß für den ganzen weiteren Vorgang des Umstellens die Aufhängerollen r_1, r_2 des Spanngewichtes (Abb. 134) als feste Umlenkrollen wirken. Abgesehen von wenigen meist wieder aufgegebenen Anordnungen[2]) beruhen alle hier verwendeten Vorkehrungen auf dem Grundsatz, daß der beim Beginn des Umstellens eintretende Spannungsunterschied zwischen Zugdraht und Nachlaßdraht in der Aufhängevorrichtung des Spanngewichts eine Schiefstellung hervorruft, und daß durch diese Schiefstellung die Klemmwirkung hervorgebracht wird. Dieser Grundsatz läßt sich auf zwei verschiedene Weisen verwirklichen, deren Grundgedanken in den beiden

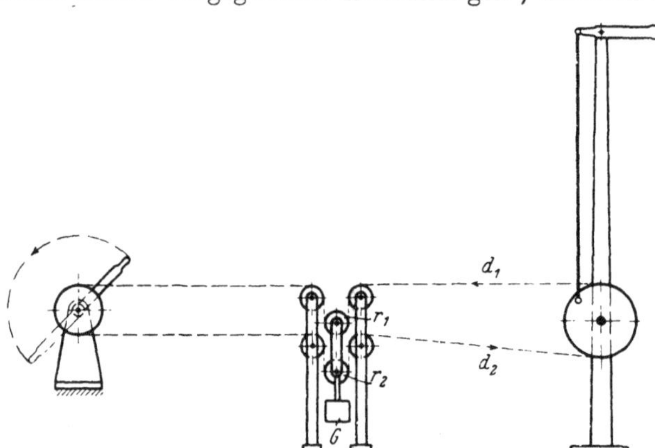

Abb. 134. Signaldrahtleitung mit Hängespannwerk.

Abb. 135a bis c und 136a bis c schematisch dargestellt sind. Zum besseren Verständnis sei bemerkt, daß (anders, als in Abb. 133 und 134) in den

---

[1]) So haben die Einheitsspannwerke der Pr.H.St.B. (ebenso das Stahmersche Spannwerk) eine Ruhespannung von 70 kg. Die Spannung kann im Bedarfsfalle durch Zusatzgewichte bis auf 85 kg gebracht werden, was man indessen wegen der hierdurch eintretenden Erschwerung der Gangbarkeit entbehrlich zu machen sucht, wofür Kugellager der Umlenkrollen (s. S. 54) ein wirksames Mittel sind. Die Bad.Stb. haben für 5 mm-Leitungen 65 kg, für 4 mm-Signalleitungen 45 kg.

[2]) Eine besonders sinnreiche Anordnung wird von C. Stahmer bei seinem Hängespannwerk angewendet. Hier dient sein Wendegetriebe dazu, um das Spiel der Spanngewichte auszuschalten (S. Scholkmann, S. 1098/9).

Abb. 135a bis c und 136a bis c Zugdraht und Nachlaßdraht, den wirklichen Ausführungen entsprechend, an den Spannwerken in gleicher Höhe liegen, also in den Abb. 135b und 136b sich in der Darstellung decken.

Nach Abb. 135a bis c ist das gemeinsame Spanngewicht beider Drahtstränge[1]) pendelnd in der Mitte des Querstücks q aufgehängt, das an die beiden losen Rollen r_1, r_2 gelenkig angeschlossen ist, so daß beide Drähte gleichmäßig belastet werden. Bei Temperaturänderungen verkürzen oder verlängern sich beide Drähte um das gleiche Maß, also hebt oder senkt sich das Gewicht mit den Rollen unter Wagerechtbleiben des Querstückes q. Für die Wirkungsweise beim Umstellen sei zunächst der Fall behandelt, daß das Spannwerk sich am Anfang der Doppeldrahtleitung, dicht beim Stellhebel befindet, und vorausgesetzt, daß beide Drähte von der letzten Umstellung her gleich gespannt sind, und daß der Widerstand der Leitung vom

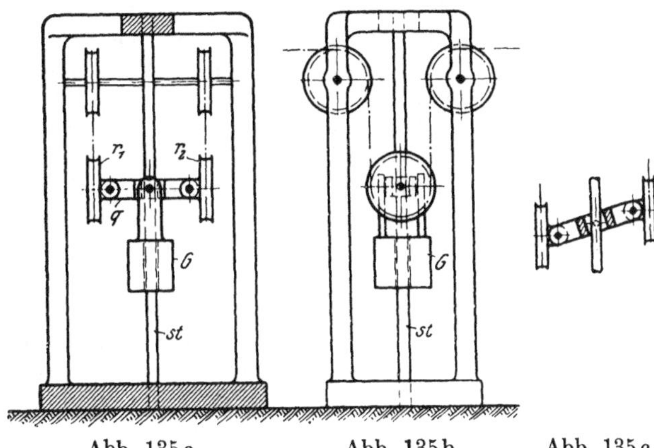

Abb. 135a. Abb. 135b. Abb. 135c.

Abb. 135a—c. Schematische Darstellung eines Hängespannwerks mit einem Spanngewicht.

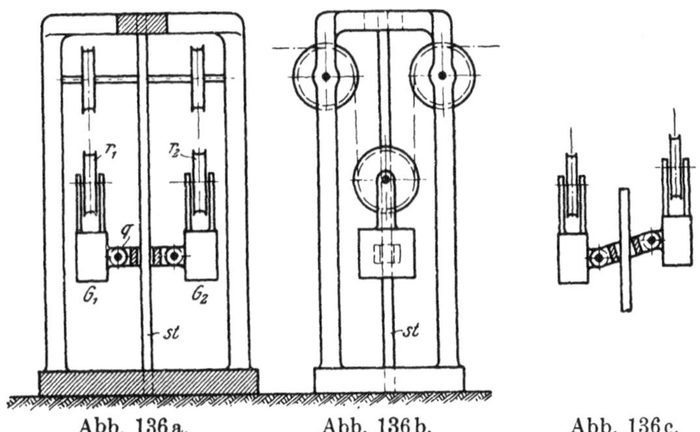

Abb. 136a. Abb. 136b. Abb. 136c.

Abb. 136a—c. Schematische Darstellung eines Hängespannwerks mit zwei Spanngewichten.

Spannwerk über die Antriebvorrichtung von Signal oder Weiche bis zurück zum Spannwerk größer ist, als der Reibungswiderstand der Klemmvorrichtung. Dann wird, sobald man beginnt den Stellhebel umzulegen, also den einen Draht anzuziehen und den anderen um etwa ebenso viel nachzulassen, von den beiden Rollen r_1, r_2 die eine sich um annähernd ebenso viel heben, wie sich die andere senkt, während das Gewicht annähernd in seiner durch die vorherigen Temperaturbewegungen herbeigeführten Höhenlage verbleibt. Die Lei-

---

[1]) Daß die Drähte innerhalb des Bereichs der Rollen durch Drahtseile ersetzt werden, wurde bereits S. 49 gesagt.

tung jenseits des Spannwerks bleibt hierbei, abgesehen von geringfügiger elastischer Verlängerung oder Verkürzung, ruhen. Diese Wirkungsweise der Vorrichtung erstreckt sich aber nur soweit, bis nach Abb. 135c das in schräge Lage gelangende Querstück q sich an der von ihm umfaßten festen Stange st, der Klemmstange, festklemmt. Dann ist, sofern solches Festklemmen tatsächlich mit Sicherheit erfolgt, also kein Aufwärtsgleiten des Querstückes q an der Klemmstange st möglich ist, das bisher lose Rollenpaar r_1, r_2 für die ganze weitere Stellbewegung des Doppeldrahtzuges, also abgesehen von dem kleinen ersten Stück, für den ganzen Stellweg in ein festes Rollenpaar verwandelt. Nach beendigter Umstellung soll das freie Spiel der von dem Gewicht G belasteten Rollen r_1, r_2 wieder eintreten.

Nach Abb. 136a bis c ist statt des gemeinsamen Gewichts jede der beiden Rollen des losen Rollenpaares r_1, r_2 durch ein Einzelgewicht G_1, G_2 belastet. Das Querstück q verbindet hier mit gelenkigen Anschlüssen die beiden Gewichte G_1, G_2. Es werde derselbe Fall, wie oben, behandelt und von denselben Voraussetzungen ausgegangen. Auch hier können sich bei Temperaturänderungen beide Drähte gleichmäßig verlängern, bzw. verkürzen, indem hier beide Gewichte sich gleichmäßig senken, bzw. heben. Beginnt man hier behufs Umstellens des Signals oder der Weiche den Stellhebel umzulegen, also den einen Draht anzuziehen und den anderen um etwa ebensoviel nachzulassen, so senkt sich auch hier die eine der beiden losen Rollen r_1, r_2 um ungefähr ebensoviel, wie sich die andere hebt. Mit jeder der beiden losen Rollen senkt, bzw. hebt sich aber das mit ihr verbundene Gewicht G_1, bzw. G_2, während hier nur der gemeinsame Schwerpunkt beider Gewichte in ungefähr gleicher Höhe verbleibt. Auch hier erstreckt sich diese Wirkungsweise der Vorrichtung nur soweit, bis (nach Abb. 136c) das in schräge Lage gelangende Querstück q sich an der von ihm umfaßten festen Stange st festklemmt. Die weiteren Vorgänge gleichen denen bei der Anordnung nach Abb. 135a bis c.

Wie leicht ersichtlich, ist zwischen der Wirkungsweise der beiden Vorrichtungen nach Abb. 135a bis c und 136a bis c kein wesentlicher Unterschied. Die Anfangsbewegung der losen Rollen, das Festklemmen des Querstückes erfolgen in gleicher Weise. Wenn im ersten Falle das eine Gewicht seine Höhenlage annähernd beibehält, im zweiten dasselbe vom gemeinsamen Schwerpunkt beider Gewichte gilt, so ist hierin für das mechanische Verhalten kein wesentlicher Unterschied zu erblicken. Bei beiden Vorrichtungen besteht die beim Festklemmen zu leistende Arbeit annähernd nur in der Überwindung der Reibungswiderstände der Klemmvorrichtung. Nach erfolgtem Festklemmen steigert sich bei beiden Vorrichtungen die Sperrwirkung um so mehr, je größeren Widerstand die jenseits des Spannwerks befindliche Doppeldrahtleitung und namentlich die in sie eingeschaltete Antriebvorrichtung von Signal oder Weiche der Umstellbewegung entgegensetzt, je größer also der Unterschied der Spannung zwischen Zugdraht und Nachlaßdraht ist. Scheibner sagt allerdings (Handbuch, S. 657): „Bei den Spannwerken mit zwei Gewichten ist das Anwachsen der Klemmwirkung in gleichem Verhältnis mit der aufgewendeten Sperrkraft weniger vorhanden", als bei eingewichtigen Spannwerken. Die von ihm beobachtete Erscheinung kann aber nach obigen Ausführungen nicht wohl in dem verschiedenen Verhalten von einem oder zwei Spanngewichten liegen. Denn das Erfordernis, bei der Anordnung nach Abb. 136a bis c die Gewichte G_1, G_2 um ihren gemeinsamen Schwerpunkt zu bewegen, kann die Klemmwirkung wohl in gewissem Maße verzögern, aber nicht dauernd vermindern. Einen gewissen Einfluß mag hier der Umstand haben, daß man bei der Mehrzahl der Spannwerke die Gewichtsbelastung nicht unmittelbar auf die Rollen wirken läßt, sondern (vgl. S. 61) unter Zwischenschaltung einer Hebelübertragung. Da bei so gebauten Zweigewichtsspannwerken zur Herbeiführung und Steigerung der Klemmwirkung die beiden Hebel mitbewegt werden müssen, so sind hier tatsächlich größere Reibungswiderstände zu überwinden, als bei ebenso gebauten Eingewichtsspannwerken. Erheblich kann aber auch der Einfluß dieses Umstandes auf geringere Klemmwirkung der Zweigewichtsspannwerke nicht sein. Dagegen kann der Grund der von Scheibner beobachteten Erscheinung wohl in den Umständen liegen, die durch die Besonderheiten der baulichen Durchbildung zu den Eigenschaften der im wesentlichen gleichwirkenden beiden Grundformen hinzutreten. Namentlich kommt hier in Betracht das für die Größe der Klemmwirkung maßgebende Verhältnis des Rollenabstandes zur Höhe des Klemmkörpers, ferner die etwaige Zwischenschaltung besonderer Klemmbacken usw.

Die obigen Ausführungen über die Wirkungsweise der beiden Grundformen der Spannwerke bedürfen aber mit Rücksicht auf die wirklichen Ausführungen noch gewisser Ergänzungen. Der oben vorausgesetzte Fall, daß sich das Spannwerk am Anfang der Doppeldrahtleitung, dicht beim Stellhebel befindet, trifft selbst bei einem unterhalb des Stellwerks in das Stellwerksgebäude eingebauten Spannwerk nicht ganz zu, und gar nicht bei Spannwerken, die im Freien zwischen Stellwerk und Antrieb eingebaut sind. Der vom Stellhebel auf den Zugdraht übertragene Stellweg wird bis zum Festklemmen des Spannwerks abzüglich einer gewissen Streckung des Zugdrahts diesseits und jenseits des Spannwerks unmittelbar zur Hebung derjenigen losen Rolle verwendet, die in den Zugdraht eingehängt ist. Diese Hebung geschieht, indem außerdem der Leitungswiderstand und Spannwerkswiderstand überwunden werden, mit einer dem Viertel des Einzelgewichts (bzw. der Hälfte des einen der beiden Gewichte) entsprechenden Kraft[1]). Dagegen wirkt auf Anziehen des Nachlaßdrahtes durch Senkung der in diesen eingehängten losen Rolle eine geringere Kraft, nämlich das Viertel des Einzelgewichts (bzw. die Hälfte des einen der beiden Gewichte) abzüglich eines Teiles des Spannwerkswiderstandes und ferner des Widerstandes des Nachlaßdrahtes zwischen Spannwerk und Stellhebel, indem der vom Stellhebel nachgelassene Nachlaßdraht durch die herabsinkende lose Rolle zum Spannwerk hingezogen werden muß. Hieraus folgt, daß bis zum Festklemmen des Spannwerkes die eine Rolle mehr gehoben, als die andere gesenkt wird, d. h. daß das Einzelgewicht (bzw. der gemeinsame Schwerpunkt der beiden Gewichte) bis zum Festklemmen ein wenig angehoben wird, was eine Vergrößerung des zum Festklemmen erforderlichen Teiles des Stellweges und ein entsprechendes Schlaffwerden des Nachlaßdrahtes bedeutet. Eine fernere Vergrößerung dieses Teiles des Stellweges tritt regelmäßig dadurch ein, daß die oben gemachte Voraussetzung, beide Drähte seien von der letzten Umstellung her gleich gespannt, in der Wirklichkeit niemals ganz zutrifft, vielmehr der zuletzt als Zugdraht benutzte Draht regelmäßig ein gewisses Mehr an Spannung behält[2]), auch wenn die gegen diese Erscheinung in der Regel gegebene Vorschrift, den Hebel mit einem gewissen Schwunge umzulegen, streng befolgt wird. Dieser Umstand hat zur Folge, daß nach bewirkter Umstellung die beiden losen Rollen einen gewissen Höhenunterschied behalten, der bei Beginn des nächsten Umstellens zunächst aufgehoben wird, bevor durch entgegengesetztes Schiefstellen der Klemmvorrichtung das erneute Festklemmen, wie oben beschrieben, eintritt. Alle diese Umstände haben aber auf die Wirkungsweise der Klemmvorrichtung nach erstem Eintreten der Klemmwirkung keinen Einfluß. Im übrigen ist trotz alledem der im ganzen für das Festklemmen erforderliche Teil des Stellweges bei gut gebauten und unterhaltenen Spannwerken nur klein,

---

[1]) Wegen der Flaschenzugwirkung.

[2]) Nach Scheibner (Stellw. 1908, S. 76) beträgt dieses Mehr im günstigen Falle 20 kg, im allgemeinen aber selbst bei gut regulierten Spannwerken 30 bis 40 kg, bei schlechter Regulierung und unsachgemäßer Unterhaltung bis 100 kg.

z. B. bei den Einheitsspannwerken der Pr.H.St.B., am Spannwerk gemessen, nicht mehr als 25 mm.

Man hat nun, und zwar sowohl bei eingewichtigen, wie bei zweigewichtigen Spannwerken, um die Feststellung der losen Rollen mit unbedingter Sicherheit eintreten zu lassen, statt der Klemmwirkung auf eine glatte Klemmstange eine Sperrklinkenwirkung auf eine gezahnte Klemmstange angewendet (Abb. 137, 138, 139, 140). Hierzu ist noch folgendes zu bemerken.

Das Spannwerk soll nicht nur beim Umstellen sich sperren; es soll auch nach jeder Umstellbewegung sich wieder entsperren, d. h. in dem folgenden Ruhezustand das freie Gewichtsspiel unter den Temperatureinflüssen zulassen. Es soll drittens beim Reißen des einen Drahtes das Einzelgewicht oder die Einheit der beiden durch den Querarm verbundenen Gewichte auf den heilgebliebenen Draht ziehend wirken, bis an der Weiche, bzw. dem Signal die erforderliche Sicherheitswirkung (Sperrung, bzw. Haltfallen, s. unter II, A, C), am Weichenhebel das Ausscheren eingetreten ist. Die hierfür vorzusehende Fallhöhe des Gewichts entspricht dem erforderlichen Reißweg.

Nach Reißen eines Drahtes wirkt die Gewichtsbelastung sowohl bei einem, wie bei zwei Gewichten, auf die Rolle des heilgebliebenen Drahtes exzentrisch. Der Querarm der Sperrvorrichtung stellt sich also schräg, d. h. in Sperrstellung. Eigenartigerweise liegt hier bei glatter Stange eine größere Gefahr des Versagens vor, als bei gezahnter. Denn bei glatter Stange tritt die reine Klemmwirkung, auf die sie eingerichtet ist, ebenso ein, wie beim Umstellen, wenn auch vielleicht weniger stark. Bei gezahnter Stange aber, bei der man für die hier in Frage kommende Sperrwirkung mit einem wesentlich kleineren Übersetzungsverhältnis auskommt, läßt die nach unten abgeschrägte Zahnform die Sperrklinke über die Zähne hinweggleiten. Weniger günstig verhält sich dagegen die Zahnstange bei Temperaturveränderungen. Der Umstand, daß nach jeder Umstellung (vgl. oben S. 59) der Zugdraht stets etwas mehr gespannt bleibt als der Nachlaßdraht, verhindert zwar bei reiner Klemmwirkung in der Regel nicht das Eintreten einer vollständigen Entsperrung. Bei Sperrklinkenwirkung kann aber leicht eine zurückbleibende Sperrung bei Verkürzung des Drahtes durch Sinken der Temperatur das Aufsteigen des Einzelgewichts (der beiden Gewichte) verhindern, so daß eine übergroße Drahtspannung entsteht. Um dem vorzubeugen, gibt man zweckmäßig den Zähnen auch in der Sperrichtung einen kleinen Anlauf (Abb. 138). Übrigens beseitigt jede Umstellung solche ungewollte schädliche Sperrung.

Im ganzen werden hiernach die Spannwerke mit gezahnter Klemmstange denen mit glatter Stange jetzt fast allgemein vorgezogen, indem sie auch noch den Vorteil haben, daß der für die Herbeiführung der Sperrwirkung erforderliche Hubverlust kleiner sein kann, als der Hubverlust zur Erzielung reiner Klemmwirkung.

Die Feststellung des Spannwerkes tritt um so sicherer ein, je größer der Spannungsunterschied zwischen Zugdraht und Nachlaßdraht ist, d. h. je näher das Spannwerk dem Stellhebel sich befindet. Am günstigsten ist in dieser Beziehung die Anordnung unter dem Stellwerk im Stellwerksgebäude, die auch noch den Vorteil bietet, daß das Spannwerk den Witterungseinflüssen entzogen ist. — Die Spannwirkung des Gewichts (der beiden Gewichte) im Ruhezustand erstreckt sich am vollkommensten über die ganze Leitung, wenn das Spannwerk sich annähernd in der Mitte der Leitungslänge befindet. — Die Reißwirkung auf Sperrung des Weichenantriebs, bzw. zwangsweise Haltstellung des Signals (s. oben) tritt um so sicherer ein, je näher das Spannwerk an Weiche oder Signal angeordnet ist; die Reißwirkung der Weichendrahtleitung auf Ausscheren des Weichenhebels dagegen (s. unter III,B) ist um so kräftiger, je näher das Spannwerk sich dem Hebel befindet. Hiernach ordnet man die Weichenspannwerke, die niemals auf sehr lange Leitungen zu wirken haben, wenn möglich unter dem Stellwerk im Stellwerksgebäude an, falls dies aber bei ebenerdigen

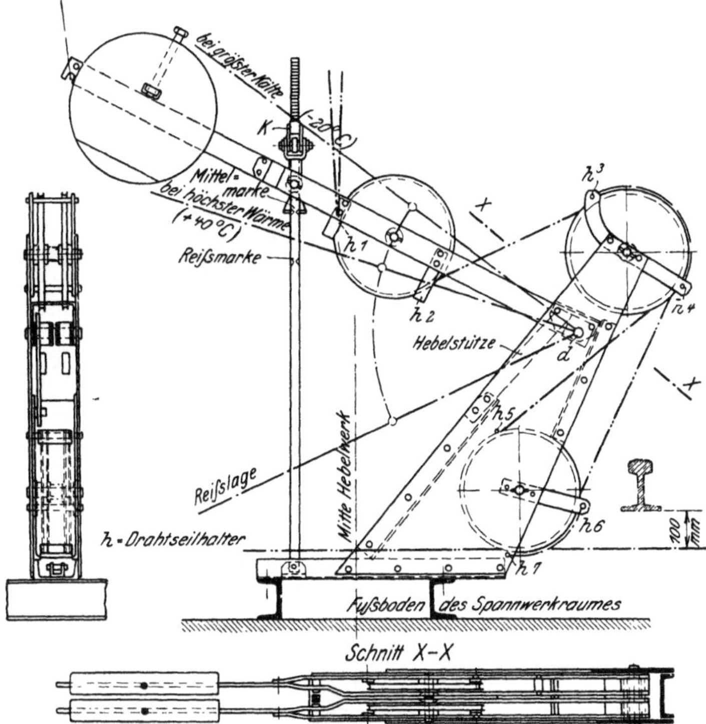

Abb. 137a, b, c.   Einheitsweichenspannwerk der Pr.H.St.B.

Stellwerken nicht angeht, im Freien in möglichster Nähe des Stellwerksgebäudes. Die Signalspannwerke dagegen würden bei den großen Leitungslängen, auf die sie zu wirken haben, mit Rücksicht auf die Spann- und Reißwirkung zweckmäßig im Freien, etwa in der Mitte der Leitungslänge, anzuordnen sein. Tatsächlich ordnen die Pr.H.St.B. auch die Signalspannwerke in der Regel unter dem Stellwerk im Stellwerksgebäude an[1]), und verwenden freistehende Spannwerke nur, wo Grundwasser oder sonstige Umstände die Herstellung eines Spannwerksraumes unter dem Stellwerk unmöglich oder sehr kostspielig machen. Wie schon oben (S. 58) erwähnt, gestaltet man die Spannwerke meist als Hebelspannwerke, d. h. so, daß die Gewichtswirkung durch Vermittlung von Hebeln auf die losen Rollen wirkt, wobei man den Vorteil hat, die Drahtspannung durch Verschiebung der Gewichte regeln zu können. Abb. 137a bis c zeigt das schon in Abb. 131a, b mit dargestellte Einheitsweichenspannwerk der Pr.H.St.B. unter dem Stellwerk mit gezahnter Klemmstange; Abb. 138 gibt

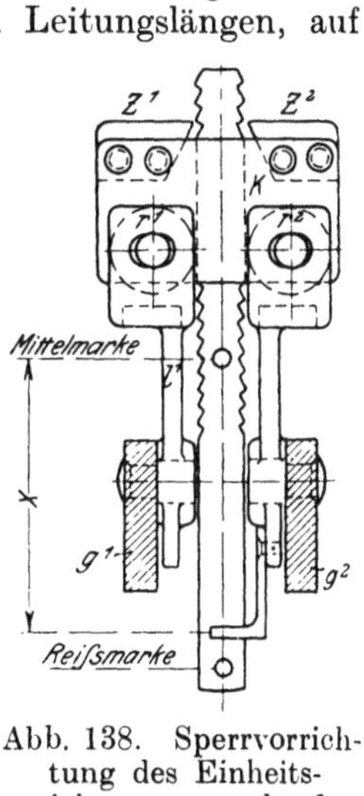

Abb. 138. Sperrvorrichtung des Einheitsweichenspannwerks der Pr.H.St.B.

---

[1]) Um die Spannwerke den Witterungseinflüssen zu entziehen und besser unterhalten zu können. Auch ist es so möglich, durch das Spannwerk bei Drahtbruch eine Überwachungsvorrichtung am Hebel zu betätigen. Diese muß, wenn (bei Drahtbruch zwischen Signal und Vorsignal) das Signal stellbar bleibt (s. unter C,4,b) jedesmal mit der Hand ausgelöst werden.

in größerem Maßstabe die Sperrvorrichtung, die von der langjährigen Bauweise der Firma Jüdel & Co. übernommen ist. Den obigen Ausführungen sei zur Erläuterung noch hinzugefügt, daß die beiden Führungsröllchen r_1, r_2 den Zweck haben, bei Herabfallen der Gewichte infolge Drahtbruchs und

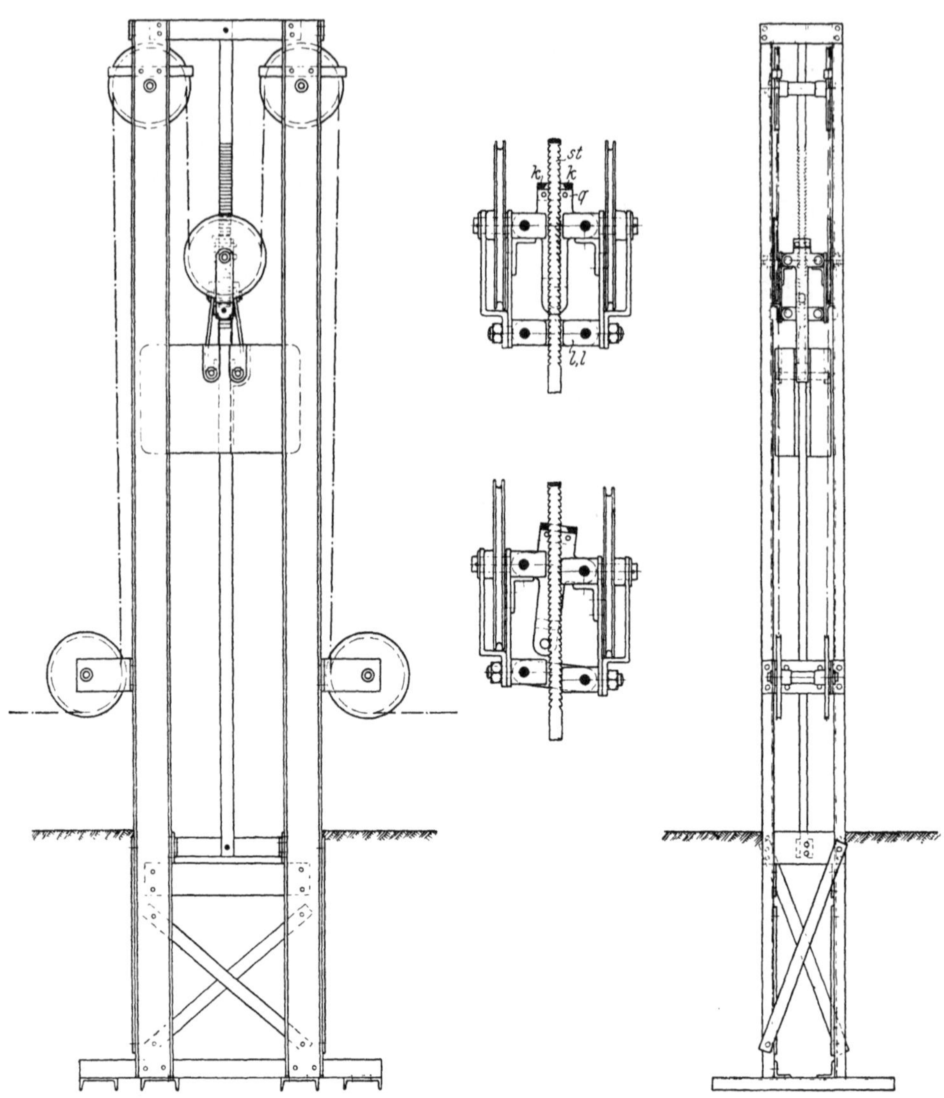

Abb. 139 a—d. Hängespannwerk. Bauart Fiebrandt & Co.

beim darauffolgenden Hochziehen der Gewichte mittels Flaschenzuges ein Festhacken der Zahnbacken z_1, z_2 zu verhüten. Abb. 139 a bis d zeigt ein im Freien angeordnetes Spannwerk ohne Hebel (Hängespannwerk) der Firma Fiebrandt & Co. mit einem Spanngewicht. Gegenüber der in Abb. 135a dargestellten und oben besprochenen Grundform ist hier die Änderung zu bemerken, daß wegen der Anwendung einer gezahnten Klemmstange st das aus zwei Laschen bestehende Querglied q in seiner nach oben ausbiegenden Verbindung dieser Laschen die beiden Sperrklinken k, k besitzt, daß ferner die Aufhängung des Spanngewichts nicht in Mitte des Querglieds, sondern an

einer nach unten gehenden Verlängerung der Laschen erfolgt ist und so auf
Entsperrung nach jeder Umstellung hinwirkt, und daß schließlich ein zweites
Laschenpaar l, l die beiden losen Rollen nochmals verbindet und zusammen mit
den das Querglied q bildenden oberen Laschen eine Parallelogrammgeradführung
bildet.

Hängespannwerke gestatten gegenüber der Höhenbeschränkung der
Hebelspannwerke eine beliebige Höhe und sind deshalb bei langen Signalleitungen vielfach angewendet. Die Pr.H.St.B. verwenden indessen ausschließlich Hebelspannwerke. Diese erhalten deshalb, wo sie im Freien stehen, sehr
große Abmessungen. In der Regel werden sie aber (s. oben) unter dem Stellwerk
angeordnet, wo für so große Abmessungen kein Platz ist. Deshalb werden
dort Hebelspannwerke verwendet, die (Abb. 140) nach einer Bauweise der

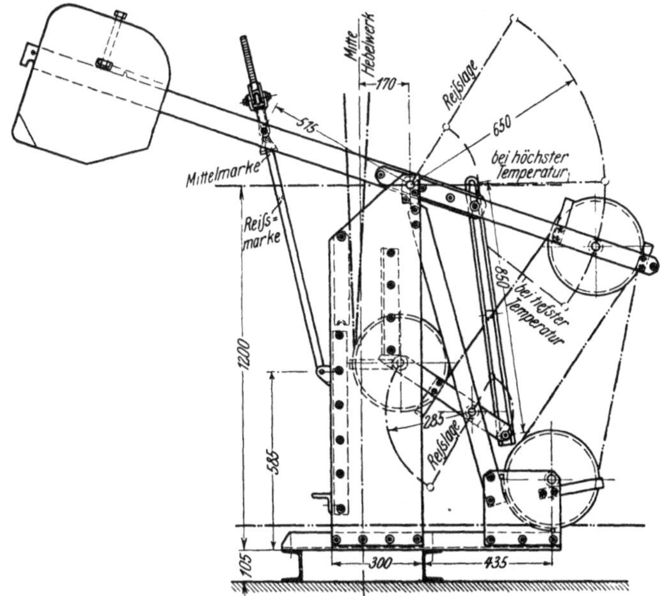

Abb. 140. Einheitssignalspannwerke mit Hubvergrößerer der Pr.H.St.B.

Firma Jüdel & Co. durch Einschaltung eines auf Verbindung von Hebelwirkung
und Flaschenzugwirkung beruhenden Hubvergrößerers es gestatten, die für
die längsten Signalleitungen erforderliche Abwicklungsfähigkeit zu erzielen.

Um bei Reißwirkung ein Hängenbleiben zu verhüten, hat man allerlei
besondere Einrichtungen getroffen, so die oben erwähnten Führungsröllchen, die
bei dem Fiebrandtschen Spannwerk angewandte Art der Spanngewichts-
aufhängung. Die Firma Gast hat bei ihrem Hebelspannwerk statt zweier Gewichte deren vier angeordnet, von denen je zwei übereinander auf jeden der
beiden Drähte wirken, wobei aber nur zwischen den beiden oberen sich die
Feststellvorrichtung befindet, so daß bei deren Hängenbleiben im Falle eines
Drahtbruches doch die unteren Gewichte wirksam bleiben. Wegen dieser und
anderer Anordnungen, die aber hinsichtlich der Feststellvorrichtungen meist
nur auf andere Ausführungsformen des oben (S. 58 ff.) erläuterten Grundsatzes
hinauslaufen (z. B. Zahnbogen statt gezahnter gerader Klemmstange), vgl. die
Literatur, namentlich Scheibner.

Das Spiel der Gewichte muß groß genug sein, um den Längsänderungen
der Leitung durch Temperaturunterschiede zu folgen und ferner bei tiefstem
Stande (höchster Temperatur) den erforderlichen Reißweg darzubieten, bei dem

die Gewichte noch nicht unten aufschlagen sollen. Bei unmittelbarer Anhängung der Gewichte (des Gewichts), also bei Hängespannwerken, ist der Drahtweg gleich dem doppelten Höhenspiel der Gewichte, bei Hebelspannwerken ist letzteres entsprechend der Gewichtsübersetzung größer. Die Längenänderung durch Temperatur ist bei $^1/_{800}$ Ausdehnung für 100⁰ und bei für deutsche Verhältnisse anzunehmendem größten Temperaturunterschied von 60⁰ etwa 0,75 mm für das Meter. Der Reißweg beträgt beispielsweise auf den Pr.H.St.B. 1675 mm bei den Einheitssignalspannwerken und 675 mm bei den Einheitsweichenspannwerken.[1]) Die Pr.H.St.B. und die Bad.Stb.[2]) ordnen Spannwerke grundsätzlich in allen Doppeldrahtleitungen an, die Bayer.Stb. nur in längeren Leitungen, und zwar in Weichenleitungen über 200 m Länge, in Riegelleitungen über 350 m Länge, in Signalleitungen über 400 m Länge[3]). Die Württb.Stb. bauen zwar in den von Jüdel hergestellten Stellwerksanlagen (nicht in den von Eßlingen hergestellten) Spannwerke ein, bilden aber ihre Signale nicht zum selbsttätigen Aufhaltziehen bei Drahtbruch aus, geben daher den Spannwerksgewichten auch nicht die entsprechende Fallhöhe. Die Sächs.Stb. verwenden Spannwerke nur in Signalleitungen von mehr als 100 m Länge, die S.B.B. in Signalleitungen von mehr als 300 m Länge. In Österreich werden überhaupt keine Spannwerke angewendet.

e) Kanäle und Gleisbrücken. Bei unterirdischer Führung dienen zur Abdeckung der Leitungen und zu ihrer seitlichen Abgrenzung gegen die Bettung Kanäle. Als solche können Holz-, Stein- oder Betonkanäle[4]), auch Kanäle aus zwei ⊏-Eisen mit Riffelblechdeckel, wie bei den Gestängeleitungen üblich (s. S. 47)[5]), verwendet werden. Ausreichend und billiger als diese sind jedoch aus verzinktem Blech von mindestens 3 mm Stärke gebogene unten offene Kanäle (nach Abb. 141a, b) von mindestens 120 mm Höhe und, je nach der Zahl der Leitungen 150 bis etwa 1500 mm Breite, die man bei der Unterhaltung alljährlich mit Teer zu streichen pflegt[6]). Bei Breiten über 500 mm Weite bedarf die Oberseite (vgl. Abb. 141b) der Versteifung durch aufgenietete Winkeleisen.

 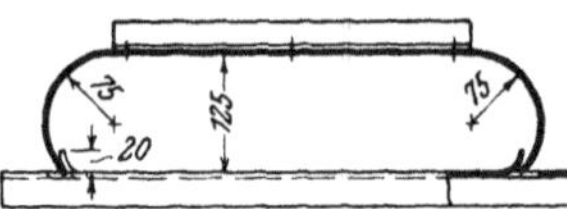

Abb. 141a, b. Einheitskanäle der Pr.H.St.B.

Die Kanalschüsse sind 2,0 bis 3,5 m lang, an den Stößen unverschieblich verbunden und durch eiserne Lager gestützt. Die Einschaltung der Führungsrollenkasten ist S. 51, der Anschluß an die Schutzkästen der Umlenkrollen S. 53 bereits erwähnt. Diese Kanäle werden auch quer unter Gleisen hindurch zwischen den Schwellen verwendet, sofern deren Abstand ohne weiteres oder durch Gruppenteilung ausreicht. Sonst verwendet man Gleisbrücken (vgl. S. 47).

---

[1]) Erforderlich sind für die Verdrehung der Seilrolle des Weichenhebels rd. 575 mm, für den Festlauf an der Weiche etwa 75 mm, zusammen also rd. 650 mm, an der Signalantriebrolle höchstens 1575 mm (s. unter II, C, 2, c). Der Überschuß des Reißwegs beträgt also im ersten Falle rd. 25 mm, im zweiten rd. 100 mm.

[2]) Ausgenommen die Leitungen von Haupt- und Vorsignalen mit elektrischer Kupplung bis 100 m Länge. Für das Zurückstellen bei Drahtbruch ist ein Spannwerk entbehrlich, weil die Kuppelleitung am Signalhebel unterbrochen ist.

[3]) Jedoch in Leitungen der von Zügen spitz befahrenen Weichen stets; bei Leitungsverzweigungen (Kuppeln von Signalen, Verbinden von Haupt- und Vorsignal) gewöhnlich in jeder Schlaufe ein Spannwerk.

[4]) Über Betonkanäle s. Roudolf, Ztg. d. V.D.E.V. 1918, S. 540.

[5]) Die Bad.Stb. verwenden diese Kanäle sowohl bei Gestänge- wie Drahtzugleitungen. Auf den Bayer.Stb. ähnliche Kanäle aus 2 ⊏-förmig gebogenen Blechen mit Blechdeckel.

[6]) Statt solcher Kanäle geringer Breite sind auch wohl Schlitzrohre verwendet, die aber angeblich leicht einfrieren. Die Pr.H.St.B. verwenden solche indessen zur Durchführung einer oder zweier Doppeldrahtleitungen unter Überwegen. Drei und mehr Doppeldrahtleitungen werden mittels ⊏-Eisenkanälen unter Überwegen durchgeführt.

C. Vergleich von Gestänge- und Drahtzugleitungen.

Ein solcher Vergleich kommt nur für Weichenstellung in Frage, da für Signalstellung allgemein Drahtzugleitungen verwendet werden. Als Nachteile der Gestängeleitungen gegenüber den Drahtzugleitungen werden angeführt: Die Gestängeleitungen seien wegen schwereren Ganges nur bis zu geringerer Länge verwendbar[1]). Eine geringfügige im Betriebe vorkommende Verschiebung oder Schiefstellung eines Umlenkhebels (namentlich auf noch nicht festgewordener Schüttung), beeinträchtigt die Wirksamkeit (was bei Drahtleitungen wegen der Anpassungsfähigkeit des Spannwerks nicht der Fall), und kann sogar Betriebsgefahren hervorrufen. Der Bruch oder das Lösen eines Gestänges führt nicht, wie das Reißen eines Drahtes (wie unter II, A dargelegt) eine Sperrung der Weiche und eine Sperrung des Weichenhebels sowie der betreffenden Fahrstraßenhebel herbei. Die Führung der Gestängeleitungen ist umständlicher, da auch bei kleinen Knicken Umlenkhebel (Knickhebel) verwendet werden müssen, also die bei Drahtleitungen mögliche sogenannte Führung im Bogen, d. h. mit vielen kleinen Knicken, nicht anwendbar ist. Die Anlagekosten sind bei Gestängeleitungen größer[2]). Demgegenüber wird zugunsten der Gestängeleitungen angeführt: Sie sind einfacher, unabhängig von verwickelten Vorrichtungen (Spannwerke, Fangvorrichtungen usw.), deren Versagen immer möglich bleibt, und so erst recht Gefahren herbeiführt. — Die Nachteile von etwaigen Gestängebrüchen usw. sind bei guter Ausführung praktisch nicht vorhanden. Den größeren Anlagekosten stehen die geringeren Unterhaltungskosten gegenüber. Besonders bei Budenstellwerken hat die Gestängeleitung den Vorzug, daß die Spannwerke unter dem Stellwerk, die sonst ungünstig in einem Kellerraum untergebracht werden müßten, fortfallen, während man die Signalspannwerke im Freien aufstellen kann. Bei kurzen Leitungen sind nicht nur die Kosten der Gestänge geringer[2]); es fällt das auch gegen Gestänge bestehende Bedenken, daß der Wärter nicht bemerkt, ob die Verbindung zu einer Weiche gelöst ist, deshalb fort, weil in solchem Falle der größere Teil des Stellwiderstandes in dem Antriebe liegt, so daß der Wärter bemerkt, ob er nur die Leitung oder Leitung und Antrieb bewegt, auch die naheliegende Weiche besser zu übersehen ist.

Hiernach wird man bei guter Ausführung beide Bauweisen als zweckmäßig anerkennen müssen. Ein Umstand spricht gleichwohl gegen die Verwendung von Gestängen auf großen Bahnhöfen. Man hat auf solchen immer mit künftigen Umbauten zu rechnen und bei diesen mit endgültigen und zwischenbehelflichen Leitungsänderungen. Solchen setzen aber Gestänge mit ihrer starreren Führung, ihren schwieriger unterzubringenden Umlenkungen und Ausgleichungen usw. sehr viel größere Schwierigkeiten entgegen, als Drahtzugleitungen, die sich nicht nur in den unmittelbaren Kosten ausdrücken, sondern namentlich in dem Zeitaufwand, den sie bedingen, und der den ganzen Bahnhofsumbau verzögert und verteuert.

Nachdem anfänglich in Deutschland nach englischem Vorbild allgemein Gestängeleitungen verwendet wurden, werden jetzt von den meisten deutschen Bahnverwaltungen vorwiegend Drahtzugleitungen verwendet[3]). Eine Aus-

---

[1]) Dies trifft indessen bei guter Ausführung nicht zu. In der Schweiz ist man z. B. entgegengesetzter Ansicht.

[2]) Für kurze Leitungen (bis etwa 50 m) sind Gestänge billiger, weil bei Drahtzügen die Kosten der Spannwerke, Fangvorrichtungen an den Weichen, Überwachungsvorrichtungen an den Hebeln ins Gewicht fallen.

[3]) In der Pr.H.Einheitsform sind Gestänge nur für die Kupplung von Weichen mit Gleissperren bzw. mit Signal 14, 14a vorgesehen. Doch dürften sie in absehbarer Zeit auch für kurze Entfernungen, namentlich soweit keine Zwischenausgleichungen erforderlich werden, zur Anwendung kommen.

nahme bilden in der Hauptsache die Bad.Stb. und die Els.-Lothr. Eisenbahnen. Die Schweiz. E. bevorzugen im allgemeinen die Gestängeanlagen trotz der höheren Anlagekosten, verwenden auch oft gemischte Anlagen. Insbesondere sollen Gestänge auf Bergbahnen mit schwierigen Schneeverhältnissen weniger Störungen ausgesetzt sein als Drahtzüge.

II. Stellvorrichtungen.

Die am mechanischen Stellwerk von der Hand des Wärters ausgeübte und durch Gestänge- oder Drahtzugleitung übertragene Bewegung wirkt auf Umstellung oder Verriegelung von Weichen, auf Umstellung von Signalen oder auf Betätigung sonstiger Sicherheitsvorrichtungen an Gleisen, wie Gleissperren, Entgleisungsvorrichtungen usw. Hiernach sind zu besprechen: Weichenstellvorrichtungen, Weichenverriegelungsvorrichtungen, Signalstellvorrichtungen. Stellvorrichtungen sonstiger Sicherheitsvorkehrungen an Gleisen.

A. Weichenstellvorrichtungen.

Eine Gestängeleitung kann man nach Abb. 142 unmittelbar oder nach Abb. 143 mittels einer (letzten) Winkelumlenkung in die Zugstange und deren Fortsetzung, die Zungenverbindungsstange überführen. Da der Weichenhebel zwei Endstellungen besitzt, die durch den Handfallenriegel festgelegt sind (S. 33), so liegt in den beiden entsprechenden Stellungen der Zungenvorrichtung die zu befahrende Zunge nur dann mit Sicherheit dicht an der Backenschiene an, wenn die Leitung gegen Temperaturlängenänderungen vollkommen ausgeglichen ist, und ferner, wenn in der Leitung weder durch Abnutzung (Schlottern der Gelenke) ein toter Gang, noch durch sonst eingetretene Fehler (Verrückung oder Schiefstellung der Umlenkungen, Verdrehung der Gestängemuffen usw.) eine Längenänderung eingetreten ist. Ältere Leitungen weisen stets eine gewisse Abnutzung auf.

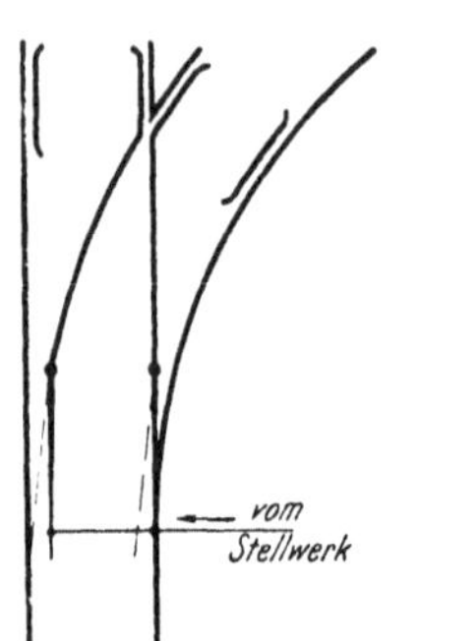

Abb. 142. Unmittelbarer Gestängeantrieb einer Weiche.

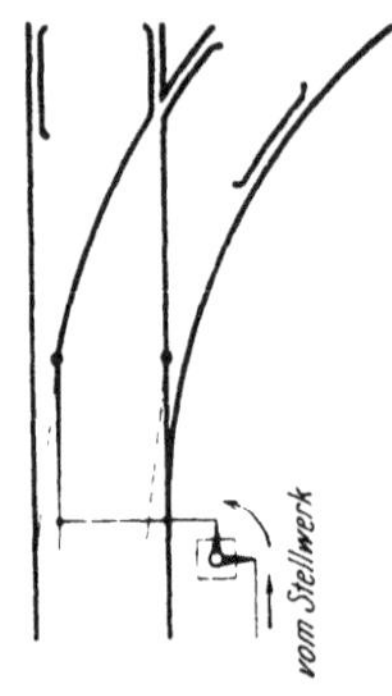

Abb. 143. Gestängeantrieb einer Weiche mit Winkelumlenkung.

Außerdem tritt aber beim Umstellen selbst durch elastische Dehnung oder Pressung eine Längenänderung ein, insbesondere, wenn sich ein Gegenstand zwischen Zunge und Backenschiene gelegt hat. Es ist nicht unmöglich, daß bei solcher elastischen Längenänderung des Gestänges der Handfallenriegel des Stellhebels zum Einklinken gebracht und somit die Sicherheitsbedingung für Signalstellung erfüllt wird, während in der Tat die zu befahrende Zunge wegen des zwischen sie und die Backenschiene eingeklemmten Gegenstandes klafft. Es sei hier der Unterschied gegenüber der Handweiche betont. Bei einer Handweiche ist in jeder Endstellung (z. B. nach Abb. 93, S. 40) die zu befahrende Zunge durch Gewichtsbelastung an die Backenschiene gepreßt. Von Zügen spitz befahrene Handweichen müssen außerdem bewacht werden, um ein zufälliges Klaffen, z. B. durch zwischengeklemmte Gegenstände, zu verhüten. Bei Stellwerksweichen kommen beide Mittel aus nahe liegenden Gründen nicht in Frage. Die Betriebssicherheit muß daher durch besondere Mittel gewahrt werden.

In England baut man die Gestängeleitungen so ein, daß die Weiche in beide Endstellungen nur mit Spannung der Leitung gebracht werden kann, durch die der tote Gang und sonstige kleine Unregelmäßigkeiten ausgeglichen werden sollen, und fügt ferner bei jeder von Zügen spitz befahrenen Weiche eine besondere, mit eigener Leitung betätigte Verriegelungsvorrichtung hinzu, deren Hebel auch in die betreffende Endstellung gebracht sein muß, bevor man den fraglichen Signalhebel umlegen kann. Dieses umständliche und zu einer starken Vermehrung der Hebel führende Verfahren gewährleistet gleichwohl in allen den Fällen, für die solche Verriegelung nicht vorgesehen wird, insbesondere bei vielen Verschiebefahrten, nicht das sichere Anliegen der Weichenzunge. In Deutschland hat man deshalb Vorrichtungen ersonnen, die mittels nur einer Leitung eine Weiche nicht nur umzustellen, sondern auch in der jeweiligen Endlage, aber nur, falls diese erreicht wird, zu verschließen gestatten. Diese sogenannten „Spitzenverschlüsse" sind so eingerichtet, daß nur der mittlere Teil der von der Leitung auf sie übertragenen Stellbewegung das Umstellen der Weichenzungen bewirkt. Dagegen „entriegelt" der erste Teil des Stellweges die durch den Spitzenverschluß in ihrer bisherigen Lage festgelegte anliegende Zunge, und der letzte Teil des Stellwerkes „verriegelt" die nach der Umstellung anliegende Zunge. Der hiernach für das Weichenumstellen am Anfang und am Schluß vorhandene tote Gang kann in gewissem Maße, ohne Ent- und Verriegelung zu beeinträchtigen, Längenänderungen der Leitung, die durch unvollständigen Temperaturausgleich oder sonstige Einflüsse eingetreten sind, unschädlich machen. Man ist hiernach in der Führung von Gestängeleitungen freier.

Doppeldrahtleitungen können zum unmittelbaren Antrieb der Zungenvorrichtung, z. B. nach Abb. 144 (auch wenn man mit besonderen Leitungen betätigte Verriegelungsvorrichtungen hinzufügen wollte), nicht benutzt werden, weil der gegenüber dem Gestänge sehr viel dünnere Querschnitt des Drahtes und die in dem Spannwerk liegende Nachgiebigkeit jede Gewähr für Übereinstimmung zwischen Zungenendstellung und Hebelendstellung aufheben würde. Unter Anwendung von Spitzenverschlüssen können aber auch Doppeldrahtleitungen mit ausreichender Sicherheit zur Weichenstellung verwendet werden.

1. Ältere Spitzenverschlüsse. Zuerst gestaltete man in Deutschland die Spitzenverschlüsse so, daß die beiden Weichenzungen wie bei den Handweichen durch eine Verbindungsstange starr verbunden waren, also beide Zungen, wie bei den Handweichen, ganz gleichzeitig bewegt wurden[1]). Abb. 145 zeigt einen

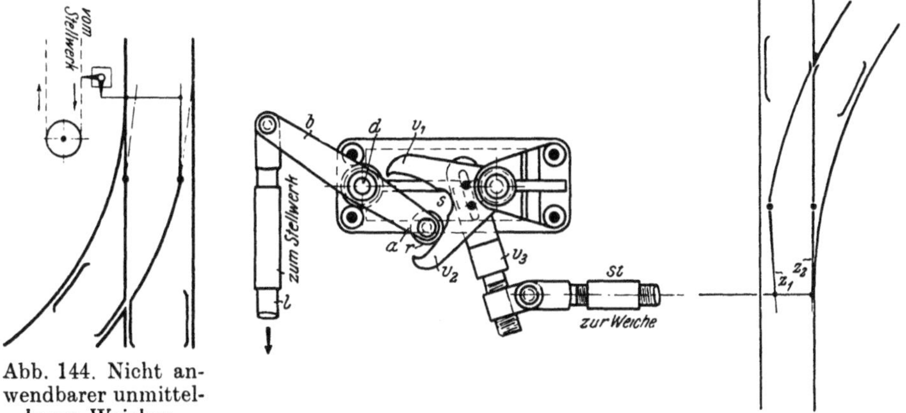

Abb. 144. Nicht anwendbarer unmittelbarer Weichenantrieb durch eine Doppeldrahtleitung.

Abb. 145. Älterer Jüdelscher Weichen-Spitzenverschluß.

---

1) Betreffend die grundsätzliche Anordnung der ältesten derartigen Vorrichtung, von Schnabel und Henning, vgl. Scholkmann, S. 1008.

seinerzeit besonders verbreiteten Spitzenverschluß von Jüdel (erfunden von Büssing 1879). In der gezeichneten Stellung liegt die rechte Zunge Z_2 der Weiche an, die linke Zunge Z_1 der Weiche steht ab. In dieser Lage ist das Zungenpaar verschlossen; die Stellstange st hängt nämlich an dem Arm v_3 des dreiarmigen Hebels $v_{1,\,2,\,3}$, der durch den einen Arm a des zweiarmigen Antriebhebels a, b angetrieben wird, und an dessen anderen Arm b die vom Stellwerk kommende, Gestängeleitung l angreift.

Der Antrieb des zweiarmigen Hebels a, b auf den dreiarmigen Hebel $v_{1,\,2,\,3}$ geschieht so, daß das am Ende des Hebelarms b befindliche Röllchen r zwischen die gabelförmig ausgebildeten Schenkel v_1, v_2 des Hebels $v_{1,\,2,\,3}$ eingreift. In der gezeichneten Stellung liegt das Röllchen r an der als Zylinderfläche um die Drehachse d von a, b geformten Innenfläche von v_2 an und verhindert somit, daß v_1, v_2, v_3 sich (im Sinne des Uhrzeigers) bewegt, verschließt somit das Zungenpaar in der gezeichneten Stellung (Zunge Z_2 anliegend). Wird jetzt das Gestänge vom Stellwerk aus in Richtung des Pfeils bewegt, so dreht sich der Hebel a, b um seine Drehachse d, entgegen dem Uhrzeiger. Im ersten Zeitraum dieser Bewegung gelangt das Röllchen r an der zylindrischen Innenfläche von v_2 entlang streichend in die Sohle s der Gabel v_1, v_2. Sobald dieser Zustand erreicht ist, ist der von r auf v_2 und damit auf das Zungenpaar ausgeübte Verschluß aufgehoben, d. h. die Weiche ist entriegelt. Bei Weiterbewegung des Gestänges bewirkt das Röllchen r, in der Sohle der Gabel v_1, v_2 eingreifend, eine Drehung des dreiarmigen Hebels $v_{1,\,2,\,3}$ im Sinne des Uhrzeigers und damit die Umstellung des Zungenpaares Z_1, Z_2. In dem Augenblick, in dem hierdurch die Zunge Z_1 zum Anliegen (gleichzeitig die Zunge Z_2 zum vollen Aufschlag) gelangt, ist der dreiarmige Hebel $v_{1,\,2,\,3}$ so weit gedreht, daß die Achse der zylindrischen Innenfläche von v_1 in die Drehachse d des Hebels a, b gerückt ist. Bei Weiterbewegung des Gestänges, d. h. nunmehr im dritten Teilzeitraum der Bewegung, gleitet das Röllchen r mithin an der Zylinderfläche von v_1 entlang und bewirkt damit den Verschluß (die Verriegelung) der Weiche in der neuen Stellung. Von den drei Teilzeiträumen der Bewegung des Gestänges und des Antriebhebels a, b bewegt sich also der dreiarmige Hebel $v_{1,\,2,\,3}$ und das Zungenpaar nur in dem mittleren Teilzeitraum, während im ersten Teilzeitraum das Zungenpaar in seiner bisherigen Endstellung entriegelt, in dem dritten Teilzeitraum aber das Zungenpaar in seiner neuen Endstellung verriegelt (verschlossen) wird.

Diese Vorrichtung und ähnliche andere, wie sie früher vielfach verwendet wurden, erfüllen hiernach die doppelte Bedingung, daß die Weiche in ihren Endstellungen unverrückbar festgelegt ist, und daß Unstimmigkeiten in der Leitungslänge, wie sie durch Temperatureinflüsse, durch Zerrung oder Pressung, durch kleine Einbaufehler möglich sind, auf die Endstellungen ohne Einfluß bleiben, vielmehr nur die Stellung des Röllchens r an einer der beiden Zylinderflächen v_1, v_2 beeinflussen. Nur dürfen diese Unstimmigkeiten nicht so groß werden, daß das Röllchen bei beiden Endstellungen nicht noch in einem den sicheren Verschluß gewährleistenden Abstande von der Sohle s der Gabel v_1, v_2 sich befände. In gewissem Maße darf daher bei Anschluß solcher Spitzenverschlüsse an Gestängeleitungen die Gesamtlänge der gleichzeitig gezogenen und gleichzeitig gedrückten Leitungsteile verschieden groß sein.

Gleichwohl hat die Vorrichtung nach Abb. 145, wie auch sonstige Vorrichtungen, die bei starrer Zungenverbindung im mittleren Teilzeitraum der Bewegung beide Zungen ganz gleichzeitig umstellen, abgesehen von der unten (S. 78) zu erörternden ungünstigen zeitlichen Verteilung des Kraftbedarfs, den Mangel, daß beim Aufschneiden (Auffahren) der Weiche infolge Befahrens in falscher Stellung an solcher Vorrichtung irgendwo etwas zerstört werden muß. Man hat diese Zerstörung in der Regel durch Einschaltung eines Verbindungsteiles geringsten Widerstandes, eines besonders schwachen sogenannten Abscherbolzens, auf diesen Teil beschränkt. Dadurch ist aber der andere Nachteil eingetreten, daß der im regelmäßigen Betriebe infolge seiner geringen Stärke besonders großer Abnutzung unterworfene Abscherbolzen beim Umstellen plötzlich zerstört werden kann, ohne daß dies bemerkt wird, und daß dann unter Umständen die Stellung des Weichenhebels im Stellwerk die Sicherheitsbedingung für das Stellen eines Signals vortäuscht, während in Wirklichkeit die Weiche die entgegengesetzte Stellung oder gar eine Zwischenstellung hat. Tatsächlich sind infolge dieses Mangels schwere Eisenbahnunfälle vorgekommen.

2. Neuere (auffahrbare) Spitzenverschlüsse. Das Bestreben, die Spitzenverschlüsse ohne Zerstörung eines Teiles auffahrbar zu machen, und zugleich dafür zu sorgen, daß das Auffahren einer Weiche im Stellwerk die Fahrstraßenhebel, an denen die Weiche beteiligt ist, festlegt, hat zu anderen Bauweisen von Spitzenverschlüssen geführt. Auch hier ist die Firma Schnabel & Henning bahnbrechend vorgegangen, indem die nachstehend unter a beschriebene Vorrichtung in ältester Ausführungsform den ersten brauchbaren auffahrbaren Spitzenverschluß darstellt (Scheibner, S. 403 ff.).

Die auffahrbaren Spitzenverschlüsse sind in der Hauptsache in zwei Gruppen zu unterscheiden. Von jeder dieser beiden Gruppen soll der Hauptvertreter als Beispiel besprochen werden.

a) Das Gelenkweichenschloß der Maschinenfabrik Bruchsal. Der in Abb. 146 a bis d schematisch und in Abb. 147a, b in baulicher Durchbildung unter Voraussetzung von Gestängeleitung wiedergegebene Spitzenverschluß zeigt dessen Hauptbestandteil, das Gelenkschloß, in der Mitte zwischen beiden Backenschienen gelagert. Auf einer Querschwelle, mit dieser fest verbunden, ruht (Abb. 147)

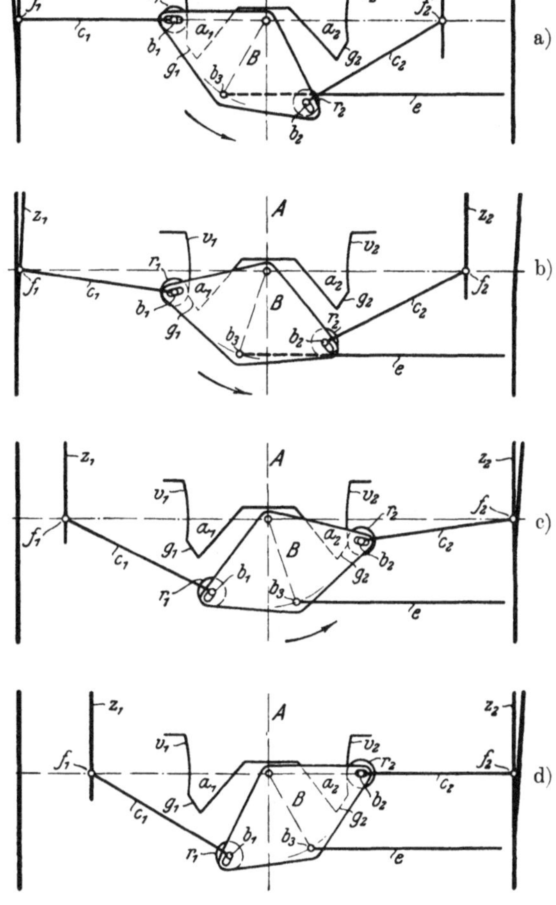

Abb. 146a—d. Schematische Darstellung des Gelenkweichenschlosses der Maschinenfabrik Bruchsal.

der Bock A, an dem mittels des Drehzapfens d der dreiarmige Hebel b_1, b_2, b_3, ausgeführt (Abb. 147a) als rhombenförmiges Stück B, drehbar gelagert ist. Im Endpunkte von b_3 greift mittels Gelenks die unter der einen oder anderen Zunge und Backenschiene durchgehende Antriebstange e an, die mittels Winkelhebels oder in geradliniger Fortsetzung mit der vom Stellwerk herkommenden Gestängeleitung verbunden ist. An die Enden der Hebelarme b_1, b_2 sind mit Gelenken die Stellstangen c_1, c_2 angeschlossen, die mittels der

Gelenke f_1, f_2 an die Zungen Z_1, Z_2 angreifen. Wenn vom Stellwerk aus durch die Gestängeleitung die Antriebstange e von ihrer in Abb. 146a, 147a gezeichneten Lage durch die Lagen (Abb. 146b, 146c) hindurch in die in Abb. 146d dargestellte Lage, wie durch Pfeil angedeutet, von links nach rechts bewegt wird, macht der dreiarmige Hebel b_1, b_2, b_3, wie durch Pfeil angedeutet, eine Schwenkung entgegen dem Sinne des Uhrzeigers und stellt durch Mitnahme der Stellstangen c_1, c_2 die Zungen Z_1, Z_2 um, so daß sie von der in Abb. 146a, 147a dargestellten Lage (Z_1 anliegend) durch die Zwischenlagen (Abb. 146b, c) hindurch in die in Abb. 146d dargestellte Lage (Zunge Z_2 anliegend) gelangen.

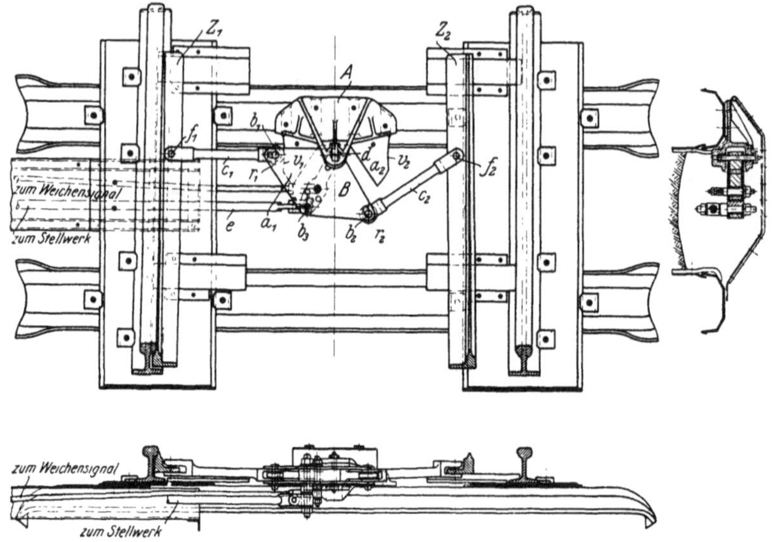

Abb. 147a, b. Gelenkweichenschloß der Maschinenfabrik Bruchsal.

Die Zungen sind hier nicht durch eine Verbindungsstange starr verbunden und bewegen sich nicht gleichzeitig. Bei der Bewegung der Zungen sind vielmehr drei Stufen zu unterscheiden.

In der in Abb. 146a, 147a gezeichneten Stellung ist die anliegende linke Zunge Z_1 durch die Stellstange c_1 mittels des an deren Ende drehbar gelagerten Röllchens r_1 gegen die Fläche v_1 des mit dem Bock A festverbundenen Verschlußkörpers a_1 abgestützt, somit die anliegende Zunge Z_1 in ihrer Lage verriegelt (verschlossen), während die abstehende Zunge Z_2 nicht verschlossen ist. Dies ist ein wesentlicher Unterschied gegenüber den älteren Spitzenverschlüssen. Sobald, vom Stellwerk mittels e bewegt, der dreiarmige Hebel b_1, b_2, b_3 aus seiner in Abb. 146a, 147a gezeichneten Lage beginnt, sich entgegengesetzt dem Sinne des Uhrzeigers zu drehen, fängt, von c_2 bewegt, die Zunge Z_2 an, sich der rechten Backenschiene zu nähern. Dagegen kann die Zunge Z_1 nicht anfangen, sich von ihrer Backenschiene zu entfernen, weil sie durch die Stellstange c_1 mittels des Röllchens r_1 gegen die Fläche v_1 abgestützt ist. Daher bleibt die Zunge Z_1 zunächst ruhen, während, von dem Hebelarm b_1 mitgenommen, die Stellstange c_1 eine Drehung um f_1 macht. Dabei gleitet das Röllchen r_1 an der Fläche v_1 entlang. Damit diese Bewegung möglich ist, ist die die Verbindung von c_1 und b_1 bildende Verlängerung des Zapfens des Röllchens r_1 am Ende von b_1 in einem Langloch gelagert. Ferner ist die Fläche v_1 nach einem um die Achse von f_1 beschriebenen Zylinder geformt. Deshalb bleibt während dieses Bewegungsvorganges die Zunge Z_1 beständig mittels c_1 und r_1 gegen v_1 abgestützt, also verschlossen. Das dauert so lange, bis (Ende des ersten Teilzeitraums der Bewegung, dargestellt durch Abb. 146b) das Röllchen r_1 an die an die zylindrische Fläche v_1 anschließende abgeschrägte Fläche g_1 des Verschluß-körpers a_1 gelangt, und damit aus seinem Verschluß befreit wird. Im ersten Teilzeitraum der Umstellbewegung findet also die Entriegelung der anliegenden Zunge Z_1 statt, während gleichzeitig die bisher abstehende Zunge Z_2 beginnt, sich der Backenschiene zu nähern. Es folgt der zweite Teilzeitraum der Bewegung, in dem beide Zungen von den Stellstangen c_1, c_2 mitgenommen werden. Die Zunge Z_1 beginnt also aufzuschlagen, während die Zunge Z_2 fortfährt, sich der rechten Backenschiene zu nähern. Dieser zweite Teil der Bewegung dauert so lange, bis (Abb. 146c, Spiegelbild zu Abb. 146b) die Zunge Z_2 zum Anliegen an die rechte Backenschiene gelangt. In demselben Augenblick ist das Röllchen r_2 von der am rechten Verschlußkörper a_2 befindlichen schrägen Fläche g_2 eingefangen, und gelangt bei weiter fortschreitender Bewegung in den Verschluß der zylindrischen Verschlußfläche v_2. Im dritten Bewegungsteilzeitraum ruht die nunmehr anliegende Zunge Z_2 und wird durch das an v_2 entlanggleitende Röllchen r_2 verriegelt (verschlossen), während die Zunge Z_1 zum vollen Aufschlag gelangt (Abb. 146d, Spiegelbild zu Abb. 146a). In den beiden Endstellungen ist zwar die Lage der jeweils anliegenden Zunge genau bestimmt, dagegen die Lage der abstehenden Zunge innerhalb gewisser Grenzen veränderlich. Je nachdem das Umstellen langsam oder mit einem Ruck erfolgt, und je nachdem durch Temperaturänderungen die Leitung ihre Länge etwas geändert hat, schwingt der dreiarmige Hebel b_1, b_2, b_3 mehr oder weniger weit. Diese Verschiedenheiten sind soweit unschädlich, als das Röllchen r_1 oder r_2 sich noch an der Verschlußfläche v_1, bzw. v_2 befindet. Die Vorrichtung macht also Längenfehler der Leitung, mögen sie von Anfang bestehen oder durch Verschleiß oder Spannungsunterschiede eintreten, unschädlich. Innerhalb dieser Grenzen kann die beschriebene Vorrichtung auch zum Temperaturausgleich benutzt werden. Insoweit brauchen also bei Gestängeleitung die gleichzeitig gezogenen und die gleichzeitig gedrückten Strecken der Leitung nicht gleichlang zu sein (vgl. S. 41/42).

Die Vorrichtung ist auffahrbar (aufschneidbar). Beispielsweise sei der Fall betrachtet, daß in der Stellung nach Abb. 146a, 147a ein Fahrzeug die Weiche vom Zungenwurzelende falsch befährt. Solches Fahrzeug wirkt mit seinen Radflanschen zunächst auf die abstehende Zunge Z_2 und drückt diese nach rechts hinüber. Das ist ohne Zerstörung möglich, weil die Zunge Z_2 nicht verriegelt ist. Die Zunge Z_2 wirkt nun mittels der Stellstange c_2 auf den dreiarmigen Hebel b_1, b_2, b_3, der beginnt herumzuschwingen, und der somit die anliegende Zunge Z_1 entriegelt. Erst, nachdem diese Entriegelung beendet ist (Abb. 146b), soll der Flansch des linken Vorderrades des aufschneidenden Fahrzeuges dazu gelangen, zwischen Z_1 und der zugehörigen Backenschiene keinen Platz mehr zu finden. Von diesem Augenblicke an wird also u. U. auch die linke Zunge Z_1 nach rechts hinübergedrückt, also wirken beide Zungen gemeinsam mittels der Stellstangen c_2, c_1 auf den dreiarmigen Hebel b_1, b_2, b_3 und schwingen diesen entgegen dem Uhrzeiger herum, bis die rechte Zunge Z_2 zum Anliegen gekommen ist. Über diese Stellung hinaus findet keine zwangsweise Umstellung mehr statt. Zur Verriegelung der vorher abstehenden Zunge Z_2 kommt es gleichwohl, wenn das Aufschneiden nicht ganz langsam geschieht, so daß die Bewegung von b_1, b_2, b_3 durch die lebendige Kraft sich noch etwas fortsetzt. — Der Vorgang beim Aufschneiden stellt sich also als Weichenumstellung dar, die sich nur dadurch von der vorher beschriebenen ordnungsmäßigen unterscheidet, daß sie nicht vom Stellwerk aus mittels der an b_3 angreifenden Antriebstange e, sondern von der abstehenden Zunge aus mittels deren Stellstange an dem zugehörigen Hebelarm b_2 eingeleitet und demnächst von der Einwirkung der anderen Zunge unterstützt wird. Daß dieses Auffahren ohne Zerstörung möglich ist, setzt indessen voraus, daß im Stellwerk beim Anschluß der Leitung an den Weichenhebel eine lösbare Verbindung vorhanden ist. Hierüber vgl. unter III, B dieses Kap.

Klemmt sich bei regelmäßiger Umstellung zwischen die vorher abstehende Zunge und die zugehörige Backenschiene ein kleiner Körper, z. B. ein Stein, so kann von den drei Stufen der Umstellbewegung die zweite nicht zum Abschluß gebracht, die dritte, in dem die Verriegelung der nicht zum Anliegen gekommenen Zunge stattfinden sollte, also gar nicht begonnen werden. Hiernach bleibt von der ganzen Umstellbewegung ein so großer Teil unausführbar, daß der Stellhebel im Stellwerk, wenn überhaupt, jedenfalls nur mit sehr großer Kraftanstrengung in die Endlage gebracht werden kann. Wie dieser Umstand benutzt wird, um eine Freigabe aller Fahrstraßenhebel, bei denen diese Weiche beteiligt ist, sicher auszuschließen, ist bereits im II. Kapitel unter II, B, 3 (S. 35) zum Teil dargelegt und wird weiter unter III, B dieses Kapitels erörtert werden.

Soll die beschriebene Vorrichtung nicht durch Gestänge, sondern durch Doppeldrahtzug betätigt werden, so wird die Antriebstange e durch eine von der Doppeldrahtleitung angetriebene Antriebvorrichtung bewegt, wie solche im folgenden beschrieben wird.

Ähnlich dem beschriebenen Gelenkschloß, dessen erste Ausführungsform (Scheibner, S. 406) den Gelenkmechanismus außerhalb der Schienen gelagert zeigte, und das in Süddeutschland und der Schweiz in großem Umfange angewendet wird, gibt es noch mehrere andere (Scheibner, S. 420ff.), die alle darin übereinstimmen, daß die Zungen von einem zwischen den Schienen auf einer Querschwelle gelagerten Mechanismus aus bewegt werden, und daß die anliegende Zunge mittels der Stellstange gegen einen zwischen den Schienen liegenden festen Punkt abgestützt und so verriegelt (verschlossen) wird. Gegen diese Vorrichtungen hat man das Bedenken erhoben, daß bei Spurveränderungen und bei Nachgeben des Abstützungspunktes der sichere Zungenschluß gefährdet ist. Eine neuere Gruppe von Spitzenverschlüssen strebt an, den Verschluß der jeweils anliegenden Zunge durch deren Zusammenklammerung mit der Backenschiene zu bewirken. Von diesen Spitzenverschlüssen soll hier das in Norddeutschland jetzt fast ausschließlich (in Süddeutschland stellenweise) verwendete Hakenschloß beschrieben werden. Hierbei wird auch auf den in Abb. 147a, b mit dargestellten Anschluß des Weichensignals eingegangen.

b) Das Hakenschloß, entstanden aus einer ursprünglichen Vorrichtung der Hauptwerkstatt Witten, wird an Hand der schematischen Darstellung in Abb. 148a bis d und den die bauliche Durchbildung nach der älteren preußisch-

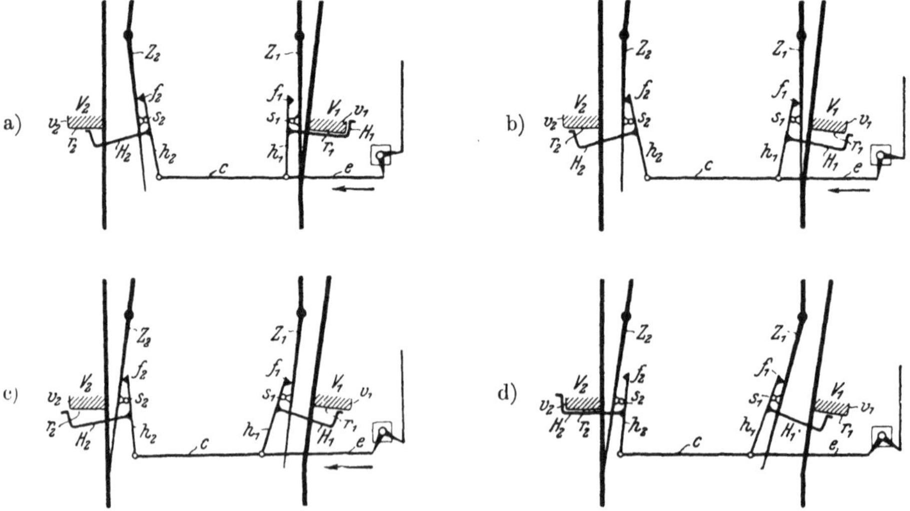

Abb. 148a—d. Schematische Darstellung des Hakenschlosses der Pr.H.St.B.

hessischen Normalform und der neuesten Einheitsform zeigenden Abb. 149 a bis e und 150, a, b beschrieben, von denen in Abb. 148 a bis d wieder Gestängeleitung, in Abb. 149 und 150 dagegen Doppeldrahtleitung verwendet ist. Auch diese Vorrichtung weist, wie alle auffahrbaren Spitzenverschlüsse eine ungleichzeitige Zungenbewegung, Verschluß nur der anliegenden Zunge und eine Umstellbewegung in drei Stufen auf. Auch hier wird im ersten Teilzeitraum die anliegende Zunge

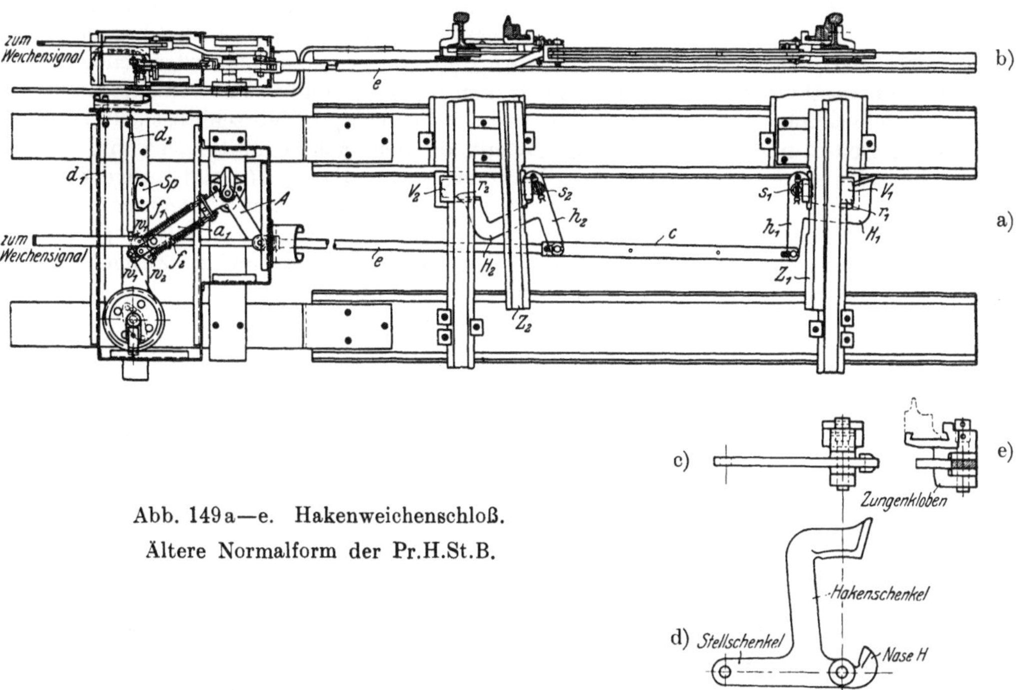

Abb. 149 a—e. Hakenweichenschloß.
Ältere Normalform der Pr.H.St.B.

entriegelt, während die abstehende Zunge beginnt, sich der Backenschiene zu nähern; im zweiten Teilzeitraum werden beide Zungen bewegt, bis zum Anliegen der vorher abstehenden Zunge, während im dritten Teilzeitraum die nunmehr anliegende Zunge verriegelt wird, indem gleichzeitig die vorher anliegende Zunge zum vollen Aufschlag gelangt.

In dem zuerst zu betrachtenden Anfangszustand (Abb. 148a, 149a) liegt die Zunge Z_1 an der zugehörigen Backenschiene an, die Zunge Z_2 steht ab. An Z_1 ist im Punkte s_1 der Haken H_1 drehbar gelagert, der unter Backenschiene und Zunge schwingen kann, und der in der gezeichneten Stellung das unter der Backenschiene an dieser befestigte Verschlußstück V_1 umgreift, so die anliegende Zunge mit der zugehörigen Backenschiene verklammernd. Der Haken H_1, dessen Angriffsarm h_1 mit dem Angriffsarm h_2 des Hakens H_2 durch die Verbindungsstange c gekuppelt ist, und der samt H_2 mittels der Antriebstange e vom Stellwerk aus bewegt wird, kann, wenn er diesem Antrieb folgt, an sich zwei Bewegungen machen. Er kann in Beziehung zur Zunge Z_1 um seinen Lagerpunkt s_1 sich im Sinne des Uhrzeigers drehen (schwingen), wobei seine zylindrisch abgedrehte Innenfläche sich an der ebenso abgedrehten Verschlußfläche v_1 des Verschlußstückes V_1 verschiebt; er kann ferner mit der Zunge, sobald diese sich von der Backenschiene entfernt, nach links verschoben werden. Von diesen beiden Bewegungen ist er indessen in der in Abb. 148a, 149a gezeichneten Lage an der einen, der mit der Zunge Z_1 gemeinsamen Verschiebung nach links, gehindert, weil er das Verschlußstück V_1 umgreift. Die Antriebstange e wirkt also, wenn sie, wie durch Pfeil angedeutet, vom Stellwerk aus nach links bewegt wird, auf den

Haken so, als wenn s_1 ein fester Drehpunkt wäre; der Haken H_1 dreht sich also im Sinne des Uhrzeigers um s_1 und entriegelt so die einstweilen unverrückt anliegend bleibende Zunge Z_1. Damit diese Drehbewegung des Hakens nur so weit geht, bis er vom Verschlußstück V_1 freigekommen ist, stößt er, sobald dieser Zustand erreicht ist (Ende des ersten Teilzeitraums der Umstellbewegung, Abb. 148 b), mit dem an der Verlängerung des Angriffsarms h_1 sitzenden Anschlag f_1 an die Zunge Z_1. Von diesem Augenblick an kann sich der Haken H_1 nicht weiter drehen. Dagegen ist er im gleichen Augenblick nach links verschiebbar geworden. Bei fortgesetzter Bewegung der Antriebstange e und der sie fortsetzenden Verbindungsstange c beginnt daher der Haken H_1 sich nach links zu verschieben, indem sein schräg abgeschnittenes Ende an der Fläche r_1 des Verschlußstücks V_1 entlang gleitet, und nimmt die Zunge Z_1 mit, die demnach beginnt, sich von der Backenschiene zu entfernen. Diese Bewegung setzen Haken H_1 und Zunge Z_1 bis zum vollen Zungenaufschlag fort, der bei Beendigung der Umlegung des Stellwerkshebels, bzw. bei Beendigung der Verschiebung der Antriebstange e nach links erreicht wird. Hierbei sind indessen mit Rücksicht auf die Zunge Z_2 noch zwei Teilzeiträume der Umstellbewegung zu unterscheiden. Von dem Anfangszustand nach Abb. 148a an kann der Haken Z_2 von den beiden auch bei ihm an sich möglichen Bewegungen die Drehbewegung, die entsprechend der durch den Pfeil angedeuteten Verschiebungsrichtung der Antriebstange e auch hier im Sinne des Uhrzeigers stattfinden würde, nicht ausführen, weil sein schräg abgeschnittenes Ende sich beim Versuch solcher Drehung gegen die ebene Fläche r_2 des Verschlußstückes V_2 stemmt. Dagegen steht der Verschiebung des Hakens H_2 nach links nichts entgegen. Im ersten Teilzeitraum der Umstellbewegung, in dem der Haken H_1 sich dreht, verschiebt sich also H_2 nach links und mit ihm die Zunge Z_2, die mithin von ihrem vollen Aufschlag an sich auf die zugehörige Backenschiene zu bewegt. Bei Beendigung der ersten Bewegungsstufe (Abb. 148 b, Entriegelung der Zunge Z_1) ist indessen diese Verschiebung des Hakens H_2 samt der Zunge Z_2 nicht zum Abschluß gekommen. Im zweiten Teilzeitraum der Umstellbewegung verschieben sich folglich beide Zungen nach links. Diese zweite Bewegungsstufe kommt zum Abschluß (Abb. 148 c), sobald die Zunge Z_2 zum Anliegen an die Backenschiene gelangt und gleichzeitig das Ende des Hakens H_2 soweit nach links verschoben ist, daß er unter Drehung im Sinne des Uhrzeigers hinter das Verschlußstück V_2 greifen kann. Im dritten Teilzeitraum der Umstellbewegung geschieht dies, womit die Zunge Z_2 verriegelt (verschlossen) wird, während, wie bereits oben geschildert, die Zunge Z_1 zum vollen Aufschlag gelangt (Abb. 148 d).

Ebenso wie hiernach die Bewegungsstufen mit denen beim Gelenkschloß übereinstimmen, gilt auch hier das, was oben über die Veränderlichkeit der Stellung der abstehenden Zunge und über die Eignung des Spitzenverschlusses gesagt ist, Längenfehler und insbesondere Temperaturänderungen der Leitungslänge in gewissem Maße auszugleichen. Beim Auffahren ist auch hier der Bewegungsvorgang im wesentlichen der gleiche, wie beim Umstellen, unter Antrieb der Vorrichtung erst von der abstehenden, dann auch von der vorher anliegenden Zunge aus, während die Leitung vom verkehrten Ende in Bewegung gesetzt und im Stellwerk die Verbindung zwischen Leitung und Stellhebel gelöst wird und dadurch die in Betracht kommenden Fahrstraßenhebel gesperrt werden (vgl. S. 127 ff.).

Die in Abb. 149a bis e und 150b dargestellten Ausführungsformen des Hakenschlosses bei den Pr.H.St.B. bedürfen nur noch hinsichtlich der Ausbildung des Hakens einer Erläuterung. Statt des in Abb. 148 dargestellten an einer Verlängerung des Angriffsarms h_1 des Hakens sitzenden Anschlags f_1 ist zur Begrenzung des Hakenaufschlags bei dem bisherigen preußischen Normalhakenschloß an dem Hakengelenke eine hakenförmige Nase angebracht (Abb.

149d), die bei vollem Hakenaufschlag gegen einen Anschlag im Zungenkloben stößt. Um dem Versacken des Hakens bei Ausleierung seines Drehgelenkes vorzubeugen, das bei dieser Anordnung, bei der der Haken, wie nach Abb. 148, an diesem Gelenk hing, leicht eintrat, ruht der Haken bei der neuen Einheitsform der Pr.H.St.B. (Abb. 150) gleitend auf einem Unterstützungskloben, der zugleich seinen Aufschlag begrenzt, so daß die Anschlagnase nach Abb. 149, die sich in der Regel bald abnutzte, fortgefallen ist. Wegen der in den beiden Abb. 149, 150 zugleich dargestellten Antriebe für Doppeldrahtzug siehe das Folgende. Bei doppelten Kreuzungsweichen erhält jede der vier Zungen ein Hakenschloß.

c) **Antriebvorrichtungen und Signalanschluß bei den neueren auffahrbaren Weichenstellvorrichtungen.** Bei Gestängeleitung bildet, wenn diese parallel dem Gleise an die Weiche herangeführt ist, der letzte an der Weiche anzuordnende Umlenkhebel zugleich die Antriebvorrichtung (Abb. 148), wenn dagegen die Leitung rechtwinklig zum Gleise geführt ist (Abb. 147a), setzt sie sich ohne weiteres in die Antriebstange fort. Bei Doppeldrahtleitung hat man manche Spitzenverschlüsse so ausgebildet, daß die Doppeldrahtleitung unmittelbar an die Stell- und Verschlußvorrichtung angreift, also Antriebvorrichtung und Stellvorrichtung miteinander verschmolzen sind (so bei älteren Bauweisen der Maschinenfabrik Bruchsal, ferner bei der in Österreich und Ungarn verwendeten Vorrichtung von **Breitfeld und Danek, Boda**, II. Teil, S. 63). Im allgemeinen aber schaltet man vor die eigentliche Stellvorrichtung einen besonderen neben dem Gleis eingebauten Antrieb vor, der von der Drahtleitung in Bewegung gesetzt wird und diese Bewegung mittels einer Antriebstange auf die Stellvorrichtung überträgt. Solche Trennung von Antrieb und Stellvorrichtung gestattet nicht nur Antriebe verschiedener Bauweise mit Stellvorrichtungen verschiedener Bauweise zu verbinden, sondern auch dieselben Stellvorrichtungen in Drahtzug- oder Gestängestellwerken und auch in Kraftstellwerken zu verwenden.

Für die Antriebvorrichtung sind in der Hauptsache zwei Anordnungen üblich. Entweder läßt man, analog der Anordnung bei Gestänge, einen der beiden Drahtleitungsstränge kurz vor der Endumkehrrolle der Doppeldrahtleitung auf einen Arm eines Winkelhebels wirken (Abb. 149a, b), an dessen anderen Arm die Antriebstange des Spitzenverschlusses angeschlossen ist, bei Leitungszuführung rechtwinkelig zum Gleis auf einen einarmigen Hebel, oder man benutzt die Endumkehrrolle zum Antrieb, indem man auf ihre Achse einen Zahntrieb setzt und diesen auf die als Zahnstange ausgebildete Antriebstange wirken läßt (Abb. 150a, b) oder auf die Achse der Rolle eine Kurbel setzt, an deren Zapfen die Weichenantriebstange angeschlossen ist.

In Abb. 149a, b ist in Verbindung mit dem älteren preußischen Hakenschloß ein Antrieb der erstgenannten Art (Jüdel) in baulicher Durchbildung gezeigt. Er ist, wie dies bei Drahtleitung erforderlich, mit einer Sperrvorrichtung ausgestattet, die verhindern soll, daß bei Drahtbruch die Weiche in gefährlicher Weise umgestellt wird. Zu diesem Behufe ist der an den längeren Arm a_1 des Antriebwinkelhebels A angeschlossene Strang der Doppeldrahtleitung nicht unmittelbar mit dem Ende des Hebelarms a_1 verbunden, sondern dieser trägt, an seinem Ende drehbar gelagert, zwei kleine Winkelhebel w_1, w_2. An den in der Verlängerung von a_1 vortretenden Arm jedes der beiden Winkelhebelchen w_1, w_2 ist ein Ende des auseinander geschnittenen Drahtstranges angeschlossen, dessen Zugwirkung durch die Spiralfedern f_1, f_2 aufgewogen wird, die an dem anderen Arm jedes der beiden Winkelhebelchen angreifen. Solange dies Gleichgewicht vorhanden ist, d. h. solange die unversehrte Drahtleitung beim Umstellen hin und her bewegt wird, gleiten die beiden Winkelhebelchen w_1, w_2 an dem festgelagerten Sperrstück Sp vorbei. Wenn aber der Drahtstrang, der bei

der letzten vorhergehenden Umstellung Zugdraht gewesen ist, reißt (in Abb.
149a d_1 und um die Endrolle herum), so zieht die Feder f_1, für die die Gegen-
wirkung nun fortgefallen ist, den Sperrarm des Winkelhebelchens w_1 an; und
wenn nun das Spannwerksgewicht den heilgebliebenen Drahtstrang d_2 anzieht,
so kann der Antriebhebel A dieser Bewegung nur soweit folgen, bis der verstellte
Sperrarm des Hebelchens w_1 gegen das Sperrstück Sp schlägt. Der Drahtbruch leitet also zwar eine Umstellung der Weiche ein; die Abmessungen aller
Teile sind aber derart, daß die bis zum Eintritt der Sperre durch den kürzeren
Arm von A auf die Antriebstange übertragene Umstellbewegung noch innerhalb
des Entriegelungsweges der anliegenden Zunge verbleibt, und daß die abstehende
Zunge sich bis dahin der zugehörigen Backenschiene noch nicht so weit genähert
hat, daß durchlaufende Räder anstoßen könnten. Die Weiche bleibt also in
ihrer bisherigen, mit der Stellung des Stellwerkshebels übereinstimmenden
Stellung befahrbar. Daß an der Weiche aber etwas nicht in Ordnung ist, zeigt
sich, außer an der Kontrollvorrichtung des Weichenhebels, an dem Weichensignal (Weichenlaterne), dessen Antriebstange die Verlängerung der Weichenantriebstange (Hakenverbindungsstange) bildet, oder, wenn das Signal an der
Antriebseite steht, neben der Weichenantriebstange liegt. Das Weichensignal
wird auch durch den geringen Teil der Umstellbewegung besonders dann so weit
gedreht, daß ein sehr deutliches Störungsbild entsteht, wenn sogenannte Prä-
zisionssignalböcke verwendet werden, bei denen sich die Laterne im Anfang
und am Schluß der Bewegung der Antriebstange um je die Hälfte ihres Dreh-
weges (45°) dreht und während des dazwischenliegenden Teiles der Umstellbewegung ruht. Die Einheitsformen der Pr.H.St.B. machen behufs Vereinfachung von Präzisionsweichenstellung keinen Gebrauch, wohl aber tun dies
andere deutsche Bahnverwaltungen. Bei dem in Abb. 49 bis 54 dargestellten
Weichensignal des Verfassers für doppelte Kreuzungsweichen ergibt sich ohne
besondere Vorrichtung gleich im Beginn der Umstellung, also innerhalb der
beim Drahtbruch stattfindenden Verstellung, ein sehr deutliches Störungsbild,
drei Lichtbalken statt der zwei. Es sei hier ferner bemerkt, daß auch eine aufgefahrene Weiche mit neuerem Spitzenverschluß ein Störungsbild des Signals
zeigt, weil der Verschluß der nach dem Auffahren anliegenden Zunge, wenn
überhaupt, nur zum kleinen Bruchteil zustande kommt (s. S. 71).

Reißt nicht der vorherige Zugdraht, sondern der vorherige Nachlaßdraht
(d_2 in Abb. 149a), so tritt keine Veränderung der Weichenstellung ein, da der
durch das Spannwerksgewicht angezogene heil gebliebene vorherige Zugdraht
(d_1) den Weichenantrieb nicht über seine bei dem letztvorhergehenden Umstellen erreichte Endstellung hinausbewegen kann. Die Einwirkung des Drahtbruchs auf den Stellhebel wird weiter unter III, B dieses Kapitels erörtert.

Das sichere Eintreten der Sperrung hängt von dem zuverlässigen Arbeiten
der Federn (ff in Abb. 149a, b) ab. Hierauf kann man sich aber nicht unbedingt
verlassen, zumal in der Regel die Vorrichtung viele Jahre im Betriebe gewesen
sein wird, wenn der Fall eintritt, in dem sich die in diesem Betriebe nie benutzte
Sperre bewähren soll. Eine Zeitlang bevorzugte man daher die sogenannten
federlosen Sperren[1]), von denen man aber wieder abgekommen ist, da die bei
ihnen die Sperrung bei Drahtbruch herbeiführende Hebelwirkung, wenn sie
sicher wirken soll, eine so große Übersetzung besitzen muß, daß sie leicht auch
schon bei dem beim Umstellen eintretenden Spannungsunterschied der beiden
Drahtstränge wirkt und damit das Umstellen verhindert.

Der in Abb. 150a, b dargestellte, der Bauweise von Z. u. B. nachgebildete
Einheitsantrieb der Pr.H.St.B.[2]), der zugleich ein Beispiel der oben erwähnten

---

[1]) Scholkmann, S. 1135ff., Scheibner, S. 412ff., 731ff.
[2]) Neuerdings ist man im Rahmen der Einheitsformen der Pr.H.St.B. wieder zu der
vorbeschriebenen Bauart Jüdel übergegangen.

zweiten Gruppe von Drahtzugantrieben ist, strebt dadurch eine sichere Sperrwirkung an, daß die Sperrvorrichtung bei jeder einzelnen Umstellung der

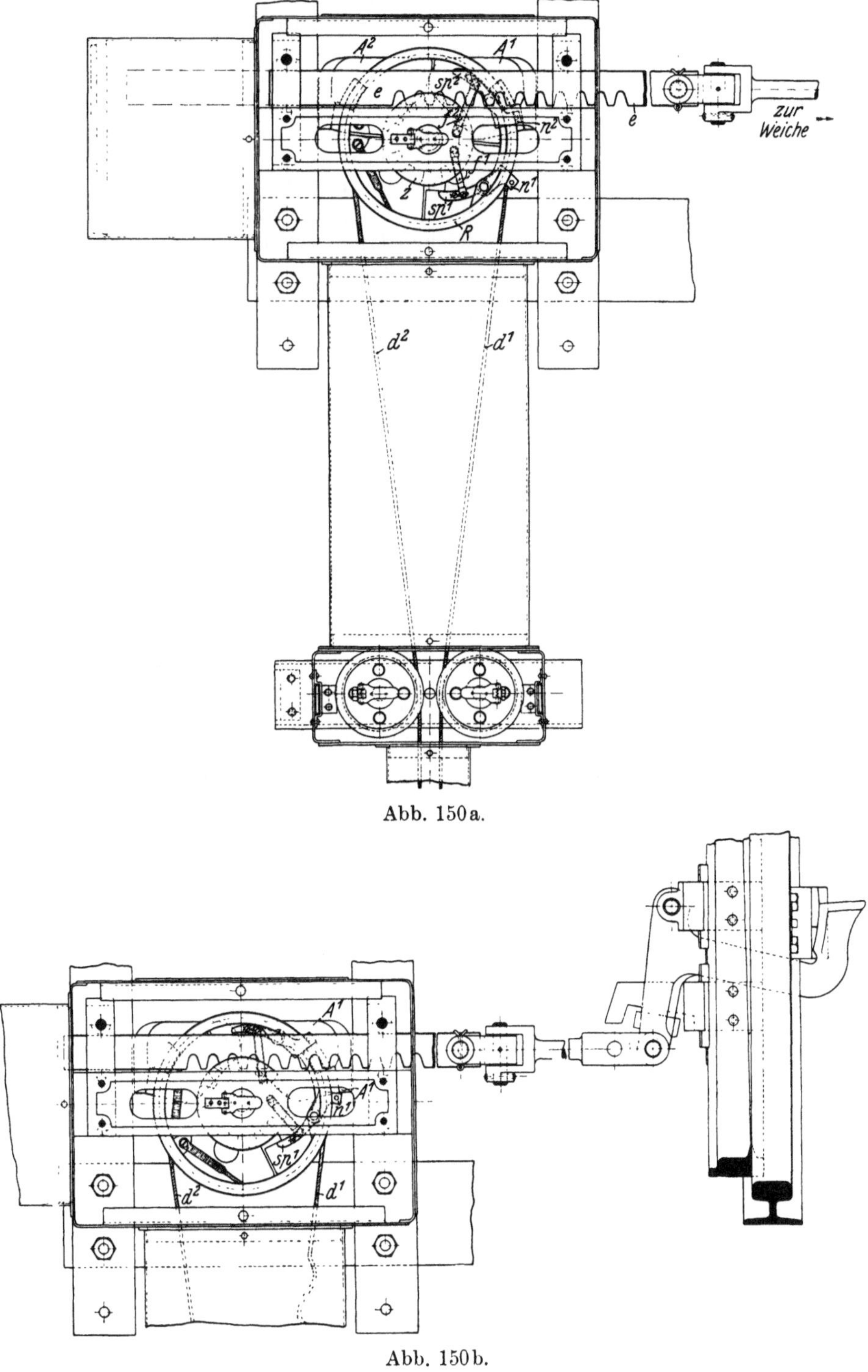

Abb. 150a.

Abb. 150b.

Abb. 150a, b. Hakenweichenschloß. Einheitsform der Pr.H.St.B.

Weiche betätigt wird. Die Endumkehrrolle R der Doppeldrahtleitung d_1, d_2, auf deren Achse der Zahntrieb z sitzt, der die als Zahnstange ausgebildete Antriebstange e antreibt, trägt die beiden in der Drahtseilebene schwingenden doppelarmigen Sperrhebel sp_1 und sp_2, denen die festen Anschlagstücke A_1, A_2 entsprechen. Der Zugdraht (in Abb. 150a d_1) zieht jedesmal die Anschlagnase n_1, n_2 des betreffenden Sperrhebels (in Abb. 150a n_1) nach außen aus der Seilrolle heraus, worin er durch die am anderen Arm des Sperrhebels angreifende Feder f_1, f_2 (in Abb. 150 f_1) unterstützt wird. In jeder Endstellung des Weichenantriebs befindet sich also der für einen Drahtbruch in Betracht kommende Sperrhebel in Sperrbereitschaft. Beispielsweise in Abb. 150a zieht beim Reißen des vorherigen Zugdrahts d_1 der vorherige Nachlaßdraht d_2 die Seilrolle nach links herum, und die Nase n_1 des Sperrhebels sp_1 schlägt gegen das Anschlagstück A_1 (Abb. 150b). Wird dagegen dieselbe Drehung der Antriebrolle durch ordnungsmäßiges Umstellen (nicht zu heftiges) herbeigeführt, so wird durch das zurückgehende Seil d_1 der Sperrhebel in die Rolle hineingedrückt, so daß seine Anschlagnase n_1 an dem Anschlagstück A_1 frei vorbeischwingt.

3. Abweichende Anordnungen auf den österreichischen und ungarischen Eisenbahnen. In Österreich und Ungarn werden (Boda, II. Teil, S. 52, 57, 60, 63) zum Teil, wie in Deutschland und der Schweiz Weichenstellvorrichtungen verwendet, die, wie die eben beschriebenen, eine ungleichzeitige Zungenbewegung haben und ohne Zerstörung eines Teiles auffahrbar sind, zum Teil aber Stellvorrichtungen mit starrer Verbindung der beiden Zungen, bei denen beim Auffahren ein Abscherstift zerstört wird. Bei älteren Ausführungen dieser Art tritt, mag der Wärter nach erfolgtem Auffahren die Weichenzungen in der durch das Auffahren herbeigeführten Lage belassen (sofern er das Auffahren nicht bemerkt hat) oder die Zungen mit der Hand in die dem Stellhebel und dem Weichensignal entsprechende Lage zurückbringen, bei der nächsten Umstellbewegung des Stellhebels eine Hemmung ein, die jede Signalfreigabe verhindert und somit den Wärter zwingt, den ordnungsmäßigen Anschluß der Stellvorrichtung wiederherzustellen. Die neueren Stellvorrichtungen mit starr verbundenen Zungen weisen die Vervollkommnung auf, daß beim Auffahren der Weiche die starr verbundenen Zungen durch ein ausgelöstes Gewicht in ihre vorherige, dem Stellhebel entsprechende Lage zurückgeführt werden, ferner die aufgefahrene Stellvorrichtung festgelegt und die Umstellung des Stellhebels unmöglich gemacht wird. Vorkehrungen, mittels welcher ein Umstellen der Weiche durch Drahtbruch verhindert wird, bestehen nach Boda (soweit sie nicht neuerdings eingeführt sein sollten) in Österreich und Ungarn nicht.

4. Kraft- und Wegeverhältnisse bei den Spitzenverschlüssen. Berücksichtigt man, daß die zum Ent- und Verriegeln erforderliche Kraft gegenüber der zum Umstellen erforderlichen Kraft verschwindend klein ist, so ergibt sich (nach Scholkmann, S. 1043) für die nicht auffahrbaren Spitzenverschlüsse, für die Hakenschlösser und für das Gelenkschloß der Maschinenfabrik Bruchsal die Kraftverteilung nach Abb. 151a bis c. Bei ersteren (Abb. 151a) ist im ersten und letzten Teil der Stellbewegung annähernd eine Kraft gleich Null aufzuwenden, während im mittleren Teil der Stellbewegung (c, d in Abb. 151a) gleichzeitig beide

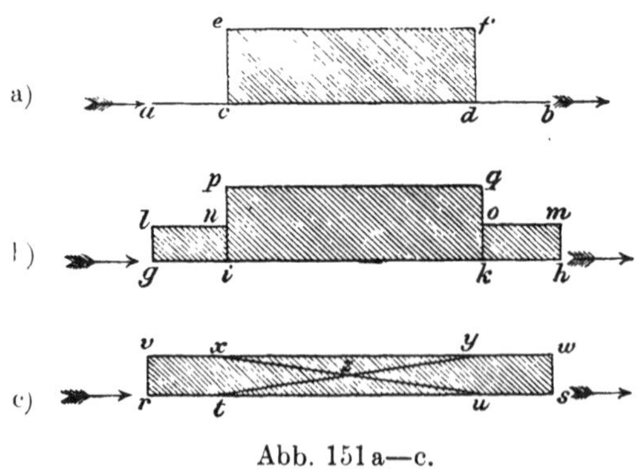

Abb. 151 a—c.

Kraft- und Wegeverhältnisse bei den Spitzenverschlüssen. (Entn. aus Scholkmann, S. 1043.)

Zungen umzustellen sind, wofür die Kraftleistung bei c stoßweise einsetzt, bei d plötzlich aufhört. Bei den Hakenschlössern ergibt sich wegen Übergreifens der Ent- und Verriegelung mit der Umstellung eine Kraftverteilung nach Abb. 151 b, wobei der Stoß und die Entlastung bei i und k nur etwa halb so groß werden, wie im ersten Falle. Besonders günstig verhält sich in dieser Beziehung das Gelenkschloß der Maschinenfabrik Bruchsal. Indem die Geschwindigkeit, mit der die vor der Umstellung anliegende Zunge bewegt wird, vom Anfangswert 0 auf den Höchstwert allmählich zunimmt, diejenige bei der anderen Zunge ebenso vom Höchstwert auf den Endwert 0 abnimmt, ergibt sich nach Abb. 151 c für den ganzen Stellweg eine nahezu gleichgroß bleibende Kraftleistung. Diesem Vorteil der aufschneidbaren Spitzenverschlüsse steht der Nachteil gegenüber, daß bei Gestänge eine Inanspruchnahme des Spitzenverschlusses für den Wärmeausgleich nicht nur eine teilweise Entriegelung oder weitergehende Verriegelung der anliegenden Zunge verursacht, sondern auch den Aufschlag der abstehenden Zunge verändert, bei Doppeldrahtleitungen ein sehr langsames oder sehr heftiges Umstellen ähnliche Unterschiede hervorruft. Ferner geht bei Drahtleitungen von dem am Stellhebel ausgeübten Stellweg bis zur Weiche durch vorübergehende Dehnung um so mehr verloren, je länger die Leitung ist. Anderseits muß die abstehende Zunge, deren größter Aufschlag durch die Bauweise des Zungengelenkes begrenzt ist, bei kleinstem Aufschlag mindestens so weit von der Backenschiene entfernt bleiben, daß der Radflansch eines richtig fahrenden Fahrzeugs nicht anstreift, daß ein aufschneidendes Fahrzeug zunächst kräftig auf die abstehende Zunge wirkt, und daß beim Drahtbruch ein genügender Weg für das Eingreifen der Fangvorrichtung verbleibt. Der Zungenaufschlag beträgt beispielsweise bei der Einheitsform der Pr.H.St.B. 140 mm bei 70 mm Riegelgang am Haken[1]), auf den Bayer.Stb. 220 mm[2]). Nach neueren Erfahrungen dürfte beim Hakenschloß auch für die Sicherheit des Auffahrens ein kleinster Aufschlag von 120 mm (dem ein Riegelgang von 50 mm der anliegenden Zunge entsprechen würde) ausreichend sein. Für Gestängeleitungen verwenden Schn. u. H. auf den süddeutschen Bahnen bei Hakenschlössern 130 mm, bei Gelenkschlössern 110 mm. Auf den Bad.Stb. beträgt bei den neueren Gelenkschlössern Bauart Bruchsal der kleinste, mittlere und größte Aufschlag 131—191—254 mm. (Bei Kreuzungsweichen und Doppelweichen andere Maße.) Bei Doppeldrahtleitungen wird die Einwirkung der elastischen Dehnung und der mehr oder weniger großen Wucht des Umstellens auf die Stellvorrichtung dadurch eingeschränkt, daß der Stellweg der Leitung reichlich doppelt so groß gemacht wird, wie der Stellweg der Weichenstellvorrichtung[3]). Außer durch die im Antrieb liegende Umsetzung auf etwa $1/_2$ wirkt auf Verringerung der Unterschiede in dem Stellweg der Stellvorrichtung der Umstand, daß die Drahtleitung eben infolge der Umsetzung auf etwa $1/_2$ nur mit etwa der Hälfte der in der Stellvorrichtnng betätigten Kraft beansprucht, also nur mit dieser geringeren Kraft gedehnt wird.

Schlußbemerkung. Die Weichenantriebe werden ebenso, wie die Umlenkungen, in Schutzkästen eingeschlossen, die zweckmäßig aus Eisen mit Riffelblechdeckeln hergestellt sind und an die die Kanäle (S. 47, 64) angeschlossen werden. Letzteres gilt auch für oberirdische Leitungen, da diese zu den Antrieben herabgeführt werden müssen, so daß ihre letzten Strecken in Kanäle einzuschließen sind, wobei im allgemeinen ein Kanalschuß von 2,0 m Länge genügt.

---

[1]) Vgl. auch Einbauvorschriften (von 1915), S. 13.

[2]) Auf den Württb.Stb. beträgt er bei den von Eßlingen gelieferten Stellwerken 180 bis 240 mm, bei den von Jüdel gelieferten 160 bis 180 mm.

[3]) Beim Pr.H.Einheitsantrieb beträgt gegenüber 500 mm Stellweg der Leitung derjenige der Weichenstellstange 220 mm.

B. Weichenverriegelungsvorrichtungen.[1])

Vorrichtungen, die, durch eine Leitung von einem Stellwerk aus betätigt, eine Weiche nicht umstellen, sondern lediglich in einer der beiden Stellungen verriegeln, werden entweder als einzige Sicherung bei Handweichen angewendet, oder sie treten bei spitzbefahrenen Stellwerksweichen zur Stellwerksabhängigkeit als zweite Sicherung hinzu. In beiden Fällen werden in Deutschland diese Vorrichtungen mit Doppeldrahtzug und meist als sogenannte Riegelrollen (auf den Bayer. und Württb.Stb. auch als Linealverriegelungen) ausgebildet. Die Doppeldrahtleitung dient entweder nur diesem Zwecke, und wird dann durch einen besonderen „Riegelhebel" bewegt, oder aber zugleich zum Stellen eines Signals, indem die Riegelrolle in eine Signalleitung mit eingeschaltet wird. In der Regel sind die Verriegelungsvorrichtungen in Grundstellung außer Wirksamkeit, wie in den folgenden Erörterungen angenommen wird. Sie können aber auch so eingerichtet sein, daß sie in Grundstellung die Weiche festlegen.

Riegelrollen werden ferner auch zum Festlegen von Gleissperren, Drehscheiben und Schiebebühnen verwendet.

Die Riegelrollen werden, wie die Weichenantriebe (S. 79) in Schutzkästen eingeschlossen, an die bei unterirdischer Leitungsführung die Kanäle anschließen.

1. Riegelrolle für einfache Riegelung mit besonderer Leitung. Die Verlängerung der Zungenverbindungsstange c der Handweiche W (Abb. 152, a) bildet die Riegelstange St, die mit der darunterliegenden Riegelrolle R zusammenwirkt. Letztere, die von der mit Spannwerk ausgerüsteten

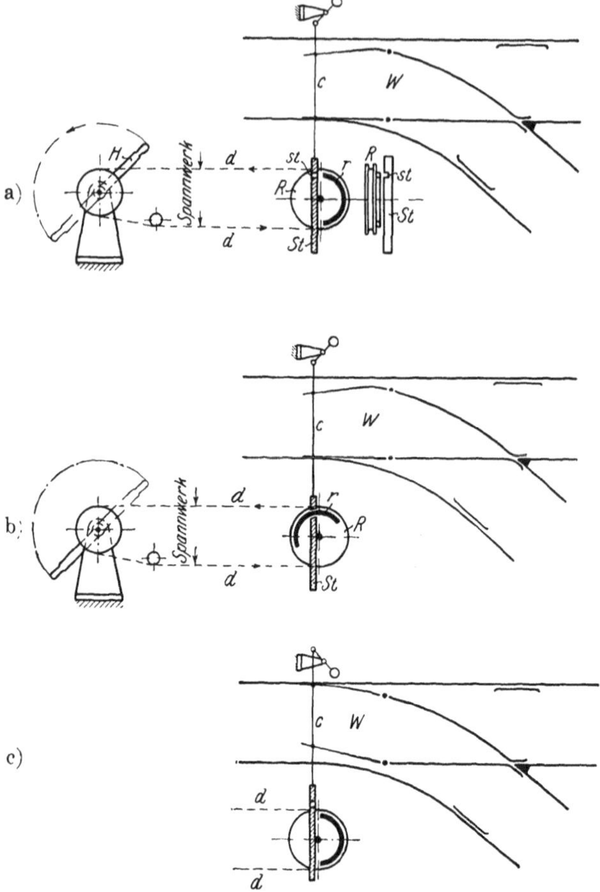

Abb. 152a—c. Grundanordnung einer Endriegelrolle.

Doppeldrahtleitung (Riegelleitung), dd angetrieben wird, ist deren Endumkehrrolle. Die Doppeldrahtleitung wird von dem Riegelhebel H betätigt. Die Riegelrolle trägt auf ihrer glatten Oberfläche den Riegelkranz r, dessen rechteckigem Querschnitt entsprechend die Riegelstange an ihrer unteren Kante einen rechteckigen Riegel-

[1]) Die folgenden Ausführungen und diejenigen auf S. 113 ff. gründen sich z. T. auf den Aufsatz „Die Fernbedienung der Signale" (Stellwerk 1913, 1914). Vgl. ferner den Aufsatz: „Die Entwicklung der Weichenriegel bei mechanischen Stellwerken" (Stellwerk 1919—1921).

ausschnitt *st* besitzt. Bei der in Abb. 152a gezeichneten Stellung der Weiche *W* auf den geraden Strang steht die Riegelstange so, daß bei Umlegen des Riegelhebels aus der Grundstellung in die strich-punktiert angedeutete gezogene Stellung der Riegelkranz *r* in den Riegelausschnitt *st* eintreten kann, wodurch er in die in Abb. 152b dargestellte Lage gelangt, bei der die Weiche *W*, wie man es nennt, auf den geraden Strang verriegelt ist. Sie ist also dann nicht umstellbar. Dagegen kann die Weiche bei Grundstellung des Riegelhebels umgestellt werden, wodurch sie in die in Abb. 152c gezeichnete Stellung gelangt. Bei dieser (krummer Strang) ist die Betätigung der Riegelrolle, also das Umlegen des Riegelhebels aus seiner Grundstellung, ausgeschlossen, weil der Ausschnitt der Riegelstange gegen den Riegelkranz der Riegelrolle verschoben ist. Die gezogene Stellung des Riegelhebels gewährleistet also eine bestimmte Stellung der Weiche, kann mithin im Stellwerk ebenso zur Sicherung einer Zugfahrt benutzt werden, wie eine bestimmte Stellung eines Weichenstellhebels.

Die eben beschriebene Grundanordnung einer „Endriegelrolle" kann, je nach dem Sicherungszweck, in verschiedener Weise abgeändert werden. Entspricht jeder der beiden Weichenstellungen eine durch besonderes Signal zu kennzeichnende Fahrstraße, so können beide Weichenstellungen mit einer gemeinsamen Riegelrolle und einer Riegelleitung gesichert werden, Riegelrolle und Riegelleitung erhalten dann aus einer Mittellage zwei Bewegungen in entgegengesetztem Sinn, wobei die Leitung, wie zweistellige Signalleitungen (vgl. S. 35 und die weitere Erörterung unter III, C, 2) entweder mit einem Umschlaghebel oder mit sogenanntem Zweisteller bewegt wird. Die Riegelstange erhält nach Abb. 153 zwei Einschnitte, deren einer (in Abb. 153 der linke verschlußbereit)

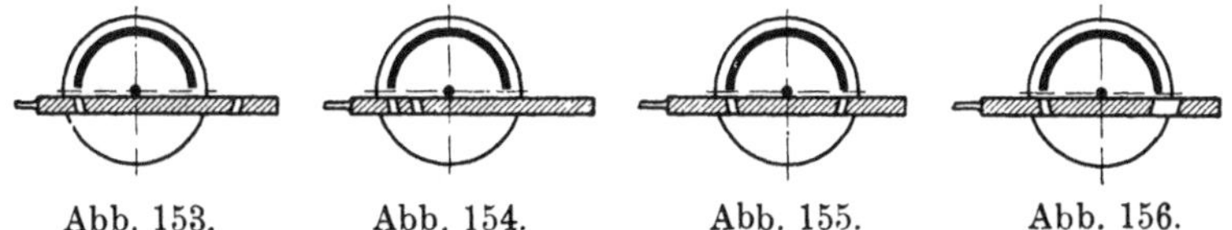

Abb. 153.   Abb. 154.   Abb. 155.   Abb. 156.

Abb. 153—156. Verschiedene mögliche Anordnungen der Riegelstangeneinschnitte.

zur Verriegelung der Weiche auf den geraden Strang, der andere zur Verriegelung auf den krummen Strang dient.

Bei Anordnung zweier Riegelstangeneinschnitte nach Abb. 154 verriegelt dieselbe Drehbewegung der Riegelrolle die Weiche in beiden Stellungen[1]) (wenn ein Signal zwei verschiedene Wege kennzeichnet), bei Anordnung nach Abb. 155 wird die Weiche in derselben Stellung durch zwei entgegengesetzte Bewegungen der Riegelrolle festgelegt. Endlich stellt Abb. 156 mit einem Riegeleinschnitt und einem erweiterten Einschnitt den Fall dar, daß die eine Bewegung der Rolle die Weiche in einer bestimmten Lage sichern, die andere Bewegung der Rolle die Stellbarkeit der Weiche nicht beeinträchtigen soll. Die letztbeschriebenen beiden Fälle kommen allerdings nur vor, wenn entweder mindestens noch eine zweite Rolle in die Leitung eingeschaltet ist, oder, wenn es sich um eine Rolle in einer Signalleitung handelt (s. unter C, 6).

Statt der bisher beschriebenen Anordnung, bei der der Riegelkranz sich auf weniger als den halben Umfang der Rolle erstreckt, im Ruhezustand ganz an einer Seite der Riegelstange sich befindet, und erst bei Drehung der Riegelrolle aus der Grundstellung in die Verriegelungsstellung durch einen Einschnitt

---

[1]) Solche Verriegelung durch einseitige Bewegung, sei es des Signaldrahtzuges oder der Riegelleitung, bietet keine Gewähr, daß die jeweils festgelegte Endstellung bei ferngestellten Weichen dem Verschluß im Stellwerk entspricht, bei Handweichen überhaupt richtig ist. Die Pr.H.St.B. schreiben deshalb für solche Fälle Riegeldoppelhebel vor. Vgl. auch Fußnote 2 auf S. 101.

der Riegelstange hindurchtritt, hat man, namentlich früher, Anordnungen verwendet, bei denen der Riegelkranz größere Ausdehnung hat und schon im Ruhezustand die Riegelstange mittels eines weiten Einschnitts überquert. Um hierbei die Verriegelung sicher bewirken und Drehung der Riegelrolle nach einer falschen Richtung verhindern zu können, bedarf der Riegelkranz der Hinzufügung von seitlichen Knaggen an den Enden. Abb. 157a bis d nach Schubert, Sicherungswerke 3. Aufl., S. 141, zeigt in solcher Ausführung den Fall nach Abb. 153. Da hier nur in der Breite des Knaggens die Sicherheit gegen unzulässige Drehung der Rolle liegt, so muß man diese Breite reichlich bemessen. Man kommt bei dieser Anordnung mit einem geringeren Rollendurchmesser aus, wobei dann durch den Stellweg der Doppeldrahtleitung von 500 mm statt einer Drehung von etwa 160° eine solche von mehr als 180° bis nahezu 360° stattfinden kann. Ein wesentlicher Vorteil dürfte hierin aber nicht liegen, so daß die einfachere und sicherer wirkende Anordnung mit glattem Riegelkranz den Vorzug verdient[1]).

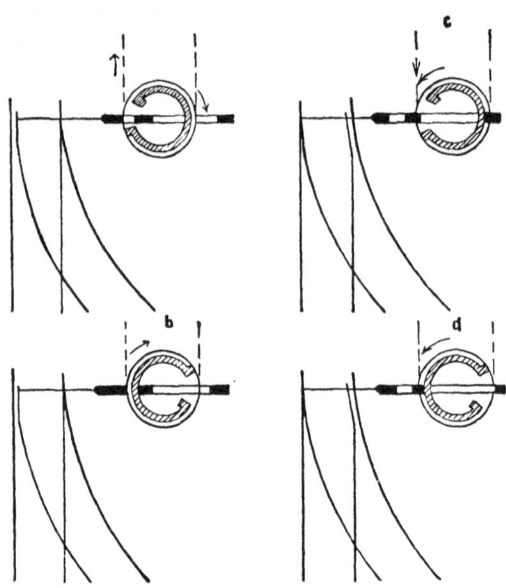

Abb. 157a—d. Riegelrolle. Bauart Siemens & Halske.

2. Riegelrolle für doppelte Riegelung mit besonderer Leitung. Bei der in Abb. 152a bis c dargestellten Anordnung liegt die Riegelstange in der Fortsetzung der Zungenverbindungsstange. Falls letztere bricht oder sich an einem Ende von der Zunge löst, so läßt sich die Riegelrolle betätigen, wenn nur die mit ihr verbundene Zunge die entsprechende Stellung hat, während die andere losgelöste Zunge, abgesehen von der in ihrer Lösung liegenden Gefahr, eine unrichtige und betriebsgefährliche Stellung einnehmen kann. Wenn die Riegelrolle anders, als in Abb. 152a bis c, nach der Seite des Weichenbocks angebracht ist, und die vom Weichenbock zu den Zungen führende Antriebstange als Riegelstange ausgebildet ist, kann es sogar vorkommen, daß die Riegelrolle betätigt wird, wenn sich beide Zungen von der Antriebstange (Riegelstange) gelöst haben. Gegen diese Gefahren erhält man volle Sicherheit, wenn man nicht nur die Benutzung der Antriebstange als Riegelstange grundsätzlich vermeidet, sondern an jede der beiden Zungen (unabhängig von der Antriebstange) eine besondere Riegelstange anschließt (doppelte Riegelung). Abb. 158 zeigt solche Anordnung für den Fall nach Abb. 153 unter Voraussetzung einer auffahrbaren Stellwerksweiche. Der Riegelkranz tritt dann bei Betätigung der Riegelrolle durch den einen Ausschnitt in jeder der beiden

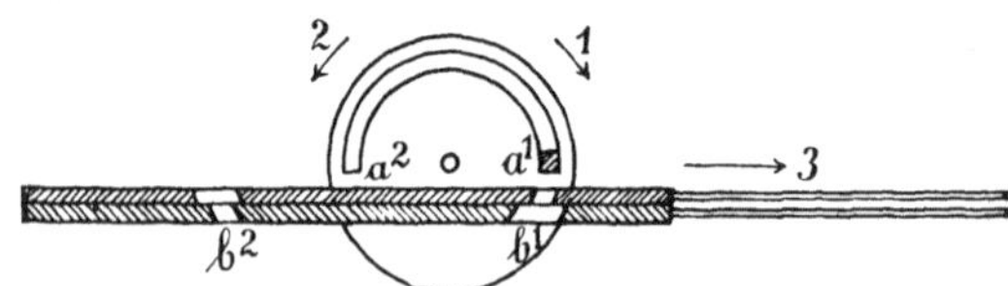

Abb. 158. Zwei Riegelstangen bei ferngestellten Weichen. (Entnommen aus Scholkmann, S. 1252.)

Riegelstangen hindurch, wobei von den beiden nebeneinanderliegenden Ausschnitten nur der zur anliegenden Zunge gehörende der Breite des Riegelkranzes genau entspricht, während der zur abstehenden Zunge gehörende entsprechend der wechselnden Stellung der abstehenden Zunge (S. 79) einen ausreichenden Spielraum gewährt. Bei der anliegenden Zunge wird also ihr genaues Anliegen, bei der abstehenden nur gewährleistet, daß sie mit ihrer Stellung sich innerhalb der zulässigen Grenzen hält. Es empfiehlt sich, bei auffahrbaren Stellwerksweichen, bei denen infolge der ungleichzeitigen Zungenbewegung ein widersprechendes Verhalten der beiden Zungen leichter vorkommen kann, als bei starr verbundenen Zungen, stets die doppelte Riegelung anzuwenden, zumal es sich hier stets um die besondere Sicherung (Kontrollriegelung) von spitz befahrenen Weichen handelt.

3. Riegelrolle für einfache oder doppelte Riegelung an weitergehender Leitung. Werden durch eine Riegelleitung zwei oder mehrere[1]) Riegelrollen betätigt, oder schaltet man Riegelrollen in eine Signalleitung ein[2]), so entstehen für diejenigen Rollen, die nicht Endrollen, sondern „Zwischenrollen", sind, Schwierigkeiten durch die Längenänderungen der Leitung infolge Temperaturwechsel. Während man in Riegelleitungen früher (vgl. Scholkmann, S. 1259, Abb. 1494) nach Abb. 159 die Zwischenriegelrolle zugleich als Endrolle der vom Stellhebel kommenden, und als Anfangsrolle der zu einer zweiten Riegelrolle weiterführenden Leitung gestaltete und jeden der beiden Leitungsteile mit einem Spannwerk ausrüstete, wendet man

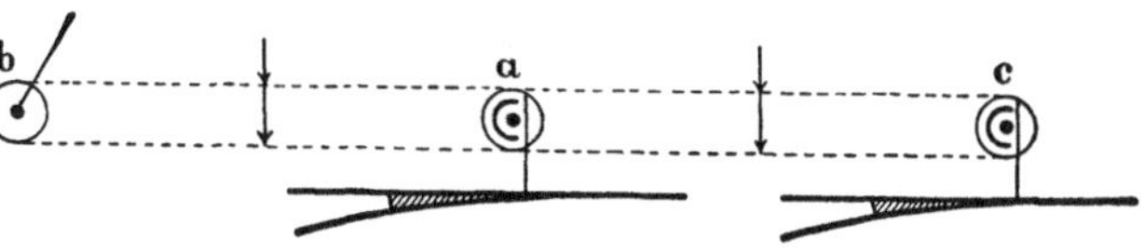

Abb. 159. Getrennte Leitungsschleifen bei weitergehender Leitung. (Entn. aus Scholkmann, S. 1259.)

jetzt in der Regel eine durchgehende Drahtleitung mit einem Spannwerk an, was bei Einschaltung einer Riegelrolle in eine Signalleitung mit Rücksicht auf die Reißbedingungen überhaupt erforderlich ist. Wenn man, wie bei der Stellleitung zweier gekuppelten Weichen (nach Abb. 160), einen Strang der durchlaufenden Doppeldrahtleitung um die Zwischenrolle schlingt, so wirken die durch Wärmeunterschiede eintretenden Längenänderungen der Leitung drehend auf die Zwischenrolle, wodurch unbeabsichtigt Verriege-

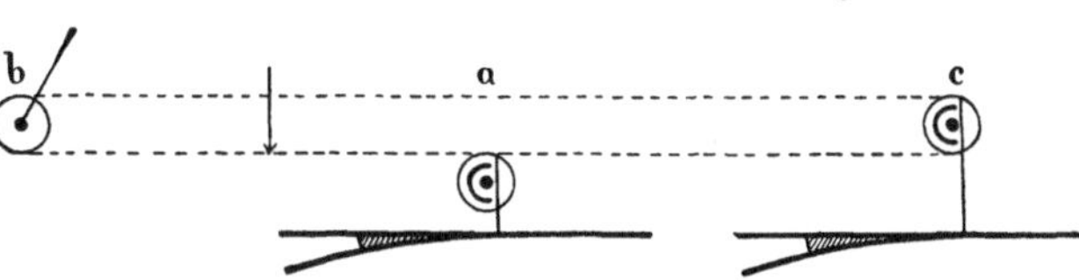

Abb. 160. Zwischenriegelrolle mit durchgehender Leitung ohne Wärmeausgleich. (Entn. aus Scholkmann, S. 1259.)

lung oder Entriegelung herbeigeführt werden kann. Diese einfache Einrichtung ist daher nur bei sehr geringer gegenseitiger Entfernung beider Rollen verwendbar. Im übrigen stattet man die Zwischenrollen mit einer besonderen Ausgleichvorrichtung aus, die so eingerichtet ist, daß die in gleicher Richtung wirkenden Wärmebewegungen beider Drahtstränge die Riegelvorrichtung nicht beeinflussen, während die auf beide Drahtstränge in entgegengesetztem Sinne wirkenden Stellbewegungen die Riegelvorrichtung betätigen.

---

[1]) Auf den Pr.H.St.B. (A.f.Est. § 37,₆), Bayer.Stb., Württb.Stb. höchstens 4, auf den Sächs.Stb. in der Regel höchstens 2, ausnahmsweise bei kurzen Leitungen 3. Auf den Bad.Stb. höchstens 3, möglichst weniger.

[2]) Auf den Pr.H.St.B. in der Regel nur eine, jedenfalls nicht mehr als zwei Riegelrollen in einer Signalleitung, und auch dies nur, falls die Signalleitung dadurch nicht zu sehr belastet wird (sonst besonderer Riegelhebel). Auf den Sächs.Stb. eine, auf den Bayer.Stb. in Einfahrsignalleitungen höchstens eine Riegelrolle, in Ausfahr- und Deckungssignalleitungen zwei. Auf den Württb.Stb. 1 bis 2. Auf den Bad.Stb. unzulässig.

Eine besonders vollkommene Einrichtung derart, zuerst von Stahmer unter Anwendung seines Wendegetriebes ausgeführt, ist in Abb. 161a, b dargestellt. Auf gemeinsamer Achse a drehbar sitzen zwei Antriebrollen r_1, r_2. Der Riegelkranz ist mit keiner von beiden verbunden, sondern sitzt auf einer besonderen mit der Hülse n verkeilten Riegelscheibe w, wobei die Hülse n gleich-

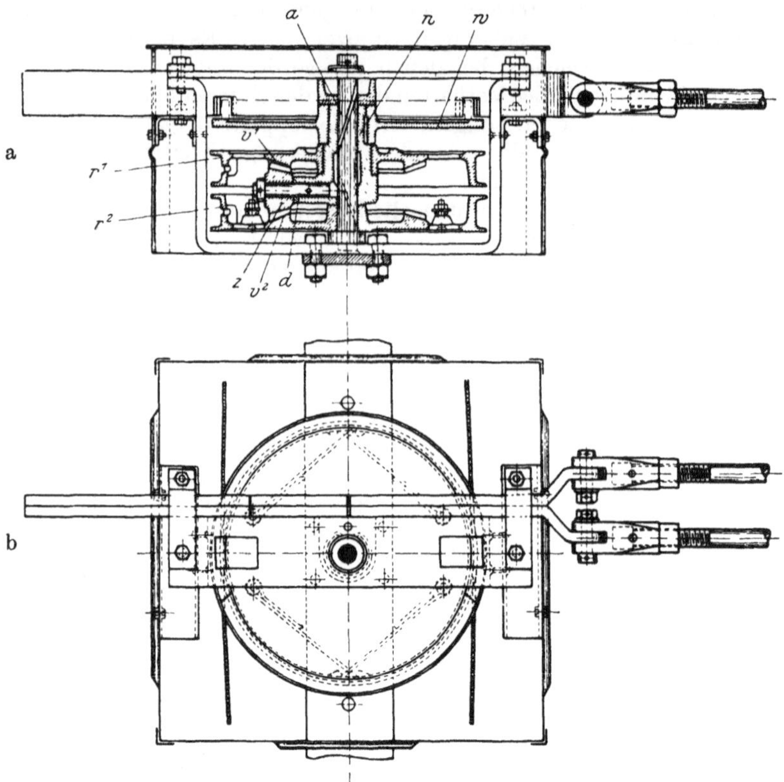

Abb. 161a, b. Zwischenriegelrolle mit Wendegetriebe. Bauart Stahmer.

falls auf der Achse a drehbar so angeordnet ist, daß sie die obere der beiden Seilrollen r_1 durchdringt und bis an die untere Seilrolle hinabreicht. Zwischen den drei hiernach je für sich auf der Achse a drehbaren Stücken, den beiden Seilrollen und der Riegelscheibe w nebst Hülse n bildet eine Kuppelung das konische Zahnrädchen z, dessen Drehachse d in einem Ansatz der Hülse n gelagert ist, und das in entsprechende Zahnkränze v_1, v_2 an r_1 und r_2 eingreift. Die beiden Stränge d_1, d_2 der Doppeldrahtleitung sind (Abb. 162) um die beiden Seilrollen r_1, r_2 in entgegengesetztem Sinne herumgeschlungen. Die durch Wärmeänderung hervorgerufenen gleichgerichteten Längsbewegungen der beiden Drahtstränge bewirken entgegengesetzt gerichtete Drehbewegung beider Seilrollen, wobei das Kegelrädchen z sich an Ort und Stelle dreht, die Riegelscheibe w also nicht beeinflußt. Die entgegengesetzt gerichteten Bewegungen beider Drahtstränge beim Umstellen des Stellhebels dagegen bewirken gleichgerichtete Drehbewegung beider Antriebrollen, bei der diese das Kegelrädchen z, ohne daß dieses sich dreht[1]), mitnehmen, folglich auch die Hülse n und die mit dieser verkeilte Riegelscheibe w selbst um die Achse a drehen, also den Riegelkranz in verriegelndem oder entriegelndem Sinne betätigen. Der durch diese Vorrichtung gebotene Wärme-

---

[1]) Weil die von beiden Antriebrollen ausgehenden entgegengesetzt gerichteten Drehversuche sich aufheben.

ausgleich ist theoretisch unbegrenzt. In Wirklichkeit schlingt man, um Gleitverschiebungen der Drahtleitung vorzubeugen, die an den Rollen in die Drahtleitung eingeschalteten Drahtseile nicht einfach um die Rollen herum, sondern

bindet sie nach mehrfacher Umwickelung an den Rollen fest ein, Abb. 161b, 162 (vgl. S. 49, 50). Immerhin gestattet die hier beschriebene Vorrichtung die wirkliche Ausgleichfähigkeit durch entsprechende Zahl der Umschlingungen des Drahtseils so groß zu machen, wie praktisch irgend erforderlich.

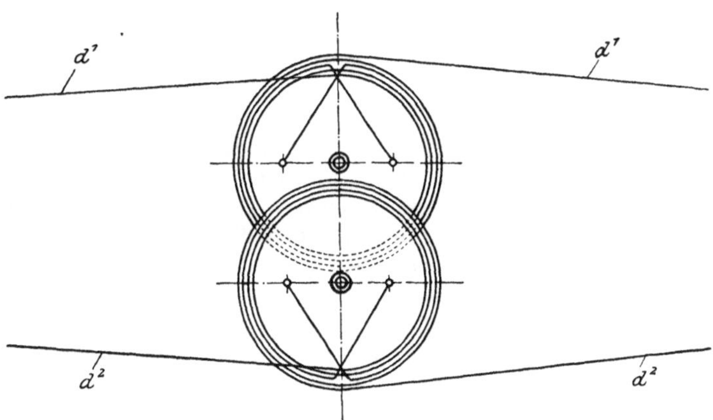

Abb. 162. Führung der Doppeldrahtleitung bei der Stahmerschen Zwischenriegelrolle.

Von anderen Zwischenrollen mit Wärmeausgleich, die gleichfalls auf entgegengesetzter oder gleichgerichteter Drehung eines Rollenpaares beruhen, weist der Antrieb der Pr.H.Einheitsformen mit Stirnradwendegetriebe (der beim Signalantrieb S. 110 besprochen wird) im wesentlichen dieselben Grundsätze auf. Er ist aber für die Zwecke der Zwischenverriegelung mit einer Verzögerungsvorrichtung ausgestattet, die die 500 mm Weg der Drahtleitung nur in etwa ein Drittel dieser Größe als Drehung auf die Riegelscheibe überträgt, um bei Einschaltung solcher Rollen in Signalleitungen (s. unter C, 6) ein vorzeitiges Festlaufen zu verhüten. Anders wirkt der Schneckenriegel von Zimmermann & Buchloh, der allerdings eine ziemlich engbegrenzte Ausgleichfähigkeit besitzt. Noch andere Vorrichtungen mit nur einer Riegelrolle lassen die Wärmebewegungen durch Zwischenschaltung einer auf einem Horizontalpendel gelagerten Umlenkrolle aufnehmen, so die von Hein, Lehmann & Co. (Abb. 163 a, b). Das am Ende des Horizontalpendels B gelagerte Umlenkrollenpaar C bewegt sich bei Temperaturänderungen hin und her, indem das Ende des Horizontalpendels mittels der Gabel g auf der bogenförmigen Leitschiene geführt wird. (Neuere Anordnung etwas anders.)

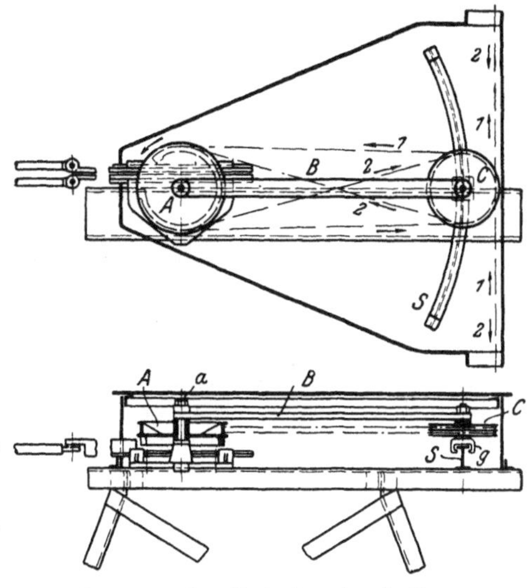

Abb. 163 a, b. Zwischenriegelrolle. Bauart Hein, Lehmann & Co. (Entn. aus Scholkmann, S. 1264.)

Hierbei erfahren die zwischen der Umlenkrolle C und der Riegelrolle A befindlichen Stücke der Drahtleitung keine Längsbewegung. Wird beim Umstellen der eine Draht gezogen, der andere nachgelassen, so überträgt sich diese Bewegung, wie durch beigeschriebene Ziffern und Pfeile in Abb. 163a angedeutet ist, auf die Riegelrolle A, welches auch die Stellung des Horizontalpendels B sein mag.

4. Sicherung der Riegelrollen gegen die Gefahren von Drahtbruch und sonstigen Störungen.

a) Endrollen. Damit bei kleinen Längenänderungen, wie sie durch etwaige ungleiche Dehnung oder Wärmeeinfluß in beiden Drahtsträngen eintreten können, keine falsche Ent- oder Verriegelung herbeigeführt wird, muß der Riegelkranz bzw. der Drehweg der Riegelrolle hierfür ausreichend lang gemacht werden, und muß in Grundstellung zwischen dem Kopfende des Riegelkranzes und der Riegelstange ein Spielraum sein, was einen toten Weg am Anfang der Drehbewegung des Riegelkranzes bedeutet. Auch am anderen Ende des Riegelkranzes muß in Grundstellung zwischen diesem und der Riegelstange ein entsprechender Spielraum vorhanden sein, damit bei kleinen Spannungsunregelmäßigkeiten das Kranzende nicht an der Riegelstange schleift. Wird bei unrichtig stehender Weiche versucht, den Riegelhebel umzulegen, so wird dies durch das Gegenstoßen des Riegelkranzes gegen die Riegelstange und die infolge großen Spannungsunterschiedes eintretende Sperrwirkung des Spannwerks verhindert. In Abb. 164 ist eine Endrolle der Grundanordnung, also mit Verriegelungsbewegung des Drahtzugs nur in einem Sinne, schematisch dargestellt.[1]) Reißt (a) in der in Abb. 164 dargestellten Ruhestellung der Rolle und verriegelbarer

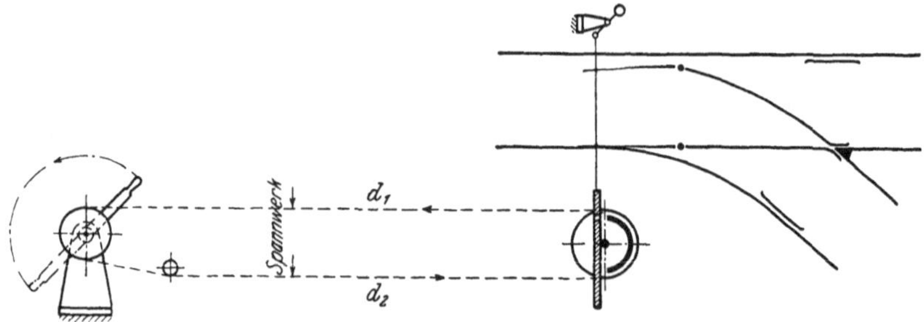

Abb. 164.　Endriegelrolle der Grundanordnung.

Stellung der Weiche der demnächstige Nachlaßdraht d_2 (einerlei, ob vor oder hinter dem Spannwerk), so bewirkt das Spannwerk durch Anziehen des heil gebliebenen Drahtes eine Linksdrehung der Rolle und ein Durchtreten des Riegelkranzes durch den Riegelausschnitt der Riegelstange. Diese Bewegung wird begrenzt durch Gegenschlagen des Riegelkranzkopfes gegen die Riegelstange oder durch eine besondere Anschlagvorrichtung (Pr.H.St.B.). Der Riegelkranz soll so lang sein, daß er in der so erreichten Stellung, der „Festlaufstellung“, noch nicht aus dem Ausschnitt der Riegelstange herausgetreten ist. Die Weiche bleibt also verriegelt, bis die Leitung wiederhergestellt ist. Jedes Bewegen des Riegelhebels, sowie jedes Umlegen eines Fahrstraßenhebels, das von der Riegelung der betreffenden Weiche abhängig ist, wird bei gerissenem Draht durch die am Riegelhebel vorhandene Überwachungseinrichtung (s. unter III, D) verhindert. Reißt (β) in Ruhestellung der Draht d_1, so dreht sich durch Wirkung des Spannwerks die Rolle nach rechts, aber nur ein ganz kleines Stück, da sogleich der Riegelkranz gegen die Riegelstange schlägt. Die Weiche wird nicht verriegelt. Die Überwachungseinrichtung am Riegelhebel tritt aber, wie vor, in Wirksamkeit, so daß auch in diesem Falle genügende Sicherheit vorhanden ist.

Reißt (γ) bei der in Abb. 164 dargestellten Ruhestellung der Rolle, aber entgegengesetzter, also nicht verriegelbarer Stellung der Weiche einer der beiden

---

[1]) Die bei doppelter Riegelung durch das Vorhandensein zweier Riegelstangen bedingten geringfügigen Abweichungen von obiger Darstellung sind hier nicht besonders behandelt.

Drahtstränge d_1 oder d_2, so kann sich in jedem der beiden Fälle die Rolle, der Spannwerkswirkung folgend nur ein ganz kleines Stück drehen, da sodann der Riegelkranz gegen die Riegelstange stößt. Die Sicherheitswirkung am Stellhebel tritt, wie vor, ein. Sollte (δ) bei gerissenem Draht d_2 nachträglich die Weiche in die verriegelbare Stellung umgelegt werden, so würde unter Weiterfallen des Gewichts nachträglich die Verriegelung der Weiche, wie oben im ersten Falle, herbeigeführt werden.

Reißt in verriegelter Stellung (ε) der Draht d_2, so bleibt die Weiche verriegelt, reißt (ζ) d_1, so wird sie durch Spannwerkswirkung entriegelt. Im ersteren Falle findet durch Spannwerkswirkung ein Vorwärtsdrehen der Riegelrolle bis zum Festlauf (s. oben) statt. Im zweiten Falle wird ebenso die Entriegelungsbewegung durch Gegenschlagen des Riegelkranzes gegen die Riegelstange begrenzt mit Endstellung, wie im Falle β. Auch in allen diesen Fällen tritt die Überwachungsvorrichtung des Riegelhebels in Wirksamkeit. Wenn aber im Falle ζ der Fahrstraßenhebel bereits umgelegt war, so kann trotz entriegelter Weiche das Signal auf Fahrt gestellt werden oder gestellt bleiben. Handelt es sich um die besondere Verriegelung einer spitz zu befahrenden Stellwerksweiche, so bleibt dann noch die in der Stellwerksabhängigkeit des Weichenhebels beruhende Sicherheit bestehen. Dient die Riegelrolle dagegen als einzige Sicherung einer Handweiche, so fehlt bei solcher Störung jede Sicherheit für die richtige Weichenstellung. Es ist dann Sache der Aufmerksamkeit des Wärters, in solchen Fällen das Signal sogleich in die Haltstellung zurückzulegen. Man hat zwar versucht, diese Lücke in der Sicherheit dadurch auszufüllen, daß man im Falle ζ den vom Spannwerk rückbewegten Riegelkranz in eine besondere Einkerbung der Riegelstange treten und so eine Notverriegelung herbeiführen läßt. Doch ist man hiervon wegen Unzuträglichkeiten wieder abgekommen. Bei Riegelrollen, die nicht die Grundanordnung, sondern zwei entgegengesetzte Drehbewegungen aus der Grundstellung aufweisen (Abb. 153, 155, 156), treten bei Drahtbruch dieselben Wirkungen, wie vor, in verschiedenen Zusammenstellungen ein. Bei den beiden Fällen (Abb. 155 und 156) könnte jedoch ein einfach prismatischer Riegelkranz, je nach der Fallhöhe des Spannwerks, ein- oder mehrfach durch die beiderseits vorhandenen Riegelstangeneinschnitte durchschlagen,

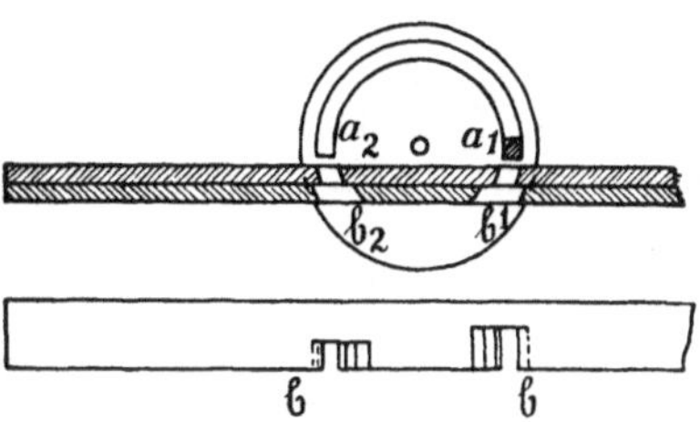

Abb. 165 a, b. Endansätze am Riegelkranz. (Entn. aus Scholkmann, S. 1252.)

und auch in den Fällen vorheriger Verriegelung in entriegelter Stellung stehen bleiben. Dies kann verhindert werden durch Endansätze oder Nasen am Riegelkranz. Abb. 165a, b zeigt solche Anordnung für den Fall einer Riegelrolle für Verriegelung einer Stellwerksweiche in derselben Stellung bei beiden entgegengesetzten Bewegungen des Drahtzuges (Abb. 155). Bei dem Einheitsendriegel der Pr.H.St.B. (Abb. 166) läuft bei Drahtbruch die Rippe r an der Riegelrolle gegen den Anschlag a am Lagerkörper, womit nach 575 mm Drahtweg und annähernd 180° Drehung der Rolle Festlauf eintritt.

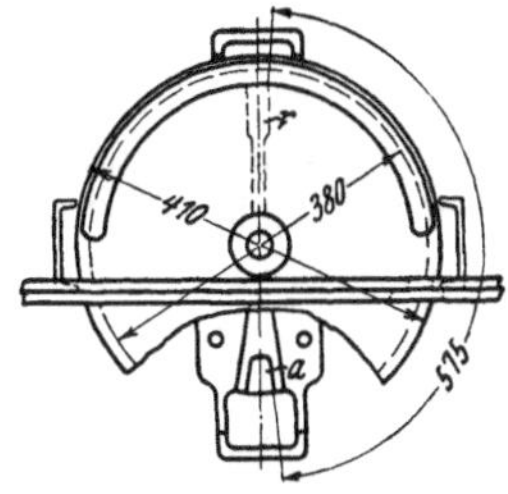

Abb. 166. Festlauf beim Einheitsendriegel der Pr.H.St.B.

b) Zwischenrollen in Riegelleitungen. Die Wirkungsweise ist je nach der Bauweise der Zwischenrollen verschieden. Hier soll nur eine Bauweise mit Wendegetriebe vorausgesetzt werden, wobei es für die Wirkungsweise gleichgültig ist, ob das oben beschriebene Wendegetriebe mit Kegelradverzahnung oder ein Wendegetriebe mit Stirnradverzahnung angewendet wird.

Bei Zwischenrollen mit Wendegetriebe darf das Spannwerk nicht zwischen Zwischenriegel und Endriegel eingebaut werden, weil es bei dieser Anordnung möglich sein würde, trotz falsch stehender Weichen den Riegelhebel umzulegen. Der Riegelkranz des Zwischenriegels wird dann sogleich durch Anschlagen gegen die Riegelstange gehemmt (vgl. S. 81), die Leitung kann sich aber weiter bewegen. Die vom Zugdraht gedrehte eine Seilscheibe veranlaßt nämlich das mit der Riegelscheibe festgelegte Kegelrädchen (Stirnrädchen) sich auf der Stelle zu drehen, wodurch die andere Seilscheibe sich in entgegengesetzter Richtung dreht. Beide Drähte werden so in gleicher Richtung zum Zwischenriegel hingezogen, so daß auch die Endrolle nicht gedreht wird, weil die gleichmäßige Verkürzung beider Endstränge der Leitung nur zum Anheben des Spannwerks führt. Allerdings wird durch den Spannungsunterschied der Drahtstränge zwischen Hebel und Zwischenriegel die Überwachungsvorrichtung des Hebels betätigt. Aber die Möglichkeit, den Hebel bei falsch stehender Weiche überhaupt umzulegen, ist ein Übelstand, der vermieden werden muß. Folglich muß bei Zwischenrollen mit Wendegetriebe das Spannwerk zwischen Hebel und Zwischenrolle eingebaut werden, am besten unter dem Hebel im Stellwerk, wodurch auch die Sperrwirkung des Spannwerks bei Unterschieden in der Spannung der beiden Drahtstränge besonders wirksam wird (vgl. Stellwerk 1907, S. 35).

Abb. 167 zeigt schematisch diese Anordnung für eine Verriegelungsbewegung, der je eine bestimmte Stellung der durch eine Zwischenrolle und die Endrolle zu verriegelnden beiden Weichen entspricht. Bei richtiger Stellung beider Weichen, wie in Abb. 167 dargestellt, bewirkt das Umlegen des Riegelhebels Linksdrehen sowohl der End- wie der Zwischenrolle und Verriegelung beider Weichen. Sollte durch ungleichmäßige Erwärmung der Drahtstränge oder durch sonstige kleine Spannungsfehler, wie sie auch bei ordnungsmäßigem Einbau vorkommen können, die Zwischenrolle sich weniger weit drehen, als die Endrolle, so würde die Verriegelung doch in ausreichender Größe zustande kommen, da die Zwischenrolle an sich eine ebenso große Drehung der Riegelscheibe aufweist, wie die Endrolle, und da der normale Verriegelungsweg des Riegelkranzes nahezu 160^0 zu betragen pflegt. Bei der Pr.H.Einheitsform beträgt wegen der Verzögerungseinrichtung der Verriegelungsweg bei der Zwischenrolle zwar nur etwa ein Drittel desjenigen bei der Endrolle, aber auch die Fehler durch ungleichmäßige Spannung werden ebenso gedrittelt, so daß auch hier die Verriegelung bei der Zwischenrolle sicher zustande kommt. Steht die durch die Endrolle zu verriegelnde Weiche in falscher Stellung, so wird beim Versuch der Betätigung durch das Gegenstoßen des Riegelkranzes gegen die Riegelstange die Umstellbewegung gleich im Beginn gehemmt, außerdem aber, sofern versucht wird, das Umlegen des Hebels mit Gewalt zu erzwingen, die Überwachungsvorrichtung des Hebels betätigt. Steht (Abb. 168) die durch die Zwischenrolle zu verriegelnde Weiche in falscher Stellung, so wird (vgl. S. 81) bei versuchtem Umlegen durch Gegenstoßen des Riegelkranzes gegen die Riegelstange mit diesem die Riegelscheibe und das mit ihr verbundene Kegelrädchen (Stirnrädchen) in seiner Lage festgelegt, kann sich also nur um seine Achse drehen, ohne den Platz zu verändern. Die beispielsweise beim Umlegen des Hebels in der Pfeilrichtung, also Ziehen des Leitungsstranges d_1 auf die eine Seilrolle des Wendegetriebes übertragene Drehbewegung veranlaßt durch Vermittlung des Kegelrädchens eine entgegengesetzte Drehung der anderen Seilrolle. Somit werden die beiden Drahtstränge zwischen Zwischenrolle und Endrolle zu ersterer hingezogen, was, nachdem sie der Kraftwirkung entsprechend gedehnt sind (wobei die Endrolle ruhen bleibt) zur Hemmung der Bewegung führt. Zwischen Hebel und Zwischenrolle wird gegenüber der starken Anspannung von d_1 der Drahtstrang d_2 nicht nur vom Stellhebel, sondern auch von der Zwischenrolle her nachgelassen. Die hierdurch kräftig betätigte Sperrvorrichtung des Spannwerks verhindert also, daß nicht etwa unter Anheben des Spannwerks der Hebel umgelegt wird. Im übrigen würde beim Versuch gewaltsamen Umlegens die Überwachungsvorrichtung des Hebels in Tätigkeit treten. Bei Drahtbruch (Abb. 169) ergibt sich ein verschiedenes Verhalten, je nachdem

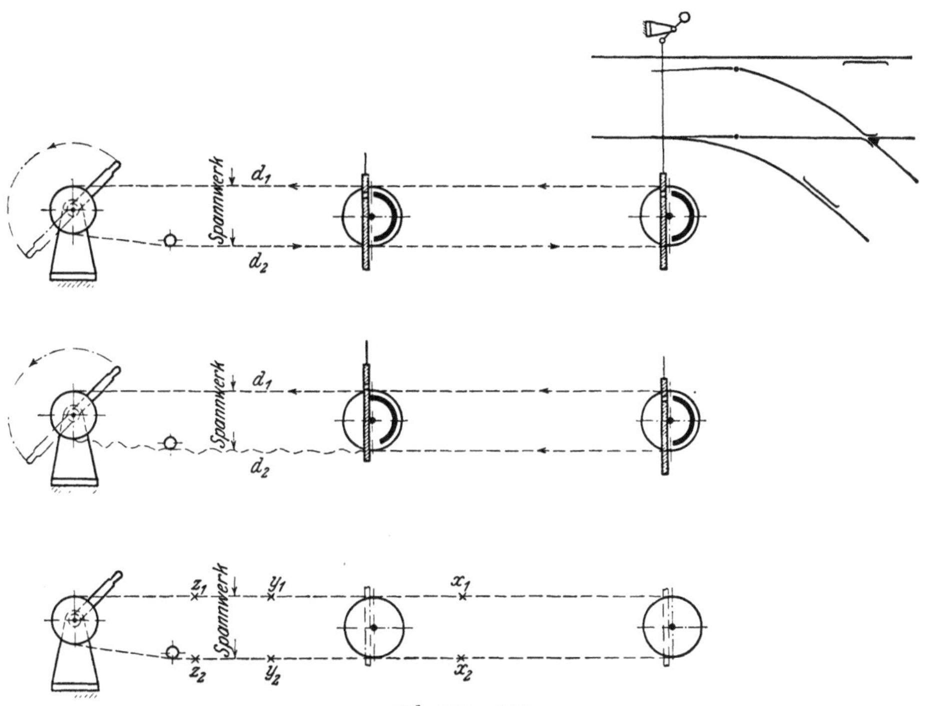

Abb. 167—169.

Spannwerksanordnung bei Vorhandensein eines Zwischen- und eines Endriegels.

einer der beiden Stränge zwischen Zwischenrolle und Endrolle (bei x_1 oder x_2) oder zwischen Hebel und Zwischenrolle (bei y_1 oder y_2 bzw. z_1 oder z_2) reißt, und je nachdem der Drahtbruch bei richtig stehenden unverriegelten oder verriegelten Weichen, oder aber erfolgt, während eine oder beide Weichen für die Verriegelung falsch stehen. Reißt der Draht bei x_1 oder x_2, so erhalten beide Drahtstränge bei der Zwischenrolle durch das Spannwerk gleichgerichtete Bewegung. Soweit die Endrolle der Drahtbewegung je nach ihrer Stellung und derjenigen der Weiche folgen kann (vgl. S. 86, 87), drehen sich die beiden Seilrollen der Zwischenrolle in entgegengesetztem Sinne. Deren Verriegelungszustand ändert sich also nicht. Sobald aber die Endrolle gleich zu Anfang, oder, nachdem der infolge des Reißens in Bewegung gekommene Draht sie ent- oder verriegelnd umgestellt hat, zum Festlauf gekommen ist, kann sich die eine der beiden Seilrollen des Zwischenriegels nicht weiterdrehen. Die andere dagegen wird von dem gerissenen Drahtstrang weitergedreht, wodurch vermittelst des Kegelrädchens die Riegelscheibe eine halb so große Umdrehung erhält. Entweder durch Festlaufen des Riegelkranzes, oder durch Erschöpfung der Fallhöhe des Spannwerks kommt die Bewegung zum Stillstand. Soweit eine der beiden Riegelrollen oder beide beim Drahtbruch in entriegelte Stellung gekommen oder in ihr verblieben sind, beruht die Sicherheit lediglich in der Überwachungsvorrichtung des Riegelhebels, die indessen auch versagt, wenn etwa bei verriegelten Weichen auch der Fahrstraßenhebel oder auch das Signal bereits gezogen war. (Vgl. die obigen Ausführungen bei der Erörterung der Endrolle.)

Reißt der Draht (Abb. 169) zwischen Spannwerk und Zwischenrolle bei y_1 oder y_2 oder zwischen Hebel und Spannwerk bei z_1 oder z_2, so wird durch Fallen des Spanngewichts der heile Draht von der Zwischenrolle zum Spannwerk hingezogen, der zerrissene Draht von der Reißstelle weg über die Endrolle zur Zwischenrolle hingezogen. Beide Rollen werden, solange bei keiner von beiden (je nach der vorherigen Lage) ein Festlauf stattfindet, umgestellt. Falls an der Endrolle Festlauf etwa etwas früher erfolgt als an der Zwischenrolle (wenn Unterschiede in der Länge des Riegelkranzes oder der Regulierung vorhanden[1]), wird die ganze Bewegung gehemmt. Falls der Festlauf dagegen an der Zwischenrolle etwas früher erfolgt, könnte eine Weiterbewegung der beiden Seilrollen der Zwischenrolle nur als entgegengesetzte Drehung, also bei Hinziehen beider Stränge d_1, d_2 zur Zwischenrolle erfolgen. Die Bewegung kommt also auch so zum Stillstand. Was oben S. 86, 87 über die Sicherheit gesagt ist, gilt auch hier für beide Rollen.

Auf die andern Fälle der Riegelrollen (S. 81 ff.) sowie auf Riegelleitungen mit zwei Zwischenrollen und einer Endrolle soll hier nicht eingegangen werden, da es sich dabei um eine große Zahl von Kombinationen handelt (vgl. übrigens Stellwerk 1915, S. 182 ff.). Nur das sei erwähnt, daß auch bei zwei Zwischenrollen mit Wendegetriebe das Spannwerk zwischen Stellhebel und erster Rolle anzuordnen ist.

c) Riegelrollen in Signalleitungen: Die Erörterung ist mit derjenigen der Reißvorgänge bei Signalen zu verbinden (s. unter C, 6).

C. Stellvorrichtungen und Durchbildung von Haupt- und Vorsignalen.

1. Allgemeines. Die Signalzeichen der Haupt- und Vorsignale (Flügel bzw. Scheiben, bei Nacht Laternen) sind (vgl. S. 9 ff.) an Masten angebracht, die bei Hauptsignalen je nach den Vorschriften der Bahnverwaltungen im allgemeinen etwa 8,0 bis 12,0 m, ausnahmsweise aus örtlichen Gründen bis 15,0 oder gar 18,0 m hoch, oder bei Ausfahrsignalen (namentlich wegen der Hallendächer) auch nur 6,0 m, auf den Bad.Stb. hinter Tunneln, Brücken stellenweise bis herab zu 4,0 m hoch gemacht werden, während Vorsignale in der Regel etwa 3,0 bis 4,0 m[2]) hoch sind. Die in England üblichen Holzmaste sind in Deutschland nicht gebräuchlich. Sie wurden nur für Behelfssignale im Kriegsbetriebe in erheblichem Umfange verwendet. Früher stellte man die Maste oft als kegelförmig nach oben in der Stärke abnehmende gußeiserne Röhren her, die nach Bedarf aus mehreren Stücken mittels angegossener Flanschen zusammengeschraubt und ebenso mit dem gegossenen Erdfuß verbunden wurden. Jetzt werden die Maste der Hauptsignale entweder (in Norddeutschland, auch in Baden[3]) und zum Teil in Württemberg) als Gittermaste aus 4 Winkeleisen mit Flacheisennetzwerk, oder (in Süddeutschland früher vorwiegend) aus 2 Zoreseisen, oder als genietete, nach oben enger werdende Blechröhren hergestellt, die je nach der Höhe aus mehreren Schüssen zusammengesetzt sind. Auf den Pr.H.St.B. werden Schmalmaste zur Aufstellung zwischen zwei Gleisen in 4,5 m Abstand in besonderer Bauweise ausgeführt.

---

[1]) Bei der Pr.H.Einheitszwischenrolle infolge der Verzögerungsvorrichtung.

[2]) In der Regel auf den Pr.H.St.B. 3,38 m. den Württb.Stb. 3,0 m, auf den Sächs.Stb. 4,0 m, auf den Bayer.Stb. 3,5 m, auf den Bad.Stb. 4,72 m hoch bis Scheibenmitte. Letztere gehen, wo aus örtlichen Gründen eine geringere Höhe erforderlich ist, nicht unter 3,0 m. Vorsignalscheiben zwischen zwei Gleisen, an Brücken und Auslegern werden in größere Höhe gerückt (s. d. folg.).

[3]) In Baden für Hauptsignale früher Zoresmaste. Bei den jetzt dort regelmäßig verwendeten Gittermasten der Hauptsignale und bei den Vorsignalmasten wird zur Verbesserung der Sichtbarkeit die Vorderseite vollwandig ausgebildet.

Auf süddeutschen Bahnen sind zu diesem Zweck Mastkorbsignale vielfach verwendet. Die Bad.Stb. verwenden sie neu nur noch in Ausnahmefällen; wo der Gleisabstand sich für gewöhnliche Maste nicht ausreichend weit machen läßt, verwenden sie Brücken- oder Auslegersignale. Die Vorsignalmaste bestehen in der Regel entweder aus zwei gegeneinander genieteten oder in gewissem Abstand durch Querglieder verbundenen[1]) ⌐-Eisen oder (veraltet) aus einem I- oder ⌐-Eisen, in Bayern ebenso, wie die Hauptsignalmaste, aus 2 Zoreseisen. Der in der Regel aus Profileisen und Blechen gebildete Erdfuß ist bei niedrigen Masten mit diesen fest verbunden, bei höheren Masten mittels Drehbolzen, zur Erleichterung des Aufrichtens und Umlegens. Alle Maste werden besteigbar gemacht, so die Gittermaste mittels angenieteter Winkeleisenstücke, die Zoresmaste durch zwischen die beiden Zoreseisen genietete Flacheisenbügel, die Blechmaste durch durchgesteckte und befestigte Trittstäbe. Bei Anordnung von Hauptsignalen auf Signalbrücken oder Signalauslegern (Abb. 37, 38) werden entsprechend niedrigere Maststücke mit der Brücken- bzw. Auslegerkonstruktion in geeigneter Weise verbunden. Vorsignalscheiben werden, wenn bei Anordnung zwischen zwei Gleisen der Gleisabstand zu ihrer Anbringung in gewöhnlicher Höhe nicht ausreicht, entweder ganz niedrig ausgeführt (nicht mehr üblich), oder besser, in größerer Höhe, an Ausleger oder Brücke hängend angebracht (Abb. 43, 44).

Die am Mast der Hauptsignale gelagerten Flügel, mit festen Anschlägen zur Begrenzung der Halt- und Fahrtstellung, in der Regel 1,5 bis 1,8 m lang, sind meist aus einer Winkeleiseneinfassung mit durchbrochener (bisweilen voller) Blechfüllung, die Vorsignalscheiben als volle oder durchbrochene Blechscheiben ausgebildet worden. Die Pr.H.Einheitsformen verwenden zur besseren Sichtbarkeit volle, aus einem Stück Blech gepreßte Flügel. Die Vorsignalscheiben der Pr.H.Einheitsform bestehen aus vollem Blech mit aufgenieteten ∟-Eisen. Die Vorsignalscheiben haben, je nach Vorschrift der einzelnen Bahnverwaltungen, etwa 0,8 bis 1,2 m Durchmesser (Pr.H. Einheitsform 1,0 m).

Die Laternen (meist mit Petroleum beleuchtet) werden auf den deutschen Bahnen in der Regel herablaßbar eingerichtet. Um Fehlbilder beim Herablassen und Aufwinden zu verhüten und das Putzen zu erleichtern, werden auch die zur Nachtsignalisierung dienenden Blenden durch den Laternenaufzug in der Regel mit herabgelassen[2]) und aufgewunden. Die Einrichtung ist dabei so getroffen, daß die Laternen der Hauptsignale[3]) beim Herablassen und Aufwinden stets rot geblendet (bei zwei und drei Laternen die zweite und dritte schwarz abgeblendet) sind, während die beim Aufwinden oben anlangenden Blenden sich mittels entsprechend geformter Gabeln und Stifte sogleich sicher in die der Flügelstellung entsprechende Stellung einstellen und dann an allen Flügelbewegungen so teilnehmen, als wären sie mit den Flügeln fest verbunden. Bei den neuen Vorsignalen pflegt man die beiden Laternenblenden durch eine Gelenkstange zu gemeinsamer Bewegung zu kuppeln, so daß nur eine lösbare Verbindung (mittels Gabel und Stift) mit der Bewegungsvorrichtung der Scheibe erforderlich ist.

Ist an eine Signalleitung nur ein einzelnes Signal (ohne Vorsignal) angeschlossen, so erhält das Signal einen „Endantrieb". Dient eine Leitung zur Bewegung zweier Hauptsignale oder eines Hauptsignals mit Vorsignal, so geht sie über

---

[1]) In Baden für Hauptsignale früher Zoresmaste. Bei den jetzt dort regelmäßig verwendeten Gittermasten der Hauptsignale und bei den Vorsignalmasten wird zur Verbesserung der Sichtbarkeit die Vorderseite vollwandig ausgebildet.

[2]) Auf den Bayer.Stb. werden die Blenden nicht mit herabgelassen. Statt dessen läßt eine am Laternenschlitten angebrachte rote Blende das Licht beim Hochwinden rot erscheinen, bis die Laterne in ihre richtige Stellung hinter dem Flügel eingerückt ist.

[3]) Ebenso sind die Laternen der Vorsignale beim Herablassen und Aufwinden gelbgeblendet.

einen „Zwischenantrieb" am einen Hauptsignal (dem Hauptsignal) zu einem „Endantrieb" am andern Hauptsignal (am Vorsignal).

Die vom Stellwerk kommende Doppeldrahtleitung trifft entweder am Fuße des Signals sogleich die Antriebvorrichtung an, oder sie wird durch ein am Signalfuße angebrachtes Umlenkrollenpaar in lotrechte Richtung abgelenkt und zu der weiter oben am Maste angebrachten Antriebvorrichtung hochgeführt. Letztere, bei Endantrieben (s. oben) von manchen Stellwerksfirmen (Stahmer, Z. u. B.) angewandte und beispielsweise auf den Sächs.Stb. übliche Anordnung hat den Vorteil, daß die Verbindungsstangen oder Verbindungsdrähte zwischen Antriebvorrichtung und Signalflügeln kürzer ausfallen[1]). Anderseits ist die Überwachung der Antriebvorrichtung oben am Mast schwierig. Bei Zwischenantrieben (s. unten) gibt ferner das Erfordernis, die Leitung weiterzuführen, Veranlassung, regelmäßig die Antriebvorrichtung unten am Mast anzubringen. Bei Mastkorbsignalen befinden sich die Antriebe über dem Boden des Korbes.

2. Endantriebe an Hauptsignalen.

a) **Kurbelantrieb (Zapfenrollenantrieb).** Die Stellbewegung eines Doppeldrahtzuges läßt sich in einfacher Weise mittels Kurbelantriebes in die Stellbewegung eines oder zweier Signalflügel umsetzen. Abb. 170 zeigt schematisch die Anordnung der Leitung und des Kurbelantriebes für ein einflügliges Signal, wobei die Leitung

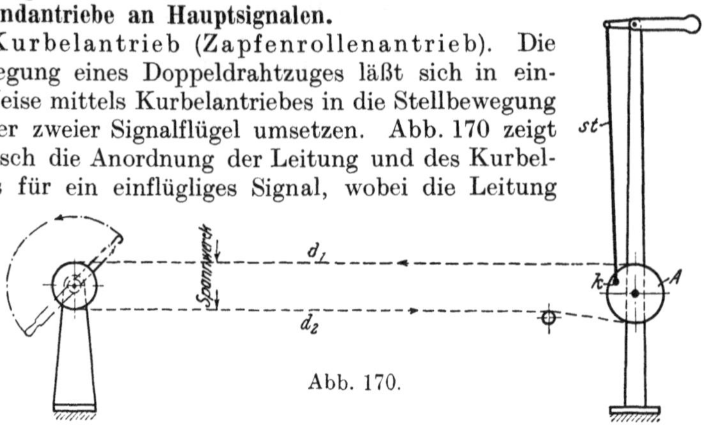

Abb. 170.

als mit Spannwerk ausgerüstet angenommen ist. Wird durch Umlegen des Signalhebels in die Fahrtstellung (Abb. 171, in Abb. 170 strichpunktiert) der Leitungsstrang d_1 gezogen und die am Signalmast angebrachte Antriebrolle A entgegengesetzt dem Uhrzeiger gedreht, so bewegt sich der an der Rolle A angebrachte Zapfen k aus seiner in Abb. 170 dargestellten hohen Lage, an der Linksdrehung der Scheibe teilnehmend, abwärts in die in Abb. 171 dargestellte Lage k'

Abb. 171.

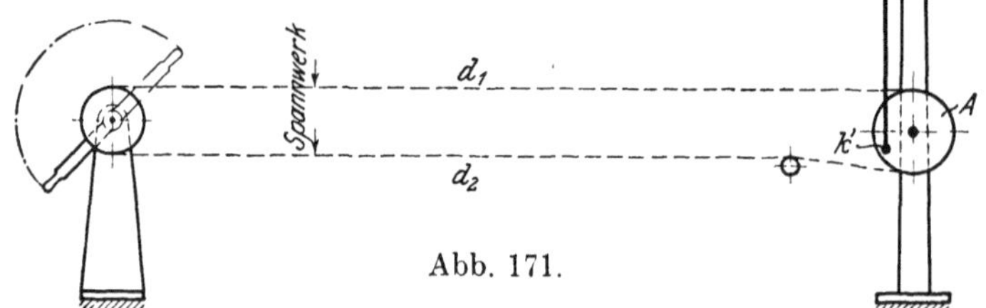

Abb. 170, 171. Einflügliges Hauptsignal mit Kurbelantrieb. (Endantrieb.)

und zieht mittels der an ihn angeschlossenen Stange st den oben am Maste angebrachten Signalflügel in die Fahrtstellung. Durch Zurückbewegen des Signalhebels in die Grundstellung wird der Leitungsstrang d_2 gezogen und

---

[1]) Die Pr.H.St.B. legen den Antrieb stets nach unten und schränken die freie Länge der Verbindungsstangen bei Signalen von 8 m Höhe ab durch zwischengeschaltete Lenker mit Gegengewicht ein, die zugleich die Wärme-Längenänderungen ausgleichen.

durch Rückdrehung der Antriebrolle A die Haltstellung des Signalflügels (Abb. 170) wiederhergestellt. Die durch die Längsbewegung des Drahtzuges in Drehbewegung versetzte Antriebrolle A bildet zusammen mit dem Zapfen k zugleich die Antriebkurbel der Stellstange st. Bei einem zweiflügligen Signal trägt nach Abb. 172 die Antriebrolle A zwei Zapfen k_1, k_2, von denen k_1 in Grundstellung sich in höchster Lage, k_2 dagegen etwa 60^0 von tiefster Lage entfernt befindet. k_1 ist durch die Stellstange st_1 mit dem oberen (Haupt-)Flügel, k_2 durch die Stellstange st_2 mit dem zweiten Flügel verbunden, der sich (S. 10) in Grundstellung in senkrechter Lage am Mast befindet. Die Antriebrolle kann durch die Doppeldrahtleitung aus der Grundstellung nach beiden

entgegengesetzten Richtungen gedreht werden, indem der Stellhebel entweder, wie in der Abb. 172 (nicht mehr üblich) als Umschlaghebel (S. 36) ausgebildet ist, oder indem

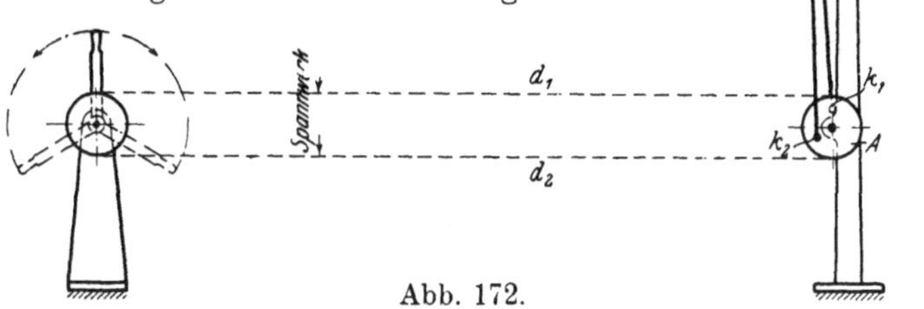

Abb. 172.

Zweiflügliges Hauptsignal mit Kurbelantrieb (Endantrieb).

andere geeignete Anordnungen (unter III., C dieses Kapitels) gewählt sind. Bei Rechtsdrehung der Antriebrolle A bewegt sich der Zapfen k_1 abwärts, der Zapfen k_2 aufwärts bis zur Höchstlage. Der obere Flügel wird in Fahrtlage gehoben, der untere in Fahrtlage gesenkt (Abb. 173). Bei Linksdrehung der Antriebrolle A dagegen bewegt sich k_1 gleichfalls abwärts, k_2 aber gelangt nach geringer Senkung in tiefste Lage wieder in eine eben so hohe Lage, wie vorher, so daß nur der obere Flügel in Fahrtstellung geht, der untere aber lediglich eine geringe Schwingbewegung am Mast macht und im übrigen in der lotrechten Haltstellung verbleibt (Abb. 174).

Diese früher verwendete Bauweise der Signalantriebe leidet an dem Mangel, daß Halt- und Fahrtstellung der Flügel nur dann genau zustande kommen, wenn die Doppeldrahtleitung die Bewegung der Stellrolle genau auf die Antriebrolle überträgt. In Wirklichkeit bleibt indessen die Bewegung der Antriebrolle wegen elastischer Dehnung des Zugdrahts und wegen des bis zum Eintritt der Spannwerkswirkung verloren gehenden Weges hinter derjenigen der Stellrolle zurück, und zwar um so mehr, je langsamer

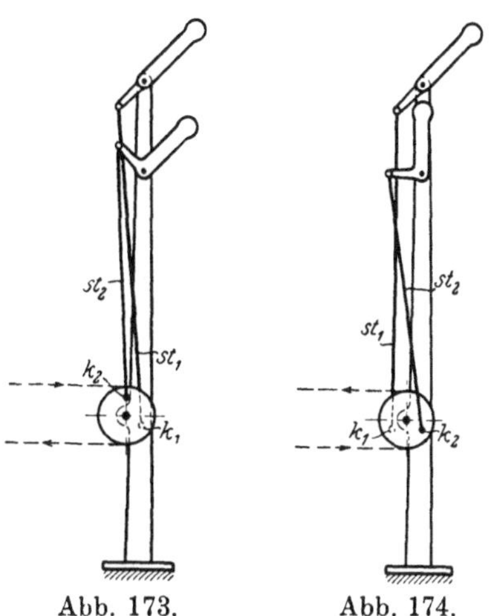

Abb. 173. Abb. 174.

Abb. 173, 174. Zweiflügliges Hauptsignal mit Kurbelantrieb (Endantrieb).

der Stellhebel umgelegt wird. Nicht ganz genaue Einregulierung der Leitung, die nie ganz zu vermeiden ist, bildet eine weitere Quelle ungenauer Flügelstellung. Bei Leitungen ohne Spannwerk wird die Genauigkeit der Flügelstellung in noch höherem Maße dadurch beeinträchtigt, daß durch Umlegen des Stellhebels zunächst der Durchhang des Zugdrahts beseitigt wird, bevor die Bewegung auf die Antriebrolle übertragen wird. Man verwendet daher in Deutschland jetzt allgemein nicht mehr Kurbelantriebe[1]), sondern Hubkurvenantriebe (Stellrillen-

---

[1]) Nur vereinzelt kommen noch bei alten Signalen Kurbelantriebe vor, namentlich bei Vorsignalen.

antriebe), bei denen man in der Lage ist, durch Einschaltung je eines Leerlaufes am Anfang und Ende der Bewegung auch bei mangelhafter Übertragung der Stellbewegung genaue Flügelstellungen zu erzielen.

b) **Stellrillenantrieb für ein einflügliges Signal.** Abb. 175 (Haltstellung) und Abb. 176 (Fahrtstellung) zeigen ein Beispiel solchen Endantriebes für ein einflügliges Signal. Die am Signalmast angebrachte Antriebrolle A[1]) trägt auf ihrer einen Fläche die in sich geschlossene Hubkurve (Stellrille) m, h, i, k, l, n, d. h. eine durch vorstehende Ränder gebildete offene Rille, in der bei Drehung der Antriebrolle ein Röllchen r gleitet, das am einen Ende des auch am Signalmast gelagerten zweiarmigen Hebels e, f sitzt. An das andere Ende dieses zweiarmigen Hebels ist die zum Signalflügel führende Stellstange st angeschlossen.

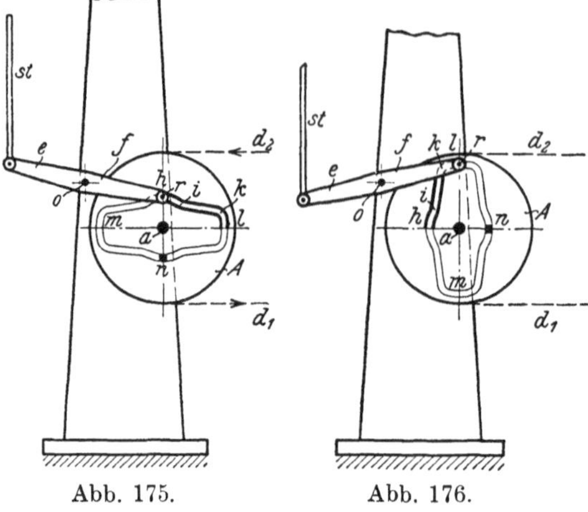

Abb. 175.   Abb. 176.

Abb. 175, 176. Stellrillenantrieb (Endantrieb) für ein einflügliges Hauptsignal (vgl. Stellw. 1907, S. 171).

Bei Drehung der Antriebrolle wird das Röllchen r wegen seiner Führung in der Rille m, h, i, k, l, n gezwungen, sich auf- oder abwärts zu bewegen; der Hebel e, f schwingt hierbei um seinen Lagerpunkt o und überträgt die auf- oder abwärtsgehende Bewegung des Röllchens r in eine ab- oder aufwärtsgehende Bewegung der Stellstange st und somit auf den Flügel. Für die Stellbewegung wird nur die in Abb. 175, 176 stärker gezeichnete Strecke h, i, k, l der Stellrille benutzt. Diese verläuft in ihren beiden Endteilstrecken h, i und k, l kreisförmig zur Drehachse a der Antriebrolle A, so daß bei Führung innerhalb dieser beiden Endteilstrecken das Röllchen r keine Bewegungen macht (Leerlauf der Antriebvorrichtung), während die ganze Auf- und Abwärtsbewegung des Röllchens r und somit die ganze Bewegung des Signalflügels nur durch die zwischenliegende Teilstrecke i—k der Stellrille bewirkt wird. Wegen des Leergangs am Anfang und Ende der Stellbewegung ist eine ungenaue Einstellung der Antriebrolle innerhalb der Grenzen der beiden Leerlaufstrecken auf die genaue Halt- und Fahrtstellung des Flügels ohne Einfluß.

Die in Abb. 175 und 176 schwächer gezeichneten Teilstrecken h—m, m—n und l—n der Stellrille, die im ganzen (wegen ihrer Verwendung beim zweiflügeligen Signal) doppelt symmetrisch ist, kommen beim einflügligen Signal zwar nicht für die Stellbewegung, aber für den sogenannten Reißweg zur Verwendung, d. h. sie sollen ermöglichen, daß beim Reißen der Drahtleitung die Antriebrolle sich unter Einwirkung des Spannwerks so weit dreht, bis das Röllchen r links oder rechts herum bei n angekommen ist, wo es ebenso hoch steht wie bei h (Abb. 175). Damit das Röllchen r nicht über n hinausgeht, ist an dieser Stelle die Stellrille durch eine Scheidewand geschlossen (Abb. 175, 176). Bei der in den Abb. 175, 176 dargestellten Anordnung ist hiernach von Bedeutung, daß der Stellweg 90°, d. h. ein Viertel der ganzen Umdrehung der Antriebrolle umfaßt, was dadurch erreicht wird, daß die Antriebrolle entsprechend großen Durchmesser erhalten hat.

Reißt derjenige Drahtstrang (d_2), der beim regelmäßigen Auf-Fahrt-Stellen Nachlaßdraht ist, so gelangt durch Linksdrehung der Antriebrolle die Scheide-

---

[1]) Wegen besonderer Stellrillenscheibe bei Durchgangsantrieben s. S. 107 ff.

wand bei n von rechts her gegen das Röllchen r, reißt der Drahtstrang d_1, der beim regelmäßigen Stellen Zugdraht ist, so tritt Rechtsdrehung der Antriebrolle ein, die durch Gegenschlagen der Scheidewand bei n gegen das Röllchen r von links her beendet wird. Dieser sogenannte „Festlauf" der Antriebrolle A erfolgt, wenn vorher das Signal auf Halt stand, nach halber Umdrehung der Antriebrolle, indem jedesmal der Signalflügel erst auf Fahrt und dann in Haltstellung geht, in der er verbleibt. Stand dagegen beim Reißen des Drahts der Signalflügel in Fahrtstellung, so macht, falls der vorherige Nachlaßdraht reißt, die Antriebrolle bis zum Festlauf eine viertel Umdrehung, während deren der Flügel aus der Fahrtstellung in die Haltstellung gelangt, wenn aber der vorherige Zugdraht reißt, so macht die Antriebrolle drei Viertel Umdrehungen, zuerst in die Grundstellung (Haltstellung), zurück, dann weiter rechts herum durch die beim Durchgang des Röllchens r durch den bei m liegenden Teil der Stellrille hindurch eintretende Fahrtstellung, bis in die bei n eintretende Haltstellung. Der kleinste Reißweg ist hiernach gleich dem Stellweg, der größte gleich dem dreifachen Stellweg. Dem entsprechend muß die Fallhöhe des Spannwerkes bei Signalantrieben, wie hier beschrieben, so groß sein, daß sie auch bei größter augenblicklicher Länge der Leitung, d. h. bei größter Wärme, den nicht gerissenen Drahtstrang um den dreifachen Stellweg anziehen kann, also z. B. bei 500 mm Stellweg um 1500 mm.

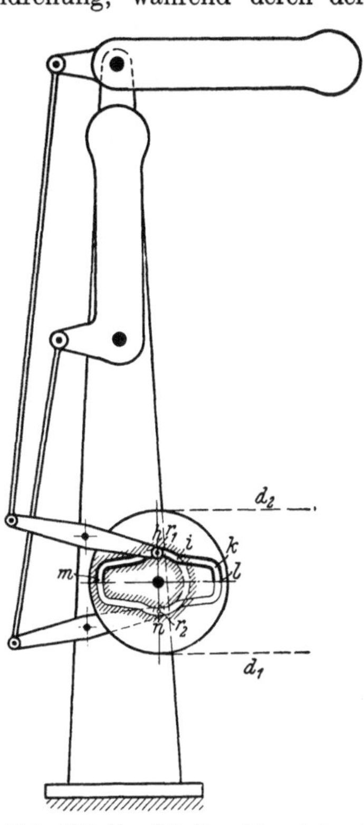

Abb. 177. Zweiflügliges Hauptsignal mit Stellrillenantrieb (Endantrieb.) Nach Stellwerk 1907, S. 170.

c) **Stellrillenantrieb für ein zweiflügliges Signal.** Es ist ohne weiteres ersichtlich, daß die beschriebene und in Abb. 175, 176 dargestellte Antriebvorrichtung sich dazu verwenden läßt, um den Hauptflügel (oberen Flügel) eines zweiflügligen Signals bei zwei entgegengesetzten Stellbewegungen der Doppeldrahtleitung, also bei Rechts- oder Linksdrehung der Antriebrolle, aus der Haltlage in Fahrtlage zu bringen. Abb. 177 deutet durch stärkere Zeichnung der beiden Stellrillenstrecken $h-m$ und $h-l$ an, daß im einen Fall (bei Linksdrehung) die Strecke $h-l$, im anderen (bei Rechtsdrehung) die Strecke $h-m$ das Röllchen r nach oben bewegt und so den Hauptflügel des Signals in Fahrtstellung bringt. Für die Bewegung des zweiten Flügels ist auf der Rückseite der Antriebrolle A eine besondere Stellrille angebracht, deren Form gesondert in Abb. 178 dargestellt ist, während in Abb. 177, die die ganze Vorrichtung zeigt, derjenige Teil der auf der Rückseite liegenden zweiten Stellrille, der von der ersten Stellrille abweichend verläuft, durch Strichelung erkennbar gemacht, außerdem der ganze Verlauf der zweiten Stellrille durch Schraffierung hervorgehoben ist. Aus ihrer Form und dem Vorstehenden ist ohne besondere Erläuterung ersichtlich, daß bei Linksdrehung der Antriebrolle beide Flügel in Fahrtstellung gehen, während bei Rechtsdrehung das Röllchen r_2 in dem kreisförmig verlaufenden Teile der Stellrille verbleibt, daher seine Höhenlage nicht ändert, weshalb auch der zweite Flügel in Haltstellung verharrt. Bei etwaigem Drahtbruch treten, je nach-

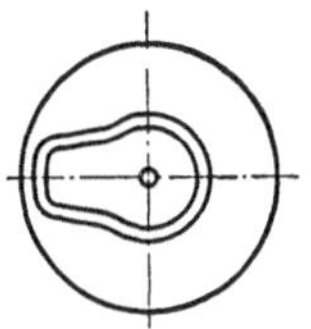

Abb. 178. Stellrille für den zweiten Flügel nach Abb. 177.

dem das Signal auf Halt oder ein- oder zweiflüglig auf Fahrt steht, und je
nachdem der eine oder der andere Drahtstrang reißt, 6 verschiedene Fälle ein,
bei denen aber wie oben, der Reißweg gleich dem ein- bis dreifachen Stellweg
ist, also die Bedingungen für den Reißweg des Spannwerks dieselben sind, wie
bei dem einflügligen Signal.

Die zur leichteren Verständlichkeit bisher vorausgesetzte Festlaufvorrichtung, bestehend in einer in die Stellrille des einflügligen Signals bzw. des Hauptflügels des zweiflügligen Signals eingefügten Scheidewand, gegen die nach
Halbdrehung aus der Grundstellung das Röllchen r gegenschlägt, würde bei
praktischer Verwendung zu baldiger Zerstörung empfindlicher Teile führen.
Man begrenzt daher die beim Reißen eines Drahtstranges durch das Spannwerk
mittels des heilgebliebenen Drahtes herbeigeführte Drehung der Antriebscheibe
in anderer Weise, und zwar entweder durch die Länge der Seilaufwickelung bis
zu den Seileinbindestellen, oder, und zwar häufiger, durch eine besondere mit
den Lagerteilen der Antriebrolle verbundene Anschlagvorrichtung. Erstere
Anordnung ist schematisch in Abb. 179 und Abb. 180 dargestellt. Abb. 179

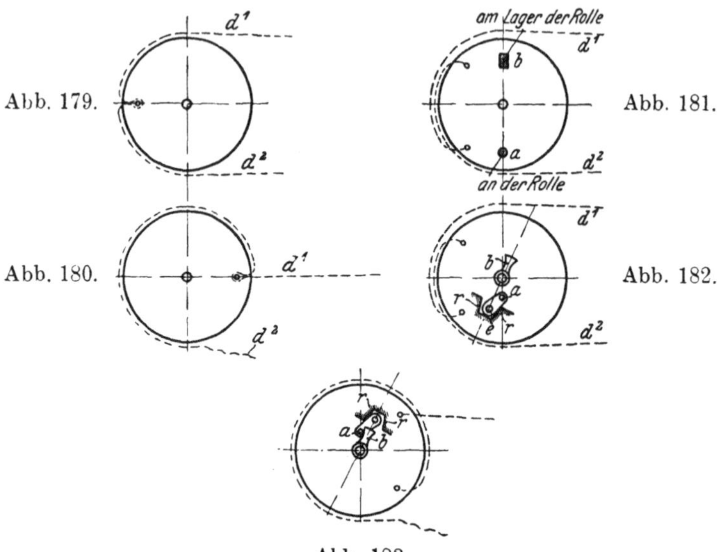

Abb. 183.

Abb. 179—183. Verschiedene Festlaufvorrichtungen bei Signalantriebrollen.
(Nach Stellwerk 1908, S. 20.)

zeigt die Antriebrolle nebst dem eingebundenen Drahtseil in der Grundstellung,
Abb. 180 im Falle eines Bruches des Drahtstranges d_2, wobei der heilgebliebene
Strang d_1 die Antriebrolle soweit gedreht hat, und nicht weiter drehen kann,
als bis das ihn anschließende Drahtseil bis zu seiner Einbindestelle abgewickelt
ist. Eine besondere Anschlagvorrichtung kann nach Abb. 181 in einfacher Weise
so hergestellt werden, daß die Antriebrolle mit einem vorstehenden Anschlagstück a versehen wird, das nach halber Umdrehung gegen die am Lagerbock
der Antriebrolle fest angebrachte Anschlagrippe b stößt. Bei dieser Anordnung
bleibt die Drehung der Rolle bis zum Anschlag gegen das Maß von 180° um
die halbe Summe der Stärke der beiden Anschlagstücke zurück. Dies ist bei
reichlicher Bemessung des Leerlaufweges unbedenklich. Will man bei knapp
bemessenem Leerlauf diesen Fehler vermeiden, so befestigt man das an der
Rolle sitzende Anschlagstück a nach Abb. 182 an einer beweglichen Klappe $a—e$,
die, in ihrer Pendelbewegung durch die an der Rolle sitzenden Rippen r, r begrenzt, so weit von ihrer Mittellage ausschlagen kann (Abb. 183), daß dadurch

die halbe Stärke der Anschlagstücke a und b ausgeglichen wird. Bei Anwendung einer Anschlagvorrichtung müssen die Drahtseile derart eingebunden werden, daß beim Wirksamwerden der Vorrichtung das betreffende Drahtseil noch nicht ganz abgewickelt ist.

Die Bauweise von Signalantriebrollen, wie vorbeschrieben, mit ein viertel Drehung als Stellweg, wie sie z. B. von der Firma Zimmermann & Buchloh angewendet ist. erfordert einen ziemlich großen Rollendurchmesser (bei 500 mm Stellweg rund 640 mm), der für die Aufstellung des Signalmastes zwischen den Gleisen unbequem werden kann. Auch läßt sich bei kleinerer Rolle und mithin größerer Drehung beim Stellen trotz ausgiebiger Bemessung der beiden Leerlaufstrecken leichter ein sanfter Übergang zwischen diesen und dem das Stellen bewirkenden dazwischenliegenden Teil der Stellrille erzielen. Die meisten Bauweisen zeigen daher kleinere Antriebrollen und mithin eine größere Drehung als 90⁰ als Stellweg. Bringt man den Stellweg auf 180⁰, so ergibt sich eine Form der Stellrille etwa nach Abb. 184, die einfach symmetrisch ist und für ein einflügliges Signal, wie auch für den Hauptflügel eines zweiflügligen Signals verwendbar wäre. Es würde aber nicht möglich sein, bei 180⁰ Drehung eine auch den Reißbedingungen entsprechende Stellrille für den zweiten Flügel eines zweiflügligen Signals auszubilden. Die Anordnung mit 180⁰ Stellweg wird daher nur bei manchen Vorsignalbauweisen angewendet, bei denen dann, wie beim Hauptflügel eines zweiflügligen Signals, beide entgegengesetzten Drehungen dieselbe Stellbewegung hervorbringen. Im übrigen wird für Hauptsignale ziemlich allgemein die Drehung beim Stellen auf mehr als 90⁰, aber weniger als 180⁰ bemessen.

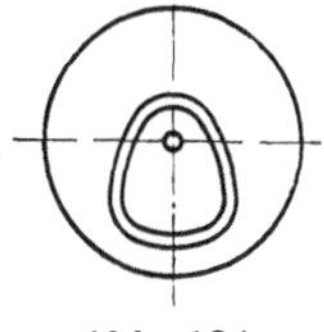

Abb. 184.
Stellrille mit
180⁰ Stellweg.

Bei der in Abb. 185a, b dargestellten Anordnung von Schn. & H. hat offenbar die Absicht obgewaltet, mit der Vergrößerung des Drehwinkels beim Stellen nur so weit über 90⁰ zu gehen, daß bei der symmetrischen Stellrille des Hauptflügels eines zweiflügligen Signals (in Abb. 185a auf der Vorderseite der Stellrillenscheibe, s. Fußn. 1, S. 94) es noch möglich blieb, die Stellrille vom Ende des Stellweges bis 180⁰ bis in den der Haltstellung des Flügels entsprechenden Abstand von der Drehachse der Antriebrolle

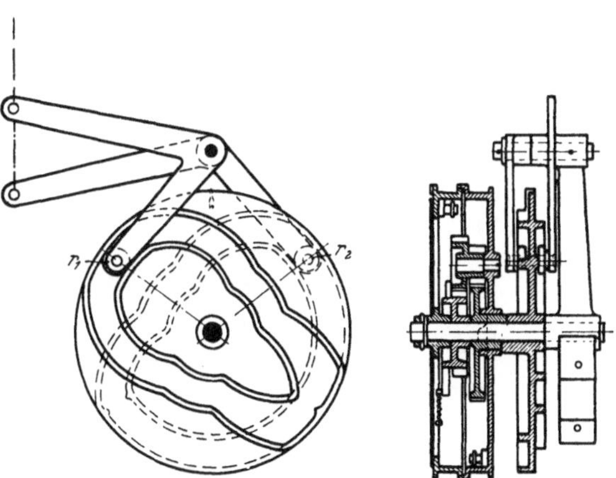

Abb. 185a, b. Durchgangs-Signalantrieb.
Bauart Maschinenfabrik Bruchsal.

zurückzubiegen, so daß die Stellrillenscheibe nach Reißen des Drahtes, wie bei der oben besprochenen Anordnung, gegen die Grundstellung um nur rund 180⁰ gedreht ist. Um dies mit nicht zu gewaltsamer Krümmung der Stellrille zu ermöglichen, befindet sich bei der Anordnung nach Abb. 185 das Röllchen r_1 bei Haltstellung im weitesten Abstand von der Drehachse der Stellrillenscheibe, in Fahrtstellung im geringsten Abstand, also umgekehrt, wie bei der Anordnung nach Abb. 177[1][2].

---

[1] Die Stellrille für den zweiten Flügel nach Abb. 185 ist so geformt, daß gleichfalls nach 180⁰ Reißweg, sei es mit Rechts- oder Linksdrehung der Antriebrolle, das Röllchen r_2 sich in der der Haltstellung des Flügels entsprechenden Lage befindet.

[2] Der Endantrieb der Pr. H. Einheitsform, der beim Festlauf gleichfalls die Antriebrolle um nur annähernd 180⁰ gegen die Grundstellung verdreht zeigt, hat von dieser Umkehrung der vorbeschriebenen Anordnung nicht Gebrauch gemacht und zeigt infolgedessen eine recht gewaltsame Führung der Stellrille.

Hierzu ist noch zu bemerken, daß es für den Enderfolg der Stellwirkung gleichgültig ist, ob das Röllchen r_1 sich beim Stellen von innen nach außen, oder von außen nach innen bewegt. Durch Verlegung des Antriebhebels unterhalb oder oberhalb der Achse der Antriebrolle, ferner auch durch Ausbildung des Antriebhebels als einseitiger Doppelhebel, wie in Abb. 185a, statt, wie in Abb. 175 bis 177 als zweiarmiger Hebel, sowie beim zweiten Flügel auch durch Verlegung des Antriebhebelchens des Flügels wie in Abb. 177 auf die Gegenseite, oder, wie in

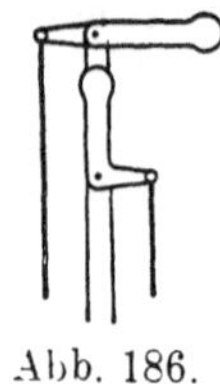

Abb. 186. angedeutet, auf dieselbe Seite, wie der Flügel, so daß die Antriebstange beim Fahrtstellen gedrückt oder gezogen wird, läßt sich beliebig die eine oder die andere Lösung wählen. Die meisten Bauweisen wählen aber für den Hauptflügel beim Fahrtstellen die Bewegung des Röllchens r von innen nach außen, beim zweiten Flügel von außen nach innen. Erstere Wahl hat vielleicht darin ihren Grund, daß diese Anordnung den Vorteil hat, daß die Stellrille für den ersten Teil der Bewegung eine besonders sanfte Krümmung aufweist, daß man also den besonders häufig zu bewegenden ersten Flügel mit verhältnismäßig geringer Kraftanstrengung in Gang bringt.

Die in Abb. 185a, b dargestellte Bauweise von Schn. & H. hat den Vorteil, daß der größte Reißweg kleiner als der dreifache Stellweg ausfällt, daß also das Spannwerk einer entsprechend geringen Fallhöhe bedarf. Dieser Vorteil zweiter Ordnung bedingt es jedoch, daß die Vergrößerung des Stellweges über 90° hinaus in geringen Grenzen gehalten wird, etwa bis 115°. Geht man hierüber hinaus, dann läßt sich die Stellrille nicht ohne gewaltsame Richtungsänderungen bis 180° in den der Haltstellung des Signals entsprechenden Abstand von der Achse zurückbiegen. Die Antriebscheibe kann daher beim Reißen erst nach Drehung um annähernd 360° in eine Lage kommen, bei der der Flügel in die Haltlage zurückkehrt. Der größte Reißweg wird also größer, als der dreifache Stellweg. Anderseits wird so der Rollendurchmesser kleiner, die Führung der Stellrille zwangloser. Beispielsweise hat die Pr.H. Einheitsform für Durchgangssignalantriebe (Abb. 187a, b) einen Stellweg von etwa 150°, bei einem Seilrollendurch-

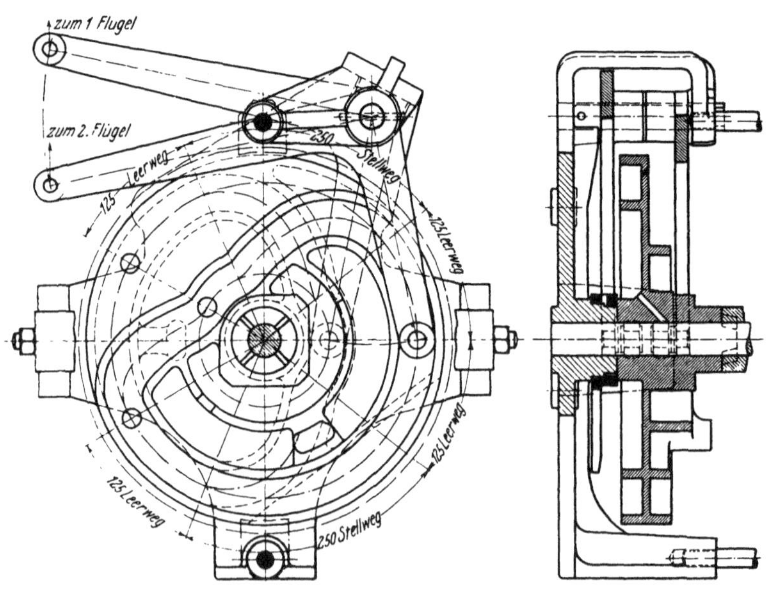

Abb. 187a, b.   Durchgangssignalantrieb.   Pr.H.Einheitsform.

messer von 380 mm. Der größte Reißweg würde bei einer Verdrehung um $150^0 + 360^0$ rund 1700 mm betragen, beträgt aber 1575 mm, da der Festlauf um den Leerlaufweg von 125 mm vor Verdrehung um 360^0 gegen die Grundstellung erfolgt. Die Haltstellung beim Festlauf ist gleichwohl genau.

Bei der Bewegung des Röllchens r von innen nach außen ergibt sich für die symmetrische Stellrille des Hauptflügels etwa eine herzförmige Gestalt (Abb. 187a). Die Stellrille für den zweiten Flügel wird dann in der Regel auch (so auch in Abb. 187a) symmetrisch herzförmig, aber mit anderer Einstellung und Fahrt-

stellbewegung von außen nach innen gemacht, obwohl hier eine andere und namentlich eine unsymmetrische Form auch brauchbar wäre. Statt, wie dies meist geschieht, die Stellrillen für die beiden Flügel auf den beiden Seiten der Antriebscheibe anzubringen, weist der Endantrieb von Fiebrandt beide Stellrillen auf derselben Vorderseite der Antriebrolle ineinandergeschaltet auf (Abb. 188a, b), übrigens auch mit 360^0 Verdrehung der Antriebrolle gegen die Grundstellung in Reißfällen.

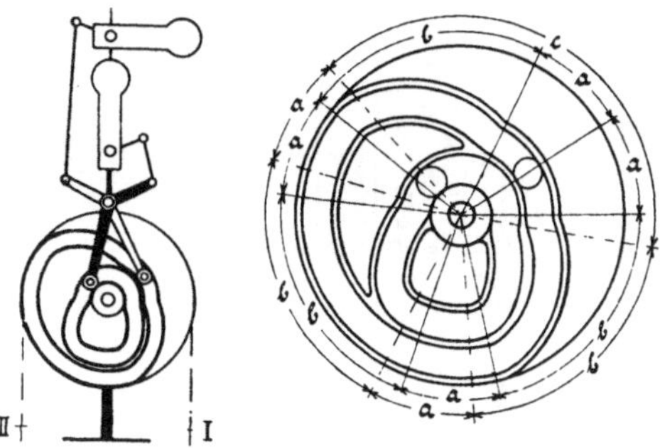

Abb. 188a, b. Stellrillenanordnung von Fiebrandt u. Co. (nach Scheibner, S. 817).

Diese Bauweise hat den Vorteil größerer Übersichtlichkeit und bequemerer Überwachung, bedingt aber bei gleichem Antriebrollendurchmesser einen kleineren Hub der einen Flügelstellstange, also eine ungünstigere Übersetzung für die Flügelbewegung. Man kommt auch mit einer herzförmigen Stellrille aus, in die beide Röllchen r_1, r_2 eingreifen, dasjenige für den Hauptflügel mit zwei symmetrischen Bewegungen von innen nach außen, dasjenige für den zweiten Flügel mit Bewegung von außen nach innen. Auch bei solcher Anordnung läuft in Reißfällen die Stellrillenscheibe 360^0 von der Grundstellung fest.

Alle Bauweisen, die beim Reißen eines der beiden Drahtstränge eine Verdrehung der Antriebrolle oder -scheibe um rund 360^0 nach links bzw. rechts gegenüber der Grundstellung bedingen, also fast alle Bauweisen, die einen Stellweg von mehr als 90^0 aufweisen, d. h. die meisten Bauweisen überhaupt, bedürfen einer Festlaufvorrichtung, zwischen deren Endstellungen rund zwei Umdrehungen der Rolle bzw. Scheibe liegen. Bewirkt man den Festlauf durch entsprechende Einbindung der Drahtseilenden, so erzielt man ihn in je 360^0 von der Grundstellung in einfacher Weise, wenn in der Grundstellung jedes der beiden Drahtseile bis zur Einbindestelle ungefähr drei viertel Aufwickelung aufweist (Abb. 189). Die in der Regel angewendeten Anschlagvorrichtungen jedoch bedürfen gegenüber der einfachen Anordnung, wie sie bei rund 360^0 Drehung zwischen den beiden End(Reiß)-stellungen der Antriebrolle möglich ist (s. S. 96),

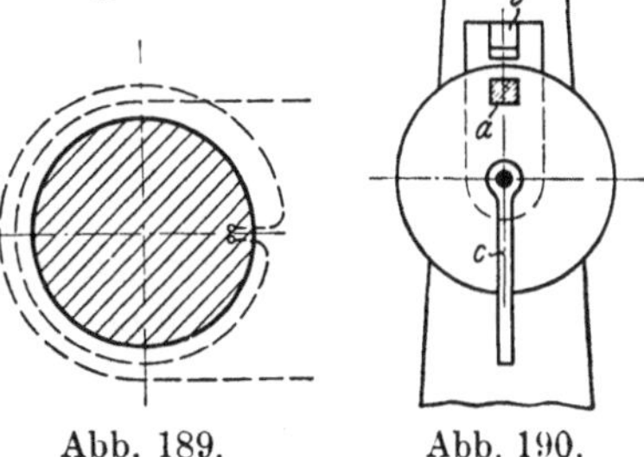

Abb. 189.   Abb. 190.

Abb. 189, 190. Vorrichtungen für Festlauf rund 360^0 von der Grundstellung der Stellrillen-Rolle bzw. -Scheibe.

bei einer doppelt so großen Drehung zwischen den beiden Endstellungen einer verwickelteren Ausbildung. Wie in Abb. 190 schematisch dargestellt ist, schlägt das an der Stellrillenscheibe angebrachte Anschlagstück a nicht unmittelbar gegen ein am Mast angebrachtes Gegenstück b, sondern nimmt bei jeder Drehung nach links oder rechts über 180^0 aus der Grundstellung das auf der Scheibenachse lose drehbare, im Ruhezustand herabhängende Zwischenpendel c mit, das seinerseits

nach etwa halber Umdrehung sich an dem Gegenstück *b* fängt. Dadurch ergibt sich
ein Unterschied der Reißstellung der Stellrillenscheibe von der Grundstellung
die hinter dem Maß von 360° um die Dicke des Zwischenpendels zuzüglich der
halben Dicke von Anschlagstück und Gegenstück zurückbleibt. Dieses Zurückbleiben veranlaßt aber bei der üblichen reichlichen Bemessung des Leerlaufs in der Stellrille keinen Fehler in der Haltstellung der Signalflügel. Eine vielfach angewandte Ausführung solcher Festlaufvorrichtung zeigt nach Abb. 191 das Anschlagstück und das Zwischenpendel je als einen Fanghaken ausgebildet, von denen der erstere (l_1) mit der Nabe der Stellrillenscheibe fest verbunden ist, frei an der Anschlagrippe *m* am Signalmast vorbeischlägt, aber den

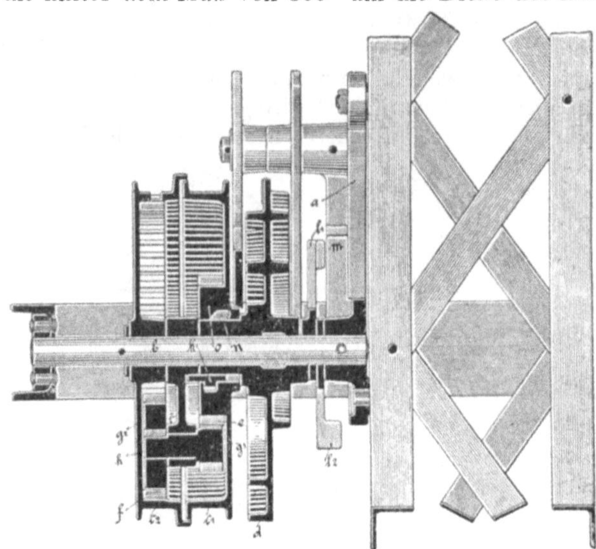

Abb. 191. Durchgangssignalantrieb mit Festlaufvorrichtung.
Bauart Fiebrandt & Co. (Nach Scheibner S. 852.)

dazwischenhängenden auf der Achse der Antriebscheibe lose drehbaren Fang
haken l_2 nach etwa halber Drehung aus der Grundstellung mitnimmt, der
seinerseits mit seinem hakenförmigen Ansatz so weit vorsteht, daß dieser nach
halber Umdrehung sich an der am Mast sitzenden Anschlagrippe *m* fängt.

d) Stellrillenantrieb für ein dreiflügliges Signal. Um ein dreiflügliges Signal in der Weise in Fahrtstellung zu bringen, daß diese bei allen drei
Flügeln gleichzeitig eintritt, sind zwei Doppeldrahtleitungen erforderlich, von
denen regelmäßig die eine mittels zweier aus der Grundstellung entgegengesetzt
gerichteter Stellbewegungen dazu dient, unter Benutzung des Hauptflügels
allein oder der beiden oberen Flügel das Signal ein- oder zweiflüglig zu stellen.
Die früher zuweilen getroffene Anordnung, daß behufs Stellens des dreiflügligen
Signals nach Bedienung einer Zwischeneinrichtung im Stellwerk mit dem Hebel
der zweiten Doppeldrahtleitung beide Leitungen gleichzeitig bewegt wurden,
ist verlassen. Ebenso wird eine Anordnung derart, daß bei Bedienung der zweiten
Leitung ohne weiteres (also ohne Bewegung der Leitung der zwei oberen Flügel)
alle drei Flügel in Fahrtstellung gehen, kaum noch verwendet. Das gleiche
gilt von der früheren Stahmerschen Anordnung, bei der nur eine Doppeldrahtleitung vorhanden ist, die bei Weiterbewegung über die Fahrtstellung des zweiflügligen Signals hinaus auch den dritten Flügel in Fahrtstellung gehen läßt
(Scholkmann, S. 1199). Die übliche Anordnung läuft vielmehr darauf hinaus,
daß die Bedienung der zweiten Leitung am Signalmast eine Verbindung zwischen
dem zweiten und dritten Flügel herstellt (den dritten Flügel einrückt), so daß
eine hierauf erfolgende Stellbewegung der Leitung des zweiflügligen Signals
gleichzeitig alle drei Flügel in Fahrtstellung gehen läßt. Für das Stellen des
dreiflügligen Signals besteht im Stellwerk die zwangsweise wirkende Abhängigkeit, daß vor dem Hebel der Leitung des zweiflügligen Signals der Hebel der Einrückleitung bedient wird (vgl. S. 140). Das Grundsätzliche der am Signalmast
zu treffenden Anordnung sei an Hand der schematischen Abb. 192 und der die
besondere Bauweise der Firma Z. & B. darstellenden Abb. 193, 194 erläutert.

In der schematischen Abb. 192 dient der Umschlaghebel[1]) a zur Bewegung des Doppeldrahtzuges d_1, d_2, der, wenn der Hebel b nicht zuvor bedient ist, je nach Umlegung des Hebels a nach rechts oder links den Flügel F^1 oder die beiden Flügel F^1, F^2 in Fahrtstellung gehen läßt. Die zweite Leitung d_3, d_4 bewegt beim Umlegen des Hebels b die Einrückrolle R, die sich unter dem dritten Flügel am Signalmast befindet und durch ihre Rechtsdrehung den dritten Flügel an den zweiten Flügel kuppelt. Abb. 193, 194 zeigen, wie dies Einrücken bei Z. u. B. herbeigeführt wird. Durch Rechtsdrehung der Einrückrolle R veranlaßt die auf dieser angebrachte Führungsrille das Röllchen m zur Bewegung nach der Rollenmitte zu und bedingt dadurch eine Rechtsschwenkung des Winkelhebels o um seinen festen Lagerpunkt n. Der Winkelhebel o nimmt mittels der Verbindungsstange p den am unteren Ende der (an den zweiten Flügel angeschlossenen) Kuppelungsstange i sitzen-

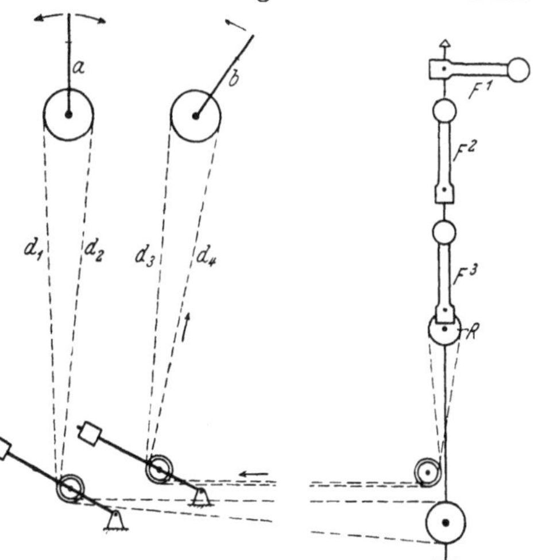

Abb. 192. Leitungsanordnung bei dreiflügligem Signal. (Nach Stellwerk 1907, S. 178.)

den Kuppelungszapfen z mit nach rechts hinüber, so daß er in die am dritten Flügel F^3 angebrachte Kuppelungsgabel g eingreift und damit die Kuppelung des dritten an den zweiten Flügel herstellt. Beim demnächstigen Bewegen des Drahtzuges d_1, d_2 für zweiflüglige Signalstellung 'gehen mithin alle drei Flügel auf Fahrt. Der zweite Arm q des Winkelhebels o hat die Aufgabe, bei Grundstellung der Einrückrolle unter das Gegengewicht des dritten Flügels zu greifen und so diesen in Grundstellung festzuhalten.

Wenn die Einrückrolle R in Abb. 193, 194 noch eine in gleichbleibendem Abstand von der Rollenachse verlaufende Fortsetzung der Stellrille für Linksdrehung der Rolle aufweist, so hat dies darin seinen Grund, daß man bisweilen auch den Drahtzug der Einrückrolle für zwei

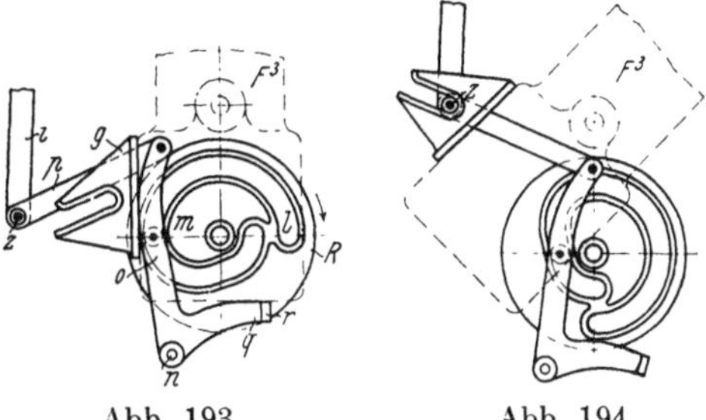

Abb. 193.   Abb. 194.

Abb. 193, 194. Einrückrolle für den dritten Signalflügel. Bauart Zimmermann & Buchloh. (Nach Stellwerk 1907, S. 179.)

entgegengesetzte Stellbewegungen einrichtet, indem man die Leitung bei ihrer zweiten Bewegung lediglich als Riegelleitung[2]) benutzt.

Für Drahtbruch wird das dreiflüglige Signal ebenso eingerichtet wie das zweiflüglige. Bei Drahtbruch in der Stelleitung geht daher das Signal aus Haltstellung, ein-, zwei- oder dreiflügliger Fahrtstellung nach Vollendung des

---

[1]) Statt des Umschlaghebels werden jetzt regelmäßig andere Vorrichtungen verwendet (s. S. 35).

[2]) Riegelrollen für Weichen, die für zwei- und dreiflügliges Signal in gleicher Lage zu sichern sind, können in die Signalstelleitung eingeschaltet werden. Weichen dagegen, die für zwei- und dreiflügliges Signal in verschiedener Lage zu sichern sind, erhalten Riegel in der für zweiseitige Bewegung einzurichtenden Kuppelleitung. Die eine Stellbewegung rückt dann den dritten Flügel ein und riegelt im Sinne des dreiflügligen Signals. Die zweite Stellbewegung riegelt im Sinne des zweiflügligen Signals, während die Kuppelrolle am Signal hierbei leer läuft. Vgl. Fußnote 1 auf S. 81.

Reißweges der Leitung in die Haltstellung über. Für den Fall des Reißens der Einrückleitung muß dagegen in besonderer Weise vorgesorgt werden. Mit Rücksicht auf häufige Verwendung der zweiten Stellbewegung des Einrückhebels zur Betätigung einer Riegelrolle (s. oben) wird der Einrückhebel gewöhnlich als Riegelhebel ausgebildet, d. h. wie ein Weichenhebel mit Ausschereinrichtung (S. 127 ff.) versehen, und die Leitung erhält ein Spannwerk mit gleicher Abwickelungsfähigkeit, wie Riegelleitungen. Bei Drahtbruch in der Einrückleitung könnte mithin der dritte Flügel selbsttätig ein- oder ausgerückt werden, daher bei Fahrtstellung des dreiflügligen Signals der dritte Flügel in die senkrechte Lage zurückgehen, so daß statt des dreiflügligen das zweiflüglige Signal erscheint. Die Einrückrolle wird daher regelmäßig mit einer Sperrvorrichtung (Fangvorrichtung) ausgerüstet (vgl. Stellwerk 1908, S. 37).

e) **Stellen zweier einflügliger Signale mittels eines Doppeldrahtzuges.** Wie bereits S. 35 hervorgehoben, kann man zwei sich ausschließende einflüglige Signale mittels einer Doppeldrahtleitung stellen, die aus der Grundstellung nach beiden Richtungen beweglich ist. Stehen die beiden Signale, wie z. B. zwei Ausfahrsignale an demselben Bahnhofsende, in geringem Abstande, so daß die Temperaturänderung des zwischen beiden Signalen befindlichen Leitungsstückes innerhalb des Leerganges der Stellrille des zwischen geschalteten Signales verbleibt, so gibt man auch diesem einen Endantrieb. Wie in Abb. 195 (unter Annahme der Stellrinnenanordnung, wie oben in Abb. 177

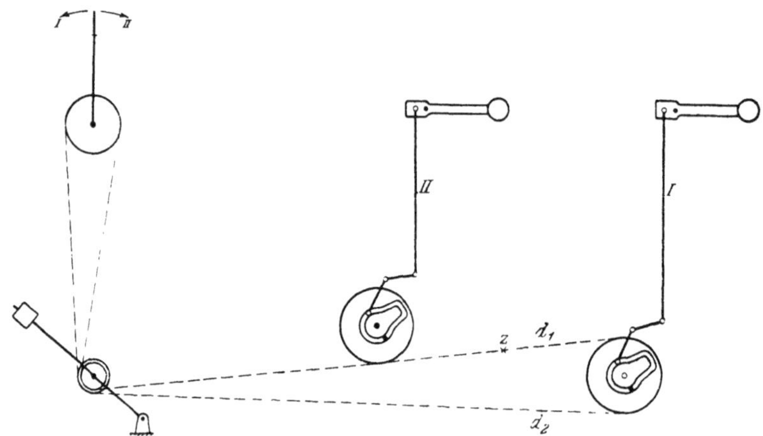

Abb. 195. Leitungsanordnung für zwei gekuppelte einflüglige Signale.
(Nach Stellwerk 1908, S. 43.)

und 178) schematisch dargestellt, erhalten beide Antriebrollen Stellrillen, wie sie sonst für den zweiten Flügel eines zweiflügligen Signals gebraucht werden, so daß bei Anziehen der Leitung d_1 und Nachlassen von d_2 das Signal I in Fahrtstellung geht, während II in Haltstellung bleibt, während die umgekehrte Leitungsbewegung das entgegengesetzte Ergebnis hat. Die Anordnung muß, um bei Drahtbruch zwischen beiden Signalen bei z bei beiden Signalen sicher Haltstellung herbeizuführen, wie in Abb. 195 so getroffen werden, daß der jeweils gezogene Draht die Haltstellung des ersten Signals, zu dem er gelangt, unbeeinflußt läßt, und das zweite auf Fahrt stellt (vgl. Stellwerk 1908, S. 43—47). Stehen zwei zu kuppelnde Hauptsignale in größerem Abstande voneinander, so erhält das eine einen richtigen Zwischenantrieb, und die Verbindung wird in ähnlicher Weise hergestellt wie bei Haupt- und Vorsignal (s. d. F.).

3. Leitungsanordnung beim Vorhandensein eines Vorsignals. Auch für die Vorsignale verwendet man in Deutschland jetzt fast allgemein (s. S. 93) Antriebe mit Stellrillenwirkung. Wird die Halt- oder Fahrtstellung eines Hauptsignales durch die Warn- bzw. Freistellung eines Vorsignals dem Lokomotivführer angekündigt, so muß man die Forderung stellen, daß sowohl beim richtigen Wirken der Leitungen wie bei Drahtbruch entweder die Stellungen von Haupt- und Vorsignal sich stets entsprechen müssen, oder daß, soweit die Stellungen von Haupt- und Vorsignal nicht im Einklang stehen, durch diese Unstimmigkeit wenigstens keine Betriebsgefahr herbeigeführt werden kann. Die Erfüllung dieser Forderung gestaltet sich verschieden und ist mehr oder weniger vollkommen möglich, je nach den für die Stelleitungen von Haupt- und Vorsignal getroffenen Anordnungen. In der Hauptsache ist hier zu unterscheiden, ob Haupt- und Vorsignal durch zwei Stellhebel mittels zweier ganz getrennt verlaufender Leitungen (Sächs.Stb.) oder durch einen Stellhebel oder Doppelhebel (bei dreiflügligen Signalen unter Hinzutritt des Einrückhebels) mittels einer Leitung gestellt werden. Im letzteren Falle besteht noch ein Unterschied dahin, ob die eine Stelleitung zwischen Hebel und Hauptsignal und zwischen Haupt- und Vorsignal zwei verschiedene Leitungsschleifen besitzt (wie auf den Bayer.Stb. und Bad.Stb. und stellenweise auf den Württb.Stb.), oder ob die Leitung vom Stellhebel über das Hauptsignal zum Vorsignal ungetrennt durchgeht (Regel auf den Pr.H.St.B.).

a) Getrennte Stellhebel für Haupt- und Vorsignal. Im Stellwerk muß die Abhängigkeit bestehen, daß der Vorsignalhebel erst nach dem Hebel des ein- oder zweiflügligen Hauptsignals (gilt auch für den Zweisteller eines dreiflügligen Signals) aus der Grundstellung umgelegt werden kann, und daß für das Zurückbewegen in die Grundstellung der Zwang für die umgekehrte Reihenfolge besteht. Haupt- sowohl wie Vorsignal sind mit Endantrieb, die Leitung eines jeden mit Spannwerk ausgerüstet, das ausreichende Fallhöhe besitzen muß, um das betreffende Signal bis zum Festlauf, bei dem Haltlage der Signalflügel bzw. Warnstellung der Vorsignalscheibe eintritt, zu bewegen. Erfolgt bei Grundstellung beider Hebel Drahtbruch, so verbleibt das Haupt- bzw. Vorsignal, bei dem dies geschieht, entweder in der Halt- bzw. Warnstellung oder es gelangt nach vorübergehender Fahrt- bzw. Freistellung sogleich wieder in Halt- bzw. Warnstellung zurück.

Befinden sich dagegen Haupt- und Vorsignal in Fahrt- bzw. Freistellung, so bringt ein Bruch einer der beiden Doppeldrahtleitungen nur das betreffende Signal in die Halt- bzw. Warnstellung zurück. Es ist dann Sache des Wärters, das Signal, dessen Leitung nicht gerissen ist, sogleich in die Halt- bzw. Warnstellung zurückzulegen. Bis dies geschehen, besteht im allgemeinen keine Gefahr, da in der Weichenstellung alles für die Zugfahrt vorbereitet ist. Nur eine etwa in die Signalleitung eingeschaltete Riegelrolle könnte bei Reißen der Signalleitung entriegelt werden. Deshalb sollte man bei getrennter Hebelbedienung von Haupt- und Vorsignal keine Riegelrollen in die Signalleitung einschalten. Ist dies vermieden, so ist auch der ungünstige Umstand, daß bei Reißen der Hauptsignalleitung das Hauptsignal in Haltlage zurückkehrt, dagegen das Vorsignal in Freistellung verbleibt, also ein widersinniges Signalbild entsteht, nicht gerade gefährlich. Reißt dagegen die Vorsignalleitung, so kann der Übelstand entstehen, daß, wenn die zum Festlauf gelangte Antriebrolle des Vorsignals in dieser Lage durch das Spanngewicht festgehalten wird, der Vorsignalhebel, falls für seine Rückbewegung der heilgebliebene Draht gezogen werden muß, nicht in die Grundstellung zurückbewegt werden kann, und somit auch das Zurücklegen des Signalhebels in die Grundstellung verhindert ist. Dieser Übelstand läßt sich durch besondere Anordnungen vermeiden, wie solche im Stellwerk 1910, S. 145 ff. und S. 159 ff. beschrieben sind, darunter die auch auf den Sächs.Stb. übliche Anordnung.

Reißt endlich beim Auffahrtstellen des Hauptsignals, oder, nachdem der

Hauptsignalhebel, aber noch nicht der Vorsignalhebel umgelegt ist, die Leitung des Hauptsignals, so kehrt dies in die Haltstellung zurück. Es ist dann Sache, des Wärters, nun nicht etwa den Vorsignalhebel umzulegen. Dies läßt sich indessen auch durch geeignete Ausbildung der Abhängigkeit zwischen Hauptsignalhebel und Vorsignalhebel verhindern. Im ganzen genommen, bestehen keine erheblichen Sicherheitsbedenken gegen das Stellen von Haupt- und Vorsignal mit getrennten Stellhebeln. Als Vorzüge solcher Anordnung werden angeführt, die geringere Belastung der Drahtleitungen und die einfachere Erfüllung der Reißbedingungen. Doch hat sie noch den Nachteil, daß kein Zwang besteht, nach Stellen des Hauptsignals auch das Vorsignal umzustellen, und daß die Bedienung mehr Zeit erfordert. Ferner wird bei dringender Gefahr das Aufhaltstellen des Signalhebels verzögert. So wenden die meisten deutschen Bahnen die Bedienung von Haupt- und Vorsignal mit einem Hebel an, so namentlich die Pr.H.St.B., die nur ausnahmsweise, so namentlich bei großen Bewegungswiderständen getrennte Leitungen für Haupt- und Vorsignal anordnen. [1]

b) Ein Stellhebel, aber getrennte Leitungsschleifen für Haupt- und Vorsignal. Bei dieser Anordnung erhalten Haupt- und Vorsignal Endantriebe. Die Endrolle (Antriebrolle) am Hauptsignal ist jedoch zugleich Anfangrolle der zweiten Leitungsschleife, die vom Hauptsignal zum Vorsignal geht. Jede der beiden Leitungsschleifen ist, wie in Abb. 196 schematisch dargestellt,

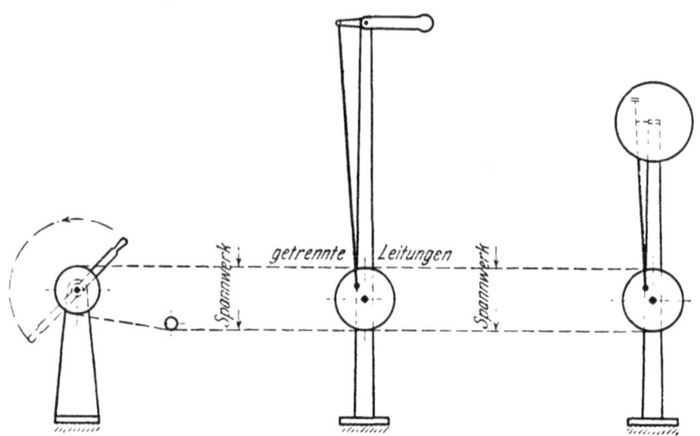

Abb. 196. Vorsignalanschluß.
Ein Stellhebel, aber getrennte Leitungsschleifen.

mit einem Spannwerk ausgerüstet. Sofern die Anordnung zweckentsprechend getroffen ist (vgl. Stellwerk 1907, S. 145 ff., und Stellwerk 1910, S. 190 ff.), verhält sich bei Drahtbruch zwischen Stellhebel und Hauptsignal letzteres ebenso wie bei Einzelantrieb von Haupt- und Vorsignal, und das Vorsignal wird durch seine heilgebliebene Verbindungsleitung in die Warnstellung mitgenommen, sobald das Hauptsignal beim Festlauf in die Haltstellung gelangt. Reißt dagegen die Leitung zwischen Haupt- und Vorsignal, so kommt das zweite Spannwerk zur Wirkung. Erfolgt der Drahtbruch in einer der beiden Endstellungen des Hebels, so bleibt die erste Leitungsschleife bis einschließlich der Antriebrolle des Hauptsignals ruhen, und es gelangt, einerlei ob das Hauptsignal sich in Halt- oder Fahrtstellung befindet, das Vorsignal beim Festlauf seiner Antriebrolle in Warnstellung. Erfolgt dagegen der Drahtbruch beim Umstellen, so wird durch den Zug des zweiten Spannwerks auch die erste Leitungsschleife samt dem Stellhebel in Halt- oder Fahrtstellung mitgenommen, während das Vor

---

[1] Auf den Pr.H.St.B verwendet man nach Bedarf Kohlensäureantriebe (s. VI. Kap., IV.) für weit entfernte Vorsignale.

signal beim Festlauf in Warnstellung gelangt. Damit, falls in den vorbeschriebenen Fällen das Hauptsignal nach erfolgtem Drahtbruch die Fahrtstellung einnimmt, diese beseitigt werden kann, ist bei der im Stellwerk (wie oben) beschriebenen Anordnung von Scheidt & Bachmann die Leitung am Vorsignalantrieb so angeschlossen, daß sich beim Drahtbruch der zweiten Leitungsschleife nach erfolgtem Festlauf des Vorsignals der heilgebliebene Drahtstrang von der Vorsignalantriebrolle löst, so daß das gefallene Gewicht des zweiten Spannwerks die Drehung der Antriebrolle des Hauptsignals und damit die Bewegung des Signalhebels nicht hindert.

Wenngleich hiernach bei den Anordnungen mit einem Stellhebel und zwei Leitungsschleifen nicht gerade ein gefährliches Signalbild entsteht, so erscheint doch unter Umständen nach Drahtbruch eine unbeabsichtigte Fahrtstellung eines Hauptsignals, die erst durch Umlegen des Stellhebels beseitigt werden muß. Die meisten deutschen Bahnen, insbesondere die Pr.H.St.B. ziehen die Anordnung mit einem Stellhebel und durchlaufender Leitung vor, bei der es möglich ist, bei Leitungsbruch in allen Fällen stets am Hauptsignal Haltstellung und am Vorsignal Warnstellung herbeizuführen. Die Bad.Stb. verwenden getrennte Leitungsschleifen bei Leitungslängen von 1000 m, höchstens 1200 m, zwischen Stellhebel und Vorsignal; bei größeren Längen getrennte Stellhebel mit Bedienungsfolgeabhängigkeit. In der Schweiz verwendet man einen Hebel und getrennte Leitungsschleifen, wobei Leitungslängen bis zu 2000 m vorkommen.

c) Ein Stellhebel und durchgehende Leitung. Wenn durch einen Stellhebel mittels durchgehender Leitung Hauptsignal und Vorsignal gestellt werden, so wird am Hauptsignal ein sogenannter Zwischenantrieb angeordnet[1]). Die Doppeldrahtleitung des ein- oder zweiflügligen Signals (vgl. die schematische Skizze, Abb. 197) erhält nur ein Spannwerk, das (vgl. die Erörterungen, S. 60, 61)

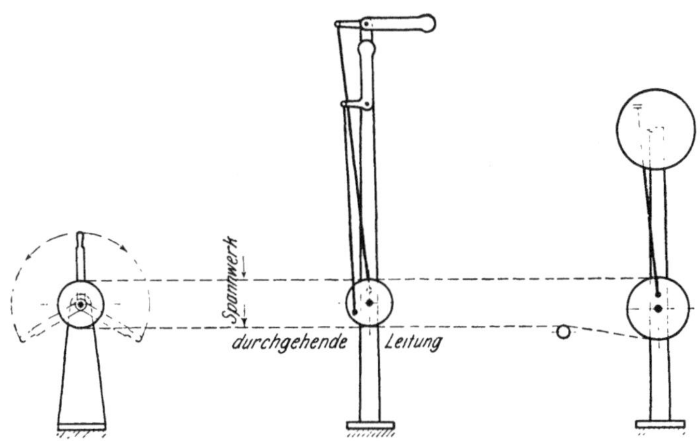

Abb. 197. Vorsignalanschluß.
Ein Stellhebel und durchgehende Leitung.

regelmäßig zwischen Stellhebel und Hauptsignal angeordnet wird, bisweilen im Stellwerksgebäude unter dem Stellwerk[2]). Für den Zwischenantrieb ergibt sich die Notwendigkeit des Temperaturausgleichs für die Längenänderungen, die in der Leitungsstrecke zwischen dem Vorsignal und dem Hauptsignal auftreten.

---

[1]) Eine Anordnung, bei der die Stelleitung eindrähtig vom Stellhebel über das Hauptsignal zum Vorsignal und weiter zum Stellhebel zurückgeführt wird (ähnlich der in Abb. 195 dargestellten Anordnung für zwei einflüglige Signale) würde betriebsgefährlich sein. (Siehe Stellwerk 1920, S. 49 ff.)

[2]) Auf den Pr.H.St.B. Regel, sofern im Stellwerksgebäude ausreichende Höhe vorhanden ist.

Bei einem dreiflügligen Signal tritt, wie S. 100, 101 beschrieben, eine zweite Doppeldrahtleitung hinzu, die jetzt in der Regel als sogenannte Einrückleitung für den dritten Flügel ausgebildet wird, vom Stellhebel bis zum Hauptsignal reicht ein Spannwerk erhält, und häufig in ihrer zweiten möglichen Stellbewegung als Riegelleitung ausgenutzt wird (s. S. 101). Da der dritte Flügel, wenn er durch Betätigung der Einrückleitung mit dem zweiten verbunden ist, dessen Bewegungen folgt, ist dem S. 101 Gesagten nichts hinzuzufügen, also hier nur der Fall des zweiflügligen (damit zugleich des einflügligen) Signals zu behandeln.

Der Zwischenantrieb am Hauptsignal und der Endantrieb am Vorsignal sollen der Bedingung genügen, daß bei Drahtbruch an beliebiger Stelle das Hauptsignal endgültig in Haltstellung und das Vorsignal in Warnstellung gelangt. Wenn man zu diesem Zwecke den Zwischenantrieb des Hauptsignals und den Endantrieb des Vorsignals je mit einer Festlaufvorrichtung versieht, so ist es ausgeschlossen, daß in allen Reißfällen an beiden Festlauf erfolgt. Denn die Bewegungen der Drahtstränge gestalten sich je nach Lage der Reißstelle und vorheriger Stellung des Signals, nach Richtung und Größe so verschieden, daß mindestens in einigen Fällen beim Festlauf der einen Festlaufvorrichtung die andere vom Festlauf noch mehr oder weniger weit entfernt ist. Namentlich spielt hier der Umstand eine Rolle, daß bei Drahtbruch zwischen Haupt- und Vorsignal das Spannwerk beide Leitungsstränge in derselben Richtung über den Zwischenantrieb des Hauptsignals hinweg anzieht, daß also die beiden Leitungsstränge auf den Zwischenantrieb ebenso einwirken, wie sonst Längenänderungen durch Temperaturunterschiede. Durch besondere Bauweise des Zwischenantriebs muß dafür gesorgt werden, daß die ein gewisses Maß überschreitenden gleichgerichteten Bewegungen der beiden Drahtstränge am Zwischenantrieb eine Stellbewegung (und somit auch ein Haltstellen des etwa auf Fahrt stehenden Signals) herbeiführen.

Um trotz dieser Umstände bei Drahtbruch in allen Fällen das Hauptsignal in Haltstellung und das Vorsignal in Warnstellung überzuführen, werden in der Hauptsache zwei verschiedene Verfahren angewendet. Die eine Gruppe der getroffenen Anordnungen beruht auf dem Grundgedanken, bei eintretendem Drahtbruch entweder stets, oder in gewissen Reißfällen eine der beiden Antriebvorrichtungen unter gleichzeitiger Halt- bzw. Warnstellung auszuschalten, während sodann die andere der beiden Antriebvorrichtungen durch den heilgebliebenen Draht so lange weiterbewegt wird, bis sie durch Festlauf die Warn- bzw. Haltstellung herbeiführt. So zeigen eine Ausschaltung des Zwischenantriebs am Hauptsignal unter gleichzeitiger Haltstellung stets oder bei gewissen Reißfällen der Scherenhebelantrieb von Max Jüdel & Co., ferner der Antrieb von Hein, Lehmann & Co. sowie auch der Schneckenantrieb von Zimmermann & Buchloh; die Ausschaltung des Vorsignalantriebes unter gleichzeitiger Herbeiführung der Warnstellung zeigte der frühere Vorsignalantrieb der Firma Stahmer.

Die andere Gruppe der getroffenen Anordnungen beruht auf einem ganz anderen Grundgedanken. Auch bei diesen neueren Bauweisen wird nur an einer der beiden Antriebvorrichtungen die Halt- bzw. Warnstellung stets durch eine Festlaufvorrichtung herbeigeführt. Die andere der beiden Antriebvorrichtungen besitzt eine so große Antriebrolle (vgl. Abb. 200), daß der Stellweg nur einen kleinen Teil der Rollendrehung beansprucht (etwa 45° nach jeder Richtung von der Grundstellung aus), so daß von der als geschlossene Kurve verlaufenden Stellrille, die das Stellröllchen bei Weiterdrehung nach einer von beiden Richtungen sogleich in die Haltlage bzw. Warnlage zurückführt, ein großer Teil (vgl. z. B. Abb. 200) als Leergang bei Weiterdrehung das Stellröllchen in der Halt- bzw. Warnlage verharren läßt, einerlei, wie weit, innerhalb gewisser Grenzen, die Drehung der Antriebrolle fortschreitet. So wird bei solchem Antrieb die Halt- bzw. Warnstellung beibehalten, einerlei, wie weit die Leitung sich bis zum Festlauf an der Antriebvorrichtung des anderen Signals noch weiterzubewegen hat. Meist wird in dieser Weise der Vorsignalantrieb mit wechselnder Warnstellung des Antriebröllchens innerhalb eines großen Leerlaufs eingerichtet, so bei dem neueren Vorsignalantrieb der Firma Stahmer, bei dem Einheitsantrieb der Pr.H.St.B., bei der Anordnung von Fiebrandt & Co. Dagegen weist die Anordnung von Scheidt & Bachmann für durchgehende Leitung Festlauf am Vorsignal und Haltlage des Antriebröllchens bei wechselnder Stellung der Antriebrolle des Hauptsignals auf.

Die neueren Anordnungen sind vorzuziehen, da bei den älteren die Ausschaltung des Antriebs und folglich bei manchen die Loslösung der Drahtleitung wegen mangelhafter Einregulierung oder bei außergewöhnlich großen Wärmeunterschieden auch ohne Drahtbruch eintreten kann, und weil die Wiederinbetriebsetzung nach erfolgtem Drahtbruch umständlich ist. Es empfiehlt sich, die beschriebene Anordnung des großen Leerlaufs an der Antriebrolle des Vorsignals zu treffen, da sie eine etwas gewaltsame Führung der Stellrillen und einen kurzen Leerlauf in der Grundstellung bedingt. Ersteres ist wegen des geringeren Krafterfordernisses für das Umstellen, letzteres wegen etwaiger ungenauer Signalstellung beim Vorsignal weniger bedenklich als beim Hauptsignal.

4. Zwischenantriebe an Hauptsignalen und Endantriebe an Vorsignalen. In der Hauptsache soll hier nur die der zweiten Gruppe angehörige Einrichtung von Stahmer beschrieben werden, deren Zwischenantrieb amHauptsignal auf der Wirkung eines Wendegetriebes mit Kegelrädern beruht, wie S. 84 für Zwischenantriebe an Riegelrollen beschrieben.

a) Zwischenantrieb mit Wendegetriebe der Firma Stahmer nebst zugehörigem Vorsignalantrieb. Bei der hier zu beschreibenden, in Abb. 198, 199a bis d, 200 dargestellten, Einrichtung befindet sich (Abb.199b) die den Antrieb der beiden Flügel bewirkende besondere Stellrillenscheibe A_3 auf derselben Drehachse mit dem Antriebrollenpaar A_1, A_2, also, da die Leitung weiterläuft, am Mastfuß (vgl. S. 92). Die Stellrillenscheibe A_3 hat eine Anordnung mit herzförmigen Stellrillen, die ähnlich ausgebildet sind, wie bei der in Abb. 187a (S. 98) dargestellten Stellrillenscheibe. Die in diesen geführten beiden Stellröllchen r_1, r_2 sitzen an den nach unten gerichteten Armen e_1, e_2 der beiden dreiarmigen Antriebhebel e_1, f_1, g_1 und e_2, f_2, g_2; in Anbetracht dessen, daß die Übertragung der Antriebbewegung von hier auf die Flügel nahezu vom Mastfuß aus, also auf großen Abstand zu geschehen hat, erfolgt sie nicht durch Stangen, sondern durch je zwei Drähte, die von den beiden nach rechts und links gerichteten Armen f_1, g_1 und f_2, g_2 jedes der beiden dreiarmigen Hebel ausgehen.

Die Ausgleicheinrichtung des Antriebes weist dieselbe Anordnung auf wie die oben S. 84 für die Stahmersche Riegelrolle beschriebene. Auch hier sind die beiden Stränge d_1, d_2 der Doppeldrahtleitung in entgegengesetzter Richtung um die beiden Antriebrollen A_1, A_2 geschlungen, die sich mithin bei den durch Wärmeänderung hervorgerufenen gleichgerichteten Längsbewegungen in entgegengesetztem Sinne drehen und das zwischen ihnen eingreifende Kegelrädchen z sich an Ort und Stelle drehen lassen. Dagegen bewirken die entgegengesetzt gerichteten Bewegungen beider Drahtstränge beim Umstellen des Stellhebels auch hier eine gleichgerichtete Drehung der beiden Antriebrollen. Diese nehmen folglich das Kegelrädchen z, ohne daß es sich dreht, mit. Die Drehachse des Kegelrädchens ist hier auf der Nabe der Antriebscheibe (Stellrillenscheibe A_3) festgekeilt, die somit durch Stellbewegungen des Drahtzuges in demselben Maße bewegt wird und ebenso auf die Flügel einwirkt wie bei einem Endantrieb (S. 94ff.), während die durch Temperaturänderungen herbeigeführten entgegengesetzten Drehungen der Antriebrollen, da bei an Ort und Stelle sich drehendem Kegelrädchen z dessen Drehachse und somit die Nabe der Antrieb-

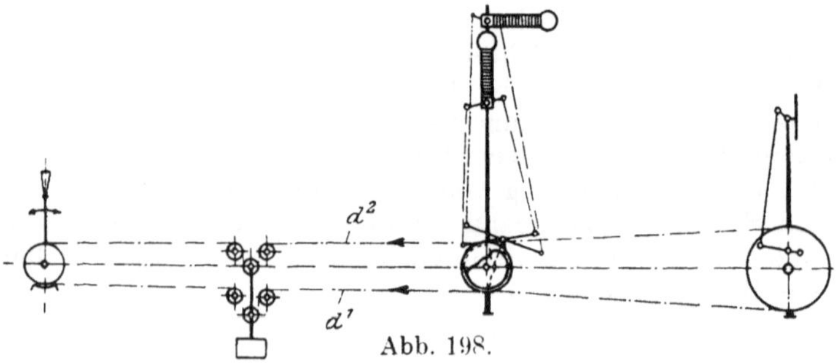

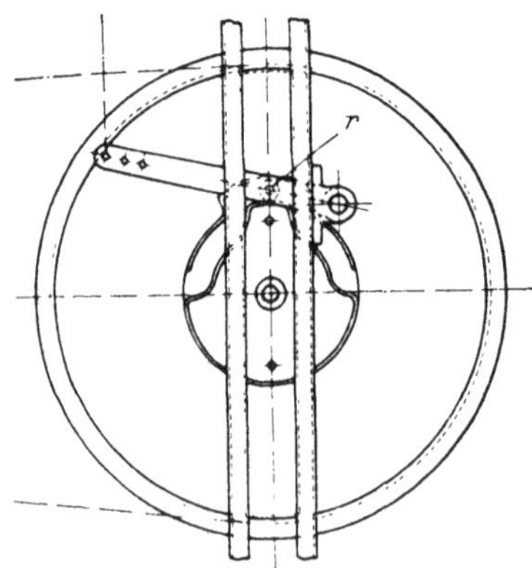

Abb. 198.

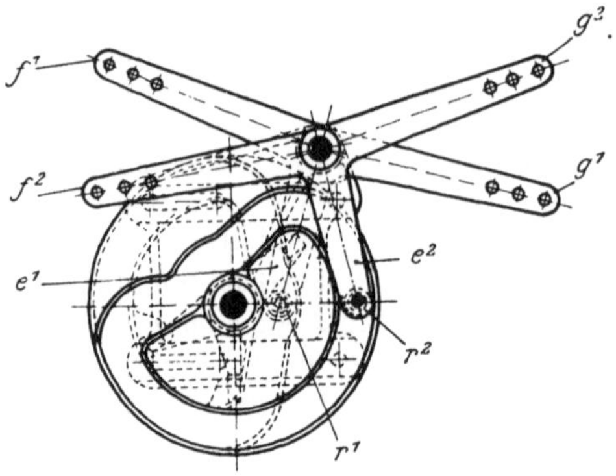

Abb. 199 a.

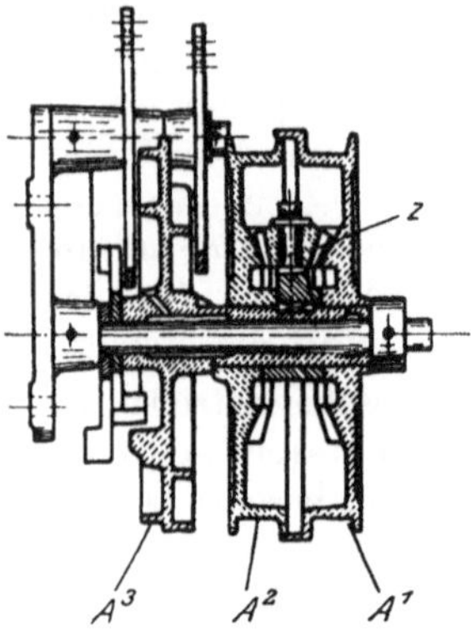

Abb. 199 b.

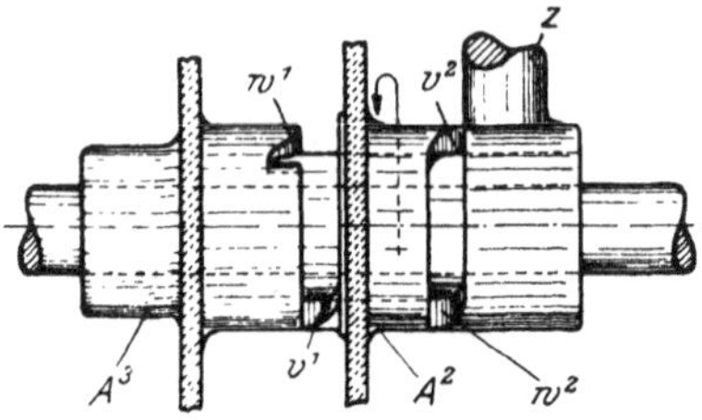

Abb. 199 c.

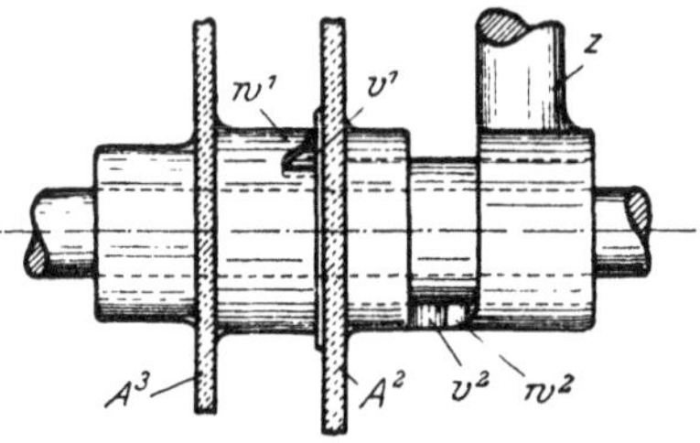

Abb. 199 d.

Abb. 198—199. Hauptsignalzwischenantrieb mit Wendegetriebe. Bauart Stahmer.

Abb. 200. Vorsignalantrieb zum Hauptsignalzwischenantrieb
nach Abb. 198, 199. Bauart Stahmer.

scheibe und diese selbst ruhen bleiben, keine Stellbewegung auf die Flügel übertragen. Das Vorsignal hat eine so große Antriebrolle erhalten (Abb. 200), daß dem Leitungsstellweg von 400 mm ein Drehwinkel von 55^0 entspricht. Auf diesen Teil der Rollendrehung nach jeder Seite hin führt die Antriebrille des Stellröllchens r das Signal von der Warn- in die Freistellung, um es im Falle des Drahtbruchs nach weiterer Drehung um 35^0 in die Warnstellung zurückzuführen, in der es dann wegen kreisförmigen Verlaufs der Führung auch bei fernerer Weiterdrehung um 230^0 verbleibt (s. d. F.). Daß so der Festlauf erst in 320^0 Drehungsabstand von der Grundstellung erfolgt, ist dadurch ermöglicht, daß die Stellrille bei 90° ins Freie mündet und in der zylindrischen Außenfläche der Nabe (mit Überspringung je der zweiten Stellrillenmündung) auf nahezu eine volle Umdrehung sich fortsetzt.

Für den Fall des Drahtbruches ist sowohl die Antriebscheibe des Hauptsignals wie die Antriebrolle des Vorsignals mit je einer Festlaufvorrichtung versehen. Diejenige des Vorsignals besteht indessen, wie eben erwähnt, nur in der jederseitigen Endbegrenzung der Stellrille und ihrer Fortsetzung nach $55° + 35° + 230°$, kommt daher erst nach im ganzen 320° Drehung der Antriebrolle aus ihrer Grundstellung, d. h. nach nahezu 6 Stellgängen zur Wirksamkeit. Deshalb kann der Vorsignalantrieb niemals früher festlaufen als der Hauptsignalantrieb, sondern äußerstenfalls zur selben Zeit. Im allgemeinen läuft er nicht fest, sondern das Antriebröllchen bleibt innerhalb der 230° irgendwo stehen. Die Festlaufvorrichtung der Antriebscheibe des Hauptsignals entspricht dem S. 99 in Abb. 190 dargestellten und S. 99, 100 dargelegten Grundgedanken. Sie besteht (Abb. 199b) aus zwei auf der Achse der Antriebvorrichtung drehbaren Festlaufhaken, deren erster (zweiseitiger) von der Stellrillenscheibe[1]) mitgenommen wird und nach etwa halber Umdrehung gegen die Grundstellung den zweiten Haken mitnimmt, der nach weiterer halber Umdrehung gegen eine Anschlagrippe am Mast stößt. Somit wird nach ungefähr einmaliger Umdrehung also um 360° gegen die Grundstellung, d. h. bei einer Stellung der Antriebscheibe, die annähernd der Grundstellung gleich ist und daher beide Flügel in die Haltlage zurückgeführt hat, der Festlauf herbeigeführt.

Sofern nun ein Drahtbruch zwischen Stellhebel und Hauptsignal, einerlei ob diesseits oder jenseits des Spannwerks, erfolgt, werden durch das fallende Spanngewicht die beiden Drahtstränge so bewegt, daß sie am Hauptsignalantrieb allemal entgegengesetzte Bewegungsrichtung haben. Es wird demnach auf diesen Antrieb eine Stellbewegung übertragen, und für den Festlauf in Haltstellung beider Flügel, der in gleicher Weise geschieht, wie S. 94 ff. für den Endantrieb beschrieben, ist weiter nichts zu erklären. Dagegen bedarf einer besonderen Erläuterung noch die Vorkehrung, die für den Fall eines Drahtbruchs zwischen Haupt- und Vorsignal getroffen ist. Bei solchem bewegen sich nämlich am Hauptsignalantrieb beide Drahtstränge in gleicher Richtung, indem der eine Draht vom Spannwerk geradezu, der andere über den Vorsignalantrieb weg angezogen wird. An sich wird durch solche Bewegung der Drahtleitung keine Stellbewegung am Hauptsignal hervorgebracht. Vielmehr bewirken die entgegengesetzten Drehbewegungen der beiden Antriebrollen ein Umwälzen des Kegelrädchens z (Abb. 199b) an Ort und Stelle, wobei die Antriebscheibe A_3 ruhen bleibt. Um gleichwohl auch in diesem Reißfalle eine Flügelbewegung bis zur schließlichen Haltstellung hervorzurufen, hat die Antriebvorrichtung eine besondere Einrichtung erhalten. Sobald die entgegengesetzte Drehbewegung der Antriebrollen erheblich über die durch Temperaturwechsel erzeugbare hinausgeht, veranlaßt diese besondere Einrichtung, daß das Wendegetriebe außer Wirkung gesetzt und statt dessen die der Antriebscheibe nächstliegende Antriebrolle A_2 mit dieser gekuppelt wird, sie also bei weiterer Drehung mitnimmt. Zu diesem Behufe ist (Abb. 199b, c, d) die der Antriebscheibe nächstliegende Antriebrolle A_2 auf der langen Nabe der Antriebscheibe A_3 verschiebbar, und besitzt ferner an ihrer Nabe rechts und links je einen Vorsprung v_1 bzw. v_2. Dem schräg anlaufenden Vorsprung v_2 entspricht ein ebenso ausgebildeter Vorsprung w_2 an dem Achshalter des Kegelrädchens z, während dem Vorsprung v_1 eine Einklinkung w_1 in einem die Nabe der Antriebscheibe A_3 verstärkenden Bund entspricht. Die verschiebbare Seilrolle A_2, über die stets der obere Draht d_2

---

[1]) Hierfür hat die Stellrillenscheibe zwei Mitnehmerknaggen, deren Abstand so groß bemessen ist, daß er den durch die Stärke der Anschlagrippe und des Festlaufhakens sonst bedingten Verlust an im ganzen voller Drehung der Stellrillenscheibe ausgleicht.

der Doppeldrahtleitung läuft, erhält bei Drahtbruch zwischen Haupt- und Vorsignal eine Linksdrehung (nach Abb. 199a), d. h. in Abb. 199c, wie durch Pfeil angedeutet, vorn von oben nach unten. Da bei solchem Drahtbruch beide Antriebrollen sich entgegengesetzt drehen, also mit dem Kegelrädchen z dessen Achshalter ruhen bleibt, läuft nach einer gewissen Drehung der Antriebrolle A_2 deren Vorsprung v_2 gegen den Vorsprung w_2 des Achshalters des Kegelrädchens. Bei weiterer Drehung von A_2 wird durch die schrägen Anläufe von v_2 und w_2 die Antriebrolle A_2 seitwärts (in Abb. 199c nach links) verschoben. Der Ansatz v_1 und die ihm entsprechende Ausklinkung w_1 sind so angeordnet, daß sie gerade bei beginnender Seitenverschiebung von A_2 einklinkbereit einander gegenüberstehen, und daß sodann v_1 infolge der Seitenverschiebung und Weiterdrehung von A_2 vollständig in w_1 hineintritt, somit die Antriebrolle A_2 mit der Antriebscheibe A_3 verzahnt, so daß diese bei der weiteren Drehung von A_2 mitgenommen wird. Dieses ist aber möglich, weil durch die Seitenverschiebung von A_2 der Eingriff zwischen dem Kegelrädchen z und A_2 (Abb. 199b) aufgehört hat, somit das Wendegetriebe außer Wirksamkeit gekommen ist. Bei der Weiterdrehung von A_2 samt der Antriebscheibe A_3 werden beide mithin von dem oberen Drahtstrang d_2 bewegt (während auch A_1 sich weiterdreht) wie eine Endantriebrolle, bis die Antriebscheibe in derselben Weise wie eine Endantriebrolle festläuft. Die Ausgleichfähigkeit des Wendegetriebes ist hiernach durch die genannten Vorsprünge beschränkt, deren gegenseitige Stellung sich aber so einregeln läßt, daß sie für alle vorkommenden Abstände zwischen Haupt- und Vorsignal und die größten vorkommenden Wärmeunterschiede ausreicht. Wegen weiterer Einzelheiten s. Stellwerk 1911, S. 65ff.

b) **Andere Zwischenantriebe von Hauptsignalen und Vorsignalantriebe.** Im wesentlichen nach denselben Grundsätzen ist der auf einem Wendegetriebe mit Stirnradverzahnung beruhende Einheitszwischenantrieb der Pr.H.St.B. nebst zugehörigem Vorsignalantrieb ausgebildet. Doch hat der Zwischenantrieb (mit Stirnradwendegetriebe) eine besondere Vorrichtung, die ihn bei Drahtbruch zwischen Haupt- und Vorsignal in einen Endantrieb verwandelt, so daß das Hauptsignal stellbar bleibt, während das Vorsignal in Warnstellung geht und in dieser verharrt. Bei dem Vorsignalantrieb ist die eine ausgiebige Weiterdrehung der Stellrillenscheibe bei Drahtbruch ermöglichende Einschränkung des Stellwegs nicht durch weitgehende Vergrößerung der Antriebrolle, sondern so bewirkt, daß die Antriebrolle nicht zugleich die Stellrille trägt, vielmehr auf die besondere, gezahnte Stellrillenscheibe mittels Zahntriebs wirkt (Abb. 201a, b)[1]). Während der Stahmersche Antrieb die mit den Antriebrollen auf derselben Achse sich drehende Antriebstellrillenscheibe am Mastfuß anordnet, also zwischen der Antriebvorrichtung und den Flügeln Verbindungen benutzt, die über nahezu die ganze Masthöhe reichen, suchen die meisten Bauweisen dies zu vermeiden, vielfach so, daß mit der am Mastfuß vorhandenen Antriebvorrichtung, an der die Doppeldrahtleitung zum Vorsignal durchläuft, die oben am Mast befindliche Antriebstellrillenscheibe mittels besonderer Drahtschleife verbunden ist, so beim Antrieb mit Schneckengetriebe von Z. & B. (Abb. 202)[2]). Bei der Bauweise von Müller & May (Scheibner, S. 860) bildet die zwischen die beiden unten am Mast befindlichen Antriebrollen und die oben angebrachte Stellrillenscheibe eingeschaltete Kettenrollenverbindung[3]) die eigenartig durchgebildete Wärmeausgleichvorrichtung. Bei dem

---

[1]) Beim Einfahrvorsignal ist der Leerlaufweg deshalb besonders groß, weil bei Drahtbruch zwischen Haupt- und Vorsignal das Hauptsignal (nach gegenseitigem Festlauf beider Rollen des Wendegetriebes) stellbar bleiben soll. Der Drahtbruch wird im Stellwerk angezeigt (s. S. 61, Fußn. 1).

[2]) Dieser Antrieb gehört (s. S. 106) zu der ersterwähnten Gruppe von Antrieben.

[3]) Diese ist nur eine andere Ausführungsform des im Wendegetriebe verwirklichten Grundgedankens. Auch bei Drahtbruch wirkt sie ähnlich.

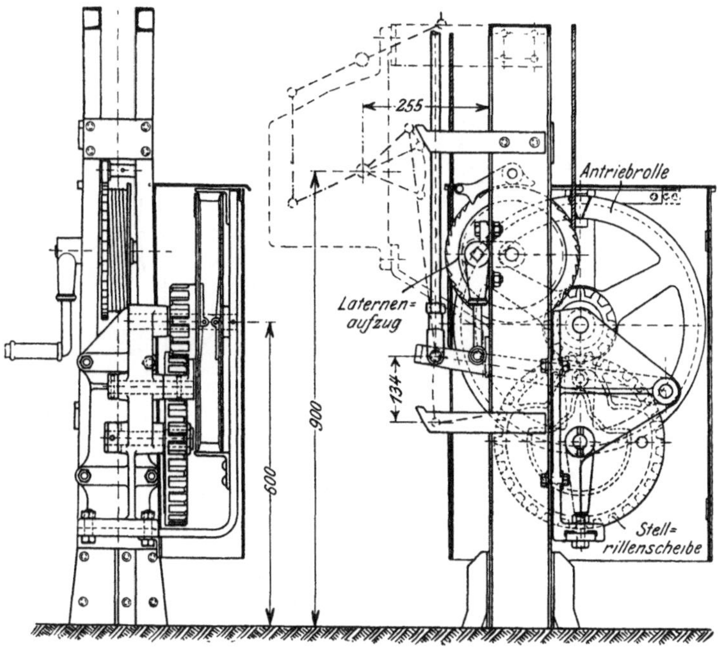

Abb. 201a, b. Einheitsvorsignalantrieb der Pr.H.St.B.

Scherenhebelantrieb[1]) von Jüdel & Co. (Abb. 203 a—d)
bewegen bei gleichgerichteten Längsbewegungen der
beiden Drahtstränge die beiden zur Schere verbundenen
Winkelhebel a, b sich in gleichem Sinne, so daß die mittels
der Laschen e, e an sie oben angeschlossene zur Antriebscheibe führende Lenkstange h nur geringe Bewegungen
auf- und abwärts macht, die von dem Leergang der Antriebscheibe unschädlich gemacht werden. Bei entgegengesetzt gerichteten Längsbewegungen der beiden Drähte
wird die Lenkstange gehoben oder gesenkt (Abb. 203 b, c),
und bringt, da sie an eine zur Antriebscheibe führende
Drahtschleife angreift, die zum Umstellen erforderliche
Drehung der Antriebscheibe hervor. Hier bildet die
Scherenhebelvorrichtung nebst der Übertragungsvorrichtung selbst das Mittel, um trotz durchlaufender Drahtleitung die Antriebscheibe nach oben zu verlegen. Bei
Längsbewegungen der beiden Drahtstränge, die ein gewisses
Maß überschreiten (Drahtbruch), löst sich die Drahtleitung
von den Hebeln a, b (Abb. 203 d). Die Flügel werden
vorher, soweit sie nicht in Haltlage sind, selbsttätig in
diese übergeführt. Die Drahtleitung läuft am Vorsignalantrieb in dessen Warnstellung infolge eines Anschlags fest.

Bei der Wahl des Durchmessers der Vorsignalantriebrolle ist man, wenn wie bei dem Scherenhebelantrieb und dem Antriebe von Hein Lehmann & Co. die
Antriebvorrichtung des Hauptsignals bei Drahtbruch
stets ausgeschaltet wird, also der Festlauf am Vorsignal
erfolgt, innerhalb gewisser Grenzen frei. Die geringste

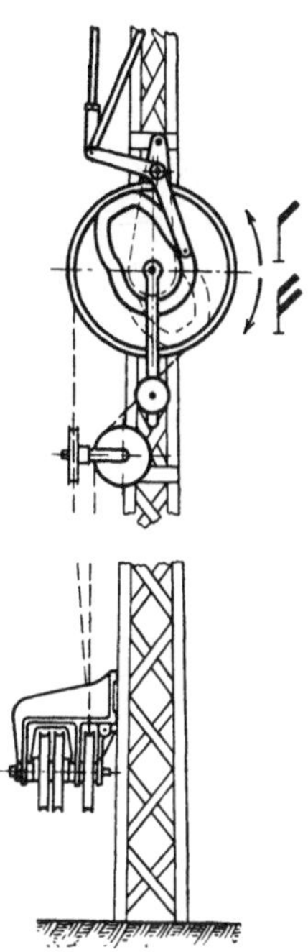

Abb. 202. Drahtschlei-
fenverbindung zwischen
Signalantrieb und Stell-
rillenscheibe. Bauart
Zimmermann & Buchloh.

---

[1]) Dieser Antrieb gehört (s. S. 106) zu der ersterwähnten Gruppe von Antrieben.

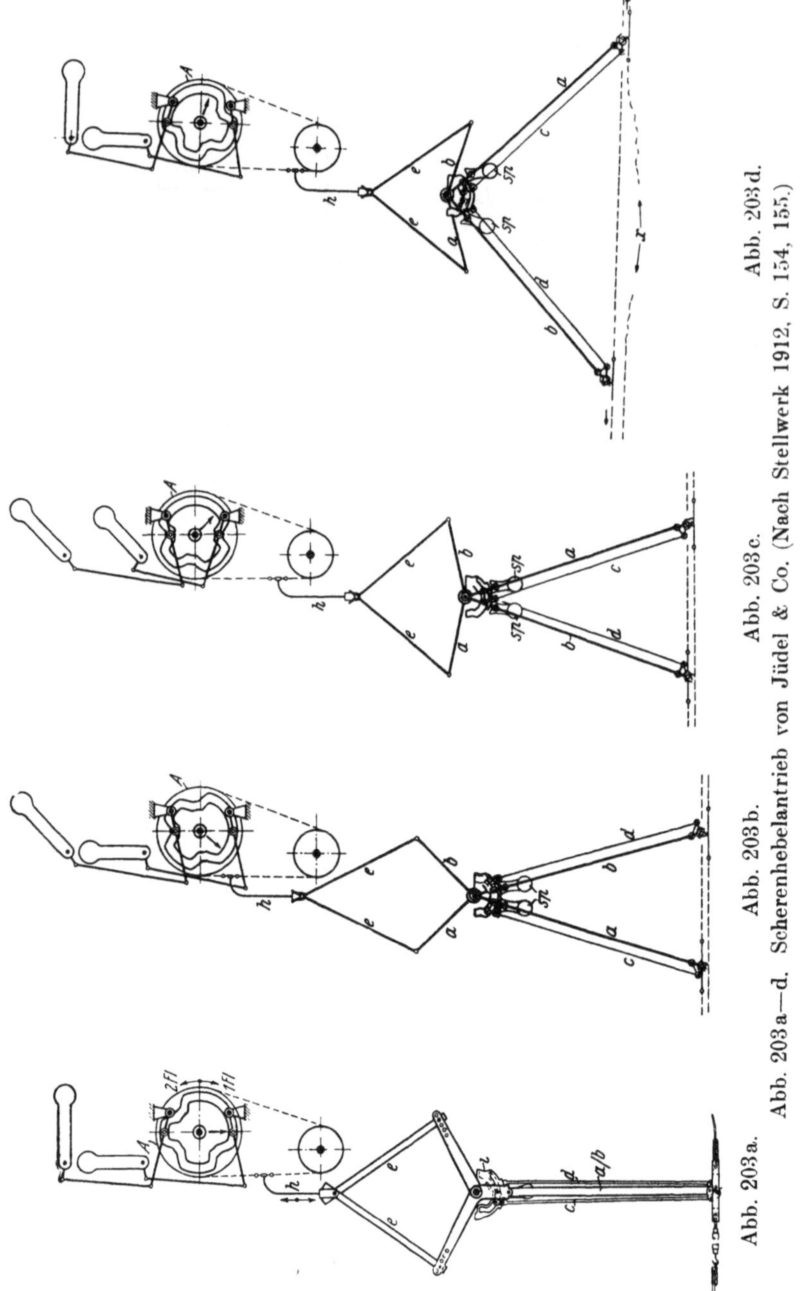

Abb. 203a. Abb. 203b. Abb. 203c. Abb. 203d.

Abb. 203a—d. Scherenhebelantrieb von Jüdel & Co. (Nach Stellwerk 1912, S. 154, 155.)

Größe hat eine Antriebrolle mit 180° Stellweg und Festlauf nach 360° Drehung von der Grundstellung mit einem Umfang gleich dem doppelten Stellwege.

5. Stellvorrichtungen für Ausfahrvorsignale. Ausfahrvorsignale bedürfen doppelter Abhängigkeit. Sie sollen die Stellung des Ausfahrsignals ankündigen, aber erst dann[1]), wenn das Einfahrsignal (nach dem Ausfahrsignal) in Fahrtstellung gebracht wird. Dies läßt sich z. B. so ausführen, daß für das Ausfahr-

---

[1]) Anders die Einrichtungen der Pr.H.St.B., s. unten.

signal und eine Kuppelvorrichtung zwischen Einfahrsignal und Ausfahrvorsignal eine durchgehende Leitung angeordnet wird, oder, daß für diesen Zweck zwei nacheinander bedienbare Leitungen vorgesehen werden. Dann bedarf man aber, um das Ausfahrvorsignal mit dem Ausfahrsignal gleichzeitig auf Halt fallen zu lassen[1]), noch einer besonderen elektrischen Kuppelleitung.

Auf den Bad.Stb. wird das Ausfahrvorsignal grundsätzlich mit besonderem Hebel bedient und ist mit dem Ausfahrsignal und dem Einfahrsignal elektrisch gekuppelt. In dem das Einfahrsignal und das Ausfahrvorsignal bedienenden Stellwerk ist mechanische Abhängigkeit von dem Fahrstraßenhebel für die Durchfahrt vorhanden. Der Kuppelstrom ist über Stromschließer am Einfahrsignalhebel und am Ausfahrsignal geschaltet.

Auf den Pr.H.St.B. wird angestrebt, Ausfahrsignal und Ausfahrvorsignal mit einem Hebel zu bedienen[2]), und ist vorgeschrieben, daß Einfahrsignal sowie Ausfahrsignal, je mit zugehörigem Vorsignal, unabhängig voneinander sollen gezogen werden können. Hieraus ergibt sich, wenn nur die Ausfahrt gezogen wird, bei Haltstellung des Einfahrsignals und gleichzeitiger Freistellung des Ausfahrvorsignals für einen dem Bahnhof sich nähernden Zug ein widersinniges Signalbild[3]). Werden für eine Durchfahrt Ausfahrsignal und Einfahrsignal vorschriftmäßig nacheinander gezogen, so tritt vorübergehend das widersinnige Signalbild auf. Auch die Vorschriften für Kraftstellwerke geben dieselbe wenig befriedigende Wirkung. Nur für Preßgasantrieb schreiben die Pr.H.St.B. in dieser Beziehung eine einwandfreie Lösung vor: Das Ausfahrvorsignal wird nach Fahrtstellung des Ein- und Ausfahrsignals durch den zuletzt umgelegten Hebel auf Fahrt und durch den zuerst zurückgestellten Hebel auf Warnung gestellt.

6. Einschaltung von Riegelrollen in Signalleitungen. (Einerlei ob es sich um einfache oder Kontrollriegelung handelt.) Während bei Betätigung von Riegelrollen durch besondere Riegelleitungen (S. 80ff.) die Gewähr dafür, daß das Signal nur bei richtigstehender Weiche auf Fahrt gestellt werden kann, durch die vom Fahrstraßenhebel vermittelte Abhängigkeit zwischen Riegelhebel und Signalhebel im Stellwerk gegeben wird, verhindert eine in die Signalleitung eingeschaltete Riegelrolle unmittelbar durch den beim Umstellversuch auftretenden Widerstand, daß bei falschstehender Weiche das Signal auf Fahrt gestellt wird. Deshalb darf die Riegelrolle nicht etwa als Endrolle jenseits des Signals in die Leitung geschaltet werden. Ebenso ist eine Anordnung nach Abb. 204 für eine

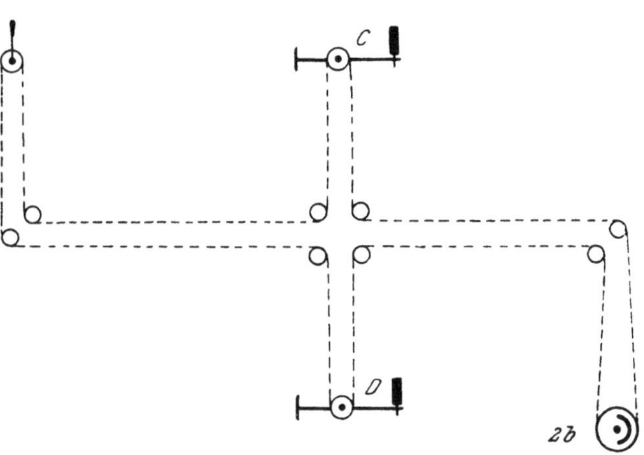

Abb. 204. Unzulässige Anordnung einer Riegelrolle bei zwei gekuppelten Signalen. (Entn. aus Stellwerk 1913, S. 27.)

---

[1]) Vgl. S. 177.

[2]) Elektrische Scheibenkupplung wird im allgemeinen nur (notgedrungen) angewendet, wenn Ausfahrsignal und Ausfahrvorsignal von verschiedenen Stellwerken bedient werden. Die Scheibenkupplung darf nicht mit einer Festschließvorrichtung ausgerüstet werden (Stellwerk 1920, S. 51). Denn sonst könnte das Ausfahrvorsignal Freistellung zeigen, während sich das Ausfahrsignal in Haltstellung befindet.

[3]) In England, wo man Verbindung von Hauptsignal und Vorsignal des folgenden Hauptsignals an demselben Mast anstrebt, wird solch widersinniges Signalbild durch mechanische Abhängigkeit zwischen Vorsignalflügel und Hauptsignalflügel (ein sogenanntes slot) verhindert. Auch die italienische Signalordnung verhindert solchen Widerspruch.

Leitung zum Stellen zweier einflügliger Signale (Stellwerk 1913, S. 26, 27) unzulässig, weil es bei solcher Anordnung möglich wäre, durch Dehnung der Leitung zwischen Signal und Riegel auf die Signale eine gewisse Stellbewegung zu übertragen. Riegelrollen in Signalleitungen sind daher stets als Zwischenriegel auszubilden, über die hinaus die Leitung bis zum Signal, oder, was bei Spitzenverriegelungen von Eingangsweichen die Regel ist, über das Signal hinaus bis zum Vorsignal weitergeführt ist. Die Wirkungsweise ist im besonderen je nach der Bauart des Zwischenriegels verschieden. Hier soll nur die Anordnung mit Wendegetriebe der Betrachtung zugrunde gelegt werden, wobei es einerlei ist, ob die S. 84 beschriebene Anordnung mit Kegelradwendegetriebe, oder die z. B. in den Pr.H.Einheitsbauweisen enthaltene Anordnung mit Stirnradwendegetriebe benutzt wird. Die folgenden Erörterungen setzen Einschaltung einer solchen Riegelrolle in die Leitung eines mit Vorsignal ausgestatteten Signals voraus, gelten aber ohne weiteres auch für den Fall, daß kein Vorsignal vorhanden, und sinngemäß auch für den Fall, daß zwei Riegelrollen eingeschaltet sind (vgl. S. 83).

a) Wirkung der Riegelrolle im Betriebe. Das Spannwerk muß, ebenso wie bei Riegelleitungen, stets zwischen Stellhebel und Riegelrolle mit Wendegetriebe aufgestellt werden, da es sonst möglich wäre, bei falsch stehender Weiche unter Anhebung des Spanngewichts den Signalhebel umzulegen. (Das S. 88 Gesagte gilt auch hier.) Die Leitung erhält somit die in Abb. 205 skizzierte Anordnung.

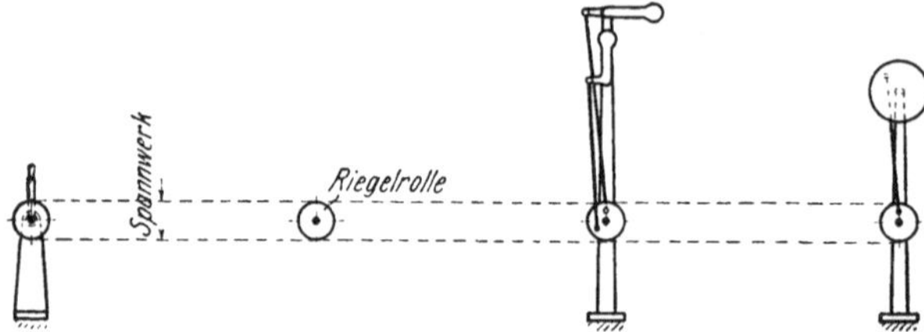

Abb. 205. Spannwerksaufstellung bei Signalleitung mit eingeschalteter Riegelrolle.

Versucht bei falsch stehender Weiche der Wärter das Signal auf Fahrt zu stellen, so kann er die Handfalle des Signalhebels ausklinken; er kann auch die Stellbewegung so weit einleiten, bis der Riegelkranz nach Bewirkung der kleinen Leerlaufdrehung (vgl. S. 86) gegen die Riegelstange gestoßen und sodann der Zugdraht entsprechend der Armkraft des Wärters gedehnt ist. Eine fernere Stellbewegung über den Zwischenriegel hinaus wird aber aus den (S. 88) für Zwischenriegel in Riegelleitungen auseinandergesetzten Gründen nicht übertragen. Die jenseits des Zwischenriegels liegenden Strecken der beiden Leitungsstränge werden vielmehr durch die Verdrehung der Antriebrollen beide gleichmäßig nach dem Zwischenriegel hingezogen. Diesseits des Riegels dagegen wird der Nachlaßdraht sowohl vom Stellwerk wie vom Riegel her nachgelassen, so daß in Anbetracht der starken Anspannung des Zugdrahts die Sperrwirkung des Spannwerks kräftig betätigt wird, so daß hierdurch jede Weiterbewegung des Signalhebels (unter Anhebung der Spanngewichte) ausgeschlossen ist. Die geringe, dem Leerlauf der Riegelrolle entsprechende Stellbewegung verbleibt weit innerhalb des Leerlaufs des Signalantriebs.

b) Wirkung der Riegelrolle bei Drahtbruch. Bei Drahtbruch darf die eingeschaltete Riegelrolle nicht verhindern, daß das Signal nach Beendigung der Reißbewegung der Drahtleitung die Haltstellung einnimmt. Das Verhalten der Riegelrolle mit Wendegetriebe zu den bei Drahtbruch durch die fallenden Spanngewichte hervorgerufenen Bewegungen der Doppeldrahtleitung ist verschieden, je nachdem die Leitung jenseits des Zwischenriegels (einerlei, ob zwischen Riegel und Hauptsignal oder zwischen Haupt- und Vorsignal) reißt, oder zwischen Stellhebel und Riegel (einerlei ob diesseits oder jenseits des Spannwerks). Im ersteren Falle werden beide Drähte über die Riegelrolle hinweg nach dem Spannwerk gezogen. Das Wendegetriebe wird dabei in gleicher Weise betätigt wie bei Wärmeänderungen, so daß die Riegelscheibe mit dem Riegelkranz nicht gedreht wird. Hiernach wird, sofern nur die Einbindung der Drahtseile an den beiden Antriebrollen des Wendegetriebes die (theoretisch unbegrenzte) Abwickelung in genügendem Maße zuläßt, wofür natürlich auch durch richtigen Einbau gesorgt sein muß, im Falle eines Drahtbruchs jenseits des Zwischenriegels die Bewegung der Drahtleitung durch den Zwischenriegel nicht beeinträchtigt. Einerlei, ob das Signal vorher auf Halt oder in irgendeiner Fahrtstellung gestanden hat, oder ob die Leitung beim Stellen reißt, und einerlei, welche Lage im Falle der Haltstellung des Signals die Weiche einnimmt, gelangt das Signal unter Einwirkung des Spannwerks auf die Leitung in derselben (S. 94 ff. beschriebenen) Weise schließlich in die Haltstellung, als wenn der Zwischenriegel nicht vorhanden wäre.

Reißt dagegen einer der beiden Stränge der Doppeldrahtleitung zwischen Stellhebel und Riegel, so werden die beiden Drahtstränge an der Stelle des Zwischenriegels in entgegengesetzter Richtung bewegt, wirken also auf das Wendegetriebe ebenso, wie eine Umstellbewegung. Hier sind folgende Fälle zu unterscheiden, wobei zunächst nur die Grundanordnung (S. 80), d. h. mit Stellbewegung der Drahtleitung und der Riegelscheibe nur in einer Richtung berücksichtigt werden soll.

α) **Erfolgt der Drahtbruch bei Haltstellung des Signals**, und befindet sich die Weiche nicht in solcher Endstellung, wie sie der Betätigung der Weichenriegels entspricht, so ist eine Drehung der Riegelscheibe, abgesehen von dem kurzen Leergang bis zum Gegenschlagen des Riegelkranzes gegen die Riegelstange, nicht möglich, einerlei, in welcher Richtung die Drahtleitung eine Drehung der Riegelscheibe anstrebt. Eine über diesen Leerlauf hinausgehende Bewegung der Drahtleitung wird folglich von dem Zwischenriegel verhindert und das Signal verbleibt, ohne daß die Reißwirkung (wie S. 94 ff. beschrieben) eintritt, in Haltstellung.

β) **Erfolgt der Drahtbruch bei Haltstellung des Signals** und die Weiche befindet sich in verriegelungsbereiter Endstellung, der Draht reißt aber an solcher Stelle, daß dadurch eine Drehbewegung entgegengesetzt der Verriegelungsdrehung eingeleitet wird, so kommt diese Bewegung ebenso, wie vor, durch Gegenstoßen des rückwärtigen Endes des Riegelkranzes gegen die Riegelstange zum Stillstand, und das Signal verbleibt in Haltstellung. Reißt dagegen der Draht an solcher Stelle, daß dadurch eine Drehbewegung der Riegelscheibe im Sinne der Verriegelung herbeigeführt wird, so tritt zunächst diese Verriegelung ein. Wollte man die Verriegelungseinrichtung wie bei Riegelleitungen ausbilden, so würde, nachdem die Riegelscheibe aus ihrer in Abb. 206a dargestellten Grundstellung infolge des Drahtbruchs während der Bewegung des Signalflügels von Halt- in Fahrtstellung zunächst in die normale Verriegelungsstellung gelangt ist, für eine Weiterdrehung nicht mehr so viel Drehweg zur Verfügung stehen, daß das Signal dabei wieder in

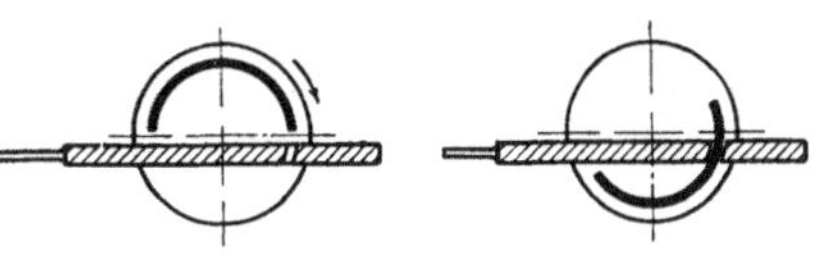

Abb. 206a, b.

die Haltstellung zurückkehren könnte. Denn wenn Riegelkranz und Drehweg so bemessen sind, daß ersterer auch bei den unvermeidlichen, durch Spannungsunterschiede verursachten Stellungsfehlern immer sicher verriegeln soll, so gelangt er (Abb. 206b) schon nach kurzer Weiterdrehung über die normale Verriegelungsstellung hinaus dazu, mit seinem Stirnende gegen die Riegelstange zu stoßen. Um dies zu verhüten, also die Weiterdrehung bis zum Wiedereintritt der Haltstellung des Signals zu ermöglichen, versieht man die Riegelstange zum Durchtritt des Riegelkranzes mit einem Nebeneinschnitt (Abb. 207a bis c).

Der am hinteren Ende des Riegelkranzes angebrachte seitliche (statt dessen
auch aufgesetzte) Ansatz b bezweckt, eine verkehrte Drehung der Riegelscheibe
aus der Grundstellung zu verhüten, indem der Haupteinschnitt für das Durchtreten des Ansatzes des Riegelkranzes eingerichtet ist, der Nebeneinschnitt
nicht. Die Weiterdrehung wird schließlich, wie in Abb. 207c dargestellt,

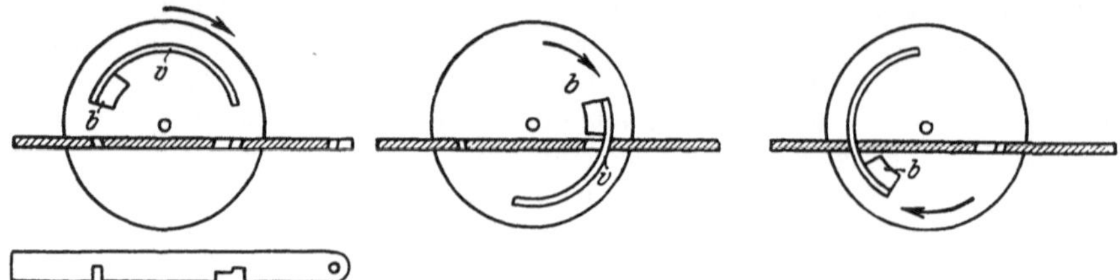

Abb. 207a—c. Nebeneinschnitt der Riegelstange bei einer in eine Signalleitung
eingeschalteten Riegelrolle. (Nach Stellwerk 1914, S. 150.)

dadurch begrenzt, daß der Ansatz b das vollständige Hindurchtreten des Riegelkranzes durch den Nebeneinschnitt der Riegelstange verhindert. Dies darf
nicht eher geschehen, als bis das Signal in die Haltstellung zurückgekehrt ist,
also frühestens gleichzeitig mit dem Festlauf. Bei denjenigen Hauptsignal-
antrieben, bei denen der Festlauf erst nach 360° Drehung aus der Grundstellung
erfolgt, und bei denen er folglich etwa $2^{1}/_{2}$ bis $3^{1}/_{2}$ Stellwege von der Grundstellung entfernt liegt, muß demgemäß der Durchmesser der Antriebrollen des
Zwischenriegels größer bemessen werden, als wenn der Festlauf von der Grundstellung des Hauptsignalantriebs zwei Stellwege oder weniger entfernt ist.
Beim Pr.H.Einheitszwischenriegel ist durch die Verzögerungsvorrichtung (S. 85)
dasselbe erreicht, was sonst durch eine sehr bedeutende Vergrößerung des
Durchmessers der Antriebrollen erreicht werden müßte. Auch bei dem größten
vorkommenden Reißweg dreht sich folglich die Riegelscheibe hier um etwas
weniger als 180°, so daß Nebeneinschnitt der Riegelstange und Ansatz an dem
Riegelkranz entbehrlich sind.

γ) Reißt bei Fahrtstellung des Signals, also im Zustande der Verriegelung (Abb. 207b), der vorherige Nachlaßdraht, so wird die Leitung und
damit die Riegelscheibe im Sinne der vorherigen Signalstellbewegung weiterbewegt, bis sie äußerstenfalls in die in Abb. 207c dargestellte Stellung gelangt. Reißt bei Fahrtstellung des Signals der vorherige Zugdraht, so kehrt
durch die Spannwerkswirkung die Riegelscheibe zunächst in die Grundstellung
(Abb. 207a) zurück, während gleichzeitig das Signal in Haltstellung zurückkehrt.
Über diesen Zustand hinaus ist aber, abgesehen von dem kurzen Leergang bis
zum Gegenstoßen des rückwärtigen Endes des Riegelkranzes (des Ansatzes b)
an die Riegelstange eine Rückwärtsdrehung nicht möglich. Das Signal verbleibt
also in der gleichzeitig mit der Drahtbruchentriegelung erlangten Haltstellung.

Hiernach wird also bei geeigneter Anordnung durch die Einschaltung eines
Zwischenriegels die Erfüllung der Reißbedingungen nicht beeinträchtigt. In
mehreren Reißfällen erfolgt aber der Festlauf bzw. die Hemmung der Drahtbewegung schon von Anfang an oder nach einem verminderten Reißweg nicht
am Signal, sondern an dem Zwischenriegel.

Weist der Zwischenriegel nicht die Grundanordnung, sondern eine der
anderen S. 81 aufgeführten Anordnungen auf, so sind die Einrichtungen entsprechend abzuändern. Soll beispielsweise (eine besonders häufige Anordnung)
durch die beiden entgegengesetzten Stellbewegungen des Doppeldrahtzuges
eine Weiche in ihren beiden verschiedenen Stellungen verriegelt werden, so
erhält der Riegelkranz an beiden Enden verschiedene Ansätze, die Riegelstange
für jede der beiden Weichenstellungen einen Haupteinschnitt, der beide Ansätze

durchläßt, und einen Nebeneinschnitt, der nur den der
Bewegung entsprechenden
Stirnansatz durchläßt (Abb.
208a, b). Bei dem Einheits-
riegel der Pr.H.St.B. sind
nach obigem auch hier keine
Ansätze und Nebeneinschnit-
te erforderlich. In den Abb.
206 bis 208 ist überall nur
eine Riegelstange gezeichnet. Sind, wie bei Stellwerksweichen stets, zwei Riegelstangen vorhanden, so sind
die Einschnitte der zu der
jeweils abstehenden Zunge
gehörigen Riegelstange ent-
sprechend weiter zu machen (vgl. S. 82, 83).

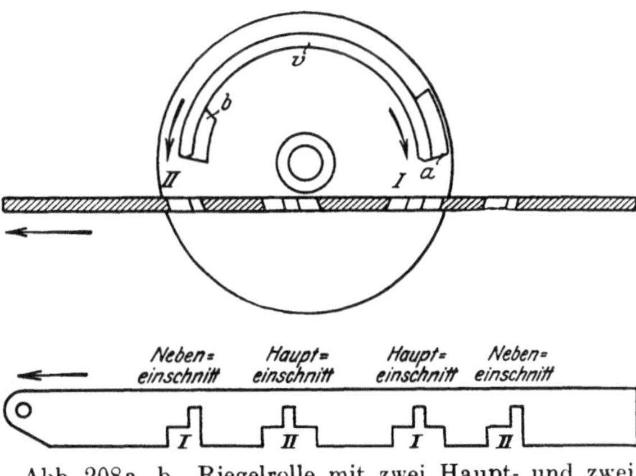

Abb. 208a, b. Riegelrolle mit zwei Haupt- und zwei
Nebeneinschnitten der Riegelstange.
(Nach Stellwerk 1914, S. 150.)

c) Zweckmäßigkeit der Einschaltung von Riegelrollen in
Signaldrahtzüge. Jede mit besonderer Riegelleitung betätigte Kontrollverriegelung hat den Nachteil, daß ihre Aufhebung nach bewirkter Haltstellung
des Signals und Zurücklegung des Fahrstraßenhebels vergessen werden kann,
und dann bei etwaigem Auffahren der Weiche eine Zerstörung eintritt. Von
verwickelten Einrichtungen, die durch besondere Gestaltung der Abhängigkeiten
den Stellwerkswärter zwingen, den Riegelhebel vor dem Fahrstraßenhebel in
die Grundstellung zurückzulegen, ist man wieder abgekommen. Deshalb bevorzugen z. B. die Pr.H.St.B. die zugleich Hebel sparende Einschaltung der Weichenriegel in die Signalleitungen und verwenden besondere Riegelleitungen im allgemeinen nur, wo die Signaldrahtzüge sonst zu stark belastet werden würden
(A.f.Est. § 37,₆). Anderseits ist nicht zu verkennen, daß die hierdurch veran-
laßte verwickeltere Erfüllung der Reißbedingungen vermehrte Gelegenheit zu
Versagern gibt. Auch ist ein Nachteil, daß in manchen Reißfällen die Zurück-
führung des Signals in die Haltstellung eine Weichenentriegelung mit sich bringt,
die für einen bereits im Fahren begriffenen Zug eine Gefährdung bedeuten kann.
Deshalb wenden die Bad.Stb. grundsätzlich keine in die Signalleitungen eingeschalteten Weichenriegel an. In der Schweiz bildet die Einschaltung der
Kontrollverriegelungen in die Signaldrahtzüge die Regel, gegen die allerdings
im Hinblick auf die in der Schweiz vorkommenden großen Leitungslängen
Widerspruch sich geltend gemacht hat.

7. Signalantriebe bei nicht mit Spannwerken ausgerüsteten Signalleitungen. Sind die Signalleitungen nicht mit Spannwerken ausgerüstet,
wie dies z. B. auf den österreichischen Bahnen allgemein und auf den
Bayer.Stb. bei Leitungen bis 400 m Länge der Fall, so müssen die Drahtbruch-
bedingungen in anderer Weise erfüllt werden. Abb. 209a, b, c zeigt schematisch[1])
eine Bauweise der Firma Siemens & Halske für einflüglige Signale, wie sie auf den
österreichischen Bahnen allgemein angewendet wird. Am Signalflügel sind zwei
Hebel A und B bzw. in den Punkten C und D drehbar gelagert, die im ordnungsmäßigen Zustande wie ein mit dem Flügel festverbundenes Stück wirken. Sie
bilden zusammen den sogenannten Sicherheitshebel, an dem die beiden Stränge
d_1, d_2 der Doppeldrahtleitung angreifen. Beim Anziehen von d_1 und Nachlassen
von d_2 wird der Flügel um seinen Drehpunkt H in Fahrtstellung gezogen (Abb. 209b).
Zieht man dann mittels des Signalhebels d_2 an und läßt d_1 nach, so wird der Flügel

---

1) Genauere Abb. s. Scheibner, S. 829.

in die Haltlage (Abb. 209a) zurückgeführt. Das Zusammenwirken von A, B und dem Signalflügel wie ein Stück dauert aber nur so lange, wie die Spannung in beiden Drähten gleich groß oder doch nur so viel verschieden ist, wie zum Stellen des Flügels ausreicht. Solange dies der Fall, drückt nämlich der an dem längeren Hebelarme von B ziehende Draht d_2 den Hebel B gegen die Flügelnabe H, hält ihn also in einer gegen den Flügel unverrückbaren Stellung fest. Infolgedessen kann der Hebel A, der mit einem Haken über das Ende des Hebels B greift, und infolge der Spannung des Drahtes d_1 und des Gegengewichts G den Hebel B linksherum zu verdrehen strebt, eine solche Verdrehung nicht bewirken.

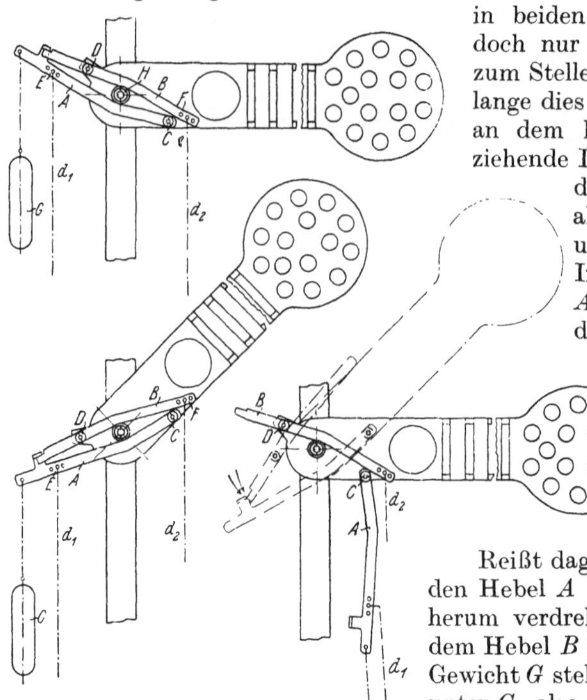

Reißt dagegen Draht d_2, so wird durch den Hebel A der Hebel B so weit linksherum verdreht, bis der Haken von A an dem Hebel B abgleitet. Der Hebel A samt Gewicht G stellt sich mit dem Schwerpunkt unter C, also rechts vom Flügeldrehpunkt B, d. h. den Flügel im Sinne der Haltstellung belastend (Abb. 209c). Ist der Drahtbruch bei Haltstellung des Flügels erfolgt, so läßt sich der Flügel nicht mehr ziehen. Stand das Signal in Fahrtstellung, so fällt der Flügel durch sein eigenes Gewicht und unter Mitwirkung des Gewichtes von A sowie des Gegengewichtes G in die Haltlage zurück. Reißt der Draht d_1 in Haltstellung, so bleibt die feste Verbindung zwischen A, B und dem Flügel bestehen, der Flügel bleibt durch sein Übergewicht und den Zug des Drahtes d_2 in der Haltlage. Reißt d_1 in Fahrtstellung des Flügels, so gelangt der Flügel durch sein Eigengewicht in die Haltlage zurück.

Abb. 209a—c. Signalantrieb mit Haltfall bei Drahtbruch in nicht mit Spannwerk ausgerüsteter Leitung. Bauart Siemens & Halske. (Nach Scheibner, S. 830.)

Dieselbe Bauweise ist auch für zwei- und dreiflüglige Signale ausgebildet (Scheibner, S. 828ff.). Für zwei- und dreiflüglige Signale verwenden die österreichischen Bahnen indessen eine andere Bauweise der Firma S. & H., deren Sicherheitswirkung gleichfalls auf der Auslösung einer Sperrkuppelung bei erheblichem Spannungsunterschied der beiden Drähte beruht. (Scheibner, S. 835ff., Boda, II, S. 14.)

D. Stellvorrichtungen an sonstigen Sicherheitsvorkehrungen.

1. Gleissperren, Entgleisungsvorrichtungen usw. Mündet in ein Hauptgleis $M-N$ von c her seitwärts ein Gleis ein (Abb. 210) und läßt sich die punktiert angedeutete Schutzweiche (S. 7) nicht unterbringen oder wird sie aus Sparsamkeit fortgelassen, so ordnet man vielfach, um die auf Gleis $M-N$ fahrenden Züge gegen Flankenfahrten von c her zu schützen, bei x eine Gleis-

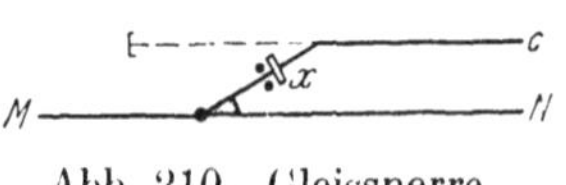

Abb. 210. Gleissperre.

sperre oder Entgleisungsvorrichtung an. Fahrzeuge, die von *c* her der Gefahrstelle sich nähern, sollen durch solche Vorrichtung zum Stillstand oder zur Entgleisung gebracht werden. Die Sperrstellung der Vorkehrung wird durch das damit verbundene Signal 14, die Freistellung neuerdings auf den Pr.H.St.B. durch das Signal 14a gekennzeichnet. In Hauptgleise dürfen solche Vorkehrungen im allgemeinen nicht eingebaut werden. Man begnügt sich, wo Hauptgleise derart zusammenlaufen, daß Schutzablenkungen nicht möglich sind, in der Regel mit der Benachrichtung des Lokomotiv- und Bahnhofspersonals durch Haltsignale, d. h. in erster Linie durch die Ein- und Ausfahrsignale der Bahnhöfe, ferner, namentlich wo in Bahnhöfen mehrere Hauptgütergleise zusammenlaufen, durch zu diesem Zwecke aufgestellte Signale 6b oder 14 (s. S. 19, 20). Doch kann die als Gleissperre wirkende Köpckesche Sandweiche (s. d. f.) auch in Hauptgleisen verwendet werden. Manche dieser Vorkehrungen werden auch auf geneigten Verschubgleisen zur Verhinderung unbeabsichtigten Wagenablaufs benutzt. Die Gleissperren werden entweder (namentlich bei selten befahrenen Gleisen) zur Handbedienung eingerichtet, und dann zweckmäßig die Signalfreigabe von ihrer Sperrstellung mittels Schlüsselabhängigkeit (s. IV. dieses Kap.) abhängig gemacht, oder sie werden mittels Leitung fernbedient, wobei dann ihre Stellhebel ebenso wie Weichenhebel mit den übrigen Stellwerkshebeln in innere Abhängigkeit gebracht werden[1]). Bei Drahtzugbedienung muß der Antrieb mit einer Fangvorrichtung versehen sein, die mindestens die Forderung erfüllt, daß im Falle eines Drahtbruches die Vorkehrung in der jeweils vorhandenen Endlage verbleibt, bzw. beim Drahtbruch während des Umstellens in eine Endlage übergeht[2]).

a) **Eigentliche Gleissperren** bestehen in der Regel entweder in einem zur Handbedienung eingerichteten über beide Schienen hinweggelegten Sperrbaum, oder in zwei auf beide Schienen einander gegenüber gelegten Sperrklötzen (weniger gut nur ein Sperrklotz), die zur Fernbedienung eingerichtet werden können. Diese Vorkehrungen können ihren Zweck nur erfüllen, wenn einzelne Wagen mit sehr geringer Geschwindigkeit dagegen laufen, sind also nur vor Einmündungsstellen kurzer Stumpfgleise anwendbar. Auch sie werden häufig mit Abweiswinkeln versehen (Abb. 211a bis c), die im Falle des Versagens doch eine Entgleisung herbeiführen.

b) **Bremssperren**, die ein gegenlaufendes Fahrzeug nicht sofort, sondern durch Erzeugung starker Bremswirkung nach möglichst kurzem Weiterlauf zum Stillstand bringen, und die deshalb von der Gefahrstelle entsprechend weit abgerückt werden müssen. Hierher gehören im Rahmen der Stellwerks-

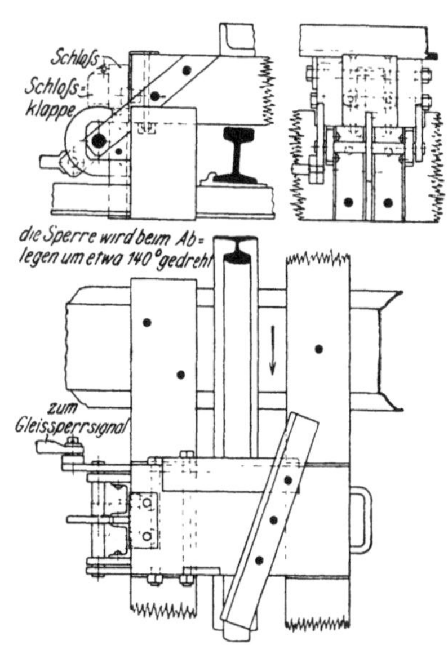

Abb. 211a—c. Handbedienter Sperrklotz. Pr.H.-Einheitsform. (Nach Scheibner, S. 757.)

---

[1]) Um das Anfahren der Gleissperre von der Weiche her zu verhindern, kann man entweder Sperre und Weiche (durch Gestänge) kuppeln, oder die beiden Stellhebel in Folgeabhängigkeit bringen. Bei Handbedienung kann man zu demselben Zwecke die Gleissperre in abgelegter Lage mittels Handschlosses verschließen und mit dem so freigemachten Schlüssel die Weiche zum Umlegen nach der Gleissperre aufschließen.

[2]) Für die Pr.H.St.B. regeln die Vermerke auf Blatt 220 (2) der Einheitszeichnungen den Verwendungsbereich verschiedener Sperreinrichtungen.

anlagen stellbare Vorrichtungen, die bei Sperrbedarf einen Hemmschuh auf die eine Schiene legen, der beim Befahren sich loslöst und, vom ersten Rade mitgenommen, das betreffende Fahrzeug demnächst zum Stillstand bringt. Von sonstigen hierher gehörigen Einrichtungen sei als besonders bemerkenswert die Köpckesche Sandweiche beschrieben, die, wie oben erwähnt, auch in Hauptgleisen verwendbar ist.

Von dem Fahrgleis ist (Abb. 212a) mittels Weichenzungenvorrichtung ein mit ersterem verschlungen weiterlaufendes Gleis (Sandgleis) abgezweigt (zur Sicherheit weiterhin mit Weiche wieder in das Fahrgleis zurückgeführt). Die Schienen des Sandgleises, deren Fahrkante von derjenigen der Fahrgleisschienen mindestens etwa 130 bis 150 mm Abstand besitzt, sind gegen die Fahrgleisschienen um 40 bis 45 mm gesenkt, und befinden sich je in einem mit Sand gefüllten Trog. Dieser wird entweder von zwei besonderen Begrenzungsschienen eingefaßt (Abb. 212b), die zugleich als Leitschienen gegen Entgleisungsgefahr dienen, oder (Abb. 212c) die eine der beiden Begrenzungen wird (bei sehr be-

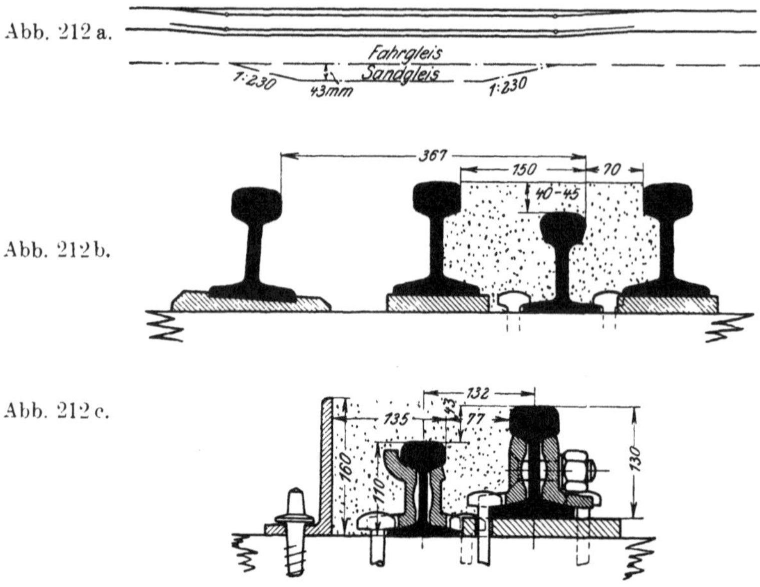

Abb. 212 a.

Abb. 212 b.

Abb. 212 c.

Abb. 212a—c. Köpckesche Sandweiche.

schränkten Breitenverhältnissen) durch die Fahrschiene selbst gebildet. Der Sand bringt einen in das Sandgleis abgelenkten Zug nach einer gewissen Fahrstrecke zum Stillstand.

c) **Entgleisungsvorrichtungen.** Da die Bremssperren für ihre Wirkung einer erheblichen Lauflänge bedürfen, die meist nicht vorhanden, und da ihre Wirkung der Stelle nach unbestimmt ist, so wendet man bei allen nicht ganz kurzen Gleisen, wo es gilt, Fahrzeuge aufzuhalten, in der Regel Entgleisungsvorrichtungen an, die allerdings vielfach zu Unrecht auch mit dem Namen Gleissperren belegt werden. Solche Entgleisungsvorrichtungen bestehen häufig in Entgleisungsschuhen, die mittels Stellvorrichtung von der Seite her auf eine Schiene gelegt werden, bei ihrer etwas rohen Wirkung aber sich nur für Ablenkung von Wagen eignen. Das in Abb. 213a, b mitgeteilte Beispiel läßt ohne weitere Erläuterung die Wirkungsweise solchen Entgleisungsschuhes erkennen. Vollkommener sind Entgleisungsweichen, die nach Art von Kletterweichen angeordnet sind. Abb. 214a, b zeigt die von Max Jüdel & Co. hergestellte

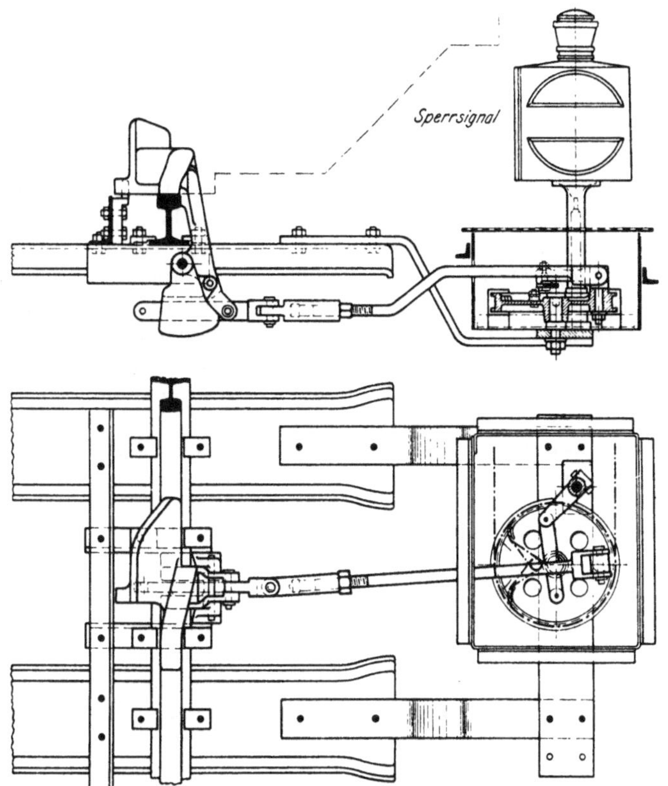

Abb. 213a, b. Entgleisungsschuh. Bauart Maschinenfabrik Bruchsal.

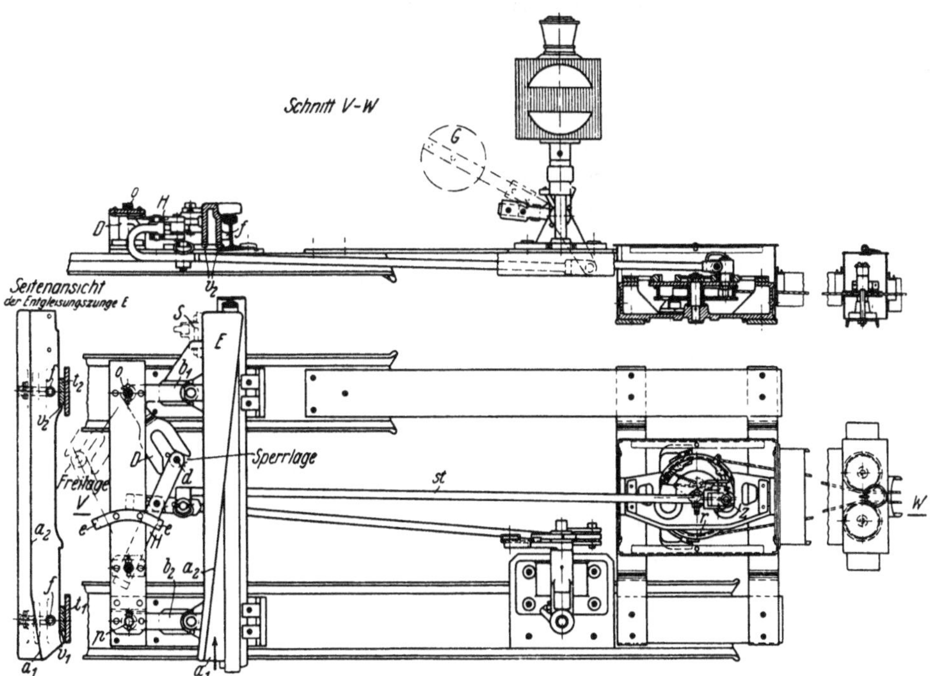

Abb. 214a—c. Dahmsche Entgleisungsweiche.

Dahmsche Entgleisungsweiche, die auf den Pr.H.St.B. namentlich in solchen Gleisen verwendet wird, die ausschließlich von Lokomotiven befahren werden, weil sie Lokomotiven ohne erheblichen Stoß sicher zum Entgleisen bringt, und weil die Bahnräumer wegen der flachen Bauart ungehindert darüber hinweggehen. Das Rad wird mittels der Entgleisungszunge E abgedrängt, die mittels der Stellarme b_1, b_2 (drehbar um o bzw. p) bewegt wird und auf die im Falle der Sperrstellung der Spurkranz bei a_1 aufläuft. Der Antrieb wird durch die Endrolle r vermittelt, die mit der beim Einheitsweichenantrieb der Pr.H.St.B. (S. 76ff.) beschriebenen Drahtbruchsperre ausgerüstet ist. Die Drehung der Seilrolle r bewirkt die Stellbewegung der an sie mittels Kurbelzapfens z angeschlossenen Antriebstange st. Diese bewegt den Antriebhebel H, dessen freies Ende mit dem daran befestigten Röllchen d auf die Antrieb-(Verschluß-)gabel D wirkt, die mit dem Stellarm b_1 zu einem Winkelhebel verbunden ist. Die Antriebgabel D ist in den Endstellungen durch das Röllchen d verriegelt. Die Entgleisungszunge E liegt in Sperrlage mit den Angüssen f gegen den Schienensteg und stützt sich nach innen mittels der Stellarme b_1, b_2 gegen o und p. Die Längsverschiebung der Entgleisungszunge E wird durch die Vorsprünge v_1, v_2 verhindert, die sich gegen die Gleitstühle t_1, t_2 stützen. — Bei Handbedienung wird die Verbindung mit dem Stellwerk gelöst, der Handhebel G aufgesetzt, und das Handschloß S angebracht. Die Anschläge e, ϵ begrenzen bei Handbedienung den Hub.

2. Fühlschienen, Druckschienen, Zeitverschlüsse usw. sind keine selbständigen Sicherheitsvorkehrungen, sondern dienen in Verbindung mit Weichen dazu, deren Umstellung unter dem fahrenden Zuge zu verhindern. Sie werden zweckmäßig im Zusammenhange mit den sonstigen Vorkehrungen zur Fahrstraßensicherung im folgenden Kapitel behandelt (S. 166ff).

III. Stellzeuge oder Stellwerke im engeren Sinne.

(Ohne besondere Erörterung der Sperren und Blockverbindungen, die erst im IV. Kapitel behandelt werden.)

Unter Bezugnahme auf die bereits unter II, B, 3 im zweiten Kapitel (S. 31ff.) gegebene Beschreibung der allgemeinen Anordnung eines Stellwerks bedarf es hier nur einer ergänzenden Behandlung.

A. Gesamtanordnung.

Um die Weichen und Signale eines Stellwerksbezirks (s. II. Kap., II, B, 4. S. 37) zu stellen, werden die zu den Weichen und Signalen führenden Drahtzug- oder Gestängeleitungen durch Hebel oder Kurbeln bewegt, die auf einem Unterbau (Stellwerksbank) zu einem Stellzeug (oder Stellwerk im engeren Sinne) vereinigt sind. Dies steht, wie bereits unter II, B, 4 im II. Kapitel erwähnt, bisweilen im Freien, in der Regel aber in einem geschlossenen Stellwerksraum, der sich meist in einem besonderen Stellwerksgebäude (ebenerdig oder erhöht, Stellwerksbude, Stellwerksturm), bisweilen aber auch in einem Anbau des Empfangsgebäudes oder eines anderen Dienstgebäudes befindet.

Die Stellwerkshebel wurden früher in Deutschland, wie noch heute in der Regel in England, so ausgebildet, daß ihr Drehpunkt unter dem Fußboden des Stellwerksraumes lag (Abb. 215). Die Bedienung ist hierbei nicht bequem, auch die Überwachung und Instandhaltung der gleichfalls unter dem Fußboden befindlichen Abhängigkeitsvorrichtungen erschwert. Ein Hauptnachteil ist jedoch, daß der Stellweg der Leitung verhältnismäßig klein ist. Daher ist man zu den jetzt üblichen Hebeln gekommen, deren Drehpunkt nach Abb. 216 so weit oberhalb des Fußbodens des Stellwerksraumes liegt, daß der Ausschlag 180° oder mehr betragen kann, und daß die Abhängigkeitsvorrichtungen oberhalb des Fußbodens sich befinden, also gut zugänglich sind. Auf die nicht mehr gebräuchlichen Umschlaghebel für Signalleitungen und Riegelleitungen wurde schon S. 35 hingewiesen.

Stellwerkskurbeln für Drahtleitungen haben gleichfalls ihren Drehpunkt oberhalb des Fußbodens. Ihre Drehbewegung vollzieht sich quer zum Standort des Stellwerkswärters. Sie werden in der Regel nur zum Stellen von Signalen und Verriegeln von Handweichen, seltener zum Stellen von Weichen und Gleissperren verwendet. Man findet sie namentlich in Signalstellwerken, so besonders auf Blockstellen und in Signalstell- und Weichenriegelwerken als einzigen Stell-

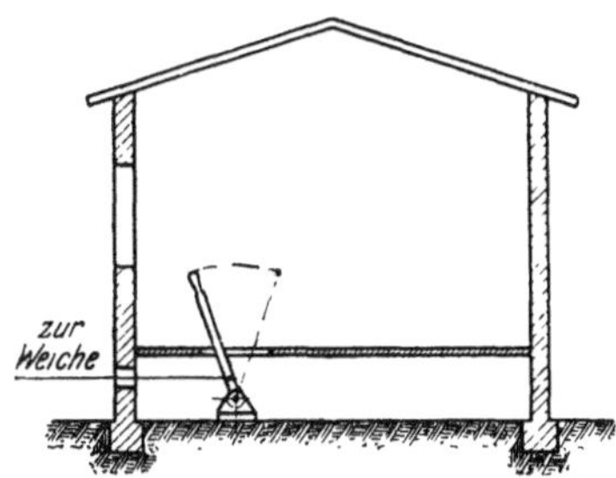

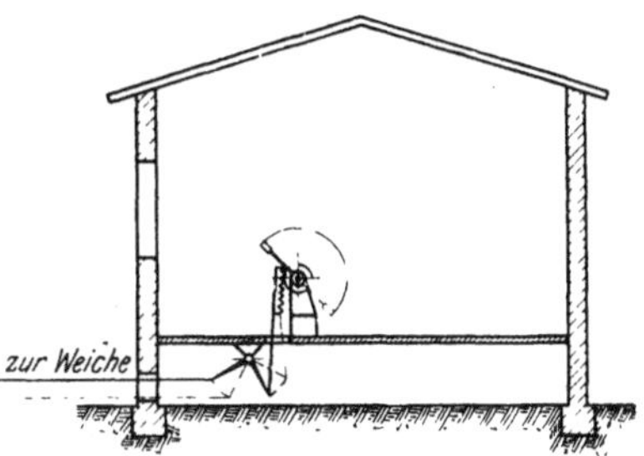

Abb. 215. Frühere Anordnung eines Stellwerkshebels.

Abb. 216. Neuere Anordnung eines Stellwerkshebels.

werken auf kleinen Bahnhöfen, wo sie dann häufig auf dem Bahnsteig vor dem Empfangsgebäude ganz im Freien oder unter Schutzdach, bisweilen auch in einem Anbau des Empfangsgebäudes oder in diesem selbst untergebracht sind. Die Verwendung solcher Vereinigung von Kurbeln zu Kurbelwerken ist namentlich gebräuchlich in Süddeutschland[1]) und der Schweiz, wo im bergigen Gelände die geringere Zug- und Stationslänge es häufiger ermöglicht, mit einem etwa in Mitte der Bahnhofslänge aufgestellten Stellwerk auszukommen. Da die Kurbelwerke zwar in der Ausgestaltung im einzelnen, aber nicht in den dabei befolgten Grundsätzen, sich von den Hebelwerken unterscheiden, so sollen hier nur letztere behandelt werden, und es soll lediglich bei der Besprechung der Streckenblockung im IV. Kapitel unter IV A (S. 182 ff) ein Beispiel von Kurbelanordnung gegeben werden.

Zu der im II. Kapitel unter II, B, 3 (S. 31 ff.) gegebenen Beschreibung der Gesamtanordnung eines Signal- und Weichenstellwerks, der die Abb. 82 bis 86 zugrunde gelegt waren, in denen, unter Voraussetzung des Vorhandenseins von Blockverbindungen, die Fahrstraßenhebel an dem die Blockwerke tragenden Blockuntersatz (bzw. den beiden Blockuntersätzen) angebracht zu werden pflegen, seien als Ergänzung zunächst die Abb. 217a bis d beigefügt, die ein Stellwerk Jüdelscher Bauart ohne Blockverbindungen nebst Gleisplanskizze und Verschlußtafel (Abb. 218, a, b) darstellen. Hier sind die Fahrstraßenhebel (im Beispiel nur einer) an besonderen Hebelböcken angebracht. Im übrigen ist die Anordnung des Stellwerks dieselbe wie beim Vorhandensein von Blockverbindungen, und wie sie im II. Kapitel unter II, B, 3 beschrieben wurde. Auf einem Gestell, der Hebelbank, sind nebeneinander, nach Gattungen gesondert, in der Regel in

---

[1]) Auch in Sachsen auf kleineren Bahnhöfen, wo keine Streckenblockung vorhanden oder in absehbarer Zeit zu erwarten ist; in Baden nur noch für vorübergehende Einrichtungen oder ganz unbedeutende Anlagen.

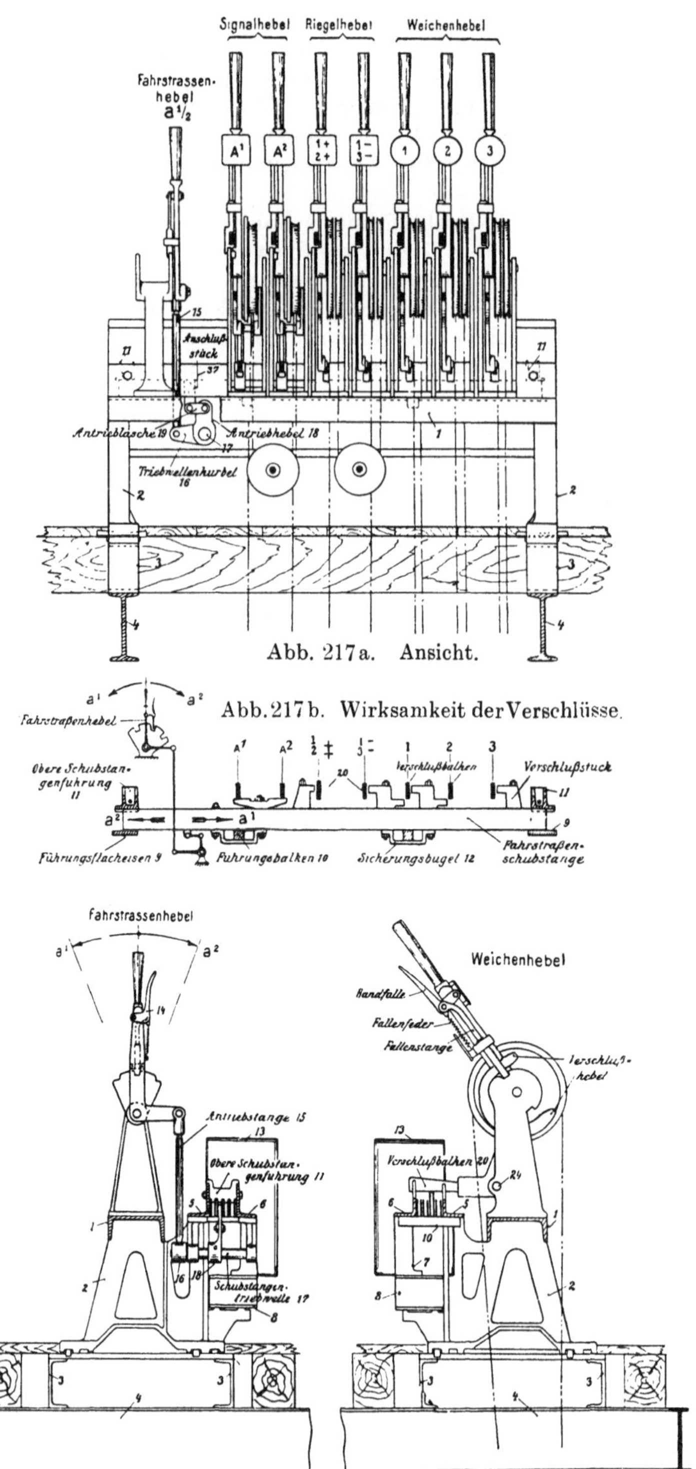

Abb. 217a.   Ansicht.

Abb. 217b. Wirksamkeit der Verschlüsse.

Abb. 217c, d. Querschnitte.

Abb. 217a—d. Stellwerk ohne Blockverbindungen. Bauart Max Jüdel & Co.
(Entnommen aus Stellwerk 1909, S. 170, 171, 153.)

etwa 140 bis 160 mm Abstand[1]) die Signalhebel, Riegelhebel, Weichenhebel (Gleissperrenhebel) mittels der sie tragenden Hebelböcke gelagert. Hinter den Hebeln sind in dem meist mit Glasscheibe (13) abgedeckten und verbleiten Verschlußkasten auf die ganze Länge des Stellwerks, nebeneinander liegend, die Fahrstraßenschubstangen entlang geführt. Diese tragen die rechteckigen und hakenförmigen Verschlußkörper, die, wie S. 33ff. beschrieben, mit den Verschlußbalken der Weichen-, Signal-, Riegelhebel zusammenwirken und so die Abhängigkeit zwischen den Weichen- usw. Hebeln einerseits und den Signalhebeln anderseits herstellen.

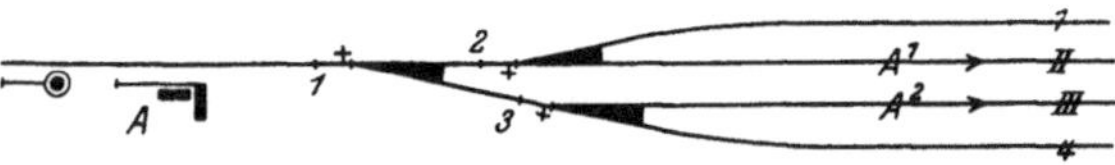

Abb. 218a. Gleisplan zum Stellwerk Abb. 217 a—d.

Die Fahrstraßenschubstangen werden, wie in Abb. 82a, b auf S. 31 angedeutet, und aus Abb. 217b, c ersichtlich, nach Richtigstellung der für eine Fahrstraße in Betracht kommenden Weichen durch Umlegen der Fahrstraßenhebel mittels geeigneter Hebelübersetzung in ihrer Längsrichtung verschoben. Sie bewirken so, daß die rechteckigen und hakenförmigen Verschlußkörper, die sich nach Maßgabe der Verschlußtafel neben den Verschlußbalken der Weichen- usw. Hebel befinden, unter, bzw. über die in Grund-, bzw. gezogener Stellung befindlichen Verschlußbalken treten, diese so festlegend; gleichzeitig wird ein rechteckiger Verschlußkörper, der sich unter dem Verschlußbalken des der Fahrstraße entsprechenden Signalhebels in Grundstellung

Signalbezeichn	Zugrichtung	Fahrstr. heb. +		Signal. heb.		Riegel-hebel I/II			Weichen-hebel		
		a^1	a^2	A^1	A^2	1	2	3	1	2	3
A^1	nach Gleis II	$-_2$	$+$	$_3$		$+_1$	$+_1$		$+$	$+$	
A^2	nach Gleis III	$+$	$-_3$		$_4$	$-_2$		$-_2$	$-_1$		$-_1$

Abb. 218 b. Verschlußtafel zu Abb. 218 a.

befindet, darunter weggeschoben, so daß der Verschlußbalken des Signalhebels und damit der Signalhebel nunmehr zum Umlegen in Fahrtstellung frei wird. Das Umlegen des Signalhebels bringt dessen Verschlußbalken in solche Stellung, daß damit die Rücklegung des Fahrstraßenhebels verhindert ist, so daß der Signalhebel durch Vermittlung des Fahrstraßenhebels die Weichen- usw. Hebel in der durch die Verschlußtafel bestimmten Lage festlegt.

Da es möglich ist, Verschlußkörper an beiden Seiten neben jedem Weichenhebel-Verschlußbalken anzubringen, die wirksam werden, je nachdem man die Fahrstraßenschubstange aus ihrer Grundstellung in der einen oder entgegengesetzten Richtung verschiebt, so macht man von dieser doppelten Ausnutzbarkeit der Fahrstraßenschubstangen regelmäßig Gebrauch. Die Fahrstraßenhebel werden deshalb, wie in Abb. 217b, c ersichtlich, als Umschlaghebel ausgebildet. Je nachdem man den Fahrstraßenhebel aus seiner Grundstellung in der einen oder anderen Richtung bewegt (meist hebt oder senkt), wird die Fahrstraßenschubstange in ihrer Längsrichtung hin und her, in der Längsansicht des Stellwerks nach rechts oder links verschoben. Jede dieser beiden Bewegungen entspricht einer anderen Fahrstraße und gibt folglich, wie in der Skizze Abb. 219a bis c angedeutet, einen von zwei Signalhebeln frei, während jedesmal der Verschlußbalken des anderen der beiden Signalhebel verschlossen bleibt. Solche Verwendung einer Fahrstraßenschubstange für zwei Fahrstraßen, bzw. zwei Signalhebel ist nur anwendbar für zwei Fahrstraßen, bzw. Signale, die sich gegenseitig feindlich sind, also niemals

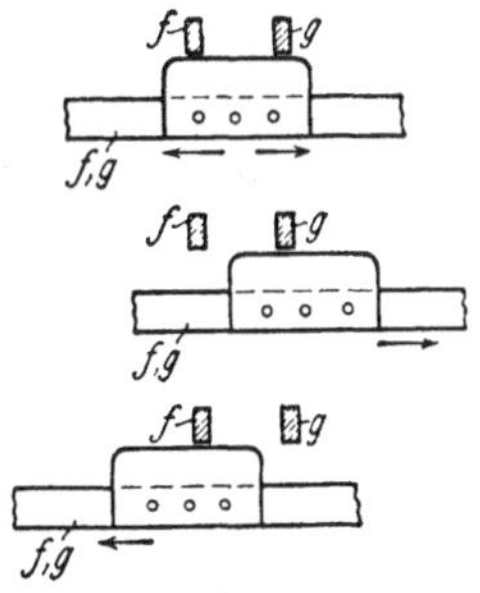

Abb. 219a—c.
Abwechselnde Freigabe zweier feindlicher Signalhebel durch Verschiebung einer Fahrstraßenschubstange nach rechts oder links.

---

[1]) S. & H. verwenden 100 mm Abstand.

gleichzeitig benutzt werden. Man erspart durch solche Anordnung zwar nicht die Hälfte, aber immerhin einen beträchtlichen Teil der sonst erforderlichen Fahrstraßenhebel und Schubstangen. Auf den ferner damit verbundenen Vorteil, daß besondere Ausschlüsse zweier feindlicher, sich aber nicht durch die Weichenstellung ausschließender, Fahrstraßen entbehrlich werden, wird bei Besprechung des Entwerfens der Stellwerke (V. Kap., unter I, B, 1, b) zurückgekommen.

In England werden, wie im VII. Kap. unter III, A, 3 dargelegt wird, die Abhängigkeiten unmittelbar zwischen den Stellhebeln (oft auch zwischen Weichenhebeln gegenseitig) hergestellt. Die S. 31 ff. und vorstehend beschriebene Gesamtanordnung der deutschen Stellwerke, bei der die Abhängigkeit zwischen der Gruppe der Weichen-, Gleissperren-, Riegelhebel einerseits und der Gruppe der Signalhebel anderseits durch Vermittlung der Fahrstraßenhebel bewirkt wird, bedingt dagegen, daß innerhalb jeder dieser beiden Gruppen von Stellhebeln gegenseitige Abhängigkeiten nicht ohne weiteres hergestellt werden können. Im allgemeinen besteht hierfür nach den deutschen Anschauungen auch kein Bedürfnis. Wo ein solches gleichwohl auftritt, z. B. zwischen einem Weichenhebel und einem Gleissperrenhebel sowie zwischen getrennten Hebeln für Haupt- und Vorsignal, werden „Folgeabhängigkeiten" in Gestalt besonderer Längsverbindungen von Hebel zu Hebel vorgesehen.

Bei Weichenstellwerken, die lediglich zu Verschiebezwecken dienen (S. 38), die daher nur die Erleichterung der Weichenbedienung, nicht aber die Festlegung der Weichen zur Sicherung bestimmter Fahrstraßen bezwecken (also nur ihrer Ausbildung nicht aber ihrem Zwecke nach in den Rahmen dieser Betrachtungen gehören), sind nicht nur keine Fahrstraßenhebel nebst Schubstangen vorhanden, sondern die Weichenhebel sind demgemäß auch nicht mit Verschlußbalken ausgerüstet. Die Handfallen der Weichenhebel dienen in diesem Falle nur dazu, die Hebel in den beiden Endstellungen dadurch festzustellen, daß die von der Handfalle bewegte Handfallenstange mit dem am Ende befindlichen Handfallenriegel in eine entsprechende Einkerbung des Hebelbockes eingreift. Ein ferneres Eingehen auf diese einfachere Anordnung, die ohne weiteres verständlich ist, wenn man die verwickeltere Einrichtung kennt, erscheint entbehrlich.

Es sei schließlich bemerkt, daß man die verschiedenen Hebelarten durch die Farbe des Anstriches unterscheidet, so auf den Pr.H.St.B. Signalhebel rot. Weichenhebel und Riegelhebel, Gleissperren- und Sperrschienenhebel blau, Haltscheiben-, Gleissperrensignal-, Halttafelhebel blau mit rotem Ring, Leerhebel weiß, Fahrstraßenhebel grün. Die Hebel tragen Schilder, auf denen die Nummern der Weichen und die Buchstabenbezeichnungen der Signale nebst Angabe der Wege und der verriegelten Weichen usw. angegeben sind[1]). Für die Fahrstraßenhebel werden Schilder mit der Fahrstraßenbezeichnung und der Angabe der zugehörigen in gezogener Stellung festzulegenden Weichen in der Regel darüber oder darunter oder daneben am Blockuntersatz bzw. am besonderen Bock der Fahrstraßenhebel angebracht. Auf abweichende, jetzt aufgegebene Gesamtanordnungen, bei denen die Fahrstraßenschubstangen übereinander, statt nebeneinander liegen (frühere Anordnung der Maschinenfabrik Bruchsal, noch in vielen Ausführungen vorhanden), oder bei denen statt der Schubstangen drehende Wellen verwendet werden, in Verbindung mit entsprechend geformten Verschlußkörpern und anderer Ausbildung der Fahrstraßenhebel (frühere Anordnung von Z. u. B., gleichfalls noch in vielen Ausführungen vorhanden) soll hier nicht eingegangen werden. Aber auch ein besonderes Eingehen auf die, außer in Österreich auch im Auslande weitverbreiteten

---

[1]) Ähnlich auf den meisten anderen deutschen Bahnen. Nur die Bayer.Stb. streichen alle Hebel grau. Auf den Sächs.Stb. haben auch die Signalhebel Nummern.

Anordnungen von S. & H. und sonstige in Österreich übliche Anordnungen würde den Rahmen dieses Buches überschreiten.

Wegen des von den Hebeln auf die Leitungen übertragenen Hubes s. S. 40.

Die technische Ausführung der Stellwerke soll nun durch Vorführung einzelner Bauweisen der Weichenhebel, Signalhebel, Riegelhebel verdeutlicht werden. Gleissperrenleitungen werden in der Regel durch Weichenhebel betätigt.

B. Die Weichenhebel.

Als Beispiele werden besprochen der Hebel der Signalbauanstalt von Fiebrandt & Co., der aus diesem vervollkommnete Einheitsweichenhebel der Pr.H.St.B. und die Weichenhebel der Signalbauanstalt von Max Jüdel & Co.

1. Der Weichenhebel für Doppeldrahtleitung von Fiebrandt & Co. Die Anordnung des Fiebrandtschen Hebels ist der allgemeinen Erörterung der Stellzeuge im II. Kapitel (S. 31 ff.) zugrunde gelegt. Die dort gegebene Beschreibung ist daher lediglich durch Erläuterung der für die Auffahrbarkeit der Weichen und den Fall eines Drahtbruches getroffenen Einrichtungen zu ergänzen, wobei auch auf die Abb. 82 bis 86 (S. 31—33) Bezug genommen wird.

Nach deutschen Grundsätzen sollen alle Weichen auffahrbar (aufschneidbar) sein, d. h. beim Befahren einer Weiche vom Herzstück her in falscher Stellung sollen die Zungen nachgeben, damit nicht der Bruch irgendeines Teiles eintritt. Daraus ergibt sich, daß die Weichenstelleitung beim Auffahren eine der letztvorhergehenden Umstellbewegung entgegengesetzte Bewegung macht, die aber nicht vom Hebel ausgeht, sondern durch das auffahrende Eisenbahnfahrzeug von der mit den Zungen gewaltsam umgestellten Weichenantriebvorrichtung hervorgebracht wird. Dieser Bewegung der Leitung, einerlei ob Gestänge oder Doppeldrahtzug, kann der Weichenhebel nicht folgen, weil sein Handfallenriegel eingeklinkt ist. Um gleichwohl das Umstellen der Leitung durch ein auffahrendes Fahrzeug zu ermöglichen, ist der Weichenhebel H (Abb. 83, 84, 86) mit der Seilrolle D (bei Gestänge mit dem entsprechenden Übertragungsteil, dem Zahnkranz, der Kurbelscheibe usw., vgl. S. 134) nicht fest verbunden, sondern mittels einer durch Federkraft geschlossenen, bei starker Beanspruchung sich lösenden Kupplung. Diese Kupplung wird bewirkt durch den dreieckigen Kuppelkeil Q, der sich am einen Ende des zweiarmigen, am Weichenhebel H mittels Gelenkes n gelagerten Kuppelhebels N befindet und in eine dreieckige Einkerbung q des Seilrollenrandes eingreift. In dieser den Hebel H und die Seilrolle D kuppelnden Stellung wird der Keil Q gehalten durch die Ausscherfeder (Aufschneidfeder, Auffahrfeder) F_2, die das andere Ende des zweiarmigen Kuppelhebels N anzieht, so daß also der Keil Q mit Federkraft in die dreieckige Einkerbung q hineingepreßt wird. Die Ausscherfeder F_2 ist erheblich kräftiger, als die gleichfalls am Hebel angebrachte, S. 33 erwähnte Handfallenfeder F_1, wird aber nur so stark angespannt, daß beim Auffahren einer Weiche (oder bei dem durch Drahtbruch vom Spannwerk ausgeübten einseitigen Drahtzug) die federnde Keilverbindung sich löst, indem die Seilrolle verdreht und unter Überwindung der Kraft der Feder F_2 der Kuppelkeil Q aus der Einkerbung q herausgedrängt wird (Abb. 86). Man nennt diesen durch Auffahren einer Weiche oder Drahtbruch herbeigeführten Vorgang das Ausscheren des Weichenhebels. Es muß nun noch verhütet werden, daß solches Ausscheren auch dann eintritt, wenn der Weichenhebel umgestellt wird, weil ja doch auch hierbei ein großer Spannungsunterschied von Zugdraht und Nachlaßdraht eintritt[1]). Zu diesem Behufe tritt beim Anziehen der Handfallenstange S der an dieser bei dem Handfallenriegel R seitlich angebrachte Knaggen k (Abb. 84) in eine Einkerbung p des

---

[1]) Bzw. bei Gestängeweichen eine starke Kraft vom Hebel durch die Keilkupplung auf den das Gestänge antreibenden Zahnkranz usw., s. S. 134, übertragen wird.

Außenrandes der auf der einen Seite der Seilrolle befindlichen ringförmigen Führungsrille 9 (Abb. 83) und kuppelt damit Hebel und Seilrolle fest, wie dies der in Abb. 84 dargestellte Zustand zeigt. Bei etwaigem Ausscheren des Weichenhebels in einer seiner beiden Endstellungen dagegen setzt der nicht angehobene Knaggen k der Verdrehung der Seilrolle nach rechts oder links keinen Widerstand entgegen, indem er in der Führungsrille 9 entlanggleitet.

Die durch Eintreten des Knaggens k in die Einkerbung p der Seilrolle herbeigeführte feste Kupplung zwischen Hebel und Seilrolle ist während der ganzen Umstellbewegung deshalb unlösbar, weil während der Umstellbewegung der Handfallenriegel R auf dem zylindrischen Schleifkranz 10, 10 des Hebelbockes B schleift, wodurch die Handfallenstange während des ganzen Umstellweges in der gehobenen Stellung festgehalten wird. Reißt der Draht während des Umstellens oder wird durch Anwendung von Gewalt trotz einem an der Weiche sich dem fertigen Umstellen entgegensetzenden Hindernis der Weichenhebel gleichwohl in die Endstellung gebracht und sein Handfallenriegel eingeklinkt, so schert in demselben Augenblick, wo das Einklinken des Handfallenriegels vollendet ist, der Hebel aus, und damit treten die Sicherheitsfolgen des Ausscherens ein. Der an der Handfallenstange sitzende Knaggen k befindet sich nämlich, solange der Hebel störungsfrei in einer der beiden Endstellungen steht, in einer Einbuchtung (e) der im übrigen kreisringförmigen Führungsrille (9, 9). Sobald der Hebel ausschert, wird folglich der Knaggen k samt der Handfallenstange, an der er sitzt, ein wenig angehoben und bei beliebig weiter Verdrehung der Seilrolle durch eben die Führungsrille in der angehobenen Stellung unverrückbar festgehalten. Die Anhebung der Handfallenstange bedeutet aber die Bewegung des Verschlußbalkens v in eine Zwischenstellung, somit eine Sperrung sämtlicher Fahrstraßen, bei denen die Weiche, deren Hebel ausgeschert wurde, beteiligt ist. Die Gußansätze x, x der Seilrolle schlagen beim Reißen eines Drahtes gegen den Ansatz y am Bock und verhindern ein Weiterdrehen der Seilrolle.

2. Der Einheitsweichenhebel für Doppeldrahtleitung der Pr.H.St.B. Der Einheitsweichenhebel der Pr.H.St.B. (Abb. 220a bis d) entspricht hinsichtlich der lösbaren Keilkupplung zwischen Hebel und Seilrolle der vorbeschriebenen und S. 32 dargestellten Anordnung von Fiebrandt & Co. Im übrigen weicht er aber in der Durchbildung der Einzelheiten von dem in der Hauptsache schon S. 33—35 beschriebenen Hebel verschiedentlich ab.

Der Verschlußbalken v bildet nicht unmittelbar den wagerechten Arm des winkelhebelförmigen Verschlußhebels V, sondern ist auf den beiden Lenkern l_1, l_2 gelagert und mit dem wagerechten Schenkel des Verschlußhebels V durch die Lasche l_3 verbunden. Das Heben und Senken des Verschlußbalkens v erfolgt als Parallelbewegung. (Diese Anordnung wird von manchen Signalbauanstalten neben der mit schwingendem Verschlußbalken angewendet; sie gewährt eine sicherere Führung des Verschlußbalkens und vermeidet die bei großer Zahl der Schubstangen sonst erforderliche stufenförmige Ausbildung des Verschlußbalkens und daher ungleiche Höhe der Verschlußkörper.)

Die beim Umlegen des Weichenhebels erforderliche feste Kupplung zwischen Hebel und Seilrolle geschieht nicht, wie bei dem Fiebrandtschen Hebel, durch eine besondere außer der lösbaren Keilkupplung wirksam werdende Kuppelvorrichtung, sondern in der Weise, daß die an sich lösbare Keilkupplung durch Andrücken der Handfalle und damit verbundenes Anziehen der Handfallenstange unlösbar gemacht wird. Beim Anheben der Handfallenstange tritt nämlich der an ihr befindliche Nocken f unter den zweiten Arm des Kuppelhebels N, so daß dieser am Ausweichen nach unten, folglich der den Kuppelkeil Q tragende Hauptarm des Kuppelhebels am Ausweichen nach oben gehindert wird, wodurch die Keilkupplung unlösbar geworden ist. In dieser Eigenschaft verharrt sie während des ganzen Umstellens, weil während des Umstellens die Handfallenstange auf dem Schleifkranz 10, 10 des Hebelbocks B schleift, mithin die Handfallenstange aus ihrer gehobenen Stellung nicht nachgeben kann, also auch der Nocken f den Kuppelhebel in seiner kuppelnden Lage festhält. Es sei an dieser Stelle bemerkt, daß die in Deutschland üblichen Bauweisen die beim Umstellen erforderliche feste Kupplung zwischen Hebel und Seilrolle in der Regel entweder, wie beim Fiebrandtschen Hebel, durch eine besondere an der Handfallenstange sitzende Kuppelvorrichtung oder, wie beim Einheitshebel

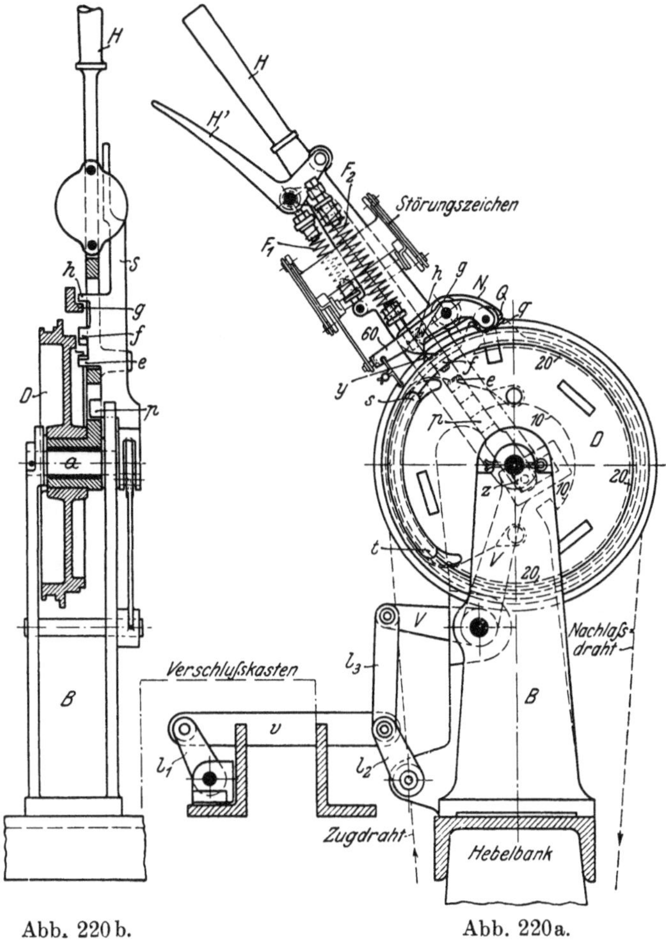

<table>
<tr><td align="center">Abb. 220 b.</td><td align="center">Abb. 220 a.</td></tr>
</table>

Abb. 220 a—d.　Weichenhebel für Doppeldrahtleitung.　Einheitsform der Pr.H.St.B.

der Pr.H.St.B., durch Unlösbarmachen der Keilkupplung bewirken. Letztere Anordnung verdient den Vorzug; denn bei ersterer geht die Ausscherbarkeit des Hebels verloren, sofern die Handfalle nicht vollständig eingeklinkt ist. Bei letzterer aber ist der Hebel ausscherbar, sobald sich der Handfallenriegel des Hebels über einer der beiden Rasten im Hebelbock befindet[1]).

Das Ausscheren infolge Auffahrens der Weiche, Reißens eines der beiden Drahtstränge oder sonst eintretenden starken Spannungsunterschieds in den beiden Drahtsträngen geschieht beim Einheitshebel wie beim Fiebrandtschen Hebel derart, daß der Unterschied der Drahtspannung die Seilrolle ver-

---

[1]) Außerdem ist der Hebel wegen dieser Einrichtung bei umgelegtem Fahrstraßenhebel anscherbar (s. S. 131).

dreht, wobei der Kuppelkeil Q unter Anspannung der Ausscherfeder F_2 aus der Einkerbung q der Seilrolle herausgedrückt wird. Das Anheben der Handfallenstange und damit Senken oder (beim Ausscheren in gezogener Hebelstellung) Anheben des Verschlußbalkens in Mittelstellung (Sperren aller Fahrstraßenschubstangen, die für die betreffende Weiche Verschlußkörper tragen) geschieht aber hier in anderer Weise als beim Fiebrandtschen Hebel. Der Hauptarm des Kuppelhebels wird nämlich zwar beim Herausdrücken des Keils Q aus der Einkerbung q auch hier zunächst angehoben, gelangt aber dann sogleich (vgl. Abb. 220c, d)

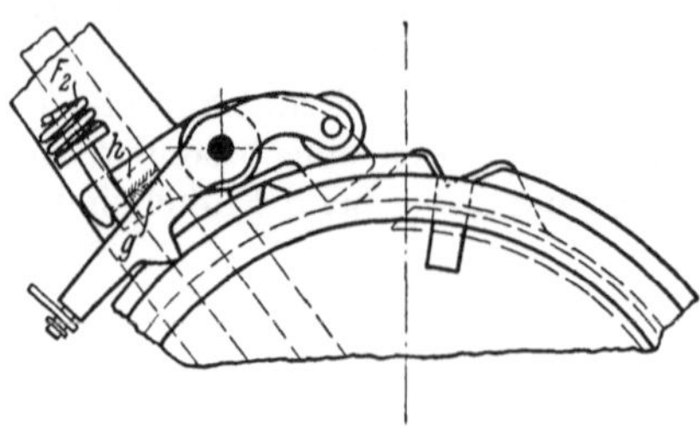

Abb. 220c.   Kuppelvorrichtung unmittelbar nach dem Ausscheren.

unter Einwirkung der Ausscherfeder in eine Lage, die tiefer ist als die Normallage.   Dadurch kommt der zweite Arm des Kuppelhebels in eine höhere Lage als die Normallage und hebt hierdurch unter Einwirkung des an ihm sitzenden Nockens g auf den an der Handfallenstange sitzenden Nocken h (s. auch Abb. 220b) die Handfallenstange S unmittelbar an. In dieser gehobenen, die Fahrstraßen sperrenden Stellung wird die Handfallenstange dann festgehalten, indem bei weiterer Verdrehung der an der Seilrolle sitzende Verschlußkranz 20, 20, 20 zwischen die Nocken e und f der Handfallenstange zwischentritt. Die Verdrehung der Seilrolle wird begrenzt dadurch, daß entweder der Kopf s oder der Kopf t des Anschlagwulstringes $s—t$ gegen den Hebelbock anstößt. Abb. 220d zeigt den Weichenhebel in ausgescherter Stellung. Das Wiedereinrücken der Seilrolle, erforderlichenfalls[1]) nach Anheben des Spanngewichts, geschieht mittels des sogenannten Einrückhebels, in Abb. 220d in der durch Pfeile angedeuteten Richtung.

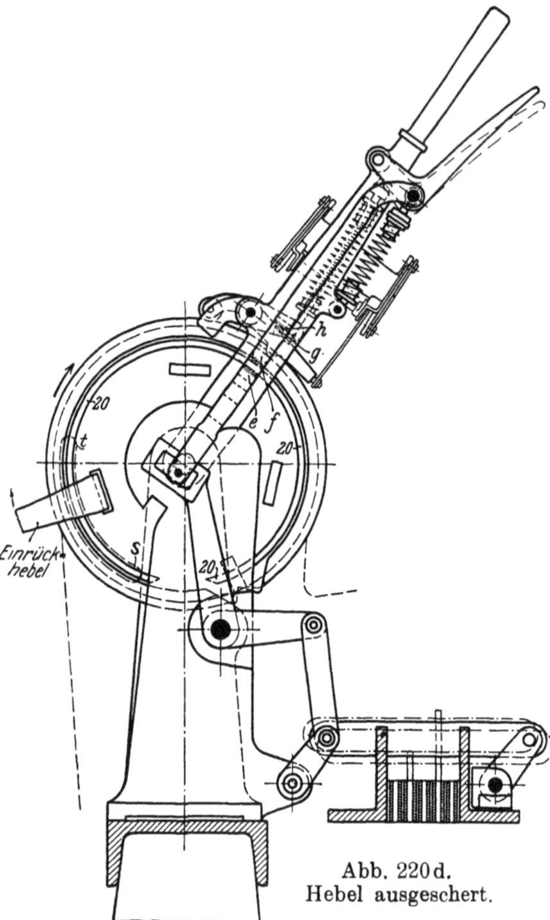

Abb. 220d.
Hebel ausgeschert.

Diese Einrichtung genügt ohne weiteres, um beim Auffahren der Weiche und beim

Reißen eines der beiden Drahtstränge in einer der beiden Endstellungen des Hebels das Ausscheren zu bewirken. Reißt einer der beiden Drahtstränge

---

¹) Bei Drahtbruch.

während des Umlegens des Hebels, so wird durch den Zug des heilen Drahtes der Hebel in die eine Endstellung gebracht und schert dann aus. Der Hebel steht also den zweirolligen Hebeln, so dem später zu beschreibenden Jüdelschen hinsichtlich der Fahrstraßensperre nicht nach.

Anders als bei den meisten Weichenhebelbauweisen (so auch bei der Fiebrandtschen) gestattet der Einheitsweichenhebel bei umgelegtem Fahrstraßenhebel zwar kein Ausscheren, aber das sogenannte Anscheren des Weichenhebels, d. h. eine geringe Verdrehung, die gerade ausreicht, um das Störungszeichen erscheinen zu lassen. Der Kuppelhebel N ist nämlich, wie aus obiger Beschreibung und Abb. 220a, b, c hervorgeht, auch bei festgelegter Handfallenstange nicht am Ausweichen gehindert. Da er aber dann bei weitergehender Verdrehung der Seilrolle die Handfallenstange nicht anheben kann, so kann sich die Seilrolle nur so weit verdrehen, bis eine der beiden Spitzen des 70 mm Lücke aufweisenden Verschlußkranzes 20, 20, 20 gegen den Nocken f der Handfallenstange stößt. Diese Anordnung ist gewählt, um bei jedem Störungsfall ein Störungszeichen erscheinen zu lassen, anderseits aber ein Umstellen der Weiche mittels des Einrückhebels unter Umständen unter dem fahrenden Zuge auszuschließen. Während das Störungszeichen bei anderen Bauweisen in der Regel in einer roten Scheibe besteht, die unmittelbar an der Seilrolle festsitzt, im ordentlichen Zustande vom Hebel verdeckt ist, beim Ausscheren aber nach einer oder der anderen Seite hervortritt, mußte hier eine etwas verwickeltere Anordnung gewählt werden. Um das Störungszeichen so empfindlich zu machen, daß es schon bei so geringer Verdrehung der Seilrolle erscheint, wird es hier durch einen besonderen kleinen doppelarmigen Hebel 60 gesteuert, der neben dem Kuppelhebel liegt, und an dessen einem Ende sich ein Röllchen befindet, das in der Grundstellung der Seilrolle in einen keilförmigen neben der Einkerbung für den Kuppelkeil angebrachten Einschnitt der Seilrolle eingreift. Wird dieses Röllchen beim Drehen der Seilrolle aus dem Einschnitt herausgedrängt, so zieht der herabgehende andere Arm des kleinen Hebels die beiden halbmondförmigen roten Störungsscheiben, die in Grundstellung hinter den beiden Nummerschildern des Weichenhebels versteckt sind, hervor. In dieser Lage verbleiben die Störungsscheiben auch bei weitergehender Drehung der Seilrolle, weil dann das kleine Röllchen auf dem Rande der Seilrolle weiterläuft. Beim Wiedereinrücken der Seilrolle mittels des Einrückhebels drückt das an der Seilrolle sitzende dachförmige stählerne Führungsstück y den zweiarmigen Hebel 60 wieder in die Grundstellung, wodurch das Störungszeichen verschwindet.

Der Hebel 60 ist zugleich dazu benutzt, um zwischen ihm und der Seilrolle das Bleisiegel anzubringen, das bei allen Bauweisen der Weichenhebel an irgendeiner Stelle vorgesehen wird, um jedes erfolgte Ausscheren durch Zerreißen des Siegeldrahtes auch nach erfolgtem Wiedereinrücken erkennbar zu machen und so den Stellwerkswärter zur Anzeige zu zwingen.

3. Die Weichenhebel Bauart Max Jüdel & Co.

a) **Einrolliger Drahtzugweichenhebel, Bauart Max Jüdel & Co.** Der einrollige Jüdelsche Hebel (Abb. 221a bis e, 222a bis c) unterscheidet sich von den bisher beschriebenen Hebelformen hauptsächlich durch die Art der Verbindung zwischen Handfallenstange und Verschlußhebel und durch die Gestaltung der lösbaren Kupplung zwischen Hebel und Seilrolle. Die Verlängerung der Handfallenstange umgreift (Abb. 221a) mit einem rechteckigen Schlitz (Tasche) einen kreisringförmigen Reifen 23, 23, der das obere Ende des Verschlußhebels 21 bildet, und der in beiden Endstellungen des Verschlußhebels exzentrisch, während des Hebelumlegens (d. h. nach Ausklinken und vor Wiedereinklinken des Handfallenriegels) zentrisch zur Hebelachse steht. Er wirkt also grundsätzlich in derselben Weise, wie der in den beiden Endstellungen des Verschlußhebels exzentrisch, während des Umstellens zentrisch sich befindende

Zapfen, der bei Fiebrandt und beim Einheitsweichenhebel die Verbindung zwischen verlängerter Handfallenstange und Verschlußhebel bildet. Der kreisringförmige Reifen 23, 23 darf aber nicht geschlossen sein, weil sonst die Vorrichtung nicht zusammengebaut werden könnte. Es fehlt daher von dem kreisringförmigen Reifen das in Abb. 221a nur gestrichelt angedeutete Mittelstück, so daß nur ein Halbreifen vorhanden ist, also die Verbindung zwischen Reifen und Handfallenstange während der mittleren Strecke der Umstellbewegung fehlt. Als Ersatz für diese fehlende Verbindung tritt eine andere ein: Noch bevor beim Umlegen des Weichenhebels der taschenförmige Einschnitt der verlängerten

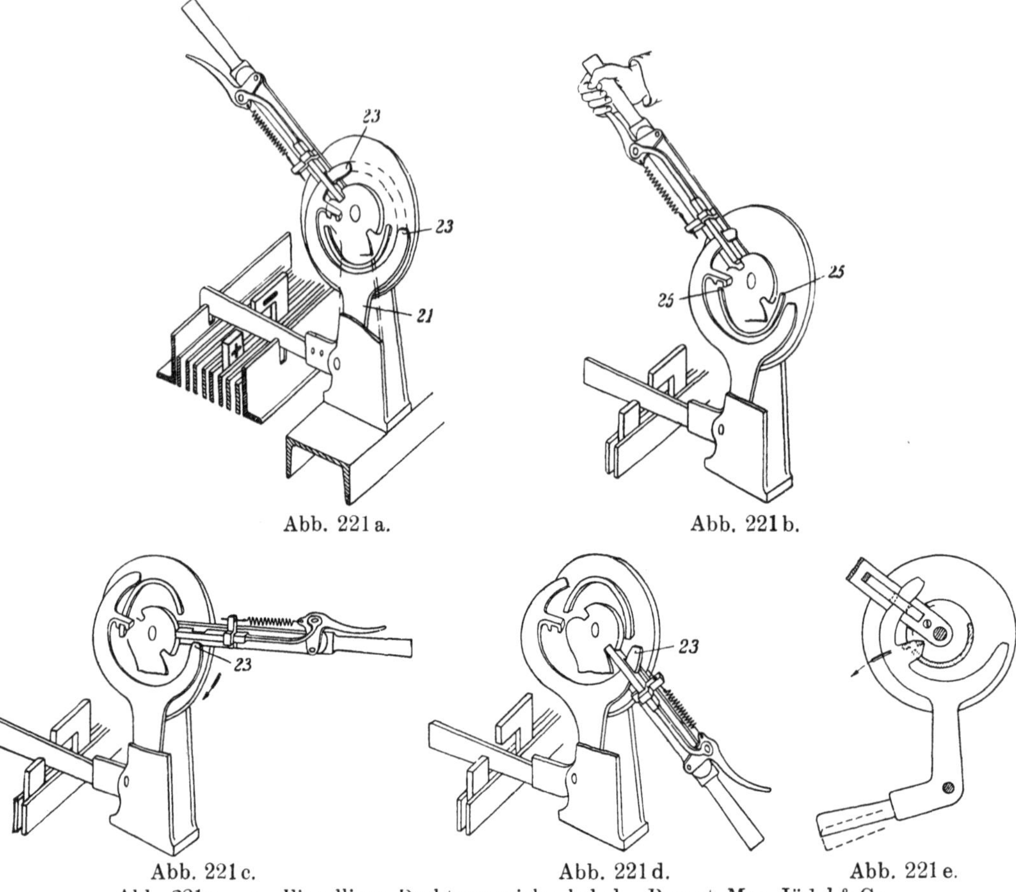

Abb. 221 a.   Abb. 221 b.

Abb. 221 c.   Abb. 221 d.   Abb. 221 e.

Abb. 221 a — e.   Einrolliger Drahtzugweichenhebel.   Bauart Max Jüdel & Co.

Handfallenstange das obere zahnförmige Ende des Halbreifens verlassen hat, tritt (Abb. 221 b) der an der Seilrolle[1]) angebrachte Verschlußkranz 25, 25 in einen Führungsschlitz des Verschlußhebels und hält diesen bei weiterem Hebelumlegen so lange (in seiner Mittelstellung) fest, bis das untere zahnförmige Ende des Halbreifens 23, 23 in den taschenförmigen Einschnitt der verlängerten Handfallenstange wieder eingetreten ist (vgl. Abb. 221 c, d).

Die während des Umstellens erforderliche feste Verbindung zwischen Weichenhebel und Seilrolle wird bei dem Jüdelschen Hebel wie beim Einheitsweichenhebel (anders als bei Fiebrandt, vgl. S. 127/128) nicht durch eine be-

---

[1]) In Wirklichkeit wird der Verschlußkranz nur bei Signalhebeln an der Seilrolle, bei Weichenhebeln dagegen, von denen sich beim Auffahren die Seilrolle löst, an einer besonderen mit dem Hebel fest verbundenen Verschlußscheibe angebracht (Abb. 221, e).

sondere zwangläufige Kupplung, sondern durch zwangläufige Unterstützung der federnden Keilkupplung bewirkt. Der Kuppelkeil Q (Abb. 222a bis c) sitzt hier unmittelbar am Weichenhebel, in dessen Längsachse in einem als Führung dienenden Einschnitt verschiebbar und von der Ausscherfeder F_2 unmittelbar in der Richtung nach dem Hebelhandgriff hingezogen. Beim Ausklinken der Handfallenstange legt sich ein an der Handfallenstange befindlicher Ansatz f stützend unter den Kuppelkeil und verhindert diesen so am Ausweichen, d. h. macht die Keilkupplung während des Umstellens unlöslich (Abb. 222b). Beim Ausscheren des Hebels (Abb. 222c), das nur in einer der beiden Endstellungen möglich ist,[1]) sei es durch Auffahren der Weiche oder Drahtbruch oder großen Spannungsunterschied der beiden Leitungsstränge, erfährt der Kuppelkeil beim Herausdrücken aus der Einkerbung q zunächst eine Senkung, kann dann aber (vgl. die Abb. 222c), dem Zug der Ausscherfeder folgend wieder ansteigen, bis er mit

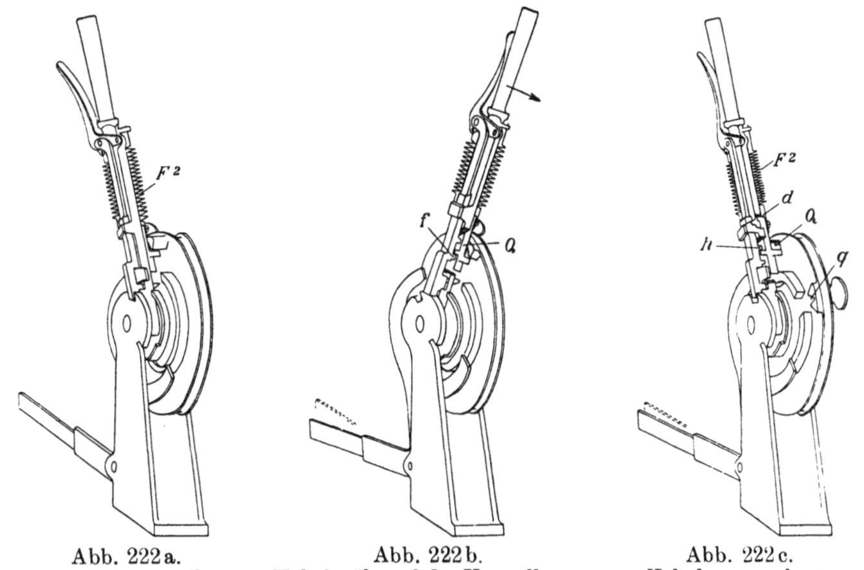

Abb. 222a.
Hebel in Grundstellung.

Abb. 222b.
Hebel während des Umstellens.

Abb. 222c.
Hebel ausgeschert.

Abb. 222a—c. Wirksamkeit der Kuppelvorrichtung des Jüdelschen einrolligen Drahtzugweichenhebels.

seinem oberen Ende d gegen die Begrenzungsfläche des Führungseinschnitts anliegt. In dieser Stellung, die von mehr oder weniger weitgehender Verdrehung der Seilrolle unabhängig ist, steht er von der Drehachse der Seilrolle und des Weichenhebels weiter ab als in Grundstellung und hat, gegen einen Nocken h an der Handfallenstange stoßend, diese angehoben und damit die sperrende Wirkung auf die betreffenden Fahrstraßenschubstangen ausgeübt. Damit diese Wirkung nun nicht etwa durch Herabdrücken des Kuppelkeils mit der Hand (unter Überwindung der Kraft der Ausscherfeder) ausgeschaltet werden kann, wird die Handfallenstange in angehobener Stellung (Sperrstellung) dadurch zwangläufig festgehalten, daß der an der Seilrolle sitzende Schleifkranz bei weitergehender Verdrehung der Seilrolle zwischen zwei Ansätze der verlängerten Handfallenstange tritt. Das Störungszeichen besteht hier, wie nach obigem bei den meisten Bauweisen, in dem Hervortreten einer an der Seilrolle sitzenden, in Grundstellung durch den Weichenhebel verdeckten roten Scheibe. Der Jüdelsche Hebel ist

---

[1]) Reißt ein Draht während des Umstellens, so bringt die Spannung des heil gebliebenen Drahtes Hebel und Stellrolle in eine Endstellung. In dieser schert, nachdem die Handfalle selbsttätig eingeklinkt ist, der Hebel unter Weiterdrehung der Stellrolle ebenso aus wie oben beschrieben.

ebenso wie der Einheitsweichenhebel der Pr.H.St.B. bei umgelegtem Fahrstraßenhebel anscherbar.

Das Zusammenwirken zwischen Verschlußbalken und Verschlußkörpern bedarf keiner neuen Erläuterung. Die Firma Jüdel wendet bei Weichenhebeln bis zu **17** Schubstangen schwingende Verschlußbalken (wie Abb. 221a bis d), bei Signalhebeln durchweg parallel geführte an (s. S. 128).

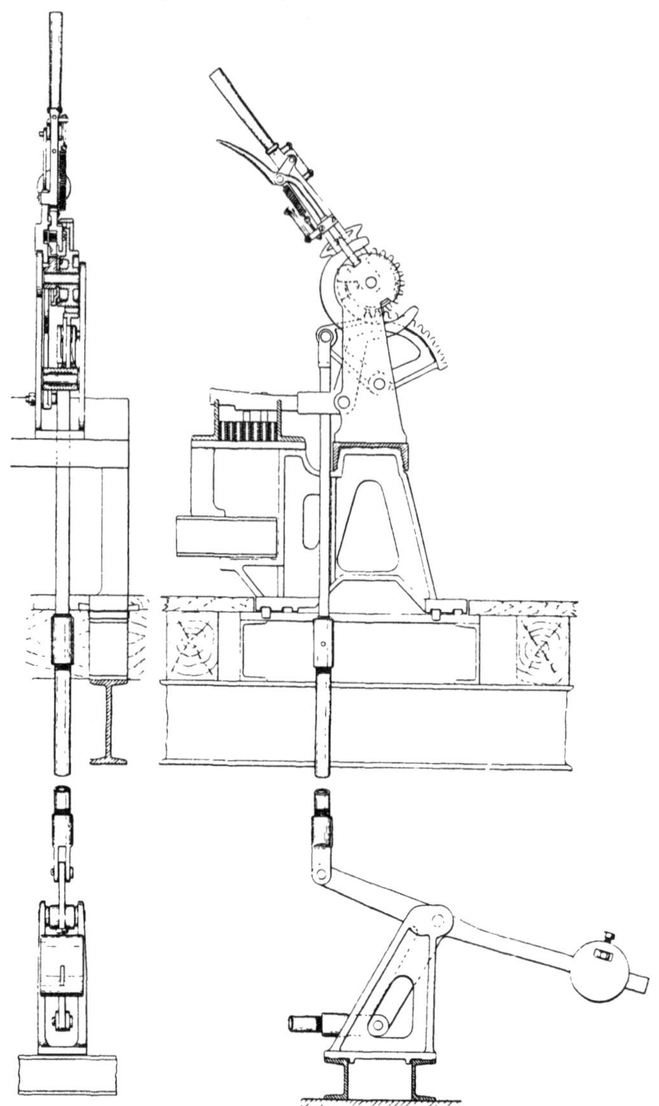

Abb. 223a, b. Gestängeweichenhebel, Bauart Max Jüdel & Co.

b) **Gestängeweichenhebel, Bauart Max Jüdel & Co.** Bei dem Jüdelschen Gestängeweichenhebel ist (Abb. 223a b) der Hebel, statt mit der Seilrolle in derselben Weise mit einem Zahnrad verbunden[1]), das mit einem am

---

[1]) Ähnlich die Bauweise von Stahmer. (Scheibner Pr.H.Stw. Bd. II, S. 141.) Bei Schn. & H. und Müller u. May (Scheibner S. 562) wirkt das am Hebel ausscherbar angebrachte Zahnrad unmittelbar auf das als Zahnstange ausgebildete, lotrecht zum Stellwerk hinauf geführte Gestängeende. Andere Bauweisen, so die von Gast und Z. u. B. (Scheibner Pr.H.Stw. Bd. II S. 19) verwenden Kurbelscheibenantrieb.

Hebelbock darunter gelagerten den Gestängeangriff tragenden Zahnradausschnitt zusammenarbeitet. Der Hebel ist in derselben Weise ausscherbar gemacht, wie der oben beschriebene einrollige Drahtzugweichenhebel. Der in Abb. 223 dargestellte Hebel ist für eine Turmanlage bestimmt. Das Gestänge geht vom Zahnradausschnitt lotrecht abwärts bis zu der im Untergeschoß angeordneten Winkel-

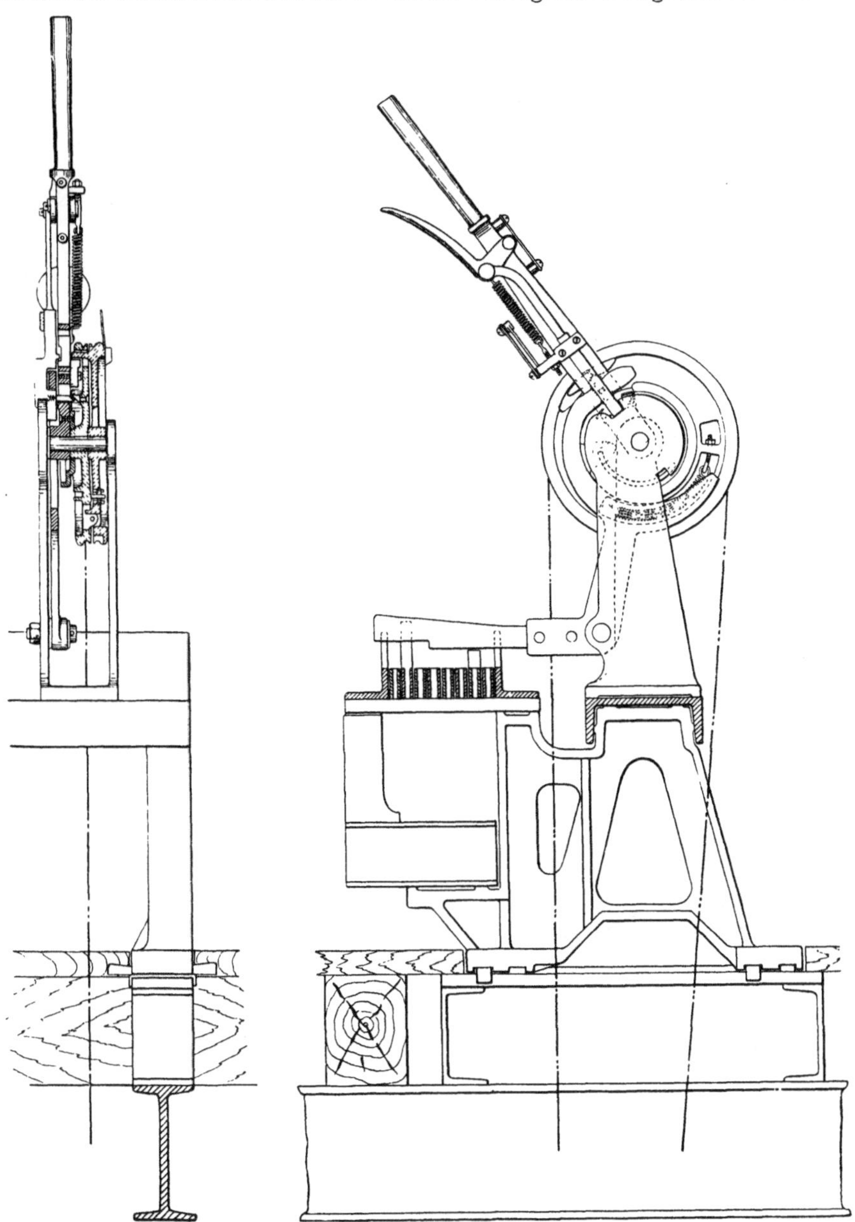

Abb. 224a, b. Zweirolliger Drahtzugweichenhebel, Bauart Max Jüdel & Co.

umlenkung. Bei Budenanlagen wird das abwärts führende Gestänge gleich unterhalb des Stellzeuges mittels Winkelhebels in wagerechte Richtung umgelenkt.

c) Zweirolliger Drahtzugweichenhebel Bauart Max Jüdel & Co. Die Weichenhebel mehrerer Signalbauanstalten sind mit sogenannten Überwachungsvorrichtungen versehen, die in weitergehendem Maße. als bisher beschrieben, bei Leitungsstörungen die betreffenden Fahrstraßenschubstangen sperren. Als Beispiel für solche Überwachungsvorrichtung wird hier der zweirollige Weichenhebel der Bauart Jüdel & Co. an der Hand der Zeichnung,

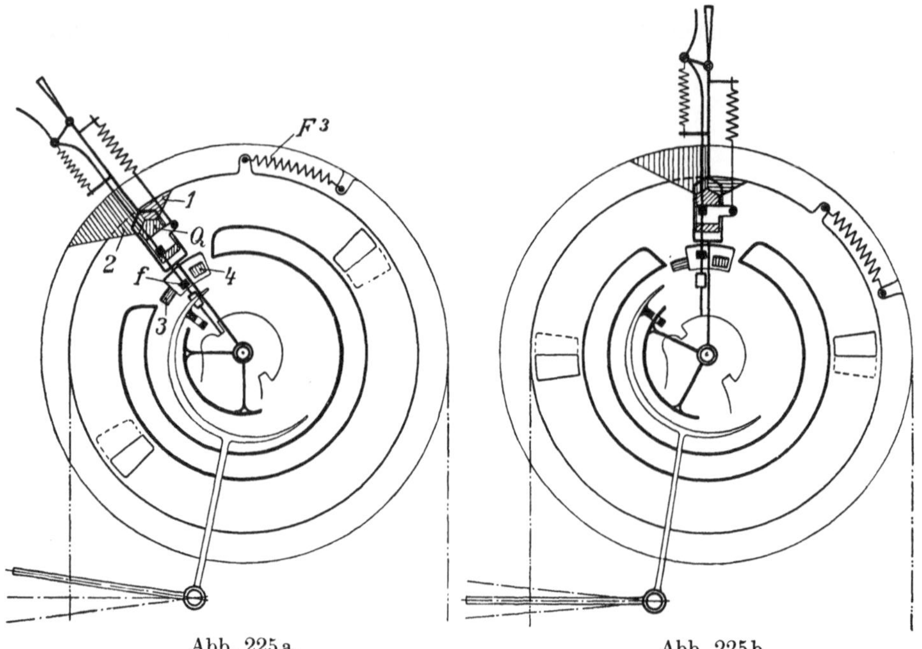

Abb. 225a.
Hebel in Grundstellung.

Abb. 225b.
Hebel während des Umstellens.

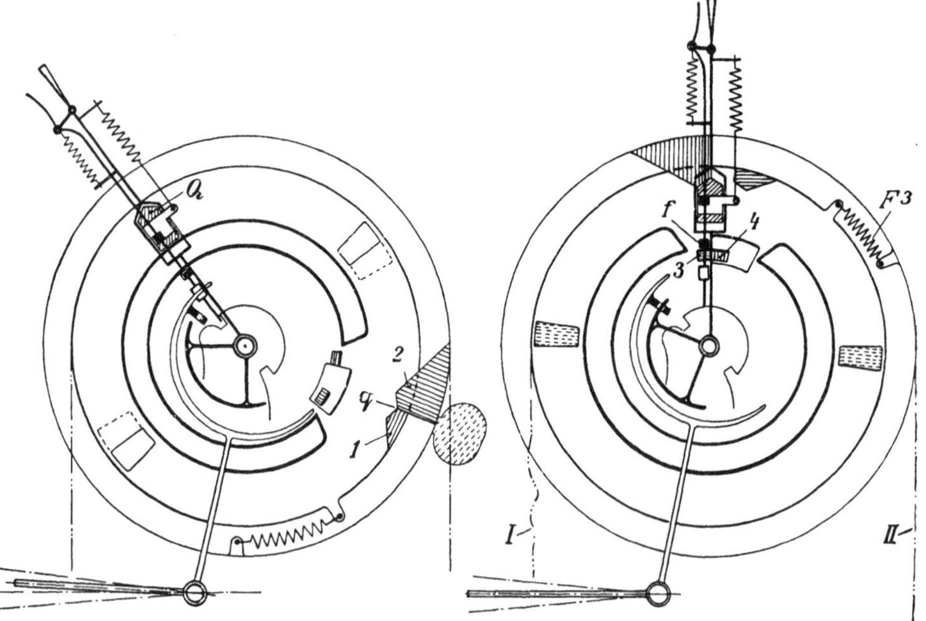

Abb. 225c.
Hebel ausgeschert.

Abb. 225d. Wirksamkeit der Überwachungsvorrichtung bei großem Unterschiede in der Spannung der beiden Drahtstränge.

Abb. 225a—d. Kuppel- und Überwachungsvorrichtung des Jüdelschen zweirolligen Drahtzugweichenhebels.

Abb. 224a, b und der schematischen Darstellung in größerem Maßstabe, Abb. 225a bis d, besprochen.

Der zweirollige Hebel ist bezüglich der äußeren Bauart und der Verschlußeinrichtung ebenso ausgebildet wie der oben beschriebene, in Abb. 221 und 222 dargestellte einrollige. Statt einer Seilrolle sind aber deren zwei angeordnet, die auf gemeinsamer Achse mit dem Hebel drehbar sind, und von denen jede ein Leitungsende aufnimmt[1]). Die vom Spannwerk hervorgebrachte Spannung der beiden Drähte ist bestrebt, die beiden Rollen gegeneinander zu verdrehen. Diese ordnungsmäßige Verdrehung geht so weit, bis die Rollen mit zwei Ansätzen 1, 2 zusammenstoßen, von denen derjenige der hinteren Rolle 2 durch eine Öffnung der vorderen Rolle hindurchragt. Diese beiden Rollenansätze bilden zusammen die keilförmige Vertiefung q (Abb. 225a, c), in die sich, wie beim einrolligen Hebel (s. oben), der am Hebel verschiebbare und durch die Ausscherfeder angezogene Kuppelkeil Q hineinlegt. Den beiden Ansätzen gegenüber ist eine Feder F_3 angebracht, die bestrebt ist, die beiden Seilrollen in entgegengesetztem Sinne zu verdrehen, wie die Drahtspannung. Dieses Verdrehungsbestreben hat aber nur Erfolg, wenn die Spannung in einem der beiden Drahtstränge oder in beiden unter ein gewisses Maß sinkt. Dies geschieht beim Bruch eines oder beider Drahtstränge während des Umstellens oder auch schon dann, wenn beim Umstellen die vorher abstehende Weichenzunge wegen irgendeines Hindernisses (z. B. Zwischenklemmen eines Steines oder Eisenstückes) nicht zum Anliegen gebracht werden kann.

Die beiden Rollen besitzen noch zwei fernere Ansätze 3, 4, von denen wiederum der an der hinteren Rolle befindliche durch eine Öffnung der vorderen Rolle hindurchragt. Diese beiden Ansätze sind aber umgekehrt, wie die Ansätze 1, 2 so angebracht, daß sie beim Verdrehen der beiden Seilrollen durch die Feder F_3 sich aufeinander zu bewegen. Bei ungestörtem Leitungszustande sind sie (Abb. 225a) so weit voneinander getrennt, daß sie den beim Andrücken der Handfalle den Kuppelkeil unterstützenden Handfallenansatz f (eine abgeschrägte Nase) zwischen sich hindurchtreten lassen (Abb. 225b). Sobald aber bei erheblichem Nachlassen der Spannung in dem einen der beiden Drahtstränge die beiden Seilrollen sich unter Einwirkung der Feder F_3 gegenseitig verdrehen und hierdurch der Abstand der beiden Rollenansätze 3, 4 sich verringert, kann der nasenförmige Ansatz f der Handfallenstange nicht mehr hindurchtreten. Deshalb ist es, sofern beim Umstellen die eine Weichenzunge wegen irgendwelchen Widerstandes (z. B. Zwischenklemmen eines Eisenstückes oder Steines) nicht zum Anliegen gebracht werden kann, nicht möglich, die Handfallenstange einzuklinken. So zeigt z. B. die Abb. 225d, daß das Einklinken der Handfalle sowohl in der Grundstellung wie in der umgelegten Stellung dadurch verhindert wird, daß — nach unzulässiger Verringerung der Spannung im Drahtstrang I — die beiden Rollenansätze 3, 4 durch die Feder F_3 zusammengezogen worden sind und den darüber befindlichen Handfallenansatz f nicht nach abwärts gehen lassen. Ebenso ist es, wenn bei Grundstellung des Hebels solcher Spannungsnachlaß eintritt, nicht möglich, die Handfallenstange auszuklinken. Die verschiedenen möglichen Fälle sind ziemlich verwickelt (vgl. die Erörterung in Stellwerk 1912, S. 12).

4. Sonstige Weichenhebelanordnungen. Den gleichen Zweck kann man in ähnlicher Weise auch mit einer Seilrolle erreichen, wenn man die Drähte mittels zweier schwingender Hebel an ihr befestigt (Bauarten Willmann, Scheidt und Bachmann). Hein, Lehmann & Co. (Scheibner, S. 555) haben zwei solche in eigenartiger Weise verbundene Hebel zugleich als Fang-

---

[1]) Der Deutlichkeit wegen sind die in Wirklichkeit gleich großen Seilrollen in den schematischen Abbildungen verschieden groß dargestellt.

vorrichtung[1]) für den Fall eines Drahtbruchs während des Umstellens ausgebildet. Die beiden Hebel sind mit Nasen ausgerüstet; diese gleiten im regelmäßigen Betrieb in symmetrischer Stellung über die Zähne eines Sperrkranzes hinweg. Bei Drahtbruch während des Umstellens stellen sie sich schief, so daß die Nase des einen Hebels in den Sperrkranz eingreift, wodurch das vollständige Umschlagen des Stellhebels und eine Gefährdung des Weichenstellers vermieden werden. Sie arbeiten also ähnlich, wie die Fangvorrichtungen an Weichenantrieben. Das gleiche gilt von einer Vorrichtung[1]) von Z. u. B. (Scholkmann, S. 1114). Bei dieser sind im Hebelbock unterhalb der Stellrolle zwei Druckrollen der Doppeldrahtleitung in zwei mittels Feder verbundenen Armen gelagert. Bei starkem Spannungsunterschied der beiden Drähte (also auch bei Drahtbruch) stellt die Vorrichtung sich schief, wodurch ein angeschlossener Sperrbalken in eine innere Sperrverzahnung der Seilrolle eingreift.

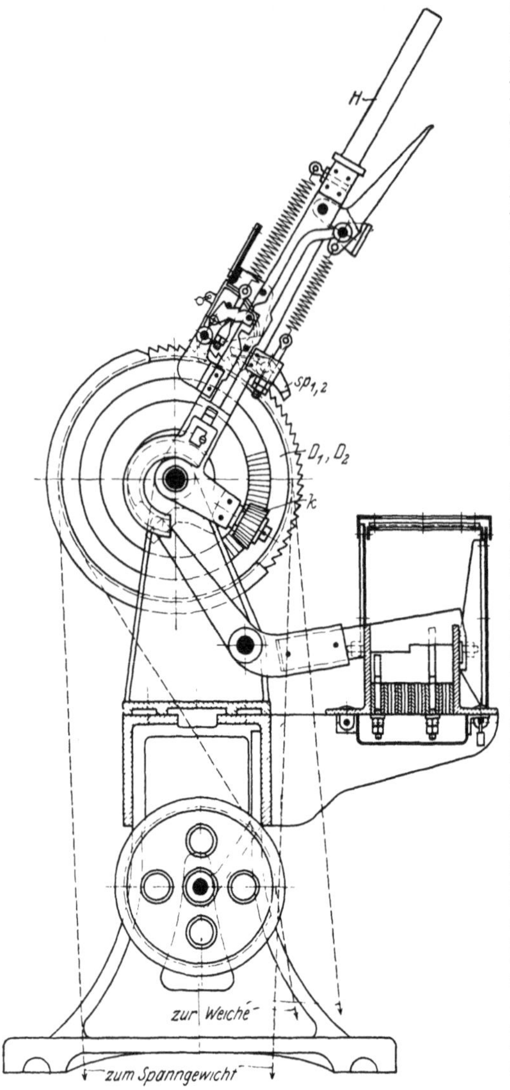

Ganz eigenartig ist die zweirollige Hebelanordnung von C. Stahmer, bei der das Wendegetriebe benutzt ist, das oben S. 84 bei der Riegelrolle mit Wärmeausgleichung besprochen wurde. Die beiden Seilrollen D_1, D_2 des Weichenhebels (Abb. 226) tragen an den Innenflächen Zahnkränze, in die ein am Stellhebel H befestigtes Kegelrad k eingreift. Das von der Weiche herkommende Drahtseil geht erst über die eine Seilrolle, dann über die lose Rolle des dazwischen frei schwebenden Spanngewichts, dann über die andere Seilrolle und zum Weichenantrieb zurück. In den Endlagen des Weichenhebels und bei eingeklinkter Handfallenstange kann sich das Kegelrad frei drehen und tut dies, ohne seinen Platz zu ändern, wenn bei Wärmeänderungen unter Sinken oder Steigen des Spanngewichts die beiden Seilrollen sich gegeneinander verdrehen. Beim Umstellen werden durch das Ausklinken des Handfallenriegels die beiden Seilrollen gegen Verdrehung gesichert, indem eine von der Handfallenstange bewegte Sperrklinke $sp_{1,2}$ in die am Umfange beider Seilrollen D_1, D_2 angebrachte Sperrverzahnung eingreift. Sie sind folglich während des Hebelumstellens durch das Kegelrad k fest mit dem Hebel H gekuppelt.

Abb. 226. Drahtzugweichenhebel, Bauart C. Stahmer.

Wird die Weiche aufgefahren, so wird durch den von der Weiche her rückwärts ausgeübten Drahtzug die eine Rolle unmittelbar verdreht, und diese

---

[1]) Auf solche Fangvorrichtungen verzichtet man jetzt.

Drehung wird durch das dazwischen befindliche Kegelrad k, das seinen Platz nicht ändern kann, auf die andere Rolle in umgekehrtem Sinne übertragen. Folglich wird beim Auffahren das Spanngewicht angehoben, und, nachdem das auffahrende Fahrzeug die Weiche verlassen hat, schlägt diese unter Einwirkung des Spanngewichts in ihre vorherige Lage zurück, anders als bei den sonst üblichen Anordnungen. Durch das Verdrehen der Rollen wird ein besonderer Hebel der Auffahrvorrichtung freigegeben und damit, infolge Wirkens der Auffahrfeder, die Sperre der betreffenden Fahrstraßenschubstangen herbeigeführt. Ähnlich sind die Vorgänge bei Drahtbruch (vgl. Stellwerk 1911, S. 121ff.).

C. Die Signalhebel.

1. Einfacher Signalhebel. Die Doppeldrahtleitung eines einzelnen einflügeligen Signals schließt man an einen einfachen Hebel an, der sich vom Weichenhebel nur dadurch zu unterscheiden pflegt, daß Hebel und Seilrolle fest verbunden sind, daß also die Keilkupplung, die Vorrichtung zum festen Kuppeln beim Anziehen der Handfallenstange und die Einrichtungen zur Einwirkung auf die Handfallenstange bei Drahtbruch und Aufschneiden usw. nicht vorhanden sind. Daß der Signalhebel in Grundstellung verschlossen ist, also sich in Grundstellung unter dem Verschlußbalken des Signalhebels ein rechteckiger (oder über ihm ein hakenförmiger) Verschlußkörper befindet, der erst durch Umlegen des Fahrstraßenhebels fortgezogen wird und den Signalhebel freigibt, wurde bereits S. 34 hervorgehoben.

2. Signaldoppelhebel (Zweisteller). Bereits S. 35 wurde erwähnt, daß man die Doppeldrahtleitung eines zweiflügligen Signals (oder zweier sich gegenseitig ausschließender einflügliger Signale) früher mittels eines sogenannten Umschlaghebels gestellt hat, daß man aber diese Anordnung verlassen hat. Jetzt wird die Doppeldrahtleitung eines zweiflügligen Signals in der Regel mittels zweier nebeneinander auf der Stellwerksbank angeordneter und in eigenartiger Weise verbundener Hebel gestellt. Nach der schematischen Abb. 227 läuft die vom Signal kommende Leitung zuerst über die Rolle D_1 des einen Hebels H_1, dann über eine am Gestell angebrachte Umlenkrolle (Umkehrrolle), und dann in umgekehrter Richtung über die Rolle D_2 des anderen Signalhebels H_2 und hierauf zum Signal zurück. Die Rollen sind mit den Hebeln nicht fest verbunden, also gegen sie verdrehbar. Erst durch Andrücken der Handfalle wird der eine oder der andere Hebel mit der zugehörigen Rolle gekuppelt, so daß diese seiner Umlegebewegung folgt, während die Rolle des anderen Hebels der Drahtbewegung folgend sich in umgekehrtem Sinne dreht. Das Kuppeln bewirkt jedesmal, wie beim Fiebrandtschen Weichenhebel, ein an der Handfallenstange sitzender Knaggen k (Abb. 83, 84 S. 32), der infolge Anhebens der Handfallenstange in eine Einkerbung p der an der Seilrolle befindlichen Führungsrille eintritt. Diese Kupplung ist während des Umlegens zwangläufig, weil das Ende der ausgeklinkten Handfallenstange (der Handfallenriegel) während des Umlegens auf dem Schleifkranz des Hebelbockes schleift, die Handfallenstange also in der angehobenen Stellung festgehalten wird. Wenn nun nach dem Umlegen des Hebels die Handfallenstange vollständig wieder eingeklinkt würde, so würde es möglich sein, durch Ziehen an der Drahtleitung unter Rückwärtsdrehen der beiden Rollen das Signal in die Haltlage oder eine Zwischenlage zurück-

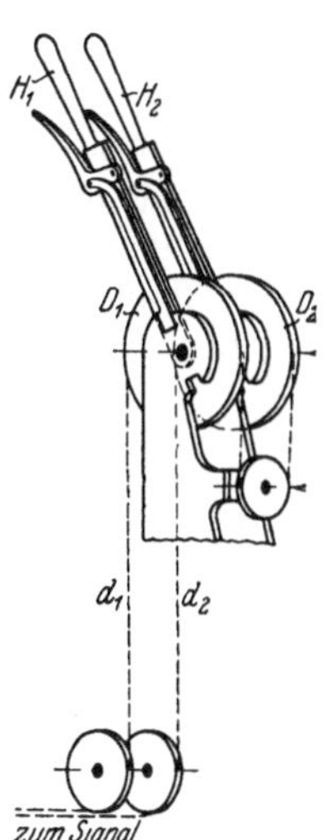

Abb. 227. Grundsätzliche Anordnung eines Signaldoppelhebels (Zweistellers).

zustellen. Auch würden dann bei Drahtbruch die Anforderungen (s. S. 94 ff.) nicht mit Sicherheit erfüllt werden, weil die Stellrollen an der Bewegung teilnehmen könnten. Deshalb ist die der Fahrtstellung des Signalhebels entsprechende rechteckige Einkerbung (Rast) des Hebelbockes weniger tief als die der Grundstellung entsprechende, so daß die Handfallenstange in der Fahrtstellung nicht ganz einklinken kann, mithin der Signalhebel mit der von ihm beim Signalstellen unmittelbar bewegten Rolle gekuppelt bleibt. Daß in der Haltstellung nicht etwa ein Bewegen der Drahtleitung mit der Hand oder durch Ändern der Drahtspannung und ein Verdrehen der Rollen möglich ist, wird dadurch erreicht, daß jede der beiden Rollen gegen ihren Hebel infolge Vorhandenseins je eines Ansatzes nur rückwärts, aber nicht vorwärts verdrehbar ist. Daß man nicht etwa die Handfallen beider Hebel gleichzeitig ausklinken kann, wird dadurch sichergestellt, daß die Fahrstraßenhebel für beide Fahrten nicht gleichzeitig einstellbar sind, meist so, daß man für zwei mittels Zweistellers zu stellende Signale eine gemeinschaftliche Fahrstraßenschubstange mit gemeinschaftlichem Fahrstraßen(umschlag)hebel vorsieht. Sobald einer der beiden Hebel aus seiner Grundstellung herausbewegt ist, ist das Ausklinken des anderen auch dadurch verhindert, daß dessen Kuppelknaggen k an der Außenkante der Führungsrille seiner Seilrolle schleift. Die Signalbauanstalt Maschinenfabrik Bruchsal hat zur Ersparnis an Stellwerkslänge auch einen Zweisteller in der Weise ausgebildet, daß nur ein Signalhebel zwischen den beiden Rollen sich befindet und durch Einstellen des Fahrstraßenhebels mit einer oder der anderen der beiden Rollen gekuppelt wird, während die nicht gekuppelte Rolle beim Umlegen des Hebels sich in entgegengesetztem Sinne bewegt.

3. Signalhebel für dreiflüglige Signale. Dreiflüglige Signale werden, wie bereits S. 100 dargelegt, jetzt in der Regel so eingerichtet, daß zum Signal außer einer durch Zweisteller bedienten Doppeldrahtleitung, die je nach Bewegung in einer oder der anderen Richtung einen oder zwei Flügel in Fahrtstellung bringt, eine zweite Doppeldrahtleitung (Flügelkuppelleitung) vorhanden ist, die, sofern drei Flügel erscheinen sollen, am Signalmast selbst den dritten Flügel mit der Antriebvorrichtung der beiden ersten Flügel kuppelt, so daß dann beim Umlegen desjenigen Hebels, der die erstgenannte Doppeldrahtleitung im Sinne des zweiflügligen Signals bewegt, alle drei Flügel in Fahrtstellung gehen. Die Einrichtung muß deshalb so getroffen werden, daß, nachdem die Weichen für die durch das dreiflüglige Signal freizugebende Fahrstraße richtig gestellt sind, der Hebel für das zweiflüglige Signal erst nach dem die Flügelkuppelleitung bewegenden „Kuppelhebel" stellbar ist. Das kann entweder so bewerkstelligt werden, daß außer dem Fahrstraßenhebel noch eine besondere Abhängigkeit vorhanden ist, die den Signalhebel erst nach dem Kuppelhebel umzulegen gestattet, oder einfacher so, daß der Kuppelhebel wie die Weichenhebel frei beweglich ist, und der Fahrstraßenhebel für den durch das dreiflüglige Signal zu kennzeichnenden Weg erst nach Umlegen des Kuppelhebels stellbar ist. Der Fahrstraßenhebel bildet dann also zugleich die Reihenfolgeabhängigkeit zwischen Kuppelhebel und zweiflügligem Signalhebel, die bei erstgedachter Anordnung durch eine besondere Einrichtung hergestellt werden muß. Abb. 228a, b (nach Scheibner, S. 507) zeigt schematisch eine Einrichtung der letztgedachten Art. In der Darstellung sind die Hebel in der Längsrichtung des Stellwerks auseinandergezogen und erscheinen außerdem um 90° gedreht. Der Hebel 2/3 des zweiflügligen Signals wird frei, einerlei, ob der Fahrstraßenhebel 2/3 nach oben oder unten bewegt wird, also die Fahrstraßenschubstange im einen oder andern Sinne verschoben wird, weil in beiden Fällen der Verschlußkörper o_3 unter dem Verschlußbalken x_3 heraustritt. Die Fahrstraße 3 kann aber nur eingestellt werden, nachdem durch Umlegen des Kuppelhebels 3 für Verschiebung des hakenförmigen Verschlußkörpers o_5 Platz geschaffen ist. Es sei nur darauf die Aufmerksamkeit noch besonders hingelenkt, daß das Umlegen des Fahrstraßenhebels 1 und ebenso dasjenige des Fahrstraßenhebels 2/3 in Richtung 2 durch Verschlußkörper i_3, bzw. o_4 den Kuppelhebel in Haltlage sperrt, und

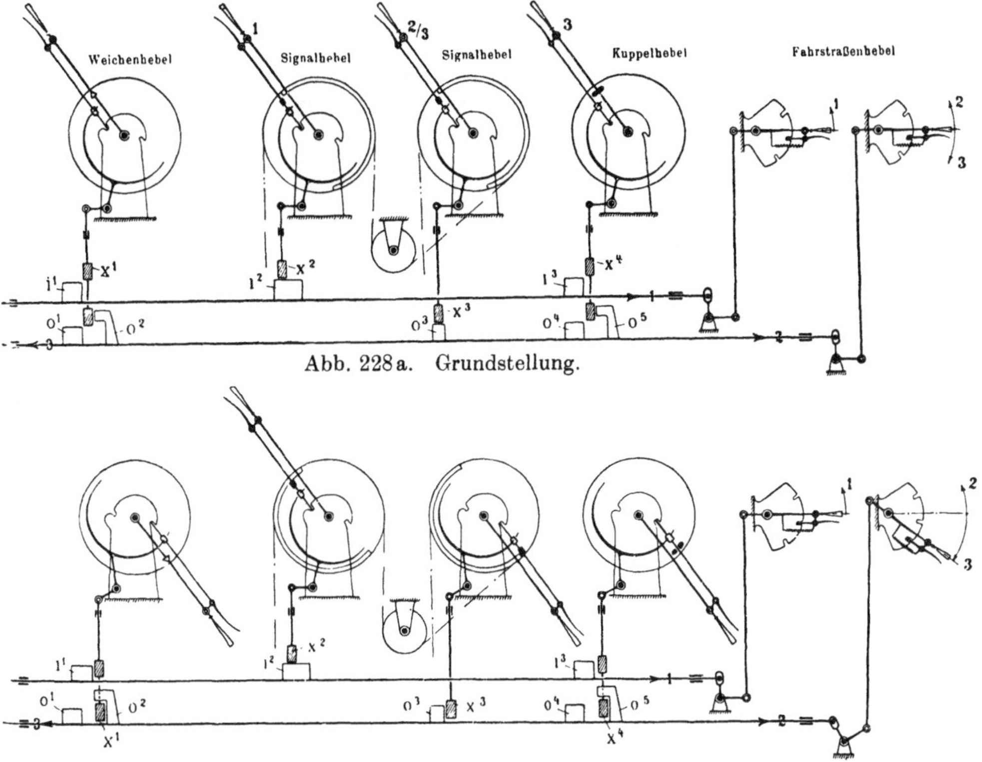

Abb. 228a. Grundstellung.

Abb. 228b. Signal dreiflüglig gezogen.
Abb. 228a, b. Hebelanordnung für ein dreiflügliges Signal. (Entn. aus Scheibner, S. 507).

daß ebenso umgekehrt bei Umlegen des Kuppelhebels 3 die beiden Fahrstraßenschubstangen 1 und 2/3 für Richtung 2 durch die genannten Verschlußkörper gesperrt werden.

4. Wegesignalabhängigkeiten. Sollen mehr als drei Verzweigungen eines Gleises durch Signale gekennzeichnet werden, so kommt man, wie S. 12ff. hervorgehoben ist, mit der auf den deutschen Bahnen auf drei begrenzten Flügelzahl nicht aus, sondern wendet, was allerdings nur auf einzelnen deutschen Bahnen üblich und schon in Abnahme begriffen ist, in Verbindung mit einem Hauptsignal vier oder mehr Wegesignale oder ein mehrflügliges Wegesignal an. Die Abhängigkeit muß dann so getroffen werden, daß das Hauptsignal erst auf Fahrt gestellt werden kann, nachdem ein beliebiges der zugehörigen Wegesignale auf Fahrt gestellt ist, daß aber in Fällen dringender Gefahr das Wegesignal auch vor dem Hauptsignal zurückgenommen werden kann. Abb. 229a bis d (nach Scholkmann, S. 1594/5) zeigt schematisch die grundsätzliche für solche Abhängigkeit zu treffende Anordnung nach der Ausführungsart von Jüdel zunächst für den Fall, daß ein Hauptsignalhebel mit zwei Wegesignalhebeln in Verbindung gebracht ist. Die Verschlußkörper v_1, v_2, v_3, die mit den Verschlußbalken a, b, c des Hauptsignalhebels A und der beiden Wegesignalhebel B, C zusammenwirken, befinden sich nicht unmittelbar an der durch den Fahrstraßenhebel in der einen oder anderen Richtung verschiebbaren Fahrstraßenschubstange x, y, sondern an einem von dieser Fahrstraßenschubstange mitgenommenen, an ihr aber federnd, um 15 mm nach rechts und links verschieblichenSchieber. Das Umlegen des Fahrstraßenhebels im einen oder anderen Sinne verschiebt die Fahrstraßenschubstange und mit ihr den Schieber so weit (Abb. 229 b), daß der Verschlußkörper v_2, bzw. v_3 mit seiner schrägen Kante unterhalb des zugehörigen Verschlußbalkens b, bzw. c zu stehen kommt, der Verschlußkörper v_1 aber den Verschlußbalken a noch nicht freigibt. Der betreffende Wegesignalhebel ist nun umlegbar. Sein Verschlußbalken verschiebt, indem er auf die schräge

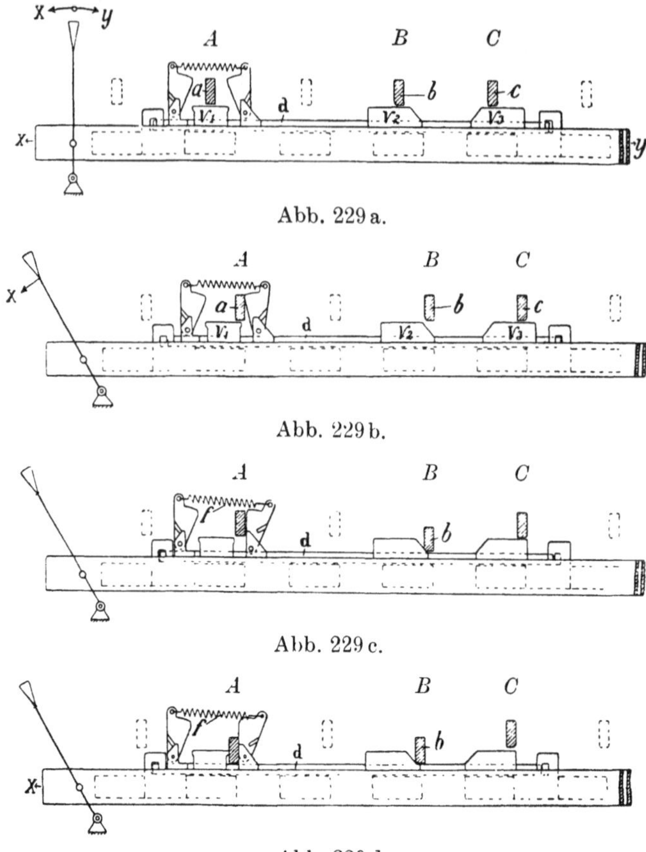

Abb. 229 a.

Abb. 229 b.

Abb. 229 c.

Abb. 229 d.

Abb. 229 a—d. Wegesignalabhängigkeit für zwei Wegesignale.
Bauart Max Jüdel & Co. (Entn. aus Scholkmann, S. 1594/1595.)

Kante des zugehörigen Verschlußkörpers drückt, den Schieber unter Anspannung der Feder f so weit (Abb. 229 c), daß der Verschlußbalken a des Hauptsignalhebels frei wird, dieser also umgelegt werden kann (Abb. 229 d). Daß die Zurücknahme von Wegesignalhebel und Hauptsignalhebel in beliebiger Reihenfolge möglich ist, ist ohne weiteres ersichtlich.

In Wirklichkeit sind nun in der Regel mehr als zwei Wegesignalhebel, also auch mehr als eine Fahrstraßenschubstange vorhanden. Der Verschlußkörper des Hauptsignalhebels ist (s. Scholkmann, S. 1596ff.) dann in besonderer Weise ausgebildet und wird von jedem einzelnen der federnden Schieber, welcher von diesen auch durch Einstellen der betreffenden Fahrstraße bewegt werden mag, mitbewegt. Es ist dies ein sogenannter Gruppenverschluß (auch gemeinschaftlicher oder neutraler Verschluß, vgl. auch S. 186, 187).

5. Gegenseitiger Ausschluß feindlicher Signale. Die Betriebssicherheit erfordert, daß nicht nur durch die Fahrtstellung eines Signalhebels alle für die betreffende Fahrt in Betracht kommenden Fahrtweichen, Schutzweichen, Gleissperren in der für die Fahrt erforderlichen Stellung festgelegt werden, sondern außerdem, daß es nicht möglich ist, daß die Signalhebel für zwei einander gefährdende Fahrten gleichzeitig sich in Fahrtstellung befinden. In der Mehrzahl der Fälle bringt es die Verschiedenheit der Fahrstraßen für zwei feindliche Signale mit sich, daß mindestens ein Weichenhebel, der für die eine Fahrstraße die $+$-Stellung haben muß, für die Fahrstraße des feindlichen Signals die $-$-Stellung aufzuweisen hat. Dann ist aber die gleichzeitige Einstellung der beiden Signalhebel auf Fahrt schon dadurch ausgeschlossen, daß die Fahrstraßenhebel beider Signale sich nicht gleichzeitig in umgelegter Stellung befinden können, weil dies bedingen würde, daß der betreffende Weichenhebel sich gleichzeitig in Grundstellung und gezogener Stellung befände. Es gibt aber auch zahlreiche Fälle, wo zwei feindliche Signale sich noch nicht, wie vorbeschrieben, durch die Weichenstellung ausschließen, was namentlich bei Gegenfahrten auf demselben Gleis sowie bei kreuzenden Fahrten vorkommt. Dann versieht man die Fahrstraßenschubstangen der beiden feindlichen Signale mit einer besonderen gegenseitigen Ausschlußvorrichtung.

Die grundsätzliche Wirkungsweise solcher Ausschlußvorrichtung mag an Hand der schematischen Skizze (Abb. 230) erläutert werden. Für die Fahrten A, B, C, D seien die beiden Fahrstraßenschubstangen a/b und c/d vorgesehen, wobei je für die Fahrten A und C sowie B und D eine besondere Ausschlußvorrichtung erforderlich sein soll. Diese besteht im Zusammenwirken der rechteckigen Verschlußkörper u_1, u_2 an der Schubstange a/b und dem von der Schubstange c/d in Kippbewegung versetzten Doppelsperrstück x, y.

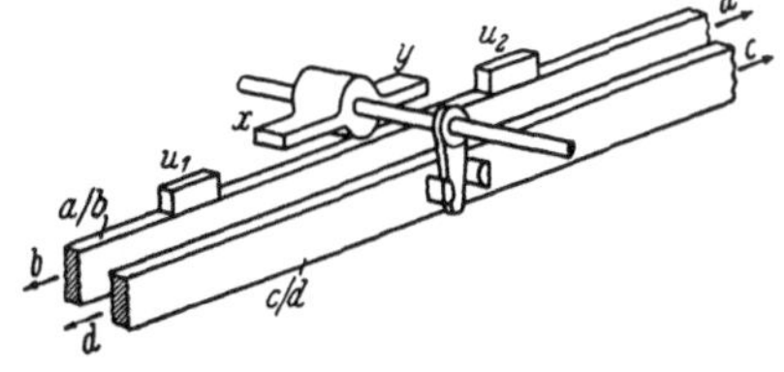

Abb. 230. Ausschlußvorrichtung zwischen zwei Fahrstraßenschubstangen.

Ist die Schubstange a/b für die Fahrt A eingestellt, d. h. in Abb. 230 nach rechts verschoben, so ist das Verschlußstück u_1 unter den linken Arm x des Sperrstückes x/y getreten, so daß dieses nicht nach links kippen kann, also die Verschiebung der Schubstange c/d in der dem Signal C entsprechenden Richtung ausgeschlossen ist. Hat man umgekehrt die Schubstange c/d für C eingestellt, d. h. nach rechts verschoben, so verhindert das nach links gekippte Sperrstück x/y eine ausreichende Verschiebung der Schubstange a/b in der dem Signal A entsprechenden Richtung, d. h. nach rechts. In gleicher Weise bewirken das Verschlußstück u_2 und der rechte Arm y des Sperrstückes x/y den gegenseitigen Ausschluß von B und D. Selbstverständlich kann man solche Vorrichtung auch für den einfachen gegenseitigen Ausschluß zwischen nur einem Paar feindlicher Signale verwenden. Bei den wirklichen Ausführungen erhält zweckmäßig das drehbare Sperrstück eine solche Form, daß durch Fortlassung oder Beibehaltung einzelner seiner Verschlußteile oder der Verschlußkörper, die mit ihnen, wie vorbeschrieben, zusammenarbeiten, beliebige Kombinationen von Ausschlüssen zwischen zwei Fahrstraßenschubstangen vorgesehen werden können. So kann die Verschiebung einer Fahrstraßenschubstange in einer Richtung oder in beiden Richtungen jegliche Verschiebung einer anderen Fahrstraßenschubstange oder nur die eine oder andere Bewegung dieser zweiten Fahrstraßenschubstange verhindern.

Von der Anwendung solcher besonderen Vorrichtung kann man auch in solchen Fällen, wo die Weichenstellung noch keinen Signalausschluß gewährt, gleichwohl absehen, wenn man für die beiden feindlichen Fahrten eine gemeinsame Fahrstraßenschubstange vorsieht, wie in Abb. 230 für *a* und *b* und ebenso für *c* und *d* geschehen. Hierüber, sowie über die Ermittlung der Fälle, in denen man überhaupt für den Signalausschluß besonders vorsorgen muß, wird bei Erörterung der Aufstellung der Verschlußtafeln im V. Kapitel unter I, B näheres mitgeteilt werden.

6. Sperren und sonstige Abhängigkeiten der Signalhebel, wie sie erforderlich werden, wenn das Stellwerk mit der Streckenblockung oder der Stationsblockung oder beiden in Verbindung steht, lassen sich erst im folgenden Kapitel unter IV. erörtern.

D. Die Riegelhebel.

Zum Bewegen von Weichenriegeln, die nicht in einen Signaldrahtzug eingeschaltet sind, und von Verriegelungsvorrichtungen von Handgleissperren, Drehbrücken usw. dienen „Riegelhebel". In Deutschland und den angrenzenden Ländern werden ausschließlich Riegelhebel mit Doppeldrahtzug verwendet, anders als in England, wo die Verriegelungen mit Gestängen betätigt werden. Daß ein Riegelhebel richtig eingestellt ist, wird wie bei den Weichenhebeln durch das Umlegen des Fahrstraßenhebels überprüft, wobei zugleich der Riegelhebel in der für die Zugfahrt erforderlichen Lage (hier kommt nur eine gezogene Stellung, umgelegter Hebel, in Betracht) festgelegt wird. Der Riegelhebel bedarf (vgl. S. 86ff.) ebenso wie der Weichenhebel einer Überwachungsvorrichtung, d. h. er muß ausscherbar (zweckmäßig auch anscherbar) sein, um bei Drahtbruch oder bei sonstigen starken Spannungsunterschieden der beiden Drahtstränge die beteiligten Fahrten im Verschlußregister zu sperren.

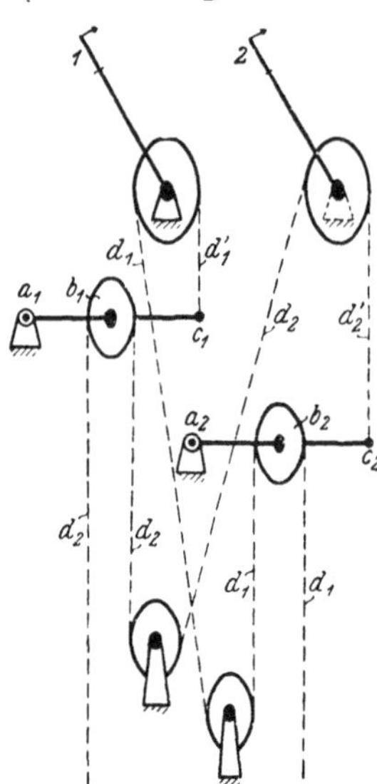

Abb. 231. Übertragungsvorrichtung eines Riegeldoppelhebels der Pr.H.Einheitsform. (Nach Stellwerk 1915, S. 143.)

Wird der Doppeldrahtzug aus seiner Ruhelage nur mittels Bewegung in einer Richtung zur Betätigung von Verriegelungen benutzt, so kann ohne weiteres jeder Weichenhebel als Riegelhebel verwendet werden. Wird dagegen der Doppeldrahtzug aus seiner Ruhelage mittels Bewegung in beiden Richtungen zur Verriegelung benutzt (vgl. S. 81), so verwendet man, wie bei entsprechend benutzten Signalleitungen, nicht mehr wie früher Umschlaghebel, sondern zwei miteinander verbundene Hebel (Doppelhebel, Zweisteller). Im Gegensatz zu den Signaldoppelhebeln müssen aber die Riegeldoppelhebel ausscherbar sein. Da sich nun beim Umlegen eines Hebels eines Signalzweistellers die am andern Hebel befindliche Seilrolle rückwärts dreht (s. S. 139), so muß diese, sofern man für den Riegeldoppelhebel die Einrichtung des Signaldoppelhebels ohne weiteres übernimmt, bei jeder ordnungsmäßigen Hebelbewegung ausscheren, wie dies die von Scheibner (S. 491ff.) beschriebene Vorrichtung zeigt. Das ist aber eine mangelhafte Anordnung, nicht nur, weil es grundsätzlich vermieden werden sollte, eine Störungseinrichtung bei jedem ordnungsmäßigen Gebrauch wirksam werden zu lassen, sondern namentlich deshalb, weil dann eine Überwachung der Störungen durch Anbringen eines Bleisiegels ausgeschlossen wäre. Man hat daher die Einrichtung des Signaldoppelhebels durch Sperren der Seilrolle des nichtbewegten Hebels gegen Ausscheren und Hinzufügen einer Übertragungsvorrichtung, deren grundsätzliche Anordnung nach der Einheitsbauweise der Pr.H.St.B. durch Abb. 231 verdeutlicht wird, folgendermaßen ergänzt[1]). Beim Ausklinken des Handfallenriegels des einen der beiden verbundenen Riegelhebel wird die mit dem anderen verbundene Seilrolle durch eine von der Handfallenstange des umzulegenden Hebels gesteuerte Klinke gegen Ausscheren gesperrt. Gleichwohl kann die Doppeldrahtleitung der Umstellbewegung des betätigten Hebels folgen. Wird beispielsweise Hebel 1 umgelegt, so wird die zum Weichenriegel führende Drahtleitung d_1 gezogen, die zum Ende c_1 des in a_1 drehbar gelagerten Übertragungshebels a_1, b_1, c_1 führende Drahtleitung d'_1 nachgelassen. Dadurch senkt sich die in der Mitte des Hebels a_1, b_1, c_1 angebrachte Rolle b_1 um halb so viel, wie dies Nachlassen beträgt, und der über diese Rolle geführte Draht d_2, d. h. der Nachlaßdraht bei der im Gange befindlichen Umstellbewegung, wird um ebensoviel nachgelassen wie d_1 gezogen wird, so daß er also, obwohl er an der Stellrolle von 2 festgehalten wird, doch um ebensoviel sich nach dem Weichenriegel hin bewegen kann, wie der Draht d_1 hergezogen wird. (Näheres Stellwerk 1915, S. 96 ff., 141 ff.).

IV. Schlüsselabhängigkeiten, Schlüsselwerke.

Ein erheblich billigeres, allerdings auch weniger vollkommenes Mittel zur Sicherung der Zugfahrten als Stellwerke bilden Schlösser.

In der einfachsten Anwendungsform werden lediglich Weichenschlösser benutzt. Man verschließt mittels eines an der Backenschiene der zu sichernden Weiche angebrachten Schlosses die Weichenzunge in der für die Zugfahrt erforderlichen Endlage. Bei Weichen mit starrer Zungenverbindung wird zweckmäßig die anliegende Zunge verschlossen, bei Weichen mit auffahrbarem Spitzenverschluß zweckmäßig die abstehende Zunge. Der Schlüssel läßt sich aus dem Schloß nur herausziehen, wenn der Verschluß erfolgt ist. Man bringt den Schlüssel an diejenige Stelle, von der aus das Signal gestellt oder sein Stellen angeordnet wird. Dies geschieht zutreffendenfalls für mehrere Weichen. Erst wenn die Schlüssel zu der betreffenden Stelle gebracht sind, darf das Signal gestellt oder sein Stellen angeordnet werden. Um die Befolgung dieser Vorschrift zu erleichtern, pflegt man an der betreffenden Stelle (in der Stellwerksbude usw.) ein Schlüsselbrett vorzusehen, an dem die Schlüssel übersichtlich jeder an einer bestimmten Stelle [2]), hängen müssen, bevor der zuständige Beamte den Signalhebel der fraglichen Weichen (die Signalkurbel) bedienen oder Auftrag zur Bedienung erteilen darf.

Die so geschaffene Sicherheit wirkt allerdings nicht zwangläufig. Die Abhängigkeit zwischen einer Weiche und einem Signal wird aber ohne weiteres zwangläufig, wenn man auch an dem Signalhebel (der Signalkurbel), mag dieser (diese) am Signalmast gelagert oder gesondert in geringerer oder größerer Entfernung vom Signalmast aufgestellt sein, ein Schloß vorsieht, dessen Grundstellung den Signalflügel in der Haltlage festhält. Soll das Signal auf Fahrt gestellt werden, so entnimmt man dem Weichenschloß, nachdem die Weiche in der erforderlichen Stellung verschlossen ist, den Schlüssel, bringt ihn zum Signalschloß hin, schließt dieses damit auf und kann nun das Signal auf Fahrt stellen. Solange das Signal aus der Haltlage herausgebracht ist, ist der Schlüssel im Signalschloß festgehalten und kann erst wieder herausgenommen werden, nachdem das Signal auf Halt gestellt und in dieser Stellung verschlossen

---

[1]) Neuerdings bestehen für das Pr.H.Einheitsstellwerk Bestrebungen, statt dessen besonders ausgebildete Riegeldoppelhebel nach Art der Signaldoppelhebel zu verwenden.

[2]) Dies wird durch die verschiedene Form der Schlüsselgriffe und die nur je zu dem einzelnen Schlüssel passende Form der Aufhängungsvorrichtung sichergestellt.

ist. Erst nachdem dann der Schlüssel zur Weiche gebracht und das Weichenschloß damit aufgeschlossen ist, wird die Weiche wieder beliebig umstellbar. Selbstverständlich kann man diese Art Sicherung auch auf mehrere Weichen ausdehnen, also die Fahrtstellung eines Signals, und zwar auch eines zwei- oder dreiflügligen Signals, von bestimmter Einstellung mehrerer Weichen abhängig machen.

Will man mehrere Weichen und Signale in beliebige gegenseitige Abhängigkeit bringen, also dieselben Zwecke erreichen, wie sonst mit einem Signal- und Weichenstellwerk, so verwendet man hierzu ein „Schlüsselwerk". Zwei sich rechtwinklig kreuzende Gruppen von Schiebern, die Weichenschieber und die Fahrstraßenschieber, sind in einem Kastengestell gelagert und gegeneinander verschiebbar, aber nur, soweit die an beiden angebrachten Verschlußteile (Verschlußkörper oder Verschlußeinschnitte) dies gestatten. Die Weichenschieber, für +- oder —-Stellung der Weichen oder für beides vorhanden, sind in Grundstellung verschlossen. Die für eine Fahrt in Betracht kommenden Weichenschieber werden mittels der von den Weichen nach deren Verschluß herbeigebrachten Schlüssel losgeschlossen und hierauf aus der Grundstellung in die gezogene Stellung verschoben. Infolge der geänderten Stellung der an den verschobenen Weichenschiebern befindlichen Verschlußteile wird der der betreffenden Fahrstraße entsprechende Fahrstraßenschieber aus seiner Grundstellung in seine gezogene Stellung verschiebbar. Sobald man den Fahrstraßenschieber verschoben (und damit die Weichenschieber in gezogener Lage festgelegt) hat, kann man einen vorher von ihm in verschlossener Stellung festgehaltenen Schlüssel umdrehen (wodurch man den Fahrstraßenschieber in gezogener Lage verschließt) und dann aus seinem Schlüsselloch herausziehen. Mit diesem Schlüssel kann man den der Fahrstraße entsprechenden Signalhebel (Kurbel) aufschließen und sodann das Signal auf Fahrt stellen. Die Rückkehr in die Grundstellung erfolgt bei allen Teilen in umgekehrter Reihenfolge. Während das Signal in Fahrtstellung steht, hält der umgelegte Hebel den Fahrstraßenschlüssel fest. Solange dieser nicht im Schlüsselwerk sich befindet, ist der Fahrstraßenschieber in gezogener Stellung festgeschlossen. Dieser hält in dieser Stellung die betreffenden Weichenschieber in gezogener Stellung fest, die wiederum die Weichenschlüssel festhalten und damit die richtige Stellung der Weichen gewährleisten.

Mit solchem Schlüsselwerk, das auch die Verbindung mit der Stationsblockung und Streckenblockung zuläßt, können dieselben Sicherheitsabhängigkeiten geschaffen werden, wie mit einem Stellwerk. Nur ist die Handhabung umständlich und zeitraubend. Gleichwohl eignen sich Schlüsselwerke zur Verwendung auf Nebenbahnen, ferner auf Bahnhöfen, die nur an einzelnen Tagen des Jahres starken Verkehr haben und Bedienung der Weichen erfordern, sowie für vorläufige Anlagen, namentlich auch für Behelfsanlagen im Kriegsbetrieb.

Schließlich sei erwähnt, daß man auch einzelne Schlüsselsicherungen derart mit einem Stellwerk verbinden kann, daß der Weichenschlüssel dazu dient, einen besonderen Verschlußbalken (ohne Weichenhebel) in die Stellung zu bringen, in der er dann beim Umlegen des Fahrstraßenhebels durch einen Verschlußkörper festgelegt wird.

Viertes Kapitel.

Blockverbindungen und Sperren.

Vorbemerkungen.

Die im dritten Kapitel behandelten Stellwerke geben nur dann eine ganz befriedigende Sicherung der Zugfahrten, wenn in dem betreffenden Bahnhof oder im Bereich des sonst zu sichernden Gleisbezirks nur ein Stellwerk vorhanden und dies zugleich Befehlsstelle, d. h. Fahrdienstbureau (also Befehlsstellwerk) ist. Liegt das Fahrdienstbureau getrennt von dem einzigen Stellwerk oder sind zwei oder mehrere Stellwerke vorhanden, einerlei, ob die Befehlsstelle mit einem von diesen zum Befehlsstellwerk verbunden oder als fernere Betriebsstelle vorhanden ist, so erhält man eine zuverlässige Sicherung der Zugfahrten nur, wenn man sämtliche Stellwerke des Bahnhofs miteinander und mit der etwa außerdem noch vorhandenen Befehlsstelle durch Stationsblockung verbindet[1]), die mechanisch oder elektrisch sein kann, jetzt aber in immer steigendem Umfange elektrisch bewirkt wird. Sind, was bei stark befahrenen Hauptbahnen in Deutschland vorgeschrieben (B.O. § 22), die Zugläufe auf der Strecke durch elektrische Streckenblockung gesichert, so wird nach deutschen Grundsätzen die Streckenblockung mit der Stationsblockung und mit denjenigen Stellwerken in Verbindung gebracht, von denen die Ein- und Ausfahrsignale gestellt werden. Die mit einem mechanischen Stellwerke in Verbindung zu bringenden elektrischen Blockwerke der Stations- und Streckenblockung werden, wie bereits S. 31 erwähnt, in der Regel in gemeinsamem Gehäuse auf dem sogenannten Blockuntersatz (bei sehr langen Stellwerken auch wohl in zwei Gehäusen auf zwei Blockuntersätzen) gelagert, der neben[2]) den Signal- und Weichenhebeln auf der Stellwerksbank ruht. An dem Blockuntersatz pflegen vorn[2]) die Fahrstraßenhebel angebracht zu werden und in ihm die sogenannten Sperren und sonstigen Abhängigkeiten zwischen Stellwerk und Blockung untergebracht zu sein, während fernere durch die Blockverbindungen erforderlich werdende Ergänzungen der bisher beschriebenen Stellwerkseinrichtungen sich an den Signalhebeln und in dem Verschlußkasten befinden.

Das ganze hier in Betracht kommende Gebiet soll in nachstehender Stofffolge behandelt werden:

I. Die elektrische Stationsblockung der Bauart Siemens & Halske[3]) im engeren Sinne, d. h. die Benutzung der durch Wechselstrom betätigten Blockwerke dieser Bauart zur Herstellung der Signalabhängigkeit.

---

[1]) Für gewisse Fälle folgt solche Verbindung aus B.O. § 21, 8. Tatsächlich wenden alle größeren deutschen Bahnverwaltungen die Stationsblockung an.

[2]) Anders bei mechanischen Stellwerken von Siemens & Halske, s. S. 160.

[3]) Auf den Bayer.Stb. sind neben den Blockwerken von S. & H. in erheblichem Umfange die baulich etwas abweichenden Jüdelschen Blockwerke verwendet. Auf ihre Bauart soll hier nicht besonders eingegangen werden.

10*

II. Die Fahrstraßensicherung, wie sie nach verschiedenen Verfahren in Verbindung mit Blockwerken derselben Bauart oder in anderer Weise angeordnet wird (im weiteren Sinne auch zur Stationsblockung gehörend).

III. Die elektrische Streckenblockung derselben Bauart für zweigleisige Bahnen.

IV. Die Sperren und sonstigen Abhängigkeiten, die in den Stellwerken und an den Signalen durch Hinzutreten der Blockeinrichtungen erforderlich werden.

V. Die Gruppenblockungen der Bauart Siemens & Halske, abweichende Anordnungen der Streckenblockung auf zweigleisigen Eisenbahnen und die Streckenblockung auf eingleisigen Eisenbahnen.

VI. Die mechanische Stationsblockung.

Auf die elektrische Gleichstromblockung, wie sie in Verbindung mit elektrischen Kraftstellwerken angewendet zu werden pflegt, wird erst im VI. Kapitel bei Behandlung dieser Kraftstellwerke eingegangen. Andere Blockeinrichtungen, wie sie namentlich im Auslande zur Anwendung kommen, werden in dem ergänzenden VII. Kapitel kurz behandelt werden.

I. Die elektrische Stationsblockung von Siemens & Halske im engeren Sinne.

A. Die grundsätzliche Wirkungsweise der Stationsblockung

sei zunächst an Hand der Skizze (Abb. 232a, b) erläutert, die schematisch die Blockverbindung zweier in getrennten Stellwerken befindlichen feindlichen Signale darstellt, wobei zur möglichst klaren Hervorhebung der Blockabhängigkeiten gegenüber der wirklichen Ausführungsweise erhebliche Vereinfachungen vorgenommen sind.

Im Befehlsstellwerk befindet sich der Stellhebel des Signals A, im abhängigen Stellwerk derjenige des Signals B. Beide Signale sind, weil feindlich, durch Blockung derart verbunden, daß immer nur einer der beiden Signalhebel frei beweglich ist, während der andere von beiden in Grundstellung (Haltstellung) festgelegt ist. Über jedem der beiden Signalhebel, deren Umlegen, wie aus Abb. 232 ersichtlich, mittels des um die Seilrolle geschlungenen Drahts unmittelbar auf den Signalflügel wirkt, befindet sich ein Blockwerk. Beide Blockwerke stehen durch einen elektrischen Leitungskreis (eine der beiden Leitungen in der Regel Erdleitung) in Verbindung. Solches Blockwerk stellt sich äußerlich als Blechkasten oder Blechgehäuse mit einem runden Glasfenster (Blockfeld) dar und wird in der Regel kurz als „Blockfeld" bezeichnet. Bei den wirklichen Ausführungen sind meist mehrere Blockfelder in einem Gehäuse vereinigt, so daß in diesem Gehäuse nebeneinander mehrere solche Glasfenster vorhanden sind. Der wichtigste Bestandteil eines Blockwerkes (Blockfeldes) ist die oben und unten herausragende Blockstange, die sich in Hochstellung oder Tiefstellung befinden kann. In Tiefstellung (Abb. 232a links) greift die Blockstange mit ihrem untersten Ende in einen Ausschnitt der mit dem Signalhebel verbundenen Seilrolle ein und legt dadurch den Signalhebel in der Haltstellung fest. Die Tiefstellung der Blockstange ist also nur bei Haltstellung des Signalhebels möglich, weil nur in dieser der Einschnitt der Seilrolle sich oben, gegenüber dem unteren Ende der Blockstange, befindet.

In Grundstellung (wie in Abb. 232a vorausgesetzt) stehen beide Signalhebel auf Halt; derjenige im Befehlsstellwerk ist frei beweglich, der im abhängigen Stellwerk durch die tiefstehende Blockstange festgelegt (geblockt). Der Fahrdienstleiter im Befehlsstellwerk kann das Signal A beliebig auf Fahrt stellen (wie in Abb. 232a rechts gestrichelt angedeutet) und wieder auf Halt, während das feindliche Signal B durch die Blockung in Haltstellung festgelegt ist. Soll dagegen das Signal B auf Fahrt gestellt werden, so gibt der Fahrdienstleiter dem Stellwerkswärter im abhängigen Stellwerk das Signal B frei und legt damit gleichzeitig sein Signal A in Haltlage fest. Die beiden hierzu dienenden Blockwerke werden nach den so benannten Blockfeldern als Signalfelder bezeichnet. Der Fahrdienstleiter drückt die Blockstange seines Blockfeldes mittels des oben herausragenden Druckknopfs nieder, so daß die Blockstange in den Ausschnitt der Seilrolle eindringt (nur bei Haltstellung des Signals möglich) und dreht die am Blockgehäuse befindliche Induktorkurbel mehrmals herum. Hierdurch wird ein elektrischer Wechselstrom, in dem Leitungskreis zwischen den beiden Blockwerken erzeugt, der in den beiden in den Blockgehäusen befindlichen Mechanismen solche Veränderungen hervorruft, daß die niedergedrückte Blockstange in ihrer Tiefstellung festgelegt wird, während gleichzeitig eine Festhaltung der Blockstange im abhängigen Stellwerk aufgehoben wird, so daß die Blockstange durch Federkraft nach oben schnellt und damit den Signalhebel B freigibt. Die so veränderte Stellung der beiden Blockfelder ist in Abb. 232b dargestellt, in der auch durch Strichelung ersichtlich gemacht ist, daß nun das Signal B in Fahrtstellung gebracht werden kann, während das Signal A durch das zugehörige Blockfeld in Haltstellung festgelegt ist. Man nennt die Einwirkung auf dasjenige Blockfeld, das hierbei durch Niederdrücken der Blocktaste und Drehen der Induktorkurbel (aktiv) betätigt wird, das „Blocken", die Einwirkung, die das andere Blockfeld passiv erfährt, das Entblocken. Das Blockfeld mit tiefstehender Blockstange ist „geblockt", dasjenige mit hochstehender Blockstange „entblockt". Äußerlich

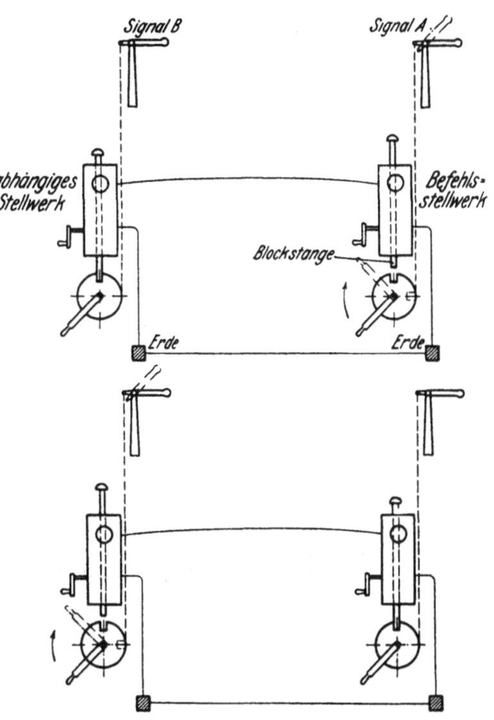

Abb. 232a, b. Schematische Darstellung des Zusammenwirkens eines Blockfeldpaares zum gegenseitigen Ausschluß zweier Signale.

pflegt man den Zustand der Blockfelder durch ihre Farbe erkennbar zu machen, z. B. auf den Pr.H.St.B. so, daß in der Grundstellung der beiden Signalfelder (Abb. 232a) hinter beiden Glasfenstern je eine rote Scheibe erscheint, während in der verwandelten Stellung je eine weiße Scheibe sichtbar ist. Die Farben „weiß" und „rot" fallen also nicht etwa mit den Begriffen „entblockt" und „geblockt" zusammen, sondern überkreuzen sich mit ihnen[1]).

Die verwandelte Stellung (Abb. 232b) ist ein Spiegelbild zur Grundstellung (Abb. 232a). Während bei Grundstellung der Fahrdienstleiter frei verfügungsfähig ist, der Stellwerkswärter im abhängigen Stellwerk festgelegt, sind bei der verwandelten Stellung beide Rollen vertauscht. Dieser Zustand dauert so lange, bis der Stellwerkswärter im abhängigen Stellwerk nach bewirkter Halt-

---

[1]) Vgl. auch Oder: Die Farben der Blockfelder (Glas. Ann. 1904, Bd. 55, Nr. 659).

stellung des Signals *B* dem Fahrdienstleiter die Signalerlaubnis in derselben Weise, wie er sie erhalten, zurückgegeben hat. Das gegenseitige Zuwerfen der Signalerlaubnis kann mit einem Ballspiel zwischen zwei Personen verglichen werden, wobei der einzige vorhandene Ball sich immer nur in der Hand eines der beiden Spieler befinden kann und in dieser so lange verbleibt, bis er ihn dem anderen Spieler zugeworfen hat, worauf die Rollen hierin vertauscht sind.

Die Einrichtung der Blockverbindung ändert sich nicht, wenn es sich nicht darum handelt, zwei in getrennten Stellwerken befindliche feindliche Signale in gegenseitig ausschließende Abhängigkeit zu bringen, sondern die Fahrtstellung eines in einem abhängigen Stellwerk befindlichen Signals von der Signalerlaubnis des an der Befehlsstelle befindlichen Fahrdienstleiters abhängig zu machen. Abb. 233 zeigt in derselben schematischen Darstellungsweise in Grundstellung diesen Fall, bei der die Blockstange des Blockfeldes an der Befehlsstelle auch vorhanden ist und Hoch- oder Tiefstellung aufweist, aber mit ihrem unteren Ende keinen Signalhebel festlegt, also blind wirkt. In der Regel sind, wie in Abb. 233 angedeutet, an der Befehlsstelle mehrere Signalfreigabefelder vorhanden, deren Gegenfelder auch in verschiedenen Stellwerken sich befinden können. Soweit die diesen Freigabefeldern entsprechenden Signale einander feindlich sind, wird die gleichzeitige Herbeiführung der Tiefstellung der Blockstangen im Befehlsblockwerk durch eine innere Abhängigkeit im Befehlsblockgehäuse ausgeschlossen, womit die Signalfreigaben in sämtlichen Stellwerken eines Bahnhofs derart in Zusammenhang gebracht sind, daß niemals gleichzeitig zwei feindliche Signale erscheinen können. Die wirkliche Einrichtung der Blockfelder ist nun gegenüber der schematischen Darstellung in Abb. 232, 233 erheblich verwickelter, wie im folgenden unter I, B dargelegt wird. Außerdem ist es üblich, die Signalfelder nicht unmittelbar auf die Signalhebel, sondern auf die Fahrstraßenhebel der Stellwerke wirken zu lassen, wodurch die Signalhebel mittelbar beherrscht werden. Welche Änderungen hierdurch an den im vorigen Kapitel beschriebenen Stellwerkseinrichtungen erforderlich werden, wird unter IV. in diesem Kapitel erörtert werden. Einstweilen wird im folgenden noch die unmittelbare Einwirkung der Blockfelder auf die Signalhebel vorausgesetzt.

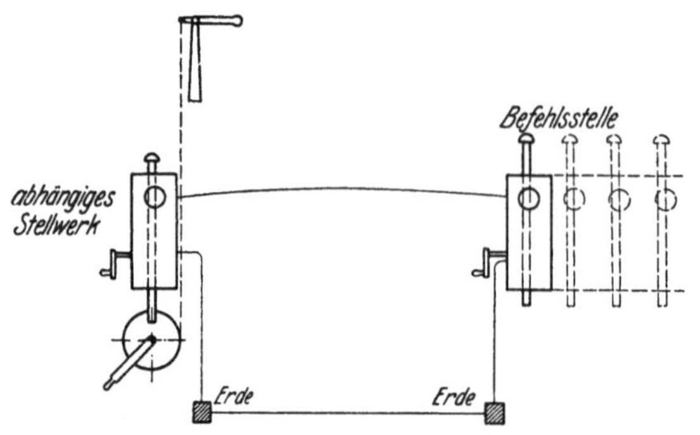

Abb. 233. Schematische Darstellung der Blockabhängigkeit eines Signalhebels im abhängigen Stellwerk von der Befehlsstelle.

B. Die bauliche Durchbildung der Stationsblockung, Bauart Siemens & Halske, für ein Paar zusammenarbeitender Signalfelder.

In Abb. 234 a (Tafel I) sind zwei miteinander verbundene zum gegenseitigen Ausschluß zweier feindlichen Signale dienende Blockfelder der Stationsblockung der wirklichen Ausführung entsprechend gezeichnet[1]). Nur sind zur

---

[1]) Der Deutlichkeit wegen sind die Bezeichnungen der einzelnen Teile des Blockfeldes auf die beiden Blockfelder in Abb. 234 a links und rechts verteilt und in den Abb. 234 b, 234 c nicht wiederholt. Mit den Nummern stimmen die neuerdings bekannt gegebenen der Pr. H. Einheitsform nicht überein. Auch weist diese einzelne Abweichungen in der baulichen Durchbildung auf.

Verdeutlichung die Blocktaste und der Elektromagnet (s. das Folgende), die in Wirklichkeit rechtwinklig zur Zeichnungsebene sich erstrecken, um 90° nach vorn in die Zeichnungsebene herumgeklappt dargestellt; der Rechen (s. das Folgende) ist statt vor der Druckstange hinter der Druckstange gezeichnet, und es sind ferner aus gleichem Grunde einzelne weiterhin zu besprechende Bauteile zunächst fortgelassen.

Die Blockstange (s. oben) besteht bei der wirklichen Ausführung aus drei übereinander angeordneten Stangen, der Druckstange 15, der Verschlußstange 17 und der Riegelstange 46. Der Druck, der beim Blocken auf die Blockstange mit der Hand ausgeübt wird, wird bei der wirklichen Ausführung nicht, wie in der schematischen Skizze (Abb. 232a, b) und wie dies bei früheren Ausführungen geschah, auf einen oben an der Druckstange befindlichen Druckknopf, sondern behufs besserer Wirkung auf eine Taste (62) ausgeübt, die mit der oben aus dem Blockgehäuse herausragenden Druckstange mittels des Kupplungsbügels 41 verbunden ist, und deren Gewicht durch eine an der Blockrückwand angreifende Feder ausgeglichen ist. Die Riegelstange, der unterste, aus dem Boden des Blockgehäuses hervorragende Teil der Blockstange, wirkt nicht, wie in der schematischen Skizze (Abb. 232a, b) angenommen war, unmittelbar auf den festzulegenden Signalhebel, bzw. die mit diesem verbundene Seilrolle, sondern auf einen Zwischenkörper, in der Regel auf einen mit dem Fahrstraßenhebel oder der Fahrstraßenschubstange verbundenen Verschlußkörper; nach Abb. 234a, b, c wirkt die Riegelstange auf einen „Blockriegel", der, wenn von der Riegelstange heruntergedrückt (in Abb. 234a links), in einen Ausschnitt des Signalhebels eintritt und diesen in der Haltlage festlegt, bei in Hochstellung befindlicher Riegelstange (in Abb. 234a rechts) aber durch eine Feder hochgehalten wird. Es leuchtet ein, daß die drei Teile der Blockstange beim Herabdrücken (Blocken) sich wie eine ungeteilte Stange verhalten. Dagegen besteht gegenüber der schematischen Darstellung in Abb. 232a, b der Unterschied, daß bei geblocktem Feld (s. Abb. 234a links) die Tiefstellung sich nur auf die beiden unteren Teile der Blockstange, die Riegelstange und die Verschlußstange erstreckt, während die Druckstange und die Taste sich in derselben Hochlage befinden, wie beim ungeblockten Feld. Dies hängt mit der Wirksamkeit der nun zu erörternden Verschlußvorrichtung zusammen.

Wenn man bei Haltstellung des Signals mit der Hand im Befehlsstellwerk (Abb. 234a rechts) die Blocktaste 62 herabdrückt, so ergibt sich der in Abb. 234b (Tafel I) dargestellte Zustand. Das Herabdrücken überträgt sich durch das Druckstück 16 auf die Verschlußstange 17 und von dieser unmittelbar auf die Riegelstange 46, die ihrerseits den Blockriegel in den Ausschnitt des Signalhebels *A* hineindrückt und damit den Hebel in der Haltstellung festlegt. Diese Festlegung würde aber, wenn man nun ohne weiteres die Taste wieder losließe, sogleich wieder verloren gehen. Denn sowohl die Riegelstange, wie die Verschlußstange werden durch je eine um sie geschlungene Spiralfeder ständig nach oben gedrückt, und außerdem wirkt unmittelbar hebend auf die Druckstange der durch die Feder 121 ständig nach oben gezogene einarmige Hebel 813, der von unten gegen das Druckstück 16 drückt. Die drei hier genannten Federn wurden beim Herabdrücken der Drucktaste angespannt und würden beim Loslassen der Taste sogleich alle drei Teile der Blockstange in den ungeblockten Zustand zurückführen. Um dies zu verhindern, also den zunächst mittels des Herabdrückens herbeigeführten Festlegungszustand des Signalhebels *A* festzuhalten, betätigt man durch Drehen der Induktorkurbel[1]) mittels elektrischer Wechselströme die Verschlußvorrichtung des Blockfeldes im Befehls-

---

[1]) Bei lebhaftem Betrieb werden neuerdings statt der Induktoren Motorumformer verwendet, die durch Drücken auf die Blocktaste in Tätigkeit gesetzt werden (s. Stellwerk 1908, S. 29).

stellwerk (Abb. 234a rechts) und wirkt so zugleich, wie weiterhin beschrieben wird, entblockend auf das Blockfeld im abhängigen Stellwerk (Abb. 234a links).

Die durch die Wechselströme betätigte Festhaltevorrichtung greift an der Verschlußstange an. Die Verschlußstange 17 ist (vgl. auch die besondere Skizze Abb. 235a bis c) an ihrem oberen Ende mit einer Nase versehen, die mit einem eigenartig geformten zweiarmigen Hebel, dem Verschlußhalter 26 zusammenwirkt, der wiederum in seiner Bewegung durch die halb weggefeilte Achse 43 des sogenannten Rechens 40, eines von der elektromagnetischen Vorrichtung betätigten Zahnradausschnittes, je nach der Stellung der Achse 43 gehindert oder unbehindert gelassen wird. Beim Niederdrücken der Blocktaste wirkt die Nase n (Abb. 235a bis c) der Verschlußstange auf einen Vorsprung v des Verschlußhalters, (bei neueren Ausführungen ist, vgl. Abb. 234a, b, c, eine Blattfeder eingeschaltet, gegen die die Nase drückt) und bringt den Verschlußhalter hierdurch zum Herumschwingen um seine Achse 18 (Abb. 234b, 235b). Bleibt der Verschlußhalter in dieser Stellung, so hält er mittels seines Absatzes k die Nase n der Verschlußstange fest und verhindert sie

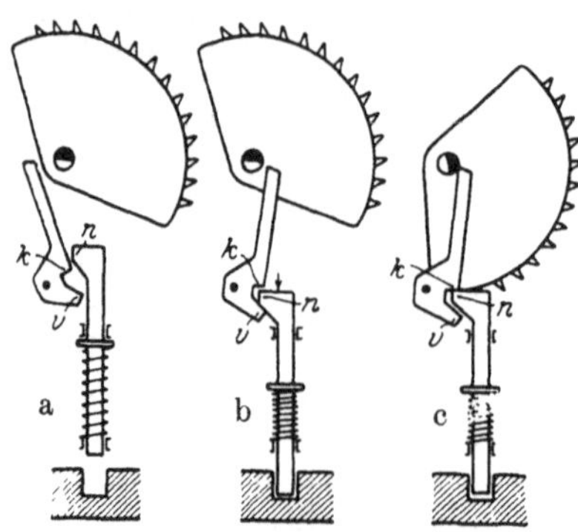

Abb. 235a — c.
Schematische Darstellung der Wirksamkeit der Festhaltevorrichtung beim Blockfeld der Bauart Siemens & Halske.

daran, bei Loslassen der Blocktaste der Federkraft folgend wieder nach oben zu gehen. Dieses Verbleiben des Verschlußhalters in der festhaltenden Stellung wird nun dadurch erreicht, daß man mittels der elektromagnetischen Vorrichtung den Rechen in Drehung versetzt, so daß die halb weggefeilte Rechenachse, die bei entblocktem Blockfeld, wie in Abb. 234a rechts und 234b, so steht, daß das Ende des Verschlußhalters unter ihr durchschlagen kann, nach Drehung des Rechens im Sinne des Uhrzeigers die in Abb. 234c rechts, 235c (auch 234a links) angegebene Stellung einnimmt, bei der sie dem Ende des Verschlußhalters den Rückweg versperrt. Um die bei dieser Festhaltung gefesselte Kraft klarzustellen, sei gleich hier bemerkt, daß beim Entblocken der Rechen im entgegengesetzten Sinne sich bewegt, und daß, sobald hierdurch die halb weggefeilte Rechenachse beim Entblocken soweit zurück gedreht ist, daß sie das Ende des Verschlußhalters freigibt, dieser von der Federkraft der Blockstange beiseite gedrückt wird, indem die Verschlußstange und mit ihr die Riegelstange in die entblockte Stellung nach oben schnellt.

Die Drehbewegung des Rechens wird nun in folgender Weise herbeigeführt. Der Rechen, ein Kreisausschnitt aus Metall, am Rande mit Zähnen[2]) versehen, wird bei seiner zur Rechenachse einseitigen Stellung durch sein eigenes Gewicht stets im Sinne abwärts gehender Bewegung, d. h. einer Drehung im Sinne des Uhrzeigers, beeinflußt. Einen entgegengesetzten Einfluß übt die um das untere Ende der Druckstange geschlungene Spiralfeder aus. Diese Spiralfeder stützt sich unten auf die an der Grundplatte des Blockfeldes befestigte feste Führung 14 der Druckstange und Verschlußstange und drückt oben gegen einen an der Druckstange leicht verschiebbaren Rahmen, den Rechenführer 23, der seinerseits mit seinem unteren Querschenkel gegen den am Rechen sitzenden Rechentriebstift drückt und somit an dem dem wagerechten Abstande des Rechentriebstifts von der Rechenachse 43 entsprechenden Hebelarm auf den Rechen im Sinne aufwärts gehender Bewegung wirkt. Von den beiden auf den

---

[2]) Deren oberen Flanken man, um die geblockte Stellung sicherer festzuhalten, zweckmäßig, wie zuerst auf den Sächs.Stb. geschehen, radiale Richtung gibt.

Rechen wirkenden Kräften, der seinem Gewicht entsprechenden Schwerkraft und der Federkraft, ist die Federkraft größer. Gleichwohl geht beim Blocken der Rechen durch Drehung im Sinne des Uhrzeigers unter Einwirkung der Schwerkraft abwärts, weil beim Herabdrücken der Blocktaste der an der Druckstange sitzende Triebstift des Rechenführers den Rechenführer unter Überwindung der Federkraft nach unten drückt, so daß nun der Rechenführer nicht mehr von unten gegen den Rechentriebstift drücken kann. Der Rechen kann indessen nun nicht ohne weiteres seiner Schwerkraft folgend herabgehen, weil er durch die „Hemmung" 35 festgehalten wird. Diese Hemmung ist eine Wippe, die an beiden Enden mit je einem Zahn versehen, ähnlich der Wirkung der am Uhrpendel sitzenden Hemmung auf das Hemmungsrad, bei dem durch elektromagnetische Wirkung herbeigeführten Hin- und Herpendeln Zahn auf Zahn des Rechens durchläßt, bis dieser aus seiner dem entblockten Zustande entsprechenden Hochstellung, (begrenzt durch den oberen Anschlag 39 (in Abb. 234a rechts und Abb. 234b) in die Tiefstellung, begrenzt durch den unteren Anschlag 28 (Abb. 234c rechts und 234a links), übergegangen ist, in der die Rechenachse, wie oben beschrieben, dem Verschlußhalter den Rückweg versperrt. Da der Rechen hierbei um etwa 12 Zähne abwärts gehen muß, und da bei jeder hin und her gehenden Pendelbewegung der Hemmung nur ein Zahn durchgelassen wird, so gehören etwa 24 Bewegungen der Hemmung dazu, um den Rechen in seine Tiefstellung überzuführen, die erreicht ist, sobald er sich an den unteren Anschlag 28 anlegt. Die pendelnde Bewegung der Hemmung wird nun dadurch herbeigeführt, daß der mit ihr ein Stück bildende, in einem Dauermagnet bestehende Anker 34 des hufeisenförmigen Elektromagneten zwischen den Polschuhen dieses Elektromagneten hin und her schlägt, wenn mittels Umdrehens der Induktorkurbel durch die Windungen des Elektromagneten Wechselströme hindurchgeschickt werden.

Es sei hier gleich erwähnt, daß bei dem weiter unten zu beschreibenden Entblocken der von dem anderen Blockwerk durch die Leitung kommende Wechselstrom dieselbe Pendelbewegung der Hemmung hervorruft, daß hierbei aber der Rechen unter Einwirkung der Federkraft Zahn um Zahn aufsteigt, bis er in seiner Hochstellung angelangt ist, wobei die Rechenachse den Verschlußhalter freigibt, dieser zurückschlägt und die Verschlußstange und Riegelstange nach oben schnellen.

Der Blockungsvorgang ist durch das Herabgehen des Rechens und die dadurch bewirkte Einsperrung des Verschlußhalters (Abb. 234c rechts) noch nicht beendet. Es folgt noch das Loslassen der Blocktaste, wodurch diese und die Druckstange unter Einwirkung der Kraft der Feder 121 in die Hochstellung zurückkehren. Gleichzeitig gehen auch die Verschlußstange und Riegelstange, die etwas tiefer, als der geblockten Stellung entspricht, heruntergedrückt waren, um ein kleines Stück (rund 7,5 mm) wieder nach oben, bis die Verschlußstange mit ihrer Nase n an den Knaggen k (Abb. 235c) des Verschlußhalters stößt und nun beide unteren Stangenteile (Verschlußstange und Riegelstange) in dieser Stellung (der geblockten Stellung) verbleiben. In dem Augenblick, wo die Druckstange ihre Hochstellung erreicht, geht aber in dem Blockwerke noch eine andere Veränderung vor sich. Die Sperrklinke 30, die durch eine Federkraft nach rechts gedrückt wird, aber bei der entblockten Stellung (Abb. 234a rechts) durch den an der Verschlußstange sitzenden Führer der Sperrklinke (19) und bei gedrückter Blocktaste (Abb. 234b, Abb. 234c rechts) durch das Druckstück der Druckstange nach links beiseite gedrückt war, kann nun, da der Führer der Sperrklinke mit der Verschlußstange in tiefere Stellung gelangt ist, sobald das Druckstück der Druckstange in seine Hochstellung zurückgekehrt ist, unter dessen Unterkante nach rechts hinüberschlagen, und tut dies, der Federkraft folgend. Dadurch wird das Druckstück und somit auch die Druckstange am nochmaligen

Herabgehen gehindert. Die in ihre Hochstellung zurückgekehrte Taste ist folglich bei geblocktem Felde nicht drückbar. Der Zweck dieser Festlegung der Blocktaste bei geblocktem Felde ist es, irrtümliche Bedienung des Blockfeldes und dadurch mögliche Blockstörungen zu verhüten. Das in verwandelter Stellung geblockte Feld im Befehlsstellwerk zeigt nunmehr dasjenige Bild, das vorher (in Grundstellung) das Blockfeld im abhängigen Stellwerk zeigte (Abb. 234a links).

Während diese Verwandlung mit dem Blockfeld im Befehlsstellwerk vor sich gegangen und damit das Signal A in Haltstellung festgelegt ist, hat das Blockfeld im abhängigen Stellwerk die entgegengesetzte Verwandlung durchgemacht, zeigt also jetzt das Bild, wie in Abb. 234a rechts, so daß das Signal B nunmehr bedienbar ist. Bereits oben wurde hervorgehoben, daß bei der Verwandlung eines Blockfeldes aus Tiefstellung in Hochstellung, also bei passiver Verwandlung, der in diesem Falle von einem anderen Blockfeld her kommende Wechselstrom gleichfalls durch Betätigung des Elektromagneten die Hemmung in Pendelbewegung versetzt, daß hierbei aber der Rechen der Federkraft folgend Zahn um Zahn aufsteigt, bis er gegen seinen oberen Anschlag 39 stößt. Während beim Blocken eines Feldes die Einsperrung des Verschlußhalters erfolgt ist, sobald der Rechen um drei Zähne gefallen ist, so daß sein weiteres Fallen um fernere 9 Zähne nur zur Sicherung des Verschlusses dient, wird beim Entblocken eines Feldes erst nach Ansteigen des Rechens um 10 Zähne der Verschlußhalter freigegeben. Da sich die Einsperrung des Verschlußhalters im aktiv betätigten Felde und die Freigabe des Verschlußhalters im passiv betätigten Felde normalerweise um 7 Zahnbewegungen übergreifen, so ist selbst bei nicht ganz gleichzeitigem Arbeiten der beiden zusammengehörigen Felder das aktiv betätigte Feld stets eher gesperrt, ehe das passiv betätigte frei wird. Daß die beiden Felder (in Abb. 234a, 234c) durch die Betätigung des einen zusammenarbeiten, wird erst ganz verständlich durch Betrachtung der Wirkungsweise der Schaltvorrichtung, die in den Abb. 234a, 234c angedeutet ist. Der Kontakthebel 813 wird, wie bereits oben erwähnt, durch eine Spiralfeder 121 stets nach oben gezogen und drückt deshalb mit dem an seinem Ende befindlichen Elfenbeinröllchen von unten gegen das Druckstück 16 der Druckstange, so daß diese, solange man nicht auf die Taste drückt, sich in Hochstellung befindet. Bei dieser Stellung, die die Druckstange sowohl bei entblocktem, wie bei geblocktem Felde einnimmt, berührt die um den Kontakthebel 813 geschlungene Kontaktfeder 821, an die mittels der Schleiffeder 822 stets die Leitung zum Elektromagneten angeschlossen ist, den schneidenförmigen Kontakt (die Spitzklemme) 852, an den die Erdleitung angeschlossen ist. Wird dagegen die Blocktaste gedrückt, so wird durch den Druck des Druckstückes der Druckstange auf das erwähnte Elfenbeinröllchen der Kontakthebel nach unten gedrückt, bis die um ihn geschlungene Kontaktfeder die Kontaktschraube 855 berührt, an welche die zum Induktor und weiterhin zur Erde führende Leitung angeschlossen ist. Die Wirkung bei Blockbedienung ist nun folgende: Der vom Induktor des bisher in Hochstellung befindlichen Feldes im Befehlsstellwerk (Abb. 234a rechts) erzeugte elektrische Wechselstrom geht zur Kontaktschraube 855, dort auf die Kontaktfeder 821 des (Abb. 234b) herabgedrückten Kontakthebels 813 über, durch die Schleiffeder 822 und die anschließende Leitung zum Elektromagneten des eigenen Feldes, dessen Anker und damit Hemmung und Rechen betätigend, geht dann durch die Verbindungsleitung vom Befehlsstellwerk zum abhängigen Stellwerk, tritt dort (Abb. 234a links) in umgekehrter Richtung, wie vorbeschrieben, in die Wicklungen des Elektromagneten, dessen Anker usw. betätigend, geht dann zur Schleiffeder 822 und zur Kontaktfeder 821 dieses Blockfeldes. Da hier der Kontakthebel 813 sich aber in Hochstellung befindet, d. h. seine Kontaktfeder den Schneidenkontakt (die Spitzklemme) 852 berührt, so geht der Wechselstrom weiter über diesen und zur Erde, um durch die Erdleitung zu dem Blockfeld im Befehlsblockwerk und hier von der Erde sogleich in den stromgebenden Induktor zurückzukehren. Bei demnächstiger Rückgabe der Blockerlaubnis wirken die beiden Blockfelder mit gegen die eben beschriebenen Vorgänge vertauschten Rollen.

Aus dem Gesagten geht hervor, daß, wenn man, ohne die Taste des bisher hochstehenden Blockfeldes (des entblockten Feldes) herabzudrücken, die Induktorkurbel dreht, kein Strom die Leitung durchfließen kann, weil die vom Induktor ausgehende Leitung an der Kontaktschraube 855 unterbrochen ist. (Auch wenn man in dem geblockten Felde, wo die Taste überhaupt nicht drückbar ist, die Induktorkurbel drehen wollte, würde man aus dem gleichen Grunde keinen Strom erhalten.) Damit die Wirkung, wie vorbeschrieben, zustandekommt, genügt aber auch nicht ein beliebig tiefes Herabdrücken der Blocktaste. Diese muß vielmehr so tief herabgedrückt werden, daß die Kontaktfeder 821 die Kontaktschraube 855 berührt. Die Abmessungen sind so gewählt, daß bei 16,5 bis 17,5 mm Herabdrücken der Blocktaste diese Berührung eintritt, daß aber die Blocktaste normal bis zur Hubbegrenzung auf 20,4 bis 21 mm herabzudrücken ist, so daß durch das weitere Herabdrücken um 3,4 bis 4 mm eine innige Berührung zwischen Kontaktfeder und Kontaktschraube stattfindet. Der hierin liegende Zwang, die Blocktaste mindestens 16,5 bis 17,5 mm herabzudrücken, hat den Zweck, zu verhindern, daß der Rechen des aktiven Feldes umgestellt wird, ohne daß durch ausreichendes Herabdrücken der Verschlußstange der Verschlußhalter in die Sperrstellung gebracht ist, in der er durch Umstellung des Rechens, bzw. Umdrehung der Rechenachse dann festgehalten werden soll. Bei Loslassen der Blocktaste des soeben geblockten Feldes gehen die Verschluß- und Riegelstange von der auf 20,4 bis 21 mm durchgedrückten Stellung um rund 7,5 mm, d. h. auf 12 bis 13,5 mm unter der Stellung des entblockten Feldes nach oben zurück.

Zur Ergänzung der bisherigen Ausführungen sei schließlich noch folgendes bemerkt: Auf dem Rechen ist eine halb weiß und halb rot gefärbte Glimmerscheibe befestigt, so daß man durch das in der Vorderwand des Blockgehäuses befindliche runde Fenster (in Abb. 234a bis c durch Punktstrichelung angedeutet) an der dahinter sichtbaren Farbe[1]) die jeweilige Stellung des Blockfeldes erkennen kann. Hinter dem Fenster erblickt man ferner vor der Farbscheibe einen an der Hemmung 35 in geradliniger Fortsetzung des Anschlagteiles des Ankers befestigten Zeiger (in den Abb. 234a bis c gestrichelt), dessen pendelnde Bewegung die Bewegung der Hemmung erkennen läßt, und der ferner benutzt wird, um, was bei Blockstörungen bisweilen erforderlich, die Hemmung durch Eingreifen in das geöffnete Fenster[2]) mit der Hand in pendelnde Bewegung zu versetzen.

Ein solches Blockfeldpaar, wie in Abb. 234a bis c, Taf. I dargestellt und eben beschrieben, bildet ein ausreichendes Mittel, um zwischen zwei an getrennten Betriebsstellen befindlichen feindlichen Signalen eine ausschließende Abhängigkeit herzustellen. Man fügt indessen, um gewissen Blockstörungen vorzubeugen, regelmäßig als ferneren Bauteil jedem Blockwerk noch die sogenannte Hilfsklinke 53 hinzu (Abb. 234a bis c). Wenn nämlich die Bedienung eines Blockfeldes nicht zu Ende geführt wird, vielmehr, nachdem der Rechen des aktiv betätigten Blockfeldes um mindestens drei Zähne gefallen ist, die Blocktaste losgelassen wird, so ist die Sperrung des Verschlußhalters 26 schon eingetreten, die Verschlußstange wird also in ihrer tiefen Stellung festgehalten, so daß nach Hochgehen der Druckstange die nunmehr weder von dem Druckstück 16

---

¹) Vgl. S. 149.

²) Neuerdings gibt es auch eine Vorrichtung, die, nach Lösen einer Plombe, gestattet, die Hemmung ohne Öffnen des Fensters zu bewegen.

noch von dem Führer 19 an der Verschlußstange zurückgehaltene Sperrklinke 30 unter das Druckstück 16 der Druckstange tritt. Damit ist die Blocktaste gesperrt, und da das andere, abhängige, Feld noch nicht entblockt ist, so ist es unmöglich geworden, ohne Eingriff in das Blockwerk das Blockfeld aus seiner Zwischenstellung wieder herauszubringen. Das Eintreten solcher Blockstörung wird verhütet durch die Hilfsklinke 53, die jedesmal, wenn die Blocktaste bei unvollständig geblocktem Felde losgelassen wird, mit ihrer Sperrnase in eine der beiden Ausklinkungen der Druckstange tritt, wie dies in Abb. 236 dargestellt ist. In den beiden Endstellungen des Rechens wird das Eintreten der Sperrnase der Hilfsklinke in eine der Ausklinkungen der Druckstange dadurch ausgeschlossen, daß die Hilfsklinke in den beiden Endstellungen des Rechens mit ihrem eigenartig geformten Fuß, dem Fühler, sich gegen den rückseitig vorragenden Kopf (die sogenannte Rast) eines der Befestigungsschräubchen legt, mit denen die Farbscheibe auf dem Rechen befestigt ist. Nur bei gewissen Blockfeldern wird, wie später zu erwähnen, diejenige von den beiden Rasten fortgelassen, die das Einfallen der Hilfsklinke dann verhindert, wenn die Blocktaste noch vor Beginn des Drehens der Kurbel wieder losgelassen wird („Hilfsklinke ohne Rast").

Die bauliche Durchbildung der Stationsblockung ist bisher unter der Voraussetzung besprochen, daß zwei feindliche Signale durch zwei Blockfelder in gegenseitig ausschließende Abhängigkeit gebracht werden sollen. Liegt dagegen der Fall vor (s. oben S. 150), daß nur eines der beiden Blockfelder auf ein Signal zu wirken hat, daß also nur die Fahrtstellung eines in einem abhängigen Stellwerk befindlichen Signals von der Signalerlaubnis des an der Befehlsstelle befindlichen Fahrdienstleiters abhängig zu machen ist, so ändert sich die bisher beschriebene Einrichtung nur dadurch, daß das Blockfeld an der Befehlsstelle keine Riegelstange zu besitzen braucht, daß also der unterste der drei Teile der Blockstange, der zum Signalverschluß dient, fehlt, sofern dieser Teil, die Riegelstange, nicht zu der Schieberverbindung (s. S. 158ff.) gebraucht wird.

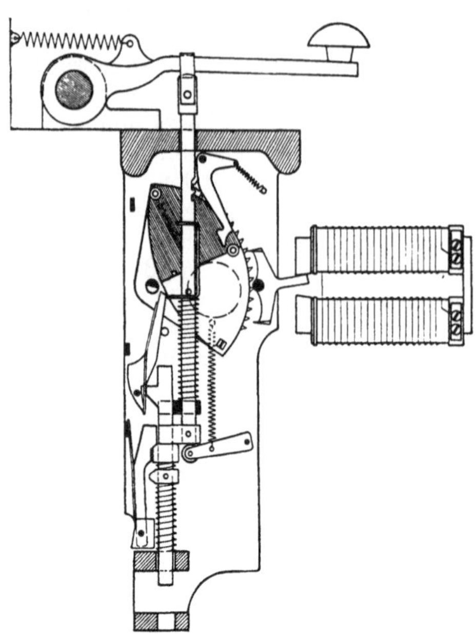

Abb. 236. Wirksamkeit der Hilfsklinke beim Blockfeld der Bauart Siemens & Halske.

Nach Bedarf werden über den Blockfeldern elektrische Wecker angebracht, die nur auf Gleichstromstöße ansprechen. Sie werden von einem an anderer Stelle befindlichen Blockwerke aus durch Kurbeldrehung bei gleichzeitigem Drücken der besonderen Wecktaste betätigt, indem die Wecktaste mit besonderem Kontakthebel den entsprechend ausgebildeten Induktor so schaltet, daß ihm Gleichstromstöße entnommen werden (s. Anhang unter II, D, 1). Beim ersten Stromstoß fällt eine Fallscheibe herab als sichtbares Zeichen überhaupt und um bei Vorhandensein mehrerer Wecktasten zu zeigen, welche von diesen betätigt worden ist. Die Anordnung und Benutzung von Weckern für Erinnerungszeichen, Widerrufzeichen usw. ist bei den Bahnverwaltungen verschieden, bei den Pr.H.St.B. insbesondere gegen früher sehr eingeschränkt. Wegen erheblich weitergehender Weckerbenutzung auf den Sächs.Stb. s. unter V, A, 2 dieses

Kapitels. Die Gesamtansicht einer Blockwerksgruppe mit allem Zubehör, geöffnet und geschlossen, zeigt Abb. 237a, b.

Zu den Blockleitungen sollte man regelmäßig Kabeladern benutzen, weil durch
gegenseitige Berührungen von Freileitungen Felder falsch entblockt werden können.
Für ausnahmsweise verwendete Freileitungen müssen Blitzableiter vorgesehen
werden, ähnlich den bei Morsewerken üblichen (s. Anhang I, D, 4). Man pflegt sie
oberhalb der Wecktasten (s. Abb. 237a, b) an der Blockrückwand zu befestigen.

Abb. 237a, b. Blockwerkgruppe, Bauart Siemens & Halske, geöffnet und geschlossen.

C. Abhängigkeiten bei Vorhandensein mehrerer Signalfeldpaare.

1. Bei Blockverbindung einer Befehlsstelle mit einem abhängigen Stellwerk (einfachster Fall). Sofern es sich darum handelt, zwei, drei oder mehr Signalhebel eines abhängigen Stellwerks unter Verschluß einer Befehlsstelle zu bringen, die nicht Stellwerk ist, also selbst keine Signalhebel enthält, so werden zwei, drei usw. Paare von Signalfeldern, wie eben beschrieben, angewendet, die sowohl an der Befehlsstelle, wie im Stellwerksgebäude je in einem gemeinsamen Gehäuse nebeneinander angeordnet sind. Im Stellwerksgebäude wird das Blockgehäuse der „Signalfestlegefelder" auf den sogenannten Blockuntersatz (s. S. 31) gesetzt, in dem sich die mit den Fahrstraßenhebeln, bzw. den Fahrstraßenschubstangen verbundenen Körper befinden, auf die die Riegelstangen der „Signalfestlegefelder" in Grundstellung verschließend wirken. Die Signalfreigabe von der Befehlsstelle aus gibt also eigentlich, wie schon S. 150 erwähnt, die Fahrstraßenhebel frei, was bei den Bezeichnungen „Signalfelder, Signalfreigabe" stets zu beachten ist. Zwischen den im abhängigen Stellwerk vorhandenen Signalfestlegefeldern ist im allgemeinen keine gegenseitige Abhängigkeit vorhanden, da die erforderlichen gegenseitigen Ausschlüsse feindlicher Signale bereits durch die früher (S. 26 ff, 31 ff.) beschriebenen inneren Abhängigkeiten des Stellwerks bewirkt werden. Dagegen stellt man regelmäßig in dem

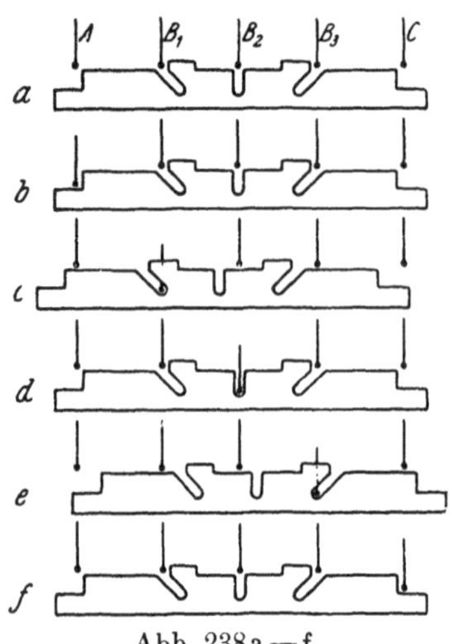

Abb. 238 a — f.

Gegenseitige Abhängigkeit in einer Gruppe von fünf Blockfeldern, Bauart Siemens & Halske, durch selbsttätige Schieber. (Entnommen aus Stellwerk 1909, S. 117, 118.)

Blockgehäuse an der Befehlsstelle zwischen den „Signalfreigabefeldern" Abhängigkeiten her, die es verhindern, daß von hier aus gleichzeitig zwei feindliche Signale freigegeben werden. Denn wenn auch durch gleichzeitige Erteilung zweier einander widersprechender Signalaufträge nach einem Stellwerk keine Betriebsgefährdung[1]) eintreten würde, weil ja im Stellwerk selbst die feindlichen Signale ausgeschlossen sind, so würden doch Verzögerungen in der Signalgebung eintreten, und es würde durch solche Vorkommnisse das Vertrauen in die Zuverlässigkeit der Blockeinrichtungen leiden. Die meist verwendete Einrichtung, um die Signalfreigabefelder von einander abhängig zu machen, besteht in selbsttätigen, in Führungen seitlich verschiebbaren Schiebern. Ein Beispiel für solchen Schieber (nach Stellwerk 1909, S. 117, 118) zeigt die Abb. 238 a bis f. In der Grundstellung (Abb. 238 a) kann jede einzelne der fünf Blockstangen gedrückt werden, wobei der an der Riegelstange befindliche Triebstift in einen für ihn angebrachten

Ausschnitt des Schiebers tritt, und, je nach der Form des Ausschnittes, den Schieber entweder in seiner Grundstellung oder nach seitlicher Verschiebung aus dieser Grundstellung, festlegt. Im letzteren Falle wird der Schieber nach Wiederentblockung des betreffenden Blockfeldes durch umgekehrte Einwirkung des betreffenden Triebstifts zwangläufig in seine Grundstellung zurückgeführt. In dieser selbst ist er gegen zufällige seitliche Verschiebungen dadurch gesichert,

---

[1]) Wegen der Notwendigkeit der hier beschriebenen Einrichtung für die Betriebssicherheit überall da, wo zwei oder mehrere Stellwerke von einer Befehlsstelle abhängig zu machen sind, s. S. 160.

daß zwei vortretende Kanten des Schiebers sich gegen die Riegelstangentriebstifte der Signalfelder B^1 und B^3 legen. Im übrigen zeigen die Abb. 238b bis f, daß der Schieber folgende Signalfreigaben gleichzeitig zuläßt oder ausschließt:

Freigabe A läßt gleichzeitig zu B^2, B^3 und C, schließt aus B^1.

„ B^1 „ „ „ C, „ „ A, B^2, B^3.

„ B^2 „ „ „ A und C, „ „ B^1 und B^3.

„ B^3 „ „ „ A, „ „ B^1, B^2, C.

„ C „ „ „ A, B^1, B^2, „ „ B^3.

Man kann in einem Blockgehäuse vor und hinter der Riegelstange zwei, bzw. vier, im ganzen also höchstens sechs Schieber anordnen, womit sich äußerstenfalls 30 Signalfestlegungen herstellen lassen. Die von der Verschlußtafel vorgeschriebenen Abhängigkeiten gestatten es indessen nicht immer, alle Festlegungsmöglichkeiten eines Schiebers anzunutzen. Ferner werden zu lange Schieber schwer beweglich, was die Federn des Blockriegels und der Riegelstange zu sehr beansprucht. Eine Entlastung dieser durch Hinzufügung von Rückführfedern der Schieber ist wenigstens bei zweiseitig verschiebbaren Schiebern nicht zu empfehlen. Es ist ratsam, die Länge auf nicht mehr als 1960 mm, entsprechend einem 20-feldrigen Blockgehäuse, zu bemessen. Bei dieser Beschränkung können die Schieber leicht gangbar gehalten werden.

Reicht man mit sechs Schiebern von höchstens 1960 mm Länge (wobei auch einzelne

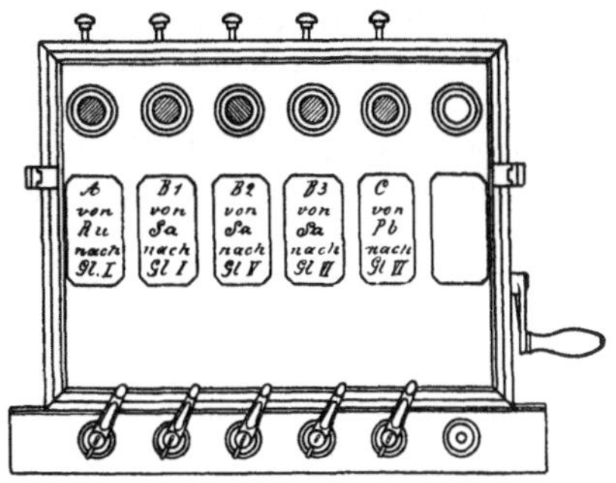

Abb. 239. Ansicht des Blockgehäuses mit Untersatz. (Entn. aus Stellwerk 1909, S. 137.)

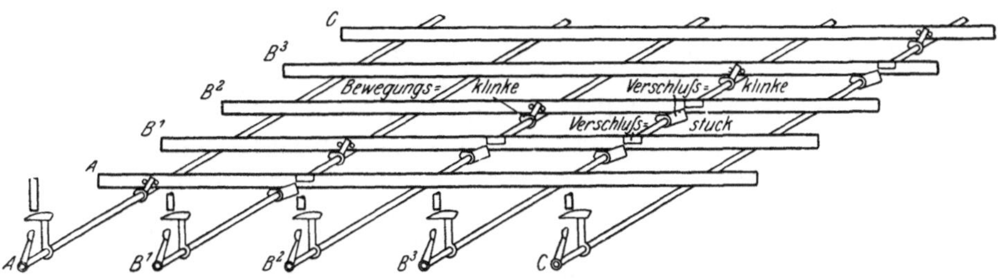

Abb. 240. Wirksamkeit der gegenseitigen Ausschlußvorrichtungen. (Entnommen aus Stellwerk 1909, S. 138.)

Abb. 239, 240. Gegenseitige Abhängigkeit in einer Gruppe von fünf Blockfeldern durch von Knebeln bewegte Schieber.

Schieber in mehrere voneinander unabhängige Abschnitte zerlegt werden können) nicht aus, oder sind die Blockfelder in zwei getrennten Gehäusen untergebracht, so empfiehlt es sich, unter das Blockgehäuse einen Blockuntersatz zu setzen, in dem sich hintereinander ebenso viele Schieber befinden, wie Blockfelder vorhanden sind. Die Schieber sind nicht selbsttätig, sondern vor der Bedienung eines Blockfeldes muß jedesmal der zugehörige Schieber durch Umlegen eines Knebels verschoben werden, der sich am Blockuntersatz unter dem betreffenden Blockfeld befindet (Abb. 239, nach Stellwerk 1909, S. 137). Die Drehachse des Knebels geht (Abb. 240, nach Stellwerk 1909, S. 138) durch die ganze Tiefe des Blockuntersatzes nach hinten durch. Sie trägt vorn an einer Kurbel einen „Blockriegel“[1]) benannten Körper, der in Grundstellung des Knebels das

---

[1]) Der Ausdruck „Blockriegel“ bedeutet hier also etwas anderes als oben (S. 151).

Blocken des zugehörigen Feldes verhindert. Beim Umlegen des Knebels wird dieses Blockungshindernis durch Beiseitedrehen beseitigt. Die an der Knebelachse sitzende Bewegungsklinke greift zwischen zwei Stifte des zugehörigen Schiebers und verschiebt den Schieber, bei Umlegen des Knebels, zwangsweise in seiner Längsrichtung. Durch solche Verschiebung werden mittels an den betreffenden Stellen des Schiebers angebrachter Verschlußstücke entsprechende Verschlußklinken der Knebelachsen aller feindlichen Blockfelder gegen Drehung festgelegt, also wird mittelbar das Blocken der feindlichen Felder verhindert.[1]) Sind zwei Blockgehäuse vorhanden, so gehen die Schieber durch beide hindurch. Diese Einrichtung reicht auch bei den größten Befehlsblockwerken aus.

2. Ist mit einem Befehlsstellwerk ein abhängiges Stellwerk durch Signalfelder zu verbinden, so werden in dem Befehlsstellwerk nicht nur für die etwa von diesem zu stellenden Signale, sondern auch für die Signale des abhängigen Stellwerks[2]) Fahrstraßenhebel angeordnet und zwischen sämtlichen Fahrstraßenhebeln alle feindlichen Fahrten durch die Stellwerkseinrichtung gegenseitig ausgeschlossen. Die Blockfreigabe eines Signals vom Befehlsstellwerk nach dem abhängigen Stellwerk wird von dem vorherigen Umlegen des betreffenden Fahrstraßenhebels abhängig gemacht, sichert also zugleich die richtige Stellung der im Befehlsstellwerksbezirk für die betreffende Zugfahrt etwa in Betracht kommenden Weichen. Das Blocken des Signalfreigabefeldes im Befehlsstellwerk legt den Fahrstraßenhebel in der gezogenen Lage fest, schließt also das Umlegen eines feindlichen Fahrstraßenhebels aus, so daß nunmehr weder ein im abhängigen Stellwerk befindlicher feindlicher Signalhebel freigegeben werden, noch ein im Befehlsstellwerk befindlicher feindlicher Signalhebel gezogen werden kann. Bei den Stellwerken der Firma S. u. H. befinden sich die Signalhebel unterhalb des Befehlsblockwerkes, die Fahrstraßenhebel und Fahrstraßenschubstangen zeigen dieselbe Bauweise, wie die Blockknebel und Schieber des oben beschriebenen Befehlsblockwerkes (vgl. Stellwerk 1909, S. 140 bis 142). Bei den meisten anderen Stellwerken befindet sich, wie bereits S. 31 erwähnt, der Blockuntersatz seitlich der Signalhebel auf der Stellwerksbank. Wegen der Abhängigkeit zwischen Blockfeldern und Fahrstraßenhebeln vgl. dann S. 185 ff.

Für diejenigen vom abhängigen Stellwerk zu stellenden Signale, für die im Befehlsstellwerk keine Weichen festzulegen sind, können in diesem Fahrstraßenhebel entbehrt werden. Die betreffenden Signalfreigabefelder verschließen dann feindliche Fahrstraßenhebel des Befehlsstellwerks in Grundstellung. Soweit diese Freigabefelder gegenseitig feindlich sind, müssen sie durch selbsttätige Schieber oder Schaltungsausschlüsse (s. S. 161) gegenseitig ausgeschlossen werden. Solche gemischte Anordnung empfiehlt sich bei — im Verhältnis zur Zahl der Signalfreigabefelder — sehr geringer Zahl der Stellhebel an der Befehlsstelle zur Ersparnis sonst entbehrlicher Fahrstraßenhebel und kommt ferner bei nachträglichen Änderungen in Betracht. (Vgl. auch Stellw. 1909, S. 142.)

3. Sind von einer Befehlsstelle (ohne Stellwerk) oder von einem Befehlsstellwerk zwei oder mehrere Stellwerke abhängig, so werden die Signalfreigabefelder für alle diese Stellwerke, bei einer Befehlsstelle ohne Stellwerk durch selbsttätige Schieber oder durch mittels Knebel bewegte Schieber, bei einem Befehlsstellwerk ebenso oder durch Fahrstraßenhebel nebst Zubehör so in gegenseitige Abhängigkeit gebracht, daß innerhalb des Bereiches aller so verbundenen Stellen die gleichzeitige Fahrtstellung zweier feindlicher Signale ausgeschlossen ist. Diese Einrichtung bildet also die Verknüpfung aller Stellwerke eines Bahnhofs zu

---

[1]) Diese Abhängigkeit braucht für je zwei sich gegenseitig ausschließende Blockfelder nur einmal vorgesehen zu werden (vgl. Abb. 240).

[2]) Mindestens so weit, als für diese im Befehlsstellwerk Weichenhebel vorhanden sind.

einer höheren Einheit, indem die sämtlichen Signalstellungen im Bahnhofsgebiet in die gleiche gegenseitige Abhängigkeit gebracht sind, als wäre nur ein Stellwerk vorhanden.

4. Ersatz der selbsttätigen oder durch Knebel bewegten Schieber (bzw. der Fahrstraßenhebel) durch Schaltungsausschlüsse. Bringt man an der Riegelstange eines Befehlsblockfeldes einen Mitnehmer und in Verbindung damit einen oder mehrere Kontakthebel ähnlicher Bauweise, wie S. 154 beschrieben, an (Abb. 241, nach Stellwerk 1909, S. 198) und führt die Blockleitungen der feindlichen Signalfreigabefelder über die oberen schneidenförmigen Kontakte (Spitzenkontakte), so werden durch Blocken des Feldes die Blockleitungen der feindlichen Felder unterbrochen, so daß die Freigabe der feindlichen Signale ausgeschlossen ist[1]). Diese Einrichtung, bei der äußerstenfalls vier solche Kontakthebel angebracht werden können, gestattet, denselben Zweck zu erreichen, wie durch die oben beschriebenen Schieber. Ihre Wirkungsweise ist minder vollkommen, da sie zwar das Zustandekommen des Induktorwechselstromes, nicht aber das Drücken der Blocktaste verhindern. Man wendet sie deshalb nur bei Erweiterung vorhandener Befehlsstellen sowie in solchen Fällen an, wo ihre Anwendung aus besonderen Gründen zweckmäßig oder notwendig ist. Bei geblocktem Felde stellen die Kontakthebel mit den unteren Kontakten (Kontaktschrauben) eine Berührung her, von der hier kein Gebrauch gemacht wird. Wohl aber wird dieselbe Einrichtung auch zu anderen Zwecken verwendet, bei denen es vorkommen kann, daß auch der untere Kontakt gebraucht wird. Es ist dann möglich, die Herstellung, Unterbrechung, oder Umschaltung einer Blockleitung oder sonstigen elektrischen Leitung davon abhängig zu machen, daß ein bestimmtes Blockfeld sich, je nach dem Anschluß der betreffenden Leitung an oberen oder unteren Kontakt, in entblockter oder geblockter Stellung befindet. Für besondere Zwecke

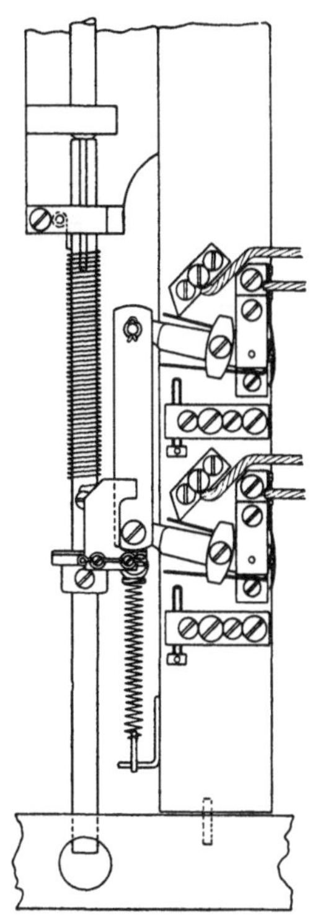

Abb. 241.
Von einem Blockfeld betätigte Schaltungsausschlüsse.

werden ferner solche Kontakte auch an der Druckstange oder Verschlußstange[2]) angebracht. Einzelne Anwendungen werden später erwähnt werden.

D. Die Zustimmungsfelder und sonstige Zustimmungseinrichtungen.

1. Die Zustimmungsfelder. Bei Fahrten, deren Signale vom abhängigen Stellwerk gestellt werden, für die aber im Befehlsstellwerksbezirk Weichen als Fahrt- oder Schutzweichen festgelegt werden müssen, kann das Signalfreigabefeld erst geblockt werden, nachdem die Fahrstraße im Befehlsstellwerksbezirk hergestellt ist. Das Blocken des Signalfreigabefeldes legt den Fahrstraßenhebel im Befehlsstellwerk in gezogener Stellung fest (s. oben S. 160). Ebenso werden umgekehrt für Fahrten, deren Signale vom Befehlsstellwerk gestellt werden, die etwa in Betracht kommenden Weichen eines abhängigen Stellwerks dadurch gesichert, daß die Bedienung eines Zustimmungsblockfeldpaares

---

(des Zustimmungsabgabefeldes und des Zustimmungsempfangsfeldes) den dem Signal entsprechenden Fahrstraßenhebel des abhängigen Stellwerks in gezogener Stellung festlegt und zugleich den Signalhebel im Befehlsstellwerk (in der Regel durch Freigabe des in Grundstellung geblockten Fahrstraßenhebels) freigibt. Grundsätzlich wird also in beiden Fällen dasselbe Verfahren angewendet, um die Signalgebung in einem Stellwerke von der Festlegung der Fahrstraße im anderen Stellwerke abhängig zu machen. Ob die Felder des hierzu benutzten Blockfeldpaares (die auf den Pr.H.St.B. in allen Fällen bei verbotener Fahrt „rote", bei erlaubter „weiße" Farbe zeigen) als Signalfelder oder als Zustimmungsfelder zu bezeichnen sind, richtet sich lediglich danach, welches der beiden Stellwerke nach der Dienstregelung als Befehlsstellwerk bestimmt, d. h. mit dem Fahrdienstbureau vereinigt ist. In der baulichen Durchbildung macht man aber zweckmäßig den Unterschied, daß man bei den Zustimmungsabgabefeldern nicht, wie bei den Signalfreigabefeldern, die feindlichen Fahrten gegenseitig ausschließt. Man ist dann in der Lage, noch während eine Fahrt stattfindet, für eine folgende feindliche Fahrt schon die Zustimmung zu erteilen und so die Abwicklung des Betriebes zu beschleunigen[1]).

Eine Verbindung durch Zustimmungsfelder von einem abhängigen Stellwerk nach einem Befehlsstellwerk oder nach einer Befehlsstelle (ohne Stellwerk) wird auch angewendet, um eine Signalfreigabe des Befehlsstellwerks oder der Befehlsstelle nach einem anderen abhängigen Stellwerk erst dann bewirken

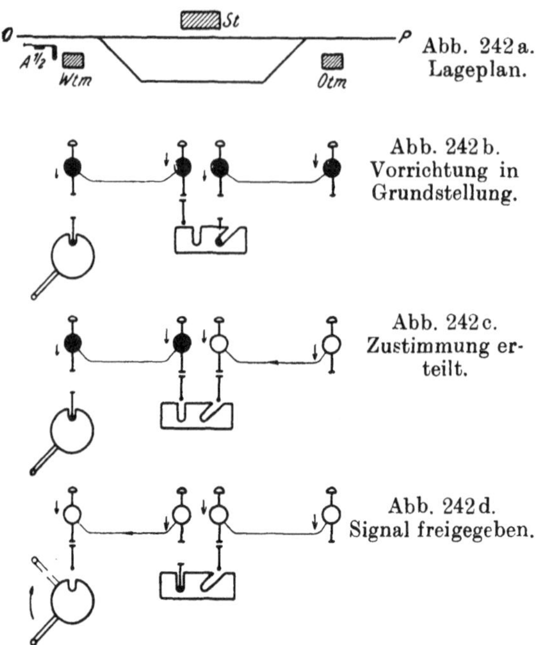

Abb. 242a.
Lageplan.

Abb. 242b.
Vorrichtung in
Grundstellung.

Abb. 242c.
Zustimmung erteilt.

Abb. 242d.
Signal freigegeben.

Abb. 242a—d. Zusammenwirken eines Zustimmungsfeldpaares mit einem Signalfeldpaar.

zu können, wenn die Weichen in dem erstgenannten abhängigen Stellwerk in der für die betreffenden Zugfahrt erforderlichen Stellung festgelegt sind oder wenn in dem im allgemeinen abhängigen Stellwerk Zugfahrten ausgeschlossen worden sind, für die dieses Stellwerk selbständig ist (wie z. B. häufig für Ausfahrten). Im Befehlsstellwerk oder in der Befehlsstelle muß dann erst das Zustimmungsempfangsfeld entblockt sein, bevor das Signalfreigabefeld geblockt werden kann. Diese letztere Abhängigkeit vermittelt entweder ein Fahrstraßenhebel oder ein selbsttätiger Schieber oder ein Schaltungsausschluß. Ein Beispiel mit selbsttätigem Schieber zeigt schematisch Abb. 242a bis d. Von *Otm* muß nach der Befehlsstelle (Fahrdienstbureau) *St* zugestimmt werden, bevor von dort das Signal *A* in *Wtm* freigegeben werden kann. In der Abbildung bedeutet tiefstehender Pfeil neben dem Blockfeld geblocktes Feld, hochstehender Pfeil entblocktes Feld.

---

[1]) Der Grund für diese auf den Pr.H.St.B. angewendete verschiedene Ausbildung der Signalfreigabefelder und der Zustimmungsfelder liegt darin, daß auf den Pr.H.St.B. grundsätzlich der Beamte im Befehlsstellwerk (Fahrdienstleiter) die letzte Entscheidung hat, während man dem Stellwerkswärter im abhängigen Stellwerk nicht etwa zwei Signalfreigaben zur Auswahl zur Verfügung stellen würde.

Bisweilen werden auch Zustimmungsblockfeldpaare unmittelbar zwischen abhängigen Stellwerken angeordnet, wenngleich dies den Nachteil hat, daß der Fahrdienstleiter bei der Erteilung der Zustimmung umgangen wird.

Endlich kommt es auch nicht selten vor, daß Zustimmungsfeldpaare lediglich zu dem Zwecke angeordnet werden, eine Signalstellung oder eine Signalfreigabe von der Zustimmung eines an irgendeiner für die Beurteilung der Betriebslage wichtigen Stelle postierten Beamten abhängig zu machen. Für diesen Zweck werden indessen häufig andere, einfachere und billigere Einrichtungen (s. das Folgende) verwendet.

2. Andere Zustimmungseinrichtungen. Auf den Sächs. Stb. wird seit langer Zeit für Einfahrten der von Ulbricht angegebene Zustimmungskontakt verwendet. Dieser Kontakt schließt eine im Ruhezustande vorhandene Lücke der Signalfreigabeleitung. Er befindet sich auf dem Bahnsteig und wird vom Stationsbeamten durch Schlüssel eingestellt. Die Anordnung bezweckt, daß der Stationsbeamte bei der Signalfreigabe mitwirken und sich dazu auf den Bahnsteig begeben soll. Seit einigen Jahren werden auf größeren Bahnhöfen statt dessen Zustimmungskontaktwerke mit Verschlußregister verwendet, die Zustimmungen für alle Fahrten, auch die Ausfahrten, geben und zwischen feindlichen Fahrten verschiedener Stellwerke die Ausschlüsse bewirken. (Vgl. auch S. 209, die Gruppenblockung der Sächsischen Staatsbahnen.) Auf den Pr.H.St.B. wird in geeigneten Fällen (vgl. Stellwerk 1910, S. 6) die Bedienung eines Blockfeldes dadurch von der Zustimmung des zeitweise auf dem Bahnsteige befindlichen Fahrdienstleiters oder eines Aufsichtsbeamten abhängig gemacht, daß die Blocktaste dieses Blockfeldes mit einer elektrischen Tastensperre ausgerüstet wird, wie sie bei der Streckenblockung verwendet wird (vgl. S. 175, 176). Die Tastensperre wird dadurch aufgehoben, daß der Fahrdienstleiter an der hierfür auf dem Bahnsteige angeordneten Nebenbefehlsstelle, bzw. der Aufsichtsbeamte, in Ausführung der für ihn vorgesehenen Aufsichtszustimmung, mit dem in seiner Hand befindlichen Schlüssel den betreffenden Sperrenauslöser bedient, wodurch ein elektrischer Strom eingeschaltet wird, der die Tastensperre auslöst, die bei dem sodann erfolgenden Blocken des Signalfeldes sofort wieder eintritt, so daß also die Zustimmung nur eine einmalige Signalfreigabe ermöglicht. Die Auslösung der Tastensperre erkennt der Fahrdienstleiter, bzw. der Aufsichtsbeamte an dem Farbwechsel (rot in weiß) des betreffenden über dem Schlüsselloch des betreffenden Sperrenauslösers angebrachten Spiegelfeldes (vgl. S. 206). Die Rückverwandlung des Spiegelfeldes (weiß in rot) zeigt ihm an, daß das mit der Tastensperre ausgerüstete Signalfeld nach inzwischen erfolgtem Blocken wieder entblockt worden ist. Nach Bedarf können Sperrenauslöser für dieselbe Befehlsstelle auf verschiedenen Bahnsteigen angeordnet werden. Jedenfalls sind solche aber auch im Raum der Befehlsstelle (des Befehlsstellwerks) erforderlich, damit der Fahrdienstleiter, sofern er sich dort befindet, nicht erst hinauszugehen braucht, um seine Zustimmung zu erteilen. Dem Vorteile, diese Einrichtung beliebig den Blockwerken hinzufügen zu können, steht allerdings der Nachteil gegenüber, daß die durch Gleichstrom betätigten Tastensperren auch unter Umständen durch atmosphärische Elektrizität ausgelöst werden können.

Auf andere ähnliche Einrichtungen soll hier nicht weiter eingegangen werden.

II. Die Fahrstraßensicherung.

Im weiteren Sinne gehört zur Stationsblockung auch die Sicherung der Fahrstraße. Die bisher beschriebenen Einrichtungen geben die Sicherheit, daß so lange, als der Hebel des für eine Zugfahrt gezogenen Signals sich in der um-

gelegten Stellung befindet, dadurch der Fahrstraßenhebel in gezogener Lage
festgelegt ist, und daß also durch diesen mittelbar alle für die Zugfahrt in Betracht kommenden Weichen des Stellwerks in der für die Fahrt erforderlichen
Lage gesichert sind. Bringt aber der Stellwerkswärter den Signalhebel vorzeitig
in die Haltstellung zurück und legt dann auch den Fahrstraßenhebel in die
Grundstellung, so kann er die Weichen unter dem fahrenden Zuge umstellen.
In der Tat sind hierdurch früher öfter Unfälle vorgekommen. Diese durch
Festlegung des Signalhebels in Fahrtstellung auszuschließen, würde betriebsgefährlich sein, weil es immer möglich bleiben muß, in Fällen dringender Gefahr das Signal auf Halt zu werfen. Dagegen wird das Umstellen von Weichen
unter dem fahrenden Zuge am vollkommensten dadurch verhindert, daß man
das Umlegen des Signalhebels davon abhängig macht, daß zuvor der Fahrstraßenhebel in gezogener Stellung durch eine besondere Sperre festgelegt ist,
die auch dann weiter besteht, wenn der Signalhebel vorzeitig zurückgelegt
werden sollte. (Diese Benutzung der Fahrstraßenhebel zur Fahrstraßensicherung
ist ein wichtiger Grund dafür gewesen, daß man überhaupt Fahrstraßenhebel
zwischen Weichenhebel und Signalhebel zwischengeschaltet hat, vgl. S. 33ff.)
Die Aufhebung dieser Sperre des Fahrstraßenhebels in gezogener Stellung erfolgt entweder durch den fahrenden Zug selbst, indem dieser, sobald er aus den
Weichen heraus ist, einen Schienenstromschließer betätigt, oder mittels Blockfeldpaares durch Mitwirkung eines anderen Beamten, der außerhalb des Stellwerks so postiert ist, daß er die Zugfahrt übersehen kann. Auch hat man diese
beiden Anordnungen in Verbindung miteinander angewendet. Erstreckt sich
eine Fahrt durch zwei oder mehrere Stellwerksbezirke, so wird diese Art der
Fahrstraßensicherung durch die Signal- oder Zustimmungsfelder auf die mitwirkenden Stellwerke ausgedehnt. Minder vollkommen als diese Einrichtungen
sind solche, die nicht die ganze Fahrstraße so lange festlegen, bis alle Achsen
des Zuges die letzte zur Fahrstraße gehörende Weiche verlassen haben, sondern die auf Festlegung der einzelnen befahrenen Weichen durch den befahrenden Zug selbst mittels Fühl- oder Druckschienen usw. abzielen. Hier mögen
nacheinander betrachtet werden:

A. Fahrstraßenfestlegung in einem Stellwerksbezirk durch ein Blockfeldpaar.

Der Stellwerkswärter legt durch Blocken eines in Grundstellung entblockten
Fahrstraßenfeldes den umgelegten Fahrstraßenhebel in der gezogenen Stellung
fest. Das Gegenfeld zu diesem „Fahrstraßenfestlegefeld“, das „Fahrstraßenauflösefeld“, das sich in einem anderen Stellwerk oder sonst an einer zur Überwachung der Zugfahrt geeigneten Stelle befindet und in Grundstellung geblockt
ist, wird gleichzeitig mit dem Blocken des Fahrstraßenfestlegefeldes entblockt.
Der zu seiner Bedienung berufene Beamte überzeugt sich davon, daß der Zug aus
den in Betracht kommenden Weichen mit Schlußsignal heraus ist, und blockt
dann das Fahrstraßenauflösefeld, wodurch er den Fahrstraßenhebel wieder zum
Rückstellen in die Grundstellung freigibt (Fahrstraßenauflösung). Damit sichergestellt wird, daß der Stellwerkswärter nicht vergißt, seine Fahrstraße festzulegen, besitzt der Fahrstraßenhebel auf den süddeutschen Bahnen eine Sperre,
die selbsttätig einfällt, sobald er in die Fahrtstellung gebracht wird, und die
beim Blocken aufgehoben und durch die Blockriegelung ersetzt wird. Der
Stellwerkswärter kann nun zwar den Signalhebel auf Fahrt und wieder auf Halt
ziehen, ohne das Fahrstraßenfestlegefeld zu bedienen. Aber erst, nachdem
er es geblockt und damit die selbsttätige Sperre beseitigt hat, und nachdem
es dann ihm wieder aufgelöst ist, ist der Fahrstraßenhebel zum Zurücklegen in
die Grundstellung frei geworden. (Über die Verbindung dieser Einrichtung

mit der in Süddeutschland sehr verbreiteten Gruppenblockung s. unter V, A, 1 dieses Kapitels, S. 206 ff.) Auf den Pr.H.St.B. besitzt der Fahrstraßenhebel keine selbsttätige Sperre, kann also nach Einstellen der Weichen beliebig hin und her gelegt werden. Um den Signalhebel in Fahrtstellung bringen zu können, genügt es aber nicht, den Fahrstraßenhebel in Fahrtstellung umzulegen. Vielmehr besitzt der Signalhebel eine im Grundzustand vorhandene (ihm gewissermaßen angeborene) Sperre, die erst dadurch aufgehoben wird, daß man nach Ziehen des Fahrstraßenhebels das Fahrstraßenfestlegefeld blockt. Hier kann also der Signalhebel erst umgelegt werden, nachdem das Fahrstraßenfestlegefeld geblockt ist. Damit bei beiden eben beschriebenen Anordnungen die Sperre des Fahrstraßenhebels, bzw. Signalhebels nicht durch bloßes Drücken der Blocktaste beseitigt und somit ihre Wirkung vereitelt wird, muß das Fahrstraßenfestlegefeld eine besondere Einrichtung haben (Verschlußwechsel, Hilfsklinke ohne Rast), die weiterhin bei der Streckenblockung (S. 177, 178) beschrieben wird. Sie erzwingt es, daß das durch Niederdrücken der Blocktaste eingeleitete Blocken des Fahrstraßenfestlegefeldes zu Ende geführt wird.

Ein Blockfeldpaar genügt zur Festlegung beliebig vieler Fahrstraßen, die sich gegenseitig ausschließen (vgl. S. 190 ff.).

Auf den Sächs.Stb. geschieht die Fahrstraßenfestlegung in besonderer Weise im Rahmen der unten (S. 209, 210) erörterten eigenartigen Gruppenblockung der Sächs.Stb.

B. Fahrstraßenfestlegung in einem Stellwerksbezirk unter Wiederauflösung durch den fahrenden Zug.

Der Fahrstraßenhebel wird in umgelegter Stellung gesperrt und diese Sperre wird dadurch elektromagnetisch aufgehoben, daß der Zug einen an geeigneter Stelle angebrachten Schienenkontakt oder einen mit isolierter Schiene verbundenen Kontakt (s. S. 202 ff.) befährt und dadurch einen Stromschluß hervorruft. Die Sperre des Fahrstraßenhebels tritt entweder beim Umlegen in Fahrtstellung selbsttätig ein, wie oben beschrieben, oder sie wird durch eine besondere Handhabung des Stellwerkswärters hergestellt, die, wie gleichfalls oben beschrieben, dadurch erzwungen wird, daß der Signalhebel eine ihm angeborene Sperre besitzt. Letztere Anordnung findet sich namentlich für Ausfahrten auf den Pr.H.St.B. Innerhalb des Blockgehäuses, das die Stationsblockfelder enthält, ist in der äußeren Form eines Blockfeldes eine Druckstaste angeordnet, deren einmaliges Herabdrücken und Loslassen die selbsttätige Sperre herstellt. Äußerlich wird dies durch Farbwechsel eines Fensters im Blockgehäuse angezeigt. Die Einrichtung führt den Namen „Gleichstromblockfeld" (oder Sperrfeld), obwohl sie kein Blockfeld ist und mit einem solchem nur die äußere Erscheinung im Blockgehäuse gemein hat.

C. Fahrstraßenfestlegung für zwei oder mehrere Stellwerksbezirke.

Erstreckt sich eine Fahrt durch zwei oder mehrere Stellwerksbezirke, so ist, wie oben (S. 161 ff.) auseinandergesetzt, das Umlegen des Fahrstraßenhebels in demjenigen Stellwerk, das den Signalhebel für die Fahrt enthält, davon abhängig, daß zuvor die anderen Stellwerke, die Weichen für die betreffende Fahrt enthalten, mittels Signalfreigabefeldes oder Zustimmungsabgabefeldes mitgewirkt haben, womit sie ihre Fahrstraßenhebel in gezogener Stellung festgelegt haben. Die hierdurch entblockten Felder im signalstellenden Stellwerk werden in der entblockten Stellung durch Umlegen des Fahrstraßenhebels festgelegt.

Also ist nun nur noch für diesen Fahrstraßenhebel im signalstellenden Stellwerk eine eigentliche Fahrstraßenfestlegung, wie vorbeschrieben, erforderlich, um mittelbar auch die Fahrstraßen im Bereich der mitwirkenden Stellwerke festzulegen. In diesen wirken hiernach Signalfreigabefeld, bzw. Zustimmungsabgabefeld als Fahrstraßenfestlegefelder, so daß hier die Begriffe der verschiedenen Feldarten ineinander übergehen.

D. Örtliche Festlegung einzelner Weichen oder der ganzen Fahrstraße durch den befahrenden Zug.

Statt die ganze Fahrstraße durch Blockfelder im Stellwerk festzulegen, kann man bei den einzelnen Weichen Vorkehrungen (Fühlschienen oder Sperrschienen, Druckschienen, Zeitverschlüsse usw.) anbringen, die, solange sie von den Rädern des Zuges befahren werden, ein Umstellen je der benachbarten spitzbefahrenen Weiche verhindern. Dieselben Einrichtungen lassen sich aber auch so verwenden, daß das Befahren einer solchen an geeigneter Stelle angebrachten Vorkehrung eine Rückwirkung auf das Stellwerk ausübt und in diesem die ganze Fahrstraße zeitlich festlegt und von gewissem Zeitpunkte an freigibt. Obwohl diese Einrichtungen ihrer Bauart nach von den bisher besprochenen, im weiteren Sinne zur Stationsblockung gehörenden, Fahrstraßenfestlegungen verschieden sind, so sind sie doch wegen des gleichen Zweckes, den sie verfolgen, und da sie zum Teil in die bisher beschriebenen Vorkehrungen übergehen, an dieser Stelle mit zu erörtern.

In England, wo der Begriff der Stationsblockung unbekannt ist, beschränkt man sich im allgemeinen ganz auf örtliche Sicherung der Weichen gegen Umstellen. In Deutschland zieht man für größere Stellwerksanlagen die Festlegung der ganzen Fahrstraße mit Mitteln der Stationsblockung vor, verwendet aber doch in einfacheren Fällen und bei Ergänzung vorhandener Anlagen in erheblichem Umfange Einrichtungen der jetzt zu besprechenden Art.

1. Fühlschienen (Sperrschienen) (vgl. Stellwerk 1906, S. 137, 145, 150, 157; 1907, S. 9; 1908, S. 84,; 1909, S. 40; 1910, S. 136; 1916, S. 137, 145). Die grundsätzliche Anordnung einer Fühlschiene ist in Abb. 243a bis e schematisch dargestellt. Die auf schwingenden Hebeln T, T, T neben der Außenkante der Fahrschiene vor der Weichenzungenspitze gelagerte Fühlschiene F ist so mit der Weichenumstellvorrichtung verbunden, daß sie bei jedem Umstellen der Weiche eine aufwärts und abwärts gehende Doppelbewegung macht. Da ihre Oberkante in Ruhelage wenige Millimeter unter Sch.O. liegt und beim Aufwärtsgehen aus dieser Ruhelage sich über Sch.O. erhebt (Abb. 243d), so ist solches Aufwärtsgehen, mithin also auch das Umstellen der Weiche nicht möglich, sofern im Bereich der Fühlschiene das Rad eines Eisenbahnfahrzeuges sich befindet. Denn die sich hebende Fühlschiene stößt von unten gegen den die Fahrschiene seitlich übergreifenden Radreifen (Abb. 243e). Die Vorrichtung stellt also durch „Fühlen" nach oben fest, ob das Gleis frei oder besetzt ist, und macht es hiervon abhängig, ob das Umstellen stattfinden kann. Die auf- und abwärts gehende Bewegung der Fühlschiene kann z. B. nach Abb. 243a, b, c folgendermaßen herbeigeführt werden: Die Fühlschiene ist mittels der Gelenkstange U an die wagerechte Schwinge S angeschlossen, die beim Umstellen der Weiche aus der Lage S', S' in die Lage S'', S'' oder umgekehrt übergeht. In der Mitte zwischen diesen beiden Lagen bildet sie mit der Gelenkstange U eine gerade Linie, in den beiden Endlagen einen stumpfen Winkel. Folglich wird beim Umstellen die Gelenkstange U und mit ihr die Fühlschiene zuerst von der Schwinge fortgeschoben, dann wieder angezogen. Beim Fortschieben (in Abb. 243a bis c nach links) macht aber die Fühlschiene infolge ihrer Lagerung auf den schwingenden Hebeln T, T eine Bewegung nach oben. Beim Wiederanziehen geht sie abwärts in ihre Ruhestellung zurück.

Bei sehr breiten Schienenköpfen ist die Wirkung des Rades auf die Fühlschiene unsicher. An der Innenseite angebrachte Fühlschienen, die nicht mit dem Radreifen, sondern mit dem Radflansch in Wechselwirkung treten, haben diesen Nachteil nicht. Doch dürfen sie nur bis zur Zungenspitze reichen, während die außen liegenden Fühlschienen darüber hinausgreifen dürfen und deshalb vollkommener wirken. Bei Kreuzungsweichen lassen sich ferner innen liegende Fühlschienen wegen der Radlenker nicht anbringen. Man ist deshalb in Deutschland von ihnen abgekommen. Fühlschienen, die außen liegen und sich beim Umstellen der Weiche in wagerechtem Sinne auf die Schiene zu und von ihr weg verschieben, sind, weil bei ihnen kein Gewicht zu heben ist, leichter gangbar, als die auf- und abwärts schwingenden Fühlschienen[1]). Sie stoßen bei besetztem Gleis gegen die Seitenfläche des Radkranzes und verhindern so das Umstellen. Aber sie können wegen ungleicher Breite der Radreifen und wegen allmählichen Verschleißes der Bolzen leicht versagen (Stellwerk 1908, S. 84). Ein wirksames, nur in schärferen Krümmungen nicht anwendbares Mittel gegen Versagen bei auf- und abwärts wirkenden Fühlschienen ist die bei der im folgenden beschriebenen Einheitssperrschiene der Pr.H.St.B. angewandte Anbringung einer Zwangsschiene an der Innenseite der Fahrschiene. Alle Räder werden dadurch zwangsweise nach der Fühlschiene

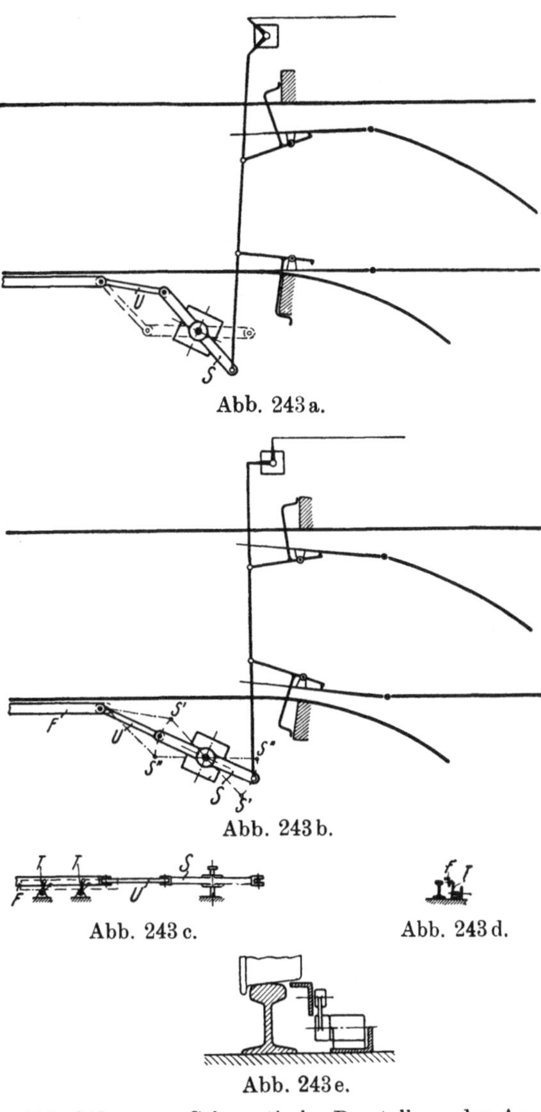

Abb. 243 a.

Abb. 243 b.

Abb. 243 c.

Abb. 243 d.

Abb. 243 e.

Abb. 243 a — e. Schematische Darstellung der Anordnung einer Fühlschiene.

herübergedrängt, so daß auch die schmalsten Radreifen beim stärksten Schienenkopf in ausreichendem Maße die Sperrschiene übergreifen.

Wird eine Fühlschiene durch Befahren vom Herzstück her bei falscher Weichenstellung, also unter gleichzeitigem Auffahren der Weiche, beansprucht oder während des Umstellens befahren, so kann irgendein Teil brechen. Dies

---

[1]) Diese hat man deshalb bisweilen durch Gegengewichte oder Federn entlastet.

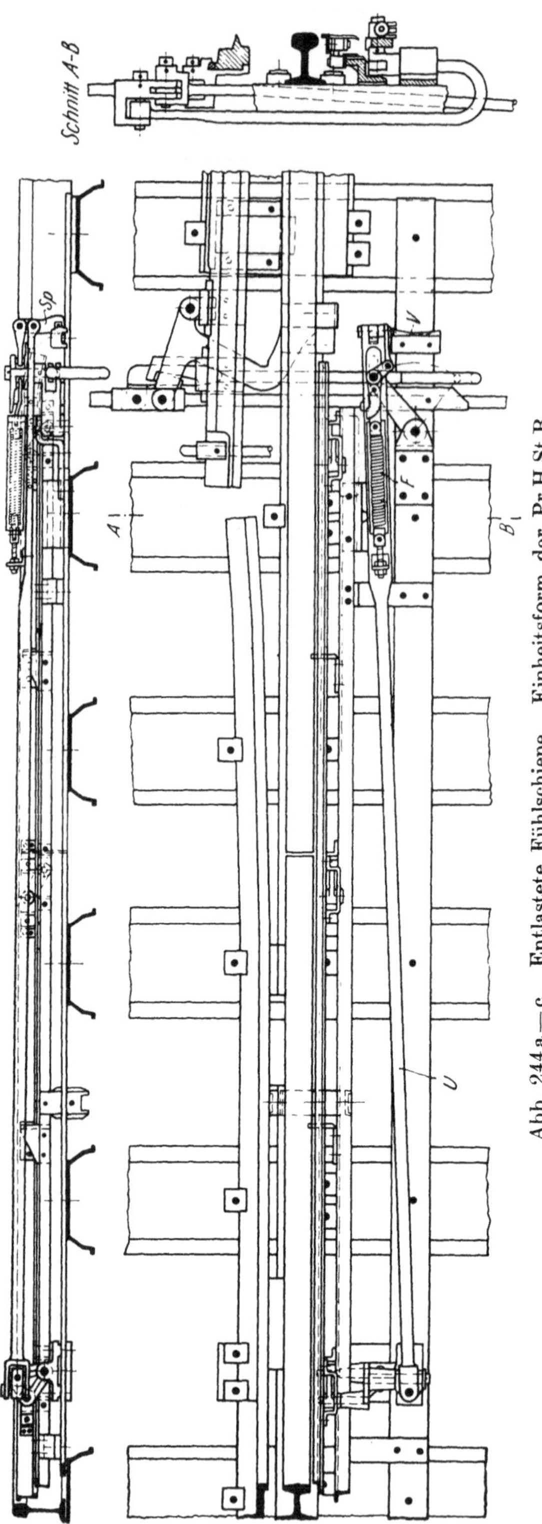

Abb. 244 a—c. Entlastete Fühlschiene. Einheitsform der Pr.H.St.B.

wird verhindert, durch die entlastete Fühlschiene von Jüdel & Co. (Stellwerk 1906, S. 139). Diese ist in verbesserter Ausführung, u. a. unter Hinzufügung einer Zwangsschiene (s. oben) in der Geraden und in Krümmungen von 900 m Halbmesser aufwärts der Einheitssperrschiene der Pr.H.St.B.[1]) zugrunde gelegt (Stellwerk 1916, S. 137, 145), die in Abb. 244a bis c dargestellt ist. Sie wird während der ersten Hälfte des Weichenumstellens bis 27 mm über Sch.O. gehoben und während der zweiten Hälfte des Umstellens wieder bis in ihre Grundstellung (5 mm unter Sch.O.) gesenkt. In die Verbindungsstange U (Abb. 244a, b) ist eine starke Feder eingeschaltet, die beim gewöhnlichen Umstellen sich nahezu starr verhält. Versucht man bei auf der Fühlschiene stehendem Fahrzeug die Weiche umzustellen, so längt sich die Feder, wodurch eine Sperrvorrichtung (Sp und V in Abb. 244a, b) wirksam wird, die das weitere Umstellen verhindert. Beim Befahren während des Umstellens längt sich die Feder gleichfalls, so daß das Umstellen ohne Zerstörung eines Teils zu Ende geführt werden kann. Wegen dieser Entlastung kann die Fühlschiene aus leichten Profileisen hergestellt werden und ist entsprechend leicht gangbar. Eine ähnliche Bauweise wird von der Maschinenfabrik Bruchsal angewendet (Scheibner, S. 771).

Bei dem Versuch, eine mit Fühlschiene ausgerüstete Weiche umzustellen, die von einem Fahrzeug besetzt ist, wird bis zum Wirksamwerden

[1]) Auch auf den Sächs.Stb. eingeführt.

des Hindernisses die Umstellbewegung eingeleitet. Die Fühlschienen müssen deshalb so gebaut sein, daß bei versuchtem Umstellen die Sperrung eintritt, bevor der Spitzenverschluß der anliegenden Zunge aufgehoben ist. Die Länge der Fühlschiene müßte, um bei der Achsentfernung von Langholzwagenpaaren auszureichen, über 22,0 m betragen. So lange Fühlschienen würden aber sehr schwer beweglich sein; auch nimmt die Sicherheit der Wirkung mit der Länge ab. Man begnügt sich deshalb in der Regel mit geringerer Länge, so bei der Einheitsform der Pr.H.St.B. mit 11,0[1]) m (für den Achsstand von D-Zugwagen ausreichend), obwohl bei dem leichten Profil am ehesten eine größere Länge angängig wäre.

Fühlschienen werden auch ohne Verbindung mit einer Weichenleitung angeordnet und unmittelbar durch besonderen Hebel stellbar gemacht, um längere Weichenleitungen nicht zu sehr zu belasten[2]).

2. Druckschienen. Weil durch die Verbindung mit einer Fühlschiene der Umstellwiderstand der Weichenstelleitung erheblich gesteigert wird, hat man auch Sperrschienen ähnlicher Bauart, wie vor, ohne Verbindung mit der Weichenleitung als selbsttätige Vorrichtungen verwendet. Die Oberkante der Sperrschiene befindet sich dann in Ruhestellung etwa 30 mm über Sch.O. und wird in dieser Lage durch Federkraft oder Gegengewicht gehalten. Beim Befahren wird die Sperrschiene herabgedrückt (Druckschiene), und eine mit ihr verbundene Riegeleinrichtung legt die Weiche in der jeweiligen Stellung fest. Sobald das letzte Rad die Druckschiene verlassen hat, kehrt sie in die Ruhelage (hoch) zurück. Diese Einrichtung belastet zwar nicht die Weichenstelleitung, hat aber den Nachteil, daß sie beim Befahren eine stoßweise wirkende Beanspruchung erfährt, daher schnellem Verschleiß ausgesetzt ist. Deshalb ist sie wenig angewendet.

3. Zeitverschlüsse (vgl. Stellwerk 1906, S. 81, 89; 1907, S. 9; 1909, S. 150). Fühlschienen lassen sich häufig nicht anbringen, sofern das Gleis vor der Weichenspitze gekrümmt ist, oder wenn Weichen dicht hintereinander liegen. Dem hat abzuhelfen gesucht der Zeitverschluß von Z. & B., dessen Einbau nur eine ganz kurze Gleisstrecke vor der Zungenspitze erfordert, und der, beim Niederdrücken eines Pedals durch die Räder, ähnlich wie die Druckschiene (s. unter 2) die Weiche in ihrer jeweiligen Lage auch nach Weiterrollen des letzten Rades so lange festlegt, bis das Pedal, durch eine Verzögerungsvorrichtung (ähnlich denen bei den geräuschlosen Türschließern) gehemmt, in die Ruhelage zurückgekehrt ist. Daß der Zeitverschluß wirkungslos wird, wenn ein Zug innerhalb der Weiche so zum Halten kommt, daß nicht zufällig ein Rad auf dem Pedal steht, ist nicht gerade bedenklich, weil, wenn in solchem Falle ein unaufmerksamer Weichensteller die Weiche umstellt, die Entgleisung bei Wiederanfahren des Zuges nur in langsamster Fahrt erfolgt. Ungünstig ist dagegen die Schlagbeanspruchung. Ferner besteht der Übelstand, daß bei lebhaftem Verschiebebetrieb das langsame Freiwerden der Weichen verzögernd wirkt. So werden Zeitverschlüsse der beschriebenen Art, die auf den Pr.H.St.B. eine Zeitlang beliebt waren, auf diesen neuerdings wenig mehr[3]) angewandt[4]). Dagegen verwendet man in besonderen Fällen, wo die unter 4 beschriebenen isolierten Schienenstrecken zur Sperrung eines Weichenhebels nicht hergestellt werden

---

[1]) Sächs.Stb. 13,5 m, S.B.B. mindestens 12,0 m.
[2]) Die Bayer.Stb. wenden keine Fühlschienen an; die Bad.Stb. verwenden Fühlschienen nur in geringem Umfange, in der Regel um das Freisein des Merkzeichens zu prüfen.
[3]) Doch werden Versuche gemacht, die Zeitverschlüsse zu verbessern.
[4]) Die Bayer.Stb. verwenden Zeitverschlüsse in Ablaufgleisen, desgleichen die Els.-Lothr.E. bei Weichen, die dem Rangierverkehr dienen, sofern kein ausreichender Platz für eine Druckschiene vorhanden ist. Die Bad.Stb. haben früher eingebaute Zeitverschlüsse wieder ausgebaut.

können, statt dessen Radtaster oder Schienenstromschließer in Verbindung mit einem Weichenhebelsperrmagnet mit Verzögerungseinrichtung (Anordnung von S. & H.).

4. Elektrisch betätigte Vorrichtungen. Ohne jede Schlagwirkung lassen sich Vorrichtungen zur Verriegelung von Weichen durch den befahrenden Zug herstellen, wenn man beim Befahren einen elektrischen Strom schließen und hierdurch die Sperrwirkung ausüben läßt. In der Regel wird die eine der beiden Fahrschienen vor der Weichenzungenspitze[1]) in gewünschter Länge (annähernd) isoliert und mit einem der beiden Pole einer elektrischen Batterie verbunden, deren anderer Pol an Erde gelegt ist. Jede auf solcher isolierten Strecke befindliche Achse eines Eisenbahnfahrzeuges bewirkt Stromschluß, der zur Festlegung einer Weiche oder mehrerer Weichen in ihrer Stellung benutzt werden kann. Die Festlegung erfolgt im Stellwerk durch Einwirkung auf die einzelnen Weichenhebel oder auf den Fahrstraßenhebel. Im letzteren Falle gehört diese Vorrichtung unter die im folgenden zu besprechenden.

5. Fühlschienen, Druckschienen oder vom Zug betätigte elektrische Einrichtungen zur Sicherung nicht einzelner Weichen, sondern der ganzen Fahrstraße. Die Sicherung einzelner Weichen gegen vorzeitiges Umstellen ist insofern unvollkommen, als es möglich bleibt, namentlich bei kurzen Zügen (einzeln fahrenden Lokomotiven), während der einfahrende Zug sich vor der ersten Weiche oder zwischen den gesicherten Weichen befindet, nach Einschlagen des Signals die Weichen vor dem Befahren oder während des Befahrens umzustellen. Die Einrichtungen, welche Fühlschienen usw. statt dessen zur Sicherung der ganzen Fahrstraße oder eines größeren Stückes der Fahrstraße benutzen, lassen sich in zwei Gruppen gliedern. Bei der einen Gruppe wird der an sich freie Fahrstraßenhebel nur so lange in der gezogenen Lage festgelegt, als sich auf den Sperrvorrichtungen Achsen von Eisenbahnfahrzeugen befinden. Bei der anderen Gruppe wird der Fahrstraßenhebel vor dem Befahren in gezogener Stellung festgelegt und nach dem Befahren durch den Zug wieder freigegeben.

Zur ersten Gruppe gehört die unter 4 besprochene Isolierung der Schienen des Fahrweges, die, wenn sie auf den ganzen Fahrweg erstreckt wird, tatsächlich vom Beginn der Einfahrt ab die Fahrstraße sichert. Werden Fühlschienen zu diesem Zwecke verwendet, so werden diese mittels besonderer Hebel vom Stellwerk gestellt. Soll hierdurch tatsächlich die ganze Fahrstraße festgelegt werden, so müssen die Fühlschienen in so dichter Folge angeordnet werden. daß dadurch die Kosten der Anlage und Unterhaltung sehr groß werden.

Zu den Vorrichtungen der zweiten Gruppe gehören die unter B (S. 165) beschriebenen Einrichtungen, bei denen die selbsttätige Sperrung des Fahrstraßenhebels oder ein Gleichstromfeld (Sperrfeld) durch Befahren eines Kontakts oder eines Kontakts in Verbindung mit isolierter Schiene wieder aufgehoben wird. Man hat aber auch verschiedene Vorkehrungen vorgeschlagen, bei denen Fühlschienen oder Zeitverschlüsse in Verbindung mit mechanischen oder elektrischen Sperrvorrichtungen derart angewendet werden, daß nach Auflösung der Sperre durch den Zug der Zeitverschluß oder die Fühlschiene in Wirksamkeit tritt. Alle diese Einrichtungen haben aber keine größere Bedeutung erlangt, entsprechen auch nicht ganz den deutschen Anschauungen über Betriebssicherheit.

---

[1]) Ist dies wegen mangelnden Platzes nicht möglich, so muß man bisweilen die Isolierung in die Weiche hineinverlegen.

III. Die elektrische Streckenblockung von Siemens & Halske für zweigleisige Bahnen.

(Es wird nur die neuere vierfeldrige Form, nicht die ältere zweifeldrige behandelt.)

Wenn die Stationsblockung die Stellwerke innerhalb eines Bahnhofes derart zu einer höheren Einheit verbindet, daß auch von verschiedenen Stellwerken nicht gleichzeitig feindliche Signale in Fahrtstellung gebracht werden können, so stellt die Streckenblockung in ähnlicher Weise eine Verbindung der Stellwerke von Bahnhof zu Bahnhof über die etwa dazwischen angeordneten Trennpunkte für die Zugfolge (Blockstellen s. S. 4) hinweg dar. Diese Verbindung bezweckt indessen (anders als die Stationsblockung) auf zweigleisigen Bahnen im allgemeinen nicht, kreuzende oder zusammenlaufende Fahrten gegenseitig auszuschließen, sondern die Zugfolge zu regeln. Die grundsätzliche Einrichtung mag zunächst an der schematischen Darstellung in Abb. 245a, b, 246a bis e, erläutert werden. Abb. 245a stellt ein Stück einer von Westen nach Osten laufenden Bahnstrecke, beginnend von der Kopfstation I bis zu der Zwischenstation in Durchgangsform III dar. Zwischen beiden befindet sich eine Blockstelle II. Die Blockverbindung beginnt in Station I bei dem einzigen Stellwerk, das als Befehlsstellwerk eingerichtet ist, und endet in Station III in dem am Westende dieser Station befindlichen Stellwerk, das ebenfalls als Befehlsstellwerk gedacht ist. In dem am anderen Ende dieser Station befindlichen abhängigen Stellwerk beginnt eine weiterhin zum nächsten Bahnhof führende Streckenblockverbindung, die hier zunächst nicht betrachtet werden soll. Vom Westende zum Ostende des Bahnhofs III besteht hiernach in der Streckenblockverbindung eine Lücke; dagegen ist hier die Stationsblockung vorhanden, mittels deren das Stellwerk am Ostende vom Befehlsstellwerk am Westende abhängig ist, die aber hier gleichfalls zunächst unerörtert bleiben kann, da sie wohl mit der Streckenblockverbindung, die vom Ostende von III weiterführt, nicht aber mit der Streckenblockverbindung von I nach III in Beziehung steht.

Über der Abb. 245a ist in Abb. 245b die Ausrüstung der Strecke mit Blockeinrichtungen schematisch dargestellt. Die in den Stellwerken in I und III und in der Blockbude in II untergebrachten Blockwerke weisen bis auf wenige für den Zweck der Streckenblockung erforderliche, ergänzende Bauteile, die weiterhin erläutert werden sollen, dieselbe Bauweise auf[1]), wie die Blockwerke der Stationsblockung (s. oben S. 150ff.). In der Blockstelle II sind vier Blockfelder in gemeinsamem Blockgehäuse vorhanden, weshalb die ganze Einrichtung, allerdings ihr Wesen schlecht bezeichnend, als vierfeldrige Streckenblockung benannt zu werden pflegt. In den beiden „Blockendstellen" in I und III erfordert die Streckenblockung je zwei Blockfelder. Die in III außerdem vorhandenen Felder der Stationsblockung sind in der Darstellung in Abb. 245b nur durch Strichelung angedeutet.

Von vornherein sei betont, daß von den vier Blockfeldern in II die beiden links gezeichneten, wie der darunter eingezeichnete Pfeil andeutet, für die Fahrrichtung West-Ost, die beiden rechts gezeichneten ebenso für die Fahrrichtung Ost-West dienen. Ebenso dient in I und III das links gezeichnete Feld jedesmal für die Fahrrichtung West-Ost, das rechts gezeichnete für die Fahrrichtung Ost-West. Die jedesmal an derselben Stelle vorhandenen Blockfelder der beiden Fahrrichtungen haben miteinander keine weitere Beziehung, als daß sie in demselben Gehäuse untergebracht sind, und daß ihre Betätigung durch denselben

---

1) Jedoch wird zweckmäßig zwischen je zwei zusammenwirkenden Blockfeldern je eine besondere Leitung für Blocken und Entblocken angeordnet, um gewissen Blockstörungen und mißbräuchlicher Benutzung vorzubeugen. Die Strecke weist dann 4 Blockleitungen auf.

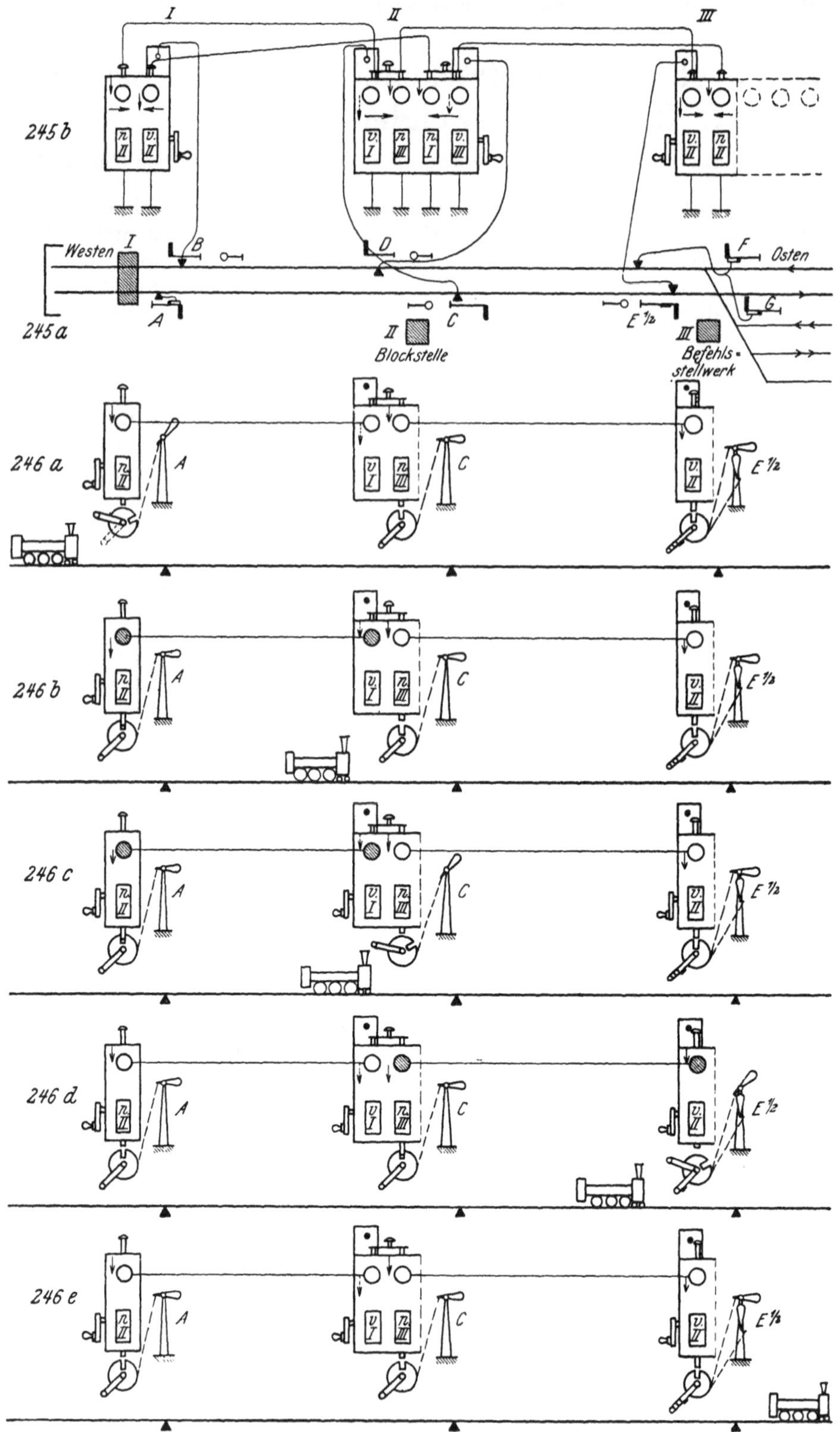

Abb. 245a, b und Abb. 246a—e.
Schematische Darstellung der vierfeldrigen Streckenblockung. Bauart Siemens & Halske.

Induktor erfolgt. In manchen Fällen ist aber auch diese äußerliche Gemeinschaft nicht vorhanden, so, wenn die Blockteilung der beiden Hauptgleise nicht übereinstimmt, oder wenn gar die beiden Hauptgleise derselben Bahn, wie dies in der Nähe großer Bahnhöfe vorkommt, eine getrennte Führung aufweisen. Zum leichteren Verständnis sind daher für die Betrachtung der zeitlichen Folge der Blockvorgänge bei einer Zugfahrt in der Richtung I—III in der stufenweisen Darstellung dieser Vorgänge in den Abb. 246a bis e nur die dieser Fahrrichtung entsprechenden Blockfelder angegeben. In dieser Darstellung ist auch das Zusammenwirken der Blockfelder mit den Signalen, dem Ausfahrsignal A, dem Blocksignal C und dem Einfahrsignal $E^{1,\,2}$ schematisch angedeutet. Es sei auch noch bemerkt, daß die Grundstellung der Blockfelder in Abb. 245b und 246a bis e und die verwandelten Stellungen der Blockfelder in den Abb. 246b bis d in üblicher Weise durch neben die Blockfelder gezeichnete lotrechte Pfeile angegeben sind, wobei ein mit der Spitze in Höhe der Blockfeldmitte reichender Pfeil die Hochstellung der Verschluß- und Riegelstange (entblockt), ein von Blockfeldmitte nach unten durchhängender Pfeil die Tiefstellung (geblockt) wiedergibt. Das Nichtvorhandensein einer Riegelstange wird durch Strichelung des Pfeiles angedeutet. Alle Felder der vierfeldrigen Streckenblockung für zweigleisige Bahnen sind in Grundstellung weiß. Die rote Farbe der nicht in Grundstellung befindlichen Felder in den Abb. 246b—d ist durch Schraffierung wiedergegeben.

Nach Abb. 246a steht ein Zug in I zur Abfahrt bereit. Das Ausfahrsignal A ist durch Umlegen des Signalhebels in Fahrtstellung gebracht. Die Blockfelder befinden sich sämtlich noch in Grundstellung. Der Zug fährt nun in der Richtung nach Osten aus. Hinter ihm wird der Hebel des Signals A in Haltlage gelegt. Dann wird das Blockanfangsfeld (das Feld nach II) geblockt, d. h. die Verschluß- und Riegelstange in Tiefstellung gebracht, wodurch der in Abb. 246b dargestellte Zustand herbeigeführt wird, bei dem der Zug zwischen I und II unterwegs ist. Es ist zu beachten, daß das Blocken des Anfangsfeldes in I nicht möglich ist, so lange der Hebel des Signals A sich in Fahrtstellung befindet, weil der Einschnitt der Seilrolle, in den die Riegelstange bei Tiefstellung hineingreift, sich nur bei Haltstellung des Signalhebels oben, d. h. in der Lage befindet, um das Eingreifen der Riegelstange zu ermöglichen. Anderseits wird der hinter dem ausgefahrenen Zuge auf Halt gestellte Hebel des Signals A durch die Blockung des Anfangsfeldes (nach II) in der Haltlage festgelegt, so daß einstweilen das Ausfahrsignal für keinen folgenden Zug in Fahrtstellung gebracht werden kann. Ein zweiter Zug soll erst folgen können, nachdem der erste an der Blockstelle II vorbeigefahren ist, und der Blockwärter in II dies festgestellt und nach I zurückgemeldet hat. Zu diesem Behufe ist mit dem Anfangsfeld (nach II) in I ein Blockfeld in II (Endfeld, von I) derart verbunden, daß, wie bei zwei Signalfeldern der Stationsblockung, stets eines der beiden Felder geblockt, das andere entblockt ist. Da die Grundstellung des Anfangsfeldes die entblockte ist, so ist diejenige des Endfeldes die geblockte (Abb. 246a). Durch die Blockung des Anfangsfeldes in I ist (Abb. 246b) das Endfeld in II entblockt worden. Dieses wirkt auf kein Signal, hat deshalb auch keine Riegelstange. (Dies ist durch Strichelung des Pfeils angedeutet.) Doch hat es die Bedeutung, daß durch seine Entblockung die Wiederfreigabe des Ausfahrsignalhebels in I in die Hand des Blockwärters in II gelegt wird. Außerdem gibt die mit einem Geräusch verbundene Verwandlung des Endfeldes aus weiß in rot dem Blockwärter in II die Nachricht, daß ein Zug in der Strecke ist (weshalb das Endfeld auch Vormeldefeld genannt wird), und bedeutet für den Blockwärter die Aufforderung, das Signal C auf Fahrt zu ziehen (der durch Abb. 246c dargestellte Zustand), damit der sich nähernde Zug vor diesem Signal nicht zum Stehen kommt. Der Zug fährt nun bei der Blockstelle II vorbei. Der Blockwärter schlägt seinen Signalhebel (von C) in die Haltlage zurück und hat nun zwei Aufgaben. Er hat der Station I ihr Ausfahrsignal A wieder freizugeben. Ferner hat er, damit ein etwa von dieser nun abgelassener zweiter Zug mit Sicherheit verhindert wird, in die zweite Blockstrecke II—III einzutreten, bevor der eben vorbeigefahrene erste Zug sie verlassen hat, d. h. in III angekommen ist, den auf Halt gestellten Hebel seines Signals C in dieser Haltstellung zu blocken und sich damit bezüglich dieses Signalhebels in dieselbe Abhängigkeit von III zu begeben, in der sich der Stellwerkswärter in I bisher von ihm befunden hat. Zu letzterem Zweck besteht zwischen dem Anfangsfelde in II (nach III) und dem Endfelde in III (von II) dieselbe Gegenseitigkeit, wie zwischen dem Anfangsfelde in I und dem Endfelde in II, wie durch die eingezeichneten Leitungsverbindungen I—II und II—III angedeutet ist. Die beiden Blockfeldpaare I—II und II—III sind in ihrer elektrischen Wirksamkeit unabhängig voneinander. Wenn nun der Blockwärter in II zwar sein Endfeld blocken und damit den Ausfahrsignalhebel in I freigeben, aber vergessen würde, durch Blockung seines Anfangsfeldes sein Signal C in der Haltstellung festzulegen, so wäre er demnächst in der Lage, einen zweiten von I kommenden Zug in die Blockstrecke II—III einfahren zu lassen, bevor der erste Zug durch Einfahrt in die Station III diese Blockstrecke geräumt hat. Solcher fehlerhaften und gefährlichen Handhabung ist dadurch vorgebeugt, daß die beiden Blocktasten des Endfeldes und des Anfangsfeldes in II gekuppelt sind. Sie besitzen, wie in den Abb. 245b und 246a bis e angedeutet, eine Gemeinschaftstaste[1]), die mit den Druckstangen beider Blockfelder fest zusammenhängt, dergestalt, daß beide immer nur gleichzeitig gedrückt und geblockt werden können. Statt durch die Anordnung einer Gemeinschaftstaste wurde jahrelang die Kupplung der beiden Blockfelder regelmäßig mit derselben Wirkung so ausgeführt, daß eine der beiden Tasten (Mitnehmertaste) die andere, die verkürzt ist und keinen Druckknopf besitzt, durch Ansätze an der bei Niederdrücken der Taste gedrehten Tastenwelle mitnimmt. Jetzt werden Mitnehmertasten im allgemeinen nur da verwendet, wo entweder ein Blockfeld wahlweise von zwei anderen Blockfeldern mitgedrückt, oder wo ein Blockfeld wahlweise selbst gedrückt oder von einem anderen mitgedrückt werden kann (vgl. S. 180 ff.).

In Anbetracht der eben beschriebenen Zusammenhänge werden durch Niederdrücken der einen Taste in II und durch Drehen der Kurbel gleichzeitig 4 Blockfelder verwandelt, die beiden in II aktiv, die beiden in I und III passiv. Die beiden Blockfelder, die die Blockstrecke I—II begrenzen, kehren hierdurch in die Grundstellung (weiß) zurück, die beiden, die die Blockstrecke II—III begrenzen, gelangen in die verwandelte Stellung (rot). Der nunmehr eingetretene Zustand ist durch Abb. 246d dargestellt. Ein Blick auf die Abb. 246c und 246d zeigt, daß jedesmal diejenige Strecke, in der ein Zug sich befindet, durch rotes Anfangsfeld und Endfeld begrenzt, also gewissermaßen abgesperrt ist. Bei dem durch Abb. 246d dargestellten Zustand ist es möglich und zulässig, daß nunmehr ein zweiter Zug von I abgelassen wird. (Falls dies geschieht, und auf der ersten Strecke Blockbedienung stattfindet, bevor der erste Zug in III angekommen ist, sind gleichzeitig alle vier Blockfelder rot.)

Der Stellwerkswärter im westlichen Stellwerk (Befehlsstellwerk) in III hat nach Eintreffen der Vormeldung, d. h. nach Rotwerden des Endfeldes (des Feldes von II) sein Einfahrsignal E^1 oder E^2 auf Fahrt zu ziehen (wie dies in Abb. 246d als bereits geschehen dargestellt ist) und nach Einfahrt des Zuges den Signalhebel auf Halt zu legen und sein Endfeld zu blocken, womit, falls nicht inzwischen ein zweiter Zug von I abgefahren ist, der Grundzustand aller Signale und Blockfelder wiederhergestellt ist (Abb. 246e).

---

[1]) Wegen abweichender Anordnung auf den Sächs.Stb. s. unter V, B, 2, a dieses Kap., S. 213.

Die bisher beschriebene Einrichtung gewährt die Sicherheit, daß die von I eingeleitete Blockbedienung sich zwangsweise kettenartig durch die Strecke bis III fortpflanzt, und dieselbe kettenartige Fortpflanzung findet auch statt, sofern zwei oder mehrere Blockstellen zwischen zwei Bahnhöfen eingeschaltet sind. Dies gilt auch in der Hinsicht, daß, wenn der Stellwerkswärter in I oder ein Blockwärter die Blockbedienung vergißt oder verzögert, nicht etwa ein folgender Blockwärter sein Anfangsfeld bedienen und dadurch Unordnung verursachen könnte. Denn die Bedienung des Anfangsfeldes einer Blockstelle kann nur erfolgen, wenn beide durch die Gemeinschaftstaste zwangsweise gekuppelten Blockfelder sich in entblockter Stellung befinden, also nur, wenn zuvor der nächstrückliegende Stellwerks- oder Blockwärter die ihm obliegende Blockbedienung vorgenommen hat. Gleichwohl gibt diese zwangsweise wirkende kettenartige Verknüpfung der Blockbedienungen einer Bahnstrecke noch keine sichere Gewähr, daß die Blockbedienung nicht an gewissen Stellen zu früh erfolgt, oder daß sie an anderen Stellen ganz unterlassen wird. Hierfür sind also noch Ergänzungen der bisher beschriebenen Einrichtungen erforderlich.

Die Gefahr einer zu frühzeitigen Bedienung besteht in jeder Blockstelle, also hier in II. Wenn der Blockwärter nicht abwartet, bis der von I ihm vorgemeldete Zug bei ihm vorbeigefahren ist, sondern nach Eintreffen der Vormeldung, ohne sein Signal auf Fahrt zu ziehen, sogleich mittels Gemeinschaftstaste seine beiden Blockfelder blockt, so gibt er damit dem Stellwerkswärter in I die Möglichkeit, einen zweiten Zug abzulassen, bevor der erste aus der Blockstrecke I—II heraus ist. Um dies zu verhindern, hat man zunächst auf jeder Blockstelle das Anfangsfeld mit einer Ergänzung ausgerüstet, die einen Signalzwang ausübt, nämlich die mechanische Tastensperre. Diese verhindert im Grundzustande das Herabgehen der Riegelstange und somit das Herabdrücken der Blocktaste und wird nur dadurch beseitigt, daß der Signalhebel einmal auf Fahrt und dann wieder auf Halt gelegt wird. Die mechanische Tastensperre ist kein Bauteil des Blockfeldes, sondern ein solcher der Signalstellvorrichtung. Ihre für Blockwinden oder Blockkurbeln der einfachen Blockstellen und für Stellwerke verschiedene Ausbildung wird unter IV, A und IV, B, C dieses Kapitels erörtert werden. Die mechanische Tastensperre soll durch den Signalzwang den Blockwärter daran erinnern, daß der Zug unter Benutzung der Fahrtstellung des Signals vorbeigefahren sein muß, bevor die Blockbedienung stattfinden darf. Nicht verhindert wird aber, daß der Blockwärter trotzdem — allerdings verbotswidrig — die mechanische Tastensperre durch Hin- und Herschlagen des Signalhebels beseitigt und dann, ohne daß ein Zug vorbeigefahren ist, die Blockbedienung vornimmt. Um auch dies zu verhindern, hat man noch eine zweite sperrende Vorrichtung, die elektrische Tastensperre hinzugefügt, die nur dadurch beseitigt wird, daß der Zug bei stehendem Signal vorbeifährt und einen jenseits des Blocksignals angeordneten Schienenkontakt betätigt. Die elektrische Tastensperre kann an sich beliebig am Anfangs- oder Endfeld angebracht werden, da Anfangs- und Endfeld zwangsweise gekuppelt sind. Sie wird in der Regel am Endfeld angebracht. Die elektrische Tastensperre wirkt auf eine Verlängerung der Druckstange nach oben, die mit gabelförmiger Umgreifung der Blocktaste an die Druckstange angeschlossen ist. Die Vorrichtung ist in ein kleines Blechgehäuse eingeschlossen, das, wie in Abb. 245b, 246a bis e angedeutet, oberhalb der Taste auf das Blockgehäuse aufgebaut ist, und an dem die rote (oder schwarze) bzw. weiße Farbe eines kleinen runden Fensterchens anzeigt, ob die Taste gesperrt oder frei ist. Die Anordnung der elektrischen Tastensperre ist schematisch in Abb. 247a, b dargestellt. Die unter den hakenförmigen Endansatz der verlängerten Druckstange greifende Sperrklinke sp (Abb. 247a) wird zur Seite gezogen und dadurch die Sperrung beseitigt, sobald durch Befahren des Kontakts ein Gleichstrom geschlossen, der Elektromagnet E erregt und damit der mit der Sperrklinke winkelförmig zusammenhängende Anker A des Elektromagneten von diesem angezogen wird. Sobald dies geschieht, tritt, durch Federkraft angezogen, der Stützwinkel st unter einen am Ankerarm der Sperrklinke sitzenden Knaggen kn und hält somit die Sperrklinke auch nach Aufhören der elektromagnetischen Wirkung in der Freistellung fest (Abb. 247 b). Beim Niederdrücken der Blocktaste und damit der Druckstange drückt der an der Druckstange sitzende Triebstift t auf den Stützwinkel st, so daß dieser sich dreht und den Ankerarm der Sperrklinke freigibt, der somit durch Federkraft nach unten gezogen wird, so daß nach

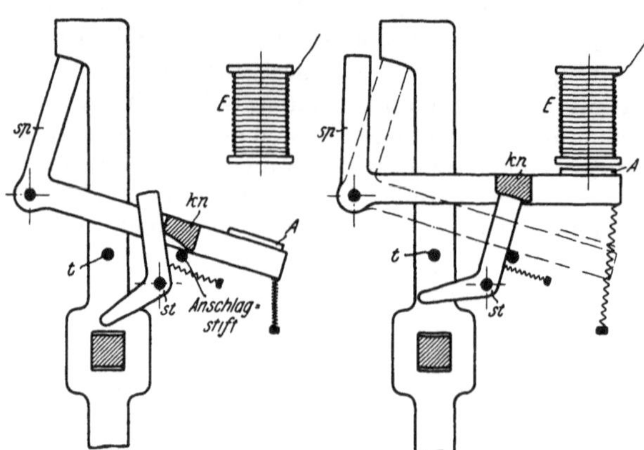

Abb. 247a, b. Schematische Darstellung der elektrischen Tastensperre.

Rückkehr der Druckstange in ihre Hochstellung die Sperrklinke wieder einfällt und wieder der in Abb. 247a dargestellte Zustand eintritt.

Die theoretisch ausreichende Anordnung nach Abb. 247a, b würde praktisch eine ungünstig starke elektromagnetische Wirkung erfordern. Die tatsächliche Ausbildung der elektrischen Tastensperre ist deshalb wesentlich verwickelter (vgl. Scheibner, S. 1084ff.).

Es leuchtet ohne weiteres ein, daß auch das Endfeld am westlichen Bahnhofseingang in III sowohl der mechanischen, wie der elektrischen Tastensperre bedarf, daß dagegen am Anfangsfeld in I beide Einrichtungen nicht notwendig[1]) sind, weil hier keine rückliegende Blockstrecke vorhanden ist, deren vorzeitige Freigabe verhindert werden müßte. Dagegen bestehen hier andere Gefahren, denen durch besondere Einrichtungen vorgebeugt werden muß.

Durch die bisher beschriebenen Einrichtungen ist der Stellwerkswärter auf dem Ausgangsbahnhof in I nicht gezwungen, nach Haltstellung des Signals A sein Anfangsfeld zu blocken. Unterläßt er dies, so kann er sogleich sein Ausfahrsignal zum zweiten Male auf Fahrt ziehen und einen zweiten Zug in die erste Blockstrecke hineinlassen, in der sich der erste Zug noch unterwegs befindet. Um dies zu verhindern, wird der Ausfahrsignalhebel mit einer sogenannten Wiederholungssperre[2]) ausgerüstet. D. h., sobald der Ausfahrsignalhebel auf Halt zurückgestellt wird, sperrt er sich selbsttätig, und nicht nur sich, sondern zugleich alle anderen Ausfahrsignalhebel, die zu Ausfahrsignalen gehören, die auf dasselbe Streckenhauptgleis weisen. Diese gemeinsame Sperrung aller Signale, deren Freigabe die Einfahrt von Zügen in dieselbe besetzte Strecke ermöglichen würde, wird durch Blockung des Anfangsfeldes aufgehoben (Näheres unter IV, C, 3, b), gleichzeitig aber durch die Blockriegelung ersetzt, die bei der wirklichen Ausführung gleichfalls auf alle Ausfahrsignalhebel wirkt, deren Signale auf das betreffende Streckenhauptgleis weisen. Eine zweite Ausfahrt in das betreffende Streckenhauptgleis kann also erst wieder freigegeben werden, nach-

---

[1]) Daß man auch bei Anfangsfeldern am Ausgange von Bahnhöfen zu anderen Zwecken mechanische Tastensperren anordnet, wird unter IV, C, 3, b dieses Kapitels (S. 195ff.) erörtert werden.

[2]) Über deren Ergänzung durch die „Unterwegssperre" zur „Hebelsperre" s. unten S. 196, 197.

dem seitens des Blockwärters in II die Blockbedienung stattgefunden hat und damit das Anfangsfeld in I entblockt ist.

Nun besteht aber noch die fernere Möglichkeit, daß der Stellwerkswärter in I, sei es versehentlich oder böswillig, sein Ausfahrsignal A nach Ausfahrt des ersten Zuges nicht auf Halt zurücklegt, und daß unter mißbräuchlicher wiederholter Benutzung dieser nur für einen Zug gegebenen Ausfahrterlaubnis noch ein zweiter Zug hinterherfährt. Ja, theoretisch besteht sogar die Möglichkeit, daß auch der Blockwärter in II und etwaige Blockwärter in ferneren Blockstellen sowie der Stellwerkswärter in III ihre Signale auf Fahrt stellen und in dieser Stellung belassen, und daß dann Zug auf Zug die ganze Strecke durchfährt, ohne daß irgendeine der Blockeinrichtungen betätigt wird. Um dies zu verhüten, wird das Ausfahrsignal[1]) A mit einer sogenannten elektrischen Flügelkupplung (in Abb. 245a angedeutet) ausgerüstet. Der Flügel fällt auf Halt, sobald die letzte Achse eines ausfahrenden Zuges den jenseits des Ausfahrsignalmastes angebrachten Stromschließer (Kontakt mit isolierter Schiene) betätigt, und damit den sogenannten Kuppelstrom unterbricht, der vorher die elektromagnetische Kupplung zwischen Signalantriebvorrichtung und Flügel bewirkt hatte. Der Kuppelstrom und damit die Kupplung kommen erst wieder zustande, sobald durch Umlegen des Signalhebels in die Grundstellung die Antriebvorrichtung am Signalmast in die Grundstellung zurückkehrt. Gleichzeitig tritt aber die Wiederholungssperre des Ausfahrsignalhebels ein, deren Wirkung erst durch Blocken und Entblocktwerden des Anfangsfeldes beseitigt werden kann. So wird durch die Flügelkupplung in Verbindung mit der Wiederholungssperre der in Verkettung der einander folgenden Vorgänge beruhende Zwang geschaffen, daß die Einleitung der Blockbedienung nicht unterbleibt, sobald einmal die Reihe dieser Vorgänge durch Stellen eines Ausfahrsignalhebels in Fahrtstellung eröffnet ist. Nun könnte allerdings noch dadurch dieser Zwang vereitelt werden, daß der Stellwerkswärter in I die Wiederholungssperre lediglich durch Herabdrücken und Wiederloslassen der Blocktaste, d. h. ohne sein Anfangsfeld zu blocken, beseitigt. Deshalb werden alle Anfangsfelder, die auf eine Wiederholungssperre wirken — auf den Pr.H.St.B. weitergehend alle Anfangsfelder überhaupt[2]) — mit dem sogenannten Verschlußwechsel ausgerüstet, den sinngemäß (vgl. S. 165) auch die Fahrstraßenfestlegefelder besitzen. Der Verschlußwechsel hält den untersten Teil der Blockstange (die Riegelstange)[3]), nach einmaligem Niederdrücken der Blocktaste in der Tieflage so lange fest, bis die ordnungsmäßige Bedienung zu Ende geführt ist.

Der Verschlußwechsel, eine einfallbereite Klinke V (Abb. 248a, b) sitzt auf derselben Achse wie die Sperrklinke 30 und wird durch diese zum Teil gesteuert. Solange die Sperrklinke durch den Führer der Sperrklinke 19 oder das Druckstück 16 seitwärts gedrückt ist (s. auch S. 153 und Taf. I), ist der Verschlußwechsel sperrbereit. Indem die an der Sperrklinke 30 befestigte Blattfeder F gegen den Stift s drückt, bewegt sich die Klinke V, sobald der Sperrknaggen infolge Herabdrückens der Blocktaste ganz an ihr vorbeigeglitten ist, nach rechts, tritt also sperrbereit über den Sperrknaggen. Sobald die Sperrklinke 30 einfällt, schwingt, am Stift e mitgenommen, die Klinke V nach außen. In der geblockten Stellung (Abb. 248a) ist also die Sperrbereitschaft der Klinke V wieder beseitigt. Beim Entblocken gleitet folglich der Sperr-

---

1) Auf den Pr.H.St.B. in der Regel da nicht, wo es im allgemeinen nicht vorkommt, daß zwei oder mehrere Züge nach einander auf dasselbe Signal ausfahren könnten.

2) Verschlußwechsel nebst Hilfsklinke ohne Rast (s. S. 178) an den Anfangsfeldern von Zwischenblockstellen sollen verhindern, daß, wenn beim Blockbedienen der eigene Rechen störungsweise nicht fällt, während derjenige der rückliegenden Blockstelle aufsteigt, ein folgender Zug das Blocksignal nicht festgelegt vorfindet.

3) Um diese Einrichtung anbringen zu können, muß der unterste Teil der Blockstange als Riegelstange von dem mittleren Teil, der Verschlußstange, getrennt sein.

knaggen frei an der Klinke *V* vorbei. Sofern dagegen die Blocktaste vor fertigem Blocken losgelassen wird, verhindert die Klinke *V* den Sperrknaggen und damit die Riegelstange am Hochgehen[1]) (Abb. 248 b). Wesentlich für die Wirkung ist es, daß in der (nicht dargestellten) Grundstellung (entblockten Stellung) zwischen dem am Verschlußwechsel sitzenden Stift *e* und der Sperrklinke ein kleiner Spielraum vorhanden ist, so daß nach Drücken der Blockstange, wobei die Sperrklinke durch das Druckstück am Einfallen verhindert wird (vgl. S. 153), der Verschlußwechsel durch die Feder *F* unter Ausnutzung des erwähnten Spielraums in sperrbereite Stellung gebracht wird. In demselben Sinne, wie der Verschlußwechsel, folglich die Sicherheit verdoppelnd, wirkt die mit ihm zusammen getroffene Einrichtung, daß die Hilfsklinke für die entblockte Stellung keine Rast erhält (S. 156), wodurch erzielt wird, daß die einmal gedrückte Druckstange vor beendetem Blocken nicht hochgehen kann, die dann ihrerseits auch die beiden unteren Teile der Blockstange am Hochgehen verhindert. Außerdem wird die Hilfsklinke ohne Rast überall da angewendet, wo ein Blockfeld mit elektrischer Tastensperre ausgerüstet ist. Andernfalls würde der Wärter, wenn er die Taste versehentlich gedrückt und losgelassen hat, wobei dann die Tastensperre wieder sperrbereit geworden ist, durch Wiedereintritt der elektrischen Tastensperre verhindert werden, die Taste nochmals zu drücken, so daß ein gewaltsamer Eingriff erforderlich würde.

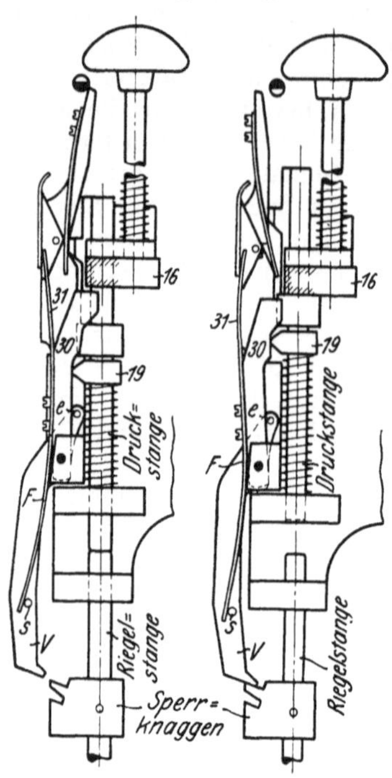

Abb. 248 a.
Feld geblockt.

Abb. 248 b.
Taste vor fertigem Blocken losgelassen.

Abb. 248 a, b. Verschlußwechsel am Blockfeld der Bauart Siemens & Halske.

Zusammenfassend sei noch betont, daß Wiederholungssperre und elektrische Flügelkupplung (also Blockungszwang) nur da erforderlich sind, wo gewissermaßen ein Vorratsraum für die Ausfahrt mehrerer Züge nacheinander vorhanden ist, also von den bisher erörterten Fällen[2]) nur bei den Anfangsfeldern bei der Ausfahrt aus Bahnhöfen. Dagegen sind mechanische und elektrische Tastensperre nur erforderlich, wo die Blockung die Ausfahrt eines Zuges aus einer rückliegenden Blockstrecke bestätigt, also überall, wo eine Blockstrecke endet[3]). Der Signalverschluß erfolgt auf den Blockstellen überall durch die Blockung der Anfangsfelder, mit denen auch, wie S. 175 erwähnt, die mechanische Tastensperre verbunden wird. Ein Verschluß auch durch die Endfelder würde das Auf-Fahrt-Stellen des Signals verhindern, wenn zufällig der vorhergehende Wärter mit dem Vorblocken in Verzug geraten wäre. Eine besondere Lösung ist deshalb erforderlich für die Endfelder bei den Bahnhofseinfahrten. Befindet sich solches Endfeld in einem Befehlsstellwerk (wie bei III in Abb. 245, 246), so läßt sich die Blocktaste nur niederdrücken, wenn das Signal auf Halt steht. Die auf eine Tiefe von 13 mm zurückgegangene Riegelstange hat aber den beim Blocken —

---

[1]) Um diese Wirkung besonders sicher eintreten zu lassen, besitzt der Sperrknaggen zwei Ansätze übereinander für das Eingreifen der Spitze der Klinke *V*.

[2]) Wegen anderer Fälle s. S. 180 ff.

[3]) Wegen Anordnung der mechanischen Tastensperre auch bei Anfangsfeldern (aus anderen Gründen) s. unter IV, C, 3, b (S. 195).

nur vorübergehend — eintretenden Verschluß der Signalrolle wieder freigegeben, so daß man bei geblocktem Endfelde das Signal wieder auf Fahrt stellen kann. („Mechanische Tastensperre ohne Signalverschluß"). Anders wird die Einrichtung getroffen, wo das Endfeld sich nicht in einem Befehlsstellwerk, sondern in einem abhängigen Stellwerk befindet. Hierüber vgl. unter IV, C, 3, a dieses Kapitels (S. 193).

Die Signalbedienungs- und Blockungsvorgänge bei einer Zugfahrt in umgekehrter Richtung, von III nach I in Abb. 245a, b, spielen sich unter Benutzung der entsprechenden Signale und Blockfelder in derselben Weise ab, wie oben beschrieben und bedürfen daher keiner besonderen Beschreibung. Münden in einen Bahnhof zwei oder mehrere Bahnlinien ein, so wird jede von ihnen in der vorbeschriebenen Weise behandelt.

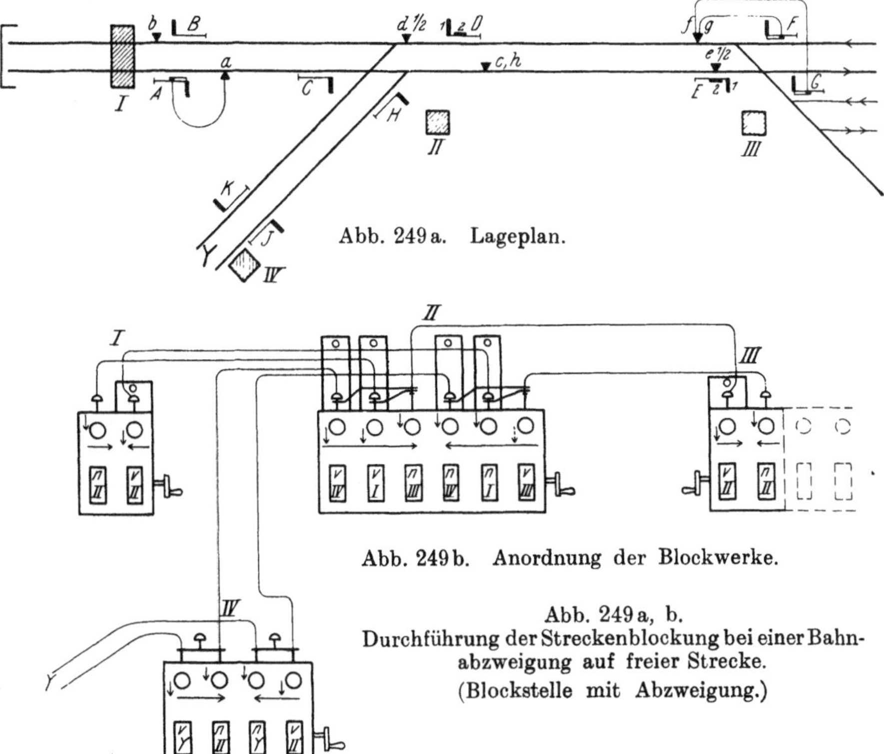

Abb. 249a.   Lageplan.

Abb. 249b.   Anordnung der Blockwerke.

Abb. 249a, b.
Durchführung der Streckenblockung bei einer Bahnabzweigung auf freier Strecke.
(Blockstelle mit Abzweigung.)

Einer besonderen Erörterung bedarf indessen noch der Fall einer Abzweigung auf freier Strecke. Dieser sei an Hand der Abb. 249a, b besprochen, die den Fall der Abb. 245a, b derart abgeändert zeigt, daß auf der Blockstelle II in west-östlicher Richtung eine Bahn von Y kommend einmündet, wobei zunächst vorausgesetzt sei, daß auch die einmündende Bahn mit Streckenblockung ausgerüstet ist, und daß die letzte Blockstelle der einmündenden Bahn die Bezeichnung IV trägt.

Die Anordnung der Signale und Blockwerke in I und am Westende von III unterscheidet sich in nichts von derjenigen in dem bisher behandelten, in Abb. 245a, b dargestellten Falle. Die Anordnung in IV mit den Signalen J und K entspricht ganz derjenigen in II in Abb. 245a, b. Dagegen ist wegen der Bahnabzweigung im gegenwärtigen Falle das Signal D zweiflüglig. Zu dem Signal C tritt noch für die einmündende Strecke ein entsprechendes Signal H. Das Blockgehäuse in II weist 6 Blockfelder auf, indem zu den in Abb. 245b

angegebenen 4 Feldern noch je ein Endfeld und ein Anfangsfeld für die einmündende Strecke hinzutritt. Durchfährt ein Zug von I nach III die Blockstelle II, so wird nach Aufhaltstellen des vorher gezogenen Signals C das Endfeld
„von I" mit dem Anfangsfeld „nach III" zusammen gedrückt und geblockt.
Durchfährt dagegen ein von IV kommender Zug die Blockstelle II, so wird
nach Aufhaltstellen des vorher gezogenen Signals H das Endfeld „von IV"
zusammen mit dem Anfangsfeld „nach III" geblockt. Jedes der beiden genannten Endfelder besitzt deshalb eine Mitnehmertaste für das keine eigene
Blocktaste besitzende Anfangsfeld nach III, und besitzt ferner eine mechanische[1])
und elektrische Tastensperre. Der gemeinsame Schienenkontakt c, h wirkt
jedesmal durch vom Signalhebel bewirkte Schaltung auf diejenige elektrische
Tastensperre, die dem gezogenen Signal entspricht. Die Blockung pflanzt sich
hiernach immer aus derjenigen Zweigstrecke, aus der ein Zug gekommen ist,
in die Strecke nach III fort. Entsprechend ist der Vorgang für eine Fahrt in
umgekehrter Richtung, mag ein von III gekommener Zug nach I oder nach IV
seine Fahrt fortsetzen. Für diese Fahrrichtung müssen, um eine falsche, mit
Signalstellung und Zugfahrt nicht übereinstimmende Fortsetzung der von III
ausgegangenen Blockung zu verhindern, die zwei Anfangsfelder (nach I und
nach IV) mit je einer Mitnehmertaste und mit je einer mechanischen und elektrischen[2]) Tastensperre ausgerüstet sein, von denen jedesmal die für die jeweilige
Fahrt zutreffende ausgelöst wird, je nachdem das Signal ein- oder zweiflüglig
gezogen ist, also je nachdem ein Zug nach I oder IV fährt.

Da in der Fahrrichtung nach III die beiden von I und IV kommenden
Strecken wie ein Vorratsraum wirken, so muß verhindert werden, daß nach
Vorbeifahrt z. B. eines von I gekommenen Zuges und Haltstellen des Signals C
unter Unterlassen der Blockbedienung sogleich das Signal H für einen von IV
kommenden Zug auf Fahrt gestellt und diesem Zuge somit die Einfahrt in den
noch von dem ersterwähnten Zuge besetzten Abschnitt II—III gestattet wird.
Daher wird im allgemeinen das Anfangsfeld der Gemeinschaftsstrecke wie ein
solches bei einer Ausfahrt aus einem Bahnhof behandelt, d. h. außer der mechanischen Tastensperre mit Hebelsperre (s. S. 195ff.) und Signalverschluß und Verschlußwechsel ausgerüstet. Die beiden Endfelder erhalten die elektrische Tastensperre und Hilfsklinke ohne Rast, sowie mechanische Tastensperre ohne Signalverschluß, wie bereits erwähnt. Eine erheblich größere Bewegungsfreiheit erzielt man, indem man nicht dem Anfangsfeld die Hebelsperre, sondern den
beiden Endfeldern die halbe „Hebelsperre" gibt (s. Stellwerk 1907, S. 163;
1908, S. 7). Dies ist eine Einrichtung, die nach Fahrt- und Haltstellen eines
der beiden Signale C oder H den Hebel des anderen sperrt. Die erstbeschriebene
Anordnung stellt in der im folgenden Kapitel (S. 235, 236) erläuterten Bezeich-
nungsart die Abb. 250a dar, diejenige mit halber Hebelsperre die Abb. 250b.

Wegen der verwickelten und daher Störungen in erhöhtem Maße ausgesetzten Bauweise der halben Hebelsperre wird in der Regel die ganze Hebelsperre angewendet, was allerdings zur Folge hat, daß bei Zurücknahme eines der
beiden einflügligen Signale demnächst die Zugfahrt auf schriftlichen Befehl
oder Handsignal erfolgen muß. Nur, wo an Stellen sehr lebhaften Betriebes
hierdurch sich erhebliche Übelstände ergeben würden, nimmt man, um diese
zu vermeiden, die verwickelte Bauweise der halben Hebelsperre in Kauf.

Ist bei einer Blockstelle mit Abzweigung die einmündende Bahn nicht
mit Streckenblockung ausgerüstet oder handelt es sich darum, daß aus durch-

---

[1]) Die mechanische Tastensperre muß in diesem Falle, um jedesmal durch nur eines
der beiden Signale C oder H beseitigt zu werden, mit den Endfeldern verbunden werden, und
ist deshalb, wie S. 197, 198 erläutert ist, eine mechanische Tastensperre ohne Signalverschluß.

[2]) Hier wird also die elektrische Tastensperre ausnahmsweise mit den Anfangsfeldern
verbunden.

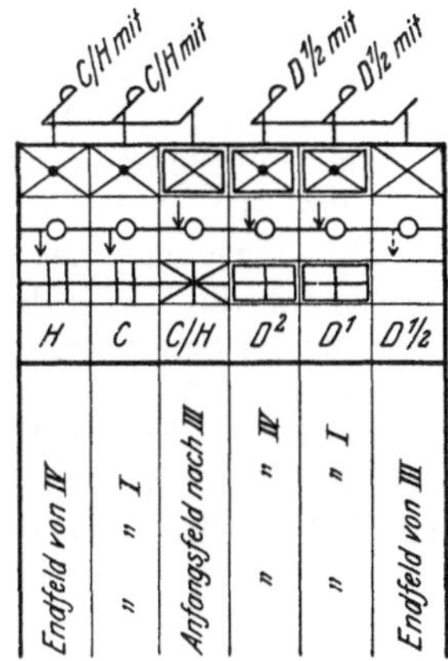

Abb. 250a. Anfangsfeld der Stammbahn mit ganzer Hebelsperre.

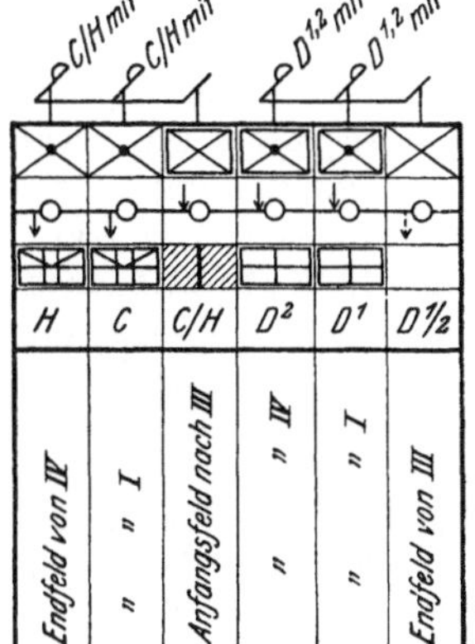

Abb. 250b. Endfelder der beiden Zweiglinien mit halber Hebelsperre.

Abb. 250a, b. Darstellung der Sperrenausrüstung auf einer Blockstelle mit Abzweigung.

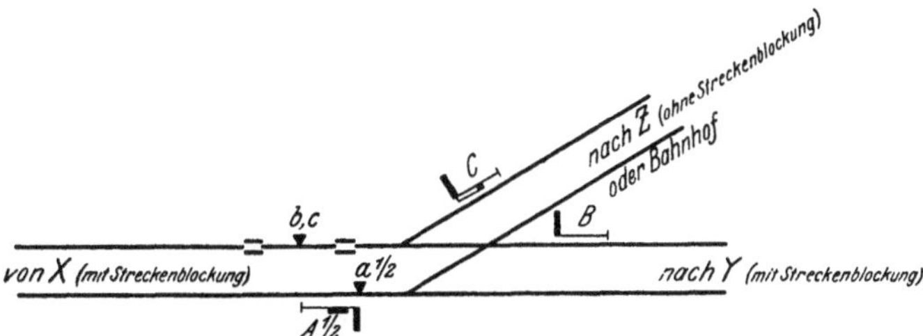

Abb. 251a. Lageplan.

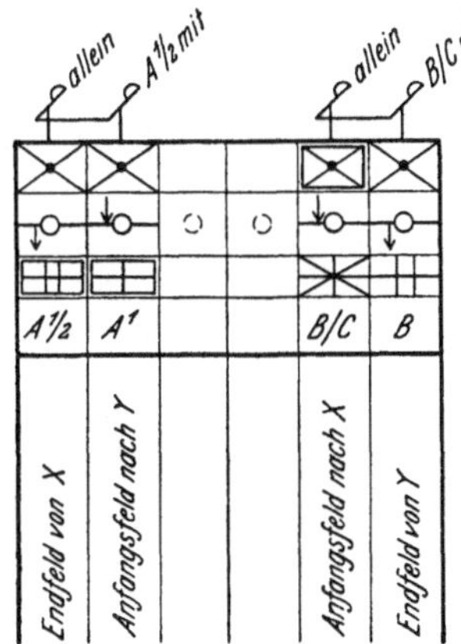

Abb. 251b. Ausrüstung durchweg mit ganzer Hebelsperre.

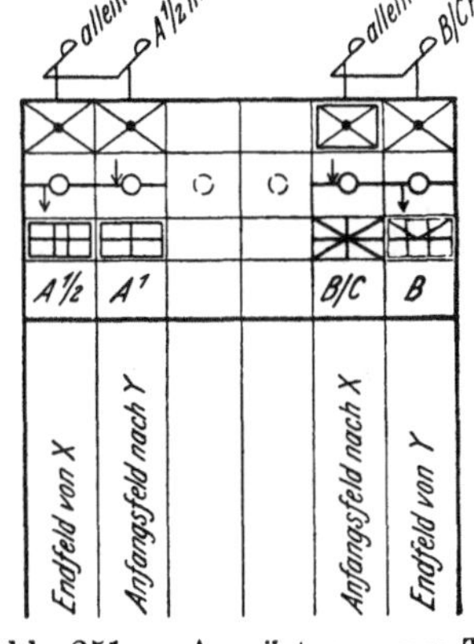

Abb. 251c. Ausrüstung zum Teil mit halber Hebelsperre.

Abb. 251a—c. Blockstelle mit Abzweigung einer nicht mit Streckenblockung ausgerüsteten Bahn oder einer Bahnhofseinfahrt.

gehender Strecke eine Abzweigung in einen Bahnhof (z. B. Verschiebebahnhof oder Güterbahnhof) mündet (Abb. 251a), so sind nach Abb. 251b, c[1]) nur die

---

[1]) Die Abzweigung liegt hier umgekehrt wie in Abb. 249a. Die Feldanordnung ist also auch die entgegengesetzte.

vier Blockfelder der durchgehenden Strecke vorhanden[1]). Hier muß das die Ausfahrt aus der nicht mit Streckenblockung ausgerüsteten Bahn bzw. aus dem Bahnhof deckende einflüglige Signal mit ganzer Hebelsperre und elektrischer Flügelkupplung ausgerüstet sein, während für das einflüglige Blocksignal der durchgehenden Strecke die halbe Hebelsperre genügt. Die Abb. 251 b entspricht der obigen Anordnung nach Abb. 250 a, die Abb. 251 c derjenigen nach Abb. 250 b. In der Richtung des **Bahnzusammenlaufs** drückt die Taste des Endfeldes der Hauptstrecke die des Anfangsfeldes mit. Bei aus der Seitenstrecke (oder dem Bahnhof) in die mit Streckenblockung ausgerüstete Strecke einmündenden Fahrten wird dagegen das Anfangsfeld allein gedrückt. In der Richtung der **Bahnverzweigung** kann, bei abzweigenden Fahrten, das Endfeld allein gedrückt werden, bei durchgehenden Fahrten drückt die Taste des Anfangsfeldes die des Endfeldes mit. Je vier mechanische und elektrische Tastensperren[2]) gestatten, zufolge der durch Signalstellung bewirkten Einschaltung nach Auslösung durch die Zugfahrt nur diejenige Blockbedienung, die der Zugfahrt entspricht. Zur ganzen Hebelsperre gehört, wie früher besprochen, Verschlußwechsel und Hilfsklinke ohne Rast.

IV. Die Sperren und sonstigen Abhängigkeiten bei den mit elektrischer Stations- oder Streckenblockung zusammenhängenden Stellwerken.

Die im vorigen Kapitel behandelten Stellwerkseinrichtungen und die daselbst erwähnten einfachen Signalkurbelwerke bedürfen gewisser Ergänzungen und Abänderungen, sobald ihre Betätigung von der vorherigen Betätigung von Blockfeldern abhängig gemacht werden soll oder umgekehrt. Zur Verdeutlichung des Wesens dieser Abhängigkeiten soll hier nur ein Beispiel für Kurbelwerke auf Blockstellen gegeben und dann in der Hauptsache nur an einzelnen Beispielen die Ausbildung von Stellwerken mit Blockverbindungen besprochen werden.

A. Kurbelwerk für Blockstellen der Bauart Max Jüdel & Co.
(Abb. 252a bis f).

Vor der Behandlung der Sperreneinrichtungen des Jüdelschen Kurbelwerks ist das Kurbelwerk selbst kurz zu beschreiben, um so als Ergänzung des vorigen Kapitels den Begriff der Kurbelwerke zu verdeutlichen.

Während bei den bisher ausschließlich behandelten Hebelstellwerken die Hebel (vom Standpunkte des Stellwerkswärters) von hinten nach vorn und von vorn nach hinten umgelegt werden, ihre Drehachsen also von links nach rechts, d. h. in der Längsrichtung des Stellwerks sich erstrecken, werden die Stellwerkskurbeln stets um eine von vorn nach hinten gehende Achse, also von links nach rechts, bzw. von rechts nach links bewegt, und zwar nicht, wie die Hebel, um rund 180°, sondern in der Regel um rund 360°, so daß durch Zeiger erkennbar gemacht wird, ob die in einer der Endstellungen (senkrecht herabhängend) befindliche Kurbel sich in Grundstellung oder gezogener Stellung befindet. Bei dem in Abb. 252a, b dargestellten Kurbelwerk beträgt die Kurbelbewegung 315°, so daß die Kurbeln nur in der Grundstellung (Halt) senkrecht herab-

---

[1]) Man pflegt aber für den Fall späterer Einrichtung der Streckenblockung, wie in Abb. 251 b geschehen, zwei Leerfelder vorzusehen.

[2]) Die elektrischen Tastensperren sind bei den Blockfeldern $A^{1/2}$ und B/C (Abb. 251 b, c), die entweder allein oder von A^1 bzw. B mitgedrückt werden, je mit der Blocktaste verbunden; diese aber ist in diesem Falle mit der Druckstange nicht gekuppelt (Stellwerk 1914, S. 36).

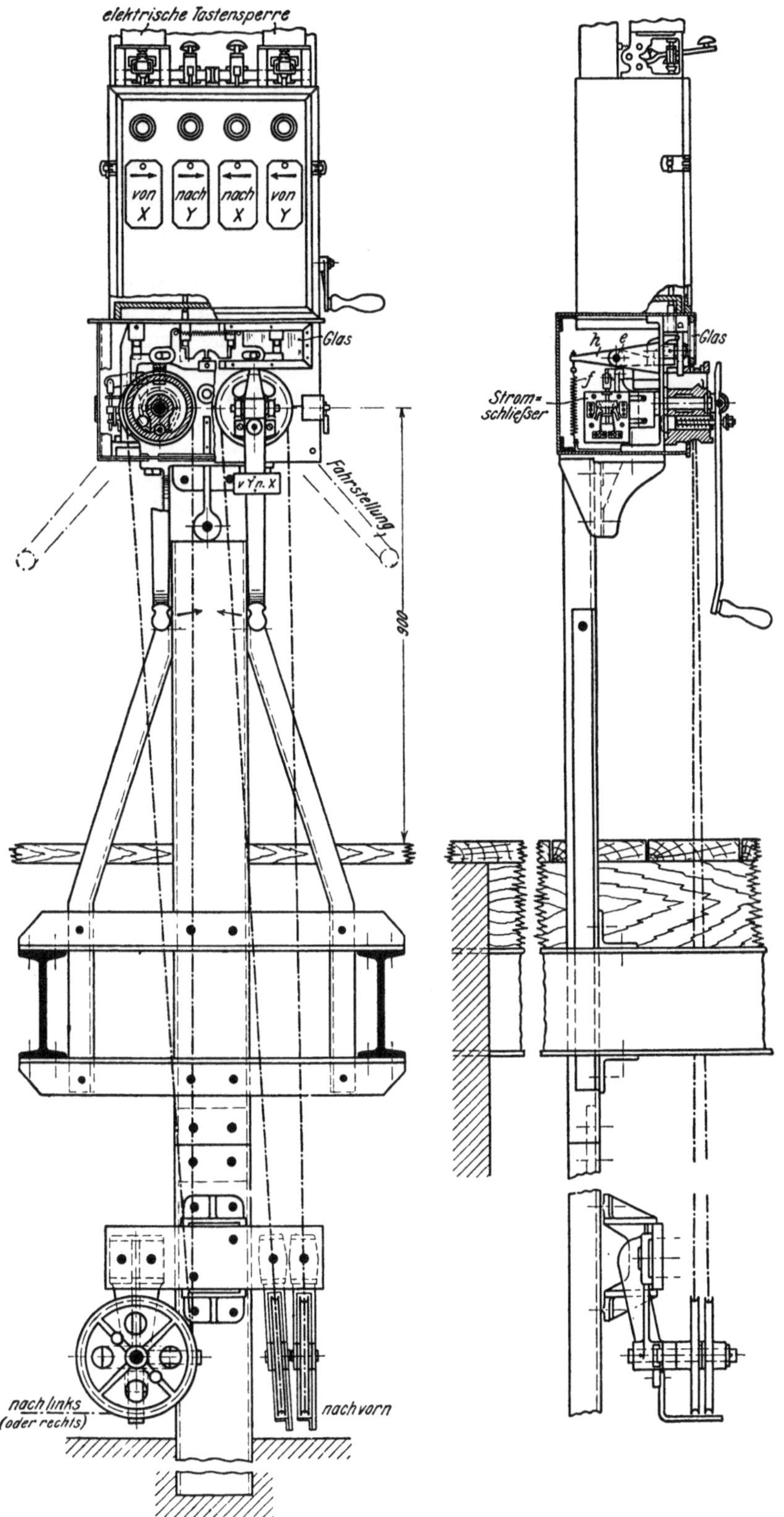

Abb. 252a, b. Ansicht und Querschnitt des Kurbelwerks.
Abb. 252a—f. Kurbelwerk für Blockstellen. Bauart Max Jüdel & Co. (s. auch S. 184).

hängen, in der gezogenen (Fahrt-) Stellung aber, wie in Abb. 252a durch Strichelung angedeutet ist, von der Grundstellung um rund 45° abweichen. Wegen des
doppelt oder annähernd doppelt so großen Drehwinkels der Kurbeln gegenüber
den Hebeln, ist — bei gleichgroßem Hub in der Doppeldrahtleitung — der Durchmesser der mit der Kurbel verbundenen Stellrolle nur halb so groß oder annähernd
halb so groß, wie bei den Stellwerkshebeln. Wenn man eine Kurbel aus ihrer
Grundstellung ohne weiteres herumschwenken wollte, so würde sie an die nächstbenachbarte Kurbel anstoßen. Die Einrichtung wird deshalb regelmäßig so getroffen, daß der Stellwerkswärter die Kurbel vor dem Herumschwenken an sich

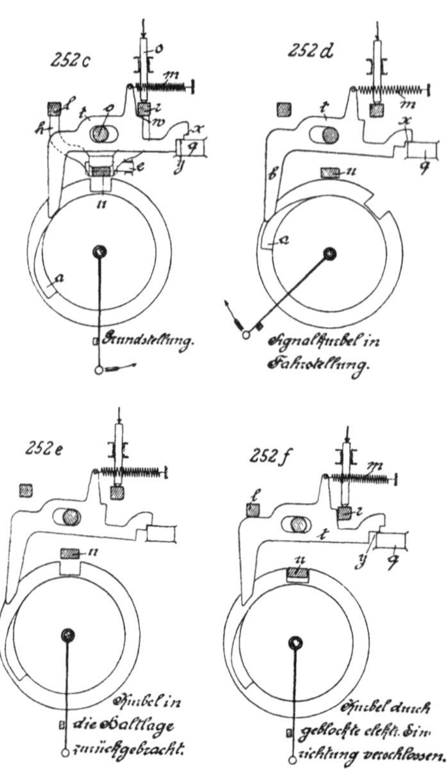

Abb. 252c—f. Spät auslösende mechanische
Tastensperre mit Signalverschluß. (Entn. aus
Scheibner S. 1236).

heranzieht und sie dadurch in die
Schwenkfläche bringt, die vor den
benachbarten Kurbeln vorbeistreicht.
Durch das Anziehen der Kurbel wird
gleichzeitig ein den Körper der Seilrolle durchdringender und in das
Kurbelgestell eingreifender Federbolzen angezogen und damit aus seiner
die Grundstellung sichernden Lage
ausgeklinkt[1]). Das Kurbelwerk wird
nach Abb. 252a, b von einem senkrechten, als Ständer ausgebildeten
⊏-Eisen getragen, das an den Fußbodenträgern befestigt ist und an
seiner weiter abwärts gehenden Verlängerung auch die Umlenkrollen der
Signalleitungen trägt. Statt dessen
kann es auch mittels eines Erdfußes
standfest gemacht oder an der Wand
befestigt werden.

Das Kurbelwerk nach Abb. 252a, b
enthält als Kurbelwerk einer Zwischenblockstelle nur zwei Kurbeln
nebeneinander. Auf das Kurbelgestell ist oben das vierfeldrige Blockwerksgehäuse aufgesetzt, bei dem nur
die beiden mittleren Blockfelder (als
Anfangsfelder) Riegelstangen besitzen, die, wie Abb. 252a bei der linken
Kurbel zeigt, sich in das Kurbelgestell hinein fortsetzen, um bei ge

blocktem Anfangsfeld die betreffende Kurbel in der Haltstellung festzulegen,
und um im Ruhezustand von der mit der Kurbel verbundenen mechanischen
Tastensperre am Geblocktwerden verhindert zu werden. Dieser Zusammenhang
sei nun an der Hand der schematischen Abb. 252c bis f (nach Scheibner,
S. 1236) für die linke Signalkurbel der Abb. 252a erläutert.

Oberhalb der Kurbel befindet sich (Abb. 252b) der um seinen Lagerbolzen e
in senkrechter Ebene schwingende zweiarmige Hebel h, dessen (in Abb. 252b
linkes) hinteres Ende durch die Feder f nach unten gezogen wird, so daß das
rechte dreifach gegabelte Ende ständig durch die Federkraft nach oben strebt.
Die drei Zinken l, r, n (Abb. 252c) des dreifach gegabelten Doppelhebels h vermitteln im Zusammenwirken mit dem Sperrschieber t die gegenseitigen Abhängigkeiten zwischen der Fortsetzung s der Riegelstange des Blockfelds und

---

[1]) Diese Einrichtung entspricht der Handfalle beim Hebelstellwerk.

der Stellrolle, bzw. der mit ihr verbundenen Signalkurbel. In der Grundstellung (Abb. 252c) verhindert der um den Zapfen o drehbar gelagerte und mit der Ausklinkung y sich auf den festen Knaggen q stützende Sperrschieber t mittels der Ausklinkung w das Herabgehen der Zinke r des Doppelhebels h und somit auch das Herabdrücken der auf r mittels Fortsetzung s wirkenden Riegelstange (Tastensperre). Die Feder m hält den Sperrschieber t in dieser Lage. Wird die Signalkurbel durch Drehen entgegen dem Uhrzeiger aus der Grundstellung in die Fahrtstellung gebracht, so drückt, kurz bevor die Fahrtstellung (Abb. 252d) erreicht ist, der an der Stellrolle sitzende Wulst a den Arm b des Sperrschiebers nach links, welcher Bewegung der Sperrschieber unter Längung der Feder m wegen der Langlochlagerung auf dem Zapfen o folgen kann. Hierbei springt die Stützung des Sperrschiebers auf dem Knaggen q von der Ausklinkung y auf die Ausklinkung x über. Nachdem diese Veränderung geschehen, ist (Abb. 252d) die Zinke r des Doppelhebels h für Herabdrücken frei geworden. Gleichwohl kann das gegabelte Ende des Doppelhebels h noch nicht herabgedrückt werden, weil seine Zinke n sich über dem Rande der Stellrolle befindet. Erst nachdem die Signalkurbel wieder in die Haltlage übergeführt ist (Abb. 252e), ist ein entsprechender Ausschnitt des Stellrollenkranzes unter die Zinke n gelangt, so daß nunmehr das dreifach gegabelte Ende des Doppelhebels h durch Niederdrücken der Blocktaste herabgedrückt werden kann. Der geblockte Zustand, in dem, wegen des Eintretens der Zinke n in den Ausschnitt des Rollenrandes, die Signalkurbel in der Haltlage gesperrt ist, wird durch Abb. 252f dargestellt. In diesem Zustand ist der Wiedereintritt der Grundstellung dadurch vorbereitet, daß die Zinke l des Doppelhebels h das linke Ende des Sperrschiebers t nach unten gedrückt und dadurch ein Überspringen des rechten Endes des Sperrschiebers am Knaggen q von der Ausklinkung x in die Ausklinkung y veranlaßt hat. Beim Wiederentblocken des Blockfeldes geht unter Einwirkung der Feder f (Abb. 252b) das gegabelte Ende des Doppelhebels h wieder nach oben, und die Feder m bringt den Sperrschieber gleichfalls wieder in seine Grundstellung (Abb. 252c) zurück.

Mit der Kurbel sind Kontakte verbunden (Abb. 252b), die nur bei auf Fahrt stehendem Signal die Leitung der elektrischen Tastensperre (S. 175, 176) schließen. Die Anordnung der rechten Kurbel ist ein Spiegelbild zu derjenigen der eben beschriebenen linken.

B. Allgemeines über Sperren bei Stellwerken.

Wie bereits im II. Kapitel (S. 31) erwähnt und durch eine schematische Abbildung (Abb. 82a) erläutert, werden die mit S. & H.schen Blockwerken verbundenen Stellwerke in Deutschland in der Regel so ausgeführt, daß das die Blockwerke der Stations- und Streckenblockung enthaltende Gehäuse auf dem sogenannten Blockuntersatze ruht, der seinerseits auf einer Verlängerung der die Weichen-, Signal- und Riegelhebel tragenden Hebelbank gelagert ist. (Nur bei den Stellwerken der Bauart S. & H. sitzt (S. 160) das Blockgehäuse, wie bei dem oben beschriebenen Kurbelwerk, oberhalb der Signalhebel. Hierdurch wird eine Ersparnis an Platz bedingt, anderseits die Zugänglichkeit der Stellwerksteile vermindert.)

An den Blockuntersatz treten von oben die Riegelstangen der Blockwerke heran und stehen durch die von ihnen beeinflußten Fortsetzungen (Übertragungsstangen, s. S. 188) mit den Sperren in Verbindung, die sich zweckmäßig in einem staubdichten Kasten (Sperrenkasten) befinden, dessen bewegliche Vorderwand mit einer Glasplatte geschlossen ist. In der Längsrichtung treten hinter den Blockuntersatz die in der Regel auf ganze Länge des Stellwerks hinter diesem im Verschlußkasten entlang geführten Schubstangen (s. S. 31), deren Längsverschiebungen sich durch nach vorn gehende, in den Sperrkasten eintretende Querverbindungen auf die Sperren übertragen. So befindet sich im Blockuntersatz und insbesondere in seinem wichtigsten Teile, dem Sperrenkasten, gleichsam der Angelpunkt aller Abhängigkeiten nicht nur des einzelnen Stellwerkes, sondern (mittels der Stationsblockung) der Stellwerksanlagen des ganzen Bahnhofs und (mittels der Streckenblockung) der Stellwerksanlagen des ganzen Bahnbereichs.

Die Schubstangen sind in der Hauptsache zweierlei Art. Die von den Fahrstraßenhebeln bewegten Fahrstraßenschubstangen dienen dazu, durch daran angebrachte Verschlußkörper die Verschlußbalken der jedesmal für eine Zugfahrt in Betracht kommenden Weichenhebel in Grundstellung oder gezogener Stellung zu verschließen und zugleich den Verschlußbalken des entsprechenden Signalhebels freizugeben (vgl. S. 31—35). Die Fahrstraßenhebel ragen (S. 32) in der Regel in Grundstellung wagerecht nach vorn aus dem Blockuntersatz heraus. Durch Umlegen nach oben oder nach unten gestattet solcher Fahrstraßenhebel zwei entgegengesetzte Bewegungen der betreffenden Schubstange, die zwei sich gegenseitig ausschließenden Zugfahrten entsprechen. (Soweit sich solche Zweiergruppen nicht bilden lassen, wird nur die eine der beiden Bewegungen des betreffenden Fahrstraßenhebels ausgenutzt.) Die für die Fahrstraßenschubstangen in Betracht kommenden Sperren sind einmal die Fahrstraßenhebelsperren (Scheibner S. 1028: „feste Sperren") die, soweit Signalfelder auf sie wirken, jedesmal den Fahrstraßenhebel eines die Signalhebel enthaltenden abhängigen Stellwerks bei unverwandeltem Signalfestlegefeld in Grundstellung, den Fahrstraßenhebel eines Befehlsstellwerkes bei verwandeltem Signalfreigabefeld in gezogener Stellung oder Grundstellung festlegen, und die, soweit Zustimmungsfelder auf sie wirken, jedesmal den Fahrstraßenhebel des zustimmenden Stellwerks bei verwandeltem Zustimmungsabgabefeld in gezogener Stellung, den Fahrstraßenhebel des die Zustimmung empfangenden Stellwerks bei unverwandeltem Zustimmungsempfangsfeld in Grundstellung festlegen. Außerdem wirken auf die Fahrstraßenschubstangen die Fahrstraßenfestlegevorrichtungen (S. 163ff.), die bei der norddeutschen Anordnung (S. 165) auch mit den Signalschubstangen (s. das Folgende) zusammenhängen. Die betreffenden Sperrvorrichtungen sind bisweilen unmittelbar mit den Fahrstraßenhebeln verbunden, meist aber mittelbar durch von den Fahrstraßenschubstangen bewegte Verbindungen betätigt.

Die zweite Art der Schubstangen sind die Signalschubstangen. Diese werden von den Signalhebeln mittels an den Seilrollen angebrachter Stellrillen oder Schalträder durch Hebelübersetzung in Längsbewegung versetzt und stehen ihrerseits durch in den Sperrenkasten eintretende Querverbindungen mit den betreffenden Sperren (mechanische Tastensperre, Signalverschluß, Wiederholungssperre) in Verbindung, bei der norddeutschen Anordnung auch mit der Fahrstraßenfestlegesperre. Wo eine Wiederholungssperre nebst mechanischer[1] Tastensperre mit zwei oder mehreren Ausfahrsignalhebeln, oder wo eine mechanische Tastensperre mit zwei Einfahrsignalhebeln zu verbinden ist, dient hierzu eine gemeinschaftliche Schubstange (auch neutrale oder Gruppenschubstange genannt), die von jedem beliebigen der beteiligten Signalhebel in Bewegung versetzt wird, daher in dem durch Federwirkung festgehaltenen Ruhezustande mit keinem der Hebel verbunden ist. Wo eine Fahrstraßenfestlegung nach norddeutscher Anordnung auf zwei oder mehrere einander feindliche Fahrstraßenhebel wirkt (S. 165), legt die Blockung des Fahrstraßenfestlegefeldes den einen Fahrstraßenhebel (bzw. seine Schubstange) in gezogener Stellung, die anderen in der Grundstellung fest und gibt zugleich eine gemeinschaftliche Signalschubstange derjenigen Signalhebel frei, deren Signale den an der Festlegung beteiligten Fahrstraßen entsprechen. Diese gemeinschaftliche Signalschubstange kann dann

---

[1] Wegen der Kontakte für die elektrische Tastensperre und sonstiger Hebelkontakte s. unter D, 1 (S. 199 ff.).

jedesmal durch Umlegen desjenigen Signalhebels bewegt werden, dessen Fahrstraßenhebel vorher gezogen und in gezogener Stellung festgelegt war.

Wo für mehrere Fahrstraßen nur ein gemeinschaftliches Signal vorhanden ist, gibt jede der Fahrstraßenschubstangen den einzigen Verschlußbalken des Signalhebels mittels Gruppenverschlusses frei, d. h. mittels einer an einer drehbaren Welle sitzenden Verschlußvorrichtung, die in derselben Weise betätigt wird, einerlei, welcher der betreffenden Fahrstraßenhebel umgelegt wird. — Gruppenabhängigkeiten, die, wie vorbeschrieben, entweder auf einer gemeinschaftlichen Schubstange oder auf einer gemeinschaftlichen Welle beruhen, kommen auch für sonstige Zwecke zur Anwendung, so bei Wegesignalabhängigkeiten (s. S. 141 ff). Bei der im folgenden unter C, 2 beschriebenen Vorrichtung wird sowohl eine gemeinschaftliche Schubstange, wie eine gemeinschaftliche drehbare Welle angewendet.

C. Beispiel der Sperrenanordnung für ein Jüdelsches Stellwerk.

Das Wesen und die Wirkungsweise der Sperren wird an einem möglichst einfachen abhängigen Stellwerk der Bauart Jüdel & Co. erläutert, während die bei einem Befehlsstellwerk erforderlichen Abweichungen unten besonders angeführt werden. Zugrunde gelegt ist die Anordnung des Stellwerks *Wtm* am Westende des in Abb. 297a, b, Tafel III, in Gleisplan und Verschlußtafel — erläutert im folgenden Kapitel (S. 234) — dargestellten Bahnhofs *Z*. Die Gesamtanordnung der Blockwerke und des Blockuntersatzes mit den Sperren und den an den Blockuntersatz angrenzenden Teil des Hebelwerkes in der auf den Pr.H.St.B. üblichen Anordnung[1]) zeigt die Abb. 253. Die beiden von links nach rechts ersten Blockfelder, das Streckenendfeld und das weiterhin zu erläuternde Signalverschlußfeld (beide mit $A^{1/2}$ bezeichnet) sowie das letzte Blockfeld, das Streckenanfangsfeld B/C gehören der Streckenblockung an, die von der Strecke von Westen her kommend hier am westlichen Bahnhofsende endigt (Blockendstelle), um erst am östlichen Bahnhofsende wieder zu beginnen. An die Streckenfelder schließen sich beiderseits die Signalfestlegefelder an, und zwar vom Endfeld und Signalverschlußfeld nach rechts zu die beiden Signalfestlegefelder A^1, A^2 für die beiden Signalbegriffe des zweiflügligen Einfahrsignals, und vom Streckenanfangsfeld nach links zu die beiden Signalfestlegefelder C, B für die beiden Ausfahrsignale. Erstere beiden verschließen in Grundstellung (tief, geblockt) den Fahrstraßenumschlaghebel $a^{1/2}$, letztere beiden den Fahrstraßenumschlaghebel b/c. Den vier Signalfestlegefeldern entsprechen (vgl. S. 158 ff.) vier Signalfreigabefelder in der Befehlsstelle (dem Fahrdienstbureau) im Empfangsgebäude. Die Mitte des Blockgehäuses nehmen die beiden Fahrstraßenfestlegefelder, und zwar je eines für die beiden sich ausschließenden Einfahrten und für die beiden sich ausschließenden Ausfahrten ein, wobei dem in Grundstellung entblockten Fahrstraßenfestlegefeld für die Einfahrten $a^{1/2}$ ein in Grundstellung geblocktes Fahrstraßenauflösefeld $a^{1/2}$ im Fahrdienstbureau entspricht, während das Fahrstraßenfestlegefeld für die beiden Ausfahrten kein eigentliches Umblockfeld, sondern ein sogenanntes Gleichstromfeld ist (S. 165), das durch bloßes Drücken auf die Taste in Tiefstellung festschnappt und den Fahrstraßenhebel b/c sperrt und durch Befahren eines mit isolierter Schiene verbundenen Schienenkontaktes[2]) durch den Zug selbst wieder aufgelöst wird. Die Riegelstangen der Blockfelder, soweit diese mit solchen versehen sind,

---

[1]) Unter Fortlassung und mit geringfügigen Abweichungen von Einzelheiten der Beschriftung. In Abb. 297a, b ist Gleissperrsignalhebel 5_{rr} erst nachträglich eingefügt.
[2]) S. S. 203 ff.

finden (vgl. S. 185) ihre Fortsetzung bis zu den im unteren Teile des Blockuntersatzes, dem Sperrenkasten, befindlichen Sperren in den Übertragungsstangen, die zum Schutz gegen mißbräuchliche Betätigung mit der Hand in
Schutzrohre eingeschlossen sind. Die Sperren und ihr Zusammenhang mit den

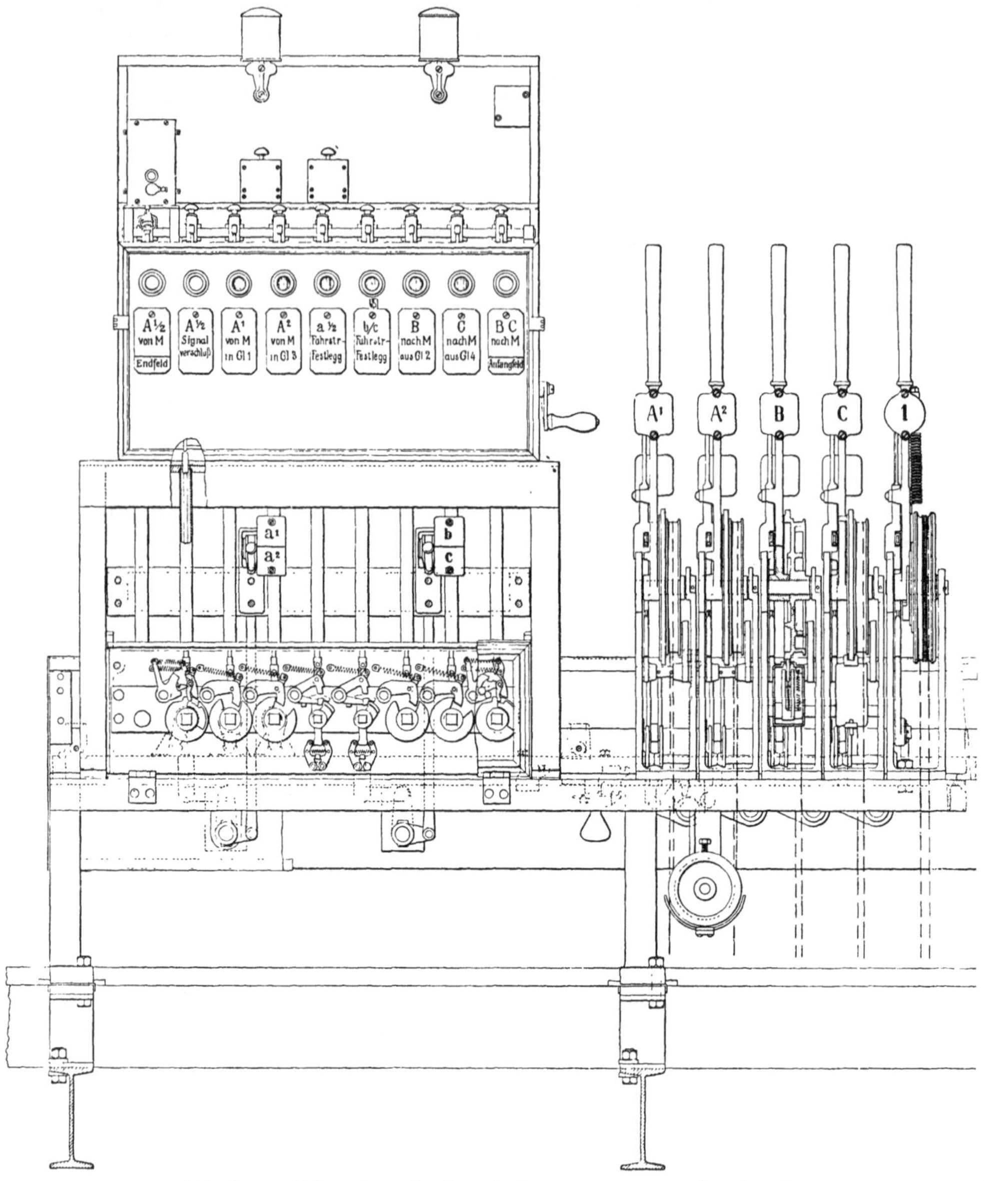

Abb. 253. Abhängiges Stellwerk der Bauart Max Jüdel & Co.
(Entspricht Gleisplan und Verschlußtafel Abb. 297a, b, Taf. III.)

Blockfeldern sowie mit dem Stellwerk mögen nun zunächst für die Signalfelder,
dann für die Fahrstraßenfelder und endlich für die Streckenblockfelder beschrieben werden.

1. Die Hauptblockfelder der Stationsblockung sind in dem in Rede stehenden
abhängigen Stellwerk die **vier Signalfestlegefelder.** Je zwei wirken auf einen
Fahrstraßenhebel. Aus der schaubildlichen Darstellung (Abb. 254) ist ersicht-

lich, daß durch die vorgesehenen Übertragungsteile der Fahrstraßenhebel $a^{1/2}$ bei Umlegen nach oben die Fahrstraßenschubstange $a^{1/2}$ nach rechts, bei Umlegen nach unten dieselbe Schubstange nach links verschiebt. Bei solcher Verschiebung drehen sich im ersten Falle die beiden von der Fahrstraßenschubstange angetriebenen Blockwellen und die darauf sitzenden Blockverschlußscheiben links herum, im zweiten Falle rechts herum. In Grundstellung der beiden Signalfestlegefelder A^1, A^2 sind beide Drehungen verhindert, indem die beiden

an die unteren Enden der Übertragungsstangen angeschlossenen Blockriegel (Blockverschlußhaken) in Ausschnitte der beiden Blockverschlußscheiben eingreifen. Da aber von diesen Ausschnitten der eine nach links, der andere nach rechts erheblich weiter ist, als der Breite des eingreifenden Blockverschlußhakens entspricht, so können nach Entblockung des Signalfestlegefeldes A^1, wobei dem Hochgehen der Riegelstange folgend die Übertragungstange und der Blockverschlußhaken durch die an diesen angreifende Feder nach oben gezogen werden, beide Blockverschlußscheiben links gedreht werden, nach Entblockung des Feldes A^2 beide Blockverschlußscheiben nach rechts. Damit ist also, wie erforderlich, durch Entblocken von A^1 das Umlegen des Fahrstraßenhebels $a^{1/2}$ im Sinne der Fahrt A^1 ermöglicht, durch Entblocken von A^2 das Umlegen desselben Fahrstraßenhebels im Sinne der Fahrt A^2. Entsprechend

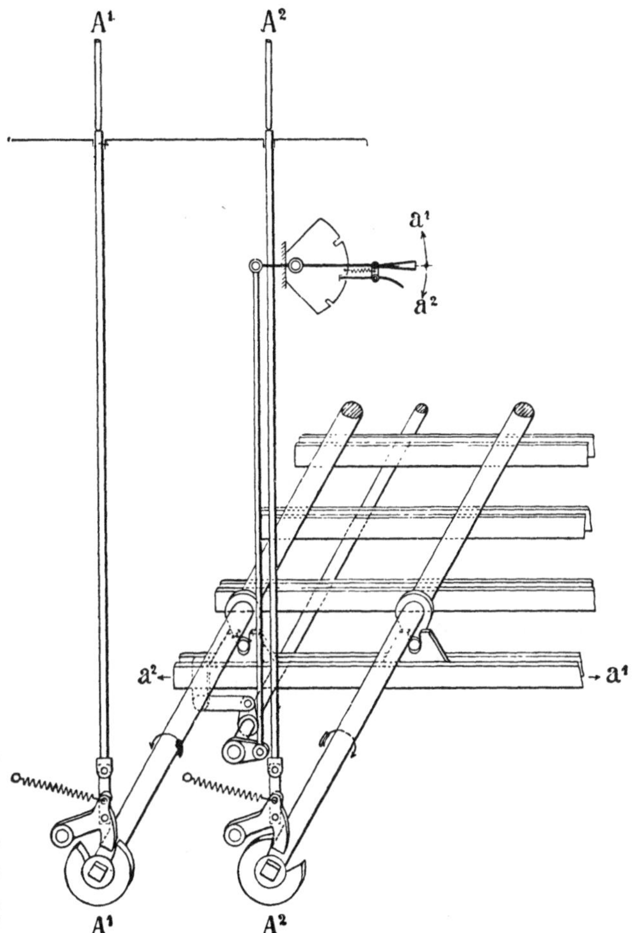

Abb. 254. Sperren der Signalfestlegefelder beim Stellwerk nach Abb. 253.

sind Einrichtung und Wirkungsweise für den Fahrstraßenhebel b/c und die zugehörigen Signalfestlegefelder B, C und Sperren (Blockverschlußscheiben und Blockverschlußhaken). Unter dem dem Signalfestlegefeld entsprechenden Signalfreigabefeld, sofern dies nicht. wie hier der Fall, in einer Befehlsstelle (ohne Stellwerk), sondern in einem Befehlsstellwerk sich befindet und dort zu der betreffenden Fahrstraße gehörige Weichen zu verschließen hat, befindet sich eine ähnliche Sperre. Die Blockverschlußscheibe hat dann aber (vgl. Abb. 255) einen Ausschnitt, der nur der Breite des Blockverschlußhakens entspricht. Blocken des Signalfreigabefeldes, bzw. Eintreten des Blockverschlußhakens in den Ausschnitt der Blockverschlußscheibe ist dabei nur möglich, nachdem der im Befehlsstellwerk für diese Fahrt vorhandene Fahrstraßenhebel in Fahrtstellung umgelegt ist. In dieser Stellung wird er dann durch das Blocken des Freigabefeldes festgelegt, während gleichzeitig das Festlegefeld im abhängigen Stellwerk entblockt wird (vgl. S. 160). Dieselbe Einrichtung zeigen auch die Sperren

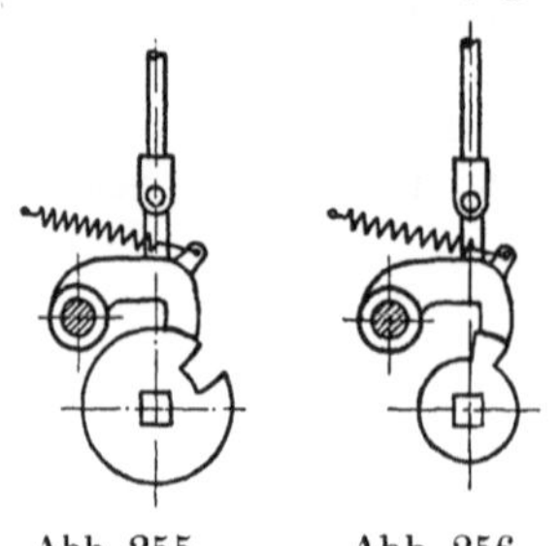

Abb. 255.   Abb. 256.
Sperren Jüdelscher Bauart
für besondere Fälle.

bei Zustimmungsfeldern. Doch können sich je nach Lage des Falles für die Ausschnitte der Blockverschlußscheiben andere Formen ergeben. Wenn z. B. dieselbe Zustimmung die beiden entgegengesetzten Bewegungen eines Fahrstraßenhebels ermöglichen soll, so erhält die Blockverschlußscheibe beim Zustimmungsempfangsfeld nur einen Ausschnitt nach Abb. 255. Wenn das Blocken eines Zustimmungsabgabefeldes bei beiden Endstellungen desselben Fahrstraßenhebels möglich sein soll, so erhält die Blockverschlußscheibe entweder zwei Einschnitte oder keinen Einschnitt, sondern nach Abb. 256 einen Ansatz, der in Grundstellung den Blockverschlußhaken am Nachuntengehen verhindert, während solches Nachuntengehen des Blockverschlußhakens, also das Blocken des Zustimmungsabgabefeldes sowohl bei Rechtsverdrehung wie bei Linksverdrehung der Blockverschlußscheibe, d. h. nach dem Umlegen des Fahrstraßenhebels im einen wie anderen Sinne möglich ist. Die Blockverschlußscheibe und damit der gezogene Fahrstraßenhebel wird dann durch das Blocken in der jeweils gezogenen Stellung festgelegt.

2. Die Fahrstraßenfestlegung. Bei der süddeutschen Anordnung (vgl. S. 164), bei der sich der Fahrstraßenhebel beim Umlegen in der gezogenen Stellung durch eine Sperre selbsttätig festlegt und hierin der Zwang liegt, diese selbsttätige Sperrung, um sie wieder loszuwerden, durch das Blocken des Fahrstraßenfestlegefeldes zu ersetzen, sind weitere Verbindungen der Sperrvorrichtung mit dem Stellwerk nicht erforderlich. Bei der norddeutschen Anordnung dagegen (s. S. 165) wird die Bedienung des Signalhebels außer von dem vorherigen Ziehen des Fahrstraßenhebels davon abhängig gemacht, daß letzterer zuvor in der gezogenen Lage mittels des Fahrstraßenfestlegefeldes (Wechselstromfeld oder Gleichstromfeld, s. S. 164, 165) festgelegt und hierdurch die dem Signalhebel gewissermaßen angeborene Sperre beseitigt ist. Dieses Abhängigkeitsverhältnis sei für die beiden Signalhebel B und C der Abb. 253 an der schematischen Abb. 257 (nach Scheibner, Sammlung Göschen II. Bd., S. 35) erklärt, in der die Signalhebel der sich ausschließenden Signale B und C und der Fahrstraßenhebel um 90°, d. h. in die Bildebene der Längsansicht des Stellwerks gedreht, dargestellt sind. Die Signalhebel befinden sich im Bereich des eigentlichen Stellwerks, die Fahrstraßenhebel und die ferner links in der Abb. 257 dargestellten Sperrvorrichtungen dagegen im Bereich des eine Verlängerung des Stellwerks bildenden Blockuntersatzes. Die beiden Schubstangen, nämlich die zwischen Weichenhebeln und Signalhebeln vermittelnde Fahrstraßenschubstange f und die besondere Signalschubstange s, stellen zwischen den Signalhebeln und den Sperrvorrichtungen die Verbindungen her. Nachdem durch Umlegen des Fahrstraßenhebels nach oben oder unten der Verschlußbalken des Signalhebels B bzw. C je von dem in Grundstellung ihn festhaltenden Verschlußkörper u_1 bzw. u_2 freigegeben ist[1]), kann der Signalhebel B bzw. C gleichwohl noch nicht umgelegt werden, weil sein Umlegen durch die in Abb. 257 dargestellte Übertragungsvorrichtung (Stellrillen st_1, st_2, Laufröllchen r_1, r_2, Winkelhebel w_1, w_2 usw.

---

[1]) In Wirklichkeit stehen mit den Verschlußkörpern u_1 und u_2 besondere Verschlußbalken in Wechselwirkung, die von den Handfallenstangen der Signalhebel angetrieben werden (s. S. 34).

bis zu den Antriebstücken x_1, x_2) die gemeinschaftliche Signalschubstange s nach links[1]) zu verschieben muß, diese Verschiebung aber durch das Sperrstück o einstweilen verhindert ist. Durch Blocken des Fahrstraßenfestlegefeldes b/c (bzw. Herabdrücken des Gleichstromfeldes b/c), was nur nach einer der beiden Umlegungen des Fahrstraßenhebels möglich ist (s. Abb. 257), macht das Sperrstück o eine Schwenkung nach oben, gibt hierdurch die Signalschubstange s frei, indem gleichzeitig die Fahrstraßenschubstange f in der jeweilig gezogenen Lage festgelegt wird. Die Anordnung, deren wirkliche Ausführung durch die schematische Abbildung für die gemeinschaftliche Signalschubstange im wesentlichen treffend wiedergegeben wird, bleibt dieselbe, auch wenn drei oder noch mehr Signalhebel daran beteiligt sind, wobei zu bemerken, daß das Blocken des gemeinschaftlichen Fahrstraßenfestlegefeldes zwar die Signalschubstange für jeden beliebigen der Signalhebel verschiebbar macht, daß aber natürlich nur

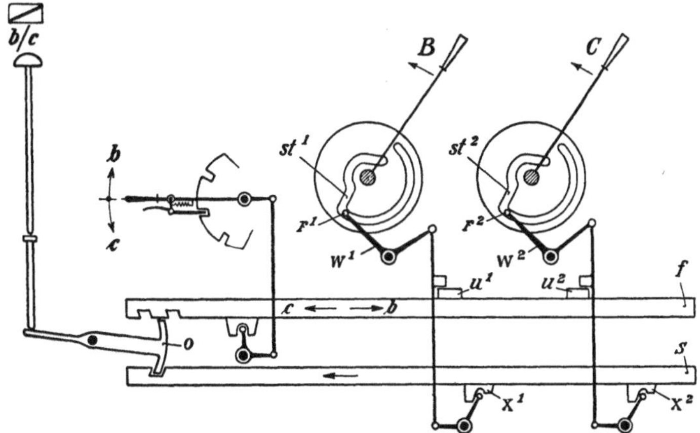

Abb. 257. Schematische Darstellung der Stellbarkeit von Signalhebeln erst nach Festlegung der Fahrstraßen.
(Entn. aus Scheibner, Sammlung Göschen, II. Bd., S. 35.)

derjenige Signalhebel dadurch tatsächlich zum Umlegen freigemacht wird, für den vorher der Fahrstraßenhebel umgelegt ist. Die gemeinschaftliche Sperrvorrichtung s c h e i n t nach der schematischen Abb. 257 nur für z w e i verschiedene Fahrstraßen anwendbar zu sein. Die wirklichen Ausführungsformen der Sperrvorrichtung, die von der schematischen Darstellung in Abb. 257 erheblich abweichen, gestatten aber auch hier, die Zahl der Fahrstraßen und der Fahrstraßenhebel, auf die die Festlegung zu wirken hat, beliebig groß zu machen.

Als Beispiel sei die neuere J ü d e l sche Anordnung an Hand der schaubildlichen Darstellung in Abb. 258a—d (gleichfalls nach S c h e i b n e r, Sammlung Göschen II. Bd., S. 37 und nach Stellwerk 1911, S. 44 bis 47) unter Annahme zweier Fahrstraßenhebel beschrieben. Die Sperrvorrichtung besteht aus zwei ineinander gesteckten[2]) Wellen, der Hohlwelle b und der in sie hineingeschobenen Welle a, die im Blockuntersatz von vorn nach hinten durchgehen. Die mit der Doppelwelle verbundenen Sperrenteile befinden sich im Sperrenkasten unter dem Fahrstraßenfestlegefeld $d/e/f$. Nach hinten kreuzt die Doppelwelle über dem Schubstangenkasten hinweg und steht in Verbindung mit den beiden Fahrstraßenschubstangen d/e und f sowie mit der Signalschubstange $D/E/F$. Aus der Abbildung ergibt sich ohne weiteres, daß die Bauweise für beliebig viele

---

[1]) In der wirklichen Ausführung nach rechts.
[2]) Nur zur Platzersparnis. Die beiden Wellen könnten an sich nebeneinander liegen.

Fahrstraßenschubstangen sich ausschließender Fahrstraßen angewendet werden
kann.

Das an der Hohlwelle sitzende Sperrstück i wird samt der Hohlwelle durch
die Federzange z in der Grundstellung Abb. 258a festgehalten, in der es verhindert, daß das Fahrstraßenfestlegefeld geblockt wird, ohne daß eine der Fahr-

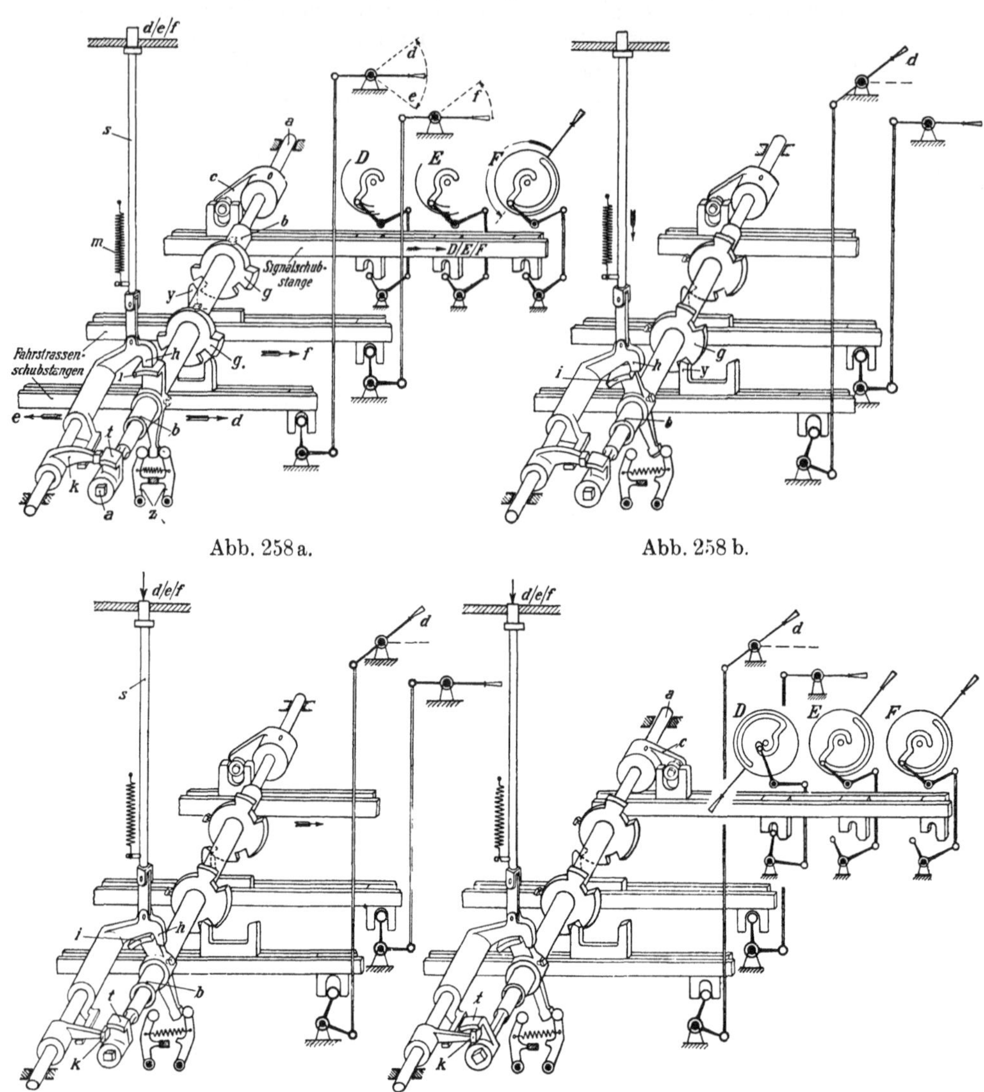

Abb. 258a.   Abb. 258b.

Abb. 258c.   Abb. 258d.

Abb. 258a—d. Fahrstraßenfestlegung. Neuere Bauart Max Jüdel & Co.
(Nach Scheibner, Sammlung Göschen, II. Bd., S. 37 und Stellwerk 1911, S. 44—47.)

straßen eingestellt ist. Solche unzutreffende Blockung wäre zwar ungefährlich,
aber betriebsstörend. Beim Umlegen eines der Fahrstraßenhebel (Abb. 258b)
greift das an der Fahrstraßenschubstange angebrachte Zahnstück y in eine
Einkerbung des bei jeder Fahrstraßenschubstange auf der Hohlwelle sitzenden
Bundes g und verdreht die Hohlwelle b links herum oder rechts herum so weit,
daß das Sperrstück i das Herabgehen des Verschlußhakens h und somit auch
der an ihn angeschlossenen Übertragungsstange des Fahrstraßenfestlegefeldes

nicht mehr verhindert. Beim Blocken dieses Feldes (Abb. 258c) wird durch Herabgehen des Hakens h das Sperrstück i und mit ihm die Hohlwelle b, also auch die Fahrstraßenschubstange und der gezogene Fahrstraßenhebel in der gezogenen Lage, alle anderen Fahrstraßenschubstangen und Fahrstraßenhebel werden in der Grundstellung festgelegt. Zugleich wird auch die mit dem Haken h an derselben Drehachse sitzende Klinke k gesenkt, so daß nunmehr das an der Welle a sitzende Stück t über die Klinke k treten kann. Damit ist also durch die Fahrstraßenfestlegung die Drehung der von der Signalschubstange mittels der Kurbel c angetriebenen Welle a, d. h. das Stellen des durch Umlegen des betreffenden Fahrstraßenhebels bedingten Signalhebels ermöglicht (Abb. 258d). Sofern das Fahrstraßenfestlegefeld, wie auf den Pr.H.St.B. bei Einfahrten die Regel, als Wechselstromblockfeld ausgeführt wird, erhält es Verschlußwechsel und Hilfsklinke ohne Rast.

3. Die mit den Streckenblockfeldern verbundenen Sperren.

a) **Endfeld und Signalverschlußfeld.** Da die Streckenblockung im allgemeinen nicht[1]) durch die Bahnhöfe hindurchgeführt wird, so besteht an sich die Gefahr, daß in ein Bahnhofshauptgleis, in das ein Zug von der Strecke eingefahren ist, noch vor Räumung des Gleises ein zweiter Zug von derselben Strecke oder von einer anderen Strecke eingelassen wird. Wie man dieser Gefahr auf manchen deutschen Bahnen durch Einrichtungen zur Sicherung einer gewissen Fahrstraßenreihenfolge entgegenwirkt, wird auf S. 208, 212, 221 dargelegt werden. Auf den Pr.H.St.B. überläßt man dem Fahrdienstleiter die Verantwortung dafür, daß in dieser Beziehung kein Fehler gemacht wird. In den abhängigen Endstellwerken ist deshalb eine besondere Vorkehrung nötig, daß die vom Fahrdienstleiter einmal mittels der Stationsblockung erteilte Erlaubnis zur Fahrtstellung eines Einfahrsignals nicht vom Stellwerkswärter wiederholt benutzt wird. Diese besteht in der Hinzufügung des Signalverschlußfeldes. Wäre dies nicht vorhanden, so könnte, nachdem nach Einfahrt eines Zuges die rückliegende Strecke freigegeben ist, ein zweiter auf derselben Strecke sich nähernder Zug vom Stellwerkswärter, der versäumt hat, die Signalerlaubnis an den Fahrdienstleiter zurückzugeben, wiederum Einfahrsignal erhalten, ohne daß der Fahrdienstleiter in der Lage wäre, dies unmittelbar zu verhindern. Das deshalb zu dem Endfeld hinzugefügte Signalverschlußfeld (Abb. 253) ist im wesentlichen, wie ein Anfangsfeld der Streckenblockung auf Blockstellen ausgebildet[2]). Beide Felder sind daher durch Gemeinschaftstaste[3]) verbunden, so daß sie nur gemeinsam geblockt werden können, nachdem vorher das Endfeld (durch die Blockvormeldung) von der vorhergehenden Blockstelle aus entblockt ist, und nachdem die am Signalverschlußfeld angebrachte mechanische Tastensperre durch Fahrt- und Haltstellung des Signalhebels beseitigt, die am Endfeld angebrachte elektrische Tastensperre beim Befahren eines Kontakts durch die erste Achse des bei **stehendem Signal** einfahrenden Zuges aufgelöst ist. Da nun dem Signalverschlußfeld nicht, wie jedem Anfangsfeld, ein Endfeld entspricht, durch dessen Blockung es wieder entblockt werden würde, so ist die Anordnung getroffen, daß es bei Rückgabe der Signalerlaubnis wieder entblockt wird. Der beim Wiederblocken des Signalfestlegefeldes (hier A^1 oder A^2) erzeugte Wechselstrom geht also nicht nur zum Befehlsstellwerk, um dort das Signalfreigabefeld wieder zu entblocken, sondern er durchläuft auch das Signalverschlußfeld, um auf dieses entblockend zu wirken. Dessen Tiefstellung verschließt, wie der Name besagt, und wie aus der eben beschriebenen Schaltung

---

[1]) Neuerdings geschieht dies jedoch auf Hauptstrecken häufig (s. S. 212).

[2]) Doch darf kein Verschlußwechsel da sein und muß die Hilfsklinke eine Rast haben; denn sonst würde, falls die Strecke erst nach der Rückgabe der Signalerlaubnis (s. unten) freigegeben wird, die Taste nicht wieder hochgehen.

[3]) Früher (wie in Abb. 253 dargestellt) Mitnehmertaste.

sich ergibt, den Hebel des Einfahrsignals solange, bis dieser Hebel wieder unter Blockverschluß des Fahrdienstleiters gelangt. Da es vorkommen kann, daß einmal gelegentlich die Streckenfreigabe nach der Rückgabe der Signalerlaubnis an den Fahrdienstleiter erfolgt, so würde in solchem Falle die Mitblockung des Signalverschlußfeldes beim Blocken des Endfeldes einen auf ordentlichem Wege nicht wieder zu beseitigenden Zustand schaffen. Diesem ist dadurch vorgebeugt, daß die dem Signalverschlußfeld beim Blocken den Wechselstrom zuführende Leitung in entsprechender Anzahl Schleifen (hier zwei) über Riegelstangenkontakte an den Signalfestlegefeldern geführt ist. Die Kontakte sind in Grundstellung der Signalfestlegefelder geöffnet und nur bei einem entblockten Signalfestlegefeld ist der Kontakt dieses Feldes geschlossen.

Die Sperrenanordnung für Endfeld und Signalverschlußfeld, angebracht unter dem Signalverschlußfeld, zeigt nach der Jüdelschen Bauweise die Abb. 259a bis e. Die die Riegelstange des Signalverschlußfeldes nach unten in den Blockuntersatz und in den Sperrenkasten hinein fortsetzende Übertragungsstange ist gelenkig verbunden mit dem (wie zu 1) in Hakenform ausgebildeten Blockriegel (dem Verschlußhaken, Verschlußhebel C), den die Feder G bestrebt ist, nach oben zu ziehen. Er kann nur dann (unter Überwindung der Federspannung) nach unten gedrückt werden, also das Signalverschlußfeld nur dann geblockt werden, wenn die darunter drehbar gelagerte Verschlußscheibe D mit ihrem Einschnitt nach oben weist, so daß der Verschlußhaken eintreten kann. Bei Entblocken des Signalverschlußfeldes zieht die Feder G den Verschlußhaken aus dem Einschnitt der Verschlußscheibe heraus, indem so zugleich die Übertragungsstange, der nach oben gehenden Riegelstange folgend, nach oben gedrückt wird. Die Drehbewegung der Verschlußscheibe wird herbeigeführt durch eine mittels Kurbel auf ihre Achse wirkende Signalschubstange (von der in Abb. 259 nur ein kleines Stück angedeutet ist), die ihrerseits in der S. 186 beschriebenen Weise mittels an der Seilrolle des Signalhebels sitzender Stellrille und Übertragungsvorrichtung angetrieben wird. Die Einrichtung ist so getroffen, daß bei Haltstellung des Signalhebels die Verschlußscheibe D die den Verschluß gestattende Stellung (Abb. 259a) annimmt, bei Fahrtstellung des Signalhebels aber die entgegengesetzte (Abb. 259b), die gegen die Verschlußstellung entgegen dem Uhrzeiger verdreht ist. Mit dieser für die oben beschriebenen Verschlußzwecke ausreichenden Einrichtung ist nun verbunden diejenige der mechanischen Tastensperre.

Auf dem Drehzapfen des Blockhakens schwingt auch die Sperrklinke A; am Blockhaken unter der Übertragungsstange ist drehbar gelagert das Fangstück H. A und H werden beständig durch die Feder J gegeneinander gezogen, so daß die Sperrklinke A sich mit ihrer Ecke in eine der beiden übereinander vorhandenen Einklinkungen des Fangstückes H fest hineinlegt. In der Grundstellung (bei Haltstellung des Signalhebels, Abb. 259a) liegt die Ecke der Sperrklinke A in der oberen Einklinkung des Fangstückes H. Bei dieser Stellung stützt sich der Fuß des Fangstückes H beim Versuch, es herabzudrücken, auf den an der Verschlußscheibe befestigten Auslösekranz B, so daß Blockhaken, Übertragungsstange usw. nicht herabgedrückt werden kann (Tastensperre). Bei der durch Ziehen des Signalhebels bewirkten Linksdrehung der Verschlußscheibe stößt die Fläche K des Kranzes B gegen den Fuß des Fangstückes H und verdreht dies so weit, daß die Sperrklinke A aus der oberen Einklinkung in die untere Einklinkung des Fangstückes überspringt (Abb. 259b). In dieser Stellung hindert nach Zurückstellung des Signalhebels auf Halt und Zurückdrehung der Verschlußscheibe in die Grundstellung (Abb. 259c) das Fangstück nicht mehr das Herabdrücken der Blocktaste. (Die Tastensperre ist durch Stellen des Signalhebels auf Fahrt und Halt ausgelöst). Beim Blocken legt sich noch vor vollständigem Herabdrücken der Blocktaste und des Blockverschlußhakens

die Sperrklinke *A* auf eine Abplattung der Verschlußscheibe, so daß beim weiteren
Herabdrücken der Blocktaste bis in die für das Blocken erforderliche Tiefe
(rd. 20 mm) das Fangstück sich gegenüber der Sperrklinke nunmehr im umgekehrten Sinne, wie vorher, verschiebt, wobei die Sperrklinke wieder in die obere
Einklinkung des Fangstückes überspringt (Abb. 259 d, e). Beim demnächstigen
Entblocken gelangt daher das Fangstück *H* in die Grundstellung zurück, d. h.
durch einmaliges Blocken und Entblocken wird die vorher ausgelöste Tastensperre wieder hergestellt.

b) **Anfangsfeld.** Wie auf S. 176 hervorgenoben, bedarf auf Bahnhöfen
das Anfangsfeld der Verbindung mit einer Wiederholungssperre, während eine

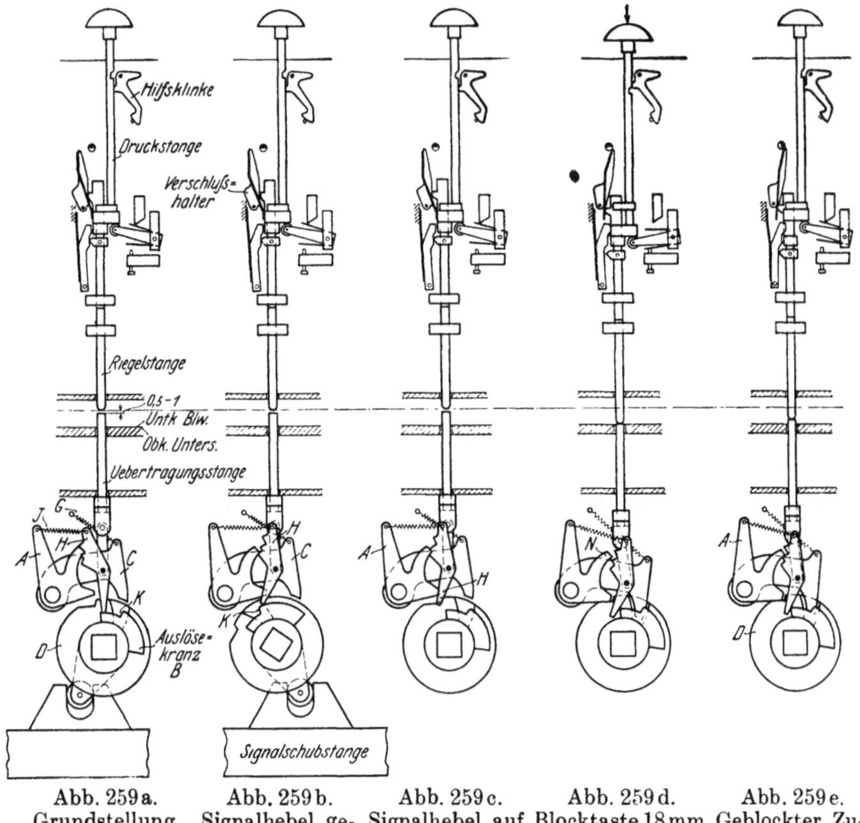

Abb. 259a. Abb. 259b. Abb. 259c. Abb. 259d. Abb. 259e.
Grundstellung. Signalhebel ge- Signalhebel auf Blocktaste 18 mm Geblockter Zu-
 zogen. Halt zurück- niedergedrückt. stand.
  gelegt.

Abb. 259a—e. Sperrenanordnung Jüdelscher Bauart für ein Signalverschlußfeld.
(Nach Stellwerk 1906, S. 122.)

mechanische Tastensperre durch Sicherheitsgründe nicht bedingt ist. Man
führt solche gleichwohl regelmäßig aus, um zu verhüten, daß die Taste versehentlich vor Fahrt- und Haltstellen des Ausfahrsignalhebels gedrückt wird,
und so durch Einfallen des Verschlußwechsels bzw. der Hilfsklinke ohne Rast
eine Blockstörung herbeigeführt wird, die nur durch Ausfahren eines Zuges auf
Handsignal oder durch gewaltsamen Eingriff beseitigt werden könnte. Die
Jüdelsche Sperreneinrichtung des Anfangsfeldes benutzt nun dieselbe Anordnung, wie sie eben beschrieben wurde, die aber durch eine kleine Abänderung
zugleich auch als Wiederholungssperre wirkt. Die untere Einklinkung des Fangstückes *H* (Abb. 260a bis e) ist fortgelassen oder reicht so tief herab, daß die

aus der oberen Einklinkung beim Verdrehen der Verschlußscheibe nach unten
übergesprungene Sperrklinke am Fangstück keinen Halt findet (Abb. 260 b)
und deshalb nach Zurückstellung des Signalhebels (Zurückdrehung der Verschlußscheibe in die Grundstellung) auf der Abplattung der Verschlußscheibe
aufruht (Abb. 260 c).[1]) In dieser Lage aber widersetzt es sich durch Gegenlegen
gegen den Absatz der Verschlußscheibe deren Verdrehung aus der Grundstellung nach links, also dem abermaligen Ziehen des Ausfahrsignals, wirkt
also als Wiederholungssperre. Beim Blocken (Abb. 260 d, e) springt die Sperrklinke wieder in die Einklinkung des Fangstückes über, so daß bei der dem-

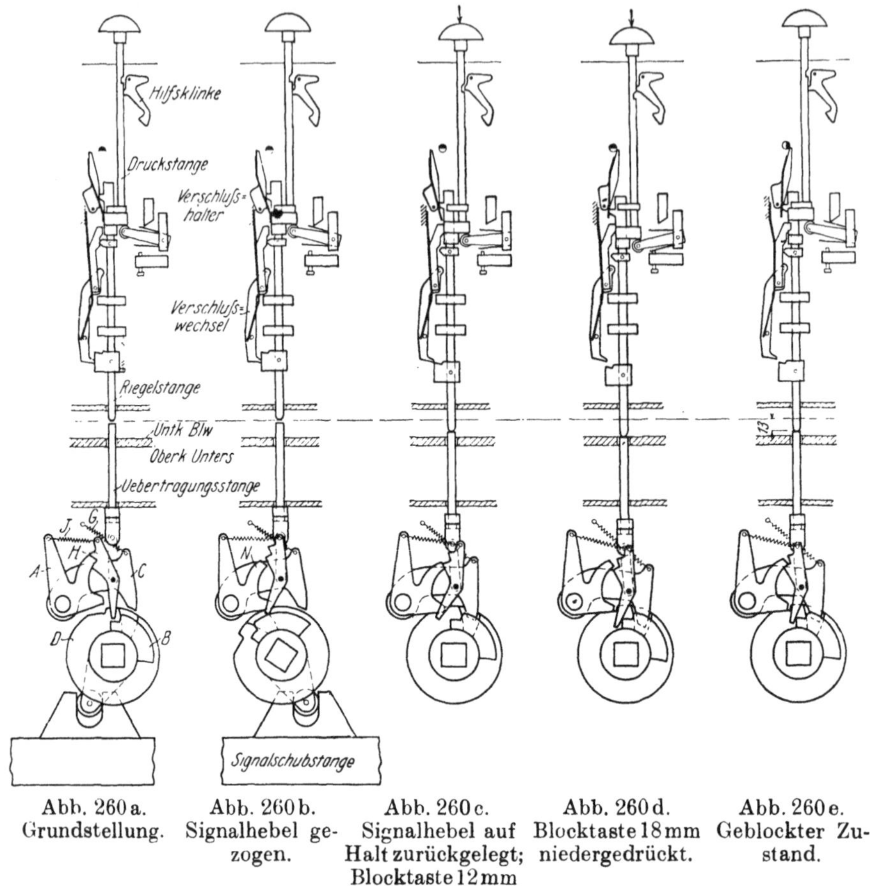

Abb. 260 a.	Abb. 260 b.	Abb. 260 c.	Abb. 260 d.	Abb. 260 e.
Grundstellung.	Signalhebel ge- zogen.	Signalhebel auf Halt zurückgelegt; Blocktaste 12 mm niedergedrückt.	Blocktaste 18 mm niedergedrückt.	Geblockter Zu- stand.

Abb. 260 a—e   Sperrenanordnung Jüdelscher Bauart für ein Streckenanfangsfeld.
(Nach Stellwerk 1906, S. 125.)

nächstigen Entblockung die Wiederholungssperre wieder beseitigt und der
Grundzustand (Abb. 260 a) herbeigeführt wird. Die Wiederholungssperre bedarf
indessen, um als Hebelsperre vollkommen zu wirken, noch einer Ergänzung.

Die eben beschriebene Wiederholungssperre tritt erst dann ein, wenn ein
Signalhebel aus der Fahrtstellung fast ganz in die Haltlage zurückbewegt ist.
Dem Wärter wäre es hiernach möglich, den Signalhebel nicht ganz in diese Lage

---

[1]) Die Abb. 260 c verdeutlicht außerdem die Wirkung von Verschlußwechsel und
Hilfsklinke ohne Rast für den Fall, daß die Blocktaste nur herabgedrückt und wieder
losgelassen wird. — Abweichend von der Darstellung in Abb. 260 (ebenso 259, 262) erhält die Druckstange jetzt zwei Ausklinkungen für die Hilfsklinke (s. Abb. 236. S. 156).

zurückzulegen, wobei der Signalflügel gleichwohl schon wagerecht steht, und
das Signal auf diese Weise beliebig oft wiederholt zu ziehen. Um dies zu verhüten,
bringt man an allen mit einer Wiederholungssperre verbundenen Signalhebeln
eine sogenannte Unterwegsperre an[1]). Die Anordnung solcher nach der Jüdelschen Bauart zeigen Abb. 261a bis d. Die an der federnden Schwinge C
angebrachte gleichfalls federnde Sperrklinke B schleift beim Stellen des Signalhebels von Haltlage zur Fahrtlage (Abb. 261b) klappernd an den rechteckigen
Zähnen der Seilrolle entlang. Bei Umkehr der Stellbewegung, mag diese in voller
Fahrtstellung oder früher erfolgen, schnappt die Sperrklinke in die entgegen-

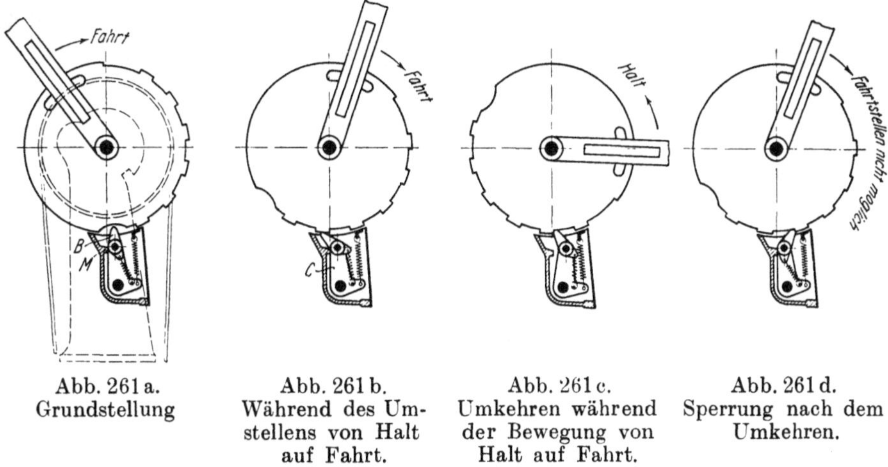

Abb. 261a.	Abb. 261b.	Abb. 261c.	Abb. 261d.
Grundstellung	Während des Um- stellens von Halt auf Fahrt.	Umkehren während der Bewegung von Halt auf Fahrt.	Sperrung nach dem Umkehren.

Abb. 261a—d. Unterwegsperren Jüdelscher Bauart. (Nach Stellwerk 1906, S. 124.)

gesetzte Neigung um (Abb. 261c, d) und verhindert nun, da die Schwinge C sich
beim Versuche, die Hebelbewegung nochmals umzukehren, bei M (Abb. 261a, d)
gegen die Gehäusewand stützt, jede abermalige Bewegung des Hebels im Sinne
der Fahrtstellung. Der Wärter ist also gezwungen, eine einmal eingeleitete
Rückwärtsbewegung zu vollenden. Beim Erreichen der Haltstellung schwingt
dann die Sperrklinke B wieder in die Mittellage, die Unterwegsperre ist also
wieder beseitigt. Dafür ist aber kurz vorher die Wiederholungssperre eingefallen.
Es sei noch betont, daß diese Anordnung den Wärter nicht etwa zwingt, die
eingeleitete Stellbewegung zu vollenden, daß sie ihn aber verhindert, die eingeleitete Rückstellbewegung wieder umzukehren. Man bezeichnet die Verbindung der Wiederholungssperre mit der Unterwegsperre mit dem Namen
„Hebelsperre".

c) Endfeld in einem Befehlsstellwerk. Hier kommt die Anordnung
eines Signalverschlußfeldes nicht in Frage, weil der Fahrdienstleiter sich an
Ort und Stelle befindet. Das Endfeld darf in geblocktem Zustande aus den
S. 178 angegebenen Gründen das Einfahrsignal nicht verschließen. Anderseits
darf es nicht möglich sein, daß nach Einfahrt eines Zuges bei noch auf Fahrt
stehendem Einfahrsignal die rückliegende Strecke freigegeben wird, wobei
dann ein zweiter Zug kommen und auf dasselbe Signal einfahren könnte. Die
dem entsprechende Anordnung von Jüdel zeigen Abb. 262a bis f. Die Sperre
wird im wesentlichen, wie zu a beschrieben, aber mit verkürztem Haken so
eingerichtet, daß bei geblocktem Endfelde (13 mm gesenkter Riegelstange)

---

der Blockhaken nicht in den Einschnitt der Blockscheibe eingreift, also das Signal nicht sperrt (Abb. 262a). Anderseits verhindert die auf das Ringstück r stoßende Stelze p ein Blocken bei auf Fahrt stehendem Signal (Abb. 262c). Wenn bei geblocktem Endfeld der Signalhebel gezogen wird (Abb. 262f), weicht die Stelze p dem Ringstück r seitwärts aus, wie aus Abb. 1729—1731 in Scholkmann S. 1442 ersichtlich. (Mechanische Tastensperre ohne Signalverschluß, Stellw. 1906, S. 123.)

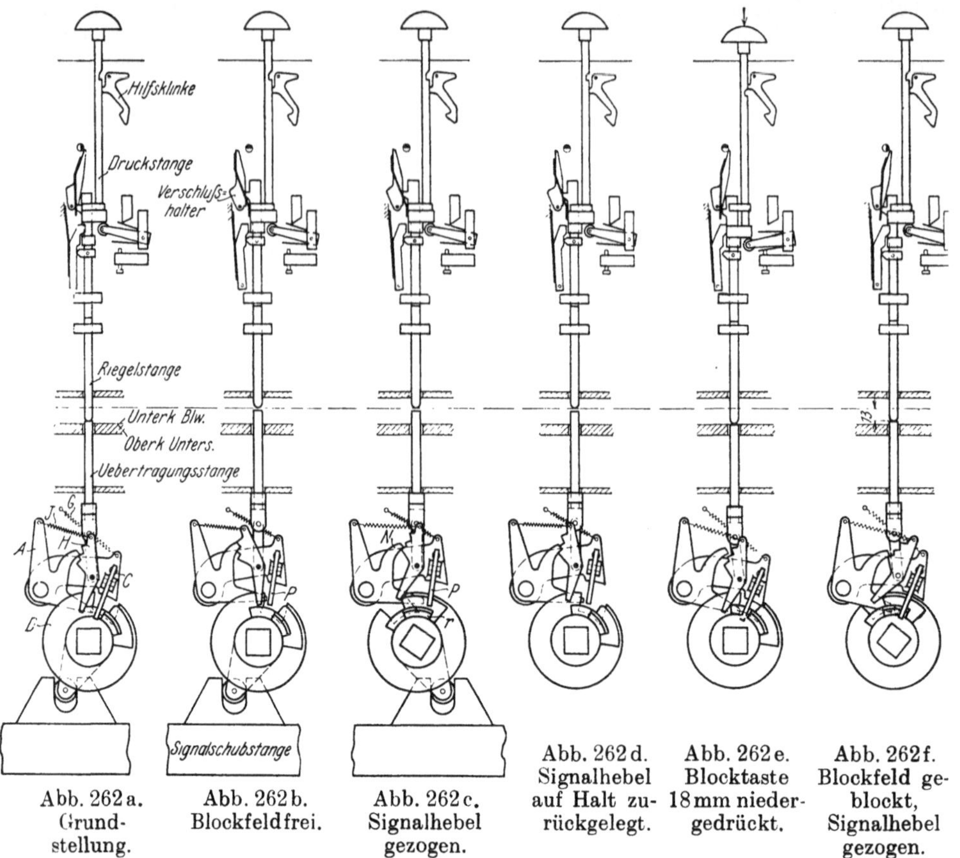

Abb. 262a. Grundstellung.

Abb. 262b. Blockfeld frei.

Abb. 262c. Signalhebel gezogen.

Abb. 262d. Signalhebel auf Halt zurückgelegt.

Abb. 262e. Blocktaste 18 mm niedergedrückt.

Abb. 262f. Blockfeld geblockt, Signalhebel gezogen.

Abb. 262a—f. Sperrenanordnung Jüdelscher Bauart für ein Endfeld in einem Befehlsstellwerk. (Nach Stellwerk 1906, S. 123, 124.)

d) **Verbindung der zur Streckenblockung gehörenden Sperren mit den Signalhebeln.** Die auf die Verschlußscheibe eines Signalverschlußfeldes oder Endfeldes oder Anfangsfeldes drehend wirkende Signalschubstange kann mit einem oder mehreren Signalhebeln in Verbindung stehen und ist im letzteren Falle gemeinschaftliche Signalschubstange (vgl. S. 186). Es ist nun wesentlich, daß die an der Seilrolle des antreibenden Signalhebels angebrachte Stellrille so gestaltet ist, daß das Drehen der Verschlußscheibe in zweckentsprechender Zeitfolge geschieht. Die aus Sicherheitsgründen angeordnete Tastensperre (auf Blockstellen sowie bei Endfeldern und Signalverschlußfeldern auf Bahnhöfen) bezweckt Signalzwang, darf daher erst ausgelöst (beseitigt) werden, nachdem das Signal in Fahrtstellung gelangt ist. Die mit dem Anfangsfeld auf einem Bahnhof verbundene Tastensperre dagegen muß verschwunden sein, sobald die Unterwegsperre (s. oben) einfallbereit ist, weil sonst bei Zurücklegen des Signalhebels, nachdem er nur ein Stück des Stellweges vorwärts bewegt ist, die Unterwegsperre und demnächst die Hebelsperre einfallen würde, ohne daß die Möglichkeit vorläge, letztere Sperre durch Blocken des Anfangsfeldes wieder zu beseitigen. In den ersten Fällen wird deshalb die Sperre spätauslösend ge-

macht, im Falle des Anfangsfeldes (außerdem aus besonderen Gründen auf Blockstellen mit Abzweigung) frühauslösend. Dies kann durch geeignete Formen der Stellrillen an den Signalhebeln geschehen (Abb. 263a, b), wird aber zweckmäßiger, wie bei Jüdel (Abb. 253) und nach der Pr.H. Einheitsform bei gleicher Ausbildung der Stellrillen durch verschiedene Ausbildung der Sperren bewirkt.

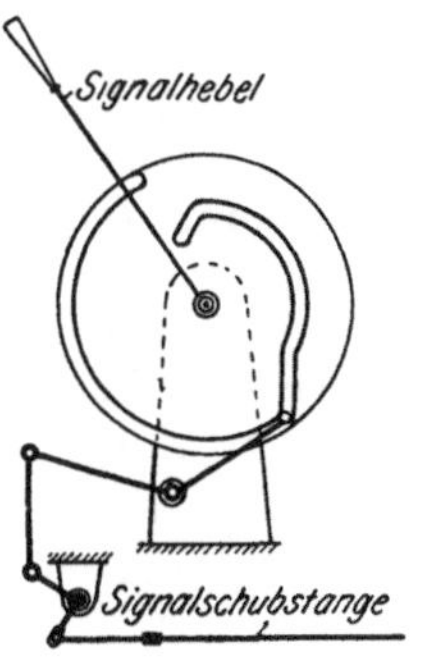

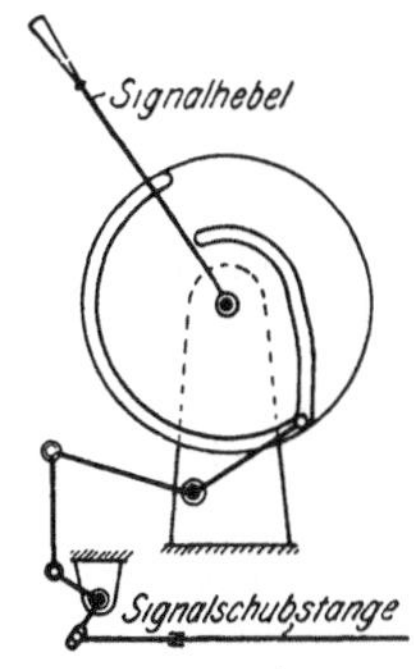

Abb. 263a.
Stellrille für spät aus-
lösende mechanische
Tastensperre.

Abb. 263b.
Stellrille für früh aus-
lösende mechanische
Tastensperre.

Die drei beschriebenen Vorrichtungen bezeichnet man als spätauslösende Tastensperre mit Signalverschluß, als Hebelsperre nebst früh auslösender mechanischer Tastensperre mit Signalverschluß und als spät auslösende mechanische Tastensperre ohne Signalverschluß[1]). Für besondere Zwecke kommen auch andere Zusammenstellungen vor.

D. Ergänzende elektromagnetische Einrichtungen.

Die beschriebene Verbindung der Stellwerke mit der Stations- und Streckenblockung setzt das Vorhandensein gewisser elektrischer Einrichtungen im Stellwerk, an den Ausfahrsignalen und am Gleise voraus. Die betreffenden Vorkehrungen sollen nun noch kurz besprochen werden.

1. Hebelkontakte. Die elektrische Tastensperre soll nur in dem Falle von dem über die Schienenkontaktvorrichtung fahrenden Zuge ausgelöst werden, wenn die Zugfahrt sich bei Fahrtstellung des betreffenden Signals vollzieht. In die elektrische Leitung ist deshalb ein Kontakt eingeschaltet, der nur bei Fahrtstellung des Signalhebels geschlossen ist, wie dies für die Einrichtungen auf Blockstellen bereits bei der Beschreibung des Kurbelwerks für Blockstellen dargelegt, und nun noch für die Signalhebel der Stellwerke zu erörtern ist. Über einen Kontakt am Signalhebel ist ferner auf den Pr.H.St.B. (Stellwerk 1909, S. 97/98) die Leitung des Fahrstraßenauflösestroms (S. 164) geführt, dergestalt, daß er nur bei Haltstellung des Signalhebels geschlossen ist. So soll es nur nach herbeigeführter Haltstellung des Signalhebels möglich sein, die Fahrstraße aufzulösen. Wo zwei oder mehrere Signalflügelkupplungen zu einer Fahrstraßenfestlegung gehören, wird die Wahl zwischen den anzuschaltenden Kuppelleitungen dadurch getroffen, daß ein Kontakt durch Umlegen des Fahrstraßenhebels geschlossen wird (s. S. 204, 205). Der Kontakt der elektrischen Flügelsperre wird in der Regel beim Umlegen des Signalhebels von der Signalhebelschubstange gesteuert (s. S. 206).

Die Signalhebelkontakte und Fahrstraßenhebelkontakte werden von den Stellwerksfirmen in verschiedener Weise angeordnet und angebracht; so werden die Signalhebelkontakte vielfach von den Verschlußbalken der Signalhebel betätigt und befinden sich demnach bei den betreffenden Signalhebeln im Verschlußkasten des Stellwerks. Die Fahrstraßenhebelkontakte befinden sich viel-

---

1) Auf den Pr.H.St.B. wird die Hebelsperre mit Zubehör als Anfangssperre, und werden die beiden anderen Sperren als Endsperren mit und ohne Signalverschluß bezeichnet.

fach gleichfalls im Verschlußkasten hinter dem Blockuntersatz, betätigt von den Übertragungsvorrichtungen der Fahrstraßenhebel. Die Kontakte sind hiernach meist räumlich weit voneinander entfernt und wenig übersichtlich angeordnet, erfordern ferner bisweilen zur Sicherung gegen Eingriffe das Anlegen zahlreicher Bleiverschlüsse. Demgegenüber erhält man vollkommene Übersichtlichkeit und gute Zugänglichkeit durch Verlegung sämtlicher Kontakte in den Blockuntersatz, und zwar in den hinteren Teil des Sperrenkastens, der dann auch von hinten durch eine Glasscheibe geschlossen wird. Abb. 264 zeigt diese von der Firma C. Fiebrandt & Co. getroffene Anordnung in Rückansicht des Blockuntersatzes. Die nach der Form der Froschkontakte der Firma Siemens & Halske ausgebildeten Kontakte werden durch Bewegungsstücke gesteuert, die auf

Abb. 264. Hebelkontakte nach Bauart Fiebrandt & Co.
(Entn. aus Stellw. 1911, S. 35.)

von den Fahrstraßen- und Signalschubstangen angetriebenen Querwellen (soweit zutreffend denjenigen Querwellen, auf denen vorn im Sperrenkasten die Sperren sitzen) befestigt sind. Die Bewegungsstücke, auf deren Antriebflächen mit Federkraft die Röllchen der Druckstangen der Froschkontakte aufruhen, werden nach Bedarf so geformt, daß die erforderlichen Kontaktschlüsse oder Kontaktöffnungen beim Umlegen der Signal- und Fahrstraßenhebel hergestellt werden. (Näheres Stellwerk 1911, S. 33ff.)

2. Flügelkupplungen. Als Beispiel sei die besonders verbreitete Signalflügelkupplung von Siemens & Halske[1]) an Hand der Abb. 265a bis c beschrieben (vgl. auch die anders ausgebildete Flügelkupplung derselben Firma bei ihren elektrischen Stellwerken, S. 264). Der um die feste Achse o drehbare dreiarmige

---

[1]) Die Kupplung der A.E.G. und die neue Kupplung von S. & H. besitzen einen feststehenden Magneten, was von Vorteil ist.

Hebel h ist mit dem Signalantrieb durch die Verbindungsstange s verbunden. Der um eine zweite feste Achse v drehbare winkelhebelförmige Magnetträger w steht durch die Stange t mit dem Signalflügel in Verbindung. Sobald aus der Grundstellung (Abb. 265a) durch Betätigung des Antriebes der Hebel h umgelegt wird, geht entweder der Hebel w und dadurch auch der Signalflügel mit (Abb. 265b) oder nicht (Abb. 265c) und zwar, je nachdem der am Magnetträger befestigte Elektromagnet E erregt ist oder nicht.

Im ersteren Falle ist der Anker a des Elektromagneten E angezogen. Die am einen Winkelende des Magnetträgers w gelagerte halbweggefeilte Achse f des Ankers a hindert mit ihrem vollen Teil bei angezogenem Anker die am anderen Winkelende des Magnetträgers drehbar gelagerte Klinke l am Ausweichen. Der vom Antrieb aus mittels der Stange s bewegte Hebel h gelangt nach einem Stück Drehung mit seinem schneidenförmigen Ende i gegen die Nase n der Klinke l. Bis zu diesem Zustande hat die Klinke l unter Einwirkung

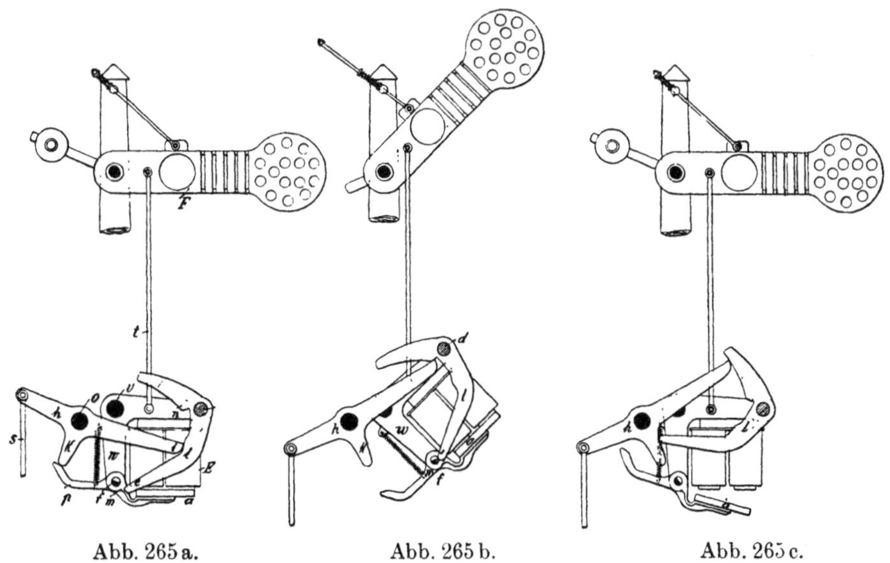

Abb. 265a.   Abb. 265b.   Abb. 265c.

Abb. 265a—c. Elektrische Flügelkupplung. Ältere Bauart, Siemens & Halske.
(Entn. aus Scheibner, S. 1110.)

der Schneide i eine ganz geringe Drehung gemacht, wird aber an weiterer Drehung durch Gegenlegen ihres Endes e gegen den vollen Teil der halbweggefeilten Achse f des Ankers gehindert. Also nimmt nun bei weiterer Drehung der Hebel h den sich um v drehenden Magnetträger w mit, so daß der Signalflügel auf Fahrt geht. Ist dagegen der Elektromagnet nicht erregt, so fällt während der Anfangsdrehung des Hebels h der in Grundstellung durch dessen dritten Arm k (Einwirkung auf Ansatz p des Ankers) sanft an den Elektromagneten E gedrückte Anker a durch sein Eigengewicht, unterstützt durch eine Abreißfeder, von diesem ab. Die hierbei verdrehte halbweggefeilte Achse f des Ankers gibt in dieser Stellung dem Ende e der Klinke l keinen Widerhalt. Die gegen die Nase n der Klinke l drückende Schneide i des Hebels h nimmt daher nicht den Magnetträger w nach oben mit, sondern verdreht die Klinke l, so daß die Endstellung Abb. 265c herbeigeführt wird. Sobald bei in Fahrtstellung befindlichem Flügel die Erregung des Elektromagneten durch Unterbrechung des Kuppelstroms aufhört, fällt der Anker a ab. Sobald er soweit gefallen ist, daß seine Achse f dem Ende e der Klinke l keinen Widerhalt mehr gibt, verdreht sich diese unter Einwirkung der Schneide i und des Gewichts des Elektromagneten ruckartig. Sobald infolge dieser Verdrehung sich der Magnetträger nicht mehr durch die Nase n an der Schneide i abstützt, fällt er samt dem Elektromagneten in die Ruhelage und nimmt den Flügel in die Haltstellung zurück, so daß dieselbe Stellung (Abb. 265 c), wie durch Betätigung des Antriebes bei nicht erregtem Elektromagneten, eintritt. Bei Rückbewegung des Antriebes und des Hebels h kehrt die Vorrichtung sowohl aus der Stellung Abb. 265 b wie aus der Stellung Abb. 265 c in die Ruhestellung (Abb. 265 a) zurück. Fernere ergänzende Teile der Vorrichtung verhindern es, den Flügel bei Fahrtlage des Hebels h, aber abgefallenem Anker, etwa mit der Hand in die Fahrtstellung zu bringen oder wiederholt zu ziehen, und führen bei etwaigem Versagen der Haltfalleinrichtung (Klebenbleiben des Ankers) und Nichtfolgen des Magnetträgers und Flügels bei Rückstellen des Antriebes den Flügel zwangsweise in die Haltstellung zurück. (Vgl. Scheibner, S. 1109/11.)

Damit bei Versagen der elektromagnetischen Wirkung das Signal bedienbar bleibt, wird die elektrische Flügelkupplung regelmäßig mit einer Festschließvorrichtung versehen[1]), die mit besonderem Schlüssel betätigt werden kann und in Störungsfällen benutzt wird.

3. Schienenstromschließer. Die Mitwirkung des fahrenden Zuges bei der Sicherung der Zugfahrten geschieht durch Betätigung von Kontaktvorrichtungen oder von Verbindungen von Kontakten mit isolierten Schienenstrecken.

a) **Schienenkontakte.** Von den Rädern der Züge zur Erzielung von Kontaktwirkung herabgedrückte Pedale haben sich wegen der schnellen Abnutzung nicht bewährt. Die jetzt in Deutschland und in den angrenzenden Ländern meist angewandte Vorrichtung von S. u. H. benutzt zur Erzeugung der Kontaktwirkung die Durchbiegung der Schiene zwischen zwei Schwellen. Abb. 266 a bis c stellen die neueste Ausführungsform, den sogenannten Plattenstromschließer (Stellwerk 1912, S. 36) dar.

In einem Schwellenzwischenraum ist unter der Schiene, nahezu von Schwelle zu Schwelle reichend, der aus den beiden an den Rändern zusammengeschweißten Platten a und b und dem gußeisernen Unterteil d bestehende Körper angebracht. Der Unterteil besitzt wegen seines durch Rippen verstärkten Kastenquerschnittes besonders große Festigkeit und bildet zusammen mit der daraufgeschraubten unteren Platte b einen starren Balken, dessen Enden mit dem Schienenfuß fest verschraubt sind, während im übrigen unter dem Schienenfuß ein freier Spielraum verbleibt, so daß die Schiene sich unter einer Radlast frei durchbiegen kann. Die sich durchbiegende Schiene wirkt in der Mitte der freien Länge entsprechend dem Maße der Durchbiegung vermittels des Druckstöpsels s auf die obere Platte a. Der Druckraum q zwischen den beiden Platten a und b ist mit Quecksilber gefüllt und steht mit dem seitwärts der Schiene angeordneten Kontaktgefäß, das gleichfalls Quecksilber enthält, in Verbindung.

Sobald beim Befahren der Schiene die obere Platte a durchgebogen wird, tritt aus dem unter ihr befindlichen Druckraum q Quecksilber in das Kontaktgefäß über und steigt in dem dessen Hauptbestandteil bildenden Steigerohr k so weit, daß es den von oben isoliert eingeführten Kontaktstift l (an den ein Kabel angeschlossen ist) berührt und so Stromschluß zwischen dem Kontaktstift und dem Körper des Schienenstromschließers (Erde) herbeiführt. Die Kontaktvorrichtung ist von einem Eisenzylinder g umgeben und ferner durch die Schutzhaube i gegen Witterungseinflüsse abgeschlossen. Das aus dem Steigrohr oben austretende Quecksilber wird von der Spritzhaube v zurückgeworfen und gelangt durch das Ablaufrohr o (langsam, daher länger dauernder Stromschluß) in den Druckraum q zurück. Eine entgegengesetzte Bewegung des Queck-

---

silbers im Ablaufrohr o, die die Wirkung im Steigrohr beeinträchtigen würde, wird durch das Kugelventil n verhindert. Um ein zu gewaltsames Aufsteigen des Quecksilbers im Steigrohr zu verhindern, ist in dieses das spindelförmige Stück m eingesetzt. Im übrigen geht die Anordnung, so bezüglich des Kabel-

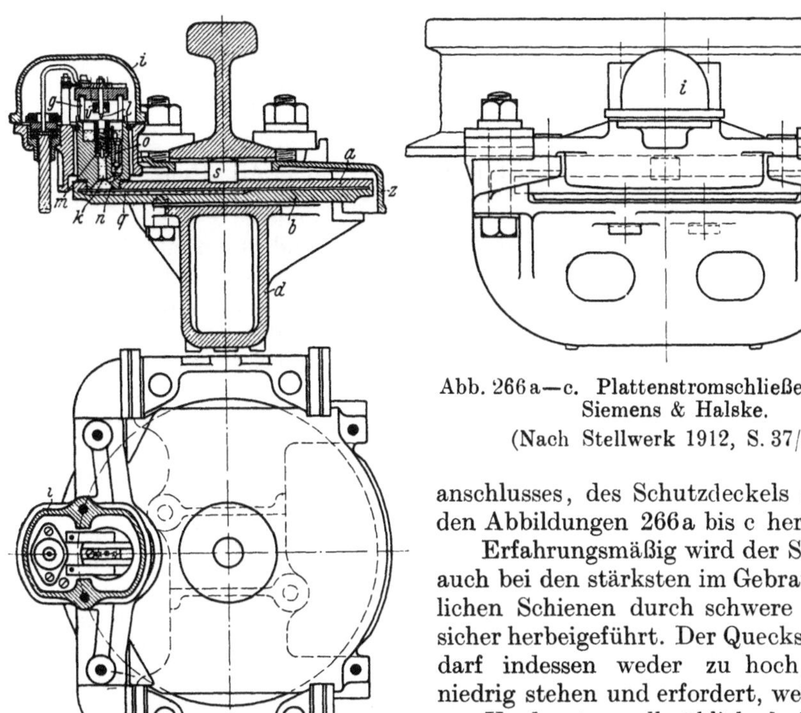

Abb. 266a—c. Plattenstromschließer. Bauart Siemens & Halske.
(Nach Stellwerk 1912, S. 37/38.)

anschlusses, des Schutzdeckels z usw. aus den Abbildungen 266a bis c hervor.

Erfahrungsmäßig wird der Stromschluß auch bei den stärksten im Gebrauch befindlichen Schienen durch schwere Raddrucke sicher herbeigeführt. Der Quecksilberspiegel darf indessen weder zu hoch, noch zu niedrig stehen und erfordert, weil er infolge von Verdunstung allmählich abnimmt, sorgfältige Überwachung.

b) **Verbindung von Schienenkontakt mit isolierter Schiene.** Die Verwendung einer Kontakteinrichtung, wie vorbeschrieben, sei es zur Auflösung einer Fahrstraßenfestlegung, sei es zur Auslösung einer elektrischen Tastensperre oder zum Auf-Halt-Werfen eines Signalflügels leidet noch an dem Mangel, daß die Betätigung des Kontakts durch die erste Zugachse erfolgt. Will man verhindern, daß die Wirkung dieser Betätigung im Verhältnis zu dem fahrdienstlichen Zustand der Bahn zu früh geschieht, so muß man den Kontakt um die Länge des längsten Zuges gegenüber derjenigen Stelle vorschieben, deren Überschreitung durch den Zug für die Wirkung maßgebend ist. Dies ist nicht nur häufig unmöglich, sondern veranlaßt auch bei kürzeren Zügen unnötigen Zeitaufwand und also Betriebsverzögerungen. Dem wird abgeholfen durch Verbindung des Kontakts mit einer isolierten Schienenstrecke.

Die ursprüngliche Anordnung hierfür ist in Abb. 267a, b (nach Scholkmann, S. 1391) dargestellt. In dem von links nach rechts befahrenen Gleise ist von der einen Schiene eine Strecke i von etwas größerer Länge als der größte Achsstand durch Holzlaschen gegen die anschließenden Schienen isoliert (streng genommen ist nur der Widerstand für den Übergang des elektrischen Stroms erhöht, und zwar in der Gesamtwirkung auf mindestens etwa 50 Ohm). Die andere Schiene ist gegenüber der isolierten Strecke, bei e_1, leitend mit Erde verbunden. In der Fahrrichtung jenseits der isolierten Strecke befindet sich an der erstgenannten Schiene ein Schienenkontakt s, dessen Betätigung durch eine Zugachse elektrischen Strom von der Batterie b durch e_3 zur Erde und durch e_2 zum Elektromagneten E (der Fahrstraßenfestlegung, Tastensperre, Flügelkupplung usf.) und über i zur Batterie zurück hervorruft. Dieser Strom kommt jedoch nicht zustande, wenn und solange sich Zugachsen, die der den Kontakt betätigenden Achse folgen, auf der isolierten Schiene befinden, weil durch diese Achsen dem Batteriestrom ein weniger Widerstand leistender Weg geboten

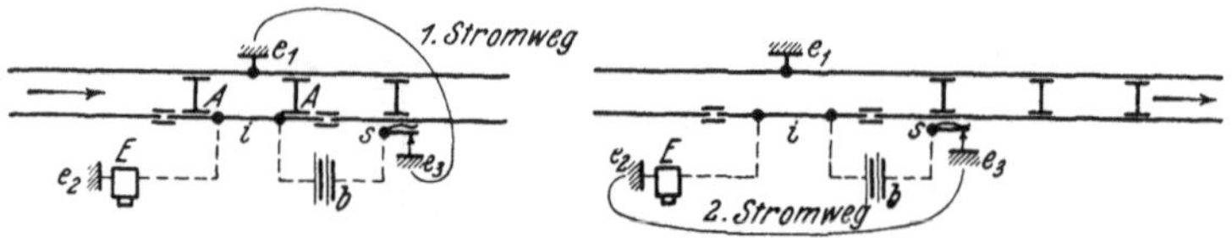

Abb. 267a, b. Kontakt mit isolierter Schiene. Ältere Anordnung.
(Nach Scholkmann, S. 1391.)

wird (über den Kontakt durch e_3 zur Erde, über e_1 und durch eine Zugachse nach der isolierten Schiene i und zurück zur Batterie). Die Betätigung des Elektromagneten E tritt daher erst ein, sobald nach Verlassen der isolierten Schiene durch die letzte Achse diese Achse oder eine der letzten Zugachsen den Kontakt s betätigt. Die Betätigung erfolgt also bei dieser Anordnung, wenn nicht durch die letzte Achse, so doch durch eine der letzten Achsen des Zuges, so daß dem oben berührten Mangel des einfachen Kontakts abgeholfen ist.

Bei der hier beschriebenen Anordnung sind indessen Versager vorgekommen, weil die eigentliche Betätigung der Kontaktwirkung durch eine der letzten Zugachsen zu erfolgen hatte, die durch ihren geringeren Achsdruck dazu weniger geeignet sind, als die Lokomotivachsen. Die jetzt zur Anwendung kommenden Anordnungen laufen daher darauf hinaus, daß die erste (schwere) Zugachse durch Betätigung des Kontaktes eine Vorschaltung eines Batteriestroms herbeiführt, dessen bequemer Weg von der isolierten Schiene durch eine Zugachse zur gegenüberliegenden Schiene, zur Erde usw. ohne weitere Betätigung eines Kontakts von selbst aufhört, zugunsten des einen größeren Widerstand bietenden Wegs, der den Elektromagneten betätigt, sobald die letzte Zugachse die isolierte Schienenstrecke verläßt. Die Anordnung im besonderen ist verschieden, je nach der zu betätigenden Vorrichtung. In Abb. 268 ist als Beispiel die auf den Pr.H.St.B. für die übliche Verbindung von Gleichstromfeld und Flügelkupplung (bei Ausfahrten) vorgeschriebene Anordnung für den Fall von zwei auf dasselbe Streckenhauptgleis weisenden Ausfahrsignalen (C und D) dargestellt.

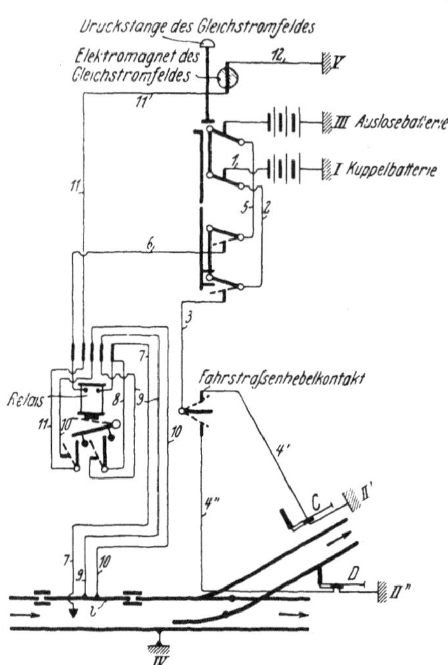

Abb. 268. Kontakt mit isolierter Schiene für Gleichstromfeld und Flügelkupplung.

Der Kontakt befindet sich hierbei innerhalb der isolierten Schienenstrecke i.

Durch Umlegen des Fahrstraßenhebels wird entweder die Leitung $4'$ oder die Leitung $4''$ mit 3 verbunden. Durch Festlegung der Fahrstraße mittels des Gleichstromfeldes werden beim Niederdrücken der Taste die beiden unteren Kontakte des Gleichstromfeldes (Riegelstangenkontakte) geschlossen. Die beiden hierbei vorübergehend geöffneten oberen Kontakte (Druckstangenkontakte) schließen sich wieder beim Loslassen der Taste, so daß nach beendeter

Fahrstraßenfestlegung alle vier Kontakte des Gleichstromfeldes (die unteren beiden, wie gestrichelt angedeutet) geschlossen sind. Der Kuppelstrom geht folglich von der Kuppelbatterie über 1, 2, 3, 4' oder 4'' und Erde II' bzw. II'' zur Erde I, so daß beim Umlegen des Signalhebels der Flügel des Signals C oder D in Fahrtstellung geht. Die erste den Kontakt befahrende Zugachse erzeugt Stromschluß für den Weg: Auslösebatterie, 5, 6, Elektromagnet des Relais, 7, Schienenkontakt, Erde und über Erde III zur Auslösebatterie zurück. Dieser Strom bewirkt Anziehen des Relaisankers und damit, wie gestrichelt angedeutet, Verbindungen zwischen 8 und 9 und zwischen 10 und 11. Von diesen beiden Verbindungen wird aber zunächst nur die eine benutzt. Solange sich noch eine Achse des Zuges auf der isolierten Strecke i befindet, ergibt sich infolge der Relaisumschaltung folgender Stromlauf: Von der Auslösebatterie über 5, 6 zum

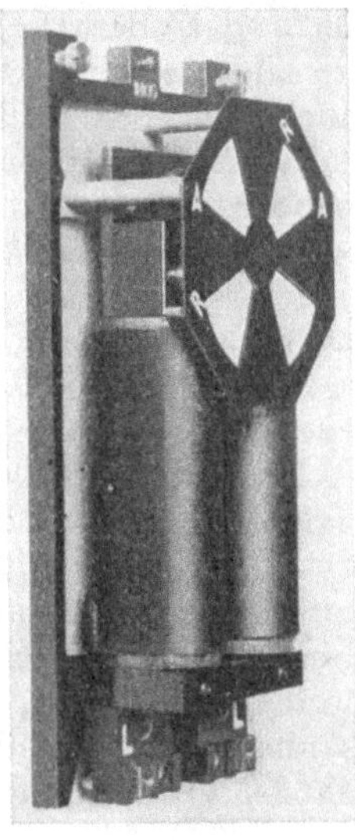

Abb. 269a. Spiegelfeld, Bauart
Siemens & Halske, geöffnet.

Abb. 269b. Spiegelfeld, Bauart
Siemens & Halske, geschlossen.

Relais, weiter über 8, 9 zur isolierten Schiene i, über eine Zugachse zur gegenüberliegenden Schiene, und über Erde IV und III zur Auslösebatterie zurück. Sobald die letzte Achse die isolierte Schienenstrecke verläßt, nimmt der Strom von der isolierten Schiene i an den Weg über 10, 11 zum Elektromagneten des Gleichstromfeldes, und weiter über 12 und Erde V und III zur Auslösebatterie zurück. Das Gleichstromfeld wird so aufgelöst. Hierdurch wird zugleich die Leitungsverbindung 2—3 unterbrochen, so daß gleich darauf der Signalflügel auf Halt fällt. Gehört zu einer Fahrstraßenfestlegung durch ein Gleichstromfeld nur ein einflügliges Ausfahrsignal, und besitzt dies Flügelkupplung, so fällt die Wahl zwischen zwei Signalen für den Kuppelstrom fort. Da die im Ruhezustande gebotene Stromersparnis auch schon durch die offenen Kontakte des Gleichstromfeldes bewirkt wird, ist in diesem Falle der Fahrstraßenhebelkontakt entbehrlich: der Kuppelstrom wird in fester Leitung von 3 nach 4 geführt.

4. Flügelkontakte und sonstige elektromagnetische Einrichtungen. Führt man eine Blockleitung über einen am Signalflügel angebrachten Kontakt, der nur bei Haltstellung des Flügels Stromschluß gibt, so macht man das Blocken eines Feldes nicht nur von der Haltstellung des Signalhebels, sondern auch von der tatsächlichen Haltstellung des Signalflügels (bei zwei- und dreiflügligen Signalen des oberen Signalflügels) abhängig. Hiervon wird in geeigneten Fällen

Gebrauch gemacht[1]). Signalflügelkontakte werden aber auch angewendet, um die Stellung des Signals an einem Signalnachahmer in kleinem Maßstabe (Affen) oder an sonstigen Vorrichtungen, z. B. Spiegelfeldern erkennbar zu machen.

Spiegelfelder zeigen beispielsweise nach der Bauart S. u. H. (Abb. 269a, b) in dem runden Fenster eines Gehäuses ein rotes oder weißes Farbkreuz, je nach der Stellung eines in dem Gehäuse befindlichen, durch Batteriestrom elektromagnetisch betätigten Ankers. Spiegelfelder werden in Verbindung mit Nebenbefehlsstellen und Aufsichtszustimmungen (S. 163) angewandt, um das Erteilen einer Zustimmung so lange in Erscheinung treten zu lassen, bis das durch diese Betätigung zum Blocken freigemachte Signalfreigabefeld geblockt und wieder entblockt ist. Ferner werden Spiegelfelder verwendet, um die Verwandlung eines Blockfeldes anderswo erkennbar zu machen, so eines Anfangs- oder Endfeldes der Streckenblockung in der davon getrennten Befehlsstelle.

Die elektrische Flügelsperre soll verhindern, daß der Hauptflügel eines weit draußen stehenden und schwer zu überwachenden Einfahrsignals durch Ziehen am Draht mit der Hand mißbräuchlich aus der Haltstellung in die Fahrtstellung bewegt wird. Die Sperrbereitschaft der elektrischen Flügelsperre wird durch elektromagnetische Wirkung aufgehoben, indem ein Kontakt im Stellwerk geschlossen wird. Meist steuert ihn die Signalhebelschubstange (s. S. 199) und schließt ihn während des ersten Teils der Signalhebelbewegung, die dem Leergang der Stellrillenscheibe am Signalmast entspricht. Bei Störung der elektromagnetischen Wirkung kann die Sperrbereitschaft der Flügelsperre durch eine Festschließvorrichtung ausgeschaltet werden.

Das aufgebaute Blockfeld ist eine denselben Zwecken, wie das Blockfeld von S. & H. dienende, ihm nachgebildete Vorrichtung, die über einem Blockfeld eingebaut werden kann. Man verwendet sie nur bei Platzmangel, insbesondere bei Erweiterungen und bei zwischenzeitlichen Änderungen. Die beiden über einander befindlichen Felder können durch eigenartige Kupplung der Tasten und durch Riegelstangenkontakt am unteren Feld in gegenseitige Bedienungsabhängigkeit gebracht werden. Hieraus und aus dem Fehlen der Riegelstange beim aufgebauten Blockfeld ergibt sich der Verwendungsbereich (vgl. Stellwerk 1910, S. 171, 1915, S. 2ff., Schubert-Roudolf S. 287).

V. Besondere Anwendungen der Blockwerke der Bauart Siemens & Halske.

A. Abweichende Anordnungen der Stationsblockung.

1. Die Gruppenblockung auf den süddeutschen Eisenbahnen. Zur Ersparnis an Blockfeldern und übersichtlicher Gestaltung der Anlage wird auf den süddeutschen Bahnen (außer den Bayer.Stb.)[2] auf größeren Bahnhöfen, soweit die S. & H.schen Blockeinrichtungen zur Stationsblockung verwendet werden, regelmäßig die Form der Gruppenblockung angewendet. Für eine Gruppe sich ausschließender Fahrten weist die Befehlsstelle ein Gruppenfeld zum Freigeben der Signale und ein Gruppenfeld zur Fahrstraßenauflösung auf. Im abhängigen Stellwerk ist dagegen für jede Fahrt ein Feld[3]) vorgesehen, das nacheinander zwei Zwecken dient, a) der Freigabe des Signals von der Befehlsstelle her, und b) der Festlegung der Fahrstraße. Die grundsätzliche Anordnung und Wirkungsweise seien an Hand der eine Gruppe darstellenden Schal-

---

[1]) Auf den Pr.H.St.B. jetzt grundsätzlich bei allen Endfeldern (E.N.Bl. 1919, S. 37).

[2]) Auf den norddeutschen Bahnen wird die Gruppenblockung im allgemeinen nur in Ausnahmefällen angewendet, meist zur Platzersparnis bei späteren Umbauten.

[3]) Daher treffen gewöhnlich zwei Blockfelder auf jeden Fahrstraßen-(Umschlag-) Hebel.

tungsskizze Abb. 270 erläutert. Der Fahrdienstleiter an der Befehlsstelle legt einen der Schalter a^1, a^2, a^3 (Fahrtenwähler) um, die das an sich abgeschaltete Gruppenfeld $A^{1/3}$ mit der entsprechenden der drei zum abhängigen Stellwerk führenden Leitungen verbinden. Hierauf blockt er das Gruppenfeld und entblockt gleichzeitig das dem umgelegten Fahrtenwähler entsprechende Signal-

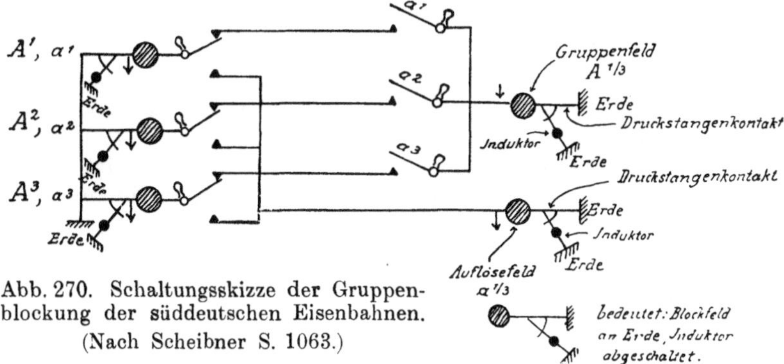

Abb. 270. Schaltungsskizze der Gruppenblockung der süddeutschen Eisenbahnen. (Nach Scheibner S. 1063.)

festlegefeld, hierdurch den betreffenden Fahrstraßenhebel freimachend. Der Wärter legt den Fahrstraßenhebel um. Dieser schnappt selbsttätig fest (s. S. 164). Zugleich wird durch das Umlegen des Fahrstraßenhebels das eben entblockte Blockfeld von der Leitung, die vom Gruppenfeld kommt, abgeschaltet und mit der einzigen Leitung, die vom abhängigen Stellwerk zum Fahrstraßenauflösefeld der Befehlsstelle führt, verbunden. Das nunmehrige Blocken des vorher entblockten Feldes im abhängigen Stellwerk legt den Fahrstraßenhebel unter Wiederaufhebung seiner selbsttätigen Sperre in gezogener Lage fest (deshalb ist das Feld mit Verschlußwechsel ausgestattet, vgl. S. 177 ff.) und entblockt zugleich das Fahrstraßenauflösefeld an der Befehlsstelle. Um wiederholte Benutzung derselben Signalfreigabe zu verhindern, sind die Signalhebel mit Hebelsperre ausgerüstet. Nach beendigter Zugfahrt, die nach Bedarf durch eine elektrische Tastensperre am Auflösefeld überprüft werden kann, löst der Fahrdienstleiter mittels des letztgenannten Feldes die Fahrstraßenfestlegung auf; der Wärter stellt den Fahrstraßenhebel in Grundstellung zurück, der sich in dieser wieder selbsttätig sperrt. Diese Sperre wird wiederum aufgehoben, indem der Wärter den Fahrstraßenhebel mit demselben Blockfelde, mit dem er ihm soeben in gezogener Stellung aufgelöst war, in Grundstellung festlegt, womit das Gruppenfeld in der Befehlsstelle wieder entblockt, und nach Rücklegung des Fahrtenwählers überall der Ruhezustand wieder hergestellt ist. Abb. 271 stellt die Bedienungsvorgänge in zeitlicher Folge dar.

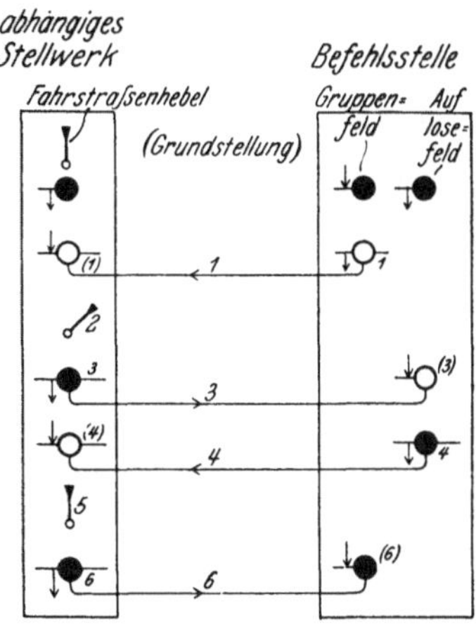

Abb. 271. Bedienungsvorgänge bei der Gruppenblockung der süddeutschen Eisenbahnen.

Der Fahrtenwähler an der Befehlsstelle schaltet nicht nur die betreffende Blockleitung an; er hat die S. 159, 160 beschriebene und in Abb. 239, 240 dargestellte Anordnung eines Knebels an einem als Blockuntersatz ausgebildeten Schieberkasten. Indem durch Umlegen des Knebels das zugehörige Blockfeld freigegeben wird, bewirkt der von dem Knebel bewegte Längsschieber zugleich den Ausschluß der sämtlichen feindlichen Freigaben, die hier, anders als S. 160 beschrieben, nicht durch einzelne Blockfelder, sondern durch die Fahrtenwähler (Knebel) dargestellt werden. Abb. 272 zeigt den Gesamtaufbau der Blockanlage einer Befehlsstelle. Beim Umlegen eines Fahrtenwählers für eine Einfahrt sperrt dieser sich selbst und alle anderen Fahrtenwähler für Einfahrten in dasselbe Gleis, was an Farbscheiben als Gleisbesetzung erkennbar ist. Die Gleisbesetzung wird erst wieder aufgehoben dadurch, daß eine Ausfahrerlaubnis aus demselben Gleise erteilt und wieder zurückgegeben ist. (Vgl. S. 212.)

Die hier beschriebene Gruppenblockung könnte auch von einem Befehlsstellwerk ausgehen, dessen Fahrstraßenhebel zugleich Fahrtenwähler für die Freigabeleitungen nach dem abhängigen Stellwerk sind. Doch ist solche Anordnung, soweit bekannt, noch nicht angewandt worden. Ist außer der Befehlsstelle und dem signalstellenden Stellwerk noch ein zustimmendes Stellwerk vorhanden, so kann die eben beschriebene Einrichtung folgendermaßen

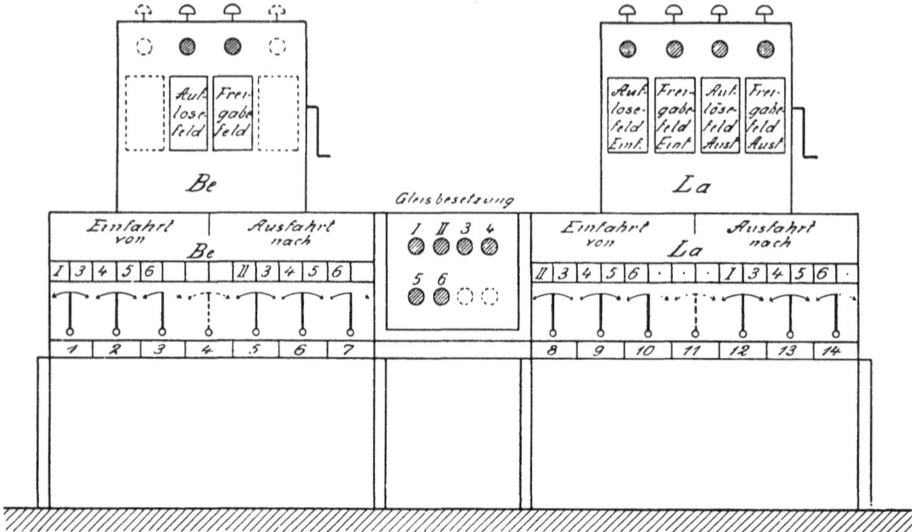

Abb. 272. Gesamtaufbau einer Befehlsstelle bei der Gruppenblockung der süddeutschen Eisenbahnen.

ausgebildet werden. Die Signalerlaubnis geht zunächst von der Befehlsstelle, wie beschrieben, nach dem Zustimmungsstellwerk. Das Umlegen des freigegebenen Fahrstraßenhebels im Zustimmungsstellwerk schaltet das vorher entblockte Feld an eine Freigabeleitung, die zu dem signalstellenden Stellwerk weiterführt. Bei Wiederfestlegen des im Zustimmungsstellwerk freigegebenen Fahrstraßenhebels in gezogener Stellung gibt der Blockstrom nun in dem signalstellenden Stellwerk denjenigen Fahrstraßenhebel frei, von dessen Umlegen das Umlegen des Signalhebels unmittelbar abhängig ist. Das Umlegen dieses Fahrstraßenhebels im zweiten Stellwerk schaltet das zuletzt entblockte Blockfeld an eine zu dem Fahrstraßenauflösefeld an der Befehlsstelle führende Leitung, so daß das Wiederblocken des Fahrstraßenhebels in dem zweiten Stellwerk die Fahrstraße festlegt und das Fahrstraßenauflösefeld an der Befehlsstelle entblockt. Die Vorgänge vollziehen sich also im Kreislauf. Die Rückkehr zum Grundzustand geschieht in entgegengesetzter Reihenfolge.

Die Gruppenblockung ist bei großer Zahl sich gegenseitig ausschließender Fahrten billiger als die Einzelblockung. Sie zeichnet sich durch große Übersichtlichkeit aus. Ein Nachteil ist es allerdings, daß man für die Farbe der nacheinander erst als Signalfestlegefelder, dann als Fahrstraßenfestlegefelder dienenden Felder keine eindeutige Erklärung geben kann[1]).

2. Die Stationsblockung auf den Sächsischen Staatsbahnen. Bei Beschreibung der Blockeinrichtungen von Siemens & Halske ist in diesem Buche von der Grundanschauung ausgegangen, daß in der Regel zwei Blockfelder gegenseitig in Wechselwirkung stehen, so daß, wenn das eine geblockt ist, das andere entblockt ist, und daß das Blocken eines entblockten Feldes, gleichzeitig die Entblockung des zugehörigen, bis dahin geblockten Feldes hervorruft. Bei den Pr.H.St.B. sind nur einzelne Ausnahmen von dieser Regel vorhanden, so beim Signalverschlußfeld (S. 193), ferner bei der Streckenblockung für eingleisige Bahnen (S. 215ff.). Bei der eben beschriebenen Gruppenblockung der süddeutschen Bahnen ist von dem Grundsatz in weitergehendem Maße abgewichen. Bei der gleichfalls eine Gruppenblockung bildenden Stationsblockung der Sächs.Stb. kann man ihn als fast ganz verlassen ansehen. Zur möglichsten Ersparnis an Blockfeldern werden hier dieselben Blockfelder beim Blocken und Entblocken in der verschiedensten Weise zusammengeschaltet, oder auch, kurz geschlossen, für sich bedient. Als Ersatz für solche Blockungen, die nur der Benachrichtigung dienen, ohne für die zwangsweise wirkende Verkettung der Abhängigkeiten erforderlich zu sein, wird in weitgehendem Umfange von Weckersignalen Gebrauch gemacht.

Die Vorgänge sind bei den Einfahrten etwa folgende: Die Signalfreigabestelle (Telegraphendienstraum) gibt, nachdem der Fahrdienstleiter den Zustimmungskontakt oder das Zustimmungskontaktwerk (S. 163) betätigt hat, dem Stellwerk durch Weckersignal Auftrag zum Stellen eines bestimmten Signales. Das Stellwerk stellt die Weichen, legt den Fahrstraßenhebel um und blockt sich diesen mit einem kurzgeschlossenen Fahrstraßenfeld, meldet dies durch Weckersignal an die Signalfreigabestelle. Diese gibt nun mittels Signalfreigabefeldes (nur eines für alle sich ausschließenden Signale) durch Entblockung des Signalfestlegefeldes (in Sachsen Signalverschlußfeld genannt) den Signalverschlußhebel im Stellwerk frei, der auch nur einer für alle sich ausschließenden Signale ist (wo ein Signal keine feindlichen Signale hat, wirkt selbstredend das Signalfestlegefeld nur auf dieses eine Signal; Unterschied von Einzelriegelung und Gruppenriegelung). Diese Freigabe wirkt nur, wenn vorher der Zustimmungskontakt oder das Zustimmungskontaktwerk betätigt ist, und wenn einer der zugehörigen Fahrstraßenhebel, wie vorbeschrieben, gezogen und geblockt ist. Nach Umlegen des Signalverschlußhebels kann selbstredend nur dasjenige Signal auf Fahrt gestellt werden, das dem eingestellten Fahrstraßenhebel entspricht. Nach Einfahrt des Zuges, Rückstellung des Signalhebels und des Signalverschlußhebels blockt der Stellwerkswärter diesen wieder und entblockt hierdurch das Entriegelungsfeld (Fahrstraßenauflösefeld) an der Signalfreigabestelle. Erst nachdem der Fahrdienstleiter sich von der vollendeten Einfahrt des Zuges überzeugt und den Zustimmungskontakt zurückgestellt hat, ist das Entriegelungsfeld bedienbar geworden. Durch dessen Blockung wird nicht nur das Fahrstraßenfeld im Stellwerk wieder entblockt und damit der Fahrstraßenhebel rückstellbar gemacht, sondern gleichzeitig auch das dem Entriegelungsfeld benachbarte Signalfreigabefeld in seine Grundstellung (entblockt) zurückverwandelt. Zur besseren Verdeutlichung ist ein Beispiel[2]) in Abb. 273 (Taf. II) dargestellt, das auch die entsprechenden Vorgänge bei einer Ausfahrt wiedergibt. Für diese ist hier kein

---

[1]) Vgl. Oder, Glas. Ann. 1904, Bd. 55, Nr. 659.
[2]) Nach Bl. 3 der Sächsischen Blockdienstvorschriften in der Pr.H. Darstellungsweise (s. V. Kap., I, B, 3). Über die in diesem Beispiel mitbehandelte sächsische Streckenblockung s. S. 213.

Zustimmungskontakt[1]) und kein Entriegelungsfeld vorhanden. Vielmehr löst der ausfahrende Zug durch Befahren eines Schienenkontakts eine elektrische Tastensperre des Signalfestlegefeldes auf, dessen Blockung dann gleichzeitig das benachbarte Fahrstraßenfestlegefeld und das Signalfreigabefeld in die Grundstellung (entblockt) zurückverwandelt. Statt dieser Anordnung gibt es aber für die Ausfahrten noch zwei andere (Entriegelungsfeld in einem vorgeschobenen Posten oder Entriegelungsfeld im Stellwerk, durch elektrische Tastensperre abhängig von Befahren eines vorgeschobenen Kontakts).

Erstreckt sich eine Zugfahrt durch zwei Stellwerksbezirke, so müssen die Fahrstraßenhebel und Fahrstraßenfelder in beiden bedient sein, z. B. nach Abb. 274 bei einer Einfahrt in Stellwerk I und II, ehe der Signalverschlußhebel in dem das Signal stellenden Stellwerk (I) freigegeben werden kann. Nach vollendeter Einfahrt wirkt die Wiederblockung des Signalfeldes in I entblockend auf das Entriegelungsfeld in II, mittels dessen dann das Fahrstraßenfeld in I freigegeben wird, sobald der Zug mit Schluß bei II vorbeigefahren ist. Zugleich mit dem Fahrstraßenfeld in I wird

Abb. 274. Sächsische Stationsblockung bei Vorhandensein zweier Stellwerksbezirke.

das Entriegelungsfeld an der Signalfreigabestelle entblockt. Dessen Wiederblockung verwandelt schließlich gleichzeitig das Signalfreigabefeld und das Fahrstraßenfeld in II in die Grundstellung (entblockt). Dasselbe Verfahren ist anwendbar, wenn Stellwerk II jenseits der Signalfreigabestelle liegt, also wenn das entgegengesetzte Endstellwerk eines Bahnhofs zu einer Einfahrt zuzustimmen hat, ferner auch wenn mehr als zwei Stellwerke beteiligt sind. Die kettenartige Anordnung der Blockungsvorgänge hat den Zweck, die Gleise möglichst bald zu Verschiebezwecken freizubekommen.

3. Die Stationsblockung auf den österreichischen und ungarischen Eisenbahnen. Auch die auf den österreichischen und ungarischen Eisenbahnen vorhandenen Stationsblockeinrichtungen fallen unter den Gesamtbegriff der Gruppenblockung. Wie bei der auf den süddeutschen Bahnen üblichen Anordnung, ist auch hier an der Befehlsstelle für alle Einfahrten von derselben Strecke und für alle Ausfahrten nach derselben Strecke nur je ein Signalfreigabefeld und ein Fahrstraßenauflösefeld vorhanden, indem die Auswahl der freizugebenden Fahrstraße durch im Freigabewerk angeordnete Fahrtenwähler erfolgt. Abweichend von der in Süddeutschland üblichen Einrichtung ist aber im Stellwerk nicht für jede Fahrstraße ein zugleich als Signalfestlegefeld und Fahrstraßenfestlegefeld dienendes Blockfeld vorhanden, vielmehr sowohl gemeinsam für alle Einfahrten von derselben Strecke, wie gemeinsam für alle Ausfahrten nach derselben Strecke je ein Signalfestlegefeld und ein Fahrstraßenfestlegefeld, d. h. sowohl für die Einfahrten wie für die Ausfahrten im ganzen nur je zwei Blockfelder. Die Signalfestlegefelder wirken nicht, wie in Deutschland, auf die Fahrstraßenhebel, sondern, dem Namen besser entsprechend, auf die Signalhebel. Die Mitteilung an den Stellwerkswärter, welche Fahrstraße er einstellen soll, geschieht durch besondere nicht zwangläufig auf die Fahrstraßenhebel wirkende Einrichtungen (Fahrstraßenmeldefelder, Fallklappen). Der Stellwerkswärter kann daher an sich beliebig nicht freigegebene Fahrstraßen einstellen. Er kann aber eine von ihm eingestellte Fahrstraße nur festlegen, wenn die eingestellte Fahrstraße

---

[1]) Die auf größeren Bahnhöfen jetzt statt der Zustimmungskontakte allgemein angewandten Zustimmungskontaktwerke enthalten Zustimmungen auch für die Ausfahrten und bewirken zwischen in verschiedenen Stellwerken zu stellenden feindlichen Signalen die erforderlichen Ausschlüsse (vgl. S. 163).

der durch einen Kontakt des Fahrtenwählers an der Befehlsstelle geschlossenen Leitung entspricht, und er kann erst nach dieser Fahrstraßenfestlegung das ihm freigegebene Signal ziehen. Dieses konnte ihm nur freigegeben werden, nachdem der zugehörige Fahrtenwähler bedient war. Die Rückstellung des Fahrstraßenhebels führt die Fahrstraßenmeldevorrichtung in ihre Grundstellung zurück.

Entsprechend der anderen Einrichtung weicht auch die Reihenfolge der Bedienungsvorgänge von der deutschen ab. Nach Rücklegung des Signalhebels in die Haltlage ist zunächst im Stellwerk das Signalfestlegefeld zu blocken; erst die hierdurch bewirkte Entblockung des Signalfreigabefeldes an der Befehlsstelle ermöglicht dieser, das Fahrstraßenauflösefeld zu bedienen, und damit den Fahrstraßenhebel wieder freizugeben. Das Wiederblocken des Signalfestlegefeldes dient hiernach zugleich als Vormeldung der vollendeten Zugeinfahrt. Damit diese nicht zu früh erfolgt, ist das Signalfestlegefeld durch Gemeinschaftstaste mit einem Sperrfeld (Einfahrtmelder) gekuppelt, das durch den einfahrenden Zug im geeigneten Augenblick selbsttätig freigemacht wird.

Neuerdings werden die Stationsblockeinrichtungen nur noch nach der Bauart Rank ausgeführt. Bei dieser ist an der Befehlsstelle nicht, wie nach der Bauart S. & H., für jede Fahrstraße ein besonderer Fahrtenwähler in Form eines Knebels vorhanden, sondern für jede Gruppe von Einfahrten bzw. von Ausfahrten derselben Streckenrichtung ist nur ein gemeinsamer Knebel vorhanden, dessen Wirkung als Fahrtenwähler durch vorheriges Einstellen eines darüber auf einem Gleisbild quer zu den Gleisen

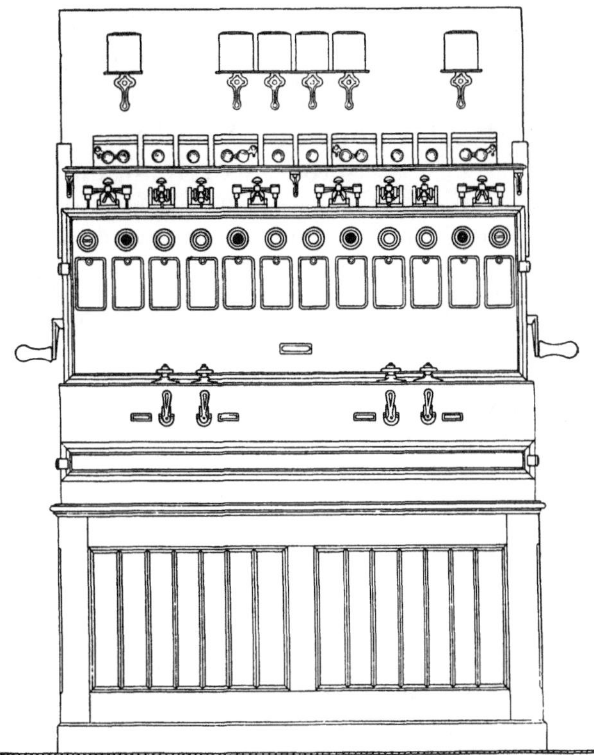

Abb. 275.

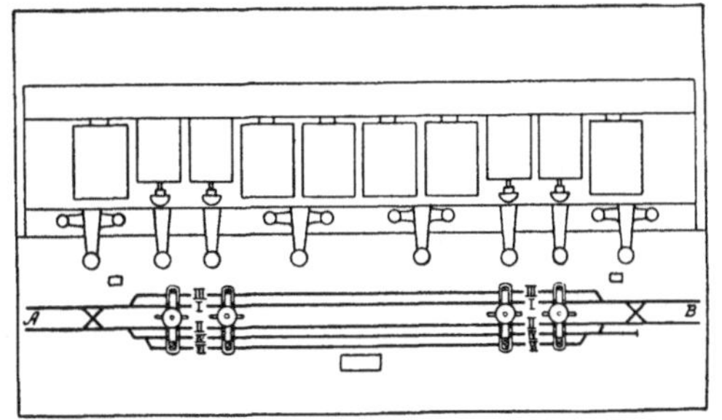

Abb. 276.

Abb. 275, 276. Ansicht und Grundriß einer Stationsblockeinrichtung. Bauart Rank.

verschiebbaren Schubknopfs bestimmt wird. Abb. 275, 276 zeigen ein Beispiel dieser Anordnung. Das Stationsblockwerk, in dem auch die Anschlußfelder für eine etwaige Streckenblockung[1]) vorgesehen sind, ist auf einen Kasten

---

[1]) Mit den 4 Signalfreigabefeldern gekuppelt in der Mitte die beiden Streckenanfangsfelder, an den Enden die beiden Schaltblocks. Der Schaltblock (s. S. 214) wird vom einfahrenden Zug zugleich mit dem Sperrfeld im Stellwerk (s. oben) ausgelöst.

aufgesetzt, der die Einschalte- und Sperrvorrichtungen enthält. Der vorspringende Teil dieses Kastens trägt auf seiner Deckplatte das Gleisbild. Quer zu dem Gleisbild sind in Schlitzen so viele Schubknöpfe verschiebbar, als Gruppen feindlicher Fahrstraßen vorhanden sind. Unterhalb jedes Schubknopfes ist der zugehörige Knebel sichtbar, dessen Achse unter dem Schubknopf hindurchgeht und mit ihm zusammenwirkt. Nur, nachdem der Schubknopf auf ein Gleis eingestellt ist, kann der Knebel umgelegt werden.

Wegen weiterer technischer Durchbildung s. die Beschreibung in Scheibner (S. 1071 ff.), die allerdings nicht mehr in allen Einzelheiten zutreffend ist.

B. Abweichende Anordnungen der Streckenblockung auf zweigleisigen Eisenbahnen.

1. Durchführung der Streckenblockung durch Stationen. Die Streckenblockung, wie sie bisher betrachtet wurde, läuft durch Haltepunkte, die zugleich Blockstellen sind, durch, endet aber am Eingang jedes Bahnhofes und beginnt erst wieder (sofern es ein Bahnhof in Durchgangsform ist) an dessen Ausgang. Für die Zugfolge innerhalb des Bahnhofsbereichs ist die Verantwortung dem Fahrdienstleiter überlassen, der bei Irrtum oder böswilligem Verhalten in der Lage sein würde, einen zweiten Zug in ein noch besetztes Bahnhofsgleis einfahren zu lassen. Das auf den Pr.H.St.B. eingeführte Signalverschlußfeld (S. 193) liegt zwar schon in der Richtung einer Durchführung der Streckenblockung durch den Bahnhof, vom abhängigen Endstellwerk bis zur Befehlsstelle bzw. zum Befehlsstellwerk, aber es verhindert hinsichtlich der Zugfolge innerhalb der Bahnhofsgleise nur Fehler des Wärters im abhängigen Stellwerk, nicht solche des Fahrdienstleiters. Auf den süddeutschen Bahnen hat man, wo Einzelblockung vorhanden ist, in Anlehnung an die Fahrstraßenreihenfolge der mechanischen Stationsblockung mit der Stationsblockung „Gleisbesetzungsfelder" verbunden. Solches Gleisbesetzungsfeld wird jedesmal beim Blocken eines Signalfreigabefeldes für eine Einfahrt mitgedrückt und geblockt, verhindert, solange es geblockt ist, die Freigabe einer anderen Einfahrt in dasselbe Gleis, von welcher Richtung her dies auch sei, und wird erst wieder entblockt, sobald eine aus demselben Gleise hierauf freigegebene Ausfahrt durch Entblocken des betreffenden Freigabefeldes zum Abschluß gekommen ist. Bei Gruppenblockung besteht die gleiche Abhängigkeit zwischen den Fahrtenwählern (s. S. 208). Diese Einrichtung verhindert bei regelmäßigem Gebrauch, daß ein zweiter Zug in ein noch von einem vorher eingefahrenen Zuge besetztes Gleis eingelassen wird. Sobald ein Zug aber auf dem Bahnhofe seine Fahrt beendet und beiseite gesetzt wird, so muß das Gleisbesetzungsfeld (der Fahrtenwähler), sei es durch einen Eingriff, sei es durch Scheinbewegungen eines Ausfahrsignals, wieder in die entblockte Lage übergeführt werden. Man kann deshalb über die Zweckmäßigkeit dieser Einrichtung verschiedener Ansicht sein.

Statt dessen hat man auch in geeigneten Fällen die Streckenblockung wirklich durch die durchgehenden Hauptgleise eines Bahnhofs durchgeführt, indem man z. B. in einem nur zwei Endstellwerke aufweisenden Bahnhof in Durchgangsform die beiden Endstellwerke als Blockstellen mit Abzweigung ausgebildet hat. Diese Anordnung ist aber (wenn nicht besondere Sicherungseinrichtungen hinzugefügt werden) nur dann unbedenklich, wenn innerhalb der durchgehenden Hauptgleise niemals Verschiebebewegungen stattfinden.

Hierher rechnen kann man auch die bereits S. 181 erwähnte Anordnung, wenn von einer einem Personenbahnhofe zustrebenden Bahn eine Strecke vorher die Einfahrt in einen vorgeschobenen Verschiebebahnhof oder Güterbahnhof abzweigt, und die Abzweigungsstelle als Blockstelle mit Abzweigung ausgebildet wird. Die Zweckmäßigkeit solcher Anordnung, weil sie die Abhängigkeiten vereinfacht und die Zugfolge verkürzt, wird im folgenden Kap. (S. 246 ff.) erörtert.

In diesem Zusammenhange sei auch darauf hingewiesen, daß man Haltepunkte von Nahbahnen mit lebhaftem Verkehr regelmäßig als Blockstrecken
ausbildet, also nicht nur ihre Ausfahrsignale, sondern auch ihre Einfahrsignale
als Blocksignale behandelt.[1]).

2. Besonderheiten der Streckenblockung auf einzelnen Eisenbahnen. Die
elektrische Streckenblockung der Bauart Siemens & Halske wird annähernd
in derselben Weise, wie sie oben nach den für die Pr.H.St.B. geltenden Regeln
beschrieben wurde, auf den meisten deutschen Bahnen, in der Schweiz und
Österreich und Ungarn angewendet. Abweichungen bestehen im allgemeinen
nur in unwesentlichen Einzelheiten, z. B. darin, ob Schienenkontakte allein oder
in Verbindung mit isolierten Schienenstrecken und in welchem Umfange angewendet werden, in der Verwendung von Signalverschlußfeldern oder anderen
Einrichtungen für den gleichen Zweck, usw.

Bemerkenswertere Besonderheiten finden sich nur auf den Sächsischen
Staatsbahnen und auf den österreichischen und ungarischen Eisenbahnen.

a) **Besonderheiten der Streckenblockung auf den Sächsischen
Staatsbahnen.** Auf den Sächs.Stb. sind auf den Blockstellen das Endfeld
und das Anfangsfeld nicht durch eine Gemeinschaftstaste (Mitnehmertaste) gekuppelt, sondern besitzen Einzeltasten. Dagegen verhindert die zwischen den
Riegelstangen des Endfeldes und Anfangsfeldes angeordnete Abhängigkeit,
die „Rücksperre", daß das Endfeld vor dem Anfangsfeld geblockt wird[2]). Auf
den Sächs.Stb. wird also unter zwangsweise wirkender Abhängigkeit erst der vor-
liegende Streckenabschnitt durch Blocken des Anfangsfeldes belegt, und hiernach
der rückliegende Streckenabschnitt freigegeben (s. auch Abb. 273, Taf. II).
Damit die Rücksperre nicht lediglich durch Niederdrücken und demnächstiges
Loslassen der Taste des Anfangsfeldes aufgehoben werden kann, besitzt das
Anfangsfeld einen Verschlußwechsel (sächs. Bezeichnung Wechselsperre) und
eine Hilfsklinke ohne Rast (s. S. 156, 177, 178).

Dieselbe Einrichtung der Rücksperre bewirkt auf den Blockendstellen
den Zwang, daß zunächst das Signalfestlegefeld geblockt sein muß, bevor
durch das Blocken des Endfeldes die rückliegende Strecke freigegeben werden
kann. (s. Taf. II). Man erreicht hiermit annähernd dieselbe Wirkung, wie auf den
Pr.H.St.B. und anderen Bahnen mit dem Signalverschlußfeld. Fernere Unterschiede gegenüber der oben beschriebenen Einrichtung sind z. B. auf als
Haltestellen eingerichteten Blockstellen und bei Bahnabzweigungen auf freier
Strecke vorhanden. Erwähnt sei nur noch, daß man in Sachsen auf die Anwendung der mechanischen Tastensperre neben der elektrischen verzichtet.

b) **Besonderheiten der Streckenblockung auf den österreichischen und ungarischen Eisenbahnen.** Auf den österreichischen und ungarischen Eisenbahnen findet sich zwar auch die vierfeldrige Form der elektrischen
Streckenblockung. Meist jedoch wird die ältere zweifeldrige Form verwendet,
bei der auf den Blockstellen die Endfelder fehlen, also auch keine Gemein-

---

[1]) Bei Durchführung der Streckenblockung durch die Bahnhöfe wird es erforderlich,
etwaige Blockstörungen begrenzen zu können. Es werden deshalb einzelne Blockstellen,
und zwar in der Regel solche am Ende von Bahnhöfen, so eingerichtet, daß man an ihnen
die Kette der Blockungsvorgänge abschließen oder beginnen kann. Entweder wird (bei
Mitnehmertaste) die Tastenkupplung aufschließbar gemacht oder (bei Gemeinschaftstaste)
werden die beiden darunter befindlichen Tastenstümpfe durch Aufstecktaste je für sich
bedienbar gemacht. Es ist dann erforderlich, beim Endfeld (weil auch die mechanische
Tastensperre fortfällt) die Druckstange so weit zu verlängern, daß sie bei auf Fahrt stehendem
Signal nicht gedrückt werden kann. Die elektrische Tastensperre wird dann in der Regel von
einer Stelle ausgelöst, die das rückliegende Bahnhofsgleis übersehen kann.

[2]) Das macht zwar die Bedienung umständlicher, schließt aber gewisse Blockstörungen ohne weiteres aus, zu deren Verhütung man auf den Pr.H.St.B. die Anfangsfelder von Zwischenblockstellen mit Verschlußwechsel und Hilfsklinke ohne Rast ausrüstet (vgl. S. 177, Fußn. 2).

schaftstasten (Tastenkupplungen) vorhanden sind, vielmehr durch Blocken des Anfangsfeldes das rückliegende Endfeld entblockt wird.

Die Blockendstellen in den Bahnhöfen sind in der Regel nicht in dem Endstellwerke, sondern an der Stelle angeordnet, wo sich das Befehlsblockwerk (Stationsblock) befindet. Auch eine gemischte Anordnung kommt vor. Das Anfangsfeld befindet sich aber immer im Stationsblock. Bei der zweifeldrigen Form ist ein eigenes Streckenendfeld (abweichend von älteren Einrichtungen in Deutschland) nicht eingerichtet. Vielmehr wird in der Regel durch Wiederblocken des vorher freigegebenen Signalfestlegefeldes der Stationsblockung (Rückgabe der Signalerlaubnis an das Befehlsblockwerk) zugleich das rückliegende Streckenanfangsfeld entblockt. Dies kann aber nur dann geschehen, wenn zuvor im Stationsblock eine Gleichwechselstromeinrichtung[1] („Schaltblock" genannt) vom einfahrenden Zuge ausgelöst wurde. Der Schaltblock muß, wenn gesondert angeordnet, vor Freigabe des Einfahrsignals geblockt sein, andernfalls, wenn unter einer gemeinschaftlichen Taste mit dem Signalfreigabefeld angeordnet (Abb. 275), mit diesem zusammen geblockt werden. Bei der vierfeldrigen Form ist im Endstellwerk ein Vormeldefeld (Endfeld) vorhanden, das mit dem Signalfestlegefeld lösbar gekuppelt ist, damit bei einem Widerruf der Signalfreigabe, wenn auch keine Vormeldung erfolgt ist, die Signalerlaubnis für sich zurückgegeben werden kann.

Für die Auslösung der elektrischen Tastensperren werden statt der S. 202ff. beschriebenen Einrichtungen zwei einander gegenüberliegende isolierte Schienenstrecken verwendet, deren leitende Verbindung durch die erste Zugachse mittels eines Magnetschalters (Relais) den Auslösestrom einschaltet. Wegen gleichzeitiger Unterbrechung der betreffenden Blockleitung durch diesen Schalter kann die rückliegende Blockstrecke aber erst freigegeben werden, nachdem die letzte Zugachse die isolierten Schienen verlassen hat.

Bei Ausfahrten wird das Streckenanfangsfeld, das sich, wie schon erwähnt, im Befehlsblockwerk befindet, schon gleichzeitig mit dem Signalfreigabefeld (mittels Gemeinschaftstaste) geblockt[2]. Nach Rückgabe der Signalfreigabe kann wegen der Gemeinschaftstaste eine zweite Signalfreigabe erst erfolgen, nachdem das Anfangsfeld von der nächsten Blockstelle entblockt worden ist, wodurch also sicher verhindert wird, daß ein Zug in eine noch von einem vorhergehenden Zuge besetzte Strecke Ausfahrerlaubnis erhält.

C. Die Streckenblockung auf eingleisigen Eisenbahnen.

Auf eingleisigen Bahnen hat die Streckenblockung außer der Regelung der Zugfolge die Aufgabe, ein Gegeneinanderfahren zweier Züge zu verhindern. Sind Zwischenblockstellen da, so ist auf diesen die Einrichtung nicht wesentlich anders, als bei der Streckenblockung auf zweigleisigen Bahnen. Dagegen werden dann die Einrichtungen an den beiden Endstellen verwickelter. Hierauf soll erst zum Schluß eingegangen und vorerst nur der Fall behandelt werden, daß zwischen zwei durch Streckenblockung verbundenen Bahnhöfen einer eingleisigen Bahn keine Blockstelle vorhanden ist. Die zur Verhinderung der Gegenfahrten getroffenen Einrichtungen sind im Laufe der Zeit vervollkommnet worden. Die hierbei zu den Streckenblockeinrichtungen zweigleisiger Bahnen hinzutretenden Ergänzungen haben, wenn auch im Zweck und Grundgedanken übereinstimmend, doch auf den einzelnen Bahnen eine verschiedene Ausbildung erfahren. Hier soll das Wesen dieser Einrichtungen hauptsächlich nur an einem Beispiel unter Zugrundelegung der Einrichtungen der Pr.H.St.B. besprochen werden.

---

[1] Deren Blocken geschieht durch Wechselstrom, das Entblocken durch Gleichstrom, s. d. F.
[2] Vgl. Abb. 275. Diese Anordnung war früher auch in Deutschland üblich.

1. Form ohne Vermehrung der Blockfelder. Nach Abb. 277 befinden sich, wie bei der vierfeldrigen Blockung zweigleisiger Bahnen, auf jedem der beiden Bahnhöfe M und N, auf denen Befehlsstellwerke vorausgesetzt sind, je ein Streckenanfangsfeld und Streckenendfeld. Abweichend von der Anordnung auf zweigleisigen Bahnen ist aber nicht nur die Grundstellung der beiden Endfelder die Tiefstellung (geblockt), sondern auch die des einen Anfangsfeldes, in Abb. 277 bei M, das deshalb in Grundstellung rot ist. Dieses Anfangsfeld legt aber die Ausfahrsignale B und C in Haltstellung fest. Bei diesem Zustande kann jedes der beiden Ausfahrsignale E oder F in N in Fahrtstellung gebracht werden. Geschieht dies, und findet dann eine Zugfahrt von N nach M statt,

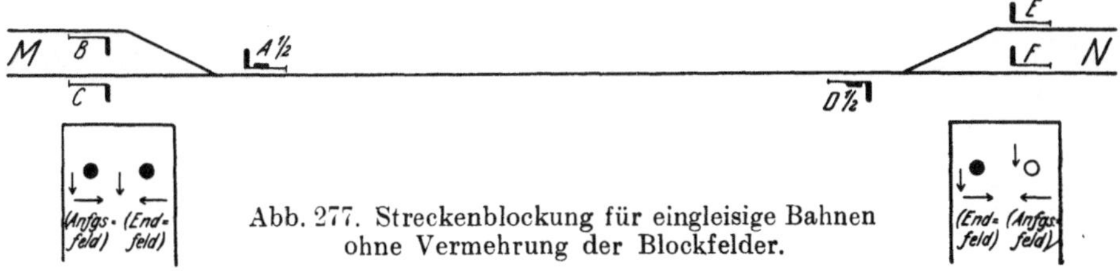

Abb. 277. Streckenblockung für eingleisige Bahnen ohne Vermehrung der Blockfelder.

so erfolgt für diese die Verwandlung des Anfangsfeldes in N und des Endfeldes in M, und ebenso die Rückverwandlung nach beendeter Zugfahrt ebenso, wie auf zweigleisigen Bahnen. Soll dagegen ein Zug von M nach N verkehren, so wird hierzu dadurch die Möglichkeit gegeben, daß die beiden Anfangsfelder in N und M zuvor ihre Stellung vertauschen. Wenn nämlich, ohne daß vorher eines der beiden Signale E oder F auf Fahrt gestellt ist, das Anfangsfeld in N geblockt wird, so ist es nicht mit dem zugehörigen Endfeld in M, sondern mit dem Anfangsfeld in M zusammengeschaltet, so daß das Blocken des Anfangsfeldes in N das Anfangsfeld in M in die entblockte Stellung verwandelt, worauf nun eine Fahrt von M aus erfolgen kann. Diese Einrichtung, bei der also von den vier Feldern immer drei geblockt sind, so einfach sie erscheint, erfordert verwickelte Schalteinrichtungen im Zusammenhange mit den Signalhebeln, so daß sie nur in einer geringen Anzahl von Fällen (in Mecklenburg) zur Anwendung gekommen ist.

2. Form mit je einem Kontrollfeld (sogenannte dreifeldrige Form). Die erwähnten verwickelten Einrichtungen vermeidet man, wenn man in jeder Blockendstelle zu den beiden Blockfeldern der Streckenblockung auf zweigleisigen Bahnen je ein drittes Blockfeld (Kontrollfeld) hinzufügt. Um durch die Mitbenutzung dieses dritten Feldes Gegenfahrten auszuschließen, sind verschiedene Schaltungen möglich und auch angewendet worden, von denen nur eine besonders verbreitete hier besprochen werden soll.

Nach Abb. 278 sind wiederum auf den durch eine eingleisige Bahn verbundenen Bahnhöfen M und N an den einander zugekehrten Enden Befehlsstellwerke vorausgesetzt. Außer den auch bei der Streckenblockung für zweigleisige Bahnen auf Blockendstellen vorhandenen beiden Blockfeldern (Anfangsfeld und Endfeld) ist jedesmal, zwischen beiden angebracht, ein drittes Feld, das Kontrollfeld, vorhanden. Die Grundstellung der Endfelder ist, wie auf zweigleisigen Bahnen, geblockt, diejenige der Anfangsfelder aber, da Zugfahrten nicht ohne weiteres möglich sein dürfen, nicht entblockt, sondern auch geblockt. Die Entblockung entweder des einen oder des anderen Anfangsfeldes und damit die Freigabe der von ihm in geblockter Stellung verschlossenen Ausfahrten erfolgt jedesmal durch Blocken des auf der Zielstation der beabsichtigten Zugfahrt befindlichen Kontrollfeldes. Beide Kontrollfelder sind deshalb in Grundstellung entblockt. Die Farbe der Blockfelder in Grundstellung ist entsprechend dem bei dieser bestehenden allgemeinen Fahrverbot sowohl für die Anfangsfelder wie die Kontrollfelder rot.

Die ganzen Vorgänge von der Erteilung der Erlaubnis zu einer Zugfahrt
M—N an bis zur Wiederherstellung der Grundstellung nach Beendigung dieser
Zugfahrt sind in Abb. 278, der Reihe nach numeriert, dargestellt. Die Schaltung
der Blockfelder bei diesen Vorgängen wechselt, wie ersichtlich, was, wie S. 161
beschrieben, durch Riegelstangenkontakte bewirkt wird. Zur Erläuterung der
Darstellung in Abb. 278 ist im übrigen nur noch folgendes zu sagen:

Wo zwei Blockfelder gleichzeitig verwandelt werden, tragen sie die gleiche
Nummer, und zwar das passiv (durch Entblocken) sich verwandelnde die Nummer
in Klammer gesetzt. Wo indessen zwei in demselben Blockgehäuse befindliche
Blockfelder sich durch gemeinsames Drücken gleichzeitig verwandeln, also beide

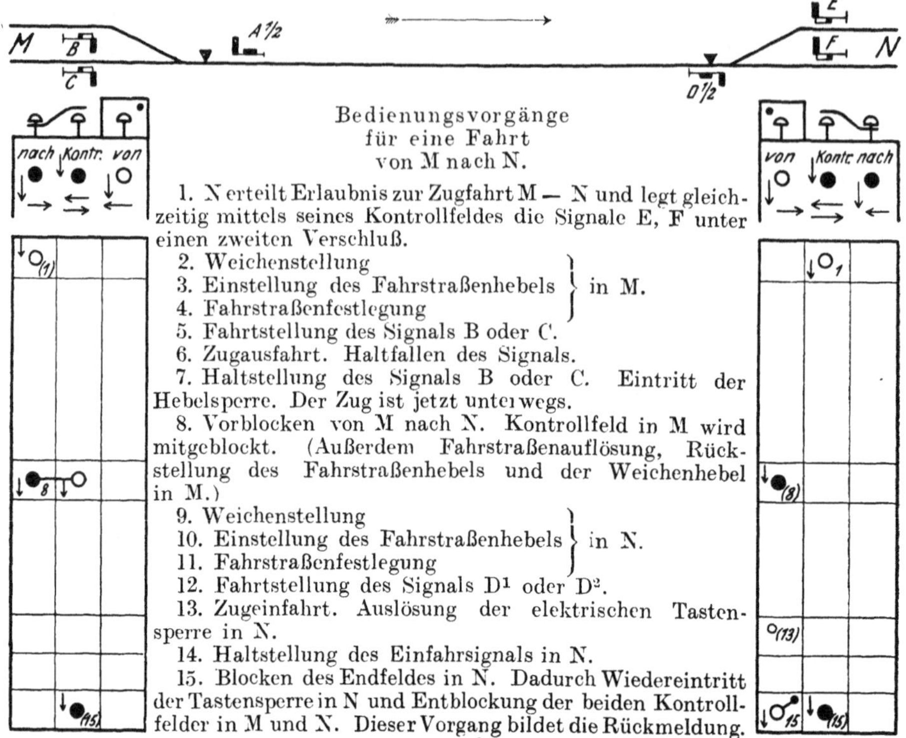

Bedienungsvorgänge für eine Fahrt von M nach N.

1. N erteilt Erlaubnis zur Zugfahrt M — N und legt gleichzeitig mittels seines Kontrollfeldes die Signale E, F unter einen zweiten Verschluß.
2. Weichenstellung ⎫
3. Einstellung des Fahrstraßenhebels ⎬ in M.
4. Fahrstraßenfestlegung ⎭
5. Fahrtstellung des Signals B oder C.
6. Zugausfahrt. Haltfallen des Signals.
7. Haltstellung des Signals B oder C. Eintritt der Hebelsperre. Der Zug ist jetzt unterwegs.
8. Vorblocken von M nach N. Kontrollfeld in M wird mitgeblockt. (Außerdem Fahrstraßenauflösung, Rückstellung des Fahrstraßenhebels und der Weichenhebel in M.)
9. Weichenstellung ⎫
10. Einstellung des Fahrstraßenhebels ⎬ in N.
11. Fahrstraßenfestlegung ⎭
12. Fahrtstellung des Signals D^1 oder D^2.
13. Zugeinfahrt. Auslösung der elektrischen Tastensperre in N.
14. Haltstellung des Einfahrsignals in N.
15. Blocken des Endfeldes in N. Dadurch Wiedereintritt der Tastensperre in N und Entblockung der beiden Kontrollfelder in M und N. Dieser Vorgang bildet die Rückmeldung.

(Es folgen dann in N Fahrstraßenauflösung, Rückstellung des Fahrstraßenhebels und der
Weichenhebel.) Damit ist die Grundstellung wiederhergestellt.

Abb. 278. Streckenblockung für eingleisige Bahnen. Dreifeldrige Form.

geblockt werden, tragen sie auch die gleiche Nummer, aber ohne daß die eine
dieser Nummern in Klammern gesetzt wäre. Zu beachten in dieser Beziehung ist
der Unterschied für die Mitverwandlung je eines benachbarten Kontrollfeldes
in den Fällen 8 und 15. Im Falle 15 wirkt das Blocken des einen Blockfeldes (Endfeldes in N) entblockend auf zwei Blockfelder, und zwar auf das benachbarte
und das auf dem Bahnhof M vorhandene Kontrollfeld.

Diese noch vielfach im Gebrauch befindliche Einrichtung hat gewisse Nachteile: Solange eine Zugfahrt stattfindet, und bis nach ihrer Beendigung die
Grundstellung der Streckenblockfelder wiederhergestellt ist, kann keine Erlaubnis zu einer Gegenfahrt gegeben werden. Zwischen der Ankunft eines Zuges
und der Abfahrt eines Gegenzuges verfließen daher immer mehrere Minuten;
sogenannte spitze Kreuzungen sind nicht möglich. Ferner kann eine einmal
erteilte Erlaubnis nicht zurückgegeben werden. Ist eine Erlaubnis irrtümlich
erteilt, oder soll wegen Dispositionsänderung eine erteilte Erlaubnis nicht be-

nutzt werden, so ist ein Eingriff in die Blockwerke nicht zu vermeiden. Endlich tritt, wenn versehentlich beide Bahnhöfe gleichzeitig zu einer Zugfahrt zustimmen, eine Blockstörung ein. Alle diese Übelstände vermeidet die sogenannte fünffeldrige Streckenblockung[1]).

3. Fünffeldrige Form. Bei der sogenannten fünffeldrigen Form wird zur Verbindung zweier eine eingleisige Strecke begrenzenden Bahnhöfe M, N

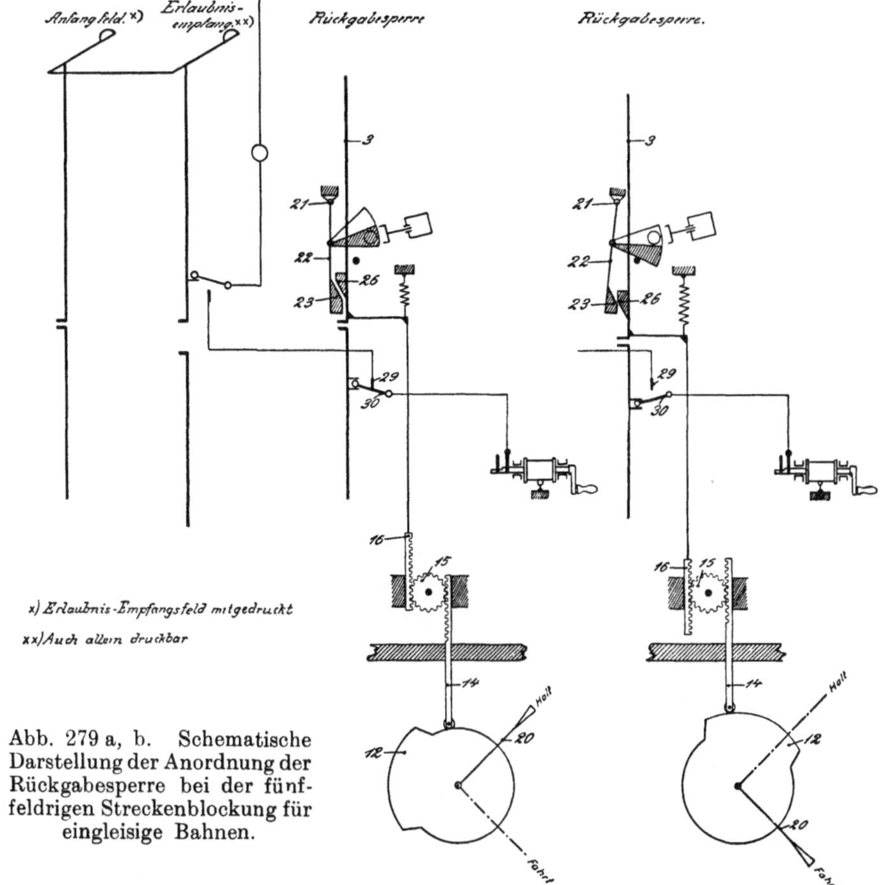

Abb. 279 a, b. Schematische Darstellung der Anordnung der Rückgabesperre bei der fünffeldrigen Streckenblockung für eingleisige Bahnen.

außer den Blockeinrichtungen der zweigleisigen Strecken nicht, wie vorbeschrieben, ein Kontrollfeldpaar, sondern es werden zwei Paare solcher Felder vorgesehen, von denen für jede der beiden Fahrrichtungen ein Feldpaar zur Erlaubniserteilung benutzt wird. Es sind also auf jedem der beiden Bahnhöfe außer dem Anfangsfeld und Endfeld je ein „Erlaubnisabgabefeld" und ein „Erlaubnisempfangsfeld" vorhanden. Man kann dann, noch während eine Zugfahrt stattfindet, also noch ehe das Erlaubnisfeldpaar, das für diesen Zug die Erlaubnis erteilt hat, wieder ganz in die Grundstellung zurückgekehrt ist, schon mit dem anderen Erlaubnisfeldpaar die Erlaubnis für einen Gegenzug erteilen. Daß diese Gegenzugfahrt dann nicht etwa vorzeitig stattfinden kann, wird durch das erstverwandelte Erlaubnisfeldpaar gewährleistet, das erst nach Beendigung der ersten Zugfahrt wieder ganz in die Grundstellung zurückkehren kann. So werden spitze Kreuzungen ermöglicht.

---

[1]) Auf den Pr.H.St.B. wird die fünffeldrige Form mit A, die dreifeldrige mit B bezeichnet.

Die Anordnung je eines in gegenseitiger Verbindung geschalteten Blockfeldpaares für jede der beiden Erlaubniserteilungen ermöglicht an sich, die
Erlaubnis bei Irrtum oder veränderter Disposition ohne weiteres zurückzugeben,
indem man das vorher entblockte Erlaubnisempfangsfeld
blockt und dadurch das vorher geblockte Erlaubnisabgabefeld entblockt. Das ist ein zweiter Vorteil der verbesserten
Einrichtung. Solche Rückgabe darf aber nur so lange
möglich sein, bis die Station, die die Erlaubnis empfangen
hat, entscheidend anfängt, von ihr Gebrauch zu machen.
Dieser entscheidende Anfang besteht in dem Ziehen eines
Ausfahrsignals, weil damit das Eintreten der Wiederholungssperre usw. bedingt ist. Die bisher beschriebene Einrichtung wird deshalb durch Hinzufügen eines fünften Blockfeldes, nach neuester Anordnung der sogenannten Rückgabesperre[1]) ergänzt, die unmittelbar durch das Ziehen eines
Ausfahrsignalhebels wirksam wird, indem sie die Blockleitung zwischen Erlaubnisempfangsfeld und Erlaubnisabgabefeld unterbricht. Blockstörungen durch gleichzeitige
Erlaubniserteilung würden hier schon an sich nicht vorkommen können, da die beiden hierzu dienenden Blockungen
sich zwischen verschiedenen Feldern abspielen. Um aber
auszuschließen, daß gleichzeitig Erlaubnis zu zwei entgegengesetzten Zugfahrten erteilt wird (die dann von einem der beiden
Bahnhöfe zurückgegeben werden müßte, da beide sich durch
die Erlaubniserteilung an die andere Endstation die eigenen
Ausfahrsignale in Haltstellung verschlossen haben), sind die
beiden Blockleitungen zur Erlaubnisabgabe gegenseitig über
Druckstangenkontakte der Erlaubnisabgabefelder geführt.

Die hiernach ausgebildete Streckenblockung ist in
Abb. 281, die eine so ausgerüstete eingleisige Strecke darstellt, und die Vorgänge bei einer Zugfahrt M—N der
Reihe nach numeriert wiedergibt, veranschaulicht. Zuvor
sei indessen die Ausbildung der Rückgabesperre an Hand
der Abb. 279a, b und 280 erläutert.

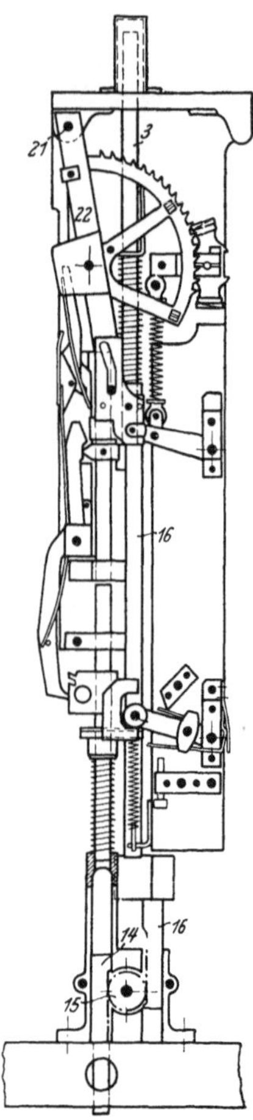

Abb. 280. Bauzeich-
nung der Rückgabe-
sperre bei der fünf-
feldrigen Strecken-
blockung für einglei-
sige Bahnen.

Die Rückgabesperre ist in neuester Ausführung ein
Blockfeld, das in Grundstellung entblockt ist, dessen Blocken
aber nicht durch Drücken der Taste und Erzeugen eines
Induktorwechselstromes, sondern durch das Auffahrtstellen
des Ausfahrsignalhebels bewirkt wird (das also keine Blocktaste besitzt), während die Entblockung in derselben Weise
geschieht, wie bei jedem gewöhnlichen Blockfeld. Die deshalb getroffene besondere Anordnung ist in der schematischen Abb. 279a, b,
die zugleich die beiden benachbarten Blockfelder (Erlaubnisempfangsfeld und
Anfangsfeld) darstellt, und in der Bauzeichnung Abb. 280 wiedergegeben. Durch
Umlegen des Signalhebels 20 (Abb. 279a) in Fahrtstellung (Abb. 279b) wird
mittels eines auf der Seilrolle dieses Hebels sitzenden Hubkranzes 12 die Hub-
stange 14 gehoben, die diese Hebung durch das Wendegetriebe 15 in ein
Herabdrücken der Stange 16 und der mit ihr festverbundenen Druckstange 3 des
als Rückgabesperre dienenden Blockfeldes verwandelt. Die hierdurch herbeigeführte Tiefstellung der Verschlußstange muß nun aber durch Herabgehen
des Rechens festgehalten werden, ohne daß die Hemmung durch Wechselstrom

____

[1]) Nach älterer Anordnung ist der „Rückgabeunterbrecher" ein gewöhnliches Blockfeld, das meist zugleich zur Fahrstraßenfestlegung dient, also kurz vor dem Signalhebel betätigt wird.

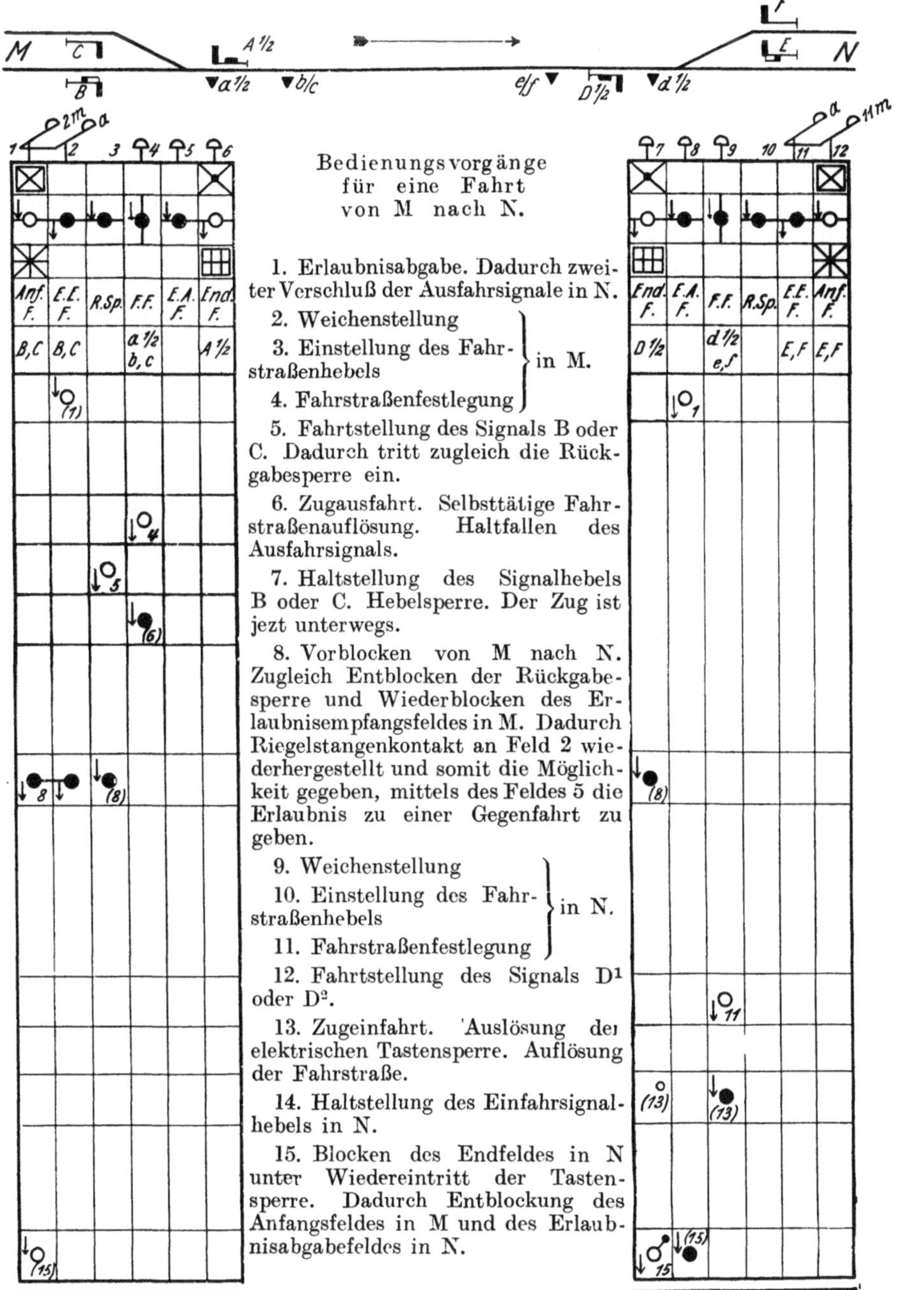

Bedienungsvorgänge für eine Fahrt von M nach N.

1. Erlaubnisabgabe. Dadurch zweiter Verschluß der Ausfahrsignale in N.

2. Weichenstellung

3. Einstellung des Fahrstraßenhebels } in M.

4. Fahrstraßenfestlegung

5. Fahrtstellung des Signals B oder C. Dadurch tritt zugleich die Rückgabesperre ein.

6. Zugausfahrt. Selbsttätige Fahrstraßenauflösung. Haltfallen des Ausfahrsignals.

7. Haltstellung des Signalhebels B oder C. Hebelsperre. Der Zug ist jetzt unterwegs.

8. Vorblocken von M nach N. Zugleich Entblocken der Rückgabesperre und Wiederblocken des Erlaubnisempfangsfeldes in M. Dadurch Riegelstangenkontakt an Feld 2 wiederhergestellt und somit die Möglichkeit gegeben, mittels des Feldes 5 die Erlaubnis zu einer Gegenfahrt zu geben.

9. Weichenstellung

10. Einstellung des Fahrstraßenhebels } in N.

11. Fahrstraßenfestlegung

12. Fahrtstellung des Signals D¹ oder D².

13. Zugeinfahrt. Auslösung der elektrischen Tastensperre. Auflösung der Fahrstraße.

14. Haltstellung des Einfahrsignalhebels in N.

15. Blocken des Endfeldes in N unter Wiedereintritt der Tastensperre. Dadurch Entblockung des Anfangsfeldes in M und des Erlaubnisabgabefeldes in N.

Bemerkungen:

a) Durch den Vorgang 15 ist die Grundstellung wieder hergestellt, sofern nicht inzwischen nach Vorgang 8 die Erlaubnis zu einer Gegenfahrt erteilt ist.

b) Für die Ausfahrsignale C und F sind nach den Pr.H.-Grundsätzen keine Flügelkupplungen vorgesehen, s. S. 177.

c) Soweit die in dieser Abb. angewandten Zeichen noch nicht erläutert sind, folgt ihre Erläuterung im V. Kapitel (S. 234 ff.).

Abb. 281. Fünffeldrige Streckenblockung für eingleisige Bahnen.

in eine pendelnde Bewegung versetzt wird (S. 153). Dies wird deshalb hier dadurch erreicht, daß beim Herabgehen der Druckstange der Rechen zwangsweise nach links verschoben wird, so daß seine Zähne ihre Stütze an der Hemmung verlieren und er in die den Verschlußhalter am Zurückgehen hindernde Tiefstellung herabfällt. Diese seitliche Verschiebung des Rechens wird dadurch bewirkt, daß ein an der drehbar um 21 befestigten Lagerschiene 22 des Rechens befindlicher abgeschrägter Knaggen 23 von einem an der Druckstange befindlichen gleichfalls abgeschrägten Knaggen (26) beiseite gedrückt wird. (Statt der beiden Knaggen ist bei der wirklichen Ausführung (Abb. 280) ein in entsprechend geformtem Schlitz geführter Triebstift vorhanden.) Der in dieser abweichenden Weise herbeigeführte geblockte Zustand des Feldes unterscheidet sich, sobald der Signalhebel wieder in die Haltlage überführt und damit die Druckstange hochgegangen ist, nicht von derjenigen eines gewöhnlichen Blockfeldes und wird demnächst durch Blocken eines anderen Blockfeldes (s. Abb. 281) auf gewöhnlichem Wege wieder in den entblockten Zustand übergeführt. Während des geblockten Zustandes aber ist der Riegelstangenkontakt 29/30 geöffnet und damit die Leitung, mittels deren bis dahin die Signalerlaubnis durch Blocken des Erlaubnisempfangsfeldes zurückgegeben werden konnte, unterbrochen.

Zum Verständnis der Abb. 281 sei nun noch folgendes bemerkt: Zwischen die fünf Felder der Streckenblockung ist jedesmal ein (zur Stationsblockung gehörendes) Fahrstraßenfestlegefeld gestellt, das für alle (sich hier sämtlich ausschließenden) Ein- und Ausfahrten gemeinsam dient, hier als Gleichstromfeld ausgebildet ist, und durch Befahren der Schienenstromschließer für Einfahrt oder Ausfahrt zurückverwandelt wird. Ist das Endstellwerk ein abhängiges Stellwerk, so wird auf den Pr.H.St.B. die Fahrstraßenfestlegung für die Ein- und Ausfahrten getrennt, und für die ersteren ein Wechselstromfeld angeordnet, dessen Gegenfeld (Auflösefeld) sich an der Befehlsstelle befindet. Im übrigen unterscheidet sich die Anordnung dann, abgesehen von dem etwa vorzusehenden Signalverschlußfeld[1]), von der hier dargestellten durch Hinzutreten der Signalfestlegefelder im Stellwerk und der entsprechenden Signalfreigabefelder in der Befehlsstelle, sowie ferner dadurch, daß das Erlaubnisabgabefeld mit elektrischer Tastensperre versehen ist, die die Erlaubnisabgabe von der Schlüsselzustimmung (S. 163) des Fahrdienstleiters abhängig macht.

Befindet sich eine Zwischenblockstelle zwischen M und N, so sind für jede Richtung zwei Erlaubnisfeldpaare vorhanden. Durch das Erlaubnisabgabefeld für den zweiten Zug kann die Erlaubnis für eine zweite Zugfahrt derselben Richtung gegeben werden, sobald der erste Zug unterwegs ist. Die Rückverwandlung der Erlaubnisfeldpaare erfolgt in umgekehrter Reihenfolge. Entsprechend ist es bei zwei Blockstellen usw. Wegen der recht verwickelten Einzelheiten vgl. Kerst, S. 9, 15 20, 21 (allerdings nicht mehr in allem zutreffend).

VI. Mechanische Stationsblockung.

Die Erlaubnis oder Zustimmung zum Stellen eines Signals kann statt mittels der elektrischen Blockwerke von Siemens & Halske auch mittels durch Hebel oder Kurbeln bewegter Doppeldrahtleitungen gegeben werden. Diese als „mechanische Stationsblockung" bekannten Einrichtungen werden auf den süddeutschen Bahnen in großem Umfange angewendet. Doch sind auch die süddeutschen Bahnen in steigendem Maße zur elektrischen Stationsblockung

---

[1]) Falls keine Zwischenblockstellen vorhanden, werden statt eines Signalverschlußfeldes Riegelstangenkontakte an den Signalfestlegefeldern und am Erlaubnisabgabefeld angebracht und über diese wird der Auslösestrom der elektrischen Tastensperre des Erlaubnisabgabefeldes (s. oben) geführt. Dadurch ist eine zweite Zustimmung unmöglich, solange nicht die Signalfreigabe zurückgegeben ist.

übergegangen[1]). Deshalb wird hier auf diese in mannigfachen Bauweisen ausgebildete Einrichtung nur kurz eingegangen. Vgl. im übrigen Scholkmann, S. 1328ff., und Scheibner, S. 913ff.

Eine mechanische Stationsblockanlage besteht auf Bahnhöfen mit zwei Endstellwerken und Fahrdienstleitung vom Empfangsgebäude aus gewöhnlich in einem auf dem Bahnsteige aufgestellten Freigabewerk (meist Kurbelwerk), das mit den Endstellwerken durch zur Signalfreigabe dienende Doppeldrahtleitungen verbunden ist. Entweder ist für jede Signalfreigabe eine besondere Leitung vorhanden, oder es dienen die beiden entgegengesetzten Bewegungen der Freigabekurbel und des Doppeldrahtzuges zur Freigabe zweier feindlichen Signale. Im Freigabewerk schließen sich nicht nur die feindlichen Signale durch Schieber usw. aus, sondern es ist regelmäßig die Fahrstraßenreihenfolge (S. 212) durch mechanische Abhängigkeiten gesichert. Im Stellwerk wirkt in neuerer Zeit namentlich bei größeren Anlagen die Freigabe durch Drehen einer Seilrolle (der „Blockrolle") nicht unmittelbar freigebend auf den Signalhebel, sondern, wie bei der elektrischen Stationsblockung, auf den Fahrstraßenhebel. Doch muß, abweichend von der elektrischen Stationsblockung, die Rückverwandlung der Freigabe auch von dem Freigabewerk aus erfolgen. Dieser Umstand wird in der Regel in eigenartiger Weise zur Fahrstraßenfestlegung und Fahrstraßenauflösung benutzt. Der durch Umlegen der Freigabekurbel freigegebene Fahrstraßenhebel sperrt sich beim Umlegen selbsttätig in der umgelegten Stellung. Die Rückbewegung der Freigabekurbel hebt diese selbsttätige Sperrung des Fahrstraßenhebels wieder auf und erteilt den Auftrag, ihn in die Grundstellung zurückzulegen. Damit die einmal erteilte Signalerlaubnis nicht mißbräuchlich wiederholt benutzt werden kann, sind die Signalhebel mit Wiederholungssperren ausgerüstet. Um es unmöglich zu machen, daß die Zurücklegung der Freigabekurbel bei noch stehendem Signale erfolgen und dann vorzeitig die Erlaubnis zu einem feindlichen Signale nach einem anderen Stellwerke gegeben werden kann, wird die den Fahrstraßenhebel freigebende Blockrolle beim Umlegen des Signalhebels mittels besonderer Sperrvorrichtung festgelegt, so daß sie erst nach Herbeiführung der Haltstellung des Signalhebels, wobei diese Festlegung aufgehoben wird, zurückgedreht werden kann. So können auch die Freigabeleitung und die Freigabekurbel so lange nicht zurückbewegt werden, als das Signal sich in Fahrtstellung befindet.

Erstreckt sich eine Fahrt durch zwei oder mehrere Stellwerksbezirke, so ist außer der Signalerlaubnis des Freigabewerks nach dem den Signalhebel enthaltenden Stellwerk von einem anderen an der Zugfahrt beteiligten Stellwerke eine „Zustimmung mit Rückverschluß" vorhanden. Nach Einstellen der Weichen in dem zustimmenden Stellwerk wird der Zustimmungsabgabehebel umgelegt und dadurch die in Grundstellung entkuppelte Seilrolle des Zustimmungsempfangshebels so weit verdreht, daß man die Handfalle ausklinken und dadurch den Hebel mit der Seilrolle kuppeln kann. Das Umlegen des Zustimmungsempfangshebels gibt nicht nur den Fahrstraßenhebel frei, sondern bewirkt auch eine Bewegung der Zustimmungsleitung und damit eine Verdrehung der Seilrolle des Zustimmungsabgabehebels, der in seiner umgelegten Stellung beim Einschnappen der Handfalle entkuppelt worden war. So ist der Zustimmungsabgabehebel durch Benutzung der Zustimmung gegen Rückbewegung gesperrt (Rückverschluß). Sind mehr als zwei Stellwerke an einer Zugfahrt beteiligt, so sind zwei oder mehr Zustimmungen zu erteilen, unter Umständen so, daß sie von Stellwerk zu Stellwerk weitergegeben werden.

---

[1]) So die Bad.Stb. seit 1903 allgemein. Auf den Württb.Stb. wird auf kleineren Stationen regelmäßig mechanische Stationsblockung angewendet, auf größeren elektrische in Form der Gruppenblockung (s. S. 206). — Auf den Bayer.Stb. hat man in den meisten Fällen mechanische Stationsblockung verwendet. Wenn aber die mechanische Leitung vom Haupt- zum Nebenblock über 500 m lang würde, wenn sehr viele Fahrstraßen unter Blockverschluß zu halten sind (große Stationen) oder wenn größtenteils kostspielige Kanäle erforderlich sein würden, hat man die elektrische Stationsblockung gewählt.

Fünftes Kapitel

Entwerfen der Sicherungsanlagen.

Die technischen Einzelheiten der Sicherungseinrichtungen gewinnen ihre eigentliche Bedeutung erst durch das Zusammenwirken aller Teile zu dem Ganzen der Sicherungsanlagen: Zu den Stellwerksanlagen der Bahnhöfe je für sich und in ihrer Verbindung mit den Streckenblockeinrichtungen einschließlich der etwa vorhandenen Blockstellen mit Abzweigung. Dieses Zusammenwirken ist das Ergebnis des Entwurfs, der für die Stellwerksanlagen jedes Bahnhofs besonders aufgestellt wird, in den aber häufig die Entwürfe für benachbarte Blockstellen wegen des Zusammenhangs der Handhabung mit aufzunehmen sind, während im übrigen die Anordnung der Blockstellen sich aus den allgemeinen für die betreffende Bahnverwaltung geltenden Regeln ergibt. Der Entwurfsaufstellung muß ein sorgfältig durchdachter Betriebsplan zugrunde liegen, der in der Bahnhofsfahrordnung (s. S. 6) zum Ausdruck kommt. Umgekehrt ist der Entwurf in seinen Hauptbestandteilen die Grundlage für die demnächstige Betriebshandhabung. Die Besprechung der Entwurfsaufstellung hat sich naturgemäß nacheinander zu erstrecken auf die Form der Entwürfe und auf Grundsätze für die Gestaltung der Entwürfe in sachlicher Beziehung.

I. Form der Stellwerksentwürfe.

Jeder Stellwerksentwurf besteht aus dem die Weichen und Signale mit ihren Bezeichnungen, die Stellwerksgebäude, Stellwerksbezirkseinteilung, Leitungen usw. enthaltenden Gleisplan, aus den Verschlußtafeln der Stellwerke und aus den Erläuterungen. Sowohl für die Darstellung der Sicherungsanlagen im Gleisplan, wie noch mehr für die Verschlußtafeln bedarf man zahlreicher Zeichen, die jede Eisenbahnverwaltung für ihren Bereich aufstellt. In diesem Buche muß der Verfasser sich in der Hauptsache darauf beschränken, die bezüglichen Vorschriften der Pr.H.St.B. auszugsweise wiederzugeben, die diese Zeichen in sehr weitgehendem Maße entwickelt haben. Nur gelegentlich wird auf abweichende Vorschriften der anderen deutschen, der österreichischen, ungarischen und schweizerischen Bahnen[1] hingewiesen werden. Es sei aber betont, daß nicht nur die Verschlußtafeln aller Bahnen dieser Länder in der Gesamtanordnung im wesentlichen übereinstimmen, sondern auch, daß die in den Gleisplänen und Verschlußtafeln angewandten Zeichen einander so ähnlich sind, daß man bei Kenntnis der Vorschriften einer Bahnverwaltung sich mit geringer Mühe in die Entwürfe einer anderen hineinfindet.

A. Der Gleisplan.

Als Gleisplan kann ein gewöhnlicher Umdruckplan des betreffenden Bahnhofs benutzt werden, sofern es nicht zur besseren Deutlichkeit vorgezogen wird, einen besonderen Plan mit Fortlassung des für den Stellwerksentwurf Un-

---

[1] Wegen anderer ausländischer Bahnen s. VII. Kapitel.

wesentlichen herzustellen. Für größere Bahnhöfe empfiehlt es sich, eine verzerrte Gleisskizze zu benutzen.

Die Gleise und Weichen werden in der bekannten Weise durch Linien und Dreiecke dargestellt. Auf den Pr.H.St.B. werden die an Stellwerke angeschlossenen Weichen durch schwarze oder farbige **Ausfüllung** des Weichendreiecks gekennzeichnet, während die Dreiecke bei handgestellten Weichen und bei Kreuzungen **schraffiert** werden (vgl. S. 7). Die auf den norddeutschen Bahnen übliche Kennzeichnung der Grundstellung der Weichen, und das abweichende Verfahren auf den süddeutschen, österreichischen, ungarischen und schweizerischen Bahnen sind bereits im ersten Kapitel (S. 7) zur Darstellung gebracht. Überall in Deutschland, Österreich, Ungarn und der Schweiz werden die Gleise und Weichen mit je für sich fortlaufenden Nummern, nach Bedarf mit Buchstabenzusatz, bezeichnet.

Die Signale werden fast überall (Ausnahme wohl nur Sachsen, wo auch die Signale mit Nummern bezeichnet werden) mit Buchstaben bezeichnet, nach Bedarf mit Nummernzusatz. Sie werden allgemein in den Gleisplänen so dargestellt, als seien sie um ihren Fußpunkt in der Fahrrichtung, für die sie gelten, umgelegt[1]). Die auf den Pr.H.St.B. vorgeschriebene Darstellungsweise der verschiedenen Signale ohne und mit Flügelkuppelung, Flügelkontakten usw., unter Berücksichtigung der erst im Sommer 1921 herausgekommenen Änderungen der A.f.Est., geht aus den folgenden Abbildungen nebst beigesetzten Erläuterungen, sowie aus ihrer Anwendung in den folgenden Gleisplanskizzen hervor.

Abb. 282, 283a—e. Haupt- und Vorsignale (A.f.Est. Abb. 44, 47a—e).

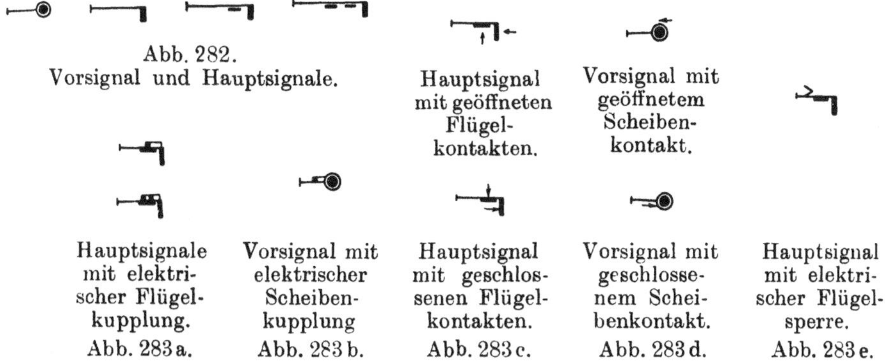

Abb. 282.
Vorsignal und Hauptsignale.

Hauptsignal mit geöffneten Flügelkontakten.

Vorsignal mit geöffnetem Scheibenkontakt.

Hauptsignale mit elektrischer Flügelkupplung.	Vorsignal mit elektrischer Scheibenkupplung	Hauptsignal mit geschlossenen Flügelkontakten.	Vorsignal mit geschlossenem Scheibenkontakt.	Hauptsignal mit elektrischer Flügelsperre.
Abb. 283a.	Abb. 283b.	Abb. 283c.	Abb. 283d.	Abb. 283e.

Fernbediente Signale 5 und 6b werden nach Abb. 284a, b, 285a, b dargestellt, freistehende Gleissperrsignale nach Abb. 286a, b, wobei das Zeichen zu wählen ist, das der Grundstellung des Signals entspricht. Die in den Abb. 284a, b bis 286a, b dargestellten Signale werden mit der Nummer des Gleises bezeichnet, für das sie gelten, bei einer Gruppe von Gleisen mit der Nummer der beiden äußersten Gleise in Bruchform, z. B. 32/40. Die Darstellung von Geschwindigkeits- und Verschubhaltetafeln, von Fühlschienen, Schranken und Gleissperren, Kontakten, isolierten Schienen usw. zeigen die Abb. 287a—r (A.f.Est. § 42, 17).

Signal 5	Signal 6b	Signal 14		
Umgestelltes Signal 5	Umgestelltes Signal 6b	Signal 14a		
Abb. 284a, b.	Abb. 285a, b.	Abb. 286a, b.	Abb. 287a. Geschwindigkeitstafel.	Abb. 287b. Rangierhaltetafel.

---

[1]) Abweichend auf Bahnen anderer Länder, s. S. 7.

Abb. 287 c.
Haltetafel 36a für ein-
fahrende Züge.

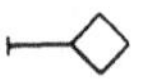

Abb. 287 d.
Haltetafel 36b für Schiebelokomotiven.

Abb. 287 e.
Haltetafel 36c für zurückkehrende Schiebelokomotiven.

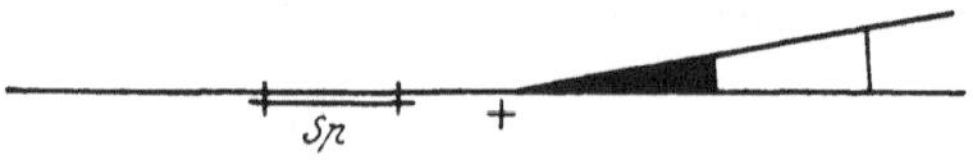

Abb. 287 f. Weiche mit Sperrschiene.

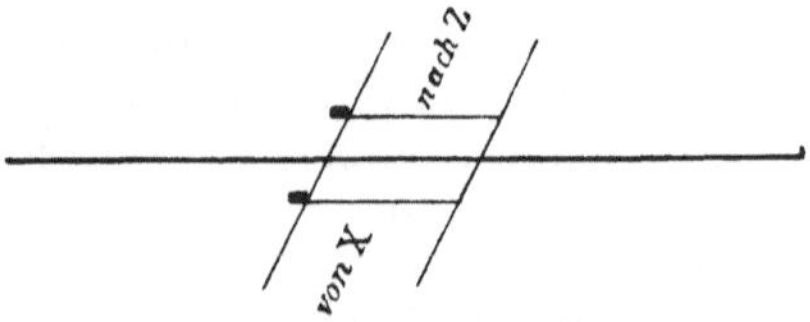

Abb. 287 g. Schranken und Überwege.

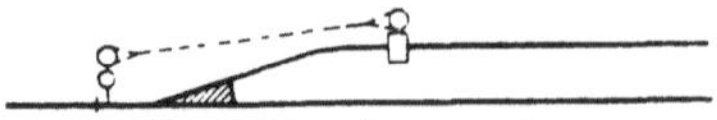

Abb. 287 h. Bremsschuh.

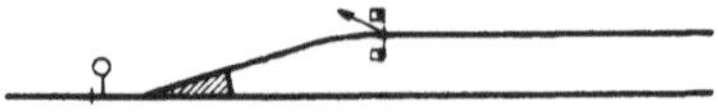

Abb. 287 i. Sperrschwelle.

Abb. 287 k. Gestängekupplung zwischen
Weiche und Gleissperre.

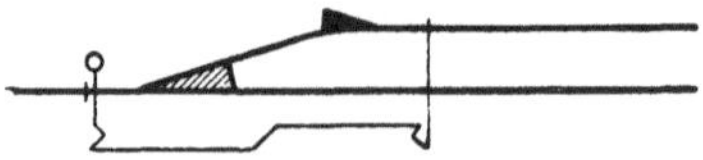

Abb. 287 l. Entgleiseweiche.

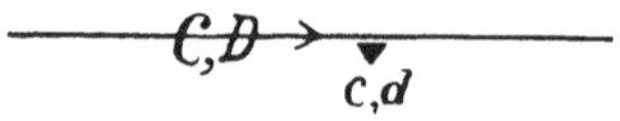

Abb. 287 m. Schienenkontakt.

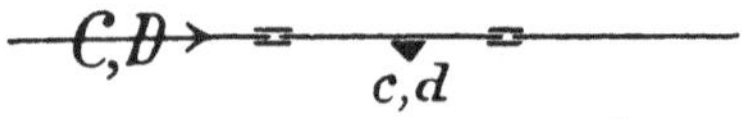

Abb. 287 n. Schienenkontakt mit
isolierter Schienenstrecke.

Abb. 287 o. Weiche mit Zeitverschluß.

Abb. 287 p. Weiche mit Handschloß.

Abb. 287 q. Gleissperre mit
Handschloß.

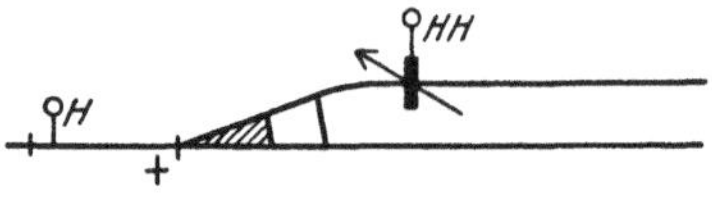

Abb. 287 r. Folgeabhängigkeit
durch Handverschluß.

Die Stellwerksbuden werden durch einfache (Abb. 288a), die Stellwerks-
türme durch doppelte (Abb. 288b) Umgrenzungslinien dargestellt, und je mit
dem Farbentone ihres Bezirks angelegt, der entweder durch farbige Umgrenzung,
oder durch Anwendung verschiedener Farben für die Ausfüllung der Weichen-

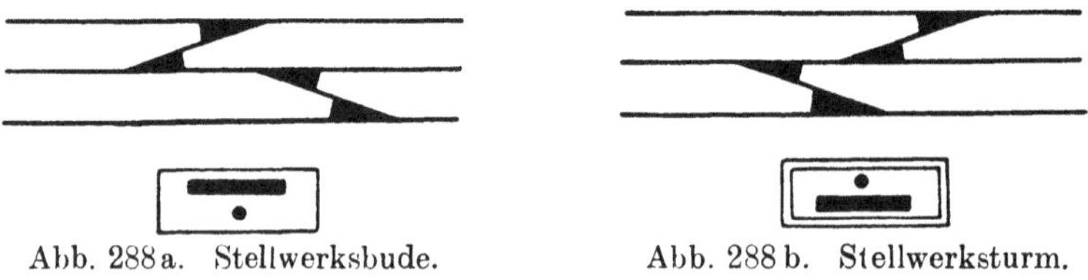

Abb. 288a. Stellwerksbude.

Abb. 288b. Stellwerksturm.

dreiecke von den anderen Stellwerksbezirken unterschieden wird. Die Lage
des Stellwerks im Gebäude und der Standort des Stellwerkswärters sind, wie in
Abb. 288a, b, 289a angegeben, anzudeuten. Aus den Abb. 289a –c geht auch
zugleich die Darstellungsweise der Leitungen hervor. Riegel werden durch einfache Kreise in den Leitungen dargestellt (Abb. 289b,c).

Die Leitungen werden zweckmäßig erst eingetragen, wenn der Stellwerksentwurf nach Prüfung durch alle zuständigen Stellen endgültig feststeht. Dagegen müssen zu Beginn der Entwurfsarbeiten, d. h. vor Aufstellung der Ver-

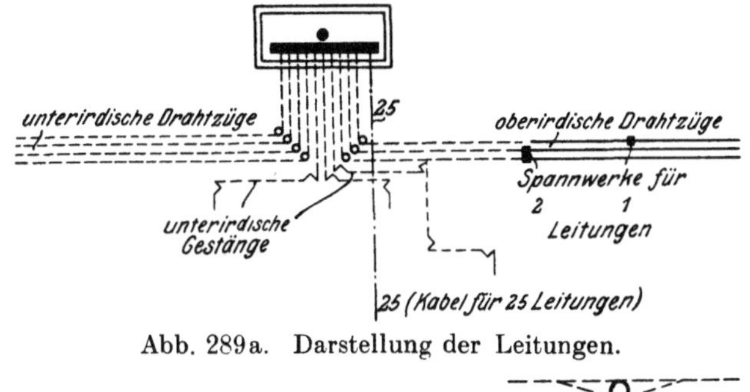

Abb. 289a. Darstellung der Leitungen.

Abb. 289 b, c. Darstellung von Riegeln in den Leitungen.

schlußtafeln (außer den Nummern der Gleise und Weichen und der Bezeichnung von deren Grundstellung, den Signalen und ihrer Bezeichnung) in den Gleisplan die Fahrwege der Züge durch Pfeile mit Beisetzung der Buchstabenbezeichnung der zugehörigen Signale eingetragen werden. Zweckmäßig stehen diese Bezeichnungen (Abb. 290) in übersichtlichen Gruppen, bei längeren Bahnhöfen nach Bedarf wiederholt. (Vgl. in allen diesen Beziehungen A.f.Est. § 42.)

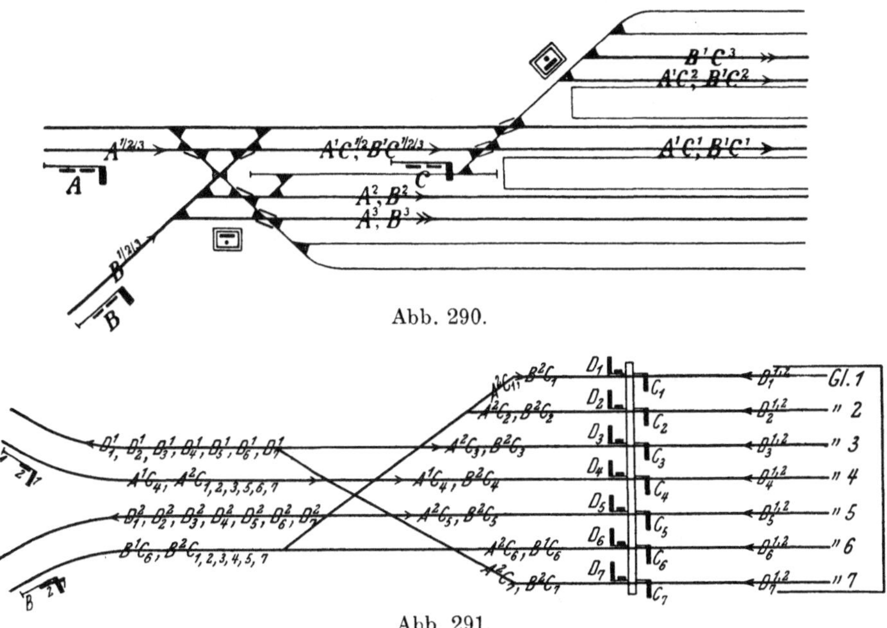

Abb. 290.

Abb. 291.

Abb. 290, 291. Bezeichnung der Fahrwege im Gleisplan.

Bei zwei- und dreiflügligen Signalen werden die Fälle, daß das Signal ein-, zwei- oder dreiflüglig gezogen wird, durch Beisetzung der Ziffern 1, 2, 3 zu dem Signalbuchstaben in Exponentenform unterschieden. Stehen zwei Buchstaben hintereinander mit zwischengestelltem Komma (so A^2, B^2 und A^3, B^3 in Abb. 290), so bedeutet dies, daß zwei verschiedene Fahrwege über diese Gleisstrecke führen. Stehen dagegen zwei Buchstaben ohne zwischengesetztes Komma hintereinander, wie $B^1 C^3$, $A^1 C^2$ usw, so bedeutet dies, daß die beiden Signale als Haupt- und Wegesignal zusammen nur einen Fahrweg bezeichnen, der also als ein Signalbegriff im Stellwerk durch einen Fahrstraßenhebel dargestellt wird. Reichen die Buchstaben des Alphabets für die Signalbezeichnung nicht aus, so erhalten die zusammengehörigen Gruppen von Wege- und Ausfahrsignalen je denselben Buchstaben mit Zusatz der Gleisnummer (nicht in Exponentenform), wie in Abb. 291[1]) dargestellt. Die Abbildung zeigt dieselben Wegesignale mit dem einen oder anderen Einfahrsignal zusammen je als einen Signalbegriff. Es sei auch hier darauf hingewiesen, daß jeder dieser Signalbegriffe im Stellwerk durch je einen Fahrstraßenhebel dargestellt wird, der als Bezeichnung dieselbe Buchstabenzusammenstellung in kleinen Buchstaben aufweist, die die den Fahrweg anzeigenden Signale in großen Buchstaben zeigen. Maßgebend für die Aufstellung der Verschlußtafel sind also die durch die Fahrstraßenhebel wiedergegebenen Fahrwege, nicht die Signale, die vielmehr nur äußere Zeichen für Lokomotivführer und Bahnhofspersonal bilden, und die unter Umständen für mehrere Fahrten zusammen dienen oder auch in Einzelfällen ganz fortbleiben könnten.

B. Die Verschlußtafeln.

Das in Deutschland, Österreich, Ungarn und der Schweiz übliche Verfahren zur Aufstellung der Verschlußtafeln (auf ganz abweichende Verfahren in anderen Ländern wird im VII. Kapitel hingewiesen werden) soll an einer Reihe von Beispielen erläutert werden, wobei nacheinander einzelne Stellwerke ohne Blockverbindungen und Stellwerke mit Blockverbindungen zu behandeln sind. Hierbei wird im besonderen die auf den Pr.H.St.B. übliche Darstellungsweise gewählt. Doch sind bei den ersten Beispielen 1a—c die erst im Sommer 1921 herausgekommenen Änderungen der Pr.H.-Vorschriften (vgl. S. 234 ff.) noch nicht berücksichtigt.

1. Verschlußtafeln für einzelne Stellwerke ohne Blockverbindungen.

a) Verzweigung einer zweigleisigen Eisenbahn (Abb. 292a, b). Bei der Gleislage nach Abb. 292a sind vier Fahrwege für Züge vorhanden, aus der Stammstrecke von N nach M oder O, und aus den beiden Zweigstrecken von M oder O in die Stammstrecke nach N. Die für diese Fahrten vorgesehenen Signale $A^{1/2}$ bzw. B und C, die Bezeichnung der Weichen, die Wahl ihrer Grundstellung usw. sind aus Abb. 292a ohne weiteres ersichtlich. Nach dem bereits S. 28 erwähnten Verfahren zeigt die Verschlußtafel die für jede einzelne Fahrt erforderlichen und im Stellwerk mechanisch zu verwirklichenden Abhängigkeiten jedesmal in einer wagerechten Reihe (hier also vier Reihen), der die Bezeichnung des betreffenden Signals und die den Fahrweg kennzeichnende Zugrichtung vorgesetzt ist. Senkrechte, die wagerechten Reihen überkreuzende Spalten sind nach Ausweis des Kopfes der Verschlußtafel für alle einzelnen im Stellwerk zu betätigenden und gegenseitig in Abhängigkeit zu bringenden Vorrichtungen vorgesehen, d. h. für Fahrstraßenhebel, Signalhebel, Weichenverriegelungsvorrichtungen, Weichenhebel, Gleissperrenhebel usw., (bei Stellwerken mit Blockverbindungen auch die Blockfelder), übersichtlich nach den Hebelgattungen gruppenweise zusammengefaßt und in der Regel in derselben Ordnung, in der die Hebel in der Wirklichkeit auf der Stellwerksbank aufeinander folgen. Sofern ein Fahrstraßenhebel für zwei feindliche Fahrstraßen

---

dient, was zur Ersparnis an Fahrstraßenhebeln und Schubstangen möglichst angestrebt wird (vgl. S. 125, 126) und auch hier für je zwei Fahrstraßen so angeordnet ist, sind für ihn in der Verschlußtafel zwei Spalten vorgesehen, die aber im Kopf zusammengefaßt sind. Die in der Verschlußtafel zur Angabe der Hebelstellungen angewandten Zeichen sind bereits S. 28 erläutert.

Das Aufstellen der Verschlußtafel vollzieht sich nun zweckmäßig so, daß man nacheinander die einzelnen Fahrten behandelt. Man stellt also z. B. zuerst für die Fahrt A^1, nachdem man die Fahrtstellung ihres Signalhebels angegeben hat, an der Hand des Gleisplans fest, welche Fahrten sich mit dieser Fahrt kreuzen, berühren usw., also als ihr feindlich durch Angabe des Zeichens für Haltstellung in der betreffenden Spalte gegen die in Behandlung befindliche Fahrt auszuschließen sind, hier A^2 und C [1]). Zur Selbstkontrolle empfiehlt es sich in den Spalten, für die man bei der Prüfung keinen Signalausschluß festgestellt hat, die stattgehabte Prüfung durch Eintragung eines kleinen Kreises oder Punktes in das betreffende Feld (wie in Abb. 292b geschehen) zu kennzeichnen,

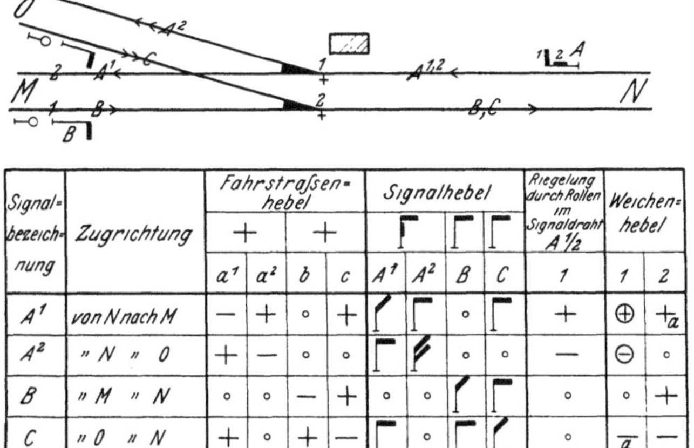

Signalbezeichnung	Zugrichtung	Fahrstraßenhebel				Signalhebel				Riegelung durch Rollen im Signaldraht $A\,\tfrac{1}{2}$	Weichenhebel	
		a^1	a^2	b	c	A^1	A^2	B	C	1	1	2
A^1	von N nach M	−	+	∘	+	⌐	⌐	∘	⌐	+	⊕	$+_a$
A^2	„ N „ O	+	−	∘	∘	⌐	⌐	∘	∘	−	⊖	∘
B	„ M „ N	∘	∘	−	+	∘	∘	⌐	⌐	∘	∘	+
C	„ O „ N	+	∘	+	−	⌐	∘	⌐	⌐	∘	$\overline{a}$	−

Abb. 292a, b. Gleisplan und Vorschlußtafel für die Verzweigung einer zweigleisigen Eisenbahn.

welche Zeichen dann in der Reinzeichnung der fertigen Verschlußtafel fortbleiben können (bei manchen Bahnverwaltungen aber auch in den endgültigen Verschlußtafeln beibehalten werden). Die Ausfüllung der Fahrstraßenhebelspalten ist lediglich eine Wiederholung derjenigen der Signalhebelspalten, nur mit anderen Zeichen. Ebenso wie für die Signale führt man dann für die Weichen die Prüfung durch und stellt fest, ob sie für die betreffende Fahrt als Fahrtweichen oder Schutzweichen (vgl. S. 7) in +- oder —-Stellung verschlossen werden müssen, und füllt auch hier zweckmäßig die freibleibenden Felder durch einen kleinen Kreis oder Punkt aus. Die Tatsache, daß eine Weiche nicht als Fahrtweiche, sondern nur als Schutzweiche (S. 7) eine gewisse Stellung einzunehmen hat, ist hier (über die Pr.H. Vorschriften hinaus) überall durch Beisetzung des Buchstabens a (abweisend) zu dem +- bzw. —-Zeichen bemerkbar gemacht. Welche Weichen als Spitzenweichen einer Kontrollverriegelung bedürfen, ist in den Verschlußtafeln jedesmal durch Einkreisung des +- bzw. —-Zeichens gekenn-

---

[1]) Den Anfänger mag es stutzig machen, daß in der Verschlußtafel bei der Fahrtstellung von Signal A^1 das Signal A^2 in Haltstellung gezeichnet ist, und umgekehrt, während es sich doch in Haltstellung um dasselbe Signal handelt, das nur zwei Fahrtstellungen (ein- und zweiflüglig) besitzt. Hierzu ist zu bemerken, daß die Signalbilder in der Verschlußtafel nur Symbole sind, die den gegenseitigen Ausschluß der beiden Signalstellbewegungen bezeichnen, was mit der praktischen Darstellung der Signalbegriffe nichts zu schaffen hat.

zeichnet (auf den Pr.H.St.B. nicht vorgeschrieben); außerdem aber ist in besonderen Spalten angegeben, ob und welche Weichen durch Riegelrollen im Signaldrahtzug oder durch solche in besonderen Riegelleitungen verriegelt werden[1]). Nur den letzteren Verriegelungen entsprechen an den durch die Verschlußtafel angegebenen Stellen in der Ausführung des Stellwerks Bedienungsvorrichtungen (Riegelhebel[2]), während die Angaben über Riegelung im Signaldrahtzug nur als ergänzende Angaben zu den Signalhebelspalten aufzufassen sind. Ebenso wie für die Fahrt A^1 führt man nun die Prüfung und Ausfüllung der Spalten für die anderen Fahrten, A^2, B, C durch, womit der Rohentwurf der Verschlußtafel fertig ist.

Dieser Rohentwurf bedarf nun im allgemeinen noch, wie an den folgenden Beispielen gezeigt werden wird, einer doppelten Nachprüfung, um zum endgültigen Entwurf zu werden. Im gegenwärtigen Falle führt diese Nachprüfung,

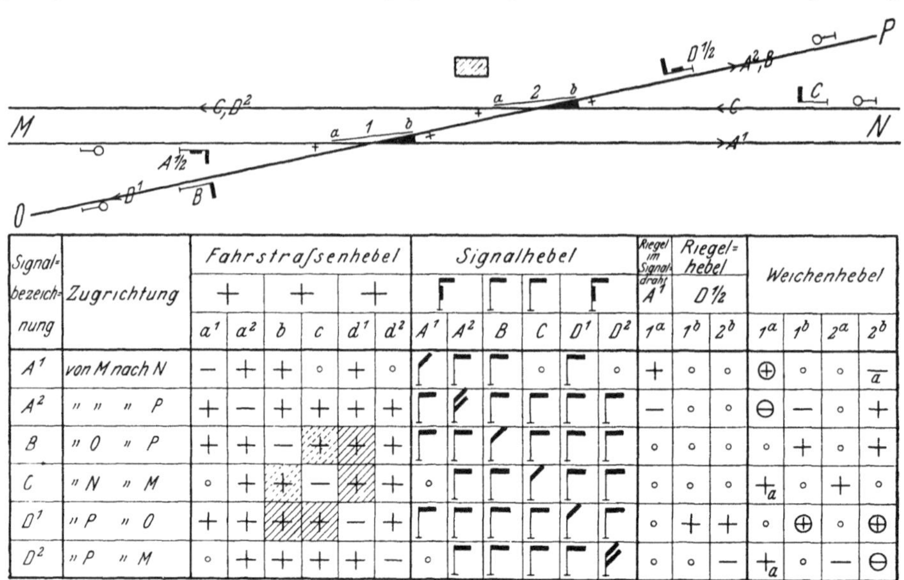

Signalbezeichnung	Zugrichtung	Fahrstraßenhebel						Signalhebel						Riegel im Signaldraht A^1	Riegel=hebel $D^{1/2}$		Weichenhebel			
		a^1	a^2	b	c	d^1	d^2	A^1	A^2	B	C	D^1	D^2	1^a	1^b	2^b	1^a	1^b	2^a	2^b
A^1	von M nach N	−	+	+	∘	+	∘	╱	Γ	Γ	∘	Γ	∘	+	∘	∘	⊕	∘	∘	$\overline{a}$
A^2	″ ″ ″ P	+	−	+	+	+	+	Γ	╱	Γ	Γ	Γ	Γ	−	∘	∘	⊖	−	∘	+
B	″ O ″ P	+	+	−	+	+	+	Γ	Γ	╱	Γ	Γ	Γ	∘	∘	∘	∘	+	∘	+
C	″ N ″ M	∘	+	+	−	+	+	∘	Γ	Γ	╱	Γ	Γ	∘	∘	∘	$+_a$	∘	+	∘
D^1	″ P ″ O	+	+	+	+	−	+	Γ	Γ	Γ	Γ	╱	Γ	∘	+	+	∘	⊕	∘	⊕
D^2	″ P ″ M	∘	+	+	+	+	−	∘	Γ	Γ	Γ	Γ	╱	∘	∘	−	$+_a$	∘	−	⊖

Abb. 293 a, b. Gleisplan und Verschlußtafel für die Kreuzung einer zweigleisigen und einer eingleisigen Eisenbahn mit Zugübergang in einer Richtung und Gegenrichtung.

wovon sich der Leser durch eigene Vornahme solcher überzeugen kann, zu keiner Abänderung, so daß in diesem Falle der Rohentwurf zugleich der Fertigentwurf ist.

b) Kreuzung einer zweigleisigen und einer eingleisigen Bahn mit Zugübergang zwischen beiden in einer Richtung und Gegenrichtung (Abb. 293a, b). Bei der Gleislage nach Abb. 293 a sind außer den auf jeder der beiden Bahnen verbleibenden Zugläufen M—N und N—M sowie O—P und P—O die übergehenden Zugläufe M—P und P—M möglich. Die hierfür erforderlichen Signale, ihre Bezeichnung und die Bezeichnung der Gleise und Weichen sowie die Bezeichnung der Weichengrundstellung sind aus Abb. 293a ersichtlich. Auch der in derselben Weise wie bei dem ersten Beispiel aufzustellende Rohentwurf der Verschlußtafel bedarf, abgesehen von dem Hinweis, daß auch hier je zwei feindliche Fahrstraßen durch einen gemeinsamen Fahrstraßenhebel bedient werden, keiner Erläuterung. In der Verschlußtafel fällt aber auf, daß

---

[1]) Diese Darstellungsweise ist neuerdings (Sommer 1921) durch eine andere ersetzt, die S. 237, 238 erläutert und in den Verschlußtafeln Abb. 295—297 angewendet ist.

[2]) In dieser Verschlußtafel sind solche nicht vorhanden, wohl aber in der folgenden (Abb. 293b).

eine Anzahl der Fahrstraßenhebelfelder schraffiert sind. Diese Schraffierung ist das Ergebnis einer Prüfung, die nach Fertigstellung des Rohentwurfes vorgenommen ist, und unter der Voraussetzung, daß sie noch nicht geschehen sei, jetzt besprochen werden soll. Wie im III. Kapitel auf S. 143 dargelegt, schließen sich zwei feindliche Signale in den meisten Fällen im Stellwerk schon durch Unterschiede in der Weichenstellung aus, weil es nicht möglich ist, die beiden Fahrstraßenhebel der beiden feindlichen Signale gleichzeitig umzulegen, sofern auch nur ein Weichenhebel durch den einen Fahrstraßenhebel in $+$-Stellung, durch den anderen in $-$-Stellung verschlossen wird. Wo aber zwei feindliche Fahrten keinen einzigen solchen Unterschied (Widerspruch) der Weichenstellung aufweisen, muß eine besondere gegenseitige Ausschlußvorrichtung zwischen den beiden Fahrstraßenhebeln, die den betreffenden beiden feindlichen Signalhebeln entsprechen, hergestellt werden (vgl. S. 143). Die Ermittlung der Fälle, in denen dies erforderlich ist, geschieht nun in der nachfolgend beschriebenen Weise. Ihr Ergebnis wird so erkennbar gemacht und festgehalten, daß in jedem Falle, wo zwei feindliche Signale sich nicht durch irgendeinen Widerspruch in der Weichenstellung ausschließen, das dem betreffenden feindlichen Fahrstraßenhebel entsprechende Feld in der Verschlußtafel schraffiert wird.

Man vergleicht zuerst mit der Weichenstellung, die der erste Fahrweg, hier A^1, bedingt, und der also innerhalb der Weichenhebelspalten in der obersten Reihe der Verschlußtafel angegeben ist, die Weichenstellungen, die durch die der Fahrt A^1 feindlichen Fahrten bedingt werden. Hier hat man also nacheinander mit der Weichenstellung für A^1 zu vergleichen die Weichenstellungen für A^2, B, D^1. Jedesmal findet sich hier mindestens ein Widerspruch, was genügt, die Schraffierung entbehrlich zu machen. Bei der Fortsetzung des Verfahrens braucht der Vergleich immer nur auf die folgenden feindlichen Fahrten erstreckt zu werden, da die vorhergehenden jedesmal schon verglichen sind. Beim Vergleich der Weichenstellung für A^2 mit denjenigen für B, C, D^1, D^2 erhält man dasselbe verneinende Ergebnis, wie bei der ersten Gruppe von Vergleichen. Dagegen ergibt der Vergleich der Weichenstellung für B mit den Weichenstellungen für C, D^1, D^2, daß B und C sich in der Weichenstellung nicht widersprechen, B und D^1 in der Weichenstellung sogar übereinstimmen. Die bezüglichen Felder sind daher schraffiert, und zwar wegen der Gegenseitigkeit auch gleich die Felder für B in den Reihen der Fahrten C und D^1. Die fortgesetzte Prüfung ergibt noch das Erfordernis einer ferneren Schraffierung, nämlich der beiden Felder, die den Ausschluß der Fahrstraßenhebel c und d^1 bedeuten. Von den Schraffierungen können indessen diejenigen für den gegenseitigen Ausschluß b, c wieder ausgelöscht werden (in der Verschlußtafel, um dies anzudeuten, fein gestrichelt schraffiert), weil diese beiden Fahrten durch einen gemeinsamen Fahrstraßenhebel bedient werden, dessen beide entgegengesetzten Bewegungen sich ohnehin ausschließen. Wer im Entwerfen von Verschlußtafeln Erfahrung hat, wird von vornherein die Schraffierung in solchen Fällen fortlassen. Es verbleiben als Endergebnis der Untersuchung die vier schraffierten Felder, die die beiden gegenseitigen Ausschlüsse B, D^1 und C, D^1 betreffen. B und D^1 sind zwei Gegenfahrten auf demselben Wege, C und D^1 zwei kreuzende Fahrten, jedes von beiden Vertreter eines der Hauptfälle, in denen die Schraffierung als Kennzeichen der erforderlichen besonderen Ausschlußvorrichtung notwendig ist[1]). Es gibt aber auch noch andere Fälle, so daß es verkehrt wäre, die Untersuchung etwa an Hand des Gleisplans auszuführen und nur auf Gegenfahrten und kreuzende Fahrten zu

---

[1]) Man kann, statt durch besondere Ausschlußvorrichtungen der Fahrstraßenhebel zwei durch die Weichenstellung an sich nicht gegenseitig ausgeschlossene Fahrten auch dadurch ausschließen, daß man irgendeine an beiden Fahrten unbeteiligte Weiche für die eine Fahrt auf $+$, für die andere auf $-$ verschließt. Das ist an sich verwerflich, weil es den Betrieb behindert, kann aber bei vorläufigen Anlagen oder Abänderungen Zeit ersparen.

erstrecken. Die Verschlußtafel Abb. 293b zu Abb. 293a ist hiermit fertig, da die zweite Gruppe von Vergleichen, die an sich bei jeder Verschlußtafel auszuführen ist, und die an Hand des nächsten Beispiels Abb. 294a, b erörtert werden soll, hier ein verneinendes Ergebnis liefert.

c) **Anschluß eines gemeinsamen Überholungsgleises in Mittellage an die beiden durchgehenden Hauptgleise** (Abb. 294a, b, c). Nach Abb. 294a dient das Gleis 2 als Überholungsgleis für beide Richtungen. Daher ergeben sich am einen Bahnhofsende die beiden Einfahrten A^1, A^2 und die beiden Ausfahrten B, C. Die Bezeichnungen in dem Gleisplan und der Rohentwurf der Verschlußtafel bedürfen nach dem, was über die beiden vorher besprochenen Beispiele gesagt ist, keiner weiteren Erläuterung. Die Vergleiche bezüglich feindlicher Fahrten ohne Widerspruch in der Weichenstellung liefern ein verneinendes Ergebnis. Es sind also keine Fahrstraßenhebelfelder der Verschlußtafel zu schraffieren. In der Verschlußtafel fällt aber auf, daß in der Reihe für

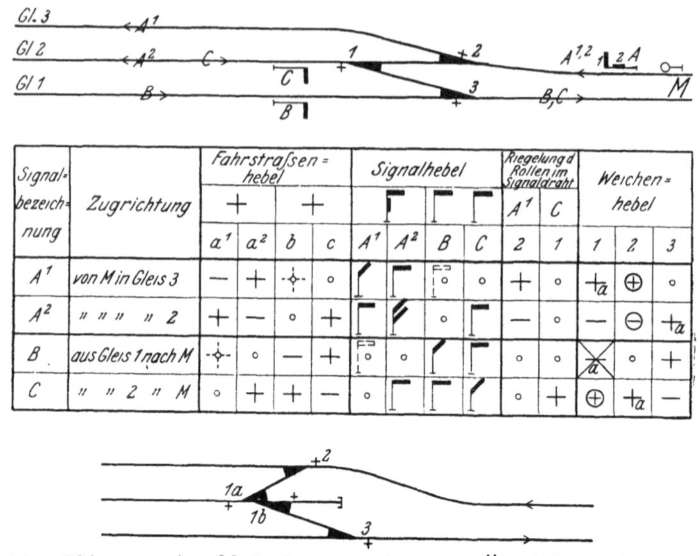

Signal-bezeich-nung	Zugrichtung	Fahrstraßen-hebel +		+		Signalhebel				Riegelung d. Rollen im Signaldraht A^1	C	Weichen-hebel		
		a^1	a^2	b	c	A^1	A^2	B	C	2	1	1	2	3
A^1	von M in Gleis 3	−	+	⊹	○	⌐	⌐	⌐[o]	○	+	○	+ₐ	⊕	○
A^2	" " " " 2	+	−	○	+	⌐	／	○	⌐	−	○	−	⊖	+ₐ
B	aus Gleis 1 nach M	⊹	○	−	+	⌐[o]	○	／	⌐	○	○	⨯ₐ	○	+
C	" " 2 " M	○	+	+	−	○	⌐	⌐	／	○	+	⊕	+ₐ	−

Abb. 294a—c. Anschluß eines gemeinsamen Überholungsgleises in Mittellage an die beiden durchgehenden Hauptgleise.

die Fahrt B für die Weiche 1 zunächst die −-Stellung eingetragen und diese Eintragung dann wieder durchkreuzt ist. Das ist so zu erklären.

Von den beiden Fahrten A^1 und B erfordert, wenn man beide gegen Flankenfahrten sichern will, die erstere, daß die Weiche 1 die Schutzstellung auf +, die andere, daß dieselbe Weiche die Schutzstellung auf − einnimmt. Da die Weiche 1 nicht gleichzeitig die beiden entgegengesetzten Stellungen einnehmen kann, so ergibt sich, daß die strenge Durchführung der abweisenden Stellung (Schutzstellung) feindlicher Weichen in diesem Falle dahin führt, daß zwei ganz getrennt verlaufende Fahrten lediglich deshalb nicht gleichzeitig zugelassen werden, weil ihre Zulassung von der Stellung einer außerhalb beider liegenden Weiche abhängig gemacht wird. Will man sich solche erhebliche Behinderung des Betriebes gefallen lassen, so muß man nachträglich dem Widerspruch der Weichenstellung dadurch Rechnung tragen, daß man in den Signalhebelspalten und Fahrstraßenhebelspalten die den Ausschluß der beiden Fahrten kennzeichnenden Zeichen einträgt, wie dies in der Verschlußtafel in feiner Strichelung angedeutet ist. In der Regel aber läßt man sich solche Betriebsbehinderung nicht gefallen, die hier z. B. sehr störend wäre, weil sie die Fahrten auf den beiden Gleisen einer zweigleisigen Bahn in gegenseitige, ausschließende Abhängigkeit bringen würde. Man kann dann in manchen Fällen durch Änderung des Gleisplans, bisweilen lediglich durch Zwischenschaltung einer besonderen Schutzweiche, den Widerspruch beseitigen, ohne die Sicherheit zu beeinträchtigen. In Abb. 294c ist für den gegenwärtigen Fall solche Abänderung des Gleisplans angedeutet. Indem zwischen die beiden Gleisstränge der Weiche 1 durch Umgestaltung dieser in eine Doppelweiche ein drittes, stumpf endendes Gleis zwischengeschaltet wurde, ist nun eine für beide Fahrten gemeinsame Schutzstellung dieser Doppelweiche möglich, die in das Stumpfgleis hineinweist. In der Mehrzahl der Fälle versagt indessen das Mittel der Abänderung des Gleisplans. Auch im gegenwärtigen Falle hat es den Nachteil gegen sich, daß ein in das Gleis 2 vom anderen Bahnhofsende her einfahrender Zug den Prellbock überrennen kann. Meist entschließt man sich daher, wenn auch stets unter voller Würdigung der Bedenken gegen die Verminderung der Sicherheit, auf eine der beiden sich widersprechenden Weichenschutzstellungen zu verzichten. Dies ist auch hier geschehen, indem die für die Fahrt B im Rohentwurf der Verschlußtafel als erforderlich bezeichnete —-Stellung der Weiche 1 nachträglich mittels Durchkreuzung beseitigt ist[1]).

Man wird stets bei derjenigen der beiden in solchem Falle in Frage kommenden Fahrten auf die Schutzstellung verzichten, bei der dies die geringere Gefahr für die Betriebssicherheit zur Folge hat. Hier ist naturgemäß bei der Ausfahrt B die Gefahr geringer als bei der Einfahrt A^1. Im übrigen kann die Anzahl der in der einen oder anderen Fahrtrichtung verkehrenden Züge, ihre Eigenschaft als Personen- oder Güterzüge usw. für die Entscheidung bestimmend sein.

Die Feststellung nun, ob ein derartiger Fall vorliegt, geschieht, wie bezüglich der Schraffierung der Fahrstraßenhebelfelder, durch eine Gruppe von Vergleichen der Weichenstellungen. Nur vergleicht man für den gegenwärtigen Zweck mit der Weichenstellung für jedes Signal der Reihe nach die Weichenstellungen für alle diejenigen Signale, die sich nach dem Rohentwurf mit diesem Signal nicht ausschließen. Während es bei den obigen Vergleichen unerwünscht war, wenn man zwischen den Weichenstellungen zweier nach dem Rohentwurf feindlicher Signale keinen Widerspruch fand, weil man dann durch Schraffierung der betreffenden Fahrstraßenhebelfelder die Herstellung eines besonderen Ausschlusses vorschreiben mußte, ist es bei den gegenwärtigen Vergleichen erwünscht, keinen Widerspruch zwischen den Weichenstellungen der nach dem Rohentwurf (d. h. nach Lage des Gleisplans) gleichzeitig möglichen Fahrten zu finden. Denn solcher Widerspruch zwingt dazu, entweder die beiden Fahrten nachträglich gegenseitig auszuschließen, oder den Gleisplan zu verändern, oder durch Verzicht auf eine Schutzstellung die Betriebssicherheit zu vermindern.

Bevor die beiden Gruppen von Vergleichen nicht angestellt und berücksichtigt sind, ist kein Stellwerksentwurf als fertig anzusehen. Namentlich Fälle der zweiten Art kommen oft versteckt in den meisten größeren Verschlußtafeln vor, z. B. regelmäßig bei der Abzweigung von zwei Hauptgütergleisen von zwei Hauptpersonengleisen, wie auch im folgenden Beispiel.

---

[1]) Doch erhält nach der Pr.H.Einheitsform in solchen Fällen der Weichenhebel ein besonderes Zusatzschild, dessen Aufschrift in obigem Falle lauten würde: „Umzulegen für B, wenn nicht gleichzeitig A^1 gezogen ist." Die nicht durch Schutzweiche geschützte Fahrt wird nach A.f.Est. § 30,₃ durch Gleissperre (nicht in Hauptgleisen, s. S. 119) oder Signal 14 geschützt. Neuere Anordnungen von Jüdel und Scheidt und Bachmann stellen für die weniger wichtige der beiden Schutzstellungen einen „auslösbaren Weichenverschluß" im Stellwerk her. Dieser wird, wenn beide Fahrten gleichzeitig stattfinden, durch eine besondere Handhabung beseitigt, die das Signal 14 in Sperrstellung bringt. Das geschieht also nicht, wenn die weniger wichtige Fahrt allein stattfindet. (Vgl. Stellwerk 1919 S. 49, 1920 S. 3). Wegen ähnlicher Einrichtungen von Schn. u. H. s. Stellwerk 1920 S. 97.

d) Kleiner Bahnhof einer zweigleisigen Bahn mit nur einem Stellwerk (Abb. 295a, b). Abb. 295a zeigt einen Bahnhof in Durchgangsform

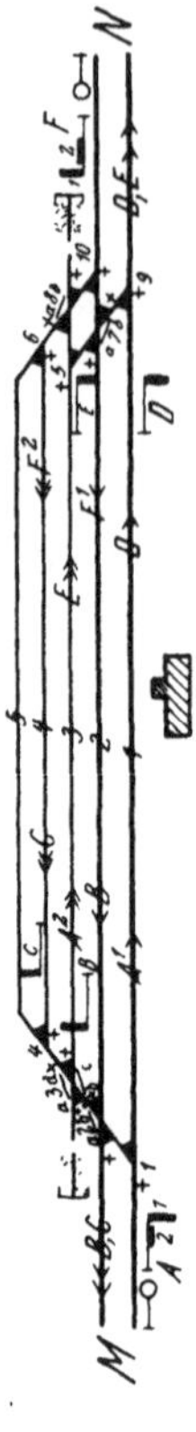

Signalbezeichnung	Zugrichtung	Fahrstraßenhebel 1	2	3	4	5	6	7	8	Signalhebel 1	2	3	4	5	6	7	8	Weichen-, Gleissperren- und Riegelhebel; Handverschlüsse. 9	10	11	12	13	14	15	16	17	18	19	20	21	22	23	24
		+		+		+		+		Γ	Γ	Γ		Γ		Γ	Γ																
										1+	1− 3a/b+							10+	6+ 10−														
		a^1	a^2	d	e	f^1	f^2	b	c	A^1	A^2	D	E	F^1	F^2	B	C	I/II		1	2a	2b	3a/b	3c/d	4	5	6	7a	7b	8a	8b	9	10
A^1	von M in Gleis 1	—	+	∘	+	∘	∘	∘	∘	/	Γ	∘	Γ	∘	∘	∘	∘	∘	∘	⊕	∘	$+_a$	∘	∘	∘	$+_a$	∘	$+_a$	∘	∘	∘	∘	∘
A^2	" " " " 3	+	—	∘	+	+	+	+	+	Γ	//	∘	Γ	Γ	Γ	Γ	Γ	∘	∘	⊖	∘	—	⊕	—	∘	+	∘	∘	$\bar{a}$	∘	+	∘	$+_a$
D	aus Gleis 1 nach N	∘	∘	—	+	∘	∘	∘	∘	∘	∘	/	Γ	∘	∘	∘	∘	∘	∘	∘	∘	∘	∘	∘	∘	$+_a$	∘	$+_a$	∘	∘	∘	+	∘
E	" " 3 " "	+	+	+	—	+	∘	∘	∘	Γ	Γ	Γ	/	Γ	∘	∘	∘	∘	∘	∘	∘	∘	∘	∘	∘	—	∘	∘	+	∘	$\bar{a}$	—	$\bar{a}$
F^1	von N in Gleis 2	∘	+	∘	+	—	+	∘	+	∘	Γ	∘	Γ	/	Γ	∘	Γ	—		$+_a$	+	∘	∘	$+_a$	∘	$+_a$	∘	+	∘	$+_a$	∘	$+_a$	⊕
F^2	" " " " 4	∘	+	∘	∘	+	—	∘	+	∘	Γ	∘	∘	Γ	//	∘	Γ		—	$+_a$	$+_a$	∘	—	+	+	☒ $+_a$	⊕	☒ $+_a$	∘	—	∘	∘	⊖
B	aus Gleis 2 nach M	∘	+	∘	∘	∘	∘	—	+	∘	Γ	∘	∘	∘	∘	/	Γ	∘	∘	$+_a$	+	∘	∘	$+_a$	∘	∘	∘	∘	∘	∘	∘	∘	∘
C	" " 4 " "	∘	+	∘	∘	+	+	+	—	∘	Γ	∘	∘	Γ	Γ	Γ	/	∘	∘	$+_a$	—	+	—	—	+	∘	∘	∘	∘	∘	∘	∘	∘

Abb. 295a, b. Gleisplan und Verschlußtafel eines kleinen Bahnhofs einer zweigleisigen Eisenbahn mit nur einem Stellwerk.

für eine zweigleisige Eisenbahn (mit vereinfachten Nebengleisen, um die Verschlußtafel nicht zu umfangreich werden zu lassen), der nur ein Stellwerk besitzt, ein Fall, der nur unter der Voraussetzung geringer Zuglängen und kleiner Gleiszahl des Bahnhofs zutreffen kann[1]), weil die Länge von Doppeldrahtleitungen für Weichenstellung nicht über 350 m zugelassen zu werden pflegt. Bei solcher Anlage lassen sich die ganzen für die Zugfahrten erforderlichen Abhängigkeiten von Weichen und Signalen unmittelbar in demselben Stellwerk herstellen, während sie bei getrennten Stellwerken zum Teil durch die Stationsblockung vermittelt werden müssen. Um das in Abb. 295a gegebene Beispiel als Grenzfall der Anwendung eines Stellwerks ohne Blockverbindungen behandeln zu können, ist angenommen, daß auch keine Streckenblockung vorhanden ist[2]).

Die Bezeichnungen in der Verschlußtafel weichen von den in den bisherigen Beispielen gebrachten nur insofern ab, als die neuesten Änderungen der Vorschriften der Pr.H.St.B., wie in deren Wiedergabe unter 3 (S. 234ff.) mit enthalten, bereits berücksichtigt sind. Im Hinblick auf die Erörterung der ersten drei Beispiele sei nur noch folgendes bemerkt: Die Einfahrt A^2 und die Ausfahrt E wären an sich gleichzeitig möglich; um aber A^2 und D gleichzeitig zuzulassen, was wichtig ist, während eine Zugdurchfahrt durch das Gütergleis nicht einmal erwünscht ist, so ist die Fortsetzung von A^2 in das besandete Stumpfgleis 3 am rechten Bahnhofsende gelenkt, und so A^2 gegen E ausgeschlossen. Auf die abweisende Stellung der Weichen 5 und 7a bei Fahrt F^2 ist verzichtet wegen des Widerspruchs mit der Weichenstellung bei den beiden Fahrten A^1 und D. Für die Fahrt F^2 sind die Weichen am linken Bahnhofsende so gestellt, daß der Zug bei Durchrutschen in das besandete Stumpfgleis 3 gerät, um gleichzeitig die Fahrt B zulassen zu können. Wenn während der Ausfahrt E ein von N kommender Zug das Einfahrsignal überfährt, so stößt er nicht mit dem ausfahrenden Zug zusammen, sondern wird durch die —-Stellung der Weiche 10 abgelenkt. Die Kontrollverriegelungen der Weichen 6 und 10 bei den Fahrten F^1 und F^2 sind nicht in den Signaldrahtzug, sondern in eine besondere Riegelleitung eingeschaltet, um den Signaldrahtzug bei seiner großen Länge nicht zu stark zu belasten.

2. Verschlußtafeln für Stellwerke mit Blockverbindungen.

a) Beispiel einer solchen Verschlußtafel für einen Bahnhof mit einem Befehlsstellwerk und einem abhängigen Stellwerk (Abb. 296a, b, Tafel III). Der als Beispiel zugrunde gelegte Gleisplan (Abb. 296a) zeigt einen Bahnhof im Durchgangsform mit Einmündung einer Nebenbahn (unter Vereinfachung der Nebengleise, um die Verschlußtafel nicht zu umfangreich werden zu lassen). Das eine der beiden Endstellwerke ist als Befehlsstellwerk ausgebildet und in einen Anbau des Empfangsgebäudes verlegt, das andere von diesem durch Stationsblockung abhängig gemacht. Die Verschlußtafelanordnung zeigt, wie in Deutschland, Österreich, Ungarn und der Schweiz im allgemeinen üblich[3]), die Verschlußtafeln der einzelnen Stellwerke derart nebeneinander, daß die in den verschiedenen Stellwerken in bezug auf irgendeine Fahrt stattfindenden Vorgänge jedesmal in derselben wagerechten Reihe erscheinen. Soweit Stellwerke bei irgendeiner Fahrt unbeteiligt sind, bleiben bei ihr alle Felder der Verschlußtafel in der betreffenden Reihe weiß. Die für den Kopf und die Ausfüllung der Verschlußtafeln angewandten Zeichen entsprechen den unten unter 3 in neuester Fassung mitgeteilten Vorschriften der Pr.H.St.B., nur mit Zusatz von Erklärungen der Blockfelder im Kopf und mit folgenden Ergänzungen in bezug auf die Ausfüllung, um für Lehrzwecke das Verständnis zu erleichtern:

---

[1]) Aber in gebirgigem Gelände, so in Süddeutschland und der Schweiz, vielfach zutrifft.

[2]) Zum Vergleich ist derselbe Bahnhof unter 2, b (S. 234) mit Streckenblockung und Stationsblockung behandelt.

[3]) Eine Ausnahme scheinen nur die Sächs.Stb. zu machen. Auf diesen werden die Verschlußtafeln der Stellwerke eines Bahnhofs einzeln dargestellt. Daneben lassen Blockbedienungspläne den Zusammenhang erkennen.

1. Die +- und —-Zeichen betr. Stellung der Weichen sind (wie schon in den bisher besprochenen Beispielen) bei nur abweisenden Weichen mit dem Zusatzzeichen a versehen, bei zwei gekuppelten Weichen, von denen eine befahren, die andere als Schutzweiche in abweisender Stellung verschlossen ist, mit dem Zusatzzeichen (a). Bei kontrollverriegelten Weichen ist (wie bisher) das +- bzw. —-Zeichen eingekreist, $(+)$ bzw. $(-)$.

2. Zwei Blockfelder, die mit Gemeinschaftstaste oder Mitnehmertaste zugleich gedrückt und geblockt werden, sind überall durch eine Linie verbunden: ⌒—⌒ .

3. Die durch Nummerfolge verdeutlichte Reihenfolge der Vorgänge ist auch auf die Streckenblockfelder ausgedehnt, und ferner sind bei den Signalhebeln, Fahrstraßenhebeln und Blockfeldern die Vorgänge nicht nur bis zum Erscheinen des Fahrsignals, sondern (jedesmal durch eine zweite Angabe in demselben Feld) auch bis zur Rückkehr in die Grundstellung dargestellt.

Weil aus den angewandten Zeichen nicht ersichtlich, sei hervorgehoben, daß die Blockfelder F, G, H im Befehlsstellwerk gegenseitig durch selbsttätige Schieber ausgeschlossen werden (vgl. S. 160).

b) Beispiel einer Verschlußtafel mit Blockverbindungen für einen Bahnhof mit zwei von einer Befehlsstelle abhängigen Stellwerken (Abb. 297a, b, Tafel III). Der Bahnhofsplan (Abb. 297a) stimmt hinsichtlich der Gleise und Weichen[1]) mit demjenigen nach Abb. 295a überein, so daß die beiden Verschlußtafeln den Vergleich für die Anordnungen ohne und mit Blockverbindungen ermöglichen. Der Umfang der Verschlußtafeln ist hier viel größer als bei nur einem (Befehls)stellwerk. Gleichwohl ist die Sicherung weniger weitgehend, da bei den Einfahrten die Weichen am anderen Bahnhofsende nicht festgelegt sind. Will man auch dies tun, so bedarf man noch einer Anzahl von Zustimmungsfeldpaaren, also einer weiteren erheblichen Vermehrung der Blockfelder. Demgegenüber springt aus dem Beispiel 2a der Vorteil der Gestaltung des einen Endstellwerkes als Befehlsstellwerk ins Auge.

Die Darstellungsweise ist dieselbe wie beim vorigen Beispiel. Doch sind in der Abb. 297a, b Wecker, Blocktasten, Spiegelfelder, Leitungen fortgelassen.

3. Vorschriften der Preußisch-Hessischen Staatsbahnen für die Gestaltung und Durchbildung der Verschlußtafeln. (§ 43 der Anweisung für das Entwerfen von Eisenbahnstationen mit besonderer Berücksichtigung der Stellwerke mit den im Sommer 1921 herausgekommenen Änderungen).

§ 43. Verschlußtafel.

1. Gesamtanordnung.

a) In der Verschlußtafel werden dargestellt:

im Kopfe der Tafel:

bei jedem Stellwerke die Hebel und Blockfelder[2]) in der Reihenfolge, in der sie der vor dem Stellwerke stehende Wärter sieht. Die obersten senkrechten Spalten für sämtliche Blockfelder, Fahrstraßenhebel, Signalhebel, Weichen-, Riegel-, Gleissperrenhebel usw. erhalten entsprechend der Anzahl der Plätze im Blockwerk, im Blockuntersatz und auf der Hebelbank fortlaufende Nummern (Abb. 57—59 der A.f. Est.) und zwar sind die Blockfelder und Fahrstraßenhebel je für sich zu benummern. Die übrigen Hebel erhalten über die ganze Hebelbank fortlaufende Nummern.

im übrigen Teile der Tafel:

die Verschlüsse der Fahrstraßen, Signale, Blockeinrichtungen usw., die Abhängigkeiten der einzelnen Blockstellen untereinander sowie die zwangsweise festgelegte und die vorgeschriebene Reihenfolge der Bedienungsvorgänge.

b) Die Verschlußtafeln der verschiedenen Stellwerke sind so, wie die Stellwerke im Lageplane von links nach rechts folgen, derart nebeneinander anzuordnen, daß die zu einer Zugfahrt gehörigen Verschlußzeichen in derselben Reihe stehen.

---

[1]) Doch ist, um auch hierfür ein Beispiel vorzuführen, an jedem Ende des Gleises 5 je ein Gleissperrsignal vorgesehen.

[2]) Jedoch ist in der Verschlußtafel das Blockwerk stets neben dem Hebelwerke darzustellen, auch wenn es bei der Ausführung auf das Hebelwerk gesetzt wird.

c) Die allgemeine Einrichtung einer Verschlußtafel geht aus der Tafel II der A. f. Est. hervor.[1]) In den senkrechten Spalten werden die Verschlüsse der einzelnen Weichen, Signale, Blockfelder usw. nachgewiesen, während jede wagerechte Reihe alle für eine bestimmte Zugfahrt erforderlichen Verschlüsse enthält. Die Reihenfolge der wagerechten Reihen ist so zu wählen, daß zuerst sämtliche Einfahrten von dem linken Ende des Planes her und alsdann sämtliche Ausfahrten nach dem andern Ende aufgeführt werden. Hierauf folgen die Einfahrten von dem rechten und schließlich die Ausfahrten nach dem linken Ende des Planes. Die Fahrwege für jedes Streckengleis sind gruppenweise zusammenzufassen und die Fahrweggruppen durch kräftigere wagerechte Linien zu trennen. Durchfahrten ergeben sich aus den Ein- und Ausfahrten; sie sind daher nicht in besonderen Reihen darzustellen. Die senkrechte Spalte an der linken Seite der Verschlußtafel „Signalbezeichnung" ist bei langen Verschlußtafeln an der rechten Seite und nötigenfalls noch in der Mitte, an der Verschlußtafel eines Zwischenwerkes oder des Stationsblockwerkes, zu wiederholen. In der Spalte „Zugrichtung" ist die nächste Zugmeldestation anzugeben, z. B. von Göschwitz nach Gleis III, aus Gleis XII nach Herne.

2. Der Kopf der Verschlußtafel.

a) Die Blockfelder sind in Grundstellung darzustellen:

alle Felder der Stationsblockung (BlV. § 4 [5]) durch einen ausgefüllten Kreis;

die Anfang- und Endfelder der Streckenblockung zweigleisiger Bahnen (BlV. § 7 [13]) und alle Signalverschlußfelder (BlV. § 7 [11], § 9 [28a] und § 11 [19a]) durch einen unausgefüllten Kreis;

die Endfelder bei Form A und B sowie die Anfangfelder bei Form A der Streckenblockung eingleisiger Bahnen durch einen unausgefüllten, alle übrigen Felder der Streckenblockung eingleisiger Bahnen (BlV. § 9 [5] und 11 [4]) durch einen ausgefüllten Kreis.

Leerplätze für Blockfelder sind durch einen punktierten Kreis zu kennzeichnen.

Wechselstromfelder sind durch eine wagerechte,

Gleichstromfelder durch eine senkrechte Mittellinie zu kennzeichnen.

Links neben dem das Blockfeld kennzeichnenden Kreise ist durch einen hochstehenden Pfeil das entblockte und durch einen tiefstehenden Pfeil das geblockte Feld zu unterscheiden. Felder mit verlängerter Druckstange werden durch zwei Pfeile kenntlich gemacht. Hat das Blockfeld keine Riegelstange, so wird der Pfeil punktiert.

Spiegelfelder werden durch einen Kreis gekennzeichnet, der durch zwei schrägliegende gekreuzte Durchmesser in vier gleichgroße Felder geteilt wird. Bei Spiegelfeldern für Blockfelder, die durch einen ausgefüllten Kreis dargestellt sind, werden die senkrecht untereinander stehenden Viertelkreise ausgefüllt. Bei Spiegelfeldern, deren Blockfelder durch einen unausgefüllten Kreis dargestellt sind, bleiben alle vier Viertelkreise weiß, vgl. Abb. 57 (der A. f. Est.).

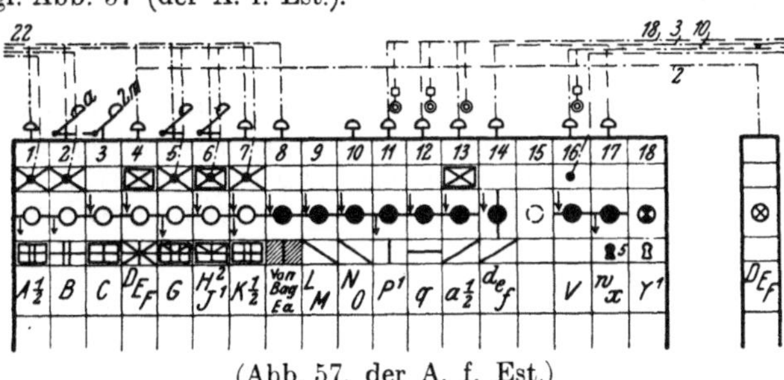

(Abb. 57. der A. f. Est.)

Wechselstromfelder.

Gleichstromfelder.

Blockfelder mit Riegelstange, entblockt.

„   „   „   geblockt.

„   ohne   „   „

„   mit verlängerter Druckstange, geblockt.

Leerplatz für ein Blockfeld.

Spiegelfeld für ein Blockfeld, das durch einen ausgefüllten Kreis dargestellt ist.

„   „   „   „   „   „   „   unausgefüllten „   „

[1]) Statt dessen wird hier auf die vorbehandelten Beispiele verwiesen.

Über den Blockfeldern ist eine Reihe zur Darstellung der elektrischen, unter ihnen eine Reihe zur Darstellung der mechanischen Sperrvorrichtungen anzuordnen.

In der oberen Reihe werden dargestellt durch das Zeichen:
• (ausgefüllter kleiner Kreis) die elektrische Stationstastensperre und die elektrische Streckentastensperre,

✕ die Hilfsklinke ohne Rast,

▭ der Verschlußwechsel.

In der Reihe unter den Blockfeldern werden dargestellt durch das Zeichen:

⊞ die spät auslösende mechanische Tastensperre ohne Signalverschluß,

╫ „ früh „ „ „ „ „

⊞ „ spät „ „ „ mit „

⚹ „ Wiederholungssperre und früh auslös. mech. Tastensperre mit Signalverschl.

⊟ „ halbe Hebelsperre und spät „ „ „ ohne „

⊞ „ „ „ „ „ „ „ „ „ mit „

▨ der Signalverschluß allein,

╲ die Rückgabesperre oder der Rückgabeunterbrecher (letzterer mit Blocktaste, die Rückgabesperre ohne solche),

| die Fahrstraßenhebelsperre (verschließt den Hebel in Grundstellung),

— die Fahrstraßenhebelsperre (verschließt den umgelegten Hebel),

╱ die Fahrstraßenfestlegesperre,

❚ Schlüssel im Handschloß des Blockwerks usw. festgelegt (die in Abb. 57 der A. f. Est. beigefügte Ziffer 5 bezeichnet die Nummer der abhängigen Weiche 5),

◻ Schlüssel frei oder freigegeben.

Über den elektrischen Sperren sind die Blocktasten, Wecker, Wecktasten, Störungsmelder, Leitungen, Schienenstromschließer usw. darzustellen; dabei bedeuten die Zeichen:

⌀ Blocktaste mit Knopf (Einzeltaste),

⌀ Blocktaste ohne Knopf (wird stets von einer anderen Taste oder von mehreren anderen Tasten mitgedrückt),

⌀ Blocktaste mit Knopf, die eine Taste ohne Knopf mitdrückt,

⌀ Zwischen den Tasten der beiden Blockfelder besteht die Abhängigkeit, daß die rechtsstehende Taste die linksstehende (EF) mitdrückt, daß aber die linksstehende Taste allein gedrückt wird, also keine andere Taste beeinflußt.
a = allein drückbar,
m = mitgedrückt (Taste des Feldes EF),

⊙ Wecktaste,

▫ Wecker,

⊟ Störungsmelder,

——⁴—— oberirdische Blockleitung ⎫ (die beigesetzte Ziffer zeigt die Anzahl

—·—¹²—·— Kabelleitung ⎬ der Leitungen oder Adern an),

▼ Schienenstromschließer,

═▼═ isolierte Schiene mit Schienenstromschließer.

In der untersten Reihe des Verschlußtafelkopfes sind kenntlich zu machen durch große lateinische Buchstaben:

Signalfelder, Anfangfeld, Endfeld, Signalverschlußfeld, Erlaubnisempfangfeld, Rückgabesperre, Rückgabeunterbrecher, Sperrenauslöser der Nebenbefehlstelle, Spiegelfeld, Handverschlüsse für Signalfelder, und durch

kleine lateinische Buchstaben:

Zustimmungsfelder, Fahrstraßenfelder, Handverschlüsse für Zustimmungsfelder.

Das Erlaubnisabgabefeld wird durch die Bezeichnung „Von . . . . (Rufzeichen der Nachbar-Zugmeldestelle) Ea" kenntlich gemacht.

b) Fahrstraßenhebel werden durch ein stehendes Kreuz (Abb. 58 der A. f. Est.) dargestellt und mit kleinen lateinischen Buchstaben bezeichnet, die den großen lateinischen Buchstaben der Signale und Fahrwege entsprechen. Signalhebel sind durch Zeichen, die der Grundstellung der Signale entsprechen, darzustellen und wie Abb. 58 der A. f. Est. zeigt, durch Buchstaben und Ziffern zu bezeichnen. Der Kuppelhebel wird durch die Bezeichnung „Kupp." und durch den großen lateinischen Buchstaben des zugehörigen Signals mit hochgestellter Ziffer 3 dargestellt. Bei Riegeln in der Signal- und Kuppelhebelleitung wird die Nummer und Stellung der verriegelten Weiche über dem großen lateinischen Buchstaben des Signal- oder Kuppelhebels zugefügt. Das Bild des Vorsignals wird in der Spalte des Hauptsignals mit dargestellt; wird das Vorsignal von einem anderen Stellwerk aus gestellt, so ist es in Klammern zu setzen (Abb. 58 der A. f. Est.). Kontakte für Fahrstraßen- und Signalhebel sind durch kleine Pfeile (s. Abb. 296b und 297b, Taf. III) anzudeuten, deren Stellung erkennbar macht, ob in Grundstellung der Kontakt geöffnet oder geschlossen ist.

1	2	3	4	5	6	7	8	9	10	11	12	1	2	3	4	5	6	7	8	9	10	11	12	13
Fahrstraßenhebel												Signalhebel												
																Kupp.							6b	5
												5+	5−		8−					×	×			
a¹	a²	b¹		b²	b³	c¹	c²	d	e			A¹	A²	B¹	B²$\frac{2}{3}$	B³	C¹	C²	C	D	E	Hs 16	Ls 16	Hs 20

(Abb. 58 der A. f. Est.)

Beispielsweise bedeutet:

Fahrstraßenhebel mit einem Kontakt, der in Grundstellung geöffnet ist und beim Umlegen nach einer bestimmten Richtung geschlossen wird;

Signalhebel mit Kontakten, die bei Grundstellung geschlossen sind;

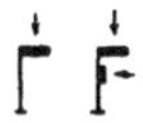

Signalhebel mit Kontakten, die bei umgelegtem Hebel geschlossen sind:

Signalhebel mit Kontakt für elektrische Flügelsperre:

Vorsignalhebel;

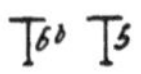

Hebel für ein Scheibensignal 6^b und 5, das bei Grundstellung nicht in die Erscheinung tritt;

Hebel für ein Scheibensignal, das bei Grundstellung das Signal 6^b bzw. das Signal 5 zeigt;

Hebel für ein Gleissperrsignal, das bei Grundstellung Signal 14^a zeigt;

„ „ „ „ „ „ „ „ 14 „

„ „ „ Signal 36^b, Halt für Schiebelokomotiven;

„ „ „ „ 36^c. „ „ zurückkehrende Schiebelokomotiven;

Hs 16 = Haltescheibenhebel für Gleis 16;
Ls 16 = Langsamfahrscheibenhebel für Gleis 16;
Hs 20 = Gleissperrsignalhebel für Gleis 20;
(in der vierten wagerechten Reihe des Verschlußtafelkopfes)
die Unterwegsperre, mit der die Signalhebel D und E versehen sind;
Folgeabhängigkeit zwischen Weichen- und Gleissperrenhebeln oder zwischen Weichenhebeln.

c) **Weichenhebel** werden durch die gemeinsame Überschrift: „Weichenhebel" und durch die Nummern der Weichen angedeutet. Ist eine Weiche mit einer Sperrschiene gekuppelt, so wird der Weichennummer die Bezeichnung „Sp" beigefügt; bei Sicherung einer Weiche durch einen Zeitverschluß erhält die Weichennummer den Zusatz „Zv"; bei Verbindung der Weichenzungen mit einer Überwachungsvorrichtung (§ 37, 6 der A. f. Est.) den Zusatz „Wk". Hebel für Gleissperren werden durch „Gs" gekennzeichnet und, falls mehrere Gleissperren vorhanden sind, außerdem durch die Ordnungsnummern I, II usw. Weichen-, Gleissperren- Riegelhebel und Handverschlüsse werden unter einer gemeinsamen Überschrift zusammengefaßt. Handverschlüsse erhalten außerdem das Zeichen †. Bei Folgeabhängigkeiten durch Handverschluß wird die Bezeichnung der mittelbar verschlossenen Weiche oder Gleissperre eingeklammert (Abb. 59 der A. f. Est.).

Der Riegelhebel IV (Spalte 18 der Abb. 59) verriegelt die Gleissperre I, die mit Weiche 13 durch Schlüsselabhängigkeit verbunden ist. Der Hebel der Weiche 9 besitzt Folgeabhängigkeit von dem Hebel der Gleissperre III (Spalte 21 und 23). Weiche 11 (Spalte 25) ist in $+$ Lage durch einen Handverschluß von der Gleissperre IV, und Gleissperre IV ebenso von einem Handverschluß im Hebelwerk abhängig.

9	10	11	12	13	14	15	16	17	18	19	20	21	22	23	24	25	26
Sperrschienenhebel	Weichen-, Gleissperren= und Riegelhebel; Handverschlüsse.																
	Zv			Sp		4+ / 5−	6+ / 7−	6− / 7+	Gs I (13+)	†	†					†	†
	1	2a/b	2c/d	3		I	II/III	IV	8+	Gs II	9	10	Gs. III			Gs IV (11+)	12+ (13+)

(Abb. 59 der A. f. Est.)

Darstellung der Weichen-, Gleissperren- und Riegelhebel, Handverschlüsse usw. im Kopfe der Verschlußtafel.

3. Darstellung der Verschlüsse.

Die Spalten der Verschlußtafel unter dem Kopfe sind nur da auszufüllen, wo es vorgeschrieben oder zur Erzielung von Abhängigkeiten notwendig ist, einen Hebel umzulegen, ein Blockfeld zu verwandeln, oder einen Stellwerksteil oder ein Blockfeld zu verschließen. Die Bedienungsvorgänge sind in der Regel nur bis zum Ziehen des Fahrsignales darzustellen. Innerhalb jeder Reihe erhält der darin für eine Zugfahrt dargestellte Bedienungsvorgang eine fortlaufende Zifferbezeichnung, wie in Tafel II angegeben. Bei gleichzeitigen Bedienungsvorgängen wird die Ziffer der empfangenden Stelle eingeklammert. Die Spalten für die Streckenfelder — außer bei der Streckenblockung auf eingleisigen Bahnen — werden nicht ausgefüllt. Zur Ausfüllung der übrigen Spalten sind folgende Zeichen anzuwenden:

Stationsblockfeld	●	in Grundstellung verschlossen,
	○	verwandelt.
Fahrstraßenhebel	+	in Grundstellung verschlossen,
	▨	in Grundstellung lediglich durch einen anderen Fahrstraßenhebel verschlossen,
	⊞	in Grundstellung lediglich durch ein Blockfeld verschlossen,
	—	in gezogener Stellung verschlossen,
Signalhebel	⌐	in Grundstellung verschlossen,
	▨	in Grundstellung lediglich durch Umlegen eines anderen Signalhebels verschlossen,
	⌇ ⌇ ⌇	in Fahrstellung,
Gleissperrsignalhebel	⊖	bei Signal 14 } verschlossen.
	⊘	„ „ 14a }
Hebel des Signales 6b	⊤	in Haltstellung verschlossen,
Weichenheb., Riegelheb. Sperrschienenhebel	+ / −	in Grundstellung / in gezogener Stellung } verschlossen,
Weiche	+ / −	in Grundstellung / in gezogener Stellung } durch Handverschluß verschlossen.

Schutzweichen, die in abweisender Stellung sich befinden sollen, aber nicht verschlossen werden können, um nicht andere gleichzeitig nötige Fahrten zu verhindern,

durch Riegelung oder Folgeabhängigkeit festgelegte Weichen, die für die betreffende Zugfahrt weder als befahrene, noch als Schutzweichen in Frage kommen,

Gleissperre   +   in Grundstellung verschlossen.

4. Bei der Vorlage eines Stellwerkentwurfes braucht die Verschlußtafel nicht in vollem Umfange dargestellt zu werden, es genügt im allgemeinen die Darstellung ihres Kopfes. Die übrigen Angaben (§ 43, 3) sind dann nach erfolgter Genehmigung des Entwurfes nachzutragen. Die Feststellung der Verschlußtafeln bleibt in allen Fällen den Eisenbahndirektionen überlassen.

5. Die Verschlußtafeln sind, soweit nicht ihr Umfang dem entgegensteht, mit dem Lageplane auf gemeinsamem Blatte darzustellen.

C. Der Erläuterungsbericht

hat in erster Linie die Erwägungen darzulegen, die zu der gewählten Gesamtanordnung der Sicherungsanlagen (s. unter II) geführt haben. Inwieweit im übrigen auf Einzelheiten, Kosten usw. einzugehen ist, richtet sich nach den Grundsätzen der betreffenden Bahnverwaltung. Allgemein kann man aber wohl sagen, daß die Wiederholung solcher Angaben, die aus Gleisplan und Verschlußtafel ersichtlich sind, entbehrlich ist.

D. Weiterbehandlung der Entwürfe für die Ausführung (Stellwerkszeichnungen, Blockpläne, Schaltpläne).

Nach Maßgabe der Verschlußtafel werden (in der Regel durch die Signalbauanstalt) diejenigen Unterlagen hergestellt, nach denen sodann die fabrikmäßige Herstellung der Stellwerksanlage in allen Einzelheiten erfolgen kann. Der Eisenbahnverwaltung obliegt die Nachprüfung dieser Unterlagen. Die hiermit und mit der Aufstellung der Stellwerksentwürfe beauftragten Beamten müssen selbstredend auch mit der Form und dem Wesen der Ausführungsunterlagen vertraut sein.

In je weitergehendem Maße die betreffende Bahnverwaltung für ihre Sicherungsanlagen Einheitsformen ausgebildet oder angenommen hat, und je eingehender durch Zeichen in den Verschlußtafeln klargestellt wird, wie von den Einheitsformen Gebrauch zu machen ist, desto weniger ist für die Ausführung an eigentlicher Entwurfsarbeit zu leisten, desto mehr handelt es sich nur um das Auftragen von Werkskizzen nach gegebenem Schema. Für das eigentliche Stellwerk (Stellzeug) genügt in der Regel eine Längsansicht, aus der die Gesamtanordnung des Stellwerks in Unterbau, Hebeln, Blockwerken mit den Hauptmassen ersichtlich ist. Für die Leitungsführung werden in einen Gleisplan die Stellwerke und die Leitungen mit allen Umlenkungen, Spannwerken, Riegelrollen, Weichen- und Signalantrieben usw. eingezeichnet (vgl. Abb. 298, Tafel IV. In Gleisplan und Verschlußtafel sind die im Sommer 1921 herausgekommenen Änderungen der Darstellungsweise noch nicht berücksichtigt.)

Die Gesamtanordnung einer Blockanlage der Firma Siemens & Halske wird für die Ausführung dargestellt durch den Blockplan und den Schaltplan. Der Blockplan zeigt (Abb. 299) die in jedem Blockgehäuse nebeneinander untergebrachten Blockfelder in allen wesentlichen Teilen, aber zur Vereinfachung in Linienmanier dargestellt. Der Schaltplan dagegen (Abb. 300) zeigt nur die Schaltungsanordnung der Blockfelder schematisch, ohne Rücksicht auf die Einwirkung der Felder auf Stellwerksteile usw. In den meisten Fällen handelt es sich um Anwendung allgemein gebräuchlicher Schaltungen, so daß kein besonderer Schaltplan aufgestellt zu werden braucht, sondern nur der den Ausführungsplan der Blockanlage bildende Blockplan. Bei Blockanlagen nach feststehendem Muster (namentlich für Streckenblockstellen) kann auch die Neuaufstellung eines Blockplans entbehrt werden. Über Block- und Schaltpläne vgl. im übrigen Stellwerk 1909, S. 65ff., 1914, S. 129ff., 1916, S. 25ff., 1919, S. 97ff., ferner Boda und Seyberth (s. Literatur).

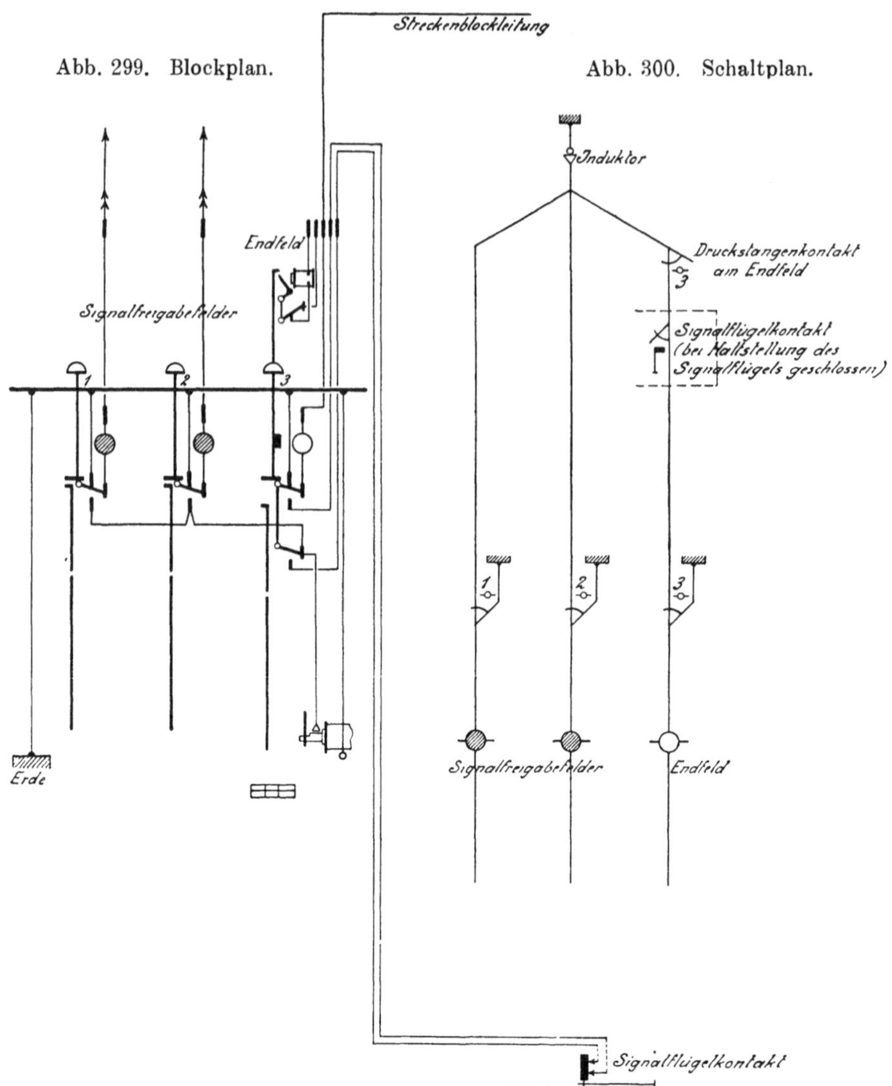

Abb. 299, 300. Beispiel eines Blockplanes und Schaltplanes.

II. Gestaltung der Stellwerksentwürfe in sachlicher Beziehung.

A. Allgemeines.

Hauptgrundsatz sollte sein, die Gesamtstellwerksanlage eines Bahnhofs möglichst einfach und übersichtlich zu gestalten. Man wird deshalb die Zahl der Stellwerksbezirke nach Möglichkeit beschränken und den Stellwerksgebäuden

solche Plätze anweisen, daß man von ihnen Gleise, Weichen und Signale in
möglichst großem Umfange übersehen kann. Hierzu trägt es wesentlich bei,
wenn das etwaige einzige Stellwerk oder, bei Vorhandensein von zwei oder mehr
Stellwerken, eines der Stellwerke als Befehlsstellwerk ausgebildet wird, wodurch die Anzahl der bei dem Zugsicherungsdienst mitwirkenden Stellen um
eine vermindert, die Stationsblockung vereinfacht oder entbehrlich gemacht
und dem Fahrdienstleiter, zumal bei günstiger Stellung des Stellwerksgebäudes,
ermöglicht wird, die wichtigsten Handhabungen unmittelbar anzuordnen und
sich von ihrer Ausführung und Wirkung zum großen Teile persönlich zu überzeugen. Allerdings streben hauptsächlich nur die Pr.H.St.B. eine möglichst
ausgedehnte Anwendung von Befehlsstellwerken an[1]).

Der Gleisplan wird, wenn er auf Grund eines gut überlegten Betriebsplanes
aufgestellt ist, auch schon eine günstige Gesamtgestaltung des Stellwerksent-
wurfes vorsehen. Gleichwohl wird, bevor man an dessen Ausarbeitung geht,
an Hand der Fahrordnung nachzuprüfen sein, ob möglichst wenig Zugfahrten
sich gegenseitig ausschließen, ob Zug- und Verschiebefahrten sich möglichst
wenig behindern, ob die Weichenverbindungen in übersichtlichen Gruppen
zusammengefaßt sind, um die Zahl der Stellwerksbezirke zu beschränken und
ob für die Stellwerksgebäude möglichst günstige Plätze vorgesehen sind, ob
ferner die Zugfahrten nach Möglichkeit durch Schutzweichen gegen Flanken-
gefährdung gesichert sind, ob die Signale in übersichtlichen Gruppen aufgestellt
werden können usw. Soweit hierbei Anstände sich ergeben, wird durch geeignete Abänderungen Abhilfe zu schaffen sein. Dabei ist namentlich auch,
sowohl bei der Stellung der Stellwerksgebäude, wie bei ihrer Grundrißanordnung
und Größenbemessung, auf Erweiterungsfähigkeit des Bahnhofs und der Stellwerksanlage Bedacht zu nehmen.

Die Ausdehnung der Stellwerksbezirke ist bei mechanischen Stellwerken
durch die Rücksicht beschränkt, daß die Übertragung der Stellbewegung mit
Sicherheit erfolgt. Als Grenze in dieser Beziehung gelten z. B. auf den Pr.H.St.B.
(A.f.Est. § 30, 2)[2]) im allgemeinen Leitungslängen von

350 m bei Fernbedienung von Weichen[3]),
500 m bei Verriegelung von Weichen,
1200 m bei Bedienung von Signalen.

Bei Kraftstellwerken gilt diese Beschränkung nicht, wohl aber ebenso, wie bei
den mechanischen Stellwerken, die Rücksicht auf die Übersichtlichkeit und die
günstige Gestaltung der Betriebsverhältnisse. So kann man bei Kraftstellwerken
die Bezirke unter Umständen etwas größer machen, zumal man bei Wahl des
Platzes für das Stellwerksgebäude freier ist, als bei mechanischen Stellwerken,
und das Stellwerk bisweilen quer über die Gleise stellen kann. Bei mechanischen

---

[1]) Bayern, Sachsen, Württemberg verwenden Befehlsstellwerke in bestimmten oder in
besonderen Fällen; die Bad.Stb. nur ausnahmsweise auf Verschiebebahnhöfen, wo der Fahr-
dienst nach An- und Abfahrgruppen getrennt ist.

[2]) Auf den Sächs.Stb. Weichenleitungen bis 200 m, unter besonderer Sicherung der
Weiche (Doppeldrahtleitungen) bis 350 m, Riegelleitungen bis 500 m, Signalleitungen nur
mit besonderen Überwachungseinrichtungen über 1000 m. — Auf den Bayer.Stb. Weichenleitungen (bei 600 mm Stellweg) bis 500 m, Signalleitungen je nach Lage des Falles bis 1300,
1500, 1700 m. — Auf den Württb.Stb. Weichenleitungen bis 350 m (ausnahmsweise, wenn
Drahtleitungen, bis 500 m, Gestängeleitungen ausgeführt bis 600 m), Signalleitungen bis
1600 m. — Auf den Bad.Stb. bei Weichenleitungen (nur Gestänge) im allgemeinen für Ran-
gierweichen nicht mehr als 200 m, für Zugweichen nicht mehr als 300 m Sichtweite. Größte
Gestängelänge nicht über 320 m. Alte Anlagen haben bis 600 m Gestängelänge. — Signalleitungen für Hauptsignale mit mechanisch gekuppeltem Vorsignal bis 1200 m, für Vorsignale mit besonderem Hebel bis 1400 m. — Riegelleitungen bei Neuanlagen bis 500 m,
vorhandene bis 700 m lang.

[3]) Unter Voraussetzung von Doppeldrahtleitungen. Für Gestängeleitungen besteht
bei den Pr.H.St.B. keine Vorschrift über die Länge. Vgl. S. 65, Fußn. 3.

Stellwerken hat man in neuerer Zeit bisweilen einzelne weit entfernte Signale zur Kraftstellung eingerichtet (als Kohlensäuresignale, s. S. 285), und so eine Wahl des Platzes für die Stellwerke sowie eine Bezirkseinteilung ermöglicht, die sonst wegen der Leitungslängen nicht zulässig gewesen wäre.

Die Hauptsignale müssen die Gefahrpunkte decken. Wo man sie im besonderen hinstellt, richtet sich nach den Vorschriften der einzelnen Bahnverwaltungen. So stehen beispielsweise Einfahrsignale bei den Pr.H.St.B. 50 m und nach Bedarf mehr, ebenso bei den Bad.Stb. und den Württb.Stb., bei den Bayer.Stb. mindestens 100 m vor dem Gefahrpunkte[1]). Ersteres Maß ist etwas knapp für den Fall, daß ein Signal versehentlich in Haltstellung überfahren wird. Indessen werden auf den Pr.H.St.B. Gefahrpunkte erster Klasse noch durch ein zweites vorgeschobenes Hauptsignal gedeckt. Das Vorsignal soll, wie S. 16 bemerkt, so weit von dem Hauptsignal stehen, daß der Lokomotivführer, wenn er beim Vorsignal anfängt zu bremsen, den Zug bis zum Hauptsignal zum Stehen bringen kann. Je nach den Neigungsverhältnissen schreiben beispielsweise die Pr.H.St.B., die Els.Lothr.Eisenbahnen, die Sächs.Stb., die Württb.Stb. einen Vorsignalabstand von 400 bis 700 m, die Bayer.Stb. einen solchen von 350 bis 700 m vor[2]). In besonderen Fällen können Abweichungen von solchen Regeln erforderlich werden. So kann auf den Pr.H.St.B. (A.f.Est. § 28, 2) und den Württb.Stb. (Amtsbl. der Kgl. Württb. Verkehrsanstalten 1913, S. 153) der Vorsignalabstand (jedoch nicht über 1000 m) erhöht werden, um übersichtliche Signalbilder zu erzielen, die Vorsignale an vorhandenen oder gemeinsamen Signalbrücken oder Auslegern anzuordnen, ihre Aufstellung im Tunnel zu vermeiden usw. Ebenso wird (vgl. A.f.Est. u. Amtsbl. a. a. O.) in gewissen Fällen aus örtlichen Gründen oder mit Rücksicht auf die betrieblichen Verhältnisse ein geringerer Vorsignalabstand zugelassen.

An sich wird man bestrebt sein, außer den für die Zugsicherung in Betracht kommenden Weichen auch die lediglich für Verschiebebewegungen dienenden Weichen in die Stellwerke einzubeziehen, um die in der Handbedienung liegenden Mehrkosten zu vermeiden und den Betrieb zu vereinfachen. Doch ist hierbei Voraussetzung, daß die betreffenden Weichen vom Standorte des Stellwerkswärters gut übersehen werden können, und daß die Bedienung nicht wegen starker Inanspruchnahme des Stellwerkswärters für die Zugsicherung eine schädliche Verzögerung erfährt. So werden Weichen besonderer Gleisbezirke, z. B. einer getrennt liegenden Lokomotivanlage, bei der das vorhandene Bedienungspersonal leicht die Weichenumstellung mit besorgen kann, unter Umständen zweckmäßig nicht in eine benachbarte Stellwerksanlage einbezogen.

B. Bezirkseinteilung und Betriebsregelung im besonderen.

Je nach der Anzahl, den Betriebsverhältnissen und gegenseitigen Beziehungen der in einen Bahnhof einmündenden Bahnlinien und der Anordnung des Bahnhofs ist die Gestaltung der Sicherungsanlagen so mannigfaltig, daß eine allgemein-erschöpfende Behandlung, zumal bei der hier gebotenen Beschränkung, nicht ausführbar ist. Es sollen daher zur Erläuterung der auch bei größeren Anlagen in Betracht kommenden Erwägungen an Hand der Abb. 301 bis 307 lediglich einige häufig vorkommende Fälle einfacher Art behandelt werden, wobei mechanische Stationsblockung nicht mehr in Betracht gezogen werden

---

[1]) Wenn über den Gefahrpunkt hinaus regelmäßig rangiert wird usw., ist ein größerer Abstand vorgeschrieben. — Die Sächs.Stb. schreiben für Einfahrsignale und Deckungssignale von Abzweigungen auf freier Strecke als Abstand vom Gefahrpunkte mindestens 70 m vor, sonst $\frac{1}{5}$ des Vorsignalabstandes, für Ausfahrsignale 5 m. In der Schweiz muß das Einfahrsignal um die größte Zuglänge von der Einfahrweiche abgerückt sein.

[2]) Die Bad.Stb. in der Wagerechten und im Gefälle 700 m, in Steigungen nach besonderer Berechnung des Bremsweges.

soll. In allen Fällen sei angenommen, daß sich in den Abbildungen links Westen, rechts Osten befindet.

1. Bahnhof in Durchgangsform mit einem Stellwerk. Hat der Bahnhof so geringe Länge, daß die an den beiden Bahnhofsenden vorhandenen Weichen und Signale von einem etwa in der Mitte der Bahnhofslänge aufgestellten Stellwerk gestellt werden können, ohne die zulässige Leitungslänge zu überschreiten, so hat man oft (s. Fußnote 1 S. 37), namentlich in Süddeutschland und der Schweiz, solche Anordnung mit nur einem Stellwerke gewählt. Oft ist dies in bezug auf die Leitungslänge dadurch ermöglicht worden, daß man einzelne oder alle Weichen nicht durch Stelleitungen, sondern nur durch Verriegelung gesichert hat.

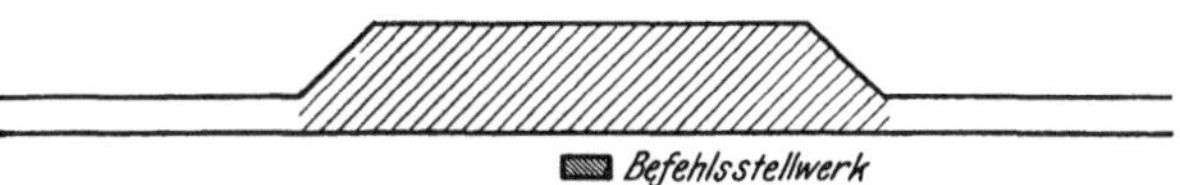

Abb. 301. Durchgangsbahnhof mit einem Befehlsstellwerk in Bahnhofsmitte.

Solches Stellwerk steht in der Regel auf dem Bahnsteig vor dem Empfangsgebäude (Abb. 301) und wird von dem Stationsbeamten, der zugleich Fahrdienstleiter und Aufsichtsbeamter ist, unmittelbar bedient, bedarf also denkbar geringen Bedienungspersonals und ist als Befehlsstellwerk anzusprechen. Oft hat man aber das Stellwerk auch zum Witterungsschutz in einen Vorbau des Empfangsgebäudes oder in eine selbständige Stellwerksbude eingeschlossen. Auch die Anordnung solchen einzigen Stellwerks im Obergeschoß des Empfangsgebäudes, etwa in einem vorgekragten Erker, oder auch in einem besonderen Stellwerksturm, etwa gegenüber dem Empfangsgebäude oder auf einem Inselbahnsteig an dessen Ende oder mit Säulenunterstützung, kann in Frage kommen. Doch bedingt solche Anordnung vermehrtes Personal; auch wird, wenn etwa das Stellwerk hierbei nicht mehr als Befehlsstellwerk eingerichtet, sondern von einer besonderen Befehlsstelle im Stationsbureau durch Stationsblockung abhängig gemacht wird, die Fahrdienstleitung umständlicher.

2. Bahnhof in Durchgangsform mit zwei Endstellwerken.

a) Mit besonderer Befehlsstelle: Die für die Bahnhöfe in Durchgangsform mittlerer Größe mit Weichen nur an beiden Bahnhofsenden hergebrachte Anordnung zeigt Abb. 302. An jedem Bahnhofsende befindet sich ein Stellwerksgebäude, von dem aus die an diesem Bahnhofsende vorhandenen Weichen und Signale gestellt werden. Beide Stellwerke sind durch Stationsblockung von einer Befehlsstelle im Fahrdienstbureau abhängig gemacht, das sich im Empfangsgebäude oder einem Anbau desselben oder in einer Bahnsteigbude usw. befindet. Daß die beiden abhängigen Stellwerke nicht gleichzeitig feindliche Signale stellen können, wird durch die Schieberverriegelung im Befehlsblockwerk (oder eine andere dem gleichen Zwecke dienende Einrichtung, s. S. 158—161) verhindert. Müssen für eine Einfahrt von Osten[1]) auch Weichen in dem westlichen Stellwerk in bestimmter Stellung verschlossen werden, so muß letzteres Stellwerk nach Herbeiführung der Weichenstellung und Umlegen des in solchem Falle erforderlichen Fahrstraßenhebels (s. S. 161, 162)

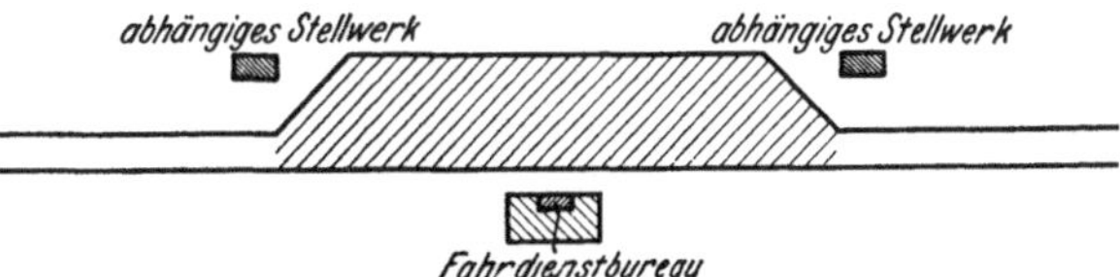

Abb. 302. Durchgangsbahnhof mit besonderer Befehlsstelle in Bahnhofsmitte und zwei abhängigen Stellwerken an den Bahnhofsenden.

zustimmen. Die Zustimmung geht entweder unmittelbar nach dem östlichen Stellwerk, oder sie geht nach dem Fahrdienstbureau, das bei solcher Anordnung erst

---

[1]) Entsprechend ist es für die umgekehrte Richtung.

durch die Entblockung des Zustimmungsempfangsfeldes die Möglichkeit bekommt, durch Blocken des betreffenden Signalfreigabefeldes dem östlichen Stellwerk das entsprechende Signalfestlegefeld zu entblocken (vgl. S. 162) oder endlich die Signalfreigabe geht von der Befehlsstelle zunächst nach dem westlichen Stellwerk und wird von diesem nach Herbeiführung der richtigen Weichenstellung und Umlegen des Fahrstraßenhebels nach dem östlichen Stellwerk weitergegeben. Die Fahrstraßenfestlegung geht in allen drei Fällen, soweit die Auflösung nicht selbsttätig durch den Zug erfolgt, in der Regel nach dem Fahrdienstbureau zurück, so daß die Blockungsvorgänge bei der letztgenannten Anordnung im Kreise verlaufen. Auf den Pr.H.St.B. wird im allgemeinen die zweite Anordnung angewendet, auf den süddeutschen Bahnen anscheinend vorwiegend[1]) eine der beiden anderen. Bei den Ausfahrten kommt in der Regel eine Zustimmung des Stellwerkes am entgegengesetzten Ende nicht in Betracht. Aber auch Signalfelder sind für Ausfahrten nur dann erforderlich, wenn die betreffende Ausfahrt gegen eine vom entgegengesetzten Stellwerk zu stellende Ein- oder Ausfahrt im Befehlsblockwerk ausgeschlossen werden muß (s. S. 158—162).

b) Mit einem Befehlsstellwerk und einem abhängigen Stellwerk: Legt man die Fahrdienstleitung in eines der beiden Endstellwerke, so beschränkt sich (Abb. 303) die Anzahl der zusammenwirkenden Betriebsstellen von drei auf zwei. Der Fahrdienstleiter kann alle Handhabungen im Befehlsstellwerk selbst ausführen oder unter seinen Augen ausführen lassen. Signalblockfeldpaare sind nur dazu nötig, um die Signalhebel des abhängigen Stellwerkes (die Ausfahrsignalhebel mit der oben erwähnten Einschränkung) unter Verschluß des Fahrdienstleiters zu legen. Da man von den beiden Stellwerken in der Regel das bedeutendere zum Befehlsstellwerk machen wird, so wird also gewöhnlich mehr als die Hälfte der Signalblockfelder gespart werden. Aber auch Zustimmungsfelder können erspart werden; da das Blocken der Signalfreigabefelder von der vorherigen richtigen Stellung der etwa für die betreffende Fahrt im Befehlsstellwerk zu verschließenden Weichen abhängig gemacht wird,

Abb. 303. Durchgangsbahnhof mit einem Befehlsstellwerk und einem abhängigen Stellwerk.

so brauchen Zustimmungen vom Befehlsstellwerk nach dem abhängigen Stellwerk nicht eingerichtet zu werden. Vgl. in allen diesen Beziehungen das Beispiel S. 233, Abb. 296a, b, Taf. III. Der Vereinfachung und Verbilligung der Einrichtungen entspricht zugleich eine wesentliche Vereinfachung des Betriebes und der Vorteil, daß der Fahrdienstleiter sich an einer Stelle befindet, von der er wenigstens einen erheblichen Teil der Betriebsvorgänge selbst überblicken kann.

Diese Anordnung eignet sich aber nicht für alle Bahnhöfe. Zweckmäßig ist sie, wenn die Bahnsteiganlage nach dem einen Ende des Bahnhofs zu liegt[2]), so daß es möglich ist, das Befehlsstellwerk, wie in dem Beispiel, Abb. 296a, b, Taf. III, als Anbau des Empfangsgebäudes (auch als Erkervorbau im Obergeschoß) oder als Bahnsteiggebäude zu errichten, bei Kraftstellwerken etwa auch, wie in Abb. 303 vorausgesetzt, auf einer Brücke quer über die Bahnsteige hinweg. Befinden sich dagegen die Bahnsteige etwa in der Mitte der Bahnhofslänge, so kann bei Verlegung des Fahrdienstbureaus in ein Endstellwerk der Fahrdienstleiter von seinem Posten aus in der Regel die Betriebslage nicht genügend übersehen,

---

[1]) So werden auf den Bad.Stb. Zustimmungen regelmäßig von einem Weichen bedienenden Stellwerk unmittelbar an das Signal bedienende Stellwerk gegeben.

[2]) Man wird deshalb bestrebt sein, den Entwurf des Gleisplans, soweit andere Rücksichten nicht dagegen sprechen, hiernach zu gestalten.

um nach eigener Beobachtung alle Entscheidungen treffen zu können. Man kann dann dieselbe Anordnung mit der Ergänzung wählen, daß man Zustimmungen der auf den Bahnsteigen bzw. auf den Hauptgütergleisen tätigen Aufsichtsbeamten einrichtet. Diese können mit Wechselstromblockfeldpaaren erfolgen oder auch in anderer Weise, z. B. durch den Ulbrichtschen Zustimmungskontakt (S. 163) oder mittels durch Schlüssel betätigter Tastensperren. Handelt es sich hierbei nur um die Zustimmung zu einzelnen Fahrten, so kann man sich solche Einrichtung gefallen lassen. Wenn es aber dazu kommt, daß zu allen oder nahezu allen Einfahrten solche Zustimmungen eingerichtet werden, so dürfte die Anordnung einer Befehlsstelle in Bahnhofsmitte die Verteilung der fahrdienstlichen Befugnisse klarer erkennen lassen (vgl. auch die Ausführungen unter c).

Die Benutzung von Tastensperren zur Erteilung fahrdienstlicher Aufträge und Zustimmungen ist zwar billiger als die von Wechselstromblockfeldern und läßt, da sie als Zutat erscheint, die durch Einrichtung einer allgemeinen Aufsichtszustimmung eintretende Verlegung fahrdienstlicher Befugnisse nach der zustimmenden Stelle nicht so offen hervortreten. Die dadurch eintretende Verminderung an Klarheit ist aber um so weniger erwünscht. Daß die Verwendung von Tastensperren wegen der möglichen Einwirkung atmosphärischer Elektrizität weniger sicher ist, wurde bereits S. 163 erwähnt.

c) Mit zwei Befehlsstellwerken. Macht man, wie in Abb. 304 angedeutet, beide Endstellwerke zu Befehlsstellwerken, so bedarf jedes der beiden Stellwerke für die Einfahrten in der Regel der Zustimmung des anderen Befehlsstellwerkes, während jedes Stellwerk für die Ausfahrten im allgemeinen selbständig ist. Diese Anordnung läßt, zumal wenn auch noch eine Aufsichtzustimmung von der in der Bahnhofsmitte befindlichen Bahnsteiganlage hinzukommt, Zweifel über den Hauptsitz der fahrdienstlichen Befugnisse entstehen und ist geeignet, zu Verzögerungen in der Zugfolge zu führen. Als allgemeine Anordnung, zumal auf mittleren und kleinen Bahnhöfen, möchte diese Anordnung nicht zu empfehlen sein. Für manche großen Bahnhöfe, auf denen an beiden Enden Hauptschwerpunkte des Betriebes sich befinden und in der Mitte keine geeignete Stellung für das Fahrdienstbureau sich ergibt, kann man nicht gut eine andere Lösung wählen. Aber auch in Ham-

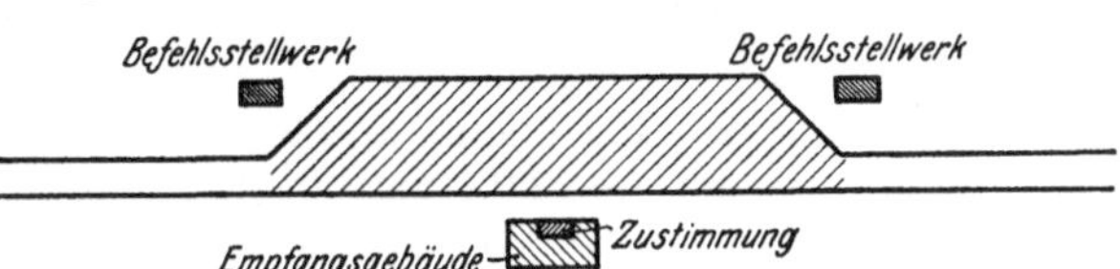

Abb. 304. Durchgangsbahnhof mit zwei Befehlsstellwerken, je einem an jedem Bahnhofsende.

burg, wo dieser Fall zutrifft, haben sich aus dieser Betriebsregelung zu Anfang so erhebliche Zugverspätungen ergeben, daß man einen Teil der gegenseitigen Zustimmungen zu den Einfahrten sogleich wieder beseitigt hat. Auch hat es im späteren Betriebe sich als erwünscht gezeigt, zu Zeiten sehr starken Zugverkehrs außer den beiden Befehlsstellwerken noch eine Befehlsstelle in der Bahnsteighalle einzurichten, die von einem zur Beobachtung des Zugverkehrs möglichst geeigneten Punkte aus die eigentlichen Anordnungen über die Zugfolge trifft. Im übrigen ist in Hamburg die zustimmende Mitwirkung der Bahnsteigbeamten mit verhältismäßig geringen Schwierigkeiten verknüpft, da sie bei der Bauweise der Stellwerke als elektrische Stellwerke sich auf Herstellung von Leitungsschlüssen durch Einschaltung von Kontakten beschränkt. Etwas abweichende Auffassungen über Befehlsstellwerke und Aufsichtszustimmungen werden vertreten in einem sehr lesenswerten Aufsatz von Martini im Stellwerk 1910, S. 1ff., in dem diese Frage im Zusammenhange mit der auf den Pr.H.St.B. mit gutem Erfolge in gewissen Fällen eingeführten Trennung der Bahnhofsfahrdienstleitung von der Streckenfahrdienstleitung behandelt wird.

3. Bahnhof in Durchgangsform mit drei Stellwerken. Ist in einer Bahnhofsanlage der Güterbahnhof gegen den Personenbahnhof in der Länge verschoben, was namentlich dann stets der Fall ist, wenn auch die Güterverkehrsanlagen sich auf der Ortsseite befinden, so bedarf man in der Regel mindestens dreier Stellwerke, je eines an jedem Ende der Gesamtanlage und eines in der Gegend der Grenze zwischen Personenbahnhof und Güterbahnhof. Ist dann die Befehlsstelle im oder am Empfangsgebäude untergebracht, so hat man nach Abb. 305 vier bei der Fahrdienstregelung zusammenwirkende Stellen. Eine von diesen kann erspart und der ganze Dienst wesentlich vereinfacht werden, wenn man eines der Stellwerke als Befehlsstellwerk einrichtet, wozu sich meist das mittlere Stellwerk eignen wird, sofern nicht das Stellwerk am freien Ende des Personenbahnhofs, z. B. wenn hier zwei oder mehrere Bahnen starken Zugverkehrs einlaufen, betrieblich ein erhebliches Übergewicht hat. Hier sei außer dem Falle nach Abb. 305 lediglich derjenige mit Befehlsstellwerk in der Mitte, nach Abb. 306, besprochen.

a) Mit Fahrdienstbureau (Befehlsstelle) im Empfangsgebäude (Abb. 305). Für Personenzugseinfahrten von Westen genügt entweder die Signalfreigabe der Befehlsstelle nach *Wtm*, oder es ist die Zustimmung von *Mtm* in einer der drei unter 2a beschriebenen Weisen erforderlich. Für Personenzugseinfahrten von Osten muß, wenn, wie anzunehmen, *Otm* das Einfahrsignal zieht,

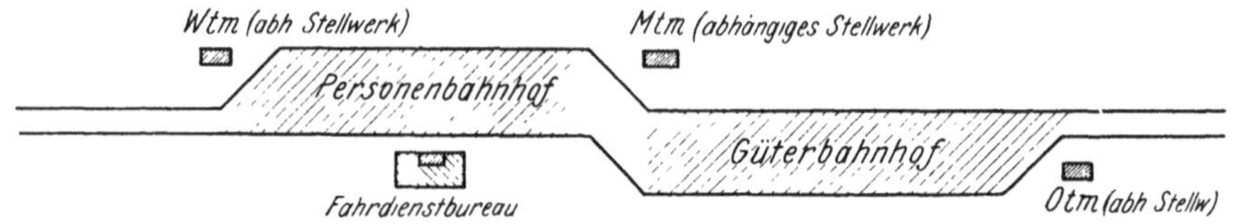

Abb. 305. Durchgangsbahnhof mit einer Befehlsstelle und drei abhängigen Stellwerken.

Mtm zustimmen, wofür wieder drei Anordnungen möglich sind. Gelangt der von Osten einfahrende Zug bis in die Weichen des Bezirks von *Wtm*, so kann es erforderlich werden, daß alle vier Betriebsstellen mitwirken müssen. Demgegenüber wird sich in den meisten Fällen eine wesentliche Vereinfachung ergeben, wenn man die Personenhauptgleise bereits bei dem Stellwerk *Mtm* aus dem Bahnhof heraustreten läßt und an diese im Bezirk des Stellwerks *Otm* die Ein- und Ausfahrten des Güterbahnhofs mittels einer Blockstelle mit Abzweigung anschließt. Das Stellwerk *Otm* ist dann bezüglich der Personenzüge selbständige Streckenblockstelle. Zugleich entsteht der Vorteil einer wesentlich beschleunigten Zugfolge. Für die Personenzugsausfahrten besteht am Westende jedenfalls, am Ostende, falls die Personenhauptgleise von *Mtm* bis *Otm* als Blockstrecke behandelt werden, kein Unterschied gegen Fall 2a. Andernfalls müssen bei Ausfahrten nach Osten drei Stellen zusammenwirken. Stellt dann, wie meist der Fall sein wird, *Mtm* die Ausfahrsignale, so hat *Otm* zuzustimmen, wofür wiederum drei Anordnungen möglich sind (s. unter 2a). Empfehlenswert ist aber auch gerade für die Ausfahrten die Gestaltung der Hauptpersonengleise von *Mtm* bis *Otm* als Blockstrecke, weil andernfalls die Weichen im Bezirke von *Mtm* übermäßig lange festgelegt und hierdurch für Verschubzwecke gesperrt sind.

Für Güterzugseinfahrten von Osten gibt die Befehlsstelle[1]) die Einfahrsignale in *Otm* frei, erforderlichenfalls unter Zustimmung von *Mtm*. Für die Güterzugseinfahrten von Westen gestaltet sich die Anordnung verschieden,

---

¹) U.U. wird man für die Güterzugseinfahrten bei langgestrecktem Güterbahnhof noch Aufsichtszustimmungen vorsehen. Statt dessen für die Güterzugeinfahrten von Osten eine selbständige Befehlsstelle im Güterbahnhof einzurichten oder Otm auch für diese Fahrten zum Befehlsstellwerk zu machen, empfiehlt sich jedenfalls dann nicht, wenn die Güterzugeinfahrt von Osten mit der Personenzugausfahrt nach Osten kreuzt.

je nachdem die Abspaltung der Hauptgütergleise erst im Bezirk des Stellwerks *Mtm* erfolgt, die Güterzüge also innerhalb des Personenbahnhofes die Hauptpersonengleise mitbenutzen, oder aber die Abspaltung der Hauptgütergleise bereits im Bezirke des Stellwerks *Wtm* erfolgt, die Hauptgütergleise also durch den Personenbahnhof selbständig durchgeführt sind. Ist sie, wie einstweilen in Abb. 305 angenommen, nicht so getroffen, so kann die im Bezirke von *Mtm* erfolgende Ablenkung der von Westen einfahrenden Güterzüge bereits durch das westliche Einfahrsignal angezeigt werden (durch zweiten oder dritten Flügel); *Mtm* hat dann nach Bewirkung der richtigen Weichenstellung zuzustimmen (wieder die drei Möglichkeiten), erforderlichenfalls auch *Otm*. *Wtm* stellt mit Signalfreigabe der Befehlsstelle das Einfahrsignal. Da aber der von Westen einfahrende Güterzug am Ostende des Personenbahnsteigs an dem Ausfahrsignal vorbeifährt, so bleibt nichts übrig, als dieses in der Regel vom Stellwerk *Mtm* gestellte Signal zu diesem Zwecke mit einem zweiten Flügel zu versehen und bei der Güterzugeinfahrt als Zwischensignal (Wegesignal) mitzuziehen. Bei umfangreichen Gleisanlagen wird man mit solcher durch die Doppelbedeutung des Zwischensignals unerwünschten Anordnung nicht einmal auskommen. Dann wird aber der Betrieb so lebhaft sein, daß es sich unter allen Umständen empfiehlt, die Hauptgütergleise schon am Westende des Bahnhofs abzuspalten. Ist die Anordnung so getroffen, so kann eine Güterzugeinfahrt von Westen auch bereits am Westende endgültig signalisiert werden. Zustimmung von *Mtm* wird gleichwohl in der Regel wegen der im Bezirke von *Mtm* zu befahrenden Weichen erforderlich sein, unter Umständen auch Zustimmung von *Otm*. Man kann aber auch die besonderen Gütergleise im Bereiche des Personenbahnhofs, sofern die Länge dazu ausreicht, als Blockstrecke behandeln. Dann ist *Wtm* Blockstelle mit Abzweigung, und das Einfahrsignal für die Güterzugeinfahrten von Westen befindet sich erst im Bereich von *Mtm* und wird von *Mtm* gestellt. Diese Anordnung hat den Vorteil, daß man den von Westen kommenden Güterzug, auch wenn er noch nicht im Güterbahnhof aufgenommen werden kann, doch aus den Personengleisen herausbekommt, sodaß die Fahrt eines nachfolgenden Personenzuges von Westen nicht aufgehalten wird.

Die Güterzugsausfahrten nach Osten bieten keine Besonderheit. Diejenigen nach Westen gestalten sich wiederum verschieden, je nachdem die Züge schon im Bezirke von *Mtm* in die Hauptpersonengleise einmünden, oder erst im Bezirke von *Wtm*. Im ersteren Falle muß der ausfahrende Güterzug nacheinander zwei Ausfahrsignale passieren. Dasjenige am westlichen Bahnsteigende wird also für Personenzüge allein gezogen, für Güterzüge zusammen mit dem am Westende des Güterbahnhofs stehenden Güterausfahrsignal als dessen Wiederholung, gewissermaßen als Wegesignal. Diese hinsichtlich der Klarheit der Signalbedeutung jedenfalls unerwünschte Doppelbenutzung eines Signals wird vermieden, wenn die Gütergleise durch den Personenbahnhof selbständig durchgeführt sind. Die Güterausfahrt wird dann lediglich durch das am Westende des Güterbahnhofes (im Bezirke von *Mtm*) stehende Ausfahrsignal signalisiert. Am Westende des ganzen Bahnhofes ist für diese Güterzugsfahrt keine Signalisierung erforderlich, sofern man nicht bei ausreichender Bahnhofslänge, wie oben besprochen, für die Hauptgütergleise eine Blockstrecke einlegt und neben den Personenzugsausfahrsignalen ein die Einmündung des Güterhauptgleises deckendes Blocksignal aufstellt. Nach Pr.H. Grundsätzen wird, sofern kein solches Blocksignal aufgestellt wird, dem Lokomotivführer des Güterzugs lediglich durch einen Lichtmast angezeigt, daß das Personenzugsausfahrsignal nicht für ihn gilt. Um die von verschiedenen Stellwerken zu stellenden Ausfahrsignale gleichwohl in den notwendigen Zusammenhang mit der Streckenblockung zu bringen, werden besondere Anordnungen der Stationsblockung erforderlich (vgl. hierüber Stellwerk 1914, S. 105ff.). Welche Stellwerke in allen diesen zuletzt besprochenen Fällen zuzustimmen haben, wird ohne besondere Erläuterung verständlich sein.

b) Mit Ausbildung des mittleren Stellwerks als Befehlsstellwerk. Hinsichtlich der Zustimmungen treten, wie nach dem Beispiel 2b ohne weiteres ersichtlich, wesentliche Vereinfachungen ein, zumal wenn, wie in

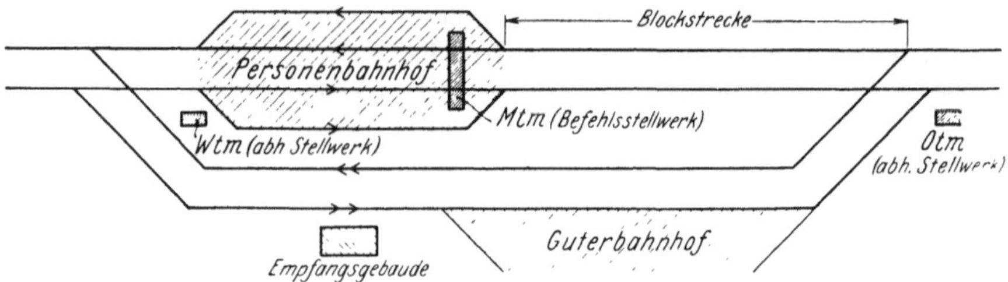

Abb. 306. Durchgangsbahnhof mit einem Befehlsstellwerk und zwei abhängigen Stellwerken.

Abb. 306 vorausgesetzt, nicht nur die Personengleise zwischen *Mtm* und *Otm*, sondern auch die selbständig durchgeführten Hauptgütergleise zwischen *Wtm* und *Mtm* als Blockstrecke behandelt sind. Für die Fahrten sowohl der Personen- wie der Güterzüge[1]) haben dann, soweit nicht ein Stellwerk allein zuständig ist, in der Regel höchstens zwei Stellwerke zusammenzuwirken, wie im Beispiel 2b. Denn bei den ersteren wirkt das Stellwerk *Otm*, bei den letzteren das Stellwerk *Wtm* als Blockstelle selbständig, hat also mit den Bahnhofsvorgängen nichts zu tun. Daß nicht etwa eine Güterausfahrt nach Osten oder eine Gütereinfahrt von Osten einer beabsichtigten Ausfahrt eines Personenzuges nach Osten sich hinderlich vorlegt, hat der Fahrdienstleiter in der Hand, indem man die Güteraus- und Einfahrten des Stellwerkes *Otm* mittels zweier Signalfeldpaare oder zweier anderen Zustimmungseinrichtungen von *Mtm* abhängig machen wird.

4. Bahnhof in Kopfform mit einem Stellwerk. Wenn ein Kopfbahnhof seiner Anlage und seinem Betriebe nach gewissermaßen als die Hälfte eines in der Mitte seiner Länge durchgeschnittenen Bahnhofes in Durchgangsform zu betrachten ist, so genügt in vielen Fällen (vgl. Abb. 307) ein Stellwerk, das inmitten des Weichenbezirks seinen Platz findet, der den Zusammenhang zwischen den einlaufenden Streckengleisen und den Bahnsteiggleisen vermittelt.

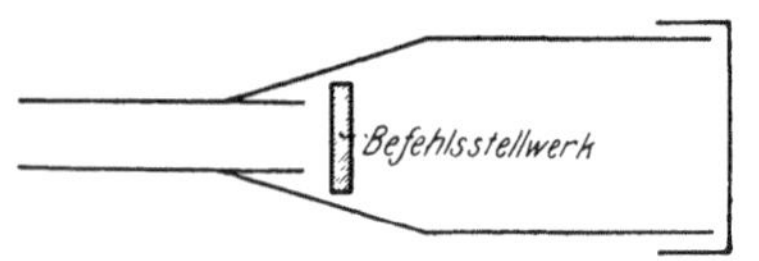

Abb. 307. Kopfbahnhof mit einem Befehlsstellwerk.

(Bisweilen liegen natürlich verwickeltere Gleisverhältnisse vor.) Macht man dieses einzige Stellwerk zum Befehlsstellwerk. so erhält man die einfachste denkbare Betriebshandhabung. Unter Fortfall jeglicher Stationsblockung kann der Fahrdienstleiter alle Handhabungen der Weichen- und Signalbedienung sowie der Streckenblockung nach seinen mündlichen Anordnungen unter seinen Augen ausführen lassen.

---

[1]) U. U. außerdem Aufsichtszustimmung für die Güterzugseinfahrten, wie oben.

Sechstes Kapitel.

Kraftstellwerke.

I. Allgemeines.

Kraftstellwerke unterscheiden sich, wie bereits S. 30 hervorgehoben, dadurch von den bisher behandelten mechanischen Stellwerken, daß die Weichen und Signale nicht durch Krafteinwirkungen der menschlichen Hand umgestellt oder sonst beeinflußt werden, sondern durch Wirkung einer elementaren Kraft (Druckflüssigkeit, Druckluft, Elektrizität, je allein oder in Verbindung miteinander). Die betreffende Kraft, in für sie geeigneten Leitungen zur Weiche oder zum Signal hingeführt, betätigt dort eine Antriebvorrichtung (Motor). Die Einwirkung der Hand des Wärters beschränkt sich darauf, die im Stellwerksgebäude angeordneten Schaltvorrichtungen zu betätigen, wodurch der betreffenden Kraft der Weg zur Weiche bzw. zum Signal freigemacht wird. Die Schaltvorrichtungen im Stellwerksgebäude (Weichenschalter, Fahrstraßenschalter, Signalschalter) sind in derselben Weise, wie bei den mechanischen Stellwerken die Hebel, auf gemeinsamem Gestelle vereinigt und durch Schieber in gegenseitige Abhängigkeit gebracht. Während die gegenseitige Abhängigkeit der Hebel bei den mechanischen Stellwerken aber zugleich eine entsprechende Abhängigkeit der jeweiligen Stellungen der Weichen und Signale bedeutet, weil deren Antriebe an den von den Hebeln bewegten Leitungen hängen, fehlt bei den Kraftstellwerken solche unmittelbare Abhängigkeit. Ein Ersatz hierfür wird geschaffen durch Rückmeldeeinrichtungen, die bei guter Bauweise und Ausführung sogar noch sicherer wirken, als der unmittelbare Leitungszusammenhang bei den mechanischen Stellwerken. Denn letzterer kann unter Umständen bei Störungen eine richtige Weichenstellung vortäuschen und trotz falscher Weichenstellung das Umlegen des Signalhebels ermöglichen. Bei den Kraftstellwerken dagegen kommt die Rückmeldung, von deren vorherigem Eintreffen die Möglichkeit abhängig ist, den Signalschalter umzulegen, erst zustande, nachdem die Weiche durch Arbeit des Motors ihre richtige Stellung eingenommen hat. Voraussetzung hierbei ist allerdings, daß nicht durch störende Einflüsse, z. B. durch elektrischen Fremdstrom, falsche Rückmeldungen eintreffen oder unberechtigte Signalstellbewegungen herbeigeführt werden. Durch Erdungen der abgeschalteten Leitungen sind in dieser Beziehung die Kraftstellwerke so vervollkommnet worden, daß man im allgemeinen mit derartigen Störungen nicht mehr zu rechnen braucht. Die Hauptvorteile der Kraftstellwerke gegenüber den mechanischen liegen aber in der Verwendung elementarer Kraft statt der Menschenkraft. Vom Stellwerk weit entfernte Weichen und Signale werden mit größerer Exaktheit umgestellt, als bei mechanischen Stellwerken. Man ist hinsichtlich der Ausdehnung der Stellwerksbezirke nicht mehr an die durch die sichere Wirkung der mechanischen Leitungen bedingten Entfernungsgrenzen (s. S. 241) gebunden, sondern nur an die Bedingung der Übersichtlichkeit, kann folglich die Stellwerksbezirke unter Umständen größer machen und betrieblich zweckmäßiger abgrenzen. Hierfür ist noch von Vorteil, daß man mit der Wahl der Standorte für die Stellwerksgebäude unabhängiger ist, weil keine mechanischen Leistungen herabzuführen sind; man kann also die Stellwerke auch über den Gleisen und so mit besonders gutem Ausblick aufstellen, was noch durch den geringeren Umfang der Kraftstellwerke erleichtert wird. Die Vergrößerung der Bezirke kann eine Ersparnis an Bedienungspersonal zur Folge haben. Solche wird zugleich dadurch oft möglich, daß die Bedienung der Schalter keine Kraftanstrengung erfordert, wie die der Stellhebel. Die Verringerung der Anzahl der Stellwerksbezirke und des Bedienungspersonals und die durch geringeren Hebelabstand verringerte Länge der Stellwerke erleichtert ein verständnisvolles Zusammenarbeiten, erhöht also die Betriebssicherheit und beschleunigt den Betrieb. In letzterem Sinne wirkt auch die schnellere Folge der Schalterbewegungen gegenüber den Kraftanstrengung erfordernden Hebelbewegungen. Die Anlagekosten der Kraftstellwerke waren anfänglich erheblich höher als die der mechanischen; durch Vervollkommnung der letzteren (so bei den Pr.H. Einheitsstellwerken) ist dieser Unterschied annähernd verschwunden; die Instandhaltung der Kraftstellwerke ist meist billiger.

Zwischen zwei oder mehreren Kraftstellwerken desselben Bahnhofs und zur Verbindung mit Befehlsstellen oder Zustimmungsstellen sowie zwischen Kraftstellwerken und mechanischen Stellwerken können dieselben Blockwerke angewendet werden, wie für mechanische Stellwerke beschrieben. Auf nur mit Kraftstellwerken derselben Bauart ausgerüsteten Bahnhöfen werden indessen vielfach die gegenseitigen Abhängigkeiten zwischen den Stellwerken durch Einrichtungen bewirkt, die der besonderen Bauweise der Kraftstellwerke entnommen sind (s. S. 269).

Nach einer jetzt folgenden kurzen erläuternden Übersicht der verschiedenen Arten der Kraftstellwerke sollen lediglich die im deutschen Sprachgebiet bisher in größerem Umfang verwendeten Bauweisen etwas ausführlicher behandelt werden.

II. Übersicht über die Arten der Kraftstellwerke.

A. Druckflüssigkeitsstellwerke.

Die Stellwerke des Systems Bianchi-Servettaz verwenden Druckflüssigkeit von etwa 50 Atmosphären zum Umstellen der Weichen und Signale. Ein den Weichenmotor oder Signalmotor bildender Differentialkolben wird dadurch bewegt, daß er — infolge Verschiebens eines Schiebers mittels des Weichenhebels bzw. Signalhebels — durch ein Paar von Rohrleitungen entweder auf beiden Seiten, oder nur auf der Seite des kleinen Kolbendurchmessers den hohen Druck erhält. Nach bewirkter Umstellung der Weiche wird ein mit ihrem Antrieb verbundener Kontrollschieber verschoben. Die von diesem bewirkte Druckumschaltung in einem zweiten Leitungspaar wirkt auf einen zweiten Differentialkolben, der, am Weichenhebel angebracht, dessen Kontrollvorrichtung bildet. Erst deren Betätigung beseitigt eine Sperre, die es vorher nicht gestattete, den Weichenhebel durch Umlegen ganz in die Endstellung zu bringen und damit auf das Verschlußregister freigebend zu wirken. Man muß also jeden Weichenhebel zweimal in die Hand nehmen, eine Umständlichkeit, die sich auch bei manchen anderen Kraftstellwerken findet.

Diese Stellwerke sind in Italien ausgiebig verwendet und haben dort im allgemeinen befriedigt, haben auch auf französischen Bahnen Verbreitung gefunden. Zur Einführung auf den Bahnen im deutschen Sprachgebiete kommen sie nicht in Betracht. Die Frostgefahr läßt sich allerdings, wie in dem ziemlich rauhen Piemont geschehen, durch Verwendung von Glyzerin überwinden. Auch die Umbildung der Bauweise im Sinne unserer strengeren Sicherheitsbedingungen dürfte nicht auf unüberwindliche Schwierigkeiten stoßen. Ein

wesentlicher Mangel ist aber, daß die Übertragung der Stellwirkung ziemlich
langsam erfolgt, und daß man vermutlich deshalb mit den Leitungslängen in der
Regel nur bis 200 oder 250 m, ausnahmsweise bis 400 m gegangen ist. Ein Haupt-
vorteil der Kraftstellwerke wird hierdurch in sein Gegenteil verkehrt. Wenn
man infolgedessen in Italien lange Signalleitungen nur ein Stück weit als Druck-
flüssigkeitsleitungen ausführt, und dann von dem unterwegs angeordneten
Differentialkolben eine zum Signal weitergeführte einfache Drahtleitung an-
treiben läßt, so würde solche Anordnung für unsere Anschauungen von Betriebssicherheit nicht erörterungsfähig sein.

B. Druckluftstellwerke.

Reine Druckluftstellwerke, bei denen durch Schaltung vom Stellwerk aus
Druckluft in Röhrenleitungen zu den Antriebvorrichtungen der Weichen und
Signale und ebenso von den Weichen nach Umstellung zu den Kontrollvorrich-
tungen im Stellwerk gelangt, sind in Amerika ausgiebig verwendet worden. Für
deutsche Sicherheitsbedingungen sind solche Stellwerke von der Firma Scheidt
& Bachmann in München-Gladbach umgebildet worden, haben aber, bei sonst
guter Wirkung, denselben Mangel gezeigt wie die Flüssigkeitsstellwerke, daß
die Übertragung der Stellbewegung auf größere Entfernungen so langsam erfolgte, daß hierdurch eine lästige Verzögerung für den Betrieb eintrat. Die
genannte Firma ist daher dazu übergegangen, für ihre Druckluftstellwerke
elektrische Steuerung einzuführen (S. 285), wie bei der folgenden Gruppe.

C. Druckluftstellwerke mit elektrischer Schwachstromsteuerung.

Führt man die Druckluft nicht in das Stellwerk, um sie durch dort erfolgende Schaltung mittels Leitungen den Antrieben der Weichen und Signale
zuströmen zu lassen, sondern unmittelbar an die Antriebe der Weichen und Signale,
und betätigt die Steuerventile der Antriebe vom Stellwerke aus elektrisch,
läßt auch die Rückmeldung zum Stellwerke elektrisch sich vollziehen, so braucht
gegenüber den gleich zu besprechenden rein elektrischen Stellwerken kein in
Betracht kommender Mehrbedarf an Zeit einzutreten. Solche Stellwerke sind in
großem Umfange von der Firma Westinghouse auf den amerikanischen Bahnen,
später auch auf englischen Bahnen ausgeführt[1]). Für deutsche Sicherheitsbedingungen sind sie erst durch die Firma Stahmer, Georgsmarienhütte, um-
gestaltet und seit 1903 in steigender Ausdehnung mit gutem Erfolge ausgeführt
worden. Ihre Beschreibung erfolgt unten unter III, D., S. 280. Neuerdings stellt
auch die Maschinenfabrik Bruchsal nach besonderer Bauweise Druckluftstellwerke mit elektrischer Steuerung her (s. Fußnote auf S. 280).

D. Rein elektrische Stellwerke.

Verwendet man Elektrizität nicht nur zur Steuerung und Rückmeldung,
sondern auch zur Kraftleistung, so wäre an sich eine ähnliche Trennung wie bei
den Stellwerken zu C möglich, wonach der die Umstellarbeit leistende elektrische
Starkstrom unmittelbar an die Motoren der Weichen und Signale geführt wird,
und die Anschaltung der Motoren sowie die Rückmeldung nach dem Stellwerk
durch elektrische Schwachströme erfolgt. Die tatsächlich in Anwendung befindlichen Stellwerkssysteme machen von dieser Möglichkeit keinen Gebrauch,
sondern verwenden ausschließlich Starkstrom, dessen Stammleitung in das Stellwerk eingeführt wird, von wo der Arbeitsstrom durch Schalter in die nach den
Weichen und Signalen führenden Leitungen gelenkt wird. Zur Rückmeldung

---

[1]) In Deutschland nur versuchsweise einmal in München.

bzw. Kontrolle wird allerdings in der Regel aus Sparsamkeitsgründen Strom geringerer Spannung verwendet.

Das erste elektrische Stellwerk, das den deutschen Sicherungsansprüchen genügte, ist von der Firma Siemens & Halske auf dem Bahnhof Prerau der österreichischen Kaiser-Ferdinand-Nordbahn 1894 in Betrieb gesetzt. Stellwerke derselben, aber immer mehr verbesserten Bauweise sind in großer Zahl in Deutschland, Österreich, Ungarn und anderen Ländern zur Ausführung gekommen. Mit denselben Schalterwerken, aber im übrigen mit anderer Einzeldurchbildung führt die Firma Jüdel rein elektrische Stellwerke aus. Andere Schalterwerke und bei auch im übrigen anderer Einzeldurchbildung Signalantriebe von grundsätzlich verschiedener Anordnung wendet die A.E.G. bei ihren rein elektrischen Stellwerken an. Im folgenden Unterabschnitt III soll von den rein elektrischen Stellwerken nur die Bauweise von S. &. H. ausführlicher beschrieben und von den A.E.G.-Stellwerken in der Hauptsache nur Schalterwerk und Signalantrieb vorgeführt werden. Von ausländischen rein elektrischen Stellwerkssystemen, die sämtlich nicht unseren Sicherungsanforderungen entsprechen, seien benannt das Taylor-System und das Union-System in Amerika, das Crewe-System in England, das Ducoussou-Rodary-System und das Bleynie-System in Frankreich. Die im Rahmen der selbsttätigen Streckenblockeinrichtungen angewandten Stellwerke werden im folgenden Kapitel berührt werden.

E. Druckluftstellwerke mit Druckflüssigkeitssteuerung.

Die Anwendung von Druckluft als Kraft in Verbindung mit Druckflüssigkeit zur Steuerung und Kontrolle findet sich bei dem Stellwerk System Aster, das auf der Ausstellung in Mailand 1906 erschien und seitdem auf der französischen Nordbahn in beträchtlichem Umfange eingeführt worden ist. Bemerkenswert an der Durchbildung dieses Stellwerkes ist, daß es nur Fahrstraßenknebel aufweist. Das Umlegen eines Fahrstraßenknebels veranlaßt das Umstellen aller für die betreffende Fahrt in Frage kommenden Weichen und sodann, nach Eintreffen der Kontrolle, auch des Signals. Beim Zurücklegen des Fahrstraßenknebels in die Grundstellung bleiben die Weichen in ihrer jeweiligen Lage. Solches Stellwerk ist bequem für die regelmäßige Bedienung, aber jedenfalls wenig sicher im Betriebe bei Störungsfällen. Für deutsche Verhältnisse würde es, abgesehen von der Anwendung der Druckflüssigkeit zur Steuerung, schon deshalb nicht geeignet sein, weil es die Einstellung ganzer Fahrstraßen auch für Verschiebefahrten voraussetzt (vgl. S. 16). Der Grundsatz dieses Stellwerkes (autocombinateur) würde sich selbstredend auch bei allen anderen Kraftstellwerken, so bei den rein elektrischen Stellwerken, durchführen lassen, aber aus dem angegebenen Grunde für deutsche Verhältnisse nicht passen. Eine genaue Beschreibung befindet sich in der Revue Générale des Chemins de fer et des Tramways 1909. 2. Halbjahr, S. 163ff. Ein Stellwerk dieser Bauart ist ferner in der Zeitschrift Stellwerk, 1916, S. 65, beschrieben.

III. Die im deutschen Sprachgebiet hauptsächlich angewandten Bauweisen.

A. Die rein elektrischen Kraftstellwerke von Siemens & Halske.

1. Gesamtanordnung. Das Umstellen der Weichen und Signale erfolgt gewöhnlich mittels Gleichstroms von 120 bis 140 Volt, während für die Überwachungs-, Fahrstraßen- und Kuppelströme Gleichstrom von 24 bis 34 Volt verwendet wird. In der Regel wird der Strombedarf Sammlerbatterien üblicher Bauart entnommen, die bei dem geringen Gesamtkraftbedarf von jeder elektrischen Licht- und Kraftanlage (bei Wechselstrom und Drehstrom unter Umformung) entnommen werden, wo aber solche elektrische Licht- und Kraftanlage nicht vorhanden, durch einen ganz kleinen Generator (Turbodynamo, Benzindynamo usw.) erzeugt werden können. Unmittelbare Entnahme des Stromes aus den Leitungen des Kraftwerkes wird im allgemeinen nur als Noteinrichtung vorgesehen. Für mehrere elektrische Stellwerke eines Bahnhofes dient in der Regel eine gemeinsame Sammleranlage. Über deren Einrichtung s. unter 5 (S. 270).

Jedes Schalterwerk enthält in gemeinsamem Gehäuse, das im Querschnitt dem eines Standklaviers (Pianino) ähnelt (Abb. 308), nebeneinander in gut

Abb. 308. Schaubild eines elektrischen Stellwerkes der Bauart Siemens & Halske.

greifbarer Höhe in 75 mm Abstand die Weichenschalter, Fahrstraßenschalter, Signalschalter, bei den neueren Ausführungen regelmäßig Fahrstraßen- und Signalschalter je zu einem Schalter vereinigt. Die Schalter, früher als kleine Knebel ausgeführt, werden neuerdings als aus dem Schaltergehäuse nach vorn herausragende drehbare Knöpfe gestaltet. Darüber (bei älteren auch darunter) befinden sich im Gehäuse kleine Glasfenster, deren Farbwechsel die Betätigung der Kontrolleinrichtungen dem Auge erkennbar macht (vgl. Abb. 308).

Vom Schalterwerk führen die zu Kabeln vereinigten Stellleitungen, Rückmeldeleitungen, Kuppelleitungen usw. zu den Weichen und Signalen. Der durch das Schalterwerk den Weichen und Signalen zugeführte Strom betätigt an diesen angebrachte Gleichstrommotoren.

Daß diese Motoren die Umstellung von Weiche oder Signal richtig zu Ende geführt haben, wird durch Überwachungsströme nach dem Schalterwerk zurückgemeldet. Über das Zusammenwirken dieser Überwachungsströme mit den durch Umlegen der Fahrstraßenschalter herbeigeführten mechanischen Abhängigkeiten s. unter 2.

2. Die Weichenstellung.

a) Zusammenwirken von Schalter und Antrieb. Die schematischen Darstellungen Abb. 309a bis d, in denen die jeweils stromführenden Leitungen durch stärkere Linien gekennzeichnet sind, zeigen in neuester Anordnung den Zusammenhang zwischen Weichenschalter und Weichenantrieb. Damit die mit Hakenschloß versehene Weiche aus ihrer in Abb. 309a gezeichneten Grundstellung in die entgegengesetzte Endstellung gelangt, muß der antreibende Motor in dem Sinne umlaufen, daß durch Vermittlung zweier Kammräder und einer Schnecke zwei mit dem Schneckenrad auf einer Achse sitzende und mit ihm durch Reibungskupplung verbundene Teile, die Steuerscheibe und der in die gezahnte Fortsetzung der Weichenantriebstange eingreifende Zahntrieb, sich entgegengesetzt dem Uhrzeiger drehen. Beim Umstellen der Weiche aus der Gegenstellung in die Grundstellung hat der Motor in entgegengesetztem Sinne umzulaufen. Zu diesem Zwecke hat der Motor zwei Feldwicklungen 1b und 2b,

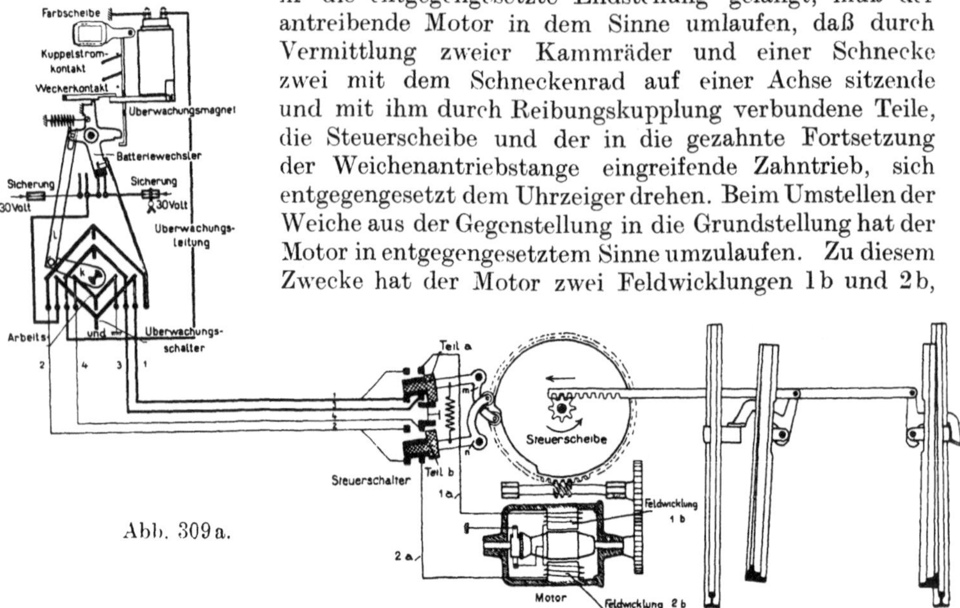

Abb. 309a.

Abb. 309a—d. Zusammenwirken von Weichenschalter und Antrieb bei den elektrischen Stellwerken der Bauart Siemens & Halske (s. auch S. 255, 256, 257).

die abwechselnd erregt werden, je nachdem der elektrische Strom dem Motor durch die Leitungen 1a oder 2a zugeführt wird. Dagegen fließt der Strom auf seinem Weiterlaufe durch die Ankerbürsten und die eine Ankerwicklung beide Male in demselben Sinne, um dann durch die Erde zum Schalterwerk zurückzukehren. Auf dem Hinwege vom Schalterwerk zur Weiche fließt der Strom durch die Leitung 1 oder 2, je nachdem er der Motorwicklung 1b oder 2b durch die Leitung 1a bzw. 2a zuströmen soll. In der in Abb. 309a dargestellten Lage (Grundstellung) ist indessen durch keine der beiden Leitungen 1, 2 ein Stromweg von der Sammleranlage zur Weiche offen. Die Leitung 1, 1a ist im Steuerschalter des Weichenantriebs unterbrochen; der Leitung 2, 2a fehlt im Schalterwerk[1]) der Anschluß an die Sammleranlage[2]). Dagegen steht die Leitung 2, 2a durch den Steuerschalter mit dem Motor, die Leitung 1

---

[1]) Um das Verständnis der Abb. 309a bis d zu erleichtern, sei bemerkt, daß die um die quadratische Achse des Arbeitsschalters herumgelegten winkelförmigen Kupferformstücke, die je nach der Stellung des Arbeitsschalters mittels daran schleifender Kontaktfedern die Verbindung zwischen den verschiedenen Leitungen herstellen, in den Abb. 309a bis d in verschiedener Größe und nebeneinander gezeichnet sind, um die Kontakte ersichtlich zu machen, während sie eigentlich gleich groß sind und sich daher bei richtiger Darstellung im

im Schalterwerk mit der Sammleranlage, allerdings aus weiterhin zu erörternden Gründen nicht mit dem Sammler von 130 Volt (für Stellstrom), sondern zur Herstellung des Überwachungsstroms mit dem Sammler von 30 Volt (für Überwachungsstrom) in Verbindung. Ein Strom von der Sammleranlage zum Motor kann daher weder durch die Leitung 2 noch durch die Leitung 1 zustande kommen. Damit auch zufällig etwa in die mit dem Motor zusammenhängende Leitung 2 eintretende Fremdströme den Motor nicht zum Umlaufen bringen können, ist die Leitung 2 am Batteriewechsler des Schalters geerdet.

Durch Drehen des Weichenschalters um 90° werden die Kontakte an der Achse des Schalters verwechselt, wie in Abb. 309b dargestellt. Gleichzeitig wird durch die Drehung der Kurbel k und die Verschiebung der an ihr angelenkten Verbindungslasche l der Batteriewechsler in die in Abb. 309b dargestellte Lage gebracht, in der er nicht mehr die Batterie von 30 Volt, sondern diejenige von 130 Volt mit der Leitungsanlage in Verbindung setzt. Hierdurch wird zugleich der Überwachungsstrom unterbrochen; außerdem reißt der rechte Arm des Batteriewechslers den Anker des Überwachungsmagneten ab; so kann der von dem Anker hochgehaltene Fanghebel herabfallen, um den Batteriewechsler in seiner veränderten Stellung bis auf weiteres festzuhalten (Abb. 309b, s. d. folg.). Es fließt nun Strom von 130 Volt von der Batterie durch Batteriewechsler, Weichenschalter, Leitung 2, Steuerschalter, Leitung 2a zur Feldwicklung 2b des Motors, weiter durch

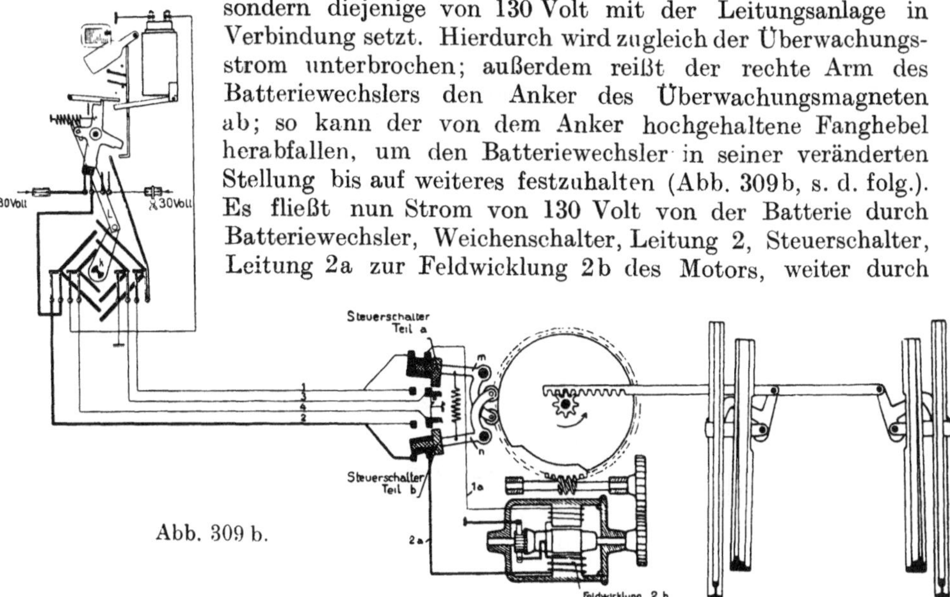

Abb. 309 b.

die Ankerwicklung des Motors und durch die Erde zur Batterie zurück. Der Motor läuft um und die Weiche gelangt in ihre entgegengesetzte Endstellung (—-Stellung). Inzwischen hat beim Beginn ihrer Drehung die Steuerscheibe den Steuerhebel m (Teil a des Steuerschalters) umgestellt, wie in Abb. 309b gezeichnet, so daß jetzt während des ganzen weiteren Verlaufs der Umstellbewegung des Motors die Leitungen 1, 1a zusammenhängen, wodurch es möglich ist, vor beendeter Umstellung jederzeit durch Rückstellen des Weichenschalters im Schalterwerk die Weiche in ihre erste Lage zurücklaufen zu lassen. Falls, wie die Regel, dies nicht geschieht, so wird am Ende der Bewegung des Weichenantriebs auch der zweite Teil b des Steuerschalters, der Steuerhebel n, umgestellt (vgl. S. 257), so daß dieser in die in Abb. 309c gezeichnete Lage gelangt. Dadurch wird der Zusammenhang zwischen Lei-

Querschnitt zum Teil decken müßten. Aus demselben Grunde sind die in Wirklichkeit an den Kanten der Schalterachse entlang liegenden Zipfel der Kupferformstücke in die Bildebene herumgeklappt dargestellt.

Die an den Enden der Leitungen 3 und 4 befindlichen, mit den Steuerschaltern m, n zusammenwirkenden Kontaktstücke sind, wie angedeutet, zweiteilig und bestehen in Wirklichkeit aus je 2 Kontaktfedern. Näheres, auch über die Erdung der Leitungen 3, 4, s. S. 257, 258.

[2]) Statt dessen ist die Leitung 2 durch Vermittlung des Schalterwerks geerdet (s. d. Folgende).

tung 2 und 2a unterbrochen. Der Motor erhält keinen Strom mehr und gelangt so bald nach beendeter Weichenumstellung zum Stillstand. An Stelle des zwischen Leitung 2 und 2a nach beendeter Umstellung unterbrochenen Zusammenhangs ist durch Umstellung des Steuerhebels n, wie Abb. 309c zeigt, bei dem Weichenantrieb eine Verbindung zwischen Leitung 2 und 4 zustande gekommen. Der durch die Leitung 2 zur Weiche gelangende Strom fließt nun durch die Leitung 4 zum Schalterwerk zurück, gelangt (nach Abb. 309b) durch den Weichenschalter zum Überwachungsmagneten und durch die Erde zum —-Pol der 130-Volt-Batterie. Der Überwachungsmagnet zieht seinen Anker an, wodurch es, wie sogleich bei Besprechung des Weichenschalters im besonderen gezeigt werden wird, erst möglich ist, diejenigen Signale in Fahrtstellung zu bringen, bei denen die betreffende Weiche beteiligt ist. Der Anker des Überwachungsmagneten hebt aber zugleich den Fanghebel an, der den Batteriewechsler in seiner veränderten Stellung bisher festgehalten hat. Der Batteriewechsler kehrt deshalb durch Federkraft in die Grundstellung zurück, so daß zur Ersparnis statt der 130-Volt-Batterie für den Ruhezustand die 30-Volt-Batterie den Überwachungsstrom liefert. In Abb. 309c ist diese Umschaltung dadurch erkennbar gemacht, daß die unmittelbar nach beendeter Weichenumstellung noch vorhandene Stellung des Batteriewechslers (wie in Abb. 309b), bei der der Überwachungsstrom mit 130 Volt eintritt, gestrichelt dargestellt, die dann sofort danach durch den Über-

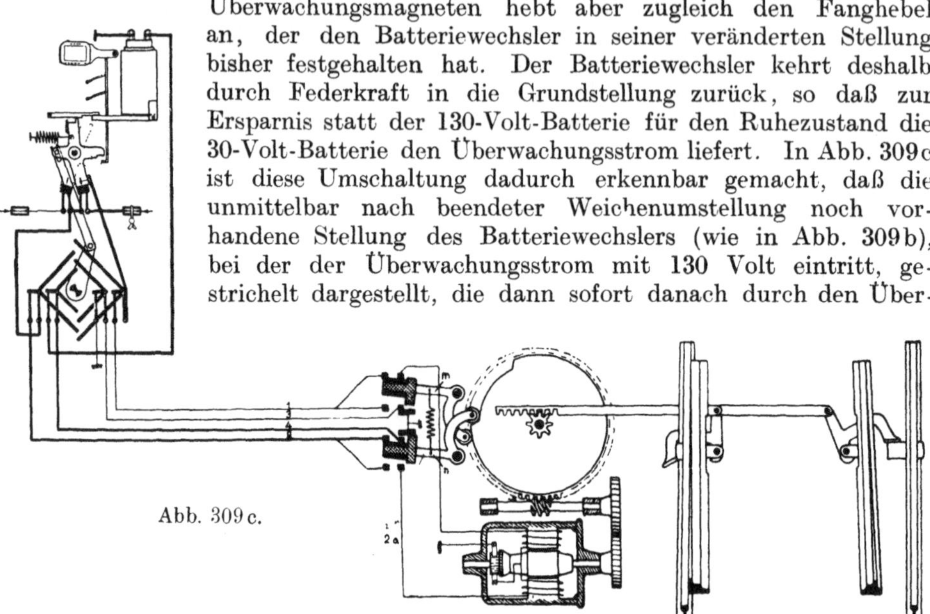

Abb. 309 c.

wachungsmagneten herbeigeführte Dauerstellung, bei der der Überwachungsstrom auf 30 Volt heruntergedrosselt ist, voll gezeichnet ist.

Solcher Überwachungsstrom war auch in der in Abb. 309a gezeichneten Stellung durch die Leitungen 1, 3 vorhanden. Er wurde bei Umlegen des Weichenschalters unterbrochen (vgl. obige Bemerkung). Der Überwachungsstrom ist also jedesmal nur so lange vorhanden, als sich die Weiche in einer mit der Stellung des Schalters übereinstimmenden Endstellung befindet (bei Weichenantrieb mit Zungenüberwachung, s. unten, auch noch von dieser abhängig), und ist vom Umlegen des Weichenschalters ab bis zum Wiedereintritt der Endstellung, die der neuen Stellung des Weichenschalters entspricht, (dies gilt auch bei wiederholtem Hin- und Herlegen des Weichenschalters vor beendeter Umstellung) unterbrochen. Die auf diese Weise bewirkte Kontrolle wird unter 2c besprochen.

Die entsprechenden Vorgänge beim Umstellen der Weiche im entgegengesetzten Sinne bedürfen keiner besonderen Erörterung.

Wird die Weiche bei falscher Stellung aufgefahren, was wegen der zwischen Schneckenrad und Zahntrieb bestehenden Reibungskupplung[1]) ohne Zerstörung

---

[1]) Vgl. S. 257. Neuerdings machen S. & H. nach dem Vorgange von Jüdel (S. 270) den Schneckenantrieb nicht selbstsperrend. Beim Auffahren wird deshalb der Motor zurückgedreht und die Reibungskupplung nicht in Anspruch genommen.

eines Teiles geschehen kann, so ist damit die Steuerscheibe im Weichenantrieb gedreht und dadurch der Steuerhebel, über den der Überwachungsstrom fließt, umgeschaltet (Abb. 309d), der Überwachungsmagnet dadurch stromlos geworden. (Ertönen des Weckers, Farbwechsel der Farbscheibe usw., s. unter 2c.) Der im Augenblick des Weichenauffahrens zustande kommende Stromkreis von der Überwachungsbatterie durch den Motor verursacht[1]) ein Schmelzen der Überwachungssicherung, womit ein bleibendes Zeichen des Weichenaufschneidens gegeben ist. Bis zur Wiederherstellung des betriebsfähigen Zustandes kann die Weiche mit einer Handkurbel bedient, auch bei länger dauernder Störung durch Aufsetzen eines Gewichtshebels auf den Weichensignalbock

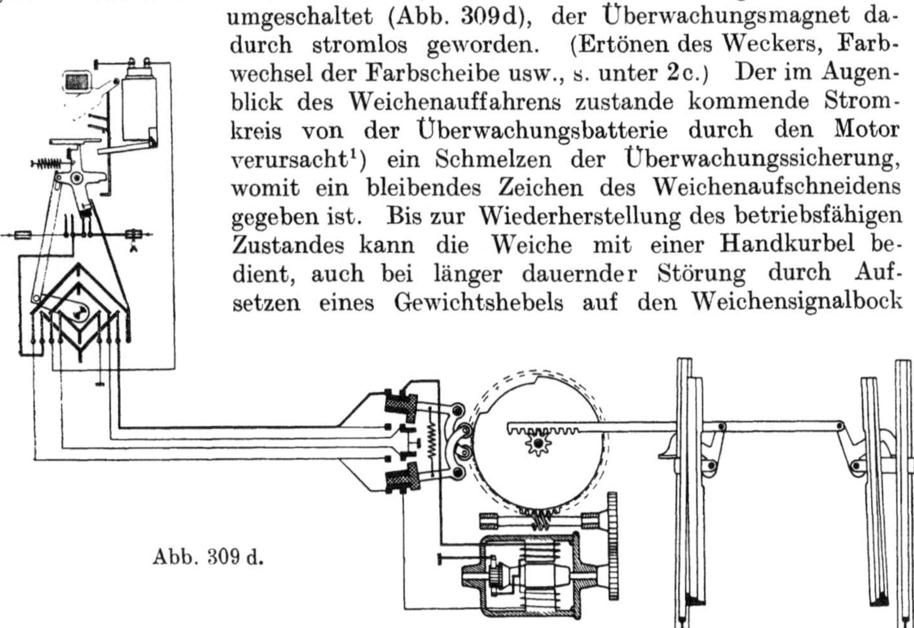

Abb. 309 d.

und Lockerung der Bremskupplung zwischen Motor und Antrieb zur Handbedienung eingerichtet werden.

b) Der Weichenantrieb ist in Abb. 310a, b in der der Abb. 309a entsprechenden Lage dargestellt. Der Motor 1 überträgt seine Drehung durch das Stirnräderpaar 2 auf die Schnecke 3 und das Schneckenrad 4. Dieses liegt zwischen der Steuerscheibe 5 und der Scheibe mit dem Zahntrieb 6. Steuerscheibe und Scheibe mit dem Zahntrieb sind durch eine Art Klauenkupplung verbunden, so daß sie hinsichtlich Drehens und Stillstehens wie ein Stück wirken. Mit Hilfe der federnden Scheibe 7 werden Schneckenrad, Steuerscheibe und Zahntrieb nach Art einer regulierbaren Reibungskupplung gegeneinander gepreßt. Der Zahntrieb greift in die Zahnstange 10 ein, die sich als Antriebstange zu dem Spitzenverschluß fortsetzt. Der Hub der Zahnstange wird in beiden Endstellungen dadurch begrenzt, daß die Zahntriebscheibe 6 mit einem Ansatz a gegen den Anschlag b des Antriebgehäuses anläuft. Der Motor dreht dann unter Überwindung der Reibungskupplung das Schneckenrad 4 weiter, bis er infolge der Abschaltung des Stromes (s. oben) stillgesetzt wird.

Die doppelarmigen, winkelförmigen beiden Steuerhebel 11 und 12 sind um die Achsen 13 und 14 drehbar gelagert. Sie werden gesteuert dadurch, daß die je an dem einen Arme am Ende befindliche Gleitrolle 15 bzw. 16 im allgemeinen auf dem Rande der Steuerscheibe aufliegt bzw. entlanggleitet und nur je in der einen Endlage infolge Zuges der Feder 19 in die Aussparung $c—d$ des Randes der Steuerscheibe einspringt, sowie bei Rückbewegung gleich nach Verlassen der Endlage aus dieser Aussparung wieder herausgedrückt wird, wie dies durch Beachten der schematischen Darstellung in Abb. 309a bis d ohne weiteres verständlich ist. Die je am anderen Arme der beiden Steuerhebel am Ende befindliche Kontaktrolle 17 bzw. 18 bewirkt je nach der Lage des

---

[1]) Weil der Widerstand der Motorwicklungen sehr viel geringer ist als derjenige der Wicklungen des Überwachungsmagneten.

Steuerhebels Stromschluß zwischen dem Kontaktfederpaar 20 oder 21 und 22 oder 23, und stellt damit die oben beschriebenen Verbindungen oder Unterbrechungen von Stell- und Überwachungsstrom her. Nachzutragen ist nur noch, was auch in den Abb. 309a bis d angedeutet war, daß die beiden an den Steuerhebeln angebrachten Erdfedern 24 und 25 je von dem Steuerhebel, an dem

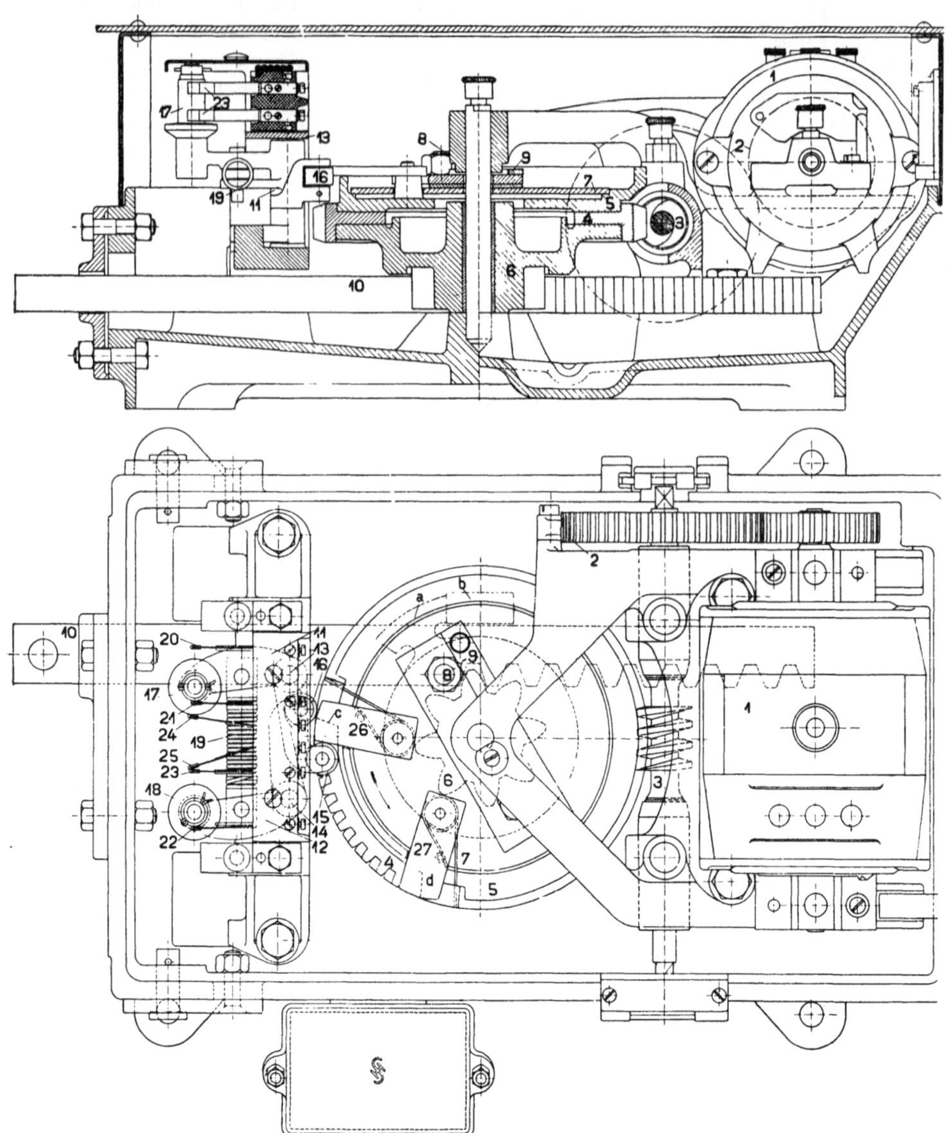

Abb. 310a, b.   Weichenantrieb der elektrischen Stellwerke der Bauart
Siemens & Halske.

sie sitzen, mit umgestellt werden, und daß in jeder Endstellung jedesmal eine dieser Erdfedern diejenige Überwachungsleitung (3 bzw. 4) erdet, die zurzeit nicht benutzt wird. Während des Umstellens sind hiernach beide Überwachungsleitungen geerdet (Abb. 309b).

Der Weichenantrieb mit Zungenüberwachung ist ähnlich ausgebildet und hat denselben Zweck, wie die S. 80ff. beschriebene Kontrollriegelung. Mit jeder der beiden Zungen ist ein Schieber verbunden, der in das Antriebgehäuse eingreift und, sofern er nicht in die Endstellung gelangt ist, den vollen Ausschlag je des in Betracht kommenden Steuerhebels und damit die Herstellung des Überwachungsstroms verhindert.

Befindet sich ein Fremdkörper zwischen Backenschiene und Zunge, so kann bei beiden Bauarten die Zahnstange 10 nicht in ihre Endlage gelangen. Dann bleiben Zahntrieb und Steuerscheibe unter Überwindung der Reibungskupplung stehen, so daß beide Gleitrollen 15 und 16 weiter auf dem Rande der Steuerscheibe aufruhen (Abb. 309 b). Daher sind beide Stellkontakte weiterhin geschlossen, beide Überwachungskontakte geöffnet. Der Motor läuft weiter. Dieser Störungszustand wird im Stellwerk durch Rotbleiben der Überwachungsscheibe und andauerndes Ertönen des Weckers bemerkbar (s. das Folgende).

c) Der Weichenschalter ist in Abb. 311a, b dargestellt. Die Achse 1 des Weichenschalters ist in den beiden durchgehenden Flacheisen 2 des nied-

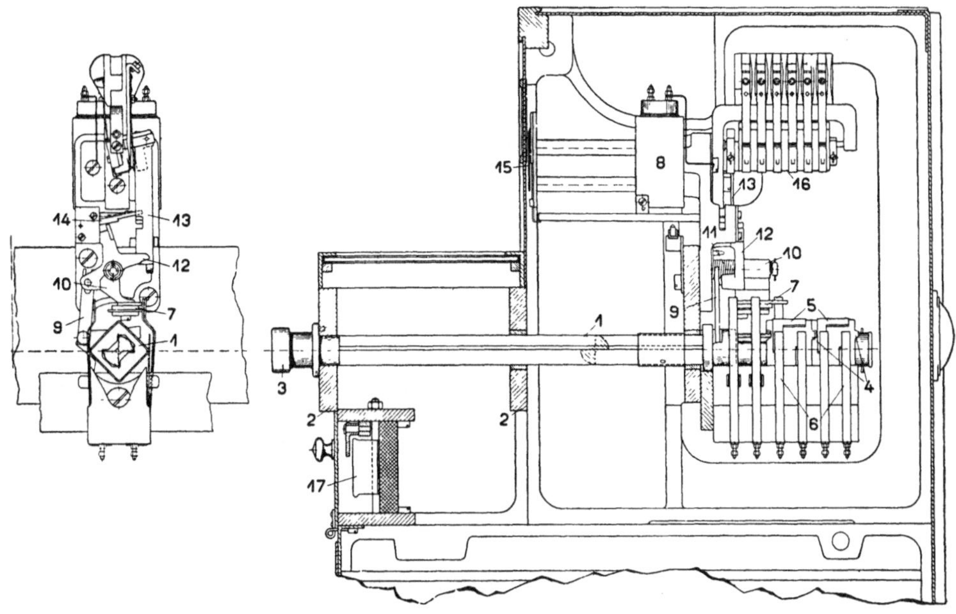

Abb. 311 a, b. Weichenschalter der elektrischen Stellwerke der Bauart
Siemens & Halske.

rigen Vorderteiles des Schalterwerksgehäuses drehbar gelagert und ragt aus dessen Vorderfläche mit dem Stellknopf 3 heraus. Dieser trägt auf seiner Stirn ein Schild mit blauem Strich (s. Abb. 308). Der Strich steht senkrecht in der der Grundstellung der Weiche entsprechenden Stellung, wagerecht, nach Drehung des Schalters um 90⁰, in der der —-Stellung der Weiche entsprechenden Stellung. Auf das hintere Ende der Schalterachse sind im Querschnitt quadratische Isolierstücke 4 aufgeschoben, die eine Anzahl von Kupferformstücken 5 tragen. Diese Kupferformstücke stellen bei Drehung der Achse leitende Verbindungen zwischen den Kontaktfedern 6 her, und bewirken so die S. 254ff. beschriebenen Stromschlüsse. Der Hauptteil des oberhalb der Schalterachse gelagerten Batteriewechslers 7 ist der Kontakthebel 10, der sowohl bei der einen wie anderen Umstellung des Schalters von der Schalterachse mittels Kurbel und Verbindungslasche 9 aus seiner Grundstellung verdreht wird, während die Feder 11 sich bestrebt, ihn in seine Grundstellung zurückzuführen. Bei dieser Verdrehung des Kontakthebels 10 drückt sein Ansatz 12 durch die Stange 13 den Anker des durch die Schalterdrehung gleichzeitig stromlos werdenden (s. S. 255) Überwachungsmagneten 8 ab. Der Kontakthebel wird durch den mittels flacher Feder nach unten gedrückten Fanghebel 14 so lange in seiner verdrehten Stellung festgehalten, bis der Überwachungsmagnet bei Erreichung einer Endstellung der Weiche wieder Strom erhält (s. S. 255), seinen Anker anzieht und dadurch den Fanghebel anhebt. Dadurch wird zugleich der vom Fanghebel bisher festgehaltene Batteriewechsler frei und springt in seine Grundstellung zurück, wodurch der Überwachungsstrom (vgl. S. 256) statt von der 130-Volt-Batterie nun von der 30-Volt-Batterie ausgeht[1]).

Nur wenn der Anker des Überwachungsmagneten angezogen ist, ist eine Reihe oberhalb der Achsenkontakte befindlicher weiterer Kontakte 16 geschlossen, die von dem Anker durch die Stange 13 gesteuert werden (auch in Abb. 309a bis d angedeutet). Über jeden dieser Kontakte ist der Signalflügelkuppelstrom[2]) eines derjenigen Signale geführt, die von der betreffenden Weiche abhängig sind. Die Zahl der Kuppelstromkontakte entspricht also der Zahl der Signale, bei deren Fahrtstellung die Weiche in +- oder —-Stellung verschlossen werden muß. Bei der getroffenen Anordnung kann jeder dieser Signalschalter nur umgelegt werden (s. d. folg.), wenn nicht nur der Weichenschalter sich in der betreffenden Endstellung befindet und dadurch die mechanische Abhängigkeit, wie bei mechanischen Stellwerken hergestellt hat, sondern erst, nachdem die Weiche die der Schalterstellung entsprechende Endlage eingenommen hat und dadurch der Überwachungsstrom hergestellt ist. Zutreffendenfalls wird so auch der Zungenschluß durch die Zungenkontrolle (s. S. 258, 259) überprüft. Die Lage des Ankers wird nach außen durch eine Farbscheibe erkennbar gemacht, die von ihm gesteuert wird, und hinter der unteren Hälfte eines Fensters im Oberteil des Schalterwerksgehäuses spielt. Solange die Weiche sich nicht in einer der Schalterstellung entsprechenden Endstellung befindet, ist die weiße Farbe in Rot verwandelt. Ferner ertönt bei diesem Zustande als hörbares Zeichen der Weichenwecker. Daß bei Herbeiführen dieses Zustandes durch Auffahren der Weiche die Sicherung des Überwachungsstroms schmilzt, wurde schon oben erwähnt. Das Einsetzen einer neuen Sicherung wird in der Regel von der Lösung eines Bleisiegels abhängig gemacht.

3. Die Signalstellung.

a) Zusammenwirken von Schalter und Antrieb. Die Abb. 312a bis d zeigen in schematischer Darstellung den Zusammenhang zwischen Signalschalter und Signalantrieb, unter Voraussetzung eines einflügligen Signals. Auch hier sind, wie in Abb. 309a bis d, die jeweils stromführenden Leitungen durch stärkere Linien gekennzeichnet. Die in Wirklichkeit (s. unten S. 267) längs der Schalterachse angebrachten Kontaktstücke und mit ihnen zusammenwirkenden Kontaktfedern sind, um sie einzeln sichtbar zu machen, in der schematischen Darstellung neben bzw. übereinander gezeichnet. Vom Schalterwerk zum Signalantrieb führen zwei Stelleitungen, 1 und 2, für Fahrt- und Haltstellen des Signals, mit Erdrückleitung, ferner die Flügelkuppelleitung 3, die von der Stromquelle zum Signalschalter über die oben beschriebenen Überwachungskontakte sämtlicher beteiligten Weichen geführt ist, gleichfalls mit Erdrückleitung, endlich die als in beiden Richtungen isolierte Leitung ausgeführte Signalrückmeldeleitung 4, 5, die nur vom Rückmeldemagneten bis zum —-Pol der Sammlerbatterie Erde benutzt. In der in Abb. 312a gezeichneten Grundstellung sind sämtliche Kontakte am Signalschalter unterbrochen

---

und die beiden Signalstelleitungen 1 und 2 sowie die Kuppelleitung 3 stromlos, dagegen, wie in Abb. 312a durch stärkere Linien angedeutet (s. oben), die Rückmeldeleitung 4, 5 stromdurchflossen, weil bei Haltstellung des Signal-

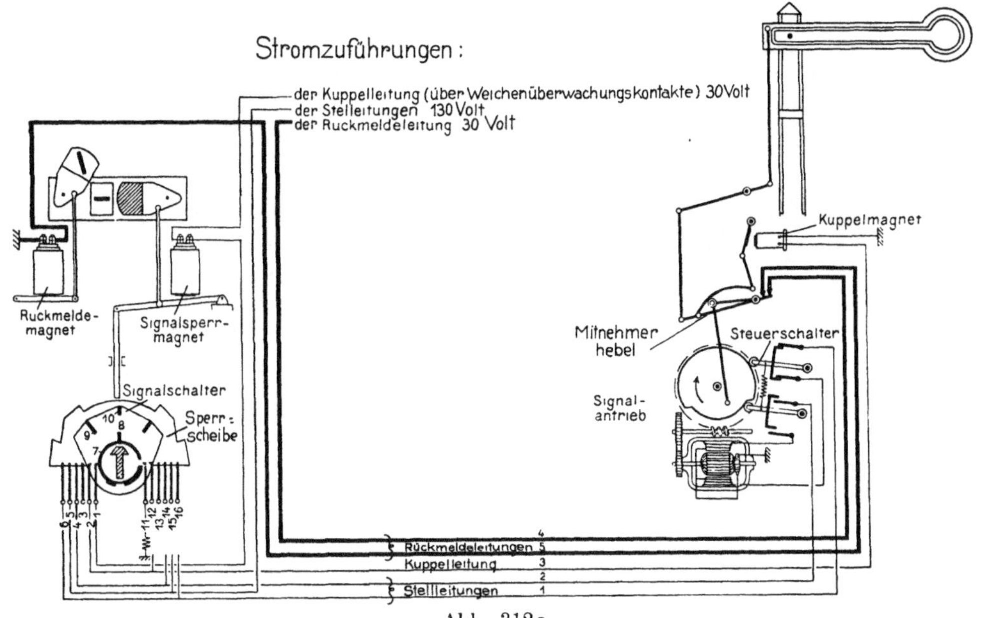

Abb. 312a.

Abb. 312 b.

Abb. 312 a—d. Zusammenwirken von Signalschalter und Antrieb bei den elektrischen Stellwerken der Bauart Siemens & Halske. (S. auch S. 262.)

flügels die an der Verlängerung des Mitnehmerhebels angebrachten Flügelkontakte Stromschluß geben. Der vom Rückmeldestrom erregte Rückmeldemagnet hält seinen Anker angezogen, so daß die mit diesem verbundene beweg-

liche Farbscheibe schräg nach oben gedreht ist, und die feste Farbscheibe mit
einem wagerechten roten Balken durch das über dem Schalter in der Vorderwand des Schalterwerksgehäuses befindliche Fenster sichtbar ist. Der Signalsperrmagnet, der zu verhindern hat, daß vor Herbei-
führung der richtigen Weichenlage und Umlegung des
Fahrstraßenschalters der Signalschalter so weit gedreht
werden kann, daß die Stelleitung Arbeitsstrom erhält,
wird zu diesem Zwecke von der (über die in Betracht
kommenden Weichenüberwachungskontakte geführten)

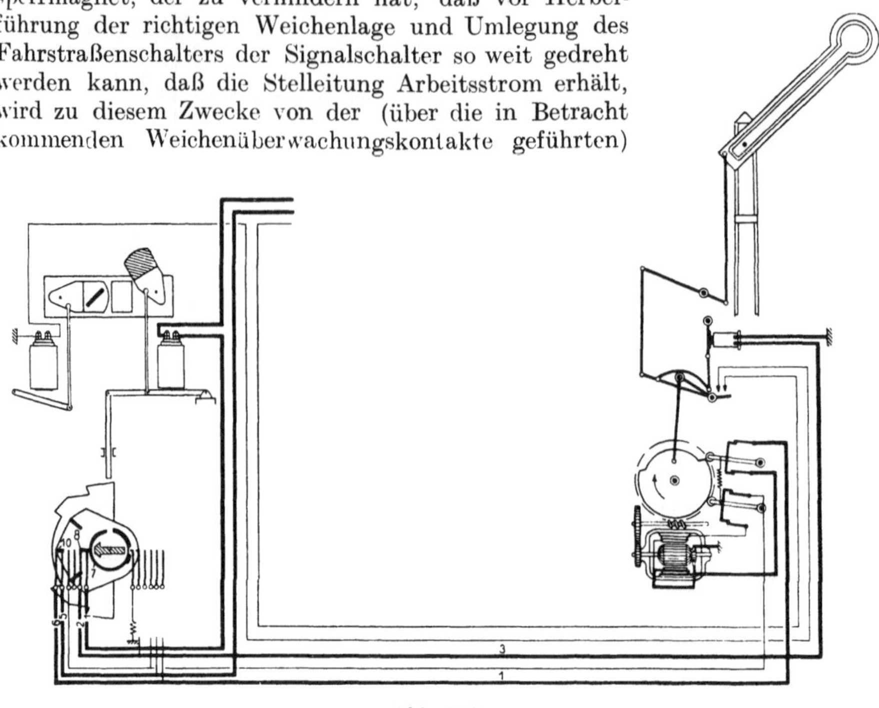

Abb. 312 c.

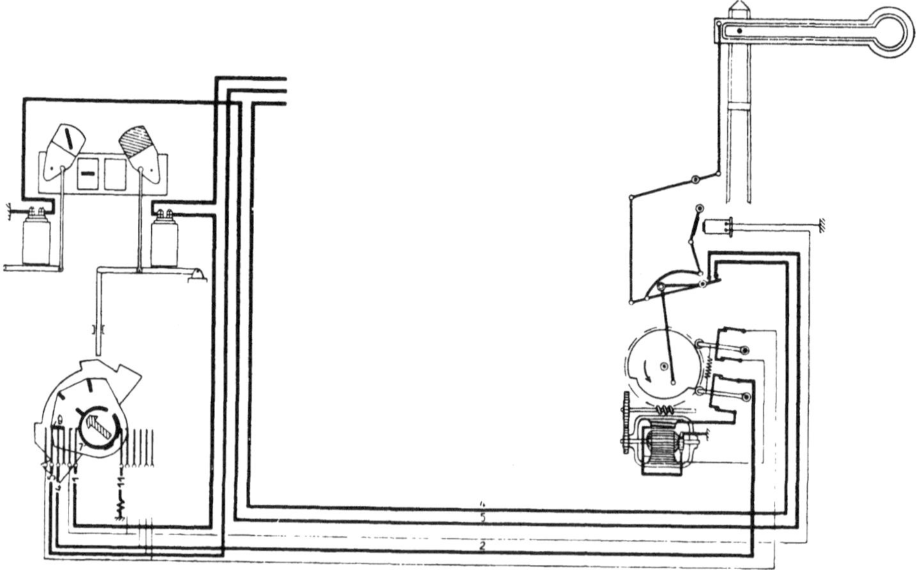

Abb. 312 d.

Kuppelleitung erregt. Er kann erst nach Herbeiführung der richtigen Lage
aller bei der betreffenden Signalstellung beteiligten Weichen und Umlegung
des Fahrstraßenschalters Strom erhalten, erhält diesen aber auch bei Erfüllung

dieser Vorbedingung erst durch den ersten Teil der Drehbewegung des Signalschalters, ist also in dessen Grundstellung stromlos. Sein Anker hängt herab. Die mit diesem verbundene Sperrstange greift in den für sie bestimmten Ausschnitt der auf der Schalterachse sitzenden Sperrscheibe. Die zugehörige bewegliche blaue Farbscheibe ist durch das über dem Schalter angebrachte Fenster rechts von der Rückmeldefarbscheibe sichtbar.

Nachdem die Schalter der bei dem betreffenden Signal beteiligten Weichen in die erforderliche Stellung gebracht sind, und nachdem ferner, falls der Signalschalter nicht zugleich Fahrstraßenschalter ist (s. unten), der Fahrstraßenschalter eingestellt ist, wird der Signalschalter durch Drehung um 90 ^{0} in die Fahrtstellung gebracht. Dies ist nur ausführbar, wenn die Weichen in die richtige Stellung gelaufen sind und dadurch der über die Überwachungskontakte und durch den Kontakt am Fahrstraßenschalter geführte Kuppelstrom zustande gekommen ist, weil andernfalls der Signalsperrmagnet das Drehen des Signalschalters durch Einwirkung der Sperrstange auf die Sperrscheibe (s. oben) unterwegs hemmt. Während des Drehens des Signalschalters um 90 ^{0} werden nacheinander Kontakte hergestellt und verändert, wie nun beschrieben wird.

Bei etwa 15 ^{0} Drehung des Signalschalters (vgl. Abb. 312b) kommt über Achsenkontakt 7 und die Federn 1 und 11 der Kuppelstrom zustande, der aber vorläufig nicht zum Signalantrieb geht, sondern von Feder 11 über einen Widerstand an Erde gelegt ist. Dadurch zieht der Signalsperrmagnet seinen Anker an, so daß nun kein Hindernis mehr besteht, den Signalschalter über 30 ^{0} hinaus bis in seine Endstellung zu drehen. Die blaue Farbscheibe des Signalsperrmagneten ist dabei nach oben verschoben, so daß an der betreffenden Stelle hinter dem Fenster ein weißes Feld erscheint.

Nach Weiterdrehung des Signalschalters auf etwa 55 ^{0} bis 60 ^{0} wird der Kuppelstrom von der Erde abgeschaltet und (Abb. 312c) an die zum Kuppelmagneten des Signalantriebes führende Leitung angeschaltet. Er fließt nunmehr (wie bisher von der Kraftquelle über die Weichenüberwachungskontakte sowie durch den Kontakt am Fahrstraßenschalter und durch die Wicklungen des Signalsperrmagneten kommend) nach wie vor, über Feder 1 zum Kontaktstück 7, weiter aber verändert über Kontaktstück 8, Feder 2, Leitung 3 zum Kuppelmagneten und von hier zur Erde. Nachdem so alles für das Auffahrtstellen des Signals vorbereitet ist, stellt (Abb. 312c) kurz vor 90 ^{0} Drehung des Schalters das Kontaktstück 10 die Verbindung zwischen den Kontaktfedern 5 und 6 her und schaltet dadurch den Stellstrom von der Stromquelle durch Leitung 1 zum oberen Steuerkontakt des Signalantriebs, über die zur Fahrtstellung des Signals dienende Wicklung des Motors und durch Erde zur Stromquelle zurück. Der Motor bringt durch Drehung der Triebscheibe (wie beim Weichenantrieb) den Antrieb und, weil die elektrische Flügelkupplung[1]) in Wirksamkeit ist, auch den Signalflügel in Fahrtstellung. Gleich nach Beginn des Motorumlaufs schaltet (Abb. 312a, b, c) die Triebscheibe mittels Gleitröllchens den unteren Steuerhebel um, und stellt so bereits in diesem Augenblick den unteren Kontakt her, der später für die Rückstellung (mittels Leitung 2) benutzt wird, aber auch benutzt werden kann, um sogleich eine noch nicht vollendete Signalstellbewegung umzukehren. Beide Steuerkontakte bleiben während der ganzen Signalumstellbewegung geschlossen. Erst nach Erreichen der Fahrtstellung springt das obere Gleitröllchen in die Aussparung der Triebscheibe ein und unterbricht damit die für das Auffahrtstellen benutzte Leitung. Der Motor kommt zum Stillstand. Abb. 312c zeigt den Zustand, bei dem der Signalflügel eben in die Fahrtstellung gelangt ist, der obere Steuerschalter aber seine Stellung noch nicht verändert hat. Der Flügel wird durch den Kuppelmagneten in Fahrtstellung gehalten,

---

¹) S. S. 264.

da eine Rückwärtsdrehung des Antriebes durch das Flügelgewicht nicht eintreten kann, weil die Triebstange 8 (Abb. 313) über den toten Punkt hinausgelangt ist[1]).

Der Rückmeldestrom wird am Flügelkontakt im Signalantrieb unterbrochen (Abb. 312c), sobald der Signalflügel eine Stellung erreicht, die als Fahrtstellung angesehen werden kann. Dadurch wird der Rückmeldemagnet stromlos. Sein abfallender Anker zieht die bewegliche Farbscheibe nach unten, die nunmehr durch das Glasfenster sichtbar ist und statt des roten Querbalkens einen schrägen schwarzen Balken (ein Signalbild) als Rückmeldung der erfolgten Fahrtstellung zeigt.

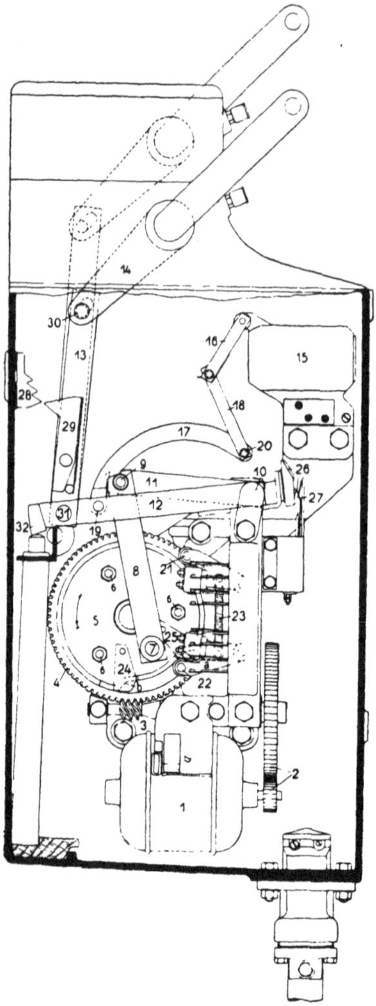

Um das Signal wieder auf Halt zu stellen, wird (Abb. 312d) der Schalter in die Grundstellung[2]) zurückgedreht. Nach 22° Rückstellung erhält die Leitung 2, deren Steuerkontakt im Signalantrieb ja am Beginn der Fahrtstellung schon geschlossen war, durch die Verbindung von Feder 5 und Feder 4 mittels Kontaktstücks 9 Stellstrom. Der Motor läuft zurück und die von ihm in rückwärtige Drehung versetzte Triebscheibe bringt den Flügel in Haltstellung, sofern er nicht vorher gefallen sein sollte[3]). In Wirklichkeit ist dies indessen in der Regel geschehen, da bei der 60°-Stellung des Signalschalters der Kuppelstrom von der zum Signalantrieb führenden Leitung abgeschaltet ist (Abb. 312d[4]). Der Rücklauf der Antriebvorrichtung folgt also in der Regel dem Haltfallen des Flügels.

b) Der Signalantrieb. Der Signalantrieb ist in Abb. 313 in Grundstellung (Haltstellung) dargestellt. Der Motor 1 überträgt seine Drehung durch das Stirnräderpaar 2 auf die Schnecke 3 und das Schneckenrad 4, mit dem die Triebscheibe 5 durch eine Reibungskupplung verbunden ist. Bei Umlaufen der Triebscheibe 5 im Sinne des Uhrzeigers wird, sofern die elektrische Flügelkupplung wirksam ist, durch die im Kurbelzapfen 7 angelenkte Triebstange 8 der Mitnehmerhebel 12 um seinen Drehpunkt 10 nach oben gedreht und durch Vermittlung der Lasche 13 der linke Arm des zweiarmigen Flügelhebels 14 angehoben, und hierdurch der mit seinem

Abb. 313. Signalantrieb der elektrischen Stellwerke der Bauart Siemens & Halske.

<hr>

[1]) In Abb. 312c ist diese Stellung noch nicht ganz erreicht.

[2]) Betreffs des Zurücklegens von Fahrstraßensignalschaltern vgl. indessen die Fußnote auf S. 268.

[3]) Sollte auch der Motor versagen, so bleibt der Rückmeldemagnet stromlos. Dadurch wird mittels sperrender Einwirkung des Rückmeldemagneten auf die Fahrstraßenschubstange das Zurücklegen des Fahrstraßensignalschalters in die Grundstellung und somit das Stellen eines feindlichen Signals ausgeschlossen, solange der Signalflügel in einer Stellung verharrt, die als Fahrtstellung angesehen werden kann (s. oben).

[4]) Bei Ausfahrsignalen findet die Unterbrechung des Kuppelstroms und das Haltfallen des Signals schon beim Befahren des Schienenstromschließers statt.

anderen Arm durch eine Stellstange verbundene Flügelschwanz gesenkt (vgl. auch Abb. 312c), somit der Flügel in Fahrtstellung gehoben. Dieser Vorgang kommt aber, wie vorbemerkt, nur dann zustande, wenn die Flügelkupplung wirksam ist. Die Triebstange 8 greift nämlich nicht unmittelbar an den Mitnehmerhebel 12 an, sondern an einen besonderen gleichfalls um die Achse 10 drehbaren Hebel, die Führungsstange 11, und zwar an deren Endzapfen 9. Dieser trägt eine Rolle 9, die unter den um den Zapfen 19 des Mitnehmerhebels drehbaren, sichelförmig gebogenen Kuppelhebel 17 greift. Ist, wie in Abb. 313 und 312a, b dargestellt, die Flügelkupplung nicht wirksam, so wird beim Umlaufen des Motors und Drehen der Triebscheibe im Sinne des Uhrzeigers durch die Aufwärtsbewegung der Triebstange 8 der Kuppelhebel 17 von der Triebrolle 9 um den Zapfen 19 nach oben links herumgeschwenkt und damit durch die Verbindungslasche 18 der Anker 16 von dem Kuppelmagneten fortbewegt. Der Mitnehmerhebel 12 bleibt dann liegen, der Flügel in Haltstellung. Ist dagegen, wie dies die Regel ist, der Kuppelmagnet erregt und dadurch der Anker 16 angezogen, so hält die Lasche 18 das Ende 20 des Kuppelhebels etwa in derselben Drehachse mit derjenigen 10 des Mitnehmerhebels 12 fest. Der Kuppelhebel 17 kann nun an seinem rechten Ende nicht nach oben ausweichen, muß also beim Anheben der Triebstange 8 mit seinem mit dem Mitnehmerhebel in 19 verbundenen linken Ende aufwärts folgen. So wird diese Aufwärtsbewegung von dem Kuppelhebel 17 im Verbindungspunkt 19 auf den Mitnehmerhebel übertragen. Wie oben beschrieben, geht also bei wirksamer Flügelkupplung die Hubbewegung der Triebstange 8 auf den Mitnehmerhebel über, gleich als wenn die Triebstange 8 unmittelbar an diesen angriffe. Um ein Klebenbleiben des Ankers zu verhüten und zugleich die gute Gangbarkeit der Flügelkupplung zu überwachen, liegt der Anker in der Grundstellung der Antriebvorrichtung nicht am Elektromagneten an, gelangt zum Anliegen, wobei dann das magnetische Festhalten eintritt, vielmehr erst nach einer anfänglichen geringen Abwärtsbewegung der Triebstange 8 (vgl. Abb. 313, 312a, b, c).

Beim Aufhaltstellen des Signals wird, wie oben erwähnt, bei 22° Rückstellung der Stellstrom angeschaltet und der Motor fängt an zu laufen. Da aber bei 30° Rückstellung der Kuppelstrom vom Antrieb abgeschaltet wird, so fällt der Flügel schon gleich nach Anlauf des Motors durch sein Übergewicht in Haltstellung, indem unter Loslassen des Ankers der Kuppelhebel nach links oben ausweicht und dadurch die Verbindung zwischen Triebstange 8 und Mitnehmerhebel 12 aufgehoben wird. Sollte diese Haltfalleinrichtung versagt haben, so wird der Flügel zwangsweise in die Haltlage gezogen, weil beim Rückwärtslaufen des Motors die von der Triebstange 8 nach unten gezogene Rolle 9 den Mitnehmerhebel nach unten zieht. Wenn bei auf Fahrt stehendem Signale aus irgendeinem sonstigen Grunde der Kuppelstrom aufhört, z. B. beim Auffahren einer Weiche usw., geht der Flügel selbsttätig in die Haltstellung.

Die An- und Abschaltung des Motors geschieht ähnlich wie die des Weichenmotors durch die beiden Steuerhebel 21 und 22, die durch die Feder 23 gegeneinander gezogen werden. Wie oben (S. 263) beschrieben, wird jedesmal schon am Beginn der Umstellbewegung der Kontakt für die Leitung hergestellt, welche demnächst zum Stellen in der entgegengesetzten Richtung zu dienen hat, und am Ende der Umstellbewegung die benutzte Leitung abgeschaltet. Ist mit dem Signal ein Vorsignal verbunden, so erfolgt statt des einfachen Abschaltens ein Umschalten auf die zum Vorsignal weitergehende Leitung. Das Vorsignal kann daher erst aus der Warnstellung herausbewegt werden, nachdem das Hauptsignal in Fahrtstellung gegangen ist. Die Rückstellung geschieht dagegen für Vor- und Hauptsignal gleichzeitig.

Die Flügelkontakte werden durch die auf dem verlängerten Hebel 12 isoliert gelagerten Schleifstücke 26 in Verbindung mit den Schleiffedern 27 gebildet. Ein Auffahrtstellen durch Ziehen am Gestänge verhindert die aus dem am Gehäuse sitzenden Sperrstück 28 und der an der Lasche 13 befestigten Sperrklinke 29 bestehende Haltsperre. Beim ordnungsmäßigen Auffahrtstellen dagegen nimmt infolge des Langlochs in der Lasche 13 bei 30 die Lasche eine solche Stellung ein, daß die Sperrklinke an dem Sperrstück vorbeigleitet. Beim Aufhaltfallen weicht die Sperrklinke 29 infolge federnder Befestigung an der Lasche 13 seitwärts aus. Das Aufhaltfallen wird dadurch gemildert, daß der Hebel 12 mit der Nase 32 auf den Kolben einer Ölbremse fällt, der bei Fahrtstellung durch eine Feder ein kleines Stück nach oben gedrückt ist.

Für zwei- und dreiflüglige Signale genügt grundsätzlich ein gemeinsamer Antrieb, bei dem mit der einen Triebscheibe nebst Triebstange und Führungsstange 11 zwei oder drei Flügelkupplungen verbunden sind, für deren jede eine Kuppelleitung besteht. Durch Umlegen des einzigen Signalschalters gehen dann diejenigen Flügel in Fahrtstellung, für die durch Umlegen des betreffenden Fahrstraßenhebels die Kuppelleitungen eingeschaltet sind. Solche Zusammenfassungen von Signalen an einem Schalter sind durch Rücksicht auf etwa zu verwickelte Schaltungen begrenzt. Durch die übliche Verwendung von Fahrstraßensignalschaltern werden sie weiter eingeschränkt.

c) Der Fahrstraßenschalter. Bei den älteren Stellwerken der Firma Siemens & Halske legt ein besonderer Fahrstraßenschalter mittels des von ihm bewegten Schiebers (Schubstange) im Verschlußregister die Schalter der für die betreffende Zugfahrt in Betracht kommenden Weichen in der erforderlichen Lage mechanisch fest und gibt den Signalschalter mechanisch frei, ebenso wie bei den mechanischen Stellwerken, wirkt aber zugleich bei den hier außerdem erforderlichen elektrischen Abhängigkeiten (vgl. S. 249) mit. Der Fahrstraßenschalter ist nach Umlegung der betreffenden Weichenschalter frei beweglich. Achskontakte schließen nach fertiger Umlegung den Signalkuppelstrom. Der umgelegte Fahrstraßenschalter ist durch die Rücksperre des Fahrstraßensperrmagneten in seiner Endlage so lange gegen Zurücklegen gesperrt, bis die Fahrstraßenauflösung (selbsttätig oder durch einen Beamten) erfolgt.

d) Der Fahrstraßensignalschalter. Wie schon erwähnt, vereinigen seit einer Reihe von Jahren S. & H. Fahrstraßenschalter und Signalschalter zu einem Schalter (Bauart 1907). Dies ist nach der getroffenen Anordnung aus folgenden Gründen ausführbar: Eine Drehung der Fahrstraßenschalterachse um etwa 45^0 bringt den Fahrstraßenschieber in die die betreffenden Weichenschalterachsen verschließende Endlage (s. unten). Dies geschieht also innerhalb desselben Drehungswinkels, innerhalb dessen der Signalschalter (bei 15^0) nur die vorbereitende Anschaltung des Kuppelstroms (s. oben) bewirkt, die den sonst die Weiterbewegung hemmenden Sperrmagneten aushebt. Dagegen erfolgt die Weiterschaltung des Kuppelstroms durch den Signalschalter und die Einschaltung des Stellstroms erst jenseits des Drehungswinkels von 45^0 (bei 55^0—60^0, s. oben). Deshalb kann man einer Schalterachse beide Aufgaben zuweisen. (Für die 45^0-Stellung ist eine Zwischenrast vorgesehen.) Indem die Schalter in der Regel als Umschlagschalter mit Drehbewegung nach rechts oder links für zwei sich ausschließende Fahrstraßen benutzt werden, wird weiter an Länge des Stellwerks gespart.

Abb. 314a zeigt im Querschnitt eines Schalterwerks solchen Fahrstraßensignalschalter. Seine Achse ist in den beiden durchgehenden Flacheisen 18 des Schalterwerksgehäuses drehbar gelagert, und ragt aus dessen Vorderfläche mit dem Stellknopf 19 heraus. Dieser ist zum Unterschied von den Weichenschaltern nicht kreisrund, sondern besitzt eine in Grundstellung nach oben gerichtete Nase. Auf seiner Stirn trägt er ein weißes Schild mit rotem Pfeil, der in Grundstellung nach oben, in den beiden Fahrtstellungen wagerecht nach rechts oder links weist. Die Schalterachse 17 steht zwischen den Flacheisen 18 mit dem hier angeordneten Verschlußregister in Verbindung. Die Einwirkung der Schalterachse auf die zugehörige Schubstange 15 durch ein Bewegungsstück 14, die an der Schubstange angeordneten Verschlußkörper, deren Zusammenwirken mit den Weichenschalterachsen, an die entsprechende Verschluß-

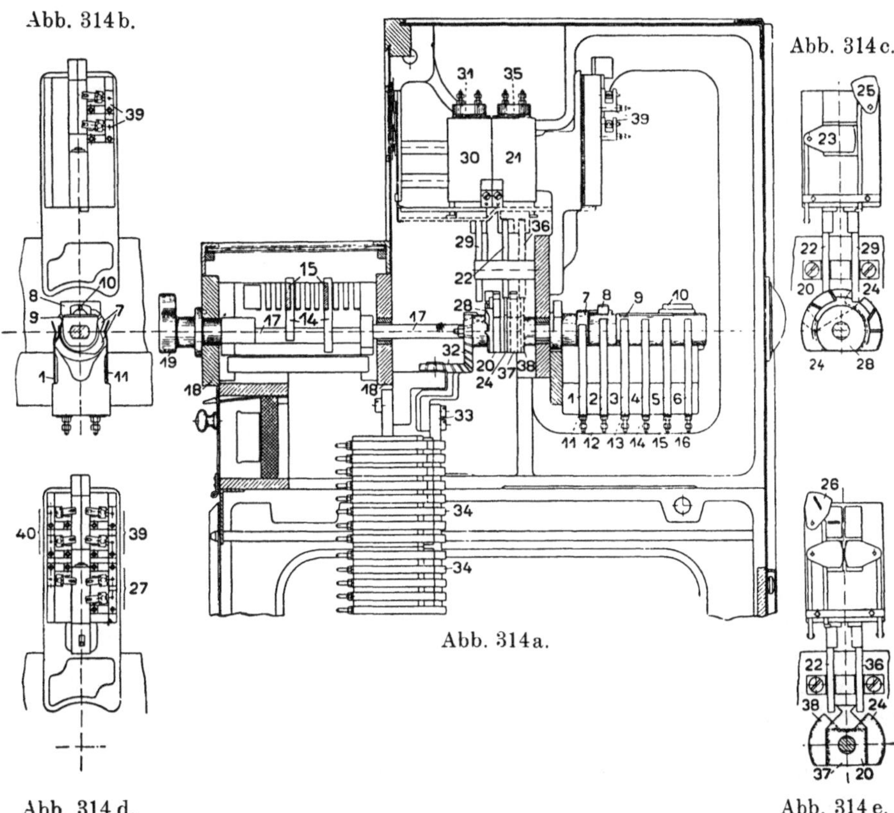

Abb. 314a—e. Fahrstraßensignalschalter der elektrischen Stellwerke der Bauart Siemens & Halske.

flächen angearbeitet sind, zeigen Abb. 315, 316, 317a bis c. Daraus ist ersichtlich, daß der Schalter über die 45° hinaus, bis wohin er als Fahrstraßenschalter wirkt, in seine Endstellung (90°) weitergedreht werden kann, wobei die Verschlüsse der Weichenschalterachsen unverändert bleiben. Die Breite des vorderen Teiles des Schalterwerksgehäuses, durch dessen Glasabdeckung man alle Verschlußvorgänge verfolgen kann, hängt naturgemäß von der Anzahl der Schubstangen ab. Im hinteren, hohen Teil des Schalterwerksgehäuses trägt das Ende der Schalterachse isoliert angeordnete Kontaktstücke 7 bis 10, die mit auf einem Isolierstück angeordneten Kontaktfedern 1 bis 6 und 11 bis 16 behufs Schaltung der Kuppelströme und Stellströme in der Weise in Beziehung stehen, wie dies oben S. 260ff. beschrieben ist. Abweichend von dieser Beschreibung sind bei dem für zwei Signalstellungen dienenden Schalter (Umschlagschalter) die Kontaktstücke 7, 8, 10 und ebenso die Federn 1 und 11 für die beiden Signale gemeinsam. Im mittleren Teile ihrer Länge trägt die Schalterachse 17 die Sperrscheiben 20, 24 und 28, über denen der Fahrstraßensperrmagnet 21 und der Signalsperrmagnet 30 angebracht sind. Der Zweck und die Wirkungsweise des letzteren, der mit seiner Sperrscheibe mittels der Verschlußstange 29 zusammenwirkt, sind bereits oben (S. 262) beschrieben. Der Fahrstraßensperrmagnet 21 sperrt (Abb. 314c) mittels der Verschlußstange 22 und der Sperrscheibe 20 den Schalter in der 45°-Stellung gegen Zurücklegen, bildet also die Fahrstraßenfestlegung[1]) (s. S. 163 ff.). Die Stellung des Fahrstraßensperrmagneten wird noch durch das Sperrstück (Fühler) 24 überprüft, das ein weiteres Drehen des Schalters über 45° hinaus erst gestattet, wenn bei stromlosem Fahrstraßensperrmagneten sein Anker abgefallen, also die Fahrstraßenfestlegung eingetreten ist. Die Sperrlage beider Sperrmagneten wird hinter dem über dem Schalter im Gehäuse angebrachten Glasfenster durch je eine bewegliche Scheibe bzw. deren festen Hintergrund angezeigt. Bei Fahrstraßensignalschaltern, die in ihrer Grundstellung frei oder durch Wechselstromblockung von einer anderen Stelle abhängig sind, dient ein Fahrstraßensperrmagnet für die Festlegung des Schalters in beiden umgelegten Stellungen (Abb. 314b, c).

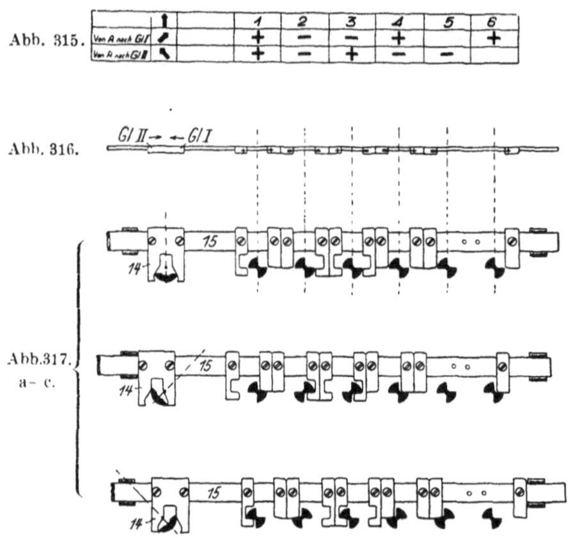

Abb. 315, Abb. 316, Abb. 317 a—c (zu Abb. 314 a—e). Abhängigkeit zwischen der Fahrstraßensignalschalterachse und den Weichenschalterachsen durch die an der Schubstange angebrachten Verschlußkörper.

(Außerdem ist ein Signalsperrmagnet und ein Signalrückmeldemagnet vorhanden.) Ist ein Schalter aber in der Grundstellung durch elektrische Gleichstromblockung (s. S. 269) elektrisch verschlossen, so ist für jede Umlegerichtung ein besonderer Sperrmagnet vorhanden, der zugleich Fahrstraßensperrmagnet und Signalfestlegemagnet (nach Art des Signalfestlegefeldes, s. S. 158) ist, also den Schalter sowohl in der Grundstellung festlegt, wie in der gezogenen Stellung gegen Rückbewegung über die 45°-Lage sperrt. Ein dritter Magnet ist der auch in diesem Falle für beide Signale gemeinsame Signalsperrmagnet, ein vierter in der Regel der Rückmeldemagnet. Diese Anordnung zeigt Abb. 314d, e, in der auch die dann sich ergebenden Farbscheiben zu beachten sind. Im übrigen vgl. wegen der elektrischen Gleichstromblockung unter 4, b (S. 269).

Durch das Kegelräderpaar 32 treibt die Achse des Schalters eine lotrechte Welle 33 an, auf der Kupferstücke isoliert angeordnet sind, die mit den Kontaktfedern 34 zusammen die Signalschalterkontakte und Fahrstraßenkontakte bilden. Sie dienen dazu (vgl. auch beim mechanischen Stellwerk, S. 199), die Kuppelströme der Signale auszuwählen, die Auflöseströme der Fahrstraßen und die Freigabeströme einzuschalten, die Schienenkontakte und isolierten Schienen für die Fahrstraßenauflösung und Streckenblockung anzuschalten, die Stromkreise der Streckenblockung zu schließen usw.

4. Blockverbindungen bei den elektrischen Stellwerken von S. & H.

a) Verbindung von Wechselstromblockwerken mit den Stellwerken. Die Blockwerke der elektrischen Stations- und Streckenblockung,

---

wie sie im IV. Kapitel beschrieben wurden, lassen sich mit den elektrischen Stellwerken in derselben Weise verbinden wie mit den mechanischen, so daß die Riegelstangen der Blockfelder auf die Schalter oder auf mit den Schaltern verbundene Schubstangen verschließend wirken. In der Regel empfiehlt sich aber eine getrennte Aufstellung der Blockwerke, um sie besser zugänglich zu machen. Die gegenseitige Abhängigkeit wird dann folgendermaßen hergestellt: Im Befehlsstellwerk werden die Blockströme der Stationsblockung über Fahrstraßen- und Weichenüberwachungskontakte geführt; im abhängigen Stellwerk wird durch Riegelstangenkontakte am Signalfestlegefeld der. Fahrstraßensperrmagnet ausgelöst, der den Schalter in seiner Grundstellung verschlossen hält. Das Anfangsfeld der Streckenblockung ist gekuppelt mit einem in Grundstellung geblockten Gleichstromfeld, dessen durch den Zug selbsttätig bewirkte Auslösung den Kuppelstrom des Ausfahrsignals unterbricht (s. S. 264, Fußn. 4). Diese Unterbrechung wird dann durch Blocken des Anfangsfeldes, wobei das Gleichstromfeld in seine (geblockte) Grundstellung zurückkehrt, vom Anfangsfeld aufgenommen, durch dessen demnächstige Entblockung wieder aufgehoben. Der Kuppelstrom des Ausfahrsignals wird aber auch durch dessen auf Fahrt- und Halt-Stellen unterbrochen, als Ersatz der Hebelsperre.

b) **Stationsblockung als Gleichstromblockung.** Sind auf einem Bahnhof in allen oder den meisten Stellwerksbezirken elektrische Stellwerke vorhanden, so empfiehlt es sich, die Stationsblockung mit denselben Mitteln zu bewirken wie die Weichen- und Signalstellung, d. h. durch Gleichstrom. Schalter derselben Bauweise, wie oben besprochen, dienen dann als Zustimmungs- und Freigabeschalter, entweder in den Schalterwerken der Weichen- und Signalstellung oder, wenn die Befehlsstelle nicht mit einem Stellwerk verbunden ist, als besonderes Befehls- oder Freigabewerk, das dann in der Regel nach Art der Gruppenblockung (S. 206 ff.) ausgebildet wird. Es enthält Fahrtenwähler und Freigabeschalter. Für je zwei feindliche Fahrstraßen ist ein Fahrtenwähler vorhanden, der, wie die reinen Fahrstraßenschalter der elektrischen Stellwerke auf das Verschlußregister wirkt und von ihm abhängig ist. Sein Umlegen wählt eine Leitung, die vom Befehlswerk zu dem Sperrmagneten des freizugebenden Fahrstraßensignalschalters des abhängigen Stellwerks führt. Der Freigabeschalter verriegelt bei seinem Umlegen den Fahrtenwähler und sendet, indem er die letzterwähnte Leitung schließt, den Freigabestrom nach dem abhängigen Stellwerk. Dort wird hierdurch der die Grundstellung verschließende Fahrstraßensperrmagnet des gewählten Fahrstraßensignalschalters betätigt und dieser so freigegeben. Seine Umlegung schaltet (abgesehen von seiner sonstigen oben beschriebenen Wirkung) den Freigabestrom vom Fahrstraßensperrmagneten auf einen Magnetschalter um, der den Freigabestrom unterbricht. Dadurch wird bewirkt, daß auf eine Freigabe nur einmaliges Umlegen des Fahrstraßensignalschalters möglich ist. Außerdem wird der umgelegte Freigabeschalter entweder schon bei seinem Umlegen oder beim Umlegen des Fahrstraßensignalschalters im abhängigen Stellwerk elektrisch verschlossen. — Ist für die Freigabe der Fahrt eine Zustimmung von einer anderen Stelle her erforderlich, so geschieht dies durch Betätigung eines Sperrmagneten, der am Fahrtenwähler angebracht ist[1]).

Zum Erteilen von Freigaben oder Zustimmungen von einem Stellwerk aus werden Schalter von der Bauweise der Fahrstraßensignalschalter verwendet, die aber nur bis 45° umlegbar sind. Sie können erst umgelegt werden, nachdem in dem Befehlsschalterwerk oder zustimmenden Schalterwerk alle in Betracht kommenden Weichenschalter[2]) die richtige Stellung erhalten haben. Das Um-

---

[1]) Sind zwei oder mehrere Zustimmungen zu geben, so sind für deren Empfangnahme und Weitergabe an den Fahrtenwähler besondere Zwischeneinrichtungen erforderlich.

[2]) Die Überprüfung der richtigen Weichenstellung geschieht durch den Signalkuppelstrom.

legen des Fahrstraßensignalschalters legt die Weichenschalter in der richtigen
Stellung mechanisch fest, schließt das Umlegen feindlicher Fahrstraßensignalschalter mechanisch aus, und sendet (bei eigener Festlegung durch Abfallen des
Sperrmagneten) den Freigabestrom nach der die Signalfreigabe oder Zustimmung
empfangenden Stelle.

5. Die Sammleranlage. Die Sammleranlage hat Stellstrom von 120 bis 140
Volt und Überwachungsstrom von 24 bis 34 Volt zu liefern, und muß derart
aus Teilbatterien bestehen, daß eine abwechselnde Benutzung und Wiederaufladung möglich ist. Bevorzugt wird eine Anordnung mit 4 Batterien, von
denen abwechselnd zwei benutzt und zwei geladen bzw. in geladenem Zustande
bereit gehalten werden. Die beiden Stellbatterien haben je 68 Zellen die beiden
Überwachungsbatterien entweder je 17 Zellen oder auch je 68 Zellen. Letztere
Anordnung ist dann zweckmäßig, wenn aus einer Gleichstromanlage unmittelbar
geladen werden soll, wobei dann zum Laden die 68 Zellen hintereinander, zum
Entladen vier Gruppen von je 17 Zellen nebeneinander geschaltet werden.

Vielfach werden auch dreiteilige Batterieanordnungen verwendet. Die
Batterien bestehen dann aus je 68 Zellen. Eine der Batterien befindet sich im
Auflade- oder Bereitschaftszustand. Von den anderen beiden wird der einen der
Stellstrom, der anderen unter Nebeneinanderschaltung von vier Gruppen von
je 17 Zellen der Überwachungsstrom entnommen. Jede der drei Batterien dient
der Reihe nach zur Entnahme von Stellstrom, zur Entnahme von Überwachungsstrom und zum Aufladen.

Kleine Anlagen erhalten wohl auch nur zwei Batterien. Dann dient dieselbe Batterie gleichzeitig zur Entnahme von Stellstrom und (unter Nebeneinanderschaltung von vier Gruppen) von Überwachungsstrom.

B. Die rein elektrischen Kraftstellwerke von M. Jüdel & Co.

Die elektrischen Stellwerke von Jüdel verwenden dieselben Schalterwerke
wie S. & H., bei denen der Grundgedanke der Schaltung, wonach die Stellbewegung jederzeit umgekehrt werden kann, von Jüdel herrührt. Im Weichenantrieb ist der Motor mit der Umstellvorrichtung nicht mehr durch das ursprünglich nach S. & H.schem Vorbild verwendete Schneckenrad, sondern durch
ein doppeltes Zahnradvorgelege verbunden. Beim Auffahren der Weiche tritt
ebenso wie neuerdings bei S. & H. (s. S. 256, Fußn. 1) die auch bei Jüdel zur
Schonung des Motors (um bei Erreichung der Endlagen ein plötzliches Stillstehen
zu vermeiden) vorhandene Reibungskupplung nicht in Wirksamkeit. Der ganze
Antrieb einschließlich des Motors wird vielmehr beim Auffahren der Weiche
zurückgedreht.

Um große Festhaltekraft des Weichenantriebs und trotzdem leichten Anlauf des Motors beim Umstellen zu erzielen, ist die ursprünglich in einen
einzigen Bauteil vereinigte Sperr- und Steuerscheibe in zwei Scheiben getrennt
worden; infolge entsprechenden Leerweges zwischen den beiden Scheiben
werden die Sperrhebel beim Umstellen durch die sanft ansteigenden Steuer-
flächen der vom Motor angetriebenen Steuerscheibe, beim Auffahren aber
durch die steilen Sperrflächen der von der Weiche bewegten Sperrscheibe
aus der Festhaltelage gebracht.

An dem eigenartig durchgebildeten Signalantrieb ist besonders bemerkenswert, daß bei zwei- und dreiflügligen Signalen nur der erste Flügel eine Flügelkupplung (Haltfalleinrichtung) besitzt, während der zweite und dritte Flügel
mittels besonderer Magnete an den ersten Flügel angeschlossen sind. Eine ausführliche Beschreibung des Signalantriebs in mehreren, den verschiedenen
Zwecken angepaßten, Ausführungsformen findet sich im Stellwerk 1921 von
Nr. 8/9 an.

C. Die rein elektrischen Kraftstellwerke der Allgemeinen Elektrizitäts-Gesellschaft.

1. Gesamtanordnung. Auch die A.E.G. verwendet zum Betriebe ihrer Kraftstellwerke in Sammleranlagen aufgespeicherten Gleichstrom von ähnlichen Spannungen wie S. & H., d. h. zum Stellen der Weichen und Signale Strom von 120 bis 160 Volt, zur Überwachung von 30 bis 40 Volt. Der wesentlichste Unterschied der A.E.G.-Stellwerke von den eben besprochenen besteht darin, daß die Signale nicht mittels Motoren, sondern mittels Solenoidantrieben gestellt werden.[1]) So wird der Signalantrieb besonders einfach. Insbesondere fällt das Erfordernis einer Flügelkupplung fort, da das Solenoid selbst zugleich Antrieb und Haltfalleinrichtung bildet, und somit werden auch die Kuppelleitungen vom Schalterwerk zu den Signalen entbehrlich. Ein zwar nicht wesentlicher, aber doch die Anordnung stark beeinflussender fernerer Unterschied der A.E.G.-Stellwerke von den S. & H.-Stellwerken liegt darin, daß erstere nicht Fahrstraßenschalter und Signalschalter vereinigen. Dadurch ergibt sich die Mög-

Abb. 318.   Schaubild eines elektrischen Stellwerkes der A.E.G.-Bauart.

lichkeit, für alle sich ausschließenden Signale jedesmal nur einen gemeinsamen Signalschalter anzuwenden. Die jeweilige Signalstellleitung wird (ähnlich der Einrichtung bei Gruppenblockung) durch Umlegen des Fahrstraßenschalters gewählt. Im übrigen sind die A.E.G.-Schalterwerke möglichst den mechanischen Stellwerken nachgebildet, indem die Anordnung des Verschlußregisters auf der Rückseite des Schalterwerks ganz mit derjenigen bei mechanischen Stellwerken übereinstimmt, und die (wie bei S. & H. in 75 mm Abstand stehenden) Schalter die Form kleiner Hebel erhalten haben (Abb. 318). Die Weichen- und Signalschalter stehen in Grundstellung mit 30° gegen das Lot schräg nach hinten und werden in gezogene Stellung schräg nach vorn um 60° umgelegt. Die Fahrstraßenschalter stehen in Grundstellung lotrecht und werden, als Umschlaghebel, nach vorn oder hinten um 30° in Fahrtstellung bewegt, dienen also, wie bei den mechanischen Stellwerken, für je zwei sich ausschließende Fahrten. Die Anordnung ist so getroffen, daß jeder einzelne Schalter herausgenommen und ausgewechselt werden kann.

---

[1]) Wegen der gegenwärtigen Preisverhältnisse stellt indessen die A.E.G. neuerdings auch Signale mit Motorantrieben her.

Bei der Durchbildung des Schalterwerks ist jedoch gegenüber der beschriebenen Anordnung von S. & H. eine wesentliche Veränderung vorgenommen. Während bei der ursprünglichen Anordnung von S. & H. der Fahrstraßenschalter voll umgelegt werden kann, sobald die Weichenschalter sich in der richtigen Lage befinden, verhindern die Überwachungseinrichtungen bei dem A.E.G.-Stellwerk bereits das Umlegen des Fahrstraßenschalters, sofern irgendeine der beteiligten Weichen sich nicht in der richtigen Endlage befindet. Die Fahrtstellung eines Fahrstraßenschalters gibt also, wie beim mechanischen Stellwerk, die Gewähr, daß alle für die betreffende Fahrt in Betracht kommenden Weichen richtig liegen. Dies ist für die Betriebssicherheit insofern von Bedeutung, als so der Weichensteller bei etwaiger Nichtbewegbarkeit des Signalschalters nicht im Zweifel darüber ist, ob diese Störung von der unrichtigen Lage einer Weiche herrührt, oder in der Signalstellvorrichtung selbst liegt. Im letzteren Falle kann unbedenklich die Fahrt auf Handsignal erlaubt werden, im ersteren nicht. Die Firma S. & H. hat deshalb (vgl. S. 262, 263) bei ihrer jetzigen Bauweise mit vereinigten Fahrstraßensignalschaltern diese mit einer bei 30° wirkenden Sperre ausgerüstet, die nur dann frei wird, wenn die sämtlichen zugehörigen Weichen in die Endlage gelaufen sind, so daß also die Fahrstraßenschalter (Fahrstraßensignalschalter) zwar nach Umlegen der Weichenschalter ohne weiteres umlegbar sind, aber nicht bis 45°, sondern nur bis 30°, sofern nicht inzwischen die betreffenden Weichen in ihre Endstellungen gelangt sind.

Weitere Unterschiede der A.E.G.-Stellwerke gegenüber denjenigen von S. & H., die die Schaltungen, die Weichenantriebvorrichtungen, die Gestaltung der Auffahrbarkeit usw. betreffen, sollen hier außer Erörterung bleiben. In allgemeiner Beziehung sei nur noch bemerkt, daß die A.E.G. alle Magneten als Solenoide ausgebildet hat, um ihnen größere Hubhöhe geben zu können. Bezüglich der Sammleranlagen und der etwaigen Verbindung der A.E.G.-Stellwerke mit Wechselstromblockwerken, sowie der Gleichstromabhängigkeiten zwischen mehreren Stellwerken desselben Bahnhofs bestehen wesentliche Unterschiede gegenüber den S. & H.-Stellwerken nicht.

Der Einzelbesprechung sollen nur der Signalantrieb und das Schalterwerk unterzogen werden.

2. Der Signalantrieb. Wie bereits S. 271 erwähnt, unterscheidet sich der Signalantrieb dadurch wesentlich von dem der S. & H -Stellwerke, daß er nicht durch Motoren, sondern durch Solenoide erfolgt. Er weist aber gegenüber älteren derartigen Anordnungen, so z. B. derjenigen des Crewe-Systems, den Fortschritt auf, daß der Signalflügel auch bei Versagen des Haltfallens nach Stromunterbrechung durch ein zweites Solenoid zwangläufig in die Haltlage zurückgeführt wird.

Der Solenoidkern (Abb. 319a, b) bewegt sich innerhalb zweier übereinander angebrachter Doppelspulen b_2 und b_1, von denen die zweite zum Fahrtstellen, die erste zum Haltstellen dient. Fließt bei Haltstellung des Flügels nach Umlegen des Signalhebels im Stellwerk ein Strom von 160 Volt durch die untere Doppelspule b_1, so zieht diese den Solenoidkern nach unten, dieser bringt den Doppelhebel e zum Schwingen um seinen Lagerzapfen p, so daß sein längerer Arm die an ihn mit Federung angeschlossene, zum Signalflügelschwanz führende Stellstange f nach unten zieht und dadurch den Flügel auf Fahrt stellt. Um nun den Stromverbrauch während der Fahrtstellung einzuschränken, wird kurz vor Erreichen der Fahrtstellung die Stromstärke auf ein Viertel, nach Erreichen der Fahrtstellung auch die Spannung auf ein Viertel herabgesetzt. Der kürzere Arm des Doppelhebels e steuert nämlich kurz vor Erreichen der Fahrtstellung durch Springschaltung (s. Abb. 319a) den Doppelschalter m nach rechts um. Hierdurch werden die beiden bisher parallel geschalteten Wicklungen der Solenoidspule b_1 hintereinander geschaltet, wobei sich durch die Hintereinanderschaltung und die Verdoppelung des Widerstandes die Stromstärke von 5 auf etwa 1,25 Ampère

vermindert. Gleichzeitig gelangt aber durch diese Umschaltung der so herab-
gesetzte Strom, der vorher durch die Erde zum Stellwerk zurückging, durch eine
isolierte Leitung zum Stellwerk, betätigt dort den Überwachungsmagneten des
Signalhebels und schaltet dadurch den Batteriewechsler derart um, daß statt
des 160-Volt-Arbeitsstroms wieder, wie vorher im Haltzustande, Strom von
nur 40 Volt zum Signal fließt und dies mit etwa $^1/_{16}$ des zum Stellen angewandten
Stromverbrauchs in Fahrtstellung hält.

Damit es nicht möglich ist, den Signalflügel durch Ziehen an der Stellstange mit der Hand in Fahrtstellung zu bringen, ist bei Haltlage der Doppelhebel e durch den an ihm angebrachten Knaggen h gegen den Endansatz des
Winkelhebels i gesperrt. Sobald Stellstrom zum Signal kommt, wird durch
diesen außer dem Stell-Doppelsolenoid das auch von ihm durchflossene kleine
Solenoid k betätigt, und zwar wegen der geringeren Masse des Kerns etwas
früher.   Der Kern dieses Sole-
noids dreht den Winkelhebel i
entgegengesetzt dem Sinne
des Uhrzeigers und beseitigt
so die Sperre des Doppel-
hebels e. Mit dem Winkel i
ist ferner mittels Lasche der
Haltüberwachungsschalter l[1])
verbunden, der, bei Betätigung des Solenoids k, also vor
Beginn des Umstellens des Signalflügels, umgestellt wird, wodurch der in Haltlage vorhandene Überwachungsstrom
unterbrochen und die Doppelspule b_2 (als Vorbereitung der
demnächstigen Rückstellung)
angeschaltet wird.

Wird der Signalhebel in
die Haltlage zurückbewegt, so
durchfließt ein 160-Volt-Strom
die Doppelspule b_2 des Doppel-
solenoids und zieht den Kern,
sofern das Signal nicht bei der
vorübergehenden Stromunterbrechung beim Hebelumstellen
auf Halt gefallen ist, in die Haltlage zurück.

Bei einem zwei- oder dreiflügligen Signal ist für den
zweiten und dritten Flügel je
ein einfaches Solenoid für das
Stellen auf Fahrt vorhanden.
Beim Aufhaltstellen nimmt

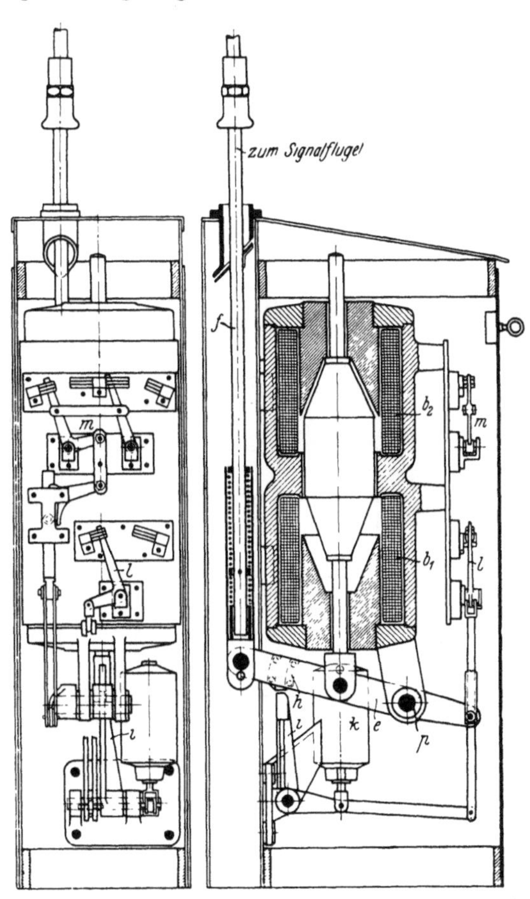

Abb. 319 a, b. Signalantrieb der elektrischen Stellwerke der A.E.G.-Bauart.

der Antrieb des Hauptflügels die anderen beiden Flügel zwangsweise mit.

Vorsignale haben ebenso ausgebildete Antriebe wie Hauptsignale. Ist
ein Vorsignal vorhanden, so wird dies nach dem Hauptsignal auf Fahrt gestellt,
und erst vom Vorsignal aus gelangt dann der Überwachungsstrom zum Stellwerk zurück.

———

[1]) So wird durch den Haltüberwachungsschalter nicht nur die Haltstellung des Signalflügels, sondern auch seine Sperrung in der Haltstellung überwacht.

3. Das Schalterwerk.

a) Der Weichenhebel ist in Abb. 320a, b und 321 in seinem Zusammenhange mit dem Verschlußregister dargestellt. Der Stellhebel ist in seinen Endstellungen, wie beim mechanischen Stellwerk, durch eine Handfalle festgelegt. Die Handfallenstange geht als Fortsetzung des Hebelhandgriffes a der Länge

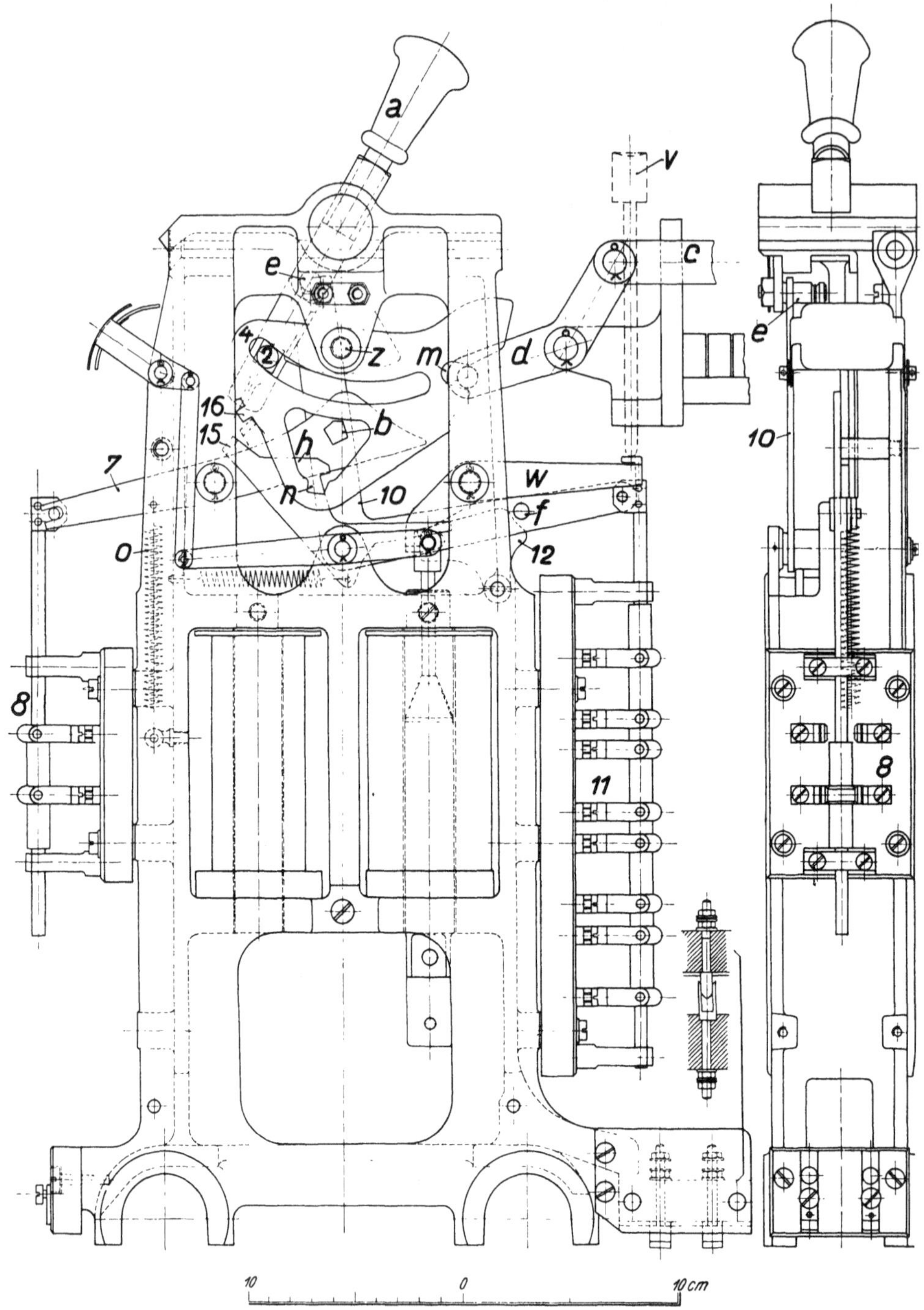

Abb. 320 a, b. Weichenhebel der elektrischen Stellwerke der A.E.G.-Bauart. Grundstellung.

nach durch den hülsenförmig ausgebildeten Hebel hindurch. Durch Herabdrücken des Hebelhandgriffes klinkt man den in der Endstellung mittels des quadratischen Nockens 2 festgelegten Hebel aus. Der an den Nocken 2 angedrehte zylindrische Stein 2 greift in den kreisbogenförmigen Schlitz des herzförmigen Verschlußhebels 4, der am Zapfen z aufgehängt ist. Beim Ausklinken der Handfalle in der in Abb. 320a dargestellten Grundstellung pendelt der herzförmige Verschlußhebel um seinen Lagerzapfen z entgegen der Uhrzeigerbewegung so weit herum, daß nun sein Schlitz überall gleichen Abstand vom Drehzapfen des Weichenhebels hat, so daß während des ganzen Umstellweges des Weichenhebels der Verschlußhebel ruhen bleibt. Beim Wiedereinklinken der Handfalle in der Gegenstellung macht der Verschlußhebel eine zweite Pendelbewegung im gleichen Sinne und von etwa gleicher Größe wie beim Ausklinken. Bei beiden Teilbewegungen nimmt der Verschlußhebel mit seinem Maule m den Winkelhebel d mit und wirkt durch diesen auf den parallel geführten Verschlußbalken c, der somit aus einer Endstellung in die andere, ebenso wie beim mechanischen Stellwerk, durch eine zweizeitige Bewegung übergeführt wird. Bemerkenswert ist nun hier, daß das Wiedereinklinken der Handfalle so lange verhindert ist, bis die elektrische Rückmeldung von der vollendeten Weichenumstellung eingetroffen ist, daß also, abweichend von der Anordnung bei S. & H., der Verschlußbalken in der Mittelstellung bleibt, also alle Fahrstraßen, bei denen die Weiche beteiligt ist, sperrt, bis der Überwachungsmagnet wieder betätigt ist. Diese Abhängigkeit ist folgendermaßen bewerkstelligt:

Wird der Weichenhebel a aus der in Abb. 320a gezeichneten Grundstellung in die in Abb. 321 gezeichnete gezogene Stellung umgelegt, so verstellt er unmittelbar, indem der Stein e in eine Schlitzöffnung des Winkelhebels 10 eingreift, durch den Winkelhebel 10 den Arbeits- und Überwachungsschalter 11, ferner durch Daumendruck seines Endes auf den Rücken des Doppelhebels 7 diesen und den damit zusammenhängenden Batteriewechsler 8. (Diese Umstellungen haben ähnlich wie bei S. & H. zur Folge, daß statt des Überwachungsstromes von 40 Volt Stellstrom von 160 Volt zum Weichenmotor gelangt und diesen zum Umlauf bringt). Endlich wird beim Umlegen des Weichenhebels durch den mit ihm (wie oben) verbundenen Winkelhebel 10 mittels des Stiftes f die Abdrückvorrichtung 12 des Überwachungsmagneten beiseite gedrückt und damit der Kern des gleichzeitig (wie bei S. & H.) durch Stromunterbrechung unwirksam gewordenen Überwachungsmagneten (Solenoids) nach unten abgedrückt. Dadurch hat gleichzeitig die Sperre h den an dem Doppelhebel 7 sitzenden Knaggen b gefaßt, so daß die veränderte Stellung des Doppelhebels einstweilen bestehen bleibt, obwohl der Weichenhebel a in ganz umgelegter Stellung (Abb. 321) nicht mehr auf den Doppelhebel 7 drückt, und die Feder o ihn in seine Grundstellung zurückzuziehen bestrebt ist. Der Knaggen b an dem wie vorbeschrieben festgehaltenen Doppelhebel 7 ist bei dieser Lage zugleich in die Einkerbung n des Verschlußhebels 4 getreten, hält folglich den Verschlußhebel so lange fest, wie der Doppelhebel 7 in seiner veränderten Stellung festgehalten wird, nämlich bis nach Auslauf des Weichenmotors der Überwachungsmagnet wieder Strom erhält und sein nach oben drängender Kern den die Sperre bildenden winkelförmigen Hebel h aus der Sperrstellung herausdreht. Dadurch wird der Doppelhebel 7 freigegeben und kehrt unter Einwirkung der Feder o in seine Grundstellung zurück. Somit ist der Knaggen b aus der Einkerbung des Verschlußhebels 4 herausgetreten; dieser ist für die zweite Hälfte der Pendelbewegung freigemacht, nach deren Vollendung die in Abb. 321 dargestellte Zwischenstellung sich in die Gegenstellung zur Grundstellung verwandelt hat.

Die Weichenüberwachungskontakte, über die bei dem A.E.G.-Stellwerk statt der Kuppelströme des S. & H.-Stellwerks Signalwählerströme geführt werden, befinden sich (nicht dargestellt) unterhalb des Überwachungsmagneten im Stellwerksgehäuse und werden gemeinsam durch die Verbindungsstange bewegt, die den Kern des Überwachungsmagneten nach unten fortsetzt.

Aus Abb. 320a, b, 321 ist auch die vom Überwachungsmagneten gesteuerte Farbscheibe ersichtlich.

Wird die Weiche aufgefahren, so wird der Überwachungsmagnet stromlos. Der winkelförmige Hebel h macht infolgedessen eine Bewegung im Sinne des

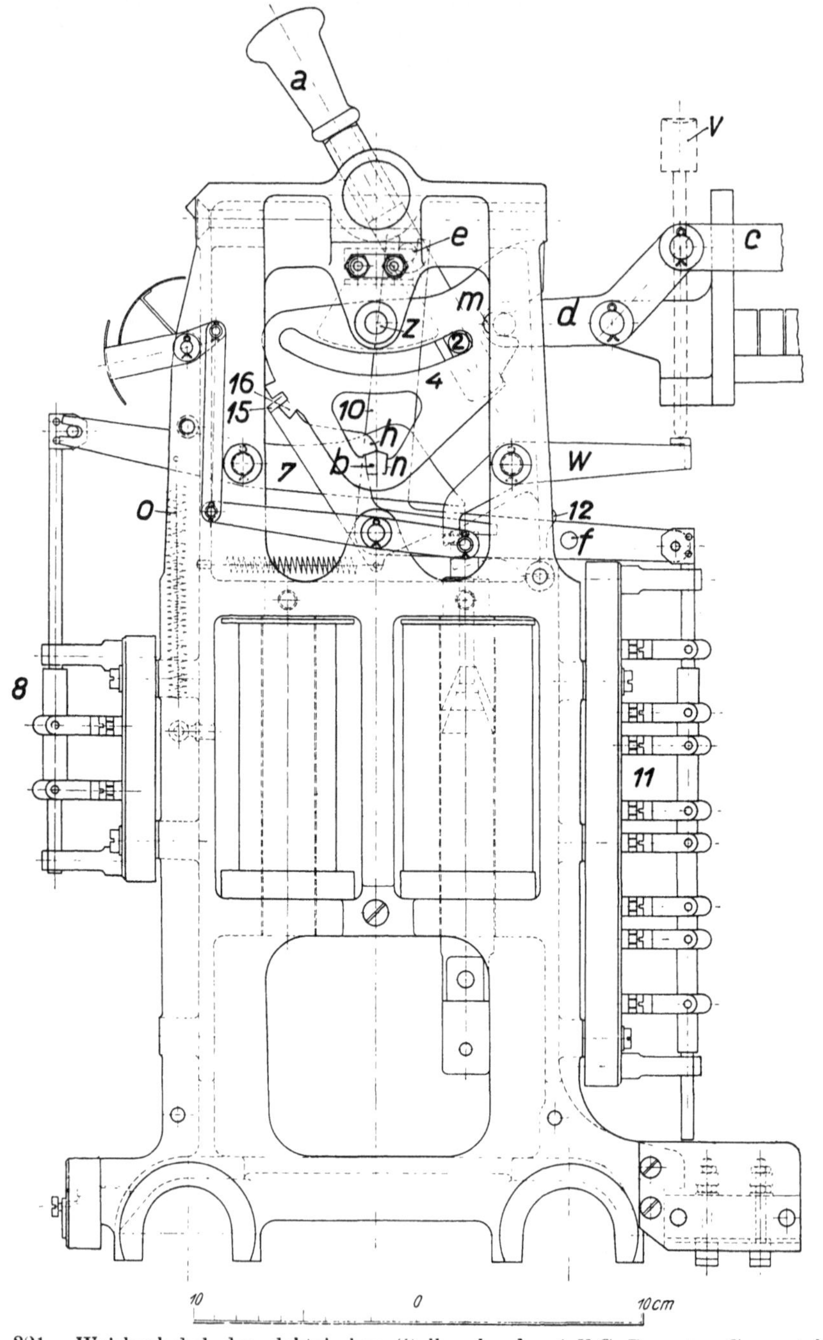

Abb. 321. Weichenhebel der elektrischen Stellwerke der A.E.G.-Bauart. Gegenstellung des Hebels, aber Rückmeldung noch nicht eingetroffen.

Uhrzeigers. Sein Endansatz 15 tritt sperrend, je nach der Hebelstellung, unter oder über den Doppelknaggen 16 des Verschlußhebels 4 und verhindert so das Ausklinken des Weichenhebels. Die Störung wird dadurch beseitigt, daß nach Lösen eines Bleisiegels die Hilfstaste v herabgedrückt und so durch den hakenförmigen Endansatz des Doppelhebels w der winkelförmige Hebel h in seine Grundstellung zurückgeführt wird.

b) Der Fahrstraßenhebel (Abb. 322) gleicht in der Gesamtanordnung dem Weichenhebel, besitzt aber als Umschlaghebel zwei Stellbewegungen und steht deshalb in der Grundstellung senkrecht. Durch Umlegen des Fahrstraßenhebels nach links oder rechts wird der Winkelhebel 10 (Abb. 322) im Sinne des

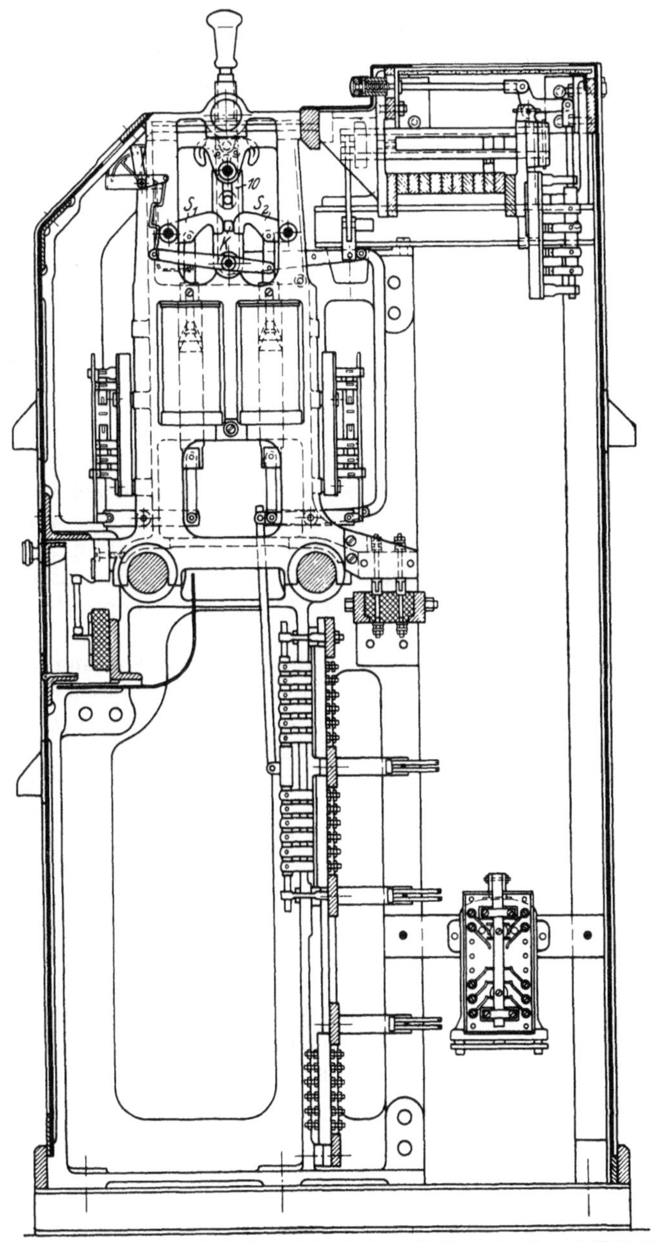

Abb. 322.   Fahrstraßenhebel der elektrischen Stellwerke der A.E.G.-Bauart.

Uhrzeigers bzw. im entgegengesetzten Sinne gedreht. An das rechte Ende dieses Winkelhebels sind nach oben und unten je eine Lasche angeschlossen, deren erstere die die Fahrstraßenschubstange antreibende Welle mittels Kurbelangriffs dreht, die zweite (die an dieser Seite befindlichen Magnetkontakte umgreifend) in das untere Stockwerk des Stellwerksgehäuses hinabreicht und dort mit unmittelbarem Angriff die zwangläufigen Fahrstraßenkontakte steuert. Das Umlegen des Fahrstraßenhebels, das nach obigem nur möglich ist, wenn alle in Frage kommenden Weichenhebel sich in der der Fahrstraße entsprechenden Stellung befinden, und wenn die Weichen in die richtigen Endstellungen gelaufen sind, schließt so gleichzeitig den über die Weichenüberwachungskontakte zum Signalhebelsperrmagneten führenden und diesen auslösenden Signalfreigabestrom. Dieser hat hier also zunächst dieselbe Aufgabe wie bei S. & H. der Kuppelstrom, nur mit dem Unterschiede, daß bei S. & H. der Kuppelstrom beim demnächstigen Umlegen des Signalschalters (Weiterumlegen des Fahrstraßensignalschalters) zum Signalantrieb weitergeschaltet wird (vgl. S. 263), während hier der Signalfreigabestrom auch weiterhin an Erde geschaltet bleibt. Ferner schaltet der Fahrstraßenhebel gleichzeitig den betreffenden Signalstellstrom (vorbereitend) an.

Für jede der beiden Stellbewegungen des Fahrstraßenhebels ist ein Sperrmagnet vorhanden (Abb. 322), dessen Ankerkern mittels Laschen mit einem Sperrhaken S_1, S_2 verbunden ist. Der Sperrhaken steht bei nicht betätigtem Magneten tief. In der Grundstellung ist der Fahrstraßenhebel dadurch festgehalten, daß (Abb. 322) die beiden tiefstehenden Sperrhaken mit ihren Rücken den am Winkelhebel 10 befindlichen Sperrknaggen k zwischen sich festhalten. Ist durch Betätigung eines der beiden Sperrmagneten der betreffende Sperrhaken angehoben, und wird hierauf der Fahrstraßenhebel umgelegt, so wird dadurch der Sperrmagnet wieder stromlos. Der Sperrhaken fällt herab, umgreift nun den Sperrknaggen k und hält so den Fahrstraßenhebel in der gezogenen Stellung fest. Erstere Art der Festlegung wird nur dann angewendet, wenn der Fahrstraßenhebel von einer anderen Stelle durch Signalfreigabe oder Zustimmung abhängig gemacht ist. Nach unten ist an jeden Sperrmagneten die Antriebstange der rechts bzw. links angebrachten Magnetkontakte angeschlossen, die nur dann die entsprechenden Stromschlüsse geben, wenn der Fahrstraßenhebel nicht nur umgelegt, sondern auch in umgelegter Stellung verschlossen ist. Hier kommt namentlich in Betracht, daß über einen von diesen Magnetkontakten jedesmal der Signalfreigabestrom [1]) geführt ist, der also nur zustande kommt, wenn nicht nur alle Weichenüberwachungskontakte, über die er geführt ist, betätigt sind (s. oben), sondern auch der Fahrstraßenhebel umgelegt und elektrisch gesperrt ist. Sollte nachträglich, z. B. durch Auffahren einer Weiche, einer der Weichenüberwachungskontakte verloren gehen, so bleibt die elektrische Fahrstraßenfestlegung bestehen. Der Signalsperrmagnet (s. das Folgende) wird aber infolge der Unterbrechung des Signalfreigabestromes an dem betreffenden Weichenüberwachungskontakte stromlos, und dadurch tritt eine Unterbrechung des Signalstell- oder festhaltestromes ein, so daß das Signal auf Halt fällt.

c) Der Signalhebel (Abb. 323) hat im wesentlichen dieselbe Anordnung wie der Weichenhebel. Ebenso wie bei diesem wird durch Aus- und Einklinken der Handfalle zweizeitig ein Verschlußbalken bewegt, dessen abwärts gehende Bewegung mittels Gruppenverschlusses von der Schubstange jedes beliebigen derjenigen Fahrstraßenhebel freigegeben wird, die, als sich gegenseitig ausschließend, denselben Signalhebel besitzen. Die beiden Plätze unter dem Hebel, die beim Fahrstraßenhebel dessen beide Sperrmagnete einnehmen, werden hier vom

---

Signalsperrmagneten und Überwachungsmagneten eingenommen. Das Umlegen des Signalhebels schließt den durch den Fahrstraßenhebel (s. oben) angeschalteten Signalstellstrom. Sollte nach Zurücklegen eines Signalhebels in die Haltstellung der Signalflügel weder durch Gewichtwirkung noch durch die Wirkung

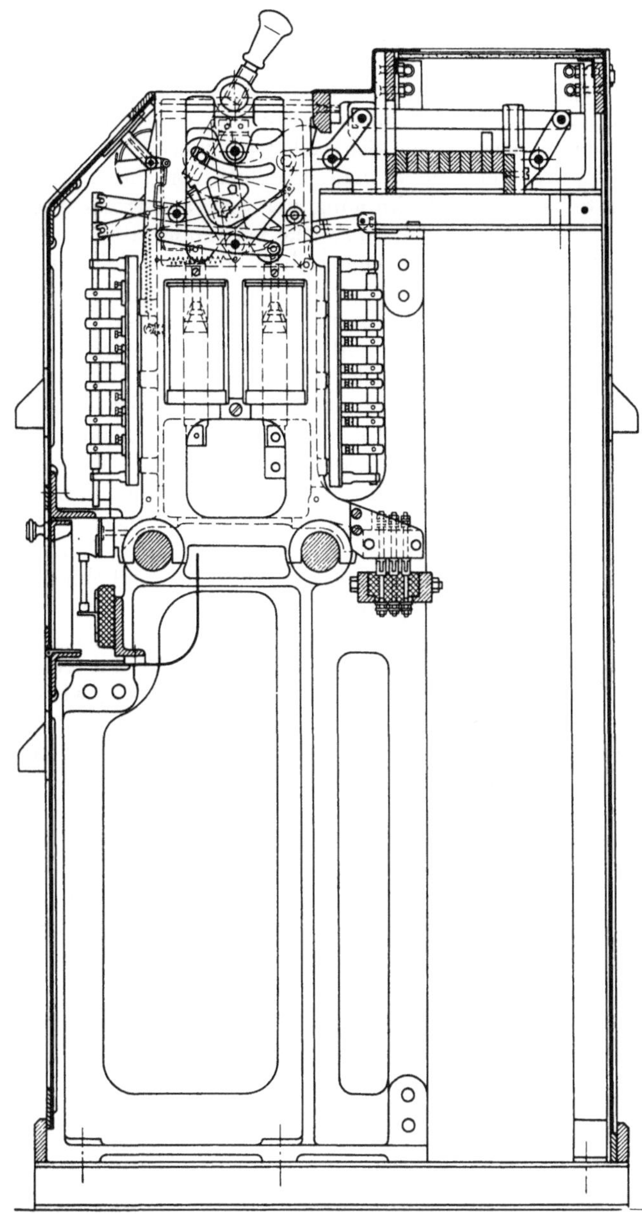

Abb. 323. Signalhebel der elektrischen Stellwerke der A.E.G.-Bauart.

des zweiten Solenoids in die Haltlage zurückgelangen, so würde wegen Ausbleibens des Haltüberwachungsstroms (s. S. 273) der Verschlußbalken in der Mittelstellung verharren, folglich das Zurücklegen des Fahrstraßenhebels in die Grundstellung ausgeschlossen bleiben. Das Ziehen eines feindlichen Signals ist also auch hier ebenso wie bei S. & H. (s. Fußn. 3 auf S. 264) ausgeschlossen, wenn ein Signalflügel nicht in die Haltlage zurückgekehrt ist. Im übrigen soll auf den Signalhebel und die Vorgänge beim Umstellen des Signals nicht weiter eingegangen werden als bereits unter 2 geschehen.

D. Die elektrisch gesteuerten Druckluftstellwerke der Bauart C. Stahmer. Georgsmarienhütte[1]).

1. Gesamtanordnung. Die Kraftstellwerke der aus der Westinghouse-schen Anordnung entwickelten Stahmerschen Bauweise verwenden zur Steuerung und Überwachung elektrischen Schwachstrom von 30 bis 36 Volt Spannung, zum Umstellen der Weichen und Signale Preßluft von im allgemeinen 4 Atm. Überdruck. Für Schaltung und Empfang der Schwachströme werden mit gewissen Abänderungen dieselben Schalterwerke verwendet, die die Firma S. & H. für ihre rein elektrischen Stellwerke herstellt (s. oben, S. 253). Die Benutzung weicht hier von der oben beschriebenen insofern ab, als an Stelle der bei S. & H. vom Schalterwerk entsandten Stellströme von 120 bis 140 Volt, hier Steuerströme von 30 bis 36 Volt treten, während die vom Schalterwerk zum Antrieb und von da wieder zum Schalterwerk zurückfließenden Überwachungsströme sich von den früher beschriebenen nur dadurch unterscheiden, daß ihr Eintreten die Folge einer nicht durch elektrischen Motor, sondern durch einen Druckluftantrieb vollendeten Umstellung ist. Von nochmaligem Eingehen hierauf kann daher abgesehen werden. Ebenso soll auf die Anlagen zur Gewinnung und Aufspeicherung der Preßluft (mit 7 bis 10 Atm. Spannung), auf die technische Ausführung des Rohrnetzes usw. hier nicht eingegangen werden, da diese Einrichtungen zwar für Ausführung und Überwachung solcher Anlagen von erheblicher Bedeutung sind, aber für die grundsätzliche Gestaltung von Sicherungsanlagen nichts wesentlich Bemerkenswertes bieten. Nur folgendes sei in dieser Beziehung erwähnt: Die elektrisch angetriebenen Luftpreßpumpen werden selbsttätig eingeschaltet, sobald der Luftdruck im Behälter unter ein gewisses Maß sinkt, und werden ebenso selbsttätig wieder ausgeschaltet, sobald ein bestimmter Höchstdruck erreicht ist. Ferner ist bemerkenswert, daß an jeder Weiche, an jeder Signalgruppe oder an jedem einzeln stehenden Signal ein Hilfsluftbehälter vorgesehen wird, der, auch bei abgeschlossener Luftzufuhr 12 bis 14 Antriebumstellungen vorzunehmen gestattet. Im übrigen dürfte es für den Zweck dieses Buches genügen, ausführlicher nur die grundsätzliche Anordnung des Weichenantriebes und daneben ganz kurz diejenige des Signalantriebes zu behandeln.

2. Der Weichenantrieb sei an Hand der schematischen Darstellung der neuesten Bauweise in den Abb. 324a bis c erläutert, die zugleich die Verbindung mit dem Schalterwerk erkennen lassen, das, wie oben erwähnt, im wesentlichen mit demjenigen der elektrischen Stellwerke von S. & H. übereinstimmt. Statt der dort vorhandenen vier Leitungen sind hier nur drei vorhanden, von denen 1 und 2 für den Hinweg sowohl des Steuerstromes, wie des Überwachungsstromes dienen, 3 für den Rückweg des Überwachungsstromes von der Weiche zum Schalterwerk benutzt wird, während der Steuerstrom durch die Erde zum —-Pol der Steuerbatterie zurückkehrt. Die stromführenden Leitungen sind auch hier durch starke Linien gekennzeichnet.

In der in Abb. 324a dargestellten Grundstellung befindet sich der mit der Antriebstange des Weichenhakenschlosses verbundene Kolben am linken Ende des Stellzylinders, in der in Abb. 324b dargestellten Gegenstellung am rechten Ende. Im ersteren Falle befindet sich rechts vom Kolben Preßluft, während

---

der Raum links vom Kolben mit der freien Luft in Verbindung steht, im zweiten Falle ist es umgekehrt. Um den Wechsel zwischen beiden Zuständen herbeizuführen, der naturgemäß die sofortige Umstellung des Kolbens und damit der Weiche zur Folge hat, dienen die je starr verbundenen Ventilpaare V_1, V_2 und V_3, V_4, die wegen ihrer Gelenkverbindung durch eine Wippe W stets gleichzeitig ihre Stellung ändern, sobald die Wippe durch die abwechselnde Betätigung der Steuermagnete M_1, M_2 umgesteuert wird. In Abb. 324a steht die Druckluftzuleitung a durch V_1 mit der Leitung Z_1 und durch sie mit dem rechten Zylinderende in Verbindung, während das linke Zylinderende durch die Leitung Z_3 und das geöffnete Ventil V_4 mit der zur freien Luft führenden Öffnung K_1 verbunden ist. Die geschlossenen Ventile V_3 und V_2 scheiden den Druckluftraum von den mit der freien Luft verbundenen Räumen. Diese Stellung wird durch folgende elektromagnetischen Wirkungen aufrechterhalten: Der Überwachungsstrom geht von der Überwachungssicherung Su über den Batteriewechslerkontakt Sp_1, den Achskontakt a_1, durch die Leitung 1, zur Feder 4 des Rückmeldeschalters R. An der Feder 4 teilt sich der Strom und geht einmal durch den Steuermagneten M_1, über den 680 Ohm Widerstand, die Feder 7 und das Kontaktstück g_1 zur Erde, zum anderen über Feder 4, das

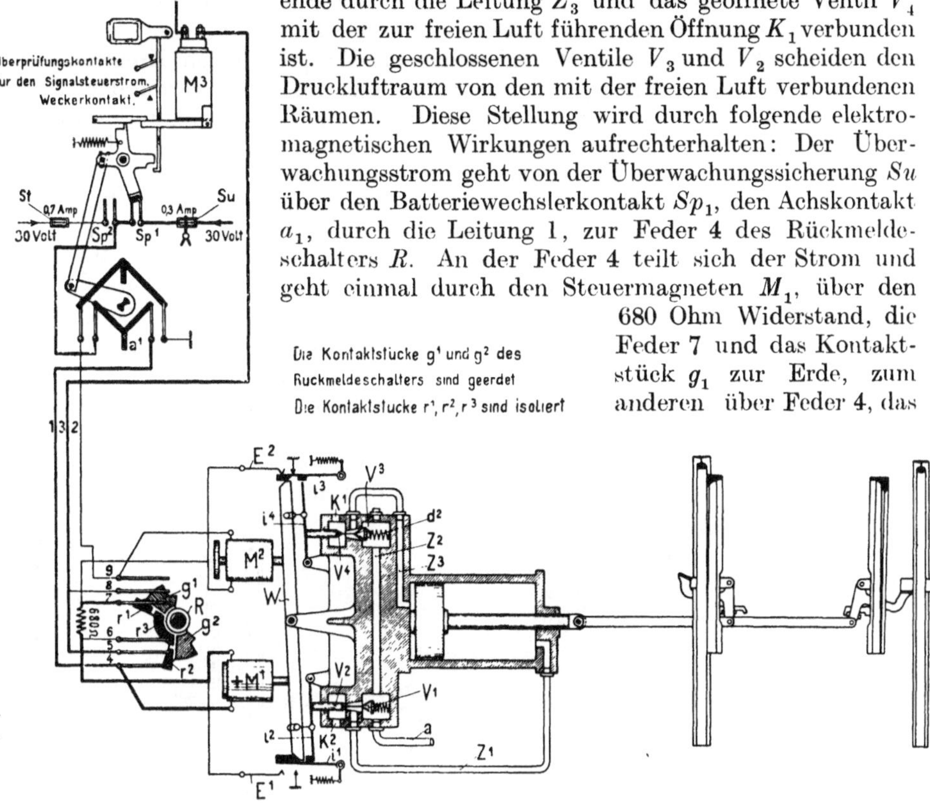

Abb. 324 a.

Abb. 324 a—c.   Zusammenwirken von Weichenschalter und Antrieb bei den elektrisch gesteuerten Druckluftstellwerken der Bauart Stahmer. (S. auch S. 282, 283.)

isolierte Kontaktstück r_2, über die Feder 5 und Leitung 3 zum Überwachungsmagneten M_3 und durch Erde zum —-Pol der Sammlerbatterie zurück. Der Steuermagnet M_1 ist erregt, hält Ventil V_1 geöffnet, V_2 geschlossen. Der Steuermagnet M_2 ist stromlos. Sein Anker ist durch die Wippe W, die beide Magnetanker verbindet, abgerissen. Ventil V_3 ist durch die Feder d_2 und durch Luftdruck geschlossen, Ventil V_4 wegen seiner starren Verbindung mit V_3 geöffnet. Der Überwachungsmagnet M_3 ist erregt und zeigt eine weiße Farbscheibe.

Wird der Steuerschalter im Schalterwerk im Sinne des Uhrzeigers um 90^0 gedreht (Stellung wie in Abb. 324b), so wird der Batteriewechsler verstellt, der Überwachungsstromkreis im Achskontakt a_1 unterbrochen und so der Überwachungsmagnet M_3 stromlos gemacht. Außerdem wird der Anker des Überwachungsmagneten zwangsweise abgerissen und durch den Fanghebel während des Umstellens der Weiche der Batteriewechsler festgehalten (vgl. S. 255). Dieser schließt dann (nicht dargestellt) für die Zeitspanne des Umstellens den Kontakt Sp_2 zur Steuersicherung St. Ein Steuerstrom geht von der Sammlerbatterie über die Steuersicherung St, den Batteriewechslerkontakt Sp_2, den Achskontakt a_1 (Abb. 324 b), durch die Leitung 2 und (Abb. 324 a) durch den Steuermagneten M_2. Hinter dem Steuermagneten M_2 teilt sich der Strom und geht einerseits über die Feder E_2 und anderseits über die Feder 7 und das Kontaktstück g_1 zur Erde und damit zum — -Pol der Sammlerbatterie zurück. Der Steuermagnet M_1 ist stromlos geworden. M_2 ist erregt und zieht seinen Anker an. Dadurch wird die Wippe W in die in Abb. 324 b dargestellte Lage umgesteuert und durch Wirkung des schräg ab-geschnittenen Endes der Wippe auf den Knaggen des Umsteuerkontakts E_1 dieser mit Erde verbunden. So ist es möglich, eine eingeleitete Stellbewegung sogleich wieder umzukehren. Im weiteren Verlauf der Umstell-bewegung ist dies aber auch deshalb möglich, weil, so-bald der Kolben seine Bewegung begonnen hat, der Rückmeldeschalter R[1]) in die Mittellage (wie in Abb. 324 c gezeichnet) übergeführt wird, wobei M_1 und M_2 über Feder 6 und 7 gleichmäßig an Erde liegen. Durch die Umsteuerung der Wippe W werden die 4 Ventile V_1, V_2, V_3, V_4 in die entgegengesetzte Lage (s. Abb. 324 b) umgesteuert. Die Druckluft strömt von a durch Z_2, Z_3 in das linke Ende des Zylinders und treibt den Kolben in die andere Endlage, in der sie ihn festhält. Die Luft vom rechten Zylinderende entweicht durch Z_1, durch das ge-öffnete Ventil V_2 und durch die Öffnung K_2 in das Freie.

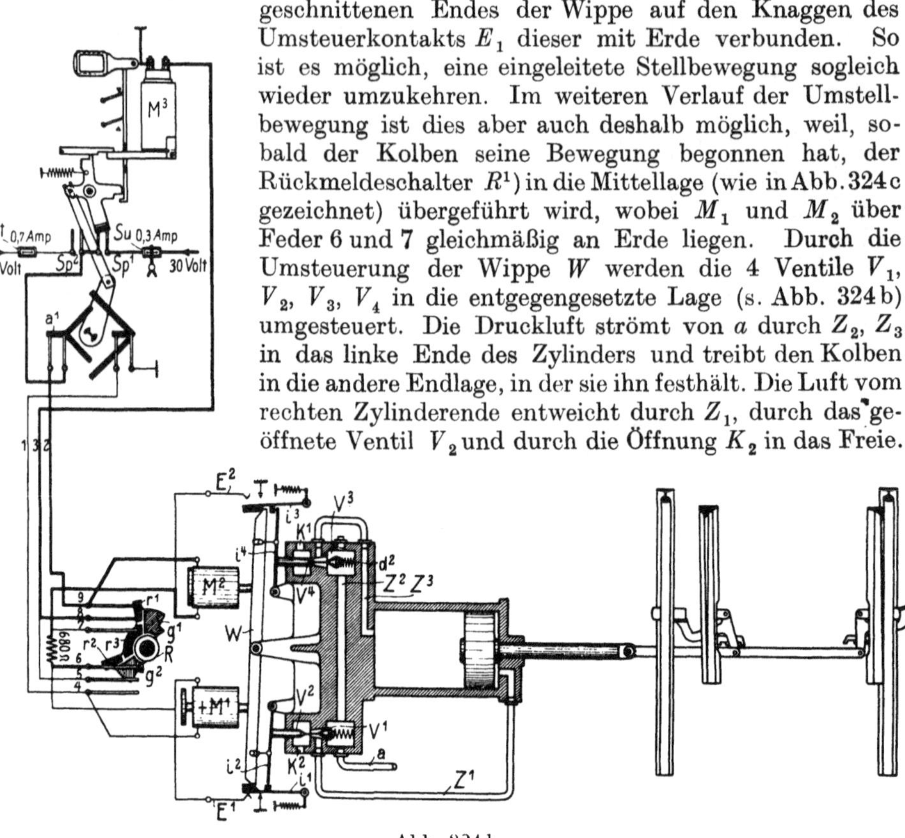

Abb. 324 b.

Bei der sogleich nach Beginn des Umstellens (s. oben und Abb. 324 c) ein-getretenen Mittelstellung des Rückmeldeschalters sind die Federn 4 und 5 von dem isolierten Stück r_2 des Rückmeldeschalters abgehoben, so daß nun die vier Federn 5, 6, 7, 8 mit den geerdeten Stücken g_1 und g_2 des Rückmeldeschalters in Berührung stehen. Dadurch ist die Überwachungsrückleitung 3 und somit auch der Überwachungsmagnet M_3 an Erde gelegt[2]); der beim Umstellen durch den Batteriewechsler abgedrückte Anker des Überwachungsmagneten verharrt nun in dieser Lage bis zur vollendeten Umstellung. Bei diesem Zustande zeigt der Überwachungsmagnet rote Farbscheibe; die Überprüfungskontakte der-

---

[1]) Der Rückmeldeschalter wird beim Antrieb mit Verriegelung durch die Riegelstangen, beim Antrieb ohne Verriegelung durch die Antrieb- bzw. Kolbenstange bewegt.

[2]) Dieser ist jetzt an beiden Enden geerdet.

jenigen Signalsteuerströme[1]), bei denen die betreffende Weiche beteiligt ist, sind unterbrochen, der Weckerkontakt geschlossen. Bei Beendigung der Umstellbewegung des Weichenantriebes wird der Rückmeldeschalter aus der Mittellage in die der vorherigen symmetrische andere Endlage übergeführt (Abb. 324 b). Jetzt sind die Federn 8 und 9 durch das isolierte Stück r_1 verbunden. Der Überwachungsstromkreis ist wieder geschlossen. Der Überwachungsmagnet M_3 zieht seinen Anker an und schaltet den Batteriewechsler um, wodurch der im ersten Augenblick noch über die Steuersicherung St gelieferte Überwachungsstrom nunmehr über die Überwachungssicherung Su[2]) geliefert wird. Damit ist nicht nur die andere Endlage der Weiche herbeigeführt, sondern auch im Schalterwerk der dieser Endlage entsprechende Ruhezustand eingetreten.

Wird die Weiche in der Grundstellung (Abb. 324 a) aufgefahren, so dreht der zurückgedrückte Kolben den Rückmeldeschalter R sogleich bei Beginn seiner Bewegung in die Mittellage (Abb. 324 c). Die Federn 5, 6, 7, 8 berühren die geerdeten Kontaktstücke g_1 und g_2, während der Batteriewechsler seine Grundstellung behält. Es entsteht ein Stromlauf von der Überwachungssicherung Su über Sp_1, Achskontakt a_1, Leitung 1 durch Steuermagnet M_1 über Feder 6 zur Erde und unmittelbar zum ——-Pol der Sammlerbatterie zurück. Dadurch ist der Überwachungsmagnet stromlos geworden und zeigt rote Scheibe, der Störungswecker ertönt, die Über-

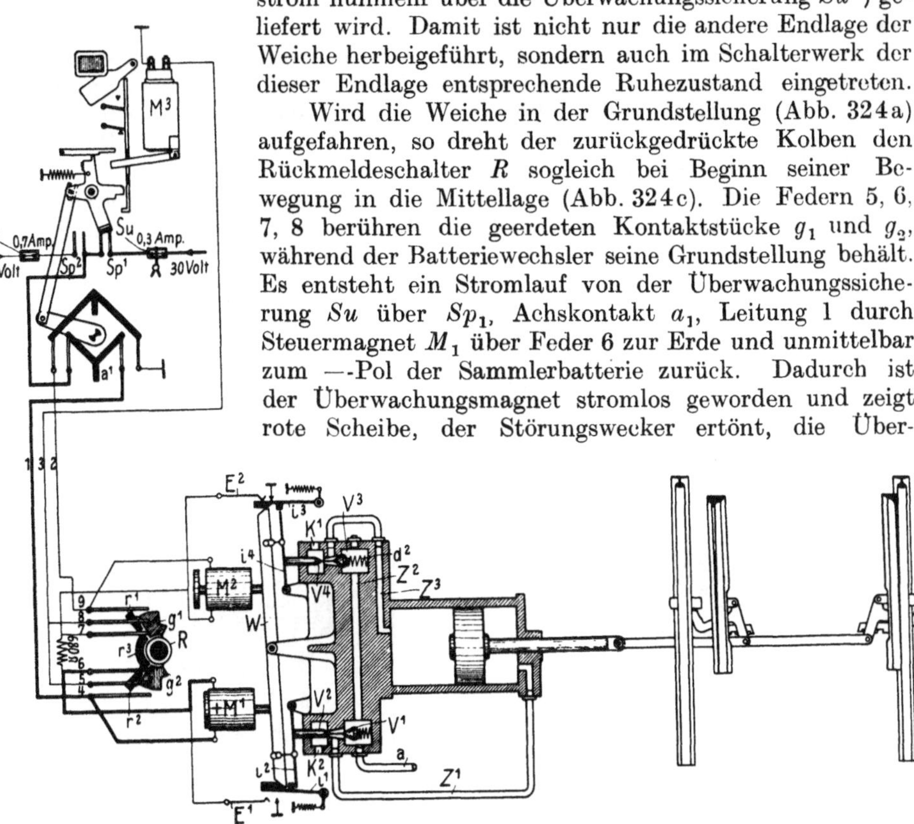

Abb. 324 c.

prüfungskontakte der Signalsteuerströme sind unterbrochen; vorher etwa auf Fahrt stehende Signale auf Halt gefallen. Wegen Fortfalls des Widerstandes im Stromkreis des Überwachungsmagneten schmilzt bei allen in Frage kommenden Entfernungen die nur auf 0,3 Ampère bemessene Überwachungssicherung Su durch.

Nach vollendeter Durchfahrt des auffahrenden Fahrzeuges geht die Weiche (ebenso wie bei dem mechanischen Stahmerschen Antrieb, s. S. 138, 139) in die Grundstellung zurück. Doch ist sie erst wieder stellbar, nachdem eine neue Sicherung eingezogen ist. Beim Auffahren aus der Gegenstellung sind die Vorgänge entsprechend. Die Druckluftsteuerung am Antriebe bleibt beim Auffahren

---

[1]) Diese treten hier an die Stelle der Signalkuppelströme beim Stellwerk von S. & H.
[2]) Stellstrom und Überwachungsstrom werden von derselben Batterie geliefert. Die Stromstärke für die Überwachung wird durch den im Überwachungsstromkreis liegenden größeren Widerstand abgeschwächt. Der Batteriewechsler wechselt also hier, anders, als bei S. & H., nur die den Batterieanschluß bildende Sicherung.

der Weiche in ihrer der vorherigen Weichenstellung entsprechenden Lage. Denn, obgleich die beiden Magnete stromlos geworden sind, wird die Wippe W in ihrer jeweiligen Stellung durch eines der beiden Klinkenpaare i_1, i_2 (dies in dem vorbehandelten Falle des Auffahrens aus der Grundstellung) bzw. i_3, i_4 mechanisch festgehalten. Diese Festhaltung wird beim ordungsmäßigen Umstellen dadurch beseitigt, daß die Wippe W, weil die beiden Klinken i_2, i_4 mit Langlöchern an die an der Wippe sitzenden Bolzen angeschlossen sind, den Klinken so weit vorauseilt, daß jedesmal der betreffende Knaggen der Umsteuerkontakte E_1, E_2 durch das schräg abgeschnittene Ende der Wippe beiseite gedrückt wird.

Diejenigen Stromwege, die außer den zur Steuerung und Überwachung notwendigen, durch die vorstehend beschriebenen Schaltvorgänge hergestellt werden, dienen dazu, schädliche Wirkungen etwa in die Leitung eintretender Fremdströme zu verhüten. Ein näheres Eingehen hierauf würde den Rahmen dieses Buches überschreiten.

Bei den Antrieben mit Verriegelung wird der Rückmeldeschalter durch die mit den Zungen der Weiche verbundenen Riegelstangen bewegt; hierin liegt zugleich eine Zungenkontrolle. Die Verriegelung wirkt in demselben Sinne wie diejenige, die die in Deutschland üblichen Spitzenverschlüsse ohnehin gewähren, ergänzt diese aber insofern, als sie bei einem in der Antriebstange auftretenden Bruch zur starren Verriegelung wird.

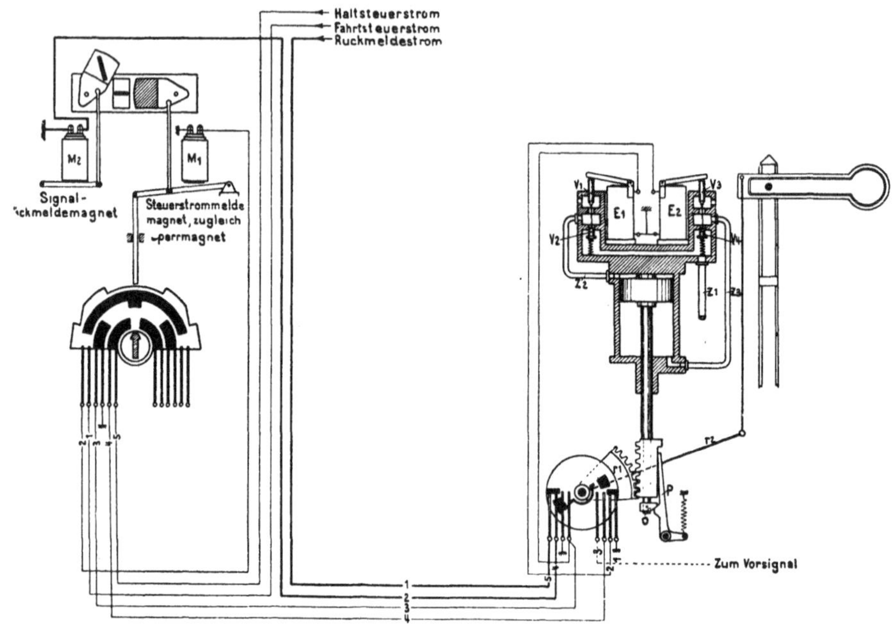

Abb. 325. Zusammenwirken von Signalschalter und Antrieb bei den elektrisch gesteuerten Druckluftstellwerken der Bauart Stahmer.

3. Der Signalantrieb ist nach denselben Grundsätzen, mit durch den Zweck bedingter anderer Einzelgestaltung, ausgebildet wie der Weichenantrieb. Seine Wirkungsweise dürfte ohne besondere Erläuterung aus der in Abb. 325 gegebenen Darstellung des Antriebes in Verbindung mit dem Schalterwerk in der Hauptsache verständlich sein. Die Haltstellung des Flügels und des Antriebes wird in der Regel durch das Flügelgewicht herbeigeführt; durch Preßluft nur, wenn durch irgendein Hindernis der Flügel in der Fahrtstellung festgehalten wird.

E. Die elektrisch gesteuerten Druckluftstellwerke von Scheidt & Bachmann. München-Gladbach.

Die aus ursprünglich reinen Druckluftstellwerken hervorgegangenen (vgl. S. 251) Stellwerke von Scheidt & Bachmann verwenden zum Umstellen der Weichen und Signale Luft von nur 1,5 Atmosphären Überdruck, zur Steuerung der Antriebe und zur Rückmeldung elektrischen Strom von 30 Volt Spannung. Der mit der Hand nur um zwei Drittel seines Hubes umstellbare Weichenhebel wird, sobald nach vollendeter Umstellung der Weiche die elektrische Rückmeldung eintrifft, durch Druckluft in seine Endlage gebracht.

Eine ausführliche Beschreibung dieser Kraftstellwerke findet sich im Stellwerk, 1913, S. 1, 9, 17, 29.

IV. Verbindungen von Kraftstellwerken mit mechanischen Stellwerken.

Stellwerke gemischten Systems kommen namentlich in der Weise zur Anwendung, daß man die Signale oder wenigstens die besonders weit entfernt stehenden Signale zur Kraftstellung einrichtet, die Weichen aber und vielleicht auch einen Teil der Signale mechanisch stellt. Solche Anordnungen kommen einmal da in Frage, wo man noch gut erhaltene mechanische Stellwerke nicht verwerfen, aber doch für besonders weit stehende Signale die Vorteile der Kraftstellung wahrnehmen, vielleicht durch ihre Benutzung irgendeine Gestaltung der Sicherungsanlagen überhaupt erst ermöglichen kann. Ferner kommen sie da in Betracht, wo auf kleinen Bahnhöfen die Kraftquellen für eigentliche Kraftstellwerke nicht vorhanden sind, und wo es auch nicht lohnt, solche zu schaffen. Im ersteren Falle lassen sich alle üblichen Kraftstellwerkssysteme mit mechanischen Stellwerken verbinden. Im letzteren Falle hat man seit einer Reihe von Jahren mit gutem Erfolge für entfernt stehende Signale Kohlensäureantriebe verwendet, die von S. & H. aus einer Bauweise der amerikanischen Hall Signal Co. deutschen Sicherheitsforderungen angepaßt sind. Als Kraftquellen werden die bekannten Kohlensäureflaschen unmittelbar an den Signalen untergebracht, während die Steuerung, wie bei den unter D, wie vor, beschriebenen Stellwerken, durch elektrischen Schwachstrom erfolgt, der jetzt allgemein Sammleranlagen entnommen wird. Kohlensäureantriebe werden namentlich für Vorsignale wegen der langen Leitungen häufig angewandt. Am Hauptsignal befinden sich dann die Steuerkontakte.

Die Maschinenfabrik Bruchsal verwendet ihre Gummimembranantriebe (S. 280, Fußn. 1) als elektrisch gesteuerte Kohlensäureantriebe von Vorsignalen. Die Vorsignalsteuerleitung führt, außer über einen Walzenkontakt des Hauptsignalhebels, über einen Flügelkontakt des Hauptsignals. (Näheres Stellwerk 1914, S. 41 ff., 1919, S. 41 ff.)

Jüdel verwendet für die elektrische Stellung von Vorsignalen in Verbindung mit mechanisch gestellten Hauptsignalen, um von der Stromart unabhängig zu sein, einen Kraftantrieb mit elektromotorischer Kupplung. Der Grundgedanke dieses Antriebs beruht darauf, daß ein vom Stellmotor über eine kleine Reibungskupplung angetriebener Sperrhebel die Kupplung zwischen Scheibe und Getriebe (Fallvorrichtung) solange am Entkuppeln verhindert, als der Motor hinreichendes Drehmoment besitzt, um die Entkupplungsbewegung des Sperrhebels auszugleichen. Dem Motor wird also auch nach Erreichung der Freistellung des Signals noch Strom zugeführt, um ihm das nötige Drehmoment zur Abstützung des Sperrhebelgewichts zu geben (vgl. Stellwerk 1921, S. 31).

Siebentes Kapitel

Abweichende Sicherungseinrichtungen im Auslande, teilweise auch in Deutschland.

I. Die Behandlung der Zugwege und ihre Kennzeichnung.

A. Benutzung der Bahnstrecke und der Hauptgleise in den Bahnhöfen.

Über Rechts- und Linksfahrt auf den Streckengleisen in den verschiedenen Ländern ist schon im I. Kapitel, S. 3, das Erforderliche gesagt. Die Regeln für die Benutzung der Bahnhofsgleise für Zugfahrten, die im Auslande vielfach eine viel freiere ist als in Deutschland, und das Verhältnis zwischen Bahnhof und Strecke bezüglich der Zugfolge hängen eng mit der Gesamtanordnung der Sicherungsanlagen zusammen und werden mit dieser behandelt werden.

B. Signaleinrichtungen für Zugfahrten auf ausländischen Bahnen.

Als Tagessignale für Zugfahrten werden in allen Ländern ebenso wie in Deutschland Flügelsignale und Scheibensignale, als Nachtsignale Farbsignale verwendet. Während aber in Deutschland als Hauptsignale ausschließlich Flügelsignale, als Vorsignale ausschließlich Scheibensignale (in Bayern bei Freistellung sich in Flügelsignale verwandelnd) dienen, findet man in manchen anderen Ländern teils auch für die Vorsignale Flügelsignale, teils für die Hauptsignale Scheibensignale im Gebrauch. Letztere eignen sich indessen weniger gut zur Verwendung als Hauptsignale. Sie sind weniger weit erkennbar als die Flügelsignale; sie zeigen im umgeklappten Zustande als Fahrterlaubnis kein eigentliches Signalbild, sondern nur die hohe Kante der Scheibe; während man bei Flügelsignalen durch Hinzufügung weiterer Flügel oder durch verschiedene Stellungen eines Flügels die Fahrterlaubnis mit mehrfach verschiedenen Bedeutungen geben kann, ist bei Scheibensignalen ein ähnliches Vorgehen nur in beschränktem Maße möglich. Daher verschwinden in den Ländern, die als Hauptsignale beides verwenden, so die Schweiz, Italien, Rußland, die Scheibensignale allmählich. Die Verwendung von Flügelsignalen aber auch für die Vorsignale (England, Belgien, Italien) hat den Nachteil, daß man Vorsignale und Hauptsignale weniger gut unterscheiden kann, während anderseits die Vorsignale nur aus geringer Entfernung erkannt zu werden brauchen, also für diese die Verwendung der Scheibensignale unbedenklich ist. Die Versuche, auch bei den Scheibensignalen die Freistellung mit doppelter Bedeutung zu geben, versprechen Erfolg. Bei Dunkelheit bedeutet rotes Licht in allen Ländern Halt. Dagegen besteht darin ein Unterschied, ob für unbedingte Fahrterlaubnis grünes oder weißes Licht gebraucht wird. Wo letzteres noch der Fall ist, bedeutet, wie in Österreich, grünes Licht eine bedingte Fahrterlaubnis: „Vorsicht, langsam fahren." Wo man dagegen, wie in Deutschland und den meisten anderen Ländern von dieser ursprünglich allgemeinen Verwendung des grünen Lichtes abgekommen ist, und dieses für die unbedingte Fahrterlaubnis verwendet, hat man entweder auf die Kennzeichnung bedingter Fahrterlaubnis ganz verzichtet, oder man verwendet hierfür ein gelbliches oder orangefarbenes Licht (Warnzeichen der Vorsignale in Deutschland, Italien, Dänemark) oder es werden Lichterkombinationen hierfür mit verwendet. (Deutschland, weil das gelbliche Licht an sich nicht deutlich genug von weiß oder rot unterschieden ist.) In Deutschland ist das Signalsystem sowohl für Tages- wie Nachtsignale insofern nicht ganz befriedigend, als man nicht, wie z. B. in Nordamerika, für Halt, bedingte und unbedingte Fahrterlaubnis ein Dreistellungssignal besitzt, sondern beim Hauptsignal nur den besonderen Fall der Abzweigung[1]) als vorsichtig zu befahren kennzeichnet und außerdem die Vorsignalfrage noch nicht ganz einwandfrei gelöst ist.

1. Österreich und Ungarn. Die Hauptsignale stimmen bei Tage mit denen nach der deutschen S.O. überein, bei Dunkelheit werden 1, 2 usw. weiße Lichter zur Fahrterlaubnis benutzt. Die österreichische S.O. sieht aber als Besonderheit noch ein ständiges Langsamfahrsignal vor, bei Tage ein abwärts geneigter Flügel, bei Dunkelheit ein grünes Licht. Das Vorsignal weist in Warnstellung bei Tage eine rechteckige oder runde grüne Scheibe mit weißem Rande, bei Dunkelheit grünes Licht dem Zuge entgegen auf. Die Freistellung zeigt bei Tage die Scheibe parallel der Bahn (Wendescheibe) oder wagerecht gestellt, bei Dunkelheit ein weißes Licht.

2. Schweiz. Die Hauptsignale, soweit sie Flügelsignale sind, stimmen bei Tage und bei Dunkelheit mit denen nach der deutschen S.O. überein, werden indessen nur mit einem Flügel oder mit zwei Flügeln ausgeführt. Statt der Flügelsignale finden sich noch Scheibensignale. Es sind dies Klappscheiben, die bei Haltstellung dem Zuge entgegen rot mit schärpenartig schräg verlaufendem weißen Streifen gestrichen sind. Die Lichtsignale sind auch in diesem Falle rot für Halt und grün für Fahrterlaubnis. Das Vorsignal besteht bei Tage in einer grün mit weißer Schärpe gestrichenen Klappscheibe, bei Dunkelheit zeigt die Warnstellung zwei grüne Lichter nebeneinander, die Freistellung zwei weiße Lichter nebeneinander.

3. Dänemark. Die Hauptsignale stimmen bei Tage und bei Dunkelheit im wesentlichen mit denen nach der deutschen S.O. überein. Doch haben nur die Einfahrsignale annähernd dieselbe Flügelform, die Ausfahrsignale und Wegesignale rechteckig abgeschnittene Flügel (wie in England, s. unten); bei den Signalen auf freier Strecke ist die Verbreiterung des Flügelendes nicht kreisförmig, sondern besteht in einem übereck gestellten Quadrat. Die Signale haben in der Regel[2]) nur einen vom Zuge gesehen rechts weisenden Flügel. Die Vorsignale (Abb. 326 bis 329) haben bei Tage einen am Ende gespaltenen Flügel (ähnlich den unten zu besprechenden in England üblichen), bei Dunkelheit für Warnstellung ein

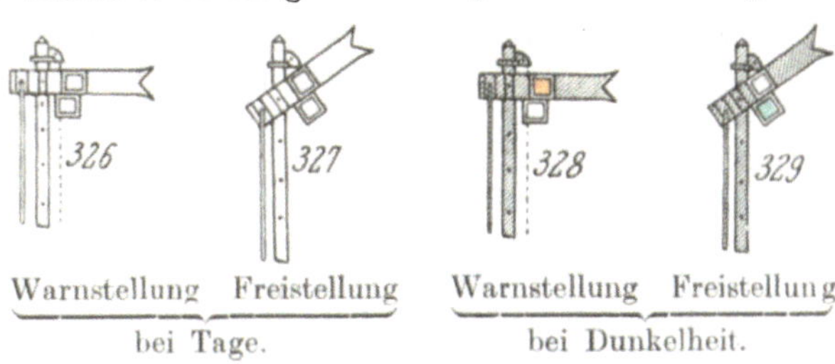

Abb. 326—329. Dänisches Vorsignal.

---

[1]) Anders in Bayern, wo das zweiflüglige Signal nicht Abzweigung, sondern Langsamfahrt bedeutet. Vgl. auch Norwegen, S. 288.

[2]) Wegesignale können auch mehrere Arme übereinander haben. Dann gilt der oberste Arm (wie in England) für das von der Lokomotive gesehen am meisten nach links gelegene Gleis.

eigenartiges gelbes Licht (feuergelb), für Freistellung ein grünes Licht. Ein Ausfahrvorsignal in Verbindung mit dem Einfahrsignal (Durchfahrsignal) zeigen
Abb. 330 bis 335, wobei der Vorsignalflügel unter dem Hauptsignalflügel angebracht ist. Ist nur Einfahrt ge-
stattet, so wird der obere Flügel allein
gezogen, bzw. nur das obere (rote)
Licht in grün verwandelt. Dagegen
kann es nicht vorkommen, daß der
untere Flügel allein gezogen wird.

4. Norwegen. Haupt- und Vorsignale stimmen mit denen nach der
deutschen S.O. überein, das Vorsignal
jedoch bisher noch in der älteren Ausführung mit grüner Scheibe und mit
grünem und weißem Licht. Neben den
Flügelsignalen werden für die Hauptsignale auch Scheibensignale verwendet.

Eine neue Signalordnung (Organ
1920, S. 258), die kürzlich eingeführt
ist und bei allen Neuanlagen angewandt wird, sowie baldmöglichst auch
auf die bestehenden Anlagen übertragen werden soll, weist folgende
bemerkenswerten Züge auf: Bei den
Hauptsignalen bedeuten zwei Flügel
und zwei grüne Lichter unbedingte
Fahrterlaubnis (Fahrt im geraden

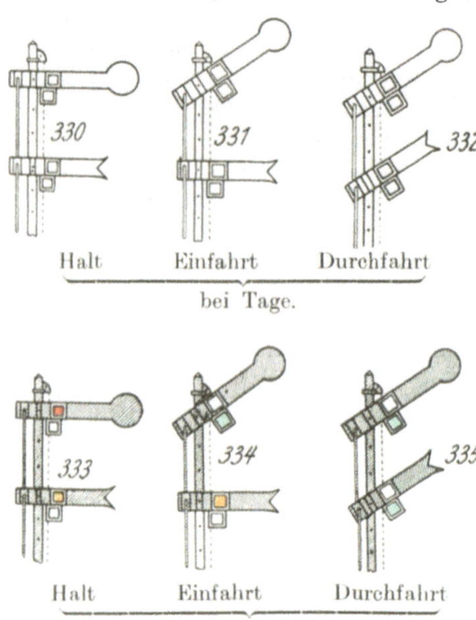

Abb. 330—335. Dänisches Einfahrsignal
verbunden mit Ausfahrvorsignal.

Gleis), während ein Flügel und ein grünes Licht bedingte Fahrterlaubnis (Vorsicht,
Fahrt mit Ablenkung) bedeuten[1]). Das „Halt" bedeutende rote Licht kann als Blinklicht ausgeführt werden. Bei Verzweigung in mehr als zwei Fahrwege kann
der jeweils freigegebene Fahrweg an Nummertafeln erkennbar gemacht werden,
die entweder an besonderem Mast vor der ersten Weiche, oder am Haupt-
signalmast angebracht sind. Für das Vorsignal ist die neuere deutsche Form
eingeführt worden. Doch wird Blinklicht angewendet; beim Tagessignal hat
die feuergelbe runde Scheibe einen Rand, der entweder weiß ist, oder auch
eine andere geeignete Farbe (nicht rot) aufweist. Um die Aufmerksamkeit
des Lokomotivführers anzuregen, kann ein Merkpfahl mit schwarzweißer
Tafel, ähnlich der in Deutschland gebräuchlichen (S. 15) vor dem Vorsignal-
mast angebracht werden.

5. Schweden. Hauptsignal und Vorsignal stimmen bei Tage in der Form
und Anordnung, bei Dunkelheit in den Lichtern mit denen nach der deutschen
S.O., die Lichter der Vorsignale mit der älteren deutschen Anordnung überein,
nur mit der Abweichung, daß bei dem Hauptsignal die Flügel und Lichter in
der Anzahl nicht auf drei beschränkt sind, und daß die Flügel entsprechend
der in Schweden bestehenden Vorschrift des Linksfahrens vom Zuge aus gesehen nach links weisen[2]). Für das rote Licht der Hauptsignale wird in erheblichem Umfange Blinklicht verwendet.

Neben den Flügelsignalen finden sich für die Hauptsignale auch Scheibensignale, nämlich rechteckige Wendescheiben im Gebrauch.

---

[1]) Diese Wahl der Signalbedeutungen hat den Vorteil, daß beim Verlöschen einer
Laterne die unbedingte Fahrterlaubnis sich in die bedingte verwandelt, während es bei der
deutschen Signalordnung umgekehrt ist.

[2]) In dieser Beziehung sind die österreichische und schweizerische Signalordnung,
die ungeachtet des Linksfahrens rechtsweisende Flügel vorschreiben, weniger folgerichtig.

Über Versuche mit einem neuen Dreibegriff-Vorsignal, das bei Freistellung die Abzweigungsstellung des Hauptsignals durch einen unterhalb der wagerecht gestellten Scheibe schräg hervortretenden fischschwanzförmigen Flügel (ähnlich dem dänischen Vorsignalflügel), bei Dunkelheit durch Erscheinen eines zweiten weißen Lichtes (beide Lichter in Schräglage, links steigend) kennzeichnet, vgl. den Aufsatz von Martens in Organ 1914, S. 80. Bei diesen Versuchssignalen ist das grüne und das weiße Licht als Blinklicht ausgebildet. Ein gleichfalls versuchtes mit dem Einfahrsignalmast verbundenes Ausfahrvorsignal weist nicht Scheibenform, sondern Flügelform (der Flügel in eigenartiger Form) auf.

6. England. Die englischen Eisenbahnen besitzen keine einheitliche Signalordnung. Gleichwohl beruhen ihre Signalanordnungen in der Hauptsache auf einheitlichen Grundsätzen.

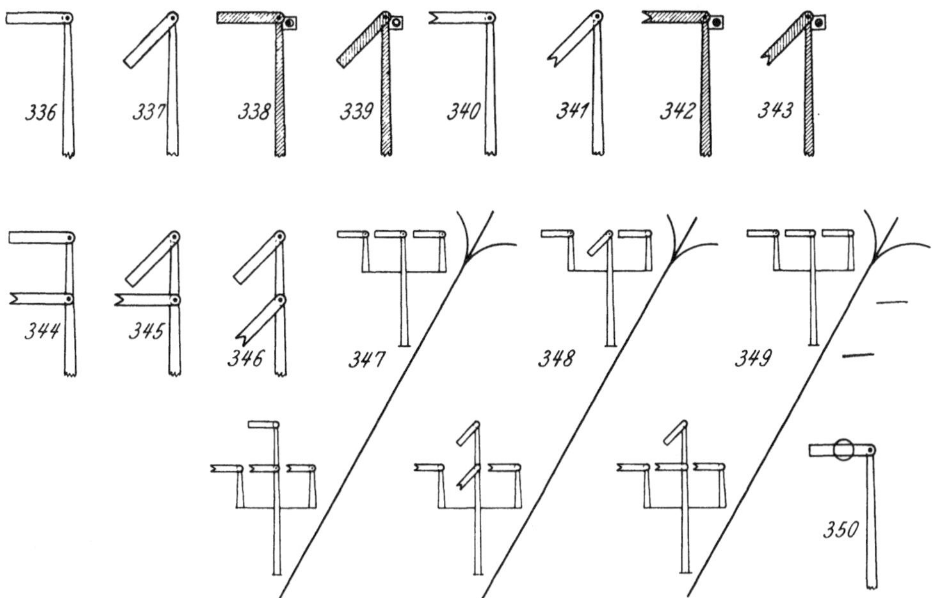

Abb. 336—350. Haupt- und Vorsignale auf den englischen Eisenbahnen.

In England werden für Haupt- und Vorsignale (Abb. 336 bis 343) bei Tage ausschließlich Flügelsignale verwendet, bei denen die Flügel entsprechend der dort bestehenden Vorschrift des Linksfahrens nach links weisen. Die Vorsignalflügel (Abb. 340 bis 343) unterscheiden sich von den Hauptsignalflügeln dadurch, daß letztere einfach rechteckig sind, während die Vorsignalflügel eine Einkerbung am Ende aufweisen (Fischschwanzform, aber ohne Auseinanderkrümmung der beiden spitzen Enden, wie sie die dänischen Staatsbahnen eingeführt haben). Die Haltstellung (bzw. Warnstellung) der Flügel ist, wie in Deutschland und den anderen bisher besprochenen Ländern, wagerecht (Abb. 336). Für die Fahrtstellung dagegen wird der Flügel (Abb. 337) nicht schräg aufwärts, sondern schräg abwärts gestellt, d. h. aus seiner wagerechten Lage gesenkt. Bei Dunkelheit werden nur die Farben rot und grün verwendet, d. h. beim Vorsignal rot in der Bedeutung Warnung, und grün in der Bedeutung, daß das folgende Hauptsignal Fahrterlaubnis zeigt. Diese Folgewidrigkeit ist ein hervorstechender Mangel des englischen Signalwesens. Ein mit einem Hauptsignal verbundener Vorsignalflügel eines folgenden Hauptsignals wird stets unter dem Hauptsignalflügel angebracht (Abb. 344 bis 349). Für Abzweigungen kennt man in England das deutsche System mit bei Haltstellung hinter dem Mast verstecktem zweiten und dritten Flügel und mit entsprechend verdeckten Laternen nicht. Vielmehr ist für jedes aus einem Stammgleis entspringende Gleis ein besonderer Flügel und bei Dunkelheit eine besondere Laterne dauernd sichtbar[1]). Die Flügel sind entweder übereinander an einem Mast so angebracht, daß ihrer Stellung von oben nach unten die Gleisfolge von links nach rechts entspricht oder (häufiger) nebeneinander an einem Kandelabermast (Abb. 347). Bei solchen Verzweigungen wird der Lokomotivführer auf jedes Hauptsignal durch ein entsprechendes Vorsignal vorbereitet (Abb. 347 bis 349).

Die Kandelaberanordnung der Signale wird aber stellenweise[2]) auch für Fahrten aus zusammenlaufenden Gleisen verwendet. Im übrigen werden die Signale sehr häufig auf Brücken über den Gleisen in langer Folge aufgestellt. Bei mehrgleisigen Bahnen unterscheidet man die Signale für Schnellzuggleise und Gütergleise (langsam befahrene Gleise) nach verschiedenen Vorschriften der Bahnen durch verschiedene Höhe oder durch Anbringung eines Ringes am Flügel (Abb. 350) usw.

Der englische Begriff „home signal" umfaßt die Einfahrsignale und die Blocksignale, auch etwaige Zwischensignale innerhalb der Bahnhöfe. Das Ausfahrsignal, das den Anfangspunkt einer hinter dem Bahnhof beginnenden Blockstrecke bezeichnet, heißt „starting signal", das Vorsignal „distant signal".

Das Vorsichtssignal (calling on arm) besteht in einem kürzeren Flügel, der unter dem Hauptflügel eines Hauptsignales angebracht ist und durch seine Bedienung anzeigt, daß die Einfahrt in ein noch besetztes Gleis gestattet ist und daher mit Vorsicht zu erfolgen hat[3]).

7. Frankreich. Von dem von der Regierung herausgegebenen code des signaux weichen die Eisenbahngesellschaften in der Ausführung (durch Abänderung oder veränderten Gebrauch der Signale oder durch Hinzufügung von ergänzenden Signalen) in verschiedener Weise ab; bei dem folgenden Versuch einer Darstellung des französischen Signalwesens muß daher der Vorbehalt gemacht werden, daß sie der bunten Wirklichkeit nicht überall gerecht wird. Dasselbe gilt von der weiter unten folgenden Schilderung der Gesamtanordnung der Sicherungsanlagen.

Für die Hauptsignale gibt die Signalordnung drei verschiedene Formen an, das signal d'arrêt absolu (signal carré), den sémaphore (Flügelsignal) und den disque (runde rote Scheibe). Unserem Hauptsignal in der Bedeutung am nächsten verwandt ist das signal carré, eine rechteckige schachbrettartig rot und weiß gestrichene Wendescheibe (Abb. 351), bei Dunkelheit zwei rote Lichter nebeneinander für Halt, ein weißes für Fahrterlaubnis. Dieses Signal darf, wie der Name „d'arrêt absolu" besagt, nicht überfahren werden[1]), im Gegensatz zu den beiden folgenden.

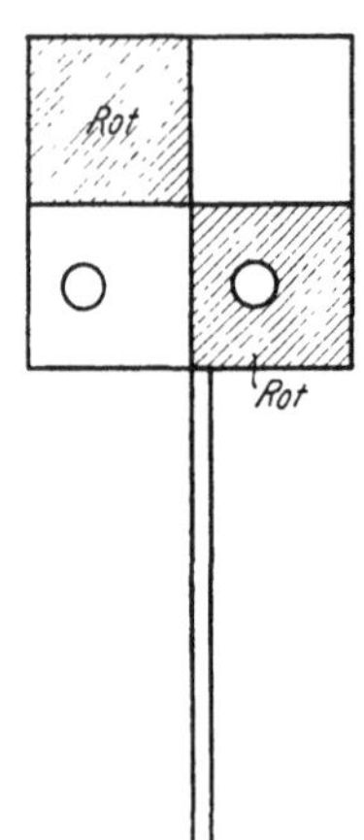

Abb. 351. Französisches signal carré.

Der sémaphore hat, wie in England, einen nach links weisenden Flügel, der in wagerechter Stellung Halt und in gesenkter Stellung Fahrterlaubnis

---

bedeutet. Doch hat der sémaphore nach dem code des signaux drei Stellungen. Es bedeuten:

Flügel wagerecht, zwei Lichter rot und grün: Halt.
Flügel schräg abwärts, ein grünes Licht: Fahrt mit Vorsicht.
Flügel herabhängend, ein weißes Licht: Fahrt ohne Beschränkung.

Der sémaphore wird auf den mit Streckenblockung ausgerüsteten Bahnen angewendet und hat den Zweck, zwischen den Zügen den erforderlichen Abstand zu wahren. Er steht mit der Weichensicherung nicht im Zusammenhang. Sicherung der Zugfolge und der Weichenbezirke bilden also zwei sich durchdringende Systeme[1]). Daß man außer Halt und Fahrterlaubnis noch die zweite Stellung vorgesehen hat, dürfte sich aus dem Umstande erklären, daß auf den französischen Bahnen das bedingte Blocksystem[2]) besonders verbreitet ist, auf einigen Bahnen das permissive Blocksystem[2]) angewendet wird, während das absolute Blocksystem[2]) nur auf einigen Linien ausgeführt worden ist (Galine, S. 421 bis 423). Gleichwohl machen von der zweiten Stellung des sémaphore beispielsweise die Nord, Orléans und Est keinen Gebrauch. Die Grundstellung des sémaphore ist auf den meisten Bahnen „Fahrt frei".

Der disque ist ein gegen die zu deckende Stelle vorgeschobenes Hauptsignal. Er steht etwa da, wo eigentlich sein Vorsignal stehen müßte. An der Stelle, wo das Hauptsignal stehen müßte, steht nach dem code des signaux[3]) zur Kennzeichnung dieser Stelle ein Pfahl mit Inschrifttafel (poteau limite de protection). Der disque, eine rote Wendescheibe, nachts ein rotes oder weißes Licht, zeigt durch seine Fahrtstellung bzw. Haltstellung an, ob der Zug in die dahinter liegende Strecke oder Station einfahren darf oder nicht. Der Lokomotivführer, der einen disque in Haltstellung vorfindet, hat aber gleichwohl, soweit er kein unmittelbares Fahrthindernis sieht, das Recht, nicht nur den disque, sondern auch den poteau vorsichtig zu überfahren, um seinen Zug jenseits des poteau zum Stillstand zu bringen[4]) und so gegen einen folgenden Zug zu decken. Der poteau limite und der disque werden in der Regel so weit nach der Strecke vorgeschoben, daß zwischen dem poteau und der ihm zunächstliegenden ersten Bahnhofsweiche oder Abzweigung ein Zug Platz hat (nach Deharme, S. 540, vor der ersten Bahnhofsweiche zwei Züge, ein von der Strecke kommender und ein aus dem Bahnhof behufs einer Verschiebearbeit vorgezogener). Die Sicherung geht also über die bei uns vorhandene insofern hinaus, als ein vor Bahnhof oder Abzweigung zum Halt kommender Zug durch ein Signal gegen einen zweiten Zug gedeckt ist. Dies ist deshalb notwendig, weil wegen der auf vielen Strecken noch vorhandenen Zeitfolge und wegen des im übrigen in der Regel bedingten Blocksystems mit der Annäherung solchen zweiten Zuges gerechnet werden muß[5]). Im Sinne dieser Signalisierung liegt es, daß vielfach[6]) der disque mit einem folgenden carré oder sémaphore zu einem System derart verbunden wird, daß die Einfahrt in einen Bahnhof oder Streckenabschnitt durch carré oder sémaphore gedeckt wird, und der davor stehende disque die doppelte Funktion einer zweiten Deckung (wie vor) und zugleich eines Vorsignals für carré bzw. sémaphore besitzt. Diese Vermischung der Signalbegriffe ist da entbehrlich geworden, wo

---

[1]) Vgl. weiter unten, S. 292, 298, 299.

[2]) Vgl. S. 4.

[3]) Gleichwohl haben État und Midi den poteau (s. oben) nicht (Galine, S. 151).

[4]) Die Ostbahn gibt dem Lokomotivführer dann noch durch eine besondere Tafel jenseits des poteau limite (Tableau „Point extrême d'arrêt en cas de fermeture du disque") an, bis zu welcher Stelle er den Zug bei geschlossenem disque zum Halten bringen muß. Solche Tafel ist nicht vorhanden, wenn dem disque ein signal carré oder sémaphore folgt (s. d. folg.).

[5]) Außerdem deckt der disque nach obigem ohne weiteres etwaige Verschiebebewegungen, die entgegen der Einfahrrichtung stattfinden.

[6]) Bei kleineren Bahnhöfen bildet oft der disque die einzige Deckung.

man nach neuerer Anordnung dem carré bzw. sémaphore ein besonderes Vorsignal gibt (s. das Folgende), wobei allerdings die Signalhäufung noch größer wird.

Ein eigentliches Vorsignal kennt nämlich der code des signaux nicht. Statt dessen wird die Annäherung an ein Hauptsignal durch eine feste rechteckige[1]), schachbrettartig grün und weiß gefärbte Scheibe (damier) angekündigt. Die meisten Bahnen haben diese Scheibe als Laterne ausgebildet und drehbar gemacht, so daß sie nun die richtige Aufgabe des Vorsignals erfüllt. Die allgemeine Einführung dieser Änderung in den code des signaux wurde vor dem Kriege in Frankreich erwogen.

Die hiernach an bedeutenderen Teilpunkten der Zugfolge aus vier oder fünf aufeinander folgenden Signalzeichen — disque, poteau, damier, carré oder sémaphore (oder aber disque, poteau, damier, carré und sémaphore) — bestehende Signalisierung wird vor jeder Bahnverzweigung, auch vor solcher innerhalb der Bahnhöfe, noch durch fernere Signale ergänzt. Ziemlich allgemein scheint für Streckenverzweigungen ein festes Signal, eine Tafel mit der Aufschrift „Bifur", verwendet zu werden, das vor die eben beschriebene Signalfolge als Vorankündigung der Bahnverzweigung gesetzt wird. Im übrigen verwenden die Bahngesellschaften bei Bahnverzweigungen verschiedene Signal-

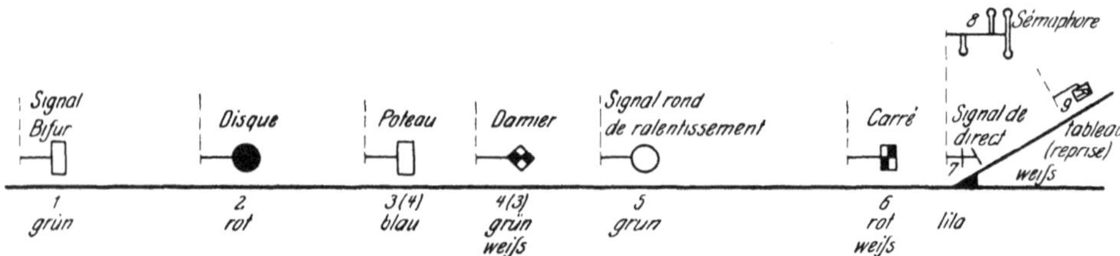

Abb. 352.   Signalausrüstung einer Bahnverzweigung auf der französischen Ostbahn.

zeichen, so mehrarmige Semaphore oder mehrere nebeneinander stehende Semaphore, außerdem besondere Richtungssignale mit Flügeln neben den der Zugfolge dienenden Semaphoren, um den jeweils eingestellten und für die Weiterfahrt freigegebenen Weg zu kennzeichnen, da der Semaphor mit der Weichenstellung nicht in Verbindung steht.[2]) Hierbei wird unter Umständen auch das bisher noch nicht erwähnte, auch im code des signaux vorgesehene signal de ralentissement, eine grüne Wendescheibe, bei Dunkelheit ein grünes Licht (wenn die Geschwindigkeitsbeschränkung aufgehoben wird, Stellung parallel der Bahn, bei Dunkelheit ein weißes Licht), mit verwendet. Die hiernach beispielsweise auf der Ostbahn an einer Bahnverzweigung vorhandene Signalausrüstung ist (nach einer gütigen Mitteilung von Herrn Stäckel) in Abb. 352 wiedergegeben. Es weist, wo in Deutschland zwei Signale, Vorsignal und zweiflügliges Hauptsignal für ausreichend gehalten werden, nicht weniger als neun, teils bewegliche, teils feste Signale verschiedener Form und Farbe auf. Vor den sémaphore ist noch ein carré gestellt, weil ersterer mit den Weichen nicht in Verbindung steht und so auch die etwaigen Kreuzungen nicht deckt. Das signal de ralentissement und das tableau reprise sind nicht überall vorhanden und werden nur bei abzweigender Fahrt benutzt. Bei dem tableau reprise darf die vorher ermäßigte Geschwindigkeit wieder gesteigert werden.

8. Italien. Die italienische Signalordnung lehnt sich, wie die französische, an die englische an, aber auch mit bemerkenswerten Änderungen. Abgesehen von den als Hauptsignale vielfach noch vorhandenen Wendescheiben verwenden

---

[1]) Das Rechteck wird übereck gestellt, wenn der Abstand vom Hauptsignal weniger als 800 bis 900 m beträgt.

[2]) Galine (S. 154) äußert sich allerdings so, als ob die der Zugfolge dienenden Semaphore auch als Richtungssignale benutzt werden könnten.

die Italiener sowohl für Haupt- wie Vorsignale Flügelsignale nach Abb. 353 bis 360, bei denen die nach dem Ende zu etwas verbreiterten Flügel nach links weisen und zur Erteilung der Fahrterlaubnis gesenkt werden.

Die Vorsignalflügel zeigen die englische Fischschwanzform. Als Lichtsignale werden drei Farben verwendet, rot, grün und orangegelb, letztere als Warnstellung der Vorsignale. Die Verwendung der Flügel und Farben, auch bei Vereinigung von Vorsignal und Hauptsignal an einem Maste geht aus Abb. 353 bis 360 hervor.

Bei Verzweigungen werden bisweilen mehrere Flügel übereinander an einem Mast angebracht, deren Reihenfolge von oben nach unten, wie in England, derjenigen der Gleise von links nach rechts entspricht, bisweilen aber auch Wegesignale verwendet (s. S. 299).

Die italienische Signalordnung weist zwei eigentümliche Abarten des Hauptsignals, das Signal zweiter und dritter Kategorie, auf, indem das eigentliche Hauptsignal als Signal erster Kategorie betrachtet wird. Die Signale 2. und 3. Kategorie (Abb. 355, 356) tragen die betreffende Nummer auf dem Flügel und auf der roten Glasblende. Das Signal zweiter Kategorie entspricht in der Bedeutung etwa dem französischen disque, wenn er allein steht, dasjenige dritter Kategorie dient, wie gleichfalls der französische disque in Verbindung mit carré oder sémaphore, in Verbindung mit einem Signal 1. Kategorie gleichzeitig als Vorsignal und als Deckungssignal für einen nach langsamer Vorbeifahrt an ihm bis an das Signal 1. Kategorie gelangten Zug.

9. Niederlande. Die Tageshauptsignale stimmen in Form und Signalgebung mit denen nach der deutschen Signalordnung überein. Die Nachthauptsignale kennzeichnen Halt durch rotes, Fahrterlaubnis bei Einfahrsignalen durch grünes, bei Ausfahr- und Blocksignalen durch weißes Licht. Mehrflüglige Signale werden auf den Niederländischen Staatsbahnen nach englischem Vorbilde mit dauernder Sichtbarkeit aller Flügel und Laternen ausgeführt. Die Gesellschaft der Holländ·schen Eisenbahn verwendet dagegen niemals zweiflüglige oder mehrflüglige Signale, sondern statt dessen Kandelabersignale oder Brückensignale.

Die Vorsignale besitzen einen rechteckig begrenzten Flügel, der in Warnstellung schräg abwärts, in Freistellung schräg aufwärts weist. Bei Dunkelheit

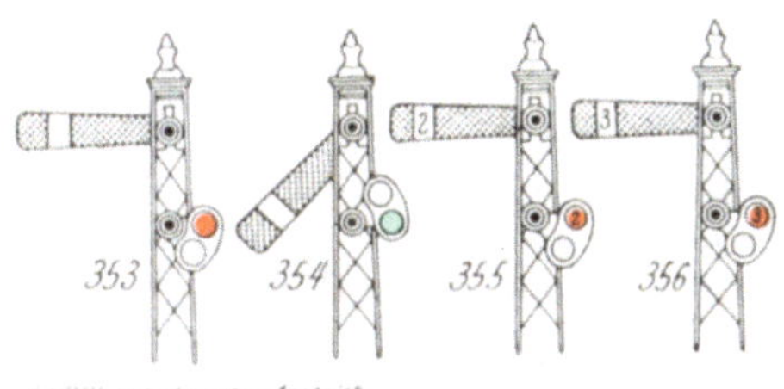

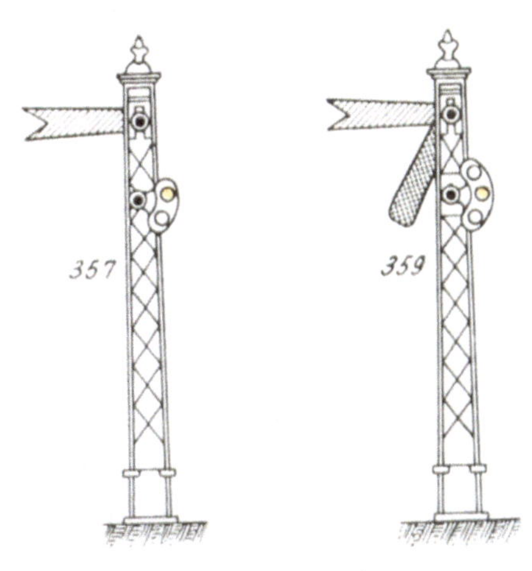

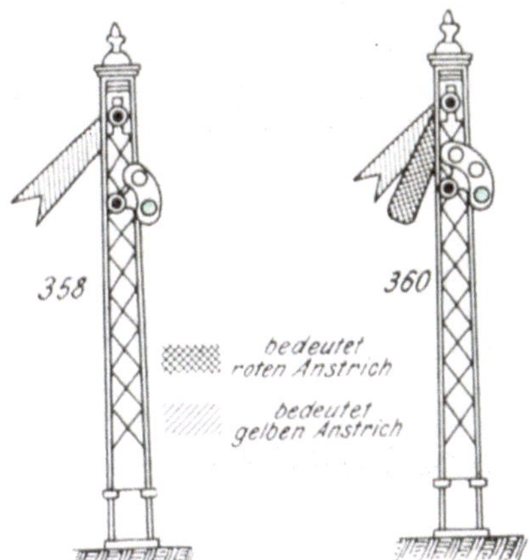

Abb. 353—360. Haupt- und Vorsignale auf den italienischen Eisenbahnen.

zeigen sie für erstere Bedeutung grünes, für die zweite weißes Licht. Die niederländischen Signaleinrichtungen stehen zwischen den deutschen und englischen, indem sie aus beiden Züge übernommen haben.

10. **Andere Länder.** Belgien hat im Anschluß an die englischen Grundsätze seine Signaleinrichtungen selbständig entwickelt. Die Hauptsignalflügel haben die englische, rechteckige Form, weisen aber in neuerer Zeit bei Fahrtstellung unter 45^0 nach oben, wie die deutschen. Die Vorsignalflügel sind am Ende zugespitzt (vgl. auch S. 300, 301). In Rußland gibt es keine einheitliche Signalordnung. Als Hauptsignale sind statt der früher vielfach gebräuchlichen runden, roten Wendescheiben in steigendem Maße Flügelsignale verwendet, bei denen die Fahrterlaubnis teils durch Stellung des Flügels schräg abwärts, teils durch herabhängende Stellung, neuerdings auch nach deutschem Vorbild durch Stellung schräg aufwärts angezeigt wird. Mehrflüglige Signale hat man teils nach englischer, teils nach deutscher Anordnung ausgeführt. Bei Nacht bedeutet Rot einheitlich Halt. Dagegen wird die Fahrterlaubnis verschieden, durch grünes oder (seltener) weißes Licht gegeben. Vorsignale bestanden ursprünglich überall in festen, runden, grünen Scheiben, nachts mit grünem Licht. In neuerer Zeit sind auch bewegliche Scheiben verwendet. Eine einheitliche Umgestaltung des Signalwesens nach deutschem Vorbilde soll vor dem Kriege in Aussicht gestanden haben.

In den Balkanstaaten schließen sich die Signaleinrichtungen der Bahnen, je nach der Nationalität der Ingenieure, die die Bahnen erbaut haben, an deutsche, französische, schweizerische Vorbilder an. Auf die amerikanischen ziemlich verwickelten Einrichtungen, in denen der Begriff des Dreistellungssignals eine Hauptrolle spielt, soll hier nicht eingegangen werden.

C. Signale für Verschiebefahrten auf ausländischen Bahnen.

Wie in Deutschland (vgl. S. 16) werden die Wege für Verschiebefahrten lediglich durch Signale an den einzelnen Weichen gekennzeichnet in den Ländern der früheren österreichisch-ungarischen Monarchie, der Schweiz, Rußland, den drei nordischen Ländern, den Balkanländern. In England, den Niederlanden, Belgien, Frankreich, Italien kennzeichnet man die ganzen Verschiebewege durch Signale, wobei in England und Frankreich ebenso wie bei den Signalen für die Zugfahrten keine völlige Einheitlichkeit besteht.

Zum Verständnis der englischen Einrichtungen ist davon auszugehen, daß die Hauptsignale in Haltstellung auch durch Verschiebefahrten nicht überschritten werden dürfen, daß aber, wo an einem Maste übereinander zwei oder mehrere Signalflügel sich befinden, die Senkung eines dieser Flügel Fahrterlaubnis bedeutet, ebenso bei Dunkelheit die Verwandlung eines der übereinander angebrachten roten Lichter in Grün. Deshalb bringt man, wo Verschiebebewegungen Hauptsignale in der Richtung, für die sie gelten, zu überschreiten haben, an den Hauptsignalmasten Flügel geringerer Länge oder besonderer Formen an, die dann für Verschiebefahrten statt der Hauptflügel Fahrterlaubnis geben. Wo die Ausschaltung eines sonst die Verschiebefahrt verbietenden Hauptsignals nicht in Frage kommt, werden für Verschiebezwecke besondere Zwergsignale an Masten oder Laternensignale zu ebener Erde angewendet. Bei Dunkelheit werden für die Verschiebesignale in der Regel dieselben Farben Rot und Grün verwendet wie bei den Signalen für die Zugfahrten.

Auch in Frankreich gelten die Hauptsignale nicht nur für die Zugfahrten, sondern auch für Verschiebebewegungen. Insbesondere gilt dies von der Bedeutung des carré als signal d'arrêt absolu. Dieses muß also bei allen es überschreitenden Verschiebebewegungen in Fahrtstellung gebracht werden, wird daher nicht (wie das englische Hauptsignal durch den shunting arm) durch ein besonderes Verschiebesignal ausgeschaltet. Für Gleise, die nicht von planmäßigen Zügen befahren werden, dienen als Deckungssignale das carré jaune und der disque jaune, bei denen das Rot der beiden entsprechenden Hauptsignale in Tagesfarbe und Licht durch Gelb ersetzt ist.

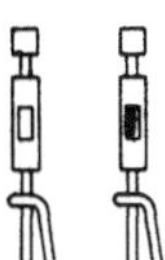

Abb. 361 a, b. Stellung der Weiche auf den geraden Strang. In beiden Richtungen ein Rechteck.

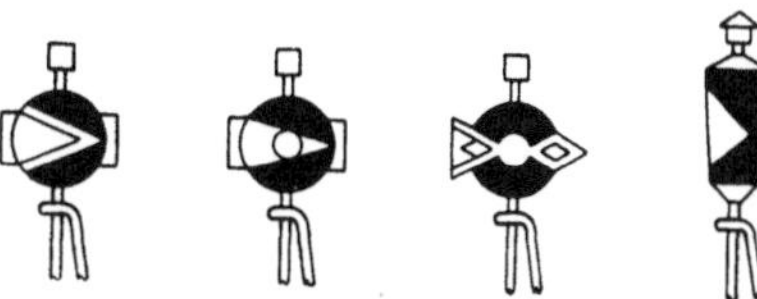

Abb. 362. Stellung der Weiche in die Ablenkung. Bild bei Fahrt gegen die Spitze.

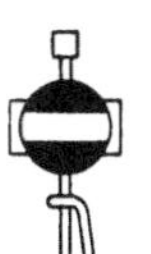 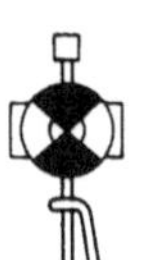   

Abb. 363. Stellung der Weiche in die Ablenkung. Bild bei Fahrt nach der Spitze.

Abb. 361—363. Weichensignale der österreichischen Staatsbahnen.

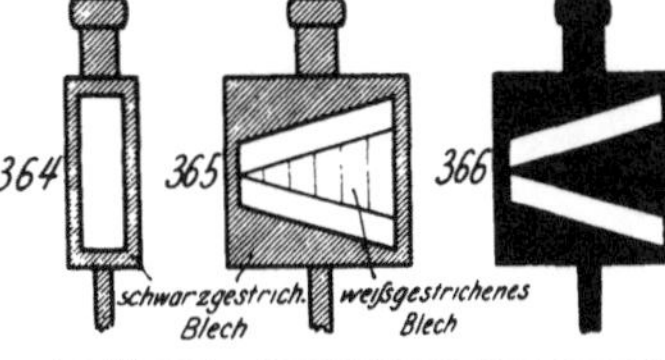

Gerader Strang bei Tage und bei Dunkelheit.

Abzweigung nach links. bei Tage   bei Dunkelheit.

Abb. 364—366. Schweizerische Weichensignale, in beiden Richtungen übereinstimmend.

Auch in Italien werden die Hauptsignale zu Verschiebebewegungen mit benutzt. Daneben bestehen für Verschiebezwecke Laternensignale (dischetti oder marmotte genannt) in der Form ähnlich großen Weichensignalen. In den Niederlanden bestehen neben den auch für Verschiebebewegungen gültigen Hauptsignalen für Verschiebezwecke Scheibensignale, die aber auch für Zugfahrten gezogen werden, außerdem in beschränktem Umfange Weichensignale. In Betreff Belgiens s. S. 300, 301.

In Abb. 361 bis 363 und 364 bis 366 sind die hauptsächlichen österreichischen und schweizerischen Weichensignale mit Angabe der Bedeutung dargestellt, ebenso in Abb. 367 bis 369 a, b und 370 bis 375 die in beiden Ländern vorgeschriebenen Verschiebeverbotsignale (vgl. S. 16). Die schweizerischen Weichensignale sind an sich bei Tage und bei Dunkelheit Formsignale als weiße Ausschnitte in schwarzer Laternenwand (Abb. 364—366). Bei Weichen, die in Sicherungsgleise führen, sind für Stellung in das Sicherungsgleis die Wandausschnitte mit rotem Glas statt Milchglas gefüllt; bei Tage

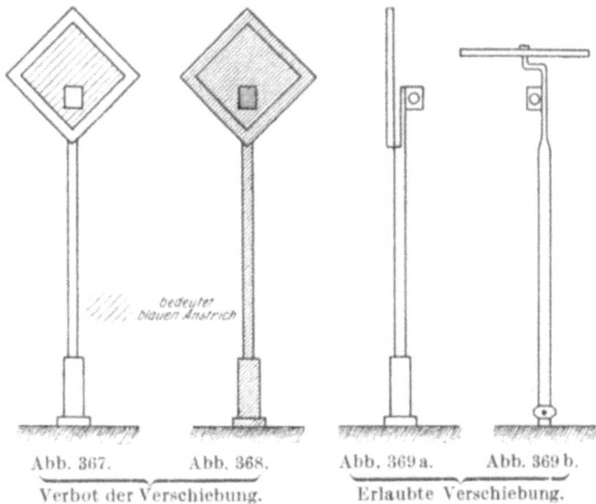

Abb. 367.   Abb. 368.   Abb. 369a.   Abb. 369b.

Verbot der Verschiebung.   Erlaubte Verschiebung.

Bei Tage   Bei Dunkelheit   Bei Tage die Klappscheibe gleichlaufend dem Gleis oder wagerecht gestellt. Bei Dunkelheit weißes Licht.

Abb. 367—369. Verschiebeverbotsignal der österreichischen Staatsbahnen.

zeigt sich bei solcher Weichenstellung an dem Laternenständer eine rote, runde Scheibe mit rechts steigendem weißen Bande. Das österreichische Weichen-

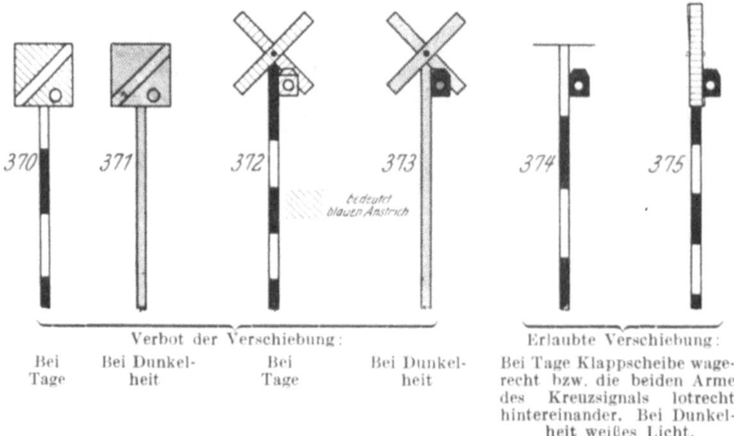

Abb. 370—375.　Schweizerische Verschiebeverbotsignale.

signal für Stellung auf den geraden Strang (Rechteck, im allgemeinen weiß) zeigt bei Fahrt gegen die Spitze nicht vollkommen versicherter Weichen grünes Licht (Abb. 361 b).

II. Abweichende Gesamtanordnung der Sicherungsanlagen.

In Deutschland werden, wie aus dem früher gesagten (S. 5 usw.) hervorgeht, Bahnhof und Strecke hinsichtlich der Zugfolge unterschiedlich behandelt. Der durch Einfahrsignal und Ausfahrsignal von der dahinter und davorliegenden Strecke geschiedene Bahnhof wird für Zugeinfahrt und Zugausfahrt in der Regel als ein Ganzes betrachtet, die Strecke vom Ausfahrsignal eines Bahnhofs bis zum Einfahrsignal des nächsten nach Bedarf durch Blockstellen unterteilt. Eine Durchführung der Streckenblockung durch Bahnhofsbezirke kommt zwar in besonderen Fällen vor, bildet aber stets eine durch besondere Umstände bedingte Ausnahme, die die Regel bestätigt, daß der Bahnhof für die Zugfolge als geschlossene Einheit der Strecke gegenübersteht. Auch, wo mehrere Stellen bei der Sicherung der Zugfahrten innerhalb eines Bahnhofes zusammenzuwirken haben, werden diese in der Regel durch die Stationsblockung derart in gegenseitige Abhängigkeit gebracht, daß die Sicherungsanlagen des Bahnhofes in ihrer Wirkung als Einheit zu betrachten sind (vgl. S. 37).

Ganz anders in England. Die Sicherung der Zugfahrten geht von der Einteilung der ganzen Bahnstrecke in einzelne Blockstrecken aus, die unterschiedslos durch die zwischenliegenden Bahnhöfe hindurch läuft und bis in die Endbahnhöfe hineinreicht. Jeder Stellwerkswärter, in größeren Bahnhöfen also zwei oder mehr hintereinander, ist Blockwärter (Fahrdienstleiter) und deckt den durch sein Stellwerksgebäude (cabin) bezeichneten Gleisbezirk selbständig durch Signale. Bisweilen werden Hebel der gewöhnlichen Form verwendet, um unentbehrliche Zustimmungen von einem Stellwerk zu einem benachbarten zu geben. Möglichst wird dies aber vermieden. So werden bei hintereinander liegenden Stellwerksbezirken innerhalb desselben Bahnhofs und auch auf der Strecke, sofern sich dies mit der Blockteilung verträgt, die Hauptsignale des einen Stellwerksbezirks mit den Vorsignalen des folgenden in der Regel an denselben Masten angebracht. Sie werden dann unmittelbar am Mast durch ein sogenanntes slot derart in Abhängigkeit gesetzt, daß bei auf Halt stehendem Hauptsignal das Vorsignal des im nächsten Bezirke stehenden Hauptsignals nicht Freistellung aufweisen kann, daß dagegen umgekehrt das Hauptsignal Fahrtstellung und das an demselben Mast befindliche Vorsignal Warnstellung zeigen kann. Eine eigentliche Stationsblockung ist hiernach in England unbekannt. Wenn in großen Bahnhöfen die Behandlung jedes Stellwerks als Blockstelle zur Anwendung von zahlreichen Signalen führt, die in der Regel auf langen Signalbrücken die Gleise überqueren, so wird die Zahl der Signale ferner vermehrt durch das Bestreben, das eine Gleisverzweigung (Spitzweiche) deckende Hauptsignal möglichst nahe an die Spitzweiche heranzurücken[1]).

Eine fernere Signalvermehrung kann beim Ausfahrsignal eintreten. Weil das Ausfahrsignal (starting signal), das den Anfangspunkt einer hinter einem

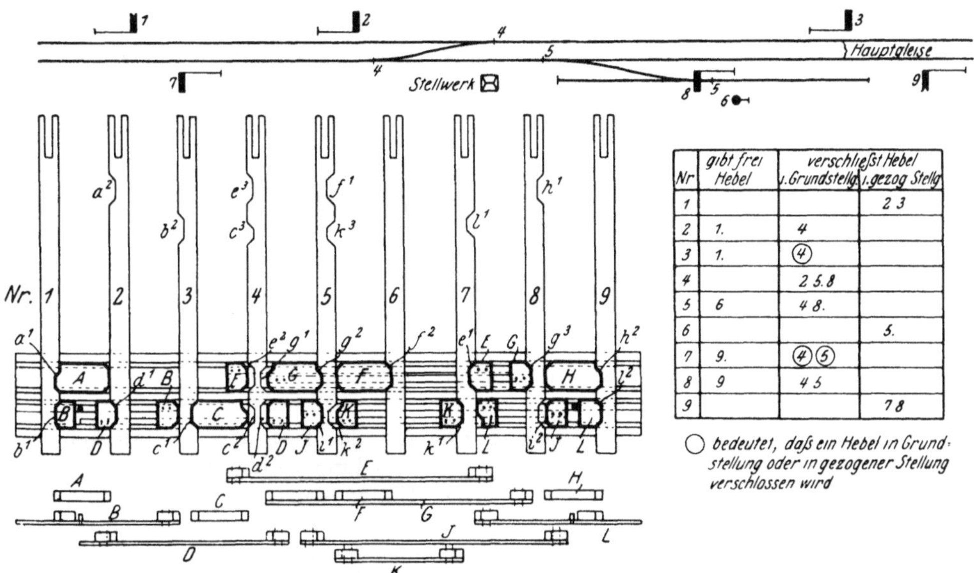

Nr	gibt frei Hebel	verschließt Hebel	
		i. Grundstellg.	i. gezog Stellg
1			2 3
2	1.	4	
3	1.	④	
4		2 5.8	
5	6	4 8.	
6			5.
7	9.	④ ⑤	
8	9	4 5	
9			7 8

○ bedeutet, daß ein Hebel in Grundstellung oder in gezogener Stellung verschlossen wird

Abb. 376. Sicherung einer englischen Abzweigung auf freier Strecke.
(Nach Wilson, M.R.S., S. 120.)

Bahnhof beginnenden Blockstrecke bildet, grundsätzlich nicht von Rangierbewegungen überschritten werden soll, steht es in der Regel jenseits der letzten Weiche. Ist dies bezüglich etwaiger vorgeschobener Weichenabzweigungen nicht ausführbar, so stellt man jenseits dieser ein zweites Ausfahrsignal, das advanced starting signal, auf. Endlich aber bedingt der Umstand, daß auch Verschiebefahrten in der Regel mit Signalen zugelassen werden, die im allgemeinen ähnlich wie die Hauptsignale ausgebildet sind, und zum Teil an besonderen Masten, häufig aber als fernere kleinere Flügel (bei Nacht als fernere rote oder grüne Lichter) an denselben Masten wie die Hauptsignale angebracht werden, eine außerordentlich starke Vermehrung der Signale, d. h. im ganzen genommen eine Signalhäufung[2]), die für deutsche Begriffe um so unerträglicher sein dürfte, als die Signalzeichen für die verschiedenen Signalbegriffe bei Tage

---

[1]) Weil das Umstellen der Weiche in der Regel durch Fühlschiene in Verbindung mit örtlicher Weichenverriegelung gehindert wird, und bei größerem Abstand es möglich wäre, das Hauptsignal nach Vorbeifahrt der Lokomotive auf Halt zu stellen und die Weichenverriegelung aufzuheben, ehe die Zugspitze die Weiche erreicht hat.

[2]) Dagegen fehlen allerdings die Weichensignale.

unzureichend, bei Dunkelheit oft gar nicht voneinander unterschieden sind.
Statt einer den Rahmen dieses Buches weit überschreitenden eingehenden Beschreibung des englischen Signalwesens seien hier nur zur Erläuterung seiner Grundbegriffe die Signalausrüstung einer Abzweigung eines Seitengleises auf freier Strecke und eines kleinen Zwischenbahnhofes erklärt.

Abb. 376 zeigt nach Wilson, M.R.S. (s. Literatur), S. 120, die Abzweigung eines Seitengleises nebst zugehöriger Verbindung der beiden Hauptgleise einer zweigleisigen Bahn. Home signals (vgl. S. 290) sind 2 und 8, starting signals 3 und 7, distant signals 1 und 9. Das Hineinverschieben aus dem Seitengleis in das nächstliegende Hauptgleis wird durch eine niedrige Scheibe (disc) Nr. 6 verboten oder erlaubt. Wegen der in Abb. 376 mit dargestellten Verschlußtafel und der ebenfalls mit dargestellten gegenseitigen Hebelverschlüsse s. S. 304, 303.

Abb. 377 zeigt, ebenso nach Wilson, M.R.S., S. 138, eine kleine Zwischenstation. In der Richtung von links nach rechts hat man, wegen der Hintereinanderschaltung der Bahnsteiganlage und der Nebengleisanlage hintereinander zwei home signals aufgestellt, von denen *b* das outer home, *c* das inner home heißt. *a* ist distant, *d* starting. In der entgegengesetzten Richtung hat man statt dessen zu dem starting signal *f* noch das advanced starting *e* hinzugefügt, an dem nun die neue Blockstrecke beginnt. *g* ist home, *h* distant für diese Richtung. *i, k* sind discs für die quergehenden Verschiebebewegungen.

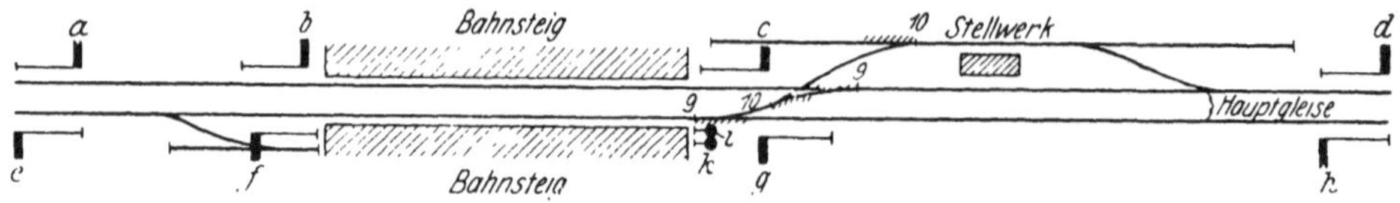

Abb. 377. Signalausrüstung einer englischen Zwischenstation.
(Nach Wilson, M.R.S., S. 138.)

Auf den Zwischenstationen darf in England das (vor dem Einfahrsignal stehende) Vorsignal nur dann aus seiner Warnstellung in die Freistellung gebracht werden können, wenn nicht nur das Einfahrsignal, sondern auch das Ausfahrsignal in die Fahrtstellung gebracht ist. Diese Bestimmung kennzeichnet am besten die Nichtbeachtung des Bahnhofsbegriffs gegenüber der das Sicherungswesen beherrschenden Rücksicht auf die Streckenblockung. Das Vorsignal dient im Grunde nicht dazu, voranzukündigen, ob die Einfahrt in den Bahnhof verboten oder frei ist, sondern ob die Einfahrt in die hinter dem Bahnhof beginnende Strecke gestattet oder nicht gestattet ist.

Diese Verneinung des Bahnhofsbegriffs hat man, soweit bekannt, in Europa nirgends den Engländern nachgemacht. In den Ländern, deren Sicherungswesen sich im Zusammenhang mit dem deutschen entwickelt oder nach deutschen Vorbildern gerichtet hat, Österreich-Ungarn, Schweiz, die nordischen Länder, die Balkanstaaten, Rußland, findet sich dieselbe scharfe Teilung zwischen Bahnhöfen und Strecke, wie bei uns. Auch hier kommt die Vorsorge für ohne Halt durchfahrende Züge gleichwohl nicht zu kurz, sofern man auch für die Ausfahrsignale Vorsignale aufstellt (vgl. S. 16). In vielen der hier genannten Länder ist übrigens der Verkehr entweder allgemein oder auf den meisten Bahnlinien so schwach, daß eine Streckenblockung nicht erforderlich ist, woraus sich schon die Nichtübernahme der englischen Anschauung erklärt.

In Frankreich bilden, wie bereits oben (S. 291) erwähnt, die Sicherung der Zugfolge und die Sicherung der Weichenstellung zwei besondere, sich gegenseitig durchdringende Systeme. Schon hieraus geht hervor, daß nicht wie in England die Streckenblockung die Grundlage des ganzen Sicherungssystems sein kann. Dies wäre aber auch deshalb unmöglich, weil bei weitem nicht alle Strecken mit Blocksystem ausgerüstet sind, vielmehr in großem Umfange noch die Züge nach der Zeitfolge verkehren (Galine, S. 418ff.). Daß die Streckenblockung, wo vorhanden, nur in wenigen Fällen auf dem absoluten Blocksystem, in der Regel auf dem bedingten und in manchen Fällen auf dem permissiven beruht, wurde bereits früher (S. 4) erwähnt.

Aber auch die Betrachtung des Bahnhofs als Einheit liegt den französischen Sicherungseinrichtungen nicht zugrunde. Vielmehr stellt man außer der Deckung der Bahnhofseinfahrt durch einen disque mit poteau oder durch ein carré, dem ein disque oder ein damier und ein disque vorhergehen (s. S. 291. 292), grundsätzlich fernere carré-Signale vor allen Gefahrpunkten auf, also namentlich vor Spitzweichen, Kreuzungen usw., außerdem oft am Ausfahrende des Bahnhofs, was durch die Zerstreuung der Signale innerhalb des Bahnhofsgebiets zu recht unübersichtlichen Anordnungen führen kann. Auf großen Bahnhöfen bevorzugt man deshalb (Galine, S. 217) ein abweichendes Verfahren. Man teilt den Bahnhof der Länge nach in Abschnitte, die durch die auf wiederholten quergestellten Signalbrücken angebrachten Signalgruppen geschieden werden[1]). Auf kleinen Bahnhöfen sind die Signale trotz ihrer Aufstellung vor den Weichengruppen naturgemäß nur an den beiden Bahnhofsenden vorhanden, aber doch infolge der umständlichen Signalisierung oft nach deutschen Begriffen gehäuft. Die Blocksignale (sémaphores) sind, wie bereits erwähnt, von dieser Signalisierung unabhängig. Sie stehen entweder für jede Fahrrichtung am Ausfahrende des Bahnhofs oder am Bahnsteig, etwa in dessen Mitte, so daß sie dann von einem am Bahnsteig haltenden Zug bereits zum Teil überfahren sind. Bei Abzweigungen auf freier Strecke stehen die sémaphores in der Regel an der Abzweigungsweiche. Daß die sémaphores, weil nicht mit der Weichenstellung in Abhängigkeit, regelmäßig durch Richtungssignale (Weichensignale in Semaphorform) ergänzt werden, wurde bereits erwähnt. Inwieweit im übrigen Weichensignale verwendet werden, richtet sich nach den Vorschriften der einzelnen Bahnverwaltungen.

In Italien, wo ebenfalls Streckenblockung erst auf gewissen stark befahrenen Strecken besteht und vielfach noch im Zeitabstand gefahren wird, bildet die Streckenblockung ebensowenig wie in Frankreich die Grundlage des Sicherungssystems. Vielmehr nähert sich das italienische Sicherungssystem in Behandlung der Bahnhöfe als geschlossene Einheit dem deutschen, wenn es auch durch Umständlichkeit und Mängel der Durchbildung weit hinter ihm zurücksteht. Die vollkommene Sicherung verlangt nach italienischen Grundsätzen in einem Bahnhof in Durchgangsform für jede der beiden Fahrrichtungen außer dem Einfahrsignal und dessen Vorsignal noch ein „Ankunftsignal" am Anfang des Bahnsteiges, ein Hauptsignal, dessen Fahrtstellung dem Lokomotivführer die Gewähr gibt, daß die von ihm befahrenen Weichen nicht vorzeitig umgestellt werden können[2]). Aus dem gleichen Grunde wird auf größeren Bahnhöfen ein doppeltes Ausfahrsignal aufgestellt, d. h. ein „Abfahrtsignal" am Ende des Bahnsteiges, außerdem ein Ausgangssignal jenseits des Bahnhofsausgangs, wobei Einfahrsignal und Ausgangssignal der entgegengesetzten Richtung, Abfahrtsignal und Ankunftsignal der entgegengesetzten Richtung möglichst an demselben Maste vereinigt werden. Da bei sich verzweigenden Einfahrten und Ausfahrten dieselben Signale für verschiedene Fahrstraßen gezogen werden, legt man diese vor dem Ziehen der Signale durch Fahrstraßenhebel fest, welche bisweilen zugleich eine Tafel am Signalmast einstellen, die die Bezeichnung der Fahrstraße trägt. Daß man den Zweck der Sicherung der

---

[1]) Diese Einrichtung ist nicht mit der äußerlich ähnlichen in England zu verwechseln, da diese auf der Streckenblockung beruht.

[2]) Bei sich verzweigender Einfahrt wird an jedem Einfahrgleis ein Ankunftsignal aufgestellt, so daß die Ankunftsignale in Ergänzung des einflügligen Hauptsignals als Wegesignale dienen.

Fahrstraßen für die Dauer der Zugein- oder -ausfahrt ohne die vielen Signale durch die Fahrstraßenfestlegung besser erreichen kann, scheint in Italien unbekannt zu sein. In kleinen Bahnhöfen beschränkt man sich auf Einfahrsignal und Vorsignal für beide Richtungen.

Wo die Länge eines Bahnhofes zur Teilung in zwei oder mehrere Stellwerksbezirke zwingt, werden die Stellwerke nach Bedarf durch Zustimmungshebel in gegenseitige Abhängigkeit gebracht. Auch die Betätigung elektrischer Flügelkupplungen durch Stromstöße von der Befehlsstelle aus sind im Sinne von Stationsblockverbindungen angewendet worden. Eine eigentliche Stationsblockung in unserem Sinne ist jedoch, soweit bisher bekannt geworden, in Italien nicht üblich. Die Verschiebefahrten werden durch Kennzeichnung des jeweilig eingestellten Weges mittels je zweier marmotte (Laternensignale) gesichert, z. B. eines am Ausziehgleis, eines an dem betreffenden Gruppengleis. Dieselben Wegekennzeichnungen dienen aber auch zur Sicherung der Ein- und Ausfahrten bei den Hauptgütergleisen. Die Streckenblockung geht, wo vorhanden, von Bahnhof zu Bahnhof und ist mit den Signalen in Abhängigkeit gebracht.

In den **Niederlanden** ist das Sicherungswesen aus einer Verbindung englischer und deutscher Grundsätze entstanden (vgl. Zeitg.d.V.D.E.V. 1907, S. 625, 821, 1357). Der Bahnhof wird, wie in Deutschland, für die Zugfahrten in der Regel als Einheit betrachtet und gegen die Strecke durch Einfahrsignal und Streckenanfangssignal abgeschlossen. Durch die Stationsblockung der Bauweise S. & H. wird, auch wenn ein Zug mehrere Stellwerksbezirke zu durchfahren hat, die Zugfahrt einheitlich so gesichert, als wenn nur ein Stellwerk vorhanden wäre. Dabei liegt aber (wenigstens auf den Niederländischen Staatsbahnen, s. Ztg.d.V.D.E.V. 1907, S. 625) doch die Anschauung zugrunde, daß jeder einzelne Stellwerksbezirk durch Flügelsignale zu decken ist. Dies führt (auf den Niederländischen Eisenbahnen) zur Aufstellung von Zwischensignalen, die sowohl für Zug- wie Verschiebefahrten gelten, während die mit der Streckenblockung verbundenen Einfahr- und Streckenanfangssignale nur den Zugfahrten dienen.

Der ausfahrende Zug hat außer dem Streckenanfangssignal noch das Bahnsteigendsignal und auf größeren Bahnhöfen noch das zwischen diesem und dem Streckenanfangssignal stehende mehrflüglige Richtungssignal zu beachten. Dieselben genannten Zwischensignale und nach Bedarf Scheibensignale von etwa 3,5 m Höhe geben durch ihre Fahrtstellung die Erlaubnis zu Verschiebebewegungen. Sofern fahrplanmäßige Züge die betreffenden Gleise befahren, müssen aber auch die Scheibensignale Fahrtstellung zeigen. Anders als in England beruht die Zwischenteilung durch Signale hier nicht auf der Durchführung der Streckenblockung und werden hier nicht besondere Rangiersignale, sondern dieselben Signale, wie für Zugfahrten, auch für Rangierfahrten angewendet. Auch abgesehen von der dadurch bedingten Signalhäufung liegt hier nach deutscher Anschauung eine nicht unbedenkliche Vermischung der Signalbegriffe vor.

In **Belgien** (**Weißenbruch**, S. 72) besteht das ursprüngliche System der Sicherung in den großen Bahnhöfen in der Anwendung zweiflügliger oder mehrflügliger Signale (wie S. 294 beschrieben) vor jeder Gleisverzweigung oder Gruppe von dicht aufeinander folgenden Gleisverzweigungen. Diese Signalisierung, die sowohl für Zug- wie Verschiebefahrten dient, wird namentlich deshalb wenig übersichtlich, weil in Belgien (anscheinend noch mehr als in Frankreich) aus Ersparnisrücksichten eine bunte Gleisbenutzung gestattet wird, so daß man vermittels überkreuzender Weichenverbindungen aus jedem Streckengleis in jedes Bahnsteiggleis einfahren und umgekehrt aus jedem Bahnsteiggleis nach jedem Streckengleis ausfahren kann. Bei einzelnen neueren großen Bahnhöfen ist man deshalb zu einem vereinfachten Sicherungssystem übergegangen. Für jeden einfahrenden Zug gilt außer dem einflügligen, durch Nummerbezeichnung des Fahrweges ergänzten Einfahrsignal ein einflügliges Endsignal der Einfahrt, das am Beginn des Bahnsteiges steht. Ebenso gilt für jede Ausfahrt außer dem am Bahnsteigende stehenden einflügligen durch Nummernbezeichnung der eingestellten Strecke ergänzten Signal ein gegenüber dem Stellwerksturm aufgestelltes einflügliges Ausfahrsignal, das ebenso das Endsignal der Ausfahrt bildet. Das Umlegen des Endsignalhebels in Fahrtstellung legt die für die Fahrt in Betracht kommenden Weichenhebel fest und ist Vorbedingung für das Umlegen des Einfahrsignalhebels bzw. Abfahrtsignalhebels, wirkt also wie das Umlegen eines Fahrstraßenhebels. Bei dieser Änderung hat man gleichzeitig Verschiebesignale mit kürzeren Flügeln eingeführt, die vielfach an den Hauptsignalmasten unter den Hauptflügeln angebracht sind; dabei können dann die Nummerbezeichnungen sowohl mit dem großen, wie mit dem kleinen Flügel zusammen benutzt werden. Die neuere Anordnung läuft also, indem sie der italienischen ähnelt, auf eine Behandlung des Bahnhofs als Einheit hinaus. Ein Ausgehen des Sicherungswesens von der Streckenblockung spricht sich darin nicht aus. Die Streckenblockung wird aber, wie bei uns, mit den Signalen am Eingang und Ausgang der Bahnhöfe in Abhängigkeit gebracht.

In den Vereinigten Staaten von Nordamerika zeigen die Sicherungseinrichtungen wie in der Durchbildung im einzelnen, so auch in der Gesamtanordnung große Ähnlichkeit mit den englischen. Auch hier kreuzen in großen Bahnhöfen wiederholt Signalbrücken die ganze Gleisanlage. Eine eigentliche Stationsblockung und damit die Behandlung eines größeren Bahnhofes als Einheit scheint auch dort unbekannt zu sein. Die weit verbreiteten Einrichtungen der selbsttätigen Streckenblockung bedingen dagegen einen eigenartigen Zusammenhang zwischen den Streckenblockvorgängen und der Weichenstellung.

III. Abweichende Ausbildung der mechanischen Stellwerke.

A. England.

Das Ursprungsland, wie des Eisenbahnwesens überhaupt, so auch der Sicherungsanlagen, ist in ihrer Fortbildung hinter anderen Ländern erheblich zurückgeblieben. Sowohl die wegen der Betriebssicherheit an die Sicherungsanlagen gestellten Anforderungen, wie die Mittel zu ihrer Erfüllung lassen nach deutschen Anschauungen viel zu wünschen übrig. Dies gilt insbesondere auch von den mechanischen Stellwerken.

1. Die Leitungen. Für Signalleitungen werden regelmäßig einfache Drahtzüge, für Weichenstellleitungen und Riegelleitungen ausschließlich Gestänge verwendet. Die meisten Bahnen verwenden für die Drahtleitungen Stahldrahtkabel von 7 Drähten. Die Gestänge werden meist, wie bei uns, aus Eisenröhren, in nicht unbeträchtlichem Umfange auch aus U-Eisen, daneben auch in ganz geringem Umfange aus Rundeisen oder T-Eisen hergestellt. Soweit möglich, kuppelt man Weichen, und genügt hierdurch zugleich der Vorschrift des Handelsamtes, sich widersprechende Weichenstellungen tunlich zwangsweise auszuschließen.

2. Die Stell- und Antriebvorrichtungen an Weichen und Signalen. Die übliche Anordnung ist, daß die Gestängeleitung unmittelbar an die starr verbundenen beiden Weichenzungen angreift. Nach allen Spitzweichen führt regelmäßig außerdem eine zweite Gestängeleitung, die einen mit einer Fühlschiene (locking bar) verbundenen Riegel (point lock) bewegt, für den für jede der beiden Weichenstellungen je ein Riegelloch in einer hierfür vorhandenen Verbindungsstange der beiden Weichenzungen vorgesehen ist. Nur die Midland-

Eisenbahn bewegt von jeher ihre Weichen und deren mit Fühlschiene verbundene Riegelvorrichtung mit einer gemeinsamen Leitung. Aufschneidbare Spitzenverschlüsse sind in England unbekannt. Dagegen werden außer durch die eben besprochene Verriegelung spitz befahrene Weichen auch noch durch sogenannte detectors gesichert, d. h. durch eine vom Signaldrahtzug betätigte Kontrollvorrichtung, die nur dann das Ziehen des Signals gestattet, wenn die Weiche nicht nur in einer der beiden Endstellungen, sondern auch in der bestimmten für die Zugfahrt erforderlichen Endstellung sich befindet.

Die Signalmaste sind öfter aus Holz als aus Eisen, die Signalflügel fast allgemein[1]) aus Holz hergestellt. Die eiserne Fassung der in der rückwärtigen Flügelverlängerung befindlichen Blenden ist mit dem Flügel fest verbunden und enthält zugleich das Bolzenloch, durch das der Lagerungsbolzen des Flügels hindurchgeht. An die Flügelverlängerung greift eine herabgehende Antriebstange, die weiter unterhalb mit dem einen Arm eines Doppelhebels verbunden ist, an dessen anderen Arm unmittelbar die vom Stellwerk kommende einfache Drahtleitung angreift, während derjenige Arm des Doppelhebels, der nach oben mit der Flügelverlängerung verbunden ist, das Signalgegengewicht trägt. Durch Ziehen an der Drahtleitung wird das Gegengewicht angehoben und der Flügel zwangsweise in die Fahrtstellung gesenkt. Beim Zurücklegen des Signalhebels in die Haltstellung wird der Signaldraht nachgelassen, und das Gegengewicht zieht den Flügel durch Vermittlung der Antriebstange in die Haltlage zurück.

Befinden sich an demselben Maste übereinander ein Hauptsignalflügel und ein Vorsignalflügel, so wird die zwischen beiden erforderliche Abhängigkeit durch eine beide Antriebvorrichtungen verbindende Vorrichtung (slot) hergestellt (s. S. 297).

Die Mängel der einfachen Drahtleitung liegen auf der Hand. Wenn die Drahtleitung sich irgendwo festsetzt, was z. B. bei den detectors leicht geschehen kann, so bleibt der Flügel in Fahrtstellung. Auch durch Schneebelastung eines Flügels ist ein Versagen vorgekommen. Man kann das Signal durch Ziehen am Draht in Fahrtstellung bringen, d. h. ohne den Hebel zu bewegen, also unabhängig von den Verschlüssen. Da das die Flügelstellung bedingende Gegengewicht gewissermaßen an der Signaldrahtleitung aufgehängt ist, so ergeben sich aus Längenänderungen durch die Temperatur fehlerhafte Flügelstellungen, die immer wiederkehrende Regelung am Signalhebel erfordern, wodurch natürlich nicht entfernt die Genauigkeit der Flügelstellung bewirkt werden kann, wie durch unsere Antriebvorrichtungen mit Verriegelung der Endstellungen (s. S. 94 ff).

Da Laternenaufzüge nicht vorhanden und die Blenden mit den Flügeln fest verbunden sind, so muß der Signalwärter zum Anzünden und Löschen der Laternen und zum Putzen der Blendengläser am Mast hochklettern.

3. Die Stellzeuge. Die eigentlichen Stellwerke oder Stellzeuge unterscheiden sich schon dadurch in der allgemeinen Anordnung von den unsrigen, daß die Verschlüsse in der Regel unter dem Fußboden des Stellwerksraumes sich befinden. Die Zwischenschaltung von Fahrstraßenhebeln zwischen die Weichenhebel und Signalhebel findet in England im allgemeinen nicht statt. Dies hängt auch wohl damit zusammen, daß man in den Verschlußtafeln die Abhängigkeiten nicht als durch die Zugfahrten bedingt für jede Zugfahrt als Ganzes behandelt, sondern zwischen den einzelnen Hebeln feststellt, wobei auch gegenseitige Abhängigkeiten zwischen Weichenhebeln nach Vorschrift des Handelsamts soweit wie möglich vorgesehen sind, um Zusammenstößen von Verschiebefahrten vorzubeugen. Bei dem Fehlen von Weichensignalen ist solche Vorsorge erklärlich.

Die Bewirkung der Abhängigkeiten durch die Handfallen ist, soweit bekannt, englischen Ursprungs, und so z. B. grundlegend in der Anordnung der

---

[1]) Ausnahme bilden dünne Stahlflügel der London u. N.W.-Bahn.

auch in anderen Ländern viel angewandten Stellwerke von Saxby und Farmer. Doch scheint die Anordnung mit unmittelbaren Abhängigkeiten zwischen den Hebeln, als deren Vorzug die Einfachheit betrachtet wird, erheblich verbreiteter zu sein. Als Hauptvertreter dieser Bauweise sei die Firma Stevens and Sons in Glasgow genannt. Die gegenseitigen Verschlüsse werden bei der einen wie anderen Anordnung durch selbsttätige Schieber (ähnlich denen bei den Befehls-blockwerken von S. & H.) bewirkt (vgl. Abb. 376, S. 297). Die in unseren Stell-werken durch die Verbindung mit Stations- und Streckenblockung sich ergeben-den verwickelten Anordnungen fallen in England fort. So bieten die Stellwerke, zumal ihre Verschlüsse in der Regel unter dem Fußboden liegen, für den Be-schauer den einfachen Anblick einer Hebelreihe. Diese Reihe ist allerdings stets von erheblich größerer Länge als bei uns für Anlagen gleicher Bedeutung, wegen der Häufung der Signale und wegen des Hinzutretens der Hebel für die Weichenriegel.

B. Andere Länder.

In Frankreich ist der erste Versuch, die Signalstellung von der Weichen-stellung abhängig zu machen, schon etwas früher erfolgt als in England (1855 gegen 1856). In der Entwicklung ist dann Frankreich stark von England be-einflußt worden. Dies gilt nicht nur vom Signalwesen im allgemeinen, sondern besonders auch von der Ausbildung der mechanischen Stellwerke. So haben die Stellwerke von Saxby und Farmer und solche nach System Stevens in Frankreich große Verbreitung gefunden. Auch, daß man die Signale in der Regel mit einfachen Drahtzügen, die Weichen mit Gestängen stellt, ferner, daß man mit besonderem, zweiten Hebel bediente Weichenriegel in Verbindung mit Fühl-schiene angewandt hat, ist offenbar auf englischen Einfluß zurückzuführen. Anderseits zeigt nicht nur die Durchbildung der Signale eine weitgehende Selb-ständigkeit, sondern auch in der Durchbildung der mechanischen Stellwerke haben die französischen Ingenieure, unbeschadet der eben angeführten von England übernommenen Züge, recht selbständig gearbeitet. Neben den eng-lischen Stellwerksformen finden sich solche französischen Ursprungs. Die neueren Ausführungen weisen auffahrbare Weichenantriebvorrichtungen mit Spitzen-verschluß, ähnlich den unseren, aber von selbständiger, allerdings weniger voll-kommener Durchbildung auf; es findet sich auch die Anwendung doppelter Drahtzüge, auch zur Weichenstellung.

Die übrigen Länder haben sich im allgemeinen entweder nach deutschen oder nach englischen Vorbildern gerichtet oder nach beiden. Daß Österreich-Ungarn seine Sicherungsanlagen im Zusammenhang mit den deutschen aus-gebildet hat, und welche besonders bemerkenswerten Abweichungen hierbei vorgekommen sind, ist bereits früher erwähnt (S. 2). Die Schweiz läßt ihre mechanischen Stellwerke in der Hauptsache von der Stellwerksfabrik Wallisellen erbauen, ursprünglich Zweiganstalt der deutschen Signalbauanstalt in Bruchsal. Die Blockeinrichtungen hat die Schweiz früher in der Hauptsache von S. & H. bezogen. Jetzt verwendet man allgemein ähnliche Einrichtungen der Hasler A.G. in Bern. Die nordischen Länder arbeiten gleichfalls mit deutschen Stell-werksfirmen oder nach deutschen Vorbildern. In Rußland bestehen einzelne russische Firmen mit zum Teil eigenartigen und absonderlichen Bauweisen. In der Hauptsache hat man, soweit überhaupt Stellwerke verwendet wurden, diese von deutschen oder englischen Firmen bezogen, in letzter Zeit anscheinend überwiegend von deutschen Firmen, also in deutscher Bauweise. Holland steht in seinen Sicherungsanlagen zwischen deutscher und englischer Anschauung. Belgien hat unter Einflüssen von englischer, französischer und deutscher Seite seine Stellwerksanlagen eigenartig ausgebildet. Italien verwendet als mecha-nische Stellwerke allgemein solche der Bauart Saxby und Farmer.

IV. Abweichende Formen der Verschlußtafeln.

Während die deutschen Verschlußtafeln (und ebenso die Österreichs, Ungarns und der Schweiz) übersichtlich in je einer Reihe alle Abhängigkeiten darstellen, die sich auf eine Zugfahrt beziehen, stellen die englischen Verschlußtafeln lediglich die Abhängigkeiten von Hebel zu Hebel dar. Dies hängt damit zusammen, daß nicht nur zwischen Weichenhebeln einerseits und Signalhebeln anderseits, sondern auch zwischen den Weichenhebeln Abhängigkeiten bestehen (s. S. 302), die sich naturgemäß nicht durch die Fahrstraße eines Zuges ausdrücken lassen, womit wohl wiederum zusammenhängt, daß man in England keine Fahrstraßenhebel benutzt (s. S. 302). In Abb. 376, S. 297, ist bereits eine kleine englische Verschlußtafel mitgeteilt. Die Abb. 378 zeigt nach Wilson, M.R.S., S. 143, einen Stellwerksbezirk in einem Bahnhof mit einem Planübergang an einem Ende und drei Nebengleisen am anderen Ende. Die nicht nummerierten Vorsignalflügel an dem home 18 und starting 17 werden vom nächsten nach links gelegenen Stellwerk gestellt, ebenso der starting-Flügel am Vorsignal 4. Die Verschlußtafel (nach Wilson, M.R.S., S. 144) ist hierunter wiedergegeben.

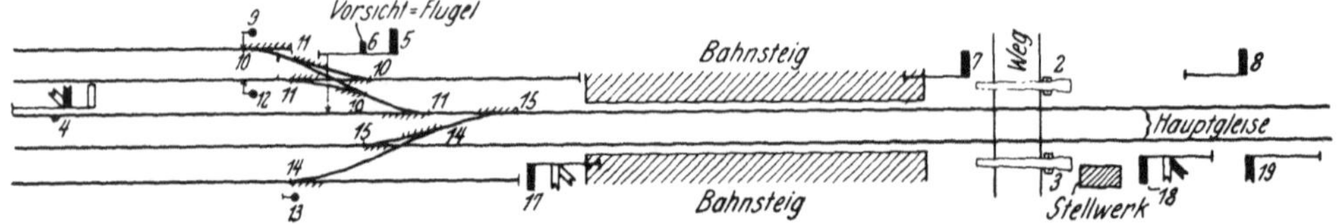

Abb. 378.   Teil eines englischen Bahnhofs.   (Nach Wi'son M.R.S.. S. 143.)

Verschlußtafel zu Abb. 378. (Nach Wilson, M.R.S., S. 144.)

19 Hebel (Nr 1 Halttafeln für Wegeübergang; Nr. 16 unbenutzt).

Nr. des Hebels	gibt frei Hebel	verschließt Hebel in Grundstellung	in gezogener Stellung
Schranken-schloß	1	5, 7, 18	—
1	—	—	Schrankenschloß
2	—	—	—
3	—	—	—
4	.	—	5, 7, 8
5	4	Schrankenschloß, 6, 11, 15	—
6	. .	5, 11, 15	—
7	4	Schrankenschloß, (10) wenn 11', (11), (14), (15)	—
8	4	---	—
9	.	—	10, 11
10	9	12	—
11	9, 12	5, 6, 15	—
12	—	10	11
13	—	—	14
14	13	—	15
15	14	5, 6, 11, 17, 18	—
17	19	15	—
18	19	Schranken-schloß, 15	—
19		—	17, 18

( ) bedeutet, daß ein Hebel in Grundstellung oder in gezogener Stellung verschlossen wird.

Die italienischen Eisenbahnen haben die umständliche unmittelbare Wiedergabe der Abhängigkeiten von Hebel zu Hebel von den Engländern übernommen, sie aber etwas übersichtlicher dargestellt, und zwar sowohl tabellarisch wie bildlich. Die hier in tabellarischer Form wiedergegebenen Abhängigkeiten eines Stellwerks sind in Abb. 379a bildlich dargestellt (Boschetti,

Italienische Verschlußtafel. (Nach Boschetti, S. 16.)

Hebel	1	verschließt	2,	3,	4,	5,	7,	8,	11
"	2	"	5,	7,	10,	14			
"	3	"	2,	5,	7,	9,	13		
"	4	"	1,	2,	3,	10,	11,	12,	13
"	5	"	1,	7,	9,	10,	11,	12	
"	6	"	1,	4,	5,	7,	8,	14	
"	7	"	9,	10,	11,	14			
"	8	"	7,	10,	13,	14			
"	9	"	10,	11,	12				
"	10	"	7,	14					
"	11	"	10,	13,	14				
"	12	"	8,	10,	11				
"	13	"	7,	9,	10,	11			
"	14	"	7,	8,	11	13			

S. 16 bis 18). In der tabellarischen Darstellung bedeutet das Unterstreichen der Hebelnummern, daß die Hebel umgelegt sind. Hiernach verschließt beispielsweise das Umlegen des Hebels 1 die Hebel 2, 3, 4, 5 in Grundstellung und die Hebel 7, 8, 11 in umgelegter Stellung. In Abb. 379a bedeutet das Zeichen $>$, daß ein Hebel sich in Grundstellung, das Zeichen $\vee$, daß er sich in umgelegter

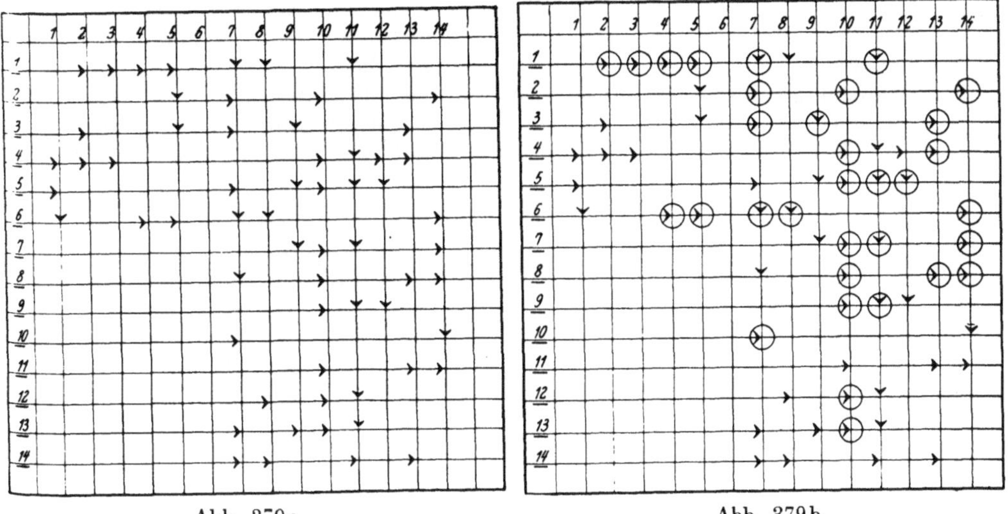

Abb. 379a. Abb. 379b.

Abb. 379 a, b. Bildliche Darstellung der im Text tabellarisch wiedergegebenen italienischen Verschlußtafel. (Nach Boschetti, S. 17, 18.)

Stellung befindet. Ebenso bedeutet das Zeichen Y (im Falle der Abb. 379a nicht vorkommend), daß ein Hebel in beliebiger Stellung verschlossen wird[1]). Daß gegenseitige Verschlüsse der Hebel stattfinden, wird dadurch angedeutet, daß am Kreuzungspunkt einer wagerechten und einer senkrechten Linie eines der drei Zeichen eingetragen ist. In jeder wagerechten Linie wird dargestellt,

---

[1]) Das trifft z. B. zu für den Verschluß eines Weichenhebels durch Umlegen des zugehörigen Weichenriegelhebels.

welche anderen Hebel der durch die vor die wagerechte Linie geschriebene, unterstrichene Nummer bezeichnete Hebel durch sein Umlegen in der einen oder der anderen Stellung oder in beliebiger Stellung verschließt.

Da nun in Italien wie in England man sich nicht auf Abhängigkeiten zwischen Weichenhebeln und Signalhebeln beschränkt, sondern auch die Stellung der Weichenhebel in weitgehendem Umfange gegenseitig voneinander abhängig macht, so ergibt sich hieraus in vielen Fällen eine zwangsweise bedingte Bedienungsreihenfolge und ferner die Möglichkeit, auf unmittelbare Abhängigkeiten zwischen solchen Hebeln zu verzichten, die mittelbar durch andere Hebel voneinander abhängig sind. Abb. 379 b zeigt, wie man durch Einkreisung der entbehrlichen Abhängigkeiten diese kennzeichnet, um sie in der endgültigen für die Bauausführung bestimmten bildlichen Verschlußtafel fortzulassen.

In Frankreich (vgl. Galine, S. 368 ff.) werden die Verschlußtafeln nicht ganz übereinstimmend bei den verschiedenen Bahnverwaltungen, aber im allgemeinen in ähnlicher Weise wie in England und Italien aufgestellt. Man fertigt aber außerdem ein tableau des passages an, aus dem der Stellwerkswärter ersehen kann, welche Hebel für eine Zug- oder Verschiebefahrt sich in Grund- oder gezogener Stellung befinden müssen, und welche Fahrten gleichzeitig ausgeschlossen und möglich sind. Die Darstellung ist also im ganzen vollkommener als die englische, wenn sie auch an die deutschen Verschlußtafeln nicht entfernt heranreicht.

V. Abweichende Blockeinrichtungen.

A. Nicht zwangsweise wirkende Blockeinrichtungen.

Der Name „Blocksystem" bezeichnet in seiner aus England stammenden Grundbedeutung (vgl. S. 4) ursprünglich die Teilung einer Bahnstrecke in Streckenabschnitte für die Zugfolge (sogenannte Blocks), d. h. die praktische Verwirklichung einer gegenüber dem Fahren in Stationsabstand vervollkommneten Raumfolge der Züge. Durch welche Mittel und in welcher Weise sich die Blockstellen, d. h. diejenigen Betriebsstellen über die Zugfolge mit-

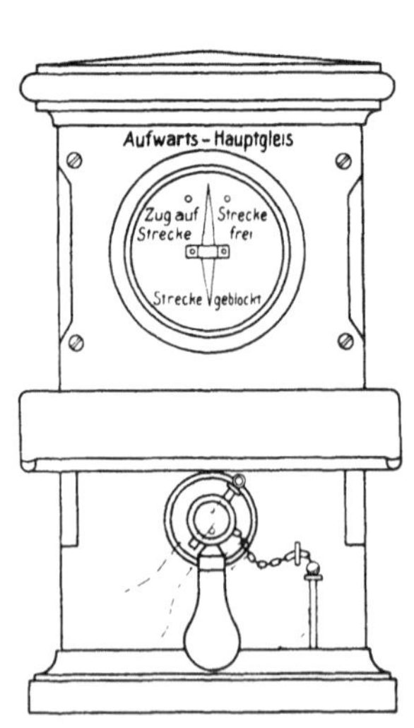

Abb. 380. Einnadel-Blockinstrument. (Entn. aus Wilson, P.R.S., S. 1.)

Abb. 381 a. Blockinstrument von Powles and Moore. (Entn. aus Wilson, P.R.S., S. 4.)

einander verständigen, die die Trennpunkte der Zugfolgestrecken bilden, ist
für die Tatsache, daß eine Strecke nach dem Blocksystem (in dieser ursprünglichen Bedeutung) betrieben wird, unerheblich. Tatsächlich hat man auch in
Deutschland lange Zeit hindurch von Blocksignaldienst auf solchen Strecken
gesprochen, deren Zugfolgestellen sich durch Morsewerke verständigten. Erst
in neuerer Zeit versteht man in Deutschland unter engerer Begrenzung der Wort-
bedeutung unter „Blocksystem" die Ausrüstung einer Strecke mit den zwangs-

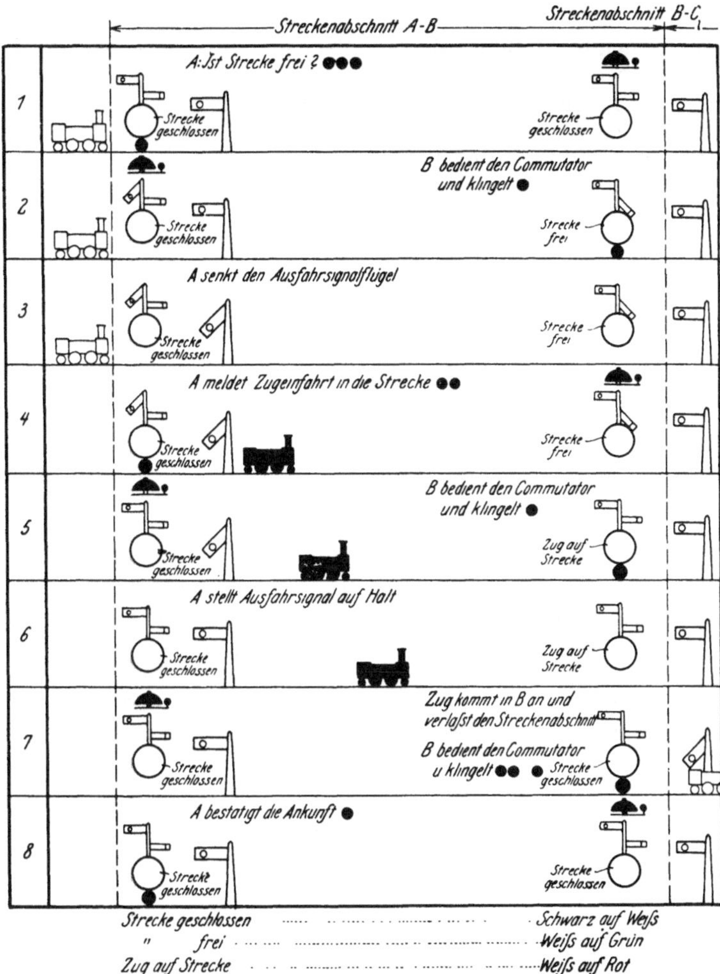

Abb. 381b. Bedienungsvorgänge beim Blockinstrument von Powles and Moore.
(Entn. aus Wilson, P.R.S., S. 4.)

weise wirkenden Blockeinrichtungen der Firma Siemens & Halske. In England hat das Wort Blocksystem noch seine ursprüngliche Bedeutung. An einen
zwangsweise wirkenden Zusammenhang zwischen dem Verständigungsmittel
und der Signalstellung denkt in England bei dem Worte „Block" niemand.
Vielmehr bezeichnet man dort solche Einrichtungen, die zwangsweise wirken,
mit dem Namen „Lock and Block". Die meisten Bahnen haben aber von solchen
Einrichtungen bisher nichts wissen wollen, weil sie angeblich die Aufmerksamkeit und das Verantwortlichkeitsgefühl des Signalwärters herabmindern, und
begnügen sich mit nicht zwangsweise wirkenden Vorrichtungen. Solcher mit

dem Namen „Block Instruments" bezeichneten Vorrichtungen sind verschiedene im Gebrauch, indem jede Bahnverwaltung entweder ihre eigene Bauweise anwendet oder aus den Erfindungen je nach ihrem Geschmack eine Auswahl getroffen hat. Alle diese Vorrichtungen laufen aber darauf hinaus, daß für jede Blockstrecke außer einer Signalklingel am Anfang und am Ende, und zwar für die beiden Fahrrichtungen je besonders, ein Zeichengeber vorhanden ist, und daß die beiden Zeichengeber einer Fahrrichtung durch vom Endwärter geschalteten[1]) Batteriestrom betätigt gleichzeitig ihre Stellung wechseln. Der Zeichengeber besteht entweder in einer Nadel, die durch lotrechte oder nach der einen bzw. anderen Seite geneigte Stellung die drei Begriffe „Strecke geblockt", „Strecke frei", „Zug unterwegs" wiedergeben, oder zwei dieser Begriffe werden durch die Stellung eines kleinen Signalflügels (Signalnachahmers) dargestellt, während eine außerdem vorhandene Farbscheibe oder Schriftscheibe durch ihren Wechsel angibt, ob die wagerechte Flügelstellung den ersten oder dritten der drei genannten Begriffe bedeutet. Die Zeichengeber für beide Fahrrichtungen befinden sich entweder an getrennten Gehäusen, wobei dann als dritte Vorrichtung die Klingel vorhanden ist, oder die beiden Zeichengeber und die Klingel befinden sich übereinander an einem und demselben Gehäuse. Ein fernerer Unterschied besteht darin, ob für die Verbindung der Zeichengeber der beiden Fahrrichtungen und für die Klingel je ein besonderer Draht vorhanden ist (Drei-Drähte-Instrument) oder aber ein Draht für alle drei Zwecke dient.

Abb. 380 zeigt (nach Wilson, P.R.S., S. 1) ein für eine Fahrrichtung dienendes Blockinstrument mit Nadel. Der Endwärter hält den Bedienungsgriff in der jeweiligen Stellung durch einen Einsteckstift (s. Abb.) fest. Abb. 381a (nach Wilson, P.R.S., S. 4) zeigt das hauptsächlich auf ausländischen und indischen Bahnen angewandte Eindraht-Blockinstrument von Powles and Moore mit Signalnachahmern und Farbscheibe, wobei sich alle Vorrichtungen für beide Fahrrichtungen an einem Gehäuse befinden. Der obere Signalnachahmer entspricht dem eigenen Ausfahrsignal und wird von dem folgenden Blockwärter durch Bedienung des Kommutators bewegt. Der untere Signalnachahmer gibt die Stellung des oberen Signalnachahmers beim rückwärtigen Blockwärter an. Beide letztgenannten Flügelchen verändern ihre Stellung gleichzeitig. Der Blockwärter am Ende der Blockstrecke ersieht den fahrdienstlichen Zustand der Strecke in Worten (schwarz auf weiß, weiß auf grün, weiß auf rot) auf der runden Farbscheibe. Abb. 381b (nach Wilson, P.R.S., S. 4) verdeutlicht die Bedienungsvorgänge bei einer Zugfahrt von *A* nach *B*. Die unteren Signalnachahmer sind in Abb. 381b fortgelassen.

B. Zwangsweise wirkende Blockeinrichtungen.

In England und den englischen Kolonien gibt es, ungeachtet der an sich geringen Verbreitung zwangsweise wirkender Blockeinrichtungen, deren eine ganze Reihe verschiedener Systeme, von denen hier die von Sykes, Blakey and O. Donnell, Spagnoletti, Hodgson, Langdon, Evans, Tyer, Wood, Ferreira and Pryce, McKenzie and Holland (vgl. Wilson P.R.S., S. 20—47) genannt seien. In England selbst ist von den genannten das von Sykes am meisten verbreitet. Alle in England angewandten Blockeinrichtungen gehen von dem Grundsatz aus, daß im Ruhezustand die Strecke gesperrt ist und daß sie, wie bei den eben beschriebenen, nicht zwangsweise wirkenden, Blockeinrichtungen erst auf Anfordern der Anfangblockstelle von der Endblockstelle für die Zugfahrt freigegeben wird. Hierdurch ergeben sich

---

[1]) Zu der Freigabe der Strecke und zu dem Wechsel von „Strecke frei" in „Zug auf Strecke" wird der Endwärter vom Anfangswärter durch unterschiedene Klingelsignale aufgefordert.

für die Blockstrecke, wie beim nicht zwangsweise wirkenden Block, drei verschiedene Betriebszustände: „Gesperrt, Freigegeben, Vom Zuge besetzt", was bei den Siemens & Halskeschen Blockeinrichtungen, wie früher (S. 214 ff.) beschrieben, nur auf eingleisigen Strecken der Fall ist. Bei den Sykesschen Apparaten, die für beide Fahrrichtungen besonders vorhanden sind, sind beispielsweise die Vorgänge für eine Zugfahrt von Blockstelle A nach Blockstelle B die folgenden. Mit dem neben dem Blockapparat vorhandenen Klingelwerk fordert der Wärter in A bei dem in B die Fahrterlaubnis an. Der Wärter in B betätigt seinen Apparat durch Eindrücken des mit Wiederholungssperre ausgerüsteten Blockknopfs (was er nur kann, wenn sein Ausfahrsignal auf Halt steht und wenn er seine etwaigen Weichen richtig gestellt hat), legt dadurch seine Weichen fest und gibt gleichzeitig durch von seinem Apparat geschalteten Gleichstrom das Ausfahrsignal in A frei. Der Wärter in A stellt sein Signal auf Fahrt, kann den Ausfahrsignalhebel dann aber, bevor der ausfahrende Zug einen Schienenstromschließer betätigt hat, nicht wieder in die volle Haltlage zurücklegen, sondern nur so weit, daß am Signalmaste das Signalbild Halt erscheint. So wird verhindert, daß die Weichen unter dem Zuge umgestellt werden, und daß die etwa rückliegende Strecke freigegeben wird, bevor der Zug sie verlassen hat. Zur zweiten Rückbewegung des Ausfahrsignalhebels in die volle Haltstellung wird der Wärter in A durch ein Dauergeräusch aufgefordert. In der Haltstellung liegt der Signalhebel dann so lange fest, bis er von B erneut freigegeben wird. Der Wärter in B kann mit seinem ebenso gebauten Apparat nach A keine zweite Fahrterlaubnis geben, bevor bei dem ersten Zuge sich der eben geschilderte Vorgang in B ganz ebenso abgespielt hat, wie eben für A beschrieben. Damit der Wärter in A nicht vorzeitig unnütz bei dem Wärter in B wegen erneuter Fahrterlaubnis anklingelt, und damit auch der Wärter in B über den betrieblichen Zustand der Strecke zweifelsfrei unterrichtet ist, erscheinen an den Blockapparaten sichtbare Zeichen an einem kleinen Signalnachahmer und an Aufschriftscheiben. (Vgl. im übrigen die ausführliche Beschreibung des Sykesschen Apparates bei Scholkmann, S. 1486 ff., sowie die Beschreibung aller in England und Kolonien gebräuchlichen Apparate bei Wilson, P.R.S., S. 20 ff.).

In Frankreich haben die einzelnen Bahnverwaltungen, soweit sie überhaupt Streckenblockung besitzen, im allgemeinen eigene Vorrichtungen ausgebildet. In Italien wird als zwangsweise wirkende Blockeinrichtung die von Cardani angewendet, bei der elektrische mit Flüssigkeitswirkung zusammenarbeitet. In Nordamerika hat man auch ähnliche Bauweisen wie die englischen angewandt, die man dort als „Manual Control" bezeichnet. In immer wachsendem Maße haben sich aber statt dessen in Amerika die selbsttätigen Blockeinrichtungen eingebürgert, von wo sie auch nach England und für Bahnen des Nahverkehrs auch nach Frankreich und Deutschland vorgedrungen sind (s. unten S. 312 ff.).

C. Zugstab und Zugscheibe.

In England wird der Betrieb auf eingleisigen Eisenbahnen grundsätzlich durch Anwendung des Zugstabes[1]) gesichert. Für jede Blockstrecke ist ein Zugstab vorhanden, der sich durch Form und Farbe von denen der Nachbarstrecken unterscheidet. Nur derjenige Lokomotivführer besitzt das Fahrrecht, der den Stab der betreffenden Strecke auf seiner Lokomotive mit sich führt. Da diese Betriebsweise aber versagt, sobald nicht stets auf einen Zug der einen Richtung ein solcher der Gegenrichtung folgt, so wird sie ergänzt durch Be-

---

[1]) Auch wo die in den „Anforderungen" des Handelsamts als besondere Betriebsweise zugelassene mit nur einer Lokomotive im Dienst angewendet wird, ist auf dieser Lokomotive der Zugstab des betreffenden Streckenabschnitts mitzuführen.

nutzung von Zugkarten (train tickets). Diese werden auf den die Blockstrecken begrenzenden Stationen in Kästen vorrätig gehalten, deren Schlüssel der Zugstab der betreffenden Strecke selbst bildet. Ausgabeberechtigt ist nur ein bestimmter Beamter (der Vorsteher, der Signalwärter usw.), je nach der besonderen getroffenen Bestimmung. Folgt einem Zug vor Verkehren eines Gegenzuges ein Zug in derselben Richtung, so erhält der Lokomotivführer des ersten Zuges statt des Zugstabes eine Zugkarte, aus der hervorgeht, daß der Zugstab folgt. Dieses Verfahren wird nach Bedarf wiederholt, und dem letzten in derselben Richtung vor einer Gegenfahrt verkehrenden Zug der Zugstab mitgegeben. Nachdem dies geschehen, ist eine nochmalige Zugfahrt in der ersten Richtung ausgeschlossen. Nicht nur die hieraus unter Umständen entstehende Betriebsbehinderung, sondern auch das umständliche und doch Irrtümer nicht ausschließende Kartenverfahren lassen diese Betriebsweise bei lebhafterem Betrieb als recht mangelhaft erscheinen [1]).

Man ist deshalb zu den Einrichtungen der elektrischen Zugscheiben (train tablets) gekommen. Auf jeder der beiden eine Zugfolgestrecke begrenzenden Betriebsstellen befinden sich innerhalb eines Kastens in einem Behälter runde Scheiben (train-tablets), die man durch Betätigung des Verschlusses einzeln herausnehmen kann. Die beiden Kästen sind durch eine elektrische Leitung verbunden. Hierdurch sind die Verschlußwerke der beiden Kästen derart in gegenseitige Abhängigkeit gebracht, daß von der Gesamtzahl der für beide Kästen zusammen vorhandenen Scheiben (z. B. 24) sich stets nur eine außerhalb befinden kann. Ist nämlich, nachdem vorher sämtliche Scheiben sich innerhalb der beiden Kästen befunden haben, aus einem der beiden Kästen eine Scheibe entnommen, so ist nicht nur durch das Verschlußwerk dieses Kastens das Herausnehmen einer zweiten Scheibe einstweilen verhindert, sondern durch die elektrische Verbindung ist auch das Verschlußwerk des anderen Kastens gesperrt. Erst nachdem die an einem Ende der Zugfolgestrecke entnommene Scheibe beliebig in den einen oder anderen der beiden Kästen eingelegt worden ist, kann nach vorheriger Verständigung durch Klingelsignale beliebig eine der beiden Betriebsstellen der anderen mittels der elektrischen Verbindungsleitung das Verschlußwerk ihres Kastens in den Zustand versetzen, daß die Entnahme einer Scheibe (aber nur einer) möglich ist, wonach dann wieder beide Kästen gegen Entnahme weiterer Scheiben gesperrt sind. Da nun kein Lokomotivführer fahren darf, ohne eine der für die betreffende Zugfolgestrecke

Abb. 382. Tyers-Zugscheibenapparat. (Nach Wilson, P.R.S., S. 84.)

[1]) Versagt diese Einrichtung oder die im folgenden beschriebene des elektrischen Zugstabes oder der elektrischen Zugscheibe, oder muß eine zweigleisige Strecke vorübergehend eingleisig betrieben werden, so wird das Lotsenverfahren angewendet, das aber im Grunde auch ein Zugstabsystem ist, wie es denn das ursprüngliche Verfahren ist, aus dem sich das Zugstabsystem entwickelt hat. Der Zugstab wird hier durch den Lotsen (pilotman) vertreten, der, durch eine Armbinde gekennzeichnet, sich vorher den beiden Signalwärtern der eingleisigen Strecke vorgestellt haben muß, die je eine Ausfertigung des Dienstbefehls erhalten haben, deren dritte Ausfertigung er selbst behält. Er muß jeden Zug begleiten, oder, wenn mehrere Züge hintereinander in derselben Richtung fahren, deren letzten begleiten, während er den vorherfahrenden je eine von ihm selbst ausgefertigte Zugkarte (pilot guard ticket) übergibt und selbst die Abfahrt überwacht.

vorhandenen Scheiben bei sich zu haben, so ist durch diese Einrichtung der durch Zugstab und Zugkarten zusammen verfolgte Zweck in wesentlich vollkommenerer Weise erreicht. Einer Verwechslung der für die einzelnen Zugfolgestrecken bestimmten Scheiben ist dadurch vorgebeugt, daß die an sich kreisrunde Scheibe am Rande einen Einschnitt von für jede Zugfolgestrecke verschiedener Form hat, dem eine Einrichtung des Behälters entspricht, die eine Einführung nicht zugehöriger Scheiben in einen der beiden Behälter einer Zugfolgestrecke verhindert. Abb. 382 zeigt (nach Wilson, P.R.S., S. 84) ein Beispiel solcher Einrichtung. Die Scheiben werden mittels Herausziehens eines am Grunde der Vorderwand des Kastens angebrachten Schiebers *B* herausgenommen oder eingeführt. Zwischen den beiden Schiebern am Anfang und Ende einer Zugfolgestrecke bestehen die elektrischen Abhängigkeiten, die verhindern, daß nach Entnahme einer Scheibe eine zweite

entnommen wird, bevor die erstentnommene am einen oder anderen Ende der Zugfolgestrecke wieder eingeführt ist. Der herausgezogene Schieber sperrt sich nämlich selbsttätig und kann nur unter Einführung einer Scheibe wieder eingeschoben werden. Bei *D* befinden sich hintereinander der Klingelapparat und der Betätiger der elektrischen Verbindung der beiden Schieber am **Anfang und Ende der Bahnstrecke.** Die am Aufsatz angebrachten Schriftscheiben zeigen den jeweiligen Betriebszustand der Strecke an. Oberhalb des ganzen Apparats befindet sich die Klingel.

Ist der Zugverkehr in beiden Richtungen nicht gleichgroß, so tritt nach kürzerer oder längerer Zeit die Notwendigkeit ein, mittels besonderen (durch den Verschluß der Kästen gegen Mißbrauch gesicherten) Eingriffes eine Anzahl der Scheiben aus dem einen in den anderen Kasten überzuführen.

Webb und Thompsons elektrischer Zugstab hat deshalb viel Beifall gefunden, weil er die eben beschriebene Einrichtung auf ein Schutzmittel von der Form des Zugstabes übertrug, an das die Lokomotivführer gewöhnt

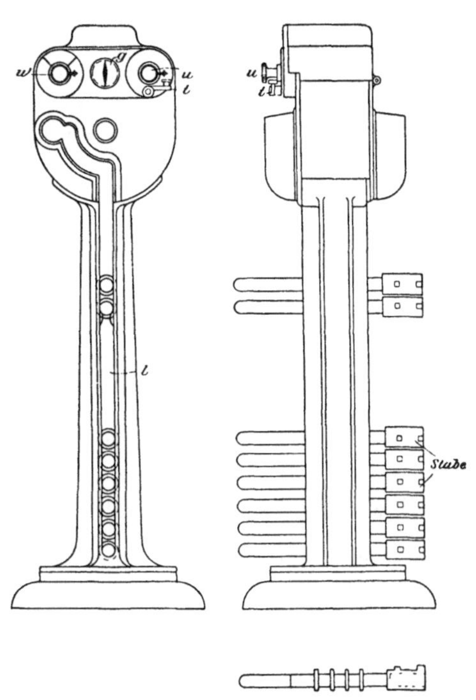

Abb. 383a—c. Apparat des elektrischen Zugstabes von Webb und Thompson. (Entn. aus Scholkmann, S. 1493.)

waren. Er ist auch außerhalb Englands weithin bekannt und viel angewendet worden. Abb. 383a bis c (nach Scholkmann, S. 1493) zeigt das Bild eines für etwa 18 Zugstäbe bestimmten säulenförmigen Behälters und die Ausbildung der Stäbe, die für jede Zugfolgestrecke besondere Form erhalten. Eine genaue Beschreibung des elektrischen Zugstabsystems findet sich bei Scholkmann (S. 1492ff.), eine ausführliche Beschreibung der Betriebsweisen auf eingleisigen Strecken, der gewöhnlichen Zugstäbe, der elektrischen Zugscheibensysteme und des elektrischen Zugstabsystems bei Wilson, M.R.S., S. 11ff. und P.R.S. S. 82ff. und 97ff.

Damit die Züge zum Abgeben und Empfangen der Zugscheiben oder Zugstäbe nicht bei jeder Zugfolgestelle anzuhalten brauchen, sind in England Vorrichtungen in Gebrauch, die das Auswechseln während der fortgesetzten Fahrt gestatten. Solche, auch für gewöhnliche Zugstäbe dienend, sind ausführlich beschrieben in Wilson, M.R.S., S. 18 bis 21, und P.R.S., S. 93 bis 95.

D. Selbsttätige Zugsicherung.

1. Allgemeines. Selbsttätige oder vielmehr durch den fahrenden Zug betätigte Vorrichtungen sind im Rahmen der bisher behandelten Sicherungsanlagen bereits wiederholt zur Sprache gekommen, so (S. 177, 200 ff.) die durch Schienenstromschließer betätigten Haltfalleinrichtungen von Signalen (elektrischen Flügelkupplungen), (S. 175) die elektrischen Tastensperren der Siemens & Halskeschen Blockwerke. Bei diesen und ähnlichen Einrichtungen sind aber gegenüber einer wirklich selbsttätigen, d. h. von der Mitwirkung und von der Aufmerksamkeit von Beamten unabhängigen Zugsicherung noch zwei wesentliche Lücken vorhanden. Einmal bilden diese Vorrichtungen nur Glieder innerhalb im übrigen handbedienter Sicherungswerke, bei denen ausdrücklich darauf gerechnet wird, daß der bedienende Wärter vor der Bedienung sich davon überzeugt, daß diese gefahrlos geschehen darf, wobei man in dieser Mitwirkung des Beamten vielfach sogar einen besonderen Vorzug für die Sicherheit erblickt hat. Und ferner besteht das Wesen der ganzen bisher beschriebenen Sicherungseinrichtungen nur in der Hervorbringung von Signalen. Ihre Wirksamkeit hängt also davon ab, daß der Lokomotivführer die Signale beachtet und sich danach richtet.

Die letztere der beiden Lücken auszufüllen oder wenigstens einzuschränken, bezwecken zahlreiche Vorrichtungen, die man erfunden hat, auch ohne zugleich eine ganz selbsttätige Signalgebung, d. h. ohne im ganzen eine selbsttätige Streckenblockung anzustreben. Die hierher gehörenden Einrichtungen laufen entweder darauf hinaus, daß bei einem Zuge, der ein Haltsignal überfährt oder einem solchen sich nähert, selbsttätig der Dampf der Lokomotive bzw. der elektrische Strom der Motoren abgesperrt und ferner die Bremse in Tätigkeit gesetzt wird; oder aber, die Einrichtungen haben nur zum Zwecke, daß auf der Lokomotive[1]) bzw. im Stande des Fahrers beim Überfahren eines Signals ein sichtbares oder hörbares Zeichen, bisweilen auch beides zugleich, in Wirksamkeit tritt, um so den Lokomotivführer (Fahrer) auf die drohende Gefahr hinzustoßen. Die letzterwähnten, minder weitgehenden Einrichtungen, die sogenannten Führerstandsignale, sind auch in der Regel neben den Einrichtungen zum selbsttätigen Aufhaltbringen des Zuges vorhanden. Gewöhnlich ist ferner die Einrichtung so getroffen, daß jeder Fall des Inwirksamkeittretens sowohl der Anhaltvorrichtung wie des Führerstandsignals durch ein Registrierwerk aufgezeichnet wird, damit der Führer zur Verantwortung gezogen werden kann. Auch Einrichtungen, die ohne auf die Zugfahrt einzuwirken oder ein Führerstandsignal zu geben, lediglich das Überfahren eines Haltsignals aufzeichnen oder die Zuggeschwindigkeit registrieren (s. Anhang), um so die Aufmerksamkeit der Führer durch Furcht vor der Strafe zu schärfen, hat man angewandt.

Alle diese Vorrichtungen beruhen mit Ausnahme der letzterwähnten Gruppe in der Regel darauf, daß gegen einen in die Raumumgrenzung ragenden festen Körper ein beweglicher oder zerbrechbarer Anschlagkörper an der Lokomotive oder am Motorwagen gegenschlägt oder anstreift[2]). Hierdurch wird infolge Verstellung oder Zerbrechen des Anschlagkörpers entweder unmittelbar oder durch Auslösen einer Feder, eines Gewichts usw. der Dampf bzw. der elektrische Triebstrom abgestellt, die Bremse in Tätigkeit gesetzt, die Dampfpfeife, ein Horn, eine Klingel zum Ertönen gebracht, ein sichtbares Zeichen erzeugt. Von diesen Vorrichtungen haben sich einzelne im Auslande Eingang verschaffen können, so bei der französischen Nordbahn der sogenannte Krokodilkontakt. Bei uns hat man lange Zeit allen derartigen Versuchen grundsätzlich ablehnend gegenüber-

---

[1]) Oder auf der Strecke neben der Lokomotive (Knallsignal, Signalschuß).

[2]) Neuerdings werden auch Einrichtungen verwendet, die durch elektrische Induktion wirken.

gestanden. Man hat dagegen eingewendet, daß sie die Aufmerksamkeit des Lokomotivpersonals einschläfern, indem diese sich auf den Apparat verlassen, und daß sie beim Versagen, womit man bei der Empfindlichkeit öfters rechnen muß, die Gefahr gerade herbeiführen, die sie abzuwenden bestimmt sind. Ersterer Einwand ist wohl beim Vorhandensein selbstaufzeichnender Vorrichtungen nicht haltbar. Anderseits haben sich die meisten dieser Vorrichtungen, auch soweit sie nicht von vorneherein auf unreifen Gedanken beruhten, bei der Anwendung nicht bewährt. Die durch Anstreifen oder Gegenschlagen betätigten Vorrichtungen sind naturgemäß einem schnellen Verschleiß oder dem Zerbrechen ausgesetzt. Auch läßt sich ein sicheres Zusammenwirken zwischen den an der Bahn anzubringenden Berührungskörpern und den an den Lokomotiven anzubringenden Anschlagkörpern bei der verschiedenen Bauart der vielen Lokomotiven, die z. B. die deutschen Eisenbahnen befahren, und bei der großen Ausdehnung des Netzes und der deshalb schwierigen gleichmäßigen Instandhaltung der Apparate schwer erreichen. Dies Bedenken trifft sinngemäß auch auf die neuerdings zum Teil mit Erfolg versuchten Vorrichtungen zu, die nur durch Induktion betätigt werden. Eine allgemeine Einführung solcher Apparate auf dem großen Bahnnetz ist daher kaum zu erwarten. (Vgl. auch Stellwerk 1914, S. 177 ff.) Anders liegt die Sache auf dem Umfange nach begrenzten Bahnnetzen mit einheitlichen Betriebsmitteln, zumal bei elektrischem Betrieb. Bei zwei hier namentlich in Frage kommenden Gruppen von Bahnen, bei den elektrischen Schnellbahnen in großen Städten und bei den geplanten Überlandschnellbahnen liegt aber auch ein besonders dringendes Bedürfnis für diese Ergänzung des Sicherheitsdienstes vor; bei den ersteren wegen der Dichtigkeit der Zugfolge; bei den letzteren wegen der bei dieser Bahngattung zu erwartenden hohen Geschwindigkeiten. Wegen der gleichen Umstände besteht aber bei diesen Bahngattungen ferner das Bedürfnis, auch die andere Lücke in dem Sicherungsdienst zu schließen, d. h. unter Verzicht auf die Mitwirkung der Wärter durch Zugbeobachtung, Block- und Signalbedienung eine rein selbsttätige Streckenblockung einzuführen.

2. Die selbsttätige Streckenblockung[1]). Wie bei allen Sicherungseinrichtungen muß man auch bei jeder Streckenblockeinrichtung damit rechnen, daß sie gelegentlich Störungen ausgesetzt ist. Nach allgemeinen Grundsätzen wird dann, da man wegen solcher Störungen doch nicht den ganzen Betrieb stilllegen kann, die Verminderung der Sicherheit durch verdoppelte Aufmerksamkeit des Personals ersetzt, worüber in der Regel eingehende Vorschriften erlassen sind. Bei einer selbsttätigen Streckenblockung ist nun kein Wärterpersonal vorhanden, dem man die besonders sorgfältige Beobachtung der Züge und besondere Vorsicht bei Bedienung der Signale vorschreiben könnte. Man muß daher, wenn man bei Störungen den Betrieb nicht stillegen will, den Lokomotivführern bzw. Fahrern gestatten, trotz infolge Versagens der Blockeinrichtungen auf Halt stehender Signale mit besonderer Vorsicht die Fahrt fortzusetzen. Jede selbsttätige Blockeinrichtung fällt also unter die Gattungsbegriffe der bedingten oder der permissiven Blocksysteme (s. S. 4).

Signalstellung durch den fahrenden Zug auf Blockstrecken wurde in dem Ursprungsland der selbsttätigen Streckenblockung, den Vereinigten Staaten von Nordamerika, zuerst derart verwirklicht, daß am Anfang und am Ende jeder Blockstrecke je ein Blockschalter angeordnet war, dessen mechanische Betätigung durch den Zug das die Blockstrecke deckende Signal nach Einfahrt des Zuges auf Halt und nach Wiederausfahrt des Zuges wiederum auf freie Fahrt stellte. Nach Signal Dictionary (s. Literatur) S. 3 erfolgte die erste Ausführung dieser Art auf der Eastern Railroad of Massachusets 1871. Das eigentliche Stellen der Signale bewirkten hier Uhrwerke, deren Hemmung der durch die Blockschalter

---

[1]) Vgl. Schwerin, S. 475ff., Kemmann (Vorstudien), Arndt (s. Literatur)

geschaltete elektrische Strom auslöste (Arndt, s. Literatur, S. 15). Erheblich vollkommener war eine ähnliche Ausführung in England 1893, auf der Liverpooler Hochbahn (Arndt, S. 14). Bei dieser angeblich noch im Betriebe befindlichen Anlage bewirken die Betätigungen der mechanischen Schalter (Radtaster) durch den Zug das Auftreten von Stellströmen, durch die Hubmagnete erregt werden, deren Anker mit den Signalflügeln verbunden sind. Alle derartigen Einrichtungen überwachen den Verlauf der Zugfahrten nur an bestimmten Punkten der Strecke (daher Punktsysteme genannt), nämlich am Anfang und Ende jeder Blockstrecke. Der Fortfall der Überwachung des Zugschlusses durch einen signalstellenden Wärter kann also verhängnisvoll werden, sofern innerhalb einer Blockstrecke eine Zugtrennung eingetreten ist.

Diesem Mangel begegnete die Einführung des Gleisstroms (track circuit), nach Arndt, S. 15, erfunden vom Amerikaner Robinson und nach Signal Dictionary, S. 3, zuerst 1879 angewendet auf einer 10 Meilen langen Strecke der Fitchbury-Bahn. Der Grundbegriff des auf Anwendung des Gleisstroms beruhenden, im Gegensatz zum Punktsystem sogenannten Liniensystems sei an Hand der Abb. 384 erläutert, die ein Teilstück eines in der Abbildung von links nach rechts zu befahrenden Gleises einer zweigleisigen Bahn im unbefahrenen Zustande darstellt. Die beiden Schienen des Gleises, deren Unterlagen möglichst

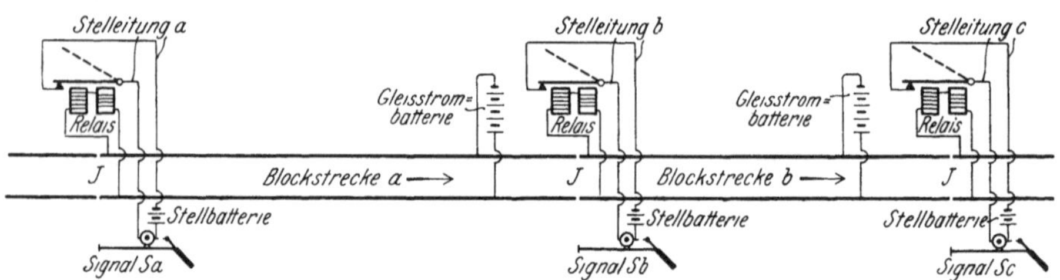

Abb. 384. Grundsätzliche Anordnung einer mit Gleisstrom betriebenen selbsttätigen Streckenblockung.

stromdicht, z. B. aus Holzschwellen, gebildet sein müssen, sind an jeder Blockgrenze durch Isolierstöße J getrennt und werden — je am Anfange und am Ende jeder Blockstrecke durch je eine Querleitung verbunden — im Zusammenhange mit diesen beiden Querleitungen für einen elektrischen Strom (Gleisstrom) benutzt, der je innerhalb jeder Blockstrecke kreist. Der Gleisstrom wird erzeugt durch eine Batterie, die in die leitende Endverbindung jeder Blockstrecke eingeschaltet ist. In die Anfangsverbindung jeder Blockstrecke ist ein Elektromagnet (Relais) eingeschaltet, dessen Anker, solange er infolge kreisenden Gleisstromes angezogen ist, die Stelleitung des am Anfange der betreffenden Blockstrecke stehenden Signales geschlossen hält, so daß der gleichfalls durch eine Batterie erzeugte Stellstrom das Signal mittels Hubmagneten oder mittels Motors in Fahrtstellung überführt und erhält. — Sobald ein Zug oder auch nur ein einzelnes Fahrzeug in eine Blockstrecke, z. B. in die Blockstrecke a einfährt, wird durch jede Fahrzeugachse der Gleisstrom kurz geschlossen, gelangt also nicht mehr zu der Anfangsverbindung der beiden Fahrschienen. Der Elektromagnet des dort befindlichen Relais wird stromlos, sein abfallender Anker unterbricht die Stelleitung des Signals Sa und dieses geht in die Haltstellung über, in der es solange verbleibt, als auch nur eine Fahrzeugachse sich innerhalb der Blockstrecke a befindet. Sobald ein in die Blockstrecke a gelangter Zug diese in der Fahrrichtung vollständig wieder verlassen hat, kehrt das Signal Sa in die Fahrtstellung zurück. Dagegen ist nun das Signal Sb in die Haltstellung übergegangen.

Wird die Bahnlinie auch mit Vorsignalen ausgerüstet, so wird deren Warnstellung durch eigenartige Verbindungen herbeigeführt (s. S. 317).

Derartige durch Gleichstrom betriebene Gleisstromkreise können von atmosphärischer Elektrizität sowie von Fremdströmen anderer Art, z. B. infolge der Nachbarschaft elektrischer Straßenbahnen, beeinflußt werden. Gleichwohl sind sie bis etwa 1900 (Arndt, S. 15) auf Dampfbahnen vielfach verwendet, und zwar nicht nur in Amerika (z. B. in Frankreich auf der Strecke Laroche—Auxerre—Cravant der P.L.M.-Bahn, 1900). Sobald man auf denjenigen Bahnen, die hauptsächlich für selbsttätige Blockung in Betracht kommen, zum elektrischen Bahnbetrieb überging, ergab sich die neue Schwierigkeit, daß die in der Regel zur Rückleitung des Triebstromes benutzten Schienen nicht mehr ohne weiteres für den Gleisstrom benutzt werden können. Um dieser Schwierigkeit zu begegnen und zugleich Störungen der Signalgebung durch sonstige Fremdströme auszuschließen, sind verschiedene Wege eingeschlagen. Die Anordnung einer besonderen Rückleitung für den Triebstrom, bei Gleichstrombahnen (mit dritter Schiene) einer vierten Schiene, wirkt unvollkommen, da doch abirrende Teilströme in die Fahrschienen gelangen können. Man hat auch die Anordnung so getroffen, daß nur eine der beiden Schienen für die Rückleitung des Triebstromes benutzt wird, die andere durch Isolierstöße an den Blockgrenzen ge-

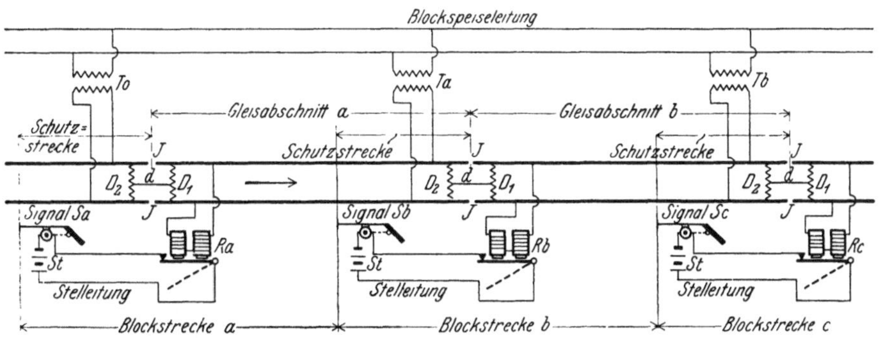

Abb. 385. Selbsttätige Streckenblockung bei elektrischem Betrieb, wobei als Gleisstrom Wechselstrom verwendet ist, und an den Grenzen der Gleisabschnitte Drosselstöße vorgesehen sind.

trennt und in Gemeinschaft mit der Rückleitungsschiene für die Gleisströme benutzt wird. Bei solcher Anordnung entsteht in der Rückleitungsschiene vor und hinter jedem fahrenden Zuge ein Spannungsunterschied, der über die Verbindungen zur Blockschiene in dieser störende Ströme erzeugt, die sich auch durch hiergegen angewandte verwickelte Maßnahmen nicht ganz haben beseitigen lassen (Arndt, S. 15/16).

Vorzuziehen ist deshalb die Verwendung von Wechselstrom für die Gleisströme, wobei eine Betätigung der mittels Induktion (z. B. als Motoren) arbeitenden Blockschalter durch Fremdströme ausgeschlossen ist, einerlei, ob als Triebstrom Gleichstrom oder Wechselstrom verwendet wird. Denn im letzteren Falle gibt man dem Gleisstrom eine erheblich höhere Pulszahl als dem Triebstrom, so daß die Blockschalter auf letzteren nicht ansprechen. Die Mittel, um die Benutzung derselben Schienen durch die beiden verschiedenen Ströme ohne gegenseitige Störung, zu ermöglichen, gestalten sich, je nachdem eine oder beide Schienen zur Rückleitung des Triebstromes benutzt werden, verschieden. Die grundsätzliche Lösung für die vorzuziehende Benutzung beider Fahrschienen zur Rückleitung des Triebstromes ist nach Arndt (S. 17) angeblich zuerst 1903 von dem Amerikaner Thullen verwendet (s. auch Schwerin, S. 527). Sie sei an Abb. 385 erläutert. Die Trennung der Fahrschienen an den Blockabschnitten durch die an den Trennstellen angeordneten isolierten Stoßverbindungen J, J unterscheidet sich nicht von derjenigen nach Abb. 384. Die

Trennstellen sind aber für den Übergang des Triebstroms durch beiderseits von ihnen angebrachte, die beiden Schienen verbindende Magnetspulen D_1, D_2 und einen diese beiden in der Mitte verbindenden Leiter d überbrückt. Der rückkehrende Triebstrom kann durch diese Verbindungen ungehindert übergehen, indem er von beiden Schienen durch die eine Magnetspule D_1 zur Gleismitte, weiter durch den gemeinsamen Leiter d zur zweiten Magnetspule D_2 fließt, um sich durch letztere wieder auf die beiden Schienen des angrenzenden Gleisabschnittes zu verteilen. Der Gleisstrom (Blockstrom) wird aus einem hochgespannten, die Blockspeiseleitung durchfließenden Wechselstrom hoher Pulszahl (in der Regel 50 bis 60) durch Transformatoren To, Ta, Tb erzeugt, die ebenso wie in Abb. 383 die Batterie jedesmal in die Endverbindung jeder Blockstrecke eingeschaltet sind, während in die Anfangsverbindung jeder Blockstrecke, wie nach Abb. 384, ein Relais Ra, Rb, Rc[1]) eingeschaltet ist, das in erregtem Zustande den zugehörigen Signalstromkeis der Batterie St schließt, also das Signal[2]) in Fahrtstellung hält[3]). Die für die Bildung der Blockstromkreise erforderlichen Stoßisolierungen J, J werden durch die Blockströme nicht etwa auf dem Wege über die Magnetspulen D_1, D_2 usw. umgangen, weil in diesen, mit Eisenkernen ausgerüsteten Spulen der hochpulsige Blockstrom bis zur praktischen Vernichtung gedrosselt wird. Die ganze Verbindung von Gleisabschnitt zu Gleisabschnitt wird Impedanzverbinder oder Drosselstoß genannt. Den rückkehrenden Triebstrom läßt der Drosselstoß, wenn es sich um Gleichstrom oder um Wechselstrom niedriger Pulszahl handelt, nahezu unbeeinträchtigt durchgehen. (Näheres s. bei Arndt, S. 17ff. und Kemmann (Vorstudien), S. 1ff.)

Bei der bisher besprochenen Anordnung ist vorausgesetzt, daß die Signale als Grundstellung freie Fahrterlaubnis zeigen. In Amerika hat man bisweilen auch Halt als Grundstellung angenommen. Dann sind besondere Einrichtungen erforderlich, die bei Annäherung eines Zuges an ein Signal dieses selbsttätig in die Fahrtstellung überführen, sofern die durch das Signal gedeckte Blockstrecke unbesetzt ist. Aber auch wo sonst, wie bisher vorausgesetzt, und wie bei städtischen Schnellbahnen als Regel zu betrachten ist, die Signale in der Grundstellung freie Fahrt anzeigen, muß an allen den Stellen, wo die Erteilung der Fahrterlaubnis von richtiger Stellung von Weichen abhängt, die Grundstellung der Signale Halt sein. Die Signale werden dann zwar durch den an ihnen vorbeifahrenden Zug aus der Fahrtstellung in die Haltstellung übergeführt. Zu ihrer Rückkehr in die Fahrtstellung ist aber außer der Räumung des Gleisabschnittes durch den Zug die Mitwirkung des Stellwerkswärters erforderlich, die erst erfolgen kann, nachdem die Weichen für die Fahrt richtig gestellt sind. Hier ist also die Selbsttätigkeit zwar auch vorhanden, aber eingeschränkt.

Stellt man, wie in Abb. 384 angedeutet war, die Signale genau an die Trennpunkte der Gleisabschnitte, so entsteht der Nachteil, daß ein zufällig kurz jenseits eines Signals zum Halten gekommener Zug mangelhaft gedeckt ist. Denn, nachdem er das Signal auf Halt geworfen und bei darauf folgender vollständiger Räumung des rückliegenden Gleisabschnittes das nächste rückliegende Signal in Fahrtstellung überführt hat, kann er von einem folgenden Zug, sofern dieser

---

[1]) Die Relais (Blockschalter) sind, um die Darstellung möglichst leicht verständlich zu machen, ebenso, wie in Abb. 384, als Elektromagnete gezeichnet, während sie tatsächlich nach Art von Galvanometern, als Motoren usw. ausgebildet sind (vgl. Arndt, S. 19ff.). Dieselbe schematische Darstellungsweise ist in Abb. 386 angewendet.

[2]) Mittels elektrischen oder Preßluftantriebes. Im Falle elektrischen Antriebes kann der Stellstrom, statt aus einer Batterie, auch aus einem Kraftwerk entnommen werden und kann dann Gleich- oder Wechselstrom sein.

[3]) Ist ein Gleisabschnitt sehr lang, so führt man den Gleisstrom in der Mitte seiner Länge zu und ordnet auch am Ausfahrende des Gleisabschnitts ein Relais an. Dieses wirkt dann ebenso, wie das Relais am Anfang des Gleisabschnitts, auf das den Gleisabschnitt deckende Signal.

das den haltenden Zug deckende Signal auch nur um ein kleines überfährt, angefahren werden. Deshalb verschiebt man regelmäßig die Signale von den Trennpunkten der Gleisabschnitte der Fahrrichtung der Züge entgegen um das Maß der sogenannten Schutzstrecke, wie dies auch in Abb. 385 geschehen ist. Der Streckenabschnitt von Signal zu Signal (die Blockstrecke) ist also gegen den Gleisabschnitt von Trennpunkt zu Trennpunkt um das Maß der Schutzstrecke verschoben. Äußerstenfalls macht man hierbei die Schutzstrecke so lang wie den Gleisabschnitt, so daß dann das Signal jedesmal an den rückliegenden Trennpunkt zu stehen kommt. Bei solcher Anordnung fällt das Signal jedesmal erst auf Halt, nachdem der Zug um ein erhebliches Stück darüber hinausgefahren ist. Für besonders dichte Zugfolge trifft man zweckmäßig eine andere Einrichtung, bei der jedes an den Trennpunkt zweier Gleisabschnitte gestellte Signal von den beiden jenseits des Signals liegenden Gleisabschnitten beeinflußt wird. Abb. 386 deutet diese Anordnung an. Die Stelleitung des Signals Sa ist sowohl über einen Kontakt des Doppelrelais Ra wie über einen solchen des Doppelrelais Rb geführt. Der Stellstrom des Signals Sa kommt also weder zustande, wenn ein Zug sich im Gleisabschnitt a, noch auch, wenn ein Zug sich im Gleisabschnitt b befindet. Hiernach ist ein Zug stets durch zwei aufeinander folgende Signale und mindestens durch die Länge eines Gleisabschnittes gedeckt. Diese Anordnung ergibt, da sie nicht etwa durch überflüssige Länge der Schutzstrecken, sondern durch Verkürzung der Gleisabschnitte bis auf die notwendige Schutzstreckenlänge entsteht, die dichteste mögliche Zugfolge.

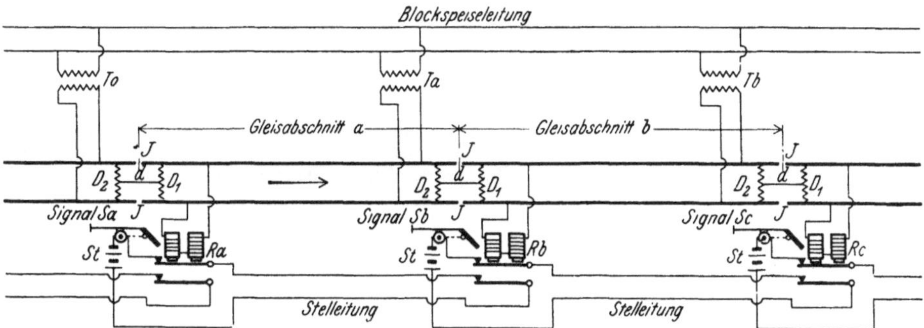

Abb. 386. Selbsttätige Streckenblockung bei elektrischem Betrieb, wobei als Gleisstrom Wechselstrom verwendet ist, wie in Abb. 385, aber mit Beeinflussung jedes Signals durch zwei aufeinanderfolgende Gleisabschnitte.

Erheblich vervollkommnet wird diese Anordnung noch, wenn man mit jedem Signal ein Vorsignal für das folgende Signal verbindet, oder, was betrieblich auf dasselbe hinausläuft, den Signalen außer den Stellungen Halt und Fahrterlaubnis noch eine dritte Stellung, die Warnstellung, gibt[1]). Ein beispielsweise unmittelbar jenseits des Signals Sc in Abb. 386 zum Halten gekommener Zug ist dann, außer durch die Haltstellung des Signals Sc durch die Haltstellung des um eine Gleisabschnittlänge zurückstehenden Signals Sb gedeckt. Von dieser Haltstellung aber erhält der Fahrer eine weitere Gleisabschnittlänge vorher durch die Warnstellung des Signals Sa Kenntnis. Wenn er also bei Sa pflichtmäßig zu bremsen beginnt, so bringt er seinen Zug am Signal Sb, also mindestens um eine volle Gleisabschnittlänge von dem jenseits Sc haltenden vorhergefahrenen Zuge entfernt, zum Stillstand. Sollte er aber etwas verspätet bremsen, oder sollte die Bremswirkung unvollkommen sein, so läuft

---

[1]) Sind die Gleisabschnitte länger als die Abstände zwischen Vorsignal und Hauptsignal, so erhält man statt obiger Anordnung selbständige Vorsignale.

er erst dann auf den vorhergefahrenen, jenseits *Sc* haltenden Zug auf, wenn er über den ihm vorgeschriebenen Haltpunkt um mehr als eine Gleisabschnittlänge hinausfährt.

Will man von mangelhafter Aufmerksamkeit des Fahrers ganz unabhängig sein, so muß man auch die letzte Lücke in der Selbsttätigkeit des Sicherungssystems (S. 312) schließen, indem man mit den Signalen Fahrsperren verbindet. (Näheres s. Kemmann, Vorstudien, S. 5 ff.) In dem eben erörterten Falle würde dann, wenn der durch die Warnstellung des Signals *Sa* benachrichtigte Fahrer seinen Zug nicht bis zum Signal *Sb* zum Stillstand gebracht hätte, die an diesem auf Halt stehenden Signal dann wirksame Fahrsperre ihm den Strom absperren und seine Bremse anstellen, so daß sein Zug dann selbsttätig diesseits des Signals *Sc* zum Halten kommen würde. Es muß dann, dem Grundbegriffe eines bedingten Blocksystems entsprechend, die Möglichkeit vorhanden sein, den durch Einwirkung der Fahrsperre hergestellten Zustand nach Abnahme eines Bleisiegels durch einen Eingriff wieder zu beseitigen, worauf der Fahrer so lange mit besonderer Vorsicht weiterzufahren hat, bis er entweder durch Insichtkommen des vor ihm liegenden Zuges zum Halten veranlaßt wird, oder aber wieder Signale in Fahrtstellung antrifft.

Außer den hier besprochenen oder anderen denselben Zwecken dienenden Schaltungsanordnungen sind für einen sicheren Betrieb noch fernere erforderlich, namentlich auch für die Stationsabschnitte. Deren Besprechung würde aber, ebenso wie diejenige der Einrichtungen für die halbselbsttätige Streckenblockung ir den Weichenabschnitten und der ganzen technischen Durchbildung der selbsttätigen Streckenblockung nach den verschiedenen üblichen Systemen den Rahmen dieses Buches überschreiten. In dieser Beziehung sei auf die angegebene Literatur verwiesen[1]).

---

[1]) Insbesondere außer auf die Kemmannschen Vorstudien auf seine ausführliche Darstellung der Signalanlage der Berliner Hoch- und Untergrundbahn (s. Litt.), die erst kurz vor Schluß der Drucklegung dieses Buches erschienen ist und daher hier nicht mehr benutzt werden konnte.

Die Fernmeldeanlagen und Schranken.

Von Dr.Ing. F. Gerstenberg.

I. Die Telegraphenanlagen.

A. Geschichtliche Entwicklung. Zahl und Zweck der Telegraphenleitungen bei den Eisenbahnen.

Schon sehr bald nach Inbetriebsetzung der ersten Eisenbahnlinien stellte sich das Bedürfnis heraus, wichtige den Zuglauf betreffende Nachrichten mit möglichster Beschleunigung von Station zu Station zu befördern. Sie mußten den Zügen vorauseilen. Diese Möglichkeit war in ausreichendem Maße erst durch den elektrischen Telegraphen gegeben. Seine Erfindung gestattete erst einen leistungsfähigen Eisenbahnbetrieb.

Die ersten Telegraphen, die bei den Eisenbahnen namentlich in England benutzt wurden, waren die Nadeltelegraphen von Cooke und Wheatstone. Von der das Telegramm abgebenden Station wurde mittels eines Schalters Strom bald in der einen oder anderen Richtung in die Leitung entsandt. Dadurch wurde an der empfangenden Stelle eine Galvanometernadel nach links oder nach rechts zum Ausschlagen gebracht. Durch ein- bis viermaliges Ausschlagen der Nadel nach links oder rechts wurden die telegraphischen Zeichen gebildet.

In Deutschland fanden die Zeigertelegraphen weite Verbreitung. Über einer auf ihrem Umfange mit den Buchstaben des Alphabets und den Ziffern versehenen Scheibe drehte sich ein Zeiger, der durch von der aufgebenden Stelle abgesandte Stromstöße auf den zu telegraphierenden Buchstaben eingestellt werden konnte.

Die Apparate hatten den Nachteil gemeinsam, daß die Telegramme nur mit dem Auge oder nach Gehör aufgenommen werden konnten. Die Möglichkeit einer späteren Kontrolle, wie sie namentlich für Zugmeldungen zur Aufklärung von Unfällen, Zugverspätungen usw. unbedingt gefordert werden muß, war daher nicht gegeben. Diesen Übelstand beseitigte der Schreibtelegraph, der im Jahre 1837 von Morse in New-York erfunden wurde. Er schreibt die telegraphischen Zeichen selbsttätig nieder. Das Morsewerk hat sich daher fast auf allen Eisenbahnen Eingang verschafft; nur in England, wo man die Zugfolge nicht durch telegraphische Zugmeldungen, sondern ausschließlich in anderer Weise[1]) sichert, wird der Nadeltelegraph noch allgemein benutzt.

Neben dem Telegraphen, ihn sogar teilweise verdrängend, hat auch der Fernsprecher bei den Eisenbahnen immer weitergehende Verwendung gefunden. Zur Verbindung der Zentralstelle mit den Direktionen wird neuerdings auch der Hughes-Fernschreiber, der die eingehenden Telegramme auf

---

[1]) Hierzu vgl. S. 306 ff.

Papierstreifen in Typendruck aufdruckt, in allerdings noch beschränktem Umfange benutzt[1]).

Anfangs genügte es, die Bahnstrecken mit einer Telegraphenleitung auszurüsten. Mit steigendem Verkehr aber wurden die Aufgaben, die dem Telegraphen zufielen, immer zahlreicher, so daß sich die Erbauung von zwei, drei oder mehr Leitungen als notwendig erwies. Im wesentlichen hat man heute z. B. auf den Pr.H.St.B. folgende drei Arten von Leitungen zu unterscheiden.

1. Zugmeldeleitungen.

Sie gehen von Zugmeldestelle zu Zugmeldestelle und übermitteln alle Nachrichten, die den Zugmeldedienst betreffen. Sie dienen dazu, nach vorliegenden Stationen die Abfahrt und nach rückliegenden Stationen die Ankunft eines Zuges zu melden (Abmeldung und Rückmeldung). Auf eingleisigen Strecken wird vor Ablassen eines Zuges durch telegraphische Anfrage bei der Nachbarstation das Freisein der Strecke festgestellt (Anbieten und Annehmen). Nebenbei können und sollen die Zugmeldeleitungen auch für den sonstigen telegraphischen Verkehr zweier Nachbarstationen untereinander ausgenutzt werden.

In der Regel wird nur eine Zugmeldeleitung an einer Bahnlinie entlangführen. Wenn aber z. B. eine Blockstelle mit Abzweigung vorhanden ist, die nicht als Zugmeldestelle erklärt ist, so werden von der vor der Abzweigung liegenden Zugmeldestelle zwei Zugmeldeleitungen bis zur Abzweigung führen und sich dort einzeln nach den beiden Richtungen fortsetzen.

2. Bezirksleitungen.

Sie verbinden alle Stationen einer Strecke oder eines Streckenabschnittes zu einem gemeinsamen Leitungskreise. Sie dienen dazu, alle in Frage kommenden Nachrichten den einzelnen Stationen unmittelbar zuzuleiten. Es gibt Vorrichtungen, die es gestatten, zwei benachbarte Bezirksleitungen vorübergehend zu einem Leitungskreise zu verbinden.

Gabelt sich eine Bahnlinie oder verlaufen verschiedene Bahnlinien auf kürzere Strecken auf gemeinsamem Bahnkörper, so werden häufig die Bezirksleitungen für jede Linie auf dem gemeinsamen Bahnkörper oder auf der Gemeinschaftsstrecke besonders durchgeführt. Es bestehen dann auf solchen Strecken mehrere Bezirksleitungen nebeneinander, meist an demselben Gestänge.

3. Fernleitungen.

Sie verbinden nur die größeren Stationen, und zwar auf weite Entfernungen. Sie dienen dem telegraphischen Verkehr dieser Stationen untereinander bzw. mit ihren Behörden und dem Durchgangsverkehr. Die größeren Stationen müssen die ihnen zugehenden Nachrichten, wenn sie auch an die anderen Stationen gerichtet sind, diesen auf den Bezirksleitungen übermitteln (umtelegraphieren). Die Apparate der Fernleitungen sind häufig mit Einrichtungen versehen, mit denen telegraphische Nachrichten von einer Fernleitung selbsttätig auf die andere übertragen werden[2]).

Außer mit Telegraphenleitungen sind die Bahnlinien in der Regel noch mit Fernsprechleitungen und Läuteleitungen[3]) ausgerüstet.

Auch Leitungen für besondere Zwecke (z. B. für Wasserstandsfernzeiger, Klingelleitungen, Leitungen für Geschwindigkeitsüberwachungseinrichtungen[4])

---

[1]) Die Fernsprechanlagen werden unter II dieses Anhanges behandelt, die Hughes-Fernschreiber unter I D 10.

[2]) S. unter I D 7.

[3]) Werden unter II und III näher behandelt.

[4]) Werden unter IV besprochen.

usw.) sind zu erwähnen. An Strecken, die mit Streckenblockung versehen sind, sind außerdem noch die Blockleitungen vorhanden.

Es sind im folgenden zu erörtern: Die Stromquellen, die Leitungen und die Telegraphenapparate.

B. Die Stromquellen.

1. Allgemeines.

Stellt man eine Kupfer- und eine Zinkplatte in angesäuertes Wasser und verbindet die beiden Platten durch einen Draht, in den ein Galvanometer eingeschaltet ist, so schlägt die Nadel des Galvanometers nach einer Seite aus. Vertauscht man die beiden Platten miteinander, so schlägt die Nadel nach der anderen Seite aus. Diese Vorgänge erklärt man wie folgt: Von der Kupferplatte fließt durch den Draht ein elektrischer Strom zur Zinkplatte. Die Vereinigung von Kupfer- und Zinkplatte in angesäuertem Wasser nennt man ein elektrisches Element. Die beiden Platten heißen die Pole. Die Kupferplatte ist der positive, die Zinkplatte der negative Pol. Der elektrische Strom fließt in einer Leitung immer vom positiven zum negativen Pol und dann durch das Element zum positiven Pol zurück. Stellt man die Pole oder die Flüssigkeit aus bestimmten anderen Stoffen her, so entsteht ebenfalls ein elektrischer Strom. Der Ausschlag der Nadel ist aber nicht immer derselbe. Er kann nach der einen oder anderen Seite gerichtet und verschieden groß sein.

Man kann die für die Bildung von Elementen in Frage kommenden Stoffe in einer von links nach rechts verlaufenden Reihe ordnen dergestalt, daß jeder mehr nach links stehende Stoff durch die Leitung (mit eingeschaltetem Galvanometer) mit einem mehr nach rechts stehenden Stoff verbunden, die Nadel in gleichem Sinne ausschlagen läßt, und daß der Ausschlag um so stärker ist, je weiter die Stoffe in der Reihe auseinanderstehen. Man nennt diese Reihe die Voltasche Spannungsreihe. Sie lautet für die wesentlichsten Stoffe: Zink, Blei, Zinn, Eisen, Kupfer, Silber, Gold, Platin, Kohle, Braunstein.

Setzt man z. B. Zink mit Kupfer zusammen, so ist für die Wirkung nach außen Zink der negative und Kupfer der positive Pol, bei der Zusammenstellung Kupfer-Kohle dagegen Kupfer der negative und Kohle der positive Pol.

Jedem aus bestimmten Stoffen der Spannungsreihe zusammengesetzten Element ist eine bestimmte Spannung (elektromotorische Kraft) eigen, die nur abhängig ist von der Art der für Pole und Flüssigkeit verwendeten Stoffe, nicht aber von der Gestalt und der Größe der Pole, und die um so größer ist, je weiter die Stoffe in der Spannungsreihe auseinanderstehen.

Die Größe des Nadelausschlages ist aber auch von dem Widerstande abhängig, der sich dem elektrischen Strom entgegenstellt. Dieser zerfällt einmal in den Widerstand der Leitung und der in diese eingeschalteten Apparate (den äußeren Widerstand) und in den Widerstand innerhalb des Elementes, den der Strom in diesem beim Übergang vom negativen zum positiven Pol zu überwinden hat (den inneren Widerstand).

Von der Größe der Spannung und der Größe des gesamten Widerstandes hängt die Stärke (Intensität) des elektrischen Stromes ab. Bezeichnet J die Stromstärke, E die Spannung und W die Summe des äußeren und inneren Widerstandes, so ist nach dem Ohmschen Gesetz:

$$E = W \cdot J.$$

Die Einheit des Widerstandes ist das Ohm. Ein Ohm ist gleich dem Widerstande einer Quecksilbersäule von 1 qmm Querschnitt und 106,3 cm Länge bei einer Temperatur von 0^0 gemessen.

Die Einheit der Stromstärke ist das Ampère. Zu seiner Festlegung benutzt man die chemischen Wirkungen des elektrischen Stromes. Ein Ampère ist gleich dem Strom, der beim Durchgange durch eine wässrige Lösung von Silbernitrat in einer Sekunde 0,001 118 g Silber niederschlägt.

Die Einheit der Spannung ist das Volt. Ein Volt ist die Spannung, die in einem Leiter mit dem Widerstande von 1 Ohm einen Strom von 1 Ampère erzeugt.

Der elektrische Strom scheidet aus der Flüssigkeit Wasserstoff und Sauerstoff aus (Polarisation). Am positiven Pol setzt sich Wasserstoff, am negativen Sauerstoff ab. Der Sauerstoff oxydiert das Zink und löst es allmählich auf. Durch den Wasserstoff am positiven Pol erhöht sich der innere Widerstand des Elementes bald so, daß es unbrauchbar wird. Die Elemente wurden erst praktisch brauchbar, als es gelang, diese Folge der Polarisation zu vermeiden, und zwar durch Anwendung eines Stoffes (Depolarisator genannt), der den Wasserstoff bindet.

Man unterscheidet konstante und inkonstante Elemente. Konstante Elemente sind solche, die ohne merkliche Abnahme der Spannung längere Zeit ununterbrochen Strom derselben Stromstärke liefern, inkonstante solche, die auf kurze Zeit die Entnahme eines starken Stromes gestatten, deren Spannung aber schneller abnimmt.

Die Elemente werden in der erforderlichen Zahl[1]) zu Batterien zusammengeschaltet. Wird hierbei der negative Pol eines Elementes stets mit dem positiven Pol des folgenden verbunden (Hintereinander-, Reihen-, Serienschaltung), so addieren sich die Spannungen, d. h. die Spannung der Batterie ist gleich der Summe der Spannungen der Einzelelemente. Die Stromstärke in jedem Element ist ebenso groß wie die Stromstärke in der Außenleitung. Werden dagegen die positiven Pole aller Elemente einerseits, und die negativen Pole andererseits untereinander verbunden (Nebeneinander- oder Parallelschaltung), so ist die Spannung der Batterie nur gleich der Spannung eines Elementes. Indes ist die Stärke des durch ein Element fließenden Stroms nur ein entsprechender Bruchteil der Stromstärke in der Außenleitung. Durch Nebeneinanderschaltung wird die Beanspruchung der einzelnen Elemente herab-, und daher ihre Lebensdauer hinaufgesetzt. Auch Gruppenschaltungen finden häufig Anwendung. Sie gestatten, gleichzeitig die Spannung zu erhöhen und die Beanspruchung herabzusetzen. Werden z. B. zwei Gruppen von drei hintereinandergeschalteten Elementen parallel geschaltet, so ist die Spannung dieser Batterie dreimal so groß wie die Spannung eines Elementes, die ein Element beanspruchende Stromstärke dagegen nur gleich der Hälfte der Stromstärke in der Außenleitung.

Beim Betriebe der Telegraphen werden zur Stromerzeugung Elemente in nachstehend geschilderten Bauarten verwendet.

2. Konstante Elemente.

a) Abb. 1 zeigt das bei den Eisenbahnverwaltungen in großem Umfange benutzte **Meidinger-Element.** Auf dem Boden eines mit einem ringsum laufenden Absatze versehenen Standglases a befindet sich das Einsatzglas b. In dem Einsatzglas steht der Kupferpol c, und auf dem Absatze des Standglases der Zinkpol d. Über das Standglas ist das Aufsatzglas e gestülpt, das unten durch einen von einem Glasröhrchen durchbohrten Korken verschlossen ist. Das Glasröhrchen ragt in das Einsatzglas b. Beim Füllen des Elementes wird zunächst eine Bittersalzlösung (d. h. eine Lösung von schwefelsaurem Magnesium, $MgSO_4$) in das Element gegossen bis 6 cm unter den oberen

---

[1]) Vgl. S. 343.

Rand des Standglases a. Alsdann wird das mit Kupfervitriolstückchen (schwefelsaurem Kupfer, $CuSO_4$) und Wasser vollständig gefüllte Aufsatzglas e über das Standglas gestülpt. Eine Kupfervitriollösung tropft durch das Glasröhrchen in das Einsatzglas b. Da die Kupfervitriollösung schwerer ist als die Bittersalzlösung, so sammelt sie sich am Boden des Einsatzglases, die Bittersalzlösung allmählich aus ihm verdrängend. Der Kupferpol steht schließlich ganz in Kupfervitriollösung und der Zinkpol in Bittersalzlösung. Vom Kupferpol c führt ein Draht f, vom Zinkpol ein Draht g durch je eine im Aufsatzglas vorgesehene Aussparung ins Freie, um den Anschluß der Außenleitung oder anderer Elemente zu ermöglichen. Der vom Kupferpol ausgehende Draht f ist auf seine ganze Länge isoliert, um jede Berührung mit dem Zinkpol zu vermeiden. Durch die Verwendung der Kupfervitriollösung wird erreicht, daß sich am Kupferpol nicht Wasserstoff, sondern metallisch reines Kupfer absetzt. Der Pol erfährt also durch die Polarisation keine chemische Veränderung.

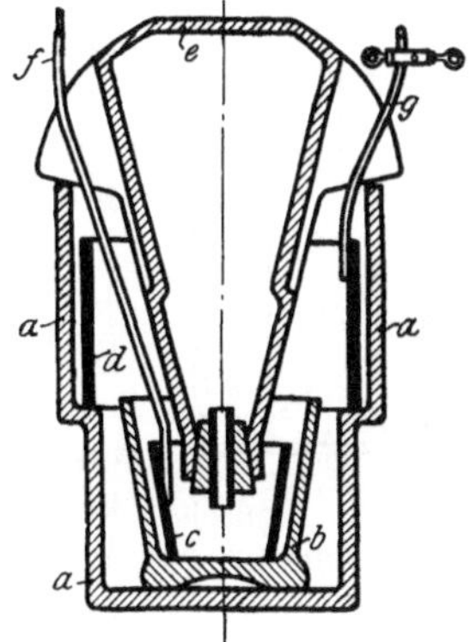

Abb. 1. Meidinger Element.

Das Meidinger-Element hat eine Spannung von 1 Volt und einen inneren Widerstand von 7 Ohm.

b) Das **deutsche Telegraphenelement** (auch Krüger-Element genannt) ist in seiner Bauart wesentlich einfacher, verwendet aber im übrigen dieselben Pole und dieselben Flüssigkeiten wie das Meidinger-Element. An dem Boden eines Glasgefäßes (Abb. 2) liegt eine Bleiplatte a, die als Stromzuführung einen Metallstab c trägt. Der Zinkpol b ist mit drei Nasen d in das Glas hineingehängt und reicht etwa bis zu dessen Mitte. Die untere Hälfte des Glases ist mit einer Kupfervitriollösung, die obere mit einer Bittersalzlösung angefüllt. Das verschiedene spezifische Gewicht der beiden Flüssigkeiten verhindert, daß sie sich mischen, allerdings nur so lange, wie das Element Erschütterungen nicht ausgesetzt ist[1]). Die Bleiplatte überzieht sich bei Stromentnahme mit einer Schicht metallischen Kupfers und wirkt dann wie ein Kupferpol.

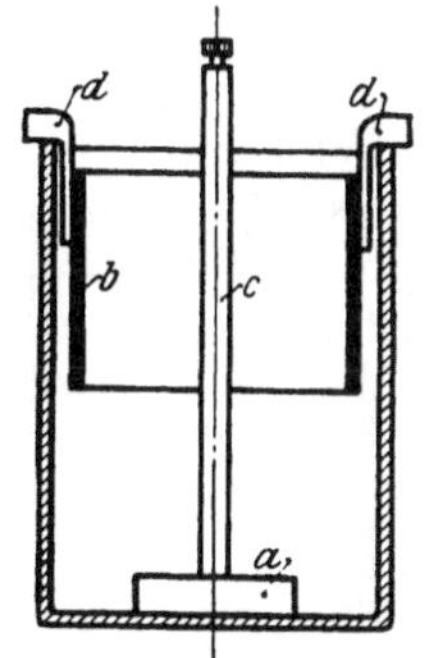

Abb. 2. Deutsches Telegraphen-Element.

Die Spannung des Elementes ist gleich 1 Volt. Es wird von der deutschen Reichstelegraphenverwaltung verwendet.

3. Inkonstante Elemente.

a) Abb. 3 zeigt das **Beutelelement,** ein Braunsteinelement. Der Pol a besteht aus Zink, der Pol b aus einer Kohlenstange, die mit einem Gemisch von gepulvertem Braunstein (Mangansuperoxyd, MnO_2) und Kohle umpreßt ist. Das Gemisch ist mit einem Leinwandbeutel umgeben, um ein Abbröckeln der Masse zu verhindern. Das Gefäß ist mit einer Salmiaklösung gefüllt und mit einem geteerten Pappdeckel c verschlossen. Der Braunstein hat den Zweck,

---

[1]) Diese unter 2 geschilderten Elemente sind aus dem Daniell-Element entstanden. Bei diesem wurde die Trennung der beiden Flüssigkeiten durch einen porösen Tonzylinder aufrechterhalten. In dem Tonzylinder befand sich ein Kupferblechzylinder und Kupfervitriollösung, außerhalb des Zylinders in dem Elementglase ein Zinkblechzylinder in verdünnter Schwefelsäure. Eine ähnliche Wirkungsweise hatten auch die Grove-Elemente (Platin in konzentrierter Salpetersäure und Zink in verdünnter Schwefelsäure) und die Bunsen-Elemente wie die Grove-Elemente, nur statt Platin Kohle).

durch Freigabe von Sauerstoff den sich am Kohlepol infolge der elektrochemischen Zersetzung der Flüssigkeit ansammelnden Wasserstoff wieder in

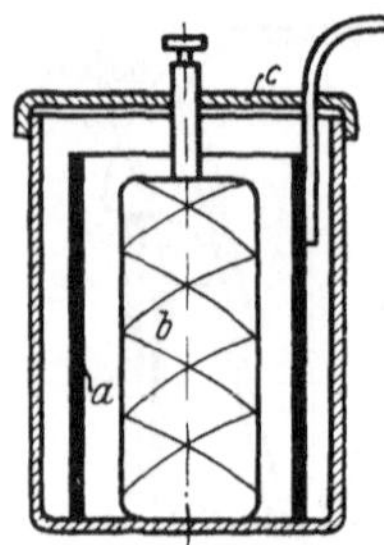

Wasser zurückzuverwandeln. Indessen beansprucht diese Depolarisation eine gewisse Zeit, weshalb bei diesen Elementen bei dauernder Stromentnahme die Spannung verhältnismäßig schnell abfällt. Nach erfolgter Stromunterbrechung erholt sich das Element wieder.

Die Spannung des Elementes ist fast genau gleich 1,5 Volt. Sein innerer Widerstand ist so gering, daß er praktisch vernachlässigt werden kann.

b) Das **Trockenelement** ist ebenfalls ein Braunsteinelement wie das vorstehend geschilderte. Nur ist die Flüssigkeit durch Hinzusetzen von Sägespänen, Gips oder altem Weizenmehl aufgesaugt. Das Ganze ist, meist in einem geteerten Pappgefäß, fest vergossen. Ein solches Element

Abb. 3. Beutelelement.

ist sehr leicht zu befördern und aufzustellen. Es hat ungefähr dieselbe Spannung wie das nasse Element, aber einen größeren inneren Widerstand, der indes 0,2 Ohm selten übersteigt.

4. Sammler (Akkumulatoren).

Die vorstehend geschilderten Elemente heißen primäre. Sie erzeugen den Strom selbst. Im Gegensatz dazu müssen die sekundären Elemente, Sammler oder Akkumulatoren (auch Stromspeicher) genannt, erst durch einen fremden Strom aufgeladen werden, ehe sie zur Stromabgabe verwendet werden können. Eine neuzeitliche Sammlerzelle weist folgende Bauart auf: Zwei rechteckige, gitterförmig ausgebildete Bleiplatten stehen in einem Gefäß mit Schwefelsäure. In die Zwischenräume der einen Platte ist Mennige (bleisaures Blei, Pb_3O_4), in die der anderen Platte Bleiglätte (Bleioxyd, PbO) gepreßt. Verbindet man die Mennigeplatte mit dem positiven und die Bleiglätteplatte mit dem negativen Pole einer Gleichstromquelle, so zersetzt der in der Sammlerzelle von der Mennige- zur Bleiglätteplatte fließende Strom die Flüssigkeit. An der Mennigeplatte scheidet sich Sauerstoff aus und ver-

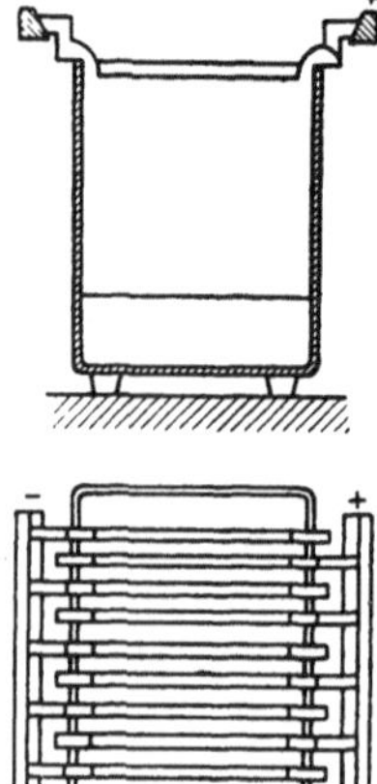

wandelt die Mennige in Bleisuperoxyd (PbO_2), an der Bleiglätteplatte sammelt sich Wasserstoff, der sich mit dem Sauerstoff der Bleiglätte zu Wasser verbindet und diese in metallisch reines Blei (Pb) in schwammigem Zustande verwandelt. Es ist also jetzt eine Bleisuperoxyd- und eine Bleiplatte vorhanden. Erstere (die positive) sieht dunkelbraun, letztere (die negative) grau aus. Verbindet man die beiden Platten durch eine Leitung, so geht ein elektrischer Strom von der Superoxydplatte, die sich dadurch als positiver Pol erweist, zur Bleiplatte. Während der Stromentnahme (Entladung) sammelt sich an der Superoxydplatte Wasserstoff, der ihr den bei der Ladung aufgenommenen Sauerstoff wieder entzieht, und an der Bleiplatte Sauerstoff, der wieder Bleiglätte bildet. Ist die Rückbildung vollendet, so hört die Stromentnahme auf. Die Zelle ist erschöpft. Bei Wiederaufladung durch einen fremden Strom bildet sich wieder Bleisuperoxyd und Blei, und die Zelle kann wieder Strom abgeben.

Abb. 4. Sammler (Akkumulator).

Um die Aufnahmefähigkeit (Kapazität) einer Zelle zu vergrößern, vereinigt man meist mehr als zwei Platten in einer Zelle (Abb. 4) und verbindet die positiven Platten einerseits und die negativen Platten andererseits durch je einen angelöteten Bleistreifen. In der Regel ist die Zahl der negativen Platten um eine größer als die der positiven, so daß die äußeren Platten stets negativ sind. Unter Kapazität eines Sammlers versteht man das Produkt aus der Stromstärke in Ampère, mit der er entladen werden kann, und der Anzahl der Stunden, durch welche er diesen Strom abgeben kann (Ampèrestunden). Die Spannung einer Zelle (d. h. eines Plattenpaares oder einer Vereinigung von Plattenpaaren nach Abb. 4) während der Entladung beträgt rund 2 Volt. Sie sinkt längere Zeit nur ganz allmählich, dann schneller. Ist die Spannung auf 1,8 Volt abgefallen, so muß der Sammler neu aufgeladen werden. Weitere Entladung würde zum Zerfall der Masse auf den Platten führen. Der innere Widerstand einer Sammlerzelle ist so gering, daß er nicht in Rechnung gestellt zu werden braucht. — Die Sammlerzellen werden in gleicher Weise wie die Elemente zu Batterien zusammengeschaltet.

C. Die Leitungen.

Die Telegraphenleitungen werden entweder oberirdisch oder unterirdisch oder auch unter Wasser geführt. Die oberirdischen Leitungen bestehen meist aus blankem Draht. Nur in ganz besonderen Fällen (z. B. bei Kreuzungen mit Starkstromleitungen oder großer Annäherung an solche), und dann auch nur auf kurze Strecken, werden isolierte Drähte verwendet. Die oberirdischen Leitungen werden auch Freileitungen genannt. Sie sollen zuerst erörtert werden.

1. Die Freileitungen.

a) Material. Sie werden aus verzinktem Eisendraht in einer Stärke von 5 mm für weite Fernleitungen und in einer Stärke von 4 mm für die übrigen Leitungen hergestellt. Nur in dichten Industriegegenden, wo die Abgase der Fabriken stark säurehaltig sind, werden Bronzedrähte von 2 oder 3 mm Durchmesser verwendet.

b) Die Isolatoren. Um die Leitungsdrähte gegen Ableitung des Stromes zur Erde zu sichern, werden sie auf Isolatoren befestigt. Diese Isolatoren sind in der Regel aus Porzellan, doch findet man in einigen Ländern auch Glasisolatoren, die indes zerbrechlicher sind als die Porzellanisolatoren. Abb. 5 zeigt einen Isolator nebst einer eisernen Stütze. Der Leitungsdraht wird entweder in die seitliche Auskehlung (wie in der Abbildung) oder in die obere Einkerbung gelegt und mit Bindedraht (wie später erläutert) befestigt. Vom Leitungsdraht über den Isolator zur Stütze abirrender elektrischer Strom nimmt, wenn der Isolator frei ist von Rissen und Sprüngen, seinen Weg nur auf der Oberfläche des Isolators. Daher ist der Isolator so ausgebildet, daß dieser Weg möglichst lang wird. Durch Feuchtigkeit wird die Leitungsfähigkeit des Isolators erhöht. Seine Oberfläche ist daher glasiert, damit der Regen nicht haftet, und ein Teil (von a bis b) so angeordnet, daß er vom Regen nicht getroffen wird. Da aber auch Anhaften von klebrigem Staub und Ruß die Isolierfähigkeit der Isolatoren verschlechtert, so müssen sie häufiger geputzt werden. Die Isolatoren werden hauptsächlich in drei Größen angefertigt

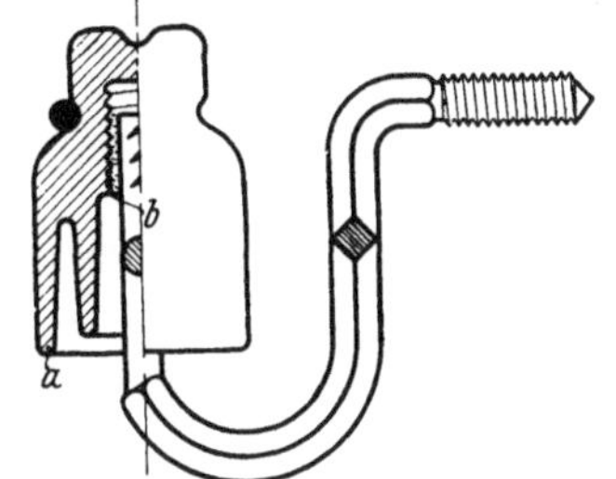

Abb. 5. Isolator mit eiserner Stütze.

und zwar besitzt	Größe I	Größe II	Größe III
einen größten Durchmesser von .	86 mm	70 mm	58 mm
und eine Höhe von	141 mm	100 mm	75 mm

Damit der Isolator fest sitzt, wird der mit gewindeförmigen Vorsprüngen versehene obere Teil der eisernen Stütze mit eingefettetem Hanf umwickelt und der Isolator, der in seinem oberen Teil innen ebenfalls ein Gewinde besitzt, fest darauf gedreht[1]).

Bei den Pr.H.St.B. sind die Isolatoren in einem gewissen Abstande vom unteren Rande mit einem 17 mm breiten eingebrannten grünen Ringe versehen, um die an ihnen angebrachten Leitungen als bahneigene zu kennzeichnen.

c) Die Gestänge und die Isolatorenträger. Die Isolatorenstützen werden nach Aufdrehung der Isolatoren in hölzerne Telegraphenstangen eingeschraubt, die auf $\frac{1}{5}$ bis $\frac{1}{4}$ ihrer Länge in die Erde eingegraben sind (Abb. 6). Diese Stangen sind meist Kiefernstämme, die in den Monaten Dezember bis Februar geschlagen werden sollen. Ihr Durchmesser am Zopfende (oberen Ende) soll 15 cm betragen. Sie werden in Längen von 7, 8,5, 10 und 12 m verwendet, je nachdem wieviel Leitungen und in welcher Mindesthöhe sie angebracht werden. Für besondere Verhältnisse (Kreuzungen mit anderen Linien u. a.) können auch größere Längen in Frage kommen. Größere Längen können indes auch durch Anschuhen erzielt werden (Abb. 7). Am oberen Ende werden die Stangen dachförmig unter einem Winkel von 45° zugeschärft. Die Stangen sind abzuschälen, d. h. von der Rinde zu befreien, und an den Aststellen zu behobeln. Zum Schutz gegen Fäulnis werden bei den Pr.H.St.B. die Stangen mit Teeröl getränkt. Die Tränkung erfolgt in einem Kessel unter $1\frac{1}{2}$ bis $2\frac{1}{2}$ Atm. Überdruck nach ganz bestimmten Vorschriften[2]).

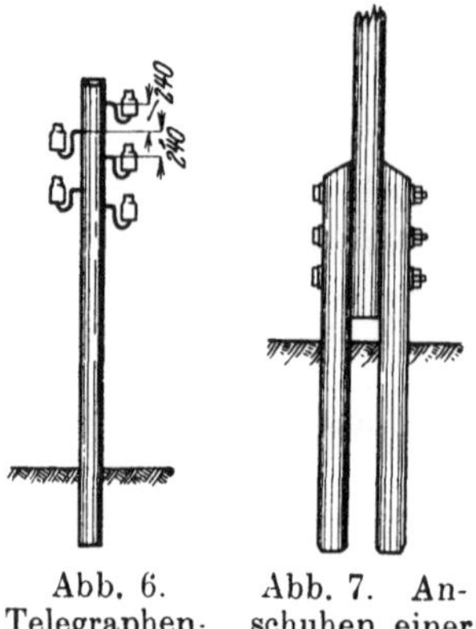

Abb. 6.
Telegraphenstange.

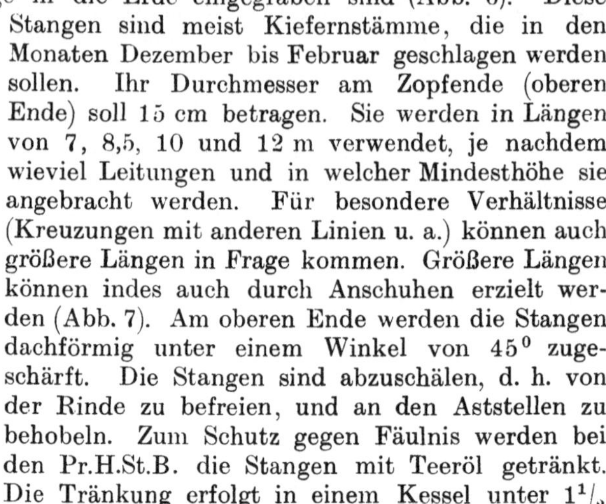

Abb. 7. Anschuhen einer Telegraphenstange.

In Krümmungen oder Knickpunkten der Leitungsführung müssen die Stangen durch Anker oder Streben gegen den Seitenzug gesichert werden[3]).

Ist die Zahl der Leitungen so groß, daß ein Gestänge aus einfachen Stangen keine genügende Tragfähigkeit mehr besitzen würde. so werden Spitzböcke, gekuppelte Stangen oder Doppelgestänge benutzt. Abb. 8 zeigt einen Spitzbock. Hat der Spitzbock einen erheblichen Seitenzug senkrecht zur Richtung der Drahtleitungen auszuhalten, wie z. B. an Winkelpunkten oder in scharfen Krümmungen, so wird er durch Schwellenstücke a und b gegen Kanten gesichert. Die Anordnung dieser Schwellenstücke in Abb. 8 entspricht einer Seitenbeanspruchung in der Richtung des eingezeichneten Pfeiles. Die Stange 1 wird auf Druck, Stange 2 auf Zug beansprucht.

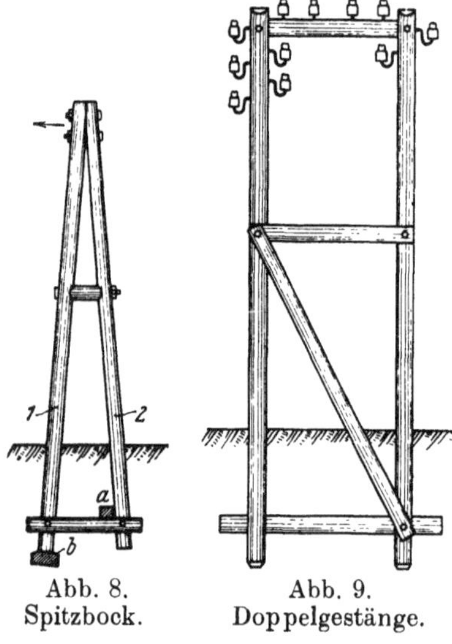

Abb. 8.
Spitzbock.

Abb. 9.
Doppelgestänge.

---

[1]) Im Kriege hat man statt des Hanfes wegen Rohstoffmangels geteerte Papierhülsen verwendet, die sich gut bewährt haben.

[2]) Näheres über Tränkung von Telegraphenstangen bei Strecker, (s. Literatur) S. 732 (1014).

[3]) Näheres hierüber s. unter d. Leitungsbau, S. 329 und 330.

Eine gekuppelte Stange besteht aus zwei nebeneinanderstehenden einfachen Stangen, die in bestimmten Abständen durch Bolzen verbunden sind. Sie wird an Stelle eines Spitzbockes verwendet, wo der Platz für einen solchen nicht ausreicht.

Werden die Gestänge noch weiter belastet, so daß auch der Spitzbock nicht ausreicht, muß man zum Doppelgestänge übergehen (s. Abb. 9).

Um eine größere Anzahl von Leitungen an den Gestängen unterbringen zu können, werden Doppel-I-Stützen, Winkelstützen und Querträger verwendet. Abb. 10 zeigt eine Doppel-I-Stütze. Sie eignet sich nur zur Anbringung schwächerer Leitungen bis zu etwa 3 mm Durchmesser. Abb. 11 zeigt die aus Flacheisen zusammengesetzte Winkelstütze für zwei Leitungen[1]). Sie gestattet die Unterbringung von 4 Leitungen auf derselben Stangenlänge, auf die bei Verwendung einfacher Stützen nach Abb. 5 zwei Leitungen kommen. Sie ist auch für schwerere Leitungen geeignet. In Abb. 12a bis c sind verschiedene Arten von Querträgern für einfache Telegraphenstangen dargestellt. Der Querträger 1 in Abb. 12a besteht aus zwei Flacheisen, während die Querträger 2 und 3 aus [-Eisen gebildet sind. Die Querträger werden entweder durch

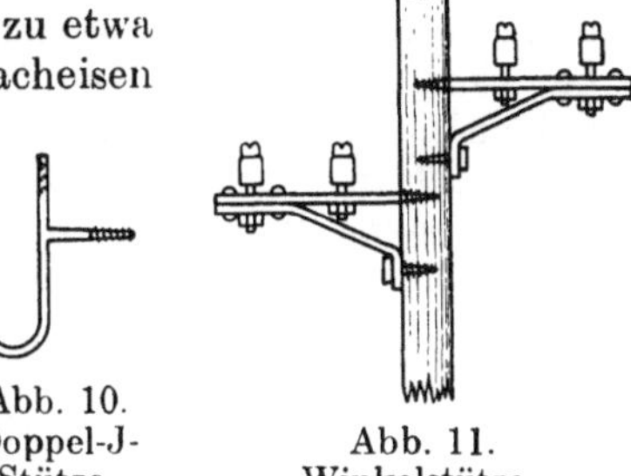

Abb. 10. Doppel-J-Stütze.

Abb. 11. Winkelstütze.

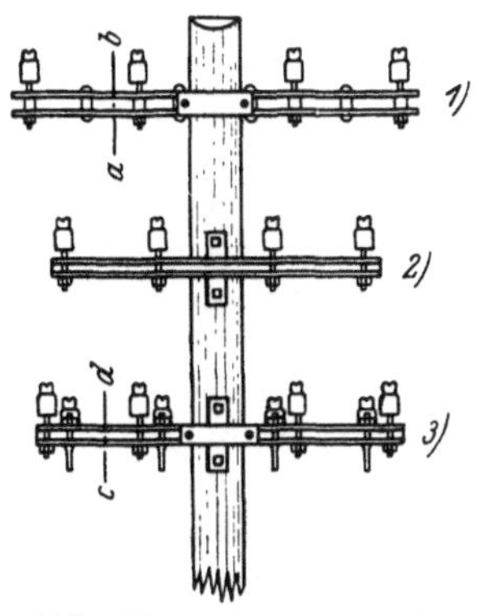

Abb. 12a. Querträger für Einfachgestänge.

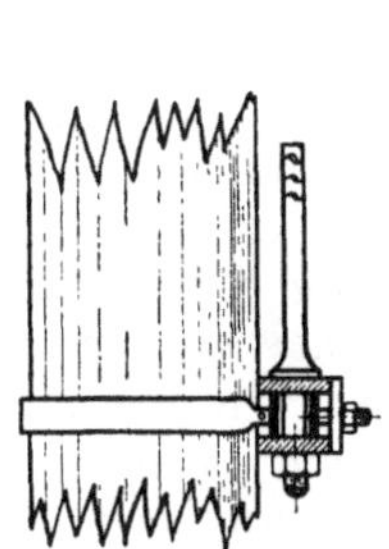

Abb. 12b. Schnitt a—b in Abb. 12a.

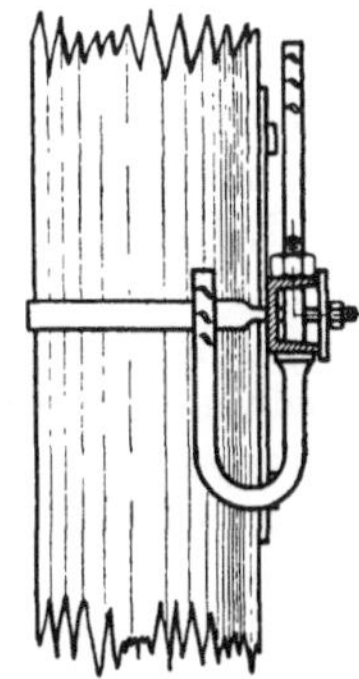

Abb. 12c. Schnitt c—d in Abb. 12a.

eine Schelle an der Stange festgeklemmt (vgl. Querträger 1 und Schnitt *a* bis *b*) oder mittels eines angenieteten Flacheisens und zweier Holzschrauben an der Stange festgeschraubt (vgl. Querträger 2). Bei sehr stark belasteten Querträgern kommen auch beide Befestigungsarten gleichzeitig vor (vgl. Querträger 3 und Schnitt *c* bis *d*). Die Querträger 1 und 2 sind vierteilig, d. h. zur Aufnahme von vier Leitungen bestimmt. Der Querträger 3 ist achtteilig und gestattet das Anbringen von acht Leitungen. Er besitzt gerade und gebogene Stützen für die Isolatoren[2]).

Abb. 13. Querträger für Doppelgestänge.

[1]) Die Winkelstützen können auch aus U-Eisen mit Flacheisenstreben hergestellt werden.

[2]) Die Verwendung von Doppel-I-Stützen und die Anordnung von geraden und gebogenen Stützen auf Querträgern bietet noch besondere Vorteile für die induktionsfreie Anbringung von Doppelfernsprechleitungen. (Hierzu vgl. unter II., G. S. 393).

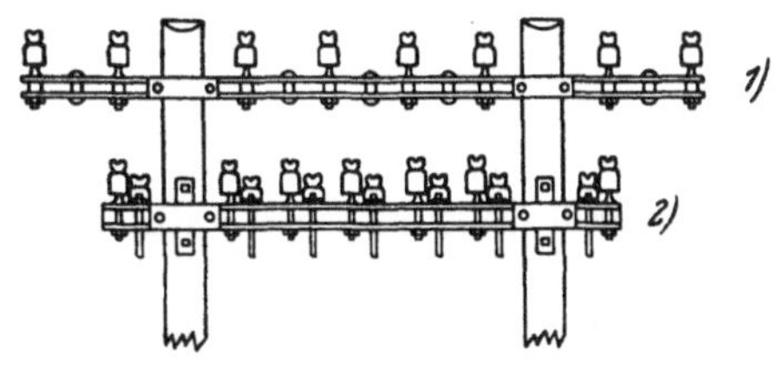

Abb. 13 zeigt Querträger für Doppelgestänge. Sie sind ähnlich ausgebildet wie die für Einfachgestänge und zwar aus Flacheisen (1) oder aus U-Eisen (2).

d) Der Leitungsbau. Die Telegraphenleitungen werden in der Regel als einfache Leitungen hergestellt. Die Rückleitung des Stromes geht durch die Erde. Nur wo besonders starke Beeinflussung durch Starkstromleitungen zu befürchten ist, kommt metallische Rückleitung in Frage.

Da in Deutschland auch die Reichs- und Staatstelegraphenverwaltungen der besseren Bewachung wegen ihre Telegraphenleitungen möglichst an den Eisenbahnlinien entlang gezogen haben, so hat man in der Regel gemeinsame Gestänge benutzt. Die Stangen bzw. Gestänge werden in Abständen von 50 bis 75 m aufgestellt. Die Entfernung von Gleismitte ist möglichst groß zu wählen[1]), mindestens aber so, daß die den Gleisen am nächsten liegende Leitung noch 2,5 m von Gleismitte entfernt bleibt. Die niedrigste Leitung muß mindestens 2 m über dem Erdboden sich befinden, über Fahrwegen muß eine Durchfahrthöhe von 5 m, über Gleisen eine solche von 6,5 m[2]) vorhanden sein.

Der in Ringen von etwa 50 bis 75 kg (bei 4 mm Eisendraht also z. B. 500—800 m) aufgewickelte Draht wird am besten mittels Haspels an dem Gestänge entlang abgerollt, mit einem Flaschenzug ausgereckt und alsdann auf die Isolatorenstützen gehoben. Der Draht wird um den Hals des ersten Isolators gelegt und das kurze freie Ende mehrfach um den Draht herumgeschlungen. Der Draht wird nun soweit angespannt, daß zwischen den einzelnen Gestängen (Stützpunkten) der vorgeschriebene Durchhang entsteht, der erforderlich ist, um den Längenänderungen durch Wärmeschwankungen Rechnung zu tragen. Ist der erste Isolator an einer frei stehenden Stange befestigt, so muß diese während des Anspannens des Leitungsdrahtes besonders verankert werden, um der von dem Leitungsdraht ausgehenden Zugkraft entgegenzuwirken. Das Anspannen des Drahtes erfolgt, indem man ihn über die letzte Isolatorenstütze des anzuspannenden Leitungsstückes herunter zu einem am Fuß der nächsten Stange befestigten Flaschenzug führt und diesen so lange anzieht, bis der mittels Stangen von unten aus zu messende Durchhang zwischen den einzelnen Gestängen erreicht ist. Die Verbindung zwischen Draht und Flaschenzug erfolgt durch eine beim Anspannen sich fest schließende Klemme (Froschklemme). Der der Leitung beim Bau zu gebende Durchhang richtet sich nach der Wärme zur Zeit der Bauausführung und nach dem Abstand der Stützpunkte. Z. B. ist bei einer Stützweite von 60 m der Durchhang:

für	Bei einer Wärme von					Zugfestigkeit in kg/qmm
	-10^0	0^0	$+10^0$	$+15^0$	$+20^0$ C	
Eisendraht	35 cm	41 cm	49 cm	53 cm	58 cm	40
Bronzedraht	34 cm	39 cm	46 cm	50 cm	54 cm	45

Nach Regelung des Durchhanges wird der Draht an den Isolatoren befestigt, und zwar in Krümmungen und Winkelpunkten mittels Seitenbundes (Abb. 14), in geraden Strecken zum Unterschied gegen die deutsche Reichstelegraphenverwaltung meist mittels Kopfbundes (Abb. 15). Zum Festbinden des Drahtes dient bei Eisenleitungen verzinkter Eisendraht von 2 mm, bei Bronzeleitungen weicher Kupferdraht von 1,5 bzw. 2 mm Durchmesser.

---

[1]) Umfallende Stangen sollen möglichst das Gleis nicht berühren.

[2]) Während der Truppentransporte im Kriege sind wiederholt sich unbefugt auf den Dächern der Eisenbahnwagen aufhaltende Soldaten durch die Bahn kreuzende Telegraphenleitungen schwer verletzt worden. Um derartige Unfälle auszuschließen, empfiehlt der Verfasser die Durchfahrthöhe auf 6,5 m zu vergrößern. Vorgeschrieben sind allgemein 6 m.

Vor Aufbringen des Drahtes auf die Isolatoren müssen, um eine fortlaufende Leitung zu erhalten, die verschiedenen Drahtstöße miteinander verbunden werden. Bei Eisendraht geschieht dies durch Herstellung von Wickel-

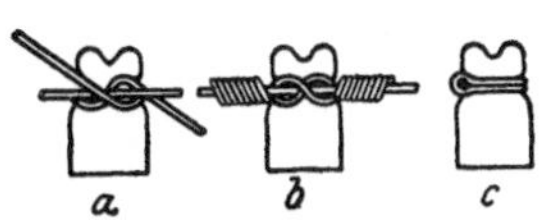

Abb. 14a—c. Befestigung des Leitungsdrahtes mittels Seitenbundes.

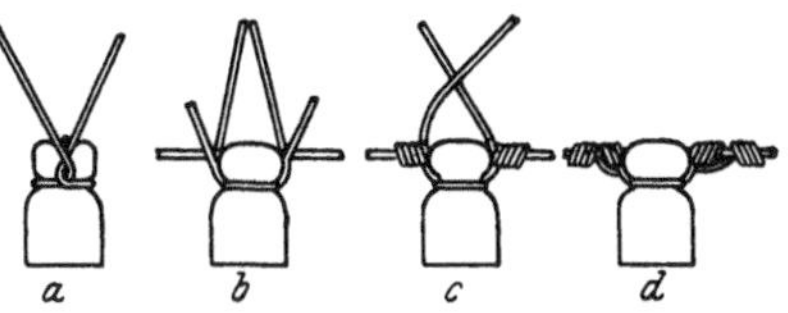

Abb. 15a—d. Befestigung des Leitungsdrahtes mittels Kopfbundes.

lötstellen (Abb. 16). Der Wickeldraht ist verzinkter Eisendraht von 1 oder 1,7 mm Durchmesser. Nachdem |der Draht fertig gewickelt ist, wird die Wickelstelle mit Lötwasser bestrichen und in geschmolzenes Zinnlot getaucht, das auf diese Weise alle Lücken zwischen den Drähten ausfüllt. Bei Bronze-

Abb. 16. Wickellötstelle.

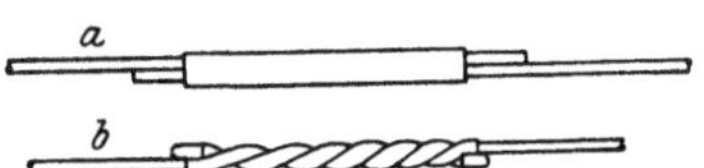

Abb. 17a—b. Leitungsverbindung durch Hülse (Würgestelle).

leitungen werden die Drahtenden in entgegengesetzter Richtung durch eine im Querschnitt ovale Kupferhülse gesteckt, so daß ihre Enden etwas hervorstehen (Abb. 17a—b). An jedem Ende der Hülse wird nunmehr ein Feilkloben fest aufgespannt. Dann werden die beiden Kloben in entgegengesetzter Richtung mehrmals herumgedreht, wodurch sich die Hülse und die Drähte schraubenartig miteinander verwinden (Würgestellen). Zum Schluß werden die überstehenden Enden umgebogen.

Der Materialbedarf an Drahtsorten für den Leitungsbau ergibt sich aus folgender Zusammenstellung:

Es sind erforderlich für	Leitungsdraht auf 1 km	Wickeldraht auf 1 km	Kupferhülsen auf 1 km	Bindedraht auf je 100 Bindungen
Eisenleitungen von 4 mm ϕ	103 kg	0,25 kg Eisendraht 1 mm ϕ	—	3,5 kg Eisendraht 2 mm ϕ
Eisenleitungen von 5 mm ϕ	159 kg	0,25 kg Eisendraht 1 mm ϕ	—	3,5 kg Eisendraht 2 mm ϕ
Bronzedraht von 1,5 mm ϕ	18 kg	—	3	1,6 kg Kupferdraht von 1,5 mm ϕ
Bronzedraht von 2 mm ϕ	29 kg	—	3	1,6 kg Kupferdraht von 1,5 mm ϕ
Bronzedraht von 3 mm ϕ	65 kg	—	4	2,8 kg Kupferdraht von 2 mm ϕ
Bronzedraht von 4 mm ϕ	115 kg	—	5	2,8 kg Kupferdraht von 2 mm ϕ

Eine Überlastung der Gestänge ist zu vermeiden. So dürfen z. B. bei einem Stützpunktabstand von 50 m an einfachen Stangen nur 32, an Doppelgestängen nur 85 Leitungen von 4 mm ϕ angebracht werden, bei einer Stützweite von 75 m nur 16 bzw. 60 Leitungen.

In Winkelpunkten sowie in Krümmungen wird durch die Leitungsdrähte ein Seitenzug auf die Gestänge ausgeübt. Dieser ist durch Anker (Abb. 18) oder Streben (Abb. 19) aufzunehmen, und zwar bei einfachen Stangen stets, bei Doppelgestängen nur bei schärferen Knicken oder Krümmungen. Die Anker werden aus verseilten Drähten hergestellt. Aber auch in gerader Strecke sind die Gestänge von Zeit zu Zeit zu verstreben und zu verankern, am besten durch Anbringung eines Ankers und einer Strebe nach derselben Seite und an derselben Stange (Abb. 20). Die Gestänge aller Art müssen in ge-

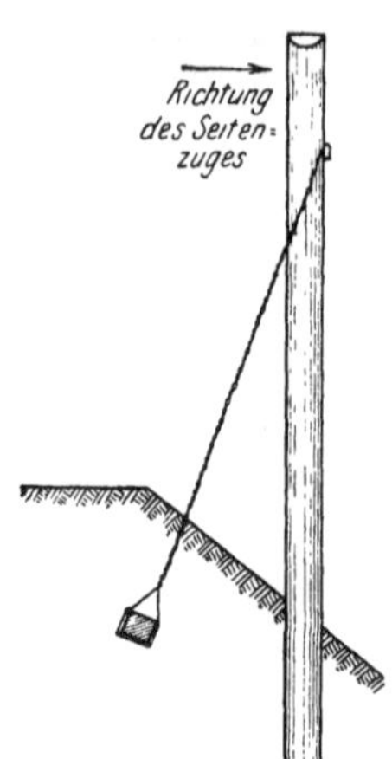

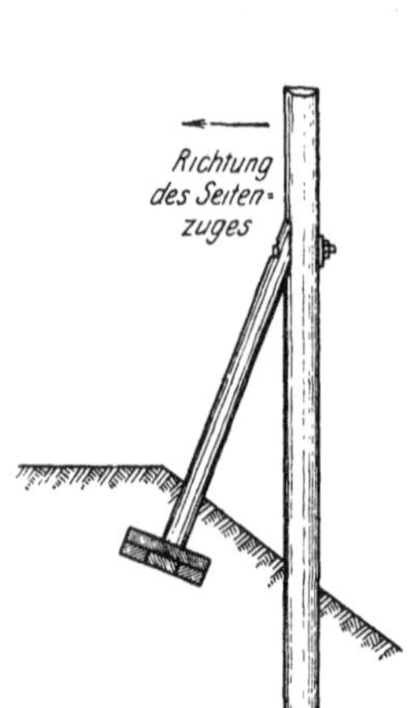

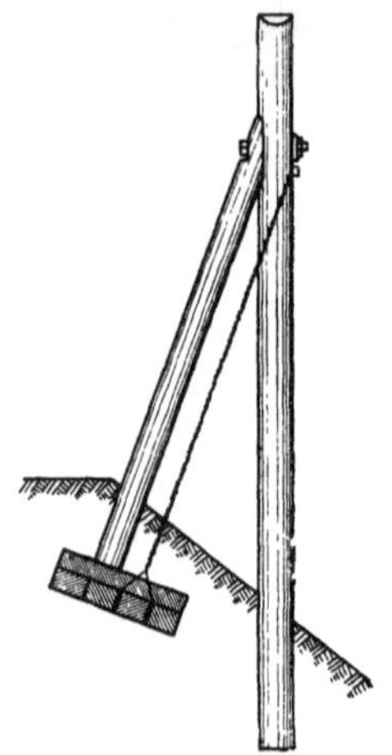

Abb. 18. Sicherung einer Telegraphenstange durch Anker.

Abb. 19. Sicherung einer Telegraphenstange durch Strebe.

Abb. 20. Sicherung einer Telegraphenstange durch Strebe und Anker.

wissen Abständen auch in der Richtung der Linienführung verankert bzw. verstrebt werden (Vor- und Rückanker bzw. -streben). Hierdurch wird verhindert, daß sich der Zusammenbruch der Gestänge, der bei umfangreichen Drahtbrüchen in einem Felde (z. B. bei Rauhreif) infolge einseitiger Belastung der Gestänge eintritt, allzuweit fortpflanzt.

Muß eine Freileitung zwecks Zuführung zu einem Gebäude oder Anbringung einer Untersuchungsstelle unterbrochen werden, so werden Abspann-

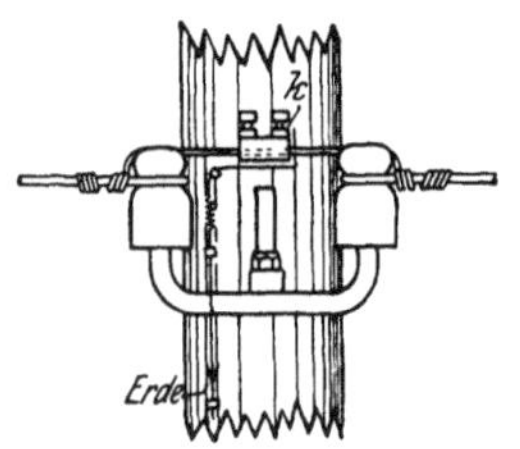

Abb. 21. Abspannkonsol mit Untersuchungsstelle.

konsole an dem Gestänge angebracht. Abb. 21 zeigt ein solches Abspannkonsol in Verbindung mit einer Untersuchungsstelle. Der Raum zwischen den an den Isolatoren endigenden Leitungstrecken ist bei Untersuchungsstellen durch zwei dünnere Drähte überbrückt, die in einer gemeinsamen Klemme k durch Schrauben festgeklemmt sind. Solche Untersuchungsstellen dienen bei Leitungsstörungen zur Eingrenzung der Störungsstelle.[1]

Zwecks Einführung in die Gebäude führen von den Abspannkonsolen blanke Drähte bis zu Isolatoren (oft besonders geformte End- oder Einführungsisolatoren), die an den Gebäuden befestigt sind. Von hier aus führen isolierte Leitungen (meist Gummidraht mit Kupferader) in die Gebäude hinein. In Innenräumen wird für die Leitungsführung entweder auch Gummidraht verwendet oder aber, wenn die Räume trocken sind, der billigere Wachsdraht, dessen Isolation aus Baumwolle und Wachs besteht.

2. Die Kabelleitungen.

Freileitungen sind den Witterungseinflüssen stark ausgesetzt. Gewitter machen oft jeden Verkehr auf den Leitungen unmöglich. Stürme und Schneefälle rufen häufig lang anhaltende Störungen hervor. Im Gegensatz hierzu

---

[1] Näheres über Störungen s. unter I, D, 9. S. 348.

ermöglichen die Kabel einen gegen diese Störungen vollkommen gesicherten Betrieb. Ihrer allgemeinen Anwendung für Telegraphenleitungen stehen in der Hauptsache die sehr viel höheren Kosten entgegen.

Man unterscheidet:

Luftkabel, die an besonderen Tragseilen aufgehängt werden;

Röhrenkabel, die in unterirdisch verlegte Zement- oder Tonrohre eingezogen werden;

Erdkabel, die unmittelbar ins Erdreich verlegt werden;

Fluß- oder Unterwasserkabel, die unter Wasser verlegt werden.

Bei den Eisenbahnverwaltungen kommen Erdkabel am häufigsten vor.

Zur Isolation benutzt man Gummi, Guttapercha, Faserstoff oder Papier. Am besten, aber auch am teuersten sind die Guttaperchakabel. Infolge ihrer hohen Empfindlichkeit gegen Sonnenbestrahlung werden sie nicht als Luftkabel, sondern nur als Röhren- und Erdkabel, besonders aber als Fluß- oder Seekabel verwendet.

Ihrer billigeren Herstellung wegen finden die Papierkabel immer umfangreichere Verwendung. Eindringende Feuchtigkeit setzt die Isolationsfähigkeit des Papiers (wie auch des Faserstoffes) bedeutend herab. Derartige Kabel müssen daher durch Umpressen mit einem nahtlosen Bleimantel besonders sorgfältig gegen Feuchtigkeit geschützt werden. Auch müssen an den Verbindungsstellen solcher Kabel untereinander oder mit Zuführungsleitungen oder Freileitungen besondere Einrichtungen getroffen werden, die das Eindringen von Feuchtigkeit unbedingt ausschließen (Kabelverschlüsse, Kabelendverschlüsse). In diesen Verschlüssen werden die Kabeladern einzeln mit den weiterführenden Leitungen (isolierten Drähten oder den Kabeladern des anschließenden Kabels) verbunden. Die Verbindungsstellen werden jede für sich durch Umwickeln isoliert. Dann wird der ganze Verschluß mit Isoliermasse vergossen. Hierzu wird häufig auch Öl verwendet (Ölendverschluß)[1]. An den Anschlüssen von Freileitungen an Kabel müssen Blitzableiter (am besten Luftleerblitzableiter)[2] vorgesehen werden. Die Endisolatoren, die isolierten Zuführungsdrähte, die Blitzableiter und die Kabelendverschlüsse werden meist in besonderen Kabelanschlußsäulen vereinigt. Bei dem Anschluß eines Kabels an Innenleitungen werden die Anschlußklemmen, die isolierten Verbindungsdrähte, die von den Anschlußklemmen zu den Kabelendverschlüssen führen, und die Endverschlüsse in einem Kabelschrank untergebracht.

Abb. 22 zeigt ein Papiertelegraphenkabel im Querschnitt[3]. Die einzeln mit Papier (bei Papierfaserstoffkabeln mit Papier und Faserstoff) umsponnenen Kupferleiter a von meist 1,5 mm Durchmesser werden in konzentrischen Ringen verseilt und mit Band b umwickelt. Die so entstandene Seele wird, nachdem sie mit Isoliermasse getränkt ist, mit einem Bleimantel c umpreßt. In diesem Zustand kann das Kabel als Luft- oder Röhrenkabel Verwendung finden. Oft wird es aber auch hier noch mit Band umwickelt. Für die Verwendung als Erdkabel erhält es noch eine Armierung, um es gegen Beschädigungen bei Erdarbeiten zu schützen. Über den Bleimantel kommt eine Papierlage, über diese eine getränkte Jutebespinnung d. Hierauf wird die aus Rund-, Flach- oder Bandeisen be-

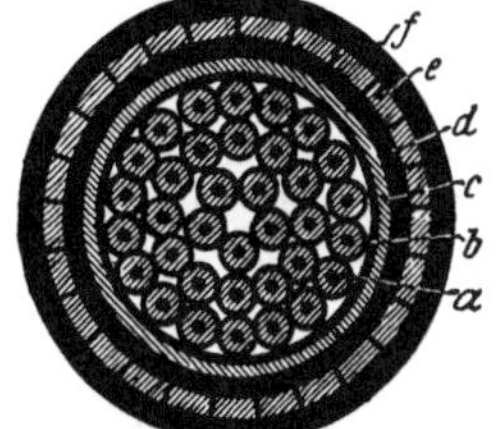

Abb. 22. Schnitt durch ein Papiertelegraphenkabel.

[1] Vgl. Stellwerk 1911, S. 13 (Endverschlüsse und Kabelverteiler mit Ölisolation) und S. 145 (Lehmann, Überführungs- und Endverschlüsse mit Ölisolation und eingebauten Luftleerblitzableitern).

[2] Über geeignete Blitzableiter, s. unter F. S. 389.

[3] Über Fernsprechkabel siehe unter II, G. S. 394.

stehende Armierung *e* herumgewunden und diese wieder zum Schutz gegen chemische Einflüsse mit ein oder zwei asphaltierten Jutelagen *f* umgeben. Um die Lage des in die Erde eingegrabenen Kabels jederzeit feststellen zu können. sind in den Erdboden in gewissen Abständen und in allen Winkelpunkten Kabelmerkzeichen (gußeiserne, nach unten offene Kästen) einzulassen.

3. Erdleitungen.

Die Übergangsstellen von den Leitungen zur Erde heißen Erdleitungen. Sie dürfen nur einen geringen Übergangswiderstand bieten. Sonst geht ein wesentlicher Teil des aus einer Leitung in die Erde abzuleitenden Stromes in eine an dieselbe Erdleitung angeschlossene Leitung über und führt dort zu Störungen des Betriebes (zu unbeabsichtigtem Auslösen von Läutewerken. zu Mißverständnissen bei den Zugmeldungen u. a.). Der Widerstand einer Erdleitung soll daher 10 Ohm nicht übersteigen. Um den Übergangswiderstand w_e einer Erdleitung zu bestimmen, müssen noch zwei andere Hilfserden von zunächst ebenfalls unbekannten Übergangswiderständen w_h^1 und w_h^2 (Anschluß an Gleise, Stellwerke, Wasserleitungen oder dergl.) herangezogen werden. Es müssen nun drei Messungen vorgenommen werden, wie sie durch Abb. 23 veranschaulicht sind. Irgendeine aus isolierten Drähten hergestellte Messleitung von bekanntem Widerstande, in die ein Milliampèremeter und eine Batterie mit der Spannung E eingeschaltet ist, wird zunächst mit einem Ende an die zu bestimmende Erde w_e und mit dem anderen Ende an eine der Hilfserden, z. B. w_h^1, gelegt. Der Ampèremeter zeige den Ausschlag i_1 (in Ampère gemessen). (Abb. 23a). Alsdann wird die Meßleitung an die Erde w_e und die zweite Hilfserde w_h^2 gelegt. Es ergebe sich der Ausschlag i_2. (Abb. 23b). Schließlich legt man die Meßleitung an die beiden Hilfserden w_h^1 und w_h^2. Man erhalte am Ampèremeter einen Ausschlag i_3 (Abb. 23c). Bezeichnet w_l den bekannten Leitungswiderstand (einschließlich des inneren Widerstandes der Meßbatterie), so ergeben sich aus den drei Messungen nach dem Ohmschen Gesetz die folgenden drei Gleichungen:

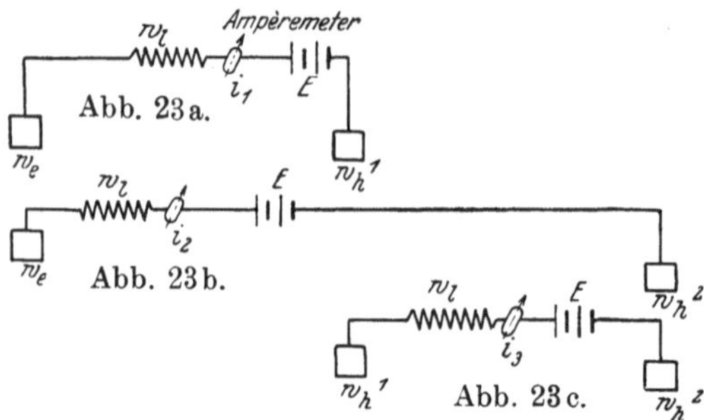

Abb. 23. Widerstandsmessung einer Erdleitung.

$$[(w_e + w_h^1) + w_l]\, i_1 = E$$
$$[(w_e + w_h^2) + w_l]\, i_2 = E$$
$$[(w_h^1 + w_h^2) + w_l]\, i_3 = E.$$

Aus diesen drei Gleichungen mit den drei Unbekannten w_e, w_h^1 und w_h^2 läßt sich w_e durch Rechnung bestimmen.

Die drei Messungen sind mehrmals vorzunehmen. Aus den sich so ergebenden Werten für w_e ist der Durchschnittswert zu ermitteln.

Zur Herstellung der Erdanschlüsse benutzt man Erdplatten aus Zink- oder Kupferblech (nicht in Trinkwasserbrunnen verlegen) von wenigstens 1 zu 1 m Größe, die in gutleitendem (also dauernd feuchtem) Erdreich einzugraben sind, d. h. möglichst unter dem tiefsten Grundwasserstand. Wo das nicht möglich ist, müssen größere Platten oder mehrere Platten an einer Sickerstelle des Tagewassers in zerkleinertem Koks eingebettet werden, nebenher empfiehlt sich Verbindung mit Eisenbahnschienen, Gas- und Wasserleitungen u. dgl.

An eine Erdleitung von einem Widerstand bis zu 10 Ohm dürfen nicht mehr als sechs Leitungen angeschlossen werden.

D. Bauart, Schaltung und Bedienung der Telegraphenapparate im Eisenbahnbetriebe.

1. Allgemeines. Stromart. Arbeits- und Ruhestrom. Telegrammabgabe.

Abb. 24 zeigt die grundsätzliche Anordnung eines Morse-Schreibtelegraphen. Auf der Abgabestation führt die von der Batterie B kommende Leitung über einen in Ruhestellung geöffneten Stromschließer k_1 zur Achse des um a drehbaren Tasters T, von dort durch die Außenleitung L zur Wicklung des Elektromagneten M der Empfangsstation, über diese zur Erde und durch die Erde zur Batterie B der Abgabestation zurück. Über den Polen des Magneten M befindet sich als Anker ein um b drehbarer Schreibhebel S, der an seinem anderen Ende einen Schreibstift s trägt. Vor der Spitze des Schreibstiftes läuft ein Papierstreifen P, der durch die beiden durch ein ausschaltbares Uhrwerk ange-

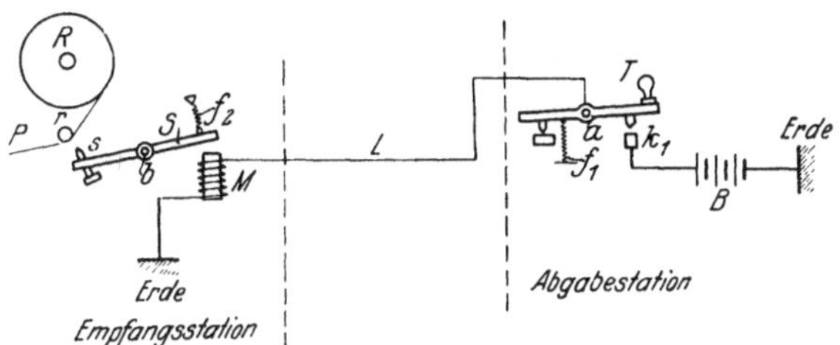

Abb. 24. Grundgedanke eines Morseschreibers (Arbeitsstrombetrieb).

triebenen Rollen R und r geführt wird. Zwei Federn f_1 und f_2 halten den Taster und den Schreibhebel in der gezeichneten Grundstellung fest.

Durch Drücken auf den Knopf des Tasters T wird der Stromschließer k_1 geschlossen. Die Batterie B entsendet einen Strom in die Leitung, der den Magneten M erregt. Dieser zieht seinen Anker S an, der Schreibstift s drückt gegen den abrollenden Papierstreifen P und erzeugt auf diesem einen ununterbrochenen Strich so lange, bis der Taster T wieder losgelassen wird. Dann ziehen die beiden Federn f_1 und f_2 den Taster und den Schreibhebel wieder in die Grundstellung. Durch verschieden langes Drücken auf den Knopf des Tasters kann man also kurze und lange Striche auf dem Papierstreifen erzeugen. Die kurzen Striche heißen Punkte. Durch verschiedenartige Zusammenstellung von ein bis vier Punkten bzw. Strichen werden die Buchstaben des Alphabets, durch Zusammenstellung von fünf Zeichen die Ziffern und durch sechs die Interpunktionszeichen dargestellt.

Abb. 25a—c enthält die Zusammenstellung der üblichen Zeichen des sogenannten Morsealphabets. Es bedeutet z. B.

T e l e g r a m m N r . 4

Bei der in Abb. 24 dargestellten Schaltung fließt in der Ruhestellung kein Strom. Strom fließt vielmehr nur, wenn bei Aufgabe eines Telegramms der Taster niedergedrückt wird, d. h. wenn die Einrichtung arbeitet. Man sagt, der Apparat arbeitet mit Arbeitsstrom.

Abb. 26 zeigt eine Anlage mit Ruhestrombetrieb, und zwar unter Verwendung von deutschem Ruhestrom. In der Ruhestellung fließt Strom aus der Batterie B über die Achse a des Tasters der Abgabestation und dessen geschlossenen Kontakt k_2 durch die Außenleitung L zum Magneten M der Empfangsstation. Dieser hält seinen Anker angezogen. Wird durch Drücken auf den Knopf des Tasters der Strom bei k_2 unterbrochen, so reißt die Feder f_2 den Anker S (zugleich Schreibhebel) von dem Magneten ab und drückt dadurch den Schreibstift s gegen den Papierstreifen. Dieser Stift

Die Morseschrift.

a) Buchstaben:

Buchstaben	Zeichen	Buchstaben	Zeichen	Buchstaben	Zeichen
e	·	u	· · —	j	· — — —
i	· ·	r	· — ·	y	— · — —
s	· · ·	d	— · ·	q	— — · —
h	· · · ·	g	— — ·	ö	— — — ·
t	—	k	— · —	ü	· · — —
m	— —	w	· — —	x	— · · —
o	— — —	b	— · · ·	z	— — · ·
ch	— — — —	l	· — · ·	p	· — — ·
a	· —	f	· · — ·	ä	· — · —
n	— ·	v	· · · —	c	— · — ·

Ein Strich ist so lang wie drei Punkte.
Der Raum zwischen den Zeichen eines Buchstabens ist gleich einem Punkt.
Der Raum zwischen zwei Buchstaben ist gleich drei Punkten.
Der Raum zwischen zwei Wörtern ist gleich fünf Punkten.

b) Ziffern:

Ziffern	gewöhnliche	abgekürzte
1	· — — — —	· —
2	· · — — —	· · —
3	· · · — —	· · · —
4	· · · · —	· · · · —
5	· · · · ·	· · · · ·
6	— · · · ·	— · · · ·
7	— — · · ·	— — · · ·
8	— — — · ·	— — · ·
9	— — — — ·	— — — ·
0	— — — — —	—

Abgekürzte Ziffern nur bei Vergleichungen anwenden.
Römische Ziffern durch Vorsetzen von „römisch" kennzeichnen.

c) Interpunktions- und andere Zeichen:

Bedeutung	Zeichen
Punkt · · · · · · · ·	· · — · · — · ·
Komma · · · · · · · ·	· — · — · —
Semikolon · · · · ·	— · — · — ·
Doppelpunkt · · ·	— — — · · ·
Fragezeichen · · · ·	· · — — · ·
Ausrufungszeichen	— — · · — —
Apostroph · · · · ·	· — — — — ·
Bindestrich · · · ·	— · · · · —
Klammer[1] · · · · ·	— · — — · —
Anführungszeichen	· — · · — ·
Unterstreichungszeichen[1] · · · · ·	· · — — · —
Dringend · · · · · ·	— · · ·
Warten · · · · · · ·	· — · · ·
Bruchstrich · · · ·	— · · — ·

[1] Vor und hinter die zu kennzeichnenden Worte setzen.

Abb. 25 a—c.

erzeugt einen ununterbrochenen Strich auf dem Streifen solange, wie die Unterbrechung dauert.

Abb. 27 zeigt eine Anordnung mit amerikanischem Ruhestrom. Baulich unterscheidet sie sich von der in Abb. 24 nur dadurch, daß die Feder f_1

auf derselben Seite der Achse am Taster angreift wie der Knopf. Dadurch wird der vordere Stromschließer k_1 ständig geschlossen gehalten. Der Elektromagnet M hält in der Ruhelage den Schreibhebel S angezogen. Der Stift s drückt gegen den Papierstreifen. Soll der telegraphische Schriftverkehr beginnen, so wird zunächst der Taster T angehoben und dadurch der Strom unterbrochen, also derselbe Zustand hergestellt, wie er beim Arbeitsstrom in der Ruhelage vorhanden ist (vgl. Abb. 24). Durch Wiederschließen und Öffnen des Kontaktes k_1 entstehen nun wie beim Arbeitsstrombetrieb auf dem Papierstreifen Punkte und Striche.

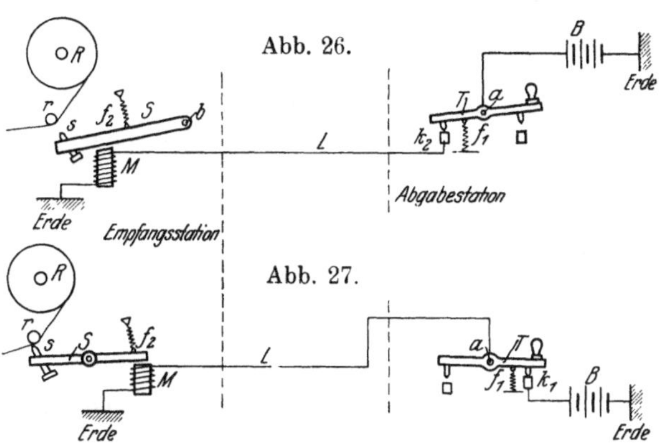

Abb. 26. Grundgedanke einer Morseleitung für deutschen Ruhestrombetrieb.

Abb. 27. desgl. für amerikanischen Ruhestrombetrieb.

Es ist ohne weiteres ersichtlich, daß man in eine Leitung auch mehrere Empfangsapparate hintereinander schalten und so ein Telegramm von einer Station gleichzeitig an mehrere Stationen geben kann. Sollen die Stationen aber beliebig untereinander verkehren können, so muß jede dieser Stationen gleichzeitig Abgabe- und Empfangsstation sein können, also sowohl Taster wie Schreibwerk erhalten. Bei Anwendung von deutschem Ruhestrom ergibt sich dann die Anordnung nach Abb. 28a, bei Arbeitsstrom nach Abb. 28b.

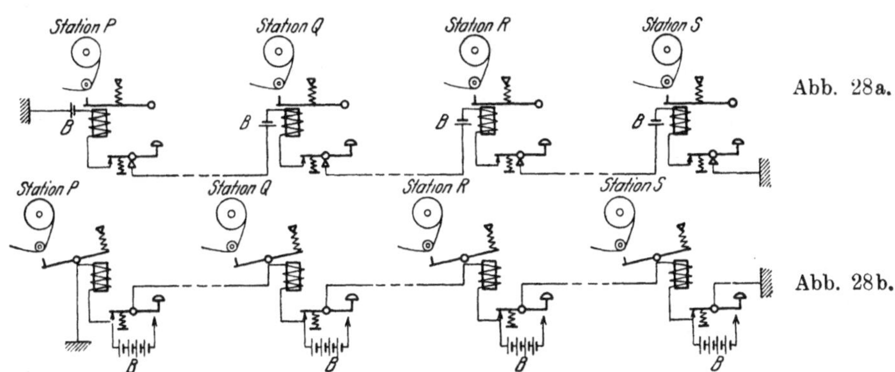

Abb. 28a. Morseleitung mit Ruhestrom.

Abb. 28b. Desgl. mit Arbeitsstrom.

Bei Ruhestrom (Abb. 28a) arbeiten stets alle bei den verschiedenen Stationen eingeschalteten Elemente B gleichzeitig, bei Arbeitsstrom (Abb. 28b) arbeiten immer nur die Elemente, die auf der das Telegramm abgebenden Station aufgestellt sind. Man braucht also bei Arbeitsstrom auf jeder Station so viel Elemente, wie nötig sind, um alle eingeschalteten Apparate gleichzeitig zu betätigen. Bei Ruhestrom braucht man im ganzen nur so viel Elemente und kann diese auf die einzelnen Stationen verteilen. Es ergibt sich dadurch eine Ersparnis von Elementen, die dadurch, daß in der Ruhelage ständig Strom verbraucht wird, meist nur teilweise wieder verloren geht, und zwar um so weniger, je stärker der Betrieb auf den Leitungen ist. Man wird daher, wenn nur zwei Stationen in eine Leitung geschaltet sind, Arbeitsstrombetrieb, wenn mehrere Stationen zusammenarbeiten sollen, Ruhestrombetrieb anwenden.

Aus diesem Grunde werden bei den Eisenbahnverwaltungen meist Ruhestromanlagen gebaut.

Wird auf irgendeiner der in Abb. 28a oder 28b eingeschalteten Stationen ein Taster betätigt, so arbeiten auf sämtlichen Stationen (also auch auf der abgebenden) die Schreibwerke in gleicher Weise. Eine Aufnahme der Telegramme erfolgt aber nur an den Stellen, wo der Telegraphenbeamte durch Einschalten des Uhrwerkes seinen Papierstreifen in Bewegung setzt. Der das Telegramm abgebende Beamte kann durch Mitlaufenlassen seines eigenen Papierstreifens die Richtigkeit der Abgabe selbst überwachen.

2. Verfahren bei Abgabe eines Telegrammes.

Darüber, wie bei der Abgabe eines Telegramms zu verfahren ist, hat jede Verwaltung besondere Bestimmungen erlassen, die aber in den wesentlichen Punkten nicht sehr voneinander abweichen. Es soll daher nur das bei den Pr.H.St.B. in den Vorschriften für den Telegraphendienst festgelegte Verfahren kurz erläutert werden.

Will z. B. in der in Abb. 28a dargestellten Leitung für Ruhestrombetrieb die Station Rota an die Station Prym (i. d. Abb. mit R u. P bez.) ein Telegramm abgeben, so telegraphiert sie zunächst ununterbrochen das für Prym festgesetzte, meist aus 1, 2 oder 3 Buchstaben bestehende Rufzeichen (z. B. Pr, - — — - - —)[1]). In dem Wechsel dieser Zeichen klappern nun die Schreibhebel aller in die Leitung eingeschalteten Morsewerke der Stationen P, Q, R und S. An dem Takt der Zeichen hört der Beamte in Prym, daß er gemeint ist. Er drückt zunächst auf seinen Taster und unterbricht so den Strom, der Stift der Schreibhebel liegt jetzt überall gegen den Papierstreifen und würde dort, wo der Papierstreifen läuft, einen ununterbrochenen Strich erzeugen. Dadurch, daß infolge der Stromunterbrechung das Morsewerk in Rota (wie die andern) aufhört zu klappern, merkt Rota, daß Prym seinen Ruf gehört hat und sich melden will. Er läßt seinen Taster los. Jetzt meldet sich Prym mit den Worten: „Hier Pr.“ Rota gibt das Verstandenzeichen (ve, - - - — -) und fügt sein eigenes Rufzeichen (z. B. Rt, - — - —) hinzu. Jetzt ist die Verbindung zwischen den Beamten in Rota und Prym hergestellt und die eigentliche Telegrammabgabe kann beginnen. Rota telegraphiert z. B. wie folgt:

- - - — - Rt Prym[2]) von Rota[2]) F[3]) Nr. 16 — - - - — An Station Prym

— - - - — Inhalt des Telegramms — - - - — Unterschrift - — - — -

— - - - — ist das Zeichen für einen Doppelstrich. Dieser wird als Trennungszeichen zwischen Nummer und Aufschrift, Aufschrift und Inhalt, sowie Inhalt und Unterschrift gesetzt. Das Zeichen - — - — - gilt als Schlußzeichen.

Hat Prym das Telegramm entziffert, so hat es nunmehr Quittung zu geben, und zwar in folgender Form:

Pr Nr. 16 - — - - — - - — -

- — - - — - - — - ist das Quittungszeichen und bedeutet $r\,r\,r$ (richtig).

---

[1]) In dieses fortgesetzte Geben des Rufzeichens für P soll die rufende Station von Zeit zu Zeit ihr eigenes Rufzeichen unter Voransetzung des Buchstabens v (Abkürzung für „von“) einschalten.

[2]) Hier müssen die Stationsnamen voll ausgeschrieben werden, Abgabe- und Empfangsstation sollen dadurch zweifelsfrei noch einmal festgestellt werden.

[3]) F ist bei den Pr.H.St.B. das Gattungszeichen für die gebührenfreien Bahntelegramme.

Hierauf gibt auch Rota das Quittungszeichen. Die Telegrammabgabe ist beendet.

Besondere Vorschriften bestehen noch für Telegramme, die gleichzeitig an mehrere in einer gemeinsamen Leitung liegenden Stationen gerichtet sind (Umlauftelegramme), und für solche, die an alle, oder wenigstens an die Mehrzahl aller in einem Leitungskreis liegenden Stationen gerichtet sind (Kreistelegramme). Bei den letzteren ruft z. B. die abgebende Station zuerst die von ihr am weitesten entfernt liegende Station des Kreises[1]). Nachdem diese sich gemeldet hat, gibt erstere etwa eine Minute lang das Zeichen *Ks* (— · — · · ·). Auf dieses Zeichen hin haben sich alle Stationen des Kreises, ohne sich zu melden, zur Telegrammaufnahme bereit zu halten.

Ist die Telegrammabgabe beendet, so gibt zunächst die entfernteste Station mit ihrem Rufzeichen, der Telegrammnummer und dem Zeichen *r r r* Quittung, alsdann die Abgabestation mit ihrem Rufzeichen und dem Zeichen *r r r* und danach in gleicher Weise alle anderen Stationen, die nächstgelegene zuerst.

3. Relais (Ortsstromschließer). Linienstromkreis, Ortsstromkreis.

Bei der Eisenbahn werden auf kleineren und mittleren Bahnhöfen die Telegraphenapparate meist nur in den gewöhnlichen Diensträumen, die auch anderen Zwecken dienen, aufgestellt. Auch sind besondere Telegraphisten oft nicht vorhanden, sondern die Apparate werden von anderen Beamten (Fahrdienstleiter, Aufsichtsbeamten) mitbedient. Der Anruf einer Station erfolgt, wie unter 2 erläutert, durch mehrmaliges Geben eines bestimmten Rufzeichens, das aus dem Anschlagen des Ankers abgehört werden muß. Damit ein solches Rufzeichen von dem auch anderweitig in Anspruch genommenen Beamten gehört wird, muß es genügend kräftig ausfallen. Der Weg des Ankers darf daher nicht zu kurz gewählt werden, wodurch eine größere Stromstärke bedingt wird. Da aber der Widerstand der langen Außenleitungen (der Linie) den Strom erheblich schwächt, so müßten die Stromquellen sehr stark gewählt, also sehr viel Elemente aufgestellt werden. Um das zu vermeiden, wird der aus der Außenleitung kommende Strom (Linien-

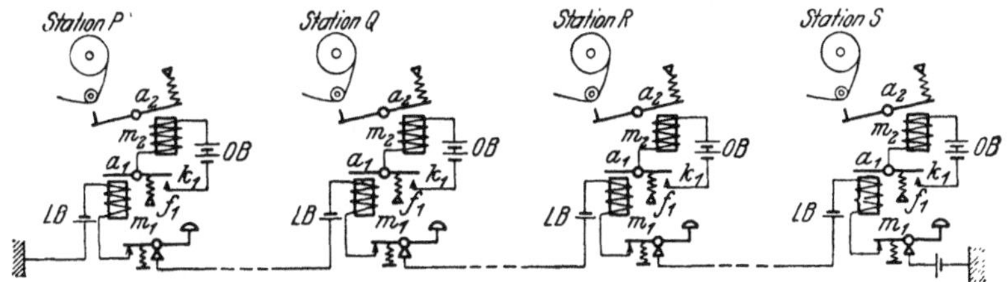

Abb. 29. Morseleitung mit Ruhestrombetrieb und Ortsstromschließern (Relais).

strom) nicht unmittelbar zur Erregung des Schreibmagneten benutzt, sondern er wird durch die Wicklungen eines Magneten (Relais, Ortsstromschließer) geleitet, dessen Anker durch Kontakte einen örtlichen Stromkreis schließt, in den eine besondere Ortsbatterie und der Magnet des Schreibwerkes eingeschaltet sind. Die Anker der Relais brauchen aus dem schon erwähnten Grunde nur einen sehr kleinen Hub zu besitzen und haben auch im übrigen viel kleinere Widerstände zu überwinden als die Schreibhebel. Sie können infolgedessen mit einer geringeren Stromstärke betrieben werden. Trotz der

---

[1]) Dadurch wird festgestellt, ob die Leitung in ihrer ganzen Ausdehnung betriebsfähig ist.

besonderen Ortsbatterie sind daher bei Relaisbetrieb im ganzen erheblich weniger Elemente erforderlich als bei unmittelbarem Betrieb.

Abb. 29 zeigt eine Relaisschaltung für Ruhestrombetrieb. Wird der Strom auf einer Station durch Drücken des Tasters unterbrochen, so lassen auf allen Stationen die Magnete m_1 der Relais ihre Anker a_1 los, die nun dem Zuge der Abreißfedern f_1 folgen können. Die Kontakte k_1 werden geschlossen und die Ortsbatterien OB senden Strom durch die Magneten m_2 der Schreibwerke, die ihre Anker a_2 anziehen.

4. Die Bauart der Morsewerke

ist bei den einzelnen Bahnverwaltungen nicht sehr verschieden. Im folgenden sei das Morsewerk der Pr.H.St.B. beschrieben (Abb. 30). Es besteht aus dem Blitzableiter B, dem Ortsstromschließer (Relais) R, dem Taster T, dem Strommesser (Galvanometer) St und dem Schreibwerk S.

Der Blitzableiter B (in Abb. 30 im Grundriß dargestellt) setzt sich zusammen aus dem Rahmen r (s. auch den in Abb. 31 dargestellten Schnitt), den Platten p_1

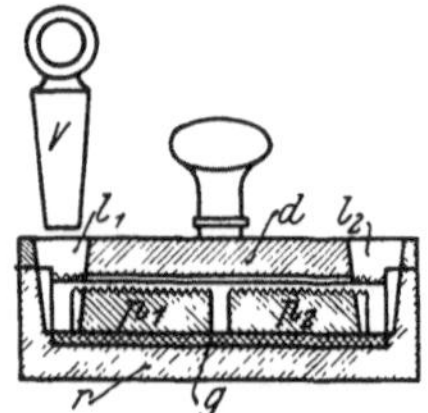
Abb. 31. Schnitt durch einen Morseblitzableiter.

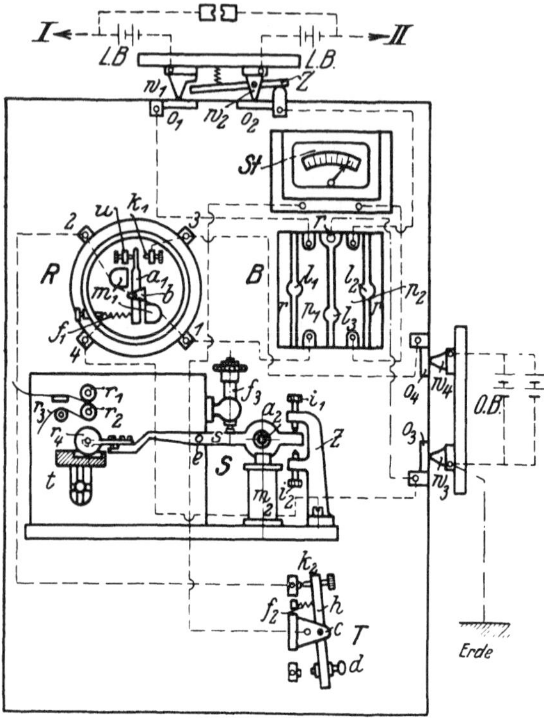
Abb. 30. Morsewerk der Pr.H.St.B.

und p_2, die durch eine Hartgummischeibe g gegen den Rahmen isoliert sind, und der Deckelplatte d. Die Platten p_1 und p_2 sind an ihren oberen Begrenzungsflächen, die Deckelplatte d ist an ihrer unteren Begrenzungsfläche mit Riefelungen versehen derart, daß die Riefelung der Deckelplatte senkrecht zu der Riefelung der Platten p_1 und p_2 verläuft. Die Deckelplatte steht mit dem Rahmen r und durch diesen mit der Erdleitung in Verbindung. Die

Platten p_1 und p_2 liegen so in der Leitung des Linienstromes, daß dieser die eine Platte durchläuft, bevor er in die übrigen Teile des Morsewerkes eintritt, und, nachdem er diese verlassen hat, die andere Platte. Der Linienstrom kann wegen der zwischen der Deckelplatte und den Platten p_1 und p_2 liegenden Luftschicht nicht in die Deckelplatte übertreten. Den hochgespannten Blitzströmen aber bietet die Luftschicht weniger Widerstand als die Wicklungen der Werkteile, sie werden also über die Deckelplatte zur Erde abgeleitet, ehe sie eine zerstörende Wirkung auf die Spulen des Morsewerks ausüben können. Der Blitzableiter kann gleichzeitig als Umschalter benutzt werden, wenn man den konischen Stöpsel v in eine der ebenfalls konischen Öffnungen l_1,

l_2 oder l_3 steckt. (Näheres hierüber im nächsten Punkte bei der Schaltung des Morsewerkes.)

Der Ortsstromschließer (Relais) R (ebenfalls im Grundriß dargestellt) besteht aus dem Hufeisenmagneten m_1, zwischen dessen Polschuhen sich der um b drehbare Anker a_1 befindet. Sind die Magnetwicklungen stromdurchflossen, so wird der Anker in der gezeichneten Lage festgehalten und lehnt sich gegen die isolierte Anschlagschraube u. Wird der Strom unterbrochen, so wird durch die Abreißfeder f_1 der Anker von den Polen abgerissen und legt sich gegen die Kontaktschraube k_1, die gegen den Körper des Relais isoliert ist. Der Anker dagegen steht mit dem Körper in leitender Verbindung. Das Relais besitzt vier Anschlußklemmen 1, 2, 3 und 4. Die gegen den Relaiskörper isolierten Klemmen 1 und 2 sind mit der Wicklung des Magneten verbunden, die ebenfalls isolierte Klemme 3 mit der isolierten Kontaktschraube k_1 und die Klemme 4 mit dem Relaiskörper. An die Klemmen 1 und 2 wird der Linienstrom, an die Klemme 3 und 4 der Ortsstrom angeschlossen. Die Spannung der Feder f_1 ist einstellbar.

Der Taster T (in der Abb. 30 nach rechts umgeklappt) besteht aus einem um c drehbaren zweiarmigen Hebel h, der an einem Ende die Kontaktschraube k_2 und am anderen Ende den Knopf d trägt. Die Feder f_2 zieht in der Ruhelage die Kontaktschraube k_2 gegen ihre Anlagefläche. Durch Drücken und Loslassen des Knopfes d wird der Kontakt k_2 geöffnet und geschlossen.

Der Strommesser St gestattet es, die Stromstärke des Linienstromes in Milliampère abzulesen. Zwischen den einander zugekehrten, an die Pole eines ring- oder hufeisenförmigen Dauermagneten angesetzten Polschuhe ist eine Drahtspule so gelagert, daß sie sich um eine senkrecht zur Ebene des Magneten gerichtete Achse drehen kann. Die Windungen verlaufen gleichfalls senkrecht zur Ebene des Magneten. Die Drehspule wird durch oben und unten angebrachte Spiralfedern in der Ruhelage gehalten, wenn sie stromlos ist. Die Federn dienen gleichzeitig als Stromzuführung. Wird die Spule in der Ruhelage vom Strom durchflossen, so bildet sie selbst einen Magneten, dessen Kraftlinien rechtwinklig zu denen des Dauermagneten stehen. Dadurch, daß die Kraftlinien sich gleichlaufend zu stellen suchen, wird die Spule gedreht. Der Grad der Drehung ist das Maß für die Stärke des zu messenden, durch die Spule fließenden Stromes.

Das Schreibwerk S (nach hinten umgeklappt dargestellt) besteht aus dem Schreibhebel mit Magnetsystem und einem Uhrwerk (letzteres in der Abbildung nicht dargestellt). Das aus- und einschaltbare Uhrwerk dreht die Rollen r_1, r_2 und r_3, über die der Papierstreifen läuft, und das Schreibrädchen r_4, das in ein Farbgefäß t taucht. Um die Achse des Schreibrädchens faßt ein am Schreibhebel s befestigter Haken, mittels dessen das Schreibrädchen gehoben und gegen den Papierstreifen gedrückt werden kann. Der Schreibhebel s ist ein zweiarmiger um e drehbarer Hebel, der an einem Arm den Haken zum Heben des Schreibrädchens trägt und am andern Arm den röhrenförmigen Anker a_2, der über den Polen des Elektromagneten m_2 schwebt. Die Bewegung des Schreibhebels wird durch die beiden am Anschlagbock Z befestigten Schrauben i_1 und i_2 begrenzt, an denen der hörbare Anschlag erfolgt. In der Ruhelage wird der Schreibhebel durch eine in einer Hülse liegende Feder f_3 gegen seinen oberen Anschlag gezogen. Die Spannung der Feder ist einstellbar.

Die vorstehend beschriebenen Teile des Morsewerks sind auf einem Mahagonibrett angebracht, das auf einem hölzernen Rahmen ruht (Abb. 32). Der Rahmen trägt unten die Metallklinken o_1, o_2, o_3 und o_4. Er paßt in den Ausschnitt eines auf vier eisernen Füßen ruhenden Tisches. Auf dem

Boden des Ausschnittes sind vier Metallböcke[1] w_1. w_2, w_3 und w_4 (in Abb. 32 z. T. sichtbar) aufgeschraubt, auf die sich die Klinken o_1, o_2, o_3 und o_4 legen, so die Verbindung zwischen den im Morsewerk angebrachten Leitungen einerseits und den Außenleitungen und der Ortsbatterie andererseits herstellend.

Abb. 32. Morsewerk und Morsetisch.

Bemerkung: Das hier dargestellte Morsewerk besitzt an Stelle des bisher geschilderten Blitzableiters Luftleerblitzableiter (vgl. II F, S. 391), die durch eine Glasglocke gegen Vornahme unzulässiger Schaltungen geschützt sind. Nach Abnahme eines Bleisiegels kann die Glasglocke abgenommen werden. Alsdann läßt sich der Blitzableiter ebenso als Umschalter benutzen wie der bisher geschilderte.

Wird das Morsewerk herausgehoben, so legt sich die Klinke z auf einen Ansatz des Bockes w_1 und schließt den Linienstromkreis. Die Auswechselung eines schadhaften Werkes kann also in einfachster Weise ohne Störung des übrigen Betriebes erfolgen.

5. Die Schaltung der Morsewerke.

a) Schaltung für Bezirks- und Fernleitungen. Abb. 30 zeigt gleichzeitig die Schaltung für Bezirks- und Fernleitungen eines Morsewerks für deutschen Ruhestrom, wie er bei den Pr.H.StB. allgemein vorkommt, und zwar wird hier zunächst die Schaltung einer Zwischenstation besprochen. Die nur geringen Abweichungen bei einer Endstation werden weiter unten aufgeführt. Der Stromlauf für den Linienstrom ist folgender: Außenleitung I, Linienbatterie L.B., Bock w_1, Klinke o_1. Platte p_1 des Blitzableiters B, Klemme 1 des Relais, Magnetwicklung desselben, Klemme 2, Kontakt k_2, Taster T, Achse c desselben, Strommesser St, Platte p_2 des Blitzableiters, Klinke o_2, Bock w_2, Linienbatterie L.B., Außenleitung II. In der Ruhestellung fließt also ständig ein Strom, der den Relaismagneten erregt. so daß dieser seinen Anker angezogen und den Kontakt k_1 geöffnet hält.

Der Ortsstromkreis ist folgender: Ortsbatterie O.B., Bock w_4, Klinke o_4, Klemme 3 des Relais, Relaiskontakt k_1 (in Ruhestellung geöffnet), Anker a_1, Relaiskörper, Klemme 4, Wicklung des Schreibmagneten m_2, Klinke o_3, Bock w_3 und zurück zur Ortsbatterie.

---

[1] Die Klinken und Böcke stehen in Wirklichkeit unter dem Mahagonibrett. In der Darstellung (Abb. 30) sind sie um 90° in die Zeichenebene herumgeklappt.

Wird durch Drücken auf den Knopf d des Tasters T der Linienstromkreis geöffnet, so schließt sich der Relaiskontakt k_1 und damit der Ortsstrom. Der Schreibmagnet m_2 zieht seinen Anker a_2 an und drückt dadurch das Schreibrädchen gegen den Papierstreifen. Wird der Linienstromkreis wieder geschlossen, so wird der Kontakt k_1 geöffnet und die Feder f_3 reißt den Anker des Schreibhebels ab.

Vorstehend geschilderte Schaltung ist, wie schon gesagt, die einer Zwischenstation in einer Bezirks- oder Fernleitung. Bei der Endstation fällt die nach der Nachbarstation zu liegende Linienbatterie fort und der Pol der anderen Linienbatterie wird mit der Erdleitung verbunden.

Der Rahmen r des Blitzableiters ist über o_3 und w_3 geerdet. Der Blitzableiter dient gleichzeitig als Umschalter. Wird der Stöpsel v (Abb. 31) in die Öffnung l_1 gesteckt, so ist die Platte p_1 und damit die Außenleitung I unmittelbar und die Außenleitung II über p_2 und das Morsewerk mit dem Rahmen r des Blitzableiters, d. h. also mit der Erde verbunden. Das Morsewerk kann also in der Richtung nach II arbeiten, nicht aber nach I. Diese Schaltung wird z. B. vorgenommen, wenn in der Außenleitung I den Betrieb verhindernde Störungen auftreten. Wird der Stöpsel in die Öffnung l_2 gesteckt, so ist das Werk nach I zu ein-, nach II zu abgeschaltet. Steckt der Stöpsel in dem Loch l_3, so sind die Platten p_1 und p_2 und damit die Außenleitungen I und II unmittelbar miteinander verbunden. Das Morsewerk ist also aus der Leitung ausgeschaltet.

Die Sächs. Stb. verwenden ebenfalls das vorstehend geschilderte Morsewerk mit derselben Schaltung. Die Bayer. und Bad. Stb. haben Bauarten, die in den Einzelteilen etwas abweichen, doch arbeiten auch sie mit deutschem Ruhestrom und Relais. Die Württb. Stb. besitzen keine eigenen Bezirks- und Fernleitungen. Sie benutzen die Leitungen der Staatstelegraphen, die ohne Relais und mit amerikanischem Ruhestrom betrieben werden.

b) Schaltung für den Zugmeldedienst. Der Anruf einer Station erfolgt, wie bisher geschildert, dadurch, daß die rufende Station mehrmals das Rufzeichen der Bestimmungsstation schlägt, die es aus den Ankeranschlägen abhören muß. Ein solches Zeichen wird natürlich nicht immer sofort wahrgenommen, was bei Zugmeldungen Betriebsverzögerungen zur Folge hat. Die Zugmeldeleitungen müssen also eine besondere Rufeinrichtung besitzen, die einen deutlichen und sofort wahrnehmbaren Ruf ermöglicht. Außerdem beständе für den Zugmeldedienst bei der vorstehend geschilderten Schaltung, bei der mehrere Stationen in eine ununterbrochene Leitung geschaltet sind, die Gefahr, daß sich auf einen Anruf eine falsche Station meldet. Hierdurch können verhängnisvolle Irrtümer hervorgerufen werden. Auch würden sich bei regem Zugverkehr die Zugmeldungen auf den verschiedenen Streckenabschnitten gegenseitig behindern. Die Zugmeldeleitungen müssen daher auf jeder Zugmeldestelle unterbrochen werden, also von Zugmeldestelle zu Zugmeldestelle Kreisschluß haben, damit jede Station immer nur mit einer der Nachbarstationen arbeiten kann. Dies läßt sich dadurch erreichen, daß man die Leitung jeder Richtung in einem besonderen Apparate endigen läßt, also so viel Apparate aufstellt, als Zugmeldeleitungen auf der Station endigen. Dieses Verfahren ist das betriebssicherste, erfordert indes u. U. viele Apparate. Man spart Platz und Kosten, wenn man für zwei oder mehrere Leitungen einen gemeinsamen Apparat vorsieht, der durch Umschalten nach Bedarf an die betreffende Leitung geschaltet wird. Zum Anrufen dienen Wecker. Es empfiehlt sich aber nicht, einen Apparat für mehr als zwei Richtungen zu verwenden (wenn mehrere Bahnlinien in Frage kommen), da die Gefahr, daß der Beamte das Morsewerk an eine falsche Leitung schaltet und dadurch

Verwechselungen in den Zugmeldungen hervorruft, desto größer ist, je mehr Leitungen an ein gemeinsames Werk geführt sind.

Abb. 33 zeigt die Schaltung einer Zugmeldeleitung der Pr.H.St.B. Es werden Wecker mit Batterienanruf verwendet. Der Linienstrom ist mit ausgezogenen Linien, der Ortsstrom mit punktierten Linien dargestellt. Der von A kommende Linienstrom (ebenfalls Ruhestrom) nimmt folgenden Weg: Eine Platte des Blitzableiters B_1, Magnetwicklung des Gleichstromweckers w_1, Linienbatterie LB_1, Umschalter U_1 (und zwar Achse a_1, Kontaktplatte 3), Erde. Der von C kommende Strom verläuft wie folgt: Eine Platte des Blitzableiters B_2, Magnetwicklung des Weckers w_2, LB_2, U_2 (a_2, Kont. 3). Erde. In der Ruhelage halten also beide Wecker ihre Anker angezogen. Die Selbstunterbrechungskontakte s_1 und s_2 sind dauernd geöffnet. In das Morsewerk selbst gelangt kein Strom. Die Nadel des Strommessers zeigt 0.

Wird nun von einer Seite (z. B. der Station A) der Linienstrom unterbrochen, so fällt der Anker des Weckers w_1 ab und schließt den Selbstunterbrechungskontakt s_1. Es entsteht folgender Stromlauf: LB_1, Magnetwicklung w_1, Leitung c_1, Kontakt s_1, Anker, Kontaktfläche 4 und Achse a_1 des Umschalters U_1, LB_1. Der Anker wird also angezogen, dadurch der Strom bei s_1 unterbrochen, der Anker fällt wieder ab usf. Der Wecker w_1 ertönt. Nunmehr legt der Telegraphist den Umschalter U_1 nach links. Dadurch wird nachstehende Verbindung für den Linienstrom hergestellt: Von A über Magnetwicklung w_1, LB_1, U_1 (und zwar a_1, Kont.-Fl. 1) zur Anschlußklinke l_1 und durch das Morsewerk über Klinke l_2 zur Erde. Das Morsewerk ist so an die Leitung nach A angeschlossen. Das Klingeln hört auf, weil der Weckerstromkreis bei Kontaktfläche 4 von U_1 infolge Umlegen des Umschalters unterbrochen ist. Durch Betätigen des Tasters meldet sich der Telegraphist der Station B.

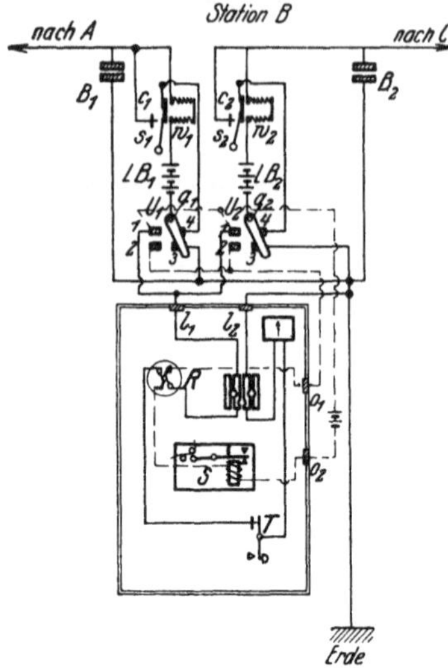

Abb. 33. Schaltung eines Morse-apparates für Zugmeldeleitungen (Pr.H.St.B.).

Das Morsewerk selbst ist in der bereits geschilderten Weise geschaltet, nur ist noch zu beachten: Da in Ruhestellung der Relaismagnet nicht stromumflossen ist (abweichend von der Schaltung der Bezirks- und Fernleitungen), so ist der Anker ständig abgefallen und der Relaiskontakt geschlossen. Es würde also der Ortsstrom ständig fließen und sich dadurch ein hoher Stromverbrauch ergeben. Um dies zu verhindern, wird auch der Ortsstromkreis über Kontakte an den Umschaltern geführt (in der Zeichnung punktiert dargestellt). Beim Umlegen des Umschalters U_1 wird er z. B. über dessen Kontaktflächen 1 und 2 geschlossen.

Will der Telegraphist der Station B eine Nachbarstation rufen, so legt er zunächst entweder den Umschalter U_1 oder U_2 um und schaltet dadurch das Morsewerk nach Bedarf an die Leitung nach A oder C. Durch Drücken auf den Taster unterbricht er den Linienstrom, wodurch entweder in A oder C der Wecker ertönt.

Die Anlage muß durch besondere Blitzableiter B_1 und B_2 geschützt werden, da der im Morsewerk eingebaute Blitzableiter bei Ruhestellung ausgeschaltet ist und auch die Wecker nicht sichern würde. Der gleichmäßigen Bauart wegen wird er aber auch bei den Zugmeldeapparaten eingebaut. Sein Rahmen (r in Abb. 30) bleibt hier ungeerdet.

Abb. 34 zeigt die Schaltung eines Zugmeldeapparates mit Induktoranruf und Wechselstromwecker. Sie verfolgt denselben Zweck wie die vorstehend geschilderte Schaltung, d. h. deutlich wahrnehmbaren Anruf und Verwendbarkeit eines Morsewerks für mehrere Richtungen. Der Apparat arbeitet ohne Relais und mit amerikanischem Ruhestrom. Der Taster T besitzt einen besonderen federnden Hebel K, der in Ruhestellung den vorderen Tasterkontakt schließt. Vor Beginn des Telegraphierens wird durch Umfassen des vorderen Tasterendes mit einer Hand der Hebel K gegen den Taster gedrückt und dadurch der Linienstrom unterbrochen. Beim Geben wird nun der Taster gedrückt. U_1 und U_2 sind Fußumschalter, die mit dem Fuße betätigt werden und beim Loslassen von selbst in die Ruhestellung zurückkehren[1]). Der Anruf erfolgt durch Betätigen eines Umschalters und Drehen der Induktorkurbel. Der Induktor[2]) schaltet den Kontakt k_2 um. Dadurch wird der Induktorkörper, der sonst nur über Schreibhebelmagnet S und Taster T geerdet ist, unmittelbar über k_2 mit der Erde verbunden. Die Ankerwicklung, die sonst mit beiden Enden am Induktorkörper liegt, also kurz geschlossen ist, wird nunmehr zwischen Schleiffeder f und Induktorkörper geschaltet. Der Apparat ist bei den Bad.Stb. im Gebrauch. Auch die Württb.Stb. verwenden neuerdings Wechselstromanruf, Apparate ohne Relais und mit amerikanischem Ruhestrom. Sie benutzen (wie zuweilen auch noch die Pr.H.St.B.) dieselbe Leitung als Zugmeldeleitung und Läuteleitung[3]).

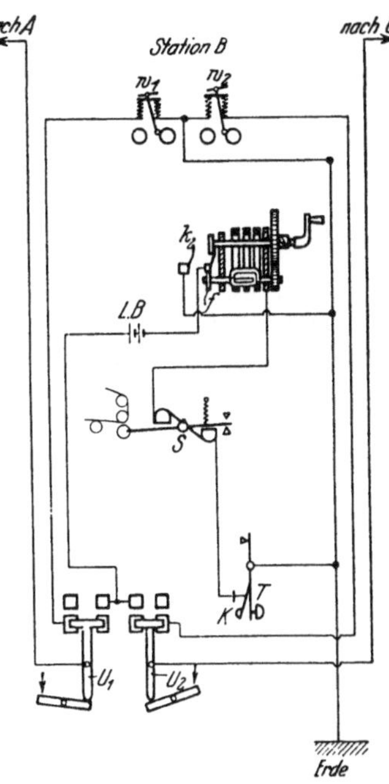

Abb. 34. Schaltung einer Zugmeldeleitung mit amerikanischem Ruhestrom und Induktoranruf (Bad.Stb.).

6. Berechnung und Schaltung der Elemente.

Der Linienstrom hat den Widerstand der Erdleitungen, der Außenleitungen und der eingeschalteten Morsewerke zu überwinden. Bezeichnet i die Stromstärke, die zur ausreichenden Erregung der Magnete erforderlich ist, n die Anzahl der erforderlichen Elemente, w den inneren Widerstand eines Elementes, W den gesamten äußeren Widerstand einschließlich Erdleitungen, e die Spannung eines Elementes, so ergibt sich nach dem Ohmschen Gesetz

$$n \cdot e = (n \cdot w + W)i.$$

Denn bei Hintereinanderschaltung der Elemente ist die zwischen dem positiven Pole des ersten und dem negativen Pole des letzten Elementes abzunehmende Spannung gleich der Summe der einzelnen Spannungen der Elemente, also bei gleicher Beschaffenheit der Elemente $= n \cdot e$[4]).

Es wird

$$n = \frac{W \cdot i}{e - w \cdot i}.$$

---

[1]) Derartige Fußumschalter werden statt der in Abb. 33 dargestellten Handumschalter auch bei den Pr.H.St.B. noch verwendet, namentlich dann, wenn nur eine gemeinsame Läute- und Zugmeldeleitung vorhanden ist. Hierzu vgl. III. C., S. 405.

[2]) Beschreibung eines Induktors und eines Wechselstromweckers s. unter II. B. 2 und 3, S. 355 und 357.

[3]) Hierzu vgl. III. C., S. 405.

[4]) Vgl. I, B. 1, S. 322.

n soll so gewählt werden, daß die Stromstärke in den Telegraphenleitungen 20 Milliampère ($= 0,02$ Ampère) beträgt. Doch ist bei guter Unterhaltung der Leitungen auch bei 15 Milliamp. und selbst bei noch geringeren Werten ein guter Betrieb möglich. Bei Verwendung von Meidinger-Elementen[1]) mit $e = 1$ und $w = 7$ wird

$$\text{für } i = 0,020 \text{ Amp.} \quad n = \frac{W}{43},$$

$$\text{für } i = 0,015 \text{ Amp.} \quad n = \frac{W}{60},$$

d. h. bei 20 Millamp. kommt auf 43 Ohm äußeren Widerstand, bei 15 Milliamp. auf 60 Ohm ein Element.

Die Elemente der Linienbatterien werden auf die einzelnen Stationen verteilt, um bei Störungen in den Außenleitungen durch Abstecken der Leitungen am Blitzableiter[2]) auf Teilstrecken den Betrieb aufrechterhalten zu können. Die Verteilung erfolgt im Verhältnis der Länge der Einzelstrecken. Und zwar werden die auf eine Strecke berechneten Elemente je zur Hälfte auf den beiden angrenzenden Stationen aufgestellt. Auf Zwischenstationen erhält man also zwei, auf Endstationen eine Linienbatterie (vgl. Abb. 30).

Als Ortsbatterie verwendet man für ein Morsewerk entweder drei hintereinandergeschaltete Elemente (Abb. 35a), oder vier Elemente, die in zwei Gruppen, die aus je zwei hintereinandergeschalteten Elementen bestehen,

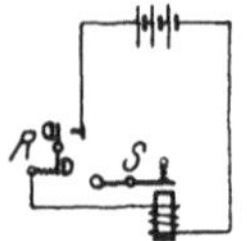

Abb. 35a. Ortsbatterie mit Hintereinanderschaltung.

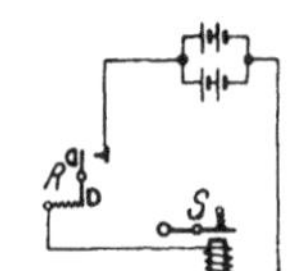

Abb. 35b. Ortsbatterie mit Gruppenschaltung.

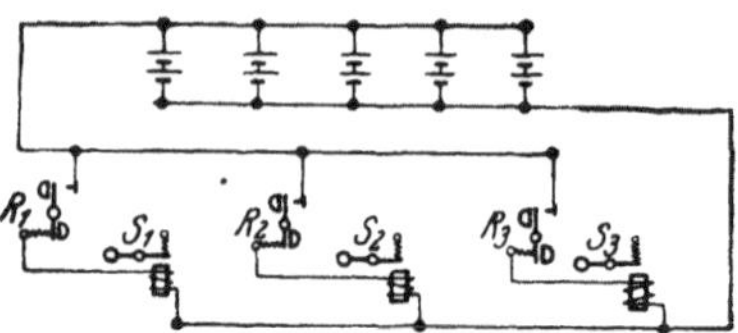

Abb. 35c. Gemeinsame Ortsbatterie für mehrere Morsewerke.

parallel geschaltet werden (Abb. 35b). Sind auf einer Station mehrere Morsewerke aufgestellt, so wird meist eine gemeinsame Ortsbatterie hergerichtet. Auf jedes Morsewerk rechnet man drei Elemente, erhöht aber eine ungerade Gesamtzahl auf die nächsthöhere gerade Zahl. Schaltung erfolgt nach Abb. 35c. (Beispiel für eine gemeinsame Ortsbatterie für drei Morsewerke). Auch bei diesen Angaben ist angenommen, daß Meidinger-Elemente verwendet werden. Zur Bestimmung des äußeren Widerstandes setze man den Widerstand von 1 km Eisenleitung von 4 mm ϕ gleich 10 Ohm, von 5 mm ϕ gleich 7 Ohm, von 1 km Bronzeleitung von 2 mm ϕ gleich 8 Ohm und von 3 mm ϕ gleich 3 Ohm. Jede Erdleitung rechnet man zu 10 Ohm. Bei den Morsewerken der Pr.H.St.B. besitzt die Wicklung des Relais einen Widerstand von 50 Ohm und die des Schreibwerksmagneten einen solchen von 150 Ohm.

7. Die selbsttätige Übertragung des telegraphischen Schriftwechsels zwischen zwei Fernleitungen.

Soll der Schriftwechsel von einer Fernleitung auf eine andere übertragen werden, so können zu diesem Zwecke die Leitungen nicht immer unmittelbar zusammengeschaltet werden. Die in den Leitungen herrschenden voneinander abweichenden Stromstärken, namentlich aber die Stromrichtungen, machen

---

[1]) Vgl. I, B. 1, S. 322.
[2]) Vgl. I, D. 4, S. 338 u. 5, S. 341.

ein so einfaches Verfahren oft unmöglich. Um sich von diesen Rücksichten unabhängig zu machen, verwendet man eine besondere Übertragungseinrichtung. Die Endapparate der beiden Leitungen, die miteinander verbunden werden sollen, besitzen an ihrem Schreibhebel je einen in Ruhestellung geschlossenen Kontakt, über den der Linienstrom der anderen Leitung geführt ist, ehe er zur Erde gelangt. Der Schreibhebel der einen Leitung ruft also genau in dem gleichen Takt, in dem er von seinem Magneten angezogen wird, Stromunterbrechungen in der anderen Leitung hervor. Beide Leitungen arbeiten jetzt so, als ob sie eine durchgehende Leitung wären. Die beiden Endapparate sind aber nicht dauernd miteinander verbunden, sondern die Verbindung wird immer erst hergestellt, wenn eine Übertragung stattfinden soll, und zwar unter Benutzung einer vieradrigen Stöpselschnur in Verbindung mit Klinkengruppen, über deren Kontakte die beiden Linienströme (wie auch die Ortsströme) geführt sind. Die Stöpselschnur ist vieradrig, weil nicht nur die beiden Linienströme, sondern in noch zu erläuternder Weise auch die beiden Ortsströme der Endapparate bei der Übertragung in Mitleidenschaft gezogen werden.

Abb. 36 zeigt eine solche Übertragungseinrichtung für Ruhestrom (Bauart S. & H.). I ist der Endapparat der einen, II der der anderen Leitung. Die Übertragung wird durch Einstecken der vierteiligen Stöpsel St_1 und St_2 in die Klinkengruppen Kl_1 und Kl_2 in Wirksamkeit gesetzt. An dem An-

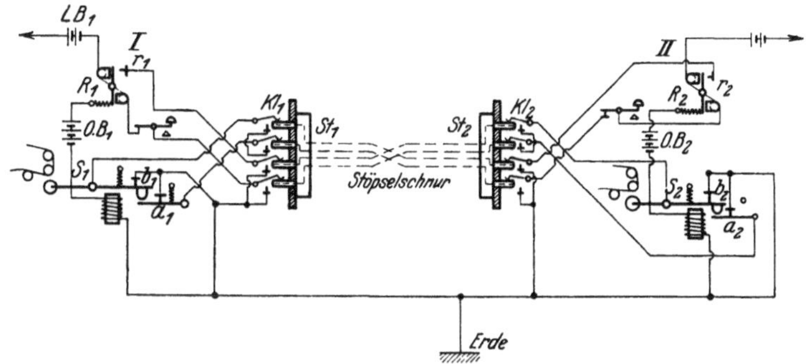

Abb. 36. Schaltung einer selbsttätigen Übertragungseinrichtung zwischen zwei Morseleitungen.

schlagbock (vgl. Z in Abb. 30) sind bei beiden Apparaten zwei Kontakte $a_1 b_1$, bzw. $a_2 b_2$ angebracht, die in der Ruhestellung geschlossen sind. Wird ein Schreibhebel, z. B. S_1, angezogen, so werden beide Kontakte nacheinander geöffnet, und zwar erst der Kontakt b_1, über den der Ortsstromkreis des Apparates II geführt ist, und dann der Kontakt a_1, über den der Linienstromkreis der Fernleitung II geführt ist.[1]) Wird der Linienstrom in Leitung I durch Drücken eines in der Leitung I liegenden Tasters unterbrochen, so wird Relais R_1 stromlos. Der Relaiskontakt r_1, über den der Ortsstromkreis I führt, wird also geschlossen. Schreibhebel S_1 wird angezogen und unterbricht den Linienstromkreis II am Kontakt a_1. Dadurch werden alle in der Leitung II liegenden Relais stromlos, also auch Relais R_2. Der Kontakt r_2 wird geschlossen. Würde nun der Kontakt b_1 nicht vorhanden sein, so würde der Ortsstrom II fließen und das Anziehen des Schreibhebels S_2 bewirken können. Dadurch würde aber auch der Linienstrom I bei Kontakt a_2 unterbrochen werden. Beim Loslassen des Tasters in Leitung I würde R_1 keinen Strom bekommen, da ja bei a_2 die Unterbrechung noch besteht. Beide

---

1) Die Stromführungen können an Hand der Abb. 36 leicht verfolgt werden.

Linienstromkreise blieben also dauernd unterbrochen. Um dies zu verhindern, wird der Ortsstromkreis II über den Kontakt b_1 geführt, der vor Unterbrechung des Kontaktes a_1 geöffnet wird. Den Unterbrechungen und Schließungen des Linienstromes I entsprechen also ebenfalls Unterbrechungen und Schließungen des Linienstromes II und umgekehrt.

Die beiden Apparate sind, wie schon erwähnt wurde, durch ein beiderseits in vier Stöpseln endigendes vieradriges Kabel verbunden (Abb. 37a—b).

Abb. 37a. Klinkenkasten für die Übertragungseinrichtung von Siemens & Halske in Berlin.

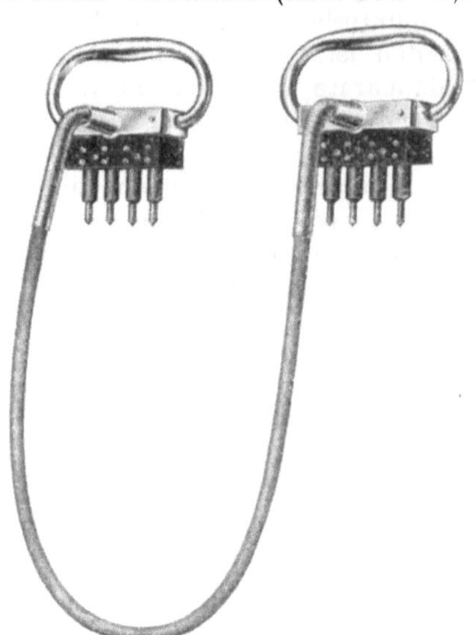

Abb. 37b. Stöpselpaar für die Übertragungseinrichtung von Siemens & Halske in Berlin.

Diese Stöpsel St_1 und St_2 (Abb. 36), können beiderseits in je einen mit Anschlußklinken Kl_1 und Kl_2 versehenen Klinkenkasten gesteckt werden. Werden die Stöpsel eingesteckt, so ist die Schaltung nach Abb. 36 hergestellt. Jeder Linienstromkreis findet dann über den Kontakt a_1 bzw. a_2 am Schreibhebel des fremden Apparates Erde. Jeder Ortsstromkreis führt über einen Kontakt b_1 bzw. b_2, der sich ebenfalls am Schreibhebel des fremden Apparates befindet. Sind die Stöpsel herausgezogen, so arbeitet jeder Apparat nach der in Abb. 30 dargestellten Schaltung für sich. Eine Übertragung des Schriftwechsels von der einen Leitung auf die andere findet dann nicht statt. Enden auf einer Station eine größere Anzahl von Fernleitungen, zwischen denen Übertragung möglich sein soll, so werden die Klinkenkästen in einem Anschlußschrank vereinigt.

Die Bad.Stb. verwenden eine andere Schaltung, bei der der Schreibhebel des einen Apparates den fremden Ortsstrom nicht unterbricht, sondern einen Teil der fremden Linienbatterie kurz an die Klemmen der Relaiswicklungen legt. Das Relais hält also seinen Anker angezogen.

8. Die selbsttätige Übertragung des Zeitsignals.

Als Beispiel soll hier nur die Einrichtung der Pr.H.St.B. nach der Schaltung von S. & H. geschildert werden. Der Zeitsignalgeber befindet sich auf dem Schlesischen Bahnhof in Berlin. In Abb. 38 bedeutet U eine Präzisionsuhr, die von der Sternwarte in richtigem Gang erhalten wird. Diese Uhr besitzt ein 24-Stundenrad, das alle Morgen zwei Minuten vor 8 Uhr durch einen Kontakt einen Stromkreis s_1 schließt, der elektromagnetisch ein (in der Abbildung nicht näher dargestelltes) Uhrwerk U_1 auslöst. Das Uhrwerk treibt eine Kontaktscheibe h an, auf deren Umfang eine Kontaktfeder f schleift. Die Scheibe unterbricht und schließt in bestimmtem Wechsel einen Strom, der aus Batterie B_1 über Punkt y, f, h, Leitung s_4, Punkt x, Magnetwicklungen des Relais R, zurück zur Batterie B_1 führt. Das Relais R schließt und öffnet dementsprechend durch den Kontakt k einen Stromkreis, durch den der Elektromagnet M abwechselnd aus Batterie B_2 erregt und stromlos wird. Dieser zieht also in demselben Wechsel seinen Anker A an und läßt ihn los. Sämtliche Leitungen 1 bis 8, auf die das Zeitsignal übertragen werden soll, führen über je einen Kontakt am Anker A und über diesen zur Erde. Der Linienstrom aller dieser Leitungen wird in dem Wechsel, in dem der Magnet seinen Anker anzieht und losläßt, unterbrochen und geschlossen. Alle in die Leitungen eingeschalteten Stationen erhalten demnach Anrufzeichen, die sie auffordern, sich zur Aufnahme des Zeitsignals bereit zu halten und ihren Papierstreifen laufen zu lassen. Dieses Anrufzeichen besteht aus den Buchstaben $m\,e\,z$ (— — - — — - -, Mitteleuropäische Zeit), das in steter Folge erscheint, bis 50 Sekunden vor 8 Uhr das 24-Stundenrad der Uhr U Leitung s_2 und s_3 innerhalb der Uhr durch einen (in der Abbildung nicht dargestellten) Kontakt unmittelbar miteinander verbindet. Dadurch wird die Kontaktscheibe h des weiterlaufenden Uhrwerks über Leitung s_2, s_3 überbrückt, kann also den Strom der Batterie B_1 nicht mehr unterbrechen; denn dieser ist jetzt über B_1, Punkt y, Leitung s_2, Leitung s_3, Punkt x, Relais R, B_1 geschlossen. Der Magnet M hält jetzt seinen Anker dauernd angezogen. Infolge Öffnung aller Linienstromkreise erscheint

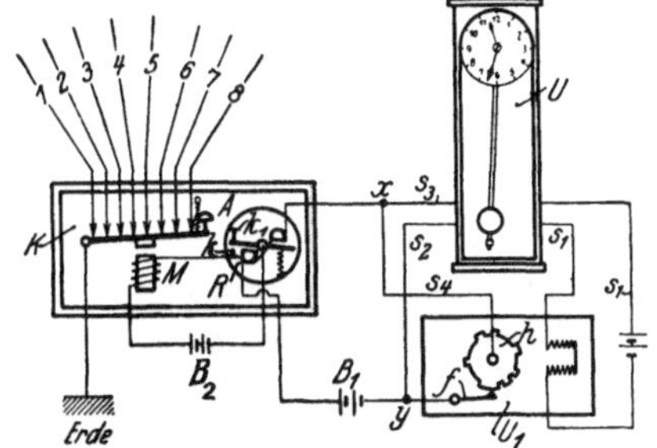

Abb. 38. Grundgedanke des Zeitsignalgebers auf dem Schles. Bf. in Berlin.

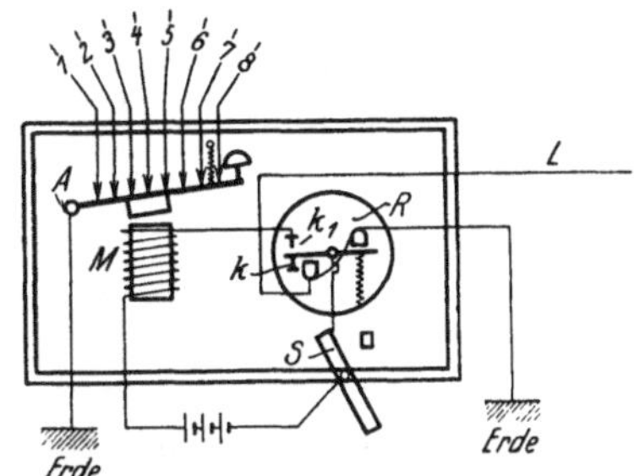

Abb. 38a. Zeitsignalübertrager.

auf den Papierstreifen aller eingeschalteten Morsewerke ein ununterbrochener Strich. Genau um 8 Uhr öffnet das 24-Stundenrad den Kontakt, der Leitung s_2 und s_3 unmittelbar verband, wieder. Der Strich auf den Papierstreifen wird unterbrochen und diese Unterbrechung gilt als Zeitzeichen. Solange der Strich erschien, waren die Morseleitungen stromlos, der Galvanometer zeigte also auf Null. Bei Unterbrechung des Striches schlägt gleichzeitig die Nadel des Galvanometers plötzlich wieder aus. Auch das Auftreten dieses Ausschlages kann als Zeitzeichen angesehen werden. Danach gibt die immer noch laufende Kontaktscheibe h noch einige Male den Ruf $m\,e\,z$, bis das 24-Stundenrad durch Öffnen des zuerst geschlossenen Stromkreises s_1 das Uhrwerk wieder still setzt.

Das Relais R ist nötig, weil zum Anziehen des Ankers A ein ziemlich starker Strom gehört, der die feinen Kontakte am Uhrwerk leicht zerstören würde.

Um auf einer Station das auf einer Fernleitung ankommende Zeitsignal auf andere auf der Station einmündende Leitungen übertragen zu können, wird auf dieser Station ein Zeitsignalgeber nach Abb. 38a aufgestellt, der aus den in Abb. 38 links dargestellten doppelt umrahmten Teilen K besteht, nur mit dem Unterschied, daß das Relais R jetzt nicht (wie in Abb. 38) für Arbeitsstrom, sondern für Ruhestrom geschaltet ist, d. h. der vom Relaiskontakt zum Magneten M führende Stromkreis liegt jetzt nicht am Kontakt k, sondern am Kontakt k_1 des Relais. Der Linienstrom der Leitung, mit der das Zeitsignal ankommt, wird über die Magnetwicklungen des Relais R geführt. Die anderen Leitungen werden an die Leitungen 1 bis 8 des Zeitgebers angeschlossen und erhalten ihre Erde über Kontakte am Anker *A*. Das Relais *R* arbeitet also stets mit, kann aber die auf der Leitung *L* ankommenden Zeichen nur auf die Leitungen 1 bis 8 übertragen, wenn der Umschalter *S* geschlossen ist. Dieser ist daher gewöhnlich geöffnet und wird nur etwa 3 Minuten vor 8 Uhr von Hand in die gezeichnete geschlossene Lage umgelegt. Zu demselben Zeitpunkte muß jedes anderweitige Telegraphieren in den Leitungen *L* und 1 bis 8 unterbrochen werden. Alle Beamten, die die in die Leitungen eingeschalteten Morsewerke bedienen, haben sich zur Aufnahme des Zeitsignals von diesem Zeitpunkt an bereit zu halten. Nach Beendigung der Zeitsignalgebung wird der Umschalter *S* wieder geöffnet. Der Anker *A* ist mit einem Knopf versehen, um beim Versagen der Einrichtung das Zeitsignal auch von Hand geben zu können.

9. Störungen im Telegraphenbetriebe.

Im Telegraphenbetriebe treten hin und wieder Störungen auf, die sich durch sorgfältige Unterhaltung aller Elemente, Werkteile und Leitungen immer weiter einschränken, aber nie ganz vermeiden lassen werden. Hierbei kann es sich um Störungen an den Morsewerken selbst, an den Batterien oder Leitungen handeln. In allen Fällen kommt es darauf an, möglichst schnell die Störungsstelle und danach die Störungsursache zu ermitteln. Die Störungen äußern sich der Hauptsache nach

> a) in Stromunterbrechungen oder
> b) in Stromableitungen.

Zu a). Arbeitet das Relais eines Morsewerkes ordnungsmäßig und schlägt die Nadel des im Linienstromkreise liegenden Galvanometers regelmäßig aus, während aber der Schreibhebel in Ruhe bleibt, so ist auf eine Unterbrechung des Ortsstromkreises zu schließen. Oft ist dann ein Element der Ortsbatterie schadhaft, eine Polklemme abgebrochen u. dgl. Durch genaues Verfolgen des Ortsstromkreises muß der Fehler gefunden werden.

Zeigt dagegen die Galvanometernadel ständig auf Null, so ist der Linienstromkreis unterbrochen. Diese Unterbrechung kann sowohl im eigenen Werke, wie auch auf der Strecke liegen, wo z. B. der Draht am Gestänge an irgendeiner Stelle gerissen sein und frei in der Luft hängen kann. Um die Fehlerstelle zu finden, ist zunächst die Leitung nach einer Richtung am Blitzableiter des Morsewerkes abzustöpseln. Wird z. B. in Abb. 30 S. 338 der konische Stöpsel (*v* in Abb. 31) in das Loch l_2 am Blitzableiter *B* gesteckt, so liegt Leitung II unmittelbar, Leitung I aber über das Morsewerk an Erde. Schlägt jetzt die vorher auf Null stehende Nadel plötzlich aus, so ist festgestellt, daß die Unterbrechung in der Richtung nach II liegt, da ja der Ausschlag der Nadel zeigt, daß die Stromführung von I über das Morsewerk ordnungsmäßig vor sich geht. Stöpsele ich jetzt in Loch l_1, so wird die Nadel wieder auf Null gehen, da ja der von Leitung II über das Werk zur Erde führende Stromweg irgendwo unterbrochen ist. Bleibt die Nadel in beiden Fällen auf Null stehen, so ist anzunehmen, daß die Unterbrechung des Linienstromes im eigenen Morsewerk liegt, falls nicht aufgetretenes starkes Unwetter vermuten läßt, daß sowohl Leitung I wie auch Leitung II irgendwo unterbrochen ist. Ist festgestellt, daß nur Leitung II gestört ist, so fordert man nunmehr auf einer anderen Morse- oder Fernsprechleitung von den in Leitung II noch eingeschalteten Stationen die mittelste (sie heiße *X*) auf, ebenfalls an ihrem Blitzableiter die Leitung abzustöpseln, d. h. an Erde zu legen. Schlägt jetzt die Nadel aus, so steht fest, daß die Störung jenseits *X* liegt, schlägt sie nicht aus, so liegt die Unterbrechung diesseits. Alsdann wird man die in der Mitte der Strecke bis *X* gelegene Station zum

Abstöpseln auffordern und so den Fehler immer mehr eingrenzen, bis man angeben kann, zwischen welchen benachbarten Stationen der Fehler liegt. Nunmehr muß die Leitung auf dieser Strecke abgegangen und untersucht werden.

Zu b). Eine Stromableitung kann durch Berührung der Leitung mit einem mit der Erde verbundenen leitenden Gegenstande entstehen (z. B. einem herabhängenden Drahte, den Ästen eines Baumes u. a.) oder mit anderen geerdeten Leitungen (z. B. anderen Morseleitungen). Man muß vollständige und teilweise Ableitungen unterscheiden. Erstere machen sich dadurch bemerkbar, daß es nicht möglich ist, über eine bestimmte Station hinaus eine andere zu errufen, da der Strom infolge der vorhandenen Ableitung hinter dieser Station zur Erde übergeht. In diesem Falle wird man die Eingrenzung dadurch erreichen, daß man die Stationen auf der gestörten Leitung einzeln ruft. Die Störungsstelle liegt dann zwischen der letzten noch zu errufenden und der ersten nicht mehr zu errufenden Station.

Bei der teilweisen Stromableitung geht nur ein Teil des Stromes zur Erde ab. Sie macht sich dadurch bemerkbar, daß z. B. in einer Station A der Ruf von einer in derselben Leitung liegenden Station B ankommt, A kann aber nicht durch Drücken des Tasters den Strom in B unterbrechen, sich also nicht melden, denn der von B kommende Strom findet seinen Weg zur Erde ja nicht nur über das Morsewerk in A (über das nur ein Teilstrom fließt), sondern auch über die vorher liegende Ableitung. Die Berührung einer Morseleitung mit einer anderen Morseleitung, die mit ihr an demselben Gestänge liegt, wird dadurch in die Erscheinung treten, daß beim Telegraphieren in der Morseleitung 1 die in der Morseleitung 2 liegenden Morsewerke mitarbeiten. Meist wird man bei ihnen nur ein Hin- und Herschwanken der Galvanometernadeln beobachten können, ist aber die Berührung zwischen den beiden Leitungen eine sehr innige, d. h. der Übergangswiderstand gering, so werden auch die Relais in der fremden Leitung betätigt werden. Ein gleichzeitiges Telegraphieren auf beiden Leitungen ist dann nicht möglich.

Derartige teilweise Ableitungen werden in derselben Weise abgegrenzt, wie es für Stromunterbrechungen geschildert wurde, nur werden die Stationen nicht aufgefordert, am Blitzableiter abzustöpseln, sondern etwa 1 Minute lang auf den Taster zu drücken. Dadurch unterbrechen sie die Leitung. Liegt nun die Ableitungsstelle zwischen der auffordernden und der Taste drückenden Station, so bleibt ein Ausschlag der Galvanometernadel bestehen, andernfalls geht die Nadel auf Null.

Ist in eine Morseleitung nicht auf jeder Station ein Morsewerk eingeschaltet (wie z. B. bei Fernleitungen), so werden doch häufig, um die Eingrenzung von Fehlerstellen zu erleichtern, die Leitungen auch auf solchen Stationen in den Dienstraum eingeführt und dort an einen Schalter (Untersuchungsschalter) gelegt, mit dessen Hilfe die Leitung gewöhnlich durchgeschaltet ist, aber auf Anfordern unterbrochen oder an Erde gelegt werden kann. Unter Umständen werden auch nur an einer Telegraphenstange Untersuchungsstellen nach Abb. 21 S. 330 eingebaut.

10. Der Hughes-Fernschreiber.

Die Leistungsfähigkeit des Morsefernschreibers ist einmal dadurch beeinträchtigt, daß das ankommende Telegramm, um es allgemein verständlich zu machen, von dem Telegraphisten aus der Morseschrift in die gewöhnliche Schrift übertragen und handschriftlich niedergeschrieben werden muß, dann aber auch dadurch, daß zum Geben eines Buchstabens im allgemeinen mehr als ein Stromschluß (bzw. eine Stromunterbrechung) erforderlich ist. Es können auf einer Morseleitung durchschnittlich nur 8 bis 10 Worte in der Minute übertragen werden. Man ist daher neuerdings auch bei den Eisenbahnen dazu übergegangen, in Leitungen, auf denen besonders viel Telegramme von nur einer Stelle an nur eine andere Stelle befördert werden sollen, den Hughes-Fernschreiber[1]) zu verwenden, bei dem die eingehenden Telegramme von dem Telegraphenwerk selbst fertig auf einem Papierstreifen mit den gewöhnlichen Buchstaben aufgedruckt werden und bei der für die Übertragung eines Buchstabens (bzw. einer Ziffer oder eines Zeichens) nur ein Stromstoß erforderlich ist. Bei der deutschen Reichsbahn sind jetzt eine Reihe der Emb-Leitungen (d. s. Leitungen, die die Eisenbahndirektionen unmittelbar mit dem Reichsverkehrsministerium verbinden) für Hughes-Betrieb eingerichtet. Der fertig bedruckte Papierstreifen wird auf Telegrammformulare aufgeklebt, was gleichzeitig mit dem Abrollen des Streifens erfolgen kann. Der Hughes-Fernschreiber besitzt eine Leistungsfähigkeit von etwa 20 Worten (oder 120 Buchstaben) in der Minute.

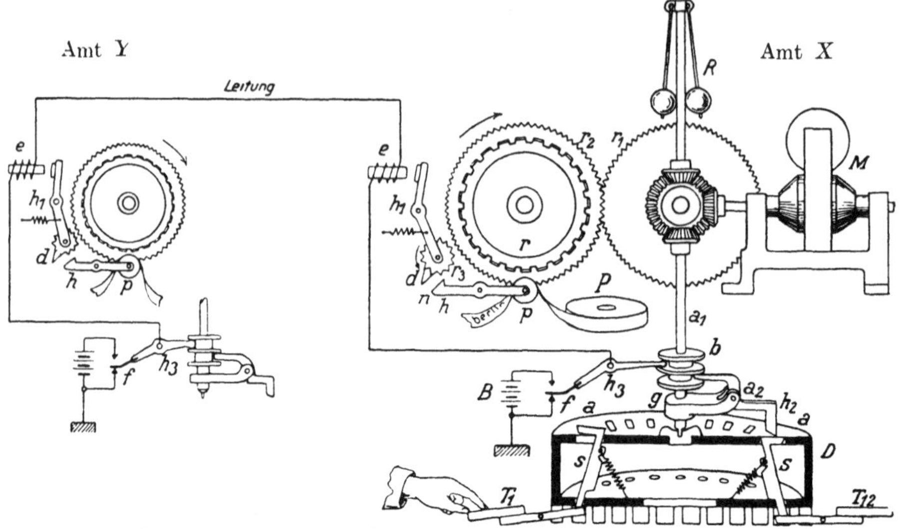

Abb. 39. Grundgedanke einer Hughes-Fernschreiberanlage.

Der Grundgedanke dieser Einrichtung ist im wesentlichen folgender[2]). Der Geber besteht aus einem flachen Zylinder (D in Abb. 39). Über den in seiner oberen Begrenzungsfläche kreisförmig angeordneten Löchern kreist, durch Gewicht oder Motor angetrieben, ein Läufer (h_2 in Abb. 39) entlang. Wird durch eine Taste aus einem der Löcher ein Stift herausgedrückt, so entsteht in dem Augenblick, in dem der kreisende Läufer über den Stift hinweggleitet, ein Stromschluß. Durch diesen Stromschluß wird auf der empfangenden Station ein Elektromagnet betätigt, der mittels seines Ankers einen Papierstreifen gegen ein ebenfalls ständig kreisendes Buchstabenrad drückt, wodurch auf dem Papierstreifen ein Buchstabe abgedruckt wird. Durch eine besondere (noch zu beschreibende) Einrichtung ist dafür gesorgt, daß der Läufer am Geber und das Buchstabenrad am Empfänger genau gleichmäßig laufen, so daß bei der Berührung des Läufers mit dem durch Drücken einer bestimmten Taste angehobenen Stifte am Geber bei jeder Umdrehung immer derselbe Buchstabe des Buchstabenrades am Empfänger dem Papierstreifen, der mechanisch fortbewegt wird, gegenübersteht.

---

[1]) Von dem Amerikaner Hughes im Jahre 1855 erfunden.
[2]) Genauere Beschreibung des Hughes-Fernschreibers und seiner Teile s. Strecker, Die Telegraphentechnik (Verlag Julius Springer).

Abb. 39 gibt eine vereinfachte Darstellung einer Hughes-Fernschreiberanlage wieder. Auf dem Amt X ist Geber und Empfänger nebst Antrieb vereinigt dargestellt, auf Amt Y dagegen nur der Empfänger. Der Motor M (Amt X) treibt durch Kegelrad bzw. Zahnradübertragung die Achse a_1 und das Buchstabenrad r an. Auf der Achse a_1 ist die mit zwei Rillen versehene Hülse b verschiebbar angeordnet. Der Hebel g, in dessen gabelförmigem Ende a_2 der Läufer h_2 drehbar gelagert ist, ist fest mit der Achse a_1 verbunden. In der gezeichneten Ruhestellung kommt ein Stromlauf nicht zustande, weil die gleichnamigen Pole der Batterien B über f, h_3 (Amt X) und f, h_3 (Amt Y) durch die Leitung verbunden sind. Vor Beginn einer Telegrammabgabe wird der Motor in Betrieb gesetzt. Wird nun im Amt X ein

Abb. 39 a. Hughes-Fernschreiber.

Stift s z. B. durch Drücken der Taste T_1 gehoben, so wird in dem Augenblick, in dem der Läufer h_2 über den betreffenden Stift hinweggleitet, der Läufer h_2 gehoben, die Hülse b also gesenkt und der Hebel h_3 um seine Achse gedreht. Dadurch wird im Amt X der Stromschließer bei f umgelegt. Es fließt nun ein Strom vom positiven Pol der Batterie B über den oberen Kontakt f, h_3, Elektromagnet e (im Amt X) durch die Leitung weiter über Elektromagnet e (im Amt Y), h_3 und den unteren Kontakt von f zur Erde und durch die Erde zum negativen Pol der Batterie B (im Amt X) zurück. Die Elektromagneten e in beiden Ämtern ziehen ihre Anker an. Dadurch kommen die kleinen Zahnrädchen r_3 in Eingriff mit den auf der Achse der Buchstabenräder sitzenden Zahnrädern r_2. Die an den Zahnrädern r_3 sitzenden Daumen d[1])

---

[1]) Diese Anordnung hat den Zweck, kleine Unregelmäßigkeiten in der Stellung des Buchstabenrades vor Abdruck des Buchstabens auszugleichen. Der Daumen d führt daher auch den Namen: Korrektionsdaumen.

drücken bei deren Drehung auf die zweiarmigen Hebel h und so die über eine Rolle p laufenden Papierstreifen P gegen den Rand ihrer Buchstabenräder, auf dem die Buchstaben angebracht sind.

Abb. 39a zeigt das Bild eines Hughes-Fernschreibers. Zum Geben der Stromstöße sind im ganzen 28 Tasten vorgesehen, die nach Art einer Klaviatur in einer oberen Reihe mit 14 schwarzen und einer unteren Reihe mit 14 weißen Tasten zusammengefaßt sind. Die erste und sechste weiße Taste sind Blanktasten, sie tragen keine Bezeichnung, sie dienen neben einem gleich noch zu erläuternden Zweck dazu, die Zwischenräume zwischen den Worten festzulegen. Jede der übrigen Tasten trägt zunächst einen Buchstaben und außerdem noch eine Ziffer oder ein Zeichen (Punkt. Komma, Anführungsstriche u. dgl.). Dementsprechend tragen die Buchstabenräder auf ihrem Rande in erhabener Ausführung die Buchstaben. die Ziffern und die Interpunktionszeichen, und zwar in folgender Reihenfolge: 1 A 2 B 3 C . . . . . . 9 1 0 J . K , L ; M . . . . § T / U = V (W) X & Y „ Z. Zwischen Z und 1 wie auch zwischen V und (ist je eine Lücke von der Breite zweier Zeichen. Diese Lücken stehen bei richtiger Einstellung der Druckrolle p gegenüber, wenn der Läufer gerade über den von den Blanktasten bewegten Stiften s steht. so die Zwischenräume zwischen den Worten bildend. Sind die Werke auf Buchstabendruck eingestellt, so kommen beim Niederdrücken der Tasten nur Buchstaben zum Abdruck, weil sich in der Zeit. in der der Läufer von einem Stift s zu dessen Nachbarstift bewegt, das Buchstabenrad immer um zwei Zeichenbreiten dreht.

Um die Werke auf Zahlendruck umschalten zu können, ist an den Empfängern eine Wechselhebeleinrichtung (in der Abbildung nicht dargestellt) angebracht, die sich mit den Buchstabenrädern dreht. Steht der Läufer über dem der sechsten weißen (Ziffernblanktaste genannten) Taste entsprechenden Stift, so steht an der Wechselhebeleinrichtung ein Vorsprung so, daß er, wenn in diesem Augenblick Stromgebung erfolgt, von dem Daumen d getroffen und zurückgedrückt wird. Hierdurch wird das mit seiner Achse nur durch Reibungskupplung verbundene Buchstabenrad um eine Zeichenbreite gedreht, so daß beim weiteren Niederdrücken von Tasten nunmehr die auf ihnen aufgedruckten Zahlen bzw. Zeichen zum Abdruck kommen. In derselben Weise wird die erste weiße Taste (Buchstabenblanktaste) zum Wiederumstellen der Werke auf Buchstabendruck benutzt. Auf diese Weise wird erreicht, daß die Tastatur kleiner und für eine Hand bequemer bedienbar ausgebildet werden kann, als wenn für jeden Buchstaben und jedes Zeichen eine besondere Taste vorhanden wäre.

Zur Erreichung des Gleichlaufes dient der in Abb. 39 angedeutete und in Abb. 39b im Bilde dargestellte Zentrifugalregler (auch Zentrifugalbremse genannt). Er gleicht nicht nur die durch die Druckvorgänge erzeugte wechselnde Belastung des Triebwerks aus, sondern gestattet auch eine Regelung und Einstellung der Geschwindigkeit in ausreichend weiten Grenzen, indem man durch Drehen der in Abb. 39b ganz oben erkennbaren Gewindemutter

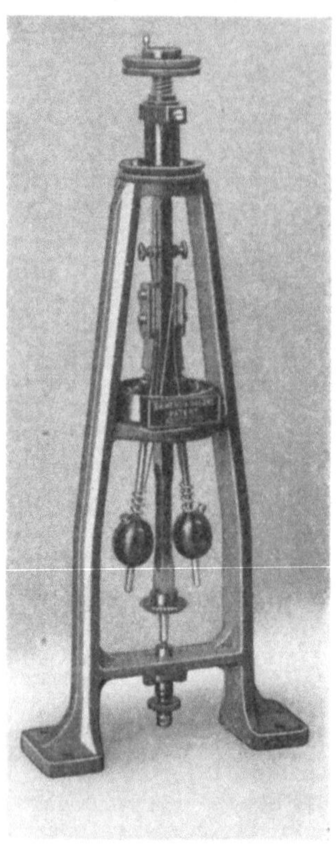

Abb. 39b. Zentrifugalregler eines Hughes-Fernschreibers.

die wirksame Länge der schwingenden Pendel nach Bedarf verändert. Der Antrieb der Werke erfolgt entweder (wie bisher angenommen) durch einen Elektromotor oder aber durch Gewichtsantrieb, der mittels Fußhebelübertragung während des Telegraphierens aufgezogen wird; auch Werke, die mit beiden Arten von Antrieben ausgerüstet sind, werden viel verwendet.

In Ruhestellung sind die Leitungen in der Regel auf einen Wecker geschaltet. Soll mit der Übertragung eines Telegramms begonnen werden, so gibt der rufende Beamte der Stelle, die das Telegramm empfangen soll, ein Weckzeichen. Nachdem beide Fernschreiber eingeschaltet und in Betrieb gesetzt sind, drückt der abgebende Beamte seine Buchstabenblanktaste. Hierdurch werden (in hier nicht näher erläuterter Weise) beide Buchstabenräder eingekuppelt[1]). Nun gibt der Beamte der gebenden Stelle ununterbrochen ein und denselben Buchstaben, z. B. E. Erscheinen auf der empfangenden Stelle hierbei verschiedene Zeichen, so ist ersichtlich, daß die Werke mit verschiedener Geschwindigkeit laufen. Der empfangende Beamte muß nun seinen Regler so lange verstellen, bis auch bei ihm stets ein und dasselbe Zeichen erscheint. Nach Rücküberführung beider Werke in die Anfangsstellung kann die Telegrammübermittlung beginnen. Zur besseren Überprüfung der Einstellung werden meist noch bestimmte Buchstabenverbindungen gegeben (z. B. int), die durch ihren Rhythmus dem Kundigen schon durch das Ohr erkennbar werden.

Aus dem Vorstehenden ist ersichtlich, daß es möglich ist, während jeder Umdrehung des Buchstabenrades und des Läufers mehrere Buchstaben zu geben, also mehrere Tasten gleichzeitig zu drücken. Diese Buchstaben dürfen aber nicht zu nahe aneinander stehen. Denn da sich infolge der Übersetzung das Rädchen r_3 mit dem Daumen d siebenmal so schnell wie Läufer und Buchstabenrad dreht, gleitet während einer Umdrehung von r_3 der Läufer über vier Stifte hinweg. Es dürfen daher nur Tasten gleichzeitig gedrückt werden, die durch vier andere Tasten voneinander getrennt sind. Die Ausnutzung des Hughes-Schreibers ist also sehr von der Geschicklichkeit des bedienenden Beamten abhängig, der einer gründlichen, in der Regel mehrere Monate dauernden Ausbildung bedarf.

11. Maschinentelegraphen.

Bei den bisher geschilderten Telegraphen ist die Leistungsfähigkeit der Anlage wesentlich davon abhängig, mit welcher Geschwindigkeit der Telegraphist die Tasten bedienen kann. Da aber die Leitungen eine weit raschere Zeichenfolge zu übermitteln imstande sind, so kann man mit den in vorstehenden Ausführungen beschriebenen Einrichtungen die Leitungen niemals voll ausnutzen. Wo daher die Zahl der zu befördernden Telegramme sehr groß ist, hat man zur besseren Ausnutzung der Leitungen Einrichtungen getroffen, die die eigentliche Telegrammübertragung von der Handarbeit des Telegraphisten unabhängig machen. Sie führen den Namen Maschinentelegraphen, Schnellschreiber oder selbsttätige Telegraphen. Bei ihnen bedient der Telegraphist einen Lochapparat, der in einen fortlaufenden Papierstreifen Lochverbindungen einschlägt, die den Zeichen etwa des Morsealphabets entsprechen. Die so gelochten Papierstreifen läßt man dann mit großer Geschwindigkeit durch den eigentlichen Telegraphen laufen, wo er im

---

[1]) Jeder Hughes-Fernschreiber besitzt nämlich eine Einrichtung, mit der man die Reibungskupplung zwischen dem Buchstabenrad und seiner Achse lösen kann, worauf das Buchstabenrad in eine ganz bestimmte Ruhestellung zurückkehrt. Man kann so außer Takt gekommene Werke jederzeit in die gleiche Anfangsstellung zurückbringen, so daß sie nach erfolgter Geschwindigkeitsregelung wieder gleichmäßig arbeiten.

Zusammenwirken mit sinnreichen Einrichtungen die erforderlichen Stromschlüsse herbeiführt. Ein solcher Telegraph kann die Handarbeit einer ganzen Reihe von Telegraphisten über die Leitung befördern. In Deutschland am meisten verwendet werden der Wheatstonesche Schnellschreiber und der Siemenssche Maschinentelegraph. Da im Eisenbahnbetrieb derartige Anlagen, soweit bekannt, noch keine Anwendung gefunden haben, soll von ihrer näheren Behandlung abgesehen werden[1]).

II. Die Fernsprechanlagen.

A. Geschichtliches. Telephon von Reis und von Bell. Einführung des Mikrophons.

Der Lehrer und Naturforscher Philipp Reis aus Friedrichsdorf im Taunus erfand im Jahre 1860 zuerst eine Einrichtung, von ihm Telephon genannt, mit der es gelang, mit Hilfe der Elektrizität Töne und auch einzelne Worte auf gewisse Entfernungen fortzupflanzen. Zur vollständigen Wiedergabe der Sprache eignete sie sich aber noch nicht. Erst der Professor an der Universität in Boston. Graham Bell, baute im Jahre 1876 das erste brauchbare Telephon, dessen Grundgedanke in Abb. 40a dargestellt ist. Durch Sprechen gegen die Federplatte (Membran) P wird diese in Schwingungen versetzt, wobei ihre Entfernung von dem Pole des Stabmagneten M ständig wechselt. Dadurch werden Veränderungen im Kraftlinienfelde des Magneten hervorgerufen, welche in der um den Nordpol des Magneten gewickelten Spule S

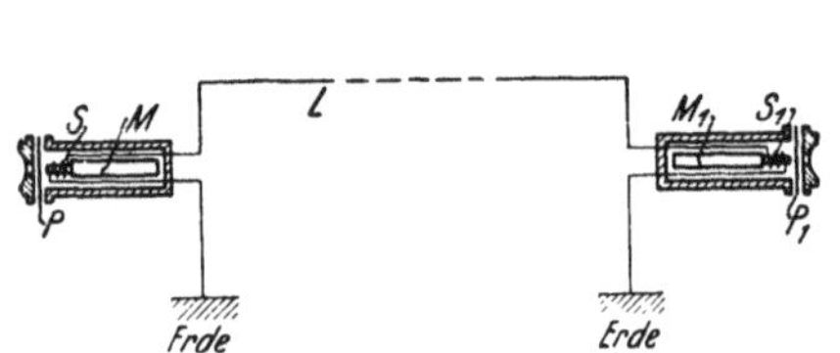

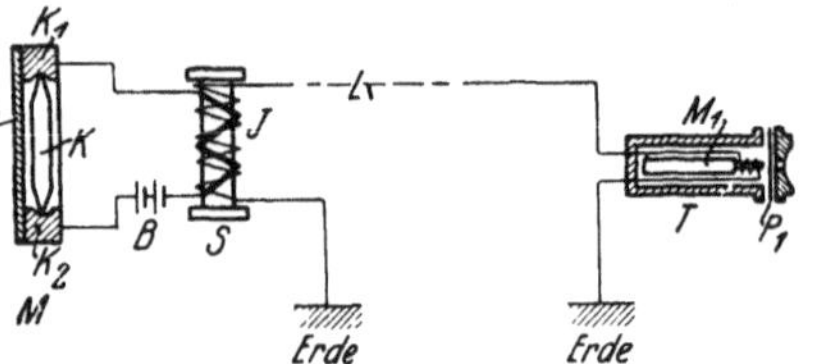

Abb. 40a. Telephon von Bell.   Abb. 40b. Mikrophon von Hughes.

Induktionsströme erzeugen. Diese gelangen durch die Leitung L zur Spule S_1, die um den Nordpol des Stabmagneten M_1 gewickelt ist, und durch eine zweite Leitung oder die Erde zurück zur Spule S. Sie stärken und schwächen den Nordpol des Magneten M_1, so daß die Federplatte P_1 durch die Wirkungen des Magnetismus in Schwingungen gerät, die denen der Platte P so ähnlich sind, daß die gegen P gesprochenen Worte von P_1 abgehört werden können. Da eine mehrmalige Umsetzung der Energie (z. B. mechanische in elektrische und dann wieder elektrische in mechanische) stattfindet, so werden bei P_1 die Worte schwächer vernommen als sie bei P gesprochen werden. Das Bellsche Telephon läßt sich daher nur auf kürzere Strecken benutzen. Seine Wirkung wurde dadurch verbessert, daß man statt des Stabmagneten einen Hufeisenmagneten verwendete, auf dessen beiden Polen je ein mit einer Drahtspule umgebener weicher Eisenkern saß. Hierbei ist der Weg der magnetischen Kraftlinien, die ja vom Nordpol zum Südpol verlaufen, erheblich kürzer als beim Stabmagneten, auch liegen sie in ihrer ganzen Ausdehnung und in größerer Zahl der Federplatte erheblich näher. Die Schwingungen derselben können daher im Kraftlinienfelde des Magneten wesentlich größere

---

[1]) Eine kurze Beschreibung des Wheatstoneschen Schnellschreibers s. bei Strecker, Telegraphentechnik (s. Literatur).

Änderungen hervorrufen als beim Stabmagneten. Seine heutige große Bedeutung konnte das Telephon aber erst gewinnen, als das Mikrophon erfunden wurde. Abb. 40b erläutert den Grundgedanken des ersten Mikrophons (M) vom Amerikaner Hughes erfunden. Eine dünne Tannenholzplatte P trägt zwei Kohlenstücke K_1 und K_2, zwischen denen der Kohlenzylinder K leicht beweglich gelagert ist. J ist ein kleiner Umformer (Induktionsspule), bestehend aus einer primären Wicklung mit wenigen Windungen (stark gezeichnet) und einer sekundären Wicklung mit vielen Windungen (schwach gezeichnet). Aus einer Batterie B fließt ein Strom (Mikrophonstromkreis) über die primäre Wicklung von J über das Kohlenstück K_1, den Kohlenzylinder K und das Kohlenstück K_2 zurück zur Batterie. Durch Sprechen gegen die Platte P gerät diese in Schwingungen. Infolgedessen ändert sich ständig der Übergangswiderstand zwischen dem Kohlenzylinder K und den Kohlestücken K_1 und K_2. Dadurch entstehen in dem Mikrophonstromkreis fortwährend Stromschwankungen, die in der sekundären Wicklung des Umformers J Induktionsströme hervorrufen, die über Leitung L zum entfernten Telephon T und von dort über eine zweite Leitung oder über Erde zur sekundären Wicklung von J zurückgelangen. Diese Ströme bringen in der oben geschilderten Weise durch Erregung des Magneten M_1 und die sich daraus ergebenden Schwingungen der Federplatte P_1 das Telephon T zum Ertönen. Da die senkundäre Wicklung sehr viel mehr Windungen besitzt als die primäre, so besitzen die entstehenden Induktionsströme eine wesentlich höhere Spannung als die Ströme im Mikrophonstromkreis. Sie eignen sich daher gut zur Fortpflanzung auf größere Entfernungen.

B. Beschreibung eines Fernsprechers und seiner Teile.

Abb. 41 zeigt die grundsätzliche Anordnung eines Fernsprechers mit Wechselstromanruf.

Er besteht aus folgenden Teilen: dem Hakenumschalter H, dem Induktor J, dem Wecker W, der Induktionsspule S, dem Mikrophon M, dem Hörer T und der Batterie B. Den punktierten Kondensator C denke man sich zunächst fort, er wird bei einer anderen als der hier geschilderten Anrufweise benutzt, seine Wirkungsweise wird daher später unter Abschnitt D und E erläutert.

1. Der Hakenumschalter.

In der Ruhestellung ist der Hörer T in den Haken eingehängt, wodurch der Umschalter in der gezeichneten unteren Endlage gehalten wird. Hebt man den Hörer ab, so zieht die Feder f_1 den Hakenumschalter in seine obere Endlage. Dabei wird die Stromschlußfeder 2 von der Feder 1 abgehoben und gegen die Feder 3 gedrückt. Diese drückt mit einem an ihr befestigten isolierenden Hartgummistift s gegen die Feder 4, wodurch diese sich gegen die Feder 5 legt. Während also bei eingehängtem Hörer Stromschluß besteht zwischen Feder 1 und 2, und die Verbindung zwischen Feder 2 und 3, sowie 4 und 5 unterbrochen ist, besteht bei abgenommenem Hörer keine leitende Verbindung zwischen Feder 1 und 2, dagegen Stromschluß zwischen Feder 2 und 3, sowie 4 und 5.

2. Der Induktor.

Er dient dazu, den Strom zu erzeugen, mit dem der auf der anzurufenden Stelle angebrachte Wecker zum Ertönen gebracht werden soll. Er ist meist mit einer nachstehend erläuterten Kurzschlußeinrichtung versehen. Er besteht aus drei nebeneinander angeordneten Hufeisenmagneten h (s. Abb. 41, J und

Abb. 42), zwischen deren Polen ein ⟂-Anker a_1 mittels eines Zahnradgetriebes z in schnelle Umdrehung versetzt werden kann. Der Anker trägt eine Drahtwicklung, deren eines Ende an den Körper des Induktors angeschlossen ist,

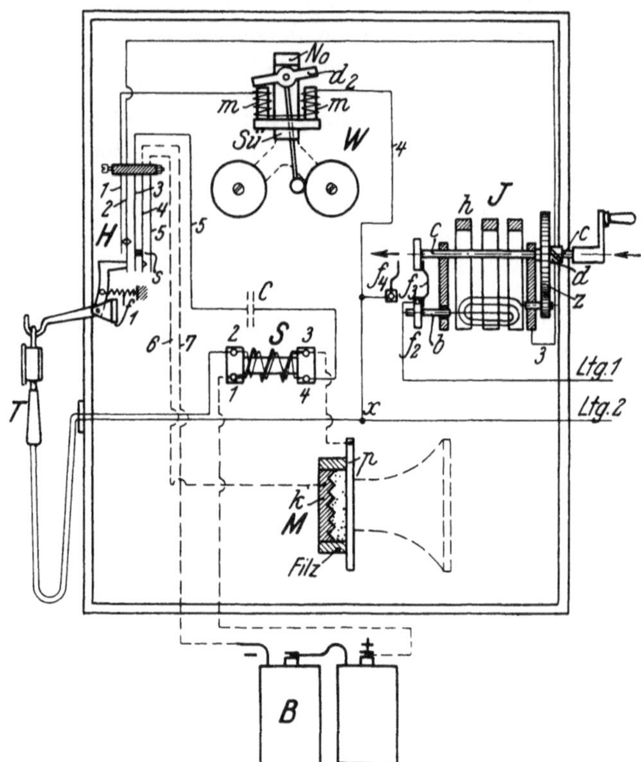

Abb. 41. Anordnung eines Fernsprechers mit eigener
Ortsbatterie (O.B.)

während das andere Ende mit der im Lagerbock stromdicht gelagerten Drehachse b des Induktors in Verbindung steht[1]). Die Achse b schleift an einer Feder f_2. Wird der Anker in drehende Bewegung gesetzt, so kann am Körper des Induktors und an der Schleiffeder f_2 ein Wechselstrom entnommen werden.

In der mit dem großen Zahnrad fest verbundenen Hülse d befindet sich ein schräger Schlitz, in den ein an der Achse c befestigter Stift hineinragt.

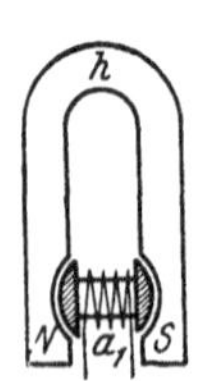

Abb. 42.
Querschnitt
durch einen
Fernsprechinduktor.

Wird die Achse c vermittels der Kurbel gedreht, so gleitet der Stift in dem schrägen Schlitz entlang, wodurch die Achse c in der Pfeilrichtung verschoben wird. Dadurch verliert die Achse c und damit auch der Induktorkörper die Berührung mit der Stromschlußfeder f_3 und wird gegen die Stromschlußfeder f_4 gedrückt. Ist die Achse so weit verschoben, daß der Stift an das Ende des Schlitzes stößt, so erfolgt Mitnahme des Zahnrades und somit Antrieb des Ankers.

In der Ruhelage ist also die Ankerwicklung durch den Kurzschluß Induktorkörper — Achse c — Feder f_3 — Feder f_2 überbrückt. Beim Beginn der Drehung der Achse c wird dieser Kurzschluß aufgehoben.

---

[1]) Die Drahtwicklungen würden sich in Wirklichkeit in der in Abb. 41 bei J dargestellten Projektion decken, sie sind nur der besseren Deutlichkeit wegen ineinandergezeichnet.

Je nach der Geschwindigkeit, mit der die Kurbel gedreht wird, liefert der Induktor Wechselstrom von 60 bis 100 Volt Spannung.

3. Der Wecker.

Dient ein Wechselstrominduktor als Rufstromquelle, so muß auch der Wecker als Wechselstromwecker ausgebildet sein. In Abb. 41 ist unter W ein solcher dargestellt. Auf dem Südpol $Sü$ eines hufeisenförmigen Stahlmagneten ist ein Elektromagnet m befestigt, dessen Schenkel also Teile des Südpols bilden. Vor den Enden dieser Schenkel befindet sich ein drehbarer Anker d_2 aus Weicheisen, über dem unmittelbar der Nordpol No des Stahlmagneten sich befindet. Der Anker wird also auch nordmagnetisch. Da beide Schenkel des Elektromagneten südmagnetisch sind, so wird der Anker von beiden Schenkeln angezogen. In der Ruhestellung müßte daher der Anker wagerecht liegen. Da aber praktisch der Magnetismus nie in beiden Schenkeln gleich stark sein wird, so wird der Anker stets an einem Schenkel anliegen. Die Wicklungen sind um die beiden Schenkel in verschiedenem Sinne gelegt. Fließt nun durch die Wicklungen ein von einer anderen Fernsprechstelle kommender Strom (Rufstrom), so wird der Südmagnetismus in dem einen Schenkel gestärkt, in dem andern geschwächt. Der stärkere zieht den Anker an. Ändert der Strom seine Richtung, so wird der andere Schenkel des Magneten stärker magnetisch, der Anker wird also jetzt von ihm angezogen. Bei Wechselstrom wird also der Anker ständig hin- und herwippen und der an ihm befestigte Klöppel dabei abwechselnd gegen die beiden Glocken schlagen, d. h. der Wecker wird ertönen.

Früher verwendete man oft Gleichstrom zum Anrufen. In besonderen Fällen benutzt man ihn auch jetzt noch zu diesem Zwecke. Als Rufquelle benutzt man dann eine aus den unter I., B. 2 bis 4, S. 322 ff. geschilderten Elementen gebildete Batterie und als Wecker einen Gleichstromwecker. Abb. 43 diene zur Erläuterung der Wirkungsweise eines solchen mit Selbstunterbrechung. Wird der Knopf D gedrückt, so fließt ein Strom aus der Batterie B um die Schenkel des Elektromagneten E zum Anker A und über Ankerkontakt, Stromschlußschraube S, Druckknopf D zur Batterie zurück. Der Elektromagnet zieht den Anker an. Der Stromschluß bei S wird unterbrochen und die Magnetwicklungen werden stromlos. Der Anker federt zurück. Der Strom wird bei S geschlossen, der Anker wieder angezogen usf. Der am Anker befestigte Klöppel schlägt also in steter Folge an die Glockenschale, solange der Knopf D gedrückt wird.

Abb. 43. Gleichstromwecker mit Selbstunterbrechung.

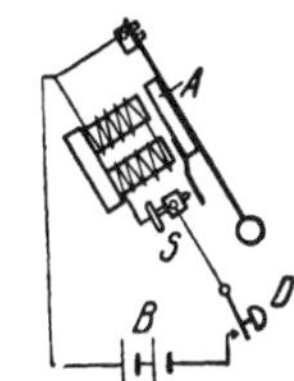

Abb. 44. Gleichstromwecker mit Kurzschlußeinrichtung.

Abb. 44 zeigt einen Kurzschluß- oder Nebenschlußwecker. Hier wird durch Ankeranzug der Batteriestrom nicht unterbrochen, sondern die Schenkelwicklungen werden über S und A durch Kurzschluß überbrückt. Ist der Stromschließer bei S geschlossen, so fließt der Strom nicht mehr durch die Magnetwicklungen, sondern durch den Anker. Der Magnet läßt also den Anker abfallen. Dadurch tritt Stromunterbrechung bei S ein, der Strom fließt jetzt wieder durch die Wicklungen, der Anker wird angezogen usf. Der Kurzschlußwecker findet Verwendung, wenn mehrere Wecker in eine Leitung hintereinandergeschaltet werden sollen, und wenn man durch die bei den fortwährenden Stromöffnungen und -schließungen der Wecker mit Selbstunterbrechung in den Nachbarleitungen entstehenden Induktionsströme Störungen befürchten muß.

4. Die Induktionsspule.
(S in Abb. 41.)

Um einen aus einem Bündel von dünnen Eisendrähten gebildeten Kern ist ein isolierter Kupferdraht in 300 Windungen herumgewickelt. Er bildet die primäre Wicklung und ist an die Klemmen 1 und 3 angeschlossen. Um diese Wicklung herum ist ein sehr dünner isolierter Draht in etwa 5200 Windungen gewickelt. Er stellt die sekundäre Wicklung dar und ist an die Klemmen 2 und 4 angeschlossen. Die primäre Wicklung besitzt in der Regel einen Widerstand von 0,8 bis 1 Ohm, die sekundäre einen solchen von 200 Ohm.

Die Induktionsspule hat den Zweck, die durch das Mikrophon erzeugten Schwankungen des niedriggespannten Gleichstroms in Wechselstrom von höherer Spannung umzuwandeln.

5. Das Mikrophon.

Es gibt zahllose verschiedene Bauarten. Alle bestehen aus einer federnden Platte (Membran), meist aus Kohle oder Metall, die entweder einen Kontaktkörper trägt oder selbst als Kontaktkörper dient, und einem zweiten Kontaktkörper aus Kohle. Zwischen beiden lagern Kohlenwalzen, Kugeln, Körner oder Gries, die durch den infolge der Schwingungen der Federplatte wechselnden Druck leicht ihren Übergangswiderstand ändern.

In Abb. 41 ist der Grundgedanke eines Körnermikrophons M von S. & H. erläutert (in der Abbildung um 90^0 nach rechts umgeklappt). p ist eine als Kontaktkörper dienende federnde Kohlenplatte, gegen die gesprochen wird. k ist ein mit Nuten versehener Kohlenkontaktkörper. Zwischen beiden befinden sich sehr viele Kohlenkörner, die unter einem bestimmten Druck gegeneinander und gegen die Kontaktkörper gedrückt werden. Infolge der Durchbiegungen der Membran ändert sich dieser Druck beim Sprechen fortwährend, wodurch in dem von der Platte p durch die Körner zum Körper k fließenden Gleichstrom Stromschwankungen hervorgerufen werden.

6. Der Hörer.

In Amerika ist der Hörer in der Form des alten Bellschen Telephons (s. Abb. 40a, S. 354) noch vielfach im Gebrauch. In Europa findet der Dosenfernhörer umfangreiche Verwendung.

Einen Hörer nach der Bellschen Form, aber mit Hufeisenmagnet, zeigt Abb. 45. H ist der Hufeisenmagnet mit den Polschuhen P_1 und P_2, auf denen je ein mit einer Spule umwickelter Eisenkern sitzt, F stellt die Federplatte und M die Hörmuschel dar. Infolge des beim Sprechen durch die Spulen fließenden Wechselstromes wird die Federplatte den Stromänderungen entsprechend in Schwingungen versetzt, die genau den Schwingungen der gesprochenen Worte entsprechen.

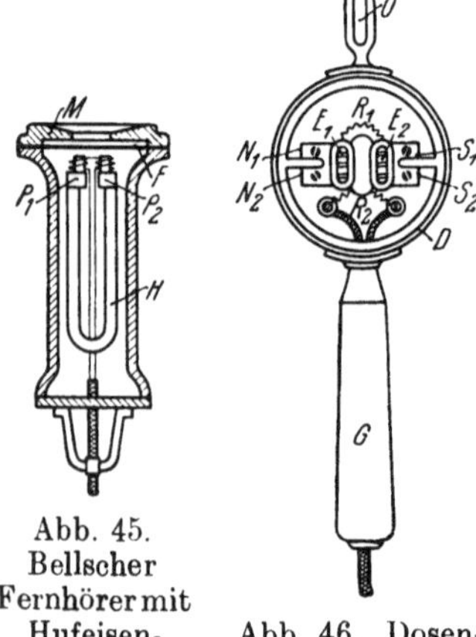

Abb. 45. Bellscher Fernhörer mit Hufeisenmagnet.

Abb. 46. Dosenfernhörer.

Abb. 46 zeigt einen Dosenfernhörer. In einer kreisrunden Dose D sind zwei halbringförmige Stahlmagnete R_1 und R_2 angeordnet, deren beide Nordpole N_1, N_2 bzw. Südpole S_1, S_2 je einen gemeinsamen Weicheisenkern E_1 und E_2 tragen, um die die Spulen gewickelt sind, und über denen die in der Zeichnung nicht dargestellte Federplatte schwebt. Der Hörer besitzt einen

Griff G, durch den die Drahtzuleitung führt, und eine Öse O, mit der er am Hakenumschalter eingehängt werden kann. Die äußere Form des Dosenfernhörers ist bei T in Abb. 41, S. 356, zu erkennen.

7. Die Mikrophonbatterie.

Sie wird meist aus ein oder zwei Trockenelementen gebildet, die dann hintereinandergeschaltet werden, um die Spannung des primären und damit auch des sekundären Stromes zu erhöhen. Doch kommen auch Nebeneinanderschaltungen vor, die den Zweck haben, bei längeren Gesprächen eine längere Inanspruchnahme zu gestatten, da jedes Element nur von einem Teile des Mikrophonstromes durchflossen und daher weniger beansprucht wird, die Spannung hält sich daher länger konstant.

Natürlich können auch nasse Elemente verwendet werden, doch werden Trockenelemente bevorzugt, weil sie sich leichter in der Nähe des Fernsprechers unterbringen und schneller auswechseln lassen.

8. Schaltung eines O. B.-Fernsprechers.

Abb. 41 (S. 356) veranschaulicht die Schaltung eines Fernsprechers mit Ortsbatterie (O.B.-Betrieb). Bei dieser Schaltung besitzt jeder Fernsprecher seine eigene Mikrophonbatterie, während beim Z.B.-Betrieb (Zentralbatterie) alle an eine Vermittlungstelle angeschlossenen Fernsprecher von einer gemeinsamen in der Vermittlungsstelle aufgestellten Batterie aus gespeist werden. Diese Schaltung wird unter E. 5, S. 379 erläutert.

Leitung 1 und 2 sind die beiden nach außen führenden Leitungen, von denen eine durch Erde ersetzt werden kann. Ein von außen kommender Rufstrom nimmt folgenden Weg: Leitung 1, Schleiffeder f_2 und Stromschlußfeder f_3 des Induktors J, Kurbelachse c und durch den Induktorkörper zur Leitung 3, Stromschlußfeder 2 und 1 am Hakenumschalter H, Wicklung des Elektromagneten m des Weckers W und durch Leitung 4 zur Leitung 2. Der Wecker ertönt. Die Wicklung des Induktorankers, die mit einem Ende an den Induktorkörper und mit dem anderen an die Schleiffeder f_2 anschließt, ist durch Kurzschluß überbrückt, wird also von dem ankommenden Rufstrom nicht durchflossen. Der bei x einmündende Hörerstromkreis ist an der Stromschlußfeder 3 und 2 des Hakenumschalters unterbrochen. Wäre dagegen beim Ankommen des Anrufes der Hörer abgenommen, so würde der Rufstrom den Weg des nachstehend geschilderten Sprechstromkreises nehmen, den Wecker also nicht zum Ertönen bringen, dagegen im Hörer die Federplatte in Schwingungen versetzen und sich so vernehmbar machen.

Durch das auf den Anruf erfolgende Abheben des Hörers T wird der Hakenumschalter betätigt. Ein von außen ankommender Sprechstrom nimmt nunmehr folgenden Weg: Leitung 1, Schleiffeder f_2, Feder f_3, Achse c, Induktorkörper, Leitung 3, Stromschlußfeder 2 und 3 des Hakenumschalters (Feder 2 ist jetzt von 1 ab und an 3 angedrückt), Leitung 5, Klemme 4 der sekundären Wicklung der Induktionsspule, Klemme 2 derselben, Hörer T, Punkt x, Leitung 2. Die bei x abzweigende über den Wecker führende Leitung ist jetzt bei Stromschlußfeder 1 und 2 des Hakenumschalters unterbrochen.

Denselben Weg wie den eben geschilderten des Sprechstromkreises nehmen die in der sekundären Wicklung der Induktionsspule beim Sprechen in das Mikrophon entstehenden Induktionsströme, die so in den Hörer des fremden Fernsprechers gelangen.

Durch Betätigen des Hakenumschalters ist auch der Mikrophonstromkreis bei Stromschlußfeder 4 und 5 geschlossen worden. Der Mikrophonstrom (in Abb. 41 gestrichelt) nimmt folgenden Weg: Vom positiven Pol der Batterie B zur Klemme 1 der primären Wicklung der Induktionsspule S, durch diese zur Klemme 3 derselben und zur Federplatte p des Mikrophons M. Über die Kohlenkörner zum Kohlenkörper k und von dort durch Leitung 6 über Stromschlußfeder 5 und 4 des Hakenumschalters zurück durch Leitung 7 zum negativen Pole der Batterie.

Entstehen jetzt durch Sprechen gegen die Federplatte p in der primären Wicklung der Induktionsspule Stromschwankungen, so rufen diese in der sekundären Spule Induktionsströme hervor, die auf den bereits geschilderten Weg des Sprechstromkreises in den Hörer des fremden Fernsprechers gelangen.

Soll von dem in Abb. 41 dargestellten Fernsprecher aus eine andere Stelle angerufen werden, so wird die Induktorkurbel gedreht. Dadurch wird in der unter II. B. 2, S. 356 geschilderten Weise die Verbindung der Achse c und damit des Induktorkörpers mit der Feder f_3 aufgehoben und mit Feder f_4 hergestellt. Der in den Ankerwicklungen beim Drehen des Ankers entstehende Wechselstrom nimmt folgenden Weg: Von dem einen Ende der Ankerwicklung zur Schleiffeder f_2, Leitung 1 zum fremden Wecker, zurück durch Leitung 2 über x zur Feder f_4, Achse c und Körper des Induktors wieder zum anderen Ende der Ankerwicklung.

Der eigene Weckerstromkreis ist bei der hier beschriebenen Anordnung während des Rufens durch den Induktorkörper überbrückt (vgl. den Stromweg über f_4, Leitung 4, Stromschlußfeder 1, 2, Leitung 3, Induktorkörper, Achse c, f_4), der Wecker ertönt also nicht mit, auch wenn der Hörer nicht abgenommen ist. Durch Abnehmen des Hörers wird der abgehende Rufstrom in keiner Weise beeinflußt. Anders war es bei Fernsprechern älterer Bauart, bei denen nur bei angehängtem Hörer Rufstrom in die Leitung geschickt werden konnte.

9. Äußere Anordnung der Fernsprecher.

Die einzelnen Teile des Fernsprechers werden in einem entsprechend ausgebildeten Gehäuse vereinigt und entweder an die Wand gehängt (Wandfernsprecher) oder auf den Tisch gestellt (Tischfernsprecher). Abb. 47 stellt einen Wandfernsprecher dar. Das Mikrophon sitzt in der Vorderwand des Gehäuses. Der mit dem Gehäuse durch eine Kabelschnur verbundene Hörer hängt am Hakenumschalter. Ist, wie in Abb. 47, ein zweiter Hörer vorhanden, so hängt er an einem festen Haken. Er ist zum ersten Hörer parallel geschaltet und dient dazu, die Verständigung zu erleichtern und Außengeräusche durch Abschließen auch des

Abb. 47. Wandfernsprecher.

zweiten Ohres fernzuhalten. In dem unter dem Pult befindlichen Kasten befindet sich die Mikrophonbatterie.

Abb. 48 zeigt einen Tischfernsprecher. Hörer und Mikrophon sind an einem gemeinsamen Griff befestigt, so daß es möglich ist, mit einer Hand gleichzeitig den Hörer an das Ohr und den Sprechtrichter an den Mund zu bringen. Die Mikrophonbatterie wird getrennt von dem Fernsprecher aufgestellt und durch besondere Drähte mit dem in der Abbildung rechts oben sichtbaren Klemmenbrett verbunden. Im Ruhezustand ruhen Hörer und Mikrophon (zusammen auch Mikrotelephon genannt) auf einer Gabel, die sich beim Abnehmen des Hörers hebt und dadurch einen dem Hakenumschalter nachgebildeten Umschalter betätigt. Mit dem am Griff des Mikrotelephons sichtbaren Druckknopf (Lauthörknopf), der neuerdings seltener verwendet wird, kann man einen Stromschließer betätigen, der im Sprech- und Hörstromkreis die sekundäre Wicklung der Induktionsspule überbrückt, also 200 Ohm Widerstand aus der Leitung ausschaltet.

Abb. 48. Tischfernsprecher.

Der ankommende Sprechstrom kann infolgedessen durch den Widerstand der Induktionsspule nicht geschwächt werden, die Sprache wird im Hörer also deutlicher vernehmbar. Man darf aber nicht vergessen, jedesmal beim Sprechen den Knopf wieder loszulassen, weil sonst die in der sekundären Wicklung beim Sprechen entstehenden Induktionsströme infolge des durch den Stromschließer hergestellten Kurzschlusses nicht in die Außenleitung gelangen.

C. Schaltung der Fernsprechanlagen.

Sollen mehrere Fernsprechstellen beliebig untereinander verkehren können, so muß man sie entweder in eine gemeinsame Leitung schalten oder Zentralfernsprechanlagen schaffen. Im ersteren Falle schaltet man sie hintereinander oder nebeneinander (parallel). Hierbei kann man entweder nur eine Leitung (Freileitung oder Kabelader) vorsehen und die Rückleitung durch die Erde leiten (Einfachleitungen) oder auch für die Rückleitung eine metallische Leitung anordnen (Doppelleitungen). Warum heute meist Doppelleitungen ausgeführt werden, wird später unter G., S. 391, erläutert.

In Abb. 49a bis d sind die verschiedenen Schaltungsarten grundsätzlich dargestellt. Abb. 49a zeigt Hintereinanderschaltung mit Erde als Rückleitung, Abb. 49b Hintereinanderschaltung mit metallischer Rückleitung.

Abb. 49c Nebeneinanderschaltung mit Erde als Rückleitung[1]), Abb. 49d Nebeneinanderschaltung mit metallischer Rückleitung. *A, B, C, D* und *E* sind fünf Fernsprecher.

Spricht bei Anordnung nach Abb. 49a oder b irgendeine Stelle, z. B. *B* mit einer anderen, z. B. *D*, so durchläuft der Sprechstrom, da in *B* und *D* die Hörer abgenommen sind, hier die sekundären Wicklungen der Induktionsspulen und die Wicklungen in den Hörern. Derselbe Strom muß aber an den übrigen Stellen die Wicklungen der Wecker durchlaufen, deren Widerstände man daher niedrig (100 bis 300 Ohm) wählen muß, um die Stärke des Sprechstromes nicht zu sehr zu schwächen. Bei der Schaltung nach Abb. 49c und d dagegen verzweigt sich der Sprechstrom durch alle Zweige im umgekehrten Verhältnis ihrer Widerstände. Je größer also die Weckerwiderstände (im Eisenbahnbetrieb 1600 bis 2500 Ohm) sind, desto größer ist die Stromstärke in den Sprechstromkreisen der Fernsprecher *B* und *D*, deren Hörer abgenommen, und deren Wecker daher ausgeschaltet sind.

Bei der Hintereinanderschaltung ist für die Dauer einer eine Stromunterbrechung herbeiführenden Störung (z. B. einer starken Verschmutzung eines Stromschließers) der Betrieb auf der ganzen Linie unterbrochen, während bei Nebeneinanderschaltung die anderen Sprechstellen ungestört weiter miteinander verkehren können. Die Nebeneinanderschaltung ermöglicht es auch, an beliebiger Stelle der Leitung, also auch auf der freien

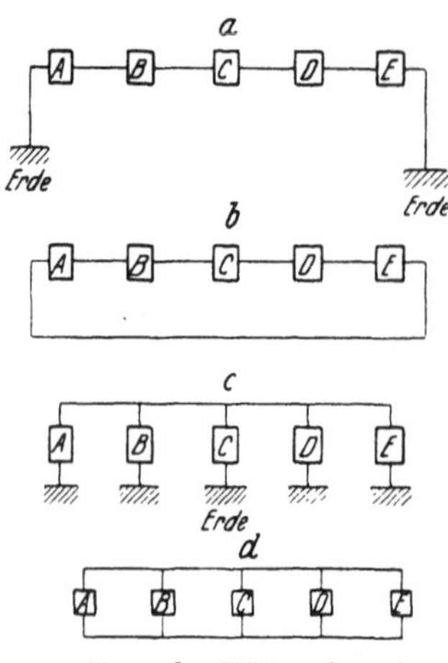

Abb. 49a—d. Hintereinander- und Nebeneinanderschaltung von Fernsprechern.

Strecke einer Bahnlinie, einen tragbaren Hilfsfernsprecher (bei Unfällen, Umbauten u. dgl.) leicht einzuschalten, was bei Hintereinanderschaltung gewisse Schwierigkeiten bereitet.

Welche der vorstehend beschriebenen Schaltungen auch angewendet wird, immer ertönen, wenn ein Anruf von einer Stelle aus erfolgt, die Wecker aller anderen Stellen gleichzeitig. Es müssen also bestimmte aus langen und kurzen Klingelzeichen gebildete Anrufe für jede Stelle festgesetzt werden. Neuerdings sind auch Bauarten mit wahlweisem Anruf benutzt worden, bei denen infolge Abstimmung der Wecker auf Wechselströme bestimmter Frequenzen oder anderer Maßnahmen der Ruf immer nur auf der Stelle ankommt, für die er bestimmt ist[2]). Endet eine Fernsprechleitung, in der mehrere Fernsprecher hintereinander oder nebeneinander geschaltet sind, an einem Klappenschrank, so muß verhindert werden, daß die Anrufklappe auch dann fällt, wenn die Sprechstellen keine Verbindung mit einer anderen Leitung wünschen, sondern nur untereinander sprechen wollen. Man schaltet dann vor die Anrufklappe ein Verzögerungsrelais, das nur anspricht und die Klappe zum Fallen bringt bei einer langen ununterbrochenen Stromgebung, nicht aber bei den kurzen bzw. mäßig langen Stromgebungen für die Anrufzeichen[2]).

Die Neben- und Hintereinanderschaltungen haben den Nachteil gemeinsam, daß, während zwei Stellen miteinander sprechen, die übrigen nicht untereinander verkehren können. Man schaltet daher nur eine sehr beschränkte

---

[1]) Diese Schaltung wird auch halbe Parallelschaltung genannt. Der Name ist aber irreführend, denn tatsächlich sind die Fernsprecher durchaus parallel (nebeneinander) geschaltet.

[2]) Beschreibung derartiger Einrichtungen, s. Gollmer, S. 306 bis 319.

Anzahl von Sprechstellen in einen gemeinsamen Leitungskreis. Soll der Verkehr einer großen Zahl von Sprechstellen untereinander bewerkstelligt werden, so schafft man Zentralfernsprechanlagen. Hierbei führen von allen Fernsprechern eines bestimmten Bezirkes besondere Leitungen zu einer gemeinsamen Vermittlungsstelle (Zentrale, Fernsprechamt), die nun die Leitungen beliebig untereinander verbinden kann. Die Vermittlungsstellen verschiedener Bezirke können sich dann ihrerseits wieder miteinander verbinden (Abb. 50).

Bei den Eisenbahnverwaltungen kommt die Einrichtung, mehrere Fernsprecher in einen gemeinsamen Leitungskreis zu schalten, in großem Umfange zur Anwendung, und zwar sowohl zur Verbindung aller Posten und Blockstellen einer Strecke zwischen zwei oder mehreren Bahnhöfen (Streckenfernsprecher) als auch zur Verbindung nur der wichtigsten Stellen (Linienfernsprecher). Auch auf Bahnhöfen werden die Fahrdienstleiter, Aufsichts-

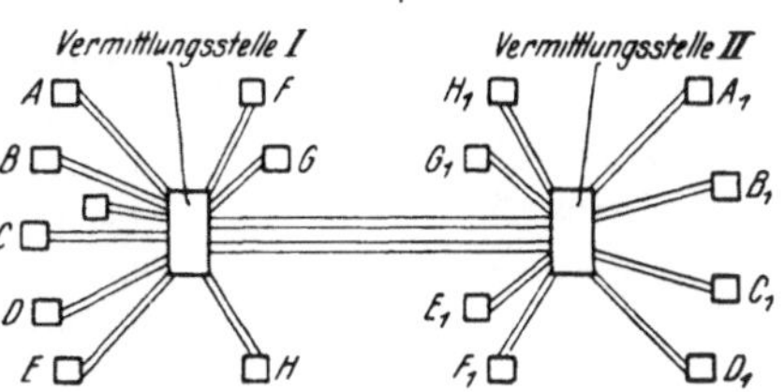

Abb. 50. Grundgedanke einer Zentralfernsprechanlage.

und Weichenposten meistens in einem gemeinsamen Fernsprechkreise vereinigt. Auf größeren Bahnhöfen findet man zwar Zentralfernsprechanlagen, doch sind daneben meist noch ein oder mehrere Bahnhofsfernsprechkreise vorhanden. Die Einrichtung der Linienfernsprecher und Bahnhofsfernsprecher weicht in der Regel nicht wesentlich von der in Abb. 41, S. 356, dargestellten Anordnung ab. Besonderer Besprechung bedürfen aber die Streckenfernsprecher.

D. Der Streckenfernsprecher.

1. Der Streckenfernsprecher der Pr.H.St.B.

a) Ältere Bauart (Hintereinanderschaltung). Die Schaltung der Streckenfernsprecher zeigt bei den einzelnen Bahnverwaltungen wesentliche Unterschiede. Bei den Pr.H.St.B. wurde früher ganz allgemein eine Schaltung angewandt, die mit Ruhestrom arbeitete. Diese Schaltung findet man auch jetzt noch bei einigen älteren Anlagen. Sie ist indessen wegen mancher weiter unten zu erläuternder Nachteile aufgegeben worden. Da sie aber viele bemerkenswerte Einzelheiten aufweist, die Gelegenheit bieten, bestimmte auch sonst in der Fernsprecherei zur Anwendung kommende Einrichtungen in einfacher Weise kennen zu lernen, soll sie trotz allem im folgenden näher erläutert werden.

Die Schaltung ist in Abb. 51 dargestellt. Der Ruhestrom wird aus einer auf einer der beiden Endstellen eines Sprechbezirks aufgestellten Batterie B entnommen. Zum Anruf dient ein Induktor J, der aber nicht Wechselstrom, sondern schnell aufeinander folgende Gleichstromstöße liefert, indem seine Ankerachse an der Stelle, an der die Feder f_2 schleift, zur Hälfte ausgeschnitten ist, so daß die Feder von den in der Ankerwicklung sonst entstehenden Wechselströmen nur die Stromteile gleicher Richtung abnimmt; den Stromteilen der anderen Richtung entsprechen Leitungsunterbrechungen.

Da der hier zu schildernde Streckenfernsprecher mit Gleichstrom arbeitet, die Sprechströme aber Wechselströme sind, so erweisen sich Einrichtungen als nötig, die in einen Leitungszweig geschaltet diesen für Gleichstrom sperren (Kondensatoren) oder für Wechselstrom hoher Periodenzahl verriegeln (Drosselspulen).

k_1, k_2, k_3 und k_4 sind solche Kondensatoren, die in eine Leitung geschaltet, diese für Gleichströme sperren, dagegen Wechselströme durchlassen. Man denke sich eine ganz dünne rechteckige Papier- oder Glimmerplatte (das

Dielektrikum) auf beiden Seiten mit Stanniol belegt, so daß ringsum ein Randstreifen freibleibt. Setze ich nun die Belegung a (Abb. 52 a) mit dem positiven und b mit dem negativen Pol einer Gleichstromquelle in Verbindung, so wird der Kondensator aufgeladen, d. h. es sammelt sich auf a positive, auf b negative Elektrizität, die sich gegenseitig durch die Glimmerplatte hindurch anziehen und so binden. Die Belegungen können aber entsprechend ihrer Oberfläche und der Dicke des Dielektrikums bei einer bestimmten Spannung nur eine bestimmte Elektrizitätsmenge aufnehmen. Ist die Aufnahmefähigkeit (Kapazität) des Kondensators voll ausgenutzt, so kann aus der Gleichstromquelle ein Strom nicht mehr fließen, da das Dielektrikum den Stromkreis unterbricht. Schaltet man in den Stromkreis einen Strommesser, so macht sich der Ladevorgang dadurch bemerkbar, daß beim Einschalten der Gleichstromquelle die Nadel ausschlägt und dann sofort in die Nullstellung wieder zurückkehrt. Wird jetzt die Stromquelle plötzlich ausgeschaltet und die Leitung statt dessen kurz geschlossen, so erfolgt wieder ein kurzer Nadelausschlag (nach der anderen Seite wie vorhin), denn die positiv und negativ geladenen Belegungen gleichen sich nunmehr durch die Leitung aus, der Kondensator entladet sich.

Wird statt der Gleichstromquelle eine Wechselstromquelle benutzt, so müssen dem fortwährenden Stromwechsel auch dauernde Lade- und Entladeströme des Kondensators entsprechen, d. h. mit anderen Worten: Ein in eine Leitung geschalteter Kondensator sperrt dieselbe für Gleichstrom, läßt aber Wechselströme hindurch, denen er nur einen geringen Widerstand entgegenstellt. Dieser Widerstand ist um so kleiner, je höher die Periodenzahl des Wechselstroms ist. Die Kapazität des Kondensators muß natürlich so bemessen sein, daß die Entladeströme ausreichende Stromstärken entwickeln können.

Ein Kondensator besitzt die Einheit der Kapazität, wenn er bei einer Spannung von 1 Volt zwischen den Belegungen die Elektrizitätsmenge 1 Coulomb[1]) besitzt.

Diese Einheit heißt das Farad. In der Praxis wird das Mikrofarad, d. h. der millionste Teil eines Farad als Einheit benutzt.

Die Kondensatoren in der Fernsprechtechnik werden aus zwei bandartigen Stanniolstreifen, von denen jeder beiderseits eine sehr dünne Papierbelegung trägt, durch Aufwickeln oder balgartiges Zusammenfalten gebildet und in einen kleinen Blechbehälter gepreßt, der mit Vergußmasse luftdicht abgeschlossen ist. Das Äußere zeigt Abb. 52 b. An den vorstehenden Haken, die

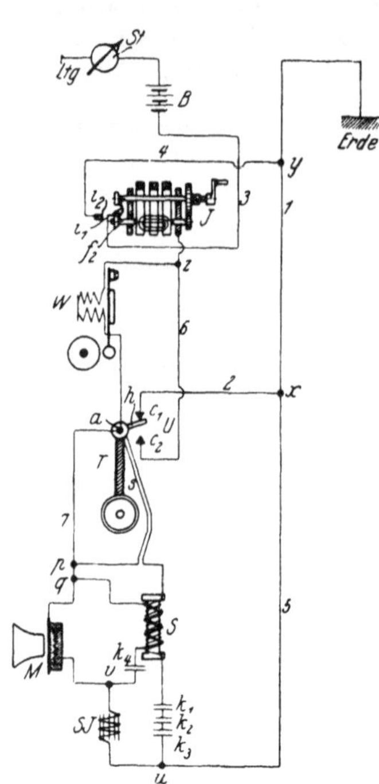

Abb. 51. Ältere Anordnung des Streckenfernsprechers der Pr.H.St.B.

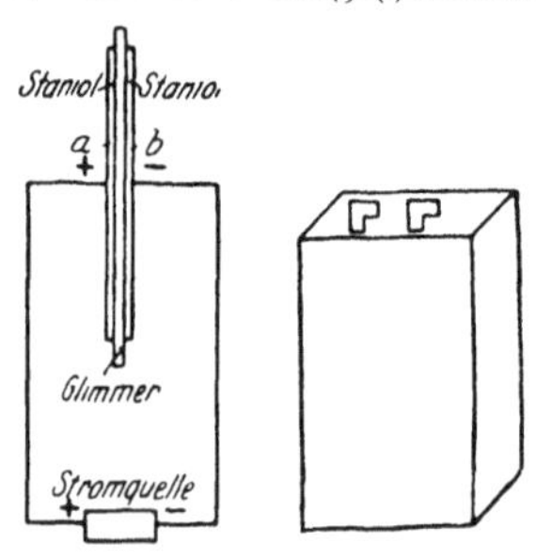

Abb. 52 a. Kondensator (Grundgedanke).

Abb. 52 b. Kondensator (Äußeres)

<hr>

[1]) 1 Coulomb ist diejenige Elektrizitätsmenge, die bei der Stromstärke von 1 Amp. in einer Sekunde durch den Leitungsquerschnitt fließt.

die Enden der beiden Belegungen bilden, werden die Leitungsenden ange-
lötet. Die Kondensatoren für Fernsprechanlagen besitzen ein Fassungsver-
mögen von 0,25 bis 2 Mikrofarad.

Statt eines Kondensators kann man auch eine Polarisationszelle
(Abb. 52 c) verwenden. Zwei Platinelektroden p_1 und p_2 sind luftdicht in
einem mit angesäuertem Wasser gefüllten Gefäß eingeschlossen. Werden die
Platinelektroden in einen Gleichstromkreis eingeschaltet, so zersetzt der Strom
das Wasser in Wasserstoff und Sauerstoff. Die Elektroden be-
decken sich sehr schnell mit Gasbläschen, und zwar die positive p_1 mit Sauerstoff (O), die negative p_2 mit Wasserstoff (H).
Dadurch wird die Zelle selbst zu einem Element, die Elektroden
zu Polen (daher der Name Polarisation). Die Zelle erzeugt jetzt
einen dem ursprünglichen entgegengerichteten Strom mit einer
Spannung von rund 2 Volt. Besaß der ursprüngliche Strom eine
Spannung von 2 Volt oder weniger, so wird er durch den Gegenstrom aufgehoben, d. h. unwirksam. Ein Gleichstrom von 2 Volt
kann also nicht durch die Zelle hindurchfließen. Will man einen
Strom von 6 Volt absperren, so muß man drei Polarisationszellen
hintereinander schalten. Ein Wechselstrom mit hoher Periodenzahl geht ungehindert durch die Zelle durch, weil die Polarisation
der Zelle nicht so schnell erfolgen kann, wie die Stromrichtung wechselt. In
vorhandenen Anlagen findet man noch· vielfach Polarisationszellen; doch
werden jetzt wegen der leichteren Unterhaltung Kondensatoren bevorzugt.

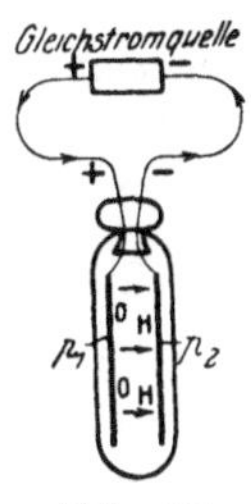

Abb. 52 c.
Polarisations-
zelle.

SJ in Abb. 51 kennzeichnet eine Rolle mit hoher Selbstinduktion
(Drosselspule, Graduator). Abb. 52 d zeigt ihre grundsätzliche Anordnung.
Sie besteht aus einer um ein Bündel weicher Eisendrähte a gewickelten
Spule, die wieder von einem Mantel b aus weichem Eisen umschlossen ist.
Die die Spule abschließenden beiden Stirnplatten c (ebenfalls aus weichem
Eisen) können durch die Schraube d mehr oder weniger an das Draht-
bündel a angepreßt werden. Eine solche Drosselspule setzt
einem Gleichstrom nur den Leitungswiderstand der Spule
(Ohmischen Widerstand), einem Wechselstrom dagegen einen
sehr viel höheren Widerstand (scheinbaren Widerstand)
entgegen. Sie kann daher benutzt werden, einen Stromweg
für Gleichströme benutzbar zu machen, für Wechselstrom
aber zu sperren. Ihre Wirkung beruht auf folgender Erscheinung: Wird in einem Leiter plötzlich ein elektrischer
Strom erzeugt, so induziert dieser Strom in dem Leiter einen ihm selbst
entgegengesetzten Strom (Selbstinduktion). Diese Selbstinduktion ist am
größten in einer Spule, weil sich die Windungen derselben gegenseitig beeinflussen. Jeder Strom erzeugt ein magnetisches Kraftlinienfeld, das sich ständig
ändert, wenn sich der Strom ändert und dadurch Spannungen und so die
Induktionsströme im Leiter erzeugt. Durch Verstärkung des magnetischen
Feldes kann man also auch die Selbstinduktion vergrößern. Eine solche Verstärkung wird dadurch herbeigeführt, daß man die Spule um einen Eisenkern
wickelt und mit einem Eisenmantel umgibt, da so dem Kraftlinienfluß ein
gut leitender Weg geschaffen wird. Durch Anspannen der Stirnplatten (c in
Abb. 52 d) kann das Kraftfeld und daher die Selbstinduktion der Spule in gewissen Grenzen geändert werden. Ein ständig seine Richtung ändernder Strom
(Wechselstrom) wird in der Spule dauernd ihm entgegengesetzte Induktionsströme erzeugen, die ihn bei richtiger Wahl der Spulenbauart so schwächen können.
daß ihm die Spule praktisch einen unüberwindbaren Widerstand entgegensetzt.
Gleichstrom erzeugt einen Gegenstrom nur im Augenblick des Entstehens,
danach hat er nur den Ohmischen Widerstand der Spule zu überwinden.

Abb. 52 d. Rolle
mit hoher Selbst-
induktion.

Die Einheit der Selbstinduktion besitzt ein Stromkreis, wenn das durch Änderung der Stromstärke um 1 Ampère in 1 Sekunde hervorgerufene magnetische Feld die Spannung von 1 Volt erzeugt. Diese Einheit heißt ein Henry und der 1000. Teil derselben ein Millihenry.

Der scheinbare Widerstand der Spule ist um so größer, je rascher die Richtungswechsel aufeinander folgen, d. h. je größer die Periodenzahl ist. Die Sprechströme sind Wechselströme mit sehr hoher Periodenzahl (im Mittel 800 Perioden in der Sekunde). Eine Rolle mit hoher Selbstinduktion kann daher zur Verriegelung einer Leitung gegen Sprechströme benutzt werden.

Der Fernhörer T (Abb. 51) ist schnurlos ausgeführt. Er ist durch einen Spiralschlauch s (hierzu vgl. auch Abb. 53 u. 54 b), in dem die Zuleitungen liegen, mit einer in der Seitenwand des Fernsprechgehäuses drehbar gelagerten Achse a verbunden, auf der auch der Stromschlußhebel h befestigt ist. Will man den Hörer ans Ohr führen, so wird er hoch gedreht, wobei der Stromschluß bei c_1 unterbrochen und bei c_2 herbeigeführt wird. Ein solcher schnurloser Fernhörer hat folgende Vorteile: Seine Unterhaltung ist einfacher als die der leicht Beschädigungen ausgesetzten Schnüre, der Abstand des Sprechenden vom Mikrophon ist gleichmäßig festgelegt, der Hörer fällt nach dem Loslassen von selbst in die Ruhestellung zurück, während bei Verwendung der Hakenumschalter das Anhängen des Hörers nach dem Gespräche gelegentlich vergessen wird.

Die Schaltung des Fernsprechers ist folgende:

Stromlauf für den Ruhestrom: Erde, Punkt y, Leitung 1, Punkt x, Leitung 2, Stromschließer c_1, Umschalthebel h, Hörerachse a, Weckerwicklung w (die in der Regel einen Widerstand von 80 Ohm besitzt), Punkt z, Induktorkörper, Induktorstromschlußstelle l_1, Leitung 3, Batterie B, Strommesser St, durch die Außenleitung Ltg zum nächsten Fernsprecher. Bei diesem ist die Schaltung dieselbe, nur führt die Leitung dort nicht zur Erde, sondern zum nächsten Fernsprecher und erst beim letzten zur Erde, auch fehlt die Batterie und der Strommesser.

Auf allen Stellen ist der Anker des Weckers in der Ruhestellung angezogen.

Wird bei einem Fernsprecher der Induktor gedreht, so wird zunächst der Ruhestrom bei l_1 unterbrochen. Die Anker der Wecker, die keinerlei Stromschließer besitzen, fallen ab. Der Induktor liefert, wie schon gesagt, nur Gleichstromstöße, die durch die Ruhestrombatterie verstärkt werden. Die Weckeranker der anderen Fernsprecher werden also dementsprechend abwechselnd angezogen und losgelassen. Die Wecker ertönen. Der Strom nimmt folgenden Weg: Erde, Punkt y, Leitung 4, Stromschlußfeder l_2, Induktorkörper[1]), Ankerwicklung des Induktors, Schleiffeder f_2, Leitung 3, Batterie B, Strommesser St, Leitung Ltg. Auf den anderen Stellen nimmt der Strom denselben Weg, wie er vorher für den Ruhestrom geschildert wurde.

Befindet sich der Induktor wieder in der Ruhelage, und sind auf den beiden Stellen, die miteinander sprechen wollen, die Hörer T hochgehoben, so läuft bei ihnen der Ruhestrom nicht vom Punkt x über Stromschließer c_1, h, a zur Weckerwicklung, sondern vom Punkt x über Leitung 5, Punkt u, Selbstinduktionsrolle SJ, Punkt v, Mikrophon M, Leitung 7, Hörerachse a, Stromschließer c_2, Leitung 6, Punkt z und weiter wie früher. Weder bei u, noch bei v kann der Strom zur sekundären bzw. primären Wicklung der Induktionsspule S abzweigen, da beide Wege für Gleichstrom durch die Kondensatoren k_1 bis k_3 bzw. k_4 gesperrt sind.

---

[1]) Der Stromweg über Erde, Punkt x, Leitung 2, c_1, a, Wecker w, z, Induktorkörper bietet einen erheblich höheren Widerstand, bleibt also jetzt so gut wie stromlos.

Wird jetzt gegen das Mikrophon gesprochen, so entstehen sehr schnell wechselnde Stromschwankungen. Diese können, da sie sich wie Wechselströme verhalten, durch die Selbstinduktionsrolle SJ nicht hindurch, der

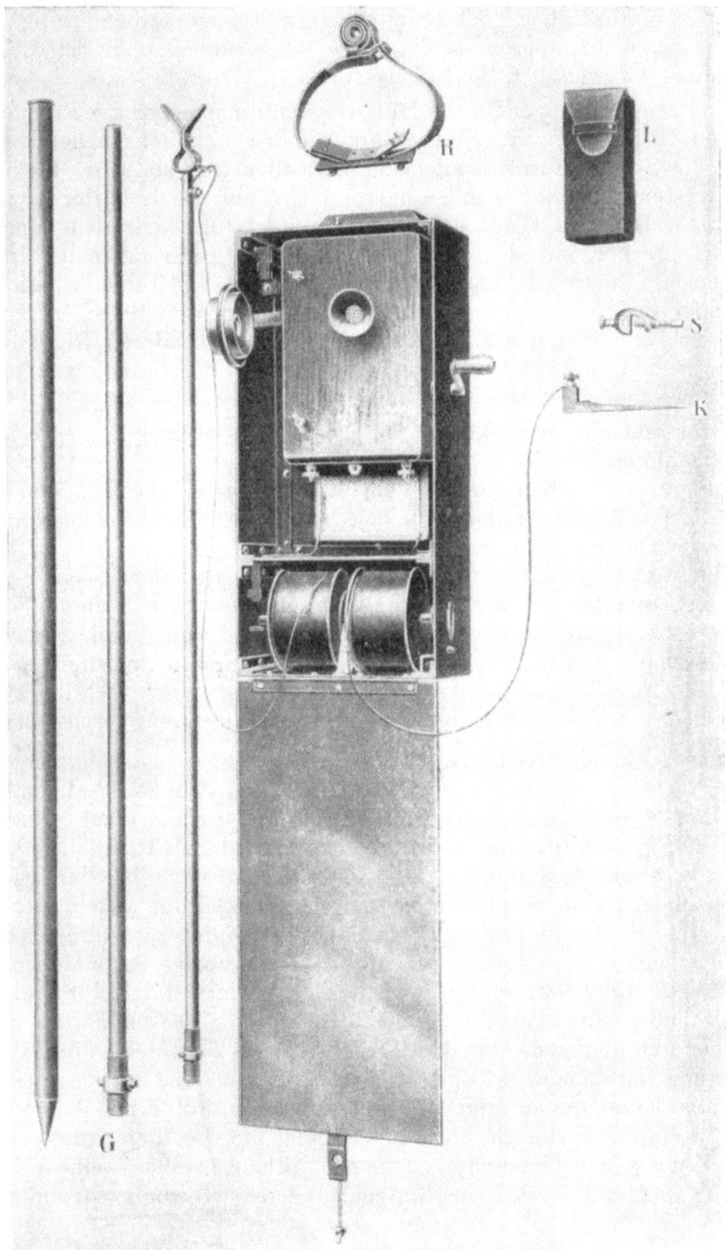

Abb. 53. Hilfsstreckenfernsprecher der Pr.H.St.B.

Kondensator k_4 bildet indes für sie kein Hindernis, sie teilen sich daher auf dem zum örtlichen Kreise geschlossenen Wege $M. v, k_4$, primäre Wicklung von S, Punkt q, M der Induktionsspule S mit. Die dadurch in deren sekundärer Wicklung entstehenden Induktionsströme (Wechselströme) gelangen einerseits über die Kondensatoren k_1 bis k_3, die für sie ein Hindernis nicht bedeuten, Punkt u, Leitung 5 und 1 zur Erde (bei Zwischenstellen zu der einen Außenleitung), andererseits über Hörer T, Punkt p, Leitung 7, a, h, c_2. Leitung 6, Induktorkörper l_1, Leitung 3, Batterie zur Außenleitung. Bei p können sie sich nicht über q, M, v, SJ, u kurz schließen, da ja die Selbstinduktionsrolle SJ diesen Weg für sie sperrt.

Abb. 53 zeigt den sogenannten Hilfsstreckenfernsprecher der Pr.H.St.B. Er wird in den Hilfsgerätewagen mitgeführt, um bei Unfällen schnell einen Anschluß an die Streckenfernsprechleitung herstellen zu können. Im unteren Teile des Kastens befinden sich zwei Trommeln, auf die isolierter Draht aufgewickelt ist. Der Draht auf der einen Trommel führt mit dem einen Ende in den Fernsprecher, mit dem andern, dem freien Ende, zu einer an einem auseinanderschraubbaren Rohrgestänge G befestigten Federklemme, die mittels des Gestänges über die als Freileitung geführte eindrähtige Streckenfernsprechleitung geschoben werden kann. Das freie Ende der anderen Rolle führt an einen Keil K oder eine Schraubzwinge S, die zur Verbindung mit der Erdleitung, als welche meist das Gleis dient, benutzt werden.

Die vorstehende geschilderte Schaltung der Streckenfernsprecher hat folgende Nachteile:

1. Infolge der Selbstinduktion der Weckerspulen, die auf den am Gespräch nicht beteiligten Stellen von den Sprechströmen durchflossen werden müssen, leidet die Lautstärke.

2. Ein Fehler in einem Apparat, in der Leitung oder in einer einzigen Zelle der Zentralbatterie macht jede Gesprächsübermittlung unmöglich.

3. Ist es nötig, Nebenwecker oder laut tönende Außenwecker zur Herbeirufung außerhalb ihres Dienstraumes tätiger Beamten in die Leitung zu schalten, so wird die Lautübertragung noch weiter geschwächt. Es dürfen daher nur höchstens 10 Sprechstellen in einen Leitungskreis geschaltet werden.

b) Neuere Bauart (Nebeneinanderschaltung). Die vorstehend aufgeführten Nachteile vermeidet die jetzt bei den Pr.H.St.B. allgemein eingeführte Bauart für Streckenfernsprecher, bei der die einzelnen Sprechstellen nebeneinander geschaltet sind[1]). Hierbei kann Erde als Rückleitung benutzt oder aber, was bei dem immer ausgedehnteren Ausbau der Starkstromnetze geboten erscheint, eine besondere metallische Rückleitung angeordnet werden. Abb. 54a gibt die Anordnung eines solchen Streckenfernsprechers wieder. Sie ist im allgemeinen die gleiche wie die des in Abb. 41 S. 356 dargestellten Fernsprechers. Im einzelnen ist folgendes zu bemerken. Hörer und Hakenumschalter haben ihre Ausbildung von dem unter a) geschilderten Streckenfernsprecher übernommen. Bei Tieflage des Hörers T ist der Kontaktkörper d_1 in Berührung mit Feder f_1 und Klemme c. Durch Anheben des Hörers wird mittels Exzenters ex und Stange st der Kontaktkörper d_1 nach unten gedrückt, wodurch er die Berührung mit Klemme c verliert und Verbindung zwischen Feder f_1 und Klemme e_1 herstellt. Ebenso stellt d_2 eine Verbindung zwischen f_2 und e_2 her, die zur Einschaltung des Mikrophonstromkreises benutzt wird.

Ferner ist zu bemerken, daß (abweichend von Abb. 41) die sekundäre Wicklung der Induktionsspule S und die Magnetwicklung des Hörers T nicht hintereinander, sondern nebeneinander geschaltet sind. (Vergl. die Stromläufe g_1, Hörer T, g_2 und g_1, Leitung 8, Klemme 4 und 3 von S, Leitung 11, g_2.) Dadurch wird der Widerstand im Hörerkreis geringer und die Sprache deut-

---

[1]) Vgl. S. 361.

licher, auch kann, wenn die Induktionsspule beschädigt ist, eine Verständigung über die Hörer aufrecht erhalten werden.

Im Sprechstromkreis (und zwar auf dem Wege g_2, C, Leitung 10, Platte b des Blitzableiters Bl, Leitung 5, Außenleitung II) liegt ein Kondensator C. Ein solcher Kondensator bietet, wie schon S. 364 erwähnt wurde, einem Wechselstrom mit hoher Periodenzahl (also z. B. den Sprechströmen) einen sehr geringen, einem Wechselstrom mit geringerer Periodenzahl (so z. B. den Rufströmen des Induktors) einen größeren Widerstand. Würde bei Fehlen des Kondensators nach Beendigung oder bei Unterbrechung eines Gesprächs der Hörer in der gehobenen Lage festgestellt bleiben, so würde ein in die Leitung von irgendeiner Sprechstelle aus entsandter Rufstrom seinen Weg hauptsächlich durch den hier eingeschalteten Sprechkreis mit seinem niedrigeren Widerstand nehmen, und die zu diesem Sprechkreis parallel liegenden Wecker der anderen Sprechstellen mit ihren höheren Widerständen würden nicht ansprechen. Der Kondensator erhöht aber für den Rufstrom den Widerstand in dem Sprechkreis, so daß die Weckerwicklungen auch in diesem Falle genügend Strom erhalten. Außerdem soll durch den Kondensator erreicht werden, daß während eines Gesprächs zwischen zwei oder mehr Sprechstellen untereinander ein von einer anderen Sprechstelle versehentlich in die Leitung geschickter Rufstrom in den eingeschalteten Sprechkreisen eine starke Dämpfung erfährt und so die Sprechenden nur wenig stört. Die Sprechströme selbst werden infolge ihrer hohen Periodenzahl durch den Kondensator nicht merklich behindert.

Nach den vorstehenden Ausführungen wird man die einzelnen Stromläufe an Hand der Abb. 54a leicht verfolgen können. Sie seien nachstehend kurz angegeben:

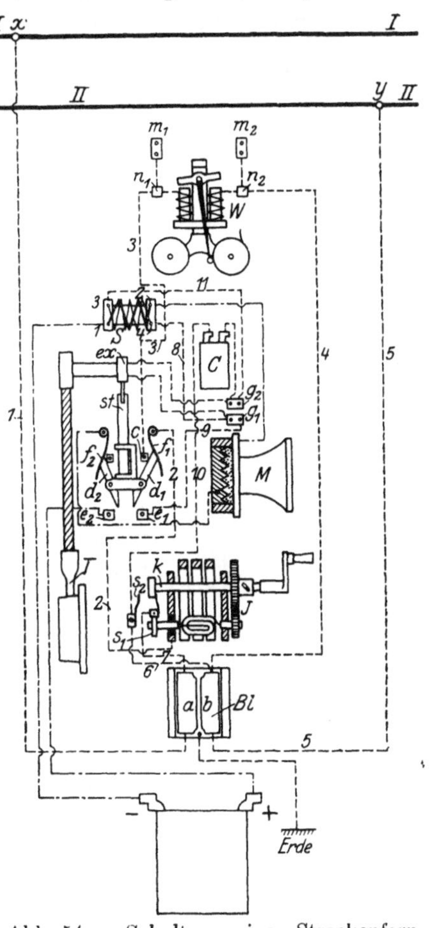

Abb. 54a. Schaltung eines Streckenfernsprechers für Nebeneinanderschaltung der Pr.H.St.B.

Stromlauf für einen fremden Rufstrom: Außenleitung I. Punkt x, Leitung 1, Platte a des Blitzableiters Bl[1]), Leitung 7, Schleiffeder s_1 des Induktors J[2]), Kurbelachse k, Induktorkörper, Leitung 2, Feder f_1 des Hakenumschalters, Klemme c, Leitung 3, Klemme n_1, Weckerwicklung W, Klemme n_2, Leitung 4, Platte b von Bl, Leitung 5, Punkt y, Außenleitung II.

Stromlauf für den eigenen Rufstrom: Induktorkörper, Kurbelachse k (beim Drehen des Induktors in Verbindung mit Schleiffeder s_2), s_2, Leitung 6,

---

[1]) Der Blitzableiter ist hier als Plattenblitzableiter ähnlich den bei den Morsewerken (s. S. 338) geschilderten ausgebildet.

[2]) Als Wechselstrominduktor mit Kurzschlußeinrichtung (s. S. 355) ausgebildet.

Platte b, Leitung 5, y, Leitung II, zurück durch Leitung I, Punkt x, Leitung 1, Platte a, Leitung 7, Schleiffeder s_1, Ankerwicklung des Induktors, Induktorkörper.

Stromlauf für den Sprechstrom: Ltg. I, Punkt x, Ltg. 1, Platte a, Schleiffeder s_1, Induktorkörper, Ltg. 2, Feder f_1, Klemme e_1 (da Hörer jetzt angehoben), Leitung 9, Klemme g_1 ⟨ Leitung 8, Klemme 4 von S, Klemme 3, Leitung 11, Magnetwicklung des Hörers T Klemme g_2, Kondensator C, Leitung 10 und 6, Platte b, Leitung 5, Punkt y, Leitung II.

Um auch Bediensteste, die viel außerhalb ihres Dienstraumes beschäftigt sind, an den Fernsprecher rufen zu können, kann an den Klemmen m_1 und m_2 ein lauttönender, großer Außenwecker angeschlossen werden, alsdann wird die Verbindung zwischen Klemme n_2 und Wecker W (oder auch zwischen n_1 und W) aufgehoben.

Der Mikrophonstromkreis kann an Hand der strichpunktierten Linien verfolgt werden.

Die Weckerwicklungen erhalten bei Parallelschaltung, wie schon S. 362 erwähnt wurde, einen hohen Widerstand und zwar einen solchen von 2500 Ohm, die Außenwecker einen von 1000 Ohm. Die sekundäre Wicklung der Induktionsspule und die Wicklung des Hörermagneten erhalten je 200 Ohm Widerstand, die primäre Wicklung der Induktionsspule 3 Ohm und die Ankerwicklung des Induktors 300 Ohm. Der Kondensator hat eine Kapazität von $\frac{1}{2}$ Mikrofarad. Als Mikrophonbatterie wird möglichst eine Sammlerzelle benutzt.

Wieviel derartige Streckenfernsprecher in einen Sprechkreis geschaltet werden können, hängt von der Zahl der eingeschalteten Neben- und Außenwecker ab. Bei Annahme von 4 großen Außenweckern wird man im allgemeinen 20 Sprechstellen ohne Schwierigkeiten in einen Kreis schalten können, wenn nicht etwa der Sprechbetrieb so rege ist, daß dann die Gespräche zu lange aufeinander warten müssen.

Abb. 54b zeigt die äußere Ansicht eines Streckenfernsprechers neuerer Bauart. Das obere weiße Schild wird mit den Rufzeichen der in dem gemeinsamen Sprechkreise eingeschalteten Sprechstellen beschrieben. Es ist auf einem Blechbehälter angebracht, in dem sich der Wecker befindet. Über dem Pult sieht man den Blitzableiter und unter dem Pult einen Kasten, in dem sich die Mikrophonbatterie befindet[1]).

Abb. 54b. Äußere Ansicht des Streckenfernsprechers für Nebeneinanderschaltnug der Pr.H St.B.

Enden auf einem Bahnhofe mehrere Streckenfernsprechkreise, so bringt man im allgemeinen für jeden Kreis einen besonderen Endfernsprecher an. Um die Anrufe aus den verschiedenen Kreisen auseinanderhalten zu können, werden die Fernsprecher in einem Mindestabstand von 1 m an der Wand angebracht, und die Wecker erhalten verschiedene Klangfarben. Dieses Verfahren ist um so umständlicher, je mehr Streckenfernsprechkreise auf einem Bahnhofe enden; auch erfordert die große Zahl von Fernsprechern einen nicht unerheblichen Kostenaufwand. Es empfiehlt sich daher, dort, wo zwei Streckenfernsprechkreise enden, bei beiden Kreisen nur einen gemeinsamen

---

[1]) Nähere Einzelheiten s. Gollmer, S. 264, und Stellwerk, 1913, S. 129 (Koßmann, Verbesserung der Streckenfernsprecher.)

Fernsprecher anzuordnen, diesen aber mit zwei Weckern (einen für jeden Leitungskreis) und einem Umschalter auszurüsten. Bei Ertönen eines der beiden Wecker, die verschiedene Klangfarbe erhalten, wird der Fernsprecher durch den Umschalter von Hand an diejenige Leitung geschaltet, auf der der Ruf ertönte. Enden mehr als zwei Kreise auf einem Bahnhofe, so kann man sie an einen kleinen Zentralumschalter (Klappenschrank)[1] legen und nach Bedarf den an den Klappenschrank angebauten Fernsprecher an den einen oder anderen Kreis anschalten. Um zu verhindern, daß der Anruf an dem Klappenschranke (durch Fallen der Klappe) auch ankommt, wenn nicht die Endstation, sondern eine Zwischenstation von irgend einer Stelle aus gerufen werden soll, müssen besondere Vorkehrungen getroffen werden (z. B. Einbau von Verzögerungsrelais), die es jeder eingeschalteten Sprechstelle ermöglichen, die Anrufklappe an der Endstelle nur dann zum Fallen zu bringen, wenn tatsächlich die Endstelle gerufen werden soll[2].

2. Die Streckenfernsprecher anderer Bahnverwaltungen.

Der Streckenfernsprecher der Sächs.Stb. hat ähnliche Einrichtungen wie der der Pr.H.St.B. älterer Bauart. Doch ist er für Nebeneinanderschaltung eingerichtet. Die Leitungen werden als Doppelleitungen ausgeführt. Die Mikrophonbatterie ist in zwei Batterien zerlegt, die auf beiden Endstationen stehen und gegeneinander geschaltet sind, so daß die eine Leitung gewissermaßen den verlängerten positiven und die andere Leitung den verlängerten negativen Pol bildet. Bei den die $+$-Leitung mit der $-$-Leitung verbindenden Sprechstellen sind die Weckerkreise eingeschaltet, die durch Kondensatoren für Gleichstrom gesperrt sind. In der Ruhestellung kommt daher überhaupt kein Stromlauf zustande[3]. Zum Anrufen wird ein Wechselstrominduktor benutzt. Die Benutzung von Gleichstrom hat demgegenüber den Vorteil, daß bei zufälliger Leitungsberührung kein Mitarbeiten von Wechselstromblockfeldern eintreten kann.

Die Bayer.Stb. schalten ihre Streckenfernsprecher nebeneinander und benutzen die Erde als Rückleitung. Die Schaltung ist sehr viel einfacher als die der Sächs. Stb., weil jeder Fernsprecher seine eigene Mikrophonbatterie hat. Auf den Stationen, auf denen zwei Sprechkreise enden, wird ein Fernsprecher für beide Richtungen benutzt, der aber zwei Wecker, zwei Anruftasten zum Anschalten des Induktors und zwei Hakenumschalter mit je einem Hörer besitzt.

Die Württbg.Stb. verwenden für die Streckenfernsprecher Nebeneinanderschaltung und Doppelleitungen, die Bad.Stb. Hintereinanderschaltung und Doppelleitungen.

E. Zentralumschalter. Vermittlungsstellen.

Wie unter II C S. 363 (Abb. 50) erörtert, wird die Einrichtung besonderer Vermittlungsstellen erforderlich, wenn sehr viel Sprechstellen beliebig untereinander verkehren sollen. Für derartige Vermittlungsstellen gibt es die verschiedenartigsten Bauarten und Schaltungen. Hier kann nur der Grundgedanke an einigen Beispielen erörtert werden.

---

[1] Vergl. weiter unten und S. 375.

[2] Auf derartige Einrichtungen ist auf S. 362 kurz hingewiesen. Ihre nähere Beschreibung s. Gollmer, S. 306 bis 319.

[3] Nähere Beschreibung s. Scheibner, S. 208.

1. Klappenschrank mit Schlußklappen und Stöpselschnüren.

Abb. 55 zeigt im Querschnitt den Grundgedanken einer Vermittlungsstelle mit Anrufklappen (daher Klappenschrank genannt), Schlußklappen, Stöpselschnüren und eingebauter Ruf- und Sprecheinrichtung. Die Anrufklappen A_I, A_{II}, A_{III} usw. sind in mehreren Reihen untereinander und nebeneinander angeordnet. Eine Anrufklappe besteht aus einem Elektromagneten

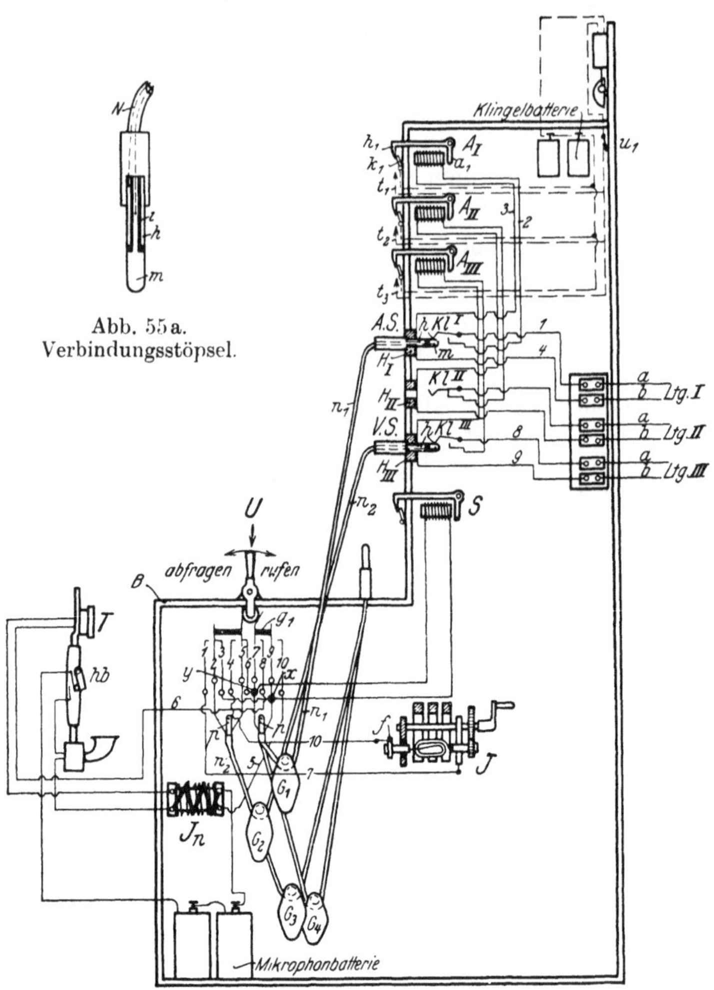

Abb. 55a.
Verbindungsstöpsel.

Abb. 55.   Klappenschrank.

mit einem Anker a_1. Wird der Elektromagnet erregt, so zieht er den Anker a_1 an, der Haken h_1 gibt die Klappe k_1 frei, die durch ihr Gewicht in die wagerechte Lage herabfällt. Zu jeder Anrufklappe (A_I, A_{II}, A_{III} usw.) gehört eine Stöpselklinke (Kl', Kl'', Kl''' usw.), welche aus der in der Vorderwand des Klappenschrankes eingebauten Hülse (H_I, H_{II}, H_{III}) und den dahinter liegenden Stromschlußklinken gebildet wird. Die Stöpsel (AS und VS) sind bei der geschilderten Bauart zweiteilig. Wie Abb. 55a zeigt, besitzen sie eine metallische Hülse h und einen metallischen Kopf m, die durch eine Isolierschicht i voneinander getrennt sind. Eine Ader der zweiadrigen Stöpselschnur N ist mit h, die andere mit m verbunden.

Zur Herstellung einer Verbindung ist immer ein Stöpselpaar (AS und VS) erforderlich, deren beide Schnüre mit ihrem anderen Ende (d. h. mit ihren Adern) an einen für beide gemeinsamen Ruf- und Sprechumschalter U führen. Zu jedem Stöpselpaar gehört ein besonderer Ruf- und Sprechumschalter. Soviel Stöpselpaare an einem Schranke vorhanden sind, soviel Verbindungen lassen sich gleichzeitig herstellen. Induktor J und Abfrageapparat T sind nur einmal vorhanden und an alle Umschalter U angeschlossen. Durch Umlegen eines Umschalters werden J und T an das entsprechende Stöpselpaar angeschaltet. Die Stöpselschnüre bestehen aus zwei gegeneinander isolierten Kupferadern, die wieder eine gemeinsame Isolierung und Beklöppelung besitzen. Sie sind zwecks Entlastung der Adern mittels ihrer Beklöppelung besonders aufgehängt (bei p). Sie führen durch in dem Tischbrett B des Schrankes angebrachte Löcher und werden sowohl bei gestöpselter wie auch in der Ruhelage durch Gewichte G_1 bis G_4 straff gehalten. In der Ruhelage stützen sich die Stöpsel mittels ihrer äußeren Hartgummihülse auf den Einfassungen der Löcher im Tisch B ab (s. das Stöpselpaar von G_3 und G_4).

Ruft jetzt z. B. der auf Leitung I angeschlossene Teilnehmer, indem er seinen Induktor dreht, so fließt der Rufstrom wie folgt: Leitung Ia, Leitung 1, Klinkenstromschließer Kl^I (der, wenn der Stöpsel nicht steckt, geschlossen ist), Leitung 2, Anrufklappe A_I, Leitung 3, Hülse H_I der Klinke Kl^I, Leitung 4, Leitung Ib. Klappe k_1 fällt. Hieraus sieht der Fernsprechbeamte, daß der Teilnehmer ihn sprechen will. Er führt den Abfragestöpsel AS eines beliebigen Stöpselpaares in die Stöpselklinke Kl^I und legt den Umschalter U des betreffenden Stöpselpaares nach vorn (Richtung: Abfragen) um. Durch Umlegen des Umschalters werden die Feder 7 und die mit ihr durch ein isolierendes Hartgummistück g_1 gekuppelte Feder 9 in die andere Endlage bewegt, so daß sie gegen die Federn 8 bzw. 10 anliegen. Es besteht jetzt folgende Verbindung: Leitung Ia, Leitung 1, Klinke Kl^I (der Weg über Leitung 2 zur Anrufklappe ist jetzt abgeschaltet), Kopf m des Stöpsels AS, durch die Stöpselschnur n_1 über Punkt x zur Stromschlußfeder 9 des Umschalters U (die jetzt an Feder 10 anliegt), Feder 10, Leitung 5, sekundäre Wicklung der Induktionsspule Jn, Hörer T, Leitung 6, Stromschlußfeder 8 des Umschalters (liegt jetzt an Feder 7), Feder 7, Punkt y, Stöpselschnur n_1, Hülse h des Stöpsels AS, Hülse H_I, Leitung 4, Leitung Ib. Nachdem der Beamte durch Drücken auf den Hebel hb an seinem Mikrotelephon seinen Mikrophonstromkeis geschlossen hat, kann er mit dem Teilnehmer sprechen. Dieser nennt die Nummer des Teilnehmers mit dem er sprechen will (z. B. mit dem auf Leitung III angeschlossenen). Der Beamte drückt den Verbindungsstöpsel VS des Schnurpaares, zu dem auch der in Kl^I steckende Stöpsel AS gehört, in die Klinkenhülse Kl^{III}, legt den Umschalter U nach hinten (in Richtung Rufen) und dreht den Induktor[1]). Durch Umlegen von U werden die miteinander gekuppelten Federn 2 und 5 von den Federn 3 und 6 ab- und gegen die Federn 1 und 4 gedrückt. Der Rufstrom nimmt folgenden Weg: Schleiffeder f des Induktors J, Leitung 10, Stromschlußfeder 4 am Umschalter U (liegt jetzt gegen 5), Stromschlußfeder 5, Stöpselschnur n_2, Kopf des Verbindungsstöpsels VS, Klinke Kl^{III}, Leitung 8, Leitung IIIa zum anzurufenden Teilnehmer, zurück durch Leitung IIIb, Leitung 9, Hülse H_{III}, Hülse h des Stöpsels VS, Schnur n_2, Stromschlußfeder 2 des Umschalters U (liegt jetzt gegen 1), Feder 1, Leitung 7 zurück zum Körper des Induktors. Der Rufstrom gelangt also nur zum Fernsprecher des zu rufenden Teilnehmers, dessen Hörer noch angehängt ist, nicht aber zu dem des Teil-

---

[1]) Der Induktor bedarf hier keiner Kurzschlußeinrichtung, wie sie auf S. 355 geschildert wurde, da seine Einschaltung durch Umlegen von U erfolgt.

nehmers, der angerufen hat, und bei dem er daher ein sehr unangenehmes Geräusch im Hörer hervorrufen würde. Der Teilnehmer in Leitung III meldet sich. Der Beamte hat nach Beendigung des Rufes den Umschalter losgelassen, der in seine Mittelstellung (Durchsprechstellung) zurückgefedert ist. Es besteht jetzt folgende Gesprächsverbindung: Leitung Ia, Leitung 1, Kl^I, Kopf des Stöpsels AS, Schnur n_1, über Punkt x zur Stromschlußfeder 3 von U, Feder 2, Schnur n_2, Kopf des Stöpsels VS, Kl^{III}, Leitung 8, Leitung IIIa, zum Teilnehmer, zurück in Leitung IIIb, Leitung 9, Hülse H_{III}, Hülse des Stöpsels VS, Schnur n_2, Stromschlußfeder 5, Feder 6, über Punkt y zur Schnur n_1[1]), Hülse des Stöpsels AS, Hülse H_I, Leitung 4, Leitung Ib. In diesem Leitungsweg liegt bei den Punkten x und y angeschlossen die für jedes Stöpselpaar besonders vorhandene Schlußklappe S im Nebenschluß (als Brücke). Der Sprechstrom, der eine sehr hohe Periodenzahl und sehr geringe Stromstärke hat, findet in dieser mit Selbstinduktion[2]) behafteten Brücke einen großen Widerstand, verzweigt sich also nur zu sehr geringem Teile durch die Schlußklappe und wird daher nur sehr wenig geschwächt und vermag auch nicht den Magneten zu erregen. Dagegen kann der Induktorstrom, den einer der Teilnehmer in die Leitung sendet, die Schlußklappe zum Fallen bringen. Dieser Umstand wird zum Geben eines Schlußzeichens benutzt. Ist das

Abb. 56. Klappenschrank mit Schlußklappen und Stöpselschnüren.

Gespräch beendigt, so dreht einer der Teilnehmer mit kurzen Zwischenräumen seine Induktorkurbel dreimal. Das Fallen der Klappe und das dreimalige Schnarren des Ankers der Schlußklappe gibt dem Beamten das Zeichen, daß das Gespräch beendigt ist, er also die Verbindung aufheben kann.

Die Stromschlußfeder 7 des Umschalters U ist oben umgebogen, die Feder 5 bis oben gerade. Dadurch wird erreicht, daß der Umschaltehebel in der Abfragestellung rechtwinklig auf dem umgebogenen Teile der Feder 7 steht, diese kann ihn daher nicht zurückdrehen, er bleibt in der Abfragestellung liegen, bis er von Hand zurückgelegt wird. Aus der Rufstellung federt er dagegen nach Loslassen sofort in die Mittelstellung (Durchsprechstellung) zurück.

Um dem Beamten den Anruf auch dann wahrnehmbar zu machen, wenn er die Klappen nicht ständig beobachten kann, wenn er z. B. bei Nacht noch einen Morseapparat bedienen muß, sind die Anrufklappen mit Stromschließern t_1, t_2, t_3 usw. versehen, die beim Fallen der Klappe geschlossen werden, wodurch, entsprechend der punktiert angedeuteten Schaltung, eine Klingel ertönt. Bei Tage kann die Klingel durch den Umschalter u_1 abgeschaltet werden.

-----

[1]) In Abb. 58a (vgl. auch S. 378) Feder 6, Leitung 1', Kondensator C. Leitung 4', Feder 7, Schnur n_1.

[2]) Vgl. S. 365.

Abb. 56 zeigt das Bild eines 30 teiligen Klappenschrankes von S. & H., der im wesentlichen nach vorstehender Beschreibung geschaltet ist. Man sieht den Wecker, die Anrufklappen, die Stöpsellöcher der Verbindungsklinken, die Stöpsel mit ihren Schnüren und Gewichten, vor ihnen auf dem Tischbrett die Ruf- und Sprechumschalter, an der Seitenwand den Weckerausschalter und die Induktorkurbel. Der Schrank wird an der Wand befestigt (als Wandschrank, im Gegensatz zum Standschrank nach Abb. 55).

Schränke nach dem geschilderten Grundgedanken, aber in sehr vielen verschiedenen Bauarten, werden in großem Umfange benutzt. Bei dem gezeichneten Schranke müssen die Klappen besonders mit der Hand zurückgelegt werden. Es gibt auch Bauarten, bei denen die Anrufklappen als sogenannte Rückstellklappen ausgebildet sind, welche beim Einstecken des Stöpsels in die entsprechende Verbindungsklinke entweder durch Hebelübertragung oder auf elektrischem Wege wieder zurückgelegt werden.

2. Schnurlose Klappenschränke.

Schränke vorbeschriebener Art haben den Nachteil, daß die Schnüre besonders in der Nähe der Stöpsel, wo sie oft und gewaltsam umgebogen werden, leicht Beschädigungen ausgesetzt sind, was zu Betriebsstörungen führt und große Unterhaltungskosten verursacht. Es sind daher auch schnurlose Schränke gebaut worden. Einen solchen für 5 Anschlüsse (5 teilig genannt) zeigt Abb. 57. Die Anschlußleitungen (Leitung I bis V, als Doppelleitungen ausgeführt) führen senkrecht durch den Schrank hindurch. Quer zu ihnen liegen wagerechte Verbindungsleitungen (1 und 2). An den Schnittpunkten sind Einrichtungen vorhanden, die es gestatten, die Anschlußleitungen mit den Verbindungsleitungen zu verbinden.

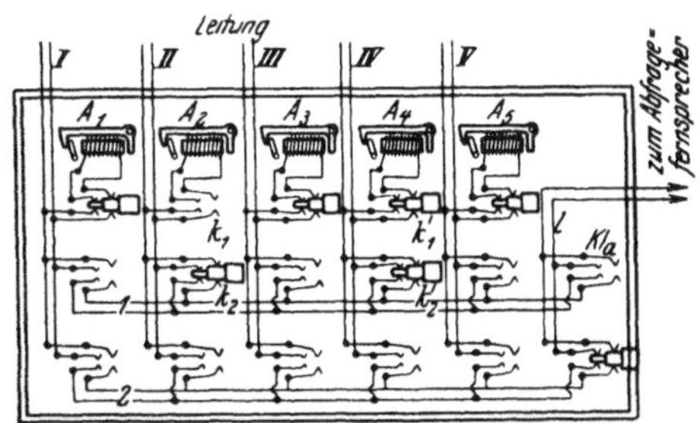

Abb. 57. Schaltung eines schnurlosen Klappenschrankes.

In dem gezeichneten Beispiel (Bauart der Deutschen Telephonwerke, Berlin) sind es Klinken mit schnurlosen Stöpseln. Doch können es auch Exzenterhebel, die Federstromschließer betätigen (Bauart von K. Lorenz A.-G., Berlin), Drehschalter (Bauart Siemens & Halske) oder andere Einrichtungen sein. Eine von einem Mikrotelephon oder einem gewöhnlichen Fernsprecher kommende Doppelleitung verläuft quer zu den beiden Verbindungsleitungen 1 und 2 und kann an den Schnittpunkten durch Einstecken eines Stöpsels mit ihnen in Verbindung gebracht werden, so daß der den Schrank bedienende Beamte mit den Teilnehmern verkehren kann. In der obersten wagerechten Reihe liegen die Anrufklappen A_1 bis A_5, die durch Stöpsel in der bei A_1 und A_3 bis A_5 dargestellten Weise mit den zugehörigen Anschlußleitungen I bis V verbunden werden können. Die Stöpsellöcher befinden sich in Wirklichkeit in der Vorderwand des Schrankes. Die Klinken und Stöpsel sind in der Abb. 57 um 90° nach rechts in die Zeichenebene umgeklappt. In der Ruhestellung sind in allen Klinken der obersten wagerechten Klinkenreihe die Stöpsel eingesteckt, so daß die Anrufklappen angeschaltet sind. Ebenso stecken in den beiden Klinken der rechten senkrechten zum Abfragefernsprecher führenden Reihe die Stöpsel.

Fällt jetzt z. B. Anrufklappe A_2, so nimmt der bediente Beamte den Stöpsel aus Klinke k_1 und steckt ihn nach k_2. Dadurch ist er mit dem Teilnehmer auf Leitung II verbunden (der Stöpsel, der in der Abbildung in k_2'

steckt, fehlt noch. dagegen befindet sich einer in der Klinke Kl_a). Der Teilnehmer verlange Verbindung mit Anschluß IV. Der Beamte nimmt den Stöpsel aus k_2, steckt ihn nach k_2' und ruft den Teilnehmer in IV, denn mit diesem ist er jetzt verbunden (die Rufeinrichtung ist in der Abbildung nicht dargestellt). Meldet sich der Teilnehmer. so steckt der Beamte den in Kl_a befindlichen Stöpsel nach k_2. Dadurch ist die in der Abbildung zur Darstellung gebrachte Verbindung zwischen Leitung II und IV über Verbindungsleitung 1 hergestellt. Anrufklappe A_2 ist abgeschaltet, Anrufklappe A_4 bleibt dagegen infolge des in Klinke k_1' steckenden Stöpsels zu den Teilnehmerapparaten parallel geschaltet (ähnlich wie in Abb. 55 die Schlußklappe S). Sie kann daher gleichzeitig als Schlußklappe benutzt werden. Für 5 Anschlußleitungen besitzt der Schrank 17 Klinken bei zwei gleichzeitigen Verbindungsmöglichkeiten. Für 100 Anschlüsse und zehn Verbindungsmöglichkeiten würden sich 1110 Klinken ergeben. Eine solche Ausführung wäre zu umfangreich und unübersichtlich. Schnurlose Schränke werden daher nur bis zu etwa 40 Anschlüssen gebaut. Namentlich in ihren kleineren Bauarten (5-, 10- und 20teilig) werden sie indes bei den Eisenbahnverwaltungen, besonders auf kleineren Bahnhöfen. wo die schnelle Auswechslung beschädigter Schnüre nicht möglich ist, viel benutzt.

3. Vielfachschränke.

Dienstleitungsbetrieb.

Ein Beamter kann, je nachdem die Leitungen sehr häufig oder viele nur seltener benutzt werden, 100 bis 300 Anschlüsse bedienen. Sind an eine Vermittlungsstelle mehr Teilnehmer angeschlossen, so werden mehrere Schränke mit je 100 bis 300 Anrufklappen nebeneinander gestellt. Jeder Schrank besitzt zunächst 100 bis 300 Anschlußklinken für seine Anrufklappen, außerdem sind aber auch an jedem Schrank für die Anrufklappen aller übrigen Schränke Anschlußklinken vorgesehen. Stehen z. B. 4 Schränke mit je 200 Anrufklappen nebeneinander, so besitzt jeder Schrank 800 Anschlußklinken. Solche Schränke heißen Vielfachumschalter oder Schränke mit Vielfachfeld. An jedem Schrank kommt nur der Anruf von den an ihn unmittelbar angeschlossenen Leitungen an, für die er Anrufklappen besitzt, diese können aber mit allen überhaupt an die Vermittlungsstelle angeschlossenen Leitungen an ihrem eigenen Schranke verbunden werden. Besondere Kontrolleinrichtungen (Knackkontrolle) sollen verhindern, daß auf eine an einem Schranke schon gestöpselte Leitung auch noch an einem anderen Schranke gestöpselt wird. In diesem Falle hört die Vermittlungsbeamtin nämlich in ihrem Hörer ein Knack- oder Summergeräusch.

Baulich betrachtet lassen sich derartige Vielfachschränke mit 20 000 bis 25 000 Anschlüssen noch gut ausführen. Wirtschaftliche Gründe dagegen (namentlich die Rücksicht auf die Länge der Anschlußleitungen) führen meist dazu, Vermittlungsstellen mit so großer Anschlußzahl in mehrere Ämter zu unterteilen und diese durch Verbindungsleitungen zu verbinden. Die Höchstzahl der Anschlüsse eines Amtes ist dann etwa auf 10 000 festzusetzen.

Führt hierbei von einer Vermittlungsstelle zu der anderen, die angerufen werden soll, nur eine Verbindungsleitung, so ermöglicht es die Knackkontrolle, leicht und schnell das Besetztsein dieser Leitung im Vielfachfeld festzustellen. Führen aber zu der anzurufenden Stelle eine ganze Anzahl von Verbindungsleitungen, so entsteht die Schwierigkeit, daß die Beamtin unter Umständen alle diese Leitungen im Vielfachfeld durchprüfen muß, um beim Ausbleiben des Besetztzeichens endlich feststellen zu können, daß eine der betreffenden

Leitungen frei ist. Damit ist erstens ein großer Zeitaufwand verbunden, der an sich schon eine mangelhafte Ausnutzung der Leitungen herbeiführt, und zweitens tritt eine weitere Verschlechterung der Ausnutzung noch dadurch ein, daß die Beamtinnen nicht jedesmal sämtliche Leitungen durchprüfen werden. In solchen Fällen verwendet man daher zweckmäßig den **Dienstleitungsbetrieb**. Bei ihm verabreden die Beamtinnen beider Ämter auf einer besonderen Dienstleitung die Nummer der zu benutzenden Verbindungsleitung. Von den Leitungen, die zwei Vermittlungsstellen mit Vielfachschränken miteinander verbinden, wird eine, die Dienstleitung, nicht zur Verbindung der Teilnehmer benutzt. Sie führt vielmehr von den Hörern aller Beamtinnen des einen Amtes zum Hörer einer Beamtin des anderen Amtes, die dort den Verbindungsleitungsschrank bedient. An diesen Schrank sind alle von dem ersten Amt kommenden Verbindungsleitungen geführt und enden je in einer Stöpselschnur. Die einzelnen Teilnehmeranschlüsse des zweiten Amtes liegen an Stöpselklinken des Verbindungsleitungsschrankes, der ebenso wie die anderen Schränke ein Vielfachfeld besitzt.

Während beim **Anrufbetrieb** die Beamtin des ersten Amtes von dem anrufenden Teilnehmer nur die Nummer (oder Bezeichnung) des zweiten Amtes entgegennimmt, die Verbindung mit dem gewünschten Amt herstellt und es nun dem Teilnehmer überläßt, diesem die gewünschte Anschlußnummer zu nennen, nennt der Teilnehmer beim **Dienstleitungsbetrieb** der ersten Beamtin gleich das gewünschte Amt und die entsprechende Anschlußnummer. Diese Beamtin (bei der Reichspostverwaltung allgemein A-Beamtin genannt) schaltet sich durch Drücken einer Taste (der Dienstleitungstaste) in die zu der am Verbindungsleitungsschranke des zweiten Amtes arbeitenden Beamtin (der B-Beamtin) führenden Dienstleitung und teilt der B-Beamtin die gewünschte Anschlußnummer mit. Die B-Beamtin sagt rückwärts der A-Beamtin des ersten Amtes die Nummer einer freien Verbindungsleitung an, deren Freisein sie daraus erkennt, das die Stöpselschnur an ihrem Schranke, in welcher die betreffende Verbindungsleitung endet, noch unbenutzt ist. Die A-Beamtin verbindet ihren Teilnehmer mit dieser Verbindungsleitung und die B-Beamtin wieder diese Verbindungsleitung unter Benutzung der erwähnten Stöpselschnur mit der gewünschten Anschlußnummer in ihrem Vielfachfelde.

Bei diesem Betrieb werden die Verbindungsleitungen immer nur für eine Richtung benutzt, also ein Teil nur für die ankommenden und der andere Teil nur für die abgehenden Gespräche. Für die z. B. von einem Amte I nach einem Amte II herzustellenden Verbindungen (abgehende Gespräche) führen die Verbindungsleitungen von den Vielfachfeldern der A-Beamtinnen des Amtes I zu den Stöpselschnüren der B-Beamtin des Amtes II, und für die in der entgegengesetzten Richtung verlangten Verbindungen von den Vielfachfeldern der A-Beamtinnen des Amtes II zu den Stöpselschnüren der B-Beamtin des Amtes I. Steigt die Zahl der Verbindungsleitungen etwa über 30, so pflegt man auf jedem Amt mehrere B-Plätze einzurichten.

Die Erfahrung hat gezeigt, daß sich beim Dienstleitungsbetrieb, der allerdings eine straffe Dienstzucht erfordert, eine bessere Ausnutzung der Verbindungsleitungen erzielen läßt[1]).

4. Selbsttätige Schlußzeichengebung (Galvanoskopschauzeichen).

Die auf S. 374 geschilderte Art, mittels der Schlußklappe dem Fernsprechbeamten das Zeichen der Gesprächsbeendigung zu geben, ist sehr unvollkommen. Die Fernsprechteilnehmer vergessen oft, es überhaupt zu geben,

---

[1]) Näheres über Vielfachschränke und Dienstleitungsbetrieb s. **Hersen** und **Hartz** (s. Literatur), Abschn. 24 und 29.

oder sie geben es gleichzeitig, wodurch es undeutlich wird, denn das Fallen der Klappe allein ist noch kein Zeichen der Gesprächsbeendigung, da die Klappe ja auch fällt, wenn ein Teilnehmer den anderen aus irgendeinem Grunde während einer Gesprächsunterbrechung noch einmal ruft. Bei sehr starkem Betrieb ist es dem Beamten ganz unmöglich, die so eingehenden

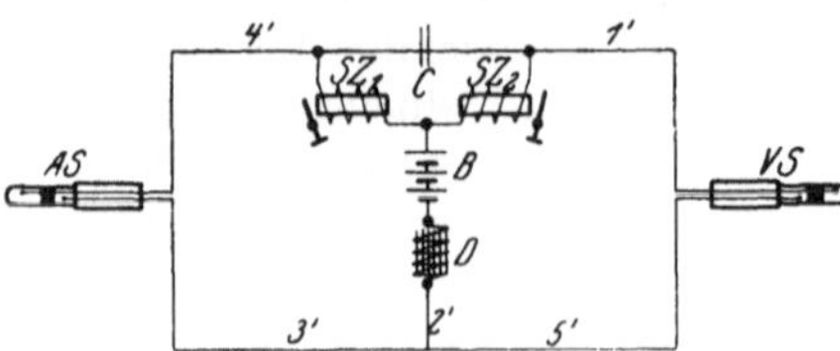

Abb. 58.　Scha'tung für Galvanoskopschauzeichen.

Schlußzeichen zuverlässig zu beobachten. Zu spätes oder zu frühes Trennen bestehender Verbindungen ist die Folge. Um wenigstens zu frühes Trennen zu vermeiden, wird man stets vorschreiben müssen, daß der Beamte vor Trennung eines Gespräches durch Abfragen jedesmal feststellt, ob das Gespräch auch tatsächlich beendet ist. Hierdurch ergibt sich aber eine starke Belastung des Beamten und eine Beeinträchtigung der wünschenswerten Schnelligkeit bei Trennung und Herstellung von Verbindungen. Diese Übelstände werden beseitigt, wenn man selbsttätige Schlußzeichen anwendet. Abb. 58 gibt den Grundgedanken einer solchen Einrichtung. Wird sie angewendet, so muß gleichzeitig in die Sprechstromkreise aller angeschlossenen Fernsprecher je ein Kondensator C nach Abb. 41 eingeschaltet werden. Dieser sperrt, wie unter II. D. 1., S. 364, beschrieben, einem Gleichstrom den Weg, während er einen Wechselstrom ungehindert durchläßt. In Abb. 58 bedeuten SZ_1 und SZ_2 zwei Schauzeichen (Galvanoskopschauzeichen). Sie bestehen aus je einem Elektromagnet mit hoher Selbstinduktion, also von hohem Wechselstromwiderstand[1]). Ziehen sie ihre Anker an, so erscheinen vor zwei kleinen Fenstern je ein gelbes Schildchen. D ist eine Drosselspule[1]).

Ruft ein Teilnehmer X an und wird der Stöpsel AS in die betreffende Anschlußklinke eingeführt, so entsteht ein Stromkreis, ausgehend von der zur Betätigung der Schauzeichen in der Vermittlungsstelle aufgestellten Batterie B über SZ_1, Leitung 4' zum Stöpsel AS, von dort durch die Fernsprechaußenleitung, zum Teilnehmer X, der durch Abnehmen seines Hörers den Sprechstromkreis[2]) eingeschaltet hat, durch diesen Sprechstromkreis und die Außenleitung zurück zum Stöpsel AS, Leitung 3' und 2', Drosselspule D, Batterie B. Durch

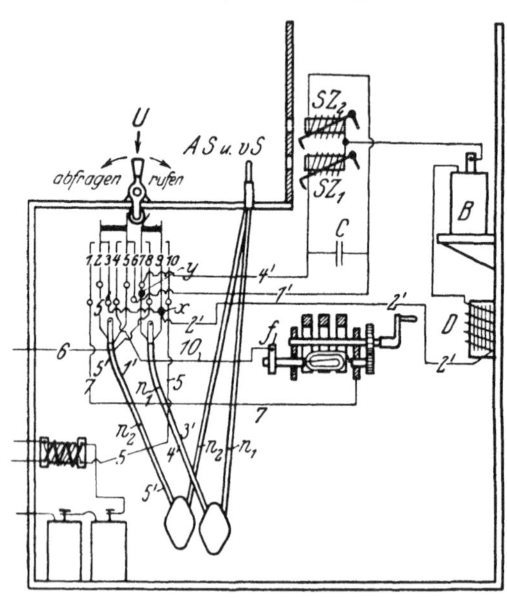

Abb. 58a.　Einbau selbsttätiger Schlußzeichen in einem Klappenschrank (vgl. auch Abb. 55, S. 372).

diesen Stromkreis kann aber ein Strom aus der Batterie B nicht fließen, da sich ja in dem Sprechstromkreis, wie oben ausgeführt, ein Kondensator befindet, der dem Gleichstrom den Weg sperrt. Wird jetzt dagegen der Ver-

---

[1]) Vgl. S. 365.
[2]) Vgl. S. 359.

bindungsstöpsel VS in eine Anschlußklinke eingesteckt, so fließt ein Strom aus der Batterie B über die Wicklung von SZ_2, Leitung 1', Stöpsel VS zum Fernsprecher des anzurufenden Teilnehmers Y, bei dem der keinen Kondensator enthaltende Weckerstromkreis eingeschaltet ist, durch diesen wieder zum Stöpsel VS, Leitung 5' und 2', Drosselspule D, Batterie B. SZ_2 zieht also seinen Anker an, sein gelbes Schildchen erscheint. Schaltet Y durch Abnehmen seines Hörers seinen Weckerstromkreis aus und dafür seinen auch einen Kondensator enthaltenden Sprechstromkreis ein, so verschwindet das gelbe Schildchen von SZ_2 wieder. Der Beamte sieht daraus, daß Y sich gemeldet hat. Nach Beendigung des Gespräches hängen sowohl Y wie X ihre Hörer an. Es erscheinen jetzt wegen Einschaltung der kondensatorfreien Weckerstromkreise auf beiden Sprechstellen beide gelbe Schildchen bei SZ_2 und SZ_1 und bleiben so lange, bis die Verbindung durch Herausziehen der Stöpsel getrennt wird. Für die Sprechströme bietet die zu den Sprechapparaten parallel liegende Brücke über D und SZ_1 bzw. SZ_2 infolge der hohen Selbstinduktion der Drosselspule D und der Schauzeichenspulen einen so hohen Widerstand, daß sie durch den Nebenschluß nicht merklich geschwächt werden.

Der Kondensator C in Abb. 58 hat den Zweck, zu verhindern, daß SZ_1 und SZ_2 stets gleichzeitig ansprechen, da sie bei Fehlen des Kondensators nebeneinandergeschaltet wären.

Abb. 58a zeigt, wie die selbsttätige Schlußzeichengebung in den in Abb. 55, S. 372, dargestellten Klappenschrank eingebaut werden kann, ohne daß im übrigen etwas geändert wird. Alle auf S. 372 ff. für Abb. 55 und alle vorstehend für Abb. 58 angegebenen Stromkreise können auch an Abb. 58a verfolgt werden.

5. Der Z.B.-Betrieb. Glühlampenschränke.

Bei den bisher geschilderten Klappenschränken war angenommen, daß jeder der angeschlossenen Fernsprecher seine eigene Mikrophonbatterie hat. Man spricht in diesem Falle von einem Ortsbatterie- (kurz O.B.-) Betrieb. Große Anlagen werden in der neueren Zeit aber für Zentralbatterie- (Z B.-) Betrieb eingerichtet. Hierbei werden die Mikrophonstromkreise von einer zentralen, in der Vermittlungsstelle aufgestellten Batterie (in der Regel Sammlerbatterie[1])) aus gespeist. Diese Stromquelle dient dann gleichzeitig dazu, beim Abheben des Hörers durch einen Teilnehmer in der Vermittlungsstelle eine Glühlampe aufleuchten zu lassen, die als Anrufeinrichtung benutzt wird. Die Induktoren in den angeschlossenen Fernsprechern kommen also in Fortfall.

Auch hier gibt es die verschiedensten Bauarten und Schaltungen. An dieser Stelle kann nur der Grundgedanke erörtert werden.

In der Vermittlungsstelle B in Abb. 59 bedeutet Kl eine Anschlußklinke, an die der Teilnehmer A angeschlossen ist. Die Stromschließer an den Klinken a_1 und a_2 sind in der Ruhestellung geschlossen, doch kann ein Strom aus der Batterie B_1[2]) nicht fließen, da die zum Teilnehmer führenden Leitungen a und b bei angehängtem Hörer durch den Weckerstromkreis verbunden sind, in dem der Kondensator c_3 liegt, der dem Gleichstrom den Weg sperrt. Wird der Hörer abgehoben, so schaltet der Hakenumschalter U um, der Strom der Batterie B_1 kann jetzt aus der Leitung a über Drosselspule d_1 und Mikrophon m zur Leitung b fließen. Der Elektromagnet AR

---

[1]) Vgl. S. 324.
[2]) Der einfacheren Darstellung wegen ist für B_1 eine besondere Batterie angenommen. Doch kann der Strom auch aus der Batterie ZB entnommen werden.

(Anrufrelais) zieht seinen Anker an und schließt damit den Stromschließer a_3. Die Anruflampe Al leuchtet auf. Hieraus sieht der Fernsprechbeamte, daß die Vermittlungsstelle gewünscht wird. Er drückt den Anrufstöpsel AS in die Klinke Kl. Der aus der Batterie B_1 kommende Strom wird bei a_1 und a_2 unterbrochen. Die Anruflampe erlischt. Dafür fließt aus der Zentral-

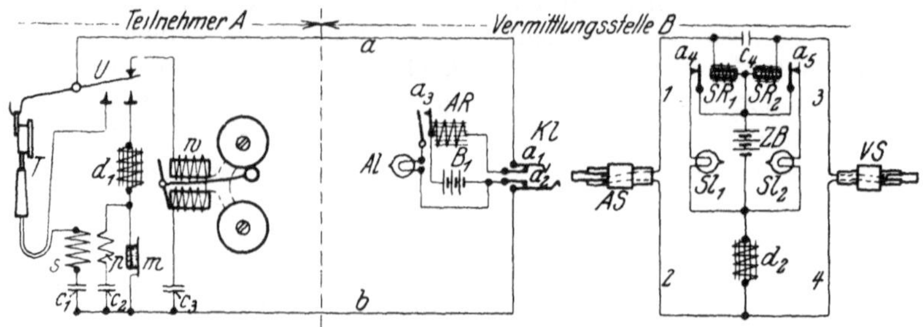

Abb. 59. Schaltung für Glühlampenschränke (Z.B.-Betrieb).

batterie ZB ein Strom über SR_1 (Schlußzeichenrelais, das also jetzt seinen Anker anzieht und den Stromkreis der Schlußlampe Sl_1 bei a_4 unterbricht), Leitung 1, Stöpsel AS, Klinke a_1, Leitung a, Umschalter U, Drosselspule d_1, Mikrophon m, Leitung b, Klinke a_2, Stöpsel AS, Leitung 2, Spule d_2, zurück zur Batterie ZB. Die Kondensatoren c_1 und c_2 sperren dem Strom den Weg über die primäre oder sekundäre Wicklung p bzw. s der Induktionsspule. Wird jetzt gegen das Mikrophon m gesprochen, so können wegen der Drosselspulen d_1 und d_2 die entstehenden Stromschwankungen sich nicht über die Leitungen a und b fortpflanzen, sondern sie nehmen ihren Weg über die primäre Wicklung p der Induktionsspule, einen in sich geschlossenen Kreis m, p, c_2, m bildend. Die so in der sekundären Wicklung s erzeugten Induktionsströme gelangen über Leitung a und b zum Beamten der Vermittlungsstelle und, nachdem dieser die verlangte Verbindung hergestellt hat, zum anderen Teilnehmer (vgl. hierzu die entsprechende Schaltung des Streckenfernsprechers der Pr.H.StB. unter II. D., S. 363). Die Schlußzeichengebung ist dieselbe wie in Abb. 58 dargestellt (erörtert unter II. E. 4., S. 378). Nur sind jetzt statt der Galvanoskopschauzeichen zwei Relais mit ebenfalls hoher Selbstinduktion vorhanden, die die Stromschließer a_4 und a_5 öffnen und schließen. Infolgedessen leuchtet die Schlußlampe Sl_1 und Sl_2 auf, wenn der zu ihr gehörige Stöpsel eingesteckt und an dem an die betreffende Klinke angeschlossenen Fernsprecher der Hörer angehängt ist. Aus dem Leuchten der Schlußlampe ist also ersichtlich, daß der verbundene Teilnehmer sich entweder noch nicht gemeldet oder aber das Gespräch wieder beendet hat. Das gleichzeitige Leuchten zweier zu einer Gesprächsverbindung gehörenden Schlußlampen läßt zweifellos die Beendigung des Gesprächs erkennen.

Der Anruf der Teilnehmer von der Vermittlungsstelle aus erfolgt in derselben Weise wie bei den bisher beschriebenen Klappenschränken mit Wechselstrom (vgl. Abb. 55, S. 372 und ihre Beschreibung)[1].

6. Rufeinrichtungen.

Bisher wurde angenommen, daß die Vermittlungsstellen ihre Teilnehmer mittels Stromgebung durch einen Induktor anrufen. Ist auf den Vermittlungsstellen aber ein sehr reger Betrieb, so ist das fortwährende Drehen der

---

[1] Näheres über einen Glühlampenschrank s. Stellwerk, 1911, S. 83 und 96, Budde, Fernsprechanlage im Verwaltungsgebäude der Eisenbahndirektion Altona.

Induktorkurbel sehr lästig und zeitraubend. Man ersetzt in solchen Fällen den Induktor durch eine andere, selbsttätige Stromquelle. Diese muß, wie der Induktor, Wechselstrom von etwa 60 bis 100 Volt Spannung liefern.

Kann einem vorhandenen Kraftnetz Wechselstrom entnommen werden, so findet der Rufumformer Anwendung. Er besteht aus einem einfachen kleinen Transformator (Umformer), dessen primäre Spule an das Wechselstromnetz angeschlossen wird. Die sekundäre Wicklung tritt an Stelle des

Abb. 60a. Rufmaschine bei der Eisenbahndirektion Berlin.

Induktors und wird daher z. B. bei dem in Abb. 55, S. 372 dargestellten Klappenschranke an die Federn 1 und 4 des Umschalters U angeschlossen, während der Induktor in Fortfall kommt. Beim Umlegen des Ruf- und Sprechumschalters U in die Rufstellung wird Wechselstrom in die Leitung geschickt. Der Umformer hat den Zweck, die hohe Netzspannung auf die geringere des Rufstroms umzuformen.

Kann einem vorhandenen Kraftnetz Gleichstrom entnommen werden, so wird namentlich für größere Anlagen die Rufmaschine benutzt. Sie besteht aus einem kleinen Gleichstrommotor, der mit einer Wechselstromdynamomaschine gekuppelt ist. Der Motor wird an das Gleichstromnetz angeschlossen, der Wechselstromdynamo tritt an Stelle des Induktors. Abb. 60a zeigt die Anordnung der Rufmaschine bei der Vermittlungsstelle der Eisenbahndirektion Berlin.

Bei kleineren Anlagen und namentlich dann, wenn der Strom aus Sammleranlagen entnommen werden muß, kommt für Antrieb durch Gleichstrom der Polwechsler (Pendelumformer) zur Anwendung. Eine seiner Bauarten veranschaulicht Abb. 60b. Vor den Polen eines Elektromagneten m ist ein pendelförmiger Anker p mit Unterbrechungskontakt k_1 aufgehängt. Wird durch Drücken eines Knopfes t durch die Wicklungen des Elektromagneten m Gleichstrom geschickt, so wird das

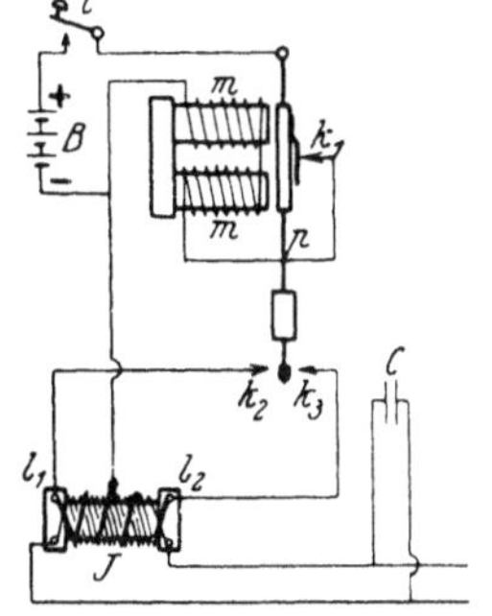

Abb. 60b. Polwechsler.

Pendel p angezogen, dadurch der Strom am Unterbrechungskontakt k_1 unterbrochen, das Pendel wieder losgelassen usf. Das Pendel gerät also in regelmäßige Schwingungen und legt dadurch den positiven Pol der Batterie B, mit dem sein Aufhängungspunkt verbunden ist, abwechselnd durch den Kontakt k_2 an das eine Ende l_1 und durch den Kontakt k_3 an das andere Ende l_2 der primären Wicklung einer Induktionsspule J. Die Mitte der primären Wicklung ist mit dem negativen Pol der Batterie B verbunden. Die Hälften der primären Wicklungen werden also abwechselnd, und zwar durch Ströme entgegengesetzter Richtung, durchflossen. Es entsteht daher in der sekundären Wicklung ein Wechselstrom, der als Rufstrom dient (der parallel liegende Kondensator C hat den Zweck, durch ständiges Aufladen und Entladen dem Wechselstrom eine möglichst sinusförmige Gestalt zu geben. Bei dem in Abb. 55, S. 372 dargestellten Klappenschrank werden die Klemmen der sekundären Wicklung der Induktionsspule J des Polwechslers an die Federn 1 und 4 des Umschalters U gelegt. Der Druckknopf t kann durch besonders bei U noch einzubauende Kontakte ersetzt oder bei sehr regem Betrieb auch dauernd geschlossen gehalten werden[1]).

Bei sehr regem Betrieb (namentlich bei größeren Postvermittlungsstellen) werden häufig in Verbindung mit den selbsttätigen Rufeinrichtungen noch Vorkehrungen getroffen, die den Vermittlungsbeamten von der Aufgabe entlasten, den Rufumschalter während der Dauer des Rufes festzuhalten[2]). Entweder federt der Rufumschalter infolge einer pneumatischen Verzögerungseinrichtung nach einer gewissen Anzahl von Sekunden von selbst in die Mittelstellung, dadurch die Dauer des Anrufs beim Teilnehmer begrenzend, oder besondere Schalteinrichtungen rufen im Fernsprecher des Teilnehmers mehrere durch bestimmte Pausen unterbrochene Rufe hervor, wodurch der Anruf auffälliger wird. Dieselbe Rufstromquelle ist dann zeitweilig gleichzeitig auf mehrere Anschlußleitungen geschaltet.

7. Linienwähleranlagen.

Unter Linienwählern versteht man Fernsprecher, die mit einer Schalteinrichtung versehen sind, mit deren Hilfe sich ein Teilnehmer mit jedem angeschlossenen Teilnehmer selbst verbinden kann. Eine solche Schalteinrichtung besteht entweder aus Stöpseln und Stöpselklinken oder Kurbelumschaltern oder Druckknöpfen. Letztere bewegen, wenn sie niedergedrückt werden, ähnliche Stromschlußfedern, wie sie beim Hakenumschalter (s. unter II. B. 1, S. 355) beschrieben wurden. Beim Auflegen des Hörers springen sie von selbst wieder in die Ruhelage.

Bei den Linienwählern muß von jedem Fernsprecher zu jedem einzelnen der anderen angeschlossenen Fernsprecher eine besondere Leitung (meist Doppelleitung) geführt werden. Dadurch ergibt sich eine sehr große Zahl von Leitungen, die einen großen Kostenaufwand erfordert. Eine solche Anlage kann daher immer nur für eine beschränkte Zahl von Fernsprechern ausgeführt werden, die in demselben Hause oder wenigstens in benachbarten Gebäuden untergebracht sind. Man findet sie meist in Verbindung mit Zentralfernsprechanlagen, dergestalt, daß alle Fernsprecher mit der Vermittlungsstelle, und nur bestimmte außerdem untereinander verbunden werden (so z. B. der des Präsidenten einer Direktion mit den Fernsprechern der Dezernenten).

8. Selbsttätige Fernsprechanlagen
(automatische Telephonie, Selbstanschlußämter).

Im vorigen Unterabschnitte wurde gezeigt, daß das Bestreben, den Teilnehmern die Möglichkeit zu geben, ihren Anschluß selbst herzustellen, sich

---

[1]) Eine andere Bauart mit polarisiertem Anker s. Gollmer, S. 322.
[2]) Siehe S. 374.

durch Linienwähleranlagen aus wirtschaftlichen Gründen nur in sehr beschränktem Umfange verwirklichen läßt. Auch haben Linienwähleranlagen den Nachteil, daß, wenn nicht besondere sehr kostspielige Vorrichtungen getroffen werden, jeder Teilnehmer die von einem anderen an die Anlage angeschlossenen Fernsprecher aus geführten Gespräche mithören kann. Der Umstand aber, daß man durch Einführung derartiger Einrichtungen die auf den Vermittlungsstellen in großer Zahl tätigen Bedienungskräfte ersparen kann, hat zuerst in Amerika und in den letzten Jahren auch in Europa in erheblichem Umfange selbsttätige Fernsprechanlagen erstehen lassen, die die Nachteile der Linienwähleranlagen vermeiden. Bei ihnen führt, wie bei den von Hand bedienten Vermittlungsstellen (Handämtern), ·von jedem Teilnehmer zu der Vermittlungsstelle nur eine Doppelleitung. Auf den Vermittlungsstellen (Selbstanschlußämtern) sind aber an Stelle der Menschenhände besondere Schaltwerke (Leitungswähler) zur Herstellung der erforderlichen Verbindungen tätig, die in sinnreicher Weise von dem Teilnehmer über die Anschlußleitung hinweg gesteuert werden können und pünktlich alle Anforderungen erfüllen, denen Vermittlungsstellen genügen müssen. Es ist natürlich, daß nur verwickelte Einrichtungen und Schaltungen diesen Aufgaben gerecht werden. Hier kann nur eine erste Einführung in das Gebiet der selbsttätigen Fernsprechanlagen an Hand der Abb. 61 a bis e gegeben werden.

In Abb. 61 a ist links der Grundgedanke der an den Fernsprechern der Teilnehmer anzubringenden Zusatzeinrichtung erläutert. Abb. 61 b zeigt ihr äußeres Bild in einer Ausführung von S. & H. Sie besteht aus einer Nummernscheibe, in der zehn mit 1, 2 usw. bis 0 bezeichnete Löcher vorgesehen sind. Steckt man in eins der Löcher einen Finger, so kann man die Scheibe um ihre Achse p soweit in der Pfeilrichtung drehen, bis der Finger an einen (in Abb. 61 b sichtbaren) Anschlag stößt. Läßt man die Scheibe jetzt los, so kehrt sie durch Federwirkung in ihre Anfangsstellung zurück. Während der Bewegung der Scheibe sind beide Zweige a und b der zum Amt führenden Leitung über Schleiffeder f_1, Achse p, Scheibe, Schleiffeder f_2 mit der Erde verbunden. Während der ersten Drehung der Scheibe bleibt die durch den Zahnkranz herbeigeführte Bewegung der Klinke k_1 ohne Einwirkung auf den Schalthebel U. Bei der Rückdrehung der Scheibe dagegen wird durch jeden Zahn der Hebel U einmal gehoben, die Leitung a, b also so oft bei c unterbrochen, als Zähne an der Klinke k_1 vorbeigehen. Die Einrichtung ist nun so getroffen, daß hierfür immer soviel Zähne in Frage kommen, wie der Zahl an dem Loche der Scheibe entspricht, mit Hilfe dessen die Scheibe bis zum Anschlag vorher gedreht wurde. War dies z. B. die Zahl 4, so entstehen während der Rückdrehung vier Leitungsunterbrechungen bei c.

Rechts in der Abb. 61 a ist der Leitungswähler L dargestellt, und zwar ist zunächst angenommen, daß in der Vermittlungsstelle jeder Teilnehmer seinen eigenen Leitungswähler besitzt. Der Leitungswähler besteht aus einer Stange st, die zwei verschiedenartig gezahnte Teile z_1 und z_2 und zwei Kontakthebel h_1 und h_2 trägt. Es ist leicht ersichtlich, daß die Stange st durch jede Erregung des Hubmagneten h vermittels der Antriebklinke k_2 und der Sperrklinke k_4 um einen Zahn des Teiles z_1 gehoben, und durch jede Erregung des Drehmagneten d vermittels der Antriebklinke k_3 und der Sperrklinke k_4 um einen Zahn von z_2 gedreht wird. Den Kontakthebeln h_1 und h_2 entsprechen Kontakttafeln T_1 und T_2. Diese Kontakttafeln enthalten, in Reihen zu 10×10 geordnet, 100 Kontaktplättchen, die nacheinander von den Kontakthebeln h_1 und h_2 erfaßt werden können. Ist die Stange st z. B. um 9 Zähne von z_1 gehoben und um 3 Zähne von z_2 gedreht worden, so stehen die Hebel h_1 und h_2 mit den Kontaktplättchen in der 9. wagerechten und in der 3. senkrechten Reihe, die dementsprechend die Nummer 93 tragen, in Verbindung. Die Fernsprechleitungen der einzelnen Teilnehmer sind, damit sie angerufen werden können, über die Leitungen a, b, die Punkte x, y und die Leitungen a_1, b_1 mit je zwei entsprechenden Kontaktplättchen der Tafeln T_1 und T_2 sämtlicher in der Vermittlungsstelle vorhandenen Leitungswähler (also in Vielfachschaltung) verbunden (der in der Abb. 61a angenommene Teilnehmer, damit er auch angerufen werden kann, z. B. mit allen Kontaktplättchen 93).

In der Ruhestellung (in Abb. 61a dargestellt) kommt ein Stromlauf aus der Batterie B nicht zustande, denn alle Stromwege sind unterbrochen, und der über Leitung a bis b führende Weg ist beim Teilnehmer dadurch für Gleichstrom gesperrt, daß, wie beim Z.B.-Betrieb (vgl. S. 379), im Weckerstrom-

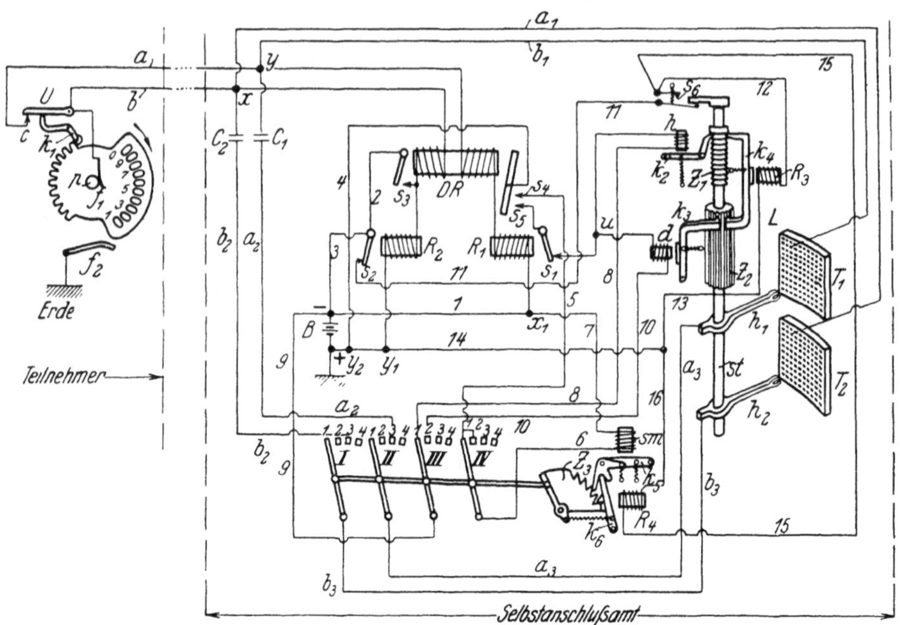

Abb. 61a. Selbsttätige Fernsprechanlage.

kreis des Teilnehmers ein Kondensator liegt. Hebt der Teilnehmer, der eine Verbindung herstellen will, seinen Hörer ab und schaltet dadurch statt des Weckerstromkreises den Sprechstromkreis ein, so entsteht folgender Stromlauf: — -Pol der Batterie B, Leitung 1, Punkt x_1, Relais R_1, rechte Wicklung des Differentialrelais DR, Punkt y, Leitung a, Kontakt c, Hebel U, Leitung b, Punkt x, linke Wicklung von DR, Relais R_2, Punkt y_1, $+$ -Pol der Batterie B. R_1 und R_2 ziehen ihre Anker an, wodurch die Kontakte s_1 und s_2 geöffnet werden. Differentialrelais DR spricht nicht an, denn es ist so gewickelt, daß sich bei dem geschilderten symmetrischen Stromlauf die durch die rechte und linke Wicklung hervorgerufenen beiden magnetischen Felder gegenseitig aufheben.

Will der anrufende Teilnehmer z. B. den Teilnehmer 68 sprechen, so dreht er zunächst seine Nummerscheibe mittels des Loches 6 bis zum Anschlag. Dadurch wird die Leitung ab in der bereits geschilderten Weise geerdet. Der von $-B$ über R_1, rechte Wicklung von DR, Leitung a kommende Strom fließt daher jetzt zum größten Teil über Erde unmittelbar nach $+B$. Das durch die linke Wicklung von DR erzeugte Kraftfeld wird also sehr geschwächt und kann das von der rechten erzeugte Feld nicht mehr aufheben. DR zieht somit seine Anker an. Dadurch entstehen nunmehr folgende Stromläufe:

Erstens: $+B$, y_1, R_2, Kontakt s_3 (jetzt geschlossen), Leitung 2 und 3, $-B$.

Zweitens: $+B$, durch die Erde zum Teilnehmer, dort über f_2', Nummernscheibe, Achse p, f_1, Leitung b, zur linken Wicklung von DR, s_3, Leitung 2, 3, $-B$.

DR und R_2 bleiben also erregt und halten auch bei den später bei c entstehenden Unterbrechungen ihre Anker angezogen.

Drittens: $+B$, y_2, Leitung 4, Kontakt s_4 (jetzt geschlossen), Leitung 5, Kontakt 1 des Schalthebels IV, Hebel IV, Leitung 6, Steuermagnet sm, Leitung 7, x_1, Leitung 1, $-B$.

sm wird erregt und zieht die Kinke k_5 an, die auf dem Zahnsegment z_3 um einen Zahn weitergleitet, ohne indes dadurch das Segment zu bewegen.

Geht nunmehr die Nummernscheibe in die Ruhelage zurück, so wird der Stromweg $-B$, x_1, R_1, DR, Leitung a, c, U, f_1, p, Scheibe, f_2', Erde, $+B$ sechsmal bei c unterbrochen. R_1 läßt sechsmal seinen Anker abfallen und sendet dadurch auf dem Wege $+B$, y_2, Leitung 4, s_5 (geschlossen, weil DR, wie schon gesagt, seine Anker angezogen hält), s_1, Punkt u, Hubmagnet h, Leitung 8, Kontakt 1 des Schalthebels III, Hebel III, Leitung 9, $-B$ hintereinander sechs Stromstöße durch die Wicklung des Hubmagneten. Dadurch wird die Wählerstange st um 6 Zähne von z_1 gehoben, wodurch die Kontakthebel h_1 und h_2 in die Höhe der 6. wagerechten Kontaktplättchenreihe der Tafeln T_1 und T_2 gelangen.

Ist die Rückdrehung der Scheibe ganz vollzogen, so ist die Erdung der Leitungen a, b durch die Nummernscheibe wieder aufgehoben. Es entsteht der Stromlauf, der sich zuerst nach Abheben des Hörers einstellte. DR läßt also seine Anker wieder abfallen. Der vorstehend unter „Drittens" beschriebene Stromlauf, durch den der Steuermagnet sm erregt wurde, wird daher bei s_4 unterbrochen. sm läßt seinen Anker los. k_5 wird durch

Abb. 61b. Wandfernsprecher für Selbstanschlußbetrieb.

Federkraft nach unten gezogen, dreht das Zahnsegment z_3 und legt dadurch die Schalthebel I bis IV von ihren Kontaktflächen 1 auf die Kontaktflächen 2 um. Dadurch wird der von Punkt u aus über Hubmagnet h, Leitung 8, Hebel III, Leitung 9 nach $-B$ führende Stromweg so umgeschaltet, daß er jetzt von u über Drehmagnet d, Leitung 10, Kontaktfläche 2 von Hebel III, Hebel III, Leitung 9 nach $-B$ verläuft.

Da der anrufende Teilnehmer wie angenommen den Teilnehmer 68 haben will, so dreht er jetzt die Scheibe mit Hilfe des Loches 8 bis zum Anschlag. Dadurch wiederholen sich die vorstehend geschilderten Vorgänge, nur wird beim Rücklaufen der Scheibe nicht der Hubmagnet h, sondern der Drehmagnet d erregt, und zwar 8mal. Die Hebel h_1 und h_2 drehen sich also bis zu den Kontaktplättchen 8 der 6. wagerechten Reihe von T_1 und T_2. Nach Beendigung der Rückdrehung der Scheibe werden die Hebel I bis IV wieder wie vorher bewegt und auf ihre Kontaktflächen 3 gelegt. Es besteht jetzt folgende Verbindung: Leitung a des anrufenden Teilnehmers, Punkt y, Kondensator C_1, Leitung a_2, Hebel II, Leitung a_3, Kontakthebel h_1, Kontaktplättchen 68 von T_1 zu der einen zum anzurufenden Teilnehmer führenden Leitung, durch die andere Leitung desselben zurück zum Kontaktplättchen 68 von T_2, Hebel h_2, Leitung b_3, Hebel I, Leitung b_2, Kondensator C_2, Punkt x, Leitung b wieder zum anrufenden Teilnehmer. Beide Teilnehmer sind jetzt also unmittelbar miteinander verbunden und zwar auf denselben Leitungen, die auch für den Anruf benutzt wurden. Sie können miteinander verkehren. Hängt nach Beendigung des Gespräches der Teilnehmer, der angerufen hat,

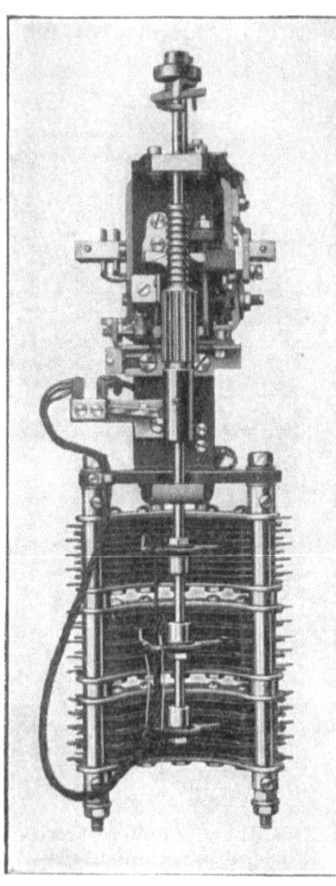

Abb. 61c. Leitungswähler
für Selbstanschlußbetrieb.

seinen Hörer an, so hört infolge Einschaltens des einen Kondensator enthaltenden Weckerstromkreises (vgl. S. 379) jeder Gleichstromlauf durch die Leitung a, b auf. R_1, R_2 und DR lassen ihre Anker abfallen. Es entsteht nunmehr folgender verzweigter Stromlauf:

1. $-B$, Leitung 3, s_2 (jetzt wieder geschlossen), Leitung 11, Kopfkontakt s_6 der Wählerstange st (jetzt geschlossen, da sich st in gehobener Stellung befindet), Leitung 12, Relais R_3, Leitung 13, Leitung 14, $+B$ und

2. Ein Zweigstrom von Kopfkontakt s_6 über Leitung 15, Relais R_4, Leitung 16 und 14 nach $+B$.

Die Relais R_4 und R_3 ziehen ihre Anker k_4 und k_6 an. Dadurch werden sämtliche Sperrklinken aus den gezahnten Teilen z_1 und z_2 des Leitungswählers und aus dem Zahnsegment z_3 der Schalthebel I bis IV ausgehoben. Leitungswähler und Hebel I bis IV gehen durch Feder- und Gewichtswirkung in ihre Ruhelage zurück. Die Verbindung ist wieder getrennt, der Anfangszustand wieder hergestellt. Eine Trennung der Verbindung tritt auch ein, wenn der angerufene Teilnehmer zuerst seinen Hörer anhängt. Die dafür erforderlichen Einrichtungen sind in der Abbildung nicht dargestellt. In der nach Anhängen der Hörer sofort erfolgenden Trennung der Leitungen liegt ein großer Vorteil der selbsttätigen Fernsprechanlagen, da sofort nach Auflegen des Hörers eine neue Verbindung gesucht werden kann und nicht wie bei Handbetrieb auf die Trennung der Verbindung gewartet zu werden braucht.

Ebenso selbsttätig, wie die geschilderten Vorgänge erfolgen, wird auch dem Anschluß suchenden Teilnehmer durch ein Summerzeichen angezeigt, wenn er auf eine schon anderweitig besetzte Leitung stößt. Eine Verbindung mit der besetzten Leitung kann er nicht herstellen. Ist die gesuchte Leitung aber frei, so wird, wieder selbsttätig, dem verlangten Teilnehmer ein Weckruf geschickt. Auf diese weiteren Einzelheiten kann indessen nicht eingegangen werden.

Abb. 61c zeigt die Bauart eines Leitungswählers des Werkes S. und H. Der in der Abbildung vorgesehene untere dritte Kontakthebel dient der Vermittlung des Besetztzeichens.

Bisher wurde angenommen, daß jeder Teilnehmer in der Vermittlungsstelle einen besonderen Leitungswähler besitzt. Aus wirtschaftlichen Gründen werden indes in den Vermittlungsstellen nur soviel Leitungswähler mit den zugehörigen Relais vorgesehen, wie gleichzeitige Verbindungsmöglichkeiten geschaffen werden müssen, also z. B. bei 100 Anschlüssen 10 Leitungswähler. Jeder Teilnehmer erhält dann (ebenfalls in der Vermittlungsstelle) einen besonderen (in seiner Bauart viel einfacheren) Vorwähler. Dieser besitzt nur einen Kontakthebel, der über auf einem Kreisbogen angeordnete Kontakt-

plättchen hinwegstreicht. Jeder Leitungswähler ist an je eins der Kontaktplättchen aller Vorwähler in Vielfachschaltung angeschlossen. Hebt ein Teilnehmer, der eine Verbindung herstellen will, seinen Hörer ab, so wird der jetzt fließende Strom durch eine in der Vermittlungsstelle ständig umlaufende Unterbrechermaschine mehrmals hintereinander geöffnet und wieder geschlossen. Die dadurch entstehenden Stromstöße setzen den Vorwähler in Bewegung. Sein Kontakthebel streicht über die Kontaktplättchen hinweg, bis er auf eins gelangt, dessen zugehöriger Leitungswähler noch frei ist. Alsdann wird durch Relaiswirkung die Unterbrechereinrichtung abgeschaltet. Der Kontakthebel bleibt stehen, der Teilnehmer ist mit einem freien Leitungswähler verbunden und kann nunmehr seine Verbindung in der bereits geschilderten Weise wählen.

Abb. 61 d zeigt ein Selbstanschlußamt für 50 Anschlüsse mit 5 gleichzeitigen Verbindungsmöglichkeiten. In den oberen fünf wagerechten Reihen sieht man die 50 Vorwähler und in der untersten 5 Leitungswähler.

Soll das Amt für mehr als 100 Anschlüsse (z. B. für 1000)

Abb. 61 d. Selbstanschlußamt

eingerichtet werden, so kommt man mit den bisher geschilderten Wähleranordnungen nicht mehr aus. Man könnte dann an die Kontaktplättchen der geschilderten Wähler je einen neuen Wähler anschließen; die ersten Wähler würden dann die Tausender und Hunderter, die zweiten die Zehner und Einer wählen. Da aber die Verwendung so vieler z. T. doch nur sehr wenig benutzter Wähler unwirtschaftlich sein würde, so geht man zu einer anderen Anordnung über. Es werden zwischen die Vorwähler und Leitungswähler Gruppenwähler geschaltet. Sie sind baulich genau so eingerichtet wie die Leitungswähler. Für jedes Hundert der Anschlußnummern werden 10 besondere Leitungswähler angeordnet. Zu jedem Hundert der Vorwähler gehören 10 Gruppenwähler, im ganzen sind also 1000 Vorwähler, 100 Gruppenwähler und 100 Leitungswähler vorhanden. Die Leitungswähler sind an die Gruppenwähler angeschlossen und zwar so, daß z. B. der erste Leitungswähler der Anschlußnummern 200 bis 299 an den ersten Kontaktplättchen der zweiten wagerechten Reihe aller Gruppenwähler liegt, oder der dritte Leitungswähler der Nummern 600 bis 699 an den dritten Kontaktplättchen der sechsten wagerechten Reihe aller Gruppenwähler usf. Sucht ein Teilnehmer z. B. Verbindung mit Nummer 283, so hebt er seinen Hörer ab. Sein Vorwähler

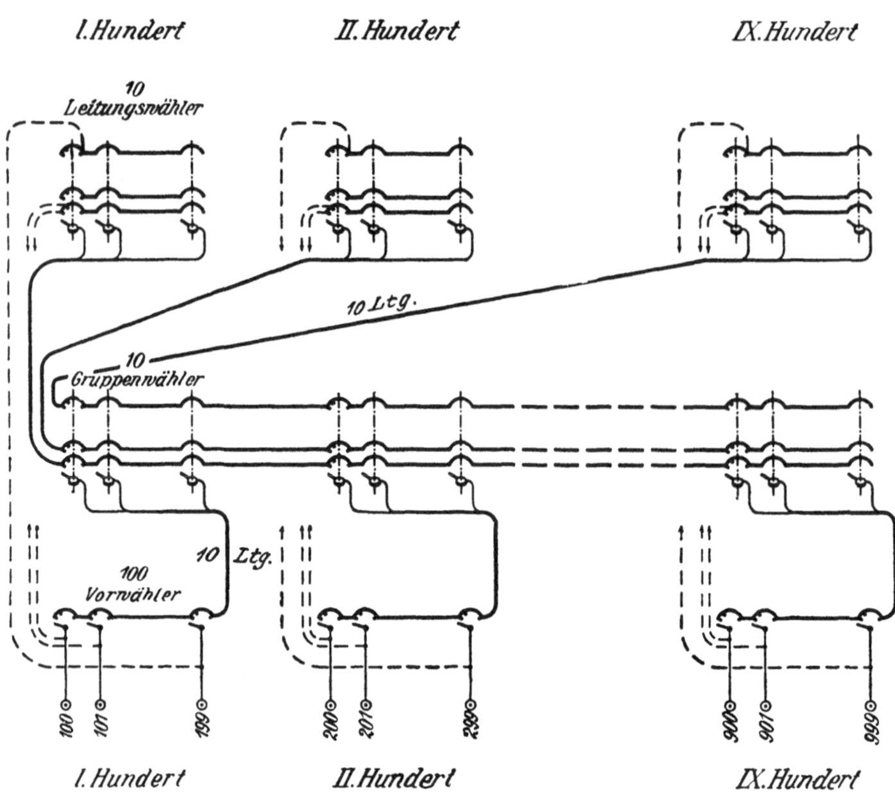

Abb. 61e. Wähleranordnung für ein 1000er Amt.

sucht selbsttätig einen freien der an ihn angeschlossenen Gruppenwähler. Der Teilnehmer dreht die Nummernscheibe mit Hilfe des Loches 2 bis zum Anschlag und läßt los. Infolgedessen steigt der Gruppenwähler bis zur zweiten wagerechten Kontaktplättchenreihe und dreht sich dann selbsttätig, wieder durch die schon erwähnte Unterbrechereinrichtung angetrieben, so lange, bis sein Kontakthebel ein Kontaktplättchen trifft, das mit einem freien (also von einem anderen Gruppenwähler noch nicht besetzten) Leitungswähler der Anschlußnummern 200 bis 299 verbunden ist. Die Wahl der Nummer 83 erfolgt nun in der bereits geschilderten Weise. Abb. 61e veranschaulicht die Anordnung der Wähler für ein 1000er Amt[1]).

---

[1]) Vgl. auch Stellwerk, 1918, S. 105 und 113: Jung. Die Fernsprechanlagen der Badischen Eisenbahnverwaltung in Karlsruhe.

Durch Vorschaltung weiterer Gruppenwähler kann man die Anschlußzahl leicht auf 10 000 und darüber erhöhen.

Es ist nicht nötig, alle Wähler in einem gemeinsamen Gebäude unterzubringen. Man kann sie auch örtlich trennen. Man wird also, um an Anschlußleitungen zu sparen, auch beim selbsttätigen System verschiedene Ämter bauen, die aber gewissermaßen nur baulich getrennt sind, rein theoretisch betrachtet aber ein einheitliches Amt bilden.

Selbstanschlußämter sind, wie schon gesagt, auch in Europa bereits in großem Umfange ausgeführt worden. Besonders eignen sie sich für Fernsprechanlagen großer Privatbetriebe, Fabriken, Behörden, Büros usw. Der Nachteil, daß man selbst dann, wenn man einen in demselben Gebäude sitzenden Teilnehmer sprechen will, erst seine Anschlußnummer nachschlagen muß, statt der Vermittlungsstelle einfach den Namen des Betreffenden zu nennen, wird reichlich durch die Pünktlichkeit aufgewogen, mit der die Herstellung der Verbindung, das etwaige Besetztzeichen und vor allem die Trennung der Verbindung erfolgt.

Neben den selbsttätigen Fernsprechanlagen sind auch halbselbsttätige Anlagen zur Ausführung gelangt. Bei diesen erhalten die Teilnehmer keine Nummernscheibe, sondern einen gewöhnlichen Z. B.-Fernsprecher. Sie melden der auf dem Amte beschäftigten Beamtin die Anschlußnummer, die sie wünschen, die nun ihrerseits mit Hilfe der vorstehend geschilderten Einrichtungen die Verbindung herstellt und auch in umgekehrter Richtung die Verbindung vermittelt. Die Einrichtung wird in diesem Falle so durchgebildet, daß die Tätigkeit der Beamtin lediglich im Entgegennehmen der Nummer und im Niederdrücken einer Reihe von Knöpfen (bei dreiziffrigen Anschlußnummern z. B. 3) besteht. Eine solche Beamtin kann natürlich sehr viel mehr Verbindungen in einer Stunde herstellen als eine Beamtin in einem gewöhnlichen Handamte. Es wird also auch bei halbselbsttätigen Anlagen eine große Ersparnis an Bedienungskräften erzielt. Halbselbsttätige Anlagen werden auch dort erforderlich, wo Selbstanschlußämter mit Handämtern in Verbindung treten müssen.

F. Schutzmittel gegen gefährliche Aufladung der Leitungen durch atmosphärische Elektrizität oder Starkstrom.

Ebenso wie die Telegraphenapparate müssen auch die Fernsprecher und Vermittlungsstellen, die an Freileitungen angeschlossen sind, gegen den zerstörenden Einfluß atmosphärischer elektrischer Entladungen geschützt werden. Hierzu kann man ähnliche Plattenblitzableiter benutzen, wie sie bei den Morsewerken geschildert wurden (s. S. 338). Außerdem kommen Schmelzsicherungen zur Anwendung, die durchschmelzen, wenn der Strom in den Leitungen eine bestimmte Stärke annimmt.

Diese Maßnahmen genügen aber noch nicht für Fernsprechdoppelleitungen, da diese die Eigenschaft haben, sich aus der sie umgebenden atmosphärischen Elektrizität oder aus nahen Hochspannungsleitungen aufzuladen und so allmählich eine hohe Spannung anzunehmen, die nicht wie bei den geerdeten Einfachleitungen zur Erde abfließen kann, da die Doppelleitungen keine Verbindung mit der Erde haben. Diese Spannung, die noch nicht so hoch gestiegen zu sein braucht, um den Luftraum zwischen den Platten des Blitzableiters durchschlagen und dadurch zur Erde abfließen zu können, teilt sich auch den Bauteilen der Fernsprecher mit, so daß Personen, die solche unter Spannung stehende Teile berühren, heftige elektrische Schläge erhalten können. In die Doppelleitungen müssen daher außer den Blitzableitern (die dann

Grobblitzableiter heißen) noch Spannungsableiter (auch Feinblitzableiter genannt) eingebaut werden. Ihre Bauart ähnelt der der Grobblitzableiter, doch müssen sie bedeutend empfindlicher sein. Während die Grobblitzableiter erst bei Spannungen von etwa 1500 Volt wirken, müssen die Spannungsableiter schon bei viel niedrigeren Spannungen ansprechen, da auch solche den die Fernsprechanlagen Benutzenden gefährlich werden können. Die Spannungsableiter sind an sich zwar auch geeignet, Blitzschläge zur Erde abzuleiten, doch können sie durch derartig heftige Entladungen leicht zerstört werden. Man tut daher gut, Grob- und Feinblitzableiter in die Leitungen zu schalten und zwar die ersteren von den Freileitungen aus gerechnet an erster Stelle. Feinblitzableiter bestehen meist aus zwei sich gegenüberstehenden Kohlenstückchen, von denen eins mit der Leitung, das andere mit der Erde verbunden ist. Die Kohlenstücke sind an den einander zugekehrten Flächen rechtwinklig zueinander geriefelt. Damit sie sich nicht berühren können, liegt an den Enden zwischen ihnen ein ganz dünnes Glimmerplättchen (g in Abb. 62).

Auch bei den Schmelzsicherungen unterscheidet man Grob- und Feinsicherungen. Erstere haben den Zweck, zu starke elektrische Ströme, die sofort beim Auftreten Beschädigungen an den Apparatwicklungen herbeiführen könnten, von diesen abzuhalten. Sie sind indes, um zu häufiges Zerstören der Sicherung zu vermeiden, so eingerichtet, daß sie Ströme hindurchlassen, die an sich auch noch unzulässig stark sind, aber schädliche Erwärmungen in den Apperaten erst hervorrufen, wenn sie mehrere Sekunden anhalten. Derartige Ströme werden durch die (weiter unten beschriebenen) Feinsicherungen unschädlich gemacht.

Abb. 62 stellt grundsätzlich dar, wie eine Fernsprechdoppelleitung gesichert werden muß. An Leitung a und b ist zunächst eine Platte je eines Grobblitzableiter ($G.Bl.$ angeschlossen, dessen andere Platte geerdet ist. Der Grobblitzableiter besteht aus zwei sich mit ihren Kanten gegenüberstehenden Platten, von denen die eine schneidenartig zugespitzt und die andere gezahnt ist. Dann führen die Leitungen durch je eine Grobsicherung GS, einen in eine Glasröhre eingesetzten Draht, der bei einer Stromstärke von 3 Ampère durch-

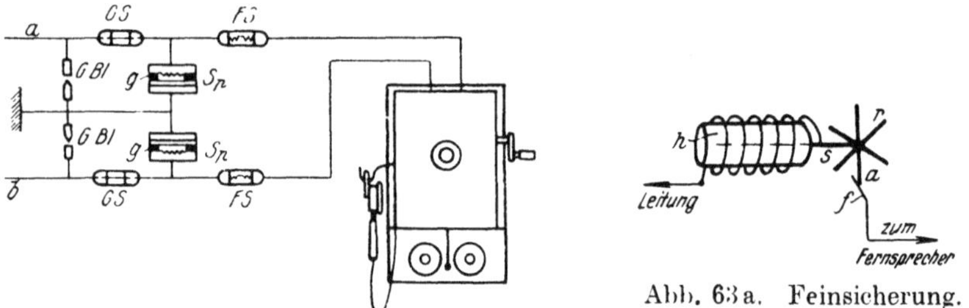

Abb. 62. Grob- und Feinsicherung eines Fernsprechers.

Abb. 63a. Feinsicherung.

schmilzt. Danach sind die Leitungen an ein Kohlenstück je eines Spannungsableiters Sp (auch Feinblitzableiter oder Kohleblitzableiter genannt) angeschlossen, deren anderes Kohlenstück geerdet ist, und schließlich führt jede Leitung noch durch eine Feinsicherung FS. Für diese gibt es mehrere Bauarten. Alle verwenden das Woodsche Metall, eine Legierung von 8 Teilen Blei, 15 Teilen Wismut, 4 Teilen Zinn und 3 Teilen Kadmium, die bei 70 bis 80° schmilzt. Bei einer der Bauarten werden zwei gespannte Spiralfedern durch Woodsches Metall miteinander verlötet (in Abb. 62 bei FS angedeutet). Bei Durchfließen eines Stromes von 0,3 Ampère wird nach etwa 15 Sekunden die Lötstelle infolge der Erwärmung so weich, daß die Federn sie auseinanderreißen und so die Leitung unterbrechen. Abb. 63a zeigt eine andere Bauart einer Feinsicherung (Sternchensicherung). In eine Hülse h ist ein Metallstift s mit Woodschem Metall eingelötet, der die Achse eines an seinem Ende angebrachten Sternrädchens r bildet. Fließt aus der Leitung durch die um h gewickelte Spule über s, Rädchen r, Stromschlußstelle a, Feder f zum Fernsprecher 15 Sekunden lang ein Strom von 0,25 bis 0,3 Ampère, so wird das Woodsche Metall so weich, daß die Feder f das Rädchen r drehen kann so lange, bis sie außer Berührung mit dem Sternrädchen kommt, die Leitung also bei a unterbrochen wird.

Durch Drehen des Sternrädchens in dem noch weichen Metall läßt sich die Sicherung wieder gebrauchsfähig machen.

Abb. 63b. Kohleblitzableiter mit Grob- und Feinsicherung.

Abb. 63b zeigt einen Kohleblitzableiter mit Grob- und Feinsicherung für eine Doppelleitung in aufgeklapptem Zustande.

Die Kohlenstücke der Kohleblitzableiter müssen, um Spannungen von 600 bis 800 Volt ableiten zu können, sehr nahe aneinander gebracht werden. Daraus entsteht der Nachteil, daß anhaftender Schmutz, Feuchtigkeit oder Blitzschläge dauernde leitende Verbindung zwischen ihnen herstellen können. Diesen Übelstand vermeidet der Luftleerblitzableiter von Siemens & Halske nach Abb. 63c. Hier sind die Kohlenstückchen k in einem luftleeren Glasröhrchen r angebracht, wodurch zunächst der Zutritt von Staub verhindert ist. Außerdem ist der Übergangswiderstand für elektrische Entladungen zwischen den beiden Kohlenstücken um so geringer, je dünner die sie umgebende Luft ist. Die Kohlenstücke können

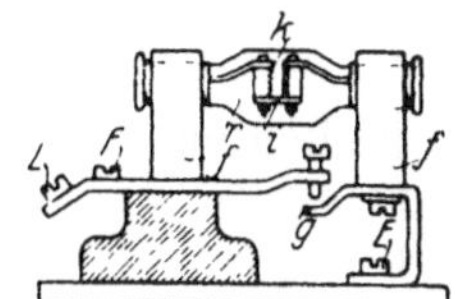

Abb. 63c.
Luftleerblitzableiter.

also weiter voneinander entfernt gehalten werden, wodurch Kurzschluß ausgeschlossen ist. Die Glasröhrchen werden mit ihren Metallkappen zwischen Federn f eingedrückt und können daher sehr leicht ausgewechselt werden. i ist ein isolierendes Verbindungsstück. Bei L wird die Außenleitung, bei F die Innenleitung zum Fernsprecher und bei E die Erdleitung angeschlossen. Die Schraube bei g wirkt als Grobblitzableiter. Luftleerblitzableiter wirken schon bei Spannungen von 200 bis 300 Volt.

Für Einführung von vielen Leitungen (z. B. bei Vermittlungsstellen) wird immer eine größere Zahl von Blitzableitern und Sicherungen auf einem gemeinsamen Sockel vereinigt.

G. Schutz gegen Induktion und Stromübergang.

Wie schon im I. Teil unter C 3, S. 332 ausgeführt, besteht bei Erdleitungen die Möglichkeit, daß ein Teil des Stromes, der zur Erde fließen soll, in andere Leitungen übergeht, die ebenfalls an die Erde angeschlossen sind. Bei Fernsprechleitungen macht sich dieser Umstand besonders störend bemerkbar, weil schon sehr geringe Stromstärken genügen, um die Federplatte des Hörers

in Schwingungen zu versetzen und so die Verständigung sehr beeinträchtigende.
unter Umständen sogar unmöglich machende störende Geräusche hervorzurufen.

Auch üben benachbarte Leitungen aufeinander eine Induktion aus, indem
die in der einen Leitung kreisenden Wechselströme in der Nachbarleitung
Induktionsströme entstehen lassen, die oft ein Mithören der Gespräche in
fremden Leitungen ermöglichen. Auch die ständigen Unterbrechungen des
Stromes in einer Morseleitung können störende Geräusche in Nachbarfern-
sprechleitungen verursachen, die um so stärker sind, je mehr Widerstand die
Erdleitungen besitzen, weil dann neben der Induktion auch unmittelbare
Stromübergänge stattfinden. Um diese Übelstände zu beseitigen, werden die
Fernsprechleitungen jetzt meist als Doppelleitungen ausgeführt. Diese haben
keine Verbindung mit der Erde und besitzen bei guter Ausführung einen
so hohen Widerstand (Isolationswiderstand) gegen die Erde, daß Ströme aus
dieser in die Leitungen nicht übergehen können. Auch die Wirkung der Induktion ist stark herabgesetzt. Ein in Leitung 1 (Abb. 64) fließender Strom
ruft sowohl in Leitung 2a wie 2b je einen Induktionsstrom hervor, die
einander gleich gerichtet sind. Da die Leitungen 2a und 2b an ihren Enden
durch die Fernsprechapparate zu einer Schleife verbunden sind, so heben sich
die beiden Ströme gegenseitig zum größten Teil auf. Sie würden sich ganz
aufheben, wenn Leitung 2a und 2b von Leitung 1 gleich weit entfernt wären,
weil dann die induzierten Ströme gleich stark wären. So übt der Überschuß

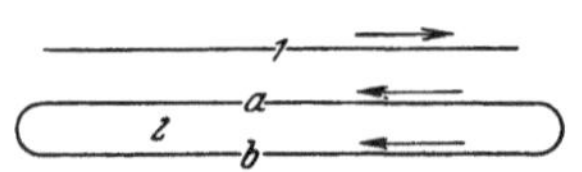

Abb. 64. Induktion einer Doppelleitung durch eine Einfachleitung.

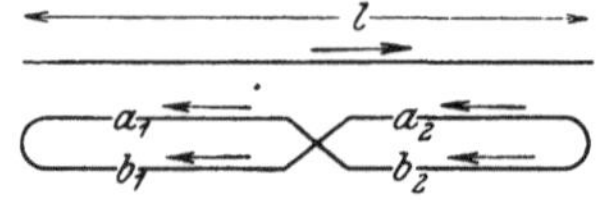

Abb. 65. Induktionsbeseitigung
durch Kreuzung.

des in Leitung 2a induzierten Stromes eine störende Wirkung aus. Sie kann
möglichst gering gehalten werden, wenn die Leitungen 2a und b von Leitung 1 möglichst großen, unter sich aber möglichst geringen Abstand erhalten[1]). Ganz beseitigt wird die Induktionswirkung, wenn man die Leitungen 2a und b nach Abb. 65 in der Mitte kreuzt. Alsdann tritt ein völliger
Ausgleich der Überschüsse ein, der Strom $a_1 + b_2$ wird gleich $a_2 + b_1$.

Es war hierbei vorausgesetzt worden, daß zwar $a_2 \lessgtr b_2$ und $a_1 \gtrless b_1$,
aber $a_1 \lessgtr a_2$ und $b_1 \lessgtr b_2$ ist. Das ist aber nur der Fall, wenn der die Induktion hervorrufende Strom auf der ganzen Länge l gleich groß ist. Bei
Fernsprechströmen trifft diese Annahme nicht zu, da sie ja sinusförmige
Wechselströme sind und also in jedem Zeitpunkte an jeder Stelle verschiedene Stromstärken haben. Die Länge einer solchen Sinuswelle ist aber sehr
groß. Teilt man daher die Leitung in ausreichend kurze Stücke, so kann
man auf ihnen Anfang- und Endstrom als gleich annehmen und auf diese
Länge einen wirksamen Induktionsschutz erreichen. Versuche haben ergeben,
daß als äußerste Länge dieser Leitungsteile der vierte Teil der Wellenlänge
des induzierenden Stromes gelten kann, d. h. bei Fernsprechströmen in gewöhnlichen Freileitungen $\frac{1}{4} \cdot 360 = 90$ km und in pupinisierten Freileitungen[2])
$\frac{1}{4} \cdot 120 = 30$ km. Aus dieser Betrachtung ergeben sich die äußersten Kreuzungsabstände.

Fernsprechdoppelleitungen wird man also stets in gewissen Abständen
kreuzen, wenn sie sich mit anderen Leitungen an einem Gestänge befinden.

---

[1]) Dadurch wird aber andererseits die schädliche Kapazität der Leitung erhöht
(vgl. unter H 2 S. 396).

[2]) Siehe S. 398.

Sind mehrere Fernsprechleitungen an einem Gestänge, so wird man sie alle kreuzen, aber nicht an denselben Stellen und nicht gleich oft, weil man sonst die Wirkung der Kreuzung hinsichtlich der Induktion einer Fernsprechleitung auf die andere wieder aufheben würde. Man kreuzt daher z. B. eine Leitung alle km, die andere alle 2 km, eine dritte alle 4 km, oder versetzt die Kreuzungspunkte um die Hälfte ihrer Entfernungen gegeneinander. Abb. 66 gibt ein Kreuzungsbeispiel für vier Leitungen. Die Kreuzungen werden am Gestänge in der Regel so ausgeführt, daß man an einer Stange die Drähte einer Doppelleitung unterbricht und auf sogenannten Kreuzungskonsolen die so entstandenen vier Drahtenden an je einem Isolator abspannt und dann die Isolatoren kreuzweise durch besondere Drähte verbindet.

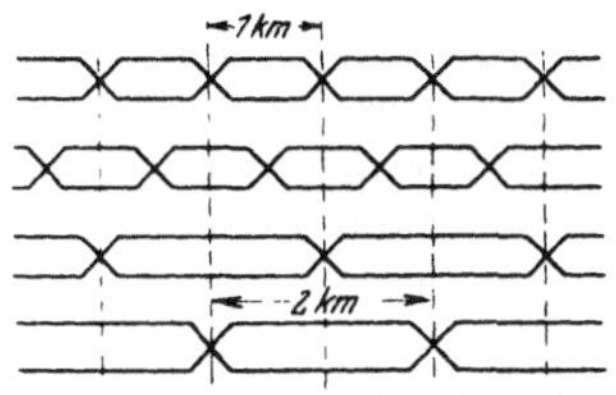

Abb. 66. Kreuzungsbild für 4 Fernsprechdoppelleitungen an gemeinsamem Gestänge.

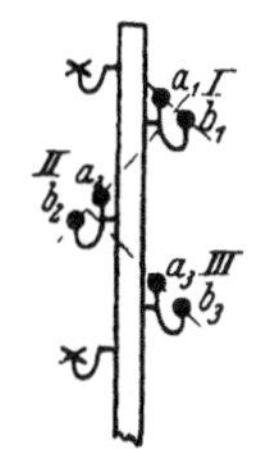

Abb. 67. Verwendung von Doppel-I-Stützen für Fernsprechleitungen.

Abb. 67 zeigt, wie man durch Anwendung von Doppel-I-Stützen (vgl. auch Abb. 10, S. 327) die Induktion herabsetzen kann. a_2 und b_2 sind von a_1 und b_1 einerseits und a_3 und b_3 andererseits gleich weit entfernt. Leitung I und III beeinflussen daher nicht Leitung II und umgekehrt. Leitung I und III können sich zwar beeinflussen, wegen ihres größeren Abstandes voneinander aber in geringerem Maße. Bei Leitung I und III wird man die geringeren Kreuzungsabstände, bei Leitung II die größeren vorsehen, unter Umständen Leitung II auch gar nicht kreuzen, wenn nicht etwa (wie in Abb. 67) noch andere Leitungen auf demselben Gestänge liegen. Telegraphenleitungen wird man so anbringen, daß sie den in den geringsten Abständen gekreuzten Fernsprechleitungen am nächsten liegen, wie in Abb. 67 dargestellt. Man darf also Leitungen an einem gemeinsamen Gestänge nicht wahllos, sondern nur auf Grund sorgfältiger Erwägungen anbringen.

Ein weiteres Mittel zur Herabsetzung der Induktion ergibt sich aus folgender Betrachtung. Wird die in Abb. 68a mit A bezeichnete, im Schnitt dargestellte Doppelfernsprechleitung (Schleife) von einem elektrischen Strom durchflossen, so entsteht um sie ein elektromagnetisches Feld, dessen Wirkung man durch die gezeichneten mit Pfeilspitzen versehenen Kraftlinien darstellen kann. Ändert sich der das Feld erzeugende Strom ständig, so ändert sich auch das Kraftlinienfeld ständig und ruft dadurch in einem in seinem Bereich liegenden elektrischen Leiter ständig Induktionsströme hervor. Bringe ich z. B. in den Bereich des gezeichneten Feldes eine zweite

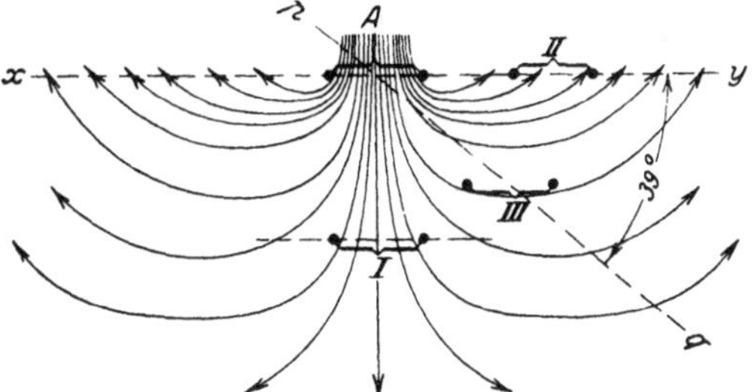

Abb. 68a. Elektromagnetisches Kraftlinienfeld einer Doppelfernsprechleitung.

Doppelfernsprechleitung an die Stelle I, so wird in dieser beim Entstehen des Feldes ein elektrischer Strom erzeugt, dessen Richtung sich aus der Richtung der die Schleife durchdringenden Kraftlinien ergibt. Würde die zweite Fernsprechleitung an der Stelle II liegen, so würde in ihr auch ein Induktionsstrom entstehen, aber in entgegengesetzter Richtung wie an Stelle I, da die von A ausgehenden Kraftlinien die Schleife der zweiten Fernsprechleitung an der Stelle II in umgekehrter Richtung durchdringen wie an Stelle I. Daraus folgt, daß, wenn ich die zweite Leitung von Stelle I nach Stelle II parallel verschiebe, es irgendeine Stelle III geben muß, an der der in ihr entstehende Induktionsstrom gerade seine Richtung ändert, also seinem absoluten Werte nach gleich 0 oder nahezu $=0$, d. h. ein Minimum ist. An dieser Stelle wird die Schleife nur von sehr wenigen Kraftlinien durchdrungen und auch von diesen nur in sehr spitzem Winkel, also mit schwacher Wirkung. Durch Berechnung läßt sich feststellen, daß die Stelle nahezu erreicht ist, wenn die Verbindungslinie pq der Mitten beider Schleifen mit den Ebenen der Schleifen (also auch mit der Linie xy) einen Winkel von 39^0 bildet.

Aus dieser Betrachtung ergibt sich, daß Fernsprechleitungen auf den nach Abb. 68b und Abb. 12a (Form 3) S. 327 und Abb. 13 (Form 2) S. 327

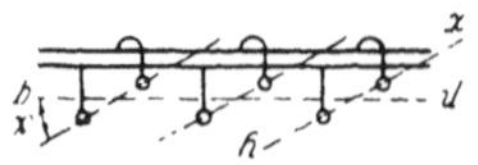

Abb 68b.
Induktionsschwache
Anordnung von Doppel-
fernsprechleitungen.

angeordneten Querträgern mit geraden und gebogenen Stützen gegenseitig sich um so weniger durch Induktion stören, je mehr sich der Winkel α dem Betrage von 39^0 nähert.

Fernsprechkabel für Doppelleitungen kann man in folgender Weise induktionsfrei machen: Die beiden zu einer Doppelleitung gehörenden Adern werden jede mit einem oder zwei schmalen Papierstreifen umwickelt, dann paarweise verseilt. Die Adernpaare werden dann wieder miteinander verseilt. Die Leitungen wechseln also ständig gegenseitig ihre Plätze, wodurch die gleiche Wirkung wie durch die Kreuzungen bei Freileitungen erreicht wird. Es gibt z. B. Fernsprechkabel mit 350 Aderpaaren bei 0,8 mm und 600 Aderpaaren bei 0,6 mm Leiterstärke[1]. Im übrigen ist über die Bauart der Fernsprechkabel dasselbe zu sagen wie über die Telegraphenkabel.

Der Isolationswiderstand einer Kabelader (d. h. der Übergangswiderstand zwischen Kabelader und Erde) soll mindestens 500 Millionen Ohm (500 Megohm) auf 1 km betragen, für Freileitungen gilt ein Isolationswiderstand von 2 Megohm auf 1 km noch als mäßig gut[2].

H. Die Eigenschaften der Leitungen und ihre Bedeutung für die Übertragung der Sprechströme. Dämpfung. Verzerrung[3].

Jede elektrische Welle, die in eine Leitung hineingeschickt wird, wird auf ihrem Wege von der Stromquelle bis zum Ende der Leitung gedämpft, d. h. Stromstärke und Spannung am Ende der Leitung sind geringer als am Anfang. Bezeichnet J_x und V_x die Stromstärke und Spannung im Abstande x vom Anfang der Leitung, J_a und V_a Stromstärke und Spannung am Anfang, so ist unter bestimmten Voraussetzungen (die im Rahmen dieser Betrachtungen nicht erläutert werden können) annähernd:

$$ J_x = J_a \cdot e^{\beta x} \quad \text{und} \quad V_x = V_a \cdot e^{-\beta x}. $$

e ist die Basis des natürlichen Logarithmensystems. β ist ein bestimmter Koeffizient, der von den Eigenschaften der Leitungen abhängt und auf 1 km Leitungslänge bezogen wird. In der Regel soll festgestellt werden, welche

---

[1] Das Rheinlandkabel hat von Hannover bis Dortmund bei 80 mm Außendurchmesser 142 Adern von teils 3 und teils 2 mm Durchmesser.

[2] Vgl. Stellwerk 1915, S. 189. Marcuse, Schutz oberirdischer Fernsprechleitungen gegen störende Beeinflussung durch Hochspannungsleitungen.

[3] Die Ausführungen im Abschnitt H können nur einführen in das umfangreiche Gebiet der Fortpflanzung von Fernsprechströmen und der Leitungseigenschaften. Näheres s. Breisig, Über die Bedeutung der Leitung für die Übertragung der Fernsprechströme. (Archiv für Post und Telegraphie 1916, Nr. 5, Verlag der Reichsdruckerei).

Dämpfung am Ende der Leitung (die die Länge l haben möge) vorhanden ist. Es ergeben sich aus obiger Formel die Endwerte

$$J_l = J_a e^{-\beta l} \quad \text{und} \quad V_l = V_a e^{-\beta l}.$$

β nennt man den räumlichen Dämpfungsexponenten. Das Maß für die Gesamtdämpfung auf einer Leitung von der Länge l (z. B. auf einer Fernsprechleitung) ist aber gekennzeichnet durch das Produkt βl. Je größer βl ist, desto größer ist die Dämpfung, desto schlechter also bei Fernsprechbetrieben die Verständigung. $\beta l \leq 1{,}5$ ermöglicht eine sehr gute Verständigung. $\beta l = 2{,}5$ ist im geräuschvollen Eisenbahnbetriebe etwa die Grenze für eine ausreichende Verständigung, die in ruhigen Betrieben bei $\beta l = 4$ bis $4{,}3$ liegt.

Die Eigenschaften der Leitungen, von denen der Wert β abhängt, sind:

1. der wirksame Widerstand R
2. die Kapazität C
3. die Selbstinduktion L
4. die Ableitung G

der Leitung.

1. Der wirksame Widerstand besteht für Gleichstrom lediglich aus dem ohmischen Widerstand, der sich aus dem spezifischen Widerstand des Leitungsstoffes, dem Querschnitt und der Länge der Leitung ergibt. Bei Wechselströmen kommt zu diesem ohmischen Widerstand noch ein Verlustwiderstand hinzu, der durch die in den Leitungen selbst oder in Nachbarleitungen oder in eingeschalteten Spulen entstehenden Wirbelströme und durch die Hautwirkung hervorgerufen wird. Die Wechselströme verteilen sich nämlich nicht wie die Gleichströme gleichmäßig über den ganzen Querschnitt, sondern sie werden nach dem Umfange zu abgedrängt (Hautwirkung, Oberflächenwirkung, Skineffekt). Für Wechselströme wird also nur ein Teil des Querschnittes ausgenutzt. Diese Erscheinung macht sich um so mehr bemerkbar, je größer die Magnetisierbarkeit des Materials und je größer der Querschnitt der Leitung ist. Daraus ergibt sich, daß Kupfer und Bronze der geeignetste Stoff für Fernsprechleitungen sind. Infolge ihres geringen spezifischen Gleichstromwiderstandes (0,017 bis 0,022) erfordern sie die kleinsten Querschnitte. Ihre Magnetisierbarkeit ist gleich Null. Die Hautwirkung kann bei ihnen daher vernachlässigt werden. Eisen eignet sich besonders schlecht für Fernsprechleitungen. Sein spezifischer Gleichstromwiderstand ist siebenmal so groß wie der des Kupfers, und seine Magnetisierbarkeit sehr gut. Eine Vergrößerung des Querschnittes verringert zwar den Gleichstromwiderstand der Leitung, aber vergrößert den Verlustwiderstand. So kommt es, daß auf Eisenleitungen von 5 mm ϕ kaum noch eine bessere Verständigung zu erzielen ist als auf solchen von 4 mm ϕ.

Den Verlustwiderstand hat man bei Eisenleitungen neuerdings mit Erfolg dadurch zu verringern versucht, daß man den Eisendraht als Rillendraht oder als Eisenseil herstellte. Im letzten Kriege sind, als die Kupferbeschaffung auf Schwierigkeiten stieß, in großem Umfange und mit gutem Erfolge Fernsprechleitungen aus Eisenrillendrähten und Eisenseilen gebaut worden. Wegen der überragenden Vorteile, die Bronze für Fernsprechleitungen bietet, wird man aber im Frieden kaum von den Ersatzleitungen weiterhin Gebrauch machen. Die Leitungsfähigkeit des Eisenrillendrahtes kann man weiter noch vergrößern, indem man die Rille mit einer Zinkeinlage versieht, deren Herausfallen man durch Verdrehen des Drahtes verhindert. Eisenseil haben S. & H. aus 4 bzw. 7 Drähten von 2 mm ϕ hergestellt. Unter Benutzung des

7 drähtigen Seils kann man etwa doppelt so lange für Sprechübertragung geeignete Leitungen bauen wie mit massivem Eisendraht[1]).

Der wirksame Widerstand einer Leitung wird gemessen in Ohm (Ω).

2. Die Kapazität der Leitung ist ihre Fähigkeit, elektrische Energie aufzuspeichern. Eine Doppelfernsprechleitung wirkt wie ein Kondensator, dessen Belege die Hin- und Rückleitung sind, zwischen denen sich ein elektrisches Feld spannt. Das Dielektrikum ist die Luft bzw. bei Kabeln der Isolierstoff. Die Aufladung des Kondensators bedeutet einen Energieverlust. Die Kapazität einer Fernsprechdoppelleitung ist um so größer, je dicker die Drähte sind und je näher sie aneinander liegen. Bei Kabel ist sie also besonders groß. Sie macht z. B. die Fernsprecherei auf Kabeln durch den Ozean hindurch mit den bisher verfügbaren Mitteln der Technik unmöglich.

Die Einheit der Kapazität ist das Farad bzw. das Mikrofarad[2]). (F bzw. μF). Auch das Millimikrofarad $(m \mu F) = \dfrac{1}{1000 \cdot 1\,000\,000} F$ wird vielfach verwendet.

3. Die Selbstinduktion der Leitung beruht auf der Erscheinung, daß ein in einer Leitung fließender Strom in jedem Augenblick, in dem er sich in seiner Stärke ändert, in dem den Leiter umgebenden magnetischen Feld Änderungen hervorruft, die ihrerseits wieder elektromotorische Kräfte in dem Leiter induzieren. Die Selbstinduktion wird gemessen in Henry bzw. Millihenry[3]) (H bzw. mH).

4. Die Ableitung ist das Maß für die Verluste, die durch Abirren eines Teils des Stroms zur Erde und im Dielektrikum entstehen. Für Gleichstrom ist die Ableitung (auch Leitwert genannt) gleich dem reziproken Werte des Isolationswiderstandes, d. h. des Widerstandes, den ein von der Leitung zur Erde abirrender Zweigstrom zu überwinden hat. Für Wechselstrom ergeben sich aber noch, unter gewissen Umständen sehr merkliche, Verluste im Dielektrikum, die für jede Leitung durch besondere Messung bestimmt werden müssen.

Die Einheit der Ableitung ist das Siemens (S). 1 Siemens ist gleich dem reziproken Werte von 1 Ohm. Als praktische Einheit gilt das Mikrosiemens μS $(\frac{1}{1\,000\,000}$ Siemens$)$.

Bezeichnet nun, auf 1 km Leitungslänge bezogen, R den wirksamen Widerstand in Ohm, C die Kapazität in Farad, L die Selbstinduktion in Henry und G die Ableitung in Siemens, so läßt sich für die meisten Zwecke (für oberirdische Leitungen immer) genügend genau der Dämpfungsexponent β berechnen aus der Formel

$$\beta = \frac{R}{2} \sqrt{\frac{C}{L}} + \frac{G}{2} \sqrt{\frac{L}{C}}.$$

Die Formel zeigt die Abhängigkeit des Dämpfungsexponenten von den Eigenschaften der Leitung.

Aus nachstehender Zusammenstellung 1 gehen für einige Leitungsarten die Eigenschaftswerte, bezogen auf 1 km, und die daraus nach vorstehender Formel errechneten Werte für

$$\beta_R = \frac{R}{2} \sqrt{\frac{C}{L}}, \quad \beta_G = \frac{G}{2} \sqrt{\frac{L}{C}} \quad \text{und} \quad \beta = \beta_R + \beta_G$$

---

[1]) Über Fernsprechanlagen mit pupinisierten Eisenseilen und Eisenrillendrähten vgl. Marcuse, Stellwerk 1917, S. 41.

[2]) Vgl. auch S. 364.

[3]) Vgl. auch S. 365.

hervor. Die Werte in der letzten senkrechten Spalte stellen die Reichweite l dar, d. h. die Länge der Leitungen, auf welcher $\beta \cdot l = 2{,}5$, also für Eisenbahnzwecke noch eine ausreichende Verständigung, erzielt wird.

Zusammenstellung 1.

Bauart der Leitung	Durchmesser des Leiters in mm	R in Ω	C in $m\mu F$ $=10^{-9}F$	L in mH $=10^{-3}H$	G in μS $=10^{-6}S$	β_R	β_G	β	Reichweite l in km $(\beta \cdot l = 2{,}5)$
Freileitungen aus Bronze	2	12	5,4	2,2	1	0,00938	0,00032	0,0097	257
	3	5,44	6,0	2,0	1	0,00469	0,00029	0,00498	500
	4	3,16	6,4	1,9	1	0,00287	0,000275	0,00314	795
	5	2,16	6,7	1,8	1	0,00208	0,00026	0,00234	1075
Kabel mit Papierisolation	1,2	28	37	0,7	2,6	0,102	0,00018	0,10218	24,5
Krarupkabel mit Papier-isolation[1]	1,2	28	37	8,6	2,6	0,0292	0,00062	0,030	82,5
Fernkabel Berlin-Rheinld.	2	17	35,4	141	0,64	0,00425	0,00064	0,0049	510
Papierisolation. Pupinisiert	3	7,80	40	90	0,68	0,0026	0,00051	0,0031	800

Die für β angegebene Formel läßt erkennen, daß zunächst die Werte R und G möglichst klein gehalten werden müssen. Um R möglichst klein zu halten, muß man der Leitung einen möglichst großen Querschnitt geben, doch kommt man hier bald an eine durch die Wirtschaftlichkeit gezogene Grenze. G wird möglichst klein, wenn man die Isolation der Leitung möglichst gut macht, also dem Bau und der Unterhaltung der Leitungen die nötige Sorgfalt widmet. Im allgemeinen kann man dadurch G so klein halten, daß das zweite Glied β_G der Formel dem ersten Gliede β_R gegenüber eine untergeordnete Rolle spielt, wie auch vorstehende Zusammenstellung 1 erkennen läßt.

Das erste Glied der Formel und damit β kann man auch dadurch verkleinern, daß man den im Nenner stehenden Wert L, d. h. die Selbstinduktion der Leitung größer macht. Indessen darf man die Vergrößerung von L auch nicht beliebig weit treiben. Mit wachsendem L steigt der Einfluß des zweiten Gliedes β_G, weil L hier im Zähler steht. Setzt man den ersten Differentialquotienten der Formel für β $\left(\dfrac{d\beta}{dL}\right) = 0$, so erhält man, daß β ein Minimum wird, für

$$L = \frac{RC}{G}.$$

Es wird dann $\beta_{min} = \sqrt{RG}$[2]).

In der Wirklichkeit geht man an diesen Wert nicht ganz heran. Stellt man β in seiner Abhängigkeit von L als Kurve dar (Abb. 69), so sieht man, daß die Kurve in der Nähe von β_{min} sehr wenig gegen die L-Achse geneigt ist, so daß hier eine erhebliche Vergrößerung von L nur eine sehr geringe Verkleinerung von β hervorruft. Es wäre also unwirtschaftlich, sich dem Werte β_{min} allzusehr zu nähern.

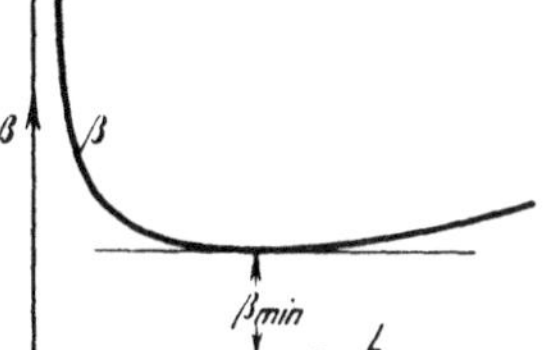

Abb. 69. Abhängigkeit zwischen Dämpfungsexponent (β) und Selbstinduktion (L).

In welcher Weise man die Selbstinduktion einer Leitung vergrößern kann, wird im folgenden Abschnitt erläutert.

---

[1] Über Krarupkabel und pupinierte Leitungen siehe den nächsten Abschnitt, I. S. 398.
[2] Bei genauen Rechnungen muß noch die Erhöhung von R, ohne die ja die Einschaltung von Selbstinduktionsspulen nicht möglich ist, die man aber natürlich in möglichst kleinen Grenzen halten wird, berücksichtigt werden.

Hier soll noch kurz auf die Verzerrung der Sprache eingegangen werden. Der Sprechstrom weist Schwingungen von den verschiedensten Perioden auf, entsprechend den verschiedenen Ober- und Untertönen in der Sprache. Von Bedeutung für die Fernsprechübertragung sind die Ströme zwischen 500 und 1100 Perioden in der Sekunde. Die hohen Schwingungen werden in der Fernsprechleitung stärker gedämpft als die niedrigen, dadurch ändert sich die Klangfarbe, die Sprache wird verzerrt und dadurch schließlich unverständlich. Es darf der Unterschied zwischen βl für Wechselströme von 1100 Perioden (βl_{1100}) und βl für Wechselströme von 500 Perioden (βl_{500}), (also der Betrag $\beta l_{1100} - \beta l_{500}$), nur etwa 20 bis 40 $^0/_0$ von dem mittleren Dämpfungsexponenten (βl für Wechselströme von 800 Perioden) betragen. Bei einem großen βl macht sich eine gleich große Verzerrung viel störender bemerkbar als bei einem kleinen βl. Alle Mittel zur Herabsetzung von βl verringern daher auch die Nachteile der Verzerrung.

J. Vergrößerung der Reichweiten von Fernsprechleitungen durch Erhöhung der Selbstinduktion.

(Verfahren von Krarup und Pupin.)

Wie schon im vorstehenden Abschnitt ausgeführt wurde, kann man die Dämpfung in einer Fernsprechleitung verringern und damit die Reichweite vergrößern, indem man die Selbstinduktion der Leitung erhöht. Da die meisten magnetischen Kraftlinien in unmittelbarer Nähe der Leiteroberfläche vorhanden sind, so empfiehlt es sich. ihnen an dieser Stelle einen Weg mit möglichst geringem magnetischen Widerstande zu schaffen. Krarup hat dies dadurch erreicht. daß er die leitenden Kupferdrähte mit feinen Eisendrähten spiralig umwickelt hat. Aus der Zusammenstellung 1 (S. 397) ist ersichtlich, daß er dadurch gute Erfolge erzielte. Sein Verfahren ist indes nur bei Kabeln möglich, da das Eisen gegen Feuchtigkeit geschützt sein muß, sonst wirken Eisen und Kupfer wie ein galvanisches Element und der aus der Feuchtigkeit sich ausscheidende Sauerstoff zerstört das Eisen.

Ein anderes Mittel, die Selbstinduktion eines Leiters zu erhöhen, besteht darin, daß man (wie schon S. 365 auseinandergesetzt) den Leiter als Spule mit weichem Eisenkern ausbildet. Da man nun nicht die ganze Leitung aufspulen kann. so schaltet man statt dessen in gewissen Abständen Selbstinduktionsspulen ein. Dies Verfahren ist zuerst von dem Amerikaner Heaviside angegeben worden, aber erst sein Landsmann Pupin hat es praktisch ausgebeutet. Man nennt diese Spulen daher Pupinspulen und spricht von pupinisierten Leitungen. Das Verfahren wird in großem Umfange sowohl bei Kabeln wie bei Freileitungen angewendet.

Die Pupinspulen (wie sie in Deutschland von der Firma Siemens & Halske gebaut werden) besitzen einen ringförmigen Eisenkern. auf dem eine Wicklung von Kupferdraht aufgebracht ist, deren eine Hälfte in die Hinleitung und deren andere Hälfte in die Rückleitung eingeschaltet ist. Im allgemeinen werden sie in Abständen von 10 km (oder

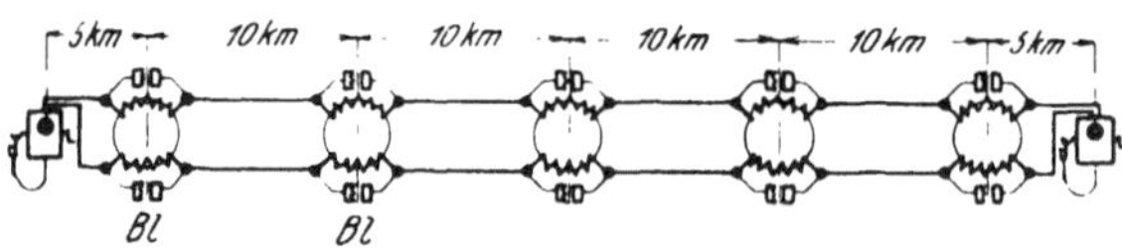

Abb. 70. Pupinisierte Fernsprechleitung.

doch in diesem Betrage möglichst nahe kommenden einander gleichen Abständen) in die Freileitungen geschaltet (bei Kabeln alle 2 km), die letzten Spulen liegen dagegen nur in der Hälfte dieses Abstandes von den Endpunkten entfernt (vgl. Abb. 70). Die Spulen sind durch Blitzableiter Bl, die keinen geerdeten

Teil besitzen, überbrückt. Blitzströme nehmen ihren Weg nicht durch die Spulen, sondern über den Luftraum zwischen den Platten der Blitzableiter, die als Luftleerblitzableiter (vgl. S. 391) ausgebildet werden.

Abb. 71 zeigt eine an einer Telegraphenstange angebaute Pupinspule, die zum Schutze mit eiserner Haube versehen ist[1]). In der nachstehenden Zusammen-

Abb. 71. Pupinspule.

stellung 2 ist die Reichweite von Fernsprechleitungen mit und ohne Pupinspulen, bei Verwendung verschiedener Leitungsstoffe angegeben. Man sieht, daß man namentlich bei Bronzeleitungen, die nur geringe eigene Selbstinduktion besitzen, durch Pupinspulen bedeutend an Leitungsstoffen sparen und damit neben technischen auch große wirtschaftliche Vorteile erzielen kann.

Zusammenstellung 2.

Stoff	Durchmesser mm	Reichweite[2])	
		ohne Pupinspulen km	mit Pupinspulen km
Bronze	2	250	550
	2,5	300	750
	3	400	950
	4	700	1400
Eisen, massiv	3	100	150
	4	125	200
Eisenseil	4 · 2	150	300
	7 · 2	200	400

K. Gleichzeitige Benutzung von Leitungen zu verschiedenen Zwecken. Simultan- und Duplexbetrieb. Viererkreis.

Es ist möglich, auf einer Doppelfernsprechleitung gleichzeitig zu telegraphieren oder ein zweites Gespräch stattfinden zu lassen (Simultanbetrieb).

---

[1]) Näheres Markuse, Stellwerk, 1915, S. 57.

[2]) Die Zahlen sind niedriger als in der letzten Spalte der Zusammenstellung 1 (S. 397), da hier die Möglichkeit, noch kürzere Verbindungsleitungen anzuschließen, berücksichtigt ist.

In Abb. 72a sind U_1 und U_2 zwei Übertrager, die jetzt meist als Ringübertrager gebaut werden. Auf einem ringförmigen Kern aus weichen Eisendrähten befinden sich zwei Spulen a und b[1]), die jede an ihrem Ende Anschlußklemmen 1,2 bzw. 3,4 besitzen, während eine von ihnen in ihrer Mitte noch eine Anschlußklemme m_1 bzw. m_2 besitzt. Wird in den Fernsprecher I gesprochen, so gehen die entstehenden Sprechströme durch die Spule a des Übertragers U_1. Sie rufen in der Spule b Induktionsströme hervor, die sich, wie die punktierten Pfeile angeben, durch die Fernsprechdoppelleitung zur Spule b des Übertragers U_2 fortpflanzen. Hier rufen sie in der Spule a Induktionsströme hervor, die in dem Fernsprecher II den Hörer zum Ertönen bringen.

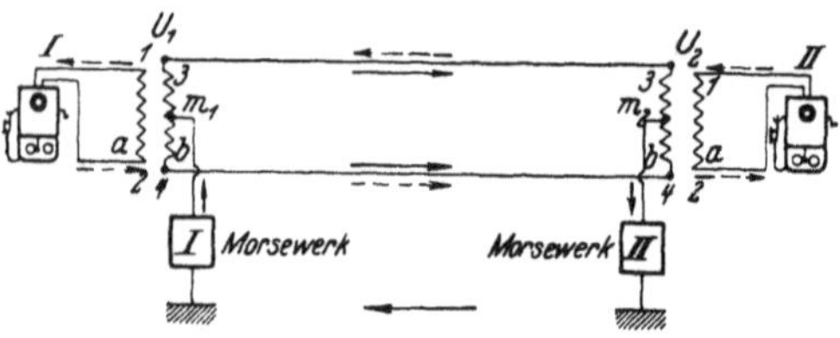

Abb. 72a, Simultanschaltung.

Die Punkte m_1 und m_2 sind zwar durch die über die Morsewerke führende Erdleitung miteinander verbunden, doch können die Sprechströme durch diese Verbindung nicht abirren. Auf den beiden Stromwegen, die die Klemmen 3 und 4 der jetzt gewissermaßen als Stromquelle dienenden einen Spule des Übertragers U_1 verbinden, liegen nämlich die Punkte m_1 und m_2 je in der Mitte. Es herrschen also in ihnen gleiche Spannungszustände, ein Stromlauf von m_1 zu m_2 durch die Erdverbindung kann also durch die zwischen den Klemmen 3 und 4 entstehenden Induktionsströme nicht hervorgerufen werden.

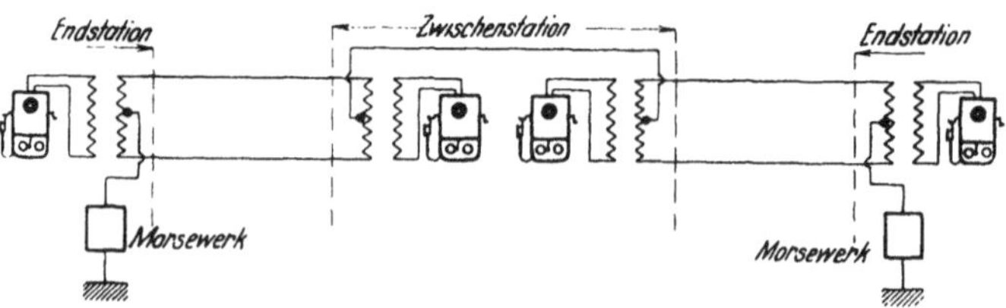

Abb. 72b. Vereinigung zweier getrennter Fernsprechleitungen zu einer Morseleitung durch Simultanschaltung.

Der aus dem Morsewerk I kommende Strom verzweigt sich bei m_1 durch die beiden Hälften der Spule b des Übertragers U_1, benutzt beide Zweige der Fernsprechdoppelleitung (wie die ausgezogenen Pfeile andeuten) gemeinsam als Hinleitung, geht durch die beiden Hälften der Spule b von U_2 und über m_2 zum Morsewerk II und durch die Erde zurück. Da in den beiden Hälften der Wicklungen b die Telegraphierströme entgegengesetzte Richtung haben, so heben sich die in den Wicklungen a entstehenden Induktionsströme gegenseitig auf. Eine Einwirkung auf die Fernsprecher I und II kann also nicht stattfinden. An Stelle der Morsewerke I und II können natürlich auch zwei Fernsprecher eingeschaltet werden. Abb. 72b zeigt, wie mit Hilfe der Simultanschaltung auch zwei durch eine Zwischenstation getrennte Fernsprechleitungen zu einer Morseleitung oder dritten durchgehenden Fernsprechleitung vereinigt werden können.

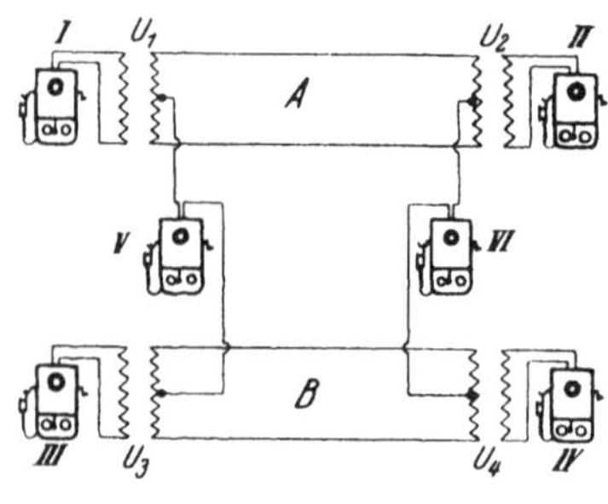

Abb. 72c. Duplexschaltung (Viererschaltung)

In ähnlicher Weise kann man zwei Doppelfernsprechleitungen zu einer dritten Doppelfernsprechleitung zusammenfassen (Duplexbetrieb, Viererkreis). Hierbei werden

---

[1]) In Abb. 72 sind die Spulen nebeneinander gezeichnet.

vier Übertrager U_1, U_2, U_3, U_4 benutzt, wie aus Abb. 72c ersichtlich. Die Wirkung ist dieselbe wie vorher geschildert. Fernsprecher I und II benutzen zum Verkehr untereinander die beiden Drähte der Leitung A, Fernsprecher III und IV die beiden Drähte der Leitung B (Stammleitungen), Fernsprecher V und VI benutzen als gemeinsame Hinleitung beide Drähte der Leitung A, und als Rückleitung beide Drähte der Leitung B (Viererkreis). An Stelle der Fernsprecher können natürlich auch Vermittlungsstellen sowohl an die beiden Stammleitungen wie auch an den Viererkreis angeschlossen werden, so daß die drei Leitungen wie gewöhnliche Verbindungsleitungen benutzt werden können[1]).

Um Übersprechen zwischen den drei Leitungen zu vermeiden, muß jede der beiden Leitungen A und B entsprechend gekreuzt werden. Außerdem müssen aber die Leitungen A und B in bestimmten Abständen hin und wieder ihre Plätze am Gestänge wechseln.

Außer der Simultan- und Duplexschaltung gibt es auch noch andere Verfahren, eine bessere Ausnutzung der vorhandenen Leitungen zu erzielen. Hierher gehört vor allem die Differentialschaltung, die das sogenannte Gegensprechen ermöglicht, d. h. das gleichzeitige Telegraphieren auf einer Leitung von ihren beiden Enden aus. Neuerdings werden auch eingehende Versuche mit Fernsprechübertragung mittels Hochfrequenzströmen (d. h. Strömen mit hohen Periodenzahlen) gemacht. Hierbei kommen Kathodenröhren zur Verwendung, mit deren Hilfe die gewöhnlichen Sprechströme in Hochfrequenzströme (und umgekehrt) verwandelt werden können. Durch Abstimmung der verschiedenen an eine gemeinsame Leitung angeschlossenen Apparate auf verschiedene Frequenzen gelingt es, auf einer einzigen Doppelfernsprechleitung 5 und mehr voneinander unabhängige Gespräche gleichzeitig zu führen. Auf diese Verfahren kann aber im Rahmen dieses Anhanges nicht näher eingegangen werden, obwohl mit ihrer versuchsweisen Anwendung auch im Eisenbahnbetriebe schon begonnen worden ist.

III. Die Läutewerke.

A. Allgemeines. Zweck der Läutewerke.

Schon frühzeitig hat man von den Stationen aus Warnungssignale auf die Strecke gegeben, um das Bahnunterhaltungs- und Bahnbewachungspersonal von der Abfahrt von Zügen zu benachrichtigen. Derartige Signale wurden auch dazu benutzt, die mit dem Schließen der Wegeschranken beauftragten Schrankenwärter aufzufordern, sich zum rechtzeitigen Bedienen ihrer Schranken vorzubereiten. Die jetzige deutsche Eisenbahnbau- und Betriebsordnung schreibt solche Einrichtungen nur zur Benachrichtigung der Schrankenwärter vor und zwar für Hauptbahnen und für solche Nebenbahnen, die mit einer Geschwindigkeit von mehr als 40 km in der Stunde befahren werden.

Diese Einrichtungen bestehen fast immer aus Läutewerken, die von Gewichten angetrieben und elektrisch von der nächsten Zugmeldestelle aus ausgelöst werden. Sie geben nach jeder Auslösung eine bestimmte Anzahl von Glockenschlägen, die für die einzelnen Strecken verschieden gewählt wird. Laufen mehrere Linien nebeneinander her, so werden noch andere Unterscheidungen getroffen, so verschieden abgestimmte Glocken, Zwei- und Dreiklangläutewerke und Läutewerke mit hinkendem Schlag (s. weiter unten).

---

[1]) Näheres Stellwerk, 1918, S. 1: Maertz, Doppelsprechkreis mit oberirdischen Leitungen (Viererkreis).

Damit den Bahnwärtern die Fahrrichtung des zu erwartenden Zuges erkennbar wird, werden für eine der beiden Richtungen die Läutewerke zweimal hintereinander ausgelöst, so daß dann zweimal die bestimmte Anzahl von Glockenschlägen ertönt. Durch drei- und mehrmaliges Auslösen können weitere Signale gegeben werden, so bedeutet z. B. nach der deutschen Signalordnung ein dreimaliges Ertönen derselben Anzahl von Glockenschlägen, daß der Zugverkehr ruht oder ein schon abgeläuteter Zug vorläufig nicht verkehrt, und ein sechsmaliges Ertönen, daß etwas Außergewöhnliches zu erwarten ist (Gefahrsignal).

Für die Läutewerke sind bei den einzelnen Bahnverwaltungen bestimmte Bedingungen aufgestellt. So verlangen die Pr.H.St.B., daß ihre für Arbeitsstrom eingerichteten Läutewerke bei einer Stromstärke von 60 bis 100 Milliampère auslösen. Geringere Stromstärken dürfen ein Auslösen nicht herbeiführen. Die Läutewerke sollen mindestens 25 mal auslösen, ehe sie wieder aufgezogen werden müssen.

B. Die bauliche Einrichtung der Läutewerksanlagen.

1. Das Streckenläutewerk mit Universalauslösung von Siemens und Halske.

Sehr große Verbreitung bei fast allen deutschen und vielen außerdeutschen Bahnverwaltungen hat das Streckenläutewerk von S. & H. gefunden, dessen Wirkungsweise durch Abb. 73 erläutert wird. Angetrieben wird das Läutewerk durch das Gewicht G, das an einem um eine Trommel gewickelten Drahtseil hängt. Auf der Achse der Trommel sitzt das Sperrad r, das mittels der Sperrklinke k das große Zahnrad R_1 antreibt. Dieses steht in Eingriff mit dem kleinen Zahnrad r_1, auf dessen Achse der Hebel w sitzt[1]). r_1 und w sind mit der Drehachse von r_1 fest verkeilt. In Ruhestellung legt sich der Hebel w gegen den vollen Teil der halben Achse a des Sperrhebels sp (infolge seiner eigenartigen Form auch Schwanenhals genannt). Dieser wird durch den Arm ak des Ankers des Elektromagneten m in der Sperrlage festgehalten. Zieht der Elektromagnet m infolge Stromgebung seinen Anker an, so gibt der Arm ak den Sperrhebel sp frei, der durch das Gegengewicht g um seine Achse a soweit gedreht wird, daß der Hebel w an a sein Auflager verliert. Das Gewicht G kann nunmehr das Getriebe in Bewegung setzen. Hierbei drehen die Stifte s_1, s_2, s_3 usw. nacheinander den Winkelhebel h_1 um seine Achse d. Auf diese Weise wird mittels Drahtzuges der Winkelhebelklöppel h_2 der Glocken-

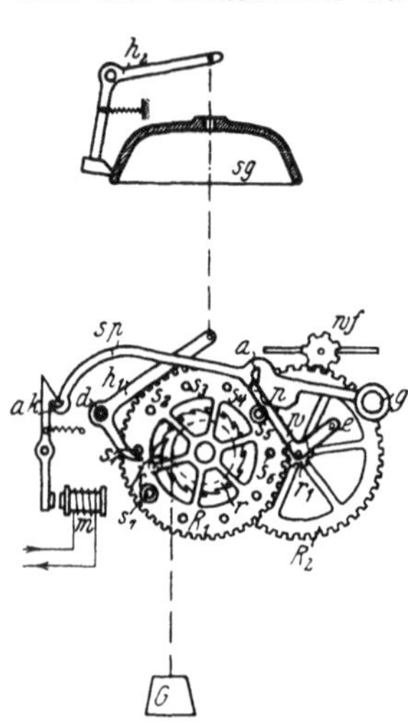

Abb. 73. Streckenläutewerk von S. & H.

schale sg aufwärts und nach jeder Hebung durch die Feder wieder abwärts bewegt, so daß soviel Glockenschläge ertönen, als Stifte s_1, s_2 usw. den Winkelhebel h_1 in Bewegung setzen. Zwei diametral gegenüberliegende Stifte s_1 und s_3 sind länger als die übrigen. Sie können an dem Ansatz n des im ausgelösten Zustande tiefliegenden Sperrhebels sp nicht vorbei und drücken diesen nach oben, so daß sich der Hebel sp am Arm ak des Ankers von m wieder fängt. Der Hebel w schlägt gegen die halbe Achse a. Das Werk kommt

---

[1]) Hebel w ist als Winkelhebel mit einem langen und einem kurzen Arm ausgebildet. Der Zweck des kurzen Arms wird weiter unten erläutert.

zum Stillstand und bleibt in Ruhe, bis eine neue Auslösung erfolgt. Das gezeichnete Werk ist für fünf aufeinander folgende Glockenschläge eingerichtet. Die Übersetzung zwischen den Rädern ist so bemessen, daß sich während einer Drehung des Rades R_1 um einen durch zwei benachbarte Stifte (z. B. s_1 und s_2) bestimmten Zentriwinkel das Rad r_1 und dadurch auch der mit ihm auf einer Achse festgekeilte Hebel w und das ebenfalls auf derselben Achse festsitzende Rad R_2 um 360° drehen.

Das Zahnrad R_2 treibt auch noch den Windfang wf, der für einen gleichmäßigen Gang des Werkes zu sorgen hat.

Soll nach jeder Auslösung nur ein Glockenschlag erfolgen, so wird auf dem kurzen Arm des Hebels w ein Stift e aufgesetzt, der nach jeder Umdrehung des Rades R_2 den Sperrhebel sp in seine Sperrlage drückt. Einer Umdrehung des Rades R_2 entspricht infolge des bereits erwähnten Übersetzungsverhältnisses die Wirkung eines Stiftes s_1, s_2 usw. Verlängerte Stifte kommen in diesem Falle nicht zur Anwendung.

In der Regel werden die Läutewerke nur mit e i n e r Glocke ausgerüstet. Stehen die Läutewerke mehrerer Läutelinien nebeneinander (wenn z. B. zwei oder mehr Bahnlinien auf bestimmte Strecken auf demselben Bahnkörper verlaufen), so können die Läutewerke zum Unterschied mit zwei oder drei Glocken und Winkelhebelklöppeln versehen werden, die in bestimmten kurzen Abständen anschlagen (Zweiklang- und Dreiklangläutewerke). Sind diese Abstände nicht gleich, so spricht man von einem Läutewerk mit hinkendem Schlag. Auch können Unterscheidungen dadurch erreicht werden, daß man die Glocken verschieden abstimmt.

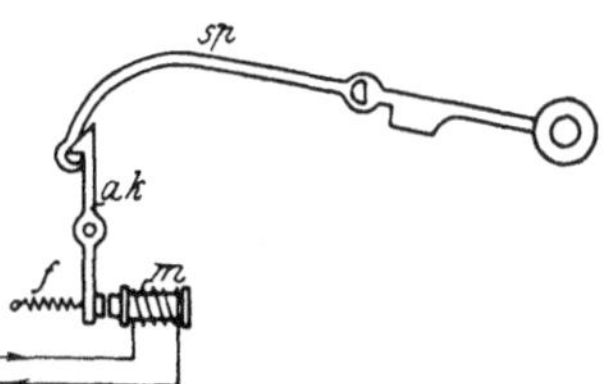

Abb. 74. Festhaltung des Sperrhebels eines Läutewerks bei Ruhestrombetrieb.

Bei dem dargestellten Läutewerk findet die Auslösung durch Arbeitsstrom statt. Es kann aber auch Ruhestrom Verwendung finden. In Abb. 74 ist der Hebel sp durch den Arm ak des Ankers des Elektromagneten m gesperrt, wenn der Magnet stromdurchflossen ist. Wird der Strom unterbrochen, so zieht die Feder f den Anker ab. Der Hebel sp wird frei.

Besteht Gefahr, daß durch irgendwelche unbeabsichtigte Einwirkung eine Auslösung erfolgen könnte (z. B. durch Fremdströme), so kann man die Auslösung auch durch Wechselstrom herbeiführen. Diese Einrichtung ähnelt der der Rechenbewegung der Blockwerke.

Einige Bahnen (z. B. die bayerischen und sächsischen) rüsten die Läutewerke mit einer Signalscheibe aus, die in Ruhe wagrecht steht und sich bei Auslösung senkrecht stellt, so anzeigend, daß das Läutewerk ausgelöst worden ist. In dieser Stellung verbleibt die Scheibe, bis sie durch die Hand des Wärters zurückgelegt wird.

2. Das Spindel- oder Einradläutewerk

wird von einzelnen Bahnverwaltungen neben dem Streckenläutewerk mit Universalauslösung benutzt. Es ist von wesentlich einfacherer Bauart und besitzt keine Zahnräder. Die Achse der durch das Gewicht angetriebenen Trommel trägt eine Scheibe, die mit Knaggen versehen ist. Diese Knaggen bewegen unmittelbar den Läuteklöppel. Die Auslösung beruht auf demselben Grundgedanken wie die Universalauslösung[1]).

---

[1]) Näheres über Spindelläutewerke, s. Scheibner, S. 248.

3. Der Läuteinduktor.

Zum Stromgeben zwecks Auslösung der mit Arbeitsstrom arbeitenden Läutewerke werden Induktoren benutzt, deren Wirkungsweise der der Fernsprechinduktoren (s. unter II. B. 2. S. 355) ähnelt. Indessen besitzen sie keine Kurzschluß- und Umschaltevorrichtung und sind bedeutend kräftiger aus-

Abb. 75.   Läuteinduktor.

gebildet. Sie bestehen aus 6 bis 12 starken Hufeisenmagneten, zwischen deren Polen sich der I-Anker dreht (s. Abb. 75). Da der Induktor Gleichstrom liefern soll, trägt seine Achse einen Stromwender (Kommutator) (Abb. 76). Die Achse ist in zwei voneinander isolierte Teile c_1 und c_2 geteilt. Der Teil c_1 steht mit dem einen Ende der Ankerwicklung, der Teil c_2 mit dem anderen Ende in Verbindung. Die Federn f_1 und f_2 nehmen den Strom ab. Während der einen Hälfte der Umdrehung fließt der Strom in der Ankerwicklung von c_1 nach c_2, also in der Außenleitung von f_2 nach f_1. Nach einer halben Umdrehung ändert sich die Stromrichtung in der Ankerwicklung, sie geht jetzt von c_2 nach c_1. Inzwischen ist aber auch der Teil c_2 vor die Feder f_1 und c_1 vor die Feder f_2 gelangt, so daß der Strom in der Außenleitung wieder von f_2 nach f_1 fließt. Der Strom in der Außenleitung ändert also seine Richtung nicht.

Jeder Induktor trägt ein oder zwei (nach Bedarf auch mehr) Drucktasten (in Abb. 75 vorn am Grundbrett sichtbar), mittels deren er in die von einer Station ausgehenden verschiedenen Läuteleitungen während des Drehens eingeschaltet wird.

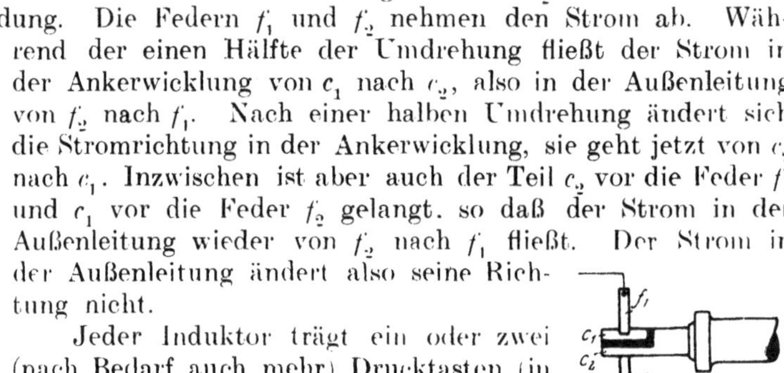

Abb. 76.   Stromwender für einen Gleichstrominduktor

Abb. 77.
Budenläutewerk

4. Verschiedene Bauformen der Läutewerke.

Abb. 77 zeigt die Unterbringung eines Läutewerks in einer besonderen sogenannten Glockenbude, auch Glockenhäuschen genannt, (Budenläutewerk). Solche findet man bei allen Schrankenposten. Zum Aufziehen des Werkes braucht die Tür nicht geöffnet zu werden, sondern die Kurbel wird durch ein in der Tür befindliches, mit einer kleinen Klappe verschließbares Loch auf die Achse der Seiltrommel gesteckt.

Auf Bahnsteigen, wo ein durchdringendes Signal nicht erwünscht ist. werden kleine Läutewerke verwendet. Sie heißen Bahnsteigläutewerke und werden auf Konsole gestellt, die an der Gebäudewand befestigt werden. Das Gewicht wird nicht mit einer Kurbel. sondern mit einer Kette aufgezogen.

Wo man das Läutesignal auch in Innenräumen hörbar machen will, werden ganz kleine Läutewerke angefertigt (Zimmerläutewerke), die entweder auch Gewichtsantrieb oder aber Federantrieb erhalten (Tischläutewerk. s. Abb. 78).

Abb. 78. Tischläutewerk.

C. Die Schaltungen der Läuteanlagen.

Neuerdings sind in der Regel besondere Läuteleitungen vorhanden. Diese sind eindrähtig. Es wird also Erde als Rückleitung benutzt. Sie führen von Zugmeldestelle zu Zugmeldestelle. Alle Läutewerke der betreffenden Strecke sind hintereinander geschaltet, so daß die Leitung nur auf den beiden Zugmeldestellen, die die Strecke begrenzen, zur Erde führt.

Die Zugmeldeleitung kann gleichzeitig als Läuteleitung benutzt werden[1]. doch empfiehlt sich dieses Verfahren nur auf Strecken mit geringem Verkehr. Der Ruhestrom der Morseapparate geht dann durch die Läutewerke hindurch, kann sie aber nicht auslösen, da er nur 15 bis 20 Milliampère aufweist, während die Läutewerke erst bei 60 Milliampère auslösen dürfen. Auf den Stationen geht die Leitung vom Blitzableiter erst über einen Ruhekontakt an der entsprechenden Taste des Läuteinduktors und dann weiter durch die Zugmeldewecker zur Erde (s. auch die Schaltung S. 342, Abb. 33). Beim Drücken der Taste wird der Ruhekontakt geöffnet und damit die Leitung von den Zugmeldeweckern abgeschaltet und über einen jetzt geschlossenen Arbeitskontakt an der Taste des Induktors unter dessen gleichzeitiger Einschaltung direkt an Erde gelegt. Auf den empfangenden Stationen geht der Läutestrom über die Zugmeldewecker zur Erde, also nicht über die Relaiswicklungen der Morsewerke, für die er infolge seiner Stärke gefährlich werden könnte, wobei vorausgesetzt ist, daß die Umschalter U_1 u. U_2 in Abb. 33 in der Ruhestellung (also rechts) liegen. Damit die Telegraphisten nach Abgabe einer Zugmeldung nicht vergessen können, die Umschalter in die Ruhestellung zu legen, werden die Schalter bei Benutzung der Zugmeldeleitung auch als Läuteleitung so ausgebildet, daß sie durch Fußtritt betätigt werden müssen und nach Loslassen von selbst in die Ruhestellung zurückkehren (ähnlich wie in Abb. 34 S. 343 angedeutet).

D. Hilfssignaleinrichtungen an Läutewerken.

Schon immer (z. B. bei Unfällen und anderen außergewöhnlichen Ereignissen) bestand das Bedürfnis, von der Strecke aus bestimmte Mitteilungen an die Stationen gelangen lassen zu können. Das Mittel. zu diesem Zwecke

[1] Früher war dies Verfahren allgemein üblich. Auf den Württb. Staatsbahnen ist es noch heute in Verwendung

in die Zugmeldeleitungen Morsetaster, feste oder in den Packwagen mit-
geführte tragbare Morsewerke einzuschalten, wurde früher vielfach angewendet. Hierbei ergab sich aber die Schwierigkeit, daß die Schrankenwärter, die Zugbeamten usw. häufig nicht genug Übung im Telegraphieren
besaßen, weil sie nur selten Gelegenheit dazu hatten. Darum hat man versucht, da, wo in den Zugmeldeleitungen auch die Läutewerke eingeschaltet
waren, diese zur Abgabe der Signale zu benutzen. Zu diesem Zwecke wurde
auf eine Achse des Uhrwerks der Läuteeinrichtung eine Scheibe gesteckt.
auf deren Umfang ein Schleiffederkontakt auflag. Die Scheibe besaß Zähne.
die in abgekürzter Morseschrift die Nummer des Wärterpostens und ein bestimmtes Signal darstellten (z. B. — - - —, der Zug ist entgleist, - — — -.
es soll ein Zug zum Abholen gesandt werden u. a.). Wurde mittels eines
besonderen Druckknopfes das Läutewerk ausgelöst, so konnte infolge der am
Schleiffederkontakt durch die Zwischenräume der Zähne entstehenden Stromunterbrechungen mit dem Morseapparat der Nachbarstation das betreffende
Zeichen aufgenommen werden. Da aber diese Einrichtung naturgemäß nur
selten benutzt wurde, so machte sich auch hier der Mangel an Übung bei
den Wärtern störend bemerkbar. Durch Einführung des Streckenfernsprechers
sind die hier kurz geschilderten Hilfssignaleinrichtungen überflüssig geworden,
so daß sich ein näheres Eingehen hierauf erübrigt.

E. Selbsttätige Warnungsläutewerke.

Auf Bahnen, auf denen die Überwege nicht bewacht sind, wird den der
Bahn nahenden Fußgängern, Fuhrwerksführern usw. von der Lokomotive
eines herannahenden Zuges aus durch Läute- oder Pfeifsignale Kenntnis ge-
gegeben, daß sich ein Zug dem Überwege nähert. Sind die kreuzenden Wege
von der Lokomotive aus schlecht zu übersehen, oder verhindern örtliche Verhältnisse, daß die Lokomotivsignale weit genug gehört werden können, so
müssen andere Vorkehrungen getroffen werden, um die auf dem Überweg
Verkehrenden rechtzeitig zu warnen. Man benutzt dann Läutewerke, die
unmittelbar neben dem Überweg aufgestellt und von dem herannahenden
Zuge durch Befahren eines Kontaktes selbsttätig ausgelöst werden. Da sich
solche Anlagen meist auf eingleisigen Bahnen befinden, so muß dafür gesorgt
werden, daß nur der sich dem Überweg nähernde Zug das Läutewerk in
Tätigkeit setzt und es nicht nach Befahren des Überweges noch einmal ausgelöst wird, da dadurch das Vertrauen des Publikums zu der Einrichtung
untergraben würde.

Abb. 79 zeigt den Grundgedanken einer selbsttätigen Läutewerksanlage
von S. & H. Auf einer Welle, die durch das Gewicht G gedreht werden kann,
befinden sich drei Scheiben R_1, R_2 und R_3. R_1 und R_2 sind isoliert auf
die Welle aufgesetzt. Sie besitzen je einen Stromschlußzylinder, auf denen
die Schleiffedern f_1 und f_2 entlang schleifen. S_1, S_2 und S_3 sind drei Stromschließer, die von dem fahrenden Zuge betätigt werden[1]). Befährt ein von
A kommender Zug den Schienenstromschließer S_1, so fließt ein Strom von
der Erde über die Batterie B, Leitung 3, Elektromagnet m, Leitung 2,
Schleiffeder f_1, Scheibe R_1, Wulst w_1 derselben, Stromschließer k_1. Leitung 1,
Schienenstromschließer S_1, und über das Gleis zur Erde. Der Magnet m
zieht seinen Anker a an. Dadurch wird der Sperrhaken h hochgehoben.
Scheibe R_3 wird frei. Gewicht G dreht die Welle. Der Strom wird bei
k_1 unterbrochen. Die Feder reißt den Anker a wieder ab und Rad R_3

---

[1]) Näheres über Schienenstromschließer s. im Hauptteil dieses Buches, S. 202.

fängt sich wieder an seinem zweiten Zahn z_2. Inzwischen ist aber der Wulst w_2 an der Scheibe R_2 mit dem Stromschließer k_4 in Berührung gekommen. Es fließt jetzt ein Strom von der Erde über Batterie B, Leitung 3, Schleiffeder f_2, Scheibe R_2, Wulst w_2, Stromschließer k_4, Leitung 4 und das Läutewerk L zur Erde. Dieses wird also ausgelöst und läutet so lange, bis der Zug am Überweg ankommt und den Schienen-

Abb. 79. Schaltung eines selbsttätigen Warnungsläute-
werks.

stromschließer S_2 befährt. Jetzt fließt ein Strom von der Erde über Batterie B, Leitung 3, Magnet m, Leitung 2, Feder f_1, Scheibe R_1, Wulst w_1 (der jetzt mit Stromschließer k_2 in Berührung steht), k_2, Leitung 5, Schienenstromschließer S_2 und das Gleis zur Erde. Der Magnet zieht seinen Anker an. Dieser gibt die Scheibe R_3 wieder frei. Die Welle dreht sich weiter. Es tritt Stromunterbrechung ein sowohl bei k_4 wie auch bei k_2. Das Läute-werk wird also nicht mehr ausgelöst, das Läu-ten hört auf, Der Anker a wird abgerissen. Rad R_3 fängt sich am Zahn z_3. Befährt nun der Zug den dritten Schienenkontakt S_3. so fließt ein Strom von der Erde über Bat-terie B, Leitung 3, Magnet m, Leitung 2, Feder f_1, Scheibe R_1, Wulst w_1, Stromschließer k_3 (der jetzt in Berührung mit w_1 steht), Leitung 1, Strom-schließer S_3 und das Gleis zur Erde. Scheibe R_3 wird wieder frei und die Welle dreht sich nun ganz herum. bis sich Scheibe R_3 wieder am Zahn z_1 fängt. Die Zeitdauer dieser Drehung ist so abgepaßt, daß der Zug den Strom-schließer S_3 inzwischen mit seiner ganzen Länge überfahren hat. Ein Aus-lösen des Läutewerkes hat durch S_3 nicht stattgefunden. Die Grundstellung ist wieder hergestellt. Der ganze Vorgang wiederholt sich jetzt beim nächsten Zuge. ganz gleich, ob dieser zuerst den Schienenstromschließer S_1 oder S_3 befährt. Das Schaltwerk ist auf der dem Überweg am nächsten liegenden Station aufgestellt. Um auf der Station das Läuten überwachen zu können. befindet sich dort ein Einschlagwecker[1]), der in die Leitung 4 eingeschaltet ist. In dieser liegt am Läutewerk ein Stromunterbrecher, der vom Hammerzug des Läutewerks betätigt wird. Der Wecker schlägt also bei jedem Schlage des Läutewerkes gleichfalls einmal an.

Dort wo das Aufziehen des Streckenläutewerkes durch einen etwa in der Nähe befindlichen Posten oder durch den Streckenläufer nicht ausreicht, wird in das Läutewerk ein selbsttätiger Gewichtsaufzug mit Kohlensäure-antrieb eingebaut. Hierbei zieht das Gewicht beim Ablaufen in einem Zylinder einen Kolben in die Höhe, der in seiner höchsten Lage ein Ventil öffnet, das aus einer Kohlensäureflasche mit etwa 50 Atm. durch einen Druck-verminderer Kohlensäure mit etwa 3 Atm. Druck über den Kolben strömen läßt. Der Kolben wird nach unten gedrückt und das Gewicht dadurch wieder hochgezogen. In seiner tiefsten Lage schließt der Kolben das Ventil wieder, sperrt die Kohlensäure ab und verbindet den Raum über dem Kolben mit der freien Luft. Ist der Druck in der Kohlensäureflasche auf ein be-

---

[1]) Ein Einschlagwecker ist ähnlich eingerichtet wie der S. 357 Abb. 43 geschilderte Rasselwecker, nur fehlt die Selbstunterbrechungseinrichtung. Ein solcher Wecker gibt also bei jedem Stromschluß nur einen Schlag.

stimmtes Maß gesunken, so schließt der Zeiger des Druckmessers einen elektrischen Strom, der auf der Station eine Klingel in Bewegung setzt, so an die Auswechslung der Kohlensäureflasche erinnernd.

Es haben auch selbsttätige Warnungsläutewerke ohne Gewichtsaufzug Verwendung gefunden. So das Pausenläutewerk nach Hattemer, bei dem den Nordpolen dreier feststehenden nebeneinander angebrachten Elektromagnete die Südpole dreier um eine gemeinsame Achse drehbar angeordneten Magnete gegenüberstehen. Die drehbaren Magnete tragen in der Verlängerung ihrer Kerne einen gemeinsamen Klöppel. Werden die festen Magnete erregt, so werden die beweglichen Magnete angezogen. Diese bewegen ihren Glockenklöppel und führen dadurch gleichzeitig eine Stromunterbrechung herbei. Sie fallen daher wieder ab, schließen den Strom wieder usf. Durch einen etwa 500 m vor dem Überweg angebrachten Schienenstromschließer wird ein Relais betätigt, durch das der durch die festen Magnete führende Stromkreis geschlossen wird. Durch Befahren eines zweiten unmittelbar vor dem Überweg liegenden Schienenstromschließers wird der Stromkreis wieder unterbrochen. Ferner ist zu nennen das Läutewerk mit Magnetschaltvorrichtung nach Fricke, das ähnlich wie ein Wechselstromwecker wirkt, und das Motorläutewerk von S. & H. Bei diesem wird das Läutewerk nicht durch ein Gewicht, sondern durch einen kleinen Elektromotor angetrieben. Alle diese Werke brauchen eine ziemlich starke Stromquelle. deren Unterhaltung und Aufladung (bei Sammlern) Schwierigkeiten macht. S. & H. haben auch ein selbsttätiges Läutewerk gebaut, bei dem der Glockenklöppel unmittelbar mit Kohlensäure angetrieben wird ohne Vermittlung eines Gewichtsgetriebes.

Statt des Schaltwerkes können auch Schienenstromschließer mit einseitiger Wirkung Verwendung finden. die nur bei Befahren in einer Richtung ansprechen, so z. B. der einseitig wirkende Schienenstromschließer nach Hattemer von E. Lorenz (Berlin)[1]).

IV. Einrichtungen zur Überwachung der Fahrgeschwindigkeiten.

A. Zweck und Grundgedanke der Einrichtungen.

Besondere Gefahrstellen (starke Gefälle. Krümmungen, längere Brücken u. a.) dürfen, ohne die fahrenden Züge oder die Anlagen zu gefährden, nur mit bestimmter Geschwindigkeit befahren werden, die von der Aufsichtsbehörde festgesetzt wird. Um die Befolgung dieser Bestimmungen zu sichern, werden elektrische Einrichtungen benutzt, die die Geschwindigkeit der Züge selbsttätig aufschreiben.

Abb. 80 zeigt den Grundgedanken einer solchen Anlage. In die zu überwachende Strecke werden in gleichen Abständen Schienenstromschließer S_1. S_2, S_3, S_4 eingebaut, bei deren Befahren eine

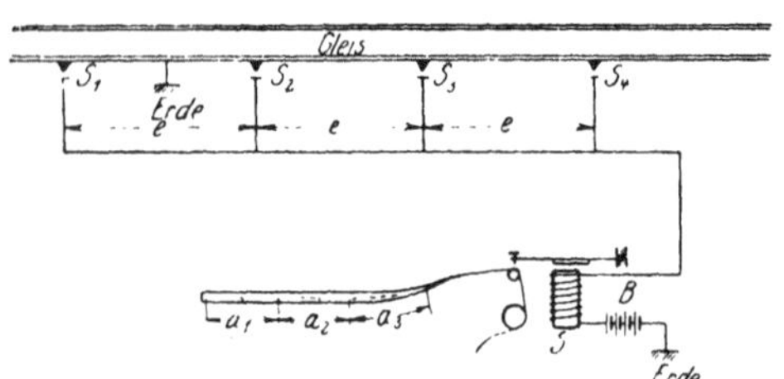

Abb. 80. Grundgedanke einer Anlage für Geschwindigkeitsüberwachung.

Batterie B ein Schreibwerk S in Tätigkeit setzt, das ähnlich wie ein Morsewerk eingerichtet ist. Batterie und Schreibwerk sind im Stellwerk oder Fahrdienst-

---

[1]) Näheres über derartige Einrichtungen s. Scheibner. § 46 und 47.

leiterraum der nächstliegenden Station oder in einem anderen zur Beobachtung geeigneten Gebäude aufgestellt. Das den Papierstreifen in Bewegung setzende Werk ist mit einer richtiggehenden Uhr verbunden, so daß der Papierstreifen mit einer genau bekannten Geschwindigkeit abläuft. Ein den Stromschließer S_1 befahrender Zug erzeugt demnach auf dem Papierstreifen einen fortlaufenden Strich (oder eine ununterbrochene Folge von Punkten). Beim Befahren des zweiten Stromschließers S_2 entsteht ein ebensolcher zweiter Strich auf dem Streifen. Der Abstand a_1 der Anfänge dieser beiden Striche ist um so größer, je langsamer der Zug gefahren ist. Ist v die Geschwindigkeit des ablaufenden Papierstreifens in Millimeter in der Minute, V die Geschwindigkeit des fahrenden Zuges in Kilometer in der Stunde, e der Abstand zweier Schienenstromschließer in Kilometer, a der Abstand zweier Strichanfänge in Millimeter, so läßt sich leicht die Beziehung ableiten:

$$V = \frac{v \cdot e}{a} \cdot 60 .$$

Da v und e für eine fertige Anlage unveränderlich sind, so läßt sich ein Maßstab herstellen, mit dem man durch Abmessen der Abstände a_1, a_2, a_3 usw. auf dem Papierstreifen die zugehörigen Zuggeschwindigkeiten V_1, V_2, V_3 usw. unmittelbar ablesen kann.

B. Die verschiedenen Bauarten.

1. Schreibwerk von Hipp.

Abb. 81 stellt das Schreibwerk für Fahrgeschwindigkeitsüberwachung von Hipp dar. Die eigentliche Schreibvorrichtung ist einem Morsewerk nachgebildet und aus der Abbildung daher ohne weiteres verständlich. Um zu bewirken, daß das den Papierstreifen bewegende Uhrwerk[1]) gleichmäßig und der wirklichen Zeit entsprechend arbeitet, wird folgende Einrichtung getroffen. Das Uhrpendel P bewegt mittels Hebelübertragung eine Stange A auf und nieder, die ihrerseits auf einen um e drehbaren Hebel H wirkt. Hierbei wird der zweiarmige Hebel b abwechselnd von dem am Hebel H befestigten Stift J freigegeben oder festgehalten. Da der Hebel b auf einer Achse des den Papierstreifen zum Ablaufen bringenden Uhrwerks sitzt, so wird auf diese Weise der Gang dieses Uhrwerks durch die Penduluhr geregelt. Die Penduluhr selbst besitzt kein Gewichts- oder Federgetriebe, das Pendel wird vielmehr in folgender Weise elektrisch angetrieben und bewegt unmittelbar das Zeigerwerk. An einer Stahlfeder f ist pendelnd ein Messerchen m befestigt. Schlägt das Pendel P in seinen Endlagen weit genug aus, so gleitet das Messerchen stets über den Ansatz a des Pendels P hinweg und pendelt beim Rückgang des Pendels mit in seine andere Endlage, hier wieder über a hinweggleitend. Schlägt das Pendel aber nicht mehr weit genug aus, so kann das Messerchen m nicht über a hinweggleiten. Beim Rückgang des Pendels stemmt sich m gegen a. Dadurch wird die Feder f gegen den Stromschließer k gedrückt. Die Batterie B_2 entsendet einen Strom durch den Elektromagneten E, der nunmehr durch Anziehen des am Pendel befestigten Ankers g dem Pendel einen neuen Anstoß erteilt.

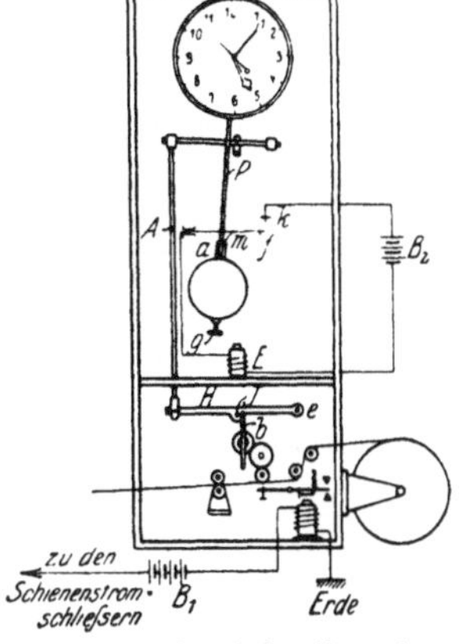

Abb. 81. Schreibwerk für Geschwindigkeitsüberwachung von Hipp.

---

2. Überwachungswerk mit Stahlmesserschreibhebel von S. & H.

Abb. 82 zeigt ein Überwachungswerk von S. & H. mit Stahlmesserschreibhebel.

Die Papierstreifen sind gelocht. Die den Papierstreifen bewegende Scheibe besitzt Stifte, die in die Löcher des Papierstreifens eingreifen. So wird der Papierstreifen zwangsweise bewegt. Rutschen und Gleiten des Papierstreifens auf den Führungsrollen ist ausgeschlossen. Auf dem Papierstreifen sind die Uhrstunden und Minuten aufgedruckt. Der Abstand zweier Löcher entspricht der Zeitdauer einer halben Minute. Der Streifen läuft so über die Scheibe, daß er auf ihrem höchsten Punkt immer die Zeit angibt, die auch die Uhr zeigt. Über dem höchsten Punkte der Scheibe befindet sich auch der Schreibstift des Schreibhebels, der aber bei dieser Bauart aus einem kleinen Stahlmesser besteht, das deutliche Zeichen in den Papierstreifen schlägt. Abb. 82a zeigt

Abb. 82. Geschwindigkeitsüberwachung von S. & H.

ein Stück eines Papierstreifens. Um 4 Uhr 2 Min. hat ein Zug den ersten, um 4 Uhr 3 Min. den zweiten Schienenstromschließer befahren.

Neuerdings werden statt des Stahlmesserchens Lochstempel verwendet, die Löcher in die Papierstreifen schlagen. Mittels eines Relais kann die Schaltung so getroffen werden, daß beim Befahren jedes Schienenstromschließers nur ein Loch geschlagen wird.

Die geschilderten Einrichtungen haben den Nachteil, daß man den Papierstreifen sehr schnell ablaufen lassen muß, wenn man zwischen den einzelnen Marken einen deutlich meßbaren Abstand erzielen will, oder daß man den Abstand der Schienenstromschließer sehr groß (meist 1000 m) nehmen muß. Im ersteren Falle erhält man täglich einen außerordentlich langen Papierstreifen, dessen Durchsicht

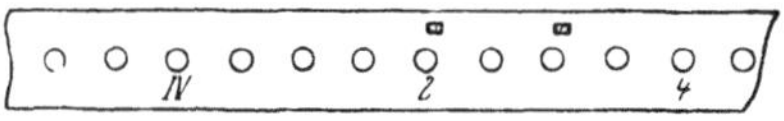

Abb. 82a. Papierstreifen für Geschwindigkeitsüberwachung von S. & H.

sehr umständlich ist. Im letzteren Falle mißt man nur die Durchschnittsgeschwindigkeit auf der eingegrenzten Strecke, während der Lokomotivführer an den einzelnen Punkten der Strecke sehr verschieden schnell gefahren sein kann. Ordnet man die Schienenstromschließer in einem Abstand von 1000 m an, so genügt eine Ablaufgeschwindigkeit des Papierstreifens von 12 mm in der Minute, verringert man den Abstand auf 500 m, so muß die Ablaufgeschwindigkeit auf 24 mm in der Minute erhöht werden, um noch meßbare Zeichenabstände auf dem Streifen zu erhalten. Dementsprechend ist täglich ein Papierstreifen von 17,28 bzw. 34,56 m durchzusehen. Diese Nachteile vermeidet die im folgenden Abschnitt geschilderte Einrichtung.

3. Überwachungswerk für Fahrgeschwindigkeiten mit Halbsekundenpendel von S. & H.

Bei diesen Werken wird zum Unterschied gegen die bisher geschilderten nur die Zeit gemessen, die der Zug braucht, um von einem Schienenstromschließer bis zu einem zweiten zu gelangen, und zwar wird diese Zeit nicht in der Richtung des ablaufenden Papierstreifens, sondern senkrecht dazu aufgeschrieben. Jeder Zug erzeugt einen zur Bewegungsrichtung des Papierstreifens senkrechten Strich, dessen Länge ein Maß für die Zuggeschwindigkeit darstellt. Der Abstand zweier Striche voneinander entspricht der Zugfolge. Der Streifen braucht sich daher nur mit einer so großen Geschwindigkeit zu bewegen, daß die von aufeinanderfolgenden Zügen herrührenden Striche einen deutlichen Abstand erhalten. Hierfür genügt eine Geschwindigkeit von 0,5 mm in der Minute, wodurch eine Papierstreifenlänge von 0,72 m für einen Tag ausreicht.

Abb. 83 zeigt ein solches Überwachungswerk Der Papierstreifen ist um eine Trommel T einmal herumgelegt, die von dem Uhrwerk U angetrieben wird. Er ist der Länge nach in 24 Teile geteilt, die den 24 Stunden des Tages entsprechen. In der Höhe enthält er 10 Teilstriche, die jeder den Zeitraum einer Sekunde darstellen. Im Ruhezustand gleitet auf der Nullinie

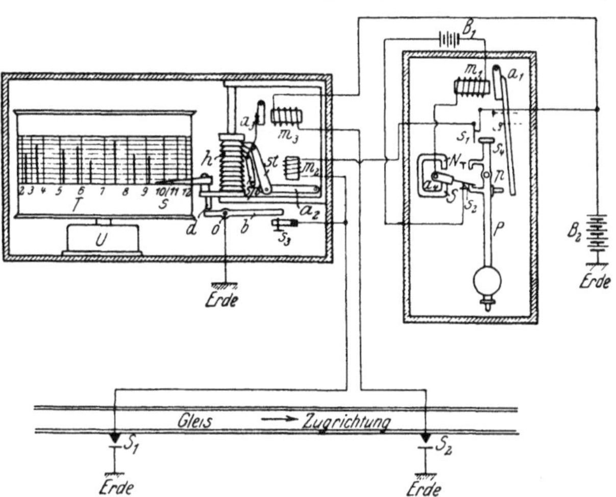

Abb. 83. Überwachungswerk für Fahrgeschwindigkeiten mit Halbsekundenpendel von S. & H.

des sich drehenden Papierstreifens ein am Schreibarm s angebrachter Schreibstift entlang, der auf dem Papierstreifen die Tageszeit angibt. Der Schreibarm s ist mit einer gezahnten Hülse h, die auf einer Stange auf- und abgleiten kann, in starre Verbindung gebracht.

P ist ein Halbsekundenpendel, das um p alle halben Sekunden einmal hin- und herschwingt und dabei stets einmal den Stromschließer s_1 öffnet. Angetrieben wird das Pendel durch den Antriebanker a_1 des Elektromagneten m_1. Schwingt das Pendel in der gezeichneten Lage nach links, so öffnet es den Stromschließer s_2. Der zwischen den Polen N und S eines permanenten Stahlmagneten pendelnde Anker a_4 legt sich gegen den Nordpol und wird von diesem festgehalten. Beim Ausschlagen nach rechts stößt das Pendel den Anker a_4 wieder nach unten und gegen den Südpol. Stromschließer s_2 wird geschlossen und der Elektromagnet m_1 erregt. Er zieht den Anker a_1 an und erteilt dadurch dem Pendel einen neuen Anstoß.

Befährt ein Zug den Schienenstromschließer S_1, so entsteht folgender Stromlauf: Erde, S_1, Elektromagnet m_2, Stromschließer s_1, Batterie B_2, Erde. m_2 zieht seinen Anker a_2 an, der mittels des Stößers st die gezahnte Hülse h anhebt. Infolge Hochgehens der Hülse h gibt der Ansatz d den um o drehbaren Hebel b frei, der sich mit seinem langen Arm auf den Stromschließer s_3 legt. Dadurch wird eine zum Schienenstromschließer S_1 parallel liegende Erdverbindung hergestellt, so daß der Strom jetzt unabhängig von S_1 fließen kann. Das Halbsekundenpendel öffnet nun alle halben Sekunden den Stromschließer s_1. Der Strom wird unterbrochen. Anker a_2 mit Stößer st fällt ab, die Hülse aber wird durch die Sperrklinke sp in der gehobenen Lage gehalten. Stromschließer s_1 schließt sich wieder, Anker a_2 wird wieder angezogen, die Hülse h weiter gehoben usf. Hierbei beschreibt der Schreibstift des Schreibarms s auf dem Papierstreifen eine Kurve, die aber infolge der langsamen Drehung der Trommel (eine Umdrehung in 24 Stunden) als senkrechter gerader Strich erscheint. Befährt der Zug jetzt den Stromschließer S_2, so zieht der Elektromagnet m_3 seinen Anker a_3 an, der sowohl den Stößer st wie auch die Sperrklinke sp von der Hülse abhebt. Die Hülse fällt mit dem Schreibarm nach unten und öffnet mittels des Ansatzes d den Stromschließer s_3, wodurch der Ruhezustand wieder hergestellt ist. Auf dem Papierstreifen bedeutet also jeder senkrechte Strich eine Zugfahrt von S_1 nach S_2. Die Länge dieser Striche ergibt in Sekunden die Zeit, die der Zug von einem Schienenstromschließer bis zum andern gebraucht hat, und, da der Abstand der Schienenstromschließer bekannt ist, die Geschwindigkeit des Zuges. Nach Abnehmen des Streifens, der täglich erneuert wird, lassen sich also die erforderlichen Feststellungen sehr leicht durchführen.

Der Abstand zweier zsammenarbeitender Schienenstromschließer kann jetzt so klein gewählt werden, daß die Höchstgeschwindigkeit auf der durchfahrenen Strecke die Durchschnittsgeschwindigkeit nicht übersteigen kann. Soll die Geschwindigkeit auf einer längeren Strecke überwacht werden, so können mehrere Überwachungswerke für einzelne Teilstrecken aufgestellt werden. Für jedes Überwachungswerk müssen immer zwei Schienenstromschließer paarweise zusammen wirken.

Bei einer Fahrzeit von 8 Sekunden zwischen den Schienenstromschließern erhält man eine

Stundengeschwindigkeit von	bei einer Entfernung der Schienenstromschließer von
km	m
10	22,22
20	44,44
40	88,88
60	133,33

Soll die Geschwindigkeit in beiden Fahrrichtungen überwacht werden, so erhalten die Überwachungswerke für zweigleisige Bahnen zwei solcher Vorrichtungen, die aber von nur einem Sekundenpendel angetrieben werden, das dann dem Stromschließer s_1 gegenüber auch einen Stromschließer s_4 betätigt. Die Aufschreibevorrichtungen sitzen untereinander. Die Aufschreibungen erfolgen auf einem auf einer gemeinsamen Trommel sitzenden Papierstreifen, der zwei Einteilungen untereinander erhält.

Bei eingleisigen Strecken liegen außerdem vor den Schienenstromschließern S_1 und S_2 noch je ein Stromschließer in einem Abstande von mehr als Zuglänge, die ein Relais betätigen, das die Überwachungsvorrichtung der einen oder anderen Richtung anschaltet.

V. Die Zählwecker.

Wie in dem Hauptteil dieses Werkes bereits dargelegt, hängt die Sicherheit des Eisenbahnbetriebes wesentlich davon ab, daß die Stellung der Signale rechtzeitig von den Lokomotivführern erkannt und beachtet wird. Versuche, das Überfahren von Haltsignalen durch auf die Lokomotive selbsttätig einwirkende Anlagen zu verhindern, sind schon wiederholt ausgeführt worden.[1] Doch sind derartige Einrichtungen bisher nur ausnahmsweise, bei den deutschen Reichseisenbahnen noch gar nicht, zur praktischen Verwendung gelangt.[2] Indes wird bei den letzteren vielfach eine Einrichtung benutzt, die dem das Signal bedienenden Stellwerkswärter und dem zuständigen Fahrdienstleiter das vorschriftswidrige Überfahren eines auf Halt stehenden Hauptsignals durch Ertönen eines Weckers sofort anzeigt und außerdem mittels eines Zählwerks diese Fälle festlegt. Die beteiligten Beamten sind so gezwungen, jedes derartige Überfahren von Haltsignalen zur Anzeige zu bringen und rechtzeitig die erforderlichen Feststellungen zu machen. Eine solche Anlage wird Zählwecker genannt. Der Zählwecker befindet sich im Stellwerksraum. Auf der Strecke ist kurz (rd. 1 m) hinter dem zu überwachenden Signal ein Schienenstromschließer angebracht, und zwar innerhalb einer isolierten Schienenstrecke, die länger ist als der größte vorkommende Abstand zweier Fahrzeugachsen, so daß beim Fahren eines Zuges über die isolierte Strecke sich immer ein Rad auf der isolierten Schiene befinden muß. Am Signal ist ein Flügelstromschließer angebaut, der derart mit dem Signalflügel verbunden ist, daß er bei auf Halt stehendem Signal geschlossen ist, aber geöffnet wird, sowie sich der Flügel um mehr als 10° aus der Haltlage in die Fahrtlage bewegt hat. Befährt die erste Achse eines Zuges bei auf Halt stehendem Signal den Schienenstromschließer, so entsteht ein Stromschluß, durch den der Elektromagnet des Zählweckers erregt wird. Der Elektromagnet zieht also seinen Anker an. Dadurch wird der Zähler betätigt und zwar so,

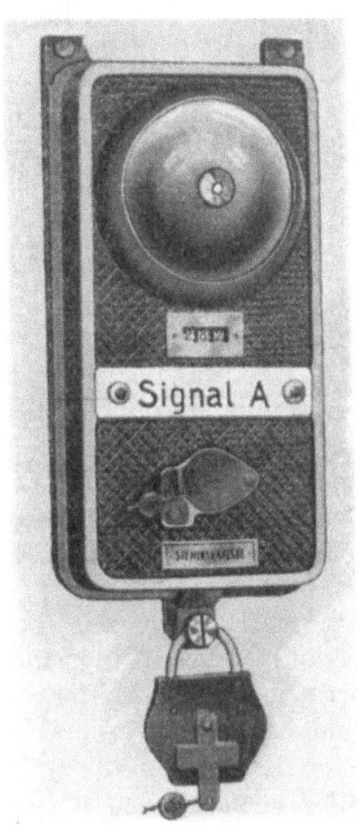

Abb. 84. Äußere Ansicht eines Zählweckers.

daß sich die nächste Zahl zunächst nur zur Hälfte ihrer endgültigen Lage einstellt. Gleichzeitig werden zwei vom Anker betätigte Stromschließer geschlossen. Hierdurch entstehen zwei elektrische Ströme, die je einen im Stellwerk und im Fahrdienstleiterraum angebrachten Wecker zum Ertönen bringen und außerdem die Anlage unmittelbar an Erde legen, so daß der Anker angezogen bleibt und die Wecker ertönen unabhängig von dem weiteren Befahren des Schienenstromschließers.

Um den Ruhezustand wieder herzustellen, muß ein durch ein Bleisiegel festgelegter Druckknopf gedrückt werden. Dadurch wird ein Stromschließer geöffnet. Der Magnet läßt seinen Anker abfallen, wodurch die bisher nur halbeingerückte Zahl am Zähler ganz in die Erscheinung tritt. Die Wecker ertönen indessen so lange weiter, bis der Druckknopf wieder in seine Anfangsstellung und damit das ganze Werk in seine Ruhelage gelangt ist.

---

[1] Näheres s. S. 312 ff.
[2] Neuerdings gelangen sie in Frankreich in großem Umfange zur Anwendung.

Steht das Signal bei Befahren des Schienenstromschließers auf Fahrt, so kann der zu Anfang geschilderte Stromlauf nicht zustande kommen, weil der Signalflügelstromschließer geöffnet ist. Würde nun aber der Stellwerkswärter das Signal auf Halt stellen, ehe der Zug ganz an diesem vorüber ist, so würde der Schienenstromschließer doch noch betätigt und das Anziehen des Elektromagneten bewirkt werden. Das Werk würde also ein Überfahren des Haltesignals anzeigen, ohne daß ein solches stattgefunden hat. Um dies zu verhindern, ist die bereits erwähnte isolierte Schiene mit einem Magnetschalterwerk und einem am Signalhebel angebrachten nur bei Fahrtstellung des Hebels geschlossenen Kontakt derartig verbunden, daß beim Befahren des Schienenstromschließers durch die erste Zugachse bei auf Fahrt stehendem Signal der Zählwecker abgeschaltet wird und so lange abgeschaltet bleibt, bis die letzte Zugachse die isolierte Schiene verlassen hat, ganz gleich, ob das Signal inzwischen in die Haltstellung gebracht wurde oder nicht.[1]

Abb. 84 zeigt das Äußere eines Zählweckers. Er ist durch ein Vorhangschloß gegen unbefugte Eingriffe gesichert.

VI. Elektrische Gleismelder.

A. Allgemeines.

Der Rangierleiter muß die Weichensteller schnell und sicher darüber verständigen können, in welche Gleise die ablaufenden oder zu verschiebenden Wagen zu lenken sind. Hierzu wurde früher ausschließlich der einfache Zuruf benutzt. Daß dieses Verfahren auf größere Entfernungen, namentlich von den Ablaufbergen großer Verschiebebahnhöfe aus, nicht mehr ausreichend ist, leuchtet ohne weiteres ein. Die Verwendung lauttönender Fernsprecher, die in den Stellwerken angebracht werden, kann hier Abhilfe schaffen. Auch hat man Maste mit beweglichen Flügeln zum Anzeigen der Gleisnummern benutzt. Ferner kann man zur Benachrichtigung des Weichenstellers am Standorte des Rangierleiters sogenannte Rangiertrommeln aufstellen, die vieleckig sind und auf ihrem Umfange in großen Zahlen die Gleisnummern tragen. oder es werden über zwei Trommeln laufende endlose Bänder benutzt, die die Gleisnummern in weithin sichtbaren Zahlen tragen. Durch Drehen der Trommeln kann man hinter einem rechteckigen Ausschnitt eines turmartigen Häuschens die in Frage kommenden Gleisnummern erscheinen lassen. Die Bänder sind durchscheinend, so daß die Zahlen bei Dunkelheit von innen beleuchtet werden können. Diesen Einrichtungen haftet der Nachteil an. daß ihre Erkennbarkeit namentlich bei unsichtigem Wetter beschränkt ist. Ein weiteres Mittel zur Benachrichtigung des Weichenstellers besteht darin, die Gleisnummer an die Pufferfläche der abrollenden Wagen mit Kreide anzuschreiben. Sind die Pufferflächen infolge Regenwetters naß, so ist das deutliche Anschreiben der Zahlen sehr schwierig. Unsichtiges Wetter erschwert hier ebenfalls die Erkennbarkeit. Auch Korbscheiben, die die Gleisnummern tragen und an die Puffer der abrollenden Wagen gehängt werden, finden Verwendung. Hierbei entsteht indes die Notwendigkeit, die Scheiben wieder von den Wagen abzunehmen und zum Ablaufberg zurückzutragen.

Bei einem außerdem üblichen Verfahren wird für jeden Zug vor seinem Ablaufen ein Zettel mit mehreren Durchschriften niedergeschrieben, aus welchem zu ersehen ist, daß die erste Wagengruppe nach dem, die zweite nach dem Gleis usf. ablaufen soll. Je eine Durchschrift erhalten die in

---

[1] Näheres s. Gollmer S. 360 ff. u. Stellwerk, 1911, S. 137 ff.

Frage kommenden Weichensteller und Hemmschuhleger. Das Verfahren ist zuverlässig und hat sich durchaus bewährt.

Etwas ausführlicher muß hier auf die Gleismelderanlagen eingegangen werden, bei denen die Anzeigevorrichtungen (Empfänger) in jedem einzelnen Stellwerk unmittelbar vor den Augen des Weichenstellers angebracht sind, während sie gleichzeitig von einem beim Rangierleiter aufgestellten Geber aus betätigt werden, und die daher als Fernmeldeanlagen angesprochen werden müssen. Hierzu gehören auch die Fallklappentafeln in ähnlicher Ausführung, wie man sie bei Hausklingelanlagen benutzt. Wegen der erforderlichen Rückstellung der Klappen durch den Weichensteller eignen sie sich nur für kleinere Anlagen. Für große Anlagen werden sie infolge der großen Zahl der Zuführungsadern auch sehr kostspielig.

Es sind von vielen Werken elektrische Gleismelder gebaut worden, die die geschilderten Übelstände vermeiden. Sie sind ähnlich gebaut wie die elektrischen Befehlsübertrager, die die Kommandobrücken großer Schiffe mit den Maschinenräumen verbinden. Im folgenden sollen aus der großen Zahl der vorliegenden Bauarten nur einige kurz erläutert werden.

B. Verschiedene Bauarten der elektrischen Gleismelder.

1. Der Sechsrollenmotor von S. & H.

Er wird durch Gleichstrom angetrieben. Abb. 85 gibt eine grundsätzliche Darstellung. Geber wie Empfänger besitzen je einen Sechsrollenmotor M. Im Kreise herum sind sechs einspulige Elektromagneten m_1 bis m_6 angeordnet, deren Polschuhe sämtlich radial nach innen zeigen. Zwischen den Polschuhen ist drehbar um e der Anker a aus weichem Eisen gelagert. Je zwei gegenüberliegende Elektromagneten (z. B. m_1 und m_4) sind so hintereinandergeschaltet, daß ihre sich gegenüberstehenden Polschuhe entgegengesetzte Pole bilden.

Am Geber befindet sich ein Kurbelumschalter U. In der gezeichneten Lage fließt ein Strom aus der Batterie B über Leitung 5, Wecker K_1, Achse des Kurbelumschalters, Stromschließer k_1 Elektromagnet m_4 und m_1 des Gebers, Leitung 6, Leitung 3, Elektromagnet m_4 und m_1 des Empfängers, Leitung 7, Wecker K_2 zurück zur Batterie B. Die Anker a werden also durch die Elektromagneten m_1 und m_4 in der gezeichneten Lage festgehalten. Wird jetzt der

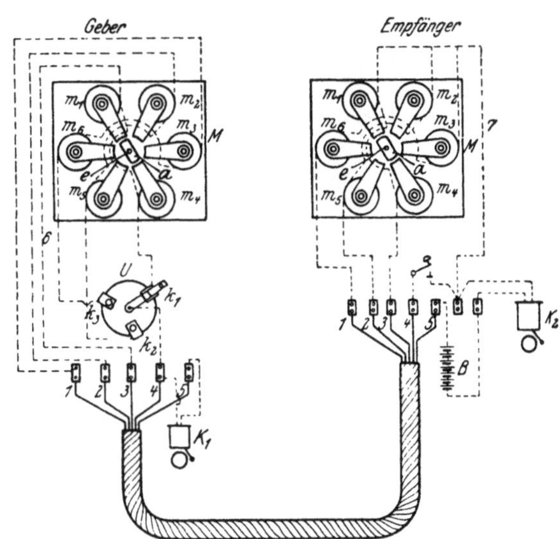

Abb. 85. Schaltung des Sechsrollenmotors von S. & H.

Kurbelumschalter gedreht, so kommt er über den Stromschließer k_2. Jetzt geht der Strom statt durch die Elektromagnete m_4 und m_1, durch m_5 und m_2. Die Anker von Geber und Empfänger stellen sich daher in die Richtung der Polschuhe von m_5 und m_2. Daraus ergibt sich, daß sich beim Drehen der Kurbel des Umschalters U auch beide Anker gleichmäßig drehen. Diese

Drehung wird durch eine Schnecken- und Zahnradübersetzung auf je einen
Zeiger des Gebers und Empfängers übertragen[1]), der über einer kreisförmigen
Einteilung läuft, die die Gleisnummern enthält (s. Abb. 86). Einem ein-
maligen Umlauf des Zeigers entspricht also ein mehrmaliger Umlauf des Motor-
ankers. Kommt der Kurbelumschalter zum Stillstand, so zeigen beide Zeiger

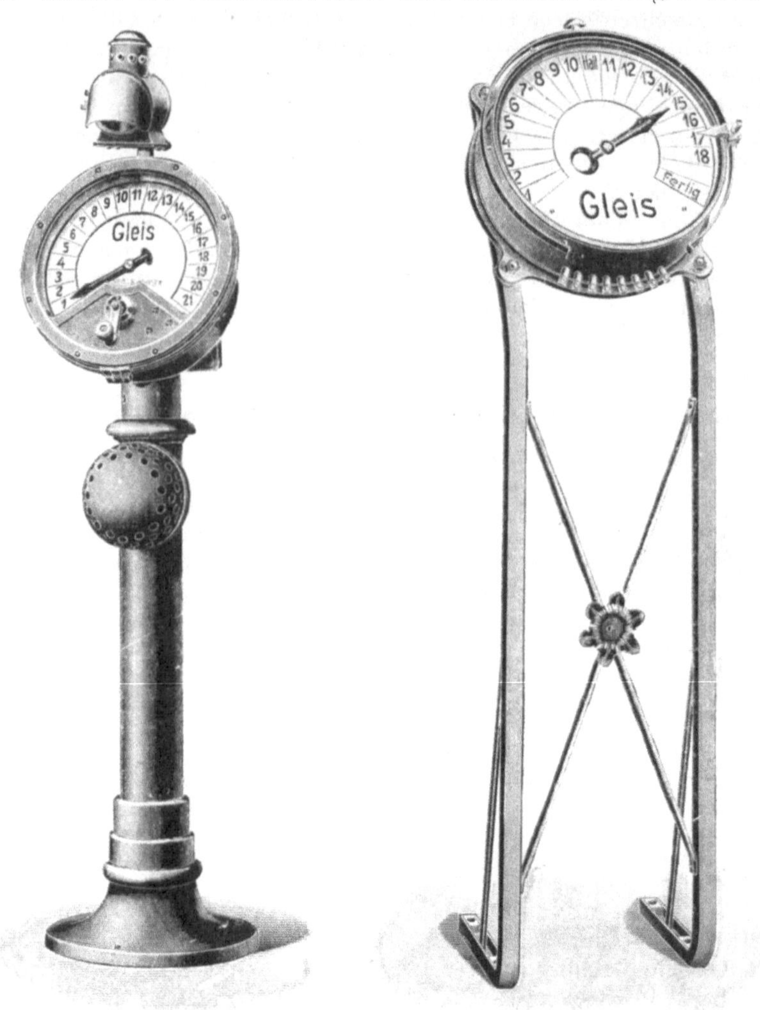

Abb. 86. Gleismelder. Bauart S. & H.
a) Geber   b) Empfänger

auf dieselbe Gleisnummer. Die Kurbel kann in beiden Richtungen gedreht
und so der Zeiger vor- und zurückgestellt werden. Mit einem Geber können
gleichzeitig mehrere Empfänger betrieben werden.

Während des Drehens der Kurbel ertönen die Wecker K_1 und K_2. Mit der
Drucktaste T kann vom Empfänger ein Haltsignal zum Geber gegeben werden.

2. Der Drehfeldfernzeiger der A.E.G.

kann mit Gleichstrom und Wechselstrom betrieben werden. Abb. 87a zeigt seine
Schaltung und ungefähre bauliche Anordnung, Abb. 87b und c erläutert den

[1]) Übersetzung und Zeiger sind in Abb 85 nicht dargestellt

Grundgedanken seiner Wirkungsweise. Der Geber besteht aus einem dreiteiligen Kurbelschalter, der einen (in dem Beispiel der Batterie B_1 entnommenen) elektrischen Strom in 3 Teilströme zerlegt. Beim Drehen der Kurbel ändern, wie aus den Abbildungen hervorgeht, durch Ein- und Ausschalten von Widerständen die 3 Teilströme in den Leitungen 1, 2 und 3 ständig ihre Stärke und Richtung. Der Empfänger besteht aus drei feststehenden Spulen (vgl. Abb. 87b u. c), die kreisförmig angeordnet sind, und an deren eines Ende je eine der Leitungen 1, 2, 3 gelegt ist, während die anderen Enden untereinander verbunden sind. Zwischen diesen Spulen ist eine vierte Spule, die von einem unveränderlichen Strom durchflossen wird, drehbar angeordnet. Diese Spule trägt einen Zeiger.

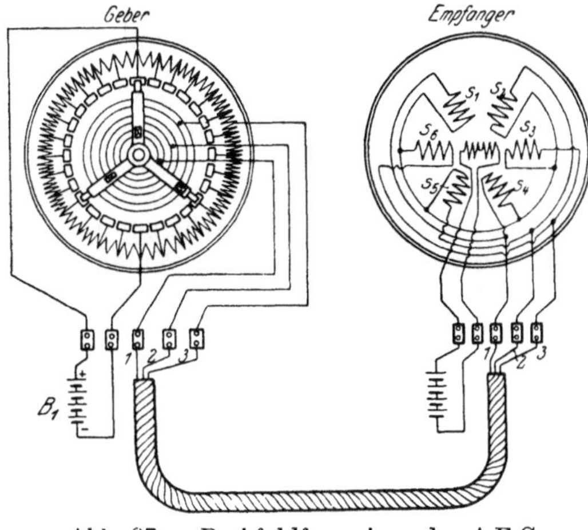

Abb. 87a. Drehfeldfernzeiger der A.E.G. (Schaltung).

Die drei feststehenden Spulen üben auf die drehbaren Spule 3 Kräfte aus, deren Richtung der Richtung der Teilströme in den 3 Spulen und deren Größe ihrer Stromstärke entspricht. Der Zeiger der drehbaren Spule stellt sich in die Richtung der Resultante dieser drei Kräfte ein. Wird der Kurbelschalter des Gebers gedreht, so dreht sich infolge der andauernden Änderung der Teilströme auch diese Resultante und somit der Zeiger des Empfängers. Jeder Stellung des Kurbelschalters des Gebers entspricht eine bestimmte Zeigerstellung am Empfänger (vgl. Abb. 87b u. c).

Bei dem Empfänger in Abb. 87a sind, um die auf die drehbare Spule wirkenden Kräfte zu verstärken, sechs feste Spulen ange-

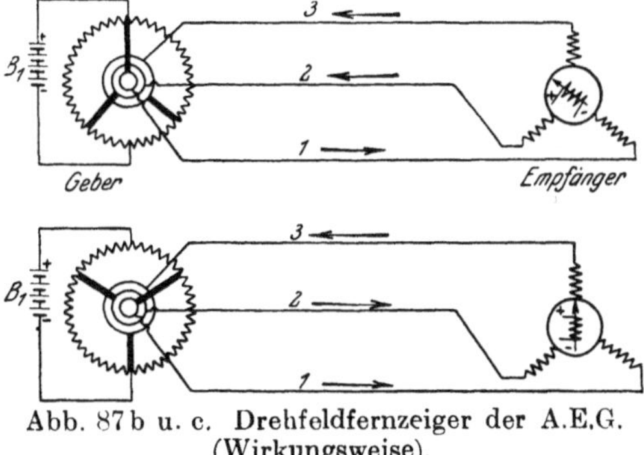

Abb. 87b u. c. Drehfeldfernzeiger der A.E.G. (Wirkungsweise).

ordnet, von denen immer zwei gegenüberliegende nebeneinander geschaltet sind.

Die Zuführung des Stromes zu der drehbaren Spule kann mit Schleiffedern erfolgen, ähnlich wie bei den Induktoren.

3. Gleismelder für gleichzeitiges Anzeigen mehrerer Gleise.

Bei den beiden angeführten Beispielen kann gleichzeitig immer nur ein Gleis angezeigt werden. Da aber beim Ablaufen (abgesehen von wenigen Ausnahmefällen) eine Wagengruppe noch nicht alle Weichen durchlaufen und das Gleis, für das sie bestimmt ist, noch nicht erreicht hat, bevor die nächste Gruppe abläuft, so hat man auch Einrichtungen gebaut, die das gleichzeitige Anzeigen mehrerer Gleise gestatten. So besitzt der Empfänger eines Gleismelders der deutschen Telephonwerke (Berlin) neben dem großen noch einen kleineren Zeiger in anderer Farbe, den Schleppzeiger. Hat der große Zeiger auf der Einteilung ein Gleis bezeichnet und wird nun auf eine andere Gleisnummer eingestellt, so stellt sich der Schleppzeiger auf die erste Gleisnummer ein, hier bleibt er so lange, bis der große Zeiger auf eine dritte Gleisnummer gedreht wird, alsdann springt er auf die zweite usf.

Bei dem Typendruckgleismelder desselben Werkes werden im Empfänger die anzuzeigenden Gleisnummern auf einem fortlaufenden Papierstreifen aufgedruckt. Hierbei kann man auch 3 oder mehr Gleisnummern gleichzeitig sichtbar machen, deren Reihenfolge jederzeit ohne weiteres erkennbar ist. Auch ist hierbei eine Nachprüfung der gegebenen Zeichen ermöglicht.

Die Firma Max Jüdel in Braunschweig hat einen Gleismelder gebaut, bei dem fünf Gleisnummern gleichzeitig abgelesen werden können. Die Empfänger besitzen eine Glasscheibe, auf der in fünf untereinander angeordneten wagerechten Reihen die Nummern der in Frage kommenden Gleise verzeichnet sind derart, daß in jeder senkrechten Spalte fünfmal dieselbe Gleisnummer erscheint. Die Nummern werden aber nur sichtbar, wenn eine hinter ihnen angebrachte Glühlampe aufleuchtet. Der Geber besitzt in einer wagerechten Reihe so viel Drucktasten, als Gleisnummern vorhanden sind. Im Innern des Gebers befindet sich eine Kontaktwalze. Wird z. B. die Taste mit der Nummer 3 gedrückt, so wird die Kontaktwalze um einen entsprechenden Teil gedreht. Dadurch wird ein Stromschluß herbeigeführt, der bewirkt, daß in der obersten wagerechten Reihe der Empfänger hinter der Zahl 3 die Lampe aufleuchtet. Wird jetzt die Taste 5 gedrückt, so wird die Walze wieder etwas weiter gedreht. Dadurch werden im Geber Kontakte geschlossen und geöffnet, die das Erlöschen der Lampe hinter der Zahl 3 der obersten wagerechten Reihe der Empfänger und das Aufleuchten der Lampen hinter der Zahl 5 der obersten und der Zahl 3 der zweiten wagerechten Reihe herbeiführen. So rücken bei jedem Drücken einer weiteren Taste die Zahlen an den Empfängern um eine Reihe tiefer, während in der obersten Reihe eine neue Zahl erscheint. Ist die Zahl 3 in der fünften wagerechten Reihe angekommen, so verschwindet sie beim Drücken der nächsten Taste. Auf den Empfängern können daher stets fünf Aufträge gleichzeitig abgelesen werden, die oberste Zahl entspricht dabei dem neuesten, die unterste dem ältesten Auftrag.

Der Geber besitzt ferner eine Widerruftaste. Soll ein gegebener Auftrag widerrufen werden, so wird diese Taste gedrückt und die Kontaktwalze dabei ebenfalls gedreht. Auf den Empfängern leuchtet neben der wagerechten Reihe, in der die zu widerrufende Zahl steht, eine rote Lampe auf und über der Reihe erscheint eine Leerreihe, in der also keine Zahl zu erkennen ist. Beim weiteren Drücken von Tasten rückt die zu widerrufende Zahl, die rote Lampe und die Leerreihe jedesmal um eine Reihe tiefer, bis sie nach Zurücklegen der 5. Reihe verschwinden[1]).

4. Selbsttätige Ablaufanlagen.

Es liegt auf der Hand, daß bei allen hier geschilderten Gleismelderanlagen Irrtümer nicht ausgeschlossen sind, durch die betriebsstörende Fehlläufe hervorgerufen werden können. Auch hängt die Sicherheit und Schnelligkeit des Ablaufbetriebes wesentlich von der Geschicklichkeit der Weichensteller ab. Zu frühes oder zu spätes Umstellen der Weichen erzeugt Fehlläufe oder Entgleisungen, falls der ablaufende Wagen die Weiche noch nicht freigegeben oder sie zu früh erreicht hat. Bei Kraftstellwerken sind diese Übelstände schon wesentlich gebessert gegenüber mechanischen Anlagen. Der in Frankreich versuchsweise zur Ausführung gebrachte

---

[1]) Ausführliche Beschreibung s. Stellwerk 1914, S. 65.

Gedanke, durch Betätigen nur eines Hebels die ganze Fahrstraße einzustellen, krankt an dem Übelstand, daß in der Regel ein Wagen erst ablaufen kann, wenn der vor ihm abgelaufene die ganze Fahrstraße geräumt hat. Ganz vermieden werden die erwähnten Nachteile, wenn es gelingt, zuverlässige, in Verbindung mit Kraftstellwerken arbeitende selbsttätige Anlagen zu schaffen, bei denen der Rangierleiter durch Niederdrücken von entsprechenden Tasten die Fahrstraßen vorbereitet und die ablaufenden Wagen sich durch Befahren von Schienenstromschließern die Weichen selbst umstellen.

Eine solche von Regierungsbaumeister Pfeil erdachte und von S. & H. ausgeführte Anlage ist auf dem Verschiebebahnhof Herne i. W. seit Oktober 1915 im Betrieb. In dem Stellwerk sind Magnetschalter angebracht, deren Magnete bei Befahren entsprechender Schienenstromschließer Anker anziehen, dadurch Kontakte betätigen und so Stromläufe erzeugen, die das Umstellen jeder einzelnen Weiche bewirken, und zwar erst, wenn der Wagen einen bestimmten Abstand von der betreffenden umzustellenden Weiche erreicht hat. An Hand der Abb. 88 (S. 420) soll nach Arndt[1]) der Grundgedanke der Anlage erläutert werden. Die durch die gestrichelte Linie umrahmten Einrichtungen befinden sich im Stellwerk, während S_1 bis S_6 unmittelbar an den Gleisen angebrachte Schienenstromschließer darstellen. In dem Beispiel ist angenommen, daß für den Ablauf drei verschiedene Fahrstraßen in Frage kommen, und zwar Fahrstraße a nach Gleis 2, b nach 3 und c nach 1. Jeder Fahrstraße entspricht im Stellwerke eine Reihe von Magnetschaltern a_1 bis a_6 bzw. b_1 bis b_3 und c_1 bis c_6 und eine am Standorte des Rangierleiters angebrachte Fahrstraßentaste T_a bzw. T_b und T_c mit gemeinsamem Festhaltemagnet d. Jeder Magnetschalter betätigt eine Reihe von Kontakten, die mit fortlaufenden Nummern bezeichnet sind. Im folgenden wird z. B. durch den Ausdruck $2b_2$ der Kontakt 2 am Magnetschalter b_2 bezeichnet. (Die Abkürzung i. Gr. heißt „in Grundstellung", geschl. heißt „geschlossen" und geöff. „geöffnet".) Zu jeder Fahrstraße gehört eine der wagerechten Reihen der Magnetschalter, zu jeder Weiche gehören drei Schienenstromschließer und dementsprechend drei Magnetschalter. Daher finden wir in der mittleren wagerechten Reihe, die zur Fahrstraße b nach Gleis 3 gehört, nur drei Schalter, denn bei ihr wird nur eine Weiche befahren. An welche der wagerechten Reihen die Schienenstromschließer nacheinander geschaltet werden, wird durch Niederdrücken einer der Fahrstraßentasten durch den Rangierleiter entschieden. Der erste der drei zu einer Weiche gehörenden Schienenstromschließer hat die Aufgabe, den zweiten auf den eigentlichen Umstellschalter der Weiche wirkenden Schienenstromschließer an die eingestellte Fahrstraße zu schalten, der zweite bewirkt die Umstellung der Weiche und der dritte stellt am Umstellschalter die Grundstellung wieder her. Diese Zusammenhänge werden aus der Schilderung der nacheinander entstehenden Stromläufe hervorgehen.

Der Magnet d erhält in Ruhelage dauernd Strom über Batterie B, Leitung 2, Kontakt $3a_1$ (i. Gr. geschl.), $3b_1$ (i. Gr. geschl.), $3c_1$ (i. Gr. geschl.), Ltg. 9, Magnet d, Erde, Batterie B. (Stromlauf 0.) Er kann aber die gleichzeitig als Anker von d ausgebildeten Tasten T_a usw. nicht anziehen, da sie zu großen Abstand von ihm haben.

Soll jetzt ein Wagen nach Gleis 1, also durch Fahrstraße c, ablaufen, so drückt der Rangierleiter die Taste T_c herunter, die nunmehr der Magnet d in der tiefen Lage festhält, dadurch gleichzeitig die anderen Tasten gegen Niederdrücken sperrend. Durch das Drücken der Taste T_c wird an der Taste ein Kontakt geschlossen und dadurch folgender Stromlauf 1 vorbereitet: Erde, B, Ltg. 1, Punkt z_1, Magnet c_1, Pkt. w_1, Ltg. 10, Kontakt an T_c (jetzt

---

[1]) Verkehrstechnische Woche 1916, Nr. 23 u. 24, S. 197 ff.

geschl.), Ltg. 11. Schienenstromschließer S_1 (noch geöffnet), Erde. Durch Niederdrücken der Taste T_c wird also S_1 an den Magnetschalter c_1 der Fahrstraße c geschaltet und dadurch, wie sich aus dem später gesagten ergeben wird, auch das Anschalten der übrigen Schienenstromschließer an die übrigen Magnetschalter der Fahrstraße c vorbereitet.

Trifft jetzt die erste Achse des abrollenden Fahrzeuges auf Schienenstromschließer S_1, so wird S_1 geschlossen und der durch Drücken von T_c vorbereitete Stromlauf 1 kommt zustande. c_1 zieht seinen Anker an, die Kontakte $1c_1$, $2c_1$, $4c_1$ werden geschlossen und der Kontakt $3c_1$ wird geöffnet.

Durch $1c_1$ kommt folgender Stromlauf 2 zustande: Erde, B, Ltg. 1, Pkt. z_1, c_1, Pkt. w_1, $1c_1$ (jetzt geschl.), Ltg. 12, $3c_2$ (i. Gr. geschl.), Erde. c_1 hält daher seinen Anker angezogen, auch wenn inzwischen alle Achsen S_1 freigegeben haben.

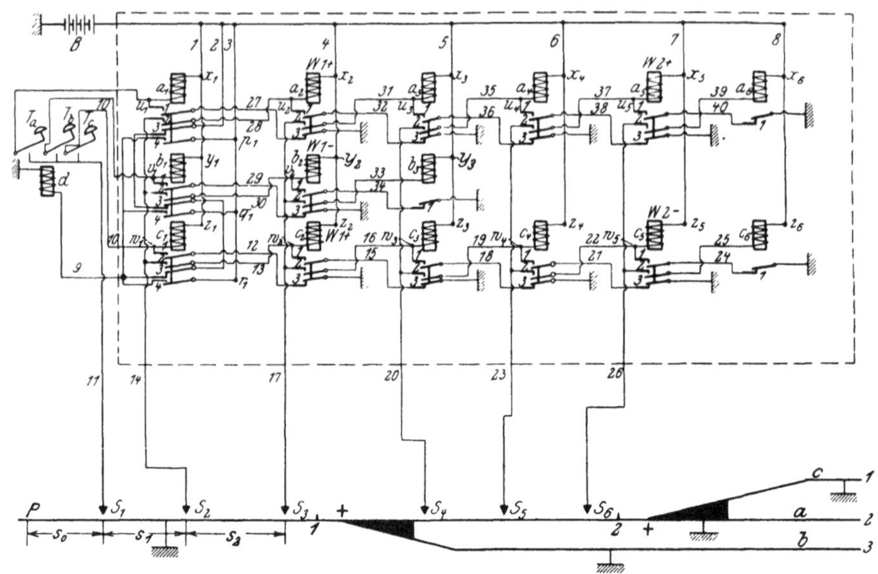

Abb. 88. Schaltung einer selbsttätigen Ablaufanlage.

Durch Schließen von $2c_1$ wird folgender Stromlauf 3 vorbereitet: Erde, B, Ltg. 4, Pkt. z_2, Magnet c_2, Pkt. w_2, Ltg. 13, $2c_1$, Ltg. 14, S_2 (noch geöffnet), Erde. Hierdurch wird Schienenstromschließer S_2 an den Magnetschalter c_2 der Fahrstraße c geschaltet.

Durch Öffnung des Kontaktes $3c_1$ wird der den Magnet d umfließende Stromlauf 0 unterbrochen, d läßt seinen Anker los, die Taste T_c kehrt durch Federwirkung in die Grundstellung zurück. Der Rangierleiter kann eine neue Taste (z. B. T_b) drücken, der Wagen hat gleichsam selbst die Strecke s_0 (vom Anfangspunkt P des Ablaufs bis S_1) für einen nachfolgenden Wagen freigegeben.

Durch Schließen des Kontaktes $4c_1$ (das zeitlich etwas später als das Öffnen des Kontaktes $3c_1$ erfolgt) wird folgender Stromlauf 4 gebildet: Erde, B, Leitung 3, Punkt r_1, $4c_1$, Leitung 9, Magnet d, Erde. d erhält wieder Strom, kann aber wegen zu großen Abstandes seinen Anker nicht anziehen.

Der abrollende Wagen befährt den Schienenstromschließer S_2, dessen Stromlauf 3 durch Schließen des Kontaktes $2c_1$ vorbereitet war. Magnetschalter c_2 zieht also seinen Anker an, schließt die Kontakte $1c_2$ und $2c_2$ und öffnet den Kontakt $3c_2$.

Durch Schließen des Kontaktes $1c_2$ wird folgender Stromlauf 5 gebildet: Erde, B, Leitung 4, Punkt z_2, Magnet c_2, Punkt w_2, Kontakt $1c_2$ (jetzt geschl.), Leitung 15, Kontakt $3c_3$ (noch i. Gr. geschl.), Erde. c_2 hält daher seinen Anker fest unabhängig von Schienenstromschließer S_2 (vgl. Stromlauf 2).

Durch Schließen des Kontaktes $2c_2$ wird folgender Stromlauf 6 vorbereitet: Erde, B, Leitung 5, Punkt z_3, Magnet c_3. Punkt w_3, Leitung 16, Kontakt $2c_2$ (jetzt geschl.), Leitung 17, S_3 (noch geöff.) Erde. Hierdurch wird Schienenstromschließer S_3 an den Magnetschalter c_3 der Fahrstraße c geschaltet (vgl. Stromlauf 3).

Durch Öffnen des Kontaktes $3c_2$ wird der Stromlauf 2 unterbrochen. c_1 läßt seine Anker abfallen. Dadurch wird am Magnetschalter c_1 die Grundstellung wieder hergestellt. Stromlauf 2 wird durch $1c_1$ noch einmal unterbrochen, S_2 wird durch $2c_1$ vom Magnetschalter c_2 wieder abgeschaltet (Unterbrechung des Stromlaufes 3). Die Strecke s_1 (zwischen S_1 und S_2) ist für einen zweiten Ablauf frei. Festhaltemagnet d liegt nicht mehr durch Kontakt $4c_1$, sondern wieder durch $3c_1$ an B (Unterbrechung des Stromlaufes 4 und Schließung des Stromlaufes O).

Der Magnetschalter c_2 schließt aber gleichzeitig noch einen 4. (in der Zeichnung nicht dargestellten) Kontakt. Durch diesen Kontakt wird im Stellwerk Stellstrom auf die Feldwicklung des Motors der Weiche 1 gelegt, die der $+$-Stellung der Weiche entspricht. Die Weiche wird also in die $-$-Stellung umgelegt. Befindet sie sich indessen schon in der $+$-Stellung, so ist der $+$-Stellstrom durch den Steuerschalter des Motors am Motor selbst unterbrochen[1]). In diesem Falle kommt ein Stromlauf nicht zustande. Die Weiche bleibt in der $+$-Stellung liegen.

Der abrollende Wagen befährt den Schienenstromschließer S_3. Stromlauf 6 kommt zustande. Magnet c_3 zieht seinen Anker an, schließt $1c_3$ und $2c_3$ und öffnet $3c_3$. Durch $1c_3$ wird der Magnet c_3 unabhängig von S_3 (vgl. Stromlauf 5), $2c_3$ schaltet S_4 an Magnetschalter c_4 der Fahrstraße c (vgl. Stromlauf 6) und durch Öffnen von $3c_3$ wird bei Magnetschalter c_2 die Grundstellung wieder hergestellt. Strecke s_2 wird für den nächsten Ablauf frei.

Der abrollende Wagen befährt den Schienenstromschließer S_4. c_4 bekommt Strom. $1c_4$ macht c_4 unabhängig von S_4, $2c_4$ schaltet S_5 an Magnetschalter c_5, $3c_4$ stellt Grundstellung von c_3 wieder her.

Der abrollende Wagen befährt den Schienenstromschließer S_5. c_5 zieht seinen Anker an. $1c_5$ macht c_5 unabhängig von S_5, $2c_5$ schaltet S_6 an Magnetschalter c_6, $3c_5$ stellt Grundstellung von c_4 wieder her. Gleichzeitig schließt c_5 einen 4. (in der Abbildung nicht dargestellten) Kontakt und gibt dadurch Stellstrom auf die Feldwicklung für die $-$-Stellung der Weiche 2. Die Weiche 2 wird umgestellt, falls sie nicht schon in der $-$-Stellung sich befindet.

Der Wagen befährt den Schienenstromschließer S_6. c_6 öffnet $1c_6$ (ein Stromstoß genügt), wodurch auch an c_5 die Grundstellung eintritt. Ist S_6 frei, so fällt der Anker von c_6 wieder ab, so daß auch bei c_6 die Grundstellung hergestellt wird. Der Wagen rollt nach Gleis 1, der erste Ablauf ist beendet.

In derselben Weise kann der Ablauf der folgenden Wagen nach Gleis 1, 2 oder 3 verfolgt werden.

Im vorstehenden ist nur der Grundgedanke der Einrichtung eingehend erläutert. Sie ist durch weitere Maßnahmen noch vervollkommnet. So sind meist Vorkehrungen getroffen, die das Umstellen einer Weiche verhindern, solange ein Wagen sich schon teilweise in der umzustellenden Weiche befindet. Auf diese Einrichtungen soll hier nicht näher eingegangen werden.

---

[1]) Hierzu vgl. S. 254 ff. im Hauptteil dieses Werkes.

VII. Die Wegeschranken.

A. Allgemeines.

Zweck der Schranken. Warnungstafeln.

Schranken werden im Eisenbahnbetriebe benutzt, um Wege, die in Schienenhöhe eine Bahn kreuzen, bei der Vorbeifahrt eines Zuges abzusperren und so den Verkehr auf der Straße gegen Unfälle durch den Eisenbahnbetrieb und umgekehrt diesen gegen Störungen durch den Verkehr auf der Straße zu sichern. Sie werden so kräftig ausgeführt, daß sie dem gewöhnlichen Straßenverkehr einen merklichen Widerstand entgegensetzen, während sie natürlich einem in voller Fahrt befindlichen Kraftwagen oder einem durchgehenden Gefährt nicht widerstehen können.

Damit eine Schranke auch des Nachts auf größere Entfernung erkennbar ist, wird sie mit einer Laterne ausgerüstet, die zweckmäßig so angebracht wird, daß man aus ihrer Stellung erkennen kann, ob die Schranke geöffnet oder geschlossen ist.

An der Stelle, wo die Fuhrwerke oder Tiere zum Stehen kommen sollen, wenn die Schranke geschlossen ist, werden Warnungstafeln aufgestellt. Sie bestehen meist aus rechteckigen (etwa 48×39 cm großen) Tafeln aus Zinkblech oder Stahlguß, die an einem etwa 2,4 m über die Erde hervorragenden eisernen Pfahl befestigt sind. Sie tragen entsprechende Inschriften, die die Wagenführer zum rechtzeitigen Halten veranlassen sollen, wenn die Schranken geschlossen sind [1]).

B. Bauart der Schranken.

Der Bauart nach unterscheidet man Handschranken, Kettenschranken und Schlagbaumschranken, außerdem Zugschranken, die aber eine Abart der Schlagbaumschranken bilden.

1. Die Handschranken und Kettenschranken.

Bei den Handschranken wird der zum Absperren des Weges dienende Teil unmittelbar mit der Hand ohne Vermittlung einer Windevorrichtung oder eines Antriebes bewegt. Sie erfordern daher zu ihrer Betätigung bisweilen einen recht erheblichen Kraftaufwand.

Am ungünstigsten wirken in dieser Hinsicht die Schiebeschranken (Abb. 89) und die Einlege- oder Hängeschranken (Abb. 90a, b). Bei den ersten wird ein Schrankenbaum in einer entsprechenden Führung rechtwinklig zur Wegachse vorgezogen und zurückgeschoben, wobei zum Schluß fast die Hälfte des Gewichtes des Baumes von dem Wärter getragen und der Reibungswiderstand in der Führung überwunden werden muß.

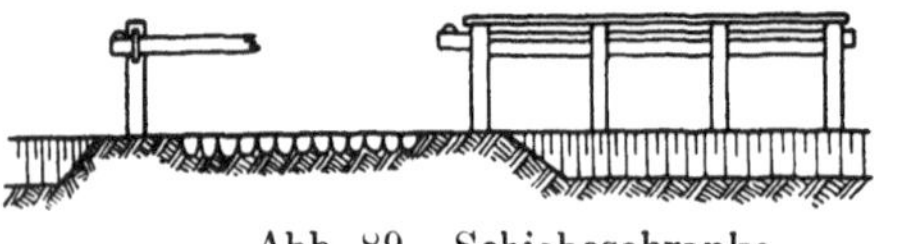

Abb. 89. Schiebeschranke.

Der Baum beansprucht in der zurückgeschobenen, d. h. geöffneten Lage zu seiner Unterbringung einen Geländestreifen außerhalb der Wegefläche, wo-

<hr>

[1]) Ähnliche Warnungstafeln werden auch vor Wegeübergängen aufgestellt, die, wie meist bei Nebenbahnen, nicht durch Schranken gesichert sind. Die Inschrift fordert dann auf zu halten, wenn das Läutewerk einer Lokomotive ertönt oder das Herannahen eines Zuges in anderer Weise bemerkbar wird.

durch unter Umständen besonderer Grunderwerb erforderlich wird. Diesen Übelstand vermeidet die Hängeschranke (Abb. 90a. b), die mittels eines aus einem Kettengliede und zwei Ösen gebildeten Gelenkes um den Pfosten 1 drehbar ist und in geöffnetem Zustand in einen Haken am Pfosten 2 und in geschlossenem Zustande in einen Haken am Pfosten 3 eingehängt wird. Hier muß der Wärter auf dem Wege von Pfosten 2 nach Pfosten 3 das halbe Baumgewicht tragen.

Dieser Nachteil haftet der in Abb. 91 dargestellten Schwenk- oder Drehschranke nicht an, deren Bäume entsprechend unterstützt und an den seitlichen Pfosten drehbar befestigt sind. Zu den Schwenkschranken müssen

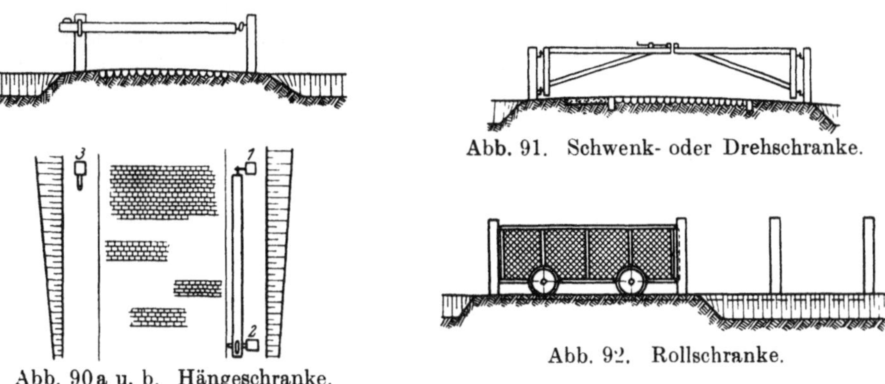

Abb. 91. Schwenk- oder Drehschranke.

Abb. 92. Rollschranke.

Abb. 90a u. b. Hängeschranke.

auch die Torschranken gerechnet werden, bei denen die Schranken als gitterförmig verkleidete oder mit senkrechten Latten versehene Torflügel ausgebildet sind.

Die Schwenkschranken haben mit den Hängeschranken den Übelstand gemeinsam, daß sie entgegen den bis an die geschlossene Schranke herangetretenen Fußgängern geöffnet werden müssen. Die Rollschranke (Abb. 92) ähnelt in ihrer Wirkungsweise der Schiebeschranke (Abb. 89). Bei ihrer Bewegung ist zwar nur die rollende Reibung zu überwinden, die aber bei eingetretener Verschmutzung der Laufbahn einen recht erheblichen Widerstand bilden kann. Die Rollschranke stellt einen dichteren Verschluß dar, der Kindern und kleinen Tieren das Durchschlüpfen verwehrt. Durch Anbringung eines Behanges kann man diesen Vorteil auch bei den Hänge- und Schwenkschranken erreichen, schwerer bei den Schiebeschranken. Bei den Hängeschranken wird allerdings durch den Behang das vom Wärter zu tragende Gewicht weiter erhöht. Zu erwähnen ist hier ferner noch die Kettenschranke, bei der eine Kette an einem auf der einen Wegseite aufgestellten Pfosten befestigt ist. In geöffnetem Zustande liegt die Kette in einer quer über den Weg führenden Rinne. Beim Schließen der Schranke wird die Kette durch ein an einem auf der anderen Wegseite stehenden Pfosten angebrachtes Rad mit Kurbel angespannt. Die Rinne setzt sich durch Schnee und Schmutz leicht zu und bildet eine Gefahr für die Pferde, die sich mit ihren Hufen festklemmen können. Auch ist die Kette von weitem schlecht zu erkennen. Sie ist bisweilen ebenfalls mit einem Behang ausgestattet worden.

Die geschilderten Nachteile machen die aufgeführten Handschranken für Wege mit stärkerem Verkehr und von größerer Breite ungeeignet. Ihre Übelstände werden bei den im folgenden geschilderten Schlagbaumschranken völlig vermieden.

2. Die Schlagbaumschranken.

a) Gesamtanordnung. Die Schlagbaumschranken werden durch Drehen des Schrankenbaumes um eine an einem Drehpfosten gelagerte wagerechte Achse in einer senkrechten Ebene geöffnet und geschlossen. Abb. 93 zeigt eine Schlagbaumschranke, die unmittelbar von Hand betätigt wird[1]). Zum Niederziehen ist eine Kette k angebracht. In geschlossenem Zustande ruht

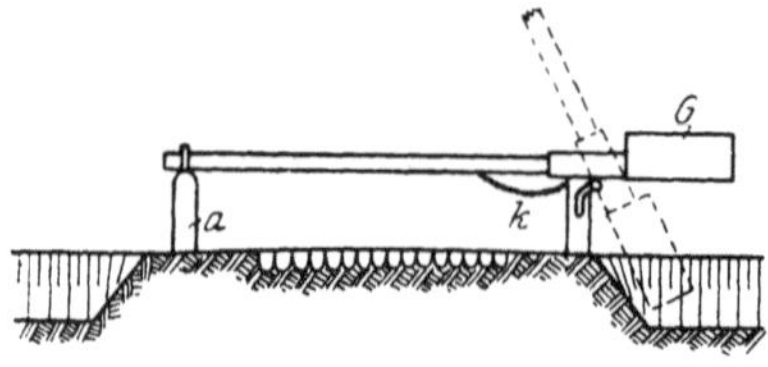

der Baum auf einem Aufschlagpfosten a. Das Gewicht des Baumes ist durch ein Gegengewicht G ausgeglichen. Gegengewicht und Drehachse sind so angebracht, daß in geschlosssener Lage der Baum, in geöffneter Lage das Gegengewicht etwas überwiegt. Der Baum wird dadurch in beiden Endlagen fest-gehalten. Derartige Schranken sind leicht zu bedienen, sie nehmen fremden Grund und

Abb. 93. Schlagbaumschranke.

Boden nicht in Anspruch, ihr Öffnen wird durch die bis an die Schranke heran-getretenen Fußgänger nicht behindert. Sie können mit einem Behang versehen werden, doch muß dieser so eingerichtet sein, daß er bei geöffneter Schranke den Verkehr nicht hindert. Er wird aus senkrecht nebeneinander angebrachten Rund-eisenstäben gebildet. Diese enden oben und unten in je einer Öse, durch die ein Ring gezogen ist. Die Ringe sind in nebeneinander liegenden Löchern eines oberen und eines unteren wagerechten Flacheisens oder besser ⌐-Eisens ein-gehängt. Das obere Eisen ist mittels Schellen am Schrankenbaum befestigt. So schmiegt sich der Behang bei senkrechter Lage des Baumes ganz an diesen an.

Der Baum muß so hoch gedreht werden, daß er (und, wenn vorhanden, auch sein Behang) den Verkehr auf dem Überwege in keiner Weise behindert. Dazu ist nicht erforderlich, daß er genau senkrecht steht, doch bedingt eine geneigte Lage eine gewisse Einschränkung des für den Verkehr freien Profils auf der Wegseite, auf der der Drehpfosten steht. Die Pr.H.St.B.

schreiben daher vor, daß der geöffnete Baum senkrecht stehen soll. In dieser Lage muß er gegen Winddruck und Bewegung durch Unbefugte gesichert sein.

Bei der Schrankenausführung nach Abb. 93 muß ebenso wie bei den unter 1 geschilderten Handschranken der Wärter zur Bedienung beider Schranken stets die Gleise überschreiten oder es muß auf beiden Bahnseiten je ein besonderer Wärter vorhanden sein. Dieser Nach-teil läßt sich bei Schlagbaumschranken leicht dadurch be-seitigen, daß man die Schranken mittels unter den Schienen durchgeführter Leitungen miteinander kuppelt. Diese Kupp-lung wird jetzt wohl stets durch Doppeldrahtzug aus-geführt. Abb. 94 zeigt den Grundgedanken einer solchen Kupplung. Sollen die Schranken in gleichem Sinne auf und zu schlagen[2]), so müssen die Drähte einmal gekreuzt

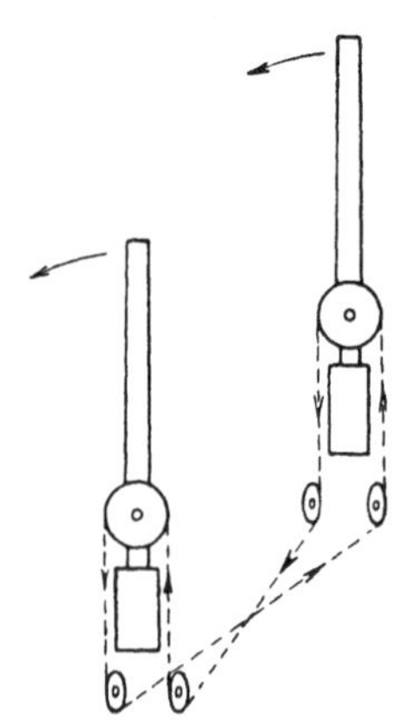

Abb. 94. Kupplung zweier Schlagbaum-schranken.

werden. Die Schranken werden bloß von einer Seite aus bedient, und zwar zweckmäßig von der Seite, auf der die Wärterbude steht.[3])

---

[1]) In dieser einfachen Bauart muß die Schlagbaumschranke noch zu den Hand-schranken gerechnet werden.

[2]) Was wegen der Einwirkung des Windes indessen nicht ratsam ist (s. weiter unten).

[3]) Schlagbaumschranken wird man also stets kuppeln, es sei denn, daß der Über-weg sehr breit und der Bahn- und Streckenverkehr sehr lebhaft ist. Alsdann kann ein Wärter die Anlage nicht ausreichend überwachen. In solchen Fällen kommt auch bei Schlagbaumschranken Einzelbedienung durch zwei Wärter in Frage.

Die Kupplung der Bäume erschwert die Handbedienung. Man versieht daher zweckmäßig die gekuppelten Schranken mit einem Antrieb, der von einer mit einem Zahnradvorgelege ausgerüsteten Windentrommel aus bedient wird[1]). Die Schranke, die unmittelbar von der Winde aus angetrieben wird, heißt die Haupt-, die andere, mit ihr durch Kupplung verbundene, die Nebenschranke.

Da der Wärter in der Regel auf der Seite der Hauptschranke sich befindet, so kann er das Öffnen oder Schließen der Schranken durch Unbefugte, die den Baum der Nebenschranke bewegen, nicht leicht verhindern. Man versieht daher dort, wo es für erforderlich gehalten wird, die Schranken mit einer Feststellvorrichtung. Diese kann die Windetrommel festlegen, etwa durch Sperrad und Sperrklinke. Hierbei werden aber, wenn Unbefugte die Schrankenbäume anzuheben versuchen, unzulässig große Kräfte auf die Drahtleitungen ausgeübt, die zu Längenänderungen oder gar Drahtbrüchen führen. Man vermeidet diesen Übelstand, wenn man die Bäume an ihrer Spitze durch einen besonderen, selbst einfallenden Haken festlegt, der vom Wärter mittels eines einfachen Drahtzuges wieder ausgelöst wird. Die Sperrvorrichtung muß in einem besonderen Gehäuse gegen Eingriffe durch Unbefugte gesichert sein. Sie ist sehr empfindlich gegen ungenaue Stellung der Anschlagspfosten und Seitenschwankungen der Schrankenbäume, auch bedarf sie, wie schon angedeutet, einer besonderen Drahtleitung. Am zweckmäßigsten erscheint daher der jetzt in der Regel eingeschlagene Weg, die Sperrvorrichtung mit dem Antrieb selbst zu verbinden, und zwar so einzurichten, daß durch Versuche, die gesperrten Schrankenbäume zu bewegen, keine Kraft auf die Drahtleitungen übertragen wird. Haupt- und Nebenschranke müssen dann je einen Antrieb erhalten.

Bei sehr breiten Wegen verschließt man die ganze Breite nicht mit einem Baum, sondern ordnet zwei gegeneinander zuschlagende Schrankenbäume an. An ihren Enden werden bisweilen pendelnde Aufschlagpfosten befestigt, die sich beim Niedergehn der Bäume auf die Wegeoberfläche aufsetzen. Bis 12 m Breite wird man in der Regel mit nur einem Baum auskommen können.

Die Laterne zur Kennzeichnung der Schranke bei Dunkelheit wird entweder über der Mitte des Baumes an ihm pendelnd angebracht, so daß ihre Lage erkennen läßt, in welcher Stellung die Schranke sich befindet, oder sie wird neben oder an dem Drehpfosten befestigt und mit der Drehvorrichtung so verbunden, daß sie sich beim Öffnen und Schließen der Schranke um 90° dreht. Sie erhält dann verschiedenfarbige Gläser oder ein warnendes, durchscheinendes Wegezeichen, wie sie in neuerer Zeit üblich geworden sind.

Als Baustoff für die Schrankenteile soll man möglichst schmiedbares Eisen verwenden, da sich schmiedeeiserne Teile leichter durch Handwerker der Verwaltung wieder herstellen oder ersetzen lassen als gußeiserne, deren Ersatzbeschaffung in der Regel längere Zeit erfordert.

Die Bäume selbst werden meist aus 2 m langen, sich verjüngenden Stahlblechrohren zusammengenietet, die einen Durchmesser von etwa 80 bis 192 mm und eine Wandstärke von $1^1/_4$ bis 4 mm besitzen[2]) (Abb. 95). Bis zu Längen von 7 bis 8 m (je nachdem sie einen Behang haben oder nicht) werden einfache Bäume verwendet, bei größeren Längen werden sie durch ein Sprengewerk versteift.

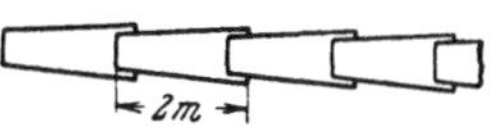

Abb. 95. Schlagbaum aus Stahlblechrohren.

---

[1]) Auch nicht gekuppelte Schranken können zur Erleichterung der Bedienung mit derartigen Vorrichtungen ausgestattet werden.

[2]) Die Angaben entsprechen den bei den Pr.H.St.B. geltenden besonderen Bedingungen (vgl. Stellwerk 1908, Sonderbeilage zu Nr. 13).

Bei Bau und Gründung der Drehpfosten muß der Winddruck auf die geöffneten Schrankenbäume berücksichtigt werden, um die Standsicherheit zu erhöhen und die Bedienung zu erleichtern. Die Pr.H.St.B. bestimmen, daß Schrankenbäume ohne Behang von mehr als 7 m, und solche mit Behang von mehr als 6 m Länge nach entgegengesetzter Richtung niedergehen sollen, so daß sich der eine im entgegengesetzten Sinne des Uhrzeigers dreht, wenn sich der andere im Sinne des Uhrzeigers bewegt. Die Wirkung des Winddruckes wird dadurch einigermaßen ausgeglichen, doch wird infolge der meist erforderlich werdenden größeren Zahl von Umlenkungen der Drahtleitungen die Anlage verteuert und die Bedienung erschwert.

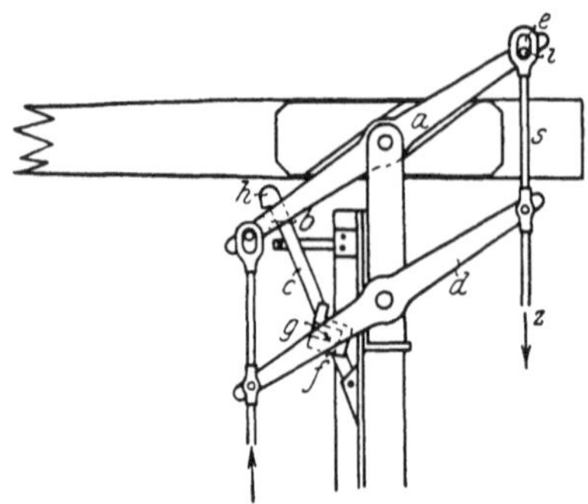

Abb. 96. Antrieb einer Schlagbaumschranke (Bauart Stahmer).

Über die Windevorrichtung schreiben die Pr.H.St.B. vor, daß auch bei schnellster Kurbelumdrehung die Bäume jederzeit müssen angehalten werden können[1]). Das Übersetzungsverhältnis soll so gewählt werden, daß auch bei stärkstem Gegen- oder Seitenwind nur ein Druck von 15 kg auf die Kurbel ausgeübt zu werden braucht.

b) Bauarten von Schlagbaumschranken. Abb. 96 zeigt das Wesentliche einer Schranke mit Hebelantrieb und Feststellvorrichtung von C. Stahmer in Georgsmarienhütte. Wird der Versuch gemacht, die Schranke durch Bewegen des Baumes zu öffnen, so stößt der an dem mit dem Baum fest verbundenen Antriebhebel a befestigte Ansatz b gegen den Haken h des Hebels c. Wird die Schranke von der Winde aus geöffnet, so dreht zunächst der Zugdraht z den Hebel d, während der Hebel a noch stehen bleibt, da der am Hebel a befestigte Stift i infolge der schlitzartigen Ausbildung der oberen Öse e der Antriebstange s von dieser erst mitgenommen wird, wenn sich s um ein bestimmtes Stück abwärts bewegt hat. Das auf dem Hebel d befestigte Führungsstück f wirkt auf den am Hebel c sitzenden Stift g und bewegt dadurch den Haken h nach rechts, wodurch der Antriebhebel a frei wird. Die Stange s ist jetzt soweit nach unten gelangt, daß das obere Ende des Schlitzes e auf den Stift i stößt und so den Hebel a und damit den Schrankenbaum mitnimmt.

Bei diesen Schranken sind die Bäume in geöffneter Stellnng unter 80 bis 85° gegen die Wagerechte geneigt. Wird senkrechte Stellung gefordert, so verwendet Stahmer einen anderen Antrieb.

Abb. 97a und b stellt eine Schlagbaumschranke von Z. & B. mit Stellrillenantrieb (s. S. 93, 94) dar. An dem Gußkörper a ist der Schrankenbaum b mittels der Querstücke t befestigt. Der Gußkörper a ist mit dem Balken c fest verbunden und mit diesem um die Achse d drehbar. An dem Balken c ist der Mitnehmerbolzen e befestigt. Die Achse d ist in dem bockförmigen Drehpfosten f gelagert. An dem Drehpfosten ist auch die Stellrillenscheibe g um die Achse h drehbar befestigt. Die Scheibe g trägt die Stellrillen 1, 2, 3 und 4, 5, 6. In der geöffneten Stellung lehnt sich der Mitnehmerbolzen e gegen das Ende der Stellrille 1, 2, 3. Weder der Wind noch Unbefugte können den Schrankenbaum schließen, da sich der in der Stellrille festgehaltene und gegen das Ende der Rille drückende Bolzen e nicht um d und h gleichzeitig drehen kann.

Wird zwecks Schließung der Schranke die Stellrillenscheibe g durch eine später zu beschreibende Vorrichtung in der Pfeilrichtung gedreht, so macht der Bolzen e bei seinem Gleiten in der Stellrille von 1 nach 2 eine Bewegung auf die Achse h zu. Dies ist nur möglich, wenn sich der Schrankenbaum dabei gleichzeitig um d dreht. Ist der Bolzen e am Punkt 2 der Stellrille angelangt, so ist die Schranke in die wagerechte Lage gebracht. Wird die Scheibe g noch weitergedreht, so gleitet das nunmehr kreisförmig um h ausgebildete Stellrillenstück 2 bis 3 über den Bolzen e hinweg, ohne die Schranke weiter mitzunehmen. Dieser Leerweg bedeutet eine Endverriegelung gegen

Öffnen der Schranke mit der Hand und kann außerdem benutzt werden, um eine Sperrvorrichtung zu betätigen.

Der mit dem Bolzen m am Lagerbock f gelagerte Winkelhebel i trägt an einem Ende einen Haken und an dem anderen Ende einen Mitnehmerbolzen k. Dieser Bolzen gleitet bei der Drehung in dem um h kreisförmig gekrümmten Stellrillenstück 4—5 entlang, ohne daß der Ha-

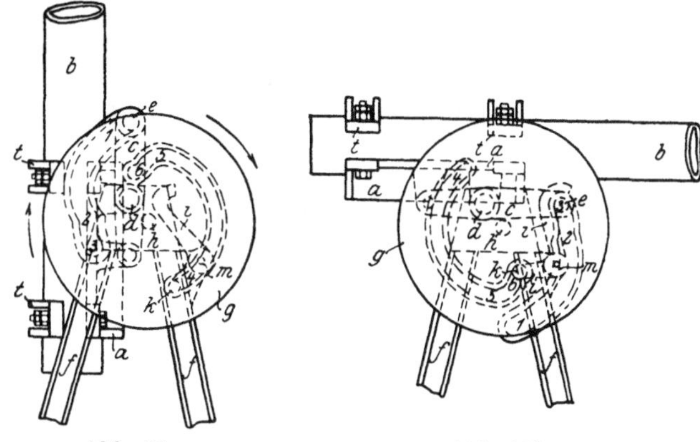

<table>
<tr><td>Abb. 97 a
in geöffnetem Zustande.</td><td>Abb. 97 b
in geschlossenem Zustande.</td></tr>
</table>

Antrieb einer Schlagbaumschranke (Bauart Z. & B.)

ken seine Lage dabei ändert. Ist der Bolzen e bei Punkt 2 der Stellrille 1, 2, 3 angelangt, so hat der Bolzen k den Punkt 5 der Rille 4, 5, 6 erreicht. Bei der Weiterdrehung wird durch das sich dem Drehpunkt h nähernde Stellrillenstück 5—6 der Winkelhebel i um m gedreht, so daß sich der Haken über den Mitnehmerbolzen e legt und so die Schranke in der geschlossenen Lage festhält. Die Stellrille 4, 5, 6 besitzt an 6 anschließend ein kurzes um h wieder kreisförmig gebogenes Stück, das den Haken in der sperrenden Lage festhält.

Beim Öffnen der Schranke wird erst der Haken zurückgedreht, während der Bolzen e das um h kreisförmige Rillenstück 3—2 durchläuft. Nunmehr beginnt erst das Anheben des Schrankenbaumes. Die Scheibe g ist gleichzeitig als Seilscheibe ausgebildet, um die der die Nebenschranke bewegende Doppeldrahtzug geschlungen ist. Angetrieben wird die Scheibe g entweder dadurch, daß auf der Achse h ein mit der Scheibe g gekuppeltes Zahnrad sitzt, das mittels eines Vorgeleges bewegt wird. Oder es wird eine besondere Windevorrichtung aufgestellt, von deren Trommel aus ein die Seilscheibe g umschlingender Drahtzug bewegt wird.

Im ersteren Falle pflegt man die Sperrvorrichtung nur an der Nebenschranke anzubringen, da der Wärter die Hauptschranke unmittelbar überwachen kann. Im letzteren Falle, in dem die Winde meist einen gewissen Abstand von der Schranke hat, wird die Sperrvorrichtung sowohl am Antrieb der Haupt- wie der Nebenschranke vorgesehen.

Wegen anderer Bauarten (z. B. Scheidt & Bachmann [München-Gladbach], J. Gast [Berlin], Maschinenfabrik Bruchsal, A. Rawie [Osnabrück], Stefan von Götz & Söhne [Wien und Budapest] u. a.) vgl. Scheibner § 12.

3. Die Zugschranken.

a) Grundsätzliche Anordnung. Eine besondere Art von Schlagbaumschranken bilden die Zugschranken, d. h. solche Schlagbaumschranken, die für Fernbedienung eingerichtet sind, bei denen also die antreibende Windevorrichtung von der Schranke einen größeren Abstand, im allgemeinen von mehr als 50 m[1]) hat. An diese sind etwas abweichende Anforderungen zu stellen.

Während, wie unter 2a erläutert wurde, Schlagbaumschranken oft eine Vorrichtung erhalten, mit der sie in der geschlossenen Lage festgehalten werden, sind bei Zugschranken derartige Vorrichtungen ausgeschlossen. Im Gegenteil müssen die Schranken, da die Überwege von dem Wärter schlechter zu übersehen sind, von etwa versehentlich Eingeschlossenen jederzeit von Hand geöffnet und wieder geschlossen werden können.

Da ferner der Wärter bei Zugschranken die dem Überweg sich nähernden Fußgänger und Fuhrwerke nur auf kurze Strecken oder auch gar nicht zu sehen vermag, so müssen die Zugschranken mit einer Glocke versehen sein, und es muß vor jedem Schließen der Schranken geläutet werden, damit die sich Nähernden rechtzeitig von dem beabsichtigten Schließen der Schranken benachrichtigt werden. Man findet unter besonderen Verhältnissen wohl auch an Schlagbaumschranken für Nahbedienung Läutewerke, allgemeines Erfordernis sind sie aber nur bei Zugschranken.

Die ersten Zugschranken wurden mittels eines einfachen Drahtzuges bedient, indem z. B. ein auf das entsprechende Ende des Schlagbaumes wirkendes, mit ihm aber nicht fest verbundenes Gegengewicht durch den Drahtzug angehoben wurde, so daß der Baum durch sein Übergewicht in die geschlossene Lage ging. Das Herablassen des Gewichtes auf den Baum brachte ihn wieder in die geöffnete Lage.

Von den einfachen Drahtzügen ist man aber auch hier wie wie bei der Signalstellung (s. S. 48) allgemein zu doppelten Drahtzügen übergegangen.

Eine Hauptforderung ist, daß die Bewegung der Schrankenbäume jederzeit gehemmt und sofort umgekehrt werden kann.

Das Vorläutewerk wird meist nur an der Hauptschranke angebracht, doch tut man bei Überwegen über eine größere Zahl von Gleisen gut, wenn man jede der beiden Schranken mit einem solchen ausrüstet.

Früher wurde an der Schranke eine einfache Glocke angebracht und diese mit einem besonderen Drahtzuge vom Wärter in Bewegung gesetzt. Hierbei konnte dieser das Läuten versehentlich oder auch absichtlich unterlassen oder nicht lange und kräftig genug ausführen, auch suchte man den besonderen Drahtzug zu sparen. Das Läutewerk wird daher jetzt zwangläufig mit dem Antrieb verbunden derart, daß die Schließbewegung von ihrem Beginn an erst nach einem gewissen Leerweg auf die Bäume übertragen wird. Während des Leerweges betätigt der Antrieb die Glocke. Dieser Leerweg muß nach Öffnen der Schranke wieder zurückgekurbelt werden, damit beim erneuten Schließen der Schranken wieder geläutet werden kann. Um das Zurückkurbeln des Leerweges zu erzwingen, kann man den Kreislauf der einzelnen Vorgänge so einrichten, daß erst vorgeläutet, dann die Schranke geschlossen, darauf der Leerweg zurückgekurbelt und dann erst die Schranke wieder geöffnet wird, also kurz so:

Vorläuten, schließen, Läuteweg zurückkurbeln, öffnen.

Wenn man hierbei auch die Bauart so einrichten kann, daß während der eigentlichen Schließ- oder Öffnungsbewegung der Antrieb fest mit dem Schrankenbaum gekuppelt ist, so daß jederzeit ein sofortiges Umkehren der

---

[1]) Über 50 m bei den deutschen Bahnen nach B.O. § 18 nur bei Überwegen mit schwächerem Verkehr zulässig.

Bewegung möglich ist, so wird doch in dem Augenblick. in dem die Schranke geschlossen ist, diese Kupplung aufgehoben. Einem versehentlich eingeschlossenen Fuhrwerk kann der Wärter den Weg erst freigeben, nachdem er den Läuteweg zurückgekurbelt hat. Hierbei kann kostbare Zeit verloren und ein folgenschwerer Unfall herbeigeführt werden. Aus diesem Grund wird jetzt der Kreislauf der Vorgänge in folgender Weise ausgeführt:

Vorläuten, schließen, öffnen, Läuteweg zurückkurbeln.

Damit in diesem Falle der Wärter das Zurückkurbeln und infolgedessen auch beim nächsten Schließen das Vorläuten nicht unterlassen kann, wird die Windevorrichtung mit einer Unterwegssperre ausgerüstet, die beim Öffnen der Schranke das Umkehren der Bewegung so lange verhindert, bis der Vorläuteweg vollständig zurückgekurbelt ist. Diese Sperre darf aber nicht sogleich von Beginn der Öffnungsbewegung an in Wirksamkeit treten; sonst würde eine von einem etwa Eingeschlossenen geöffnete Schranke nicht sogleich wieder geschlossen werden können. Die Unterwegsperre tritt vielmehr erst ein, wenn der Schrankenbaum sich um etwa 75^0 geöffnet hat[1]).

Nunmehr besteht die Möglichkeit, daß der Wärter gleich nach dem Öffnen einer Schranke und Zurückkurbeln des Vorläuteweges von neuem vorläutet, um beim Herannahen eines Zuges die Schranke sofort ohne vorzuläuten schließen zu können. Um dies zu verhindern, kann man die Schranken mit einem Zeitverschluß ausrüsten, der das Schließen der Schranken verhindert, wenn der Wärter zwischen dem Vorläuten und der eigentlichen Schließbewegung eine längere Pause macht. Das Vorläuten im voraus ist dann unmöglich. Diese Zeitsperre wirkt aber auch, wenn der Wärter durch ein Fuhrwerk, das im letzten Augenblick noch den Übergang befahren hat, gezwungen wird, nach dem Läuten mit dem Schließen der Schranken entsprechend zu warten. Dann muß der Wärter von neuem zurückkurbeln und vorläuten. Hierdurch kann das Schließen der Schranken unzulässig verzögert werden. Bei den Pr.H.St.B. sind daher derartige Zeitsperren verboten. Hier beschränkt man sich darauf, die unvorschriftsmäßige Bedienung der Schranke äußerlich kenntlich zu machen. Beim Beginn des Vorläutens wird eine Kontrollscheibe sichtbar, die bis zur Wiederherstellung des ordnungsmäßigen Ruhezustandes stehen bleibt. Bemerkt also ein sich dem Wärterposten nähernder Beamter (Bahnmeister usw.), daß die Schranke in der geöffneten Lage verharrt, während die Kontrollscheibe an der Windevorrichtung sichtbar ist, so weiß er, daß die Schranke vorschriftswidrig bedient ist und kann den Wärter zur Verantwortung ziehen. In diesem Falle wird das Übertreten der Dienstbefehle nur bemerkt, wenn ein Beamter gerade die Strecke begeht. Demgegenüber sind auch schon Vorrichtungen angewendet worden. die jede unvorschriftsmäßige Bedienung dauernd erkennen lassen.

Auch die Windevorrichtung beim Wärter ist mit einem Läutewerk ausgerüstet, dem Rückläutewerk. Dieses ertönt, wenn die geschlossene Schranke von einem etwa Eingeschlossenen oder von einem Unbefugten von Hand geöffnet wird. Die dadurch hervorgerufene Bewegung überträgt sich auf den Drahtzug und damit auf die Winde, an der das Rückläutewerk angebracht ist. Die Pr.H.St.B. verlangen außerdem noch ein sichtbares Zeichen am Windebock.

In der geöffneten Stellung sollen die Schrankenbäume am Antrieb so festgehalten sein, daß sie weder durch Wind, noch durch Unbefugte geschlossen werden können.

---

[1]) 75^0 sind z. B. bei den Pr.H.St.B. vorgeschrieben. Die Bayer.St.B. verlangen nur. daß die Sperrung für den Vorläutezwang erst in Tätigkeit tritt, wenn die Schlagbäume um mehr als die Hälfte gehoben werden.

Um ein zu heftiges Anstoßen der Bäume gegen ihre Anschläge zu verhindern, sollen die Antriebe so eingerichtet sein, daß sich bei gleichmäßiger Kurbeldrehung die Bewegung gegen ihr Ende verlangsamt. Durch entsprechende Formgebung der die Bewegung auf den Baum übertragenden Stellrillen auf den Antriebscheiben (vgl. Abb. 97) oder der Gleitbahnen am Baum (vgl. Abb. 98) läßt sich diese Wirkung leicht erreichen.

Bei Schranken bis zu etwa 7 m Baumlänge erhält meist nur die Hauptschranke einen Antrieb und außerdem eine Kuppelscheibe, die durch einen Doppeldrahtzug mit einer Kuppelscheibe an der Nebenschranke verbunden ist. Bei größeren Schranken erhält auch die Nebenschranke einen Antrieb. Die Leitung wird dann über den einen Antrieb hinweg bis zu dem andern durchgeführt.

Über den Abstand der Schranken von den Gleisen ist zu sagen, daß man vielfach der Ansicht ist, daß Zugschranken so weit vom Gleis abstehen müßten, daß ein etwa eingeschlossenes Fuhrwerk zwischen der Schranke und dem ersten Gleis sicheren Platz finden müßte. Dadurch wird allerdings die Übersichtlichkeit des Überganges, die bei Zugschranken schon stark beeinträchtigt ist, noch mehr erschwert, auch entstehen durch das alsdann häufig notwendige Verlegen von Parallelwegen infolge Grunderwerbes erhebliche Kosten. Man hat daher bei manchen Verwaltungen auch die Zugschranken näher an die Gleise heran gesetzt, doch muß bei den deutschen Bahnen der in der B.O. vorgeschriebene Abstand von 0,5 m von der Umgrenzung des lichten Raumes gewahrt bleiben. Im allgemeinen sollte man indes, wo irgend möglich, für einen größeren, einem eingeschlossenen Fuhrwerk noch Platz bietenden Abstand Sorge tragen.

Im einzelnen sind von den verschiedenen Bahnverwaltungen besondere Bedingungen für die Ausführung von Zug- und Schlagbaumschranken aufgestellt, die im allgemeinen den vorstehend erläuterten Anforderungen entsprechen und in wesentlicheren Punkten kaum erheblich voneinander abweichen. Während z. B. in den Bedingungen der Pr.H.St.B. (vgl. hierzu die Fußnote auf Seite 426) über das Verhalten der Schranken bei Drahtbruch nichts gesagt ist, verlangen die Bayer. Stb., daß die Schrankenbäume bei Drahtbruch in der Stellung verharren, in der sie sich gerade befinden, oder die Bewegung fortsetzen, die ihnen vor dem Drahtbruch oder im Augenblick desselben erteilt worden ist.

Die Sächs. Stb. schreiben, abweichend von den Bayer. Stb. und Pr.H.St.B., vor, daß die Anordnung ein etwaiges Schließen der Schranke ohne unmittelbar vorhergehendes Vorläuten nicht gestatten darf, während die Pr.H.St.B. nur verlangen, daß an der Windevorrichtung ein Zeichen anzubringen ist, aus dem der zur Überwachung verpflichtete Beamte schon aus einiger Entfernung sehen kann, ob der zum Vorläuten erforderliche Drahtweg bei geöffneter Schranke vollständig vorhanden ist.

b) Die Bauarten der Zugschranken. Eine ganze Reihe von Werken beschäftigt sich mit dem Schrankenbau und hat Zugschranken entworfen, die den entwickelten Bedingungen entsprechen. Hier soll nur an einem Beispiel gezeigt werden, wie sich die gestellten Anforderungen verwirklichen lassen.

Abb. 98a bis d zeigt den Grundgedanken einer Schranke der Firma Jüdel & Co., Braunschweig. 98a und b ist die Windevorrichtung, 98c die Schranke, und 98d läßt die durchgehende Leitung der Haupt- und Nebenschranke erkennen.

Schranke und Winde sind in der Grundstellung gezeichnet. In der geöffneten Lage stützt sich der Schrankenbaum (Abb. 98c) einerseits gegen den Anschlag a des Lagerbocks und anderseits mit der Rolle r gegen den Kranz k der Antriebscheibe S ab. Er ist also gegen Bewegung durch Wind und Unbefugte gesichert.

Soll die Schranke geschlossen werden, so wird die Windenkurbel b (Abb. 98a) gedreht, die mit Vorgelege auf das mit einer Seilscheibe gekuppelte Zahnrad Z wirkt. Z dreht sich in der Richtung des ausgezogenen Pfeils. Gleich bei Beginn der Bewegung wird die Überwachungsscheibe c durch Nocken n und entsprechende Hebelübertragung aufgerichtet. Scheibe S an dem Lagerbock der Schranke (Abb. 98c) dreht sich gleichfalls in der Pfeilrichtung. An der Scheibe befestigte Stifte bringen die Glocke G zum Ertönen. Die Schranke bleibt noch durch den Kranz k festgehalten in der geöffneten Stellung stehen. Erst wenn die Scheibe sich so weit gedreht hat, daß der an ihr angebrachte Mitnehmerbolzen m in die am Schrankenbaum befestigte Gleitbahn d eintritt, erfolgt Mitnahme und damit Schließen der Schranke,

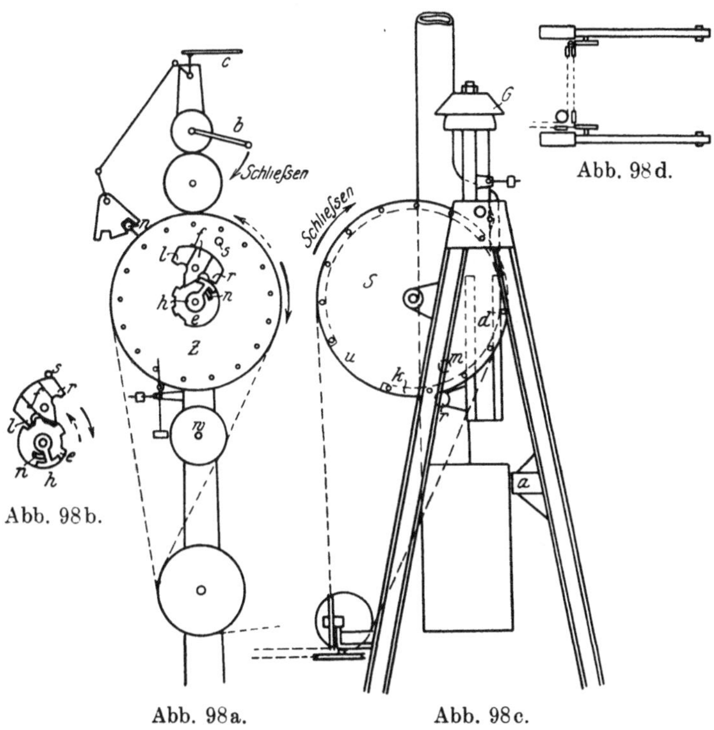

Abb. 98b.

Abb. 98a.   Abb. 98c.

Abb. 98a—d. Zugschranke (Bauart Jüdel & Co.).

da inzwischen auch die Unterbrechung u im Kranze k vor das Röllchen r getreten ist. In der geschlossenen Lage bleibt die Schranke mit der Antriebscheibe durch Bolzen m und Gleitbahn d gekuppelt.

Die Unterwegsperre an der Winde besteht aus der teilweise gezahnten Scheibe e mit dem Mitnehmeransatz n, dem Sperrstück f und dem Mitnehmer h. Das Sperrstück f (vgl. auch Abb. 98b) ist so abgefedert, daß es über seine Mittellage hinweg gedreht entweder in die rechte (Abb. 98b) oder linke (Abb. 98a) Endlage federt. Zu beachten ist, daß die beiden Zähne l und r des Sperrstücks f mit der Scheibe e in einer Ebene liegen, während der mittlere Zahn vor der Scheibe liegt und daher von dem Mitnehmer h erfaßt werden kann. In der linken Endlage (Abb. 98a) liegt der rechte Zahn r gegen den Rand der Scheibe e, in dessen Zähne er einfällt, ohne indes die Drehung in irgendeiner Richtung behindern zu können, da das Sperrstück nach beiden Seiten ausweichen kann. In der rechten Endlage dagegen (Abb. 98b) fällt der Zahn l in die Zähne der Scheibe e ein und läßt eine Drehung der Scheibe e

im Sinne des punktierten Pfeils zu, da f nach links ausweichen kann, dagegen ist die Drehung im Sinne des ausgezogenen Pfeils verhindert, da infolge des Stiftes s das Sperrstück f nach rechts nicht weiter auszuschlagen vermag. Der Mitnehmeransatz n nimmt beim Schließen der Schranke nach einer Umdrehung den Mitnehmer h mit, der dann gegen den mittleren Zahn des Sperrstückes f stößt und dieses entgegen dem Sinne des Uhrzeigers umlegt (d. h. aus der Lage in Abb. 98a in die der Abb. 98b). Bei geschlossener Schranke liegt der linke Zahn l auf dem ungezahnten Teile des Umfanges der Scheibe e auf. Soll jetzt die Schranke geöffnet werden, so gleitet der Zahn l bei der Bewegung in der punktierten Pfeilrichtung auf dem Umfang der Scheibe e entlang, und man kann die Bewegung jeder Zeit umkehren. Hat sich aber der Schrankenbaum um über 70^0 geöffnet, so gelangt der gezahnte Teil der Scheibe e unter den Zahn l und dieser schnappt unter dem Druck der Feder ein.

Ist die Schranke ganz geöffnet, der Vorläuteweg aber noch nicht zurückgenommen, so hat die Sperre die in Abb. 98b besonders gezeichnete Lage. Man sieht, daß die Bewegung in Richtung des punktierten Pfeiles fortgesetzt werden kann, wobei der Zahn l immer von neuem in die Zahnlücken einfällt. In der Richtung des ausgezogenen Pfeiles kann man die Scheibe aber nicht drehen, da sie dann durch den Zahn l und das Sperrstück f und den Stift s festgehalten wird, wie oben schon näher ausgeführt wurde. Dieser Zustand bleibt so lange bestehen, bis der Vorläuteweg ganz zurückgekurbelt ist und der Mitnehmer h das Sperrstück f wieder nach links in die Grundstellung (Abb. 98a) zurückgelegt hat.

Ist die Schranke geschlossen, so können etwa versehentlich Eingeschlossene die Schranke jederzeit anheben. Hierbei wird die Antriebscheibe gedreht und damit auch die Seilscheibe Z der Winde. Das Rückläutewerk w ertönt. Die Hebel der Glockenhämmer sind (wie in der Abb. angedeutet) so gebaut, daß sie immer nur in einer Richtung ausschlagen, in der andern aber durchknicken, so daß die Glocke nur bei einer der beiden Drehrichtungen ertönt.

Nicht jedem ist bekannt, daß man eine geschlossene Zugschranke durch Anheben der Bäume öffnen kann. Es kommt daher vor, daß Eingeschlossene seitlich gegen den Schrankenbaum drücken, ohne sich indes dadurch befreien zu können. Diesem Umstand hat man versucht dadurch Rechnung zu tragen, daß man Schrankenbäume gebaut hat, die in geschlossenem Zustande auch eine Drehung in wagerechter Ebene um eine lotrechte Achse vom Gleise weg gestatten. Die Selbstbefreiung Eingeschlossener wird dadurch erleichtert[1]).

---

[1]) Über derartige Schranken, sowie auch andere Bauarten von Zugschranken vgl. Scheibner, § 14.

Literaturverzeichnis.

Adams, The Block System of Signaling on American Railroads, New York 1901.
Arndt, H., Die Zugfolge auf Schnellbahnen unter besonderer Berücksichtigung des Strecken-blocksystems. Dissert. Sonderdr. a. d. Verkehrstechnisch. Woche. Berlin 1916.
Barry, Railway Appliances. Kap. IV u. V, Signals and the Block System. London 1878.
Derselbe, Appareils de Sécurité et Signaux de Chemins de Fer (Übersetzung zweier Kap. aus vorstehendem Gesamtwerk). London 1878.
Bartels, H., Betriebseinrichtungen auf amerikanischen Eisenbahnen. Bd. 1, Bahnhofs-anlagen und Signale. Berlin 1879. Zweite Abteilung. Das Signalwesen.
Bauer s. Prasch.
Becker, K., Die Eisenbahn-Sicherungsanlagen. Ein Lehr- und Nachschlagebuch zum Gebrauche in der Praxis, im Bureau und bei der Vorbereitung für den technischen Eisenbahndienst sowie für den Unterricht und die Übungen an technischen Lehr-anstalten. Berlin u. Wiesbaden 1920. C. W. Kreidels Verlag.
Becker, M., Straßen- u. Eisenbahnbau. Stuttgart 1876.
Beckmann, Telephon- und Signalanlagen. Berlin 1914.
Behrens u. Schubert, Taschenbuch für das Eisenbahn-Sicherungswesen. Berlin 1921.
Birk, Signale und Sicherungsanlagen. 5. Heft der Praxis des Bau- u. Erhaltungsdienstes d. Eisenbahnen. Halle a. S. 1908.
Boda, Die Sicherung des Zugsverkehrs auf den Eisenbahnen, 1. u. 2. Teil. Prag 1898 u. 1903.
Boschetti, Centralizzazione della manovra degli scambi e segnali. Torino 1905.
Breisig, F., Theoretische Telegraphie (Nr. 7 des Sammelwerkes von Karraß, s. diesen).
Derselbe, Über die Bedeutung der Leitung für die Übertragung der Fernsprechströme. Sonderdruck d. Arch. f. Post u. Telegr. 1916. Nr. 5.
Bricka, C., Cours de chemins de fer professé à l'école nationale des ponts et chaussées. Paris 1894.
Büte u. von Borries, Die nordamerikanischen Eisenbahnen in technischer Beziehung (Reisebericht). Wiesbaden 1892.
Byles, C. B., The first principles of railway signalling. London 1910.
Cauer, W., Stellwerke, in Lueger, Lexikon der gesamten Technik, 2. Aufl. Stuttgart.
Clauss, Über Weichentürme und verwandte Sicherheitsvorrichtungen für Eisenbahnen. Braunschweig 1878.
Deharme, Chemins de fer, Superstructure. Paris 1890. VI. Kap. Signaux.
Findlay, G., The working and management of an English railway. 6. ed. London 1899. V. u. VI. Kap.
Fink, Das elektrische Fernmeldewesen bei den Eisenbahnen. Sammlung Göschen, Berlin u. Leipzig 1914.
Flamache, Huberti, Stévart, Traité d'exploitation, Bd. 2. Brüssel 1887.
Frahm, J., Das englische Eisenbahnwesen. Berlin 1911. Julius Springer. Abschnitt: Signal- und Sicherungsanlagen.
Gadow, Die Kraftstellwerke. Handb. d. Ing.-Wissensch. V, 6. Anhang. Leipzig und Berlin 1913.
Galine, L., Exploitation technique des chemins de fer. 2-ième partie, Signaux. Paris 1901.
Gerstenberg, F., Blockeinrichtungen. — Weichen- und Gleissperrsignale. — Zug-sicherung, selbsttätige, in Lueger, Lexikon der gesamten Technik, 2. Aufl., II. Er-gänzungsband. Stuttgart.
Gollmer, Die Blocksicherungs-Einrichtungen auf den Preußischen Staatsbahnen. Sonderdr. aus „Der Mechaniker". Berlin 1906.
Derselbe, Die Grundlagen der Elektrizitätslehre und die elektromagnetischen Eisenbahn-einrichtungen. 2. Aufl. Berlin 1920.
Gonell, P., Versuche und Vorrichtungen zur Verhinderung des Überfahrens der Halt-signale, unter besonderer Berücksichtigung von selbsttätigen Zugsicherungsapparaten nebst Literaturauszug. Berlin 1909.

Goßmann, Installation hydrodynamique (System Bianchi und Servettaz).

Grinling, The ways of our railways. London 1905.

Günther, K., Sicherung einer Zugfahrt auf einer zweigleisigen Bahnlinie mit Streckenblockeinrichtung. München 1919.

Gutzwiller, A., Stationsdeckungs- und Blocksignale. Ein Beitrag zur Sicherung des Eisenbahnbetriebes. Dissert. Zürich u. Leipzig 1915.

Hartz s. Hersen.

Haßler, Die elektrischen Eisenbahnsignale mit besonderer Berücksichtigung der Einrichtungen der kgl. württemb. Staatsbahnen. Stuttgart 1895.

Hersen, C. u. Hartz, R., Die Fernsprechtechnik d. Gegenwart. 1910. (Nr. 5 d. Sammelwerks v. Karraß, s. diesen).

Hoogen, Das Signal- und Sicherungswesen. Kap. V in: Das Deutsche Eisenbahnwesen der Gegenwart, Bd. I. Berlin 1911. (Neue Auflage im Druck.)

Derselbe, Signal- und Sicherungsanlagen. Zahlreiche Artikel in Röll, Enzyklopädie des Eisenbahnwesens. 2. Aufl. Berlin, Wien.

Derselbe, Rückblick auf die Entwicklung des Eisenbahnsicherungswesens bei den preußischen Bahnen seit 1870. Sonderdruck aus der Verkehrst. Woche. Berlin 1914.

Hornbostel, M. Ritter von, Zur Einführung des Blocksystems auf der Wiener Stadtbahn. 1884.

Karraß, Telegraphen- u. Fernsprechtechnik in Einzeldarstellungen. Braunschweig.

Kecker, Vergleichende Studien über Eisenbahnsignalwesen unter besonderer Berücksichtigung der deutschen, englischen, französischen und belgischen Eisenbahnsignal-Einrichtungen. Wiesbaden 1883.

Kemmann, G., Der Verkehr Londons mit besonderer Berücksichtigung der Eisenbahnen. Berlin 1892. Julius Springer.

Derselbe, Vorstudien zur Einführung des selbsttätigen Signalsystems auf der Berliner Hoch- und Untergrundbahn. Ergänzter Sonderdruck aus der Elektrotechn. Zeitschr. 1914. Berlin 1914. Julius Springer.

Derselbe, Die selbsttätige Signalanlage der Berliner Hoch- und Untergrundbahn nebst einigen Vorläufern. Ergänzter Sonderdr. aus der Zeitschr. f. Kleinbahnen. Berlin 1921.

Kerst, Die Streckenblockung auf eingleisigen Bahnen. Sonderdruck aus Stellwerk 1907.

Kochenrath, Grundzüge des Eisenbahnbaues.
    2. Teil: Stations- und Sicherungsanlagen. Leipzig 1912.
    3. Teil: Telegraph, Fernsprecher und andere Schwachstromanlagen. Leipzig 1915.

Kohlfürst, L., Die elektrischen Einrichtungen der Eisenbahnen und das Signalwesen. Wien, Pest, Leipzig 1883.

Derselbe, Die elektrischen Telegraphen für besondere Zwecke, Handb. der elektrischen Telegraphie, Bd. 4. Berlin 1881.

Derselbe, Die Fortentwicklung der elektrischen Eisenbahneinrichtungen. Wien-Pest-Leipzig 1891.

Derselbe, Die elektrischen Telegraphen- und Signalmittel sowie die Sicherungs-, Kontroll- und Beleuchtungseinrichtungen für Eisenbahnen auf der Frankfurter Internationalen Elektrischen Ausstellung 1891. Stuttgart 1893.

Derselbe, Signal- und Telegraphenwesen. Geschichte der Eisenbahnen der Österreichisch-Ungarischen Monarchie, 19. bis 21. Lieferung. Wien-Teschen-Leipzig 1898.

Derselbe, Die selbsttätige Zugdeckung auf Straßen-, Leicht- und Vollbahnen. Stuttgart 1903.

Derselbe, Über elektrisch betriebene zur Verschärfung des Haltsignals dienende Vorrichtungen. Stuttgart 1905.

Derselbe, Neues auf dem Gebiete der elektrisch selbsttätigen Zugdeckung (Sonderausgabe, aus der Sammlung elektrotechnischer Vorträge, IX. Bd.). Stuttgart 1906.

Kolle, Die Anwendung und der Betrieb von Stellwerken. Berlin 1888.

Kruckow, A., Die Selbstanschluß- u. Wählereinrichtungen im Fernsprechbetriebe, 1911 (Nr. 10 d. Sammelwerks v. Karraß, s. diesen).

Martens, Hans A., Grundlagen des Eisenbahnsignalwesens für den Betrieb mit Hochgeschwindigkeiten unter Berücksichtigung der Bremswirkung. Dissertat. Wiesbaden 1909.

Meyer, G., Grundzüge des Eisenbahnmaschinenbaues, Bd. 3. Berlin 1886.

Mitsching s. Schöler.

Oehme, Telegraphen-, Fernsprech-, Signal- und Weichensicherungseinrichtungen. In Taschenbuch f. Bauingenieure, 4. Aufl., II. Teil, S. 1557 ff.. Berlin 1921. Jul. Springer.

Prasch, Bauer, Wehr, Die elektrischen Einrichtungen der Eisenbahnen. 3. Aufl. Wien u. Leipzig 1913.

Proske, L. von, Einrichtungen der Sicherung des durchgehenden Zugverkehrs in Stationen 1882.

Rank, Die Sicherung von Bahnabzweigungen mit besonderer Berücksichtigung der Industriegleise. Wien 1894.

Derselbe, Stellwerke, in Röll, Enzyklopädie d. ges. Eisenbahnwesens. Wien 1895.

Derselbe, Die Streckenblockeinrichtungen. Wien 1898.

Roudolf s. Schubert-Roudolf.

Schau, A., Der Eisenbahnbau. II. Teil: Stationsanlagen und Sicherungswesen 3. Aufl. Leipzig und Berlin 1919.

Scheibner, S., Die mechanischen Sicherheitsstellwerke im Betriebe der vereinigten preußisch-hessischen Staatseisenbahnen. Bd. 1 und 2. Berlin 1904 und 1906.

Derselbe, Betriebseinrichtungen. Mittel zur Sicherung des Betriebes. Handb. d. Ing.-Wissensch. V, 6. Abt. 1—3. Leipzig 1913.

Derselbe, Die mechanischen Stellwerke der Eisenbahnen. Drei Bändchen der Sammlung Göschen. Berlin u. Leipzig 1913, 1913, 1914.

Derselbe, Die Kraftstellwerke der Eisenbahnen. Zwei Bändchen der Sammlung Göschen. Berlin und Leipzig 1913, 1913.

Schmitt, Ed., Das Signalwesen. Winklers Vorträge über Eisenbahnbau. Prag 1878.

Schöler und Mitsching, Die Sicherungsanlagen der Eisenbahnen. Für Schulgebrauch und Praxis. Leipzig 1913.

Scholkmann, Signal- und Sicherungsanlagen. Eisenbahnt. d. Gegenw. II, 4. Wiesbaden 1902 und 1904. C. W. Kreidels Verlag.

Schön, Über die Sicherung des Eisenbahnverkehrs auf Bahnhöfen. Vortrag. Sonderdr. aus d. Bayerischen Industrie- u. Gewerbebl. 1887. München 1887.

Schubert, E., Die Sicherungswerke im Eisenbahnbetriebe, 4. Aufl. Wiesbaden 1903.

Schubert-Roudolf, Die Sicherungswerke im Eisenbahnbetriebe. I. Bd., 5. Aufl. Berlin u. Wiesbaden 1921. C. W. Kreidels Verlag.

Schubert s. auch Behrens.

Schwerin, H., Elektrische Eisenbahnsignale und Weichen. In Handb. d. Elektrotechnik XI, 2. Leipzig 1908.

Seyberth, Anleitung zur Aufstellung von Blockplänen. Leipzig 1914.

Signal Dictionary, 2. Aufl. New York 1911.

Strecker, Die Telegraphentechnik, 6. Aufl. 2. Abdruck. Berlin 1919.

Derselbe, Hilfsbuch für die Elektrotechnik. 9. Aufl. Berlin 1921. Julius Springer.

Tobler, A., Die Entwicklung der elektrischen Schwachstromtechnik in der Schweiz. Zürich 1909.

Weber, M. M. v., Das Telegraphen- und Signalwesen der Eisenbahnen. Geschichte und Technik desselben. Weimar 1867.

Derselbe, Praxis der Sicherung des Eisenbahnbetriebes. 1876.

Wegele, H., Eisenbahnbau. Darin K., Signal- und Sicherungsanlagen. VI. Kap. d. I. Bandes v. Esselborn, Lehrbuch des Tiefbaues, 5. Aufl. Leipzig und Berlin 1914.

Wehr s. Prasch.

Weißenbruch, L., La manoeuvre électrique des aiguillages et des signaux appliquée à la gare centrale d'Anvers. Sonderdruck aus dem Bulletin de la Commission internationale du Congrès des chem. d. f. Brüssel 1904.

Wilson, H. R., Mechanical Railway Signalling, 2. Aufl. London 1901.

Derselbe, Power Railway Signalling. London 1908.

Winnig, K., Die Grundlagen der Bautechnik für oberirdische Telegraphenlinien, 1910 (Nr. 8 d. Sammelwerks v. Karraß, s. diesen).

Zeitschrift für das gesamte Eisenbahnsicherungswesen (Das Stellwerk). Berlin, seit 1906.

Ferner zahlreiche Aufsätze in allgemein bautechnischen oder eisenbahntechnischen und elektrotechnischen Zeitschriften, so im Zentralblatt der Bauverwaltung, in den Elektrischen Kraftbetrieben und Bahnen, der Elektrotechnischen Zeitschrift, der Verkehrstechnischen Woche, dem Eisenbahnbau, in Glasers Annalen für Gewerbe und Bauwesen, in Dinglers Polytechnischem Journal, im Organ für die Fortschritte des Eisenbahnwesens, in der Zeitung des Vereins Deutscher Eisenbahnverwaltungen, im Archiv für Eisenbahnwesen, in der Zeitschrift für Kleinbahnen, im Archiv für Post und Telegraphie, in der Zeitschrift des österreichischen Ingenieur- und Architekten-Vereins, in der Schweizerischen Bauzeitung, in der Revue générale des chemins de fer et des tramways, im Génie civil, im Railway Engineer, in der Zeitschrift des Internationalen Eisenbahn-Kongreß-Verbandes. Außerdem die Veröffentlichungen und Zeichnungen der Signalbauanstalten die Bestimmungen des Deutschen Reiches und anderer Länder und die Dienstvorschriften der Eisenbahnen.

Ergänzungen und Berichtigungen.

1. Zu S. 19, erster Absatz ist zu bemerken, daß es jetzt gelungen ist, auch das Cauersche (A.E.G.-) Signal für doppelte Kreuzungsweichen für einfache Kreuzungsweichen verwendbar zu machen.

2. S. 19, letzte Zeile muß es statt „nachs recht" heißen: „nach rechts".

3. S. 68, sechste Zeile ist das dritte Wort „und" zu beseitigen.

4. Zur einheitlichen Durchführung der im übrigen angewandten Bezeichnungsweise muß es a) S. 94, Fußn. 1, b) S. 97 in der Unterschrift zu Abb. 185, c) S. 98 vorletzte Zeile und in der Unterschrift zu Abb. 187, d) S. 100 in der Unterschrift zu Abb. 191 überall statt „Durchgangssignalantrieb" heißen: „Zwischensignalantrieb".

5. Zu S. 150 ff. ist zu bemerken, daß gegenwärtig im Gebiete der deutschen Reichsbahn Versuche mit einer neuen von der A.E.G. ausgebildeten Antriebvorrichtung für Blockwerke gemacht werden. Bei dieser wird der Rechen durch einen Motor bewegt, der nur auf eine eigenartige Verbindung von Gleichstrom und Wechselstrom anspricht, so daß fremde Wechselströme, wie sie namentlich auf mit Wechselstrom betriebenen Bahnen auftreten können, keine Entblockung herbeiführen können.

6. S. 198, Mitte der letzten Zeile muß es statt „Hebelsperre" heißen: „Wiederholungssperre".

7. S. 199, unter D, muß es in der dritten Zeile heißen: „an den Einfahr- und Ausfahrsignalen".

8. S. 204 müssen in der Abb. 268 die drei in das Gleis eingezeichneten Pfeile nach links, statt nach rechts, gerichtet sein.

9. Zu Abb. 59, S. 380, ist noch zu bemerken, daß, um das dauernde Leuchten der Schlußlampen Sl_1 und Sl_2 bei Ruhelage der Stöpsel zu verhindern, in den Stromkreis der Schlußlampen in der Abbildung nicht dargestellte Kontakte eingebaut sind, die durch das Gewicht der ruhenden Stöpsel geöffnet gehalten werden (Stöpselsitzumschalter) oder die, was vorzuziehen ist, erst durch Einstecken der Stöpsel in die Klinkenhülsen des Schrankes mittels Relaiswirkung geschlossen werden.

10. Auf S. 382 ist in der neunten Zeile von oben hinter den Worten „Gestalt zu geben" die Klammer zu schließen.

11. Auf S. 394 steht die Abb. 68 b auf dem Kopf. Die richtig gestellte Abbildung ist am Schlusse beigefügt.

12. Auf S. 408 muß es in der letzten Zeile vor dem IV. Abschnitt statt E. Lorenz (Berlin) heißen: C. Lorenz (A. G. Berlin-Tempelhof).

13. Auf S. 417 muß es in der zweiten Zeile im zweiten Absatze statt „auf die drehbaren Spule" heißen: „auf die drehbare Spule".

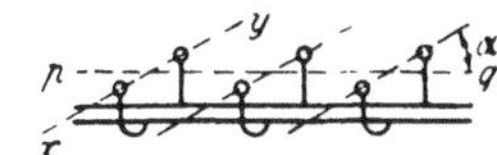

Abb. 68 b. Induktionsschwache Anordnung
von Doppelfernsprechleitungen.

Additional material from *Sicherungsanlagen im Eisenbahnbetriebe auf Grund gemeinsamer Vorarbeit mit,* ISBN 978-3-662-34219-0, is available at http://extras.springer.com

Handbibliothek für Bauingenieure.

(Ausführliches Programm der Sammlung siehe vor dem Titel dieses Bandes.)

III. Teil: Wasserbau.

Bisher erschienen:

2. Band: **See- und Seehafenbau.**

Von **H. Proetel,** Regierungs- und Baurat in Magdeburg.

Mit 292 Textabbildungen. 1921. Gebunden Preis M. 40,—.

Aus dem Vorwort:

Bei der Darstellung des Stoffes war der Unterzeichnete bemüht, das ganze Gebiet des See- und Seehafenbaues zwar in knapper Form, jedoch vollständig und für jeden technisch Vorgebildeten verständlich zu beschreiben. Der Umfang des Bandes war jedoch durch den zugewiesenen Raum begrenzt, deshalb konnten Einzelheiten nur kurz behandelt werden. Durch strenge Gliederung des Stoffes soll die Übersicht erleichtert werden. Auf ausgeführte Anlagen ist bei jeder Gelegenheit Bezug genommen. Außer deutschen Einrichtungen sind auch solche ausländische beschrieben worden, die entweder für ihre Art besonders kennzeichnend sind, und für die entsprechende deutsche Beispiele fehlen, oder die von solcher Bedeutung sind, daß sie dem Seebauer bekannt sein müssen. Bei einer großen Zahl von Gegenständen des Fachgebietes konnte der Verfasser sich auf eigene Erfahrungen stützen, die er in zehnjähriger Tätigkeit im Seebau gesammelt hat.

4. Band: **Kanal- und Schleusenbau.**

Von **Friedrich Engelhard,** Regierungs- und Baurat an der Regierung zu Oppeln.

Mit 303 Textabbildungen und einer farbigen Übersichtskarte.

1921. Gebunden Preis M. 42,—.

Aus dem Vorwort:

Der gewaltige Aufschwung, den das deutsche Wirtschaftsleben nach dem Einigungskriege 1870—71 erfuhr, übte seinen Einfluß auch auf die Wasserstraßen des neuen Reiches und ihren Verkehr aus. Alsbald genügten die vorhandenen Wege nicht mehr dem gesteigerten Verkehr, die größeren Transportmengen verlangten größere Transportgefäße und letztere größere Abmessungen der Fahrstraße und der Kunstbauten in dieser.

Hand in Hand mit dem Ausbau der größeren Ströme zur Erzielung größerer und beständigerer Fahrtiefen mußte ein Ausbau der vorhandenen und die Herstellung neuer, künstlicher Wasserstraßen erfolgen, um den auftretenden Massengütern den Durchgangsverkehr auf große Entfernungen zu ermöglichen.

Im vorliegenden Bande ist versucht worden, in kurzer, gedrängter Form diesen Wegen auf dem Gebiete des Kanal- und Schleusenbaues nachzugehen und sie dem Studierenden als Lernmittel, dem Ausführenden als Hilfsmittel beim Gebrauch an die Hand zu geben ...

Möge das Buch im Sinne der vorstehenden Ausführungen befruchtend und anregend wirken und somit beitragen am Wiederaufbau und Wiederaufblühen des deutschen Vaterlandes ...

7. Band: **Kulturtechnischer Wasserbau.**

Von **E. Krüger,** Geh. Regierungsrat, ord. Professor der Kulturtechnik an der Landwirtschaftlichen Hochschule zu Berlin.

Mit 197 Textabbildungen. 1921. Gebunden Preis M. 42,—.

Aus den zahlreichen Besprechungen:

Die dem Verfasser gestellte Aufgabe, die in das Arbeitsgebiet des Bauingenieurs fallenden Arbeiten des kulturtechnischen Wasserbaues in knapper aber streng wissenschaftlicher Form zu behandeln, ist dank der großen Erfahrung des Verfassers als Lehrer an der Berliner Landwirtschaftlichen Hochschule und als langjähriger Beamter der preußischen Meliorationsbauverwaltung vortrefflich gelöst worden. Weicht auch die Stoffgliederung von der in ähnlichen Handbüchern üblichen Art im allgemeinen nicht ab, so ist der Behandlung des Stoffes vorteilhaft zu eigen, daß sie allenthalben von wissenschaftlichem Geist getragen ist, ohne in müßige Spekulationen sich zu verlieren, aber stets die Erfordernisse der Praxis beachtend. Wir rechnen dazu vornehmlich die Abschnitte über Versickerung, Grundwasser, Eigenschaften der fließenden Gewässer, sowie Ent- und Bewässerung des Bodens. Dabei sind alle Darlegungen so gehalten, daß sie auch von dem auf niederen technischen Schulen ausgebildeten Meliorationstechniker verstanden und benutzt werden können. *„Der Bauingenieur"*, 1922, Heft 5.

Die Verkehrsmittel in Volks- und Staatswirtschaft. Von Prof. Dr. **E. Sax.** Zweite, neubearbeitete Auflage.
Erster Band: **Allgemeine Verkehrslehre.** 1918. Preis M. 10,—.
Zweiter Band: **Land- und Wasserstraßen, Post, Telegraph, Telephon.** 1920. Preis M. 48,—: gebunden M. 66,—.
Dritter (Schluß-) Band: **Die Eisenbahnen.** Mit Anschluß einer Abhandlung von Prof. Dr. **E. von Beckerath, Kiel.** 1922.
Preis M. 140,—; gebunden M. 180.—.

Elektrische Zugförderung. Handbuch für Theorie und Anwendung der elektrischen Zugkraft auf Eisenbahnen. Unter Mitwirkung von Ing. **H. H. Peter,** Zürich, für „Zahnbahnen und Drahtseilbahnen". Von Dr.-Ing. **E. E. Seefehlner,** Wien. Mit 652 Abbildungen im Text und auf einer Tafel. 1922. Gebunden Preis M. 410,—.

Das Maschinenwesen der preußisch-hessischen Staatseisenbahnen. Im Auftrage Sr. Exzellenz des Herrn Ministers der öffentlichen Arbeiten in Berlin nach amtlichen Quellen bearbeitet von **C. Guillery,** Baurat.
1. Heft: **Neuere Wasserversorgungsanlagen** der preußisch-hessischen Staatseisenbahnen. Von C. Guillery, Baurat. Mit 95 Textabbildungen und 2 Tafeln. 1914. Preis M. 10,—.
2. Heft: **Neuere Kraftwerke** der preußisch-hessischen Staatseisenbahnen. Von C. Guillery, Baurat. Mit 67 Textabbildungen. 1914. Preis M. 8,—.

Elektrische Straßenbahnen und straßenbahnähnliche Vorort- und Überlandbahnen. Vorarbeiten, Kostenanschläge und Bauausführungen von Gleis-, Leitungs-, Kraftwerks- und sonstigen Betriebsanlagen. Von Oberingenieur **K. Trautvetter,** Beuthen (O.-S.) Mit 334 Textfiguren. 1913. Preis M. 8.—.

Linienführung elektrischer Bahnen. Von Oberingenieur **K. Trautvetter,** Hilfsarbeiter im Ministerium der öffentlichen Arbeiten. 1920.
Preis M. 12,—; gebunden M. 14,—.

Verkehrsfragen bei Stadterweiterungen erläutert an Beispielen von Zürich und Danzig. Nach dem in der ersten Hauptversammlung der „Deutschen Gesellschaft für Bauingenieurwesen" in Berlin am 21. Sept. 1920 gehaltenen Vortrag. Von Prof. **Richard Petersen** (Danzig). Mit 23 Textfiguren. 1921. Preis M. 5,—.

Einfluß bewegter Last auf Eisenbahnoberbau und Brücken. Von Oberregierungsrat Dr.-Ing. **Heinrich Saller.** Mit 48 Textabbildungen. 1921. (C. W. Kreidel's Verlag in Berlin W 9 und Wiesbaden.) Preis M. 16.—.

Die Berechnung von Straßenbahn- und anderen Schwellenschienen. Von Ing. **Max Buchwald.** Mit 7 Textabbildungen und 24 Tafeln. 1913. Preis M. 2,40.